KB270215

개정판

실과 – 기술 가정 교육과정론

Curriculum Curriculum Curriculum

정성봉 지음

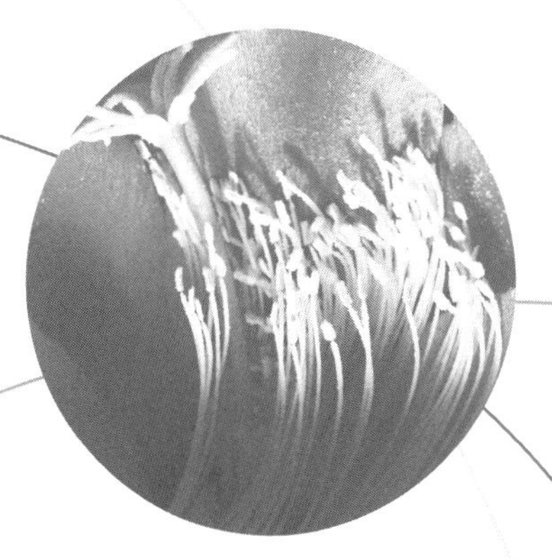

(주) 교 학 사

개정판 머리말

　교육이 의도적이고 계획적인 변화에 초점이 맞춰진다면 그 중심에 위치하는 것이 교육과정이다. 어떤 의도를 가지고 무엇을 가르칠 것인가를 결정하는 것이 바로 교육과정이기 때문이다. 우리는 공교육 체제에서 교육과정이란 용어를 많이 사용하고 있다. 그러나 이에 대한 개념이 간단하지 않다는데 혼란의 소지가 있다. 우리가 사용하는 교육과정의 개념에는 일반적인 교육과정의 의미를 떠오르게도 하고, 국가가 고시한 각급 학교 교육과정을 지칭하기도 하고, 학교의 교육 계획을 가리키기도 한다. 또한, 학급에서 이루어지는 수업 계획과 활동을 지칭하기도 한다. 또, 위에 든 모든 사항을 포괄하는 개념으로 사용하기도 한다. 이와 같이 교육과정의 개념은 사용하는 사람이나 지칭하는 의도에 따라 다양하고 광범위하게 사용되고 있음을 알 수 있다.

　우리는 광복 후 정부가 수립되고, 6·25를 거친 후 1954년에서야 국가 수준의 초·중등학교 교육과정을 제정한 후 7차에 걸쳐 개정해 왔다. 공교육 체제의 교육은 공익성이 최우선 과제인 만큼 교육과정을 개정할 때마다 교육과정의 학문적 동향이나 국가 사회적 요구가 강하게 반영되었고, 그 교과의 학문적 요구도 많은 영향을 끼쳐 온 것은 주지의 사실이다. 최근에는 국가 사회적 요구는 물론 수요자인 학생이나 학부모의 요구가 많이 반영하는 추세에 있다. 당연한 귀결이라 할 수 있지만 우리가 여기서 한번 짚고 넘어가야 할 것은 교육의 본질적인 사항에 보다 충실하면서 운영에서 수요자의 요구가 반영될 수 있도록 해야 한다는 점이다. 수요자 중심이 자칫 교육의 본질에서 벗어난 혼돈을 줄 우려가 있으므로 이에 대한 이해가 선행되어야 할 것이다.

　실과는 우리 나라 교육과정이 제정된 당시부터 현재까지 초등학교에서 교육하여 왔으며, 교육 내용도 기술 및 사회 발전, 학문의 진보와 더불어 많은 변화를 해 왔다. 교육과정 편제를 살펴보면 1~5차 교육과정까지는 4~6학년에 편제하였다가 6차 교육과정 시기에는 3~6학년까지, 7차에는 5~6학년에만 편제되는 등 많은 변화를 가져왔지만, 생활 교과로 위치를 다지면서 발전하여 왔다.

　기술 교과는 2차 교육과정기인 1969년에 도입되어 중학교 남녀 학생 모두에게 교육하는 필수 교과로 시작하였으나, 3차 시기에 남학생은 기술, 여학생은 가정을 이수하도록 편제되어 오다가 6차에는 중학교 남녀학생 모두에게 기술·산업과 가정을 이수하도록 하였다. 그 후 제7차 교육과정에서는 국민 공통 기본 교과로서 5~10학년까지 실과(기술·가정)로 편제되고 성격, 목표, 내용 체계가 같은 맥락에서 접근하는 큰 변화를 가져왔다. 이는 초등학교부터 고등학교 1학년까지 국민 공통 기본 교과로서 실과(기술·가정)를 한 교과로 보고 교육과정을 편제하고 목표와 내용을 선정·조직하였다는 점이다. 국민 공통 기본 교육 기간 동안의 생활 교과로서의 위치를 확보한 이상 이에 대한 교육과정을 제정하고 이를 더욱 발전시킬 필요가 어느 때보다 요청된다고 하겠다.

　지금까지 교육과정에 관련된 책은 많이 출간되었으나 실과(기술·가정) 교육과정에 관련된 전문 서적은 거의 없는 실정이다. 따라서, 이 책은 실과(기술·가정) 교육과정에 관한 이론과 학교에서의 실제 운영에 중점을 두어 집필하였다. 앞으로 실과(기술·가정) 교과를 가르칠 교사 양성 대학의 학부 및 대학원생이나 현장에서 이 교과를 지도하는 교사에게 실과(기술·가정) 교육과정에 대한 체계적인 이해와 더불어 실제 학교 교육과정 운영을 효과적으로 하는 데 기여하고자 편찬 방향이나 내용 구성도 그에 부합되도록 하였다.

아울러 이번에 개정 증보판을 출간하게 되었는데, 급변하는 사회 속에서 외국 실과(기술·가정) 관련 교과의 동향을 반영하였으며, 대폭적으로 개정된 영국, 일본의 교육과정을 비교적 상세하게 살펴보았고, 대만의 교육과정도 추가하였다. 그리고 학교 수준 교육과정 통합 운영에 관한 장을 신설하여 이에 대한 이론과 적용면을 탐색해 보았다. 또한, 다른 장의 내용도 전반적으로 수정·보완하여 새롭게 개편하였다.

초판에서는 제 6 부 14장으로 구성되었던 것을 새로 개편한 이 책에서는 제 5 부 12장으로 구성하였다.

제 1 부 실과(기술·가정) 교육과정의 기초는 3장으로 구성되어 있는데, 제 1 장 실과(기술·가정) 교육과정의 이해에서는 교육과정의 개념적 논의를 통하여 교육과정을 이해하는 데 도움을 주려 하였고, 교육과정의 유형을 우리의 교육과정 변화와 관련지어 고찰하였으며, 교육과정과 수업과의 관계를 살펴봄으로써 학교에서의 교육과정을 보는 시각을 정립하는 데 이바지하려고 하였다. 또한, 실과(기술·가정) 교육과정의 개념을 이해하는 데 도움을 줄 수 있도록 하였다.

제 2 장 실과(기술·가정) 교육과정의 변천에서는 교육과정의 개정 시기별로 제 7 차까지의 특징을 기술하였고, 각 시기별로 초등 실과, 중등 기술, 가정의 편제, 목표, 내용, 운영에 대하여 그 특징을 기술하였다. 말미에는 시기별로 총괄한 것을 정리하여 제시하였을 뿐만 아니라 앞으로의 실과(기술·가정)의 과제와 전망을 실었다.

제 3 장 외국의 실과(기술·가정) 교육 동향에서는 주요 국가(미국, 영국, 프랑스, 독일, 일본, 중국, 대만)의 교육 개혁 동향을 개관하였고, 이들 국가의 우리 초등 실과와 중등 기술, 가정에 해당하는 교과의 편제와 교육 내용, 운영 방법 등을 비교적 상세하게 밝혀 놓았다.

제 2 부 실과(기술·가정) 교육과정 개발은 2장으로 구성하였다.

제 4 장 실과(기술·가정) 교육과정 개발에서는 교육과정 개발 유형을 정책 및 의사 결정 유형에 따라 살펴보았고, 일반적인 교육과정 개발 모형을 개관한 다음, 실과와 기술과의 개발 모형을 정리하여 제시하였다. 다음으로는 실과(기술·가정) 교육과정 개발과 실천을 탐색하였고, 실과 교육과정과 교과서의 개발 절차를 살펴보았으며, 끝으로 학교 중심 교육과정의 개발 과정을 제시하였다.

제 5 장 실과(기술·가정) 교과서 개발에서는 교과서의 개념, 교과서의 분류, 교과서의 변천과 주요국의 교과서 제도를 개관하였다. 또한, 국정 도서와 검정 도서의 개발 절차를 알아보았으며, 교과서 편찬 체제를 개관한 후, 실과(기술·가정) 교과서의 체제를 제시하였고, 앞으로 개발이 활발해질 전자 교과서에 대해서도 개관하였다.

제 3 부 실과(기술·가정) 교육과정 전개는 크게 3개의 장으로 구성하였다.

제 6 장 실과(기술·가정) 교육 목표에서는 실과 교육 목표와 교육 성과에 대하여 개괄적으로 살펴보았고, 실과(기술·가정) 교육 목표의 기초 자원을 살펴보았으며, 교육 목표 분류를 전통적인 방법과 통합적 접근에 의한 교육 목표 분류 방식으로 나누어 제시하였으며, 또 실과 교육 목표를 인지적, 정의적, 기능적 영역으로 나누어 제시하였다. 그리고 실과 수업 목표의 설정과 진술에 대하여 비

교적 상세하게 다루었다.

제 7 장 실과(기술·가정) 교육 내용에서는 교육 내용의 의미를 개관하고 실과(기술·가정) 교육과정 내용 선정의 준거, 선정 방법, 선정 기준을 알아보았고, 다음으로 내용 조직 방법을 기술하였다. 말미에는 실과 교육 내용 선정과 조직의 변천과 과제를 다루었다.

제 8 장 실과(기술·가정) 단원 구성과 전개에서는 단원의 개념과 유형을 개관한 다음, 교육과정 변천에 따라 편찬된 실과, 기술, 가정 교과서의 단원명과 소단원명을 제시함으로써 실과(기술·가정) 교과서의 단원 구성의 변화를 쉽게 알 수 있게 하였다.

제 4 부 실과(기술·가정) 교육과정 편성·운영은 2장으로 구성하였다. 여기서는 학교에서 실과(기술·가정) 편성·운영의 실제를 다루었다.

제 9 장 학교 교육과정 편성·운영에서는 일반적인 학교 교육과정 편성·운영 절차와 방법에 대해 알아보고, 지역화 교육과정의 편성·운영의 필요성, 편성 절차와 문제점을 살펴보았다. 또한, 재량 활동을 통한 실과(기술·가정) 교육과정 운영에서는 재량 시간을 활용해서 실과(기술·가정)를 운영할 때의 절차와 활용 방안을 탐색해 보았다.

제 10 장 학교 수준 교육과정 통합 운영에서는 교육과정 통합에 대한 일반적 이해, 이론적 기초, 통합 유형, 학교 수준의 통합 교육과정 편성, 교육과정 통합과 교수-학습의 관계를 다루었다.

제 5 부 실과(기술·가정) 교육과정의 평가는 2장으로 구성하였다.

제 11 장 실과(기술·가정) 교육과정 평가의 개념에서는 교육과정 평가의 개념, 교육과정 평가의 접근 방법을 다루었다.

제 12 장 실과(기술·가정) 교육과정 평가의 준거에서는 실과(기술·가정) 교육과정 평가 모형, 교육과정 평가 영역, 실과(기술·가정) 교육과정 평가 준거 등을 다룸으로써 지금까지 관심이 적었던 교육과정 평가에 대한 비중을 강화하였다.

이번에 개정판을 내면서도 아쉬움이 많음을 숨길 수 없다. 이 책을 접하는 독자들의 비판을 겸허하게 받아들여 앞으로 보완해 나갈 것을 다짐한다. 아울러 이 책이 나오기까지 협력해 준 본인이 지도하는 대학원생과 교학사 관계자 여러분의 노고에 감사드린다.

2002년 4월
개정판을 내면서
다락골 연구실에서
저자 씀

차　례

제**1**부

실과-기술·가정- 교육과정의 기초

제**1**장　실과(기술·가정) 교육과정의 이해

제**2**장　실과(기술·가정) 교육과정 변천

제 3 장　외국의 실과(기술·가정) 교육 동향

제**2**부

실과-기술·가정- 교육과정 개발

제**4**장 실과(기술·가정) 교육과정 개발

제 5 장   실과(기술·가정) 교과서 개발

제3부

실과-기술·가정- 교육과정의 전개

제6장 실과(기술·가정) 교육 목표

제7장 실과(기술·가정) 교육 내용

제 **8** 장　**실과(기술·가정) 단원의 구성**

제**4**부

실과-기술·가정- 교육과정의 편성·운영

제**9**장 실과(기술·가정) 학교 수준 교육과정 편성·운영

제**10**장 학교 수준 교육과정 통합 운영

제5부

실과-기술·가정- 교육과정 평가

제11장　실과(기술·가정) 교육과정 평가의 개념

제 12 장 실과(기술·가정) 교육과정 평가의 준거

제 1 부

실과-기술·가정- 교육과정의 기초

제 **1** 장

실과(기술·가정) 교육과정의 이해

1. 교육과정의 개념

우리는 학교 생활을 하면서 교육과정이라는 용어를 자주 사용하고 있으나 통일된 개념으로 받아들여지기보다는 사람에 따라 차이가 있음을 알 수 있다. 초등학교에 다니는 자녀가 하교하게 되면, 부모님은 "너 오늘 학교에서 '무엇'을 배웠니?"라고 묻는다. 이 때, '무엇'에 해당하는 것이 바로 교육과정일 것이다. 근대 국가가 형성되고, 학교라는 공교육 체제가 확립된 이후 의도적인 교육이 실시되고 있다. 의도적인 교육 기관으로서의 학교 교육에서는 교육을 담당하는 교원(교사) 문제와 교육을 하는 데 필요한 교육 시설 환경 문제 그리고 어떠한 교육을 하는가 하는 교육 목적, 내용, 방법의 교육과정 문제는 학교 교육의 성패를 가름하는 교육의 3대 요소가 되었다. 여기서는, 위의 3대 요소 중 교육의 핵심인 교육과정에 대하여 논의하려고 한다.

가. 교육에서의 교육과정의 위치

교육과정은 기본적으로 교육과의 관련 속에서 파악되는 개념이다. 교육과정을 이해한다는 것은 교육을 이해한다는 것과 같은 의미가 된다고 볼 수 있다. 왜냐 하면, 교육의 목적이나 방향을 실현하기 위한 하나의 방법과 내용이 교육과정 안에서 실현되기 때문이며, 그것은 그만큼 교육과정이 교육의 이론과 실제의 핵심을 담당하고 있고, 교육의 모습과 더 나아가 사회 전체에 엄청난 영향을 주기 때문이다.

여러 학자들은 교육을 나름대로 정의하고 있으며 이러한 정의들을 모두 충족시킬 수 있는 교육과정이란 있을 수 없다. 때문에, 교육과정에 대해서도 학자들마다 다르게 정의하고 있으며 아직까지 통일된 의미로의 정의가 정립되지 않은 상태이다. 이러한 입장의 다양성은 논의하는 사람마다 기본 생각에 차이가 있고, 또한 주관적 가치관과 신념에 따라 다르기 때문에 불가피하게 교육에 대한 정의는 주관적, 규범적, 당위적 성격을 띤다고 볼 수 있다.

곽병선(1997)은 교육과정을 '학생에 대한 교육적 성취를 의도하여 학교 교육에 유효할 수 있도록 문화 내용을 재구성한 모든 수준의 계획'으로 정의하면서 교육과 교육과정과의 관계를 다음과 같이 보고 있다.

첫째, 교육과정은 교육적 성취를 의도하는 점에서 교육의 핵심적 위치를 차지한다. 교육을 우리 인간 삶 전체의 한 표현 양식이며 인간 가치의 계속적인 재형성 과정으로 본다면, 교육과정은 바로 그러한 교육의 실체를 만들어 내는 데 직접 관여하는 대상이 된다. 즉, 교육과정은 교육다운 성취, 학생의 가치를 끌어올리고자 하는 데 기본이 있다.

둘째, 교육과정은 교육이 포괄할 수 있는 가정 교육·학교 교육·사회 교육 등 모든 종류의 교육 형태 가운데 조직적이고 체계적인 교육, 즉 학교 교육에 초점을 두고 있다. 학교는 사회로부터 교육하는 권한과 책임을 위임 받은 공적 기관이다. 교육하는 일을 공인 받은 기관은 형태와 대상에 상관없이 모두 학교로 볼 수 있다. 학교는 기본적으로 학생·교사, 그리고 이 둘간의 상호 작용을 돕는 물리적 환경으로 이루어져 있다. 그러나 교육과정이 없으면 학교 교육은 이루어지지 않는다. 교육과정은 바로 계획된 문화 내용으로서 이를 가지고 학생과 교사가 상호 작용하여 교육이 성취하도록 한다. 따라서, 교육과정은 단순한 문화 내용이 아니고 학교가 이를 가지고 위임 받은 권한을 행사하고 책임을 완수하도록 하는 효력을 발생하게 하는 그런 것이다. 학교 교육에서 그 주요 구성 요인인 학생·교사·교육과정·학교 환경 간의 관계를 도식화하면 [그림 1-1]과 같다.

여기서, 학교 교육의 핵심이라 볼 수 있는 수업은 교육과정을 내용으로 교사나 학생이 학교에서 상호 작용하는 과정임을 시사해 준다. 이와 같이 교육과정은 학생·교사의 상호작용의 대상으로서 학교 교육의 필수 요인의 하나로 존재한다.

셋째, 교육과정은 학교 교육을 위하여 주도면밀하게 계획되고 만들어진 것이라는 점이다. 교육적 성과에 대한 막연한 기대나 그럴듯한 가정

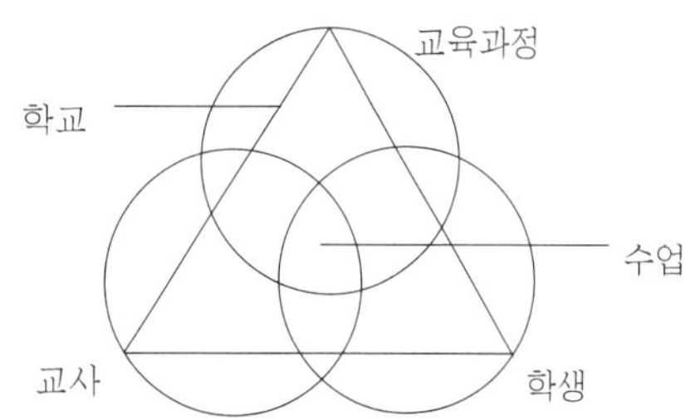

[그림 1-1] 교육과정과 학교 교육 구성 요인 및 그 관계

을 바탕으로 해서 교육과정은 생기지 않는다. 학교 교육을 통해 성취하고자 하는 교육적 성과가 무엇인지에 대한 진지한 탐색과 합의, 이러한 성과를 어떠한 방법으로 얻을 수 있을 것인가에 대한 전문적인 판단과 그에 따른 합리적인 개발 과정을 통해서 생성된다. 이 점에서, 교육과정은 계획된 것이고 만들어진 것이다. 그러나 그 계획과 제작은 단순한 것이 아니라 학교가 속한 사회가 만들고 기성 세대가 만든다. 기성 세대의 선택된 생활 방식과 사고 양식에 의해서 만들어진다.

넷째, 교육과정은 그 생성 자체가 계획되고 만들어진 것이기 때문에 강력한 실천성을 갖는다. 즉, 교육과정은 학교에서 활용하기 때문이다. 이러한 교육과정의 실천성 때문에, 실천되는 데에서 교육과정은 그 의미가 살아난다. 이 점에서, 교육과정은 교육의 실천, 즉 그 교육 자체를 가능케 하는 중요한 요인이 되는 것이다.

이상 교육 자체의 범주 내에서 교육과정의 특징을 살펴볼 때, 교육과정은 체계적인 교육을 담당하고 있는 학교 교육의 기본 요소가 됨을 알 수 있다. 따라서, 교육 현상에 관한 이론적, 실천적 문제를 종합적으로 연구하는 것이 교육학이라고 하면 교육과정은 당연히 교육학의 핵심적 연구 대상이 된다. 그리고 교육, 그 중에서도 학교 교육의 실질적인 과정이 수업이라고 하면 그 수업의 과정을 이루고 있는 교육과정을 이해해야 할 필요는 다른 세 개의 중요한 수업 요인, 즉 교사·학생 및 학교 사회에 대한 이해와 더불어 교육학의 기본적인 과제가 된다. 계획된 문화 내용으로서의 교육과정은 넓게는 교육, 좁게는 학교 교육의 기본적인 내용의 일반적인 지침뿐만 아니라 구체적인 학습 내용까지를 규정하거나 또는 그에 대한 구체적 시사를 제공함으로써 학교 수업의 모습과 그 과정까지도 결정지어 주는 역할을 담당한다.

나. 교육과정의 어원

이러한 교육과정은 영어의 curriculum 을 번역해 놓은 것으로 어원은 라틴말의 쿠레레(currere)로서 "달린다"는 뜻이고, 명사로 쓰일 때는 '달리는 코스'라는 주행로를 나타낸다.

이 때의 쿠레레는 단순히 달린다는 의미가 아니고 극복해야 할 장애물이나 과제 같은 것이 있는 코스를 의미한다. 이와 같은 뜻을 지닌 'curriculum'이란 용어가 교육에 적용되어 교수 요목(course of study)을 뜻하게 되었다. 넓게는 '학교가 가르치는 모든 것'으로, 좁게는 '특정한 학년·학생들을 위한 특정한 교과의 구체적 교육 계획'과 같은 의미로 통한다.

이러한 교육과정은 많은 사람들에 의해 정의되어 왔으나 모종의 합의에는 이르지 못하고 있다. 이것은 교육과정을 아주 넓게 규정하는 정의가 있는가 하면 좁게 한정짓는 정의가 있고, 교육을 위해 계획한 것을 중심으로 개념화하려는 사람이 있는가 하면, 교육을 통해 일어난 결과를 중심으로 개념화하려는 사람이 있다. 이렇게 정의가 다양하다 보니 정의를 분류해 보려는 시도도 있으나 이 분류 체계도 그 기준이 아주 다르게 나타나고 있다. 그리고 이러한 것들은 사회·문화·역사적 상황을 도외시한 탈맥락적인 것이어서 다른 분야와 복합적으로 연루되어 있는 교육과정의 전체적 모습을 적절히 규정해 내지 못하고 있다. 때문에, 교육과정의 정의를 상세히 검토해 볼 필요가 있다.

다. 교육과정의 개념 논의

교육과정의 개념은 단일 개념이 아니라 복합 개념이다. Bobbit(1918)이 '교육과정(curriculum)'이란 용어를 사용한 이후 수많은 학자들에 의해 다양하게 정의되어 오고 있다. 다르게 말하면, 교육과정의 개념에 대한 정의는 학자의 수만큼이나 다양하다고 할 수 있다. 이 글에서는, 주로 개념 논의에 대한 많은 정보를 제공하기 위해 루이스와 미엘(Lewis & Miel, 1972), 자이스(Zais, 1976), 세일러와 그의 동료들(Saylor, Alexander & Lewis, 1981), 슈버트(Schubert, 1986), 태너와 태너(Tanner & Tanner, 1980)의 교육과정 개념 분류에 대해 개략적으로 살펴보고, 지금까지의 교육과정 개념 변천을 5개의 개념으로 요약하여 제시하였다.

Lewis와 Miel(1972)은 교육과정의 정의를 의도된 교육과정과 실현된 교육과정으로 나누고, 의도된 교육과정의 정의를 다시 교수 요목, 의도된 학습 결과, 의도된 학습 참여 기회로 나누었다. 실현된 교육과정은 다시 제공된 학습 기회, 학습자의 실제 학습 참여, 학습자의 실제 경험으로 나누고 있다. 그리고 그들은 교육과정을 정해진 시간과 공간 안에서 다른 사람들과 여러 방법(모든 정보, 과정, 기법, 가치 전달 방법)을 통하여 학습자들에게 학습 참여 기회를 제공하려는 일련의 의도라고 하였다.

Zais(1976)는 교육과정의 개념을 ① 학습 프로그램, ② 강좌 내용, ③ 계획된 학습 경험, ④ 학교의 지원 아래 학습자가 갖게 되는 경험, ⑤ 일련의 의도된 학습 성과의 구조적 체계, ⑥ 교육 행위를 위한 (문서화된) 계획으로서의 교육과정으로 분류하였다.

Saylor, Alexander와 Lewis(1981)는 교육과정의 개념을 ① 교과, ② 경험, ③ 목표, ④ 계획된 학습 기회로서의 교육과정으로 분류하였다.

Schubert(1986)는 교육과정의 개념을 ① 내용 또는 교과목, ② 계획된 활동 프로그램, ③ 의도된 학습 결과, ④ 문화적 재생산, ⑤ 경험, ⑥ 개별적인 과업과 개념, ⑦ 사회 재건을 위한 안건, ⑧ 경주로로서의 교육과정으로 분류하였다.

Tanner와 Tanner(1980)는 여러 학자들의 교육과정에 대한 개념을 9가지로 요약하고 자신의 정의까지를 덧붙여 10개의 개념에 대해 각각의 지배적인 관점과 기능을 [표 1-1]과 같이 소개했다.

[표 1-1] 교육과정의 갈등적인 개념들

교육과정의 개념	지배적인 관점	기 능
1. 조직된 지식의 축적된 전통	항존적, 본질적 내용 및 기능 기존의 학문 체계	문화 전수 유능한 학습자 전문지식의 생산
2. 사고의 양식	학문적 탐구 반성적 사고	전문지식의 생산 개인적-사회적 문제 해결
3. 공동체 경험	사고와 행동에 대한 문화적 규범	문화의 동질성
4. 안내된 경험	지역사회의 생활 감지된 필요	효율적 생활 자아 실현
5. 계획된 학습 환경	(절충적)	교육의 과정 촉진
6. 인지적, 정의적 내용과 절차	(절충적)	지식의 습득, 기능의 발달, 정의적 행동의 성숙
7. 수업 계획	수업의 진술된 의도	(절충적)
8. 수업의 목표	목표의 확인	측정 가능한 성취
9. 기술적 생산 체제	활동 분석 행동적 목표 요소의 상호작용 체제 분석	구체적 성인 활동의 준비 통제된 행동; 목표로서의 행동 상호작용 촉진을 위한 수단의 활용 효과적 산출을 위한 관련 요소의 양적 분석
10. 지식과 경험의 재구성	반성적 사고; 생활 경험과 관련된 공동체 경험	지식과 경험의 통제; 개인적-사회적 문제 해결과 성장

자료 : Tanner & Tanner, 1980, p. 37

20세기 초반 동안, 조직된 지식의 축적된 전통으로서의 교육과정의 개념은 계속적으로 논의되어 왔다. 비록 많은 교육자들이 계속해서 이런 개념을 유지해도 다른 이들은 교육과정은 ① 사고의 양식, ② 공동체 경험, ③ 안내된 경험, ④ 계획된 학습 환경, ⑤ 인지적/정의적 내용과 절차, ⑥ 수업 계획, ⑦ 수업의 결과 또는 산출, ⑧ 기술적 생산 체제로 생각해 왔다(Tanner & Tanner, 1980).

조직된 지식의 축적된 전통으로서의 교육과정에 따르면 항존적(영속적) 지식, 본질적 지식 등이 중요한 교육과정으로 선택되어진다. 아동의 지적 활동이란 기본적으로 학자들의 그것과 다른 것이 아니라는 입장에 의한 교육과정관이 사고의 양식의 교육과정 개념이다. 사고의 양식으로서의 교육과정관은 Bruner 나 Phoenix 에게서 잘 나타나고 있다. 공동체 경험으로서의 교육과정관은 영국의 교육자인 Denis Lawton 에게서 볼 수 있는 견해이다. 즉, 그는 교육과정을 '사회의 문화로부터 선택된 것'으로 보면서 우리 생활 방식의 어떤 측면, 어떤 태도, 어떤 가치는 대단히 중요해서 우연히 다음 세대에게 전달되도록 방치할 수 없으며, 사회는 학교라는 사회적 기관에 있는 전문적 교육자에게 그 선택을 의뢰하는 것이라고 말하는 데서 잘 나타난다. 교육과정을 학교의 지도하에 제공되는 경험으로 보는 입장은 1930년대 후반에 많이 제기된 것으로서 Arthur Foshay 에 의해 잘 대변되고 있다.

1960년대 말에 들어가면서 교육과정을 '수업 계획'으로 보는 견해가 강하게 대두되었다. Hilda Taba 가 교육과정이란 '학습을 위한 계획'이라고 말한다든지, George Beuchamp 가 '교육과정이란 쓰여진 문서'라고 말하는 데서 이 입장이 잘 나타나고 있다. 교육과정을 '기술적(공학적) 생산 체제'로 보는 견해는 산업 과학적 경영의 원리를 교육에 적용하려는 데서 이해할 수 있다.

앞에 말한 교육과정의 정의의 각각은 용어의 뜻으로 표현한다. 어떤 교육과정 저술가는 알맞고, 광범위하게 합의된 교육과정의 정의는 발전되고 그 영역에서 거의 진보가 없을 수 있다고 생각한다. 그러나 과학자가 과학의 맞춰진 정의에 동의하지 않는다는 사실은 과학적 진보를 방해하지 않는다. 물론, 다른 과학자들은 다른 과학의 정의에 이른다. 그리고 그러한 정의는 그들의 작업에 도움이 될 수 있다. 그러나 맞춰진 생각은 과학의 정신에 위배된다. 교육과정에 대해 제안된 정의의 종류에 있어서, 더욱 포괄적이고 시험적인 연구의 정의를 Tanner 와 Tanner(1980)는 교육과정을 '학습자가 지식이나 경험을 통제하는 권한을 더 증가하는 것이 가능하도록 학교(또는 대학)의 보호와 후원 아래 체계적으로 개발된 지식과 경험의 재구성'으로 정의했다.

20세기 처음 반세기 동안에 과도기적인 교육의 영향은 교육과정 개념의 근본적인 변화를 일으켰다. 근본적으로, 교육과정에 관한 새로운 개념의 성립은 많은 힘들(지식의 개념 변화들, 과학적인 지식의 변화, 학문 성취 정도의 변화)의 결과였다. 그럼에도 불구하고, 전통적인 교육과정의 개념들을 반대하는 과정에서 진보적인 교육자들은 교육과정이 어떻게 정의되었는지에 대해 결코 보편적으로 동의하지 않는다. 그러나 전통적인 교육과정 개념은 오늘날까지 그 영향을 미쳐 왔다고 할 수 있다.

여기서는 여러 학자들의 교육과정에 대한 개념 논의의 특징을 정리하여 ① 교과목과 교과 내용으로서의 교육과정, ② 경험으로서의 교육과정, ③ 목표 또는 의도된 학습 결과로서의 교육과정, ④ 계획으로서의 교육과정, ⑤ 경주로(재개념화)로서의 교육과정 등 5개의 주요 개념으로 추출하여 각 개념의 정의와 학자들의 주장 및 비판을 살펴보고 복합적 개념의 필요성에 대해 논의하고자 한다.

(1) 교과목과 교과 내용으로서의 교육과정

20 세기초의 몇 년 동안 대부분의 교육자들은 교육과정의 전통적인 개념을 고수해 왔다. 많은 전통주의자들은 교육과정에서 제외되어야 할 과목과 추가되어야 할 과목들을 고려했기 때문에 폭넓게 그러한 정의들을 탐색해 왔다. 영구적이고 본질적인 지식이 있다는 것을 주장해 온 전통주의자들은 어떤 개념이든지 간에 영구적이고 본질적인 학문을 포함하고 있어야 한다고 주장했다. 그들의 관점에서 교육과정의 개념은 교과목의 실체와 교과목의 구성 요소들을 드러내지 않고서는 무의미하다고 보고 있다. 교과 과정이나 교수 요목이라는 용어는 또한 교육과정과 같은 뜻으로 쓰이고 있다. 태너와 태너는 이러한 개념을 '조직된 지식의 축적된 전통으로서의 교육과정(curriculum as the cumulative tradition of organized knowledge)'으로 표현했다.

Schubert(1986)는 교육과정을 교과목이나 교과 내용의 이미지로 사용한 교육자들은 교과 조직과 그 교과들에 대한 해석, 특정 교과를 공부하는 데 필요한 선수 지식, 그리고 학교 수준에 따라 모든 교과들을 서로 조화시켜 그 수준에 요구되는 것들에 제공해 주기 위한 방법을 명시하고 있어야 한다고 했다.

이러한 입장은 교과목에 대해 지나치게 관심을 쏟음으로써 학교에서 학생들이 경험하는 다른 중요한 부분들, 즉 계획되거나 계획되지 않은 활동에 대해서는 적절히 설명하지 못한다. 사실, 그것은 가르치는 주제에 대해서만 설명할 뿐 인지 발달, 창조적 표현력, 그리고 인격적 성숙과 같은 중요한 문제들에 대해서는 무관심하다. 계획 속에는 가르쳐야 할 교과 이상의 훨씬 많은 부분이 포함되어 있다. 수업 전략, 순서 절차, 교과의 범위, 동기 유발 장치, 측정 도구, 내용의 해석 등 교과의 성격에 커다란 차이를 가져오는 계획성의 한 본보기에 지니지 않는다. 계획되지 않은 측면, 즉 학생들의 선수 지식, 교과 및 학습에 대한 학생들의 태도 및 학생들과의 상호 작용 양식, 학생들간의 상호 관계, 학습 환경의 사회적, 조직적, 물리적 특징 등은 학습에 있어서 강력한 영향력을 미치고 있다. 이와 마찬가지로 과외 활동을 구성하는 형식적 조직과 사건들뿐만 아니라 복도나 운동장에서 또는 점심 시간이나 휴식 시간에 이루어지는 학생들간의 비형식적인 사회적 상호 작용도 학습에 있어 중요한 요인들이다.

따라서, 교과목 혹은 형식적 내용과 동일시되는 교육과정의 이미지는 간단하지만 문제를 너무 단순화시키고 제한한다. 학교는 학생들이 교과의 한계를 뛰어넘도록 가르쳐야 한다. 이러한 측면이 비의도적이고 학교 문화에 내재해 있는 것들과 함께 교육과정의 개념에 포괄적으로 포함되어야 할 것이다.

㈎ 교과목으로서의 교육과정

교육과정을 교과로 보는 관점은 역사적으로 가장 오래 되었다. 일반적으로 "학교에서 배우는 교육과정은 무엇인가?"라는 질문을 받을 때 통상 국어, 영어, 수학 등으로 답변을 한다. 즉, 학교에서 개설해 놓은 교과목을 열거한다. 그런데 교과를 교육과정으로 보는 사람들은 학습 결과나 학습 경험에 대해서는 일체 언급을 하지 않고 있다.

Schubert(1986)는 교육과정에 대한 가장 전통적인 이미지는 고대의 7자유 학과로 거슬러 올라가는데, 이것은 3학인 문법, 수사학, 변증법과 4학인 산술, 기하학, 천문학, 음악을 포함하며 여기서 교육과정은 교과목과 동일하다고 하였다.

Zais(1976)는 학습 프로그램으로서의 교육과정이라는 표현을 사용하면서 일반인들에게 어떤 한 학교에서의 교육과정이 의미하는 바가 무엇이냐고 질문한다면 대부분의 응답자는 학교에 의해서 제공되는 일련의 교과 목록(a list of subject)이라고 대답할 것이라고 했다. 즉, 교육과정이란 영어, 수학, 역사, 경제학 등의 교과목을 의미한다라고 대답할 것이다. 보다 구체적인 응답은 국사. 수학, 불어 I 등과 같이 학교에서 채택하고 있는 일련의 강좌명이 될 것이다. 몇 가지 경우를 제외할 때, 교과목의 지정은 특정 교과의 내용과 과정에 관해 가변적이고 부정확한 정보만을 전달해 줄뿐이다. 더 나아가 이제까지의 우리들의 경험에 비추어 볼 때, 특정한 강좌의 명칭이 그 강좌를 이수하는 동안 학습자가 습득해야 할 학습 성과 및 경험을 나타내 주지는 못했음을 알 수 있다. 이러한 이유로 해서 교육과정 전문가들은 학교의 교과나 강좌가 아니라 하나의 학습 프로그램으로서의 교육과정이라는 용어를 더 선호해 사용한다.

㈏ 교과 내용으로서의 교육과정

이는 교육과정을 학생들이 필수적으로 배워 나가야 하는 내용으로 규정하는 관점이다. 즉, 교육과정을 교과서나 교과 개요 또는 교사용 지도서의 내용과 같은 것으로 생각하려는 입장이다.

Zais(1976)는 강좌 내용으로서의 교육과정이라는 표현을 사용하면서, 어떤 프로그램의 특정 강좌 내용이 종종 교육과정으로 간주될 때가 있다고 했다. 예를 들어, 어떤 교사에게 미국사의 교육과정이 무엇이냐고 질문했을 때, 그는 1607년 이전의 역사적 발견 및 탐험, 남부 식민지의 정착, 뉴잉글랜드의 식민지화 등과 같은 강좌의 주제적 윤곽을 나열할 것이다. 이와 같은 의미로 해석되는 교육과정 개념은 교육과정 운동이 시작되기 이전에 널리 사용되었던 개념으로서 단순하고 소박한 수준에서의 개념이라고 할 수 있다.

(2) 경험으로서의 교육과정

교육과정을 경험으로 보는 관점은 크게 두 가지로 나누어진다. 하나는 계획된 경험으로 보는 관점이고 나머지 하나는 계획되지 않은, 또는 의도하지 않은 경험으로 보는 관점이다.

교육과정은 일련의 활동의 모음이나 사전에 결정된 목적이 되어야 한다는 생각은 John Dewey에 의해 반박되었는데, 그는 수단과 목적은 하나의 과정, 즉 경험의 분리될 수 없는 부분들이라고 주장한다. 다시 말하면, 한 개인의 경험에 대한 반성적인 관심과 한 개인의 사고와 행동의 결과를 선에 비추어 예측하고 탐지하려는 끊임없는 노력은 바로 진화하는 교육과정이다. 교사는 학생들의 개인적 성장을 위한 촉매자이며, 교육과정이란 교사와 학생간의 대화에서 야기되는 의미와 방향성을 경험하는 과정이다.

학습자는 하나의 커다란 잠재력의 저장소로 여겨진다. 각각의 학습자는 제각기 독특하고 가치 있는 존재로 간주된다. 교사와 학생은 가치 있는 활동에 관한 의사 결정에 관하여 그 중요성을 토론한다. 그러나 활동이란 개념은 이러한 교육과정의 정의에서 경험만큼 중요한 것은 아니다. Tyler(1949)는 강의 내용과 활동을 학습 경험과 대비시켰다. 학습 경험이란 학생들이 실제로 알게 되거나 이해하게 되는 교육과정이다.

학습 경험이란 목적과 내용, 혹은 활동, 사람들의 조직 형태, 수업 자료, 수업의 실제, 평가 방식, 교육자의 희망, 요구 그리고 철학 등의 함수이다. 그러나 학습 경험이란 위의 어느 것과도 동일한 것은 아니다. 왜냐 하면, 학습 경험은 학습자의 경험과 결부될 때 비로소 형성되기 때문이다. 동일한 계획이라 할지라도 상이한 학습자들의 지식이나 기술, 태도, 가치 등으로 실현될 때에는 종종 다른 결과를 가져온다.

실질적인 학습 경험으로서의 교육과정이란 의도적 계획이 실제로 학습된다는 것을 당연하게 여기는 것이라기보다는 실제로 학습되는 것을 파악하려는 시도이다. 경험이란 학습자들이 그들이 관계하는 과정에 비해 반성적으로 사고함에 따라 창출되는 것이다. 교육과정이란 기억되는 사실이나 증명되는 행동이 아니라 학습자에 의해 경험되는 것이다. 이상은 행동을 위한 방향 제시에 있어 필수불가결한 것이긴 하지만, 그 이상은 교사와 학습자가 상호 작용하고 학습에 실체를 제공하는 교과목과 상호 작용하는 가운데 형성되는 것이다.

Schwab(1973)는 교육과정 경험의 4가지 요소를 교사, 학습자, 교과 그리고 학습 환경이라고 제시하고 있다. 이 중, 어느 하나에 혹은 이것들의 조합에 변화가 생길 때마다 학습자와 그들의 축적된 경험이 서로 만나는 교육과정의 결과가 변화되는 것이다. 따라서, 목적과 수단은 끊임없는 상호 작용 속에서 서로 결합되는 것이다. 학습자의 협력자로서, 지각 있는 교사는 학습자가 개인적 성장에 유용한 경험을 추구하도록 도와 주어야 한다.

Schubert(1986)는 개인적 경험과 성장으로서의 교육과정은, 이론적으로는 매우 그럴듯하게 들릴지 모르지만, 실제적으로는 불가능하다고 비판하였다. 실제 주어진 교수 상황에 비추어 볼 때, 하루에 수백 명의 학생을 만나는 한 고등학교 교사가 어떻게 개별적인 대화를 할 수 있으며, 개인적 성장을 위한 교육과정을 수행할 수 있겠는가? 아주 작은 집단, 예를 들어 10명 미만의 학생 집단이라고 생각할 때에는 개별화된 교육과정의 계획이 가능할 것이라고 생각할 수 있을지 모르지만, 이 때에도 각 학생의 인성, 성격, 외모, 신념, 행동 등에 대한 교사, 다른 학습자. 교과목, 환경의 결과를 충분히 알 수 있을 만큼 각 학생의 내면에까지 이르게 하는 것은 불가능하다.

교육과정에 대한 이러한 개념은 너무 광범위하므로, 이에 대한 연구가 불가능하다. 학습자의 과거 경험 전체에 근거한 학교 생활의 경험 전체의 장단기적 결과를 어떻게 연구할 수 있겠는가?

㈎ 계획된 학습 경험으로서의 교육과정

오늘날 교육과정을 계획된 학습 경험으로 간주하는 것은 교육과정 전문가들 사이에서 가장 보편화된 개념 중의 하나이다. 예를 들어, Krug는 교육과정을 '바람직한 학습 경험의 기회를 학습자에게 제공하기 위해 학교가 선정하는 모든 수단'으로 정의하고 있으며, Doll은 "교육과정은 학습될 강좌의 내용이나 교과 및 강좌의 목록을 의미하는 것으로부터 학교의 감독 또는 지원 하에 학습자에게 제공되는 모든 경험으로 그 개념이 변화되어 왔다."고 진술하고 있다.

이러한 넓은 의미에서의 교육과정은 과거의 개념 정의에 비해서 교육적 사태를 보다 정확히 반영하는 개념 정의라 할 수 있다. 결국, 학교란 자신의 책임 하에 놓여 있는 학습자를 교육시키기 위해, 즉 일정한 계획에 따라 발전시키기 위해 존재하는 것이며, 이러한 발전은 학습자가 겪게 되는 학습 경험을 통해서 성취되는 것이다.

이러한 견지에서 볼 때, 교육과정이란 교육을 위한 하나의 청사진이며, 궁극적으로는 학습자가 성취해야 할 계획된 학습 경험으로 구성된다는 견해는 매우 타당한 것처럼 보인다.

그러나 이러한 개념 규정은 너무 광범위하기 때문에 기능적이지 못하다고 비판받아 왔으며, 한편으로는 너무 협소한 개념 정의라고 비판받기도 하였다. 후자는 교육과정이 계획된 것이든 계획되지 않은 것이든 간에 학교의 지원 하에 학습자가 실제로 겪게 되는 모든 경험으로 구성된다는 주장을 전개하고 있다.

㈏ 학교의 지원 아래 학습자가 갖게 되는 경험으로서의 교육과정

교육과정을 보다 넓은 의미에서 정의하려는 교육과정 학자들을 '불가시적 교육과정(invisible curriculum)' 또는 '잠재적 교육과정(hidden curriculum)'이라는 용어를 사용하고 있다. 이러한 비계획적이고 비의도적인 교육과정의 측면은 학교 교육과정 속에서 간과되는 경향을 보이고 있다. 예컨대, 이 입장에서 교육과정을 정의하는 학자들은 읽기를 가르치기 위해 특별히 계획된 교육과정이 읽는 방법을 배우게 하기도 하지만 읽기 학습을 싫어하게 만드는 전혀 다른 경험의 결과로 나타나게 되는 경우도 있다고 지적한다. 따라서, 비록 그러한 경우가 계획된 것이나 의도된 것은 아니지만, 읽기를 가르치는 경험이나 읽기를 싫어하도록 가르치는 경험은 교육과정에서 모두 고려되어야 한다.

이와 동일한 맥락에서 학교를 비판하는 사람들은, 학생들은 학교 교육과정 속에서 다양한 교과 영역을 경험하고 학습하지만, 이와 함께 학교 제도의 권위주의적 구조를 경험하기도 하고, 또 그 권위에 대해서 순종해야 할 것을 배우게 된다고 주장한다.

(3) 목표 또는 의도된 학습 결과로서의 교육과정

목표 또는 의도된 학습 결과로서 교육과정을 보는 관점은 1960년대와 1970년대 초의 교육 프로그램의 성과에 대한 관심의 증대와 함께 나타났다. 즉, 이 당시에는 교육에 대한 책무성이 강조되었으며 이러한 경향은 교육과정의 정의를 목표 또는 의도한 학습 결과에 강조점을 두게 하였다.

존슨과 포스너(Johnson, 1977; Posner, 1982)는 교육과정이란, 활동 그 자체가 되어서는 안 되며, 의도된 학습 결과에 직접 초점을 맞추어야 한다고 주장한다. 이러한 주장은 강조점을 수단으로부터 목적으로 옮기고 있다.

Zais(1976)는 일련의 의도된 학습 성과의 구조적 체계로서의 교육과정이라는 표현을 사용하면서 교육과정은 수업의 결과를 규정하는 것이지, 그 결과를 성취하는 데 사용되는 수단(예를 들어, 학습 활동, 자료, 결과를 달성하는 데 이용되는 수업 내용 등)을 규정하는 것은 아니라고 했디. 따라서, 의도된 학습 성과의 구조적 체계만이 교육과정으로 구성될 수 있으며, 그 밖의 모든 것은 수업에 해당되는 것으로 판단했다. 즉, 교육과정과 수업에 대한 이원론적(dualistic) 견해를 표명하고 있다.

의도된 학습 결과에 초점을 맞추는 것은 의도되지 않는 학습 결과로부터 관심을 멀어지게 하는데, 많은 학자들은 의도되지 않은 결과가, 학생들이 학교에서 배우는 것에 더 강력한 힘을 행사한다고 주장한다(Schubert, 1986). 그것은 학교의 문화, 혹은 잠재적 교육과정의 산물이다. 학급 내의 모든 학생들이 의도된 학습 결과를 획득했다고 주장할 수도 있지만, 그 결과는 학생들마다 각기 다를 수도 있다.

새로운 지식이 학생들의 기존의 인지적, 정의적 영역과 결합되어 학생들을 도울 수 있을 때엔 값진 것이지만, 동일한 학습 결과가 다른 학생에게는 해를 끼칠 수도 있는 것이다. 덜 해롭긴 하지만 그래도 강력한 힘을 갖고 있는 것은 조직의 환경과 교수 전략이 학습 결과에 미칠 수 있는 영향력이다. 예컨대, 똑같이 의도된 결과라 하더라도 탐구법이냐 시뮬레이션이냐 혹은 강의법이냐에 따라 달라질 수 있다. 의도된 결과가 시행 방법에 따라 달라질 수 있으며, 심지어는 의도된 학습 결과를 획득했다고 생각하는 학생 집단 내에서조차도 달라질 수 있는 것이다.

(4) 계획으로서의 교육과정

앞에서 검토한 세 가지 교육과정의 정의는 학교 교육에 있어 중요한 역할을 한다. 교과나 내용은 교육의 핵심인 지식을 제공하고, 학습자는 경험을 가지며, 목표 진술은 모든 교육과정 계획에 있어 중요하다. 그러나 교육과정의 정의를 위에 제시한 세 가지 중의 어느 하나에 국한시키는 것이 오히려 교육과정을 종합적으로 이해하는 데 어려움을 가져다 준다.

종합적인 정의는 이들 세 가지 개념, 즉 교과와 교과 내용, 경험, 목표를 모두 포함하고, 이외에 계획의 개념도 포함하여야 한다. 그래서 Saylor, Alexander와 Lewis(1981)는 '교육과정은 학습자에게 여러 형태의 학습 기회를 제공하기 위한 계획'이라고 정의했다. 여기서 말하는 학습 기회란 교과 중심 교육과정, 경험 중심 교육과정 등을 포함하며, 또한 학습 환경도 포함한다.

Zais(1976)는 교육 행위를 위한 문서화된 계획으로서의 교육과정이라는 표현을 쓰면서 학교 교육의 체제인 교육과정을 수업과 마찬가지로 사회적 체제로 보았고, 따라서 교육과정을 행동을 위한 계획, 즉 수업을 위한 계획으로 정의 내리고 있다. 이 개념 정의 속에는 의도된 학습 결과 이외의 다른 구성 요소들인 학습 내용, 학습 활동까지도 포함되어 있어 위의 세번째 개념 규정보다 더 폭넓은 것이다.

Schubert(1986)는 계획된 활동인 프로그램으로서의 교육과정이라는 표현을 사용하면서 학생들에게 전달되는 계획된 모든 활동이라는 포괄적인 교육과정의 개념은 범위와 계열, 해석, 교과에 대한 해석 및 균형, 동기 유발 장치, 교수 방법 등의 미리 계획할 수 있는 모든 것을 포함한다고 하였다.

또한, Schubert(1986)는 교육과정을 계획된 활동이라고 특징짓는 것은 내재적인 발달보다는 외형에 그 강조점을 두는 것이라고 비판했다. 그것은 산출 결과에 가치를 두는 것으로서 학습 과정은 무시된다. 활동에 강조점을 두는 것은 수단보다는 목적에 더 많은 관심을 두어야 한다는 것을 의미한다.

예를 들어, 많은 교사나 교육청에서는 활동 수행에만 지나치게 신경을 쓴 나머지, 활동 자체가 곧 목적이 되는 경우도 있다. 따라서, 그러한 활동들이 수행하는 목적, 학습 과정이나 개인에게 미치는 영향 같은 것들을 도외시하는 경향이 있다. 사전에 열거된 활동에 지나치게 집착하면, 결과에 대한 예상이 어렵게 될 수 있다. 예를 들어, 20명의 아동이 똑같이 창의적인 논술 활동을 하고 있다 하더라도 서로 다른 20가지 반응 양태를 가져올 수 있을 것이다. 따라서, 계획된 활동 그 자체보다는 학생들이 제각기 경험하는 것에 초점을 맞추는 것이 더 현명할 수 있다.

(5) 경주로(재개념화)로서의 교육과정

교육과정의 영역에 있어서, 가장 최근에 나타난 입장 중의 하나는 교육과정의 동사 형태, 즉 currere를 강조하는 것이다. currere는 교육과정을 그 어원적인 의미인 경주로로 해석하기보다는 그 경주로를 따라 달리는 것(running of the race)을 말하는 것으로, 자신의 자전적 역사를 재개념화할 수 있는 개인의 능력을 강조한다. Pinar와 Grumet(1976)에 의해 설명되었듯이, 개인은 현재의 사건들 속에서 의미를 찾고, 기원을 찾아 재구성하며, 미래의 가능한 방향을 상상하거나 창출한다. 공감하는 교육과정은 타인과 자서전적인 대화를 나누는 것을 바탕으로 생에 대한 개인의 전망을 재기획하는 것이다(Grumet, 1980).

교육과정은 또한 개인이 상호간의 재개념화를 통해 자신이나 타인, 그리고 세계에 대한 이해를 넓혀가기 때문에 사회적 과정이 된다. 상호성이라는 것은 바로 근접해 있는 사람들을 포함할 뿐만 아니라 현존하는 지식들의 획득, 또는 문학 및 예술에 정통하는 것 등을 포함한다. 그러나 중요한 것은 자서전이다. 즉, 교육과정이란 생활 경험에 관한 해석이다.

이러한 교육과정의 실례를 Schubert(1986)는 "학생들은 그들이 지금 모습으로 발전된 데 대해 누가, 어떻게, 왜 등에 초점을 맞춘 자서전적인 설명을 기록한다. 교사와 학생들은 그 기록에 대해 구두나 문서를 통해 반응한다. 대화가 따르게 되고 이의 결과로 자신과 타인 그리고 세계에 대해 합의된 시각을 만들어 낸다. 관련 문헌이 도입되고, 교육과정은 재개념화의 과정이 된다."라고 진술했다.

재개념화의 목적은 부당한 관습이나 이데올로기, 획일성 등의 구속으로부터 개인을 해방시키는 것이다. 그것은 상호간의 재개념화를 통해 다른 의미의 영역을 탐구하는 것이고, 가능성을 창출하는 것이며, 자신과 타인 및 세계에 대한 새로운 방향을 형성하는 것이다. 이러한 자각을 위한 노력은 교사나 학생에 의해 이루어질 수 없는 것이다. 그것은 정신과 의사, 심리 분석가, 혹은 다른 전문적인 치료가의 전문적 식견을 요하는 것이다. 설사, 그것이 학교에서 행해질 수 있다 하더라도 그렇게 되어서는 안 된다. 왜냐 하면, 그것은 한 문화의 지식, 기술과 가치를 전달하는 학교의 목적 이상의 것이기 때문이다. 어린이와 젊은이는 객관적인 지식을 필요로 한다. 자기 통찰은 부모와 개인의 책임이지 학교를 지원하는 정부나 또는 기타 기관의 책임은 아니다.

(6) 복합적 개념의 필요성

지금까지 논의된 교육과정의 개념은 지난 50~60년 동안 많은 학자들에 의해서 제기되어 왔던 것들 중의 일부에 지나지 않는다. 그러나 이러한 추세에 구애받지 않고 일부 교육과정 전문가들은 교육과정의 개념이 다양해져야 한다고 믿고 있다. 예를 들면, Mann은 교육과정을 정의하는 것은 "편리하게 공약(commitment)을 수행하기 위하여 교육과정 학자가 잘라져 있지 않고 또 잘라질 수 없는 빵을 어떻게 잘라지는 것처럼 상상하기로 결정하는가" 하는 문제라고 주장했다. 이 정의는 모호한 것처럼 보이지만 모호한 것은 아니다. 왜냐 하면, 이 정의는 편리한 공약 수행, 다시 말해 교육과정에 관련된 결정을 수행함에 있어서 의도된 목적과 연결되기 때문이다.

이러한 주장은 Schwab에 의해서도 지지되고 있는데, 그는 교육과정이라는 용어를 이론적 측면에서 너무 명확하게 정의하려고 하기 때문에 교육과정 분야가 빈사 상태에 놓여져 있다고 단언한다. 방어할 수 없는 결정에 기초한 행동으로 간주되는 개념, 즉 실제적인 것에 일차적인 관심을 두게 될 때에야 비로소 교육과정 분야는 다시 활기를 찾게 될 것이라고 그는 주장한다. 물론, 방어할 수 있는 결정이란 철학적 가정과 이론적 기초에 대한 검토를 포함하는 것이어야 한다는 의미에서, Schwab의 입장은 교육과정의 이론적 측면을 배제하지 않고 있다. 오히려, 그의 이러한 주장은 교육과정의 명확한 개념 정의와 같은 문제에 대해 전개되어 온 난해하고 때로는 비밀스러운 논쟁의 반발로 이루어진 것이다.

Schwab의 비평은 적절한 것으로 받아들여진다. 제도권 학교의 기존 교육과정 상태를 고려할 때, 교육과정에 대해 정확한 정의를 내리려고 하는 작업은 매우 비생산적이기 때문에, 교육과정 학자들은 실제적 학교 상황에서의 교육과정 구성의 현실을 다루는 데 더 많은 시간을 보내게 될 것이 분명하다. 그러나 학문적 공동체에서의 최근의 발전은, 언어적 대상에 대해 단일한 규정만을 허용하는 것은 이론적으로 바람직스러운 것이 될 수 없다고 지적하고 있다.

앞에서 언급한 바와 같이, 교육과정 평가 활동에 있어서 가장 유용한 정의는 계획된 것이든 계획되지 않은 것이든 학습자가 겪게 되는 경험을 포함하는 것이라 할 수 있다. 이에 비해서, 교육과정 계획 단계는 그러한 학습 경험을 포함하는 정의를 도저히 활용할 수 없으며, 단지 계획된 또는 소망하는 경험을 산출해 낼 제안된 내용과 활동을 포함하는 정의만이 활용될 수 있다. 또한, 이 계획 단계에서는 교육과정을 하나의 가시적 문서, 즉 행동을 위한 계획을 개념화한 것으로 보는 것이 타당한 것처럼 보인다. 그러나 평가 단계에서는 교육과정을 실제 교실 수업 상황 속에 붙박혀 있는 일군의 현상으로 간주할 필요가 있다.

지금까지의 논의로 미루어, 내릴 수 있는 결론은 교육과정에 대한 모든 정의는 성취해야 할 목적에 따라 필연적으로 다양하게 제시될 수밖에 없다는 점이다.

2. 교육과정의 유형

교육과정의 유형이란 교육과정의 조직 형태를 유형별로 구분해 놓은 것을 말한다(이경섭, 1990). 다시 말해서, 교육 목표의 달성을 위해서 교육 내용을 선정·조직해 놓은 형태를 말한다(정찬기오 외, 1998). 교육과정의 유형은 시대에 따라, 철학적 배경에 따라, 학자들마다의 신념에 따라 각기 다른 내용을 가지고 변화해 왔기 때문에 다양하다. 이 글에서는, 학자들의 교육과정 유형 분류에 대해 고찰해 보고, 대표적인 유형을 교과, 경험, 학문 및 인간 중심 교육과정으로 나누어 살펴보고자 한다.

가. 교육과정 유형 분류

일반적으로 다양한 교육과정의 유형을 분류하는 기준으로는, 첫째로 그 교육과정이 내용면에서 어떠한 성격을 가지고 있느냐 하는 점과, 둘째로 그 교육과정이 어떤 형식을 갖추고 있느냐 하는 점과, 그 내용과 형식이 어떻게 짜여졌느냐 하는 데에 있다. 그리고 교육과정의 내용면에서의 중점을 문화(교양), 사회(실용), 학습자(흥미) 중 어느 분야에 더 두느냐에 따라 유형이 분류될 수 있다. 다시 말하면, 교과 중심의 교육과정, 아동 중심의 교육과정, 또는 사회 중심의 교육과정에서 그 중점을 어디에 두느냐에 따라 유형이 구분된다는 것이다. 이 때, 문화와 지식을 중심으로 하여 조직한 것을 교과 중심 교육과정이라 하고, 인간의 생활 경험과 활동을 중심으로 하여 사회 생활에 필요한 여러 가지 학습 내용으로 조직한 것을 생활 중심 또는 경험 중심 교육과정이라 하며, 학습자의 흥미, 욕구, 관심 등을 중심으로 하여 조직한 것을 학습자 또는 아동 중심 교육과정이라 부른다.

교육과정의 유형은 이처럼 학자에 따라 견해를 달리하고 있으나, 그 대표적인 것을 살펴보면 다음과 같다.

Hopkins(1941)는 교과 교육과정과 경험 교육과정을 양극으로 보고, 교과 교육과정을 상관 교육과정, 융합 교육과정, 중핵 교육과정으로 구분하였으며, 경험 교육과정을 광역 교육과정, 중핵 교육과정으로 구분하였다.

Foshay(1950)는 '교육과정의 성행 시대'에 따라서 1890~1930년까지를 교과 중심, 1930년 이후를 아동 중심 교육과정 시기로, 현대는 필요, 생성, 항상적 생활 장면 분석 교육과정으로 분류하였다.

Saylor 등(1959)은 학교 교과형, 광역 교과형, 생활의 중요 사회 기능형, 학습자의 흥미·필요·문제형, 그리고 중핵형으로 구분하였다.

Zais(1976)는 교육과정의 설계 형태에 따라 교과 중심, 학습자 중심, 문제 중심으로 분류하였다. 교과 중심은 교과, 학문, 광역으로 구분하였고, 학습자 중심은 활동 또는 경험, 개방 학급, 인문주의로 구분하였으며, 문제 중심은 생활 영역, 청소년 및 사회의 관심, 중핵 등으로 구분하였다. 그리고 McNeil(1990)은 인본주의 교육과정, 사회 재건주의 교육과정, 공학과 교육과정, 학문적 교육과정으로 구분하였다.

김봉수(1987)는 여러 외국 학자들의 교육과정 유형을 종합 고찰한 다음, 교과 중심(교과, 상관, 광역), 경험 중심(활동, 생활 영역), 학문 중심(기본 개념, 탐구 과정, 탐구 방법), 중핵(교과 중심, 아동 중심, 사회 중심), 인간 중심 교육과정으로 유형화하였다.

이경섭(1991)은 '교육과정 유형별 연구'라는 저서에서 교육과정을 교과 중심, 경험 중심, 학문 중심으로 분류하고, 교육과정의 개념, 설계, 인적 조직, 목표 설정, 스코프와 시퀀스의 결정, 내용의 선정과 조직, 단원의 구성과 전개 과정 등 교육과정에 관련된 모든 요소들을 이 세 가지 유형에 따라 전개하였다.

이상의 여러 분류를 전체적으로 요약할 수 있는데, 시대별로 두드러진 유형은 교과 중심, 경험 중심, 학문 중심이라고 할 수 있다. 교과 중심의 교육과정은 분과형(separated type), 상관형(correlated type), 융합형(confused type), 광역형(broad-field type)으로 구분할 수 있다. 경험 중심의 교육과정은 활동형(activity type), 광역형, 중핵형, 생성형(emerging type)으로 구분할 수 있다.

학문 중심의 교육과정은 개념 위주의 분과형, 과정 위주의 다과정형, 방법 위주의 개별화형으로 구분할 수 있다. 또한, 우리 나라 교육에 영향을 미쳤던 유형은 교과 중심, 경험 중심, 학문 중심, 인간 중심 교육과정 유형으로 볼 수 있으며, 여기서는 네 가지 유형에 따라 구체적으로 살펴보기로 한다.

나. 유형별 탐색

대표적인 네 가지 교육과정 유형의 기본 입장, 특징, 하위 유형 및 장단점을 살펴보고, 마지막으로 우리 나라 교육과정의 변천 과정과 함께 종합적으로 논의해 보기로 한다.

(1) 교과 중심 교육과정

㈎ 기본 입장

교과 중심 교육과정은 역사적으로 가장 긴 전통을 가지고 있다. 그리스, 로마 시대부터 시작하여 중세에 한창 성하였던 소위 7자유 학과, 즉 3학인 문법, 수사학, 변증법과 4과인 산술, 기하학, 천문학, 음악이 그 대표적인 것이다.

교과 중심 교육과정의 기본 입장을 살펴보면, 첫째 교육이란 이전 세대의 문화 유산이나 정보를 후세대들에게 전달하는 것이라는 것이고, 둘째 인간은 선천적으로 기본 능력을 가지고 태어났기 때문에 인간의 선천적 제능력을 도야하기 위해서는, 무엇보다도 먼저 교과의 조직이 인간의 능력을 잘 도야시킬 수 있도록 구성되어야 한다는 것이다. 셋째, 각 교과는 각기 다른 자체의 논리를 가지고 있다는 것이다. 넷째, 감성보다 이성을 중시하는 입장이다. 다시 말해서, 교육의 목적은 논리적이고 체계적인 인간을 기르기 위한 것이고 이러한 인간을 기르기 위해서는 보다 잘 개발되고, 체계화된 교과가 이성적인 인간을 만드는 주된 도구가 될 수 있다는 입장이다(정찬기오, 문승한, 1997).

㈏ 교과 중심 교육과정의 특징

이러한 내용을 토대로 교과 중심 교육과정의 특징을 살펴보면 다음과 같다.

첫째, 문화 유산의 전달이 주된 교육 내용이 된다. 교과는 문화 유산을 분류하고 논리적으로 체계를 세운 것이라 할 수 있다. 따라서, 교과 중심 교육과정을 문화 유산 중심 교육과정이라고 할 수 있다.

둘째, 교사 중심의 교육과정이다. 교육자는 피교육자보다 월등히 많은 지식과 기술이 있어야 하며, 이 지식과 기술을 피교육자에게 전달하도록 한다.

셋째, 설명 위주의 교수법을 요구하는 경우가 많다. 교사 중심의 교육과정이라 하여도 실험 학습, 시범, 토의 등의 학습 활동을 하는 것을 바라고 있지만, 이것보다는 교과 내용에 관한 교사의 상세한 설명을 필요로 하는 경우가 더 많다. 교사의 자질 중 '설명력'이 요구되는 까닭이 여기에 있다.

넷째, 한정된 교과 영역 안에서만 학습 활동이 이루어진다. 교과 중심 교육과정에 있어서는 교과의 선을 중시한다. 따라서, 학습 활동은 한 교과 활동 영역에서 다른 교과 영역을 침범하는 것을 싫어한다.

이러한 교과 중심 교육과정의 철학적 배경은 본질주의 교육 사조이다. 이 본질주의 교육 사조는 문화 유산 가운데서 기본적인 것을 선정하여 다음 세대에 전달하는 것을 목표로 한다. 따라서, 교육과정에는 문화 유산을 이해하고 그가 살고 있는 세계를 알게 하는 것이 중요하다. 이들에게 있어서 교과란 학문 또는 지식의 체계를 말하며, 이를 학습하게 함으로써 앞으로의 여러 문제를 해결할 수 있는 능력을 기른다고 본다. 그러므로 수업에 앞서서 미리 정해진 계획의 조직으로부터 출발하고 일률적인 교재가 주어지며, 학습 활동은 한정된 교과 영역에서만 행해진다.

㈐ 교과 중심 교육과정의 하위 유형들

수정된 교과 중심 교육과정의 유형을 보면, 분과형, 상관형, 융합형, 그리고 광역형의 네 종류가 있다. 교과 중심 교육과정의 전통적인 유형은 분과형이지만 그것이 약간 변형되어서 나뉘게 되었다. 각각에 대해서 살펴보면 다음과 같다.

1) 분과 교육과정

분과 교육과정은 개개 교과나 과목의 종적 체계는 있어도 교과나 과목간의 횡적 관련이 전혀 없게 조직된 교육과정을 말한다. 예컨대, 국어, 역사, 지리, 생물 등 각각 논리 정연한 그 자체의 체계를 가지고 있다. 그러나 역사와 지리, 또는 국어과와 사회과는 아무런 관련도 가지고 있지 않다.

2) 상관 교육과정

상관 교육과정이란 두 개 이상의 과목이 각각의 교과형을 유지하면서 서로 관련지어져 있는 교육과정이다. 예를 들면, 역사와 지리는 서로 보강되도록 가르칠 수 있다. 수학 과정과 과학 과정을 보면 수학이 과학의 유용한 도구로 되며, 과학적 자료와 문제들은 수학 과정의 연구를 위한 자료가 될 수 있도록 관련지을 수 있다. 또, 역사는 국문학 이해에 도움을 주고 국문학은 역사적인 사건과 인물을 이해하는 데 도움을 주도록 관련지을 수 있다는 것이다.

3) 융합 교육과정

융합 교육과정은 상관 교육과정에서 광역 교육과정으로 이행하는 과정에서 생긴 하나의 과도기적인 형태라 할 수 있다. 그러므로 이 과정은 상관 교육과정의 일국면과 광역 교육과정의 일국면을 아울러 가지고 있다. 즉, 각 교과목의 성질을 유지함으로써 내용이나 성질면의 공통 요인을 추출하여 교과를 재조직하게 된다. 예컨대, 식물학, 동물학, 미생물학의 과목들간에서 관계되는 요소를 추출하여 생물학을 만들고, 지리, 역사, 사회 등의 관계 요소를 추출하여 사회과를 만드는 것 같은 것은 광역형의 성격을 띤 과정이라 할 수 있고, 넓은 범위의 일반 원리를 적용하여 조직할 때 광역 교육과정이 되는 것이다.

4) 교과형 광역 교육과정

교과형 광역 교육과정은 동일 교과 영역에 속하는 몇 과목들을 하나의 교과 영역으로 묶어서 조직하는 교육과정이다. 우리 나라의 경우, 초등학교나 중학교의 교과는 광역형에 속한다. 이러한 네 유형의 특징을 정리해 보면, [표 1-2]와 같다(정찬기오, 문승한, 1997).

[표 1-2] 교과 중심 교육과정의 예, 조직 방법, 특징

	유 형	조직 방법	예	특 징
교과 중심 교육 과정	분과형 (separated type)	해설적 설명 조직법	국어, 물리, 화학, 생물	• 기본형 • 계열성이 있다. • 관련성, 통합성, 현실성, 다양성이 부족하다.
	상관형 (correlated type)	사실 상관법 기술 상관법 규범 상관법	역사 지리, 생활 지도 및 상담, 무용	• 계열성, 관련성이 있으나 포괄성, 통합성은 부족하다. • 한정된 상관만 보장된다.
	융합형 (confused type)	중심 이동법	사회과(일반 사회)	• 임시적, 시한적, 과도기적 특징 • 실험 학교, 연구 학교에서 시한적으로 실시
	광역형 (broad field type)	주제법	일반 과학, 일반 기술, 사회 과학 개론	• 한 교과에서 모든 지식 내용을 포괄할 수 있다. • 박식주의에 흐를 가능성이 있다. • 계열성은 없으나 관련성, 포괄성, 다양성은 존재

자료 : 정찬기오, 문승한, 1997, p. 58

㈜ **교과 중심 교육과정의 장·단점**

지금까지 살펴본 교과형 교육과정의 기본 입장, 교과 중심 교육과정의 특징을 종합적으로 관련지어 그 장단점을 살펴보면 다음과 같다.

1) 장 점

교과 중심 교육과정의 장점은 다음과 같다.

① 논리적으로 조직된 지식의 체계는 경험을 해석하는 데 유효하다. 즉, 이전에 발견된 법칙과 원리의 이해가 새로운 원리의 이해와 새로운 경험을 해석하고 조직하는 데 유효하다는 것이다.

② 조직이 단순하고 누구에게나 용이하게 이해하게 된다는 것이다. 교육과정 구성에 있어서 교사는 교과서에 준하여 가르치게 되므로, 학습할 모든 영역이 명료한 것이 사실이다. 이러한 단순성과 용이성은 교과 중심 교육과정이 여러 가지 비평을 받으면서

도 오랫동안 교사들의 지지를 얻게 되는 이유일 것이다.

③ 학습 결과의 평가가 용이하다는 것이다. 즉, 교과성에 의하여 학습 내용의 전체가 예상되는 관계로 학습 결과의 평가는 이미 부여된 교과를 어느 정도 잘 이해하느냐 하는 점에 국한하게 될 것이다.

④ 교사와 학생 및 학부모들에게 최대의 안정감을 준다. 왜냐 하면, 이 유형은 일반적으로 교사나 학부형에게 오랫동안 익숙하게 되어 있고, 또 상급 학교의 입학 조건이 일반적으로 교과 본위로 이루어지고 있으며, 나아가 교육과정의 중앙 집권적 통제가 용이하기 때문이다. 교사는 자기가 가르쳐야 할 교재에 정통하면 되고 학생들도 교재에 있는 대로 학습하면 되기 때문에 각자가 해야 할 일이 미리부터 분명히 정해져 있는 점도 안정감을 갖게 되는 이유가 된다.

이러한 교육과정은 20 세기에 접어들면서 진보주의 교육학자들로부터 많은 비판을 받게 되었으며, 1960년대 후반부터는 학문 중심 교육과정을 주장하는 사람들로부터 과거 지향적이라 하여 비판을 받았다.

2) 단 점

교과 중심 교육과정의 단점은 다음과 같다.

① 단편적이며 분과적인 교과 조직이므로 전체로서의 통일성, 관련성이 부족하다. 근래의 전문적, 분업적인 지식 체계가 더욱 분과 현상을 조장시켰다. 그러나 사람의 생활이나 경험은 단편적인 지식의 체계로 이루어지는 것이 아니다. 하나의 사태에 대해서도 그 문제를 해결함에 있어서는 종합적인 지식과 더불어 경험 체계가 모두 동원되는 것이다.

② 학생의 흥미, 능력, 필요가 무시되고 성인 사회의 요구를 강요한다. 즉, 심리적으로 불완전하다. 인간의 성장에 있어서는 직접 경험하는 것이 언제나 체계보다 앞선다.

③ 학습 지도가 일률적으로 전개되고 교사의 전제(專制)가 되기 쉬우므로, 근대 학교에서 목표로 하고 있는 민주적 가치와는 거리가 멀다. 이른바, 민주적인 가치란 창조의 능력이라든가, 협력적 태도, 사회적인 감수성, 반성적인 사고, 관용 정신 등이라고 말할 수 있다. 이와 같은 민주적 자질은 지적 관계에 의하여 이해되기보다도 지적 합리성과 실제적인 경험에 의하여 체득된다고 할 수 있다.

④ 사고력 등의 고등 정신 기능이 함양되기 어렵다. 교사의 강의가 교과 영역의 테두리 안에 있는 내용이 되고, 언어적 활동이 주가 되어 문제 해결을 위하여 자료를 해석한다든지 원리의 실제 응용과 같은 노작적 학습 활동이 별로 고려되지 않는다.

이상과 같은 단점을 보완할 수 있는 방법으로는 잘 정비된 교재와 자료와 학습 장면이 요구되고, 철저한 교사 훈련이 요구된다. 그리고 활기찬 수업 준비가 요구되고, 교과 내용에 따라 소요 시간의 조절이 요구된다고 할 수 있다.

교사는 담당 교과에 대한 정통한 지식을 갖고 있어야 하고, 필요한 시설을 갖춘 교실을 가져야 하며, 교실에서 교과서만 가지고 수업하는 방식에서 탈피하여 다양한 활동과 지역 사회와 관계되는 자료나 시설을 직접·간접으로 활용하는 방법을 모색하여야 할 것이다.

(2) 경험 중심 교육과정

㈎ 기본 입장

경험 중심 교육과정을 한 마디로 표현하면, '학습자의 경험을 기초로 한 교육과정'이라고 할 수 있다. 이러한 경험 중심 교육과정은 교육의 수단과 목적이 하나의 과정, 즉 경험과 분리될 수 없다는 입장에서 출발한다. 다시 말해서, 교육과정을 학습 이전에 의도한 계획으로 보기보다는 교사와 학생간의 상호 작용을 통해 학습자에 의해 경험되는 의미로 보는 입장이다. 경험 중심 교육과정에서는 교과보다는 생활을, 지식보다는 활동을, 분과보다는 통합을, 교사의 교수보다는 학습자의 활동을 중시하고 있다(최유현, 1997).

㈏ 경험 중심 교육과정의 특징

경험 중심 교육과정의 특징은 다음과 같다.

첫째, 학생들의 흥미와 필요를 토대로 학습 내용을 구성하고, 학생들의 자발적 활동을 촉구한다. 따라서, 경험 중심 교육과정에서는 학생들의 흥미나 요구, 필요가 무엇인가를 파악하여, 그것을 충족시키는 활동을 통하여 교수 요목을 달성하도록 계획하여야 한다.

둘째, "행함으로서 배운다"는 경험 중심 교육과정 적용 원칙은 학습 심리의 원리에 합치되므로, 활발한 학습 활동이 전개된다. 학생이 스스로 닥치는 문제를 해결하기 위해서 계획을 세우고 직접 참여하기 때문에 학습이 적극적으로 된다는 것이다.

셋째, 실제적인 생활의 장을 부여하고, 생활 문제와 결부되는 학습 활동을 영위할 수 있으므로 생활 문제를 올바르고 종합적으로 처리할 수 있는 능력을 기를 수 있다.

넷째, 민주 사회에서 필요로 하는 창의성, 사회성, 관용 정신, 반성적 사고 방식 등의 능력을 기르는 데 크게 도움이 된다.

다섯째, 수업 진행에 있어 학습 현장에서 학생과 교사와의 공동 계획을 하는 경우가 많다. 따라서, 학습 전개 과정은 때에 따라 완만할 경우가 있으나 학습 형태가 획일적이 아니고 다양하게 전개된다.

이러한 경험 중심 교육과정의 철학적 배경은 진보주의 교육 사조이다. 진보주의는 실용주의를 철학적 바탕으로 하고 민주주의 사상의 발전에 힘입어 20세기에 들어와 정립된 아동 중심 교육 이론이다.

이 철학적 배경의 가장 중요한 기조는 아동 중심 교육으로, 아동 중심 교육 사상은 코메니우스에서 시작하여 루소, 헤르바르트, 페스탈로찌, 프뢰벨로 이어져 듀이에 이르러 그의 철학과 교육 이론을 바탕으로 새로운 교육 개혁 운동으로 발전한다.

㈐ 경험 중심 교육과정의 하위 유형들

1) 경험형 광역 교육과정

생활·흥미·경험을 넓은 영역으로 묶어서 학생들이 학습하도록 조직해 놓은 교육과정의 형태이다. 학습 내용은 개념 혹은 원리 중심으로 서술한 것이 아니고 학습자들이 생활 주변에서 경험하게 되는 여러 사실들을 직접 조사해 보거나 토의해 보는 경험을 학습자의 관심이나 욕구를 중심으로 조직해 놓은 것이다. 학습 내용의 조직은 학습자의 생활 활동 중심 또는 사회 기능 중심으로 묶게 된다. 따라서, 생활 영역 교육과정이라고도 한다.

2) 중핵 교육과정

중핵 교육과정의 구조는 동심원적인 구조를 하고 있다. 중핵 과정은 종합 과정이면서 중심에 위치하고, 또한 생활 학습을 중심으로 하고 있는 과정이다. 그 내용은 개인 및 집단의 공통 욕구를 충족시킬 수 있는 것으로 되어 있다. 이에 대하여, 주변 과정은 몇몇 영역으로 분화되어 있으면서 중핵 과정을 둘러 싸고 있고 또 이와 긴밀한 관련을 맺고 있다. 경험형 광역 교육과정도 교육 내용이 통합되기는 했으나 어떤 핵심을 중심으로 한 체계를 이루지 못했던 것이다. 중핵 교육과정도 그 구조상 중핵 과정을 중심으로 전 교육과정이 초점 있는 통합을 이루게 되고, 이와 같은 교육 내용의 통합에 의해서 사회의 통합을 이론상으로 기대할 수 있게 된다. 그리고 이 과정은 교과 중심 교육과정과 경험 중심 교육과정의 장점을 취하고 또 양유형의 극단화를 피하려는 의도가 있다.

이러한 중핵 교육과정의 특징은 모든 학생들이 중핵 과정에 참여하도록 하고 있고, 학습 활동은 전통적인 교과의 선을 폐기한다. 그리고 학생의 현재 또는 장래의 요구, 문제, 흥미에 응하기 위하여 학생, 교사, 다른 전문적인 교사들과 협력하여 계획한다.

중핵 교육과정의 유형으로는 융합된 학습을 중핵으로 하는 경우, 시대의 문화를 중핵으로 하는 경우, 현대의 문제를 중핵으로 하는 경우, 청소년의 욕구를 중핵으로 하는 경우 등이 있다.

3) 현성(생성) 교육과정

이것은 초등학교 저학년에서 많이 활용되는 형태이다. 이것은 학습자들의 현재 욕구와 경험을 중심으로 구성되는 것이다. 다시 말하면, 일체의 사전 계획이 없이 교육 현장에서 학습자들이 요구하고 경험하고자 하는 것을 그 자리에서 직접 구상하여 활용하게 된다. 교사는 현장에서 학습자 중심으로 교수 요목, 내용, 방법을 결정하고, 학습자들이 요구하는 학습의 방향을 재빨리 파악하여 즉각 학습 활동을 전개해 가도록 해야 하기 때문에 실력 있고 능숙한 교사라야 한다. 그러나 현성 교육과정은 사전에 계획이 없이 현장에서 즉각적으로 교육 목적이나 내용이 결정되어 교수가 진행된다는 점에서 여러 가지 난점이 있는데 이상적으로는 학생 중심이라서 좋은 점이 있다지만 실제 교육과정 운영면에서는 실현 가능성이 적다.

4) 활동형 교육과정

경험 중심 교육과정의 기본형은 활동형이다. 예컨대 유희, 관찰, 이야기, 소풍 등과 같은 활동 프로그램들이 그 대표적인 예이다. 그 조직 방법으로는 구안법 등이 사용된다.

그 특징은 수평적 조직은 가능하나 수직적 조직은 곤란하다. [표 1-3]은 이러한 경험 중심 교육과정 유형들의 특징을 정리한 것이다.

[표 1-3] 경험 중심 교육과정의 예와 조직 방법 및 특징

	유 형	조직 방법	예	특 징
경험 중심 교육 과정	활동형 (activity type)	구안법 (project method)	유희, 이야기, 관찰 소품	• 기본형, 수평적 조직 가능, 수직적 조직 가능 • 포괄성, 통합성, 현실성이 있다. • 계열성, 관련성, 발전성은 보장되기 어렵다.
	광역형 (broad field type)	작업 단원 구성법	사회 생활, 언어 생활	• 현실성과 다양성은 있으나 계열성은 없다.
	중핵형 (core type)	동심원 조직법	각종 현장	• 생활·경험·요구 중심의 중핵과정+지식 중심의 주변 과정 • 교과목간의 관련성은 없다. • 통합성이 뚜렷, 포괄성, 발전성을 지닌다.
	현성형 (emerging type)	일정한 방법 부재	즉석 프로그램 (보물찾기 등)	• 현실성은 강하나 계열성, 관련성은 없다. • 유능한 교육과정 전문가를 필요로 한다.

자료 : 정찬기오, 문승한, 1997, p. 63

㈃ 경험 중심 교육과정의 장·단점

경험 중심 교육과정의 장단점을 살펴보면 다음과 같다.

1) 경험 중심 교육과정의 장점

① 학생의 흥미나 필요를 토대로 구성되는 교육과정이므로 학생들의 자발적인 활동을 촉진한다.

② "행함으로써 배운다"는 말은 학습 심리의 원리에 합치하며 역동적인 학습을 할 수 있다.

③ 민주적 가치를 체득시키기에 유리하다. 즉, 공동 프로젝트의 학습 문제를 해결해 나가는 과정에서 협동성, 책임감, 사회성 등 민주적인 태도와 생활 방식이 길러진다.

④ 실제적인 생활의 장을 부여하고 생활 문제와 결부되어 생활 문제를 올바르게 종합적으로 처리할 수 있는 능력을 기른다.

⑤ 사회적, 물리적, 인적 환경과 자원을 많이 이용할 수 있다.

2) 경험 중심 교육과정의 단점

경험 중심 교육과정의 단점은 아래와 같다.

① 교육과정의 기본적인 분류가 명확하지 않고 일정한 지적 계통이 없다. 학생의 흥미나 욕구가 중심이 되는 생활 영역이 분류의 기본이 되므로 지적인 체계는 고려하지 않는다.

② 구체적인 사항이나 경험을 학습하는 어린이들의 학습 수준에는 적합하나, 일반적인 경험이나 법칙 또는 원칙적인 지식을 구하는 단계에 달한 학습자에게는 적합하지 못하다. 즉, 높은 학습 단계에서 추상적인 원리, 원칙적인 학습을 구하고 체계적인 연구를 하려는 단계의 사람들에게는 적합하지 않다.

③ 행정적으로 통제하기 어렵다. 즉, 가르칠 내용을 정하고 그것을 교과서에 실어서 학습시키면 행정적인 통제가 용이하나 경험 중심 교육과정에서는 일정한 기준을 세워서 표준화된 학력의 측정을 할 수 없다.

④ 교직적인 교양이나 지도 방법이 미숙한 교사가 다루면 아주 저조한 교육이 이루어지기 쉽다. 즉, 교과서에서는 교수 요목이 정해져 있고 전문가의 손에 의하여 교과서가 편찬되어 있으므로, 다소 부족한 교사일지라도 어느 정도까지 교육의 효과를 낼 수 있다. 그러나 경험형에서는 교재가 정연히 존재하는 것이 아니므로, 이에 대한 소양이 없는 교사는 실패하기 쉽다.

경험 중심 교육과정의 보완 대책으로는, 치밀한 사전 계획과 현장 학습 여건의 구비가 요구되고, 폭 넓고 철저한 교사 교육이 요구된다. 그리고 행정적 융통성이 요구되고 시설, 설비 활용의 융통성과 다양성이 요구되며, 교육의 본질을 감안한 유대가 요구된다.

(3) 학문 중심 교육과정

㈎ 기본 입장

학문 중심 교육과정은 1957년 소련의 인공위성(스프트닉크) 발사에 의한 충격이 가속되고, 지식과 기술의 폭발적 증가 등으로 인하여 교육과정에 대한 생각이 달라져 등장하게 된 개념이다. 이는 기존의 학습자의 필요나 흥미에 기초하여 이루어진 생활 중심 교육과정이 그 구성 방식에 있어서 지식의 체계성에 미흡했고 학문적이고 체계적인 연구를 위한 능력을 소홀히 했기 때문에 이를 지양하기 위한 배경에서 비롯된 것이다. 즉, 학문 중심 교육과정은 교육 내용이 학습자의 흥미, 요구, 필요를 바탕으로 생활 경험 중심으로 조직되어야 한다는 경험 중심 교육과정 이론에 반대하여 나타난 것으로, 교육 내용이 학문 및 지식 자체로 구성되어야 한다는 주장에 이르러 미국에서 1960년대에 등장한 교육과정이다.

이러한 학문 중심 교육과정의 기본 입장 중 가장 중요시하는 것은 "교과나 학문의 기본 구조를 중시한다"는 것이다. 그리고 "어떤 교과이든지 어떤 학습자이든지 학문이나 지식의 구조를 효과적으로 가르칠 수 있다"는 입장이다.

'어떤 교과이든지', '어떤 학습자이든지' 학문의 구조나 지식의 구조를 효과적으로 가르칠 수 있다고 생각하는 이유는 학습자의 학습을 위한 준비성, 즉 심신의 성숙이나 정서적 요인, 선행 학습 경험 등은 기다리는 것보다 학습자의 수준에 적당한 경험을 마련하는 편이 바람직하다고 보기 때문이다. 다시 말해서, 여러 지식이나 교과 영역 내의 기본 구조들은 학습자의 수준에 적절한 경험을 마련해 줄 수만 있다면 저학년에 도입되어도 교수-학습이 가능하다는 입장이다(정찬기오, 문승한, 1997).

이처럼 지식의 구조와 학문의 기본 개념을 가르쳐야 한다는 Bruner의 주장은 학습의 경제성에 그 기초를 두고 있고, 그의 주장에 의하면 지식이나 학문의 구조는 학습의 전이를 높이며, 기억을 오래가게 할 뿐만 아니라 고등 지식과 기초 지식간의 간격을 좁힐 수 있다는 것이다. 학문 중심 교육과정은 이러한 지식이나 학문의 구조를 중시하는데, 학문의 구조란 그 학문의 중심이 되는 개념이나 법칙, 원리로서 그 학문 영역을 하나의 특수한 학문 영역으로 만드는 기본 패턴을 말한다(최유현, 1997).

이것은 종래의 교과 중심 교육과정과 경험 중심 교육과정과 대비되는 말이다. 교과 중심 교육과정에서의 교육과정은 교수 요목으로 정의되지만, 경험 중심 교육과정에서는 학교의 계획 하에 얻어지는 학생 경험의 총체로 정의된다. 위의 두 정의는 그 동안 교육의 중심이 교과에서 학생으로 이동되었음을 나타낸다.

이러한 학문 중심 교육과정의 목적은 합리적 정신을 발달시키고, 학생이 연구를 해 보도록 훈련시키는 것이다. 따라서, 교사는 지식과 학문 영역에 대한 탐구의 권위자가 되어야 한다. 그러므로 교사는 담당하고 있는 교과 지도와 생활 지도의 영역에 해박한 지식을 가지고 있어야 한다. 교과에 관한 지식이란 각 학문마다의 영역으로 구분되는 지식의 내용을 일컫는 것으로, 학문의 내적 지식 체계를 말한다. 그리고 교과의 지식 못지않게 중요한 것이 교과에 관련된 지식이다. 교사가 교과에 관하여 포괄적인 지식을 소유하고 있지 않는 한 아동, 학생의 생활과 사회를 위하여 의미 있는 교육의 목표를 세우고, 내용을 선택하며 방법을 성립시킨다고 기대하기 어렵다. 따라서, 학문 중심 교육과정에서 요구하는 교사는 교과 내용에 정통하고 있어야 하며, 관련 학문에 대한 해박한 지식을 통하여 학생들로 하여금 교과가 가지고 있는 기본 아이디어 및 지식의 구조를 발견하도록 가르칠 수 있어야 한다.

⑷ 특 징

학문 중심 교육과정에서는 학문의 내용과 탐구 과정이 교육의 과정에서 가장 중요한 결정 요인이 된다. 그러나 교과 중심 교육과정에서 비판을 받은 것처럼 학문적인 지식을 학생에게 일방적으로 주입해야 한다는 것은 아니다.

학문적 접근 방법이 주장된 이래 교육과정에서는 각 학문의 구조를 밝히는 일에 관심을 기울이는 동시에, 학문의 일반적 성격에도 관심을 가져 왔다. 그러나 학문은 사실상 개념과 탐구 방법이라는 말로 완벽하게 정의될 수 없는 면도 있다. 그것은 오히려 '학자들이 학문을 할 때 하는 활동'이라고 정의할 수 있을 것이다.

그리고 비록 기초주의적 교육과정에 있어서 탐구가 설명보다 널리 사용되지는 않을지라도, 설명과 탐구는 학문 중심 교육과정에서 공통적으로 사용되는 두 기법이다. 아이디어는 이해할 수 있을 정도의 수준으로 진술되고, 정교화되어야 하며, 주요 아이디어는 순서지워지고, 설명되며, 탐구될 수 있다.

학문 중심 교육과정의 내용 조직 원리를 살펴보면 다음과 같다.

① 통일적 혹은 집중적 형태 : 다양한 학문에서 도출한 교재를 조직하는 데 중심 테마가 사용된다. 예를 들면, 에너지의 개념은 생물학적, 물리학적, 화학적, 지질학적 관점에서 학습될 수 있다.

② 통합적 형태 : 한 교과에서 배운 기능이 다른 분야에서 수단으로 사용된다. 예를 들어서, 과학적 문제의 해결을 위해서 수학을 가르친다.

③ 상관적 형태 : 각 학문은 독립된 체제를 유지하고 있다. 그러나 학생은 한 학문의 개념이 다른 학문의 개념과 관련되는 방법을 배우게 된다.

④ 포괄적 문제 해결 형태 : 소비자 연구, 여가 선용, 수출과 같은 현대 사회에서의 관심거리로부터 문제가 도출된다. 최적의 해결책을 위해 과학, 사회 과학, 수학, 그리고 예술로부터 지식과 기능을 도출해 낸다.

학문 중심 교육과정에서 취하는 조직 원리로는 단순에서 복잡으로, 전체에서 부분으로 등의 학습 위계가 있다.

학문 중심 교육과정의 목적이 학생들로 하여금 합리성을 개발시키는 것이기 때문에, 그 학생을 가르치는 교사는 학문 영역에 대한 탐구의 권위자가 되어야 한다. 흔히, 우리는 해당 교과에 대해서 많이 알고 있으면 잘 가르칠 것이라고 믿는다. 그러나 그 교과에 관해서 무엇을 알아야 하는가 하는 것은 별개의 문제이다. 즉, 교과의 내용에만 정통하는 것으로 교육이 잘 이루어질 수 있다고 기대할 수는 없을 것이다. '교과의 지식'에 못지 않게 중요한 것이 '교과에 관련된 지식'이다.

따라서, 학문 중심 교육과정에서 요구하는 교사는, 교과에 대한 내용에 정통하고 있어야 하며, 관련 학문에 대한 해박한 지식을 통하여 교과가 가지고 있는 기본 아이디어 및 지식의 구조를 발견하도록 가르칠 수 있어야 한다.

㈐ 학문 중심 교육과정의 하위 유형들

학문 중심 교육과정의 기본형은 분과형이다. 이 유형의 종류로는 각 교과의 연구회 등을 들 수 있다. 그리고 그 조직 방법은 나선형 조직이 사용된다. 이러한 분과형 교육과정의 특징은 개념 중심의 학구적 지식, 기능, 가치 등을 중시한다. 그 장점은 발전성, 계열성이 있다는 것이다. 그 단점은 관련성 다양성, 실용성이 부족하다는 것이다.

다른 형태로는 다과정형 교육과정이 있다. 이 방법은 학습 대상 집단의 수준이나 학습 과제의 수준을 고려한 동질 집단 편성법에 의해서 여러 과정으로 나누어진 교육 프로그램 구성법이 사용된다. 다과정형 교육과정의 특징은 다양성의 보장은 물론 부분적인 관련성, 포괄성에 있다고 할 수 있으나, 각 과정에 적절한 평가 도구나 방법이 아직도 그 과제로 남아 있다. 따라서, 교육 현장에서는 이러한 과제를 해결할 수 있는 많은 노력이 있어야 할 것이다.

또 다른 형태는 개별화형이다. 그 조직 방법은 프로그래밍 기법이다. 그 특징은 다양성, 현실성, 발전성, 관련성 등이다. 그러나 각 프로그램에 적절한 평가 도구나 평가 방법이 구체적으로 연구·검토되어져야 한다는 과제는 다과정형 교육과정의 문제점과 동일하다고 할 수 있다. 따라서, 교육 현장에서 이러한 문제점을 해결할 수 있는 다양한 시도가 필요하다고 할 수 있다.

위에서 살펴본 유형들을 정리해 보면 [표 1-4]와 같다.

㈑ 학문 중심 교육과정의 장단점

학문 중심 교육과정의 장점과 단점은 다음과 같다.

1) 장 점

① 체계화된 지식을 교육 내용으로 선정하여 교육과정을 구성하기 때문에 능률적이고 질 높은 교육이 가능하다.

[표 1-4] 학문 중심 교육과정의 실예, 조직 방법 및 특징

	유 형	조직 방법	예	특 징
학문 중심 교육 과정	개념 중심 분과형 (concept centered type)	나선형 조직 방법	• 물리 과학 연구 위원회 • 학교 수학연구회 • 생물 교육과정 연구회	• 학구적 지식·기능·가치를 중심으로 한다. • 발전성, 계열성은 있다. • 관련성, 다양성은 매우 부족하다.
	과정 중심 다과정형 (process centered type)	동질 집단 편성법	• 2중 진급안 • 4과정안	• 다양성, 관련성, 포괄성은 다소 지닌다. • 평가의 도구나 방법의 개발이 과제이다.
	방법 중심 개별화형 (method centered type)	프로그래밍 법	• 무학년제 • 프로그램안 • CAI안	• 다양성, 현실성, 발전성, 관련성이 있다.

자료 : 정찬기오, 문승한, 1997, p. 69

② 기본 개념을 학습하게 되므로, 그 곳에서 얻어진 지식은 다른 사태에 잘 전이되고 또 생성력이 있어, 그것을 기초로 하여 새로운 지식을 생산할 수 있다.

③ 학문의 탐구 방법을 체득할 수 있다. 학문 중심 교육과정에서는 발견과 탐구의 방법으로 학습하게 되므로, 그 곳에서 체득한 방법이 다른 사태에 잘 적용되고 창의적인 활동이 가능하다.

④ 내적 동기 유발의 방법을 교수에서 사용하므로, 학문 자체에 대하여 희열을 느끼고 적극적으로 참여하게 되며 즉시 보상보다 지연 보상을 갖게 된다.

2) 단 점

① 지식을 가르치는 것과 '덕'을 가르치는 것은 별개의 것이다. 지식을 가르친다고 해서 도덕적으로 행동하는 사람들이 길러질 수 있는가에 대한 비판이다.

② 오늘날 우리가 당면하고 있는 정치적, 사회적, 경제적, 문화적 문제들은 각각 독립된 학문으로 해결할 수 없는 복잡한 것들이다. 지식의 구조를 가르친 결과는 이러한 문제들을 해결하는 데 도움이 되지 않는다.

③ 각 학문에 내재해 있는 지식의 구조는 학생이 배우기에는 너무 어렵다.

④ 교육은 사회에서 직접 유용한 것들을 중심으로 가르쳐야 한다. 지식의 구조는 실생활에 별로 쓸모가 없다.

학문 중심 교육과정의 질을 개선하기 위해서는 학습, 적용, 결과, 가치라는 네 가지 상호의존적 부분에 관심을 가져야 한다. 그리고 학생이 학문적 주장을 비판하게끔 돕는 데 관심을 기울여야 한다. 그리고 학생이 다음과 같은 지식 적용과 결과 예측을 위한 전략의 학습을 돕는 데 보다 많은 관심이 필요하다. 즉, "나의 지식을 어떻게 적용할 것인가?", "무

엇이 일어나고 있는가?" 등의 질문을 해 볼 수 있는 기회를 제공해야 한다. 그리고 교사는 학생이 가치롭게 생각할 학문 중심 교육과정을 개발해야 한다. 즉, 학생들이 "나는 좋아하는가?", "나는 이것을 가치롭게 생각하는가?" 등과 관련된 질문을 스스로 해 볼 수 있는 교육 내용을 개발해야 할 것이다.

(4) 인간 중심 교육과정

㈎ 기본적 입장

인간 중심이라는 말은 중세의 교회나 교권의 속박에 맞선 휴머니즘적 입장에서 등장한 용어라고 할 수 있다. 다시 말해서, 인간을 중심으로 사물이나 현상을 고찰하려는 사상이나 행동의 체계를 중요시하는 입장의 용어이다.

1970년대부터 본격적으로 관심을 갖게 된 인간 중심 교육과정의 등장 배경은 1920년대에 출현한 교과 중심 교육과정과 1930년대에 등장한 경험 중심 교육과정, 1960년대에 등장한 학문 중심 교육과정 등과 관련 검토해 볼 수 있다. 그 첫째는, 교과나 교재 위주에서 생활이나 경험 및 활동 위주로 그리고 개념이나 원리·법칙·절차·아이디어 위주로 교육과정의 관심이 바뀌어 온 연장선상에 인간 중심 교육과정이 있다고 할 수 있으며, 둘째는 암기·기억·지식 위주에서 행동 위주로 그리고 학구적 지식의 구조 위주로 바뀌어 온 연장선상에 인간 중심 교육과정이 있다고 할 수 있고, 셋째는 교수 활동 위주에서 학습 활동 위주로 그리고 교수-학습의 방법이나 과정 위주로 바뀌어 온 연장선상에 있다고 볼 수 있다 (정찬기오, 문승한, 1997).

지금까지 소개된 유형별 교육과정, 즉 교과형, 경험형, 학문형 등은 지나친 합리주의나 이성주의, 진보주의나 실용주의, 학문주의 및 과학주의 등으로 인하여 인간 소외의 현상을 낳게 하였거나 비인간적으로 기능하게 되어 인간 중심 교육과정을 태동하게 했다고 볼 수 있다. 특히, 1960년대 말과 1970년대에 접어들면서 미국에서 인권 운동이 활발히 전개되었으며, 그 때까지 주류를 이끌어 오던 학문 중심 교육과정에 대하여 지적인 면을 강조하다보니 정의적인 측면이 무시되어 전인 교육에 문제가 된다는 점과 학문 중심 교육과정의 내용이 아동들에게 너무 딱딱하고 어려우며 학습량이 많다는 등의 여러 가지 비판이 일기 시작하였다.

이러한 학문 중심 교육과정에서 나타나는 여러 가지 문제점과 현대 학교가 대형화되어 감에 따라 학교 교육의 인간 교육에 대한 소홀 경향을 극복하고자 하는 노력이 교육의 목적에 관한 새로운 논리를 등장하게 하였고, 이러한 노력은 학교 교육의 본연의 기능을 되찾게 하고자 여러 가지 새로운 구안을 시도하게 하였다. 따라서, 인간 중심 교육과정에서 추구하는 교육의 목적은 인간이 지니고 있는 성장 가능성을 최대한으로 실현하는 것, 즉 자아 실현을 조장하는 것으로 보았다.

달리 표현하면, 인간 중심 교육의 목적은 완전히 기능을 발휘하는 인간들과 더불어 어울려 살아갈 수 있는 전인적인 인간의 육성을 조장하는 것이라고 할 수 있다. 즉, 학습자가 하나의 전인으로 성장하는 데 필요한 경험을 균형 있게 제공해야 한다는 것으로, 인간의 성장 가능성을 최대한으로 신장시키고 만족스러운 삶을 살 수 있도록 도와 줌으로써 개인의 자아 실현을 지향하는 데 궁극적인 목적이 있다.

㈏ 특 징

인간 중심 교육과정의 목적은 교육과정의 기능이 개인적 자유화와 발달에 기여하도록 내재적으로 보상을 주는 경험을 개개 학습자에게 제공하는 것이라고 믿고 있다. 인간 중심 주의자들의 교육 목적은 개인의 성장, 고결성, 그리고 자율성이라는 이상에 관련된 역동적 개인적 과정이다. 인간 중심 주의자의 기대 속에는 자아, 동료 그리고 학습에 대한 보다 건전한 태도가 내재되어 있다. 자아 실현의 이상은 인간 중심 교육과정의 핵심이다. 이런 자질을 가진 사람은 철저히 지적인 능력뿐만 아니라 심미적이고 도덕적인 방식에서도 발달한 사람을 의미한다. 즉, 직무를 잘 수행하며, 훌륭한 품성을 가진 사람이다. 인간 중심 주의자는 자아 실현의 성장을 기본적 욕구로 본다. 각 학습자는 의식되지 않는 하나의 자아를 가지고 있다. 이 자아는 반드시 발견되고, 구축되고, 가르쳐져야만 한다고 주장한다.

오늘날, 인간 중심 교육과정은 개인적 성장의 측면만을 지향한 잘 고안된 게임과 같은 활동이라기보다는 학습 과정에서 학생들의 내적 삶을 검토하는 특징이 있다. 타이핑이나 컴퓨터 프로그래밍, 혹은 화학을 수업하던지 간에 인간 중심적 교사는 신념, 가치, 목적, 공포, 인간 관계와 같은 학습자의 정의적인 관심을 학습자 스스로가 다루어 볼 수 있는 기회를 제공한다. 예를 들면, 3학년 교사는 매주 말에 정확성, 성취된 것, 학습한 것의 유용성에 비추어 아동 자신들과 그들의 일에 대해서 스스로가 평가해 볼 기회를 제공한다.

인간 중심 교육과정의 가장 큰 특징은 '통합'에 강조를 둔다는 점이다. 통합이란 말은 학습자 행동의 증가된 통일성을 의미한다. 정서, 사고, 행위를 통합하게끔 학습자를 도와 주는 과정에서 인본주의자들은 효과적인 조직을 이루게 되었다. 인본주의적 접근 방법은 전문가가 규정한 교재의 논리적 조직을 학습자의 심리적 조직에 관련시키는 데 실패한 전통적인 교육과정의 많은 약점들을 해결하고 있다. 전체성과 형태에 대한 인간 중심주의의 관심은 경험의 포괄성을 고무하면서 분과 교육과정이 지배하는 실제에 반대하는 교육과정을 낳게 되었다.

그리고 인간 중심 교육과정에서 교사의 역할은 학생과 정서적인 관계를 형성하는 것이다. 교사는 하나의 자원으로서 기능하는 동안 온화함을 지녀야 하고, 또 학생의 정서를 함양시키도록 해야 한다. 즉, 교사는 상상력을 발휘해서 자료를 제시해야 하고, 학습을 촉진시킬 수 있는 도전적인 상황을 만들어야 한다. 그리고 학생과의 신뢰감 속에서 학생을 동기화한다. 또, 그들은 모든 학생들이 학습할 수 있다는 신념을 가지고 교사와 학생의 흥미와 약속에 따라 가르침으로써 학생과의 긍정적인 관계를 유지한다.

이러한 것들을 중심으로, 인간 중심 교육과정에서의 교사의 역할에 대해 다음과 같이 정리할 수 있다.

① 인간 중심적 교사는 수용적이다. 인간 중심적 교사는 개방적이고 언제나 학생들의 느낌과 행동을 받아들이는 것이어야 한다.

② 인간 중심적인 교사는 학생들의 생각을 북돋아 준다. 학생들의 생각이나 의견에 대해서 긍정적으로 받아들일 뿐만 아니라 그들의 생각과 가치를 격려해 주는 역할을 한다. 즉, 그러한 교사의 행동은 학생 한 사람 한 사람의 인간적 특질을 신장하도록 도와 주는 것이다.

③ 인간 중심적인 교사의 행동은 개별적이다. 모든 학생에게 똑 같은 행동을 하거나 똑 같은 방법으로 반응하는 것이 아니라 개별적이고 독특한 면을 존중하여 반응한다. 즉, 한 사람 한 사람의 흥미와, 필요와 요구를 예민하게 받아들이는 것이다.

④ 인간 중심적 교사는 순수하다. 교사는 순수하고 정직하고 성실해야 한다. 교사의 가식적인 행동은 학생들의 순수한 인간성을 기르는 데 도움이 되지 못할 것이다.

㈐ 인간 중심 교육과정에 대한 비판

일반적으로 인간 중심 교육과정에 대한 비판에는 4가지가 있다.

① 인간 중심 주의자들은, 그들의 방법론, 기법, 경험을 학습자의 결과란 의미에서 평가하지도 않은채 그것을 존중한다는 비판이 있다. 요컨대, 인간 중심 주의자들은 그들 자신의 프로그램에 대한 장기적 효과를 찾는 데 소홀하다.

② 인간 중심 주의자들은 개인의 경험에 대해 충분히 관심을 가지지 않는다. 비록, 인간 중심 주의자들은 그들의 교육과정이 개별적이라고 말하지만, 실제로는 한 학급의 모든 학생은 동일한 자극을 받게 된다.

③ 인간 중심 주의자는 개인의 성장을 지나치게 강조하여 전체 사회구조 속에서 이뤄지는 교육의 본질에 대한 전반적 이해를 소홀히 하고 있다(곽병선, 1997).

④ 인간 중심 교육과정 이론은 인간 중심 학자들 사이에도 공통적인 견해를 발견하기

어려워 인간 중심 교육과정 이론에서 학교가 시사받을 수 있는 점을 안심하고 찾아
내기가 어렵다(곽병선, 1997).

이 점에서, 인간 중심 교육과정 이론은 그 개념화에 있어 그 본질적 속성을 제시하는 데
특별한 노력이 있어야 할 것이다.

(5) 우리 나라 교육과정 변천과 교육과정 사조

앞에서 교육과정 유형의 변천 과정을 살펴보았다. 현재의 교육과정은 어떤 특정 개념에
무게를 싣고 있기보다는 위에서 살펴본 여러 교육과정들이 같이 내재해 있다고 볼 수 있
다(김종서, 1988). 우리 나라의 교육과정 변천 과정에서 이러한 유형들이 어떤 시기에 어
떻게 적용되었으며, 실행 과정에서 어떠한 문제들이 있었는지를 살펴보고자 한다.

우리 나라 교육과정의 변천을 살피는 데 있어서는, 우선 두 가지 문제에 대한 규정이 있
어야 할 것이다. 그 하나는 기원을 언제부터 잡아야 할 것인지에 대한 문제이며, 다른 하
나는 시대 구분을 어떤 기준에 따라 어떻게 해야 할 것인지에 대한 문제이다. 전자의 경우
는 연구의 필요에 따라 달라질 것이며, 본 내용에서는 목적하는 바가 교육과정 구성에 대
한 시사를 얻기 위함이기 때문에 그 기원을 1945년에 두기로 한다.

다음은 시대 구분에 관한 문제이다. 함종규(1976)는 교육과정의 변천을 정치적 변천에
근거하여 구분하기도 하였으나, 여기에서는 앞에서 살펴본 교육과정 유형이 우리 나라에
적용된 시기로 나누어 구분하려고 한다. 이것은 문교부령에 따른 교육과정 변천 과정과도
일치되기 때문이다. 이러한 관점에서 구분해 보면, 광복 후의 교육과정을 교수 요목 강조
의 시기(1945~1954), 교과 교육과정 강조의 시기(1954~1963), 생활 중심 교육과정 강조
의 시기(1963~1973), 학문 중심 교육과정 강조의 시기(1973~1981), 인간 중심 교육과정
강조의 시기(1981~현재)로 구분해 볼 수 있다.

첫째는, 교수 요목 시기의 교육과정이다.

이 때는, 일반적으로 광복 후부터 1954년 4월 20일에 문교부령 제35호로 공포된 '교
육과정 시간 배당 기준령'이 나타나기까지의 시기를 말한다. 미군정청 편수국의 교과별 편
수관들은 위원회(교수 요목 제정 위원회)를 조직하여 교수 요목 제정에 들어갔다. 그리하
여 1946년 9월 1일부터는 새로운 교육과정이 시행되었는데, 이것이 이른바 교수 요목이
다. 이 때의 교수 요목은, 광복 후 교육과정 총론에 해당하는 부분이 없어서 그 구성 방향
이나 이념 또는 목적, 운영상의 유의점 등을 파악하기가 어렵다(홍성윤 외, 1994).

둘째 시기는, 교과 중심 교육과정 강조의 시기이다.

교과 중심 교육과정 강조의 시기라 함은 1954년 4월 20일 문교부령 제35호로 제정

공포된 '교육과정 시간 배당 기준령'이 나타나면서부터 1963년 2월 15일 문교부령 제119호로 개정된 '교육과정령'이 공포되기까지를 말한다.

이 시기에, 주목해야 할 것은 '교육과정'이라고 사용하지 않고, 법령상의 명칭이 '교과과정'이었고 교과 중심 교육과정이라고 불려진 점이다. 이는 교육과정 시간 배당 기준령 제2조에서 "본령에서 교육과정이라 함은 각 학교의 교과목 및 기타 활동의 편제를 말한다"고 한 규정과, 문교부령 제44, 45, 47조로 공포된 교육과정의 명칭 자체도 교육과정이라는 용어 대신에 교과과정이라는 용어를 사용한 점을 보아서도 교과 중심 교육과정이었음을 쉽게 알 수 있다.

이와 같은 교과과정에 따라 교과서가 새로이 마련되었으며, 국정, 검정, 인정 교과서의 종별을 명백히 하였다. 이리하여, 새 교과서 편찬이 1958년까지 끝남으로서 교과 교육과정으로서의 체제를 갖추게 되었다.

셋째는, 생활 중심 교육과정 강조의 시기이다.

1963년 2월 5일에 문교부령 제119호로 개정된 교육과정에서 특히 생활 교육을 강조한 때부터 1973년 2월 14일 문교부령 제310호로 개정된 국민학교 교육과정에서 학문 중심 교육과정을 강조하기까지의 시기를 경험 중심 교육과정 또는 생활 중심 교육과정 강조의 시기라고 본다.

생활 중심 교육과정에서는 교육과정을 비교적 서로 단절된 일군의 교수 요목이나 지적인 체계로 보는 것이 아니라 '학교의 지도 하에 학생들이 가지는 경험의 총체'로 보고 있다.

급변하는 사회에 적응하며 실생활에 나타나는 제문제의 해결을 위한 능력을 신장시켜 주기 위하여서는 생활 중심의 교육과정이 되어야 한다는 강력한 요구로 생활 중심 교육과정이 나타났던 것이다.

생활 중심 교육과정이 강조되게 된 또 하나의 영향으로는, 미국 교육 사절단의 내한을 들 수 있으며, 이들은 광범위한 현장 교육과 연구 협의회 등을 통하여 생활 교육의 필요성을 강력히 역설한 바 있다.

이것을 통해 볼 때, 1963년 공포된 교육과정은 생활 중심 강조의 교육과정이라고 볼 수 있다. 이리하여 생활 중심 교육과정은 적어도 개념적인 수준에서 학교 교육을 지배하였다. 그러나 교육 실천면에서는 여전히 교과 중심 교육과정이었음을 부인할 수 없다. 그것은 아무리 문서화된 교육과정이 생활 중심이라 하여도 교사와 학부모들은 교과 중심 교육과정에 익숙해 있기 때문이다. 또한, 상급 학교 입학 시험이라는 현실적인 필요 때문이기도 하다.

넷째는, 학문 중심 교육과정 강조의 시기이다.

1973년 2월 14일 문교부령 제310호로 국민학교 교육과정, 1973년 8월 31일 문교부령 제 325 호로 중학교 교육과정, 1974년 12월 31 일 문교부령 제 350 호로 고등학교 교육과정이 개정되었다. 이 개정의 방향은 종래의 생활 교육과정을 지양하고 학문 중심 교육과정을 강조하게 되었으니 1973년 이후 1981년까지를 학문 중심 교육과정 강조의 시기라고 부른다.

학문 중심 교육과정은 미국에서 1960년경부터 나타났으나 우리 나라에서는 10 여년간의 이론적 탐색 및 소규모의 경험을 통한 준비 기간을 거쳐 1973년에 국민학교 교육과정부터 그러한 방향으로 바뀌기 시작하였다.

이와 같이 교육과정이 1973년에 바뀌게 된 또 하나의 동기는 1968년 12월 5일 국민교육헌장 선포에 따르는 교육과정의 요청 때문이었다. 이 때는, 특히 주체성을 강조하며 한국의 전통을 존중하고 창조의 정신을 기름으로써 국가 발전에 적극 참여하는 역군을 배양해야 한다는 생각이 많이 나타났다.

학문 중심 교육과정의 방향은 지식, 기능 교육의 쇄신이라는 항목 속에 표명되어 있으며, 그 내용 중 특히 학문 중심 교육과정과 밀접한 관련이 있는 부분은 다음과 같다.

- 기본 개념의 파악 : "지식의 구조를 이루는 기본 개념과 관계를 이해하고 지적인 탐구 방법을 익힐 수 있도록 지도 내용을 정선하여야 한다."

다섯째는, 인간 중심 교육과정 강조의 시기이다.

1973년과 1974년에 문교부령으로 개정되었던 교육과정은 1981 년 12월 31 일에 문교부 교시 제 442 호로 유치원, 국민학교, 중학교, 고등학교의 교육과정이 다시 개정되었다. 이 개정에서, 주목을 끄는 내용이 전인 교육이다. 즉, 종래의 교육과정은 학문 중심 교육과정을 강조하였으나 개정된 교육과정에서는 지식의 구조, 탐구 과정 등을 종래와 같이 강조하기는 하였으나 보다 역점을 둔 것은 인간 중심 교육과정이라고 할 수 있을 것이다.

제 4차 교육과정 시기인 인간 중심 교육과정 강조의 시기에서는 학문 중심 교육과정이 지닌 문제점(학습 내용의 과다, 학습하기 어려운 교육 내용, 교과목 위주의 분과 교육, 기초 교육, 일반 교육의 소홀, 전인 교육, 인간 교육의 미흡)을 보완하기 위해 교육 내용을 지식의 학문적 측면에서뿐만 아니라 유용성면에서 적합하도록 정선하고, 그 수준을 적정화해야 할 필요와 1980년 7월 30 일 교육 개혁 조치에 따른 교육 방향 전환의 필요성에 따라 개정되었다.

이와 관련하여, 개정의 목적은 현행 교육과정의 문제점 보완, 교육 정상화를 위한 교육 개혁의 추진, 국민 정신 교육의 강화 등이다.

사실, 이 시기의 교육과정의 이념이나 교육과정 사조 또는 이론상의 특징은 어느 한 사조나 이념만을 반영하는 교육과정이 아닌 종합적이고 복합적인 성격을 지닌 것이 되었지만 종래의 교과 중심, 경험 중심, 학문 중심의 입장이나 접근 위에 변화와 미래에 대한 인식을 강조하는 미래 지향적 교육과정의 정신이 반영되었고, 지금까지 소홀히 여겨졌다고 볼 수 있는 인간 중심 교육과정으로서의 성격을 심도 있게 반영하여 개인적, 사회적, 학문적 적합성을 고루 갖춘 교육과정이 되도록 하였다.

이 이후에 개정된 5차 교육과정이나 6차 교육과정에서도 전체적으로 교과 중심, 생활 중심, 학문 중심 등과 같이 과거의 단일적 사고나 이론을 내세운 색깔을 띤 것이 아닌 종합적 성격을 띤 것으로 제4차 교육과정과 같은 맥락에서 이루어지고 있다고 볼 수 있다.

3. 학교 교육과 교육과정

가. 학교에서의 교육과정의 위치

앞에서 교육과정의 개념에 대해서 살펴보았다. 이와 같은 교육과정의 개념들을 토대로 교육과정이 학교 교육과정과 어떠한 관계에 있는지를 살펴보기로 한다.

교육과정과 학교 교육과의 관계는 교육과정이 학교에서 어떻게 실현되고 운영되는가에 초점을 맞추어야 할 것이다. 그러나 교육과정의 목표와 추구하는 방향이 달라지면 그것은 즉각 학교 교육에 영향을 미치게 되고, 결국 수업 상황이든 평가 상황에 반영이 되어야 할 것이다. 따라서, 여기에서는 교육과정과 학교 교육의 관계를 먼저 살피고, 우리 나라 교육과정이 변천하는 과정에서 학교 교육에 투입된 강조점은 무엇인가를 알아보며, 교육과정이 실현되는 수준인 수업과의 관계에 대해서도 살펴보고자 한다.

곽병선(1994)은 교육과정은 '학생에 대한 교육적 성취를 의도하여 학교 교육에 유효할 수 있도록 문화 내용을 재구성한 모든 수준의 계획'이라고 정의하였다. 이 의미를 그는 교육의 의미와 관련지어 다음과 같이 설명하고 있다.

첫째, 교육과정은 교육적 성취를 의도하는 점에서 교육의 핵심적 위치를 차지한다. 즉 교육과정은 교육다운 성취, 학생의 가치를 끌어올리고자 하는 데 기본이 있다.

둘째, 교육과정은 교육이 포괄할 수 있는 가정 교육, 학교 교육, 사회 교육 등 모든 교육의 종류들 가운데 가장 조직적이고 체계적인 형태, 즉 학교 교육에 초점을 두고 있다. 학교는 사회로부터 교육하는 권한과 책임을 위임 받은 공적 기관이다. 교육하는 일을 위임 받은 기관은 형태와 대상에 상관 없이 모두 학교로 볼 수 있다. 학교는 기본적으로 학생·교사, 그리고 이 둘간의 상호 작용을 돕는 물리적 환경으로 이루어져 있다. 그러나 교육과정이 없으면 학교 교육은 이루어지지 않는다. 교육과정은 바로 계획된 문화 내용으로서 이를 가지고 학생과 교사가 상호 작용하여 교육을 성취하도록 한다. 따라서, 교육과정은 단순한 문화 내용이 아니고 학교가 이를 가지고 위임 받은 권한을 행사하고 책임을 완수하도록 하는 효력을 발생하도록 하는 그런 것이다.

나. 교육과정과 수업

교육과정과 수업의 개념 구분은 교육과정 운동이 시작된 이래로 교육과정 전문가들이 곤란을 겪어 왔던 문제이다. 이 문제는 근본적으로 교육과정에 대한 학습 과정 및 내용으로의 개념 규정에 따른 부적절성을 인식했을 때, 그리고 경험으로의 정의를 통해 그러한 교육과정의 복합성을 극복하려고 했을 때 야기되었던 것이다. 이와 같이, 교육과정과 수업의 관계에 대해서는 교육과정 문헌 속에서 매끄럽게 규명되고 있지 않다. 그래서 여기서는 여러 학자들의 견해에 따른 교육과정과 수업의 관계를 종합적 관점, 분리적 관점, 절충적 관점으로 나누어 살펴보았다.

(1) 종합적 관점

이 관점은 교육과정과 수업을 같은 수준의 개념으로 다루며 양자의 순환적 과정을 중요시한다. Tyler(1949)는 수업을 교육과정을 가르치기 위한 계획이라고 하였고, 학습 경험을 단원, 코스, 프로그램으로 조직하기 위한 절차라고 생각하였으며 교육과정과 수업은 모두 다 중요하며 이들은 계속적이고 순환적 과정을 거친다고 하였다.

Tanner와 Tanner(1980)는 교육과정과 수업을 분리하여 기술하는 것은 잘못된 것일 뿐만 아니라 불가능한 일이라고 하였다. 왜냐 하면, 교육과정이 교실 수준에서 실행될 때, 이러한 구분은 없어지기 때문이다. 교육과정을 분리된 것으로 보는 것은 마치 이원론을 적용하는 것과 같다. 이원론의 입장에서는 교육과정을 교육 목표의 달성 수단으로 보고, 목적과 수단은 인위적으로 구분한 것이거나 비연속적인 것으로 본다. 태너와 태너는 교육과정과 수업을 하나의 문제로 종합하려 하지 분리된 문제로 분석하고자 하지 않는다. 이 입장은 Tyler의 견해와 일치한다.

(2) 분리적 관점

이 관점은 교육과정과 수업을 완전히 다른 개념으로 취급하며 양자를 이원론적으로 접근한다. Taba는 교육과정을 교수보다, 교수를 수업보다 더 폭넓게 생각하고 있다. 타바에 의하면 교육과정은 학습할 실체와 내용이며, 교수는 교과를 학습자에 전달하기 위한 교사의 일반 행동과 방법이다. 수업은 교수하면서 도입되는 특수한 활동이다. 이러한 입장을 취하면서 타바는 교육과정과 수업을 별개의 것으로 보고 있다. 즉, 수업에 교육과정과 똑같은 비중을 두고 있지 않다.

Bruner는 교육과정과 수업을 분리된 실체로 보고, 수업 이론은 ① 학습의 촉진, ② 지식의 구조화, ③ 학습 경험의 계열화, ④ 교수-학습 과정에서 보상과 처벌의 조절에 초점을 두어야 한다고 하였다. 분명히, 브루너는 교육과정과 수업을 분리된 학문으로 보고 있다.

Broudy와 그의 동료들은 교육과정을 하나의 체제로 보고 교수와 수업은 그 하위 체제로 보았다.

교육과정과 수업을 분리적인 관점에서 주장하는 학자로는 Zais가 있다. 자이스는 교육과정을 보다 방대한 개념으로 보고 수업을 구체적인 현상 또는 하위 체제로 본다. 수업은 교육과정의 연속선상의 어느 지점에서 도입된다. 도입시에는 교사의 주관적 판단을 허용하지만, 교사의 인성, 교사의 스타일, 학생의 요구와 흥미에 따라 선정된다.

Johnson(1968)은 교육과정이란 교육과정 개발 체제의 산물인 동시에 수업 체제에 대해서는 투입 역할을 하는 것으로 개념화하고 있다. [그림 1-2]에서 보는 바와 같이 교육과정은 개념적 수준에서 수업과 구별되지만 수업을 특징 지우는 중요한 투입 요인임을 이해할 수 있다(김인식 외, 1998에서 재인용).

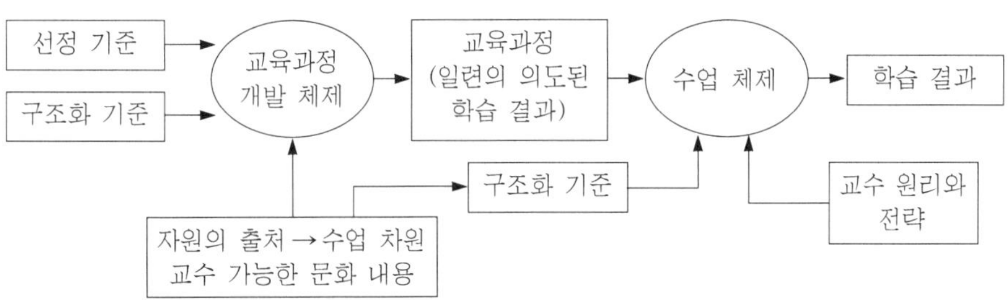

[그림 1-2] 한 체제의 산물이면서 다른 체제의 투입으로 보는 교육과정 개념화 모형

처음에 개발 단계에서 교육과정은 교육과 관련된 여러 가지 가능한 요인들을 포함하여 개발되는 하나의 과정이다. 이 단계에서, 학습자의 요구, 교과 전문가의 견해, 사회의 변화 내용 등을 토대로 교육과정 목표가 개발되어야 한다. 이렇게 개발된 교육과정은 수업 상황에 투입되고 교수-학습 과정을 거쳐 학습 결과로 나타나며, 그 결과는 다시 교육과정의 개선에 반영되어야만 하는데, Johnson은 이 사실을 간과하고 있다(김인식 외, 1998에서 재인용).

(3) 절충적 관점

이 관점은 교육과정과 수업의 역동적인 상호 작용에 중점을 두어 서로 영향을 주고받는 것을 강조한다.

오늘날, 대부분의 교육과정 학자들은 Tanner와 Zais의 중간 입장을 취한다. 비록, 그들은 교육과정과 수업을 분리하고 있지만, 교육과정 없이 수업을 생각하거나 수업 없이 교육 과정을 생각하는 것은 불완전하다고 한다. 이 두 가지 요소들은 때때로 서로 융합되지만, 그 두 요소는 독자적인 특징 및 독립성을 갖고 있다.

예를 들면, Saylor와 그의 동료들은 교육과정과 수업은 서로 복잡하게 관련을 맺고 있으며, 그 관련은 마치 로미오와 줄리엣과 같다고 하였다. 교육과정 없이 효과적인 수업은 존재할 수 없고, 수업이 없는 교육과정은 거의 의미가 없다. 그러나 그들은 교육과정을 학습 기회를 위한 계획이라고 보았으며, 수업을 교육과정을 실천에 옮기는 단계로 보았다.

Wiles와 Bondi는 교육과정은 교실 수업을 공유한다고 주장한다. 교육과정은 학습 계획으로 내용과 학습 경험의 선정, 조직을 포함하는 개념이다. 수업은 교사가 내용과 자료 조직, 활동의 조절과 계열에 관한 의사 결정을 내리는 과정이다.

Ornstein과 Hunkins(1988)는 다음과 같은 입장을 취하고 있다. 교육과정은 내용 (What)을 다룬다. 즉, 학생과 사회가 필요하다고 인식한 것으로, 그 결정의 기초는 철학 및 사회가 된다. 수업은 인간이 학습하는 방법을 다룬다. 그것의 기초는 심리학이다. 그러나 교육과정이나 수업 모두 계속적으로 다방면에서 서로를 수정해 나간다. 즉, 교육과정의 결정은 수업에 영향을 미치고, 수업의 결정은 교육과정에 영향을 미친다.

(4) 논 의

이러한 교육과정과 수업에 관한 세 가지 관점은 나름대로의 논리가 있다. 첫번째 종합적인 관점은 간학문적 성격을 띤다. 두번째 분리적 관점은 교과나 연구 분야에 대한 학문적 성격을 띤다. 세번째 절충적 입장은 더욱 유동적 입장을 지닌다. 그러나 이러한 세 가지 입장 또한 단점을 지니고 있다.

두 가지 요소를 종합하고자 하는 사람들은 교육과정과 수업을 어떻게 결합할지에 대한 해답을 주지 못하고 있다. 즉, 그들은 단지 실제를 고려함이 없이 이론적인 통찰만을 제시하고 있을 뿐이다. 따라서, 그들은 해결하여야 할 많은 문제를 제기할 따름이다. 종합적 관점은 오히려 교육과정과 수업의 원리와 과정을 모호하게 할 따름이다.

두 요소를 분리하는 사람들은 한 요소가 다른 요소의 하위 체제이거나, 한 요소가 다른 요소에 앞서 일어난다는 것이 지나치게 단순하다는 사실을 인식하지 못한다. 한 요소를 다른 요소와 분리하는 것은 두 요소에 대해 모두 해로운 것이다. 왜냐 하면, 두 요소 모두가 불완전하기 때문이다. 두 요소를 분리하여 생각하는 교육과정 학자들은 교육과정을 지나치게 강조하고, 수업 이론가와 교육 심리학자들은 수업을 지나치게 강조하고 있다. 따라서, 교육과정과 수업을 분리하여 생각하게 되면 교육과정과 수업 중 하나에만 관심을 갖고 있는 사람들간의 갈등만을 조장할 가능성이 있다.

이론적인 수준에서 절충론을 보았을 때는 종합과 분리는 서로 타협을 보고 교육과정과 수업은 계속 변화한다. 그러나 실제 학급 상황에서는 교육과정과 수업은 상황에 따라서 다른 방법으로 공유 영역을 가지며 그러므로 교육과정과 수업이 서로 어떻게 바뀌며, 그 관계가 어떠한지를 관찰할 수가 없다.

수업은 교육과정에 명시된 목표와 내용을 학교 교육의 상황에서 학습자가 학습하도록 도와 주는 활동이다. 교육과정-수업-학습간의 이상적 조화가 결국은 공약된 교육과정이 학교 교육 상황에서 가장 가깝게 실현되도록 하는 것이다. 훌륭한 교육 계획에서 이 삼자가 조화되는 것을 그림으로 표시하면 [그림 1-3]과 같다(김인식외, 1998).

이상적 관계는 교육과정에 명시된 목표와 내용을 모두 교사가 수업하였고, 또한 학생이 이를 모두 학습한 경우인데, 실제 상황에서

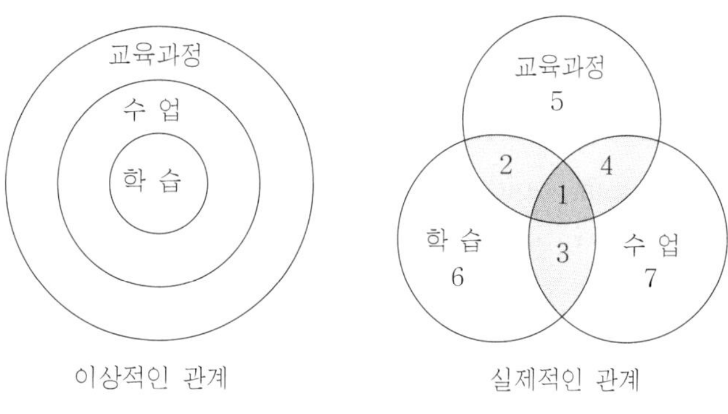

[그림 1-3] 교육과정-수업-학습의 관계

는 거의 일어나지 않는다. 그래서 대부분 [그림 1-3]과 같이 여러 현상이 생기게 된다.

1번의 경우는 교육과정에 명시된 것을 적절한 방법으로 수업함으로써 학습자가 충분히 학습한 것을 나타낸다. 이것은 바로 왼쪽의 이상적 관계를 말한다. 2번은 교육과정에 명시된 것을 수업은 하지 않았으나 학생이 학습한 것을 나타낸다. 3번은 교육과정에 명시되어 있지 않은 것을 교사가 수업하고 학생은 학습한 것을 나타낸다. 4번은 교육과정에 명시된 것을 교사가 수업하였으나 학생은 학습하지 못한 것을 나타낸다. 5번은 교육과정에 명시된 것을 수업도 하지 않았거니와 학습도 이루어지지 않은 것을 나타낸다. 6번은 교육과정에 명시되어 있지도 않고 교사가 수업도 하지 않았는데, 학습자는 학습한 것을 나타낸다. 7번은 교육과정에 명시되어 있지 않은 것은 교사가 수업은 하였으나 학습자는 학습하지 않은 것을 나타낸다.

이와 같이, 교육과정과 수업을 도식화할 때 수업 설계와 전개는 1번의 면적을 넓혀 가는 것이다. 이를 좀 더 분명하게 하려면 교육과정과 수업을 이원적으로 보는 것이 여러 가지 측면에서 편리할 것 같으나 교육과정과 수업의 역동적 상호 작용을 중시하는 절충적 관점이 양자의 개선 발전에 더 많은 기여를 할 수 있을 것이다.

4. 실과(기술·가정) 교육과정의 이해

앞에서 살펴본 바와 같이 교육과정의 개념은 단일화되어 있지 않고 학자에 따라 다양하게 정의되고 있으므로, 우리들은 여러 가지 개념을 혼재된 상태에서 사용하고 있다. 또한, 교육과정이란 용어가 국가 수준의 교육과정에서부터 학교 교육과정, 각 교과의 교육과정까지 구분이 안 된 상태에서 사용되기 때문에 전후 관계를 파악한 후에야 어떤 것을 의미하는지 아는 경우도 종종 있다.

우리 나라 제 1 차 교육과정 시기에는 교육과정과 교과 과정을 구분하여 사용하였다. 그러나 현재는 이런 구분을 두지 않고 사용하는 것이 보통이다. 우리는 모두를 구분하지 않고, 교육과정(curriculum)으로 사용하지만 각 나라는 교육과정의 문서 명칭을, 미국은 Curriculum Guideline 혹은 Course of study, Program Guide, Minimum Standards 등 각 주별로 다양하게 사용하고 있고, 일본은 교육과정 기준 문서의 명칭이 '학습 지도 요령'으로 되어 있다. 그리고 대만은 과정 표준, 프랑스는 Programs at Instruction, 영국은 National Curriculum이란 명칭을 각각 사용하고 있다.

사회적 문제가 제기되면, 이것을 교육과 관련지어 그 원인과 결과를 평가하고 비판하는 경향이 매우 빈번해졌다. 교육 문제를 비판할 때, 빼놓지 않고 언급하는 것이 교육과정과 교과서의 문제일 것이다. 만약, 가정에서의 생활 교육이 잘 안 되고, 자기 일을 제대로 처리하지 못하는 학생이 많아서 문제가 있다고 하면, 실과(기술·가정) 교육을 문제삼게 된다.

이 실과(기술·가정)를 논의 대상으로 삼을 때, 그 의미는 말하는 이에 따라 여러 가지로 달라지게 된다. 이처럼 하나의 용어, 개념이 말하는 사람과 듣는 사람 사이에서 의미의 차가 심해지면, 핵심을 제대로 파악할 수 없게 되고 혼란스러워져서 논의의 초점이 모호해질 우려가 있다.

일반적으로 실과(기술·가정) 교육과정에 문제가 있다고 할 때, 교육과정의 의미는 다음 네 가지를 지칭하는 것을 알 수 있다.

① 교육부가 각 학교에서 실천해 주기를 바라는 실과(기술·가정) 교육의 일반적, 공통적, 요강적 기준으로서 고시해 놓은 국가 수준의 문서를 교육과정으로 말하는 경우이다. 이 경우, 실과(기술·가정) 교육이 제대로 이루어지지 않고 있는 이유는 교육부가 고시한 실과(기술·가정) 교육과정 문서가 잘못되었기 때문이라는 시각과 입장에 서게 된다.

② 교육부가 고시한 실과(기술·가정) 교육과정에 터하여 편찬된 실과(기술·가정) 교과서를 곧 교육과정으로 보는 경우이다. 이 때에는, 실과(기술·가정) 교과서의 적합성을

논의하게 되며, 그러한 내용이 생활 기술을 제대로 기를 수 있는가 하는 타당성, 정당성을 문제삼게 된다.

③ 학교에서 실제로 이루어지고 있는 실과(기술·가정) 수업을 교육과정이라는 용어로 말하는 경우이다. 이 때에는, 교육 현장에서 전개되는 실과(기술·가정)의 구체적인 교육 현상을 비판하는 것으로 주로 교사의 자질, 자세, 지도 내용 및 방법, 그리고 학교의 물리적·심리적 환경까지도 포함한 실과 교육의 실제적 상황을 학교와 교원을 고려하면서 포괄적으로 다루고 있다.

④ 교육부 고시 실과(기술·가정) 교육과정 문서, 실과(기술·가정) 교과서, 학교의 실과(기술·가정) 실제 수업 및 실과 교육 전반의 상황을 모두 포함하는 종합적인 의미로 교육과정이라는 용어를 사용하는 경우이다.

그러나 위의 4가지 유형 중에서 첫째, 국가 수준의 실과(기술·가정) 교육과정은 우리 나라와 같이 중앙 정부가 교육과정 결정권을 가지고 있는 나라의 경우, 편제된 교과에 대한 국가 수준의 교육과정을 제시한 문서를 지칭함을 알 수 있다. 우리의 교육과정 문서를 보면, 초등학교 교육과정, 중학교 교육과정, 고등학교 교육과정으로 되어 있으나 엄밀하게 보면 '초등학교, 중학교, 고등학교 교육과정 기준'으로 제시해야만 일반적, 공통적, 요강적 기준에 적합할 것이다.

둘째는, 실과(기술·가정) 교과서를 교육과정으로 보는 경우이다.

교과서는 교육과정에 의해서 만들어진 학생들이 배우는 주된 자료인데, 이것이 교육과정 그 자체로 인식되고 있다는 점이다. 실과(기술·가정) 교육과정을 구현하는 자료는 무수히 많다. 그 중에서 교과서는 대표적이고 핵심적인 자료임에는 틀림없지만 그것이 바로 교육과정 자체를 의미하지는 않는다. 그러나 우리의 현실에 비추어 보면, 학교의 학습에 직접 투입할 수 있는 유일한 자료가 바로 교과서이고 보면 그런 개념으로 받아들여지는 것은 무리가 아니다. 우리 나라와 같이 닫힌 교과서관을 가지고, 교과서의 가치를 높게 평가하고 있는 사회에서는 더욱 그러하다고 볼 수 있다. 앞으로는, 열린 교과서관에 터하여 교과서를 볼 수 있도록 교과서관이 변할 것으로 기대하고 있다.

셋째는, 학교 수준에서 이루어지고 있는 수업 계획을 실과(기술·가정) 교육과정으로 보는 견해를 대변한다고 볼 수 있다. 우리는 지금 국가 수준의 교육과정을 갖고 있는 나라지만, 운영에 있어서는 절충적 체제를 지향하고 있다. 즉, 교육과정의 운영 체제를 국가 수준 교육과정, 지역 수준 교육과정, 학교 수준 교육과정으로 볼 때, 실제 교육과정이 구현되고 실현되는 것이 학교의 수업을 통해서 이루어지고 있다. 따라서, 이 수준의 교육과정이 교육의 질을 좌우하는 관건이 되고 있다. 실과(기술·가정) 교육과정을 학교 현장에서 이루어지는 수업 활동을 포함한 모든 교육 활동으로 보는 것도 무리가 아님을 알 수 있다.

넷째는, 국가 수준의 교육과정, 교과서, 학교의 실과(기술·가정) 수업 계획 모두를 포함하는 개념이다. 실과(기술·가정) 교육과정이라고 할 때, 이 수준 모두를 포함하는 개념으로 받아들여져야 할 것이다. 앞으로, 이 책에서 사용되는 용어 중 실과(기술·가정) 교육과정이라고 할 때에는 특별한 경우, 즉 각 수준별로 구분해서 사용하지 않을 경우, 이 모든 것을 포괄하는 개념으로 사용되고 있음을 밝혀 둔다.

이와 같이, 실과 교육에 대한 것을 말할 때에도 교육과정의 의미가 사람에 따라 제각기 차이가 있음을 확인할 수 있다. 따라서, 실과(기술·가정) 교육과정도 국가가 고시한 교육과정 기준, 시·도 교육청 수준의 교육과정 편성·운영 지침, 학교 교육과정 등의 수준별로 파악해야 할 것이다.

토의 및 연구 과제

1. 교육과정의 개념을 정리하고, 자기 나름대로 교육과정 개념을 정립해 보자.
2. 교육과 교육과정과의 관계를 설명해 보자.
3. 교육과정 유형을 들고, 그 특징과 강조점을 정리해 보자.
4. 일반적으로 실과(기술·가정) 교육과정에 문제가 있다고 할 때, 교육과정의 의미를 네 가지로 지칭하는데 이것을 열거해 보자.

<참고 문헌>

곽병선(1994). 교육과정. 배영사

곽연상(1995). 초등학교 실과 교육과정의 변천에 관한 고찰. 전남대학교 교육대학원 석사학위 논문.

권낙원(미출판). 교육과정 총론. 한국교원대학교 대학원

김병성 외(1992). 교육학총론. 양서원

김봉수(1987). 현대교육과정론. 학문사.

김인식·최호성(1996). 최신 교육과정 및 평가. 교육과학사

김종서외(1988). 교육과정 및 교육 평가. 교육과학사

송해균, 정성봉, 류청산, 서우석(1998). 초등실과교육학. 교육과학사.

문교부(1973). 초등학교 교육과정 <문교부령 제 310호>.

문교부(1986). 초등학교 교육과정 해설.

연세대학교 교육학과 교육과정연구회 역(1993). 교육과정이론. 양서원.

이경섭(1991). 교육과정 유형별 연구. 교육과학사

이영덕(1969). 교육의 과정. 배영사

정성봉(1998). 제 7차 실과 교육과정 개정 방향. 실과교육연구, 4(1), 1-12.

최유현(1997). 실과교육 연구. 형설출판사.

한준상 외2인 공역(1988). 교육과정 논쟁 -교육과정의 사회학-. 도서출판 집문당.

함수곤(1994). 교육과정의 편성. 대한교과서주식회사.

함종규(1976). 한국 교육과정 변천사연구-전편-. 숙대 출판부.

홍성윤, 김유미, 김복영 편역(1994). 학교 및 사회, 산업기관의 교육과정 개발론. 교육과학사.

Giroux, H. A., Penna, A. N., & Pinar, W. F. (Eds.). (1981). Curriculum & Instruction Alternatives in Education. McCutchen Publishing Co.

McCormick, R., & James, M. (1989). Curriculum Evalucation in Schools(2nd ed.). NY: Croom Helm Ltd.

McNeil, J. D. (1990). Curriculum -A Comprehensive Introduction-(4th ed.). Harper Collins Publishers.

Lawton, D., Gordon, P., Ing, M., Gibby, B., Pring, R., & Moor, T. (1978). Theory and Practice of Curriculum Studies. London: Routledge &Kegan Paul Inc.

Saylor, J. G., Alexander, W. M., & Lewis, A. J. (1981). Curriculum Planning for Better Teaching and Learning(4th ed.). New York: Holt, Rinehart and Winston.

Schubert, W. H. (1986). Curriculum -Perspective, Paradigm, and Possibility-. NY: Macmillan.

Tanner, D., & Tanner, L. N. (1980). Curriculum Development -Theory into Practice-. NY: Macmillan.

제2장

실과(기술·가정) 교육과정 변천

1. 교육과정 제정 이전의 시기(1895∼1945)

교육과정이 제정되기 이전에도 우리 나라에서는 실과 교육의 성격과 같은 교과목을 가르쳤다. 1895년에 공포된(고종 32년, 4228. 7. 19) 소학교령을 보면, "아동의 신체적 발달을 도모하여 국민 교육의 기초와 생활상에 필요한 보통 지식 및 기능을 익히게 함을 목적으로 한다."는 교육 목표를 제시하고 있으며, 수신, 독서, 작문, 습자, 산술, 체조, 한국 지리, 한국 역사 등의 교과목을 설치했는데, 여아를 위하여는 '재봉'을 과할 수 있게 한 것을 알 수 있다.

그 후 1906년(광무 10년, 4239. 8. 27)에 공포한 보통 학교령인 칙령 제44호를 보면, 보통 학교의 교육 목적을 "학도의 신체 발육에 유의하고, 도덕 교육과 국민 교육을 베풀어 일상 생활에 필요한 보통 지식과 기예를 주는 것을 목적으로 한다."고 명시하고 있다. 이 때에, 교과목별 교수 요지에서 나타난 실과적인 교육 내용을 보면 다음과 같다.

① 수예는 편물, 수법(繡法), 보통 의복류 꿰매는 법, 마르는 법, 깁는 법, 같은 것을 익히고 아울러 근로하고 절약하고 이용하는 습관을 기른다.

② 수공(手工)은 간단한 물품을 만들 능력을 얻게 하고, 그 사고를 정확히 하며 근로를 좋아하는 습관을 기른다. 수공은 종이, 실, 진흙, 나무, 보리짚, 쇠붙이 등 그 고장에서 적절히 구할 수 있는 재료를 써서 간이한 세공을 가르쳐야 한다.

③ 농업은 농업에 관한 보통 지식을 얻게 하고, 농업에 취미를 붙이며 근로를 애호하는 습관을 기른다. 지방 실정에 따라 농업, 수산을 따로 하거나 또는 아울러 가르쳐야 한다. 지리, 이과 등의 교수 사항과 관련시키고 실제 업무로서 확실하게 습득시킨다.

④ 상업은 매매, 금융, 운수, 보험, 기타 상업에 관한 중요한 사항 중 학생이 알기 쉬운 것을 뽑아 국어, 수학, 지리, 이과 등 교수 사항과 관련하여 가르치고 간이한 상업 부기도 가르친다.

이 시기에서는, 보통 학교의 수의과목(隨意科目)으로서 실업을 과할 수 있게 한 것이 특색인데, 실업의 내용은 6년제의 경우 4, 5, 6학년의 '직업' 과목에 여자에게는 '가사 및 재봉'을, 남자에게는 '수공'을 가르쳤다.

또한, 실과에 배당된 시수는 [표 2-1]에서 보는 바와 같이 많은 비중을 차지하였고, 남녀별로 교과 편제와 시간 배당이 다르게 되어 있는 것을 알 수 있다. 즉, 도화·공작은 남자의 경우 1학년부터 편제되어 있지만 여자는 4학년부터 남자보다 1시간이 적게 배당되어 있다. 그리고 요리·재봉은 여자들만 4학년부터 3시간씩 이수하도록 했으며 실과는 남녀 같이 4학년 때부터 이수하되 남자는 3시간, 여자는 1시간씩 이수하도록 편제되었다.

[표 2-1] 교육과정 제정 이전의 국민학교 교과목 및 주당 교수 시간표

교 과 \ 학 년	1	2	3	4	5	6
공　민	2	2	2	2	2	2
국　어	8	8	8	7	6	6
역　사	-	-	-	-	2	2
지　리	-	-	-	1	2	2
산　수	6	6	7	5	5	5
이　과	-	-	-	3	3	3
체　조	4	4	5	3	3	3
음　악	-	-	-	2	2	2
습　자	-	-	1	1	1	1
도화·공작	2	2	2	남 3 / 여 2	4 / 3	4 / 3
요리·재봉	-	-	-	여 3	3	3
실　과	-	-	-	남 3 / 여 1	3 / 1	3 / 1
계	22	22	25	30	33	33

자료 : 함종규, 교육과정 연혁 조사(전편). p. 188

2. 교수 요목기(1946~1954)

일본 강점 시대의 것을 사용하지 말 것을 지시한 채로 교육과정이나 교과서를 당장 내놓지 못하고, 임시로 교육에 관한 응급 조치를 했던 미군정청 편수 당국의 교과별 편수관들은 위원회(교수 요목 제정 위원회)를 조직하여 교수 요목을 제정하는 한편, 교과서를 편찬하는 일에 착수하였다. 이 때에 제정된 교수 요목의 특징은 다음과 같이 세 가지로 요약될 수 있다.

① 교과의 지도 내용을 상세히 표시하고, 기초 능력을 배양하는 데 주력하였다.

② 교과는 분과주의를 채택하였으며, 체계적인 지도와 지력의 배양에 중점을 두었다.

③ 우리 나라의 교육 목표인 홍익 인간의 정신에 입각하여 애국 애족의 교육을 강조하

였으며, 일본 강점 시대의 잔재를 정신면에서나 생활면에서 시급히 제거하는 데 각별한 노력을 기울였다.

그러나 당시의 교수 요목은 이를 제정하는 데 충분한 시간적 여유가 없었으므로, 각 교과별로 가르칠 주제를 단순히 열거하는 데 불과하였으며, 특히 내용과 수준이 학생들의 지적 능력에 비추어 너무 높았다는 평을 받게 되었다.

가. 실 과

(1) 개정 중점

광복 후, 미 군정 당국에 의하여 1945년에 공포되었던 국민학교의 교과목 중 실과에 관련된 과목으로는 도화 공작, 조리, 재봉, 실과가 있었다. 그 후, 처음으로 우리의 손으로 구성된 교육 심의회를 통하여 제정된 1946년 9월의 교과목 및 교수 시수표를 보면, 공민, 지리, 역사, 직업을 종합하여 사회 생활로 통합하는 한편, 요리, 재봉과 도화, 공작을 폐지하고, 미술과 가사를 신설한 것이 특징이다. 남학생에게는 1학년부터 6학년까지 주당 4시간의 미술을 과하고, 5, 6학년 여학생에게는 미술을 주당 1시간 적게 이수시키는 반면, 가사를 주당 2시간씩 과하도록 한 것이 달라진 점이라 할 수 있다. 여기서, 미술의 시간 배당을 늘린 것은 공작을 통합하기 위한 조치였다고 볼 수 있다. 1951년 1월의 1·4 후퇴 후 1월 26일자로 전시하 교육 특별조치 요강을 제정, 공포하였는데, 이에 의하면 국어, 사회, 이과, 산수, 보건, 음악, 미술, 가사의 8개 과목으로 구성되어 있었다.

실과에서는 실생활 및 직업과 관련된 깊이 있는 내용을 다루고 있는데, 5, 6학년의 농업에 해당하는 그 당시의 교수 요목을 제시해 본다.

(2) 특 징

㈎ 목 표

아동에게 작업의 목적이 일반 사회 생활과 유기적인 관계를 가지고 있는 것을 인식하게 하여, 그 목적 달성의 의도를 왕성하게 하고, 자발적인 활동을 자아내게 할 것과 근로의 의지를 단련하게 하며, 인고·인내의 정신을 양성함으로써 창조·생산의 기쁨을 느낄 수 있도록 할 것을 목표로 하고 있다.

㈏ 내 용

- 다섯째 학년 교수 요목 : ① 흙, ② 정지(整地), ③ 농구, ④ 좋은 씨앗, ⑤ 보리, ⑥ 볏짚의 가공, ⑦ 닭, ⑧ 뽕나무, ⑨ 봄누에와 여름누에와 가을누에, ⑩ 누에의 병과 예

방법, ⑪ 묘포, ⑫ 꽃밭, ⑬ 채소 (무, 배추, 감자, 마늘, 고추), ⑭ 거름(肥料), ⑮ 집에서 만든 거름, ⑯ 조, ⑰ 콩

- 여섯째 학년 교수 요목 : ① 씨앗따기, ② 목화, ③ 채소(채소와 온상, 고구마, 가지, 외, 참외, 수박, 양배추, 파, 양파), ④ 채소의 저장과 가공, ⑤ 채소의 병충해, ⑥ 과목(果木), ⑦ 벼의 수확, ⑧ 농업 비료, ⑨ 화학 비료, ⑩ 돼지 기르는 법, ⑪ 달걀과 병아리, ⑫ 소, ⑬ 조림과 삼림 보호법, ⑭ 못자리와 모심기, ⑮ 벼 가꾸기와 병충해, ⑯ 보리의 수확

(다) 시간 배당

이 편제에서도 미술과 가사를 연관시킨 점이 눈에 띄는데, 미술은 전학년에 과하되 5, 6학년에서는 남녀를 구분하여 여학생에게는 가사를 추가시키고, 미술을 주당 1시간씩 적게 이수시키도록 되어 있었다. 이 배당표를 적용함에 있어 5, 6학년은 매주 2시간 이상의 근로 작업을 과한 것이 특징이다. 이 당시의 국민학교 교과 시간 편제를 살펴보면 [표 2-2]와 같다.

[표 2-2] 교수 요목기의 국민학교 교과목 및 연간 수업 시간(1946. 9. 1)

교과 \ 학년	1	2	3	4	5	6
국 어	360(9)	360(9)	360(9)	360(9)	320(8)	320(8)
사회생활	160(4)	160(4)	200(5)	200(5)	남 240(6) 여 200(5)	240(6) 200(5)
이 과	-	-	-	160(4)	160(4)	160(4)
산 수	160(4)	160(4)	200(5)	200(5)	200(5)	200(5)
보 건	200(5)	200(5)	200(5)	200(5)	200(5)	200(5)
음 악	80(2)	80(2)	80(2)	80(2)	80(2)	80(2)
미 술					남 160(4) 여 120(3)	160(4) 120(3)
가 사	-	-	-	-	여 80(2)	80(2)
계	1,120 (28)	1,120 (28)	1,200 (30)	1,360 (34)	1360 (34)	1,360 (34)

* 시간수는 1년을 40주로 하여 교과별 연간 이수 시간을 나타낸 것임.

* 괄호 안의 시간은 주당 시간을 나타낸 것임.

(라) 운 영

위에 열거한 교수 요목은 5, 6학년 남자용이다. 이 때의 실과는 내용에 있어서 남자와 여자의 교수 요목이 달랐고 시간 배당도 달랐다. 교수상 주의라고 나와 있는 것을 보면, '본 요목은 중요한 교재를 선택하였으나 그 분량이 많은 편이다. 현재의 규정이 그 교수

시수가 한정되어 있고 또 각 학교의 작업 설비가 균일하지 못한, 즉 그 중에서 적당한 교재만을 선택하여 실습 지도할 것', '선생님이 직접 선두에 서서 한 손에는 책을 들고 한 손에는 괭이를 들어 농장으로 나가서 아동의 피가 뛰는 근육을 움직이며 생산과 창조의 의의를 자각 채득하게 할 것'이라고 되어 있어 근로·노작 교육을 중요시하였다.

나. 중학교 가정

교수 요목기에 가정과에 해당하는 교과목은 가사, 재봉 및 수예의 3개 과목이었다. 이들 교과목은 4개 학년에 걸쳐 고루 교수하도록 되어 있었으며, 교수 시간의 비중은 전체 시간의 15~25%를 차지하였다. 학년별 이수 시간은 [표 2-3]과 같이 학년이 올라갈수록 많았고, 과목별로는 수예보다 가사와 재봉 시간이 더 많았다.

응급 조치를 했던 미 군정청 편수 당국은 1947년 중학교의 교과목을 교과목과 시간 배당을 다시 정하고 교수 요목을 시달하였다.

[표 2-3] 고등 여학교(여자 중학교) 가정과 관련 교과목 및 교수 이수표(1945)

과목명＼학 년	1	2	3	4
가　사	2	2	4	4
재　봉	2	3	3	4
수　예	1	1	1	1
계	5	6	8	9
전체 수업 시간	33	33	35	36

자료 : 함종규, 한국 교육과정 변천사 연구(전편). 1979(p. 191)

이 때의 교수 요목은 교과별로 시간 배당, 교수 요지, 교수 방법, 교수상의 주의, 교수 사항 등을 제시한 것으로, 교수 사항은 마치 교과서의 목차처럼 지도할 영역과 요소를 세항까지 상세하게 제시한 것이 특징이다.

그러나 이 때의 교수 요목은 교육과정 총론에 해당되는 것이 보이지 않아, 그 구성의 방향이나 이념 또는 목적, 운영상의 유의점 등은 파악하기 힘들다. 다만, 이 교수 요목은 교과서 중심으로 기초 능력의 체계적인 지도와 지력의 배양에 중점을 두었으며, 애국애족을 강조하고 일제 잔재를 정신면에서나 생활면에서 시급히 제거하는 데 역점을 두고 구성되었다.

당시의 가정과 관련 교과목은 가사, 재봉, 수예의 3개 과목이었으며, 학년별 배당 시간은 [표 2-4]와 같다.

[표 2-4] 여자 중학교 가정과 학과 시간 배당표(1948)

과 목	학 년	1	2	3	4	5			6		
						실	문	이	실	문	이
실 업	가사	1	1	2	2	4	2	2	6	2	2
	재봉	2	2	2	2	4	1	1	6	1	1
	수예	2	2	1	1	2	1	1	4	1	1
계		5	5	5	5	10	4	4	16	4	4
전체 수업 시간		39	39	39	39	39	39	39	39	39	39

이 교수 요목은 1948년 정부가 수립되고, 1949년 교육법이 제정됨에 따라 새롭게 개정
될 예정이었다. 그러나 6.25 전쟁으로 중단되어 1954년의 '교육과정 시간 배당'과 그 이듬
해의 '교과 과정'이 공포될 때까지 유효했으며, 이에 따른 교과서가 편찬되어 사용되었다.

한편, 1949년 12월 31일에 공포된 교육법 제 155 조에서는 실업 과목의 이수 시간 범위
를 규정했는데, 중학교에서는 전 교과의 15 % 이상을 과함으로써 학생들로 하여금 1인 1
기를 습득하도록 하였다.

다. 고등학교 실업·가정

이 시기는 일제 하에 실시하던 교육 내용을 많이 답습하였으므로, 보통 교과로서의 성격
보다는 전문 교과로서의 성격이 강하였다. 남자 학교(중학교가 5년제)에서는 농업, 공업,
상업을 이수시켰고, 여학생에게는 가사, 수예, 재봉을 전 학년에 걸쳐 이수시켰다. 여학생
에게는 가정 영역을 세분화하여 이수하게 하였다.

이 시기에는 중등학교의 빈번한 학제 변경으로 학교 교육이 그 궤도를 찾지 못하고 일
본 강점 시대의 교육을 답습해 오던 중 6.25 전쟁을 당했다고 할 수 있다. 그러므로 이 때
의 교육과정은 임시 방편적이고 미흡한 것으로 교과목이 교과 요목에 준하고 있었으며, 교
육과정 운영은 학교장의 재량으로 융통성 있게 운영할 수 있도록 하여 학교장에게 권한을
인정해 주었으므로, 운영의 실제는 학교에 따라 다소 차이가 있었다고 할 수 있다.

3. 제 1 차 교육과정기(1954~1963)

가. 개정의 중점 및 특징

제 1 차 교육과정은 1954년 4월 20일 문교부령 제 35 호로 제정, 공포된 '교육과정 시간
배당 기준령'이 나타나서부터 1963년 2월 15일 문교부령 제 120 호로 개정된 '교육과정령'

이 공포되기까지의 교육과정으로서 1955년 공포된 것은 법령상의 명칭이 교과 과정이었고 교과 중심 교육과정으로도 불리었다.

1947년에 시달된 교수 요목은 임시 방편으로서 성격을 지녔기 때문에, 1948년의 대한민국 정부 수립과 1949년의 교육법의 공포에 따라 교육과정을 새롭게 제정하고자 하는 요구가 높아졌다. 특히, 교육법 제155조에는 "대학, 사범 대학, 각종 학교를 제외한 각 학교의 학과, 교과는 문교부령으로 정한다"로 되어 있으므로, 문교부는 교육과정의 교과목별 시간 배당과 교과 과정을 새롭게 정하지 않을 수 없게 됨에 따라 곧바로 교육과정의 개정에 착수하였다. 그러나 뜻하지 않은 6.25 사변을 겪게 되어 그 계획은 중단되었고, 정부가 부산에 옮겨져 있던 1953년에 다시 개정 작업을 계속하기로 하여, 우선 교육계 및 기타 각계의 권위자를 망라한 교육과정 전체 위원회를 구성하였다. 이 위원회는 29회의 토의를 거쳐 교육과정 기본 원칙의 수립을 기함으로써, '각급 학교 교육과정 시간 배당 기준령'을 작성하여, 1954년 4월 20일 문교부령 제35호로 공포하게 되었다.

이 시간 배당 기준령이 정해지자, 이의 후속 작업으로 교육과정 제정을 서둘러 이듬해인 1955년 8월 1일자로 각급 학교 교과 과정을 공포하였다.

이 '교육과정 시간 배당 기준표'와 '교과 과정'은 우리 손으로 만들어진 최초의 체계적인 교육과정, 또는 교과 중심 교육과정이었다. '교육과정 시간 배당 기준령' 제2조에서 '본령에서 교육과정이라 함은 각 학교의 교과목 및 기타 활동의 편제를 말한다'라고 한 규정과 문교부령 제44, 45, 46, 47조로 공포된 교육과정의 명칭 자체도 교육과정이라는 용어 대신에 '교과 과정' 이라는 용어를 사용한 점을 보아서도 교과 교육과정이었음을 쉽게 알 수 있다.

물론, 이 시대의 교육과정이 지적인 체계가 중심이 되어 있기는 하나, 학생들의 경험과 생활을 존중하는 생활 중심 교육과정의 개념이 침투되어 있음도 또한 그 특색이라 할 수 있다. 그것은 미국의 진보주의 교육의 영향을 받은 결과라고 할 수 있는데, 이러한 성격은 이 교과 과정에 따라 개편된 다음과 같은 교과서의 내용에서 더욱 뚜렷이 나타나고 있다.

① 계통적 학습을 중심으로 하던 종래의 교과 학습의 배열을 버리고, 생활 중심의 단원 학습으로 배열한 점

② 종래의 소단원제를 지양하고, 대단원제로 시정하여 학습의 생활화와 학습의 효과를 가져오게 한 점

③ 종래의 지식과 암기를 강요하는 주입식 방향을 피하고 학생의 생활과 경험을 토대로 하여 이해와 기능 및 태도를 기르는 방향으로의 전환에 힘쓴 점

④ 아동의 흥미 중심의 작업 단원을 되도록 많이 설정하고, 작업을 통하여 능동적으로

　　자기의 생활 경험을 심화 확충하는 방향으로 개선한 점

　이와 같은 내용으로 보아 교육과정 자체는 '교과 중심'이었으나, 교육과정을 기준으로 편찬하는 교과서는 벌써 '생활 중심'을 지향하고 있었음을 알 수 있다.

나. 실 과

(1) 성 격

　1954년 4월 20일에 문교부령 제35호로 공포된 국민학교 교육과정 시간 배당 기준령에서 지금까지 도화·공작, 조리·재봉, 가사 등으로 되어 있던 내용을 정리하여 '실과'로 통합하였으며, 현재와 같은 교과로 확정하게 되었다. 이 시기의 실과는 종전에 국민학교에서 과해 오던 직업과 가사과 및 미술 공작의 실용적인 내용을 뽑아 통합 단일화한 새로운 교과였다. 이것을 지도함에 있어서는 종전에 분과되었던 개념을 일소하고 종합적으로 다루며, 특수한 단원을 제외하고는 남녀의 구분 없이 같은 단원을 학습할 것을 강조하였다. 그러나 기능의 습득에서는 남녀의 구분을 두어 지도하도록 하였다. 1955년 8월 1일에 문교부령 제44호로 국민학교 교과 과정을 공포했는데, 이로써 1954년에 마련된 교육과정 배당 시간 기준령과 더불어 교육 내용까지를 완전히 갖추게 되었다. 1956년에는 4, 5학년 실과 교과서를 6학년은 남자용, 여자용으로 구분하여 편찬 사용하였다. 그 후, 1960년에 실과 교사용 지도서 4, 5, 6학년용이 편찬되었고 나선형으로 조직되었다는 점이 특징이다.

(2) 편제 및 시간 배당

　실과는 4학년에 주당 80~110분, 5학년에 80~110분, 6학년에서 90~130분을 이수하게 되어 있었고, 주당 총이수 시간의 7~10 %를 실과에 할애하도록 되어 있는 것으로 보아 실과의 비중이 컸음을 알 수 있다. 시간 배당 기준은 [표 2-5]와 같다.

(3) 목 표

　국민학교 실과의 목표는 일상 생활에 필요한 의식주와 직업에 대하여 기초적인 이해와 기능과 지식을 얻어, 부지런한 성격을 길러 가정 및 사회의 일원으로서 잘 협력하고 활동하며, 건전한 생활을 영위할 수 있는 능력을 가지게 함에 있다.

　① 실생활에 필요한 것을 자신이 만들고 처리해 나간다는 것의 중요성을 자각시킨다.

　② 실생활에 필요한 일에 대한 기초적인 지식과 기능을 가지게 한다.

　③ 실생활에 있어 연구적인 태도와 고안하고 창작하는 능력을 조장하여 생활 개선과 산업 개량에 이바지하게 한다.

　④ 근로를 애중(愛重)하는 정신을 기르며, 실천성 있는 성격을 기른다.

[표 2-5] 1차 교육과정의 국민학교 교육과정 시간 배당 기준(1954. 4. 20)

교과 \ 학년	1	2	3	4	5	6
국 어	25~30% (240~290분)	25~30% (250~300분)	27~20% (290~220분)	20~23% (220~260분)	20~18% (240~220분)	20~18% (250~220분)
산 수	10~15 (100~140)	10~15 (100~150)	12~15 (130~160)	15~10 (170~110)	15~12 (180~120)	15~10 (190~120)
사회생활	10~15 (100~140)	10~15 (100~150)	15~12 (160~130)	15~12 (170~130)	15~12 (180~140)	15~12 (190~150)
자 연	10~8 (100~80)	10~8 (100~80)	10~15 (110~160)	13~10 (140~110)	10~15 (120~180)	10~15 (120~190)
보 건	18~12 (170~120)	15~12 (150~120)	15~10 (160~110)	10~12 (110~130)	10~12 (120~140)	10~12 (120~150)
음 악	12~10 (120~100)	15~10 (150~100)	8~10 (190~110)	8~5 (90~60)	8~5 (100~60)	8~5 (100~60)
미 술	10~8 (100~80)	10~8 (100~80)	8~10 (90~110)	7~10 (80~110)	10~8 (120~100)	10~8 (120~100)
실 과				7~10 (80~110)	7~10 (80~110)	7~10 (90~130)
특별활동	5~2 (50~20)	5~2 (50~20)	5~8 (50~80)	5~8 (60~100)	5~10 (60~120)	5~10 (60~120)
계	100% (960분)	100% (1,000분)	100% (1,080분)	100% (1,120분)	100% (1,200분)	100% (1,240분)
총수업 시간수	840시간 (24)	875시간 (25)	945시간 (27)	980시간 (28)	1,050시간 (30)	1,085시간 (31)

* 백분율은 각 교과 및 특별 활동의 1년간 수업 시간 수에 대한 학년별 시간 배당량을 표시하고, ( )내는 매주 평균 수업 시간량을 표시함.

⑤ 협조의 정신과 책임감을 조장한다.

⑥ 일을 함에 있어서는 계획성 있고, 질서 있고 안전하게 수행해 나가는 습성을 기른다.

⑦ 어느 정도 자기의 능력 환경과 직업의 성격을 구별할 줄 알아서 올바른 직업 선택을 할 수 있는 능력을 가지게 한다.

⑧ 국가 산업에 관한 이해를 가지게 한다.

이 당시의 교육 목표는 자작 생활 및 실생활에 대한 기초적인 기능 이외에도 직업 선택에 대한 목표를 뚜렷하게 내세운 것이 특징이다.

(4) 내 용

부령 제44호로 된 국민학교 교과과정의 실과 내용은 10개의 영역에 걸쳐 나선형으로 구성되어 있는 것이 특색이다. 이 때, 10개의 내용 영역은 ① 미화 작업, ② 재배, ③ 사양, ④ 공작, ⑤ 기계 다루기, ⑥ 조리, ⑦ 재봉·뜨개, ⑧ 세탁·염색, ⑨ 위생·보육, ⑩ 문서 정리로 조직되었다.

[표 2-6]은 제 1 차 교육과정의 실과 교육 내용이다.

[표 2-6] 1차 교육과정의 실과 내용

영 역 \ 학 년	4학년	5학년	6학년
1. 미화 작업	• 교실 내의 청소 정돈 • 첩시물(貼示物) • 문단속	• 학교 부속 건물의 청소와 정리 • 방안 도배	• 교내외의 환경 꾸미기
2. 재배	• 꽃밭 설계와 심어 가꾸기 • 감자심기 • 간단한 농사 조력 • 나무심기 • 해초따기	• 채소 재배(잎줄기) • 채소 저장 • 수풀 가꾸기와 나무심기 • 농사 조력	• 채소 재배 • 벼·보리 • 퇴비 • 묘목
3. 사육	• 닭 치기 • 토끼 기르기	• 양돈 • 양어 • 학교 동물원	• 누에치기
4. 공작	• 종이 공작 • 쓰레 받기 • 종이상자, 종이통, 종이그릇 • 목죽 공예 젓가락 • 뜨개 바늘 등 • 수건걸이, 싸리비 등 • 농산 재료의 이용(새끼)	• 판지공 • 목죽공 • 연장 자루, 실패, 문패, 말뚝, 양복걸이, 기타 • 칠하기 • 금속 공작 • 농산 재료의 이용 공작 • 제작도	• 목공(옷걸이, 도마) • 금속공 • 시멘트 공작 • 농산 재료의 공작 • 제작도 • 폐물 이용
5. 기계 기구 다루기	• 기구의 손질 • 기계의 손질	• 기계 기구의 손질과 부리기 및 뜯어 맞추기	• 가정용 기계 기구 • 등사 • 배젓기
6. 조리	• 감자 찌기	• 밥짓기 • 나박 김치 • 건어	• 상보기 • 간단한 요리 • 김치 • 깍두기 • 통조림 • 젓담그기
7. 재봉·뜨개	• 단정한 옷차림	• 간단한 의류 만들기 • 의류 수선 • 간단한 뜨개 • 간이 직조, 짜기	• 간단한 뜨개 • 간단한 재봉 • 수놓기
8. 세탁·염색	• 수건빨기	• 세탁 • 간이 염색	• 세탁 • 물들이기
9. 위생·보육	• 기생충 구제 • 구강 위생 • 깨끗한 옷차림 • 전염병	• 응급 치료 • 소독	• 병구원 • 어린이 시중
10. 문서 정리	• 일기쓰기 • 물가 조사	• 가계부 • 교내 판매부	• 가계부 • 증서류 • 제출 서류

제 1 차 교육과정은 영역이 과다하게 많고, ‘일감’과 ‘기능’이 세분화되어 있어 시간 내에 모든 분야를 한 번씩 다루기가 힘들게 되었다. 따라서, 이를 보완하기 위하여 기능 중에서 (○)표는 남자에게만, (×)는 여자에게만, 아무 표도 없는 것은 공통적으로 과하게 한 것이 특색이다. 이를 표로 나타내면 [표 2-7]과 같다.

[표 2-7] 남녀로 구분되는 기능 요소

영역 항목	일 감	기 능		
		4학년	5학년	6학년
재봉·뜨개	• 간단한 의류 　만들기 • 간단한 뜨개		(×)헝겊베기 (×)헝겊을 뜨기 (×)앞치마 마르기 (×)단접기 (×)시치기, 감치기 (×)공그르기	(×)바늘쓰기 (×)고무뜨기 (×)메리야스 뜨기 (×)겉읽기, 안읽기 (×)코늘이고 줄이기 (×)그물뜨개
공 작	• 목공 • 금속공			(○)칼쓰기 (○)양철자르기 (○)양철접기 (○)양철마르기
기계다루기	• 가정용 기계 　다루기 • 배젓기			(×)재봉틀 분해 소제하기, 부 　리기 (○)고기잡이 배
조 리	• 간단한 요리 예 　: 경단 　　도넛 　　김치 　　깍두기			(×)쌀가루만들기 (×)반죽하기, 빚기 (×)삶기, 고물묻히기 (×)도넛 재료 반죽하기 (×)잘하도록 하여 모양만들기 (×)기름에 일구기 (×)무우썰기 (×)양념갖추기 (×)버무려넣기

(○)는 남자에게만 요구한 기능, (×)는 여자에게만 요구한 기능

(5) 운 영

이 시기의 실과 운영은 다음과 같이 10가지 지도 방법을 제시하고 있다.

① 실과는 종전에 국민학교에서 과(課)하여 오던 직업과 가사과 및 미술과 공작의 실용적인 교재를 뽑아 내어 통합 단일화한 새로운 교과이다. 이것을 지도함에 있어서는 종전에 분과였다는 관념을 일소하고 종합적으로 다루며, 특수한 단원을 제외하고는 남·녀 구별할 것 없이 같은 단원을 다같이 학습하도록 할 것이다.(기능의 ‘○’표는

남자만, '×'표는 여자만, 표 없는 것은 공통임).

② 이 교과는 항상 실제 활동을 중심으로 하여 그 외 기법과 확실한 이해를 얻게 할 것이다.

③ 학생들로 하여금 학습 단원에 대한 목적과 필요성을 파악하게 하여 일상 자동적이며, 계획성 있게 작업을 하도록 할 것이며, 그리하여 계통적인 기능과 지식을 얻을 수 있게 지도해야 한다.

④ 서로가 협조하여 책임감을 가지고 꾸준히 일하는 태도를 알리도록 할 것이다.

⑤ 용구를 중히 여기고, 재료를 아껴 쓰며, 작업장을 정돈하는 습성을 기르도록 할 것을 배운다.

⑥ 일상 생활에 활용하여 나가도록 선도할 것이다.

⑦ 지역 사회 환경에 맞추어 기동성 있는 지도를 할 것이며, 특히 그 지역 사회의 특산물을 조장·발전시켜 나가도록 협력할 것이다.

⑧ 자급 자족의 정신을 길러 국산 애용의 사상을 고취할 것이다.

⑨ 공장 및 기업 단체의 시설 운영 실태를 자주 견학시켜 생산과 직업 생활에 대한 지식과 이해를 깊게 할 것이다.

⑩ 일감과 기능이 타 교과의 단원과 같은 내용을 가진 것은 긴밀히 관련시켜 학습시킬 것으로 되어 있다.

이와 같이, 1차 교육과정기의 실과는 종래의 실과 관련 과목의 통합화 강조, 실천적 생활교육 지향, 타교과와의 관련 학습 등을 강조하여 운영되었다.

다. 중학교 실업·가정

중학교 교육과정은 1954년 4월 20일 문교부령 제 35 호로 각급 학교 '교육과정 시간 배당 기준령'이 공포되고, 후속으로 1955년 8월 1일 각급 학교 교과과정이 문교부령 제 45 호로 공포된 직후에 처음으로 도입되었다.

이 시기에는 실업·가정 교과를 남녀 구분 없이 필수와 선택 교과로 이수하도록 하고, 실업·가정이라는 교과 수준으로서의 성격, 지도 목표, 지도 내용, 지도상의 주의점을 제시하였다. 가정 관련 내용은 가정 생활이라는 명칭으로 통합하고, 농업 생활, 공업 생활, 상업 생활, 어촌 생활 등을 종합적으로 다루었다.

이렇게 함으로써 학생들이 다양한 일의 경험을 통하여 장래의 진로와 직업 선택에도 도움을 주도록 배려하였다.

(1) 성 격

이 시기의 교육과정은 중학교 실업·가정과의 성격을 다음과 같이 제시하고 있다.

① 중학교의 실업·가정과는 실생활에 필요한 것을 중심으로 하여 실생활에 대한 이해를 깊이 하고 실생활의 충실한 발전을 꾀하여야 한다.

　종래의 실업 가정과 교육을 살피건대 너무나 가볍게 취급해온 경향이 많았다. 더구나 실과에는 농업, 공업, 상업 등을 늘어 놓아 그 중 일과목 또는 일과목 이상을 선택하여 학습하여 왔기 때문에 실과의 본취지에 맞는 실업과 학습을 전개하기가 곤란하였다. 따라서, 이 실업·가정과는 종래의 다섯 가지의 실과(농, 공, 상, 수산, 가정)를 한데 묶어 종합적으로 학습시키는 데에 의의가 있으며, 그렇게 함으로써 이 교과의 정신을 살릴 수 있는 것이다. 따라서, 이 실업 가정과를 공부하는 데 있어서는 수족(手足)만을 움직여 일하게 할 것이 아니라 일하는 학생 자신의 개인적인 의의와 사회적인 의의를 충분히 자각시켜 일하게 함으로써 일에 대한 능률과 협력하는 태도를 가지게 하여, 일하는 가운데 흥미있는 문제에 부딪쳤을 때에는 깊이 연구를 하여 그 일에 열중하게 하여야 한다.

② 실업·가정과의 일들은 계발적(啓發的) 경험에 의의가 있는 동시에 직업인으로서 설 수 있는 일인 일기의 능력을 길러 주는 것이다. 중학생 시기는 자신이 나아갈 장래의 진로와 직업의 선택을 하는 시기인 만큼 단일한 일을 싫증나게 시키는 것보다 각종의 일감을 체험시켜 각자의 소질과 취미에 따르는 일감을 발견하게 하여 발견한 일감에 대한 이해를 깊게 하고 자신의 능력과 환경에 대하여서도 깊은 연구를 하는 기회를 가지게 하는 동시에 자기의 진로를 결정케 하는 것이 좋다. 그러나 일단 정해졌다 하더라도 주위의 환경과 일감의 변동(취미와 일감의 인식의 정도)에 따라 바뀔 때도 생기는 것이므로, 여러 가지 일감을 많이 부과하게 하여 장래의 진로를 결정케 하는 동시에 근로의 신성성(神聖性)과 존중성(尊重性)을 맛보게 하여 개성에 맞는 각자의 장래의 진로(進路)를 선택하게 하는 것이 타당할 것이다. 이러한 계기가 직업으로 설 수 있는 학습이 될 것이며, 일인 일기를 가질 수 있는 동기가 될 것이다.

③ 실업·가정과의 지도 내용은 지역 사회의 필요와 학교 또는 학생의 사정에 따라 특색을 띠어야 한다.

　도시와 농촌, 어촌 등 지역이 다른 곳에 따라 사정이 다르며, 학교도 큰 학교, 작은 학교, 시설이 되어 있는 학교, 되어 있지 않는 학교 등이 있으니, 도시의 학교에서는 기계 기구 다루기의 단원에서 공작 기계를 다루고, 농촌 학교에서는 농기 기구(農機器具) 및 이에 따르는 기계 기구 다루기를 다룰 것이다. 그리고 여학생을 주로 하는 학교에서는 재봉 기계 등을 이용해서 꾸미기, 부리기 등의 기능습득(技能習得)의 계획을 짜야 한다. 이런 계획을 짜는 데 있어서는 학생의 요구와 그 지역 사회의 직업을 구체적으로 조사한 다음 이것을 토대로 하여 학습 계획을 짜는 것이 좋을 것이다. 계획의 한 예로서 공업을 주로 하는 지역 사회의 직업인들이 상업 또는 농업을 무시하고는 자기의 주업을 운영하기 곤란할 것이다. 밭을 갈고 씨를 뿌리는가 하면 생활 연모의 수리도 해야 할 것이며 시장에서 구입해 온 상품의 평가(評価) 가계(家計)의 계획, 제(弟), 매(妹)의 보육 등 생활 속에 복잡한 실업적 부면이 많이 스며 있는 것이다.

초등학교에서는 이런 것들을 기초로 공부에 젖어 나왔으나, 중학교에 입학해 온 학생은 자칫하면 딴 세계의 꿈이나 꾸는 것처럼 생각하므로, 중학교일지라도 그들이 생활해 온 자취를 살려 학습시키며, 생활시키는 것이 타당한 까닭에 실업·가정과를 단일로 해서 실업 생활을 맛보게 해야 할 것이다.

(2) 편제 및 시간 배당

이 당시의 실업·가정은 필수에서 1학년 주당 2시간 2, 3학년 주당 5시간을 하도록 하였고 선택에서 각 학년 1~7시간씩 하도록 한 것으로 보아 상당히 실업·가정 교과를 중시하고 진로와도 연관하여 실용적인 교육이 되도록 하였다. 편제 및 시간 배당 기준은 [표 2-8]과 같다.

(3) 목 표

실업 가정과의 목표는 가정 생활에서 사회 생활의 일원으로서 가정과 사회의 발전을 위하여 협심합력(協心合力)해야 하는 의의를 자각함으로써, 이에 대한 지식과 기능 및 태도를 체득하여 스스로가 능력에 호응(呼応)하는 분야(分野)의 힘을 충분히 발휘하는 데 그 뜻이 있는 것이다. 목표는 가정과 사회의 일원으로서 가정과 사회의 발전을 위하여 협동할 수 있도록 10개 항으로 구체적으로 제시하고, [표 2-9]에서와 같이 종래의 분과적인 지도 내용을 한데 묶어 종합적으로 지도하였다.

그러므로 이를 세분(細分)하고 구명(究明)하여 다음과 같은 목표를 세운다.

① 실생활에 필요한 일감을 통하여 근로의 신성성(神聖性)과 존중성을 이해한다.

② 실생활에 필요한 작업의 기초적인 지식 기능을 기른다.

③ 협심 합력하는 가정 생활과 지전 생활의 존귀성(尊貴性)을 이해한다.

④ 직업 생활에 필요한 지식 기능을 연마(練磨)시킨다.

⑤ 필연적으로 가져야 할 일인 일기를 습득하게 한다.

[표 2-8] 1차 교육과정의 중학교 교육과정 시간 배당 기준표

교과 시간수 \ 학년		1년	2년	3년
필수 교과	국 어	140(4)시간	140(4)시간	140(4)시간
	수 학	140(4)	105(3)	105(3)
	사회 생활	175(5)	175(5)	140(4)
	과 학	140(4)	140(4)	105(3)
	체 육	70(2)	70(2)	70(2)
	음 악	70(2)	35(1)	35(1)
	미 술	70(2)	35(1)	35(1)
	실업·가정	**175(2)**	**175(5)**	**175(5)**
소 계		980(28)	875(25)	805(23)
선택 교과	실업·가정	35~245(1~7)	35~245(1~7)	35~245(1~7)
	외국어	105~175(3~5)	105~175(3~5)	105~175(3~5)
	기타 교과	0~105(0~3)	0~210(0~6)	0~280(0~8)
특별 활동		70~105(2~3)	70~105(2~3)	70~105(2~3)
계		시간 1,190~1,330(34~38)	시간 1,190~1,330(34~38)	시간 1,190~1,330(34~38)

* 괄호 내의 숫자는 매주 평균 수업 시간량을 표시함

[표 2-9] 제 1 차 교육과정에서 실업·가정과의 각 분야별 교육 내용

	학년	재배	사육	어(魚)	식품 가공	공작 (수기 공작)	기계 다루 기	제도	문서 사무	경영 기장	계산	조리	보건 위생
농업 생활	1	○	○		○	○	○	○	○	○	○	○	○
	2	○	○		○	○	○	○	○	○	○	○	○
	3	○	○		○	○	○	○	○	○	○	○	○
가정 생활	1	○	○		○	○	○	○	○	○	○	○	○
	2				○	○	○	○	○	○	○	○	○
	3	○		○	○	○	○	○	○	○	○	○	○
공업 생활	1	○	○			○	○	○	○	○	○	○	○
	2					○	○	○	○	○	○	○	○
	3					○	○	○	○	○	○		○
상업 생활	1	○	○			○	○	○	○	○	○	○	○
	2					○	○	○	○	○	○	○	○
	3					○	○	○	○	○	○		
어촌 생활	1	○	○	○	○	○	○	○	○	○	○	○	○
	2	○		○	○	○	○	○	○	○	○	○	
	3	○		○	○	○	○	○	○	○	○	○	

⑥ 직업 생활에 대한 사회적 경제적인 지식을 이해한다.

⑦ 직업 생활의 충실 향상을 도모하는 태도를 기른다.

⑧ 일을 과학적 능률적으로 또한 안전히 발전시키는 능력을 기른다.

⑨ 직업의 업태(業態)와 성태(性態)에 대한 이해를 깊이 하고, 개성이나 환경에 응하여 장래의 진로를 선택하는 능력을 기른다.

⑩ 직업을 통하여 국가 사회에 봉사하는 의의를 체득하고 열의(熱意)를 갖도록 한다.

(4) 내 용

이 시기에는 실업·가정 교과를 남녀 구분 없이 필수와 선택 교과로 이수하도록 하고 실업·가정 교과로서의 성격, 지도 목표, 지도 내용, 지도상의 주의점을 제시하고 있다.

가정 관련 내용은 가정 생활이라는 명칭으로 통합하고, 농업 생활, 공업 생활, 상업 생활, 어촌 생활 등을 종합적으로 다루었다.

이렇게 함으로써 학생들이 다양한 일의 경험을 통하여 장래의 진로와 직업 선택시에도 도움을 주도록 배려하였다.

당시의 교육과정은 지역성을 상당히 강조하였는데, 예를 들면 기계다루기 단원에서 도시 학교에서는 공작 기계를, 농촌 학교에서 농기 기구 및 기계 기구를 여학생의 경우는 재봉 기계를 이용하여 꾸미기나 부리기 등의 기능을 습득하도록 하였다. 따라서, 초등학교 실과를 연장한 것이지만 실업과는 지역성을 강조하였다.

(5) 계획과 지도상의 유의점

이 시기는 계획과 지도상의 주의점을 제시하였는데 이를 제시하면 다음과 같다.

㈎ 계획상의 주의점

① 이 지도 내용에 대한 지도 계획은 구체적으로 남녀별, 도시의 대소(大小)별, 농어촌(農漁村)별로 연간(年間) 계획(計劃)과 월간(月間) 계획을 세워 지도를 할

② 지도 계획에 다음 몇 가지를 반드시 넣어서 작성하여 발전시킬 것

- 지도 배당표에 대한 작업 수행상(作業遂行上) 작업에 대한 기능과 기술에 관한 지식과 이해와 가정 생활 및 사회적 경제적인 지식의 이해를 주도록 계획을 할 것

- 지도 내용에 대한 각 항목의 일감이 직접 관계가 깊은 것은 병합해서 계획을 짤 것

- 작업 수행상 작업에 대한 기능이라는 것은, 예를 들면 수기 공작에 목공이라는 요목하에 학습 단원을 설정해서 전개할 때 목공에 대한 기능은 공삭, 도법, 재료, 선택법, 톱쓰기, 대패쓰기 등이 기능으로써 나타나게 될 것이며, 기능에 관한 지식 이

해라 함은 기능을 도울 수 있는 지식 및 이론적인 부면을 말하는 것이다.

- 이상은 기능과 기술면의 이해에 대하여 말한 것이므로, 사회적, 경제적 그리고 가정 생활 부면의 보조적인 학습 계획이 필요한 것이다.

㈏ 지도상의 유의

① 구체적 도달(到達) 목표를 설정할 것

② 작업은 학생의 개성 및 발달에 호응(呼応)할 수 있게 지도할 것

③ 공업을 주로 하는 학생일지라도 공업에 필요한 상업, 농업, 가정을 넣어 지도할 것

④ 이 교과를 통하여 필요한 한 가지 기술을 길러 줄 것이다.

⑤ 남녀, 도시, 농촌별 학생의 사정에 따른다 하더라도 지도 배당의 항목을 빼서는 아니 될 것이며, 그 이상의 기술 교육이 필요한 때는 선택으로 해서 얼마든지 해도 좋다.

⑥ 주되는 분야와 사회 경제적 지식 이해의 면을 합하여 전 실과 시간의 삼분지 이를 학습시키며, 나머지는 기타(其他) 부수(附隨)되는 분야를 학습시킨다.

라. 고등학교 실업·가정

(1) 개정 중점

고등학교의 시간 배당 기준표(문교부령 제 35호, 제4장)에 의하여 실업·가정 교과는 필수로 각 학년 모두 주당 3시간(연간 105시간)을 이수하도록 편제되어 있었으며, 농업 과정, 공업 과정, 상업 과정, 수산업 과정, 가정 과정 중에서 택하도록 하였다.

또, 선택 교과에 전문 과정으로 실업, 기타 전문에 관한 교과가 편제되어 있으나, 이는 실업 고등학교를 위한 선택 교과가 주류를 이루고 있다. 이 시기의 실업·가정과의 목적은 실업·가정에 관한 이론과 실기를 습득하도록 하는 데 두었다.

(2) 시간 배당

실업·가정과 편제 및 주당 시간 배정 기준은 [표 2-10]과 같다.

(3) 고등학교 가정과의 목표

일반 목표에 준거한 고등학교 가정과의 목표는 다음과 같다.

① 가정 생활을 기반으로 민주 사회에 적응할 인간 육성

② 가족원으로서의 책임 지각과 민주적인 가정 생활을 영위하려는 능력과 실천력 육성

③ 가족 관계를 기반으로 현실 생활 적응과 가정 생활 향상에 필요한 능력과 기능 육성

④ 사회 생활 향상에 공헌할 수 있는 능력 육성

[표 2-10] 실업·가정과 편제 및 주당 시간 배당 기준(1954)

교 과 \ 학 년		1	2	3
필 수	실업·가정	3	3	3
선 택	실업 기타 전문에 관한 교과	0~12	0~20	0~22
계		3~15	3~23	3~25
총 계		34~39		

(4) 내 용

지도 내용은 피복 생활, 식생활, 주생활, 가정 관리, 미용, 직업 등 6개 영역과 관련 내용을 학년에 따라 지도하도록 되어 있다. 즉, 1학년에서는 의생활과 식생활에 중점을 두어 지도하고, 2학년에는 의생활 일부와 식생활 그리고 주생활을 중심으로 다루도록 되어 있으며, 3학년에서는 의생활과 식생활의 일부를 다루고, 가정 관리, 미용, 직업 등에 중점을 두도록 되어 있다.

이 교육과정은 수예, 재봉 등의 기능 교육에 역점을 두어 의·식생활 내용 지도에 중점을 둔 것이 특징이라고 할 수 있다.

(5) 운 영

지도 방침으로는 과목을 지도할 때, 계발, 육성해야 하는 능력과 태도를 제시하고, 지도 요소와 목적에 따라 어떻게 지도해야 하는지를 구분하여 제시하였다.

수업량은 연 단위로 신축성 있게 편제하여 지역 사회의 실정에 따라 융통성 있게 교육과정을 활용할 수 있도록 하였다.

4. 제 2 차 교육과정기(1963 ~ 1973)

가. 개정의 중점 및 특징

1차 교육과정은 1955년에 제정되어 시행을 보아 온 것이나, 이는 6.25 사변과 휴전 성립 직후에 걸쳐 제정되었고, 그 후 시일도 오래 경과되었다. 1차 교육과정은 제정 당시의 비정상적인 사회 상태와 여러 가지 제약으로 인하여 충분한 내용을 설정하지 못하였으며, 그 동안 일진 월보하는 과학의 발달은 국내의 제반 정세와 사회 생활의 양상에 큰 변화를 가져왔으므로, 1차 교육과정은 전면적으로 개정하여야 하게 되었다.

우리 나라에서 교육과정이란 용어를 처음으로 쓴 것은 이 때부터이다. 종래 1955년에는 교과 과정이라 하여 교육과정과 구분하는 사람도 있다.

1963년 2월에 문교부령 제119호로 2차 교육과정이 개정·공포되었다. 이 때의 교육과정은 자주성, 생산성, 유용성을, 조직에 있어서는 합리성을, 그리고 운영에 있어서는 지역성을 강조하였다. 특히, 이 시기는 모든 교과를 통하여 생산성의 향상을 의도하였다. 물론, 실과 교육을 강조하였으며, 국가 사회의 요구와 학생의 생활에 필요한 과제를 중심으로 생활 경험을 통한 교육을 강조하면서 유용한 사회인과 자활할 수 있는 실천인을 기르는 데 역점을 두었다.

1969년 9월(문교부령 제251호) 교육과정이 개정되면서 실업·가정 교과에 기술이 도입되어 중학교 1, 2, 3학년 남녀 학생 모두에게 가르치게 됨에 따라 많은 변화를 가져온 시기이다. 고등학교에도 기술이 도입되어 남녀 모두에게 교육한 시기이기도 하다.

교육과정의 운영에 있어서도, 단편적인 지식 주입에 편중한 나머지 인격의 도야에 소홀하였고, 학습 활동도 실생활과는 심히 유리된 현실이었다.

나. 실 과

(1) 개정 중점

1963년 2월 문교부령 제119호로 교육과정이 공포되었다. 이 때의 교육과정은 자주성, 생산성, 유용성을 조직에 있어서는 합리성을, 그리고 운영에 있어서는 지역성을 강조하였다. 특히, 이 시기는 모든 교과를 통하여 생산성의 향상을 의도하였다. 물론, 실과 교육을 강조하였으며, 국가 사회의 요구와 학생의 생활에 필요한 과제를 중심으로 생활 경험을 통한 교육을 강조하면서 유용한 사회인과 자활할 수 있는 실천인을 기르는 데 역점을 두었다. 이 교육과정에서는 내용을 7개 영역으로 구분하였는데, 가정 생활은 전 내용에 분산되어 있었고, 의식주에 관한 내용은 생활 향상에 묶어서 다루었다. 또한, 이 시기부터 일반 목표와 학년 목표를 나누어 진술하고 있어 실과의 교육 의도를 더욱 구체화시켜 주고 있다.

(2) 편제 및 시간 배당

주당 시간 배정이 4학년은 2~2.5, 5학년은 2.5~3, 6학년은 2.5~3.5시간으로 되어 있다. 2차 교육과정의 이수 시간은 1차 때와는 달리 교과별로 주당 이수 시간으로 표시하고, 폭을 두어 운영의 융통성, 자율성, 신축성을 기할 수 있도록 배당했다. 편제 및 시간 배당은 [표 2-11]과 같다.

[표 2-11] 2차 교육과정의 국민학교 교육과정 시간 배당 기준표(1963. 2. 15.)

구 분 \ 학 년		1	2	3	4	5	6
교 과	국 어	6~5.5	6~7	6~5	5~6	6~5.5	5~6
	산 수	4~3	3~4	3.5~4.5	4.5~4	4~5	5~4
	사 회	2~2.5	3~2	3~4	4~3	3~4	4~3
	자 연	2~2.5	2~2.5	3.5~3	3~3.5	4~3	4~3
	음 악	1.5~2	2~1.5	2~1.5	1.5~2	2~1.5	1.5~2
	체 육	2.5~3	3~2.5	3~3.5	3.5~3	3~3.5	3.5~3
	미 술	2~1.5	2~1.5	2~1.5	1.5~2	2.5~1.5	1.5~2.5
	실 과				2~1.5	2.5~3	2.5~3.5
반공·도덕		1	1	1	1	1	1
계		21	22	24	26	28	28
특별 활동		5%~10%	5%~10%	5%~10%	5%~10%	5%~10%	5%~10%

(3) 목 표

국민학교 실과 교육의 목표는 일상 생활에 필요한 의식주와 직업에 대하여 기초적인 이해와 기능 및 태도를 길러, 가정과 사회의 일원으로서 실천 협력하는 생활을 영위할 수 있게 함에 있다.

그것을 구체적으로 살펴보면 다음과 같다.

① 실생활에 필요한 것을 스스로 만들고 처리해 나가려는 태도를 기른다.

② 실생활에 필요한 일에 대한 기초적인 지식과 기능을 기른다.

③ 실생활에 필요한 일에 대한 연구적인 태도와 창조적인 능력을 기른다.

④ 근로를 애호하고 소질과 능력에 알맞은 일을 선택할 수 있게 한다.

⑤ 국가 산업 경제의 당면 과제에 대한 이해를 깊게 하고, 사회와 협동할 수 있는 소양을 길러, 생활의 개선과 상업의 향상에 이바지하게 한다.

(4) 내 용

제 2차 교육과정 개정의 요점은 지도 내용의 영역을 축소하였다는 점이다. 즉, 종래의 재배, 사육 등으로 표시하였던 영역을 채소가꾸기, 작은 집짐승 기르기 등으로 한 두 가지 영역을 구체적으로 제시하여 보다 구체화시켰다는 점이 특색이다. 그리고 가장 크게 변한 내용은 남녀 아동의 별도 과정을 두지 않고 어떠한 영역이라도 남녀가 공통으로 다루게 하였다는 것인데, 이것은 1차 교육과정기에 남녀별로 기능을 구별하여 지도한 점과 크게 다른 점이라 하겠다. 영역에 따른 학년별 교육 내용을 살펴보면 [표 2-12]와 같다.

[표 2-12] 2차 교육과정의 실과 교육 내용

영 역 \ 학 년	4학년	5학년	6학년
1. 재배	• 꽃 가꾸기 • 채소가꾸기(옥수수, 감자, 호박 등)	• 땅의 보호와 나무가꾸기	• 곡식가꾸기(벼농사, 보리농사) • 채소가꾸기와 올 가꾸기
2. 사육	• 작은 집짐승 기르기(토끼, 닭, 거위, 오리 등)	• 누에치기와 물고기 기르기	• 큰 집짐승 기르기(돼지, 염소, 소 등)
3. 일		• 능력에 맞는 일의 체험 • 은행에서 하는 일에 대한이해, 능력에 맞는 일의 체험과 직업 선택	• 공장에서 하는 일에 대한 이해
4. 기구 제작	• 간단한 연모 만들기	• 연모 사용법과 물품 만들기	• 기구의 사용과 물품 만들기 및 꾸미기
5. 생활 향상	• 금전 출납과 정리 • 여러 가지 폐품을 모아 이용하기	• 음식 만들기 • 옷 손질하기와 빨래하기 • 여러 가지 해산물 모으고 이용하기	• 여러 가지 폐물 모아 이용하기 • 음식 만들기 • 설계와 관리
6. 관리 교육	• 생활 계획과 관리	• 물품의 손질과 관리	
7. 가정 생활	(각 영역에 분산)		

(5) 운 영

2차 교육과정에서는 실과 교육과정의 지도상 유의점을 밝히고 있어, 이를 통해 운영 방법을 살펴볼 수 있다.

① 실과 지도는 이론에 치우치지 아니하도록 하며, 남·녀를 구별할 것 없이 대부분의 학습 시간을 현장 실습에 충당하도록 유의한다.

② 신체의 성숙도와 학습 흥미 등을 고려하여 지도하되, 자발적인 작업이 이루어지도록 유의하고, 창의성을 발휘할 수 있도록 한다.

③ 용구를 소중히 여기고 재료를 아껴 쓰며, 작업장과 기타 주변을 정돈하는 습성을 기르도록 유의한다.

④ 학습한 결과가 그대로 일상 생활에 활용될 수 있도록 학습 내용은 지역성에 알맞은 것을 중점적으로 선정하고 기동성 있게 지도한다.

⑤ 자연, 사생, 보건, 미술 등 다른 교과와의 관련에 유의하여 지도하되, 내용의 중복을 피하고 실효성을 존중하여 지도하도록 유의한다.

⑥ 공장이나 기업 단체의 시설과 운영 실태를 자주 견학시켜, 생산과 일에 대한 지식과 이해를 깊게 하며, 생활의 기초와 직업 선택의 기회가 마련되도록 지도한다.

이와 같이, 2차 교육과정기의 실과는 자발성, 창의성에 기초한 학습 활동을 강조하고, 교실에서 수업 활동 이외에 견학을 통한 학습을 강조하여 운영되었다.

다. 중학교 실업·가정

1963년 2월 15일 문교부령 제 120 호로 교육과정이 개정, 공포되었는데, 제 1 차 교육과정을 수정 보완하여 총론과 각론으로 나누어 체계적인 전체 체제를 갖추고, 교과 활동 외에 특별 활동을 넣어 생활 중심 교육과정의 특색을 분명히 하였다.

실업·가정 교과를 9개 필수 교과에 포함시키고, 시간 배당은 다른 교과에서와 같이 최저 시간과 최고 시간을 정하여 그 범위에서 융통성 있게 운영할 수 있도록 하였고 전체 시간 배당은 제 1 차 교육과정에 비해 다소 축소되었다.

이 때의 실업·가정과는 농업, 공업, 상업, 수산업, 가정의 5개 과목으로 되어 있고, 1 학년에서는 남자의 경우 실업 전반에 관한 내용을 공통으로, 여자는 별도로 가정만을 이수하게 하였다. 즉, 중학교 실업과의 제 1 학년 교육과정 편성은 이를 농업, 공업, 상업, 수산업의 종합 과정으로 편성하였다. 과거의 과정에 의하여 지도한 내용을 보면, 1 학년에서부터 3 학년까지 농·공·상·수산을 분리 교육하였기 때문에, 광범위한 실업의 영역에 대하여 처음부터 편협된 지식과 기능이 지도되어 학생의 개성을 다방면으로 기를 수가 없었다. 즉, 학교의 결정하는 바에 따라 당해 학교에서 선택한 과목 이외에는 이를 도외시하였고, 따라서 산업 전반에 걸친 영역에 대한 이해력이 부족하여 실업계에 대하여 이를 다루도록 하여 실업계의 개관을 알리는 동시에 직업 선택에의 계발적 의욕과 경험을 주고자 하는 것이다.

중학교 실업·가정과는 남녀 누구나가 실업 생활과 가정 생활에 필요한 인간 생활의 공통 기반을 위한 교육을 꾀한 것이지, 결코 특정된 직업을 위한 전문적인 교육은 아니다.

농촌에서 농업에 종사하는 사람이 많더라도 농업적인 학습만을 하는 것은 아니고, 상업적인 일, 공업적인 일, 수산업적인 일도 학습하도록 하였다.

2~3 학년에서 남자는 농업, 공업, 상업, 수산업 중에서 택 1 하여 이수하고 여자는 가정을 이수하게 하였다.

교육과정 체계에 있어서는 실업·가정 교과의 목표, 7 개의 세부 목표 그리고, 과정별 목표를 학년 단위로 2~3 개씩 제시하였고, 지도 내용과 함께 각 영역과 관련된 3 개의 유의점을 제시하였다.

(1) 성 격

중학교 교육에 있어서, 국민 생활의 내용을 직접 학습 내용으로 하는 실업·가정과가 지니는 의의는 극히 크다고 할 수 있다.

실업·가정과의 교육은 다만 소정 시간 내에 소정의 교육 내용을 가르쳐 버리는 것만이 아니라, 실사회에 나아가 실제 생활을 개척하여 가는 경우의 방법도 같은 요령으로 학습시킴으로써 생활 기술을 몸에 붙이도록 지도하는 것이다. 즉, 실업·가정과의 학습에 있어서는, 특히 생활 속에서 과제를 발견하여, 실제적인 활동을 주로 하는 학습 방법을 택하는 것이다.

실업·가정과는 지식만이 아니고, 지식을 통하여 기능과 태도를 일체화시켜 통합된 형태로 습득시킨다. 몸에 붙인 이해와 이를 실현하는 올바른 기술과 생산의 기쁨을 체득하게 하여 생활의 의욕을 북돋우는 것이다.

① 실업·가정과는 우리들의 생활에 있어서의 경제적인 면과 사회적인 면에 관한 지식, 기능, 태도를 주로 하여 실천적 활동을 통하여 학습하는 것이다.

② 중학교의 실업·가정은 장래 어떠한 진로를 택할지라도 국민 생활에 필요한 일반 교양을 주는 것이므로, 공통으로 학습하여야 할 면을 가지는 것이다. 그러나, 구체적인 지도 계획에 있어서는, 성별, 환경 등에 따라 특색을 달리한다.

③ 실업·가정과에 있어서의 산업 및 직업 생활, 가정 생활에 대한 사회적, 경제적인 의의의 이해와 기초적인 기술의 습득, 기본적인 생활 활동의 경험은 직업 지도에 있어서의 계발적 경험에 필요한 것이다.

(2) 편제 및 시간 배당

교육과정 시간 배당 기준(1963)은 [표 2-13]과 같다.

1학년은 공통 과정으로 주당 4~5시간을 이수하고, 2학년에서 주당 4~6시간, 3학년에서 주당 3~12시간 이수하도록 하였다.

그 후 1969년 기술과가 신설되어 1학년에서는 기술을 공통으로 과하고 2~3학년에서는 기술 3시간을 각각 공통으로 과하고 나머지 시간은 농업, 공업, 상업, 수산, 가정 중에서 선택하게 하여 지도한다. 단, 여학생에게는 가정에 관한 학습 경험을 모든 학년에 걸쳐 계속적으로 발전시키도록 한 것이 특징이었으며, 편제와 시간 배당을 비교하면 [표 2-14]와 같다.

[표 2-13] 2차 교육과정의 중학교 교육과정 시간 배당 기준(1963)

과 정	학 년	1	2	3
교과	국 어	5~6	5~6	4~6
	수 학	3~4	3~4	2~4
	사 회	3~4	3~4	2~4
	과 학	3~4	3~4	2~4
	체 육	3~4	3~4	2~4
	음 악	2	2	1~2
	미 술	2	2	1~2
	실업·가정	**4~5**	**4~6**	**3~12**
	외 국 어	3~5	3~5	2~5
반공·도덕		1	1	1
총 계		30~33	30~33	30~33
특별 활동		8%~	8%~	8%~

[표 2-14] 1963년과 1969년의 중학교 교육과정 시간 배당 기준의 비교

1963년의 시간 배당 기준표				1969년의 시간 배당 기준표			
구 분	학 년	1	2	3	구 분	학 년	1	2	3

1963년의 시간 배당 기준표					1969년의 시간 배당 기준표				
구 분 (학년)		1	2	3	구 분 (학년)		1	2	3
교과	실업·가정	4~5	4~6	3~12	교과	실업·가정	4~5	5~6	5~12
반공·도덕		1	1	1	반공·도덕		2	2	2
계		30~33	30~33	30~33	계		31~34	31~34	31~34
특별 활동		8%~	8%~	8%~	특별 활동		2.5~	2.5~	2.5~

(3) 목 표

2차 교육과정에서의 실업·가정과 교과 목표는 "산업 사회와 가정 생활에 필요한 기초적 지식과 기술을 습득시키고, 실생활에 적응하여 합리적인 생활을 영위할 수 있게 하며, 장차 적성에 알맞은 직업을 통하여 근면한 국민으로서 국가 발전에 기여하는 능력과 태도를 기른다"로 제시하고 있다.

이 시기의 기술의 목표를 제시하면 다음과 같다.

① 직업의 의의와 종류를 이해시키고 자기의 적성을 알아 사회 발전을 위하여 봉사하려는 태도를 기른다.

② 실생활에 필요한 기초적 기술을 습득시키고 현대 기술에 대한 흥미와 관심을 가지게 하며 발전하는 산업 사회에 적응할 수 있는 소양을 기른다.

③ 제도, 제작, 조작 등(여자용은 설계, 제작, 조작 등)의 학습 경험을 통하여 기계, 기구, 재료 등을 합리적으로 다루는 기능과 창조의 능력을 기른다.

④ 생활과 관련된 기술 학습을 통하여 스스로 만드는 즐거움을 알게 하고 협동 근면, 안전 책임을 소중히 여기며 기술 향상에 힘쓰는 태도를 기른다.

이 때의 기술(남자, 여자)의 목표는 거의 같은 것을 알 수 있다. 그리고 각 학년별 목표가 제시되었는데, 교과 목표는 같았으나 학년 목표에서, 기술(여자)에서는 가정 생활과 관련된 의식주에 관한 목표가 제시되고 있다.

(4) 내 용

1969년 교육과정 부분 개정에 의하여 기술(남자), 기술(여자) 과목이 신설되었는데, 이 때의 지도 내용을 살펴보기면, 1963년에서 1969년 부분개정에 의하여 기술 과목이 신설되기 전까지 1학년 공통 과정으로 과하던 내용은 [표 2-15]와 같다.

[표 2-15] 2차 교육과정의 실업·가정 1학년 공통 과정 내용

지도 내용	학습 활동	
(1) 재배 계획	꽃밭의 설계	꽃밭의 설계도 그리기, 꽃밭의 배치
	꽃의 선택과 종자	꽃의 종류 선택, 꽃씨가리기, 꽃씨다루기
	경영 계획	돌려짓기와 이어짓기, 사이짓기와 섞어짓기, 모판만들기, 배양토만들기
(2) 작물의 재배	씨뿌리기	밭갈기, 땅고르기
	꺾꽂이	싹꽂이와 꺾꽂이
	포기나누기	풀꽃의 포기 나누기, 꽃나무의 포기 나누기
	물주기와 거름주기	물주기, 거름주기
	김매기	솎아주기, 김매기
	해가림과 바람막기	해가림, 바람막기
	순치고 가지고르기	순치기, 가지고르기
	병벌레막아 없애기	병해 막아 없애기, 벌레해 막아 없애기
	거두기와 갈무리	거두기, 생산물의 팔기와 이용, 씨받기, 갈무리, 생산비 결산, 재배장 정리, 찌꺼기 이용

기술(남자)와 기술(여자)의 지도 내용에서는 많은 차이를 나타내고 있는데, 이를 간추려 보면 [표 2-16]과 같다.

[표 2-16] 2차 교육과정의 성별 기술의 지도 내용 비교

구 분 학 년	기술(남자)	기술(여자)
1학년	(1) 산업 직업(산업의 종류, 기술의 발달, 산업의 변화, 직업의 분화, 직업과 적성) (2) 제도　　　　(3) 목공	(1) 산업과 직업　　(2) 의생활 (3) 식생활　　　　(4) 설계 제도 (5) 가정 목공　　(6) 가정 원예
2학년	(1) 제도　　　　(2) 금속 가공 (3) 기계	(1) 의생활　　　　(2) 식생활 (3) 가정 원예　　(4) 가정 기계
3학년	(1) 기계　　　　(2) 전기 (3) 제작 실습	(1) 의생활　　　　(2) 식생활 (3) 가정 전기

위의 내용을 비교해 보면, 기술(남자)는 제도, 목공, 금속 가공, 기계를 주내용으로 하여 내용을 조직하였고, 기술(여자)는 설계 제도, 가정 원예, 가정 기계, 가정 목공, 가정 전기에 관한 기술적 소양을 갖게 함과 동시에 의생활, 식생활에 기초적 지식과 기술을 갖추도록 하였는데, 이는 선택으로서의 가정 과목 내용과의 중복된 내용이기도 하여 명확한 구분을 짓는 데도 어려움이 있었다. 산업과 직업에 관한 내용은 남녀 학생 모두에게 공통적으로 지도되고 있음을 알 수 있다.

[표 2-17] 2차 교육과정의 실업·가정과의 필수 과목

과 목	영 역
농·공·상·수산 종합 과정(1학년)	재배, 사육, 제도 설계, 공작, 공작, 기계 다루기, 문서 관리, 경영 관리, 계산, 어로 증식, 생활

[표 2-18] 2차 교육과정의 실업·가정과의 선택 과목

과 목	학년에 따른 이수 영역		
	1	2	3
농업 과정	농·공·상·수산 종합 과정	작물의 재배, 원예	사육, 조림, 농산 가공, 농촌 건설
공업 과정		기계, 섬유·화학, 공작·실습, 기타	
상업 과정		상업 이론, 부기, 주산	상업 이론, 부기, 주산
수산 과정		수산업의 의의와 발달 과정, 우리 나라의 수산업과 그 현황, 어업, 수산 증식업 및 수산 제조업과 그 상호 연관성, 해양의 구조, 수산 생물 및 수산 자원, 어로, 수산 제조, 증식	그물 어구와 어법, 제조, 증식, 조선
가정 과정	의생활, 수예, 식생활, 주생활, 아동 보육 및 가족 관계, 가정 보건, 가사 실업·가정 관리		

(5) 교육과정 부분 개정

1968년에 있었던 국민교육헌장의 공포, 중학교 무시험 진학제의 추진 등에 따라 교육 내용을 개선하고자 1969년 9월 문교부령 제251호로 교육과정 부분 개정이 있었다. 이 시기의 실업·가정 교과에서는 남자는 남자용 기술을, 여자는 여자용 기술을 필수 과목으로 하고, 농업, 공업, 상업, 수산업, 가정 중에서 하나를 선택하여 지역 사회에 맞는 직업 교육을 하도록 하였고, 가정이 선택 과목이 되는 큰 변화가 있었다.

이 시기는 기술 과목의 도입으로 실업·가정과에 많은 변화를 준 시기이기도 하다. 배당 시간은 3학년에서 3~12시간으로 3학년 전 교과 총이수 시간의 12%를 실업·가정이 차지하여 진로 선택에 도움이 되게 한 것이 특색이다.

교육과정상 목표 제시 체제에 변화가 있어 실업·가정과의 목표가 세부 사항 없이 전문으로만 되어 있고, 과목 목표가 추가되어 과목 목표와 학년 목표가 함께 제시되었다.

[표 2-19] 교육과정 부분 개정시의 실업·가정과 필수 과목

	학년	산업과 직업	의생활	식생활	설계 제도	목공	가정 원예	기계	가정 기계	전기	가정 전기	아동 보육	수예	주생활	가정 보건	가정 관리	금속 가공	제작 실습
기술(남)	1	○			○	○												
	2				○			○									○	
	3							○		○								○
기술(여)	1	○	○	○	○	○	○											
	2		○	○			○		○									
	3		○	○							○	○						

[표 2-20] 교육과정 부분 개정시의 실업·가정과 선택 과목

과 목	학년에 따른 이수 영역	
	2	3
농 업	원예, 재배	사육, 조림
공 업	기계, 손 작업과 기계 작업	전기 통신, 전기 공작, 전기 재료 및 안전과 능률
상 업	상업의 기관과 기능, 계산, 경리	경영과 투자, 계산, 경리, 문서 관리
수 산	수산업 일반, 해양, 수산 생물과 수산 자원, 어로, 수산 제조, 증식	
가 정	의생활, 식생활, 수예, 주생활, 가정 보건, 가정 관리	의생활, 식생활, 수예, 주생활, 가정 관리

이와 같이 기본 방침과 일반 목표에 제시된 정신을 중학교 교육에서 가장 효과적으로 구현하기 위해서 그 구성 방침에 나타난 특징을 보면 다음과 같다.

① 국민 교육 헌장의 이념을 학교 교육 전반에 걸쳐 반영시키는 데 역점을 두었다.

국민 교육 헌장의 이념은 어느 나라에도 통하는 일반적인 교육의 지침이 아니라, 한국이 처한 특수한 여건을 충분히 고려하여 우리의 교육이 지향할 좌표를 밝힌 것이기 때문에, 1949년 공포된 교육법의 교육 방침을 시의에 맞게 새롭게 강조된 것이라 할 수 있는 바, 이러한 교육 방침 또는 지표가 교육과정의 기본 방향이 되었다는 것은 매우 뜻있는 것이었다고 할 수 있다. 따라서, 구과정에서의 뚜렷하지 못했던 피상적인 목적관에서 벗어나 교육의 목적의 설정을 분명히 하였다고 할 수 있다.

② 다가올 70년대 또한 80년대의 시대적 상황을 깊이 통찰하고, 이에 대비하는 교육의 목표를 적절하게 제시되었다.

1960년대 이후, 우리 경제의 고도 성장에 따라 서구화, 산업화, 도시화에 따른 제 문제가 우리 사회가 당면한 긴박한 문제였는데, 이의 해결을 위하여 국적 있는 교육과 기대되는 한국인상의 정립에의 요청에 부응하여 민족 주체 의식을 지니고, 전통을 바탕으로 한 민족 문화를 창조할 수 있으며, 개인의 발전과 국가의 융성을 조화시킬 수 있는 국민적 자질을 기본 방침으로 내세운 것이라든지, 산업의 고도화에 따른 인간성의 소외, 도시화에 따른 지식 정보량 및 그 수요의 폭증에 대비한 지적 탐구 방법을 강조한 것과 경제의 지속적 성장에 필요한 과학적 지식과 유용한 기술을 생산에 적용시키려는 산학 협동의 강화를 부르짖은 것 등은 당시와 다가올 시대의 상황에 교육적으로 적절하게 대비한 것으로 볼 수 있다.

③ 구 과정의 피상적인 목적관을 벗어나 보다 구체적인 목적을 제시하고 있고, 전체적으로 한국적 현실과 국가 정책적 의지가 강조되고 있다.

우리의 교육 이념이 지향하고 있는 인간상 구현을 위해 매우 구체적인 수준의 목표를 제시하면서 우리 나라에 알맞은, 우리 풍토에 알맞은 민주적 인간을 육성할 것을 강조하고 있으며, 올바른 국가관, 국민 연대 의식, 국토 및 자원의 보존과 개발, 세계 속의 한국인으로서의 자각 등 당시 국가가 추구하는 정책 의지가 깊게 반영되고 있다. 특히, '세계 속의 한국'이라는 구호가 교육 목표에 반영된 것은 특기할만 하다.

기본 방침이나 목표에서 위와 같은 특징을 발견할 수 있으나, 한편으로는 기본 방침과 일반 목표가 성격상 구별하기 어려울 뿐 아니라 각각 그 역점을 찾을 수 없을 정도로 산만하다는 것, 떠돌아 다니는 좋은 말만 모아 놓았다는 인상이 드는 것, 목표 하나의 의미가 충분히 전달되지 않는 점이 있다는 비판도 있다.

라. 고등학교 실업·가정

고등학교 교육과정은 1963년 2월(문교부령 제 121 호)에 공포되었고, 다시 1969년에 개정되었다. 강조점은 국민학교와 중학교의 교육과정과 같으나, 고등학교에서는 단위제를 도입하여 단위제와 학년제를 병용할 수 있도록 한 시기이다. 이 시기의 실업·가정의 편제와 시간 배당을 보면 [표 2-21]과 같다.

또, 직업 과정을 남자의 농, 공, 상, 수산 각 과목 중 38단위, 여자는 가정을 38단위 이수하도록 하였다. 직업 과정에 제시된 실업과 교과목은 실업계 고등학교의 전문 교과목을 준용하도록 하였다.

한편, 1969년 9월(문교부령 제 251 호)로 교육과정이 개정되면서 실업·가정 과목에 많은 변화가 있었는데, 편제 및 단위 배당 기준을 보면 [표 2-22]와 같다.

1963년의 일반 관리 과목이 없어지고, 중학교와 같이 기술이 도입되었고, 산업 일반과 기초 공학이 신설·편제되었다.

[표 2-21] 고등학교 실업·가정 편제 및 단위 배당(1963)

교 과	과 목		단위 수
실 업	농 업	농업 일반	14
		일반 관리	4
		기타 과목	38
	공 업	공업 일반	14
		일반 관리	4
		기타 과목	38
	수 산	수산 일반	14
		일반 관리	4
		기타 과목	38
	상 업	상업 일반	14
		일반 관리	4
		기타 과목	38
가 정		가정 일반	14
		일반 관리	4
		기타 과목	38

[표 2-22] 고등학교 실업·가정 편제 및 단위 배당(1969)

교 과	과 목	단위 수
실 업	산업 일반	4
	기 술	4
	기초 공학	4
	농 업	6
	공 업	6
	상 업	6
	수 산 업	6
	기타 과목	36
가 정	산업 일반	4
	기 술	4

고등학교의 모든 계열별 학생은 산업 일반, 기술을 각각 4단위씩 이수해야 하고, 인문·자연 과정의 남학생은 기초 공학 4단위, 농업, 공업, 상업, 수산 중 택 1하여 6단위를 이수하고, 여학생은 가정만 10단위를 이수하게 하였다. 직업 과정의 남학생은 기초 공학 4단위, 농업, 공업, 상업, 수산업 중 각 과목 36단위를 이수하며, 여학생은 가정을 40단위 이수하도록 하였다. 제 2 차 교육과정 시기에 실업·가정과는 과목에 획기적인 변화가 있었음을 알 수 있다.

5. 제 3 차 교육과정기(1973~1981)

가. 개정의 중점 및 특징

제 3 차 교육과정은 학문 중심 교육과 함께 제 3 차 교육과정의 이념이 된 것은 국민 교육 헌장의 이념이다. 1960년대 이후 주체성을 강조하며 한국의 전통을 존중하고 창조의 정신을 기름으로써 국가 발전에 적극 참여하도록 하는 역군을 배양해야 한다는 요청이 있었는데, 이에 부응하여 제정된 것이 국민 교육 헌장이다.

제 3 차 교육과정을 구성함에 있어서는 국민 교육 헌장 이념의 구현을 기본 방향으로 삼고, 국민적 자질의 함양, 인간 교육의 강화, 지식, 기술의 쇄신을 기본 방침으로 하였다. 위와 같은 기본 방침에 따라 제 3 차 교육과정이 추구하는 일반 목표는 개인면과 사회면 두 측면에서 고찰하여 자아 실현<개인면>과 국가 발전 및 민주적 가치<사회면>을 들고 그 구체적인 사항들을 나열하여 제시하고 있다.

나. 실 과

(1) 개정 중점

1973년 2월 문교부령 제 310 호로 국민학교 교육과정이 개정, 공포되었다. 이 교육과정은 국민 교육 헌장의 이념을 기본 방향으로 삼고, 국민적 자질의 함양, 인간 교육의 강화, 지식과 기술 교육의 쇄신을 기본 방침으로 하였다. 당시 적용된 교육과정의 특색은 두 가지로 요약할 수 있다. 하나는, 교육 방향에 있어서의 국민 정신 교육의 강화이며, 또 하나는 교육 방법적인 원리에 있어서의 학문 중심 교육과정을 배경으로 한 기본 개념의 이해와 지식의 구조적 학습과 탐구의 능력을 중시한 것이다.

제 3 차 교육과정에서 실과는 가정 생활 영역과 공작 영역을 강화하는 방향으로 조정하면서 그 내용의 지도는 단순한 노작에 그치지 않고, 창의와 능률, 실질을 고려하여 성실하게 협동하는 태도를 기르는 데 역점을 두어 조직하였다.

(2) 편제 및 시간 배당

주당 시간 배당 수를 보면 4, 5학년 공히 일주일에 2시간씩 배정되어 연간 70시간을 확보하도록 하였고, 6학년은 주당 3시간이 배정되어 연간 105시간을 이수하도록 하였다. 이는 실과가 이수해야 할 최소 시간량이다. 특히, 이 교육과정에서는 아동들의 성장 조건을 고려하여 수업 시간의 단위를 40분 또는 45분으로 정했다는 것이 특징이다. 편제 및 시간 배당 기준을 보면 [표 2-23]과 같다.

[표 2-23] 3차 교육과정에서의 국민학교 교육과정 시간 배당 기준(1973. 2. 14)

구 분 \ 학 년		1	2	3	4	5	6
교 과	도 덕	70(2)	70(2)	70(2)	70(2)	70(2)	70(2)
	국 어	210(6)	210(6)	210(6)	210(6)	210(6)	210(6)
	사 회	70(2)	70(2)	105(3)	105(3)	140(4)	140(4)
	산 수	140(4)	140(4)	140(4)	140(4)	175(5)	175(5)
	자 연	70(2)	70(2)	105(3)	140(4)	140(4)	140(4)
	체 육	70(2)	105(3)	105(3)	105(3)	105(3)	105(3)
	음 악	70(2)	70(2)	70(2)	70(2)	70(2)	70(2)
	미 술	70(2)	70(2)	70(2)	70(2)	70(2)	70(2)
	실 과				**70(2)**	**70(2)**	**105(3)**
	계	770(22)	805(23)	875(25)	980(28)	1050(30)	1085(31)
특별 활동		35~ (1~)	35~ (1~)	52.5~ (1.5~)	52.5~ (1.5~)	52.5~ (1.5~)	52.5~ (1.5~)

(3) 목 표

1973년 2월 14일에 공포된 교육과정령에서는 실과의 교육 목표를 일반 목표와 학년 목표로 나누어 각각 5개항씩 설정하였다.

일반 목표를 살펴보면 다음과 같다.

① 의식주 및 산업 등에 대한 초보적인 경험을 얻게 함으로써 실생활에 필요로 하는 기초 지식과 기능을 길러 현대 생활을 영위할 수 있는 자질을 기른다.

② 가정 및 사회 생활에 있어 생산자로서 갖추어야 할 능력을 기르고, 아울러 현명한 소비자로서의 제품의 선택, 구매, 사용, 관리 등에 관한 기초적 능력을 기른다.

③ 자발적 노작과 여가를 활용하는 태도를 길러 생활을 향상시키며, 개척하려는 창조적 생활 태도를 기른다.

④ 의무, 책임, 협조 등의 인간 관계에 대하여 이해시키고, 가정과 사회에 대한 올바른 이해력을 길러 줌으로써 명랑한 민주 시민으로서 생활할 수 있게 한다.

⑤ 실생활에 필요한 기초적 지식의 습득을 통하여 장차의 자기 직업과 적성에 대한 관심을 갖게 한다.

학년 목표에서는 일반 목표와 일치시켜 4, 5, 6학년 아동의 심신 발달 단계를 고려하면서 가정, 국가, 사회인으로서의 생활에 대한 이해, 기능, 태도면의 기본 사항과 사회적 요구가 반영되어 있고, 능률과 실질, 작업, 노작, 기능 습득과 정신 자세의 확립면까지도 제시되어 있다.

(4) 내 용

제 3 차 교육과정(부령 310 호, 1973)에서 제시된 실과 지도 내용을 살펴보면 [표 2-24] 와 같다.

[표 2-24] 3 차 교육과정의 지도 내용

영역 \ 학년	4 학년	5 학년	6 학년
1. 재배	• 꽃밭 만들기와 가꾸기, 쉬운 꽃 가꾸기	• 농사일 알아 보기와 곡식 및 채소 가꾸기 • 땅의 보호와 나무가꾸기	• 오이, 토마토 등 채소의 올가꾸기
2. 사육	• 고장에서 기르는 작은 집짐승의 종류를 알아보기, 토끼, 닭 등 작은 집짐승 기르기	• 잉어, 금붕어 등 담수 물고기 기르기 • 조개류, 바닷말 등 알아 보기와 기르기	• 돼지, 염소 등 집짐승 기르기 • 낚시 다루기와 물고기 잡기
3. 설계 공작	• 공작칼, 가위, 송곳, 톱,망치 등 간단한 연모를 사용해 여러 가지 필요한 물건 만들기	• 펜치, 송곳, 칼, 톱, 망치,함석가위 등 간단한 연모를 사용하여 여러 가지 물품 만들기	• 간단한 건축물의 설계도 이해 • 연모의 사용과 물품 만들기 및 꾸미기
4. 기계 기구 조작	• 시계 태엽 감기 및 시간 맞추기 • 라디오, 텔레비전 등의 다이얼 맞추기, 다루기 • 플래시 전지약 넣기	• 전기의 이용에 대한 이해 • 가정용 전기 기구에 대한 이해 • 전화 받기와 걸기	• 재봉틀 등 기계 기구의 손질과 관리 • 지역 사회의 공장에서 하는 일에 대한 이해 • 전기 및 기구 다루기
5. 경영 계산	• 상점과 물건 사기	• 금융 기관의 이용 • 보험 • 계산	• 협동과 능률 올리기 • 협동 조합 • 계산 • 판매 수입과 생산 비용의 계산
6. 식품 조리	• 일상 식품의 영양에 대한 이해 • 과자, 과일, 우유 등 다루기	• 조리용 계기와 불 다루기 • 안전하고 위생적인 설거지 • 간단한 조리	• 기초적인 주식과 부식만들기 • 식단 꾸미기 • 식품의 품질, 비용을 고려한 재료 선택
7. 재봉, 세탁	• 일상 생활에서 옷입기와 손질하기 • 단추 달기, 걸레 만들기 등 간단한 바느질하기	• 빨래 용구, 세제의 종류 및 분량, 속옷 등의 빨래 • 다리미의 종류 알아보기, 천에 따라 올바르게 다림질하기 • 의복의 간단한 수선	• 옷을 계획성 있게 마련하기 • 바느질하기 • 옷감의 성질과 짜임새
8. 주택 및 환경 위생	• 집 청소와 정리 정돈의 필요성 알아보기 • 먼지털기, 쓸기, 닦기 • 청소 연모 다루기 • 학용품과 책 정리	• 가구류의 정리, 청소 등 환경 위생 및 미화 • 물품의 손질과 관리 • 그릇닦기 등 살림 기구 및 기구 손질	• 환경꾸미기 • 환경 위생 생활
9. 생활 계획	• 아침 저녁에 할 일 알고 실천하기 • 가정에서의 몸가짐과 자기에게 알맞게 집안 일 맡아하기 • 능력에 맞는 일의 체험, 직업의 이해	• 안전한 가정 생활 • 가정 의례 준칙의 정신과 내용에 대한 이해 및 실천	• 지역 사회를 위한 활동 • 응접 및 방문

(5) 지도상의 유의점

제3차 교육과정의 실과를 운영하는 데 있어서는 지도상의 유의점을 다음과 같이 밝히고 있다.

① 남·녀를 구별할 것 없이 대부분의 수업 시간을 실습 위주로 지도하도록 한다.

② 신체의 성숙도와 학습 흥미 등을 고려하여 지도하되 자율적으로 작업에 임하도록 하고, 학습한 결과가 일상 생활에 활용될 수 있도록 지도한다.

③ 작업의 지도에 있어서는 단순한 육체적 노작에 그치지 않도록 유의하고, 창의와 능률, 실질을 고려하여 성실하게 협동하는 태도를 기르도록 유의한다.

④ 설계 공작, 경영 계산, 환경 위생, 생활 계획 등의 영역에서는 타교과와의 관련에 특히 유의하여 실과 교육의 목표에 위배되지 않도록 한다.

⑤ 고장의 실정을 고려하여 현장 견학, 현장 실습 등을 수시로 실시하고 지역 사회와의 유대를 강화하도록 한다.

이와 같이, 3차 교육과정에서는 모든 내용을 남·녀 모두 이수시키도록 하였고, 내용의 지도는 단순한 노작에 그치지 않고 창의와 능률, 실질을 고려하여 성실하게 협동하는 태도를 기르는 데 역점을 두어 운영하였다. 또한, 단순 노작보다는 창의와 능률을 중시하였으며, 가정 생활과 공작 영역이 강화되어 운영되었다.

다. 중학교 기술·가정

교육 목적의 명료화와 산업 사회의 추세를 반영하여 1973년 8월 31일 문교부령 제325호로 공포되었다. 이 시기에 실업·가정 교과에서는 농·공·상·수산·가정의 종합과정을 채택하다가, 기술 과목이 생긴 후에는 기술(남) 또는 가정(여)을 필수로 하였다. 선택 과목으로 가사 과목을 신설하여, 농·공·상·수산·가사 중에서 1과목을 선택하여 배우도록 하고, 실업·가정과를 필수와 선택으로 구분하여 편제하였다.

실업·가정과의 목표를 상위 목표로 하고 일반 목표와 학년별 목표를 제시하였으며, 지도 내용에 있어서는 기술과 가정은 각각 7영역으로 구성하였는데, 기술 내용이 다소 축소되고, 가정 내용이 조정되면서, 일부 영역 명칭의 변화가 있었다.

(1) 성격 및 구성 방향

1973년 8월(문교부령 제325호) 개정, 공포된 것으로, 그 시간 배당 기준에 의하면 실업·가정과를 필수와 선택으로 구분하여 편제하였다.

필수에 기술(남), 가정(여)를 1, 2, 3학년에 각각 주당 3시간씩 과하게 하였으며, 선택에 농·공·상·수산·가사 중 택 1하게 하여 2~3학년에 걸쳐 각각 3~4시간(2학년), 3~7시간(3학년)씩 이수할 수 있게 하였다. 이 때의 특징은 1969년 기술이 실업·가정 교과에 도입되어 남자 기술, 여자 기술로 나누어 교육하던 것이 여기에서는 실업·가정 교과가 필수와 선택으로 구분되면서 여자는 기술 대신 남학생의 기술에 대응되는 '가정'을 편제하고, 농·공·상·수산에 대응하는 가사 교과목을 신설했다는 점이다. 이로 인해, 가정·가사의 성격과 특징에 많은 문제점을 던졌다.

(2) 편제별 시간 배당

실업·가정과는 제 3 차 교육과정에서 필수와 선택으로 편제되었다. 필수는 기술(남), 가정(여)로 1~3학년에 걸쳐 이수하도록 하였고, 2~3학년에 농업, 공업, 상업, 수산업, 가사 중 택 1하도록 하였다. 3차 교육과정의 중학교 시간 배당 기준은 [표 2-25]와 같다.

[표 2-25] 3차 교육과정에서의 중학교 시간 배당 기준

교 과 \ 학 년			1	2	3
도 덕			70(2)	70(2)	70(2)
국 어			140(4)	175(5)	175(5)
국 사				70(2)	70(2)
사 회			105(3)	70~105(2~3)	70~105(2~3)
수 학			140(4)	105~140(3~4)	105~140(3~4)
과 학			140(4)	105~140(3~4)	105~140(3~4)
체 육			105(3)	105(3)	105(3)
음 악			70(2)	35~70(1~2)	35~70(1~2)
미 술			70(2)	35~70(1~2)	35~70(1~2)
한 문			35(1)	35~70(1~2)	35~70(1~2)
외국어			140(4)	70~175(2~5)	70~175(2~5)
실업 가정	필수	기술(남) 가정(여)	**105(3)**	**105(3)**	**105(3)**
	선택	농·공·상·수산·가사 중 택일		105~140(3~4)	105~245(3~7)
총 이수 시간			1,120(32)	1,120~1,225(32~35)	1,120~1,225(32~35)
특 별 활 동			70~ (2~)	70~ (2~)	70~ (2~)

3차 교육과정에서 실업·가정과의 필수 과목과 선택 과목의 지도 내용 이수 정도를 [표 2-26]과 [표 2-27]에 나타내었다.

[표 2-26] 3차 교육과정의 실업·가정과의 필수 과목

	학년	산업과직업	재배	설계제도	목공	금속가공	기계	전기전자	의생활	식생활	가정기계와정비	육아보건	수공예	주택	가정관리	조리	재봉
기 술	1	○	○	○	○												
	2			○		○	○										
	3						○	○									
가 정	1								○	○	○	○			○		
	2								○	○	○		○	○			
	3								○	○			○		○		

[표 2-27] 3차 교육과정의 실업·가정과의 내용 영역

과 목	학년에 따른 이수 영역	
	2	3
농 업	농업과 농촌 생활, 재배, 농산 가공	사육, 조림· 과수, 새마을의 건설
공 업	공업과 산업, 공업의 종류, 손 작업, 공예 공작	기계 공업, 전자 공업, 화학 공업, 토목, 건축 공업, 공업 경영
상 업	상업의 기관과 기능, 경리, 계산	경영과 투자, 계산, 경리, 문서 관리
수 산	수산업의 개요, 해양의 구조, 수산 생물 및 수산 자원,	어업, 수산 증식, 수산 가공, 선박 운항, 새로운 어촌 건설
가 사	조리, 재봉, 수공예	조리, 재봉, 수공예

(3) 목 표

기술은 3차 교육 목표를 일부 조정하는데 그쳤으나 가정은 많은 변화를 가져왔다. 제3차 기술·가정과 교육과정상의 교과 목표를 비교해 보면 [표 2-28]과 같다.

[표 2-28] 3차 교육과정의 기술·가정과 교과 목표 비교

기 술	가 정
(개) 생활에 필요한 기초적 기술을 습득시켜 근대 기술에 관한 이해를 깊게 하고 사물을 합리적으로 처리하는 능력과 태도를 기른다.	(개) 가정 생활을 영위하는 데 필요한 기초적 지식과 기능을 기르며, 가족의 성원으로서의 보람과 의무를 깨닫게 하여 생활을 창의적으로 영위할 수 있게 한다.
(내) 설계 제도, 제작 등의 학습 경험을 통하여 스스로 만드는 즐거움을 알게 하고, 창조하고 생산하는 즐거움을 알게 한다.	(내) 의식주 생활과 육아, 가정 관리에 관한 과학적 지식과 기능을 습득 시켜 가정 생활을 합리적이며 생산적으로 관리하고, 근면·절약하는 생활을 영위할 수 있게 한다.
(대) 생활에 필요한 기술과 생활과의 관계를 이해시키고, 생활 향상과 기술 발전에 힘쓰는 태도를 기른다.	(대) 우리의 미풍 양속에 대한 이해를 깊게 하며, 현대 산업 기술과 가정 생활과의 관계 및 여성의 역할을 이해시켜, 우리 나라 고유의 부덕(婦德)을 계승 향상시키며, 산업 사회에 적응하는 현대적 생활을 영위하게 한다.

2차 때 기술(여자)가 없어지고 기술은 남학생, 가정은 여학생으로 성차에 따른 편제로 인하여 목표도 2차 때와 확연히 다르게 선정되었음을 알 수 있다.

(4) 내 용

기술·가정이 필수 과목으로 1~3학년에 걸쳐 내용이 조직되었는데, 이를 제시하면 [표 2-29]와 같다.

여기에서 볼 수 있듯이 기술의 내용은 산업과 직업, 재배, 설계 제도, 목공, 금속 가공, 기계, 전기 전자로 구성되어 있다.

가정은 식생활, 의생활, 가정 기계와 전기, 육아, 보건, 수공예, 주택, 가정 원예, 가정 관리로 구성되어 있다. 따라서, 식생활, 의생활을 전 학년에 걸쳐 나선형으로 배열하였고, 기술과 관련된 내용으로 가정 기계와 전기, 수공예 및 가정 원예를 다루고 있음을 알 수 있다.

[표 2-29] 3차 교육과정의 기술·가정 교육 내용

교과 / 학년	기　술	가　정
1학년	(1) 산업과 직업 ㈎ 산업의 종류　㈏ 기술의 발달 ㈐ 직업의 분화　㈑ 직업과 적성 ㈒ 수출 산업과 기술 (2) 설계 제도 ㈎ 고안 요소　㈏ 표시 방법 ㈐ 스케치, 모형, 도면 ㈑ 제도 용구의 사용법 ㈒ 선과 문자　㈓ 투상법 ㈔ 평면 도형　㈕ 전개도 ㈖ 치수 표기　㈗ 공작도 ㈘ 주택 설계 (3) 목 공 ㈎ 목재　㈏ 접합제 ㈐ 칠감　㈑ 목공구의 사용법 ㈒ 목공 기계의 사용법 ㈓ 목공작　㈔ 목공 실습 (4) 재 배 ㈎ 작물 ㈏ 작물의 재배 기구나 시설 ㈐ 작물의 재배 관리 ㈑ 특수 재배 ㈒ 작물의 수확과 처리	(1) 식생활 ㈎ 청소년의 식사　㈏ 식품과 위생 ㈐ 조리 준비　㈑ 간이식 조리 (2) 의생활 ㈎ 옷차림 ㈏ 평상복의 손질과 수리 ㈐ 앞치마만들기 (3) 가정 기계와 전기 ㈎ 가정 기계 요소　㈏ 가정 기계의 정비 ㈐ 기계와 생활과의 관계 (4) 육아 보건 ㈎ 여자의 생리　㈏ 정신 위생 ㈐ 가족의 건강 증진 (5) 가정 관리 ㈎ 가정 생활의 민주화 ㈏ 가정 생활과 직업 ㈐ 가정 경제 (6) 가정 원예 ㈎ 화초와 채소의 종류와 품종 ㈏ 화초와 채소 가꾸기

| 2학년 | (1) 기계 제도
 (가) 공작도   (나) 단면도
 (다) 다듬질면의 표시법 (라) 기계 요소의 약도법
 (마) 스케치 복사도
(2) 금속 가공
 (가) 금속 재료   (나) 접합 재료
 (다) 금속 공구의 사용법
 (라) 측정 및 마름질
 (마) 공작법   (바) 공작 기계 사용법
 (사) 관금 실습
(3) 기 계
 (가) 기계 자료   (나) 기계 요소
 (다) 고장과 손질   (라) 정비 실습 | (1) 식생활
 (가) 가족의 식단   (나) 조리와 식품의 성분
 (다) 일품 요리 만들기 (라) 식품과 위생 문제
(2) 의생활
 (가) 빨래   (나) 옷의 수리나 재생
 (다) 스커트만들기
(3) 주 택
 (가) 주택과 공간 계획 (나) 제도의 기초
 (다) 가구 제도
(4) 가정 기계와 전기
 (가) 옥내 배선   (나) 가정용 전기 기구
 (다) 가정 전기의 안전
(5) 수공예
 (가) 목공 재료   (나) 목공 공구
 (다) 공작법 |
| 3학년 | (1) 기 계
 (가) 기계 요소와 기구 (나) 내연 기관의 종류
 (다) 내연 기관의 구조와 작용
 (라) 기계의 손질
 (마) 시동, 운전, 장치 (바) 세탁 및 주유
 (사) 연료   (아) 정비 실습
(2) 전 기
 (가) 전기 배선도   (나) 배선 기구
 (다) 전기 공작법   (라) 전기 기계 다루기
 (마) 전열 기구의 점검 및 수리
 (바) 조명 기구의 점검 및 보수
 (사) 전동기의 점검 및 보수
 (아) 전기 실습
(3) 전 자
 (가) 라디오 방송   (나) 라디오 수신
 (다) 라디오용 부품   (라) 라디오 꾸미기
 (마) 조정과 수리   (바) 라디오꾸미기 실습 | (1) 식생활
 (가) 노인, 어린이, 환자의 영양
 (나) 식품의 저장 가공 (다) 식생활의 현대화
 (라) 음식 만들기
(2) 의생활
 (가) 옷의 선택   (나) 옷감
 (다) 옷과 옷감 사들이기
 (라) 블라우스 만들기
 (마) 수예   (바) 옷과 생활과의 관계
(3) 육아, 보건
 (가) 임신과 분만   (나) 어린이의 양호
 (다) 어린이 돌보기   (라) 모자 보건
 (마) 가족 계획
(4) 가정 관리
 (가) 가정 생활의 향상 (나) 가정의 경제 발전
 (다) 노력과 시간의 관리(라) 가정의 행사 원리
 (마) 가정 생활과 사교 (바) 여성과 직업 |

(5) 지도상의 유의점

기술은 6개항을 제시하였고, 가정에서도 5개항을 제시하고 있다.

(가) 기 술

① 설계 제도의 지도는 먹물넣기를 하지 않고 연필도에 그치도록 한다.

② 목공 및 금속·가공은 제도, 제작 평가의 각 단계를 유기적으로 관련시켜 지도한다.

③ 자전거, 재봉틀 등은 기본적인 기계 요소를 많이 지니고 있으므로, 이들에 속해 있

는 요소의 구조, 기능, 재료 등을 정확히 파악시킨다.

④ 수신기의 학습은 계획, 준비, 재료, 가공, 부품 검사, 꾸미기, 배선 시험, 조정 등이 일관성 있게 진행되도록 한다.

⑤ 실습시에는 안전 규칙에 유의하고, 공동 작업시에는 협동심과 책임감이 제고되도록 지도한다.

⑥ 공구의 사용과 보관, 기구 및 재료의 분배 등은 계획성 있게 실시하여, 물건을 아끼고 소중히 여기는 정신을 북돋우고 관리적 소양을 기르도록 지도한다.

㈏ 가 정

① 각 영역간의 유기적 관련을 지어 지도한다.

② 구체적인 체험의 기회를 확대한다.

③ 시설이 부족한 경우의 실험 실습은 모형을 제시해서라도 구체적인 경험을 주도록 한다.

④ 제도는 연필 제도에 국한하며 수공예 영역의 목공 내용과 연관지어 지도한다.

⑤ 실험 실습의 안전 지도 및 사전 지도를 철저히 한다.

라. 고등학교 기술·가정

1974년 12월(문교부령 제 350 호)에 제정 공포된 교육과정으로, 중학교와 마찬가지로 실업·가정 교과의 편제와 단위 배당에 많은 변화가 있었다. 그 편제를 살펴보면 다음과 같다.

이 교육과정에서는 1969년의 개정에서 신설된 산업 일반과 기초 공학은 없어지고, 그 당시 신설되었던 기술이 남자에게는 필수적인 성격을 띠어 모두 이수시키고, 여자는 이에 대응하는 교과로 가정을 편제했으며, 농업, 공업, 상업, 수산업에 대응하는 교과목으로 가사를 신설하여 편제했다.

따라서, 중학교에서 택한 체제를 답습함으로써 여기서도 가정·가사 과목의 분리에 따른 이론적 빈곤과 현장에서의 지도상의 문제점이 제기되었다.

편제를 보면 여학생은 가정, 가사를 모두 이수시키게 되어 있지만, 가사의 경우에는 필요에 따라 농업, 공업, 상업, 수산업 중에서 택 1 할 수도 있다는 조항을 넣었는데도 실제로 가사 이외의 선택은 거의 없었던 실정이었다.

고등학교 실업·가정 편제 및 단위 배당을 보면 [표 2-30]과 같다.

[표 2-30] 고등학교 실업·가정 편제 및 시간 배당(1974)

교 과	과 목		단위 수	필수 및 필수 선택 교과목 단위 수
실업·가정 교과	실 업	기술(남)	8~10	기술 필수, 나머지 중 택 1 18
		농 업	8~10	
		공 업	8~10	
		상 업	8~10	
		수산업	8~10	
	가 정	가정(여)	8~10	18
		가사(여)	8~10	

6. 제 4 차 교육과정기(1981~1986)

가. 개정의 중점 및 특징

제 4 차 교육과정은 제 3 차 교육과정이 지닌 문제점들(학습 내용의 과다, 학습하기 어려운 교육 내용, 교과목 위주의 분과 교육, 기초 교육·일반 교육의 소홀, 전인 교육·인간 교육의 미흡)을 보완하기 위해 교육 내용을 지식의 학문성에서뿐만 아니라, 유용성 면에서 적합하도록 정선하고, 그 수준을 적정화해야 할 필요와 '80년의 7. 30 교육 개혁 조치에 따른 교육 방향으로의 전환 필요, 급변하는 정치·사회적 현실과 이에서 파생되는 제요구의 반영 필요 등에 따라 개정되었다. 이와 관련하여, 개정의 목적은 현행 교육과정의 문제점 보완(기초 교육·일반 교육 강화, 전인 교육·인간 교육의 강화), 교육 정상화를 위한 교육 개혁의 추진(교육 내용의 양과 수준의 적정화, 과열 과외의 잠재 요인 제거), 국민 정신 교육의 강화(국민학교 교육 목표·내용의 체계화, 각급 학교 교육의 과정에 체계적 반영) 등이다.

제 4 차 교육과정의 이념이나 교육과정 사조 또는 이론상의 특징은 어느 한 사조나 이념만을 반영하는 교육과정이 아닌 종합적이고 복합적인 성격을 지니게 되었지만, 종래의 교과 중심, 경험 중심, 학문 중심의 입장이나 접근 위에 변화와 미래에 대한 인식을 강조하는 미래 지향적 교육과정의 정신이 반영되었고, 지금까지 소홀히 고려되었다고 볼 수 있는 인간 중심 교육과정으로서의 성격도 반영되어 개인적, 사회적, 학문적 적합성을 고루 갖춘 교육과정이 되게 하고 있다.

이에 따른 개정의 기본 방향에는 국민 정신 교육의 체계화, 전인 교육의 강화, 과학 기술 교육의 심화, 교육 내용의 양과 수준의 적정화에 두고 건전한 심신의 육성, 지력과 기술의 배양, 도덕적인 인격의 형성, 민족 공동체 의식의 고양을 강조하고 있다.

나. 실 과

(1) 개정 중점

이 교육과정은 1981년 12월 31일 문교부 고시 442호로 고시한 것으로, 그 당시의 교육 상황을 잘 반영하고 있다. 이 시기는 과외 수업이 금지됨에 따라 학습의 양과 수준을 적정화하기 위하여 초·중·고교의 교육과정이 한꺼번에 개정된 계기가 되기도 하였다. 이 교육과정은 개정의 기본 방향을 국민 정신 교육의 강화, 전인 교육의 강화, 진로 교육의 충실화에 두고 있다. 이 개정에서 실과의 교양 교육으로서 성격을 부각시키는 데서는 전과 마찬가지였지만, 한층 더 실사구시적인 성격을 분명히 하면서 인간 존중과 인본주의적인 방향으로 교육을 이끌어 가는 데 유기적인 역할을 할 수 있게 하기 위하여 다음의 네 가지를 강조점으로 하였다.

① 자립을 위한 실천적 행동　　　　② 행동의 생활화
③ 근로 존중의 정신　　　　　　　④ 근검 절약의 실천

(2) 편제 및 시간 배당

실과 교육과정에서의 주당 시간 배당 수는 4, 5, 6학년에서 각각 2시간씩 연간 68시간씩을 이수하도록 하였다. 그리고 4차 교육과정에서는 6학년의 주당 시간이 3차 때의 3시간에서 2시간으로 줄어 들었다. 교육과정 시간 배당 기준을 보면 [표 2-31]과 같다.

[표 2-31] 4차 교육과정의 국민학교 교육과정 시간 배당 기준(1981. 12. 31)

구 분	학 년	1	2	3	4	5	6
교과 활동	도 덕	374(11)	374(11)	68(2)	68(2)	68(2)	68(2)
	국 어			238(7)	204(6)	204(6)	204(6)
	사 회			102(3)	102(3)	136(4)	136(4)
	산 수	204(6)	136(4)	136(4)	136(4)	170(5)	170(5)
	자 연		68(2)	102(3)	136(4)	136(4)	136(4)
	체 육	204(6)	238(7)	102(3)	102(3)	102(3)	102(3)
	음 악			68(2)	68(2)	68(2)	68(2)
	미 술			68(2)	68(2)	68(2)	68(2)
	실 과				**68(2)**	**68(2)**	**68(2)**
	계	780(23)	816(24)	884(26)	952(28)	1,020(30)	1,020(30)
특별 활동				34~(1~)	68~(2~)	68~(2~)	68~(2~)
총 계		782(23)	816(24)	918~(27~)	1,020~(30~)	1,088~(32~)	1,088~(32~)

(3) 목 표

실과 교과 목표에서는 "실생활에 필요한 기초적인 일의 경험을 통하여 개인의 소양을 계발하고, 건전한 생활 태도를 확립하게 하여 현실과 미래의 변화에 대처하게 하며, 나아가 사회 발전에 기여할 수 있는 기본적인 자질을 기른다."라는 전제 목표를 내세우고, 4개 항의 교과 목표와 학년 목표 4개씩을 제시하고 있다. 교과 목표 4개항을 살펴보면 다음과 같다.

① 가정 생활의 본질과 원만한 가족 관계를 이해하게 하여 가족 성원으로서의 보람을 가지게 하며, 자조, 근면, 협동하는 생활의 실천으로 자아를 실현하고, 바람직한 인간 관계를 증진하게 한다.

② 생활 주변의 간단한 일을 스스로 선택하여 계획, 실천하게 함으로써 기본적 생활 기능을 익히게 한다.

③ 가정 생활의 소비 형태와 일용품의 유통 구조를 이해하게 하고, 생활 자원을 합리적으로 선택, 활용, 관리하는 데 필요한 지식과 기능을 습득하게 하여, 현명한 소비자의 자질을 가지게 한다.

④ 일상 생활과 각종 산업의 연관성을 이해하게 하여, 직업 세계에 대한 관심을 가지며 직업을 존중하는 태도를 기른다.

(4) 내 용

고시 제422(1981. 12. 31)에 의한 국민학교 실과 교육과정의 내용은 생활 계획과 관리, 생활 기능, 소비와 절약, 일과 직업의 이해라는 4개의 영역으로 나누어 나선형을 취한 점이 특색이며 이는 [표 2-32]와 같다.

(5) 지도상의 유의점

4차 교육과정에서의 실과 운영에 대하여는 지도 방법과 평가 방법을 제시하고 있어 이를 살펴보면 다음과 같다.

① 남·녀의 차이를 두거나 특정 역할을 강조하지 않는다.

② 학습한 내용은 실생활에 꾸준히 적용되도록 지도한다.

③ 실험, 실습의 지도는 단순한 육체 노작에 그치지 않도록 하며, 창의와 능률, 실질을 고려하여 성실하게 협동하는 태도를 기르도록 한다.

④ 모든 교과 내용은 고루 이수시키되, 계절 또는 학교의 실정에 따라 지도의 중점을 달리할 수 있다.

[표 2-32] 4차 교육과정의 실과 교육 내용

영 역＼학 년	4학년	5학년	6학년
1. 생활 계획 과 관리	• 가족의 기능과 역할 • 생활 계획과 실천 • 생활 환경의 정리	• 집안일 돕기 • 작업의 계획 • 청결하고 안전한 생활 • 주거의 설계	• 이웃과의 협동 • 초대와 모임의 계획과 실행 • 의생활의 계획 • 환경 보호
2. 생활 기능	• 주거 환경 가꾸기 • 판지로 만들기 • 기초 만들기 • 옷입기와 손질하기 • 부엌일과 음식 다루기 • 재배와 사육	• 가구의 정돈과 손질 • 목재로 만들기 • 간단한 바느질 • 빨래하기 • 채소가꾸기 • 부엌일과 음식 만들기 • 가정 기기 다루기	• 나무 가꾸기와 이용 • 금속 재료 및 합성 수지로 만들기 • 음식 다루기와 상차리기 • 헌옷의 재생 • 곡물의 생산 • 수산물의 생산
3. 소비와 절약	• 가정 수입의 근원과 성격 • 지출의 합리화 • 식품의 합리적 이용 • 낭비 없는 의생활	• 수집과 보관하기 • 식품의 선별과 이용 • 목재의 선택 • 옷감의 품질 • 가정 기기의 선택	• 생산품의 유통 • 식품의 선택과 구입 • 의복의 선택과 구입 • 금속 재료 및 합성 수지의 선택
4. 일과 직업 이해	• 생계와 직업의 관계 • 생산과 부업의 중요성	• 일의 보람 이해 • 직업의 중요성 이해	• 직업과 능력과의 관계 • 직업 적성의 발견

⑤ 실과에 대한 지식뿐만 아니라 실기 활동, 근로에 대한 적극적이고 긍정적인 태도, 기구를 다루는 기능 등을 균형 있게 평가하도록 하도록 한다.

⑥ 일의 결과뿐만 아니라 계획과 과정에 대한 계속적인 평가가 이루어지도록 한다.

이와 같이, 4차 교육과정에서는 실용적인 것보다 기본적인 기능을 강조하였고, 그리고 가정 영역을 강화하고 계발적 경험을 확대하였으며, 재배·사육 내용을 정선한 점 등이 운영상의 특징이라고 할 수 있으며, 특히 일과 직업의 이해 영역을 강조함으로써 진로 교육의 측면에도 실과가 큰 역할을 담당하게 한 것이 특징이라 할 수 있다.

다. 중학교 기술·가정

1981년 12월 31일 문교부 고시 제442호로 공포된 이 시기의 교육과정은 교과목의 축소와 내용의 정선을 주요 과제로 삼은 1980년 7월 30일 교육 개혁에 의해 개정되어 교과 명칭이 실업·가정과로 통합되었다. 이 시기의 교육과정은 그 동안의 교육과정 개정 작업과는 달리 교육 연구 전담 기관의 주도하에 기초적인 연구로 이루어진 것이 특징이다.

이 교육과정은 실업·가정과 편제와 시간 배당 기준상에 많은 변화를 가져왔는데, 3개 학년(1~3학년)에서 이수하던 필수 과목(기술·가정)을 2개 학년(1~2학년)에서 이수하도록 하였고, 2개 학년(2~3학년)에서 이수하던 선택 과목(농업, 공업, 상업, 수산업, 가사)은 1개 학년(3학년)에서만 이수하게 하였다.

중학교의 실업·가정과는 기초적인 생활 교과를 1, 2학년에 편제하고, 3학년에서는 진로 선택과 유사한 과목을 집중적으로 이수시킨다는 취지를 반영한 것이다. 실제 선택 과목인 농업, 공업, 상업, 수산업, 가사 등은 2학년에서 집중적으로 지도하던 실험·실습이 약화되고, 3학년에만 1~2과목을 선택하도록 하였으나, 이 시기는 진학에 힘쓰는 시기였으므로 실제로는 이들 과목의 비중이 약화되는 결과를 초래하였다.

이 때에, 필수인 기술과 가정을 통합하려는 시도가 있었으나, 성사되지 않았다. 기술 과목의 명칭을 생활 기술로 바꾸어, 생활인으로서의 기술적인 기본적 자질을 기르는 데 역점을 두었다.

(1) 성격과 교육과정 구성 방향

㈎ 기 술

1) 생활 기술과 교육의 성격

생활 기술 교과목은 국민학교 실과 교육의 토대 위에서 고도로 발전된 산업 사회에 적응하기 위한 기본 이론과 기초 지식을 배우는 교양 교과로서 학생들이 미래의 발전된 사회에서 생활을 영위할 수 있는 능력을 길러 주기 위한 교과목이다.

따라서, 생활 기술 교육은 그 성격상 직업 교육이나 기능공 양성을 위한 교육일 수 없고 전문적인 기술이 아니고 기본적이고 기초적인 기술 교육이 이루어짐으로써 장기적인 안목에서 기술 인력의 저변을 확대하는 효과를 거둘 수 있다.

또한, 교육적인 측면에서도 오늘날과 같이 과학 문명이 발달된 사회에서는 가정 생활 및 일상 생활을 합리적, 능률적으로 영위하기 위해서 많은 종류의 기술적인 요소를 익힐 필요가 있다. 그러므로 사회가 발전하면서 우리의 일상 생활에서는 보다 많은 생산과 소비의 관계, 해양과 수산 기술의 필요성, 기계 전기 및 전자 제품의 활용성, 간단한 목재, 플라스틱 금속 재료의 이용 및 재배 기술 등을 필요로 하게 되었다.

이들 제품을 활용하고 조작하는 기술은 전문적인 것이라기보다 교양적인 것이며 직업적인 것이라기보다 상식적인 것이다.

이러한 현상은 문화가 발전할수록 가속화되는 것이며 산업화의 길을 걷고 있는 우리 나라의 입장으로서는 매우 중요한 교육적인 과제라 하겠다. 따라서, 생활에 필요한 기술적인 요소를 담은 실업 가정과의 필수 교과목으로 그 교과명을 '생활 기술'로 명칭을 변경하였다.

2) 생활 기술과 교육과정 구성의 방향

교육과정 구성 방향의 일반적인 사항의 하나인 '과학 기술 교육의 진흥'에 맞추어 중학교 교육 목표에 제시된 "생활에 유용한 기초적인 기술을 습득하고 자신에게 알맞은 진로를 탐색하게 하여 평생 교육에 필요한 능력을 가지게 한다."라는 목표를 구현할 수 있도록 생활 기술과 교육과정 구성의 방향을 설정하였다.

생활 기술과 교육과정을 구성함에 있어서 고도 산업 사회로 발전되리라는 미래 사회에 대한 전망과 국가 및 사회적 요구에 따르는 전 국민의 과학 기술 수준의 향상이라는 배경을 고려하지 않을 수 없다. 또한, 국민학교의 실과, 고등학교의 산업 기술 교과목간의 연계성을 고려한 내용 수준의 선정과 실업과 영역인 농업, 공업, 상업, 수산해운, 가사 등의 생활에 기술 교육이 지향해야 할 기본 방향을 요약하면 다음과 같다.

① 생활 기술 교육은 앞으로의 고도 산업 사회에서 가정 생활과 사회 생활에 합리적으로 대처할 수 있도록 하기 위한 일반적이고 조화적인 인격 형성을 위한 교양 교육이어야 한다.

② 생활 기술 교육은 간단한 물건을 만들어 봄으로써 이론을 보다 깊이 이해하고 실습 과정에서 얻은 '만드는 즐거움'과 "만들어 보았다"는 성취감 그리고 "할 수 있다"라는 자신감을 갖고 생활 환경을 개선하고 기술적인 사고를 할 수 있는 정신을 계발하는 데 주안점을 두었다.

③ 생활에 필요한 기술적인 요소를 알게 함으로써 노동의 가치, 기술의 중요성을 깨닫게 하고 이를 통하여 건전한 직업관이나 노작관을 키우는 교육이어야 한다.

④ 생활 기술 교육이 충실히 이루어짐으로써 기술 인력의 저변이 확대되어 국가 발전에 기여하는 교육이 되어야 겠다.

⑷ 가 정

1) 가정과 교육의 성격

가정학은 가정(家庭)과 관련되는 현상을 대상으로 연구하는 학문으로서 관련되는 기초 학문인 자연·사회·인문·예술계열의 학문을 바탕으로 하여 연구하는 응용 과학이다.

또한, 가정학은 가정 생활을 실현하는 수단이나 기술만이 아니라 가족 관계, 인간의 정신, 신체적 성장 및 발달, 생활 자원의 활용, 생활 환경의 조성, 경제 생활 등을 종합적으로 연구하여 실생활에 적용할 수 있도록 하는 종합 과학이며 실천 과학의 성격을 띠게 된다.

가정학은 가족의 행복과 안녕을 위하여 가성 생활의 질을 향상시키는 것을 목직으로 하며, 또한 가정 생활과 밀접한 관련이 있는 사회 환경과의 상호 작용에 관하여도 연구하여 지역 사회, 국가, 인류의 복지 증진에 공헌하는 것을 목적으로 한다.

중학교 가정과 교육도 비록 그 수준은 다르나 본질상 가정학과 동일한 성격과 목적을 가지게 된다. 중학교 가정과는 12개의 교과 중 실업·가정과에 속해 있으며 여학생만의 필수 과목으로 되어 있으므로 그 내용은 중학교 수준의 여학생들이 필수적으로 학습해야 할 의생활, 식생활, 주생활, 가족 생활, 가정 생활과 자원 활용, 가정과 직업의 6개 영역을 포함시켜 구성하였다.

그리고 가정과 교육은 6개 영역이 교육을 통하여 중학교 교육이 지향하는 목적인 건전한 심신의 육성, 진로 탐색에 필요한 지식과 기술의 습득, 공정한 판단력과 자율적 활동 능력을 기르려는 데에 부응하도록 원만한 인간 관계에 대한 유지 및 협동 생활 태도의 양성, 일상 생활에서의 창의적인 영위 능력 양성, 진로에 대한 관심 고취 및 근로와 직업 존중 태도 함양에 강조점을 두었다.

가정과는 국민학교에서는 실과에서 자신의 생활과 일을 중심으로 하여 가정 생활에 관하여 이해하게 되며 중학교에서는 국민학교 교육의 기초 위에 가정 생활 현상과 관련된 기본 개념, 기본 원리 및 기능을 습득하게 되고 고등학교에서는 중학교의 기초 위에 내용을 심화 확대하여 학습하게 된다.

2) 가정과 교육과정 구성의 방향

중학교 가정과 교육과정은 새 교육과정 구성의 방향에서 지향하는 교육의 목적과 기르려는 인간상인 건강한 사람, 심미적인 사람, 능력 있는 사람, 도덕적인 사람, 자주적인 사람과 역점 사항인 건전한 심신의 육성, 지력과 기술의 배양, 도덕적인 인격의 형성, 민족 공동체 의식의 고양에 부합되도록 하였다. 또한, 현행 교육과정의 문제점 분석에서 도출된 내용 이해의 곤란성, 분량의 과다, 학교급간 및 교과목간의 내용의 중복, 교과목 성격의 불명료성이 보완되도록 유의하였으며, 사회적 요구와 학문적 동향에 부응하도록 다음과 같은 방향으로 구성하였다.

① 6개 영역의 내용을 고루 이수하게 함으로써 조화로운 인격의 형성과 가정 생활의 질의 향상을 추구할 수 있도록 하였다.

② 청소년의 성장과 발달, 청소년의 식사에 관한 교육을 통하여 건전한 정신과 건강한 사람으로 자랄 수 있게 하였다.

③ 단순한 사실이나 단편적인 지식의 습득이 아니라 전이가가 높은 기본 개념, 기본 원리 및 기능 이해에 중점을 두어 일상 생활을 창의적으로 영위할 수 있도록 하고 2학년에 '가정과 직업' 영역을 별도로 신설하여 자신의 진로를 탐색하는 계기가 되도록 하였다.

④ 올바른 가치관을 확립시켜 주체적인 자아의식을 갖게 하며, 특히 1학년에 '가족 생활', '가정 생활과 자원 활용' 영역을 별도로 신설하여 인간의 존귀함과 잠재 능력의 개발, 물적 자원의 효율적인 활용을 중시하였다.

(2) 편제 및 시간 배당

제 4차 교육과정 시기에는 기술, 가정 과목에 편제상 많은 변화가 있었다. 먼저 기술이 생활 기술로 과목 명칭이 바뀌었고, 3차 교육과정 때에는 1~3학년에 걸쳐 편제되었던 기술·가정이 1~2학년에만 편제하고, 3학년에서는 농업, 공업, 상업, 수산업, 가사 중 택 1~2로 하여 이수하도록 한 점이다.

이들 편제와 시간 배당을 제시하면 [표 2-33]과 같다.

[표 2-33] 4차 교육과정의 중학교 시간 배당 기준(1981)

교과 / 학년				1	2	3
교과 활동	도 덕			68(2)	68(2)	68(2)
	국 어			136(4)	170(5)	170(5)
	국 사				68(2)	68(2)
	사 회			102(3)	68~102(2~3)	68~102(2~3)
	수 학			136(4)	102~136(3~4)	102~136(3~4)
	과 학			136(4)	102~136(3~4)	102~136(3~4)
	체 육			102(3)	102(3)	102(3)
	음 악			68(2)	68(2)	34(1)
	미 술			68(2)	68(2)	34(1)
	한 문			34(1)	34~68(1~2)	34~68(1~2)
	외국어	영 어		136(4)	102~170(3~5)	102~170(3~5)
	실업·가정	필수	생활 기술(남)	102(3)	136~204(4~6)	
			가정(여)			
		선택	농 업			택 1~2 170~238(5~7)
			공 업			
			상 업			
			수산업			
			가 사			
	자유 선택			0~34(0~1)	0~34(0~1)	0~34(0~1)
	계			1,088~1,122 (32~33)	1,088~1,156 (32~34)	1,088~1,156 (32~34)
특별 활동				68~(2~)	68~(2~)	68~(2~)
총 계				1,156~1,190~ (34~35)~	1,156~1,244~ (34~36)~	1,156~1,244~ (34~36)~

위에서 보는 바와 같이 기술·가정은 3학년에서는 이수시키지 않고, 농업, 공업, 상업, 수산업, 가사도 제 3 차 교육과정기에는 2~3학년에서 택일하도록 한 것이 3학년에서만 택 1~2로 제시했지만, 실제는 1과목의 선택에 그치게 되었다. 또한, 실업·가정 교과의 시간이 축소된 시기이기도 하다. 이는 교육법 155조 4항의 중학교는 전체 이수 시간의 15%에 해당하는 시간을 실업·가정 교과에 배당하여야 한다는 법에 어긋나는 것으로 실업·가정 교육을 경시하는 데서 나온 결과라 할 수 있다.

[표 2-34]와 [표 2-35]는 4차 교육과정의 실업·가정과의 필수 과목과 선택 과목을 나타낸 것이다.

[표 2-34] 4차 교육과정의 생활 기술, 가정과의 이수 내용 영역

	학년	생활과 기술	생산과 소비	재배	해양과 수산 기술	제도의 기초	목재의 이용	플라스틱의 이용	금속 재료의 이용	기계의 이용	전기의 이용	가정용 전기의 이용과 안전	가족 생활	가정 생활과 자원 활용	청소년의 식사	청소년의 의복	가정의 생활 공간	가정과 직업	조리	재봉	수예
생활 기술	1	○	○	○	○	○	○														
	2							○	○	○	○	○									
가정	1												○	○	○	○					
	2														○	○	○	○			

[표 2-35] 4차 교육과정의 실업·가정과의 선택 과목의 내용

과 목	학년에 따른 이수 영역(3학년)
농 업	우리 나라의 농업, 재배 환경, 작물 재배, 사육, 조림, 농업 기계, 복지 농촌의 건설
공 업	공업의 현황과 전망, 공업용 재료, 제조 공업, 건설 공업, 응용 실습
상 업	상업과 경영, 부기, 계산
수 산	수산업의 개요, 해양, 수산 자원, 어업, 선박과 운항, 수산 양식, 수산 가공, 수산업의 경영과 복지 어촌
가 사	조리, 재봉, 수예

(3) 목 표

생활 기술과 교과 목표는 생활 기술과 교육의 특성, 학생들이 발달 특성 및 전인교육이라는 국가 사회적 요구를 감안하여 기술적인 소양을 기르는데 주안점을 두고 생활 기술 교육을 통하여 발달시켜야 할 행동적 특성을 포괄적으로 기술하였다. 생활 기술 목표를 총괄 목표로 진술하고 실생활에 필요한 기초적인 요소와 산업발전에 대비한 기술 개발의 필요성 및 합리적인 일상 생활 영위에 관한 목표들을 학년 목표로 진술하였다.

가정과 교육은 가족 구성원의 신체적, 정신적 욕구를 충족시켜 신체를 보존하고 인격 완성을 도와주며 전통 문화를 기반으로 하여 가정 생활 문화를 창조함으로써 가정 생활의 질 향상에 목적을 두고 있다.

이러한 목적을 달성하기 위하여 인간 발달, 가족 관계를 연구하며 의·식·주생활의 관리와 인적, 물적 자원을 합리적으로 배분하는 가정 경영을 수행하게 된다.

중학교 가정과 교육의 목표는 이와 같은 가정 경영 행동을 중학생의 수준에 맞도록 수행하여 자신과 가족의 생활 향상에 목적을 두고 설정하였다.

제 4 차 교육과정기의 생활 기술·가정 교육 목표는 [표 2-36]과 같다.

[표 2-36] 4차 교육과정의 생활 기술·가정 교육 목표

생 활 기 술	가 정
㉮ 생활과 기술과의 관계를 이해시키고 기술의 개발이 산업 발전에 크게 기여함을 알게 한다. ㉯ 실생활에서 많이 쓰이는 에너지, 재료, 공구, 기계 등을 활용할 수 있는 기초 능력을 기른다. ㉰ 재배와 제작 등에 관한 여러 가지 학습 활동을 통하여 근로의 소중함을 인식하고 자기의 적성을 계발하여 나가는 태도와 능력을 기른다.	㉮ 나와 가족 및 사회와의 관계, 자원의 중요성을 이해하여, 원만한 인간 관계를 유지하며 협동하여 생활하는 태도를 가지게 한다. ㉯ 의·식·주 생활을 영위하는 데 필요한 기초적인 지식과 기능을 습득하여, 자신의 일상 생활을 창의적으로 영위할 수 있게 한다. ㉰ 가정 생활과 직업과의 관계를 이해하여, 자신의 진로에 대한 관심을 가지며, 근로와 직업을 존중하는 태도를 가지게 한다.

이 시기의 실업·가정과의 목표, 기술·가정과의 목표, 학년 목표를 체계화하여 제시하면 [그림 2-1], [그림 2-2]와 같다.

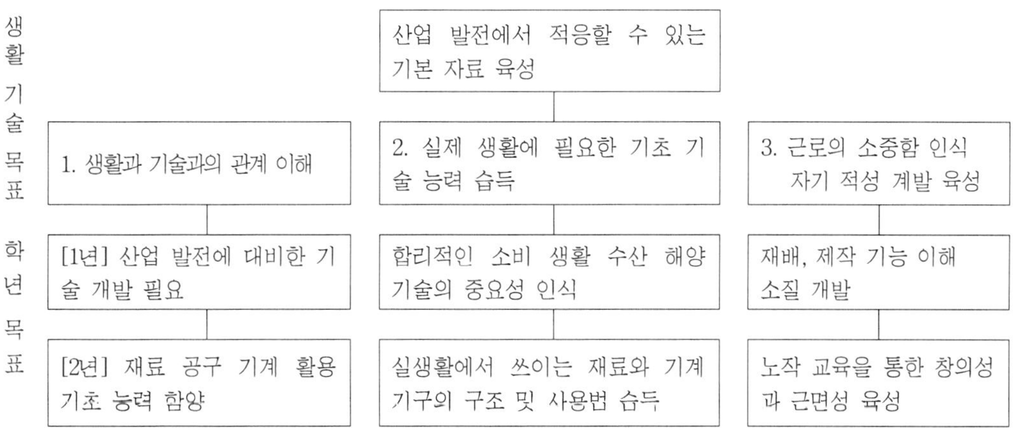

[그림 2-1] 4차 교육과정의 생활 기술 목표

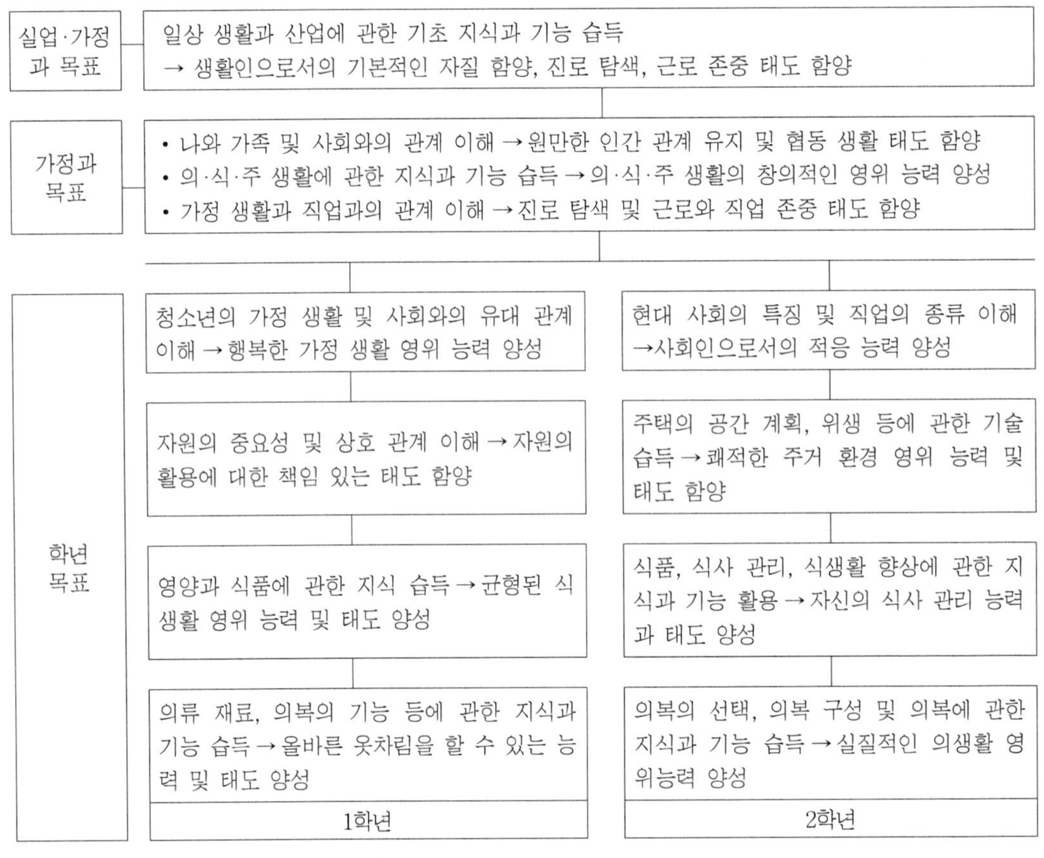

[그림 2-2] 4차 교육과정의 가정 목표 체계

(4) 내 용

생활 기술의 내용 선정에 있어서는 교육 목표가 지향하는 바를 충족시키면서도 학생들의 흥미와 호기심을 이끌 수 있는 소재를 우선적으로 다루었다.

또한, 생활 환경에서 출발하여 차츰 산업 사회로 확대시켜 그 관심 분야를 넓혀 가게 하여 가급적 기본적이고 전이가가 높은 실용성 있는 요소를 추출하여 조직하였다.

학습 내용의 과다로 인한 학생 부담의 과중과 수준 높은 학습 내용의 이해 곤란으로 인한 과열 과외가 현행 교육과정의 문제점으로 분석됨에 따라 과목수를 줄이는 입장에서 3학년의 가정과는 폐지되게 되었고, 주당 배당 시간도 전체적으로 2시간이 감축됨에 따라 가정과의 교육 내용은 대폭 축소·조정하지 않으면 안 되었다.

지도 내용은 종래의 7개 영역이 6개 영역으로 조절되었다. 즉, 기술 과정의 내용과 육아, 수공예 등의 내용은 축소 조정된 반면 가족 관계, 자원, 직업 등과 관련된 내용은 독립된 영역으로 제시되었다.

이 시기의 생활 기술·가정 내용은 [표 2-37]과 같다.

[표 2-37] 4차 교육과정의 생활 기술·가정 교육 내용

교과 \ 학년	생 활 기 술	가 정
1학년	(1) 생활 기술 　(개) 기술의 발달　　　(내) 에너지와 동력 　(대) 생활과 기술　　　(래) 기술 개발과 산업 발전 (2) 생산과 소비 　(개) 생산 공정　　　(내) 구입과 소비 　(대) 장부 기록 (3) 재배 　(개) 재배와 생활　　　(내) 생육과 환경 　(대) 파종 육묘 이식　　　(래) 재배 관리 (4) 해양과 수산 기술 　(개) 해양과 수산 기술　　　(내) 수산업 　(대) 해운업 (5) 제도의 기초 　(개) 도면과 생활　　　(내) 선과 기초 　(대) 입체의 표현 방법　　　(래) 도면의 읽기나 그리기 (6) 목재의 이용 　(개) 목재와 생활　　　(내) 목재의 종류와 이용 　(대) 목제품의 구상　　　(래) 목제품만들기	(1) 가족 생활 　(개) 청소년의 성장 　(내) 우리 가정 　(대) 가정과 사회 (2) 가정 생활과 자원 활용 　(개) 인간 자원 　(내) 물적 자원 　(대) 자원과 가정 생활 (3) 청소년의 식사 　(개) 영양 　(내) 식품 　(대) 식사 계획 (4) 청소년의 의복 　(개) 옷차림 　(내) 옷감 　(대) 앞치마만들기
2학년	(1) 플라스틱의 이용 　(개) 플라스틱과 생활　　　(내) 플라스틱의 특징 　(대) 플라스틱 제품의 구상　(래) 플라스틱 제품 만들기 (2) 금속 재료의 이용 　(개) 금속 재료와 생활　　　(내) 금속 재료의 종류와 이용 　(대) 금속 제품의 구상　　　(래) 금속 제품 만들기 (3) 기계의 이용 　(개) 기계와 생활　　　(내) 간단한 기계 요소 　(대) 내연 기관의 구조와 작동 원리 　(래) 내연 기관의 운전과 정비 (4) 전기의 이용 　(개) 전기와 생활　　　(내) 전기의 특성 　(대) 전기 배선용 재료　　　(래) 신호선로 배선 　(매) 간단한 전자 장치 만들기 (5) 가정 용기기의 이용과 안전 　(개) 전열기　　　(내) 세탁기 　(대) 냉장고　　　(래) 가스 레인지 　(매) 가정용 배관	(1) 청소년의 식사 　(개) 식품의 이용 　(내) 식사 관리 　(대) 식생활의 향상 (2) 청소년의 의복 　(개) 의복 마련하기 　(내) 의복 건사하기 (3) 가정의 생활 공간 　(개) 주택의 공간 계획 　(내) 주거 위생 　(대) 실내 장식 　(래) 정원 계획과 관리 　(매) 가정 기기 (4) 가정과 직업 　(개) 현대 사회와 가정 생활 　(내) 나와 직업

실업·가정과의 목표를 상위 목표로 하고 일반 목표와 학년별 목표를 제시했는데, 학년 목표는 내용과 관련지어 나열하였다. 지도 내용은 기술 과목에서 생산과 소비, 해양과 수산 기술, 플라스틱의 이용의 3개 영역이 첨가되어 11개 영역이 되고, 가정 과목에서는 육아, 수공예 영역은 축소되고, 가족 관계, 자원, 직업 등의 영역이 독립되어 6개 영역으로 조정되었다. 지도상의 유의점이 지도 및 평가상의 유의점으로 변경된 점도 특이한 점이다.

(5) 지도 및 평가상의 유의점

생활 기술과와 가정과의 지도상의 유의점과 평가상의 유의점을 요약하면 다음과 같다.

㈎ 생활 기술

① 교과목의 모든 내용을 골고루 이수시키되 학생의 학업 성취 수준, 지역 사회의 여건이나 학교의 실정을 고려하여 지도의 중점을 달리할 수 있다.

② 내용을 학습시킬 때는 실생활에 관련지어 지도하도록 힘쓴다.

③ 내용은 실험 실습을 통하여 지도하되 단순 기능의 습득보다는 개념을 이해시키는 데 중점을 둔다.

④ 각 단원별 지도 내용은 생활에 사용 빈도가 많은 소재를 선정하여 실생활에 활용할 수 있는 기초 기술 능력을 기르는 학습이 되도록 유의한다.

또, 생활 기술에 대한 평가는 사전 평가 방법과 그 시기를 계획하여 실시하고, 어느 특정 내용 및 영역에 치우치지 않도록 해야 하며 단순하고 지엽적인 어느 특정 내용을 평가하지 말고 일상 생활에 대한 적용 능력의 향상도를 평가하도록 해야 한다.

㈏ 가 정

① 선정된 내용을 고루 이수시키되 학교나 지역사회의 실정에 따라 지도의 비중을 달리할 수 있다.

② 6개의 영역 중 4개의 영역은 1개 학년에서 집중적으로 지도하도록 편성되어 있으나 청소년의 식사와 청소년의 의복 영역은 1, 2학년에서 나선형으로 학습할 수 있도록 편성하였으므로 학년간의 연계성을 고려하여 지도하여야 한다.

③ 학습한 내용이 실생활에서 활용되도록 가정 생활과 관련지어 지도한다.

④ 실습 지도시 같은 기능을 되풀이 지도하지 않도록 한다.

⑤ 다양한 교육 자료를 사전에 준비하여 학습 효과를 높이도록 한다.

그리고 평가는 언제나 교육 목표를 행동화할 수 있도록 유의해야 하며, 특히 실습은 결과만이 아니라 과정을 중시하여 평가하도록 해야 한다. 또, 이해력, 적용능력, 창의력 등을

중시하고 단편적인 지식이나 단순한 사실만을 측정하지 않도록 하며, 실습은 평가 기준을
미리 학생에게 제시하여 작품의 수준을 높이며 평가하는 안목을 기르도록 한 것이다.

라. 고등학교 기술·가정

이 때의 고등학교 교육 개정에서 나타난 실업·가정 편제와 단위 배당은 제 3 차 교육과
정과 큰 차이가 없으나, 종래에는 일반제 고등학교 교육과정과 실업계 고등학교의 교육과
정이 별책으로 되어 있던 것을 통합 제시함으로써 약간의 변화가 있었을 뿐, 근본적인 변
화는 없었다. 이 때의 실업·가정 편제를 보면 [표 2-38]과 같다.

[표 2-38] 고등학교 실업·가정 편제 및 단위 배당 기준(1981)

교 과	과 목	일반계 고교 선택		일반계 고교 직업 과정 실업계 및 기타 계열 고교 선택
		인문·사회 과정	자연 과정	
실업·가정	산업 기술 가 정	택1 8~10	택1 8~10	택1 8~10
	농 업 공 업 상 업 수 산 업 가 사	택1 8~10	택1 8~10	

이 시기의 특징은 과목명이 기술에서 산업 기술로 변경되었고, 종래에 기술은 남자, 가
정은 여자가 이수하도록 한 제한을 없애고 산업 기술과 가정을 성별에 따른 제한을 두지
않고 택 1 하여 이수하게 한 점이다. 그러나 종래와 같이 여자는 가정, 남자는 기술의 이수
현상이 그대로 지속되었다. 실업·가정 교과의 과목당 이수 단위 수도 제 3 차 교육과정과
같이 8~10 단위로 변화가 없다. 그러나 종래에는 필수의 성격을 띤 가정과 산업 기술에서
택 1 한 것과 농, 공, 상, 수산, 가사에서 택 1 한 것을 합하여 18 단위가 확보되도록 되어
있었다. 그러나 이 때의 교육과정에는 과목당 단위수만 제시해 줌으로써, 최소 단위를 이
수할 경우 16 단위가 되어 실제적으로는 줄어들었다.

7. 제 5 차 교육과정기(1987~1992)

가. 개정의 중점 및 특징

제 5 차 교육과정의 개정을 위한 전반적인 계획은 1985년 3월에 세웠다. 지금까지의 교

육과정 개정은 모두 그 나름대로의 사회적 제 상황의 변화에 부응한다거나, 학문적 경향의 변화에 따른다는 비교적 뚜렷한 명분이 있었다.

그러나 제5차 개정 때에는 이러한 명분이 뚜렷하지 못했다. 다만, 개정 고시하지 않으면 안 되도록 했던 것은 이러한 명분보다 학교에서 사용 중인 교과서의 사용 기간이 5~7년을 넘을 수 없다는 교과용 도서에 관한 규정 제22조의 법규정을 위반할 수 없다는 행정상의 이유가 교육과정 개정을 서두르게 했다고도 할 수 있다.

교육의 내용은 항존성을 지니고 있다고 할 수 있지만, 지금과 같이 급변하는 정보화 사회에서 5년이라는 장기간이 지나는 사이에 그 항존성은 빛이 바래는 것은 사실이기 때문에, 교육의 내용에 손질이 가해져야 한다는 명분은 개정 고시 후 5년 경과라는 이유만으로도 충분했다.

문교부는 제4차 교육과정을 개정하고, 제5차 교육과정을 정하기 위한 필요성으로, ① 교육 철학, 학문 내용, 교육 방법의 변화, ② 경제적 발전과 사회의 변화, ③ 현행 교육과정 고시 이후 7년 경과, ④ 국제 경쟁력 강화 필요, ⑤ 교육의 질적 고도화를 내세워 제5차 교육과정 개정 업무 추진 계획을 세워 1985년 6월 17일자로 한국교육개발원에 통보하고, 유치원, 초·중학교 교육과정 시안 연구를 1986년 2월 19일자로 위촉하였다.

한국교육개발원은 그 동안 수행해 온 제4차 교육과정에 대한 평가 연구 및 기초 연구를 토대로 하여 13차례의 공식 협의회를 비롯한 제반 절차를 거쳐 1986년 6월 말에 이르러 총론에 대한 답신 보고서를 문교부에 제출하였다.

문교부는 이 답신 보고서를 가지고 총론에 대한 검토, 심의를 시작하면서 같은 해 12월 말에 보고된 각론 시안과 함께 각종 심의회, 수정, 보완 작업 등을 거쳐 1987년 3월 31일에 문교부 고시 제87-7호로 고시하였다.

제5차 교육과정은 학문과 사회의 변화에 따른 교육 내용의 변화를 반영한다는 필요에 따라 제4차 교육과정에서 문제가 되었던 부분을 보완하려 했던 문교부의 당초의 방침에도 불구하고, 한국교육개발원의 연구·개발 과정에서 대폭 개정 형식의 교육과정이 되었다. 그러나 전체적으로 교과 중심, 생활 중심, 학문 중심 등과 같은 교육과정 사조상의 어떤 색깔을 띤 것이 아닌 종합적 성격을 띤 것은 제4차 교육과정의 내용과 다름이 없다.

제5차 교육과정의 적정화, 내실화, 지역화를 개정의 방침으로 하고, 지속성(제4차 교육과정의 기본 골격 유지), 점진성(혁명적이고 총체적인 개혁보다 현실 여건을 고려한 점진적인 개선), 효율성(교육과정이 의도한 대로 기대하는 교육적 성취를 가져오도록 하는 제반 조치의 시행)을 개정의 전략으로 하여 개정되었으므로, 제4차 교육과정보다 크게 달라진 점은 많지 않다. 다만, '지역화'와 '효율성'을 강조하고 있는 점이 제4차 교육과정 때와 다른 면을 찾아볼 수 있는 점이다.

교육과정의 지역화를 강조한 것은 지금까지의 중앙 집권적 교육과정 체제를 서서히 지방화해 보려는 의도가 있는 것으로, 앞으로 국가 수준의 교육과정은 하나의 기준으로서 얼개가 되는 준거만 제시하고, 차차 지역 수준의 교육과정이 편성되어야 한다는 원칙을 향하여 나가는 출발점으로서의 시도로 평가되고 있다.

교육과정의 효율화는 한마디로 쓸모 있는 교육과정이 되게 한다는 의미로서, 국가 기준으로서의 교육과정이 의도하고 있는 것들이 실제 교육현장에서 제대로 실현될 수 있도록 하는 데 도움이 되는 쓸모 있는 교육과정이 되게 하려는 것이었다.

나. 실 과

(1) 개정 중점

제 5 차 교육과정의 실과 교육은 전체 교육과정의 필요성과 맥을 같이 하면서도 실과의 성격을 뚜렷이 부각시키기 위해 다음의 세 가지로 강조점을 두어 개정 방향을 설정하고 있다.

첫째, 기초적 생활 기능의 정착, 둘째 근로의 존중, 셋째 근검 절약의 실천 등이다.

그리고 이 교육과정에서 처음으로 보조 교과서인 「실습의 길잡이」와 컴퓨터 교육을 도입한 것이 큰 특징이다. 이 실습의 길잡이는 실과 교과에서 강조하는 실습을 자세히 안내하여, 이것만 가지면 학생 스스로 조작 및 제작을 할 수 있도록 하였고, 학습한 내용을 기록할 수 있는 기록장의 역할도 겸하게 하였다. 또한, 직접 경험을 하기 곤란한 제재는 간접 경험의 폭을 확대해 줄 수 있도록 내용을 제시하였다.

컴퓨터 교육 또한 실과의 교과 목표가 유능한 생활인을 위한 기본 능력과 태도를 키운다는 점에서 볼 때, 컴퓨터의 조작은 미래 생활에 대처할 수 있는 기본 기능으로 요구되고 있으므로 교육과정에 포함시켰다.

(2) 편제 및 시간 배당

주당 배당 시간 수는 4, 5, 6 학년 모두 2 시간씩인데, 시간 편성에 있어서 학습의 실효를 거둘 수 있도록 연속하여 편성하도록 하였다. 교육과정 시간 배당 기준을 보면 [표 2-39]와 같다.

(3) 목 표

실과의 일반 교과 목표로는 '실생활에 필요한 일을 경험하게 하여 개인의 소질을 계발하고, 현실과 미래의 생활에 대처할 수 있는 기본적 능력과 태도를 기른다.'로 되어 있고, 이를 위한 구체적인 실천 목표로서 다음과 같은 4 개항의 목표를 제시하고 있다.

[표 2-39] 5차 교육과정의 국민학교 교육과정 시간 배당 기준(1987. 6. 30)

구 분 / 학 년		1	2	3	4	5	6
교과 활동	우리들은 1학년	70	–	–	–	–	–
	도 덕	–	–	68	68	68	68
	국 어	210	238	238	204	204	204
	사 회	–	–	102	102	136	136
	바른 생활	120	136	–	–	–	–
	산 수	120	136	136	136	170	170
	자 연	–	–	102	136	136	136
	슬기로운 생활	68	68	–	–	–	–
	체 육	–	–	102	102	102	102
	음 악	–	–	68	68	68	68
	미 술	–	–	68	68	68	68
	즐거운 생활	180	238	–	–	–	–
	실 과	-	-	-	**68**	**68**	**68**
특별 활동		30	34	68	68	68	68
계		790	850	952	1,020	1,088	1088

① 가정 생활에서 필요한 기초적인 일을 선택하여, 합리적으로 계획하고 실천하는 능력 인을 기른다.

② 생활 주변의 간단한 일을 경험하게 하여 생활에 필요한 기본적인 기능을 익히게 한다.

③ 일상 생활에서 소비 형태와 일용품의 유통 구조를 이해하게 하고, 생활 자원을 합리 적으로 선택, 활용, 관리하는 데 필요한 지식과 기능을 습득하여, 현명한 소비자의 자 질을 가지게 한다.

④ 일의 세계를 이해하고, 직업에 대한 관심을 가지며 직업을 존중하고, 자조, 근면, 협 동하는 태도를 가지게 한다.

(4) 내 용

이 시기의 내용은 제4차와 같이 4개 영역으로 조직하였으며, 보다 내용을 정선하였다. 이것을 살펴보면 [표 2-40]과 같다.

[표 2-40] 5차 교육과정의 실과 교육 내용

영 역 ＼ 학 년	4학년	5학년	6학년
1. 생활 계획 　　과 관리	• 가정에서 할 일 • 생활 계획과 실천 • 생활 환경의 정리	• 집안 일 돕기 • 작업의 계획 • 청결하고 안전한 생활 • 주거의 설계	• 이웃과의 협동 • 초대와 모임의 계획 • 환경 보호
2: 생활 기능	• 주거 환경 꾸미기 • 판지로 만들기 • 기초 바느질 • 옷 입기와 손질하기 • 부엌일과 음식 다루기 • 재배와 사육	• 가구의 정돈과 손질 • 목재로 만들기 • 바느질하기 • 빨래하기 • 부엌일과 음식 만들기 • 가정 기기 다루기 • 채소 가꾸기	• 나무 가꾸기 • 금속 재료 및 합성 수지로 만들기 • 음식만들기와 상 차리기 • 헌옷의 활용 • 곡물의 생산 • 수산물의 생산 • 컴퓨터와 생활
3. 소비와 　　절약	• 가정의 수입과 지출 • 용돈 쓰기와 합리화 • 식품의 합리적 이용 • 합리적인 의생활	• 수집과 보관하기 • 식품의 선별과 이용 • 목재의 선택 • 옷감의 품질 • 가정 기기의 선택	• 생산품의 유통 • 식품의 선택과 구입 • 의복의 선택과 구입 • 금속 재료 및 합성 수지의 선택과 활용
4. 일과 직업 　　의 이해	• 일의 이해 • 일의 보람	• 직업의 중요성 • 가족의 직업	• 직업과 능력 • 직업 적성의 발견

(5) 지도상의 유의점

　실과는 지역의 특성이나 계절의 변화 및 학교 행사에 맞춰 학습의 심도나 학습 시기를 조절할 필요가 있다. 따라서, 다른 어느 교과보다도 지역화를 위한 재구성을 권하고 있고, 사육 재배에 관련된 단원도 학교의 여건을 감안하여 주어진 제재 중에서 선택하여 학습할 수 있도록 교과 운영에 융통성을 부여하고 있다. 남녀의 차이를 두지 않고 지도해야 하며, 실습 위주로 교과 운영을 하되, 컴퓨터 위주의 교육이 되지 않도록 각 지도 요소를 골고루 지도하도록 강조하고 있다.

　실습시의 맥이 끊어지지 않도록 2시간을 연속하여 교과 시간을 편제하도록 허용하고 있는 것이 운영상의 특징이다. 그리고 실습시 정리의 필요성과 평가시 '자기 평가' 영역의 삽입, 또 실습 과정의 평가와 아울러 실습을 마친 후 실습 보고서를 써 보게 하는 것이 종래의 운영 방법과는 다른 점이다.

　5차 교육과정에서의 실과의 운영을 지도 방법과 평가를 살펴보면 다음과 같다.

　① 남·녀 차이를 두거나 특정 역할을 강조하지 않는다.

② 학습은 실험·실습을 중심으로 하며, 학습한 내용이 실생활에 꾸준히 적용되도록 지도한다.

③ 실험 실습은 단순히 육체 노작에만 그치지 않도록 하며, 창의와 능률, 실질을 고려하여 성실하게 협동하는 태도를 기르도록 지도한다.

④ 지역성이 강조되는 지도 내용은 학교 실정에 따라 재구성하거나 지도의 중점을 달리할 수 있다.

⑤ 현장 학습, 견학 등을 실시할 경우에는 사전에 계획을 수립하여 실효를 거둘 수 있게 한다.

⑥ 주간 시간 계획은 학습의 실효를 거둘 수 있도록 해야 한다.

⑦ 실험·실습의 지도에 있어서는 안전 교육에 특히 유의하도록 한다.

⑧ 컴퓨터의 학습 지도에 있어서는 학교의 시설 여건을 고려하여 계획을 수립하고, 가능한 학생 스스로 컴퓨터를 다루어 보도록 운영했다.

⑨ 평가는 지식의 이해력뿐만 아니라 실기 활동, 근로에 대한 적극적이고 긍정적인 태도 등을 포함하여 포괄적인 평가를 하도록 한다.

⑩ 실습의 평가는 일의 결과뿐만 아니라 계획과 과정에 대한 계속적인 평가가 이루어지도록 하고, 다양한 평가 방법을 적용하도록 한다.

⑪ 자기 평가에 있어서는 학생들이 스스로 평가할 수 있도록 명료한 평가 기준을 제시하여 주도록 한다.

이와 같이, 5차 교육과정은 현실적 상황에 부응하기 위하여 컴퓨터 지도 내용을 신설했고, 효과적인 학습 지도를 위해 '실습 길잡이'라는 보조 교과서를 마련했으며, 교육과정의 구성 체제를 살려 소홀히 취급하였던 평가에 대해 구체적인 방법을 제시하여 보다 발전된 형태의 운영이 될 수 있도록 하였다.

다. 중학교 기술·가정

(1) 성 격

이 시기는 기술, 가정의 통합이 크게 논의되었던 시기이며, 종래의 성(性)에 따른 과목 선택을 지양하고 기술, 가정, 기술·가정 중에서 택1 하도록 한 점이다. 특히, 기술·가정은 통합의 전 단계로서 시도된 합과의 성격을 띤 과목이었다.

이 때의 기술과 교육과정에서는 중학교 기술 과목의 명칭이 제4차 교육과정의 '생활 기술'에서 '기술'로 다시 바뀌었다. 이는 기술 과목의 성격을 생활 기술보다는 생산 기술을 중시하는 교육으로서 기술학이라는 고유의 지식 체계를 바탕으로 함을 분명히 하기 위한 것이었다.

기술과 교육과정의 구성 방향이 ① 학문 발전에 따른 새로운 교과관의 수용, ② 산업 발전에 따른 사회적 요구의 수용, ③ 기술과 교육의 새로운 방향 수용으로 제시되어 있다.

이 교육과정은 과학 기술의 발달과 그로 인한 가정학의 학문적 발달, 사회 변화, 가정과와 관련되는 미래 사회의 제 요구 등을 반영하여 제 4 차 교육과정을 부분 수정하여 교육과정을 효율화, 적정화, 체계화시킨다는 입장을 가지고 개정하였다. 교육과정의 체제는 크게 달라진 것이 없으나, 기술·가정 과목이 신설되고 교육과정상의 성차가 없어졌으며, 영역별 목표를 첨가하여 지도 영역의 범위와 수준을 명료화한 점이 특징이다. 지도 목표와 내용에서는 소비 생활과 진로 교육이 강화되고, 가족 구성원의 성장과 발달 내용이 다시 첨가된 것이 특징이다.

(2) 편제 및 시간 배당

이 교육과정에서도 실업·가정 교과의 편제와 시간 배당에 큰 변화가 있었다. 실업·가정 교과에 필수, 선택의 구분이 없어지고 선택 과목에 남녀 표시가 없어졌으며, 실업·가정 과목을 2 군으로 나누어 1, 2 군에서 각각 1 과목씩 선택하도록 하였다. 그리고 무엇보다도 종전의 기술과 가정 과목이 그대로 존속한 상태에서 기술과 가정을 통합한 기술·가정 과목이 신설되어, 기술 또는 가정이 아닌 기술·가정 과목을 선택하는 경우 두 분야를 모두 학습할 수 있게 되었다.

3 학년에서 택 1 하도록 한 농업, 공업, 상업, 수산업, 가사는 주당 시간수가 4~6 시간으로 됨에 따라 4 차 교육과정에서 주당 5~7 시간보다 1 시간 축소되었다.

제 5 차 교육과정에 제시된 실업·가정과 편제 및 단위시간 배당은 [표 2-41]과 같다.

실업·가정 교과에서는 필수, 선택의 구분을 없애면서, 실업·가정 과목을 2 군으로 나누어 2 개의 군에서 각각 1 과목씩 선택하도록 하였고, 종전의 생활 기술 과목이 다시 기술로 명칭이 바뀌고 기술·가정이 신설되어 가정과 함께 남녀에 관계 없이 3 과목 중 1 과목을 선택하여 배우도록 하였다.

농, 공, 상, 수산, 가사는 종전과 같이 3 학년에서 이수하게 되었으나, 주당 시간 수가 4~6 시간으로 되어 제 4 차 교육과정의 시간보다 1 시간씩 축소되었다. 5 차 교육과정의 실업·가정과의 필수 과목과 선택 과목의 내용은 [표 2-42]와 [표 2-43]에 나타내었다.

[표 2-41] 5차 교육과정의 실업·가정과 편제 시간 배당(1987)

교 과 \ 학 년			1	2	3
교 과 활 동		도 덕	68(2)	68(2)	68(2)
		국 어	136(4)	170(5)	170(5)
		국 사		68(2)	68(2)
		사 회	102(3)	68~102(2~3)	68~102(2~3)
		수 학	136(4)	102~136(3~4)	136~170(4~5)
		과 학	136(4)	102~136(3~4)	136~170(4~5)
		체 육	102(3)	102(3)	102(3)
		음 악	68(2)	68(2)	34~68(1~2)
		미 술	68(2)	68(2)	34~68(1~2)
		한 문	34(1)	34~68(1~2)	34~68(1~2)
	외국어	영 어	136(4)	102~170(3~5)	102~170(3~5)
	실업·가정	기 술	택 1 102(3)	택 1 136~204(4~6)	택 1 136~204(4~6)
		가 정			
		기술·가정			
		농 업			
		공 업			
		상 업			
		수 산 업			
		가 사			
	자유 선택		0~68(0~2)	0~68(0~2)	0~68(0~2)
	계		1,088~1,156 (32~34)	1,088~1,156 (32~34)	1,088~1,156 (32~34)
특별 활동			68~(2~)	68~(2~)	68~(2~)
총 계			1,156~1,244~ (34~36)~	1,156~1,244~ (34~36)~	1,156~1,244~ (34~36)~

[표 2-42] 5차 교육과정의 실업·가정과의 필수 과목인 기술·가정의 내용 영역

	학 년	산업 과 기술	작물 의 재배	제도 의 기초	목재 의 이용	플라 스틱 의 이용	금속 재료 의 이용	기계 의 이용	전기 의 이용	컴퓨 터의 이용	진로 의 탐색	가족 생활 인간 발달	소비 생활 자원 활용	식 생 활	의 생 활	주 생 활	진로 교육	수 예
기술	1	○	○	○	○					○								
	2					○	○	○	○		○							
가정	1											○	○	○	○			
	2											○		○	○	○	○	

[표 2-43] 5차 교육과정의 실업·가정과의 선택 과목과 주요 내용

과 목	학년에 따른 이수 영역(3학년)
농 업	우리 나라의 농업, 재배 환경과 생산 자재, 농업 생산 기술, 농업 기계와 농산물의 가공, 복지 농촌의 건설
공 업	공업의 발달, 제조 공업, 건설 공업, 공업의 발전과 미래
상 업	상업과 경영, 부기, 상업 계산, 컴퓨터 및 진로,
수산업	수산업의 개요, 해양과 수산 자원, 어업, 수산 양식, 수산물 가공, 수산 경영과 복지 어촌
가 사	식생활, 의생활, 수예

(3) 목 표

이 때의 기술·가정과 교육과정상에는 '과목 목표'와 '학년 목표'가 제시되어 있는데, 종전의 '목표'가 '과목 목표'로 그 명칭이 바뀌었으나, 항목 수는 종전과 같이 3개항으로 구성되어 있다.

실업·가정과의 목표를 상위 목표로 하고, 과목목표와 학년별 목표를 제시했을 뿐만 아니라, 영역별로 영역 목표를 제시하여 영역별 지도 내용의 개념이나 수준, 범위 등을 분명히 하였다. 과목 목표는 다음과 같으며, 각 학년의 목표는 지도 영역을 중심으로 제시하였다.

이들 기술, 가정, 기술·가정의 목표를 제시하면 다음과 같다.

㈎ 기 술

① 산업과 관련된 기초 지식을 이해하게 하여 산업 사회에 적응할 수 있는 능력을 기르게 한다.

② 재료, 에너지, 공구, 기계 등에 관한 기술적 경험을 통하여 이들을 효율적으로 활용할 수 있는 능력과 태도를 가지게 한다.

③ 일을 창의적으로 계획하고 실천하는 학습 활동을 통하여 일의 세계를 이해시키고, 자기의 진로를 탐색하는 능력과 태도를 가지게 한다.

㈏ 가 정

① 현대 사회에서 가정 생활의 중요성을 인식하게 하고, 가족원의 성장과 발달 과업을 이해시켜, 가족과 사회의 일원으로서 협동하는 생활 태도를 가지게 한다.

② 의·식·주 및 소비 생활을 영위하는 데 필요한 기초적인 지식과 기능을 습득시켜, 일상 생활을 창의적으로 영위할 수 있게 한다.

③ 현대 사회와 직업과의 관계를 이해하고, 근로와 직업을 존중하게 하여 자신의 진로를 탐색할 수 있게 한다.

㈐ 기술·가정

① 가정과 사회에서의 자신의 위치와 역할, 소비 생활과 가정 자원의 중요성을 알게 하여, 원만한 가정 생활과 합리적인 소비 생활을 할 수 있게 한다.

② 기술의 발달과 산업과의 관계를 이해시켜, 산업 사회에 적응할 수 있는 능력을 가지게 한다.

③ 식생활과 의생활에 관한 기초적인 지식과 기능을 습득시켜, 균형 있는 식생활과 바른 의생활을 할 수 있게 한다.

④ 제도에 관한 기초 지식과 기능을 습득시켜, 간단한 제품을 구상하여 도면으로 나타낼 수 있게 한다.

⑤ 컴퓨터의 기본 원리와 기능을 이해시켜, 이를 효율적으로 이용할 수 있는 능력을 기르게 한다.

과목 목표에 나타난 주요 특징은 산업과 기술의 기초 지식 이해, 산업 사회의 적응 능력 육성, 기술적 경험을 통한 재료, 에너지, 공구, 기계 등의 활용 능력 육성, 일의 세계 이해, 진로 탐색 능력 및 태도 육성 등이다. 이것은 종전과 비교하여 볼 때, 과목 명칭이 '생활 기술'에서 '기술'로 바뀜에 따라, 종전의 '생활과 기술과의 관계 이해'가 '산업과 기술의 기초 지식 이해'로 개정되었으며, 산업 사회 적응 능력이 강조되었다.

(4) 내 용

기술과 교육과정에 제시된 대영역으로는 1학년의 경우 기술과 산업, 재배, 제도의 기초, 목재의 이용, 컴퓨터의 이용이, 2학년의 경우 플라스틱의 이용, 금속 재료의 이용, 기계의 이용, 전기의 이용, 진로의 탐색이 선정되어, 종전에 비하여 몇 개 영역이 삭제, 신설되었는데, 이들의 내용은 [표 2-44]와 같다.

가정의 지도 내용에 있어서는 가족 이해와 관련하여 인간 발달 영역이 가정학의 학문적 추세에 관련하여 소비 생활 영역이 추가되었으며, 진로 교육이 강조되었다.

이 시기의 기술, 가정, 기술·가정의 내용을 보면 [표 2-44], [표 2-45], [표 2-46]과 같다.

[표 2-44] 기술과 학년별 내용

1학년	2학년
⑴ 기술과 산업 • 기술과 산업 발전 • 자원과 환경 • 생산과 소비 • 해양과 수산	⑴ 플라스틱의 이용 • 플라스틱과 생활 • 플라스틱 제품의 구상 • 플라스틱 제품 만들기

(2) 재 배 • 재배 환경 • 재배 계획 • 환경 조절과 재배	(2) 금속 재료의 이용 • 금속 재료와 생활 • 금속 제품의 구상 • 금속 제품 만들기
(3) 제도의 기초 • 도면의 종류와 기능 • 선과 문자 • 물체를 나타내는 방법 • 제도의 실제	(3) 기계의 이용 • 기계와 생활 • 기계 요소 • 운동 전달 기구 • 내연 기관
(4) 목재의 이용 • 목재와 생활 • 목제품의 구상 • 목제품만들기	(4) 전기의 이용 • 전기와 생활 • 전기 배선과 조명 • 가정용 전기·전자 기기 • 전자 제품 만들기
(5) 컴퓨터의 이용 • 컴퓨터와 생활 • 컴퓨터의 구성과 원리 • 컴퓨터의 사용 방법	(5) 진로의 탐색 • 기술의 발달과 일의 세계 • 산업과 직업의 종류 • 적성과 진로

[표 2-45] 가정과 학년별 내용

1 학년	2 학년
(1) 가정 생활 • 나와 가족 • 가정과 사회	(1) 가족원의 성장과 발달 • 인간의 성장과 발달 • 청소년기의 특징
(2) 소비 생활과 자원 활용 • 소비자의 의의와 역할 • 합리적인 소비 생활 • 가정 자원의 활용	(2) 식생활의 향상 • 식품의 조리 • 식품의 가공 • 식생활 문화
(3) 우리의 식생활 • 건강과 식생활 • 식품 관리 • 식생활 계획	(3) 의생활 관리 • 의복 관리하기 • 의복 건사하기
(4) 청소년기의 의생활 • 옷차림 • 옷감 • 생활 용품 만들기	(4) 가정의 생활 환경 • 주택의 공간 계획 • 주거 위생과 설비 • 주거 환경의 미화
	(5) 직업과 나의 진로 • 현대 사회와 직업 • 진로의 탐색

[표 2-46] 기술·가정과 학년별 내용

1학년	2학년
(1) 가정 생활과 자원 활용 • 가정 생활과 기술 • 가족과 사회 • 청소년기의 특징 • 가정 자원의 활용 • 소비자의 역할	(1) 재료의 이용 • 목재 • 플라스틱 • 금속 • 간단한 제품 만들기
(2) 기술과 산업 • 기술의 발달 • 작물과 재배 • 해양과 수산 • 새로운 기술과 산업 발전	(2) 가정의 생활 환경 • 주택의 계획 • 주거 위생과 설비 • 주거 환경의 미화
(3) 우리의 식생활 • 건강과 식생활 • 청소년기의 영양 • 식생활 계획과 음식 만들기	(3) 식생활의 향상 • 식품 위생 • 식품의 조리 • 식품의 가공
(4) 청소년기의 의생활 • 옷차림 • 옷감 • 생활 용품 만들기	(4) 의생활 관리 • 의복의 생산과 유통 • 의복 계획과 선택 • 의복 건사하기 • 간단한 의복 만들기
(5) 제도의 기초 • 도면의 종류와 기능 • 물체를 나타내는 방법 • 제도의 실제	(5) 기계의 이용 • 기계와 생활 • 기계 요소 • 내연 기관
(6) 컴퓨터의 이용 • 컴퓨터와 생활 • 컴퓨터의 구성과 원리 • 컴퓨터의 사용 방법	(6) 전기의 이용 • 전기와 생활 • 전기 배선과 조명 • 가정용 전기·전자 기기 • 전자 제품 만들기
	(7) 직업과 나의 진로 • 산업과 직업의 종류 • 나의 진로

(5) 지도 및 평가상의 유의점

기술과 지도상의 유의점은 종전의 교육과정보다 5 개항이 줄어 모두 7 개항으로 제시되었는데, 이는 종전에 각 영역마다 제시되었던 지도상의 유의점이 제 5 차 교육과정에서는 일반적인 사항만 제시되었기 때문이다.

일반적인 사항은 오히려 종전보다 4 개항이 늘었는데, 그것은 실험·실습에 있어서 토론에 의한 의사 결정, 협동과 책임의 중요성에 대한 이해, 창의적인 과제 선정, 재료의 경제적 활용, 공구·기계의 사용할 때 안전 등이며, 학습 지도에 있어 여러 가지 방법을 통하여 학생들의 흥미를 고취시키도록 하는 것이다.

가정과의 지도상의 유의점으로 일반적 지도 사항과 각 영역의 지도에서 유의할 11 개항을 제시하고 있는데, 진로 지도를 강조한 것이 특징적 변화이다.

평가상의 유의점은 5 개항으로 축소 제시했는데, 실기 평가와 과정 평가를 중시하도록 한 것이 특기할 만하다.

기술, 가정, 기술·가정의 지도 평가상의 유의점을 제시하면 [표 2-47], [표 2-48], [표 2-49]와 같다.

[표 2-47] 기술과 지도 및 평가상의 유의점

지　　도	평　　가
⑴ 과목의 모든 내용을 골고루 이수시키되, 학생의 학업 성취 수준이나 지역 사회의 여건, 학교의 실정 등을 고려하여 지도의 비중을 달리할 수 있다. ⑵ 과목의 모든 내용을 통하여 현대 산업의 구조와 그 생산 활동, 제품의 유통 과정을 이해시키도록 한다. ⑶ 과목의 내용은 가급적 실험·실습을 통하여 지도하되, 원리나 법칙을 이해시켜 창의력을 기르도록 한다. ⑷ 분단별 실험·실습에 있어서는 토론에 의한 의사결정, 협동과 책임의 중요성을 이해하도록 지도한다. ⑸ 실험·실습에 있어서는 교과성의 과제를 참고로 하여 가급적 학생들 스스로 창의적인 과제를 선정하도록 지도한다. ⑹ 실험·실습에 있어서는 재료를 경제적으로 활용하고, 공구, 기계 등을 안전하게 다루는 습관을 형성시키는 데 중점을 두어 지도한다. ⑺ 지역 사회의 산업체 조사와 견학, 자원 인사의 활용, 교육 자료의 개발 및 활용 등을 통하여 흥미있는 학습 지도가 이루어지도록 노력한다.	⑴ 단순하고 지엽적인 내용의 평가보다는 기본적인 개념이나 원리의 이해 및 응용력에 중점을 두어 평가하도록 한다. ⑵ 평가는 지필 검사와 실기 평가를 병행하되, 사전에 평가 방법과 시기를 계획하고, 어느 특정 내용이나 영역에 치우치지 않도록 한다. ⑶ 실험·실습에서는 과정을 중요시하고, 교사의 평가와 학생의 '자기 평가'를 병행하도록 한다.

[표 2-48] 가정과 지도 및 평가상의 유의점

지　　도	평　　가
(1) 과목의 내용은 모든 영역에 걸쳐서 이수시키되, 학생의 학업 성취 수준이나 지역 사회의 여건, 학교의 실정 등을 고려하여 지도의 비중을 달리할 수 있다. (2) 과목의 내용을 가정 생활과 관련시킴으로써, 실생활에 활용할 수 있도록 하는 데 유의하여 지도한다. (3) 기능 습득을 위한 내용은 실험·실습을 위주로 지도하되, 실습 제재는 지역 사회 여건, 학교의 실정 등을 고려하여 선정하고, 단편적인 기능의 습득보다는 전이도가 높은 내용을 포괄성 있게 다룬다. (4) 과목의 내용을 다룰 때에는 개념 및 원리를 이해시킴으로써 문제 해결 능력을 기르도록 한다. (5) 수업의 효과를 높이기 위하여 목표 및 내용에 맞는 다양한 교육 자료를 활용하여 지도한다. (6) 가족 생활 영역에서는 인간 발달의 중요성을 이해하고, 가족과 사회와의 관계 속에서 가족 및 사회 구성원으로서의 역할을 수행할 수 있도록 지도한다. (7) 소비 생활과 자원 활용 영역에서는 효율적인 자원 활용 및 소비자 역할의 중요성을 알고, 소비 생활에 관한 정보나 자료의 수집을 통하여 현명한 소비 생활을 할 수 있도록 지도한다. (8) 식생활 영역에서는 영양, 식품과 건강과의 상호 관계를 인식하여, 이를 실생활에 응용할 수 있도록 지도한다. (9) 의생활 영역에서는 옷감, 옷차림, 의복관리 등에 관한 기초 지식과 기능을 바탕으로 하여, 개인에게 필요한 의생활 용품을 합리적으로 마련할 수 있도록 하고, 현명한 소비자로서의 자질 함양에 역점을 두어 지도한다. (10) 가정의 생활 환경 영역에서는 올바른 주거관을 가지고 자기가 사는 집을 중심으로 주거 환경을 개선할 수 있는 방향으로 지도한다. (11) 진로 교육은 전 학년의 모든 영역에 걸쳐 실시하되, 현대 사회의 다양한 직업에 관한 정보를 통하여 자신의 진로를 탐색할 수 있게 하는데 중점을 두어 지도한다.	(1) 목표를 염두에 두고 평가를 실시하되, 어느 특정 영역이나 내용에 치우치지 않는다. (2) 과목의 목표 및 학습 내용상의 특성을 감안하여 수시로 평가를 실시한다. (3) 단순하고 지엽적인 내용의 평가보다는 이해, 적용, 사고, 제작, 창의성 등에 중점을 두어 평가한다. (4) 평가는 지필 검사와 실기 평가를 병행하되, 사전에 평가 기준, 방법과 시기 등을 계획하여 실시하도록 한다. (5) 실기 평가에서는 제재별로 평가 기준을 작성하여 활용하되, 교사의 평가와 학생의 '자기 평가'를 병행하며 결과뿐만 아니라, 과정도 중요시한다.

[표 2-49] 기술·가정과 지도 및 평가상의 유의점

지　　도	평　　가
(1) 교과 내용을 남녀 구별 없이 골고루 이수시키되, 학생들의 학습 능력이나 지역 사회의 여건, 학교의 실정 등을 고려하여 지도의 비중을 달리할 수 있다. (2) 교과 내용 전반에 걸쳐 실험·실습을 강조하되, 그 주제는 교과서의 과제를 참고로 하여 학생들 스스로 해결할 수 있는 창의적인 과제를 포함시키도록 유의한다. (3) 효율적인 학습 지도를 위해서, 산업체 조사 및 현장 학습을 실시하고, 지역 사회의 제 단원을 다양하게 활용하도록 한다. (4) 진로 교육은 전 학년의 모든 영역에 걸쳐 실시하되, 현대 사회의 다양한 직업에 관한 정보를 제공하며, 자신의 진로를 스스로 탐색하려는 태도를 가지도록 지도한다.	(1) 단순하고 지엽적인 내용의 평가보다는 기본적인 개념이나 원리의 이해 및 응용력에 중점을 두어 평가하도록 한다. (2) 평가는 지필 검사와 실기 평가를 병행하되, 사전에 평가 방법과 시기를 계획하고, 어느 특정 내용이나 영역에 치우치지 않도록 한다. (3) 실험·실습에서는 과정을 중요시하고, 교사의 평가와 학생의 '자기 평가'를 병행하도록 한다.

라. 고등학교 기술·가정

문교부 고시 88-7 호(1988. 3. 31)로 고시된 고등학교 교육과정에서의 실업·가정 교과에 대한 편제상의 변화는 정보 산업의 신설이라고 할 수 있다. 이 교육과정에 따르면 기술, 가정 중에서 택 1 하고, 농업, 공업, 상업, 수산업, 가사, 정보 산업 중에서 택 1 하도록 되어 있다. 고등학교 6차 교육과정 실업·가정과의 편제 및 단위 배당 기준을 보면 [표 2-50] 과 같다.

[표 2-50] 고등학교 실업·가정 편제 및 단위 배당 기준(1988)

교　　과	과　　목	일반계 고교 선택		일반계 고교 직업 과정 실업계 및 기타 계열 고교 선택
		인문·사회 과정	자연 과정	
실업·가정	기　　술 가　　정	택 18	택 18	4
	농　　업 공　　업 상　　업 수 산 업 가　　사 정보 산업	택 18	택 18	

또, 5차 교육과정의 특징은 기준 단위를 제시하고 학교에서 증감하여 운영할 수 있도록 한 점이다. 실업·가정 교과의 각 과목은 8단위를 기준 단위로 제시하고 있다.

학교에서는 기준 단위를 기초로 하여 증감하여 이수 단위를 결정할 수 있는데, 제시된 기준 단위보다 축소 운영하려고 할 때에는 2단위 범위 내에서 축소할 수 있게 함으로써, 과도한 축소에서 오는 문제를 최소화하려는 장치를 마련하고 있다.

8. 제 6 차 교육과정기(1992~1997)

가. 개정의 중점 및 특징

1992년 9월 30일 교육부 고시 제 1992-16 호에 의해 개정된 제 5 차 교육과정은 교육과정 개정 연구 위원회와 한국교육개발원의 연구 결과를 토대로 공청회, 현장 검토, 그리고 여러 차례의 심의를 거쳐 확정하여 고시한 것이다. 제 6 차 교육과정 개정은 21 세기를 대비한 교육 개혁의 차원에서 이루어진 것으로 민주화, 고도 산업화, 정보 사회화, 국제화, 통일 대비 등 급격한 시대적, 사회적 변화에 대응하고, 교육 현실의 문제점을 개선하여, 기초 보통 교육의 질적 향상을 이룬다는 목표를 가지고 교육과정 결정의 분권화, 구조의 다양화, 내용의 적정화, 운영의 효율화에 개정의 중점을 두고 추진되었다.

나. 실 과

(1) 개정 중점

6차 교육과정에서는 일의 계획에서부터 실행에 이르는 모든 과정을 통해서, 스스로 일을 선택하고 마무리하게 하며, 또 이를 위하여서는 꾸준한 노력과 협동이 필요하다는 것을 알게 하고, 인내심을 가지고 문제를 해결하게 하여, 성취감을 맛볼 수 있는 기회를 부여하도록 중점을 두었다.

이러한 교육은 개인적으로는 노작의 경험과 창조 활동의 축적으로 흥미와 적성, 잠재 능력을 계발할 수 있게 하며, 사회적으로는 실천적인 참여와 협동하여 일하는 경험으로 함께 사는 보람을 키울 수 있게 한다. 그리고 장차 산업 사회의 일꾼으로 성장하는 밑바탕을 형성할 수 있을 뿐만 아니라 보다 나은 미래를 준비하는 데 기여하게 한다. 따라서, 학습하는 모든 내용은 학습의 결과뿐만 아니라 과정도 중요시하고 있으며, 학습 후에 발전적으로 일상 생활에 적용하도록 하고 있다.

(2) 편제 및 시간 배당

5차 교육과정에서는 4, 5, 6학년에서 가르치도록 되어 있었으나 6차 교육과정에서는 3학년부터 6학년까지 주당 1시간씩 배당됨으로써 전체 시수가 줄어들었다. 6차 교육과정에서의 초등학교 교육과정 시간 배당 기준을 보면 [표 2-51]과 같다.

(3) 목 표

실과 교육을 통해서 구현하고자 하는 목표는, 학생들이 일상 생활에 필요한 다양한 일을 경험하게 하되, 그 중에서도 가정 생활을 영위하는 데 필요한 기초적인 지식과 기능을 체험적으로 습득시킴으로써, 앞으로의 생활에 대처할 수 있는 기본적인 인간 관계의 기술을 습득할 수 있게 함으로써, 앞으로의 가정 생활과 직업 생활에 효과적으로 적용할 수 있게 하는 데 있다.

제6차 교육과정에 제시된 실과의 교육 목표는 '일상 생활에 필요한 일을 경험하게 하여 아동의 소질을 계발하고, 앞으로의 생활에 대처할 수 있는 기본적인 능력과 태도를 기르게 한다.'로 되어 있고, 3개의 세부적인 목표가 제시되었는데, 그것들을 살펴보면 다음과 같다.

[표 2-51] 6차 교육과정의 초등학교 교육과정 시간 배당 기준

구 분	학 년	1	2	3	4	5	6
교 과 활 동	도　　덕	바른 생활 60	60	34	34	34	34
	국　　어	210	238	238	204	204	204
	수　　학	120	136	136	136	170	170
	사　　회	슬기로운 생활		102	102	136	136
	자　　연	120	136	102	136	136	136
	체　　육	즐거운 생활		102	102	102	102
	음　　악			68	68	68	68
	미　　술	180	238	68	68	68	68
	실　　과	·	·	**34**	**34**	**34**	**34**
특별 활동		30	34	68	68	68	68
학교 재량 시간		·	·	34	34	34	34
연간 수업 시간 수		790(70)	850	952	986	1,054	1,054

* 이 표의 시간 수는 34주를 기준으로 한 연간 최소 시간 수임(1학년은 30주로 함).

* 1단위 시간은 40분을 원칙으로 함.

① 기본적인 공구와 기구를 다룰 수 있게 하고, 일상 생활에 필요한 것을 다루고 만들 수 있는 기초 능력을 가지게 한다.

② 생활 환경을 아름답게 꾸미고 가꾸며, 개선할 수 있는 관리 능력을 가지게 한다.

③ 일의 체험을 통하여, 근로의 가치를 이해하게 하며 근면과 협동하는 태도를 가지게 한다.

또, 학년 목표가 영역별로 제시되었다. 즉, 다루기, 만들기, 가꾸기 및 기르기, 건사하기 의 4개 영역 목표가 학년마다 제시되었다. 이 4개 영역 목표는 독립적인 것이 아니다. 예를 들면, 다루기 영역은 만들기, 가꾸기 및 기르기, 건사하기 영역과 관련을 가지며, 가꾸기 및 기르기 영역은 건사하기 영역과 연계되어 있다.

(4) 내 용

실과의 내용은 학생들이 실생활에서 접할 수 있는 일감으로 선정하여, 그 일감을 해결하는 데 필요한 수단의 차원에서 그 일감의 요소 기능을 단계적으로 체험할 수 있도록 조직하였다. 일감의 배열은 내용의 계속성과 계열성, 학생의 발달 단계 등에 따라 다음과 같이 체계화시켰다.

제6차 교육과정의 영역별, 학년별 내용 체계를 살펴보면 [표 2-52]와 같다.

[표 2-52] 6차 교육과정의 실과 교육 내용

영역 \ 학년	3학년	4학년	5학년	6학년
다루기	• 공작 기구 다루기 • 다과용 그릇 다루기 • 물가꾸기에 필요한 용기 다루기	• 조리용 기구, 바느질 용구, 전기 공구, 농구 다루기 • 전등 갈아끼우기 • 전기 테스터 다루기	• 바느질 용구, 납땜 인두, 농구 다루기 • 조리 기구와 연소 기구 다루기 • 컴퓨터 다루기	• 목공구 다루기 • 컴퓨터로 글쓰기 • 나무 손질하는 가위 다루기
만들기	• 종이로 정리 상자 만들기 • 여러 가지 다과 차리기 • 간단한 용품 만들기	• 과일 준비(씻기, 깍기 등) 및 상 차리기 • 플러그 연결하기 • 바느질로 용품 만들기	• 전자 키트 만들기 • 감자, 달걀 등으로 음식 만들기 • 바느질로 용품 만들기	• 목제품만들기 • 밥짓기, 국끓이기
가꾸기 및 기르기	• 물로 채소 및 화초 가꾸기	• 상자나 화단에 꽃 가꾸기 • 금붕어기르기	• 상자나 밭에 채소 기르기 • 토끼, 닭기르기	• 실내외 환경 가꾸기 • 애완동물 기르기
건사하기	• 옷개기, 걸기, 보관하기 • 옷차림 바르게 하기 • 정리 상자를 이용하여 정리하기 • 청소하기와 쓰레기 분리 수거하여 처리하기	• 학용품 고르기 및 관리하기 • 용돈 출납부 적기	• 식품고르기 • 컴퓨터 관리하기	• 방의 평면도에 가구 배치도 그리기 • 음식 보관하기 • 설거지와 뒷정리하기

(5) 지도 및 평가상의 유의점

6차 교육과정에서의 실과 운영은 11가지의 지도 방법과 10가지의 평가상 유의점을 제시하여 구체적인 운영 지침이 되도록 하고 있는데, 이를 살펴보면 다음과 같다.

㈎ 지도 방법

① 지도 계획의 작성에 있어서는 내용의 특성과 계절, 행사 등과의 관련성을 고려하여 지도 효과를 높일 수 있게 한다.

② 지역성이 강조되는 기르기 내용은 학교 실정, 지역 여건에 따라 선택하거나 다른 내용으로 구성하여 지도할 수 있고, 견학, 관찰 등으로 대체할 수도 있다.

③ 시간 계획은 필요한 경우 학습의 실효를 거둘 수 있도록 연속하여 편성·운영할 수 있으며, 실습 시간이 부족할 경우 학교 재량 시간을 활용할 수 있다.

④ 학습 내용은 전반에 걸쳐 가급적 노작 활동과 실습 중심으로 지도하고, 학습한 내용

이 일상 생활에 꾸준히 적용되도록 하며, 남·녀의 차이를 두거나 특정 역할을 강조하지 않는다.

⑤ 실습의 효과를 높이기 위하여 실습실과 필요한 시설 및 기구, 연모 등을 갖추도록 한다.

⑥ 실습의 지도에서는 재료를 합리적으로 선택, 구입, 활용하며, 안전 교육에 힘쓰도록 한다.

⑦ 기계 기구의 조작과 손질, 보관, 열원과 연료 등의 취급에 유의하고, 특히 안전 교육에 힘쓰도록 한다.

⑧ 식품 조리 실습에 있어서는 조리에 쓰이는 식품의 위생에 유의하도록 하고, 실습 후에는 뒷정리를 잘 할 수 있도록 지도한다.

⑨ 현장 학습, 견학 등을 실시할 경우에는 사전에 지도 계획을 수립하여 실효를 거둘 수 있게 한다.

⑩ 실습이나 일의 수행에 있어서는 중간에 포기하지 않고 끝까지 참여하도록 한다.

⑪ 컴퓨터의 지도에 있어서는 학교의 시설 여건을 고려하여 계획을 수립하고, 컴퓨터의 배당 시간을 더 늘리고자 할 때에는 학교 재량 시간을 활용하도록 한다.

⑷ 평 가

① 목표를 준거로 하여 평가하되 이해력, 실기 능력, 실습 활동에 대한 태도 등을 평가하도록 한다.

② 실습의 평가는 일의 결과뿐만 아니라, 계획과 과정에 대한 계속적인 평가가 이루어지도록 한다.

③ 노작 활동 및 실습의 평가는 학습한 내용이 고루 평가되도록 다양한 평가 방법을 적용하여 실시하도록 한다.

④ 자기 평가에 있어서는 학생들이 충분히 이해할 수 있도록 단계별로 평가 기준을 명료하게 제시하여 평가한다.

⑤ 다루기, 만들기, 가꾸기 및 기르기, 건사하기 영역의 기능에 대한 평가는 가급적 실기 평가 방법을 적용하도록 하고, 실기의 비율이 전체 평가에 60 % 이상 반영되도록 한다.

⑥ 실기 능력에 관한 평가에서는 다음 사항에 중점을 두도록 한다.

⑦ 다루기 영역에서는 연모, 기구 등을 바르게 다루고 사용할 수 있는 능력을 평가하는 데 중점을 두도록 한다.

⑧ 만들기에서는 계획 단계부터 완성할 때까지의 전 과정을 단계별로 평가하여 반영하도록 한다.

⑨ 가꾸기 및 기르기 영역은 여건이 허락하면 개인별로 이수한 것을 평가하되 그렇지 않을 경우 공동으로 수행하면서 전 과정을 경험하게 하고, 각 단계별로 평가 준거를 제시하여 실시하도록 한다.

⑩ 건사하기 영역에서는 일의 계획, 실행, 결과, 생활에의 적용 등에 중점을 둔다.

이와 같이, 6차 교육과정은 일에 대한 이해와 좋은 습성을 기르게 하는 데 역점을 두고 있으며, 특히 영역별로 단계적인 방법으로 평가를 하도록 한 점과 가급적 실기 평가를 적용하도록 한 점, 그리고 실기의 비율을 전체 평가의 60% 이상 반영하여 운영되도록 한 점이 특징이다.

다. 중학교 기술·산업, 가정

(1) 성 격

1992년 6월 30일 교육부 고시 제 1992-11 호로 고시되었는데, 종전의 기술 과목과 농·공·상·수산 과목을 통합하여 기술·산업 교과로 하고, 가정 과목과 가사 과목을 통합한 가정 교과를 남녀 모두에게 공통으로 이수하도록 하여 기존의 실업·가정 교과에서 기술·산업 교과, 가정 교과가 독립 교과로 되었으며, 이수 학년은 종전의 2개 학년(1, 2학년)에서 3개 학년(1~3학년)으로 연장되었다.

또한, 교과의 성격을 신설하여 성격, 목표, 내용, 방법, 평가의 5개 영역으로 제시하였다.

지도 내용의 영역 수는 기술 과목에는 농·공·상·해양의 내용이 첨가되어 13개 영역으로, 가정 과목에는 진로 영역이 제외되어 5개 영역으로 되었다. 지도 방법을 독립된 항으로 신설하여 기술·산업 과목, 가정 과목의 실제 교수-학습상에서의 유의점을 구체적으로 제시하고, 평가도 독립된 항목으로 신설하였다.

(2) 편제 및 시간 배당

실업·가정 교과 편제와 주당 시수를 살펴보면 이수 학년, 이수 방법과 시간 배당에도 많은 변화가 있었다. 특히, 이수 시간이 5차 교육과정기보다 축소되었다. 6차 교육과정에서는 기술·산업 교과와 가정 교과를 남녀 구분 없이 공통 필수로 하였다.

기술·산업은 1학년에 주당 1시간, 2, 3학년에 주당 2시간씩 이수하도록 하고, 가정은 1학년에는 주당 2시간, 2, 3학년에는 주당 1시간씩 이수하도록 하였다. 6차 교육과정의 실업·가정과 의 편제 및 시간 배당은 [표 2-53]과 같다.

[표 2-53] 6차 교육과정의 실업·가정과 편제 시간 배당(1992)

구 분		학 년	1	2	3
필 수 교 과		도　덕	68	68	68
		국　어	136	170	170
		수　학	136	136	136
		사　회	102	136	136
		과　학	136	136	136
		체　육	102	102	102
		음　악	68	34~68	34~68
		미　술	68	34~68	34~68
		가　정	**68**	**34**	**34**
		기술·산업	**34**	**68**	**34~68**
		영　어	136	136	102~170
선 택 교 과		한　문	34~68	34~68	34~68
		컴 퓨 터			
		환　경			
		기　타			
특별 활동			34~68	34~68	34~68
연간 수업 시간 수			1,156	1,156	1,156

(3) 목 표

교과의 목표를 살펴보면 중학교 기술의 경우, 생활 기술의 습득과 이해에서 최근에는 근대 기술의 이해에 중점을 두는 방향으로, 가정 과목의 경우에는 가정 생활에 필요한 기초 지식, 기술과 더불어 원만한 인간 관계, 근로와 직업을 존중하여 창조적인 생활을 영위할 수 있는 방향으로 개정되었다. 다음은 기술·산업과 가정과의 교과 목표이다.

㈎ 기술·산업

6차 교육과정에서의 기술·산업과의 목표는 총괄 목표와 하위 목표를 제시하고 있다. 총괄 목표는 '기술과 산업에 관한 기초적인 지식과 기능을 습득하고, 기술과 산업에 관련된 일과 직업의 세계를 이해하게 하여, 고도 산업 사회에 적응할 수 있는 능력과 태도를 기르게 한다.'이며 이에 다른 하위 목표는 다음과 같다.

① 기술과 산업에 관한 기초적인 지식과 기능을 습득하게 하여, 가정 생활과 사회 생활

에 적응할 수 있는 능력을 기르게 한다.

② 재료, 에너지, 공구, 기계 등에 관한 지식과 기술적 경험을 통하여 이들을 효율적으로 활용할 수 있는 실천적 태도를 가지게 한다.

③ 일을 창의적으로 계획하고 실천하는 학습 활동을 통하여 기술·산업의 세계를 이해하게 하고, 자신에 대한 진로를 탐색하는 능력과 태도를 기르게 한다.

㈜ **가 정**

가정 생활에 대한 체험적인 학습을 통하여, 자신과 가정 생활의 관계를 이해하고, 가정 생활을 충실하게 하는 데 필요한 능력과 태도를 가지게 한다라는 총괄 목표 아래에 3개의 하위 목표가 있는데, 하위 목표는 다음과 같다.

① 가정 생활의 중요성을 이해하게 하고, 지신의 위치와 역할을 알게 한다.

② 가정 생활에 필요한 기초적인 지식과 기능을 습득하여, 이를 일상 생활에 실천적으로 활용할 수 있게 한다.

③ 가정 생활에 자주적이고 협동적으로 참여하는 태도를 가지게 한다.

(4) **내 용**

기술·산업은 기술과 산업을 통합한 교과로 보아야 하며, 따라서 내용 영역도 기술과 산업으로 크게 구분하였다.

6차 교육과정의 기술·산업과 가정 교과의 학년별, 영역별 내용은 [표 2-54], [표 2-55]와 같다.

[표 2-54] 6차 교육과정의 기술·산업 내용

영역＼학년	1학년	2학년	3학년
인간과 직업	(1) 인간과 기술 •기술의 발달 •생물 기술의 이용 •자원과 환경		(1) 산업과 생활 •생활과 산업 •산업의 발달 •미래 산업과 직업 (2) 직업과 진로 •삶과 직업 •나의 발견 •일과 직업 세계 •진로 계획

기 술	(1) 제도의 기초 　• 도면의 종류와 기능 　• 물체를 나타내는 방법 　• 제도의 실제	(1) 재료의 이용 　• 제품의 구상 　• 제품만들기 (2) 기계의 이용 　• 간단한 기계와 기계 요소 　• 에너지와 내연 기관 　• 운동 물체 만들기 (3) 전기의 이용 　• 전기 회로와 조명 　• 가정용 전기·전자 기기 　• 전자 제품 만들기 (4) 주택 건축의 기초 　• 주택의 구상과 도면 　• 모형 주택 만들기	
산 업			(1) 농업 기술 　• 농업과 식량 　• 농업 생산 기술 　• 농업의 발전과 직업 (2) 공업 기술 　• 제조 공업 　• 건설 공업 　• 공업의 발전과 직업 (3) 상업 및 경영 　• 매매 　• 금융과 보험 (4) 유통과 무역 　• 상업의 발전과 직업 (5) 해양과 수산 기술 　• 해양 개발 　• 수산 기술 　• 수산업의 발전과 직업
컴퓨터	(1) 컴퓨터의 이용 　• 컴퓨터의 구성 　• 컴퓨터의 사용 방법		

[표 2-55] 6차 교육과정의 가정 내용

영역＼학년	1학년	2학년	3학년
인간 발달과 가족 관계	• 가정 생활의 중요성 • 가정에서의 자신의 위치와 역할 • 청소년기 발달의 특성		• 가정 기능의 변화 • 가족 생활 주기와 발달 과업 • 가족 관계와 의사 소통
가정 자원의 관리와 소비 생활	• 가정 자원의 활용 • 자원 관리, 환경 문제 • 자신의 시간, 일 관리	• 구미 의사 결정 • 소비자 정보의 활용 • 소비자 문제의 해결	
식생활	• 청소년기 영양의 특성 • 기초 식품군 • 청소년기의 식습관과 영양 문제 • 조리의 기초	• 식품의 선택, 다루기 • 기본적인 조리 방법 • 반찬만들기	• 하루 식단 작성, 식사 평가 • 상차림, 식사 예절 • 식품의 낭비와 쓰레기 문제 • 간식만들기
의생활	• 의복의 의미, 상황과 의복 • 의복의 착용법 • 소품만들기	• 의복 계획 • 섬유의 혼용물, 취급, 치수의 표시 • 기성복의 마름질, 바느질 평가	
주생활			• 주거의 의미, 가족 생활과 주거 공간 • 주거 공간의 활용 • 실내 환경의 조절

(5) 지도 및 평가상의 유의점

㈎ 기술·산업

기술·산업 교과의 지도상의 유의점은 다음과 같다.

① 기술·산업 교과는 남녀 구분 없이 이수시키되, 지도 계획의 수립에 있어서는 가정과와의 관련성에 유의한다.

② 내용은 모든 영역에 걸쳐 고르게 이수시키되, 학생, 지역 사회의 여건, 학교의 실정 등을 고려하여 지도의 비중을 달리할 수 있다.

③ 이 교과의 내용은 실험·실습을 통하여 지도하고, 학생들 스스로 해결할 수 있는 생활 주변의 과제를 포함시켜 창의력을 기르도록 한다.

④ 실험·실습의 지도에 있어서는 재료를 효율적으로 선택, 구입, 활용하고, 공구나 기계를 안전하게 다루는 습관을 기르는 데 중점을 두도록 한다.

⑤ 실험·실습에 필요한 시설과 설비를 갖추도록 하고, 조별 실습에 있어서는 특히 협동의 중요성을 이해시키도록 한다.

⑥ 가정, 지역 사회 등과 밀접한 관계를 맺도록 하고, 산업체 조사와 견학, 자원 인사의 활용 등을 통하여 흥미 있는 학습이 이루어지도록 한다.

⑦ 농업 기술, 공업 기술, 상업 및 경영, 해양과 수산 기술 영역에서는 현대 사회의 다양한 직업에 관한 정보를 통하여, 자신의 진로를 스스로 탐색하려는 태도를 기르는 데 중점을 두어 지도한다.

⑧ 컴퓨터에 관한 학습을 더욱 심화시키고자 하는 경우에는 '선택' 교과 중의 '컴퓨터' 시간을 활용하도록 한다.

⑨ 각 영역의 지도에 있어서는 단순한 지식과 기능의 습득에 그치지 않고, 습득한 지식과 기능을 적극적으로 활용하려는 능력과 태도를 길러, 일의 즐거움과 성취감을 맛볼 수 있게 하는 데 유의한다.

기술·산업 교과의 평가상 유의점은 다음과 같다.

① 이 교육과정에 제시된 목표를 염두에 두고 평가를 실시하되, 평가가 어느 특정 영역이나 내용에만 치우치지 않도록 한다.

② 목표 및 학습 내용상의 특성 등을 고려하여 학습 과정이나 결과를 수시로 평가하도록 한다.

③ 단순하고 지엽적인 내용의 평가보다는 기본적인 개념이나 원리의 이해, 응용력, 사고와 창의력, 실천적 태도 등에 중점을 두어 평가하도록 한다.

④ 평가는 지필 검사와 실기 평가를 병행하되, 사전에 평가 기준, 방법과 시기 등을 계획하여 실시한다.

⑤ 실험·실습에서는 과정을 중요시하고, 교사의 평가와 학생의 자기 평가를 병행하도록 하여, 평가의 결과가 학습 지도의 개선과 학습 의욕의 향상에 반영되도록 한다.

㈏ **가 정**

가정 교과의 지도상 유의점은 다음과 같다.

① 국민학교 실과와의 연계와 중학교 기술·산업과의 관련성을 고려하고, 학생의 일상 생활과 생활 주변의 소재를 활용하여 지도한다.

② 지도 내용은 학생과 학교의 실정, 지역 사회의 여건 등을 고려하여, 내용 요소의 조합이나 지도의 순서와 비중을 달리하여 지도할 수 있다.

③ 단순한 지식과 기능의 습득보다는, 습득한 지식과 기능을 일상 생활에 적극적으로 활

용하는 능력과 태도를 강조하며, 일의 즐거움과 성취감을 느낄 수 있도록 지도한다.

④ 실험·실습, 조사, 토의 등 활동 중심, 사례 중심으로 지도하고, 학생 스스로 문제를 발견하고 활동 계획을 세워 실행할 수 있는 과제를 포함시키도록 한다.

⑤ 각 영역의 지도에서 가정 실습, 학교 행사, 지역 사회 등과 밀접한 관계를 가지도록 하고, 산업체 견학, 자원 인사 활용, 전시회 관람 등을 통하여 흥미있는 학습이 이루어질 수 있도록 한다.

⑥ 교수·학습 과정에서는 다양항 시청각 매체와 학습 자료 등을 적극적으로 활용하도록 하고, 지도 견학에 이의 활용 및 준비 방안이 반영되도록 한다.

⑦ 실험·실습 지도에서는 재료를 합리적으로 선택, 구입 활용하고, 재료와 기기 등을 적절하고 안전하게 다룰 수 있도록 유의한다.

⑧ 각 영역의 지도에서 내용과 관련되는 산업과 직업 세계를 연계지어 지도함으로써 자신의 진로를 탐색하는 데 도움을 줄 수 있도록 한다.

⑨ 환경 보전, 에너지 절약, 근로 정신 함양, 경제 교육, 성교육, 안전 교육 등 현대 사회에서 요구하는 사항이 관련 영역에서 충실히 강조될 수 있도록 지도한다.

⑩ 인간 발달과 가족 관계 영역에서는 토의, 역할 놀이, 조사·발표 등의 방법을 통하여 자신과 가족에 대하여 여러 측면에서 인식하게 하고, 문제 해결 방법을 모색하도록 지도한다. 1학년 내용 (1)의 지도에서는 '청소년기 발달의 특성'에 중점을 두고, 성교육 내용을 포함시킨다.

⑪ 가정 자원의 관리와 소비 생활 영역에서는 내용을 사례 중심으로 다루면서, 그 과정에서 의사 결정 능력, 합리적인 소비 태도, 근검 절약 태도 등이 함양될 수 있도록 지도한다.

⑫ 가정 자원의 관리와 소비 생활 영역에서는 내용을 사례 중심으로 다루면서, 그 과정에서 의사 결정 능력, 합리적인 소비 태도, 근검 절약 태도 등이 함양될 수 있도록 지도한다.

⑬ 식생활 영역의 지도에서는 학습한 지식과 기능을 가정에서 적용할 수 있도록 가정 실습 과제를 준다. 3학년 내용 (2)의 지도에서 '식품의 낭비와 쓰레기 문제'는 (가) 또는 (나) 항에 포함시켜 다룰 수도 있다.

⑭ 의생활 영역의 내용은 실생활에 관련된 실습을 통하여 지도한다. 1학년 내용 (4)의 '소품 만들기' 지도에서는 디자인, 크기 등을 다양하게 변형시킬 수 있는 방법을 함께 지도하여, 학생의 능력 수준별 욕구를 충족시킬 수 있도록 한다.

⑮ 주생활 영역에서는 가구의 배치, 물건의 정리, 수납 공간 활용에 관한 사례 조사나

실습 등을 통하여 주어진 공간을 효율적으로 활용할 수 있도록 지도한다.

가정 교과의 평가상 유의점은 다음과 같다.

① 교과 또는 영역의 목표와 내용을 염두에 두고 평가를 실시하며, 어느 특정 영역이나 내용에 치우치지 않도록 한다.

② 단순하고 지엽적인 내용의 평가를 지양하고, 다음과 같은 기본적인 개념이나 원리의 이해, 문제 해결 능력, 의사 결정 능력, 응용력, 실천적 태도 등에 중점을 두어 평가한다.

  • 가정 생활과 관련 있는 일의 원리에 대한 기초 지식

  • 가정 생활의 여러 가지 상황에서 과학적으로 행동할 수 있는 능력

  • 습득한 지식과 기능을 실생활에 적용하고 그 결과를 평가하여 다시 적용해 보려는 태도

③ 각 영역별 특성을 고려하여 과정이나 성과를 수시로 평가하고, 지필 평가 외에 학생 활동의 관찰, 면담 등 여러 가지 방법이 적절히 활용되도록 하되, 사전에 평가의 기준, 방법, 시기 등을 계획하여 실시하도록 한다.

④ 실험·실습, 실기 등의 평가에서는 평가 항목을 세분화, 단계화하여 평가 기준을 작성, 활용함으로써 객관적인 평가가 될 수 있도록 한다. 그리고 평가의 기준이 되는 요소들을 학생에게 미리 알려 줌으로써, 목표와 유의해야 할 점 등을 정확히 이해할 수 있도록 한다.

⑤ 정의적 영역을 강조하여 다루는 내용을 지필 평가할 경우에는 선다형보다는 서술형 문항을 활용하여 가치, 태도 등을 간접적으로 평가하도록 한다.

⑥ 실기 평가에서는 결과뿐 아니라 준비 및 과정도 중요시하고, 특히 과정의 평가는 가급적 지도 시간 단위별로 실시하여 평가의 타당성을 높이도록 한다.

라. 고등학교 기술·가정

제 6 차 교육과정은 문교부 고시 88-7 호 고등학교 교육과정(1988. 3. 31)을 개정한 것으로, 전국의 고등학교 및 이에 준하는 학교에서 1996 학년도부터 편성·운영하여야 할 교육과정의 공통적이며 일반적인 기준을 제시한 것이다.

이 시기에는 과정별로 필수 과목과 선택 과목을 제시하였는데, 실업·가정과 관련된 필수 과목은 기술(8), 가정(8), 농업(6), 공업(6), 상업(6), 수산업(6), 가사(6), 정보 산업(6), 진로·직업(6)으로 괄호 안의 수는 이수 단위이다.

기술 과목은 인간 생활의 유지 및 발전을 위해 필요한 기술 요소를 알게 하여, 현대 산

업 사회에 적응할 수 있는 기술적 소양을 길러 주는 과목이다. 기술 과목은 초등학교 실과와 중학교 기술·산업을 바탕으로 하여 학생의 심신 발달 정도에 따라 교과 목표를 더욱 발전적으로 달성하는 데 주안점을 두고 있다. 즉, 기술 과목은 기술의 특성을 이해하고 기술적 경험을 하게 함으로써 고도 산업 사회에 적응할 수 있게 하고, 직업의 특성 이해와 진로 선택 능력을 신장시키는 데 목표를 두고 있다. 또, 가정 과목은 가정의 본질을 이해하고, 생활의 질을 향상시킬 수 있는 능력과 태도를 길러, 개인의 안녕과 복지를 증진시키고, 궁극적으로 사회의 안녕과 발전에 기여할 수 있게 하기 위한 과목이다.

고등학교 가정은 중학교 가정과 교육을 바탕으로 남녀 구분 없이 선택하여 이수할 수 있는 과목으로, 가정 경영의 차원에서 가족의 문제 해결과 가정 생활의 유지 및 가정 일의 분담과 협력에 적극적으로 참여하게 하는 중학교 가정과 그 범위와 수준에 차이가 있다.

9. 제 7 차 교육과정기(1997~   )

가. 7차 교육과정의 개정 배경과 특징

(1) 개정의 배경

1995년 5월 31일, 대통령 자문 기구인 교육 개혁 위원회에서는 정보화·세계화 시대에 대비하여 신교육 체제 수립을 위한 교육 개혁 방안을 구상하여 발표하였다. 신교육 체제는 누구나, 언제, 어디서나 원하는 교육을 받을 수 있는 '열린 교육 사회, 평생 학습 사회'의 건설을 비전으로 삼았다. 이러한 비전의 실현을 위해 교육 운영을 ① 교육 공급자 중심에서 학습자 중심 교육으로, ② 획일적인 교육에서 다양하고 특성화된 교육으로, ③ 규제와 통제 중심 교육 운영에서 자율과 책무성에 바탕을 둔 교육 운영으로, ④ 획일적 균등주의 교육에서 자유와 평등이 조화된 교육으로, ⑤ 흑판과 분필 중심의 전통적인 교육에서 교육의 정보화를 통한 21세기형 열린 교육으로, 그리고 ⑥ 질 낮은 교육에서 평가를 통한 질 높은 교육으로 전환할 것을 제시하였다.

그리고 학생 개개인의 적성과 능력에 따라 다양한 학습과 경험을 할 수 있도록 하기 위하여 ① 필수 과목 축소 및 선택 과목 확대, ② 정보화·세계화 교육 강화, ③ 수준별 교육과정의 편성·운영을 교육과정 개선 원칙으로 설정하고, 이러한 원칙 아래 교육 개혁 위원회 내에 「교육과정 특별 위원회」가 구성, 운영되어 1995년 말 교육과정 개정의 기본 골격이 마련되었다.

교육 개혁 위원회에서는 이러한 신교육과정의 기본 골격을 바탕으로 1996년 2월 9일에 초·중등학교 교육과정 개혁을 교육 개혁 과제의 일환으로 제시하였는데, ① 국민 공통 기본 교육과정 체제에 의한 교육과정 편제 도입, ② 학생의 개인차를 고려한 수준별 교육과정 도입, ③ 능력 중심의 목표 진술과 구체적 내용 제시의 최소화, ④ 교육과정 지원 체제의 확립 등에 관한 세부적인 개정 지침이 제시되었다.

신교육과정에서는 학생의 건전한 인성 발달을 도모하고, 다양한 능력과 적성을 존중하며 독창적이고 유용한 지적 가치를 생산할 창의적인 능력을 기르는 것을 강조하였다. 이렇게 하기 위해서는, 우리 나라 초·중등학교 교육과정에 대한 전반적인 재검토가 필요한 것이며, 학생들이 자기의 적성과 소질에 맞게 교과목을 선택하여 능동적 자율적으로 공부할 수 있도록 하는, '학습자 중심의 교육과정'으로 개정되어야 한다고 하였다.

이번 7차 교육과정 개정의 배경 요인은 세계화·정보화·다양화를 지향하는 교육 체제의 변화와 급속한 사회 변동, 과학·기술과 학문의 급격한 발전, 경제·산업 취업 구조의 변혁, 교육 수요자의 요구와 필요의 변화, 교육 여건 및 환경의 변화 등 교육을 둘러싸고 있는 내외적인 체제 및 환경, 수요의 대폭적인 변화라고 할 수 있다.

이와 같은 시대적, 교육적 요청에 부응하여 교육부에서는 1996년 3월부터 초·중등학교 교육과정 개정 계획을 수립하고 교육과정 체제·구조 개선 연구, 교원·학생·학부모의 개정 요구 조사, 교육과정 국제 비교 연구 등을 통하여 교육과정 개정의 기본 방향을 다음과 같이 설정하여 개정 업무를 추진하였다.

21세기의 세계화·정보화 시대를 주도할 자율적이고 창의적인 한국인 육성
- 건전한 인성과 창의성을 함양하는 기초·기본 교육의 충실
- 세계화·정보화에 적응할 수 있는 자기 주도적 능력의 신장
- 학생의 적성, 능력, 진로에 적합한 학습자 중심 교육의 실천
- 지역 및 학교의 교육과정 편성·운영의 자율성 확대

개정의 기본 방향에 따라, 초·중등학교 교육과정 총론 개정 시안의 연구 개발을 한국교육개발원 교육과정 개선 위원회에 위탁하고, 전문가 협의회, 공청회, 현장 검토, 심의 등의 과정을 거쳐, 1997년 2월 28일에는 '교육과정 총론의 편제와 시간 배당 기준 개선안'을 우선적으로 확정, 발표하였으며, 이 교육과정 편제를 바탕으로 교육부는 교과 교육과정(각론) 개발 지침을 작성, 제시하고, 서울대학교 등 14개 연구 기관, 대학, 학회에 교과별 각론 개정 시안의 연구 개발을 위탁하였으며, 각종 협의회, 세미나, 공청회, 그리고 시·도 교육청과 학교의 현장 검토, 심의 및 수정·보완을 거쳐 1997년 12월 30일, 제7차 조·중등학교 교육과정을 교육부 고시 제1997-15호로 확정, 고시하였다.

개정된 제 7 차 교육과정에서는 21 세기의 학교 교육 모습을 전망하면서 교육 여건과 환경이 조성된 인간적인 학교를 만들기 위하여 지역이나 학교 실정에 알맞은 학교 교육과정이 다양하고 특색 있게 운영되기를 기대하고 있으며 기본적으로 다음과 같은 의미의 교육과정에 대한 사고와 인식의 전환을 요구하고 있다.

첫째, 교과서 중심, 공급자 중심의 학교 교육 체제가 교육과정 중심, 수요자 중심의 교육 체제로 전환됨을 의미한다.

둘째, 학교 경영 책임자인 교장과 수업 실천가인 교사가 교육 내용과 방법의 주인이 되고 전문가의 위치를 확보하게 됨을 의미한다.

셋째, 지역 및 학교의 특성, 자율성, 창의성을 충분히 살려 다양하고 개성 있는 교육을 실현할 수 있게 됨을 의미한다.

결국, 교육과정의 기본 정신을 구현하기 위해서는 국가에서 주어지는 교육과정의 틀에 안주해 있기보다는 교육 실천이 이루어지는 학교 현장에서 만들어가는 교육과정의 흐름으로 교육과정을 이해해 나가는 인식 구조의 전환이 필요하다고 하겠다.

따라서, 앞으로는 "학교 현장에 주어진 교육과정 편성·운영의 자율성, 융통성, 창의성을 어떻게 발휘하느냐"가 교육 목표 실현의 보다 더 중요한 변인이 될 것으로 본다.

(2) 7차 교육과정의 성격

우리 나라는 1955년 교육과정을 제정한 후 여섯 차례에 걸쳐 교육과정을 개정하였는데, 제 5 차까지의 교육과정은 완전히 국가 수준의 교육과정으로 편성되었다. 즉, 전국이 획일적인 내용으로 통제되고 운영되던 교육과정으로 대도시 초등학교에서 배우는 교육 내용이나 농촌 초등학교에서 배우는 내용이 같고, 배우는 시간 수에 있어서도 같았다. 그러나 제 6 차 교육과정부터 교육과정의 편성·운영권이 시·도 교육청과 각급 학교에 주어졌다. 그러나 실제적인 교육과정 편성·운영에 있어서는 과거의 국가 통제적인 교육과정을 크게 벗어나지 못하는 교육부와 시·도 교육청 주도의 교육과정이 편성·운영되고 있는 실정이다.

제 7 차 교육과정은 초·중등학교의 교육 목적과 교육 목표를 달성하기 위해서 초·중등교육법 제 23 조 제 2 항에 의거하여 교육부 장관이 문서로 결정·고시한 교육 내용에 관한 전국 공통의 일반적인 기준이며, 이 기준에는 초·중등학교에서 편성·운영하여야 할 학교 교육과정의 목표, 내용, 방법과 운영, 평가에 관한 국가 수준의 기준 및 기본 지침이 제시되어 있다. 즉, 이전의 교육과정에 비해 편성·운영의 자율권이 각급 학교로 대폭 넘겨졌다. 특히, 재량 시간은 초등학교의 경우 0~1 에서 2시간, 중학교는 4시간, 고등학교 1학년은 6시간이 편성되어 학교의 자율권이 확대되었다.

제 7 차 교육과정은 학생의 창의성 함양에 중점을 두고 개정되었다. 학생의 능력과 적성에 따라 다양한 학습을 할 수 있게 하여 학생의 잠재력과 창의력을 극대화할 수 있게 하였다.

제 7 차 교육과정의 성격을 정리하면, ① 국가 수준의 공통성과 지역, 학교, 개인 수준의 다양성을 동시에 추구하는 교육과정, ② 학습자의 자율성과 창의성을 신장하기 위한 학생 중심의 교육과정, ③ 교육청과 학교, 교원·학생·학부모가 함께 실현해 가는 교육과정, ④ 학교 교육 체제를 교육과정 중심으로 개선하기 위한 교육과정, ⑤ 교육의 과정과 결과의 질적 수준을 유지, 관리하기 위한 교육과정이라고 할 수 있다.

(3) 개정의 기본 방향과 특징

㈎ 개정의 기본 방향

다가올 21 세기의 정보화·세계화 시대의 삶을 살아갈 개방적 자기 주도 능력을 지닌 한국인을 육성하기 위해서는 우리 나라 초·중등학교의 교육과정이 자율과 책무성에 바탕을 둔 학습자 중심으로 바뀌어야 한다.

교육과정은 학생의 건전한 인성 발달을 도모하고, 다양한 능력과 적성을 개발하며, 독창적이고 유용한 지적 가치를 생산할 창의적 능력을 기를 수 있게 하여야 한다. 따라서, 제 7 차 교육과정에서는, 특히 학생들이 자신의 적성과 소질에 맞는 교과목을 선택하여 능동적·자율적으로 공부할 수 있도록 교육과정의 체제와 구조를 개선하게 된 것이다.

제 7 차 교육과정은 21 세기의 세계화·정보화 시대를 주도할 자율적이고 창의적인 한국인 육성을 개정의 기본 방향으로 설정하였다. 그리고 이를 위해서, ① 건전한 인성과 창의성을 함양하는 기초·기본 교육의 충실(목표), ② 세계화·정보화에 적응할 수 있는 자기 주도적 능력의 신장(내용), ③ 학생의 적성, 능력, 진로에 적합한 학습자 중심 교육의 실천(운영), ④ 지역 및 학교의 교육과정 편성·운영의 자율성 확대(제도)에 개정의 중점을 두었다.

㈏ 7차 교육과정의 특징

제 7 차 교육과정은 다음과 같은 특징을 지니고 있다.

1) 국민 공통 기본 교육과정 구성

제 7 차 교육과정은 교육과정의 구성 방식을 바꾸어 초등학교 1 학년부터 고등학교 1 학년까지의 10년 간을 국민 공통 기본 교육 기간으로 설정하고, 이 기간 중의 교과별 학습 내용을 학교급별 개념이 아닌 학년제 또는 단계 개념에 기초하여 기존 교과 중심의 일관성 있는 체제를 갖추게 하였다. 이것은 학교급 구분에 따른 교육과성 연계성 문세를 극복하기 위한 것이다. 그리고 국민 공통 기본 교육과정은 교과, 재량 시간, 특별 활동의 세 영역으로 나누고, 10개의 기본 교과로 구성하였다.

이것은 10년 간의 공통 기본 교육을 통하여 국민의 교양 수준과 기초 학력을 강화하여 고도화, 다변화되는 정보 사회에의 적응력을 향상시키려는 데 있다. 또한, 학교급별 체제가 아닌 학년제 또는 단계의 개념에 기초한 교육과정 체제를 구축함으로써, 총론과 각론의 연계성 확보를 용이하게 하며, 교육과정 각론 구성시 학교급간·학년간 교육 내용의 중복과 비약을 없애고 연계성을 유지하도록 하고 있다.

2) 고등학교 2, 3학년의 경우 선택 중심 교육과정 도입

국민 공통 기본 교육과정의 편제와 함께 고등학교 2, 3학년의 선택 중심 교육과정 운영은 그 동안 고등학교 2학년부터의 인문, 사회와 자연 과정 등 학교에서 설정한 과정 중심의 고등학교 교육과정 운영 방식을 학생들의 흥미, 적성, 진로를 중시하는 학습자의 필요를 충족시키는 교육 내용의 공급으로 교육의 적합성, 수월성을 추구하겠다는 의미이며, 자율과 선택의 폭을 수요자가 결정하도록 한 학생 중심의 교육과정 운영 방식이다. 이것은 고등학교 2, 3학년 학생의 적성과 진로에 따른 선택의 폭을 넓혀 주고, 전문성 심화의 기회를 다양하게 제공하기 위한 것이다.

3) 수준별 교육과정 도입

학생의 필요, 능력, 적성, 흥미에 대한 개인차를 최대한 고려하여 학생 개개인의 성장 잠재력과 교육의 효율을 극대화할 수 있도록 수준별 교육과정을 도입하였다. 수준별 교육과정은 교과의 특징 또는 교과가 가르치고자 하는 교육 단계의 특징에 따라 단계형, 심화 보충형, 그리고 과목 선택형 수준별 교육과정으로 구분하여 편성·운영하도록 하였다. 예를 들면, 수학과 영어의 경우에는 단계형으로, 국어와 사회, 과학의 경우에는 심화 보충형으로 편성·운영토록 하였다. 그리고 수준별 교육과정은 학생의 학습 결손을 방지하는 동시에 수월성 교육을 통하여 자기 주도적 학습이 가능토록 하기 위함이다.

① 단계형 수준별 교육과정

이는 교과 내용의 논리적 위계가 비교적 분명한 교과에 적용할 수 있는 교육과정으로 수학과 영어에 적용할 수 있을 것이다.

단계는 교과 내용의 난이도 수준을 나타내는 것으로서, 학생의 이수 수준을 나타내 주는 지표로 환원된다. 단계의 수는, 한 단계의 이수 기간을 얼마로 정할 것인가와 관련된다. 즉, 10년을 한 단계의 이수 기간으로 나눈 것이 곧 단계 수가 된다. 따라서, 단계와 관련해서 특별히 교육적으로 바람직한 단계 수가 정해져 있는 것은 아니다. 다만, 선수 학습의 부진으로 인한 학습 능력차가 작게 나타나는 초등학교 저학년에서는 한 단계의 이수 기간을 길게(한 학기 또는 한 학년) 할 수 있으나, 선수 학습의 누적적인 부진으로 인한 학습 능력차가 크게 나타나는 중·고등 학년에서는 한 단계의 이수 기간을 짧게(분기 또는 학기) 하는 것이 바람직하다.

차상급 단계로의 진급은 원칙적으로 차하급 단계의 성취 수준에 의해 결정된다. 평가의 근거와 기준은 국가 수준에서 마련하되, 평가 근거는 기본 과정으로 하고, 평가의 기준은 절차 평가 방식으로 하여 일정한 수준(예를 들어 60~70%)에 도달한 학생을 차상급 단계로 진급시킨다. 이러한 기준은 지역·학교 수준에 따라 융통성을 부여하고, 특정 단계에서 다음 단계로 진급하지 못했다 하더라도 학년의 진급은 동일한 방식으로 진행된다.

이러한 단계형 수준별 교육과정의 근본 취지는 학생의 능력과 흥미, 적성, 필요에 대응하는 교육을 제공하는 데 있다. 외부에서 주어지는 가치가 아니라 학생의 내부에 원천을 두고 있는 가치를 중시하고, 외부의 요구가 아닌 내부의 필요를 중시하며, 동시에 학생의 능력에 대응하는 교육을 지향하는 것이다.

② 심화·보충형 수준별 교육과정

서로 다른 학문적 근거를 가지는 과목, 계열, 영역 등이 나선적으로 또는 합산적 통합으로 구성되어 있는 교과와 기능 중심의 교과가 이에 해당된다. 여기서는 각 학년별로 심화·보충형에 해당되는 차별적인 하위 과정을 설치하여 학생의 수준차에 대응할 수 있도록 한다. 하위 과정은 공통으로 적용되는 기본 과정을 중심으로 기초 과정과 심화 과정으로 한다. 이처럼 차별적인 하위 과정을 설치하는 이유는 동일 학년(수준) 내에서 학생의 능력에 대응하는 개별화 학습이 가능하도록 하기 위한 것이다.

학년이 동일하다는 것은 학습 내용이 동일하다는 의미를 지닌다. 그러나 동일한 학년에 있다고 해서 지적 능력까지 동일한 것은 아니다. 따라서, 동일한 학년 내에서 학생들의 수준에 대응하는 학습 활동이 이루어질 수 있도록 교육과정이 차별적으로 제공되어야 한다. 학년간의 차이가 주로 교과 내용의 차이를 의미한다면, 학년 내지 차별화는 주로 학습 능력의 차별화를 의미한다. 이러한 맥락에서 각 학년별로 하위 과정을 두어 자기 주도적 학습이 가능하도록 해야 한다고 말할 수 있다.

③ 과목 선택형 수준별 교육과정

과목 선택형 수준별 교육과정은 학생의 능력과 관심, 진로 등의 요구에 부합할 수 있는 다양한 선택 과목을 고등학교 2~3학년 과정에 설치하도록 하고 있다.

선택형 과목은 크게 어문 영역과 수리 영역, 외국어 영역, 자연 과학 영역, 인문 과학 영역, 사회 과학 영역, 실업 영역, 예체능 영역 등에 걸쳐 설치하도록 되어 있다. 선택형 과목은 선택에 필요한 특정한 자격을 요구하는 과목과 자유롭게 선택할 수 있는 과목으로 구성된다. 단위 학교에서 과목 선택형을 개설·운영하기 어려울 경우에는 순회 교사제, 강사 초빙, 원격 교육, 학교간 연대 등을 통해 과목 선택형을 개설·운영할 수 있게 되어 있다.

[표 2-56] 단계형과 심화·보충형의 비교

	단계형	심화·보충형
적용 대상	교과 내용의 난이도 위계화가 가능한 교과	서로 다른 학문적 근거를 지닌 과목·계열·영역 등이 나선적으로 또는 합산적으로 통합되어 있는 교과와 기능 중심의 교과
이수 수준과 학년의 관계	각 단계는 이수 수준을 의미하며, 학년의 진급과 단계의 진급은 독립적으로 이행된다. • 단계의 진급 : 일정한 이수 자격을 획득해야 함 • 학년의 진급 : 현행과 동일	단계를 설정하지 않기 때문에 진급 탈락의 문제가 없음. 따라서, 종전과 같이 학년 중심 진급이 이루어짐
최저 이수 수준 여부	최저 이수 수준은 설치하지 않음. 대신 재이수 기회를 1회로 한정함	단계형이 아니므로 해당 사항 없음
특별 과정 설치 여부	이수 자격을 획득하지 못한 학생들을 대상으로 하는 특별 과정을 방학 중에 학교·학교 연합·교육청 단위로 설치·운영함	단계형은 아니라도 교과에 따라 지진 학생들을 위한 특별 과정을 설치·운영함
단계 또는 학년별 하위 과정 설치 여부	각 단계별로 학생의 능력에 따른 차별적·선택적 학습이 가능하도록 심화·보충 성격의 하위 과정을 설치함 • 하위 과정의 배치는 학생의 희망, 교사의 판단, 학업 성취도 등을 고려해서 실시함	각 학년별로 심화 과정 또는 보충 과정 등의 하위 과정을 설치함 • 하위 과정의 배치는 학생의 희망, 교사의 판단, 학업 성취도 등을 고려해서 실시함
학습 단위 편성 방법	동일 학년·동일 단계에 있는 학생들을 반 단위로 편성함 • 하위 과정은 분단 또는 조 단위로 편성함	분단 또는 조 단위로 편성함

자료 : 한국교육개발원, 1996, p. 86

4) 재량 시간을 신설, 확대

재량 시간은 학생의 자기 주도적 학습 활동을 촉진하고, 학교의 자율적이고 창의적인 교육과정 편성·운영을 보장하여 수요자 중심의 교육을 하기 위한 것이다.

재량 시간은 기본 교과 재량 시간과 기본 교과외 재량 시간으로 구분되며, 기본 교과외 재량 시간에는 학생의 자기 주도 학습 활동과 통합적인 범교과 학습 활동이 포함된다. 학생의 자기 주도 학습에서 학생의 관심에 따라 주제 탐구, 공동 연구 활동, 교과 및 특별 활동의 보충 심화 활동 내용을 다룰 수 있고, 통합적인 범교과 학습에서 인성 교육, 환경 교육, 성교육, 세계 이해 교육, 통일 교육, 진로 교육, 보건 교육, 안전 교육, 경제 교육, 근로 정신 함양 교육, 민주 시민 교육 등이 활동 주제에 따라 다양한 형태로 다룰 수 있게 하여 열린 교육을 구현하도록 하였다.

5) 교과별 학습 내용의 최적화와 이수 과목 수 축소

학생들의 학습 부담을 경감하기 위하여 국민 공통 기본 교육 기간 중의 교과 수를 10개의 기본 교과로 한정하였다. 또한, 모든 교과의 이수 시간을 최소 수업 시간을 기준으로 제시하고, 이를 교과서 내용 구성의 기준으로 삼게 함으로써 교과별 학습 내용의 정선과 범위·수준의 적정화를 도모하였다. 특히, 교과 학습 내용은 학습자의 경험의 질을 중시하여 최저 필수 학습 요소를 중심으로 선정, 조직하였다.

6) 질 관리 중심의 교육과정 평가 체제 도입

국가와 시·도 교육청에서 의도한 교육과정이 구체적으로 학교 현장에서 어떻게 운영되는지를 계속적으로 평가함으로써 교육과정의 질 관리에 주안점을 두도록 하였다. 이를 위해, 교과별 교육 목표 성취의 기준을 설정하고, 주기적인 학생 학력 평가, 학교 평가, 학교 교육과정 평가 체제를 도입하였다.

7) 정보화 사회에 대비한 창의성, 정보 능력 배양

정보화 사회에 대비하여 컴퓨터 교육 내용을 모든 교육 활동에서 강화하였다. 실과와 기술·가정 교과 및 재량 시간을 활용하여 컴퓨터 교육 내용을 다루고, 중학교 선택 과목으로 '컴퓨터'를, 고등학교 선택 과목에 '정보 사회와 컴퓨터'를 개설하였다. 그리고 개방적 자기 주도 학습 능력을 촉진하는 창의적 교육 활동을 강조하였다.

나. 실과(기술·가정) 교육과정 개정의 방향

(1) 실과(기술 · 가정) 교육과정에 대한 미래 사회의 요구

㈎ 학문적 측면

초등학교 실과 교육 내용의 학문적 구조를 먼저 지식 구조의 측면에서 보면, 모학문으로서의 지식원으로 기술, 가정, 교양 농업, 설계, 정보 기술 등의 영역을 들 수 있다. 이는 미국에서 시작된 Practical Arts Education과 일치한다. 다음은 통합적 구조 측면으로 인간의 실생활을 기초로 노작 교육에 바탕을 둔 독자적 학문 영역을 행동적 영역으로 통합하려는 입장으로 제6차 교육과정의 다루기, 만들기, 가꾸기 및 기르기, 건사하기 영역이 바로 이를 뒷받침하는 것이라 할 수 있다.

이와 같이, 초등학교 실과는 지식 구조면에서는 모학문에서 지식의 원천을 추출하되, 노작 교육에 입각한 실천성에 바탕을 둔 구조를 가지는 교과이다. 이러한 경향은 앞으로 더욱 강화될 것이고, 새 교육과정에서도 강조될 것이다. 실과는 종합 교과의 특성이 강조되고 있지만, 앞으로도 인접 교과와의 통합적 접근이 예상되므로 이에 대한 대비가 있어야 할 것이다.

증등학교에서의 기술·가정 교과는 교양 기술, 농업, 공업, 상업, 수산업을 포함하는 기존의 기술·산업 교과와 가정 교과가 통합된 국민의 기본 교양 교육이다. 기술학은 '기술적인 인간 적응 체제의 인지적 기초를 제공하는 지식의 체계'이며, 보다 편리하고 가치 있는 생활을 영위하기 위하여 생산적 활동을 하는 과정에서 발전시켜 온 기술의 대상과 수단 및 관련된 과학적 법칙성을 연구하는 학문이다. 농·공·상·수산과 관련되는 모학문들도 산업 세계의 과학적 원리와 기술을 중심으로 인간과 생활, 일의 관계를 종합적으로 제시하고 있다. 또한, 가정학은 인간과 가족 및 이를 둘러싸고 있는 환경과의 관계를 종합적으로 연구하는 실천 과학이며, 가족의 행복과 생활의 향상에 목적을 두고 있다. 이들 모학문은 현재까지의 지나친 세분화와 전문화 경향에서 탈피하고, 인접 학문과 연계하여 학제적, 통합적 연구를 추진하는 경향을 보이고 있다.

그러므로 각기 성격이 다른 이들 모학문을 바탕으로 하는 기술·가정 교과에서는 21 세기 고도 산업 사회의 도래에 대비하기 위해 변화에 대한 적응과 상호 관계, 이에 대한 개인의 자질을 기르는 데 중점을 두어야 한다. 중등학교의 기술·가정 교과에서는 기술과 산업, 가정학에서 추구하는 목표의 공통적 특성을 고려하여 교과 내용의 대상을 개인, 가정, 산업 등으로 확대하고, 내용을 조직 구성하여 남녀 학생 모두에게 미래를 살아가는 데 필요한 직접적인 지식과 기능, 태도 등을 길러 줄 수 있게 한다.

실과(기술·가정) 교과는 최근의 학제적 연구 추세를 반영하여 인접 교과와의 횡적인 관련성을 유지하면서도, 실과(기술·가정)의 정체성과 실과(기술·가정) 고유의 통합적 구조 측면을 강조해야 한다. 또한, 다른 학문과 타교과에서 습득한 원리 및 이론의 단순한 적용보다는 실생활에의 유용성을 고려하여 이를 응용하는 단계에서의 내용으로 조직하여야 한다.

㈏ 학습자 측면

우리가 직면하는 21세기의 정보화·세계화 시대를 대비하기 위한 교육은 독창적이고 유용한 지적 가치를 생산할 수 있는 창의적인 인간을 육성하는 데 중점을 두어야 한다. 이를 위해서는, 학습자의 능력, 적성에 맞는 교육을 통해 자기 주도적 학습 능력을 신장시키고, 건전한 인성과 창의성을 함양할 수 있어야 한다. 지금까지의 교육과정은 공급자 측면에서 교육 내용을 선정 조직하였지만, 앞으로는 학습자의 요구를 반영한 수요자 중심의 교육과정을 추구해야 한다. 이러한 요구에 맞추어 실과(기술·가정) 교과의 내용도 학습자가 필요로 하고 흥미를 가질 수 있으며, 미래의 삶에 보다 유익한 내용으로 선정 조직되어야 한다.

피아제(Piaget)를 비롯한 일반 심리학자들에 의하면, 사람의 지능은 환경과의 상호 작용을 통해서 학습되는 적응 과정이며, 성숙한 사고는 습득된 기능에서 연유된다고 보고, 물리적 경험이 사고 발달의 기초가 됨을 강조하고 있다. 인간은 잠재적인 인지 능력을 가지고 태어나며, 실제적인 물체나 대상들과 상호 작용을 통하여 그의 특성에 대한 지식을 얻으며, 물질을 세어보고 유추해 봄으로써 수학적이고 논리적인 개념을 획득하게 된다.

어린이들의 인지 발달을 위해서는 교사에 의해 일방적으로 주어지는 것이 아니라 어린이 자신이 직접 조작해 보고, 문제를 찾고 해결할 수 있도록 적절한 학습 경험을 제공해 주어야 한다. 5, 6학년 어린이들의 발달 특성을 살펴보면, 가족의 역할과 협력 관계를 알고, 개인 생활과 타인과의 조화로운 생활 속에서 자신의 존재 가치를 스스로 인식하면서 개인의 역할 분담에 관심을 가지게 된다. 그리고 지적 발달은 추리력의 현저한 증가를 보이고 집중력이 증가되며, 과학이나 공학에 관심을 갖는다든지 기능의 연마를 위한 방법 습득에 진지한 관심을 나타내기도 한다. 또, 이 시기의 어린이는 손 동작과 손가락의 유연성이 발달하여 도구를 다루는 일과 가사, 직업에 흥미를 느끼게 된다.

7~10학년의 학습자는 부모에게 의존적인 생활의 아동기에서 독립적인 성인기로 넘어가는 시기로 신체 및 성적(性的) 발달, 운동 능력이나 작업 능력에 있어서도 현저한 변화가 일어난다. 또한, 인지 발달 및 자아 개념이 발달하게 되고, 사고 능력 또한 아동기보다 복잡해지고 추상적인 개념에 대한 관념적 사고를 할 수 있다. 이와 같은 특성을 반영하여, 기술·가정 교과는 생활의 기술 측면에서 다양한 제재를 제시함으로써 학습자가 원래 지니고 있는 조작적 활동 욕구를 충족 신장시켜 주고 실천적인 학습 경험을 통하여 개념과 원리를 이해할 수 있게 한다. 또한, 실제로 계획, 준비하고 직접 실험·실습을 하는 경험적 학습 활동을 통하여 지식을 이해하고 확인하며, 경험을 재조직하는 교과로서 학습자의 지적 발달에 도움을 줄 수 있는 교과가 되어야 한다.

청소년기의 사회성 발달에 있어서는 자아 의식과 동료간의 동조 행동이 강화되고, 가정과 사회에서의 자기의 역할과 입장 등을 자각하며, 외부 상황에 대해 스스로 판단하고 결정하려는 노력을 하게 된다. 따라서, 청소년의 발달적 특성과 성에 대한 태도와 책임감, 가족과의 관계 등을 원활하게 유지할 수 있는 내용을 다룸으로써 건전한 자아 개념 형성에 도움을 줄 수 있어야 한다. 또한, 청소년기의 특성을 고려하여 생활에서 스스로 해결해야 할 내용을 학습자 중심으로 전개하여 자주적인 가치 형성에 도움이 되도록 내용을 제시할 필요가 있다. 그러므로 실과(기술·가정) 교과에서는 학습자의 자연스러운 발달 단계에 맞추어 가정 생활의 가치, 가정과 사회에서의 인간 관계, 일상 생활을 영위하는 데 필요한 각종 일, 미래 사회에 유용하게 쓰여질 컴퓨터의 기초 교육 그리고 산업 사회 및 직업에 관한 폭넓은 지식과 정보, 기능을 학습하도록 해야 할 것이다.

㈐ 경제·사회적 측면

과학 기술의 발전과 급변하는 사회 구조 속에서 요청되는 교육은 실생활에 적응해 나갈 수 있는 유능한 생활인을 기르는 일이다. 이런 급변하는 사회에서 나타나는 다양한 과제를 해결하는 데에는 실천적이고 탐구적인 문제 해결 방법을 통하여 현실의 생활과 미래의 변화에 대처할 수 있는 합리적인 태도와 기능이 필요하다. 따라서, 실과(기술·가정) 교과에서는 가정 생활을 중심으로 생활에 대한 기초 기능과 지식, 정보를 습득하게 함으로써 기본적인 인간 생활의 적응력과 미래 사회의 변화에 대처할 수 있는 능력을 기르도록 해야 한다.

첫째, 다가오는 21세기는 고도의 정보화·세계화 시대로서 사회·경제적으로 많은 변화가 예견되고 있다.

먼저, 2000년대에는 우리 나라의 연평균 경제 성장률이 5.4 % 수준이 될 것이고, 국민 소득은 2001년에 1만 7000불 수준에 도달하여 경제적으로 생활 수준이 크게 향상될 전망이다. 산업 구조 또한 제조업과 서비스업이 96 % 정도를 차지하게 되어 전자·정밀 화학 등 기술 집약 업종과 레저 산업, 컨설팅 산업 등의 선진국형 서비스 산업이 발전될 전망이다.

이러한 산업 구조의 변화는 곧 직업 세계의 변화를 의미하며 학교 교육을 통하여 적극적인 대응이 필요하다. 특히, 농업, 수산업, 각종 공업 및 정보 통신 산업에 이르기까지 다양한 산업 분야가 실과(기술·가정) 교과와 밀접한 관련이 있다. 그러므로 관련 단원에서 이들 산업의 변화 추세와 새로이 각광 받는 직업 세계, 이들 직업 세계로의 진출을 위한 진로 안내 및 올바른 직업 생활 등의 내용을 다루어 줌으로써 학생들의 진로 탐색에 도움을 줄 수 있도록 해야 한다. 그러나 이러한 경제, 사회 발전은 우리 사회에 황금 만능주의 팽배, 3D 기피 현상과 같은 일과 근로의 천시 풍토, 각종 환경 오염과 같은 산업 사회의 역기능적인 현상을 낳기도 한다. 따라서, 일에 대한 건전한 가치관과 근로 중시, 절약하는 태도 등이 다른 어느 때보다 절실히 요구되고 있다.

실과(기술·가정) 교육은 다양한 일에 대한 실천적 경험을 통하여 일과 근로의 가치, 자원 절약의 의미, 환경 보호의 필요성 등을 체험적으로 느끼게 하여 우리 생활의 전반적인 질 향상과 사회 발전에 기여해야 하고, 실천적인 활동을 통하여 일의 세계에 대한 이해를 높여 자신의 진로를 미리 탐색하도록 해야 할 것이다.

둘째, 사회적으로는 국민의 전체적인 고학력 현상과 더불어 경제 활동의 높은 참여율, 여성의 사회 진출 증가 및 기혼 여성의 취업률이 지속적으로 증가될 전망이다.

이러한 사회적 변화와 생활 수준의 향상으로 가치관의 변화, 가정의 규모와 기능, 성역할 및 가족원의 역할에 대한 변화가 초래되고, 삶의 질 향상에 대한 관심이 높아지고 있다. 이에 따라, 실과(기술·가정) 교과는 이러한 사회 변화를 반영하여 남녀 학생 모두에게 가족과 일에 대한 올바른 가치관과 성역할, 바람직한 소비 태도와 가정에서의 역할을 습득할 필요성이 커지고 있다. 특히, 변화하는 가족에 대한 적응력을 기를 수 있도록 식·의·주, 소비, 가족 생활의 변천과 미래상을 제시하고, 결혼과 육아 등 가정 생활에 대한 자신의 미래 생활의 설계 능력을 향상시킬 수 있는 내용을 다루어야 한다. 또한, 가정 생활과 관련된 지식과 기능을 종합하고 가정 생활의 일에 효율적으로 활용하고 수행할 수 있는 심화된 내용의 전개가 필요하다.

셋째, 정보화 시대로 불리는 고도 산업 사회에서는 새로운 지식과 산업, 기술뿐만 아니라 정보를 생산, 유통, 관리하는 능력이 무엇보다도 중요하다.

특히, 컴퓨터의 보급은 국가 기관은 물론, 각종 산업 분야, 교육, 가정 생활에 큰 변화를 일으키고 있다. 즉, 사무 자동화와 함께 산업 현장에서의 복잡한 공정을 단순화시키고, 직장과 주택의 구분이 없이 자택 근무자의 수를 증가시키며, 컴퓨터를 이용한 홈쇼핑과 홈뱅킹의 이용이 점차 증가하는 등 생활 변화가 이미 나타나고 있다. 그러므로 21 세기 정보 사회에서 직업 생활과 가정 생활에 잘 적응하기 위해서는 컴퓨터를 생활의 도구로 활용할 수 있는 기본 능력의 신장을 위한 요구가 강조되고 있다. 이를 위해서는, 현행 교육과정에서 초등학교 실과와 중학교 기술·산업 교과에서 각각 1 개 단원씩 배정되었던 컴퓨터 관련 내용을 2 개 학년 정도에서 내용을 강화하여 지도할 필요가 있다.

끝으로, 고도의 산업 발달과 물질의 풍요 속에 우리가 직면하는 것이 생활 환경의 오염과 안전에 대한 문제인데, 이러한 문제는 국민 전체가 심각한 인식과 문제를 해결하려는 모두의 적극적인 노력을 필요로 하는 부분이다.

실과(기술·가정) 교과에서는 산업과 기술, 가정에서 자원의 활용과 유용성에 대하여 단순한 자원의 관리 측면에서 벗어나 개인과 가정, 산업 및 이를 둘러싸고 있는 환경을 하나의 체계로 보고 접근하여 제시해야 한다. 그러므로 교과의 내용도 생활 환경 속에서 학습자 자신이 직접 자원을 획득하고 사용하며, 바르게 처분할 수 있도록 실생활에 적용할 수 있는 학습 경험으로 구성되어야 할 것이다.

㈃ 교수-학습 측면

초등학교 실과의 내용은 현실적인 일상 생활, 그 중에서도 가정 생활을 대상으로 하고, 교육 목표는 실천적인 활동으로 설정되었다. 이러한 목표를 달성하기 위해서는 실질적인 노작 활동과 실습을 중심으로 기능이 습득되도록 지도하고, 학습 활동은 학생들 스스로 계획에서 실천, 평가에 이르는 전반적인 과정을 경험하게 하여 실생활에 적용할 수 있도록 해야 한다.

그러나 현재의 실과 교수-학습 방법은 암기 위주의 강의·문답식 교수법을 통한 단순한 지식이나 정보의 습득에 주력하고 있는 실정이다. 실과 교육은 이런 단순 지식의 습득에서 벗어나 앞으로의 일상 생활을 영위하는 데 필요한 과제들을 대상으로 경험을 통하여 얻은 지식과 기술 및 태도 등을 가지고 미래의 사회에서 자신의 능력을 발휘하며 살아갈 수 있도록 해야 한다. 이처럼 학생들이 학습한 내용이 일상 생활에 꾸준히 적용되고 생활 환경을 개선할 수 있도록 하기 위해서는 탐구적이고 창의적인 교수-학습 방법과 학생 활동 중심 수업, 현장 학습, 견학과 같은 다양한 수업 방법과 학생들의 능력과 적성, 흥미를 고려한 교육이 이루어져야 할 것이다.

중등학교의 기술·가정은 기술과 산업, 가정에 관한 다양한 분야의 내용을 다루는 교과로 교수-학습에 있어서는 각 영역별로 보다 전문적이고 세분화된 지도 방법이 요구된다. 특히, 기술·가정의 주당 수업 시간은 비교적 적고, 이에 비해 다양한 분야를 학습자들이 습득하게 되므로, 학기 당 기술과 가정 분야에서 한 가지 정도의 주제를 집중적으로 이수하도록 하는 것이 바람직하다.

또한, 기술·가정 교과는 교양적인 측면을 강조하여 단순한 지식과 기능의 습득보다는 이를 일상 생활에 창의적으로 실천할 수 있고, 원만한 인간 관계를 가질 수 있는 능력을 갖도록 하는 데 중점을 두고 있으므로, 이에 따른 교수 방법이 고려되어야 한다. 그러므로 나와 가족, 산업과 직업에 대한 이해를 중심으로 하는 단원에서는 사례 조사, 토의 학습, 협동 학습, 역할 놀이, 현장 견학 등을 적용하여 기본적인 지식의 습득은 물론 학습자의 자기 학습력과 생활에서의 문제 해결력을 기르도록 한다.

생활에서의 기능, 기술과 관련되는 단원에서는 실험·실습 중심의 체험 학습을 통하여 개념과 원리를 구체적으로 이해시키고, 계획·준비·실행의 전과정을 실행하도록 하여 일에 대한 효율적인 수행 능력을 기를 수 있도록 한다. 특히, 기술·가정 교과에 적합한 실험·실습의 학습 환경을 마련하는 것이 가장 중요하고, 학교의 지역적인 특성과 학습자의 수준에 따라 선택 가능하도록 다양한 과제를 개발하는 것이 필요하다. 또한, 시간의 제한을 극복할 수 있는 가정 학습 과제 방법 등도 고려되어야 한다.

이외에도 자원이나 환경의 관리에 관련되는 단원에서는, 특히 지역 사회 인사를 초청하거나 현장을 견학하는 기회를 마련하여 학습자가 문제를 직접 찾아 내고 해결 방법을 모색하는 수업 방법을 적용한다. 그리고 컴퓨터와 관련되는 단원에서는 학습자들이 직접 소프트웨어 프로그램과 PC 통신, 인터넷을 적극적으로 활용하여 필요한 정보를 수집, 활용하고, 관리할 수 있도록 한다.

학습 매체의 활용에 있어서도 학습자들의 인지적 발달 측면을 고려하여 다양한 사고를 유도하고, 원리의 이해와 기능의 습득을 도울 수 있는 매체의 선정이 중요하다. 특히, 학교의 교육용 컴퓨터의 지속적인 보급과 정보 교육의 추진 계획에 발맞추어 사례와 정보를 담은 New Media, 멀티미디어와 통신을 접목시킨 교수-학습 매체를 선택하여 수업에 적용하도록 한다.

(2) 실과(기술 · 가정) 교과의 당위성과 개정 방향

㈎ 실과(기술 · 가정) 교과의 당위성

제 7 차 교육과정에서의 실과(기술·가정) 교과는 제 6 차 교육과정에서의 초등학교 실과와 중학교 기술·산업, 가정을 포함하는 것으로 초등학교에서부터 고등학교 1 학년까지 6 년 간 남녀 모든 학생이 국민 공통 기본 교과의 하나로 이수하는 것이다. 즉, 제 6 차 교육과정에서 3~6 학년까지의 실과와 중학교 1~3 학년의 기술·산업과 가정, 그리고 고등학교에서 다루던 기술과 가정 과목의 일부를 포함하고 있다.

이번 교육과정은 21 세기에 접어들면서 시행되는 교육과정으로 국가적 측면에서 볼 때에는 개방화·국제화·정보화에 대비한 질 높은 국민의 양성에 있고 수요자인 학생, 학부모의 입장에서 볼 때는 다양하고 개성화된 교육 욕구에 부응할 수 있는 교육을 받을 것을 요구하고 있다. 따라서, 학생의 창의와 사고력을 신장시켜 다원화된 사회에 적응할 수 있는 인간을 육성하는 것이 무엇보다도 중요하게 되었다.

실과(기술·가정) 교과의 당위성은 몇 가지 측면에서 서술될 수 있다.

첫째, 초등학교 실과 교과는 1955 년 최초의 교육과정령을 개정 공포할 때 종래의 직업과, 가사과, 미술과의 공작 부분 등을 통합 단일화하여 독립시킨 교과로서, 그 역사가 40 년이 넘는다. 실과는 초기부터 남녀 모든 학생에게 필수로 이수하여 왔으나, 교육과정이 개정될 때마다 이수 대상 학년이나 시간 배당 등에서는 계속적으로 축소 변화되어 왔다.

1969 년에 개정된 교육과정령에 의하여 탄생된 기술과는 당시에는 여학생에게도 가르쳐졌으나 1973 년 제 3 차 교육과정부터는 주로 남학생에게만 가르쳐 왔다. 그러다가 제 5 차 교육과정에서는 기술과 가정을 통합 단일화한 기술·가정 과목을 신설하여 교육과정과 교과서가 만들어지기도 하였으나 교육 현장에서 이를 많이 선택하지 않았다. 제 6 차 교육과정에서는 농업, 공업, 상업, 수산업과 통합되어 기술·산업이 되면서 이 과목은 남학생뿐 아니라 여학생에게도 필수로 이수하도록 하였다.

1800 년대 말에 시작된 가정과는 전통적으로 여학생을 대상으로 하였으며, 제 1 차 교육과정 개정에서부터 가정 생활, 가정, 가사 등의 교과 명칭이 현재까지 계속 존재하고 있다. 제 5 차 교육과정에서는 가정을 두면서 동시에 기술과와 통합한 기술·가정 교과를 신설하여 남학생도 이수할 수 있게 하기도 하였다. 그러나 제 6 차 교육과정에서는 가정을 남녀 모두에게 필수로 이수하게 하여 영어, 수학, 과학 등의 교과와 함께 남녀 모든 학생에게 필수 교양 교과로서의 위치를 확고히 하였다. 이와 같이, 실과(기술·가정) 교과는 교육과정 변천을 통하여 볼 때 교과로서의 역사성이 있다.

둘째, 학교 교육에서의 교과는 모두 모체가 되는 학문이 있으며, 그 학문을 근거로 교과가 발전하게 되는데, 실과(기술·가정)는 Aristotles의 지식 분류 체계 중 실천적 추리(practical reason)에 포함될 수 있는 기술학, 가정학 등을 학문의 기초로 하고 있다. 이는 Lux와 Ray의 인간 지식의 4가지 영역 중 실천 과학적 지식(knowledge of practice)에 해당한다고 볼 수 있다. 이는 수학, 논리학 등의 구조적 지식이나 미술, 인문학 등의 규범적 지식, 물리, 화학 등의 기술적 지식과는 구분된다. 따라서, 실과(기술·가정)는 다른 학문과는 다른 독특한 학문적 지식 체계와 영역을 가지고 있으며, 학교 교육에서의 교과는 이들 학문 체계와 학문의 연구 결과를 학생의 발달 단계에 맞게 재구성하여 교육하는 것이다.

셋째, 초·중등학교의 교육 목적은 교육법에 제시되고 있는데, 초등학교 교육과정에 편제된 모든 교과는 생활에 필요한 능력을 기르는 데 목적을 두고 있다.

이 '생활의 적응력'은 교과에 따라 다르나 실과(기술·가정)는 가정의 일과 일상 생활에 필요한 생활 기술을 습득하여 생활 기술 문화 향상에 기여해야 할 책무를 가지고 있다. 앞으로는 다른 사람의 수고를 빌리게 되면 높은 보수를 지불해야 하고, 원하는 시간에 서비스를 받기도 어렵게 될 것이므로, 생활에서 부딪치는 일의 대부분을 가정에서 해결해야 할 것이다. 이러한 것은 선진국에서는 이미 정착되어 생활화되었지만 우리는 입시 위주의 교육에서 벗어나지 못하고 생활 교과를 소홀히 한 나머지 학생들의 자기 관리 능력도 없고 인내심도 없으며 문제에 봉착했을 때 문제를 해결할 줄 아는 능력도 부족한 나약한 지력 위주의 절름발이 교육을 답습하고 있는 실정이다.

실과(기술·가정) 교과에서 다루는 내용은 지식의 이해로 그치는 것이 아니라 손의 운동을 통하여 지식을 확인하며 원리를 실제 생활에 응용하여, 실천적인 새로운 지식을 창출하고자 하는 것이다. 이러한 실천적, 노작적 활동은 타교과 활동과는 구별되고 있다.

넷째, 실과(기술·가정) 교과의 또 하나의 특성은 Erikson의 심리·사회학 이론이나 Piaget의 인지 발달 이론, Super의 진로 발달 이론 등 발달적 측면에서도 중시되고 있다.

초등학교 실과 교육은 아동이 근면성과 자신감을 갖게 하고, 직접 경험에 의한 문제 해결적 체험, 진로 인식 등의 발달에 기여한다. 중학교 단계에서는 자아 정체감과 친밀감, 협동심 등의 형성을 도와 주며 추상적 개념의 이해, 자료의 조직적·과학적 추리력, 진로 탐색 등의 발달에 기여한다. 따라서, 실과는 인간의 심리적, 사회적, 인지적, 직업적 발달에 필수적이다.

인간은 누구나 가정 생활을 하면서 개인의 생활을 영위하고, 그 속에서 행복감과 만족감을 느끼며 살고 있다. 전통적인 가정 생활의 방법은 일상적인 단순한 일의 연속이었다. 그러나 현대에 이르러 가정 생활은 다양하고 복잡해지고 있으며, 가정 내외의 많은 문제도 발생하게 되었다. 또한, 가정에서 소비되는 물자는 매우 다양해져 가정의 기능은 생산보다도 소비가 중시되고 있으며, 가정에서의 남녀의 역할도 변화하고 있다.

한편, 기술의 변화는 가정과 산업 모두를 크게 변화시키고 있으며, 이러한 변화는 앞으로 더욱 빠르게 진행될 전망이다. 따라서, 이러한 변화되는 가정과 기술 세계에 대한 이해와 기초적 소양의 습득은 미래를 살아가는 데 필수적인 요소이다. 그러므로 실과(기술·가정) 교과는 일찍부터 학교 교육을 통하여 이들에 대한 체계적 소양을 길러주어야 하며, 실과(기술·가정) 교과는 이런 면에서 교육적 의미가 크며, 교양 교육으로서의 확고한 성격을 갖는다.

따라서, 이번 초등학교부터 고등학교 1학년까지 국민 공통 기본 교육 기간을 설정하여 초등학교 실과와 기술·가정을 연계하여 6년 간의 교육과정을 편성한 것은 큰 의의가 있는 것이다. 교육과정에서 계열성과 계속성, 통합성은 대단히 중요하다. 국민 공통 기본 교과로서의 실과의 정체성을 재확인하고, 생활 교과로서의 위치를 확고히 하는 계기가 되어야 하므로, 이번 교육과정 개정은 다른 시기의 개정보다 여러 면에서 의의를 가지고 있다고 본다.

㈏ 개정 방향

실과(기술·가정) 교과는 교양 교육의 성격을 분명히 하면서 그 체제와 내용 구성, 그리고 운영에서 다음과 같은 점을 개정의 기본 방향으로 하였다.

① 5·6학년의 실과와 7~10학년의 기술·가정은 학교급에 따라 교과의 명칭이 실과와 기술·가정으로 분리되고는 있으나, 이는 편제상의 표시일 뿐, 실제로는 하나의 연계를 가진 교과이다. 따라서, 교과의 성격, 목표, 지도 내용 등에서 6년 간 연계성, 계열성, 통합성을 유지하여 편성하되, 학교급에 따라 5·6학년에서는 기초적인 수준으로 하고, 7~10학년은 그 상위 수준으로 하고, 11·12학년의 일반 선택 과목과 심화 선택 과목과는 수준의 차이를 둔다.

이러한 맥락에서, 제 6차 교육과정 실과의 다루기, 만들기, 가꾸기 및 기르기, 건사하기의 4개 영역, 기술·산업과의 인간과 직업, 기술, 산업의 3개 영역, 가정과의 인간 발달과 가족 관계, 가정 자원의 관리와 소비 생활, 식생활, 의생활, 주생활의 5개 영역으로 구성된 지도 영역을 학생의 발달 단계나 실생활에의 유용성을 고려하여 각 영역을 이해하기 위한 내용 체계와 일상 생활에서의 체험 학습을 경험하기 위한 생활 중심 등의 측면에서 영역을 통합하여 한 체계로 구성한다. 이러한 취지에서 대영역을 위해 수차례의 협의회를 가졌으며, 그 과정에서 여러 가지 안이 제시되었는데 가족과 일의 이해, 생활 기술, 생활 자원과 환경 관리 3영역으로 하였다.

② 현재의 교육과정에 제시된 내용의 양과 수준은 교사와 학생을 대상으로 한 조사 결과와 시간 배당 기준, 현장의 교육 여건 등에 비추어 볼 때 어려움이 많으며, 실천

과학적인 교과의 특성을 충분히 반영한 교수-학습 방법을 전개하기가 어려운 실정이다. 또한, 새 교육과정 편제에서는 실과 교과에 배당된 시간과 이수 학년 등이 제6차와는 크게 다르게 되어 있다. 따라서, 이러한 새 교육과정의 편제와 교사·학생의 요구를 수용하여 지도 내용의 양을 정선하고, 수준을 최저 요소를 중심으로 적정화함으로써 학생과 교사의 수업 부담을 경감시키며, 교과의 특성인 체험적, 실천적 학습이 이루어질 수 있도록 하였다.

③ 내용의 조직에서는 유사한 내용은 1개 학년에서만 이수시키는 것을 원칙으로 하되, 내용의 양이 많거나 수준을 달리해야 하는 경우에는 나선형 조직을 병행하게 하였다. 7~10학년 수준에서는 가급적 1학기에 1개 영역을 집중 이수하여 교사의 전문성과 교수-학습 방법의 효율성을 높일 수 있도록 하였다.

④ 타교과 내용과의 관련성에 유의하고, 타교과에서 학습한 것을 응용하고, 발전시킬 수 있게 했으며, 실생활에 적용시킬 수 있는 내용을 선정하고, 타교과에 비하여 논리적 또는 수준의 비약을 지양하게 하였다.

⑤ 실험·실습 내용은 간단하면서도 여러 가지 원리와 기능을 습득할 수 있는 것으로 하였다.

⑥ 학교급에 따른 진로 교육의 단계를 반영하여 초등학교에서는 진로 인식, 중학교에서는 진로 탐색, 고등학교에서는 진로 준비 교육이 이루어질 수 있도록 배려하였다.

⑦ 인성 교육, 환경 교육, 세계 이해 교육, 통일 교육, 보건 교육, 성교육, 경제 교육, 근로 정신 함양 교육, 안전 교육 등 국가·사회적 요구 사항은 각 교과의 성격과 특성, 교수·학습의 효율성 등을 고려하여 반영하게 하였다.

㈐ 개정 중점

실과(기술·가정) 교육과정 개정의 중점은 다음과 같다.

1) 기초적 생활 지식과 기술의 습득과 적응력 제고

생활에 필요한 기본적인 지식과 기술의 습득과 적응력을 기르는 데 중점을 두고 있다. 21세기의 생활에 유용한 기초적인 생활 기술 내용을 선정 조직하고 실천적 학습을 통해 이를 생활에 적용하도록 한 것이다. 선정된 내용은 유용성, 실용성, 효율성에 바탕을 두고 있다.

2) 일의 가치에 기초를 둔 진로 교육 충실

일의 중요성을 깨닫고 실제 기초적인 일을 경험하게 하고, 직업 세계에 대한 이해를 바탕으로 앞으로의 진로를 생각하게 하여 진로 계획을 한 단계씩 착실히 밟아 나갈 수 있도록 했다. 6학년에서는 일과 직업의 이해, 9학년에서는 산업과 진로에 대해 다룬다.

3) 정보화 사회에 대비한 컴퓨터 교육의 강화

앞으로의 정보화 사회에서는 PC가 필수적인 도구로 사용되고, 이의 이용이 보편화될 것이다. 단순히 컴퓨터를 다루는 단계를 지나 정보 사회에서 활용할 수 있는 통신에 관한 기초를 습득하는 등 컴퓨터를 활용할 수 있는 교육으로 내용을 선정 조직했다. 이것을 5~8학년까지 4년에 걸쳐 체계적으로 이수할 수 있게 하였다.

4) 실천적 환경 교육의 강화

환경 교육은 모든 교과에서뿐 아니라 학교 교육 전반에서 이루어져야 할 것이다. 실과에서는 생활에서 할 수 있는 실천적 환경 교육을 강화할 필요가 어느 때보다도 절실히 요청되고 있다. 이에, 제 6 차 교육과정의 내용을 보완하여 실천적 환경 교육의 중심에 실과가 설 수 있도록 하였다. 5~6학년에서의 생활 환경의 정돈과 자원 활용을 기초로 8학년에서는 자원을 관리하고 환경을 보전할 수 있게 한다.

5) 자원의 합리적 활용과 소비자 교육의 충실

우리의 생활 자원을 합리적으로 활용할 줄 아는 교육이 절실히 요청되고 있으므로, 이를 실과 교육 내용에 반영하여 실천할 수 있게 하고, 현명한 소비자로서의 의사 결정을 할 수 있도록 내용을 보완하였다. 저학년에서는 용돈과 생활 용품을 관리, 활용할 수 있게 하고, 고학년에서는 청소년의 소비 생활과 문화에 초점을 두었다.

6) 교육과정 운영의 다양화 강조

교육과정이 국가 수준에서 결정되지만, 제 6 차 교육과정에서부터는 학교 교육과정의 편성에 따라 지역화 교육과정의 운영이 강조되고 있으며, 제 7 차 교육과정에서는 학생과 교육 현장 중심의 교육과정 운영을 중시하고 있다. 따라서, 실과에서는 이의 정착을 위하여 내용 선택의 폭을 확대하고, 학생과 학교 및 지역의 여건을 고려한 지역화 교육과정 운영의 폭을 확대하고 있다. 5학년의 간단한 생활 용품 만들기, 6학년의 애완 동물·금붕어·경제 동물 기르기, 7~10학년에서의 실습 제재는 이러한 특성을 반영하여 운영의 묘를 살릴 수 있게 하고 있다.

다. 7 차 실과(기술·가정) 교육과정(교육부고시 제 1997-15 호)

(1) 성 격

실과(기술·가정) 교과는 5~6학년의 실과, 7~10학년의 기술·가정을 포함한 국민 공통 기본 교과로서, 6년 간 연계를 가지고 남녀 모든 학생이 이수하게 하고 있다.

실과(기술·가정)는 학생의 실천적 경험과 실생활에서의 유용성을 중시하는 교과로, 5~6학년에서는 자신의 일상 생활과 가정 일에 필요한 기본적인 소양을 갖추게 하고, 7~10학년에서는 기술·산업과 가정 생활에 관한 다양한 경험과 진로 탐색의 기회를 주고, 11~12학년의 심화 선택 과목을 선택하는 데 도움을 주게 하는 교과이다.

실과(기술·가정)의 지도 내용은 여러 과목 내용과의 공통적 특성, 국가·사회의 요구 등을 고려하여 가족과 일의 이해, 생활 기술, 생활 자원과 환경의 관리의 3개 영역으로 구성되고, 세부 내용의 대상을 개인, 가정, 산업 세계로 점진적으로 확대하고 있다.

5~6학년에서 다루는 실과는 실천적인 학습을 통해 생활의 적응 능력을 기르는 과목이다. 지도 내용은 자신의 일상 생활과 집안 일에 필요한 기본적인 내용을 추출하여 흥미, 생활에의 유용성, 실용성, 적합성 등을 고려하고, 학생들의 발달 수준에 맞도록 선정, 조직하여 실천적 학습을 통해 과제를 해결할 수 있게 하고 있다.

7~10학년의 기술·가정은 6차 교육과정의 기술·산업 교과와 가정 교과를 통합한 것으로, 초등학교 실과를 바탕으로, 중학교 1학년부터 고등학교 1학년까지의 남녀 학생 모두에게 이수시키는 과목이다. 기술·가정은 기술과 산업에 관한 기초 지식과 기능을 습득하게 하여 고도 산업 사회에 적응할 수 있게 하고, 가정 생활에 필요한 기본적인 지식과 기능을 습득하여 가정 생활에 대한 이해를 높이며 생활의 질을 향상시킬 수 있는 능력과 태도를 길러 준다.

기술·가정은 실생활에서의 적용을 중시하는 실천 교과로, 체험 학습을 통하여 개념과 원리를 구체적으로 이해시키고, 의사 결정 능력, 문제 해결 능력, 창의력 등을 기르는 데 도움을 주며, 일의 경험을 통하여 자신의 적성을 계발하고 진로를 탐색하며 일에 대한 건전한 태도를 가지게 한다. 따라서, 기술·가정은 21세기를 살아갈 능력을 가진 인간을 기르는 데 필요한 직접적이고 실천적인 경험을 제공해 주는 중요한 교과이다.

기술·가정의 지도 내용은 기술·산업과 가정 내용을 일상 생활과 학생의 요구, 교육 현장의 여건 등을 고려하여 구성함으로써, 현대 사회와 미래 사회 적응에 필요한 기초적인 내용을 다룰 수 있도록 하였다. 지도 내용의 구성은 7~9학년에서는 실생활에 필요한 기초 지식과 진로 탐색을 위한 다양한 경험을 할 수 있는 것으로 하고, 이를 실생활에 적용하고 실천하는 데 중점을 두었다. 10학년에서는 남녀 학생이 장래 가정과 직업 생활을 보다 효과적으로 수행하는 데 필요한 내용과 관련 분야에 대한 폭넓은 안목을 기르고, 11~12학년에서의 선택 과목을 선택하는 데 도움이 될 수 있도록 하였다.

교수-학습 활동에서는 교과의 성격에 유의하여, 단순한 지식과 기능의 습득보다는 이를 일상 생활에 창의적으로 실천할 수 있으며, 원만한 인간 관계를 수행할 수 있는 능력을 갖도록 하는 데 중점을 두고 있다. 또, 실험, 실습을 통한 체험적인 과정과 토의 학습, 사례 조사, 견학 등 학생 중심의 수업을 강조하고 있다. 그리고 그 과정에서 창의력, 문제 해결 능력, 의사 결정 능력, 의사 소통 능력, 인간 관계 기술, 협동심 등이 길러질 수 있도록 하며, 일에 대한 긍정적인 태도를 가지는 것을 중시한다.

이와 같이, 실과(기술·가정)는 미래 사회를 살아가는 데 필요한 지식, 기능, 태도를 종합적으로 길러 줄 수 있는 중요한 교과로서, 궁극적으로는 개인과 가정 생활의 질을 향상시키고, 사회의 복지와 국가 발전에 기여할 수 있도록 한다.

(2) 목 표

개인과 가정, 산업 생활의 이해와 적응에 필요한 지식과 기능을 습득하여 가정 생활을 충실하게 하고, 정보화, 세계화 등 미래 사회의 변화에 대처할 수 있는 능력과 태도를 가진다.

① 일상 생활과 관련되는 일을 경험하여, 생활에 필요한 기초적 능력을 습득한다.

② 기술과 가정 생활과 관련되는 다양한 실천적 경험을 통하여 자신의 적성을 계발하고 진로를 탐색하며, 일과 직업에 대한 건전한 태도를 갖는다.

③ 일을 창의적으로 계획하고 실천하여 자신의 미래 생활을 합리적으로 설계할 수 있으며, 그에 필요한 준비를 할 수 있다.

(3) 내용 체계표

제 7 차 교육과정의 내용 체계표를 제시하면 다음과 같다.

영역＼학년	5학년	6학년
가족과 일의 이해	○ 나와 가정 생활 　• 가정 생활의 중요성 　• 가정에서 자신의 위치와 역할 　• 생활 계획과 실천	○ 일과 직업의 세계 　• 가족이 하는 일 　• 직업의 세계와 진로 계획
생활 기술	○ 아동의 영양과 식사 　• 아동의 영양과 식품　• 조리 기구 다루기 　• 간단한 조리하기 ○ 간단한 생활 용품 만들기 　• 스킬 자수　　　　• 뜨개질 　• 손바느질 ○ 전기 기구 다루기와 전자 키트 만들기 　• 전기 기구 다루기　• 전자 키트 만들기 ○ 꽃과 채소 가꾸기 　• 꽃가꾸기　　　　• 채소가꾸기 ○ 컴퓨터 다루기 　• 컴퓨터의 구성　• 자판다루기와 글쓰기	○ 간단한 음식 만들기 　• 식품 고르기와 다루기 　• 밥과 빵을 이용한 음식 만들기 ○ 재봉틀다루기 　• 기초박기　　　• 간단한 생활 용품 만들기 ○ 목제품만들기 　• 목공구다루기　• 간단한 생활 용품 만들기 ○ 동물기르기 　• 애완 동물, 금붕어 기르기 　• 경제 동물 기르기 ○ 컴퓨터 활용하기 　• 컴퓨터로 그림그리기　• 컴퓨터 통신 활용하기
생활 자원과 환경의 관리	○ 용돈 관리하기 　• 용돈 계획 세우기와 용돈 기입장 적기 　• 금융 기관 이용하기 ○ 생활 환경 정돈하기 　• 책상과 옷장 정리하기 　• 청소와 쓰레기 처리하기	○ 자원 활용하기 　• 생활 자원의 이용과 절약 　• 생활 용품 재활용하기 ○ 집안 환경 가꾸기 　• 실내 환경 꾸미기 　• 나무 심기와 손질하기

영역 \ 학년	7학년	8학년	9학년	10학년
가족과 일의 이해	◦ 나와 가족의 이해 • 청소년의 특성 • 성과 이성 교제 • 나와 가족 관계		◦ 산업과 진로 • 산업·기술의 이해 • 직업의 선택과 직업 윤리 • 산업 재해와 안전	◦ 가정 생활의 설계 • 가정 생활 문화의 변화와 미래 • 가족 생활 주기와 생활 설계 • 결혼과 육아
생활 기술	◦ 청소년의 영양과 식사 • 청소년의 영양 • 청소년의 식사 • 조리의 기초와 실제 ◦ 미래의 기술 • 기술의 발달과 미래 • 생명 기술과 재배 ◦ 제도의 기초 • 물체를 나타내는 방법 • 도면 읽기와 그리기 ◦ 컴퓨터와 정보 처리 • 컴퓨터의 구조와 원리 • 정보의 생산, 저장과 분배	◦ 의복 마련과 관리 • 의복의 기능과 옷차림 • 의복 마련 계획과 구입 • 옷 만들기와 재활용 • 옷의 손질과 보관 ◦ 기계의 이해 • 기계 요소 • 운동 물체 만들기 ◦ 재료의 이용 • 재료의 특성 • 제품의 구상과 만들기 ◦ 컴퓨터와 생활 • 소프트웨어의 활용 • 인터넷의 활용	◦ 가족의 식사 관리 • 식단과 식품의 선택 • 식사 준비와 평가 • 식사 예절 ◦ 전기·전자 기술 • 전기 회로와 조명 • 가전 기기의 점검 • 전자 제품 만들기	◦ 가정 생활의 실제 • 초대와 행사의 계획과 준비 • 직물을 이용한 생활 용품 만들기 • 나의 주거 공간 꾸미기 ◦ 에너지와 수송 기술 • 에너지원의 이용 • 동력의 발생과 이용 • 자동차의 관리 ◦ 건설 기술의 기초 • 건설 구조물의 시공 원리 • 건설 구조물 모형 만들기
생활 자원과 환경의 관리		◦ 자원의 관리와 환경 • 자원의 활용과 환경 • 청소년의 일과 시간 • 청소년과 소비 생활	◦ 가족 생활과 주거 • 생활 공간의 활용 • 실내 환경과 설비 • 주택의 유지와 보수	

(4) 내 용

㈎ 5학년

1) 나와 가정 생활

① 가정 생활의 중요성을 이해한다.

② 가정에서 나의 위치와 역할을 알고, 원만한 가족 관계를 유지할 수 있다.

③ 생활 계획의 중요성을 이해하고, 생활 계획의 과정과 방법을 알아 실천할 수 있다.

2) 아동의 영양과 식사

① 아동의 영양에 관한 기초 지식과 하루에 필요한 식품의 구성, 식품의 합리적인 선택

과정 등을 알고 이를 매일의 식사에 적용할 수 있다.

② 간단한 조리에 필요한 기구의 종류와 쓰임새를 알고 이를 다룰 수 있다.

③ 삶고 끓이는 조리 방법을 이용하여 간단한 음식을 만들 수 있다.

3) 바늘로 용품 만들기

① 스킬 자수에 필요한 재료와 용구를 다룰 수 있고, 벽걸이, 방석 등 간단한 생활 용품을 만들 수 있다.

② 뜨개질에 필요한 재료와 용구를 다룰 수 있고, 목도리, 장갑 등 간단한 생활 용품을 만들 수 있다.

③ 손바느질에 필요한 재료와 용구를 다룰 수 있고, 시침질, 홈질, 박음질 등을 이용하여 주머니, 받침 등의 생활 용품을 만들 수 있다.

4) 전기 기구 다루기와 전자 키트 만들기

① 전기 수리용 공구의 사용 방법을 익혀, 플러그나 콘센트에 전선을 연결할 수 있다.

② 기판에 납땜을 하고 전자 부품을 조립하여 전자 키트를 완성할 수 있다.

5) 꽃과 채소 가꾸기

① 꽃씨나 알뿌리 등을 꽃밭이나 화분에 심어 가꿀 수 있다.

② 자주 이용하는 채소를 용기나 밭에 가꿀 수 있다.

6) 컴퓨터다루기

① 컴퓨터의 구성을 이해한다.

② 자판을 다루는 능력을 길러 문서를 작성하고, 편집, 인쇄할 수 있다.

7) 용돈 관리하기

① 용돈 사용에 관한 예산, 지출을 계획하고, 그 내용을 기록장에 기입할 수 있다.

② 금융 기관을 이용하여 자유롭게 입·출금 할 수 있게 함으로써, 규모 있는 생활을 할 수 있다.

8) 생활 환경 정돈하기

① 책상이나 옷장을 정리할 수 있다.

② 실내 청소 계획을 세워 손 청소 및 기계 청소를 할 줄 알며, 집안의 쓰레기를 분리하여 처리할 수 있다.

⑷ 6학년

1) 일과 직업의 세계

① 가정 구성원이 하는 일의 종류와 특성을 이해한다.

② 직업의 종류와 특성 등 직업 세계를 이해하여 자신의 직업을 탐색하고 계획을 세울 수 있다.

2) 간단한 음식 만들기

① 식품을 합리적으로 고르고, 바르게 다룰 수 있다.

② 우리가 매일 접하는 밥과 빵을 이용하여 간단한 음식을 만들 수 있다.

3) 재봉틀다루기

① 재봉틀의 작동 원리를 이해하여 스스로 재봉틀을 작동할 수 있다.

② 직선과 곡선 박기 등의 기초적인 박기를 익혀 간단한 생활 용품을 만들 수 있다.

4) 목제품만들기

① 톱, 망치 등 간단한 목공구를 안전하게 다룰 수 있다.

② 목제품을 구상한 후, 마름질하고 조립하는 과정을 거쳐서 간단한 목제 용품을 만들 수 있다.

5) 동물기르기

① 생활에서 많이 접할 수 있는 애완 동물과 금붕어 등을 기를 수 있다.

② 소, 돼지 등 경제 동물의 이용과 가치에 대하여 안다.

6) 컴퓨터 활용하기

① 컴퓨터를 이용하여 간단한 그림을 그릴 수 있다.

② 전자 우편, 인터넷 등 컴퓨터 통신에 관한 기본 능력을 길러 생활 주변의 정보를 주고받을 수 있다.

7) 자원 활용하기

① 물, 세제, 의류 등 주변의 생활 자원을 절약하는 생활을 한다.

② 주변의 생활 용품을 재활용하여 자원을 효율적으로 활용할 수 있다.

8) 집안 환경 가꾸기

① 식물이나 소품으로 실내 환경을 아름답게 꾸밀 수 있다.

② 화단이나 정원에 나무를 심고, 손질할 수 있다.

⒟ 7학년

1) 나와 가족의 이해

① 청소년기 신체적, 심리적, 정서적 발달 특성을 이해한다.

② 성과 이성 교제에 대하여 알고, 성에 대한 건전한 태도와 책임감을 가진다.

③ 가족 관계의 의미를 알고, 가족 간의 의사 소통 기법을 익혀 원만한 가족 관계를 유
  지할 수 있다.

2) 청소년의 영양과 식사

① 청소년기의 건강과 영양, 식사, 기초 식품군과 하루에 필요한 식품의 양 등을 알고
  자신의 영양과 식사에 관심을 가지며, 이를 자신의 식생활에 실천적으로 적용할 수
  있다.

② 밥짓기와 국끓이기, 간단한 반찬 만들기의 기본적인 조리 방법과 특성, 조리시 식품
  성분의 변화 등을 알고 간단한 음식을 만들 수 있다.

3) 미래의 기술

① 기술의 발달 과정과 앞으로의 전망을 이해한다.

② 생명 기술과 재배에 관한 기초 지식과 기술을 습득하여 실생활에 활용할 수 있다.

4) 제도의 기초

① 제도 통칙에 따라 선, 문자, 기호 등을 사용하여 물체를 도면에 나타낼 수 있다.

② 간단한 도면을 읽고 그릴 수 있다.

5) 컴퓨터와 정보 처리

① 컴퓨터의 구조와 원리를 이해한다.

② 컴퓨터로 자료를 처리하여 정보를 생산, 저장하며 필요한 곳에 분배하는 방법을 알고
  이를 일상 생활에 활용할 수 있다.

㈎ 8학년

1) 의복 마련과 관리

① 의복의 의미와 기능, 옷차림, 의복 마련 계획과 구입 방법 등을 이해하여 상황과 개
  성에 맞는 옷차림을 할 수 있다.

② 옷감의 특성에 따라 세탁과 보관을 바르게 할 수 있다.

③ 손바느질과 재봉틀을 이용하여 의복의 제작, 수선, 재활용을 할 수 있다.

2) 기계의 이해

① 자전거를 구성하는 기계 요소의 종류와 동작 원리를 이해한다.

② 간단한 기계 요소를 이용하여 운동 물체를 만들 수 있다.

3) 재료의 이용

① 금속, 목재, 플라스틱 재료의 특성을 이해하고, 제품을 구상할 수 있다.

② 금속, 목재, 플라스틱 재료에 쓰이는 공구와 기구를 사용하여 간단한 제품을 만들 수

있다.

4) 컴퓨터와 생활

① 다양한 컴퓨터 소프트웨어를 이용할 수 있다.

② 인터넷을 통하여 생활에 필요한 정보를 찾고 활용할 수 있다.

5) 자원의 관리와 환경

① 자원과 환경 보전의 중요성을 인식한다.

② 청소년의 일과 시간, 소비 생활을 이해하여 시간 자원을 효율적으로 활용할 수 있다.

③ 청소년 소비 생활의 특성을 이해하여 건전한 소비 생활을 할 수 있다.

⑼ 9학년

1) 산업과 진로

① 농업, 공업, 상업, 해양·수산업, 정보 통신, 가정 분야의 현재와 미래를 이해한다.

② 자신의 특성에 맞는 진로를 탐색할 수 있으며 건전한 직업 윤리를 이해한다.

③ 산업 재해와 안전의 중요성, 현황과 대책 등을 이해하여 안전한 직업 생활을 하려는 태도를 가진다.

2) 가족의 식사 관리

① 식단 작성, 식단에 따른 식품의 선택과 구입 방법 등을 알아 가족의 식단을 작성하고, 필요한 식품을 바르게 선택할 수 있다.

② 식단에 따라 적당한 조리 방법을 적용하여 식사를 준비할 수 있으며, 이를 평가할 수 있다.

③ 식사 예절에 대한 지식과 기능을 습득하여 실생활에 적용할 수 있다.

3) 전기 전자 기술

① 전기의 기본 회로와 조명에 대하여 이해한다.

② 회로 시험기를 사용하여 가전 기기를 점검할 수 있다.

③ 간단한 전자 부품을 이용하여 생활에 필요한 전자 제품을 만들 수 있다.

4) 가족 생활과 주거

① 생활 공간의 특성에 맞는 공간의 활용 방법을 알고 주어진 공간을 효율적으로 활용할 수 있다.

② 쾌적하고 안전한 실내 환경을 유지하는 방법을 알아 실내를 쾌적하게 유지한다.

③ 주택의 유지와 보수에 대한 지식과 기능을 익혀 일상 생활에서 발생하는 주거 문제를 해결할 수 있다.

㈖ **10학년**

1) 가정 생활의 설계

① 우리 나라의 의·식·주, 가족, 소비 생활 문화의 변화와, 세계 여러 나라의 가정 생활 문화를 이해한다.

② 가족의 형성에서 쇠퇴까지의 가족 생활 주기와 그 특성을 이해하여 결혼과 육아, 의·식·주생활, 진로 등에 대한 자신의 미래 생활을 바르게 설계할 수 있다.

③ 배우자 선택과 결혼, 임신과 출산, 육아 등 가족 생활에 필요한 지식과 기술을 습득한다.

2) 가정 생활의 실제

① 간단한 초대와 행사를 계획하고 준비하여 실행할 수 있다.

② 직물을 이용하여 커튼, 식탁보 등 간단한 생활 용품을 제작할 수 있다.

③ 자신의 주거 공간을 미적, 기능적으로 꾸며 효율적으로 활용할 수 있다.

3) 에너지와 수송 기술

① 에너지원의 종류와 이용 분야를 이해한다.

② 동력의 발생 원리와 그에 따른 이용 방법을 안다.

③ 자동차의 관리 방법을 알아 바르고 안전하게 관리할 수 있다.

4) 건설 기술의 기초

① 건설 구조물의 종류, 시공 원리와 과정 등을 건설 기술의 특성을 이해한다.

② 건설 구조의 시공 원리를 적용하여 교량과 같은 간단한 구조물 모형을 만들 수 있다.

(5) 교수-학습 방법

㈎ 이 교과는 5~10학년까지 남녀 구분 없이 이수시키며, 11~12학년 선택 교과와의 연계성을 고려하여 지도 계획을 수립하여 체계성 있게 지도한다.

㈏ 지도 내용은 모든 영역에 걸쳐 고르게 이수시키되, 학생과 학교의 실정, 지역 사회의 여건 등을 고려하여 내용 요소의 조합이나 지도 순서와 비중을 달리할 수 있다.

㈐ 국가 수준의 배당 시간은 최소 이수 시간이므로 반드시 확보되어야 하며, 학교 행사, 학급 활동 등으로 전용되는 일이 없도록 하고, 지도 시간이 부족할 경우에는 재량 시간을 활용하도록 한다.

㈑ 시간 계획은 필요한 경우, 학습의 실효를 거둘 수 있도록 연속하여 편성·운영할 수 있다.

㈒ 실험·실습, 조사, 토의 등 활동 중심, 사례 중심으로 지도하고 학생 스스로 문제를 발견하고 활동 계획을 세워 실행할 수 있는 과제를 포함시키도록 한다.

㈓ 전 영역의 실습 소재나 재료를 생활 주변에서 찾음으로서 습득한 지식과 기능을 일

상 생활에 적극적으로 활용할 수 있고 일의 즐거움과 성취감을 느낄 수 있도록 지도한다.

(사) 교수-학습 활동은 전반에 걸쳐 노작을 중시하고, 가정 실습, 학교 행사, 지역 사회 등과 밀접한 관계를 가지도록 하며, 산업체 견학, 자원 인사의 활용, 전시회 관람 등을 통하여 흥미 있는 학습이 이루어질 수 있도록 한다.

(아) 교수-학습 과정에서는 다양한 시청각 매체와 학습 자료 등을 적극적으로 활용하도록 하고, 이의 활용 방안이 지도 계획에 반영되도록 한다.

(자) 모든 영역에서 컴퓨터를 활용한 수업이나 과제 등을 통하여 컴퓨터에 흥미를 가질 수 있도록 하되, 컴퓨터 내용의 지도에 있어서는 학교 시설 여건을 고려하여 실효성 있게 계획을 수립하고, 지도 시간을 늘리고자 할 때에는 학교 재량 시간을 활용하되, 실과의 다른 내용에 배당된 시간을 활용하지 않도록 한다.

(차) 학습의 효과와 학생의 흥미를 높이기 위하여 실습실과 필요한 시설 설비 및 기구, 연모 등을 갖추어 실천 학습이 되도록 한다.

(카) 실습은 가급적 적은 인원의 조별 학습 및 분단 학습으로 하여 상호 협력의 중요성을 인식하게 한다.

(타) 실습의 지도에서는 자료를 합리적으로 선택, 구입 활용하며 자원을 아껴 쓰는 태도를 가지게 하고, 실습이나 일의 수행에 있어서는 중간에 포기하지 않고 끝까지 참여하여 완수하도록 한다. 특히, 기계 기구의 조작과 손질, 보관, 열원과 연료의 취급에 유의하도록 하고, 안전 교육에 힘쓰도록 한다. 식품의 조리 실습에서는 식품의 위생에 유의하도록 하고, 실습 후에는 뒷정리를 잘 할 수 있도록 지도한다.

(파) 인성 교육, 환경 교육, 세계 이해 교육, 통일 교육, 진로 교육, 보건 교육, 근검 절약 교육, 성교육, 경제 교육, 근로 정신 함양 교육, 안전 교육, 생활 예절 교육 등 국가·사회적 요구 사항이 관련 영역과 내용에서 충실히 반영될 수 있도록 지도한다.

(하) 각 영역 내용의 지도에서는 다음 사항을 특히 유의한다.

1) '가족과 일의 이해' 영역에서는 비디오·영화, 컴퓨터와 신문 기사 등 다양한 멀티미디어 자료를 활용하고 사례 조사, 토의 학습, 협동 학습, 역할 놀이 등 다양한 활동을 통하여 실생활에 적용할 수 있는 문제 해결 중심의 수업이 되도록 한다.

① 7학년의 '나와 가족의 이해' 단원에는 부모와 자녀가 함께 해결할 수 있는 과제를 제시하여 실생활에 적용할 수 있도록 한다.

② 9학년의 '산업과 진로'에서는 토의 학습, 사례 조사, 현장 견학, 전문가 초빙 등을 활용하고 농업, 공업, 상업, 해양 산업, 정보 통신, 가정 분야에 대한 기본적

인 지식을 습득하게 하여 미래의 직업 세계를 탐색할 수 있도록 한다. 또한, 산업별 안전사고에 관한 통계 자료 등을 활용하여 안전에 유의하도록 지도한다.

③ 10학년의 '가정 생활의 설계'에서는 가족, 가정 경제, 가정 관리 등을 포함하여 미래의 가정 생활에 대한 종합적 설계를 할 수 있도록 한다. '결혼과 육아' 내용은 급변하는 현대 사회에서의 배우자의 선택, 결혼관, 부모됨의 의미 등을 바르게 이해할 수 있도록 실습이나 현장 견학, 인터뷰, 사례 관찰 등을 통해 체험적, 문제 해결 중심의 학습이 되도록 지도하고 자신의 생활을 설계할 수 있는 능력을 길러 주도록 한다.

2) '생활 기술' 영역에서는 실생활과 관련된 실험·실습 위주의 노작 활동을 통하여 일을 효율적으로 계획, 실행할 수 있도록 하고 다양한 가정 학습 과제를 제시하여 학생들의 수준에 따라 선택할 수 있도록 한다.

① 5학년의 '간단한 생활 용품 만들기'에서는 바느질에 필요한 용구를 바르게 사용할 수 있게 한 후, 스킬 자수, 뜨개질, 손바느질 중에서 아동들이 선택하여 학습할 수 있도록 계획하여 지도한다. '꽃과 채소 가꾸기'에서는 재배의 기초가 되는 씨뿌리기를 통하여 생장의 전 과정을 관찰하도록 하고, 여건을 고려하여 꽃이나 채소 중에서 선택하여 집중적으로 이수하든가 두 가지 과제를 모두 이수할 수도 있다. 그리고 기르기나 가꾸기에서는 생물을 다룰 때에 생명을 아끼고 존중하는 태도를 가지도록 하고, 시작부터 마무리까지 계속적으로 관심을 가지도록 한다.

② 6학년 '동물기르기'에서는 지역이나 학교 여건을 고려하여 애완 동물 기르기, 경제 동물 기르기, 금붕어 기르기 중에서 선택하여 이수하도록 하되, 사육 활동에 대하여도 흥미를 가지도록 견학, 관찰 등의 다양한 방법을 활용하여 지도하며 사전에 면밀한 계획을 수립하여 실효를 거두도록 한다.

③ 7학년의 '제도의 기초'에서는 투상법을 이용하여 간단한 물체의 모양을 도면에 나타내는 방법을 다룬다.

④ 8학년의 '의복 마련과 관리'에서는 한복과 양복에 관한 내용을 다루되, 옷 만들기와 재활용에서는 디자인, 크기 등을 다양하게 변형시킬 수 있는 방법과 손쉽게 의복을 재활용하는 방법을 함께 지도하여 학생의 능력과 요구를 충족시킬 수 있도록 한다. '재료의 이용'에서 다루는 금속, 목재, 플라스틱의 실습은 학교의 여건에 따라 선택적으로 하거나 이들 재료를 종합적으로 다루는 실습 제재를 선정하여 융통성 있게 지도한다. '기계의 이용' 내용 중 자전거의 지도에서

는 안전에 유의하여 지도하고, 운동 물체 만들기에서는 학생들의 창의적인 구상 능력이 발휘될 수 있도록 융통성을 부여하며, 동력 전달의 원리를 이해할 수 있는 소재를 선택하도록 한다.

⑤ 7학년의 '컴퓨터와 정보 처리', 8학년의 '컴퓨터와 생활'의 지도에서는 실습에 필요한 환경을 사전에 점검, 구축한다. 또, 다양한 컴퓨터 소프트웨어 프로그램과 PC 통신, 인터넷을 이용하는 등 일상 생활에서 필요한 정보를 컴퓨터를 통해 직접 찾고 활용할 수 있도록 하고, 컴퓨터와 관련되는 윤리에 대하여도 지도한다. 특히, 한정된 시간의 부족을 극복할 수 있도록 개인별 또는 팀별 과제 학습, 자율 학습 방법을 적용하여 지도한다.

⑥ 10학년의 '에너지원의 이용'에서는 원자력에 대한 내용을 포함하고 안전성에 대하여도 다룬다. '자동차의 관리'에서는 교통 문화와 자동차 안전 등도 포함하여 지도한다. '건설 기술의 기초'에서는 과학이나 수학에서 다룬 원리와 개념을 적용할 수 있는 실습 소재를 선택하도록 한다. '가정 생활의 실제' 에서는 의·식·주에 관한 실습을 할 수 있도록 하되, 팀별 과제 또는 협동 학습을 통해 공동으로 계획하고 수행하는 실습의 형태로 지도할 수 있다.

⑦ '생활 자원과 환경의 관리'에서는 현장 견학, 자원 인사 활용, 사례 조사, 문제 해결 학습 또는 집단 탐구 학습 등의 방법을 적용하여 사례를 중심으로 자신의 문제를 해결하고, 문제 해결 과정을 통해 자기 학습력을 키울 수 있도록 한다.

⑧ 8학년의 '자원의 관리와 환경'에서는 쓰레기 매립장, 상하수도 처리장 등의 현장 견학을 통하여 환경 보전의 중요성을 알고, 통신을 이용한 다양한 소비자 정보의 검색과 지역 사회에 있는 소비자 보호 단체 방문 및 인터뷰를 통해 소비자 문제를 합리적으로 해결할 수 있도록 지도한다.

⑨ 9학년의 '가족 생활과 주거'에서는 간단한 주택 보수 실습을 통하여 주변에서 발생할 수 있는 주거 문제를 해결할 수 있도록 지도한다.

(6) 평 가

㈎ 교과 또는 영역의 목표와 내용을 염두에 두고 평가를 실시하되, 어느 특정 영역이나 내용에 치우치지 않도록 해야 한다.

㈏ 단순하고 지엽적인 내용의 평가를 지양하고, 교육과정에 제시되어 있는 목표에 대한 성취 수준을 전반적으로 평가하되 다음 사항에 중점을 두어 평가를 한다.

1) 기본적인 개념이나 원리, 사실 등 관련 지식의 이해

2) 의사 결정 능력과 응용력, 창의력을 발휘한 문제 해결 능력

3) 실습의 방법과 절차에 따른 실습 능력, 도구나 용구를 바르게 사용하는 능력과 태도

4) 성실하게 실습에 임하고 합리적으로 문제를 해결하려는 태도

㈐ 각 영역별 특성을 고려하여 과정이나 성과를 수시로 평가하고 지필 평가 외에 학생 활동의 관찰, 면담 등 여러 가지 방법이 적절히 활용되도록 하되, 사전에 평가의 기준, 방법, 시기 등을 계획하여 실시하도록 한다.

㈑ 실험·실습, 실기 등의 평가에서는 평가 항목을 세분화, 단계화하여 평가 기준을 작성, 활용함으로써 객관적인 평가가 될 수 있도록 한다. 그리고 평가의 기준이 되는 요소들을 학생에게 미리 알려 줌으로써, 평가의 목표와 유의해야 할 점 등을 정확히 이해할 수 있도록 한다.

㈒ 정의적 영역을 강조하여 다루는 내용을 지필 평가할 경우에는 선다형보다는 서술형 문항을 활용하여 가치, 태도 등을 간접적으로 평가하도록 한다.

㈓ 실기 평가에서는 결과뿐만 아니라 준비 및 과정도 중요시하고, 특히 과정의 평가는 가급적 지도 시간 단위별로 실시하여 평가의 타당성을 높이고 과제 학습이나 가정에서의 실습 결과도 평가에 반영할 수 있도록 한다.

㈔ 실습 평가는 양적 평가뿐만 아니라 질적 평가에 중점을 두고, 다양한 평가 방법을 적용하도록 한다. 특히, 기능에 대한 평가는 가급적 실기 평가 방법을 적용하도록 하고, 실기의 비율이 전체의 60 % 이상 반영되도록 한다.

㈕ 문제 해결에 대한 태도, 가치관의 평가는 자율적인 학습 경험을 발전시켜 나갈 수 있는 자기 평가와 함께 실천에 주안점을 둔 평가가 이루어지도록 한다. 자기 평가에 있어서는 학생들이 스스로 평가할 수 있도록 명료한 기준을 제시하여 주도록 한다.

㈖ 평가 결과는 학습 목표, 학습 지도 방법, 지도 계획 등에 반영하여 전반적인 학습 과정의 보완 및 진로 지도에 활용하도록 한다.

10. 실과(기술·가정) 교육과정 변천의 종합적 비교

우리 나라 교육과정 변천에 대한 공포 시기, 근거, 교육과정명을 1 차 교육과정기부터 7 차 교육과정까지 시기별로 종합하면 [표 2-57]과 같다.

[표 2-57] 우리 나라의 교육과정의 변천 과정

기 별	공포 시기	근 거	학교 급별	비 고
1차 교육 과정기	1954. 4. 20. 1955. 8. 1.	문교부령 제 35 호 문교부령 제 44 호 문교부령 제 45 호 문교부령 제 46 호	국민학교, 중학교, 고등학교, 사 범학교 시간배당기준령 국민학교 교과과정 중학교 교과과정 고등학교 교과과정	
2차 교육 과정기	1963. 2. 15. 1969. 9. 4. 1972. 5. 8.	문교부령 제 119 호 문교부령 제 120 호 문교부령 제 121 호 문교부령 제 251 호 문교부령 제 300 호	국민학교 교육과정 중학교 교육과정 고등학교 교육과정 중학교 교육과정 중학교 교육과정	기술과목 신설 한문과의 신설
3차 교육 과정기	1973. 2. 14. 1973. 8. 31. 1974. 12. 31.	문교부령 제 310 호 문교부령 제 325 호 문교부령 제 350 호	국민학교 교육과정 중학교 교육과정 고등학교 교육과정	
4차 교육 과정기	1981. 12. 31.	문교부 고시 제 442 호	유치원 교육과정 국민학교 교육과정 중학교 교육과정 고등학교 교육과정	
5차 교육 과정기	1987. 3. 31. 1987. 6. 30. 1988. 3. 31.	문교부 고시 제 87-7 호 문교부 고시 제 87-9 호 문교부 고시 제 88-7 호	중학교 교육과정 유치원, 국민학교 교육과정 고등학교 교육과정	
6차 교육 과정기	1992. 6. 30. 1992. 9. 30. 1992. 10. 30. 1995. 11. 1.	교육부고시 제 1992-11 호 교육부고시 제 1992-15 호 교육부고시 제 1992-16 호 교육부고시 제 1992-19 호 교육부고시 제 1995-7 호	중학교 교육과정 유치원 교육과정 국민학교 교육과정 고등학교 교육과정 초등학교 교육과정	초등 영어과 신설
7차 교육 과정기	1997. 12. 31. 1998. 6. 30.	교육부고시 제 1997-15 호 교육부고시 제 1998-10 호	초등학교 교육과정 중학교 교육과정 고등학교 교육과정 유치원 교육과정	

가. 실 과

(1) 실과 교육과정 시간 배당 변천 비교

실과 교육과정 편제에 나타난 실과 시간 배당을 비교하면 [표 2-58]과 같다. 이 시간 배당 기준을 보면 2차 교육과정이 3차나 4차보다 배당된 시간이 많았음을 알 수 있다. 4차 교육과정 개정시부터 실과의 유용성 여부가 제기되고 주당 수업 시간 수도 6학년의 경우 1시간이 줄어들었다. 그 후 점차 비중이 낮아지면서 6차에 이르러서는 3학년에 실과가 과

해졌지만 학년별로 주당 1시간씩만 배당하고 있어 종래보다는 전체 이수 시간이 줄어들었다고 볼 수 있다.

[표 2-58] 실과 교육과정 변천에 따른 실과 시간 배당 비교

시 기 \ 학년 시간수		1	2	3	4	5	6	부과학년 평균 시간 수
1차 교육과정	실 과	·	·	·	2~2.5	2~2.5	2.5~3	2~3
	매주 평균 수업량	24	25	27	28	30	31	
2차 교육과정	실 과	·	·	·	2~2.5	2.5~3	2.5~3.5	2~3.5
	매주 평균 수업량	21	22	24	26	28	28	
3차 교육과정	실 과	·	·	·	2	2	3	2~3
	매주 평균 수업량	22	23	25	28	30	31	
4차 교육과정	실 과	·	·	·	2	2	2	2
	매주 평균 수업량	23	24	26	28	30	30	
5차 교육과정	실 과	·	·	·	2	2	2	2
	매주 평균 수업량	24	25	28	30	32	32	
6차 교육과정	실 과	·	·	1	1	1	1	1
	매주 평균 수업량	23	25	28	29	31	31	
7차 교육과정	실 과	·	·	·	·	2	2	2
	매주 평균 수업량	·	·	·	·	32	32	

(2) 실과 교육과정 교육 목표 변천 비교

구분	전체 목표	세부 목표	특징
1차 교육과정	의식주와 직업에 대한 이해와 기능, 지식, 사회에 협력, 건전한 생활	· 자립 생활의 중요성 · 실생활에 필요한 기초적 기능 · 연구적·창의적 태도 · 근로 애중, 실천성 · 협조, 책임감 · 일의 건전한 습성 · 직업에 대한 기초적 이해 · 국가 산업 이해	자립 생활 및 실생활에 필요한 기초적인 기능과 직업에 대한 기초적인 이해를 강조
2차 교육과정	의식주와 직업에 대한 이해, 기능과 태도, 사회에 협력	· 생활 필수품 손수 만들기 · 실생활에 필요한 기초적 기능 · 연구적·창의적 태도 · 근로 애호, 소질과 능력에 맞는 일 선택 · 국가 산업 이해	학년 목표가 설정되어 세부 목표를 구체화

3차 교육과정	의식주와 직업에 대한 이해, 기능과 태도, 사회에 협력	• 실생활에 필요한 기초 지식 기능을 길러 현대 생활 영위 • 생산자, 소비자로서의 능력 배양 • 생활을 향상시킬 수 있는 태도 배양 • 명랑한 민주 시민 • 실생활에 필요한 기초적 지식 습득, 직업과 적성에 관심	종래 목표보다 생산자와 소비자 교육 강조
4차 교육과정	실생활에 필요한 일의 경험, 개인의 소양 계발, 건전한 생활태도 확립, 사회 발전에 기여할 수 있는 자질 배양	• 가족 성원으로서의 보람, 자조, 근면, 협동, 바람직한 인간 관계 • 자립적 생활 • 소비자 자질 배양 • 직업 세계 이해	교과의 목표가 실과의 내용 영역별로 제시, 학년별 목표는 이 4영역을 구체화
5차 교육과정	실생활에 필요한 일을 경험, 개인의 소질 계발, 현재·미래에 대비할 수 있는 생활 능력 배양	• 자립적인 생활 • 생활에 필요한 기본적 기능 • 소비자 자질 배양 • 직업 세계 이해	4차와 큰 변동 없는 4개의 영역별 목표가 있고 학년 목표는 이 4영역을 구체화
6차 교육과정	실생활에 필요한 일 경험, 소질 계발, 실생활에 대처할 수 있는 기본적 능력 배양	• 기본 도구 제작 능력 배양 • 생활 환경 조성 능력 배양 • 일을 체험하여 근면·협동하는 태도 배양	근면에 바탕을 둔 실천성 및 일의 가치 존중 태도를 중요시, 3학년 목표 설정

(3) 실과 교육과정 교육 내용 변천 비교

구 분	내용 영역	특 징
1차 교육과정	• 미화 작업 • 재배 • 사육 • 공작 • 기구·기계 • 조리 • 재봉·뜨개질 • 세탁 • 위생 보육 • 문서 정리	• 종래의 직업, 요리·재봉, 공작 등의 내용을 정리하여 실과로 통합 • 내용을 10개 영역으로 구성, 4, 5, 6학년 같은 영역 나선형 조직 • 내용이 광범위하고 과다하게 제시 • 내용을 일감, 기능, 이해로 구분하여 제시 • 내용의 기능 부분은 남녀 구분 이수 • 6학년 교과서는 남녀 구분 편찬 • 주당 배당 시간은 4, 5학년 각 80~110분, 6학년 90~130분
2차 교육과정	• 가정 생활 • 일 • 재배 • 사육 • 기구 제작 • 생활 향상 • 관리 교육	• 내용을 7개 영역으로 구분, 이에 관한 소항목 영역을 4, 5, 6학년에 걸쳐 나선형 조직 • 모든 내용 남녀 구분 없이 이수 시작 • 생산성과 유용성 강조로 재배 및 사육 영역 강화 • 가정 생활 내용은 전 영역에 분산, 의식주 관련 내용은 생활 통한 교육 강조 • 생활 경험을 통한 교육 강조 • 주당 배당 시간 · 4학년 : 2~2.5시간, · 5학년 : 2.5~3시간, · 6학년 : 2.5~3.5시간

3차 교육과정	• 재배 • 사육 • 설계·공작 • 기계·기구 조작 • 경영·계산 • 식품·조리 • 재봉·세탁 • 주택 및 환경 위생 • 생활 계획	• 내용을 9개 영역으로 구성 4, 5, 6학년 같은 영역 나선형 조직 • 가정 생활 영역과 공작 영역 강화 • 단순 노작에 그치지 않고 창의와 능률, 실질을 고려 성실하게 협동하는 태도 육성에 역점을 둠 • 모든 내용 남녀 구분 없는 이수 정착 • 주당 배당 시간은 4, 5학년 각 2시간, 6학년 3시간
4차 교육과정	• 생활 계획과 관리 • 생활 기능 • 소비와 절약 • 일과 직업의 이해	• 내용 영역의 조직을 크게 바꾸고 4개 영역으로 통합 구성, 4, 5, 6학년 같은 영역 나선형 조직 • 실용적인 것 중시, 기본 기능 습득 강조 • 가정 영역 강화, 계발적 경험 확대 • 재배·사육 내용 축소 정선 • 근검 절약의 실천, 소비자 교육 중시 • '일과 직업의 이해' 영역 신설, 진로 교육 계기 마련 • 주당 배당 시간은 4, 5, 6학년 각 2시간
5차 교육과정	• 생활 계획과 관리 • 생활 기능 • 소비와 절약 • 일과 직업의 이해	• 내용을 4개 대영역 유지, 하위 영역 수준에서 내용 보완 수정, 4, 5, 6학년 같은 영역 나선형 조직 • 기초적 생활 기능의 정착, 근로 존중, 근검 절약의 실천에 강조점을 둠 • 보조 교과서 '실습 길잡이' 편찬 • 컴퓨터 교육의 도입 • 주당 배당 시간은 4, 5, 6학년 각 2시간
6차 교육과정	• 다루기 • 만들기 • 가꾸기 및 기르기 • 건사하기	• 3학년부터로 이수 학년 확대 • 내용을 행동 중심의 4개 영역으로 구성, 3, 4, 5, 6학년 같은 영역 나선형·조직 • 내용을 신변에 가깝고 유용하며 쉽고 기본적인 노작의 체험에 한정 • 조작 활동을 강조하는 실천 중심의 내용 체계 구축 • 기르기 영역 운영의 재량권 부여 • 주당 배당 시간은 3, 4, 5, 6학년 각 1시간
7차 교육과정	• 가족과 일의 이해 • 생활 기술 • 생활 자원과 환경의 관리	• 5·6학년에서만 이수(주당 2시간) • 국민 공통 기본 교과로 초등학교에서는 실과, 중·고등학교(10학년)에서는 기술·가정으로 편제 및 교육과정 체제 일반화 • 실천적 학습을 통해 실생활의 적응 능력을 기르는 교과 • 지도 내용은 자신의 생활과 집안 일에 필요한 기본적인 내용을 추출하여 흥미·생활의 유용성, 실용성, 적합성 등을 고려하고 학생의 발달 수준에 맞게 선정 조직

나. 중학교 기술·가정

(1) 실업 교육과정 시간 배당 변천 비교

시 기	교과명	과목명	주당 이수 시간			비 고
교수 요목	실 업	농업, 공업, 상업, 수산업	1 1	1 1	2(남) 1(여)	
		가사 재봉(여) 수예	2 2 1	2 3 1	4 3 1	
제1차 교육과정 (문교부령 제35호) (1954. 4. 20)	실 업 · 가 정	농업 생활, 가정 생활, 공업 생활, 상업 생활, 어촌 생활	5	5	5	필수 과목
			1-7	1-7	1-7	선택 과목
제2차 교육과정 (문교부령 제120호) (1963. 2. 15)	실 업 · 가 정	농·공·상·수산 종합과정	4-5			남자
		농업, 상업, 공업, 수산 과정		4-6	3-12	남자. 선택1
		가정과정	4-5	4-6	3-12	여자
교육과정 부분개정 (문교부령 제251호) (1969. 9. 4)	실 업 · 가 정	기술(남) 기술(여)	4-5	3	3	필수 과목
		농업, 공업, 상업, 수산, 가정		2-3	2-9	선택1
제3차 교육과정 (문교부령 제325호) (1973. 8. 31)	실 업 · 가 정	기술(남) 가정(여)	3	3	3	필수 과목
		농업, 공업, 상업, 수산, 가사		3-4	3-7	선택1
제4차 교육과정 (문교부고시 제442호) (1981. 12. 31)	실 업 · 가 정	생활기술 가정	3	4-6		
		농업, 공업, 상업, 수산, 가사			5-7	선택 1-2
제5차 교육과정 (문교부고시 87-7호) (1987. 3. 31)	실 업 · 가 정	기술 가정 기술·가정	3	4-6		남녀 구분 없이 선택1
		농업, 공업, 상업, 수산, 가사			4-6	선택1
제6차 교육과정 (문교부고시 제1992-11호) (1992. 6. 30)	기술·산업	기술·산업	1	2	2	남녀 공통 필수
	가 정	가정	2	1	1	
제7차 교육과정 (교육부고시 제1997-15호) (1997. 12. 30)	실과 (기술·가정)	기술·가정	68 (2)	102 (3)	102 (3)	국민 공통 기본 교과로 남녀 학생 모두에게 이수

(2) 중학교 기술, 가정 교육과정의 교육 목표 변천 비교

㈎ 기 술

구 분	전체 목표	세부 목표	특 징
2차 교육과정 (1969)	산업 사회와 가정 생활에 필요한 기초적 지식과 기술, 합리적인 생활 영위, 근면한 국민으로서 국가 발전에 기여	• 직업의 의의와 종류 이해 • 발전하는 산업 사회에 적응 • 기계, 기구, 재료 등을 합리적으로 다루는 기능 • 협동, 근면, 안전, 책임을 소중히 여김	1969년 기술과가 신설되었음
3차 교육과정 (1973)	생활에 필요한 기초적 기술을 습득, 창조하고 생산하는 즐거움을 알게 함, 생활에 필요한 기술과 생활과의 관계를 이해	• 생활에 필요한 기초적 기술 습득 • 근대 기술에 관한 이해를 깊게 하고 사물을 합리적으로 처리하는 능력과 태도 • 설계 제도, 제작 등의 학습 경험을 통하여 스스로 만드는 즐거움을 인식 • 창조하고 생산하는 즐거움을 인식 • 기술과 생활과의 관계 이해 • 생활 향상과 기술 발전에 힘쓰는 태도	기술의 내용은 산업과 직업, 재배, 설계 제도, 목공, 금속 가공, 기계, 전기 전자로 구성됨
4차 교육과정 (1982)	생활과 기술과의 관계 이해, 실제 생활에 필요한 기초 기술 능력 습득, 근로자의 소중함 인식	• 산업 발전에 대비한 기술 개발 필요 • 합리적인 소비 생활 • 재배, 제작 기능 이해, 소질 개발 • 재료, 공구, 기계 활용 • 실생활에서 쓰이는 재료와 기계 기구의 구조 • 노작교육을 통한 창의성과 근면성 육성	교과명이 '생활 기술'로 바뀜. 기술 교과의 목표가 전인 교육이라는 국가 사회적 요구를 감안하여 기술적인 소양을 기르는 데 주안점을 둠
5차 교육과정 (1989)	산업 사회에 적응할 수 있는 능력 배양, 산업과 기술에 대한 이해, 일의 세계 이해	• 산업과 관련된 기초 지식 이해 • 산업 사회에 적응할 수 있는 능력 배양 • 재료, 에너지, 공구, 기계 등에 관한 기술적 경험과 활용 능력 • 현대 사회와 직업과의 관계 이해	4차 교육과정기의 교과명인 '생활기술'이 '기술'로 바뀜
6차 교육과정 (1996)	기술과 산업에 관한 지식과 기술적 경험 획득, 일과 직업의 세계 이해, 고도 산업 사회에 적응할 수 있는 능력과 태도	• 기술과 산업에 관한 기초적인 지식과 경험 획득 • 가정 생활과 사회 생활에 적응할 수 있는 능력 배양 • 지식과 기술적 경험을 통하여 효율적으로 활용할 수 있는 실천적 태도 육성 • 일을 창의적으로 계획하고 실천 • 기술·산업의 세계 이해 • 자신에 대한 진로를 탐색하려는 능력과 태도	종전의 기술과 실업 교과를 통합하여 '기술·산업' 교과로 함. 교과의 성격을 신설하여 성격, 목표, 내용, 방법, 평가의 5개 영역으로 제시함.

㈏ 가 정

구 분	전체 목표	세부 목표	특 징
1차 교육과정 (1954)	가정과 사회의 발전을 위하여 협심 합력해야 하는 의의 자각, 이에 대한 지식과 기능 및 태도를 체득	▪근로의 신성성과 존중성 이해 ▪실생활에 필요한 작업의 기초적인 지식 기능 ▪가정 생활의 존귀성 이해 ▪지식 기능 연마 ▪일인 일기 습득 ▪직업 생활에 대한 사회 경제적인 지식 습득 ▪직업 생활의 충실 ▪과학적, 능률적으로 일 해결 ▪직업의 업태와 성태에 대한 이해 ▪직업을 통한 국사 사회에 봉사	10개의 구체적인 목표 제시
2차 교육과정 (1969)	기초적 기술 습득, 실생활에 적응하여 합리적인 생활을 영위, 직업을 통하여 근면한 국민으로서 국가 발전에 기여하는 능력과 태도 육성	▪직업의 종류 이해 ▪적성을 살려 사회 발전을 위해 봉사 ▪실생활에 필요한 기초적 기술 습득 ▪산업 사회에 적응할 수 있는 소양 ▪기계, 기구, 재료 등을 합리적으로 다루는 기능과 창조의 능력 배양 ▪생활과 관련된 기술 학습 ▪만드는 즐거움 ▪협동, 근면, 안전 책임을 소중히 여기며 기술 향상에 힘씀	남자와 여자의 기술 목표가 거의 비슷, 교과 목표는 같으나 학년 목표에서 기술(여자)에서는 가정 생활과 관련된 의식주에 관한 목표가 제시됨.
3차 교육과정 (1973)	가정 생활을 영위하는 데 필요한 기초적 지식과 기능, 생활을 창의적으로 영위, 의식주 생활과 육아, 가정 관리에 관한 과학적 지식과 기능, 산업 사회에 적응하는 현대적 생활 영위	▪가정 생활을 영위하는 데 필요한 기초적 지식과 기능 배양 ▪가족의 성원으로 보람과 의무를 깨닫기 ▪생활을 창의적으로 영위 ▪의식주 생활과 육아, 가정 관리에 관한 과학적 지식과 기능 습득 ▪가정 생활을 합리적으로 관리하고 근면, 절약하는 생활을 영위 ▪미풍 양속에 대한 이해 ▪현대 산업 기술과 가정 생활과의 관계 이해 ▪우리 나라 고유의 부덕 계승 향상 ▪산업 사회에 적응하는 현대적 생활 영위	2차 교육과정 때의 기술(여자)이 없어지고 기술은 남학생, 가정은 여학생으로 성차에 따른 편제로 인하여 목표도 2차 때와 다름.
4차 교육과정 (1982)	나와 가족 및 사회와의 관계 이해, 의식주 생활에 관한 지식과 기능 습득, 가정 생활과 직업과의 관계 이해	▪나와 가족 및 사회와의 관계 이해 ▪원만한 인간 관계 유지 ▪의식주 생활을 영위하는 데 필요한 기초적인 지식과 기능 습득 ▪자신의 일상 생활을 창의적으로 영위 ▪가정 생활과 직업과의 관계 이해 ▪진로에 대한 관심 ▪근로와 직업을 존중하는 태도	가정 경영 행동을 학생 수준에 맞도록 수행하여 자신과 가족의 생활 향상에 목적을 두고 설정

5차 교육과정 (1989)	가정 생활의 중요성 인식, 재료 등에 관한 기술적 경험을 효율적으로 활용할 수 있는 능력과 태도, 일의 세계 이해와 진로 탐색	• 가정 생활의 중요성 인식 • 가족원의 성장과 발달 과정 이해 • 가정과 사회의 일원으로 협동하는 태도 • 의식주 및 소비생활을 영위하는 데 필요한 기초적인 지식과 경험 습득 • 현대 사회와 직업과의 관계 이해 • 자신의 진로 탐색	과목 목표와 학년 목표가 제시되어 있는데, 종전의 목표가 과목 목표로 명칭이 바뀌었으나 항목 수는 종전과 같이 3개항임
6차 교육과정 (1996)	자신과 가정 생활의 관계 이해, 가정 생활을 충실하게 하는 데 필요한 능력과 태도	• 가정 생활의 중요성 이해 • 가정에서 자신의 위치와 역할 인식 • 가정 생활에 필요한 기초적인 지식과 기능 습득 • 가정 생활에 자주적이고 협동적으로 참여하는 태도	총괄 목표 아래 3개의 하위 목표가 있음

(3) 중학교 기술, 가정 교육과정의 교육 내용 변천 비교

㈎ 기 술

구 분	내 용 영 역	특 징
2차 교육과정	• 산업과 직업 • 제도 • 목공 • 금속 가공 • 기계 • 전기 • 제작	• 제도 영역과 기계 영역은 2개 학년에 걸쳐 제시됨 • 남녀 모두에게 필수 과목으로 부과 • 기술(여자)은 산업과 직업, 의생활, 식생활, 설계 제도, 목공, 가정 원예, 가정 기계, 아동 보육, 가정 전기 등의 내용이 포함됨
3차 교육과정	• 산업과 직업 • (설계/기계)제도 • 목공 • 금속 가공 • 기계 • 전기 • 제작 • 전자 • 재배	• 2차 때의 '제도' 영역이 '설계 제도'와 '기계 제도'의 영역으로 나누어짐 • 재배의 영역이 신설됨 • 3학년의 내용에서 '전자'의 영역이 신설됨

4차
교육과정
	• 생활과 기술
	• 생산과 소비
	• 재배
	• 해양과 수산 기술
	• 제도의 기초
	• 목재의 이용
	• 플라스틱의 이용
	• 금속 재료의 이용
	• 기계의 이용
	• 전기의 이용
	• 가정용 기기의 이용
	  과 안전
		• 과목 명칭이 '기술'에서 '생활 기술'로 바뀜
		• 3차 교육과정기에 비해 1학년의 경우, 대영역의 수가 2개 늘어 6개로,
		  2학년의 경우 2개가 늘어 5개가 됨
		• '제도' 영역과 '기계' 영역은 3차 교육과정까지 각각 2개 학년에 걸쳐 제
		  시되었으나, 4차 교육과정에서는 2개 학년에 걸쳐 제시된 영역이 없음
		• '-의 이용'으로 명칭이 바뀌어 기초적이고 흥미를 주는 내용이 되도록
		  함.
		• 기술과와 공업과의 내용이 상호 중복되지 않게 조직함

5차 교육과정	• 기술과 산업 • 재배 • 제도의 기초 • 목재의 이용 • 컴퓨터의 이용 • 플라스틱의 이용 • 금속 재료의 이용 • 기계의 이용 • 전기의 이용 • 진로의 탐색	• 과목 명칭이 '생활 기술'에서 '기술'로 바뀜 • 컴퓨터 분야가 신설됨 • 진로 분야를 강조하기 위해 '진로의 탐색' 단원이 신설됨
6차 교육과정	• 인간과 기술 • 제도의 기초 • 컴퓨터의 이용 • 재료의 이용 • 기계의 이용 • 전기의 이용 • 주택 건축의 기초 • 산업과 생활 • 직업과 진로 • 농업 기술 • 공업 기술 • 상업 및 경영 • 해양과 수산 기술	• 과목 명칭이 '기술'에서 '기술·산업'으로 바뀜 • 종래의 기술과의 내용은 1, 2학년에서 이수시키고, 선택 과목의 산업 영 역인 공업, 농업, 상업, 수산업 등의 영역을 3학년에서 배우게 함 • 산업 영역은 진로와 직업과 관련지어 직업 탐색적인 기초적 내용을 두룸 • 실천적 학습 경험을 중시함

⑷ 가 정

구 분	내용 영역	특 징
1차 교육과정	• 재배 • 사육 • 식품가공 • 어(魚) • (수기) 공작 • 기계다루기 • 제도 • 문서 사무 • 경영 기장 • 계산 • 조리 • 보건 위생	• 지도 내용에 대해서는 일감, 기능, 기능에 대한 지식으로 나누어 상세하게 제시 • 가정 생활에서도 농업, 공업, 상업, 어촌 생활의 모든 영역을 고루 다룸 • 종합적인 지도를 하도록 함
2차 교육과정	• 의생활 • 수예 • 식생활 • 주생활 • 아동 보육 및 가족 관계 • 가사 실업 • 가정 관리	• 8개 영역을 3개 학년에서 나선형으로 이수하게 함 • 저학년에서는 일반적인 내용을 지도하고, 학년이 올라갈수록 분야가 세분화된 내용을 지도함 • 69년 부분 개정을 하였는데, 부분 개정 내용을 63년 교육과정과 비교해 보면, 목공, 가정 원예, 가정 기계, 아동 보육, 가정 전기의 내용이 분리되어 여자 기술에 포함됨 • 의생활, 식생활, 수예, 주생활 등의 영역은 2, 3학년에서, 가정 보건은 2학년에서, 가정 관리는 3학년에서 지도함
3차 교육과정	• 식생활 • 의생활 • 가정 기계와 전기 • 육아 보건 • 가정 관리 • 가정 원예 • 주택 • 수공예	• 종래의 여자용 기술이 가정에 통합되어 영역의 명칭이 일부 변경됨 • 종합적이고 실용적인 과목의 성격을 살리면서 학문 중심 교육과정을 반영하여 기본 능력, 기본 개념, 판단력, 창의력 등을 중시함
4차 교육과정	• 가족 생활 • 가정 생활과 자원 활용 • 청소년의 식사 • 청소년의 의복 • 가정의 생활 공간 • 가정과 직업	• 3차 교육과정보다 학습량이 축소됨 • 가족 생활, 가정 생활과 자원 활용, 가정과 직업 영역이 신설됨 • 가정 기계와 전기, 수공예, 육아 보건, 가정 관리, 가정 원예 등은 관련 영역에 분산되거나 폐지됨
5차 교육과정	• 우리의 식생활 • 청소년기의 의생활 • 가족원의 성장과 발달 • 가정의 생활 환경 • 직업과 나의 진로	• 인간 발달, 소비 생활 영역이 추가되었으며, 진로 교육이 강조됨 • 가사 과목은 조리, 재봉, 수예의 3개 영역이 식생활, 의생활, 수예로 바뀜
6차 교육과정	• 인간 발달과 가족 관계 • 가정 자원의 관리와 소비 생활 • 식생활 • 의생활 • 주생활	• 각 영역별로 2개 학년에서 다루도록 하는 것을 원칙으로 함 • 직업 생활과 컴퓨터 관련 내용은 기술·산업 과목에서 다루도록 함 • 5차 교육과정까지의 1종 도서와는 달리 2종 도서로 8개 종류가 개발됨 • 교과성의 구성 체제나 지도 내용의 전개 방식 등이 과거에 비해 달라짐

11. 실과(기술·가정) 교육의 발전과 과제

실과와 기술·가정 교과가 생활 교과로서의 위치를 점한지도 반세기에 이르고 있으나, 아직도 여러 가지 제한적 요인과 주지 교과나 도구 교과에 의존한 입시 위주의 학교 교육으로 인하여 이 교과 교육이 위축되었던 것을 부인할 수가 없다. 그러나 앞으로 21세기에는 과학 기술의 바탕 위에서 펼쳐질 세기에 대비한다는 점에서 실과에 대한 학문적 바탕을 더욱 튼튼히 하여 발전시켜 나가야 할 시점에 서 있다. 또한, 급속하게 변화하는 사회에서 새로운 패러다임을 설정해야 할 시점이기도 하다. 우리가 종래 생각하던 일과 직업의 세계도 바뀌고 있고, 필요로 하는 능력도 다양해 가고 있다, 이러한 변화에 대응하기 위해서는 미래 사회를 조망하고, 이에 부합되는 교육 내용을 펼쳐야 할 시점이기도 하다. 변화 속도가 빠르고, 정보가 홍수를 이룰 때일수록 생활을 영위하는 데 필요한 기본적인 교양적 기술 요소를 선택할 줄 아는 지혜가 요구되고 있다.

변화할 미래 사회에서, 실과(기술·가정) 교과가 대응해야 할 요인들을 제시해 보면 다음과 같다.

가. 일의 개념 변화

고대 그리스 시대에는 노예와 자유인이라는 계층 사회의 이분적 구조 때문에 일에 종사해야 하는 계층은 부정적 의미로 받아들여졌다. 일은 곧 고통이었고 슬픔이었다. 그 후, 기독교적 사상에 입각하여 원죄에 대한 벌과 속죄라는 개념으로 받아 들였다. 즉, 인간은 근본적으로 게으르며, 휴식을 추구하기에 바쁜 존재라는 것이다. 그러나 사회를 유지하기 위해서는 일이 필요했으며, 이에 따라 일에 대한 부정적 태도와 사회적 요구간의 끊임없는 역동적 과정을 거치게 되었다.

중세에는, 정치적으로 봉건 제도가 형성되고, 경제적으로는 장원 제도와 도시 경제가 성립되었다. 아울러, 종교 개혁기까지 교회가 정신적 질서의 주도적 역할을 담당하였다. 중세 수도원에서는 생활 물자를 생산하기 위한 노동(일)을 수도승의 최고 의무로 규정하고 있어 고대의 노동(일) 멸시 풍조를 교정하였다. 또한, 수공업과 상업의 발달로 인하여, 일을 선택할 수 있는 유동성이 생김으로써 긍정적 개념으로 변화하기 시작하였다.

근세기에 접어들면서 민주주의와 국가주의, 산업 혁명 등은 노작(일)에 대한 위치와 개념에 큰 변화를 가져왔다. 특히, 산업 혁명의 영향으로 루소, 페스탈로찌, 프뢰벨은 노작(일)에 대한 교육적 가치를 부여하였고, 이는 개척 정신으로 건국한 미국인들에게 진보의 개념으로 해석되었다. 즉, 진보란 일을 통해 얻게 되는 개인적, 집단적, 사회적 발전을 의미하는 새로운 개념으로 발전한 것이다.

현대 산업 사회에 접어들면서 일은 여가의 개념을 고려한 인간적 조건으로 정의되기 시작하였는데, 이는 인간이 인간답게 살도록 인도하는, 일의 역할과 기능을 강조하는 양적인 삶의 휴식을 강조하였다(최영진 외, 1996, p. 54).

그러나 최근에는, 일의 개념이 양적인 여가를 확보하는 생활의 질과 인간적인 삶의 기회를 증대하려는 존엄성의 의미로 발전하고 있다(최영진 외, 1996, p. 54). 또한, 미래의 세대들은 일의 선택에서 보수나 사회적인 인정보다는 자신의 취미와 적성을 중요시하고 독자성을 추구하며, 휴식이나 여가 활동을 즐기고 속박을 싫어하며 노동으로서의 일로부터 해방하려는 욕구를 갖게 될 것이다(정모근, 1996, p.49). 최영진(1996)은 일의 개념을 "자신 혹은 자신과 타인에게 혜택을 주는 것을 목적으로 하는 의식적인 노력이다."라고 하여 경제적인 보수보다는 인간의 기본 욕구를 성취하는 데 중요성이 있음을 강조하였다(p. 51). 이무근(1993)도 일의 기능을 생계를 위한 수입 혹은 방법과 수단 제공, 생활 활동의 규칙화, 개인의 위치 확인, 사회 활동 기회의 제공, 유익한 생활 경험을 통한 자아 실현에 있다고 하였다(p. 149).

따라서, 앞으로 변화할 일에 대한 의식은 경제적인 보수도 중요하지만, 취미나 여가 활동을 즐기며, 인간의 욕구를 성취하여 자아를 실현하는 방법과 수단으로 전환될 것이고, 신체적인 노작(일)은 점점 정신적인 노작의 의미로 변화될 것이다.

나. 생태계의 유지와 생명의 존엄성 강화

환경 오염이라는 말이 생겨난지는 얼마 되지 않았지만 오늘날 지구상 생태계의 오염 정도는 매우 심각한 수준에까지 육박하고 있으며, 지구의 생태학적 위기를 초래하고 있다. 자연은 스스로 평형을 유지할 수 있는 조절 능력(항상성)을 갖고 있지만, 현재 지구의 상황은 파괴된 생태계가 회복되는 시간보다 생태계가 오염되는 속도가 훨씬 빠르기 때문에, 자연 생태계의 평형을 유지하기란 거의 불가능한 수준이다(박범익, 1990). 따라서, 자연 생태계는 균형을 잃고 멸종, 변이 등 건강을 잃어 가고 있으며, 그 피해는 생태계의 법칙대로 인간에게로 돌아오게 될 것이다.

미래 사회에서는 생명의 조화와 존엄성이 더욱 강조될 것이다. 실과(기술·가정)에는 이러한 자연의 생태계를 유지하고 생명의 존엄성을 이해하기 위한 단원이 설정되어 있다. 제7차 교육과정에서의 실과(기술·가정) 내용 중 5학년의 꽃과 채소 가꾸기와 6학년의 동물 기르기 단원에서 식물과 동물을 직접 가꾸고 길러봄으로써 생명체의 신비스러움을 체험할 수 있고, 보호하며 보존하려는 욕구를 갖게 할 수 있다. 산업 사회에서 바쁘게 살아가면서 인간의 삶에 없어서는 안 될 동식물을 인식하지 못하는 가운데 생활하는 경우가 많지만, 미래 사회에서는 환경 문제와 함께 우리를 둘러싼 생태계의 식물과 동물에 대한 소중함과 함께 살아가는 의미의 중요성을 깨닫게 될 것이다. 따라서, 이에 대한 교육도 강화되어야 할 것이다.

다. 정보화 사회에서의 컴퓨터 활용 증대

Alvin Toffler는 농업에서 출발한 제1의 물결과 산업 혁명으로 시작된 제2의 물결을 거쳐 현대를 제3의 물결이라는 정보화 사회로 표현하였다(이재홍, 1998, p.13). 정보화 사회의 개념은 합의된 내용을 갖지 못하고, 보는 시각에 따라 여러 가지로 정의되고 있지만, 대체로 정보의 사회적 중요성 증대, 정보 처리와 통신의 결합인 정보 통신 또는 뉴테크놀로지의 발전, 사회 경제 체제의 변화 등과 같은 요소들이 공통적으로 강조되고 있다. 이옥화, 천세영(1996)은 정보화 사회로의 변화는 컴퓨터와 정보 통신 기술로 대표되는 과학 기술이 주도한다고 말하고 있다(pp. 189~208). 이러한 정보화 사회의 개념이나 특성에서 알 수 있듯이 정보화 사회를 이끌어 가는 데 없어서는 안 될 필수 도구가 바로 컴퓨터이다. 이러한 시대적 변화에 대응하기 위하여 초등학교의 교육과정에서도 컴퓨터 교육이 1987년에 처음 도입되었으며, 이를 담당하게 된 교과가 바로 실과였다. 또한, 류청산(1999)은 제7차 교육과정기인 21세기에는 정보화 사회가 정착 단계로 접어들면서 컴퓨터의 사용 방법이 더욱 쉬워질 것으로 전망하면서 기능적인 교육도 중요하지만 그와 병행해서 인간과 컴퓨터, 휴머니즘, 휴먼 인터페이스, 컴퓨터 범죄, 실생활에의 활용, 컴퓨터로 인한 우리 생활의 변화 등에 대한 교육도 필요하다고 주장한다. 따라서, 앞으로 사회의 모든 분야에 걸쳐 다양하게 활용될 컴퓨터에 대한 기본적인 소양을 갖출 수 있도록 실과(기술·가정)에서는 미래 지향적인 교과로서의 기능과 역할을 담당해야 할 것이다.

라. 실천적 환경 교육의 강화

과학 기술 및 경제의 발전은 인류에게 물질적 풍요를 가져왔으나, 한편으로는 환경의 파괴하여 인류의 생존 자체를 위협하고 있다. 최근, 전세계적으로 발생하여 피해를 주는 기상 이변은 환경의 파괴로 인한 지구 온난화의 영향이 큰 것으로 알려지고 있다. 이러한 환경 문제는 과학이 해결해 줄 수 없으며, 과학자나 환경 운동가만의 고민이 아니다. 지구에서 살아가는 인류 전체의 문제라는 가치 전환만이 해결 방법이다. 인간의 가치 세계를 전환시키는 방법은 교육을 통해 이루어져야 하기 때문에 환경 교육은 21세기에 더욱 심도 있고 중요하게 다루어질 전망이다.

권오흥(1994)은 여러 학자들의 이론을 종합하여 환경 교육을 '환경과 인간과의 관계를 이해하고 평가하는 인지적, 심리적 기능을 개발하고 더 나아가서는 환경 문제에 대처하기 위하여 결정한 바를 실천에 옮기도록 가르치는 것'이라고 정의했다(p. 5). 그리고 Troost 와 Altman 은 환경 교육의 목적을 능동적 환경 지향의 인간을 길러내는 것이라고 하였다. 여기서 '능동적'이란, 인간이 환경과의 상호 작용에 관한 결정과 실천에 적극적으로 참여하는 것을 뜻한다(최영훤, 1988, p. 10 에서 재인용). 환경 교육의 정의와 목적에서 알 수 있듯이, 중요한 것은 환경 문제에 대한 의식 변화와 실천성을 강조한다는 점이다.

최영진과 류청산(1996)은 환경 교육이 초등학교 실과에서 전문적으로 다루어져야 한다고 하고, 그 이유를 환경 오염에 대한 심각성을 아동이 잘 인식하고 있다는 것이 중요한게 아니라, 실천성에 교육의 성패가 달려 있기 때문이라고 하였다(p. 63). 또한, 서우석(1999) 은 환경 교육은 단순한 지식의 습득이나 이해 교육이 아니라 태도와 가치의 교육이며, 기능이나 기술의 습득이 아니라 습관의 형성에 의한 행동 교육이기 때문에 초등학교 어린이를 위한 환경 교육이 중요하다고 하였다(p. 74). 이러한 이유를 근거로, 제 7 차 교육과정에서 실과(기술·가정)는 '생활 자원과 환경의 관리' 영역을 신설하여 환경 문제에 대한 심각성을 인식하고, 이를 실천적으로 해결해 보려는 의도를 보이고 있다. 환경에 관한 문제는 과학 기술의 발달로 인해 더욱 심각해질 전망이므로, 실천성을 강조하는 실과(기술·가정)의 역할과 문제를 해결하는 데 거는 기대도 커질 것이다.

마. 개인과 공동체의 조화

현대 사회는 인간이 살아가는 데 불편함을 해소하기 위해, 또한 인간적인 삶을 살아가게 하기 위해 끊임없이 진보하고 있고, 과학 기술도 나날이 발전을 거듭하고 있다. 그러나 유익하고 가치로운 것들을 추구하다 보면 그에 따른 병폐도 생겨나기 마련이다. 물질 만능주의, 개인주의, 인간 소외, 환경 파괴 등이 바로 그러한 것들이다. 특히, 인간 소외 현상은 나이가 들었거나 신체적, 정신적 이상이 있는 사람에게 해당되는 비인간적인 현상이었으나 근래에는 학생들에게도 나타나고 있어 심각한 사회 문제가 되고 있다. 또한, 자신의 이익만을 추구하는 가운데 인정이 메마르고 나아가 사회적 피해로 나타나게 되었다. 사회의 바탕은 공동의 목적을 갖고 공동의 이익을 추구하는 생활인데 현대 사회는 부정적 측면이 부각되고 있으며, 이는 더욱 심해질 전망이다.

실과(기술·가정)는 학생 스스로가 자신의 존재 가치를 긍정적으로 인식하고, 자립하려는 의지와 함께 실천적 행동을 강조하고, 일을 협동하여 실천적으로 처리하는 생활에서 협동의 즐거움을 맛볼 수 있게 하는 교과이다. 타인과 더불어 일을 계획하고 해결하는 가운데

개인의 성취 의욕을 충족할 수 있을 뿐만 아니라 타인을 이해하고 존중하는 자세를 배운 학생들은 사회의 구성원이 되었을 때 건전한 사회의 일원이 될 것이므로, 실과(기술·가정) 교과에서는 협동 학습을 통해 개인과 공동체의 조화로운 생활을 강조해야 할 것이다.

바. 사회 및 개인의 안전에 대한 요구 증대

현대 사회에서 살아가는 인간은 기술과 과학의 고도 성장의 혜택으로 물질의 풍요와 생활의 편리함을 누리고 있다. 특히, 우리 나라의 경제는 70년대부터 성장을 거듭하여 '기적'이라고 불릴 정도로 급속히 이루어졌다. 그런데 최근, IMF 관리를 받을 정도로 어려움을 겪고 있으나, 21 세기에는 세계의 경제 대국으로 자리잡을 것으로 예상된다. 그러나 경제적으로 넉넉하고 풍요로운 생활 이면에 자리하고 있는 부정적 요소들에 대한 경계를 소홀히 하고 있다는 지적도 있다. 즉, 경제 발전에 따른 위험 요소를 간과하고, 안전에 대한 불감증도 증대되고 있다는 것이다.

최근, 우리 나라에서는 성수 대교 붕괴, 삼풍 백화점 붕괴, 기차의 철로 이탈, 항공기 추락, 지하철 사고 등과 같은 큰 사고들로 수많은 목숨을 잃었다. 생활을 편리하게 하기 위해 만들어진 문명의 이기에 의해 오히려 인간이 재앙을 입는 결과를 초래했다. 인간에 의해 만들어진 문명은 인간이 다스릴 수 있어야 함에도 불구하고 그렇지 못한 결과를 초래했던 이유는 결국 안전 사고에 대한 대비를 소홀히 한 데서 야기된 것이라 할 수 있다.

이러한 안전 사고에 의한 재해는 어릴 때부터 산업 안전 교육을 체질화함으로써 막을 수 있을 것이다. 어린이들은 자라서 사회 구성원이 되고, 산업 사회의 역군이 되어 인명이나 재산의 보호에 남다른 관심을 갖게 될 것이기 때문이다. 이러한 측면에서 볼 때, 실과(기술·가정)는 실생활에 바탕을 두고 있고, 도구를 다루고 관리하는 가운데 학습이 진행되기 때문에 산업 안전에 대한 교육을 하기에 가장 적합한 교과라고 할 수 있다(정성봉, 1997, p. 131). 즉, 실과(기술·가정)에서 다루는 내용은 실제 생활에 사용되는 기계, 기구, 불, 음식 등을 소재로 하고 있고, 교과의 특성이 생활 교육, 기능 교육을 강조하기 때문에 산업 안전에 대한 지식과 기능, 태도를 습관화하는 데 유리하다고 할 수 있다. 또한, 정성봉(1997)은 경제가 발전된 현대와 미래에는 가정에서 담당하던 안전 교육을 학교에서 담당하지 않으면 안 되게 되었다고 주장하면서, 학교에서의 실과(기술·가정) 교육이 미래의 사회 및 개인 안전에 대한 욕구를 충족시키는 데 큰 역할을 담당할 것임을 전망했다.

사. 직업 윤리 강화의 필요성 증대

직업 윤리란 인간이 직업 활동을 함에 있어 그것을 지킬 것을 사회적으로 기대하는 규범을 말한다. 한 직업인이 직업에 대하여 지니고 있는 '마음가짐'인 정신적 자세가 그 시대의 사회적 기대에 부응할 경우, 그것은 "바르다"라고 인정될 것이고, 동시대의 동일 직업인들이 직업 활동을 함에 있어서 그것에 따르도록 기대하거나 또는 요구되는 도덕적 전형으로 될 수 있다. 여기서, "바르다"라고 인정되는 것은 그 사회 속에서 공인된 행위 기준이 되는 것이다. 이와 같은 지배적 가치 이념에 기초한 직업을 대하는 정신적 자세가 그 시대나 사회의 지배적인 도덕적 전형으로서의 사회적 규범에 따른다면 지배적인 직업 윤리가 될 수 있다.

현대 사회는 개개인에게 폭넓은 선택의 자유를 준 반면 분업의 속성상 상호 의존성을 높여 주면서 그만큼 개인의 자유를 더 통제받게 하는 아이러니를 야기하고 있다. 만일, 개개인이 타인과의 분업 관계에서 맡은 일을 제대로 수행하지 않을 경우, 그 결과는 타인뿐 아니라 사회 경제 전체에 파급된다. 따라서, 인간이 직업 가치관과 행동 규범을 내면화하여 직업 활동에 임하는 것은 개인뿐만 아니라 사회 발전의 질과 수준을 결정하는 중요한 요인이 된다고 할 수 있다(정은경, 1997, p. 21).

그러나 현대 사회의 물질 만능주의와 자기 중심적 이기주의 풍조 속에서 사회 성원들의 연대성과 공동체 의식은 오히려 약화되어 가는 추세이며, 직업인들의 직업관에도 변화가 나타나 자본주의 초기와 같은 소명 의식과 직분 의식을 기대하기 어려운 상황이 되었다. 수단과 방법을 가리지 않고 돈만 벌면 된다는 배금주의적 가치관의 팽배, 직업이 돈과 권력과 같은 세속적인 가치를 추구하는 하나의 수단에 불과하다는 천박한 직업 의식은 직업과 관련된 각종 부정과 비리를 불러옴으로써 우리 사회의 심각한 해악을 끼치고 있다.

따라서, 이러한 현실을 극복하고 실종된 윤리 의식과 직업 의식을 정립하기 위해 실과(기술·가정)에서도 교과의 특성인 실천성을 강조하는 직업 윤리 교육을 담당해야 한다. 직업 윤리 교육을 통하여 권력이나 명예보다 더 소중한 내면의 가치와 사회적 공동선을 추구하려는 직업 정신을 내면화하고, 그에 기초한 성실, 정직, 신용, 근면, 검약 등 실천적 태도가 몸에 밴 직업인을 배출하는 일은 산업 사회의 인간 문제를 극복하고 삶의 수준을 향상시키는 근본적인 해결책이 될 수 있다.

아. 기초적, 기본적 생활 기술의 정착

산업이 발달하기 이전의 사회는 생활하는 모든 분야의 일을 스스로 해결해야 했지만, 현대 사회는 한 분야에 대한 전문적 지식과 능력만 가지면 살아갈 수 있는 전문화 시대라고 할 수 있다. 이를 다른 측면에서 생각하면, 자신의 전문 영역에 대한 문제를 해결하는 데는 능숙하지만, 다른 영역에 대해서는 기초적이고도 기본적인 능력을 갖추지 않은 채 생활

한다는 문제점을 내포하고 있다. 그렇기 때문에, 제7차 교육과정에서는 교육 이념을 바탕으로 추구하는 인간상을 '전인적 성장의 기반 위에 개성을 추구하는 사람'으로 명시하여 자주적 생활 능력을 갖춘 인간을 육성하도록 하고 있다.

또한, 초등학교 교육 목표는 "학생의 습관과 일상 생활에 필요한 기초 능력 배양과 기본 생활 습관을 형성하는 데 중점을 둔다."라고 하였고, 중학교 교육 목표는 "학생의 학습과 일상 생활에 필요한 기본 능력과 민주 시민으로서의 자질을 함양하는 데 중점을 둔다."라고 하여 기초적이고 기본적인 생활 기술 능력을 요구하고 있다.

21세기는 전문적인 산업 사회에서 정보화 사회로 전환될 것이기 때문에 기본적인 생활 문제를 해결하는 능력이 더욱 필요하게 된다. 다양한 일의 세계를 이해할 수 있는 폭넓은 학습 경험을 갖게 하고, 생활에 필요한 기본 능력과 문제 해결력을 기르기 위해서 실과(기술·가정)가 중요한 역할을 담당해야 할 것이다.

자. 가정의 기능 강화에 대한 요구 증대

가정은 가장 친밀한 혈연 집단인 가족이 동거, 동재하면서 생존과 생활을 영위하는 본거지이다. 가정은 단지 건물, 가재 도구, 시설 등이 구비되어 있는 물질적 장소만을 뜻하는 것이 아니고, 감정과 의식, 가치와 규범을 가지고 생활하는 인간 관계의 장이라고 할 수 있다. 인간의 기본적이고 습관적인 행동 양식은 물론, 옳고 그름을 구별하는 가치 의식까지도 대부분 가정에서 형성된다. 또한, 사회 생활, 권위에 대한 적응, 사랑과 애정을 통한 안정감, 역할에 대한 책임감, 행동 습득 등도 학습하게 된다. 이처럼 가정은 자라나는 어린이들의 인격을 형성하고, 가치관을 세우는 데 중요한 역할을 하게 된다.

과거의 가정 교육은 현모양처를 양성할 목적으로 단순한 생활 지식이나 기능을 위주로 한 가사 운영과 관리 능력 양성을 위한 내용이었으나, 오늘날에는 사회적, 경제적 조건이 변화됨에 따라 가정에서 담당해야 할 기능이 변화되고 있다. 즉, 급변하는 사회와 고도화된 소비 생활에서 오는 제반 사회 문제 속에서 올바른 가치관을 정립하도록 선도해야 하고, 가족 구성원의 신체적·정신적 욕구를 충족시키며, 인격을 완성하도록 도와 주어야 하고, 변화하는 문화를 선별 도입하여 가정 문화를 정립해야 한다. 또한, 의식주에 대한 기본 기능 습득, 문제 해결을 통한 노동과 근면의 가치 인식, 생활 자원의 실태와 현명한 소비 생활, 남·녀의 역할관 변화에 대한 지식과 기능의 습득 등과 같은 것들이 요구되고 있다.

이처럼 다양화되고 복잡해지는 기능을 가정에서만 담당할 수는 없으며, 학교와 연계된 교육이 이루어져야 할 것이므로, 실과(기술·가정) 교과가 이에 대한 체계적 소양을 길러 주는 역할을 담당해야 한다.

토의 및 연구 과제

1. 우리 나라 초·중등학교 교육에서 교육과정이 제정되기 이전의 실과(기술·가정) 관련 교과 목과 그 내용 수준을 조사하고, 그 과목의 성격에 대하여 토의해 보자.
2. 1, 2차 교육과정 시기의 실과의 성격과 지도 내용을 조사해 보고, 그 특징을 정리해 보자.
3. 교육과정 사조가 우리 나라 교육과정 개정시에 어떻게 반영되었는지를 조사해서 정리해 보자.
4. 1차부터 7차 교육 과정 개정시까지의 실과(기술·가정) 교과 편제의 변화 과정을 정리해 보자.
5. 교육과정 시기별로 실과(기술·가정) 교과의 목표, 내용을 비교하고, 그 특징을 조사해 보자.
6. 기술 교과가 우리 나라에 도입된 시기와 배경을 살펴보고, 그 변화의 특징을 살펴보자.
7. 3차 시기부터 5차 교육과정기까지 가정, 가사로 교과목이 분리되어 설정된 배경과 운영상의 문제점을 조사해 보자.
8. 실과(기술·가정) 교과의 앞으로의 과제와 발전 방향에 대하여 토의해 보자.

<참고 문헌>

강항녀(1990). 국민학교 실과 교육과정 및 교과서 변천 과정. 숙명여자대학교 교육대학원 석사학위 논문.

곽병선(1995). 교육과정. 배영사.

곽상만(1988). 실과교육론. 갑을출판사.

곽상만(1994). 교육과정 해설 '실과'. 교육과학사.

교육과정·교과서 연구회편(1990). 한국 교과교육과정의 변천(고등학교). 대한교과서 주식회사.

교육과정·교과서 연구회편(1990). 한국 교과교육과정의 변천(국민학교). 대한교과서 주식회사.

교육과정·교과서 연구회편(1990). 한국 교과교육과정의 변천(중학교). 대한교과서 주식회사.

교육부(1992). 고등학교 교육과정(I). 대한교과서 주식회사.

교육부(1992). 중학교 교육과정. 대한교과서 주식회사.

교육부(1994). 국민학교 교육과정 해설(I), (II), (III). 대한교과서 주식회사.

교육부(1994). 중학교 기술·산업 교육과정 해설. 대한교과서 주식회사.

교육부(1997). 교육부 고시 제 1997-15 호, 실과(기술·가정) 교육과정. 교육부.

교육부(1997). 실과(기술·가정) 교육과정. 대한교과서 주식회사.

교육부(1997). 제 7 차 초·중등학교 교육과정 총론 개정안. 교육부.

교육부(1998). 실과(기술·가정) 교육과정. 대한교과서 주식회사.

교육부(1998). 초등학교 교육과정 해설(Ⅰ) -총론-. 서울특별시인쇄공업협동조합.

교육부(1998). 초등학교 교육과정 해설(Ⅳ) -수학, 과학, 실과-. 서울특별시인쇄공업협동조합.

교육부(1998). 초등학교 교육과정. 대한교과서(주).

권오흥(1994). 환경 교육에 대한 초등 교사의 태도 및 실천. 한국교원대학교 대학원 석사학위논문.

류청산(1999). 제7차 교육과정에 터한 초등학교 실과 교과서의 컴퓨터 관련 단원의 개발 전략. 실과교육
연구 5(1).

문교부(1954). 국민학교, 중학교, 고등학교, 사범학교 교육과정 시간 배당 기준령, 문교부령 제35호.

문교부(1955). 국민학교 교과과정, 문교부령 제44호. 문교부.

문교부(1955). 중학교 교육과정, 문교부령 제45호. 문교부.

문교부(1963). 국민학교 교육과정, 문교부령 제119호. 문교부.

문교부(1963). 중학교 교육과정, 문교부령 제120호. 문교부.

문교부(1973). 국민학교 교육과정, 문교부령 제310호. 문교부.

문교부(1973). 중학교 교육과정, 문교부령 제310호. 문교부.

문교부(1981). 국민학교 교육과정, 문교부 고시 제442호. 문교부.

문교부(1981). 중학교 교육과정, 문교부 고시 제442호. 문교부.

문교부(1982). 고등학교 새 교육과정의 개요(연수 자료).

문교부(1982). 교육과정(실업·가정과). 문교부.

문교부(1987). 국민학교 교육과정, 문교부 고시 제87-7호. 문교부.

문교부(1987). 제5차 중학교 교육과정, 대한교과서 주식회사.

문교부(1987). 중학교 교육과정, 문교부 고시 제87-7호. 문교부.

문교부(1987). 중학교 교육과정. 대한교과서 주식회사.

문교부(1988). 고등학교 실업·가정과 교육과정 해설(기술, 가정, 가사).

문교부(1992). 국민학교 교육과정. 대한교과서 주식회사.

문교부(1993). 국민학교 실과 4-6. 대한교과서 주식회사.

문교부(1993). 국민학교 실과 실습길잡이 4-6. 대한교과서 주식회사.

박범익(1990). 과학 기술의 발달과 환경 교육의 방향. 과학과 기술 제8권.

박순자, 정덕희(1997). 초등 실과교육 현장실태 조사 및 발전 방향에 관한 연구(서울 시내 초등학교를 중
심으로). 한국실과교육학회지 10(1).

서우석(1999). 초등학교 실과 교과를 통한 환경 교육의 방안. 실과교육연구 5(1).

성기중(1992). 직업윤리. 형설출판사.

이무근(1993). 직업 교육학 원론. 교육과학사.

이옥화, 천세영(1996). 정보 사회의 도래와 교육의 변화 전망. 교육학 연구 34(1).

이용순(1997). 초등학교 실과 교육과정 개정 방향. 한국실과교육학회지 10(1). 한국실과교육학회.

이재홍(1998). 정보화 사회와 학교 교육의 새로운 패러다임 전환 모색. 한국교원대학교 대학원 석사학위
논문.

전국교육대학교 실과 교육연구회(1996). 실과교육. 교육출판사.

정모근(1996). 노작 교육의 성격 구명과 효과적 운영 방안. 실과교육연구 제9집.

정성봉(1982). 국민학교 실과 교육과정 변천에 관한 연구. 한국농업교육학회지, 14(1). 한국농업교육학회.

정성봉(1990). 실업 · 가정과 교과서 · 교육과정 연구회(편), 한국 교과교육의 변천(중학교). 대한교과서 주식회사.

정성봉(1995). 한국 실과 교육의 과제. 실과교육연구.

정성봉(1997). 초등학교 실과에서의 산업 안전 교육. 실과교육연구 3(1).

정성봉(1998). 제 7 차 실과교육과정 개정 방안. 실과교육연구, 4(1), 1~24.

정은경(1997). 직업 훈련에서의 직업 윤리 교육의 현황과 교육과정 개선 방안 연구. 충북대학교 대학원 석사학위논문.

최영진·류청산(1996). 21세기를 대비한 초등 실과 교육의 최근 연구 동향. 실과교육연구 제 9 집

최영훤(1988). 국민학교 환경 교육 현황에 관한 기초 조사. 이화여자대학교 대학원석사학위논문.

최유현(1997). 실과교육연구. 형설출판사.

한국 교원대학교 실과 교육과정 개정 연구위원회(1997). 제 7 차 실과 교육과정 각론 개정연구. 1997년도 교육부 위탁 연구과제 답신보고서.

한국교원대학교실과교육과정개정연구위원회(1997). 제 7 차 교육과정 각론 개정 연구.

한국교육개발원(1981). 인문계 고등학교 실업·가정 교육과정 시안 연구 개발(연구보고 OR 81-142).

한국교육개발원(1986). 제 5 차 중학교 실업·가정 교육과정 시안 연구 개발(연구 RR 86-30).

한국교육개발원(1987). 제 5 차 고등학교 실업·가정 교육과정 시안 연구 개발(연구 RR 87-16).

한국교육개발원(1996). 신교육과정 총론(안) 공청회 자료집 -교육과정 2000 체제 및 구조 개선-한국교육 개발원.

함종규(1976). 교육과정. 형설출판사.

함종규(1976). 한국 교육과정 변천사 연구. 숙명여자대학교 출판부.

제**3**장

외국의 실과(기술·가정) 교육 동향

1. 외국의 교육 개혁 동향

가. 미 국

(1) 교육 개혁의 추진 배경

미국의 교육 제도는 주민 자치(local control) 원리에 입각하여 운영되고 있으며, 연방 헌법상 교육에 대한 권한과 책임은 연방 정부가 아닌 주 정부에 맡겨져 있다. 따라서, 특정 교육 부문에 관하여 연방 정부가 추구하는 정책 목표를 제시하고 이의 실현을 위한 자금을 주 정부에 지원하는 선에서 그치고 있다.

최근의 교육 개혁은 1983년 레이건 대통령 당시, '평범한 학생들을 양산하는 교육 풍조(rising tide of mediocrity)'를 경고한 '위기에 선 국가(A Nation at Risk)'라는 교육 보고서가 그 출발점이 되었다(교육개발원, 1998, p. 2).

1989년 부시 행정부에 이르러 주지사 교육 포럼을 통해 2000년대의 교육 목표(The Goals 2000)를 설정함으로써 교육 개혁의 기틀을 잡았는데, 당시에는 아칸소 주지사였던 클린턴이 이러한 교육 개혁 운동의 중심적 역할을 수행한 바 있다.

이와 같은 일련의 교육 개혁 추진을 위한 노력은 학생들의 학력 수준이, 특히 수학, 과학의 국제적 학력 비교 평가에서 매우 낮게 나타나고 있는 데 자극 받아 클린턴 대통령 집권 후인 1994년 3월 31일 양당 간의 전폭적인 지지로 미국 교육법(The Goals 2000 : Educate America Act)이 통과됨으로써 추진력을 가지게 되었다.(김왕복, 1995) 이것은 미국 교육 개혁법의 중심적인 역할을 수행하는 법으로, 주와 모든 지역 사회에서 학생들이 도전할만한 학문적·직업적 기준에 도달하는 것을 돕기 위해서 종합적으로 교육 개혁을 지원하는 첫 단계였다.

2002년 1월 9일에 'No Child Left Behind' 법안이 발효되면서 부시 행정부에 의한 새로운 교육 개혁이 시작되는 계기가 마련되었다.

(2) 최근의 교육 개혁 -「No Child Left Behind」

부시 행정부는 미국 공교육의 질 저하를 방치하여서는 미국의 미래를 보장할 수 없다는 위기 의식에서 교육 개혁안을 마련하였다. 부시 대통령은 대선 공약을 구체화하여 미국의 모든 학생들이 제대로 된 교육을 받을 수 있도록 하겠다는 새로운 교육 정책「No Child Left Behind」을 발표하였다.

미국 전반에 걸친 균등한 교육 기회 확보와 교육적 수월성 강화를 위해 학업 성취도에 대한 주·학교구·학교의 책임 강화, 교육에 대한 투자의 효과성 제고, 주·학교구·학교의 재량 확대, 학부모의 선택권 강화를 주요 정책 방향으로 제시하였다. 이와 같은 배경에는 도시 중심부 4학년 학생의 70%가 기초적 문해 능력이 없으며, 고등 학생들의 과학 성적이 남아프리카 및 키프러스에도 뒤진다는 자료에 근거한 것이다.

또, 연방 정부의 성과 개선을 위한 President's Management Agenda(PMA)의 실현을 위한 것이다. PMA는 인적 자원의 전략적 관리, 재정 관리 개선, 전자 정부 실현, 예산과 성과의 통합을 목표로 하고 있다.

그리고 교육부 내에 책무성을 강조하는 문화를 창조하는 것을 목표로 하고 성과 측정 시스템을 통한 투자에 대한 성과를 중시하고 있다.

이러한 사정에 의해 1년간의 의회 토의와 초당적인 지지 속에 통과었되고, 2002년 1월 9일 부시 대통령의 성명에 의해 발효되었다.

(3) 주요 교육 개혁 현황

「No Child Left Behind Act」는 다음과 같은 목표에 중점을 두고 수행된다.

㈎ 학업 성취에 대한 학교와 주 지방 정부의 책무성 강화

첫째, 학업 성취 평가를 실시한다.

1965년의 초·중등 교육법(ESEA) 이래 공교육 개선을 위해 1,300억 달러를 사용하였으나 계층 간, 집단 간 학력 격차를 좁히지 못하고 있다는 것을 발견하였다.

그래서 주 정부로 하여금 3~8학년 학생의 읽기 및 수학에 대한 학업 성취 기준을 설정하고 매년 모든 학생을 대상으로 학업 성취 평가를 실시하도록 한다. 시험 결과를 매년 성적 카드(annual report card)를 통하여 학부모들에게 알려 준다. 그리고 학부모들이 학교 및 주 전체의 학업 성취 정도, 자녀가 다니고 있는 교사의 질, 주요 과목에서의 학업 성취 수준을 알 수 있도록 하였다. 주 전체의 성적 카드는 학생 그룹(인종/소득/장애 등)간의 성취 정도를 알 수 있도록 하여, 소외 계층 학생과 다른 그룹 학생간의 성취도 격차 감소 정도를 알 수 있도록 한다.

둘째, 평가 결과에 대한 학교의 책무성을 강화한다.

모든 학생 그룹의 학업 성취 개선에 학교가 책임을 지도록 하여, 12년 내에 모든 학교가 효율적으로 운영되도록 한다. 그리고 연도별 적정 수준(Adequate Yearly Progress : AYP)을 충족하지 못하는 학교는 주의 학업 성취 기준에 도달할 수 있도록 재정 지원 또는 제재 조치를 가하게 하였다. 또, 2년 연속 AYP에 미달될 경우 '개선이 필요한 학교'로 분류되어, 개선 계획을 수립하고 학생들에게 다른 학교로 통학할 수 있는 기회를 제공하여야 한다고 하였다. 3년째에도 계속 AYP에 미달될 경우 학교 선택권을 제공하는 외에 성적이 낮은 소외 계층 학생들에게 개인 교습, 방과 후 교습 등의 보충 교육을 위한 Title I[1] 재원(1인당 $500~$1,000)을 지원하도록 하였다. 4년째에도 계속 성취 기준에 미달될 경우에는 교직원 교체, 학교 경영권 축소 등의 엄격한 제재 조치(corrective action)에 들어가게 된다. AYP 목표를 초과하거나 학업 성취 차이를 좁히는 우수 학교들은 '주 학업 성취상(State Academic Achievement Award) 자격이 부여된다.

㈏ 주·지방 정부의 자율성 확대 및 절차 간소화

첫째, 주·지방 정부의 예산 운용상의 자율성을 확대한다.

지금까지와는 달리 학생들에게 가장 긍정적인 영향을 주는 프로그램에 재원(Title I 재원 제외)의 50%까지를 사용할 수 있는 재량을 모든 학교구와 주 정부에게 부여하였다.

둘째, 초·중등교육법상의 모든 프로그램의 수를 55개에서 45개로 줄이고 저소득 학생(poor students)을 지원하는 현행 프로그램을 통합 및 효율화한다.

㈐ 검증된 교육 방법에 대한 교육 예산의 집중 투자

첫째, 검증된 읽기 교육에 예산 집중 투자하도록 한다.

그간의 연방 정부 교육예산은 효과적인 교육프로그램에 집중적인 투자보다는 단순히 프로그램 수를 증가시키는 데 그쳤다. 그래서 2001년 3억 달러에서 2002년 9억 달러 이상을 읽기 프로그램에 지원하며, 연방 재원을 과학적으로 검증된 읽기 지도 방법에 연계하도록 하였다. 특히, 저소득층(low-income families)의 취학 전 아동의 조기 언어, 문해, 읽기 전 발달(pre-reading development)을 지원하기 위한 새로운 Early Reading First 프로그램 실시하도록 하였다.

둘째, 교사의 질을 향상할 수 있는 방법을 강구한다.

"교육의 질은 교사의 질을 능가할 수 없다."라는 명제처럼 교사의 질 제고를 위하여 28

---

1) Title I : 초·중등 교육법(ESEA)의 일부로 소외 계층 학생의 학업 성취 향상을 위한 프로그램.

억 달러를 지원하고 학교구의 신규 교사 채용, 보수 인상, 연수 프로그램의 개선 등을 위한 추가적인 연방 재원의 사용을 허용하였다.

㈑ 학부모의 학교 선택권 확대.

첫째, 학교 선택권을 확대한다.

학업 성취도가 미달된 학교의 학부모는 자녀를 charter school(계약 학교)[2]을 포함한 보다 우수한 공립 학교로 전학시킬 수 있게 하였다. 그리고 학부모, 교육자, 지역 사회 인사의 계약 학교를 설립할 기회를 확대하였다.

둘째, 보충 교육 활동을 지원하도록 한다.

최초로 연방의 Title I 재원을 학업 성취 부진 학교 학생을 위한 추가적인 교육 서비스(개인 교습, 방과 후 교육, 여름 학교 프로그램 제공 등)에 활용할 수 있도록 한다.

(4) 교육 개혁법을 위한 예산 조치

우선 초·중등 교육법(ESEA)상의 연방 교육 예산을 221억 달러로 증액하였다. 이것은 2001년 대비 27% 증가한 것이고 2000년 대비 49% 증가하였다.

그리고 소외 계층 학생을 위한 Title I 연방 예산을 약 104억 달러로 증액하였다. 이것은 2001년 대비 18% 증액한 것이며, 2000년 대비로는 30% 증가한 것이다.

또, 우수 교사 및 교장 확보를 지원하기 위한 연방 예산으로 30억 달러를 배정하였다. 그리고 읽기 프로그램에 10억 달러를 편성하였다.

학부모의 학교 선택 확대를 위한 계약 학교 확대에 2억 달러를 지출하도록 하였다.

(5) 우리 교육에 주는 평가와 시사점

첫째, 1965년 초·중등 교육법(Elementary and Secondary Education Act)이 제정된 이래 공교육 개선을 위한 가장 획기적인 교육 개혁으로 평가된다.

둘째, 지방 정부와 단위 학교에 더 많은 예산 지원과 재량권을 주면서 실패한 학교에 대해서는 교직원 및 교육과정을 교체하는 등 책무성을 강조하였다.

셋째, 모든 주 정부에게 학업 성취 기준을 설정하고 학력 평가 실시를 의무화하여 연방 정부의 교육에 대한 역할을 강화하였다.

넷째, 교육에 대한 연방 정부의 지출(spending)을 학업 성취 향상을 위한 투자(investment)의 개념으로 전환하였다. 그러나 연방 교육 예산이 전체 교육 예산(연방, 주,

---

2) charter school : 전통적인 공립 학교에 적용되는 많은 규율로부터 자유로운 비종교 공립학교로 보다 많은 자율을 부여하는 대신 책무성을 강조하고 있다.

학교구의 예산)의 7%밖에 되지 않고, 부시 대통령이 강력히 추진한 바우처(voucher) 제도가 제외되어 동 법의 효과가 미흡하다는 일부 지적도 있다.

교육의 질 제고를 위하여 여러 방안을 강구하지만 이 나라도 어려움이 있다는 것을 알 수 있고, 초·중등 교육에 연방 정부가 더욱 관심을 가지고 지원해 주는 체제를 정비해 가고 있으며, 교육 주체들에 대한 책무성을 강화하고 있음을 알 수 있다.

나. 영 국

(1) 교육 개혁의 추진 과정과 동향

영국의 교육 개혁 추진 역사를 살펴보면 [표 3-1]과 같다. 1902년 교육법을 기초로 지방 분권적인 교육 체제가 이루어진 후 1988년부터 국가 수준의 교육 과정을 채택하였고, 1999년에 다시 개정하는 등 교육의 질 향상을 위하여 계속적인 노력을 하고 있다.

[표 3-1] 영국 교육 개혁 추진 과정

주요 교육 개혁 추진 역사	주요 교육 개혁 내용
1902년 교육법	- 지방 분권적인 교육 체계가 이루어짐.
1944년 교육법	- 현대 교육 체제 및 5세부터 15세까지의 무상 의무 교육 체제 마련 - 학령 전 아동에 대한 교육과 지역사회의 필요를 교육의 개념에 포함시킴
1980년 교육법	- 학부모의 자녀 학교 선택권 및 학교운영위원회 참가권 부여
1988년 교육개혁법	- 역사상 최초로 국가 교육과정 제정 및 국가 학력 고사 실시의 제도화 - 학부모의 학교 선택권 보장과 교육부 직접 교부금 지원 공영 학교 제도 도입 - 국가 교육과정은 교과 편제만 규정할 뿐 과목별 시간의 배정은 권고안만 제시함으로써 일선 학교에게 재량권을 부여한다.
1991년 학부모 헌장	- 학부모들이 정기적으로 학생 및 학교의 발전 상황, 학교의 학업 성취, 장학 지도 결과 등에 대한 알 권리가 있음을 명시
1992년 교육법	- 학교 교육 평가를 통한 학교 질 관리 체제 강화 및 장학 결과의 공표 - 국가 교육 기준을 학교가 달성하고 있는지를 평가하기 위한 교육기준청의 신설
1999년에 국가 교육 과정의 개정	수업을 위한 요구 사항을 좀 더 명백히 하고, 단위 학교에 교육과정 개발의 융통성을 좀 더 부여하였다.
2001년 교육 법안	중등교육 단계의 학업 성취도 향상을 위하여 다양성의 증대, 자율성의 확대, 교사에 대한 지원 등

주요한 개혁 정책들을 보다 상세히 살펴보면 다음과 같다.

㈎ **1988년 교육개혁법**

- 영국 역사상 최초로 국가 교육과정 제정 및 국가 학력 고사 실시의 제도화
- 학부모의 학교 선택권 보장과 교육부 직접 교부금 지원 공영 학교 제도 도입
- 국가 교육과정은 교과 편제만 규정할 뿐 과목별 시간의 배정은 권고안만 제시함으로써 일선 학교에게 재량권을 부여한다.

㈏ **Dearing 보고서**

Dearing 보고서는 Ron Dearing 경에 의하여 작성된 것으로, '교육과정 평가원'의 책임자였던 그가 교육부로부터 '국가 교육과정'의 슬림(slim)화 요청을 받은 데서 시작되었으며, 이 보고서는 국가 교육과정과 그 평가에 관한 보고서, 후기 중등 학교 학생들의 자격 제도 평가 보고서, 고등 교육 개혁 보고서의 세 종류이다.

1) 1993년 국가 교육과정과 그 평가에 관한 보고서

① 기본 1, 2, 3단계 교육과정 자료의 양을 축소하고 수업 내용을 단순 명료화

② 기본 4단계 교육과정을 개정하여 직업 교육과정을 국가 교육과정에 포함시킴

③ 교사의 전문적 재량의 폭을 넓힐 수 있도록 사전지침 최소화

2) 1996년 후기 중등학교 학생들의 자격 제도 평가 보고서

① 직업 교육 자격의 강화 및 학교 교육과 직업 교육의 긴밀한 연계 체제 제안

3) 1997년 고등 교육 개혁 보고서

① 고등교육 기회 확대, 다양한 선택권 제공, 비용-효과 분석에 근거한 재원의 활용

㈐ **1997. Blair 정부의 교육 개혁 방향**

1997년 5월 총선을 통하여 집권한 노동당 블레어 정부는 집권 2개월만에 Excellence in Schools 라는 교육 백서를 발표하였다(교육개발원, 1998, p. 30).

1) 교육 정책 6원칙

① 교육은 정부의 핵심 사안으로 한다.

② 소수가 아닌 다수의 이익을 추구한다.

③ 개혁의 초점은 구조의 개선이 아닌 수준의 향상으로 한다.

④ 성공을 위한 학교 자체의 노력 지원을 아끼지 않는다.

⑤ 성과가 부실한 교육은 용납하지 않는다.

⑥ 정부는 성취 수준 향상을 위해 노력하는 사람들과 동반자적 협력을 구축한다.

2) 교육 정책 목표(2002년까지의 교육 개혁 목표)

① 모든 4세 아동에게 수준 높은 조기 교육 기회 제공과 우수한 유아 교육 실천을 위

한 유아 교육 센터를 설치한다.

② 초등 학교 교육의 효율성 증대를 위해 5~7세 아동의 학급당 인원을 30명 이하로 낮추고, 모든 초등 학교는 매일 적어도 1시간 이상 독·서·산에 투입하여야 한다.

③ 학교별 자체 도전적인 성취 기준 향상 계획 수립과 실천. 수준 미달 학교 폐교 또는 전면적으로 새 출발한다.

④ 수월성 추구를 위한 정부, 지방 교육청(LEA), 학교 간의 연계 강화, 표준 교육청(Office for Standards in Education : OFSTED)의 학교 평가 절차 향상 및 다수의 지방 교육청을 평가한다.

⑤ 교육 개선이 특별히 요구되는 지역에 교육 개혁 특구를 설치한다.

⑥ 국가 전략 차원에서의 정보·통신 교육 강화, '국가 교육 공학 센터'를 1998년 4월 1일 '영국 교육 정보 공학청'으로 개편한다.

⑦ 미래 학교를 위한 연구와 전략을 모색한다.

⑧ 신임 교장 임명시 교장 자격 요건 강화 및 기존 교장의 국가적 연수 제도 마련 및 신규 우수 교사의 처우 개선, 전문성 확보를 위한 '교사 위원회'를 신설한다.

⑨ 가정 교육 강조와 가정, 학교 간의 연계 강화, 학부모의 교육 참여 기회 확대와 교육 정보를 제공한다.

⑩ 무단 결근과 퇴학으로 인한 GCSE(General Certificate of Secondary Education) 탈락자를 방지하고, 방과 후 프로그램을 네트워크화한다.

⑪ 산학 연계 및 직업 기술, 민주 시민 교육, 학부모 역할 프로그램 강화, 학교 급식 기준을 마련한다.

⑫ 교육 수준 제고를 위한 학교 운영 위원과 지방 교육청의 새로운 역할 규정. 신규 학교 개설 및 기존 학교의 개선을 위한 지방 교육청의 의사 결정 능력을 제고한다.

㈔ **1999년 국가 교육과정 개정**

1999년 9월에 개정되어 2000년 8월부터 적용되기 시작한 새 국가 교육과정은 학생들의 성취 기준을 향상시키는 데 초점을 둔 것으로, 수업을 위한 요구 사항을 좀 더 명백히 하고, 단위 학교에 교육과정 개발의 융통성을 부여하였다.

1) 자격 인증 및 교육과정원(QCA)이 제시한 교육과정 변화(QCA, 2000).

① 국가 교육과정 문서의 형식이 새롭게 바뀌었다. 이전보다 사용하기 쉽게 만들어졌다.

② 국가 교육과정 문서 앞부분에 학교 교육과정 및 국가 교육과정의 가치, 목표, 목적

을 명백하게 제시하고 있다.

③ 문서 앞부분에 상당한 지면을 할애하여 모든 학생들에게 효과적인 학습 기회를 제공할 것을 강조하였다.

④ 교육과정이 좀 더 명료해지고 이전보다 더 많은 융통성을 허용하고 있다.(특히 Key stage 4)

[표 3-2] 새 교육과정의 과목과 적용 시기

key stage	1	2	3	4	비고
연령(세)	5-7	7-11	11-14	14-16	비고
학년	1-2	3-6	7-9	10-11	
국어	■	■	■	■	핵심 교과
수학	■	■	■	●	
과학	■	■	■	●	
설계와 기술	■	■	■	●	비핵심 기초 교과
정보 통신 기술	■	■	■	■	
역사	■	■	■	선택	
지리	■	■	■	선택	
현대 외국어	해당 없음	해당 없음	■	●	
미술과 디자인	■	■	■	선택	
음악	■	■	■	선택	
체육	■	■	■	●	
시민 교육	해당 없음	해당 없음	▶	▶	

적용시기 - ■ : 2000년 8월   ● : 2001년 8월   ▶ : 2002년 8월

2) 새 교육과정에서 모든 교과에 걸쳐 변화한 사항(QCA, 2000).

① 학습 프로그램이 전보다 덜 처방적이며, 따라서 교육과정 운영의 융통성이 많아졌다.

② 요구 사항이 줄었고, 이러한 요구 사항을 교과별로 제시하지 않고, 교과별 학습 프로그램을 제시하기 전에 별도의 지면을 할애하여 '일반적인 수업 요구 사항'이라는 이름으로 제시하고 있다.

③ 교과 내, 교과 간, 그리고 다른 개혁 간에 일관성이 증대되었다. 예컨대, 각 교과는 공통된 형식을 따르고 있다.

④ 각 교과의 원리에 대해 매우 강조하고 있다. 예컨대 교과별 교육과정에 각 교과의

중요성 및 주요 단계별 교수-학습의 초점에 대한 진술을 제시하고 있다.

⑤ 모든 교과에 걸쳐 실시되어야 할 언어 교육에 대한 진술이 이전의 교육과정보다 명료하게 되어 있다.

⑥ 종전의 IT가 ICT로 바뀌면서 모든 교과에 걸쳐 여전히 강조되고 있다.

3) 문서 체제의 변화

① 학교 급별로 분책되어 있으며 교과별 소책자도 제작되었다.

초등학교 교사용(key stage 1과 2), 중등학교 교사용(key stage 3과 4)

② 교육과정 총론에 해당하는 내용이 문서의 상당 부분을 차지하고 있다.

③ 교과별 교육과정은 모든 교과에 걸쳐 공통된 구조와 디자인을 가지고 있다.

④ 교과별 교육과정 문서는 매 쪽마다 한 켠에 상당 부분의 여백을 남겨 놓고 여기에 해당 단계 동안 학생들이 배워야 할 것들을 요약해 놓은 것을 제시하고 있다.

4) 교육내용상의 변화

① 후기 중등 교육의 교육과정에 탄력성과 융통성이 허용되었다.

② '시민 교육'이 중등 교육 단계인 key stage 3과 4에 필수 교과로 신설되었다.

③ 수학과에 수준별 교육과정이 제공되어 있다.

④ '미술과 디자인', '음악', '체육'에서도 성취 수준을 서술하고 있다.

⑤ 정보 기술이 정보 통신 기술로, 미술이 미술과 디자인으로 그 명칭이 바뀌었다.

㈎ 2001년 교육 법안

1) 중등 교육 개혁 방향의 제시

① 2001년 9월 중등교육 단계의 학업 성취도 향상을 위하여 다양성의 증대, 자율성의 확대, 교사에 대한 지원 등을 통한 중등 교육 개혁 방향을 제시하는 백서 '성공하는 학교(Schools achieving success)'를 발표하였다.

② 동 법률안은 위 백서상의 목표를 달성하기 위하여 우수한 학교를 지원하고 혁신을 촉진하고자 하는 것으로 2001. 11. 12. 의회에 제출되었다.

2) 혁신과 협력(Innovation and Partnership) 촉진

① 학교나 LEA(Local Education Authority)의 학업 성취 향상을 위한 아이디어가 현행 규정에 적합하지 않은 경우, 학교나 LEA가 그러한 규정이 시범 기간 동안 적용되지 않도록 교육부에 요청할 수 있도록 하였다.

② 학교가 지역사회의 일원으로서 보건 교육, 성인 교육 등과 같은 서비스를 다른 제공자들과 협력하여 제공할 수 있도록 하였다.

③ 학교 혁신을 위해 지역, 종교, 공공, 또는 민간 단체와 같은 외부 파트너의 참여를 통하여 새로운 형태의 학교 설립을 촉진하였다.

④ 학교의 관리 기구(governing body)가 학교 실패의 원인일 경우, 정부가 이를 임시 집행위원회(Interim Executive Board)로 대체할 수 있게 하였다.

3) 규제 완화(Deregulation)

① 공통의 문제들을 해결하기 위하여 학교들이 협동할 수 있도록 관리 기구(governing body)를 개선하고, 여러 학교가 하나의 관리 기구를 통하여 운영되는 완전한 연합이 되었다.

② 성과와 책무성의 기본틀은 유지하되, 높은 학업 성취와 성공적으로 관리·운영하는 우수한 학교에 대해서는 보다 많은 자율성을 부여한다.

4) 교육 개혁(Reform)

① 학교 현장의 새로운 아이디어가 법률의 개정 없이도 현장에서 쉽게 실시될 수 있도록 법률을 간소화한다.

  •교육부의 재정에 관한 권한을 간소화 및 통합하고, 학교 관리 기구(governing body) 설치·운영에 대한 학교의 자율성을 확대한다.

5) 14~19세 단계의 교육 개혁안

① 학생들의 필요와 욕구를 충족시킬 수 있는 맞춤형(tailored) 교육 프로그램을 제공하여 적절한 진도로 자신의 잠재력을 충분히 발휘하도록 한다.

② 교육과정을 유연화하여 강한 기초 학력 위에 학생들이 자신의 재능과 욕구를 실현할 수 있도록 한다.

③ 8개의 직업 관련 교과에 GCSE(General Certificate of Secondary Education)를 도입하여 학생들의 직업 교육에 대한 선택 유도 및 고등 교육과 연계한다.

④ 14~19단계의 학습에 대한 인정으로서 'Matriculation Diploma'를 도입하여 학생들의 학습 의욕을 고취하고 추후 계속 학습 및 일의 세계에 대비한다.

⑤ 학생의 능력에 적합한 학습이 가능하도록 속진아에게는 시험 면제, 심화 학습 등이 가능하게 하고, 부진아에게는 GCSE 등과 같은 시험 시기를 연기한다.

⑥ 일과 관련된 학습을 위해 장애 요인 제거, 보상, 재정적 지원, 협력 모델 개발 등을 통하여 교육 기관과 고용자 간의 협력을 촉진한다.

(2) 우리 교육에 주는 시사점

영국의 교육 개혁이 우리에게 주는 시사점은, 역대 정권 공히 국가 정책의 근간으로 교육 개혁을 추구하였다는 점이다. 그리고 교육의 본령이 살아 있는 기조 위에 질 향상의 추구, 참여의 확대와 기구 조정을 통한 개혁의 추진, 질 관리를 통한 수월성과 효율성을 추구하였다는 점을 들 수 있다. 또, 교원의 질 향상 정책에 많은 관심을 두었다는 점이다.

영국의 교육과정은 국가에서 국가적인 경쟁력을 확보하기 위해 꼭 강조해야 할 부분은 국가 차원에서 철저하게 관심을 쏟되, 그 나머지 부분에 대해서는 국가 교육과정에서 친절한 안내만 하고 그 구체적인 운영은 단위 학교에 일임하여 다양하고 융통성 있는 교육이 전개되도록 하는 데에서 시사를 받을 수 있다.

다. 프랑스

(1) 교육 개혁의 추진 배경

1975년 Haby 교육 개혁으로 10년의 무상 의무 교육 및 중학교의 단일화를 통한 차별 철폐 및 교육 기회 확대, 전통적인 소수 엘리트 중심 교육에서 교육의 기회 균등을 통한 대중 교육으로 변모하였으며, 1981년에는 교육 투자 우선 지역의 설정, 공포, 사회·경제적으로 소외된 지역에 대한 우선적 교육 지원하였다.

1982년, 1983년의 탈중앙 집권화법으로 중앙 집권적 성격에서 탈피하여 지역, 도 및 학교에 융통성과 자율성 부여, 교육 행정이 정부의 한 부서인 교육부에 의해 주도되지만, 다른 부서들과 지역, 도, 지방 단체와 학교에 의해 분담되었다.

1989년 7월의 n° 89-486 교육 방향법(Loi d'Orientation sur l'Education)은 2000년까지의 향후 10년간의 프랑스 교육 제도의 지속적이고 점진적인 개선안으로서 해당 연령층의 80%가 바깔로레아(대학 입학 자격증)를 취득이 가능하게 하였으며, 학생의 중도 탈락 방지, 학업 실패에 대한 보상(직업 교육 제공)을 통해 소외되는 학생이 없도록 하였고, 해당 연령층 전체를 최소한 어떤 자격증(직업 적성 자격증 CAP 혹은 직업 교육증 BEP 등)이라도 취득할 수 있도록 이끌어, 아무런 자격증 없이 학교를 떠나는 일이 없도록 배려하였다.

최근에 이르러서는 1990년대의 높은 실업률과 경제 침체 속에서, 초등 학생들의 기초 학력 부족, 중등 학교에서의 폭력 및 약물 오용의 문제와 기술 교육의 국제 경쟁력 부족, 교원 부족으로 인한 교원의 과중한 업무 문제의 개선 등이 요구되었으며, 1970년과 1995년 사이의 대학 입학 시험 합격자의 대학 입학률이 이전의 3배로 증가하였다. 1998년 현재 진행중인 고교 교육 개혁 논의의 시발은 고교 교육이 대학과 그랑제꼴(고급 전문 학교) 또는 직업 세계의 기대에 부응하고 있지 못하다는 여론이 제기된 데 있었다.

(2) 주요 교육 개혁 사례

㈎ 입시 제도 문제 : 바깔로레아(Baccalauréat) 시험

바깔로레아는 중등 교육 종료시 일정한 능력을 획득하였음을 증명하며, 동시에 고등 교육 기관에 진학할 권리를 부여하는 증서를 말하는 것으로, 고등 교육의 수혜층이 1980년대 이전까지만 해도 소수층에 한정되던 것이, 1980년대 중반 이후 고등 교육 기회 확대를 위한 다양한 개혁 조치가 취해져 대중화되기에 이르렀다.

이러한 입시 제도 개혁의 내용을 살펴보면, 프랑스에서는 1808년 바깔로레아가 처음 시행되었는데, 초기에는 수학, 철학, 문학, 혹은 과학 중 하나를 보던 체제에서 점차 선택할 수 있는 다양한 과목이 추가되어, 1980년대에는 일반 바깔로레아에 8개의 선택 계열, 기술 바깔로레아에 16개의 선택 계열을 개설, 1987년부터 직업 바깔로레아에 14개의 계열을 개설하여, 1950년대 4개의 선택 계열에서 1980년대 후반에는 38계열로 확장되었다.(Male, 1992). 현재의 바깔로레아는 1994년 축소 개정되어, 1995년부터 시행되기에 이르렀다(교육개발원, 1998, p. 59).

개정 후, 일반 바깔로레아는 문학(L), 경제학과 사회 과학(ES), 과학(S)의 3개 계열, 기술 바깔로레아는 산업 공학(STI), 실험 공학(STL), 사회 의학(SMS), 제3차 공학(STT)의 4개의 계열로 단순화, 축소 조정되었으며, 직업 바깔로레아는 29개의 특수 분야로 구성되었다.

㈏ 교육과정 및 교과서 개혁

개혁의 내용을 살펴보면, 첫째 교육과정의 주체는 국가이며, 교육과정의 세부 지침을 법령으로 규정하였다. 둘째, 교육과정, 학교 조직, 시간표에 이르기까지 교육부 산하 자문 기구인 국가 교육과정 심의회(CNP : Conseil National de Programmes)에서 담당하고, 1989년 교육방향법 제정 이후 교육이 국가 업무의 최우선이라는 인식과 함께 교육과정에 관련된 문제를 보다 전문적으로 다루고 있다. 셋째, 교과서의 자유 발행제로 검정제는 없고, 기준만 준수하면 저자와 출판업자는 자기의 책임과 위험 부담으로 자유로이 교과서를 출판하게 하였다. 넷째, 교과서의 내용은 교육부 교육과정 문서에 의거하여 제작하였다. 다섯째, 교과서 채택은 교사가 출판사의 교과서 안내 책자를 참고하여 자율적으로 선택하고, 한번 선택한 교과서는 4년간은 변경하지 않는 것이 보통이다.

㈐ 교육과정 개혁의 방향

① 개인차를 고려하는 방향으로 지향, 학생 개인의 심리적·정신적·지적 성숙도와 학습

리듬에 맞춘 교육과정으로 편성하였다.

② 교육과정의 탈중앙 집권화 지향, 1983년 이래 권력 분산을 시도하고 있는 바, 지역 공동체 및 학교로 그 융통성과 자율성을 넘겨주고 있다.

③ 교육과정 개혁의 내용 및 정책 대안

- 개인차가 고려된 교육과정의 운영을 위해 아동에게 많은 적응 시간을 주고 스스로의 학습 리듬을 구성할 수 있는 충분한 여유를 주었다. 초·중등학교까지의 전 교육과정을 사이클별로 조직하였다.

- 학생 개개인을 교육의 중심에 두고, 틀에 박히고 획일적인 교육 전통에서 벗어나, 개별화된 교육을 지향하며, 교육 방법의 유연성을 중시하였다.

- 교육과정의 탈중앙 집권화를 위한 '학교 계획'은 교육과정의 테두리 안에서, 학교마다의 고유한 형태의 교육 정책의 자율적 운영을 인정하였다.

- 국가 교육과정과 교육 목표를 존중하면서도, 학생의 특성 및 어려움, 학교의 능력, 상황과 제약을 고려하여, 학교의 특수 목표를 정하고, 목표 실현을 위한 전략, 방법, 활동 프로그램을 결정하고, 학생의 직업적, 사회적, 교육적 발전과 적응을 위한 혁신 계획과 학교 계획에 대한 평가 장치를 결정하였다(교육개발원, 1998, p. 62).

(3) 우리 교육에 주는 시사점

① 프랑스 교육 행정의 탈중앙 집권화 및 관료주의 정책의 일소 경향은 각 학교별 상황과 특성에 따른 자율적 운영과 융통성을 가져다 주며, 교사들의 전문성과 창의성을 신장시켜, 결과적으로 교육 효과를 증대시키고 있다.

② 교육과정을 개인별 사이클로 조직함으로써 아동 및 학생에게 많은 적응 시간을 주고 스스로의 학습 리듬을 구성할 수 있는 여유와 자신의 적성과 능력을 발현시킬 수 있는 기회를 부여한다.

③ 세계에서 가장 국어(프랑스어) 수업 시간 수가 많은 나라이다. 한글을 제대로 알기보다는 조기 영어 교육에 보다 많은 비중을 두는 우리 나라의 교육 풍토를 다시 점검해 볼 필요가 있음을 시사하고 있다.

라. 독 일

(1) 교육 개혁의 추진 배경

독일의 경우는 1967년 이후의 개혁이 가장 커다란 사회와 교육의 변화를 가져왔으며, 당시의 개혁을 바탕으로 그때 그때의 문제점을 서서히 고쳐 나가기 때문에, 그 이후 커다란 교육 개혁은 이루어지지 않고 있다. 다만, 최근 21세기의 국제화, 정보화를 향한 전세계적 추세에 맞추어 국가 경쟁력을 강화시키기 위해 범국가적 차원의 교육 개혁 필요성을 느끼게 되었다(교육개발원, 1998, p. 71).

특히, 기술 교육의 문제점이 대두되었는데, 서독식 훈련 제도는 동독 경제의 흡수에 따른 막대한 비용의 추가 지출을 발생케 할 뿐만 아니라, 하이테크에 의해 주도되는 서비스 경제로의 전환을 느리게 하는 단점이 있었다.

(2) 교육 개혁 방향

Roman Herzog 독일 대통령이 1997년 11월 5일 베를린의 3개 대학 초청 교육 포럼에서 행한 연설은 구서독 지역의 최근 학교 교육에 있어서 중점을 두는 교육과정 운영과 통일 후 구동독 지역에서의 교육 개혁 방향을 제시하였는데, 그 내용은 다음과 같다.

① 가치관 교육을 중심으로 한다.

② 실용적이고 미래 지향적인 교육을 실시한다.

③ 국제화 교육과 외국어 교육을 강화한다.

④ 교육 개혁 방향은 국가의 경쟁력 향상을 최우선 과제로 삼는다.

⑤ 각 학교의 경쟁력과 교육 효과를 높이려면 최대한의 재량권을 학교에 주어 이들이 자유로이 활동할 수 있도록 한다.

(3) 교육 개혁의 추진 방법과 추진 상황

독일 연방 공화국은 16개 주로 된 연방 국가로서 교육 정책과 계획은 연방 국가 기구에 의하여 구분되며, 각 주는 교육 정책과 계획의 중심 기능을 지닌다. 연방은 이 영역에서 제한적 입법과 투자 권능과 교육 계획에 공동으로 참여하고 있다.

기본법 제91b조에 따라(1986에 신설) 연방과 주는 교육 계획에 공동 작용을 하였는데, 연방과 주는 1970년에 각 주 교육부 장관이 모두 참여하는 교육 계획을 위한 연방-주-위원회를 설립하였다. 이 기구는 1975년 교육 종합 계획을 수립했으며, 이 계획에는 1985년까지의 종합적인 교육 제도의 계속 발전을 위한 기본 계획과 이에 필요한 교육 재정상의 수요를 계상하였다.

연방은 각 주가 주법을 통하여 연방법의 준용과 그 시행에 있어 요구되는 연방법 규정의 범위에 대하여 연방과 주간의 상호 공동 협조가 필요한 경우, 직업 선택에 관한 기본법(헌법)이 보장하는 자유와 거주 이전에 대하여 도움을 주었다. 이를 위하여, 교육 계획 및 연구 촉진을 위한 연방-주-위원회(Bund-Laender-Kommission fuer Bildungsplanung und Forschungsfoederung, 약칭 BLK)와 독일 연방 공화국 각 주 교육부 장관 상임 위원회(Staendige Konferenz der Kultusminister der Laender der BRD, 약칭 KMK)를 설치 운영하였다.

독일의 기본법 제21조에 따라 정당은 국가 시민의 정치적 의사 결정에 공동 참여할 수 있으며, 이는 학교와 교육 정책에도 적용되었다.

독일에서의 학교 교육의 실험은 교육의 내적 개혁을 위하여 법률적으로 허용된 제도이다. 먼저 기본법 제91b조와 1970. 6. 25에 체결한 연방과 주간의 교육 계획을 위한 공동 위원회 설치에 관한 합의, 1971. 5. 7에 합의된 교육 제도 내에서의 실험 시도의 학문적 접근을 위한 협력적 조정과 실행을 위한 합의 등이며, 이에 따라 정규 학교, 직업 교육, 대학 교육에 있어서의 실험 운영이 이루어지고 있다.

1981년 12월 23일 제정된 직업 교육 촉진법으로서 1986년 12월 4일 개정된 계획과 연구를 통한 직업 교육 촉진법에 따라 기업에서의 직업 훈련에 대한 실험 운영이 이루어지며, 매년 1월 1일과 7월 1일 2회에 걸쳐 연방-주-교육위원회(BLK)에 실험 연구 계획서를 제출하여 채택되면 연방 교육성에 지원한다. 기업에서의 실험 운영 연구 계획서는 독일 연방 직업교육연구소(Bundesinstitut für Berufsbildung, 약칭 BIBB, 베를린 소재)에 제출한 후 전문적인 효율성을 검토하여 연방 교육성의 동의를 얻어 실시되고 있다(교육개발원, 1998, p. 82).

(4) 주요 교육 개혁 사례

㈎ 입시 제도 문제

독일 연방 정부 및 각 주의 교육부 장관들은 성장 세대의 교육은 국가의 중요한 자산임에도 불구하고, 독일에는 대학생이 많지 않다는 견해에 동의하면서 대학에 대한 문호를 좀 더 개방함과 동시에 학생들의 질적 수준을 높이기 위해 대학 입학 자격 요건을 강화시켰다.

개혁의 내용 및 정책 대안으로는, 첫째 대학 교육의 질적 유지를 위하여 입학 허가제 운영을 강화하고, 아비투어(대학 입학 시험) 성적 3.6 이하는 대학 입학을 허가하지 않기로 하였다. 둘째, 입학 정원이 있는 학과들의 입학은 입학 지원자들의 선별에 대학이 간여할 수 있게 하고, 입학 지원자들 중의 일부를 적성 및 동기 부여(Motivation)를 기준으로 선별하고 있다. 셋째, 실무 종사를 통하여 자격을 갖춘 자들에 대한 대학 문호를 개방하였다. 기존의 제도에 의한 대학 입학 자격을 갖추지는 못하였으나, 자격을 인정받을 수 있는 실무 경력을 쌓은 자 또는 기능장(Meister) 또는 이와 유사한 자격 기준을 갖춘 자는 각 주의 법에 따른 기준에 의하여 학업 적성을 인정받은 후 이를 근거로 입학이 허가되도록 하였다.

(나) 교육과정 및 교과서 문제

현재 독일은 통일 이후 좀더 나은 국가 경제 발전을 추구하기 위해서 교육의 국가 경쟁력을 강화시키려는 많은 노력을 하는 가운데 중등학교 교과서 중 특히 경제, 기술 및 직업 분야에서 학생들의 관심을 불러일으키기 위한 노력을 시도하게 되었다.

개혁의 내용 및 정책 대안으로는, 브레멘 대학 교육연구소가 독일 연방 교육과학기술부(미래부)의 요청으로 독일의 중등 학교에서 사용하고 있는 독일어, 지리, 영어, 역사 등 18개 교과서의 경제, 기술, 직업에 대한 서술 내용을 분석한 결과를 발표한 후, 뤼트거스(Ruettgers) 교육부 장관은 다음과 같은 다섯 가지 요구 사항을 지시하였다(교육개발원, 1998, p. 85).

① 학교 교육의 모든 분야에서 경제, 기술, 직업과 같은 주제는 더 중요하게 다루어져야 한다.
② 교과서에 앞으로는 기술, 경제, 직업과 관련된 내용을 강화해야 한다.
③ 학교 교육에 직업 현실을 포함한 구체적 경제 현실을 보다 많이 반영하도록 해야 한다.
④ 학생들이 경제 분야에서 어떤 기본 지식을 갖추어야 하는가에 대해 확실한 의견 일치가 있어야 한다.
⑤ 학생들에게 직업 현실에 대한 안목을 길러 주기 위해 학교 교육의 폭을 넓히고 기업 내에 실습생 자리를 늘려야 한다.

교사를 양성할 때에도 기술, 경제, 직업에 관련된 분야에 대한 식견을 갖추게 해야 올바른 교과서를 선택할 수 있고, 학생들이 현실 생활에 잘 적응할 수 있게 할 수 있다.

(5) 우리 교육에 주는 시사점

현재 독일이 처해 있는 국가적 입장과 한국이 처해 있는 국가적 입장은 매우 다르기 때문에 독일의 교육 개혁을 모방하는 것은 무리가 있다.

독일 정부는 통일 이후 재정상의 많은 어려움으로 지금까지 구서독 교육 제도의 장점으로 나타났던 공교육 제도를 시장 경제 체제에 맞게 고치려고 시도함으로써 사민당(SPD) 등의 야당과 많은 국민들로부터 호응을 얻지 못하고 있다. 예를 들면, 구서독, 구동독의 대학교에서는 등록금을 징수하지 않았으나, 통일 후의 독일 정부에서는 등록금을 징수하고 있는데, 잘 되지 않고 있다. 현재, 독일의 교육 개혁은 앞으로 한국이 통일이 되었을 때에 시사점을 줄 수 있을 것이며, 오히려 통일로 가기 전 단계인 구서독의 제도가 현재, 한국이 구현해야 할 제도이다.

독일은 1967년 이후의 개혁이 가장 커다란 사회와 교육의 변화를 가져왔으며, 당시의 개혁을 바탕으로 조금씩 그때마다 문제점들을 고쳐나가기 때문에, 그 이후 커다란 교육 개혁은 이루어지지 않고 있다. 또한, 개혁을 할 때에는 수많은 실험 결과를 통해 조심스럽게 개혁을 하는 반면, 한국에서는 실험과 검증을 거치지 않고 개혁부터 하고 있는데, 이것은 교육의 위험 부담률을 높이는 것이므로 신중한 검토가 필요하다.

독일에서도 최근 21세기의 국제화, 정보화를 향한 전세계적 추세에 맞추어 국가 경쟁력을 강화시키기 위해 범국가적 차원의 교육 개혁의 필요성을 느끼면서 경제·과학·기술 교육 등을 강화하지만, 동시에 인문 과학과의 조화를 위해 노력하는 것은 교육의 편중성 측면에서도 고려해야 할 내용이다.

2+1의 공업 고등학교 직업 교육 제도에 있어서 자격증 제도를 도입해야 하며, 이 자격증도 학력에 따라서 질적으로 구분하고, 평생 교육 차원에서 고등 교육 기회를 제공해 주어야 함과 동시에, 대학에서뿐만 아니라 고등학교 수준에서도 조기 졸업 제도를 운영해야 한다. 전문대학과 대학은 반드시 국가 사회의 생산 인력 체제에 맞추어 인력을 양성함으로써 양질의 풍부한 노동 시장을 형성하는 체제로 나아가야 할 것이다.

고등학교까지 12년 간 학교를 다녔으면서도 생활력을 갖출 수 있는 직업 수행 능력을 길러 주지 못하고 있는 우리 나라 학교 교육의 제도적 모순은 반드시 개선해야 한다. 대학 진학생을 위한 고등학교의 정규 교육과정과 직업 자격을 취득하기 위한 2+1 제도에 있어서 모두 상위 학력을 소지할 수 있는 계속 교육 체제가 마련되어야 할 것이다.

독일의 경우는 교육 개혁의 추진을 연구 → 실험 운영 → 평가 → 적용 여부 → 판단 → 실행의 단계를 거치고, 이를 위해서 법률적 보호 장치가 마련되어 있다.

유치원에서부터 지적 발달을 촉진시키는 수업 운영을 제한하고, 신체·정신적으로 건전하고 주의, 집중력, 협동력, 생활 습관 기르기, 자연 사물에 관한 관심을 고조시키는 자연주의 교육 사상을 실천해야 할 것이다.

초등학교 6년제를 4년제 기초 단계와 2년제로 진로 탐색 시기로 분리시켜 학생들의 능력과 개성, 특기와 흥미를 살리는 초보 단계 교육을 강조하고 있다

독일의 최근 중등 교육 개혁의 주요 특징은 21세기의 시대적 요청에 부응한 교육과 동시에 교육 제도보다는 교육 내용과 방법의 개혁에 초점을 맞추는 점과 교육의 통합화, 단위 학교의 자율성 제고, 학교 특성화 장려, 학과목의 선택폭 확대, 교육 개혁 우수 사례에 대한 정책적 지원 등인데, 이것은 우리 나라의 교육 개혁에 많은 시사점을 줄 수 있다.

독일의 첨단 과학 분야에서부터 기능공에 이르기까지 우수한 여성 두뇌를 투입시키는 교육 정책을 실시하고 있는 것 또한 우리 나라에 많은 영향을 미칠 것이라고 본다(해외교육정보, 1998, 제2호).

마. 일 본

(1) 교육 개혁의 추진 배경

일본 사회는 현재, 국제화, 정보화, 과학 기술의 발전, 산업 취업 구조의 변화, 자녀 수의 감소, 고령화 사회로의 이행, 노동 시간의 단축과 자유 시간의 증가, 여성의 사회 진출 등 광범위하면서도 급격한 변화를 겪고 있다.

과열화된 수험 경쟁은 아동 생활을 황폐화시키고 있으며, 인간으로서 균형 잡힌 전면적인 발달과는 동떨어진 지식의 주입 교육, 점수 따기식 수험 기술 지도 중심의 교육이 고등학교, 중학교는 물론 초등학교에까지 확대되고 있는 실정이다. 이러한 학교 교육에 부적응 현상이 커지면서, 이지메(いじめ, 따돌리기, 괴롭히기) 문제, 학교 등교 거부 문제가 심각해져 가고 있다(교육개발원, 1998, p. 91). 또한, 학교 교육에 대한 의존도가 높아지면서 가정 교육, 지역 사회의 교육력이 점차 약화되어 가고 있어, 이른바 「콘테이너(容器) 가족」에서 「호텔 가족」화되어 가는 가정의 공동화 현상이 두드러지고 있다.

이러한 가족 공동화 현상 속에서 청소년은 자주성, 자립성 결여, 불만과 불안 등이 증대되는 가운데, 나약하고 무책임한 자기 폐쇄적인 인간으로 성장하고 있다. 또한, 가정 교육의 필요성이 부각되면서 상호 의식적으로 대화하면서 마음을 나누는 이른바 「네트워크 가족」의 본질을 회복할 필요를 느끼고 있다.

(2) 기본 방향 및 목표

지식, 이해를 중시하는 학력관으로부터 관심, 의욕, 태도 등을 중시하는 새로운 학력관으로의 전환을 도모하며, 다음 3가지 원리에 기본하여 개혁을 추진하였는데 그 내용은, 첫째 한사람 한사람의 능력과 적성을 존중하는 개인 중시의 원리, 둘째 평생 교육 사회의 실현, 셋째 국제화 및 정보 매체의 급격한 보급에 따른 사회 변화에의 대응이다.

교육 개혁의 목표는 「여유」[3] 속에서 「생활력」[4]을 기르는 교육으로 하였는데 그 내용은,

---

3) 「여유」란 정신적·시간적 여유를 총칭하는 것으로 「학교 생활을 즐겁게 보낼 수 있는 여유」의 의미를 포함함.

4) 「생활력」(生きる力 : 살아가는 힘, 생존력)은 현 교육 개혁에서 가장 중요한 개념이라고 할 수 있음. 이는 앞으로의 사회에서 요구되는 능력과 자질로서

  ① 어떻게 사회가 변해 가더라도 자기 스스로 과제를 발견하고, 자기 스스로 배우며, 자기 스스로 생각하고, 주체적으로 판단하며 행동하고, 보다 문제를 잘 해결하는 자질과 능력.

  ② 스스로를 통제할 줄 알며, 타인과 협력하고, 다른 사람을 배려하는 마음과 감동하는 마음 등 풍부한 인간성.

  ③ 강건하게 살아가기 위한 건강과 체력 등을 의미함.

첫째 풍부한 인간성5) 교육과 교육 제도의 개혁, 둘째 가정·학교·사회의 연대 강화, 셋째 국제화·정보화·과학 기술의 발전 등 사회 변화에 대응하는 교육이다.

(3) 교육 개혁의 내용

㈎ 풍부한 인간성 함양을 위한 교육

㈏ 초·중등 교육의 개선

① 풍부한 인간성의 함양과 생활 체험을 통한 학습을 충실히 하기 위한 교육과정의 개정을 추진하였다.

② 여유 속에서 생활력을 기른다는 취지에서 시행되고 있는 학교 주 5일제의 충실을 위해 수업 내용과 수업 시간을 감축하는 방안을 세움. 현행 수업일로 되어 있는 토요일분의 수업 시간인 연간 70단위 시간(주당 2단위 정도)을 감축하며, 각 학교의 창의적인 연구에 따라 시간 배당 교육과정을 편성토록 하였다(1997년 11월에 발표된 교육과정 심의회 답신 「교육과정의 기준 개선의 기본 방향」).

③ 「학교 주 5일제」의 도입을 교육 개혁의 주요 골자로 하고 있으며, 자유로운 학습 시간 운영을 위한 「종합 학습 시간」을 설치하기로 하였다.

④ 학교 간의 연대 제도를 강화하였다.

⑤ 중·고 통합제(중등 교육의 6년제)의 선택적 도입과 제도를 복수화하였다.

⑥ 단위제 학교를 설립하여 이수 형태의 탄력화와 다양화, 학생들이 교과목을 선택하게 하였다.

⑦ 종합학과 학교를 설립하였다.

⑧ 고교 입시를 개선하였다.

⑨ 이 밖에, 교육 제도의 탄력화, 다양화를 도모하며, 신입생 선발 기준의 다양화, 다원화를 추진하고 등교 거부 학생들을 위한 대책으로 1997년부터 중졸 인정 시험에 대한 수험 자격을 탄력화하기로 하고, 1998년부터 봉사 활동 및 기업 실습 등도 고교 단위로 인정할 수 있게 관계 법령을 개정하였다.

---

5) 「풍부한 인간성」 : 「생활력」의 핵심
　① 아름다운 것과 자연에 감동하는 마음 등 유연한 감성
　② 정의감과 공정함을 중시하는 마음
　③ 생명을 존중하는 마음, 인권을 존중하는 마음 등의 기본적인 윤리관
　④ 타인을 배려하는 마음과 사회 공헌 정신
　⑤ 자립심, 자기 억제력, 책임감
　⑥ 타자와의 공생과 이질적인 것의 관용

㈐ 사회 변화에 대응하기 위한 교육 개선

① 사회 변화를 주도적으로 이끌어 가기 위한 과학 기술 인력의 양성과 학술 연구의 진흥을 도모하며, 이를 위해 대학교·고등전문학교 등에 인턴십(internship)을 추진하고 있다.

② 정보화 사회에 대응하여 정보 교육을 체계적으로 하고 교육 센터를 네트워크의 거점으로 정비하며, 사회인을 적극적으로 수용하기 위한 대학원 제도의 탄력화로서 통신제 대학원 제도를 제언하였다(대학심의회 1997. 12).

③ 국제화 사회에 대응하여 활발한 유학생 교류와 연구 교류 등을 추진하고 있다. 이의 일환으로 JET 프로그램(The Japan Exchange & Teaching : 어학 지도 등을 행하는 외국 청년 초청 사업)을 발전시켜 나가면서, 국제 공동 연구의 활성화, 외국인 자녀와 외국인을 위한 학습 체제의 개발과 수용 체제 정비를 추진하고 있다.

④ 문화 진흥과 관련하여 생활 속에서 스포츠 활동을 위한 스포츠 플랜을 수립하고, 21세기초까지 경기력의 향상을 위해 스포츠 의료 과학에 의한 토탈 시스템을 구축하도록 하고 있다.

㈑ 가정·학교·지역 사회와의 연대 강화

① 학교 교육에 지나친 의존으로 인하여 교육의 불균형 현상이 일어나고 있음을 인식하고 가정과 사회와의 연대를 통해 각각의 교육력을 활성화시켜 나가는 방안을 적극 검토 중이다.

② 학교·가정·사회와의 연대 강화를 강화하기 위해 가정 교육에 대해 적극 지원하고, 심성이 풍부한 아이들로 자라날 수 있도록 「아이들과 대화합시다」 캠페인을 전국적으로 펼치고 있다.

③ 「여유」 속에서 「생활력」을 함양하기 위한 학교외 체험 활동을 중시하여, 학교의 체험 활동 기회를 충실히 할 것과 학교나 PTA 등이 청소년 단체·봉사 단체 등에 참가하도록 장려하고 있다.

④ 사회인이나 지역 사회 인사를 적극 활용하는 방안을 수립하고 있으며, 이를 위해 차기 국회에 제출할 법률안을 준비 중이다.

⑤ 교육 개혁의 성공적 실현을 위해서는 범국민적인 노력이 필요하며, 경제 단체 등의 협력이 요청되는 바, 관계자들과의 정기적인 협의의 장을 설정하고 있다.

㈒ 평생 교육 사회 지향

① 평생 교육 사회를 추진해 나가기 위해 「평생 교육 진흥법」을 제정하고, 이 법률은 평

생 교육의 진흥을 위해 국가와 지방 공공 단체의 시책 추진 체제 등의 정비를 위한 필요 조치를 마련하였다. 이 법에 근거하여 생애 학습 심의회를 설치함과 동시에 각 지방 단위인 도(都)·도(道)·부(府)·현(縣)의 사업 등을 추진하고 있다.

② 평생 교육에 관한 활동을 전국적인 규모로 실천하기 위한 「전국 평생 교육 페스티발」을 개최하는 등 사람들이 학습 활동에 참여하려는 의욕을 촉진시키고 있다.

③ 종래의 학교 교육·사회 교육의 성과를 기초로 지역의 자주적인 학습 활동과 학교·가정·지역과의 연계라는 관점에서 지역의 각종 모델 사업을 지원하고 있다.

④ 정보 부족의 벽을 극복하기 위해 각 지방 단위별로 학습 정보 제공 체제를 정비하도록 지원하며, 전국적인 평생 교육 정보 제공 센터의 기능이 충실할 수 있도록 하기 위한 조사 연구를 추진하고 있다.

⑤ 위와 같은 평생 교육 활동은 그 성과 역시 평가되어야 하는 것으로, 기능 심사의 성과를 대학과 고등학교 등의 단위로서 인정할 수 있도록 함과 동시에, 일정의 전수 학교 전문 과정의 수료자에 대해서는 전문사 칭호를 부여하는 제도를 창설하였다(교육 개발원, 1998, p. 104).

(4) 주요 교육 개혁 사례

㈎ 입시 제도

개혁 배경 및 방향은 학력 편중, 유명교 편중의 사회적 풍조와, 고등 교육의 양적 보급을 배경으로, 대학 신입생 선발이 일부 학생들에게만 관한 것이 아니라 고등학교 이하의 교육 전체에 커다란 영향을 미치고 있는 현상이 지속되고 있다. 특히, 최근의 정보화 진전으로 많은 수험 정보 처리가 가능해짐에 따라, 고등학교의 진로 지도와 학생의 진로 선택이 자칫하면 자신의 능력과 적성 등에 따르기보다는 모의 시험 등의 성적이나 그 편차치에 의한 합격 가능성에 과도하게 치우치는 경향이 있으며, 그 결과 본인이 원하지 않는 학교의 입학, 대학의 서열화, 수험 경쟁의 격화 등 많은 문제가 발생하고 있다.

아직 일본 사회에서는 학생의 대학간의 이동이나 사회인의 입학이 그다지 많지 않기 때문에 대학 선택이 고교 졸업의 시점에 사실상 한정되고 있으며, 이는 대학 입학 선발 경쟁을 격화시키는 요인이 되고 있다. 또한, 출산율의 감소로 인한 18세 인구의 감소로 앞으로 대학의 정원 미달 사태가 예상되고 있다.

개혁 내용을 보면, 첫째 앞으로의 대학 입시 제도는 현재 행해지고 있는 대학 입시 센터 시험과 대학별 시험과의 배합이라는 기본 관점을 그대로 유지하되, 그 원활한 실시와 유효한 활용을 더욱 촉진하기 위한 방안을 계속적으로 연구하고 있다.

둘째, 특색 있고 다양한 신입생 선발을 위해 조사서, 학력 검사, 면접, 소논문, 실기 시험 등의 방법을 적절히 활용할 것과, 추천 입학, 해외 귀국 자녀·사회인의 특별 선발을 적극 도입할 것, 그리고 문화·스포츠 활동·자원 봉사 활동 등에 대한 적극적인 평가도 포함할 것 등이 제안되고 있다.

셋째, 각 대학의 교육 이념과 목적에 적합한 학생들을 적절히 선발하기 위해서는 평가 척도를 다원화·복수화하고 수험생들의 능력과 적성을 다방면으로 판단하는 것이 필요할 것이라고 내다보고 있다.

넷째, 국·공립 대학의 경우, 신입생 선발은 현재 연 1 회 선발하고 있으나, 분리·분할 방식으로 통일하는 것을 원칙으로 하고, 전기·후기의 모집 인원을 적절히 배분할 것으로 보인다.

다섯째, 교육 제도의 탄력화를 위해 수학, 물리 분야의 영재들이 조기에 대학에 입학할 수 있는 특례법을 지정하였다(1998년부터 입학 가능).

(나) 교육과정 문제

「여유」속에서 「생활력」을 함양하기 위해서는 현행의 수업 시수와 교과 내용에 대한 재검토가 요망되어, 교육과정 심의회는 학교만이 아니라 학교·가정·지역 사회가 상호 연관적으로 각각의 교육력을 발휘할 때 균형 잡힌 교육이 이루어질 수 있다는 관점에서, 각급 학교 단계의 역할과 관련하여 다음에 대한 개혁안을 제시하였다(「교육과정 기준 개선에 대해서」 답신, 1997년 11월에 제출).

① 시대를 초월하여 변하지 않는 가치에 대한 교육
② 사회 변화에 유연하게 대응하는 인간의 육성
③ 학교 주 5일제 수업의 실시에 따른 교육과정의 재조정과 수업 시간 수의 감소
④ 교육 내용의 엄선 및 기초·기본 교육의 철저
⑤ 학습 지도와 평가 방법의 개선

이번 교육과정의 개정안은 수업 시간을 대폭 삭감한 점, 필수 과목을 대폭 줄이고 선택 교과수를 대폭 늘린 점, 특히 지역·학교·가정의 실태에 맞는 특색 있는 교육을 지향하여, 학교가 창의적인 교육과정을 운영할 수 있도록 하였다는 점에서 중요한 의미가 있다.

기초적·기본적 내용으로 교육 내용을 엄선하고, 그 내용을 확실하게 체득할 수 있도록 하기 위한 체험 학습을 중시하고 있다. 그러나 이러한 체험 활동이 학교 교육에서 실제로 실현될 수 있기 위해서는 지식의 양을 기준 삼는 현재의 학력관에서 과제 해결력 등을 능력으로 보는 새로운 학력관으로 바뀌어야 하는데, 초등학교 고학년부터 과제 선택 등을 도

입한 것과 선택의 폭을 대폭 확대한다는 이번 교육과정 개정안은 그 시사하는 바가 크다고 본다.

「총합 학습 시간」의 설치는 「여유」 속에서 「생활력」을 함양하기 위한 실천적 방안으로 평가되며, 학교 주 5일제의 실시와 더불어 강조되고 있는 자연 체험, 사회 체험의 중시, 가족과의 대화와 경험의 공유 등의 강조는 우리 교육에서 이미 실천하고 있는 열린 교육의 내실화를 위해 참조할 수 있을 것으로 본다.

일본의 교육 개혁은 '교육의 원리'에 입각하여 '장기적인 전망'에 기초하여야 한다는 관점을 '실제로' 반영하고 있다. 이 같은 추진 과정은 단기적인 연구로 교육 개혁에 임하는 우리 교육에 좋은 참고가 될 것이다(해외교육정보, 1998, 1호. 26~34).

바. 중 국

(1) 교육 개혁의 추진 배경과 방향

중국 정부는 개혁 개방 정책의 심화에 따라, 1980년대 중반부터 계획 경제 아래 국가 독점 교육 운영 체계에 대한 개혁 정책을 개시하였으며, 1993년 <중국 교육 개혁과 발전 요강>을 제정하여 20세기말까지 교육 발전과 개혁에 관한 종합적인 정책을 추진하였다. 2001년 중국의 WTO 가입은 교육의 다양화, 개방화라는 측면에서 '원격 교육, 외국 교육의 도입, 중국인의 출국 유학 및 외국 유학생 유치, 전문 인재들의 국제 교류' 등에 더욱 관심을 보였다. 중국의 교육 개혁 목표는 사회주의 시장 경제 체제와 정치 체제 및 과학 기술 체제에 적합한 교육 체제의 건설에 있다.

특히, 개혁 개방 이후 시장 경제 체제 하에서 중국 교육은 새로운 형세, 새로운 도전에 직면해 있다. 과거의 방식으로 학교를 운영해서는 경쟁 체제가 도입된 현재의 상황을 헤쳐 나갈 수가 없는 형편이다. 이에 따라 학교는 시장 경제 체제에 적응하도록 강요 받고 있다. 그리고 그 와중에서 교사는 교사대로 학부모는 학부모대로 정확한 목표를 설정하지 못하고 있는 실정이다.

주요 추진 방향을 살펴보면 다음과 같다.

① 2000년까지 전국에 기본적으로 9년제 의무 교육을 보급한다.

② 전국의 청장년 문맹률을 5% 이내로 억제한다.

③ 다양한 형식과 수준의 직업 기술 교육 및 도시·농촌 노동자의 직전·직후 교육을 육성하고 발전시킨다.

④ 대학 교육을 발전시켜 안정적으로 고급 전문 인재를 양성하며, 대학 교육 운영·관리 체제를 개혁하고, 대학 교육의 학과·전공·수준 및 배치 구조를 조정하며, 일련의 핵

심 대학과 핵심 학과를 건설한다.

⑤ 성인 교육을 발전시켜 재직 교육·계속 교육·재직 학력 교육 및 각종 형식의 문화 교육 활동을 통하여 근로자의 문화 소질과 직업 기능을 재고하여 국민들의 지식 열망을 충족시킨다.

⑥ 사회주의 시장 경제 건설에 필요한 각종 전문 인재를 양성한다.

위의 방향에 맞추어 20세기를 마감한 중국 교육부는 2001년 8월 또 다시 새로운 교육 시책으로 「기초 교육과정 개혁 요강」을 발표하였다. 주 내용은 국민 자질을 제고한다는 목표 아래 소양 교육의 전면적 추진, 학생의 창조적 정신과 실천 능력을 배양하기 위해 기초 교육의 교육과정 체계와 내용 등을 소양 교육 발전에 부합하는 새로운 체계로 구성한다는 것이다(주간 해외교육정보, 2001. 8).

(2) 주요 개혁 정책

중국의 주요 개혁 정책은 크게 네 가지로 나눌 수 있다.

첫째, 학교 설립 및 운영 체제의 개혁으로 정부 독점적 학교 운영 체제에서 정부 운영 체제를 근간으로 한 정부·민간 공동 운영 체제로의 전환이 개혁의 핵심 방향이다. 그리고 기초 교육(초중등 교육)은 지방 정부가 전담하고, 고등 교육(대학교)은 성급(省級 ; 자치구, 직할시) 지방 정부의 역할을 확대하는 방향 아래 중앙 정부와 지방 정부의 분담 운영 체제로 개혁 중이다. 또한, 민간의 학교 설립·운영에 관한 법규를 제정하여 민간의 학교 운영을 법적으로 보장하는 등 학교 설립·운영에 민간의 참여를 적극적으로 장려하는 정책을 추진하고 있으며, 이에 따라 민간 운영 학교가 확대되는 추세이다.

둘째, 기초 교육 업무 분장 체제의 개혁으로 중앙 정부에서는 국가의 기본 학제를 제정 반포하고, 교육과정과 그 기준을 설치하며, 학교 인원의 기준 편제 및 교원 자격과 학교 직원·임금 기준 규정 등을 제정한다. 성급(省級) 정부에서는 해당 지역의 학제, 학생 모집 규모, 교사 양성과 배치 계획, 교재의 선택과 성급(省級) 편찬 교재 심사 등을 담당하고, 교사 직무 범위와 임금 수준 등을 제정한다.

셋째, 교육과 사회의 결합 추진의 일환으로 농촌 교육·도시 교육·기업 교육에 대한 종합적인 개혁 정책을 실시하여 교육과 경제·과학 사이의 친밀한 결합을 촉진하고 있다. 농촌의 현급(縣級)·향급(鄕級) 정부는 교육 사업을 해당 지방의 경제 사회 발전의 종합적인 발전 계획에 포함시켜 기초 교육·직업 기술 교육·성인 교육의 통합 관리로 경제·과학 기술·교육의 동시적 발전을 도모하고 있다.

농촌 지역 교육은 중앙 정부가 실시하는 '요원(燎原) 계획'(방송과 미디어를 통한 농민 실용 기술 교육)과 '성화(星火) 계획'(빈농을 위한 지역 과학 기술 전수 교육)을 유기적으로 결합하여 흥농 전략(興農戰略)을 추진하고 있다. 또한, 해당 지역의 초·중등학교와 기업·사업 단체·거리 위원회·촌민 위원회 공동으로 사회 공동체 교육 조직(社區敎育組織) 설립을 장려하여 주민과 사회 조직의 학교 관리 참여를 유도하고 있다.

넷째, 학교장의 자율권 강화를 위해 교장의 직책·권한·책임을 통일하여 학교장에게 학교 운영과 관리의 자율권을 부여하는 교장 책임제를 실시한다.

(3) 최근의 교육 동향

21세기를 지향하고 새로운 비약을 꿈꾸는 중국은 사회 발전을 위한 인재 양성에 전례 없는 관심을 보이며, 중국 교육부는 10차 5개년 계획의 첫해인 2001년도 중점 사업을 발표하였다. 「9년 의무 교육제」의 지속적 보급, 초·중등교육 및 고등 교육의 합리적 발전 추구, 인재 양성 구조의 조정, 교육 정보화, 평생 교육 체계 건설 등이 그 주요 내용이다. 10차 5개년 계획 중 교육 분야의 세부 추진 방안을 살펴보면, 초·중·고등학교 교육에서는 다음과 같이 밝히고 있다.

첫째, 「9년 의무 교육제」의 지속적 보급으로 서부 빈곤 지역이나 소수 민족 지역 및 벽지에 의무 교육을 보급하며, 이미 의무 교육이 실시되고 있는 지역에서는 교육의 질 제고 및 교육 환경 개선에 중점을 둔다.

둘째, 보통 고등학교와 중등 직업 교육의 지역 특성에 따른 합리적 배치와 발전을 추구하며, 농촌 지역의 중등 직업 교육 강화와 대도시 지역의 고등학교 교육 수준을 제고하는 등 고등학교 교육의 합리적 발전을 목표로 한다.

셋째, 초·중학교 교육과정 및 교재 개혁이다. 각 교과과정의 표준 제정 및 실험 교재의 집필 작업을 완성하는데 있어서, 교과 내용은 학생들의 학업 부담을 경감시키며 문제 분석·해결 능력 및 과학적 사고를 배양할 수 있도록 구성하고, 도시 초등학교 3학년부터 외국어 교육을 실시한다.

넷째, 초등학교 졸업생의 중학 입학 시험을 면제하며, 지방 특색에 따른 중·고등학교 입학 제도를 개발한다.

다섯째, 교사의 능력 강화 면에서는 교사 양성 훈련의 강화 및 초·중등 교사 연수와 교육 프로그램을 실시하고, 전문 대학교·과학 연구 기관 소속의 전문직 인력을 초·중학교 교사로 겸직이 가능하도록 지원한다. 또한, 교사의 권익 향상 추진을 위해 주거 조건 개선, 의료 보험 제도 완비 등을 추진한다.

대학 교육의 세부 추진 방안으로는 다음을 들 수 있다.

첫째, 지역 경제와 사회 발전에 부응하는 지역 대학을 육성하며, 대학 교육 관리 체제 개혁 및 배치 구조의 조정으로 중앙과 지방의 양극 관리제를 도입하여 지방 위주의 대학 관리를 실시한다.

둘째, 대학의 인재 양성 구조 조정에서는 대학의 시장 경제에 대한 적응 능력을 강화하고, 취업 시장의 수요에 따른 학과 구조 개선 및 인재 양성 모델의 신축적인 운영을 실시하며, 정보기술·생물 기술 등 첨단 과학 기술 분야의 인재를 우선적으로 육성한다. 또한, WTO 가입에 따른 수준 높은 경영 관리 인재를 양성한다.

또한, 교육부 중점 사업에는 교육 정보화와 평생 교육에 대한 계획도 포함시켰다. 고속 광케이블망·위성 교육 전송 시스템 설치 등 교육 정보화 기초 설비에 투자하며, 방송 통신, 위성, 인터넷 등 각종 방식을 통한 '校校通' 사업을 실시한다. 또, 교육용 CD-ROM의 적극적 개발로 디지털 교육 자원을 풍부히 하는데 주력하며, 초·중학교 교사의 정보 기술 훈련을 실시한다.

평생 교육 체계는 평생 학습 센터를 건설하고, 평생 교육 시범 지역을 설립하며, 횡적·종적으로 연계된 사회 교육 연계 시스템을 수립하고, 각종 사회 교육 자원을 활용한다.

기타, 교육 분야의 대외 개방 확대 및 교육의 국제 경쟁력 강화에는 유학 장려, 해외 우수 인재에 대한 유인 정책 실시, 이들을 국내 낙후 분야의 인재 양성에 활용할 계획이다. 또한, 교육의 보급 및 집행에 대한 감독권을 강화하고, 행정 심사 비준과 규정의 정비로 교육 행정의 집행력 강화를 통해 교육 정책의 적절한 운영을 추진한다.

또한, 새로운 도약의 준비로 2001년 8월에 발표된 초·중등 교육과정 시안은 3년 동안의 실험 과정을 거쳐 2005년부터 전국의 초·중등학교에서 본격적으로 실시될 예정이다. 새 교육과정은 '획일 교육과 이데올로기 교육'으로 평가되는 현행 교육과정에 대한 획기적인 개혁을 시도하여 학생 개개인의 개성 발전을 중시하고, 이들의 사회 적응에 필요한 내용들을 엄선하는 데 역점을 두었다. 특히, 교육과정 제정 과정에 현장 교사들의 참여에 많은 비중을 두었으며, 학부모의 의견도 수렴하여 예전의 중앙 집권 체제하에 교육부에서 위탁한 전문가들로 구성된 연구진에 의해 진행되던 기존 교육과정 제정 과정과 많은 차이점을 보였다. 새 교육과정의 특징은 다음과 같다(강영민, 2001).

첫째, 국가-지방-학교 교육과정 제도의 실시이다. 국가 과정-지방 과정-학교 과정의 3급 교육과정 관리 제도를 제정하고 지방 과정과 학교 과정의 제정에서 지방 교육 위원회와 학교 나아가 교사들의 보다 많은 자율성을 확보할 것을 약속하였다. 지역 특성이나 차이를 고려하지 않은 과거의 획일적 교육과정으로는 개혁 개방으로 현저해진 지역차와 더불어 많은 문제를 야기시켜 교육 개혁의 중점 과제로 떠오른 것이다.

둘째, 영어 교육의 보강이다. 예전의 교육과정에는 학교 영어 수업에 대한 특별 규정 없이 각 지방의 조건에 따라 영어 수업을 진행하였다. 그러나 정보화, 세계화의 발전과 더불어 영어 교육의 필요성을 느낀 정부는 2001년 1월 '소학교에서 영어 수업을 진행할 경우에 관한 규정'을 발표하여 전국 소학교 3학년부터 영어 수업을 진행하도록 하였다. 새 교육과정 발표 후 일부 경제 발달 지역에서는 영어 교육 보강을 위한 지방과정을 개발하였다.

세째, 탐구식 학습 방법의 채택이다. 교육 방법 개선과 학생들의 자주적인 학습 능력을 키우기 위해 탐구식 학습 과정을 개발하고, 소학교·중학교에서 탐구 학습을 적극 도입할 것을 권장하였다. 이에 따라 많은 초·중등 학교들에서는 실험실과 연구실을 신설하여 탐구식 학습을 위한 환경을 마련하였다. 또한, 교육과정 서술에서 흔히 써왔던 '교육'이란 표현을 '학습'으로 바꾸어 학생들의 주체성을 고려하였다.

넷째, 정보 교육의 도입이다. 새 교육과정에서는 학교 상황에 따라 수학과에서 '현대 정보 기술의 사용 기술과 정보 선택에 관한 교육'을 할 것을 요구하였고, 2010년까지 전국의 초·중등학교들에 컴퓨터 설비와 인터넷 관리 시스템 및 이에 따른 정보 교육을 보급할 계획임을 밝혔다.

중국 교육부는 특히 이번 새 교육과정의 성공 여부가 교사의 수준에 달려 있음을 강조하고 전국 범위의 교사 연수를 활발히 진행하고 있다. 그러나 중국 교육의 지역 차이와 교사들의 전반적인 수준을 고려하지 않은 채 너무나 성급히 교육 개혁을 추진했다는 비판이 끊임없이 일고 있는 것 또한 지금의 현실이다. 상세히 교육 내용을 제시하고 교사 참고서까지 갖추어 주었던 과거의 교육과정과는 달리 새 교육과정은 지방과정과 학교과정에 여유를 주었을 뿐만 아니라 국가 교육과정 내용의 서술에서도 교사와 학생들의 자주성을 발휘하기 위한 목적으로 상세한 진술은 피했기 때문이다.

사. 대 만

(1) 교육 개혁의 추진 배경

시시각각 변하는 세계 기술의 발달에 교육 개혁이 뒤지지 않기 위해, 대만 정부는 초·중등 학교 단계에서 9년 동안 일관되고 통합된 교육과정에 초점을 맞추었다. 더욱이 대만 정부는 효율적이고 질적인 교육과정이 완성되길 기대하면서, 다음과 같은 두 개의 개정의 이유를 들었다.(Ministry of Education, 2001)

① 국가 발전의 요청 : 학생들의 잠재 능력을 일깨우고, 사회 발달과 학생들의 경쟁력을 향상시키기 위해서 요구되었고, 또한 학교 문화와 교육적 효과를 보다 질적으로 향상시키기 위하여 교육과정 개정이 요청되었다.

② 사회적 기대에 부응 : 대만에 있는 대부분의 부모들은 5학년에서의 영어 학습, 중학
　　교 입학 시험 폐지, 기초 학습 능력 배양 등 학생들이 민주적이고 자유로운 교수-학
　　습 환경을 가지기를 희망하고 있다.

그에 부응하기 위해서 대만 교육부는 다음과 같은 새 교육과정 개발의 3단계를 거쳤다.

① 교육과정 개발 전문 위원회 설립(CDT : Curriculum Development Taskforce)
- 예전의 교육과정과 비교하여 교육과정 개발의 전반적인 원칙 수립
- 교육과정의 내용, 시간 배정, 학습 영역 결정
- 9년 동안의 통합된 교육과정 요강 완성

② 학습 영역 요강의 틀 제정
- 7개 학습 영역의 교육과정 요강 수립
- 학습 능력의 지침과 목적 수립
- 이행의 주체 설정

③ 심의위원회 설립
- 개정된 교육과정 요강의 적합성 검토
- 개정된 교육과정의 실행 내용 검토
- 실행을 위한 계획을 건의하고 확인

(2) 교육 개혁 방향

대만 정부는 21세기 지구촌 시대의 개막에 대비하기 위해서는 반드시 교육 개혁부터 착수해야 함을 인식하고 교육에 있어서 해결해야 될 문제점과 교육 개혁의 이념, 목표 및 이를 달성하기 위한 교육의 자율성과 원칙을 구체적으로 제시하였다.

대만이 제기한 교육의 문제점은 130여만 명의 문맹률이 존재하며, 학교 체계와 사회 수요가 적응하지 못하고, 평생 교육·학습의 성인 교육 체계가 아직 미비하다는 것이다. 또한, 단순한 교사 인력을 다원화하고 더욱 높은 수준의 탁월한 전문가 교사 인력의 배양 체계 건립이 필요하며, 교육 기회의 균등을 실현하기 위하여 교육 자원을 합리적으로 조정하고 배분할 필요성을 느끼고 있다.

더욱이, 교재·교학 방법·평가 방식 개선을 크게 요구하며, 시험 위주의 학교 문화 교정과 전체적인 교육 제도가 앞을 내다보는 장기적인 개혁기제(改革機制)를 결핍하고 있다. 즉, 타성적인 교육 제도를 앞을 내다보는 미래 지향적인 교육 제도로 바꾸어야 한다는 것이다. 따라서, 이와 같은 문제를 해결하기 위해, '5화(五化)'를 교육의 주요한 방향으로 삼아 교육 인본화, 교육 민주화, 교육 다원화, 교육 과기(科技)화, 교육 국제화를 교육 개혁의 이념으로 제시하였다.

또한, 교육 현대화의 총체적인 목적을 달성하기 위해선 다음과 같은 양호한 품덕을 배양하는 교육을 강화해야 한다고 보고 있다. 즉, ① 자율적인 도덕 관념과 능력의 배양 ② 자아 이해의 능력을 배양하여 자신의 품덕·능력·정서·수요에 대한 이해 강화 ③ 변화에 대한 적응 능력 배양 ④ 타인을 존중하는 습관 ⑤ 타인에 관심을 표하는 마음을 배양하며 정(情)과 의(義)가 있는 사회 환경을 형성 ⑥ 혁신과 창조 능력의 배양 ⑦ 손과 머리를 동시에 사용하는 능력 배양 ⑧ 풍부하고 고상한 인문 생활의 멋과 품위 배양 ⑨ 자기가 속한 단체에 대한 협력 정신과 일체감의 배양 ⑩ 사회에 대한 공덕심과 책임감 및 민주와 법에 대한 이해의 배양 ⑪ 과학 기술에 대한 지식과 능력 및 과학 정신과 과학적 태도의 배양 ⑫ 평생 학습의 습관을 통해 사회 변천에 효과적으로 적응하는 능력 배양 ⑬ 생태 환경 보호에 대한 관심과 습관의 배양, 인간과 환경은 상호 대립·배척하는 것이 아니라 화합과 통일적인 것이라는 관념의 배양 ⑭ 세계는 하나의 통일체로서 인류 생활은 서로 긴밀한 관계에 처해 있음을 인식케 하고, 세계 각지의 역사·문화의 차이에 대한 인정과 상호 존중하는 태도를 배양하는 데 교육 목표가 있음을 강조하고 있다(김소중, 1997).

2. 외국의 실과(기술·가정) 교육

가. 미 국

(1) 초등 실과

㈎ 실과 관련 교과

미국의 교육과정은 상당 부분을 각 주에 이양하고 있고, 교육과정은 학구(學區)의 교육 위원회에서 결정되고 있으며, 초등학교에서 실과와 기술 교과는 없고, 일반 교육으로 프로그램식으로 다른 교과와 통합하여 가르치고 있는데, 그 중에서도 '과학' 교과 속에 통합하여 지도하고 있다. 지난 클린턴 정부에 의하여 '국가 교육과정 표준(National Standards)'을 개발하였다.

그리고 '모든 미국인을 위한 기술 교과 교육'을 슬로건으로 NASA의 재정 지원 하에 국제 기술교육 협의회(ITEA ; International Technology Association)가 연구 중인 'K-12' 기술 교과 교육을 위한 표준 교육과정 프로젝트의 연구를 통하여 기술 교과 교육의 국가 표준 교육과정 개발에 목적을 두고 있다. 이처럼 다른 교과와의 통합적 지도에서 독립 교과로서의 연구가 활발해지고 있다.

수업 배당 시간의 예는 [표 3-3]과 같다.

[표 3-3] 오리건주 K~8의 수업 시간 배당률(최희선 외, 1991, p. 57)

단 계 수업 프로그램	k~3 초 급	4~6 중 급	7~8 상 급
예술 교육	7％	7％	7％
보건 교육	7％	8％	8％
언 어	40％	35％	20％
수 학	15％	15％	15％
기본 교육	7％	7％	7％
체 육	8％	8％	8％
과 학	7％	10％	15％
사 회	9％	10％	20％

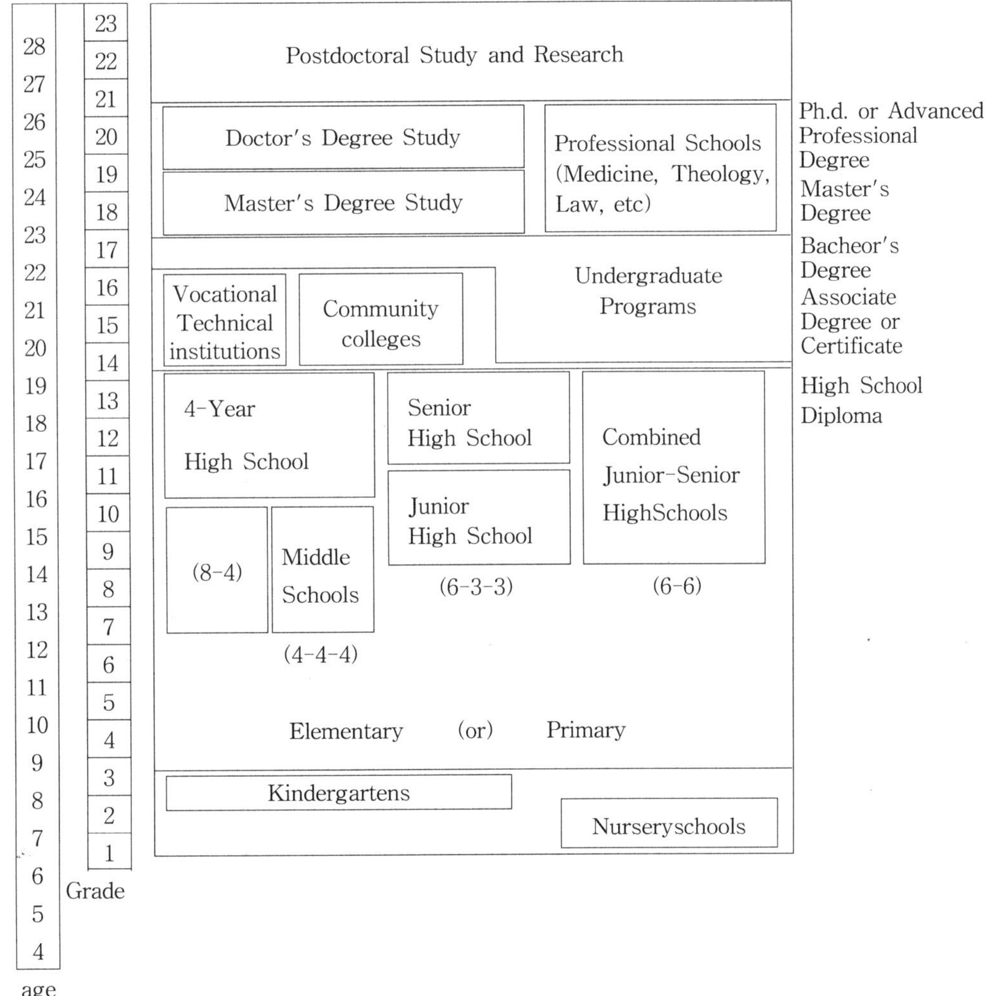

[그림 3-1] 미국의 학제

(나) **지도 내용**

미국의 일반 교육으로 실시되는 기술 교육은 '인더스트리얼 아트(industrial art)'로 12학년까지 일정한 목적에 따라 일관성을 유지하면서 남녀의 구별 없이 실시하고 있는데, 미국 직업 협회는 이 교과의 목표에 대하여 1953년에 다음과 같이 규정하고 있다.

① 산업 생활, 생산과 유통의 문제와 방법에 대해 적극적인 관심을 갖게 한다.

② 설계, 재료, 기능의 평가 및 공업 제품의 선택, 관리, 사용 능력을 발달시킨다.

③ 실제적 장면에서 자기를 표현하고, 시대를 잘 처리하는 습관을 발달시킨다.

④ 남을 돕고 집단 생활에 자진해서 참여하는 태도를 기른다.

⑤ 건강과 안전에 대하여 바람직한 습관을 발달시킨다.

⑥ 쓸모 있는 일을 할 수 있는 능력을 자랑으로 여길 수 있게 하고 여가를 선용할 수 있는 능력 수동적 노작에 대한 흥미를 신장시킨다.

⑦ 일을 규칙적이고 바른 순서에 따라 능률적으로 행하는 습관을 발달시킨다

⑧ 일반적 도형 표현에 대한 이해와 제도와 스케치로 아이디어를 표현하는 능력을 기른다.

⑨ 일반적 도구나 기계를 사용하는 기능과 조립, 수리에 필요한 이해를 발달시킨다.

이상과 같이 이 교육 목표는 산업 기술의 교육에 대한 이해로 볼 수 있다.

인더스트리얼 아트의 교육과정은 각 교육 단계별로 특징이 주어지고, 일관성이 중시되고 있다. 초등학교 4~6학년에서는 실습실에서 전문 교사에 의해서 행해지는 지역도 있지만 일반적으로 보통 교실에서 타 교과와 동일 교사에 의해서 실시되는 지역도 있다.

뉴욕 주의 경우 '미술과 공작'으로 전 교과의 10% 정도를 과하여 지도하고 있으며, 캘리포니아의 교육과정 지침(Course of study) 형태의 내용의 경우 소비 교육, 인더스트리얼 아트를 제시하고 있다. 소비 교육은 학생들로 하여금 생활 양식의 다양한 선택에 따르는 비용과 이점을 결정하는 것을 돕도록 하는 데 있으며, 인더스트리얼 아트는 산업 및 기술의 기능적, 직업적, 경영적, 여가 선용적, 사회적, 역사적, 문화적 제분야에 대한 이해를 증진할 기회를 학생들에게 제공하는 것을 목적으로 하고 있다.

최근 NASA에서 지원하여 Virginia 공과 대학 기술 교과 교육 연구팀에서 개발한 'MISSION 21'은 초등학교 1학년부터 6학년까지 문제 해결 접근을 통한 기존 교과에 기술 교과를 통합하여 지도하는 교사를 돕기 위하여 문제 해결 수업 전략에 의한 기술 교육 프로그램 설계안을 제시하였다. 학년별 주제를 살펴보면, 1~2학년은 교통, 탐색, 설계, 우주 3~4학년은 기계, 발견, 지역 사회, 관련짓기 5~6학년은 통신, 우주 개발, 발명, 에너지와 물질을 제시하고 있다.

모든 미국인을 위한 기술 교과 교육(Technology for all Americans)을 슬로건으로

NSF(National Science Foundation)과 NASA의 재정 지원 하에 국제 기술교육협회 (ITEA ; International Technology Education Association)가 연구 중인 'K-12 기술 교과 교육을 위한 표준 교육과정 프로젝트(A Project to Develop National Standards for K-12 Technology Education)'를 수행하고 있는 실정인데 이 프로젝트는 초·중등학교를 위한 기술 교과 교육의 국가 표준 교육과정 개발에 목적을 두고, 기본적인 모든 학생들의 기술적 교양에 주안점을 두고 있다. 이처럼 기술 교육에 있어서 미국의 초등학교는 기술의 인식(Awareness of Technology)에 목표를 두고 내용과 활동이 이루어지고 있다.

(2) 중등 기술

미국의 교육과정은 주별로 설치된 교육위원회에서 자율적으로 연구되고 개발 운영되며, 때에 따라서는 같은 주에서도 학구에 따라 다른 경우가 많다. 또한, 각 학교에 교육 과정 운영에 대한 융통성을 부여하고 있기 때문에 간단히 표현하기는 어렵다. 이러한 점을 감안하여 중학교 기술 교과 교육 과정의 일반적인 경향을 살펴보면 다음과 같다.

㈎ 기술 교과의 성격

미국의 기술 교육은 19세기 후반에 시작하여, 수기 훈련(Manual Trainings), 수공예 교육(Manual Arts Education), 산업 공예 교육(Industrial Arts Education)을 거쳐 현행의 산업 기술 교육, 또는 기술 교육(Industrial Technology Education, Technology Education)의 순으로 발달하여 왔다(김영주, 1990, p. 34)

오늘날 기술 교육의 성격은 1970년대 이후 진로 교육(Career Education)의 강화로 다음과 같은 네 가지 유형의 교육과정(곽상만 외, 1992, p. 47)이 개발되어 실시되고 있다.

첫째, 산업을 이해시키기 위해 전체 산업 구조나 산업에 대한 지식의 지도에 역점을 두는 프로그램류이다. 그 예로는, 노스캐롤라이나 주의 산업 공예 교육(Industrial Arts Education)을 들 수 있다. 여기서는 이 교과를 실용적 생활 기술과 기술적 능력을 계발시키는 수단으로 보아 학생들이 사회에 대한 통찰력과 이해를 갖게 하고, 학생 개개인의 다양한 잠재 능력을 발견할 수 있게 하고 있다.

둘째, 직업 분류에 기초를 둔 특정한 직업군에 관한 지식과 기능에 대한 교수에 역점을 두는 프로그램류이다. 이러한 교육 과정은 중학교보다는 일반적으로 고등학교 이상에서 운영하고 있다. 이 경우는, 특정한 직업 분야에 대한 심화된 기술 교육을 통해 전문적인 기술 인력을 양성하려는 데 주된 목적이 있다.

셋째, 테크놀로지(technology)의 교수에 가장 역점을 지도하는 프로그램류이다. 이는 캘리포니아 주의 산업·기술 교육(Industrial and Technology Education)이 대표적인 예로서, 기술(technology)에 대한 학문 중심의 내용과 기능을 강화시켜 학생들의 고용력과 직업 인식도 및 개인의 기술적 능력을 증진시킴은 물론 산업과 기술의 발달에 기여하도록 한다.

넷째, 특히 타학과 영역과의 상호 관련을 중시한 통합 프로그램(Integrative Based Program)류이다. 학년 중심의 통합 교육 과정을 운영하고 있는 뉴욕 주의 직업·기술 교육(Occupational and Technical Studies)은 직업 교육과 인문 교육이 통합되고, 기능과 실제 학습 활동을 통합하여 훨씬 더 학문적 개념, 기술, 지식을 습득할 수 있게 한다(Board of Education of the city of New York, 1995, pp. 205~206).

이상과 같이, 미국의 기술 교육은 주로 일반 교양 교육으로 실시되는 교과로서 유치원에서부터 12학년까지 각 교육 단계별로 일정한 목적에 따라 일관성을 유지하면서, 남녀 구별 없이 실시되고 있다.

따라서, 이 교과의 기본적인 특징은 학생의 제작 활동을 자기 표현의 장으로서 정립시키는 한편, 이 제작 활동을 통하여 산업의 이해 및 그 전형적인 발전 과정에 대한 이해를 도모하는 것을 강조하고 있다(곽병선 외, 1990, p. 324).

㈜ 기술 교과의 목표

국가 수준의 학과 목표에 대하여는 미국 직업 협회(A.V.A ; American Vocational Association)는 1953년에 다음과 같이 규정을 했는데, 이 기본적 성격은 그 이후에도 일관되어 오고 있다.

① 산업 생활, 생산과 유통 문제와 방법에 대해 적극적인 관심을 갖게 한다.
② 설계, 재료, 기능의 평가, 공업 제품의 선택, 관리, 사용 능력을 발달시킨다.
③ 실제적 장면에서 자기를 표현하고 사태를 잘 처리하는 습관을 발달시킨다.
④ 남을 돕고, 집단 생활에 자진해서 참여하는 태도를 기른다.
⑤ 건강과 안전에 대하여 바람직한 습관을 발달시킨다.
⑥ 쓸모 있는 일을 할 수 있는 능력을 자랑으로 여길 수 있게 하고, 여가를 선용할 수 있는 수공적 노작(手工的 勞作)에 대한 흥미를 신장시킨다.
⑦ 일을 규칙적이고 바른 순서에 따라 능률적으로 행하는 습관을 발달시킨다.
⑧ 도형에 대한 이해와 제도, 스케치로 아이디어에 대한 표현 능력을 기른다.
⑨ 일반 도구, 기계 사용 기능 및 조립, 수리에 필요한 이해를 발달시킨다.

이상의 목표에서 볼 수 있는 것처럼 미국의 기술 교과의 목표는 매우 포괄적이고, 산업 기술의 교육에 대한 이해라고 볼 수 있다. 그리고 기능의 숙달 못지않게 평가, 자기 표현과 자주성, 협동, 건설과 안전, 일에 대한 흥미, 규칙적인 생활 습관 등의 용어가 쓰이고 있다는 점에 유념할 필요가 있다.

미국에서 각 주의 교과 목표는 실시하는 주에 따라 그 세부 사항이 그 주나 시의 교육위원회에서 정해지는 경우가 많은데, 노스캐롤라이나 주의 산업 공예 교육(Industrial Arts Education)에 대한 총괄적 목표의 예는 다음과 같다.

① 기술 산업에 대한 이해와 통찰력, 우리 문화 속에서의 기술 산업에 대한 위상을 발견한다.

② 학생들이 유능하고 생산적인 시민이 되도록 지원하는 기술적 능력과 기능을 계발시킨다.

③ 이 교육 프로그램을 통하여, 학생들의 창의력과 문제 해결력, 의사 결정 능력을 계발시킨다.

④ 학생들의 개인별 재능, 적성, 흥미, 기술적 환경과 연관된 잠재력을 발견하고 계발시킨다.

⑤ 공구와 재료 사용에 있어서의 기능을 계발하고, 잠재적인 소비자와 작업자로서의 발전을 도모한다.

⑥ 이와 같은 교육을 통하여 학생들의 안전에 대한 태도와 습관을 계발시킨다.

따라서, 미국의 기술 교과는 개인의 발달을 돕기 위해 각자의 개성에 부응하는 학습 장면, 교수 방식, 효과적인 방법 등을 생각하게 되었고, 이론과 실습이 통합된 실천적인 학습 활동을 통하여 이와 같은 목적을 달성하는 보통 교과로서의 특징이 있다.

㈐ 기술 교과의 교과 내용

미국 기술 교과의 교과 내용은 주로 산업의 개관, 통신 기술, 수송 기술, 건설 기술, 제조 기술, 동력과 에너지 기술, 공구와 기계, 진로 지도 등에 이르는 다양한 영역으로 되어 있으며, 각 주마다 조금씩 차이가 있다.

1) 캘리포니아 주

이 주의 산업·기술 교육 과정(Industrial and Technology Model Standards)은 어린이 과정(K~5, For Children), 탐구 과정(6~8, Exploration), 특별 과정(9~12, Specialization)의 3단계로 구분한다. 중학교 과정인 탐구 과정의 핵심은 각 산업 분야에 대한 진로 지도이다(California Department of education, 1988, pp. 20~21).

2) 노스캐롤라이나 주

이 주의 산업 공예 교육(Industrial Arts Education)은 유치원에서 고등학교까지 운영되며, 우리 나라 중학교 과정인 7학년은 '탐구 기술(Exploring Technology)', 8학년은 '현대 기술(Contemporary Technology)'을 필수 교과로 이수한다. 또한, 9~12학년은 제조,

건설, 통신, 에너지/동력과 수송 기술 중 매년 1교과씩 선택하도록 하고 있다.

3) 뉴욕 주

뉴욕 주의 직업·기술 교육(Occupational and Technical Studies)은 유치원(K)에서 고등학교(12학년) 단계까지 실시된다. 이의 교과 내용은 일관성 있는 주제로 체계화되어 학생들의 발달 단계에 따라 학년별로 실시되고 있다. 중학교 과정인 7~9학년에서는 공통 영역별 교과 내용을 필수 교과로 이수한다.

위에서 언급한 주별 기술 교과의 주요 내용을 정리하면 다음 [표 3-4]와 같다.

[표 3-4] 미국의 주별 기술 교과 내용 체계

주별(교과명) \ 구분	이수 구분	내용 영역	강조 점
1. 캘리포니아 주 (Industrial and Technology)	6~8학년 필수 교과	① 통신 기술 ② 건설 기술 ③ 제조 기술 ④ 동력, 에너지, 수송 ⑤ 공구, 기계 ⑥ 진로 지도	• 통신 메시지 구안·제작, 전자·구술 통신 실습 • 건설 재료와 공구 사용법, 건설 기술 실습 • 재료와 공구 사용법, 실습을 통한 제작 활동 • 동력, 에너지, 수송 기술의 탐구적 실습 • 공구와 기계 기술에 대한 탐구적 실습 • 진로·직업 준비 프로그램과 개인적 선택
2. 노스캐롤라이나 주 (Industrial Arts)	7~8학년 필수 교과	◎ 탐구 기술(7학년) ① 기술의 발달 ② 공구, 기계 개요 ③ 통신, 수송 개요 ④ 동력, 에너지 개요 ⑤ 제조, 건설 개요 ⑥ 사회 관심사 개요	• 산업 기술, 지도력과 직원 조직 • 관련 학습 자료 개발, 세미나 실시 • 관련 학습 자료 개발, 세미나 실시 • 관련 학습 자료 개발, 세미나 실시 • 관련 학습 자료 개발, 세미나 실시 • 관련 학습 자료 개발, 세미나 실시
	9학년 선택 교과	◎ 현대 기술(8학년) ① 산업 기술 개요 ② 제조 기술 ③ 건설 기술 ④ 통신 기술 ⑤ 수송/에너지	• 산업 분류, 실습 방침, 학급 토의 • 현대의 제조 기술(컴퓨터 응용) • 현대 건설 기술의 개념과 방법 • 현대 통신 기술의 개념과 방법 • 현대의 수송/에너지 개념과 방법
3. 뉴욕 주 (Occupational and Technical Studies)	7~9학년 필수 교과	① 진로 인식·계발 ② 기술적 지식·기능 ③ 대인 관계 기술 ④ 사고력, 문제 해결력 ⑤ 인성 계발, 자원 관리 ⑥ 통신 기술 ⑦ 시스템 상호 작용 ⑧ 컴퓨터 활용 능력	• 직업의 다양성, 진로 선택과 작업 행동 • 직업별 기초 기능 습득, 전동 공구 사용법 • 권리와 의사 존중, 직업 문화의 윤리 • 정보와 자원의 조직, 의사 결정 능력 • 사회의 연동 구조적 역할 • 구술, 인쇄, 시청각 매체의 활용 기술 • 시스템 이론 적용, 시스템의 절차 구안 • 컴퓨터의 기초적 조작, 컴퓨터의 직업적 활용

이와 같이 기술 교과 내용은, 기술학에 근거하여 산업 전반의 이해, 현대 산업의 생산 기술과 자재, 진로 지도 등을 중심으로 구성된다. 또한, 최신의 과학적 지식을 포함하는 프로젝트를 선정하여 학생들에게 기술적 조작과 과학적 원리·지식을 이해시킬 수 있도록 조직되어 있다.

㈜ 기술 교과의 지도 방법

일반적으로, 미국 중학교 과정에서의 기술 교과는 주로 'Technology'라는 교과 명칭을 가지는 경우가 많다. 그리고 이 교과는 대개 3년 또는 2년 과정의 필수 교과로 주당 3~5시간씩 이수하도록 하고 있으며, 1972년 이후 남녀 학생 모두에게 이수하게 하고 있다(김영주, 1990, p. 35).

이의 효과적인 학습을 위하여 주(州)마다 다양한 교수 방법과 매체 등을 활용하여 지도하고 있으며, 캘리포니아 주의 '교육과정 표준 모델(The Model Curriculum Standards)'이 제시하고 있는 주된 내용은 다음과 같다.

1) 교수-학습 단계(lesson step)

캘리포니아 주에서는 교사와 지역 학구, 각 교육 기관 간의 교육과정의 교류를 촉진하고, 기술(skill)과 이론(academic)이 통합된 효과적인 교수-학습 계획을 위해 다음의 [표 3-5]과 같은 4단계 학습 전략을 제시한다.

[표 3-5] 미국의 기술 교과 교수-학습 단계

순서	학습 단계	지 도 요 점
1	동기 부여	학생들의 흥미를 유발하고 관심을 집중시키는 단계
2	수업 진술	교과 내용에 대한 새로운 기술이나 개념을 상세히 설명
3	적 용	전 단계의 기능, 정보, 개념을 사용하도록 기회를 제공
4	평 가	교사가 교육 활동에 대한 학생의 진전도를 판단, 조사함

2) 교육 시간(instructional time) 결정

교과의 수업 시간은 다음의 기준에 따라 지역 학구, 학교, 교사가 자율적으로 조정할 수 있도록 하고 있다.

① 교육 과정의 총시간 수와 교과 군별 교육 시간 수에 따라 할당한다.

② 주제별(topic) 시간은 학습 단계, 숙련도, 내용의 복잡성을 고려한다.

③ 실제 수업 시간은 출석 확인, 수업 안내, 내용 소개, 교과 설명, 자료와 검사지 배분, 교과 내용의 적용, 학생 평가 등을 모두 포함한다.

3) 학습 능력 진술서(competency statement) 작성

실습을 위한 교수 계획시에 다음과 같은 학습 능력 진술서를 작성하여 학생들의 학습 과제, 작업 조건, 수행 방법, 성취 수준 등을 결정한다.

① 학습 능력 진술서에는 작업 조건, 작업 과제, 수행 기준, 교육 단계 등의 기본 요소가 포함되도록 한다.

② 이 교육 단계는 Bloom의 분류법에 기초하여 사실 인식/추론, 검토, 재조직의 3단계로 구분하여 기술한다.

4) 교수-학습 방법(instructional method)

새로운 기능과 정보를 제시하는 교수-학습 방법으로 실습, 토의, 현장 견학 등의 다양한 학습 방법을 강조하며, '교육과정 표준 모델'에 다음과 같은 4가지 방법을 제시하고 있다.

① 시범 : 취업에 필요한 조작적 기능(manipulative skills)을 습득하고, 직무 기능(job skills)과 관련된 과학 기술적 원리를 시범 보임.

② 실습 : 단일 또는 총괄적인 기능 습득을 목표로 하며, 부과되는 과업은 복잡한 문제 해결, 직무 완성, 실험이나 단순한 실습 등.

③ 강의 : 상당한 결점도 있으나, 교과 내용을 명확하게 설명하기 위하여 유용하게 쓰여지는 교수 도구임.

④ 토의 : 아이디어, 사고력, 경험 등의 활발한 교류와 학급 구성원으로부터 정보 수집, 주제에 대한 집단적 합의 여부를 결정함.

5) 평가 방법(the method for evaluation)

교과의 평가는 평가 항목에 설정된 기준에 대한 수행도를 입증할 요인을 포함하고, 기준 설정을 위하여 다음의 [표 3-6]과 같은 방법으로 사전 검사와 사후 검사를 실시하도록 하고 있다.

[표 3-6] 미국의 기술 교과 학습 활동 평가 방법

구 분 형 태	평가 항목	유 의 점
1. 지필 검사	지식의 숙련도, 사고력, 판단력 측정(인지적 영역)	진위형, 선다형, 논술 등의 다양한 형태로 실시
2. 실기 검사	과업 수행의 조작적 기능 측정	엄격하게 통제된 조건에서 작업을 수행해야 함
3. 교사 관찰	일상적 단일 기능의 수행도 점검(정의적 영역)	평가 기준이 모호하여 신중한 사용이 요망됨

[표 3-7] 미국 기술 교과 교육의 발달 단계

발달 단계	년 대	교육 대상	성 격	주요 교육 내용
Manual Training (수기 훈련)	1880 ~ 1920	고등학교	학교 졸업과 동시에 직업을 갖고자 하는 학생들을 당시 새롭게 변화하는 산업 사회에 적응시키기 위한 기초적 직업 교육	수학, 과학, 제도, 영어, 공구, 기계의 사용법과 실습
Manual Arts (수공예)	1880 ~ 1940	중등학교	종래의 수기훈련 형태에서 제품의 디자인을 강조	단조, 기계공작, 목선반, 목공, 제도 등을 통한 공예적인 작품 제작
Industrial Arts (산업 공예)	1920 ~ 1990	초등학교 중등학교 성 인	일반 교육의 일환, 학교의 실습장과 실험실, 산업계에서 흔히 쓰이는 공구, 재료, 장비, 공정 및 생산에 대하여 폭넓게 교육	제도, 목재 가공, 금속 가공, 전기, 동력 기계 등
Industrial Technology (산업 기술)	1950 ~ 1990	유 치 원 초등학교 중등학교 성 인	산업 기술 자체는 물론, 기술의 경제성, 경영관리, 산업사회 구조를 전체적으로 파악(기술이 사회와 개인에 미치는 영향 등)하도록 교육	통신 기술, 수송 기술, 건설 기술, 제조 기술 등
Technology Education (기술 교육)	1970 ~ 현재	유 치 원 초등학교 중등학교 성 인	기술적 교양(Technology Literacy)에 목표를 둔 기술 교육으로 기술적, 문화적, 사회적 기능을 한다.	기술적 적응 시스템 (통신, 수송, 건설, 제조, 생명 기술, 자동화 기술 등)

자료 : 김진순(1992), 기술과 교육의 국제 비교 연구, 직업 교육 연구, 제 11 권 1 호. p. 92.

(3) 중등 가정

미국의 가정과 교육은 교양 교육(General Education)과 직업 교육(Vocational Education) 측면에서 다루고 있다. 교양 교육 측면에서의 가정과 교육은 초등학교에서 시작되는데, 주 또는 학교에 따라 타교과에 통합하여 가르치고 있다. 그러나 초등학교 교사가 가정 교과의 전문가가 아닌 점, 1917년 이후 각종 정부 지원 대상에서 초등학교 수준은 제외되었던 점 등을 이유로 초등학교에서의 가정과 교육은 중등학교에 비하여 빈약한 실정이다.

한편, 중학교에서의 가정 교과는 7학년과 8학년에서 탐구 가정(Exploratory Home Economics Program) 측면에서 다루고 있다. 이 과정은 상급 학년의 교양 가정(Consumer and Homemaking Program)이나 직업 교육의 실업 가정(Occupational Home Economics Program)을 시작하기 전에 이수하는 것이다. 가정은 필수 과목 또는 선택 과목으로 다루어지고 있는데, 그 기간은 9주부터 2년까지로 다양하다. 미국의 가정과 교육은 주, 지역, 학교에 따라 다르므로, 통일된 수준의 교육 과정의 편제나 교육 내용의 범위, 수준 등을 일괄하여 설명하기는 어렵다. 현재, 미국에서의 가정과 교육은 학생과 교사, 학

생과 지역 사회의 요구에 부응하는 실제적인 교육이 이루어지고 있다고 볼 수 있다.

㈎ 가정과 교육의 배경과 변천 과정

세계 가정과 교육의 선도적 역할을 하고 있는 미국에서의 가정과 교육은 가정학의 발달과 맥을 같이 한다. 1797년 보스톤의 공립 학교에서 바느질을 가르치기 시작한 것이 학교교육에서의 가정과 교육의 시초이다. 그러다가 1922년 Idaho의 Twin Falls에서 남학생에게 처음으로 가정을 가르친 것을 시작으로 1930년에는 42개 주에서 남학생에게 가정을 가르치게 되었다. 그 후, 1963년의 Vocational Education Act는 가정과 내용을 변화시켰는데, 그 결과 전통적인 가정과 교육을 보통 교육적인 측면은 교양적(useful) 교육, 직업준비를 위한 교육은 업적(gainful) 교육으로 구분하였다. 그 후 1976년, Education Amendments에서는 사회 변화 요인을 감안하여 다시 교양적 가정 교육을 소비·가정 교육으로 개칭하였다. 미국의 가정과 교육의 변천 과정을 보면 [표 3-8]과 같다.

[표 3-8] 미국의 가정과 교육의 변천 과정

연 도	장 소	주 요 내 용	특 징
1751	필라델피아	• Franklin Academy 창설	미국 최초의 여자 고등교육기관
1784	보스톤의 쓰기 학교	• 처음으로 여학생을 위한 시간을 할애	
1797	보스톤의 공립 학교	• 바느질을 가르치기 시작	학교 교육에서의 가정과 교육의 시초
1820		• 저학년에 재봉 교육이 소개	
1835		• 고학년에 재봉 교육이 소개	
1872	매사추세츠 주	• 재봉 과목을 산업 기술 교육의 일환으로 인정한다는 법안이 통과	재봉 과목이 공립 학교에서 보편화되기 시작
1874	뉴 욕	• 조리 학교 설립	조리 분야의 교육이 시작
1879	보스톤	• 조리 학교 설립	
1877	The Kitchen Garden Movement	• 재봉과 조리를 중심으로 하는 가정을 수기 훈련 과정의 일부분으로 포함	많은 학교에서 가정을 교과로 개설하기 시작된 계기
1880	필라델피아 여자 중학교	• 재봉 과목 개설	
1885		• 재봉 과목을 초등학교 수준까지 연장	
1886	워싱턴 D.C.	• 조리와 재봉을 초등학교에서는 필수, 중학교에서는 선택으로 개설	
1885	샌프란시스코	• 여학생에게 가정을 가르침	
1888	뉴 욕	• 9개의 초등학교에서 가정을 가르침	
1911	미국의 44개 주	• 가정을 가르침.	
1922	Idaho의 Twin Falls	• 처음으로 남학생에게 가정을 이수	

(나) 가정 교과의 명칭

가정 교과의 명칭은 Home Economics, Homemaking, Family Life, Family Living 등을 사용하나, 학교에 따라 Food & Nutrition, Clothing & Textiles, Human Development, Family Relationship, Housing, Home Management 와 같은 영역 명칭을 교과명으로 사용하기도 한다. 영역별로 명칭을 살펴보면 [표 3-9]와 같다.

(다) 가정 교과의 성격

중학교에서의 가정과 교육의 성격은 시민

[표 3-9] 영역별 교과 명칭

식 생 활	Food & Nutrition
의 생 활	Sewing Clothing & Textiles
주 생 활	Housing & Home Housing Home Management
가족 관계	Human Development Human Relationship Family Living Family Life Human Development & the Family
소비 교육	Consumer Education Consumerism

으로서 살아가는 데 필요한 능력, 특히 개인과 가정 생활의 질 향상에 필요한 능력을 강조하고 있다. 또한, 1970년대부터 시작된 진로 교육의 보편화로 직업 세계에 대한 이해를 강조하고 있으며, 이는 진로 탐색의 측면에서 가정과의 내용과 관련이 있는 직업과 직업의 세계에 대한 지식을 제공해 주고 있다. 즉, 미국에서의 중학교 가정과 교육은 교양 교육과 진로 교육의 성격을 갖는다고 볼 수 있다.

(라) 가정 교과의 이수 대상과 시간 배당

가정 교과는 남녀 모두에게 필수 또는 선택 교과로 이수하도록 하고 있으나 중학교 수준인 7학년과 8학년에서는 대부분 필수로 이수하고 있다.

시간 배당은 학교에 따라 차이가 있는데, 평균적으로 7학년 37.5시간, 8학년 49시간을 이수하고 있으나 최근에 개정된 펜실바니아 주에서는 7학년, 8학년에서 각각 120시간을 이수하도록 하고 있는 것을 보면 가정 교과 교육을 강화하고 있음을 알 수 있다.

이수 시간은 1시간에 대한 기준은 40분에서 46분으로 학구마다 다르다.

(마) 가정 교과의 목표 및 강조점

가정 교과의 목표는 ① 학과 목표(goals), ② 일반 목표(general objectives), ③ 수업 목표(specific or instructional objectives)로 되어 있다. 교육 목표 중 주요 내용을 보면, 가정 및 직업 생활의 이중 역할을 위한 준비, 개인과 가정 생활의 질 향상, 문제 해결 능력, 사고력, 의사 결정 능력 등의 개발, 재정을 비롯한 자원의 관리 능력 습득, 가정 생활에 필요한 지식과 기술 습득, 직업 세계에 대한 이해 등이 있다.

㈔ **가정 교과의 내용**

가정 교과의 지도 내용은 크게 Home Economics, Homemaking, Family Life, Family Living, Family & Consumer Science 등의 교과명을 통해 가정과의 전반적인 내용을 다루거나, Food & Nutrition, Clothing & Textiles, Personal Development, Consumer Science 등과 같은 영역을 교과 수준으로 선택하여 다루기도 한다.

종합 가정 교과인 경우에는 지도 영역이 식생활, 의생활, 주생활, 가족 관계, 소비 교육으로 구성되어 있으며, 식생활과 의생활 영역은 모든 학구가 7학년과 8학년에서 다루고 있다. 학년별 지도 영역 및 교육 과정에 제시된 지도 내용의 상세화 정도는 학구에 따라 다른데, 대개 한 학년에서 2~4개의 영역을 다루고 보통 한 영역에서 10~12개의 지도 요소를 제시하고 있으며(학구에 따라 2~16개를 제시하기도 한다), 식생활을 제외한 다른 영역의 명칭은 다양하다. 식생활, 의생활 그리고 가족 관계 영역에서 다루는 빈도가 높았던 내용을 보면, 식생활에서는 조리 용구의 사용과 계량하기, 조리 용구의 보관, 기초 식품군, 식품과 영양소, 식품 구입 등이며, 의생활에서는 재봉틀의 사용, 간단한 작품 만들기, 웃옷 만들기, 의류 관리, 재봉 용구 다루기 등이다. 인간 발달 및 가족 관계에서는 청소년의 신체적, 정서적 특징, 좋은 인성, 교우 관계와 교제, 옷차림, 임신과 분만, 아이 돌보기, 유아 발달 등이다.

다음 [표 3-10]은 미국 펜실바니아 Shaller 지역의 중학교와 루이지애나 주 Baton rouge 지역의 중학교에서 다루는 가정 교과의 지도 내용이다.

고등학교에서는 종합적으로 가르치기보다 영역별로 세분화시켜 주로 선택 과목으로 다루고 있다. 가정 교과의 선택 과목에는 Fashion Clothing, Clothing & Textiles, Fabric Maintenance, Foods & Nutrition, Choice, Child Development, Child Care, Child Care Center Management, Housing, Home Management, Interior Design, Life Management, Personal Development, Parenting Skills, Consumer Science, Contemporary Living, Single Survival 등 다양하면서도 미래의 가정 생활과 직업 생활에 도움을 줄 수 있도록 구성되어 있다.

㈙ **가정과 교수 방법**

가정과의 교수는 지도 내용에 따라 다르나 거의 모든 학교에서 지도 영역에 따라 Team Teaching이 이루어지고 있다. 즉, 지도 영역에 따라 각각 다른 교사와 장소에서 수업이 이루어지고 있다는 점이다. 식생활 수업은 조리실에서, 의생활 수업은 의복 구성실에서, 인간 발달이나 아동 발달은 가족(아동) 실험·실습실에서 각기 다른 교사에 의해 지도되며,

[표 3-10] 미국 중학교 가정 교과의 지도 내용과 시간 배당

구 분	펜실바니아 주 Shaller 지역(1992년)		루이지애나 주 Baton Rouge 지역(1995년)	
	지도 내용	시간 배당	지도 내용	시간 배당
6학년	<식 품> · 전자레인지를 이용한 음식만들기 · 과일류 · 식품과 영양소 · 편의 식품 · 조 리 · 휴일 음식과 손님 초대	9주	Ⅰ. 바느질 Ⅱ. 조리의 기초 Ⅲ. 몸단장 Ⅳ. 나의 의미	4주 3주 1주 1주
	계	9주	계	9주
7학년	<바느질> · 쿠션만들기 · 베갯잇만들기 · 주머니만들기	9주	Ⅰ. 바느질 Ⅱ. 조리 Ⅲ. 나와 가족 Ⅳ. 가정 위생과 건강 Ⅴ. 아동돌보기	3주 6주 3주 6주 1주 2주 1주 2주 1주 2주
	계	9주	계	9주 18주
8학년	Ⅰ. 아동 양육 · 아동 돌보기의 자격 · 아동 돌보기의 방법 Ⅱ. 바느질 · 의복 제작 · 카탈로그에서 과제 선택 Ⅲ. 식 품 · 전자레인지를 이용한 음식만들기 · 전기 기구 · 조리 실습 기간 · 도넛의 주 · 피자의 주 · 초콜렛의 주 · 식품과 영양 · 간단한 식사류 만들기 · 손님 초대 · 휴일 음식	18주 (Ⅰ,Ⅱ, Ⅲ 중 선택)	Ⅰ. 의복 제작 Ⅱ. 청소년기의 식생활 Ⅲ. 몸단장 Ⅳ. 나와 친구관계 Ⅴ. 소비자 교육	6주 12주 6주 12주 2주 4주 2주 4주 2주 4주
	계	18주	계	18주 36주

학생은 수업 시간표에 따라 이동한다. 그리고 각 실험·실습실에는 교사의 수업 연구와 학생의 실제 수업을 위한 다양한 자료들이 있다.

수업 방법으로는 전통적인 강의뿐만 아니라 실험·실습, 토의, 조사, 시청각 교재의 이용, 시범, 연습, 역할 놀이, 게임, 현장 견학, 관찰, 전문가 초청 강의 등 다양하며, 교과서 이외

에 다양한 Work Book, Job Sheet, Handout, CAI 프로그램 등이 창의적으로 이용되고 있다.

특히, 교과서는 우리처럼 1개를 택하여 처음부터 끝까지 다루는 것이 아니라 각 영역별로 5~6 종류의 교과서에서 교육과정 관련 내용을 추출하여 교사가 이를 재구성하여 다루고 있어 교과서는 교육 자료 또는 참고 자료로서 역할을 한다고 볼 수 있다.

㈈ 평 가

평가는 크게 평가의 전략과 성적 산정 방법이 제시되었다. 평가의 전략 중 교사가 만든 평가지에 의한 평가, 작품과 정보서의 평가, 실험실에서의 경험 평가, 교실에서의 수업 참여도 등은 모든 학구에서 제시하고 있는 방법이다. 그 밖에, 학구에 따라 과제물, 교수의 관찰, 상업용 문제지의 활용 등에 의한 평가 방법도 이용하고 있다.

㈉ 기 타

미국의 교육 과정에 나타난 중등 가정과 교육은 주 정부에서 관할하므로, 인문계 학교와 실업계 학교의 구별 없이 학생 단위로 선택하여 수강할 수 있다.

① 남녀 학생에게 가정 관리자와 직업인으로서의 역할 수행 준비를 위한 교육을 실시하고 있다.

② 가정과 교육에서 성 차이에 대한 고정 관념을 개선하고자 한다.

③ 경제적, 사회적, 문화적 조건을 고려하며, 특히 경제적으로 압박을 받고 있는 지역의 요구를 고려한다.

④ 지역 사회의 특성을 고려하여 특별한 교육의 필요가 있는 노인, 유아, 학부모, 편부모, 장애인, 소년원생, 교도소 재소자들을 위한 프로그램 및 건강 관리와 관련된 프로그램을 제공한다.

⑤ 현대 사회적인 필요에 맞추어 소비자 교육, 자원 활용 및 관리, 영양 교육과 식품 활용 교육, 부모 역할 교육 등을 특히 강조한다.

가정 교육의 내용, 범위, 선택 과목 등은 주에 따라 차이가 있으나 예비 직업 과정 교육(pre-vocation), 소비자와 가정 생활 교육(consumer and homemaking education), 실업 가정 교육의 세 가지 프로그램 외에 특수 직업 가정과 교육 프로그램이 들어 있다.

① 예비 직업 과정은 직업 탐색 과정으로, 중학교 1, 2학년 학생들이 이수한다.

② 소비자와 가정 생활 교육 과정은 소비자 입장에서 교양 과정 프로그램인 일반 과정과 전문 과정으로 되어 있어 학생들이 선택할 수 있다.

③ 실업 가정 교육은 가정과 교육 중 직업을 준비시키기 위한 과정이다.

④ 특수 직업 가정과 교육 프로그램에는 특수 장애로 보통 직업 과정에 참여하기가 힘든 사람을 위한 직업 가정과 교육이 있다.

나. 영 국

(1) 초등 실과

우리 나라 초등 실과와 관련된 교과는 '설계와 기술', '정보 통신 기술'의 주요 단계 1, 2이다.

㈎ 교과 편제와 교육과정의 편제

2000년 8월부터 적용된 새 교육과정에는 초등학교 단계에서 10개의 교과를 규정하고 있다. 각 교과에는 주요 단계에 가르쳐야 할 학습 프로그램이 제시되어 있으며, 또한 그 단계에 이루어야 할 성취 수준도 제시되어 있다. 또한, 교육과정에 포함된 과목의 전체 수업 시간에 대한 비중, 과목별 시간 배정, 학습 내용의 제공 순서를 결정하는 것 등에 있어서 지역 및 학교의 자율적 선택을 존중하고 있다. 우리 나라의 실과에 해당하는 교과는 설계와 기술(Design and Technology), 정보 통신 기술(Information and Technology)이다. 주요 단계가 1~4까지 되어있는데, 초등 학교는 주요 단계 1과 주요 단계 2가 해당된다.

[표 3-11] 초등 학교 교과와 주요 단계

우리 나라 교육과정과 비교	key stage	1	2	비고
	연령(세)	5-7	7-11	
	학년	1-2	3-6	
	국어	■	■	핵심 교과
	수학	■	■	
	과학	■	■	
초등 실과	설계와 기술	■	■	비핵심 기초 교과
	정보 통신 기술	■	■	
	역사	■	■	
	지리	■	■	
	현대 외국어	해당 없음	해당 없음	
	미술과 디자인	■	■	
	음악	■	■	
	체육	■	■	
	시민 교육	해당 없음	해당 없음	

㈏ 영국의 학제

영국 학제의 가장 큰 특징은 다양성에 있다. 우리 나라를 포함한 많은 나라들이 단선형 학제를 택하고 있는 반면, 영국의 경우는 잉글랜드와 웨일즈, 스코틀랜드와 북아일랜드의 교육 제도가 다르며, 또한 개인의 선택이나 사는 지역에 따라 서로 다른 단계를 거쳐 서로 다른 형태 및 성격의 학교에서 교육을 받게 되는 복선형 학제를 택하고 있다. 지역별, 기관별로 각각의 독자성이 매우 강하여 일관된 체계로 정리하기가 매우 어렵게 되어 있다.

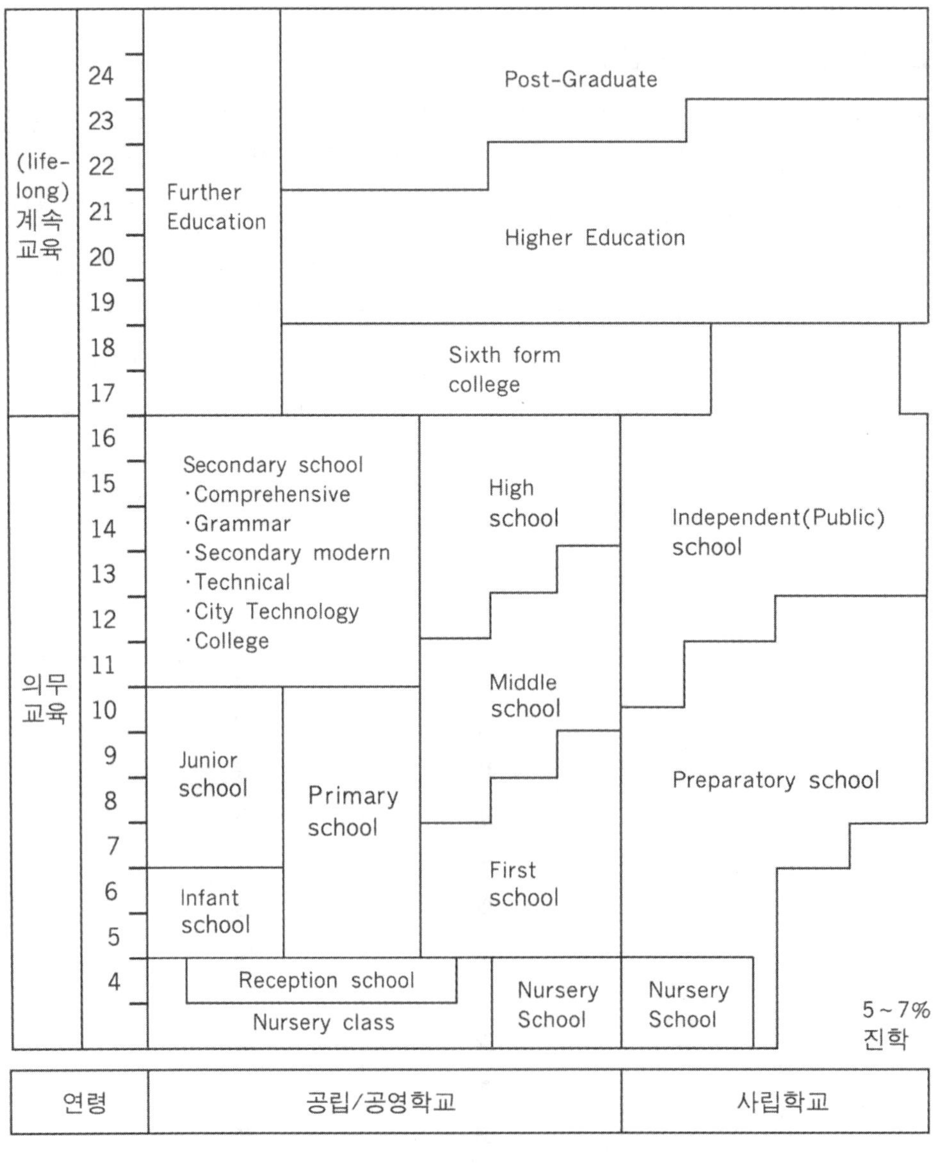

[그림 3-2] 영국의 학교 제도

영국의 현행 교육 제도에서 초등 교육은 5세부터 11세까지의 교육을 의미한다. 그러나 초등교육 대상 연령은 지역별로 조금씩 차이가 있어서 잉글랜드와 웨일즈 지방은 5~11세, 북아일랜드는 4~11세, 스코틀랜드는 5~12세로 각기 다르게 규정하고 있다. 지방교육국(Local Education Authorities : LEA)은 아동이 5세 생일이 지나면 곧 학교를 지정해 주어야 한다. 학교마다 어린이의 정확한 입학 연령을 지정하는 시기에는 차이가 있으나, 대개 5세가 되는 학기에 입학하게 된다. 최근에는 입학 시기가 1년에 단 한 번인 학교가 늘고 있어서, 5세가 되지 않아도 학교의 입학 시기(9월에서 8월)에 맞추어 아이들을 입학시켜야 하는 경우도 있고, 여름에 태어난 어린이들은 가을에 학교가 시작하게 되므로 4세 생일이 지난 후에 학교에 입학하는 경우도 있다

㈔ 설계와 기술, 정보 통신 기술 학습 프로그램 및 성취 수준(초등학교 수준)

DT와 ICT 교육과정을 통해 정신적, 도덕적, 사회적, 문화적 계발을 이루도록 하며 통신, 수리의 응용, IT, 다른 사람과 작업, 자기 학습과 수행 상황, 문제 해결 영역에서 주요 기능을 향상시키도록 한다. 또한, 교육과정의 다른 관점(사고 기능, 재정적 능력, 사업 계획과 기업가 기능, 일과 관련된 학습, 지속적 발전을 위한 교육 영역에서)을 향상시키도록 한다. 초등 실과에 해당하는 '설계와 기술', '정보 통신 기술'의 지도 내용과 성취 수준은 아래와 같다.

1) 설계와 기술 교과 주요 단계(Key stage) 학습 프로그램
[설계와 기술 주요 단계 1 학습 프로그램] - 우리 나라 1·2학년에 해당
개발하고, 계획하고 생각을 전달하는 것

1	a. 자신과 다른 사람의 경험들을 유도해내서 아이디어를 만들어 내기. b. 재료의 모양을 만들거나 구성 요소들을 조립하여 생각을 개발시키기. c. 생각에 대해 이야기하기. d. 생각을 개발시킬 때 다음에 해야할 것을 제안하여 계획하기. e. 제도와 모형 만들기를 포함한 다양한 방법들을 사용해 자신들의 생각을 전달하기.

좋은 품질의 제품을 만들기 위해 도구와 장비, 재료와 구성 요소들을 가지고 일하기

2	a. 교사에 의해 제안된 범위에서 제품을 만들기 위해 도구와 기법 그리고 재료를 선택하기. b. 재료의 감각상의 품질을 탐색하기. c. 재료를 측정하고 표시하고, 자르고 범위를 설정하기. d. 재료와 구성 요소들을 조립하고 연결하기. e. 장비를 사용하여 제품의 외형을 향상시키기 위한 간단한 마감처리 기법들의 사용. f. 식품 안전과 위생을 위해 안전한 절차를 따르기.

공정과 제품을 평가하기

3
a. 좋아하는 것과 좋아하지 않는 것을 말하며 자신들의 생각에 대하여 이야기하기.
b. 다르게 할 수 있는 것 또는 미래 자신들의 일을 향상시킬 수 있는 방법을 확인하기.

재료와 구성 요소에 대한 지식과 이해

4
a. 재료의 제작 특성에 대해
(예를 들어, 더 굵게 만들기 위해 종이를 접고, 더 단단하게 하기 위해 실을 엮는 것)
b. 기계 장치들이 어떻게 다른 방법으로 사용되는지
(예를 들어, 움직임을 허용하는 바퀴와 축, 연결부분)

학습의 폭

5
a. 친숙한 제품류를 조사하고 평가하기
(예를 들어, 그들이 어떻게 작동하는지 그리고 제대로 작동하는지에 대해 이야기하기)
b. 여러 기법, 기능, 공정, 그리고 지식을 개발하는 실제적인 일들에 초점을 맞추기.
c. 음식, 제품을 만들기 위해 조립하는 항목들, 옷감을 포함한 재료를 사용하는 설계와 과제하기.

[설계와 기술 주요 단계 2 학습 프로그램] - 우리 나라 3~6학년에 해당

개발하고, 계획하고 생각을 전달하는 것

1
a. 정보 통신 기술을 포함한 많은 자원으로부터 많은 제품을 사용할 사람과 제품들이 사용되는 것에 대해 생각한 후 제품에 대한 생각을 만들기.
b. 성취할 설계들을 원하는 것을 합하여, 생각을 발전시키고 명확하게 설명하기.
c. 필요하다면 일정 범위의 행동과 선택 사항들을 제안함으로 해야할 것을 계획하기.
d. 미학적인 품질, 의도된 제품에 대한 사용과 목적을 명심하며, 생각이 발전하면서 다른 방법으로 설계 아이디어를 전달하기.

좋은 품질의 제품을 만들기 위해 도구와 장비, 재료와 구성 요소들을 가지고 일하기

2
a. 제품을 만들기 위해 적절한 도구와 기법들을 선택하기.
b. 우선, 실패할 경우, 제품을 만드는 다른 방법들을 제안하기.
c. 재료의 감지할 수 있는 품질과 재료와 공정을 사용하는 방법을 탐색하기.
d. 일정 범위의 재료를 측정하고, 표시하고, 자르고, 형태를 만들고, 구성 요소와 재료들을 정확하게 조립하고, 결합하기.
e. ICT를 포함하는 장비를 사용하여, 제품의 외형을 보강하기 위해 마무리 기법을 사용하기.
f. 식품 안전과 위생을 위한 안전 절차를 지키기.

공정과 제품을 평가하기

3

a. 학생들이 제품을 향상시킬 수 있는 방법을 규정하여 그들이 설계하고 만들 제품의 진행에 반영하기.

b. 향상시킬 것들을 만들기 전에 적절한 테스트를 할 것.

c. 제품의 품질은 그것이 얼마나 잘 만들어졌는지 그리고 그것이 얼마나 의도된 목적에 부합하는가 알기(예로, 제품이 얼마나 사회적, 경제적 그리고 환경적인 고려 사항을 잘 만족하는지 여부)

제품과 구성 요소에 대한 지식과 이해

4

a. 재료의 작업 특성이 그들이 사용하는 방법에 어떻게 영향을 미치는지 알기

b. 재료가 보다 유용한 특성을 만들기 위해 어떻게 조합되고 섞을 수 있는지 알기
  (예를 들어, 재료를 보강할 목재 구조의 끝에 판지 삼각형을 만들기)

c. 정보 통신 기술 제어 프로그램을 포함한 일정 범위의 장비를 사용하여 기계 부분들이 다른 방법으로 물건을 어떻게 움직이게 하는지 알기

d. 간단한 스위치를 포함하는 전기 회로가 어떻게 그 제품의 결과를 이루는 데 사용되는지 알기

학습의 폭

5

a. 일정 범위의 친숙한 제품을 조사하거나 평가하기, 제품이 어떻게 작동하는가와 어떻게 사용되는가 그리고 사용하는 사람들의 견해에 대해 생각하기.

b. 일정 범위의 기법, 기능, 공정과 지식을 개발하는 실제적인 일에 초점을 맞추기.

c. 전기적이고 기계적인 요소들, 음식, 주형할 수 있는 재료, 뻣뻣하고 유연한 얇은 재료와 직물.

2) 설계와 기술 교과 주요 단계 성취 수준과 목표

[주요 단계 1·2 성취 수준과 목표]

<설계&기술을 위한 성취수준>

상당수 대부분의 학생들이 활동하는 것으로 기대되는 범주 안에서의 수준 범주		주요 단계 말에 성취 요구 수준	
주요 단계 1	1~3	7세	2
주요 단계 2	2~5	11세	4

<설계&기술을 위한 성취 목표>

1 단계

학생들은 아이디어를 만들고 친숙한 제품의 특징을 인지한다. 그들의 계획은 아이디어를 실제로 옮길 수 있도록 보여준다. 해야 할 것을 서술하는 사진과 단어를 사용한다. 만들고 있는 것과 자신들이 사용하고 있는 도구에 대해 설명한다. 필요한 곳에서 도구와 재료를 사용한다. 간단한 용어로 자신과 다른 사람의 작품에 대해 이야기하고 제품이 어떻게 작동하는지 서술한다.

2 단계
학생들은 재료와 구성 요소를 가지고 일하는 자신들의 경험에 기초해서 아이디어를 만들고 다음에 무엇을 해야 하는지를 계획한다. 그들이 설계한 것을 서술하기 위해 모델, 사진 그리고 단어들을 사용한다. 자신이 선택한 것을 설명하면서 적절한 도구, 기법, 재료를 선택한다. 도구를 사용하고 다양한 방법으로 재료와 구성 요소를 조립하고 결합한다. 작업 진행 중에 잘 되어지는지를 인식하고 미래에 더 나은 것을 하기 위한 대책들을 제안한다.

3 단계
학생들은 아이디어를 만들고 자신들의 설계가 다른 필요들을 충족시켜야 한다는 것을 인식한다. 자신들의 목표를 성취하기 위해 현실적인 계획을 만든다. 필요할 때 생각을 분류하고 자신들의 설계의 세부사항들을 전달할 모델과 이름 붙은 스케치들 그리고 단어들을 사용한다. 적절한 도구, 장비, 재료, 구성 요소 그리고 기법들을 선택하여 일의 순서에 대해 미리 생각한다. 구성 요소를 서로 결합해서 재료를 자르고 형태를 만들기 위해 정확도를 가지고 도구와 장비를 사용한다. 설계의 평가와 그 공정과 그들의 제품들이 향상되는 곳을 확인한다.

4 단계
학생들은 정보를 수집하고 사용함으로 아이디어를 만든다. 사용자의 견해를 고려하고 단계적인 계획을 만든다. 자신들이 제약을 인지하는 것을 보여주고, 단어들, 이름이 붙은 스케치 그리고 모델들을 사용하여 대안적인 아이디어를 전달한다. 마지막 품질과 기능에 주의를 기울여 어느 정도의 정확도로 다양한 재료와 구성 요소를 가지고 작업한다. 일정 범위의 도구와 장비를 선택하고 작업한다. 제품이 사용되어질 방법을 명심하여 그들의 설계에 반영한다.

5 단계
학생들은 다양한 정보원을 끌어내어 사용한다. 토론, 제도 그리고 모델링을 통해 아이디어를 분류한다. 자신의 아이디어를 개발하고 전달할 때 친숙한 제품의 특징에 대한 이해를 사용한다. 적절한 곳에 그들을 수정하면서 자신의 자세한 계획들로부터 작업한다. 정확도를 가지고 일정 범위의 도구, 재료, 장비, 구성 요소와 공정을 가지고 작업한다. 발전 과정에서 점검하고 진행되는 과정에서 그들의 접근법을 수정한다. 자신의 설계가 제대로 진행되고 자원들을 제약으로 인식하는 상황을 이해하는지에 대해 그들의 제품을 평가한다. 그들의 제품과 정보원의 사용에 대해 평가한다.

3) 정보 통신 기술 교과 주요 단계 학습 프로그램

[주요 단계 1 학습 프로그램] - 우리 나라 1, 2학년에 해당

찾아내기

1
a 다양한 자료로부터 정보를 수집 [예를 들어, 사람, 책, 데이터베이스, CD-ROM, 비디오, TV]

b 다양한 형태로 정보를 기록하고 저장
[예를 들어, 준비된 데이터베이스에 정보를 저장하고 작업을 저장]

c 저장된 정보를 검색 [예를 들어, CD-ROM을 사용하여 저장된 것을 가져온다]

아이디어 개발과 수행

2
a 자신들의 아이디어를 계발하기 위하여 텍스트, 표, 그림, 사운드를 사용
b 특정 목적을 위해 검색한 정보로부터 선택하고 추가하는 방법
c 일이 수행되도록 하기 위해서 명령을 계획하고 제공하는 방법
[예를 들어, 거북이를 프로그래밍하고, 올바른 순서로 명령을 배치]
d 실제 상황과 가상의 상황에서 발생한 것을 시도하고 탐험
[예로, 어드벤처 게임이나 시뮬레이션을 사용하여 이미지에서 서로 다른 색을 시도]

정보 교환 및 공유

3
a 다양한 형태로 정보를 표현하여 자신들의 의견을 공유하는 방법
[예를 들어, 텍스트, 이미지, 표, 소리]
b 자신들의 완성된 작업을 효율적으로 제시[예를 들어, 공공 디스플레이를 위하여]

진행 과정에 따른 작업의 검토, 수정, 평가

4
a 자신들의 생각을 개발하도록 돕기 위해 행한 것을 검토
b 자신들의 행동의 효과를 기술
c 향후 작업에서 변경될 수 있는 것에 관하여 말하기

학습의 폭

5
a 그것이 제시될 수 있는 다양한 방법을 조사하기 위해 정보 범주를 가지고 작업
[예를 들어, 시, 그림, 소리 유형으로 제시되는 태양에 관한 정보]
b 다양한 ICT 도구의 탐색 [예를 들어, floor turtle, 워드 프로세서 소프트웨어, 어드벤처 게임]
c 학교 안팎에서의 ICT의 사용에 관하여 이야기하기

[주요 단계 2 학습 프로그램] - 우리 나라 3~6학년에 해당

찾아내기

1
a 그들이 필요로 하는 정보가 무엇인지, 그들이 정보를 어떻게 발견하고 어떻게 사용할 수 있는지에 관해 말하기
[예를 들어, 인터넷이나 CD-ROM 탐색, 인쇄물 사용, 사람들에게 묻기]
b 적절한 정보원을 선택하고, 정보를 찾아내고, 분류하고, 정확성을 체크하는 것을 포함하는, ICT를 사용하는 개발을 위해 정보를 준비하는 방법 [예를 들어, 책이나 신문에서 정보를 찾아 내고, 학급 데이터베이스를 생성하고, 특성과 목적에 따라 분류하고, 이름의 스펠링이 일치되는지를 체크한다]
c 정보를 해석하고, 그것이 관련성이 있고 의미가 있는지 체크하고, 어떤 에러나 생략이 있다면 일어날 수 있는 것에 관하여 생각해 보기

아이디어 개발과 수행

2

a 텍스트, 표, 이미지, 사운드를 적절하게 함께 가져오고, 조직하고 재 구조화하여 생각을 개발하고 정련하는 방법 [예를 들어, 탁상출판, 멀티미디어 프리젠테이션]

b 일이 발생한 사건을 모니터하며, 반응하도록 교수-학습의 계열을 만들고, 검사하고, 정비하는 법 [예를 들어, 온도의 변화를 모니터하고, 빛의 수준을 감지하며, 빛의 방향을 바꾸는 것]

c '만일 …이라면 무엇을?' 이라는 질문에 답하기 위해서 모델들을 탐색하고 시뮬레이션을 사용하며, 변화하는 가치의 영향을 조사하고 평가하고, 유형과 관련성을 확인하기 [예를 들어, 시뮬레이션 소프트웨어, 스프레드시트 모델]

정보 교환 및 공유

3

a 이메일을 포함하는 다양한 유형으로 정보를 공유하고 교환하는 방법 [예를 들어, 전시, 포스터, 애니메이션, 음악 작곡]

b 청중의 요구사항에 민감하고, 정보를 전달할 때 내용과 질에 대해 주의깊게 생각하기 [예를 들어, 다른 학생들에게 제시, 부모를 위해 쓰기, 인터넷 상에서 출판을 위한 작업]

진행 과정에 따른 작업의 검토, 수정, 평가

4

a 자신들과 다른 사람들이 자신들의 아이디어를 개발하도록 돕기 위해 행했던 것을 검토

b 다른 방법들과 비교하여, 그리고 다른 사람들에 그것이 갖는 효과성을 생각하여 ICT를 가지고 그들의 작업의 효과성에 관해 기술하고 이야기하기 [예를 들어, 탁상출판 신문이나 포스터에 의한 영향]

c 향후 작업을 향상시킬 수 있는 방법에 관해 이야기하기

학습의 폭

5

a 특성과 목적을 생각하기 위해 정보 범주를 가지고 작업 [예로, 결과물을 비교하기 위해 인터넷과 학급 조사로부터 실제적인 데이터를 수집]

b 다양한 정보원과 ICT 도구를 탐색하기 위하여 다른 사람들과 작업 [예를 들어, 상이한 부분의 세계에 관한 정보를 위해 인터넷을 검색하고, 그래픽 소프트웨어를 사용하여 텍스타일 유형을 설계하고, 소리를 캡처하고 변경시키기 위해 ICT 도구를 사용]

c 학교 안팎에서의 ICT 사용을 조사하고 비교

4) 정보 통신 기술 교과 주요 단계 성취 수준과 목표

[주요 단계 1, 2 성취 수준과 목표]

<성취 수준>

상당수 대부분의 학생들이 활동하는 것으로 기대되는 범주 안에서의 수준 범주		주요 단계 말의 성취 요구 수준	
주요 단계 1	1-3	7세	2
주요 단계 2	2-5	11세	4

성취 목표

1단계

정보가 상이한 형태로 존재하고 있다는 것을 보이면서 다양한 정보원으로부터 정보를 탐색한다. 생각을 공유하는 데 도움이 되는 문장, 그림, 소리를 가지고 작업하기 위하여 ICT를 사용한다. 많은 일상 장치가 신호와 명령에 응답한다는 것을 인식한다. 상이한 결과를 생성하기 위하여 그러한 장치를 사용하는 시기를 선택한다. ICT의 사용에 관하여 이야기한다.

2단계

정보를 조직하고 분류하며, 결과물을 제시하기 위하여 ICT를 사용한다. 작업을 입력하고, 저장하고, 검색한다. 작업을 생성하고, 수정하며, 기록하고, 문장, 표, 그림, 소리를 포함하여 상이한 형태로 그들의 생각을 공유하는 데 도움을 주기 위하여 ICT를 사용한다. 실제와 상상의 상황에서 발생한 것을 탐색하기 위하여 ICT를 사용한다. 학교 안팎에서 ICT의 경험에 관하여 이야기한다.

3단계

정보를 저장하고, 직접적인 질의 단계를 따라서 적절하게 저장된 정보를 발견하고 사용하기 위하여 ICT를 사용한다. 작업을 생성하고, 개발하고, 조직하고, 제시하기 위하여 ICT를 사용한다. 다른 사람들과 그들의 생각을 공유하고 교환한다. 장치를 제어하고 특정 결과를 달성하기 위하여 일련의 명령을 사용한다. 사물을 발견하고 문제를 해결하는 데 도움을 주는 ICT 기반 모델이나 시뮬레이션을 사용할 때 적절한 선택을 한다. ICT의 사용과 학교 밖에서의 그것의 사용을 기술한다.

4단계

정보를 수집하고, 발견하고, 질문할 때, 질문을 고안하는 데 주의를 위한 요구를 이해한다. 그들의 결과물을 해석하고, 그럴듯함을 질문하고, 신뢰성 없는 결과로 이끄는 질낮은 정보를 인식한다. 다양한 정보원으로부터 상이한 형태의 정보를 덧붙이고, 수정하고, 조합한다. 상이한 형태로 정보를 제시하고, 그들의 제시에서 질을 위한 요구 사항과 의도된 청중을 알고 있다는 것을 보여주기 위하여 ICT를 사용한다. 이메일 사용을 포함하여 다양한 방법으로 다른 사람들과 정보와 생각을 교환한다. 유형과 관련성을 탐색하고 결정의 결과에 관하여 예언하기 위하여 ICT 기반 모델과 시뮬레이션을 사용한다. 학교 밖에서 다른 방법과 그것의 사용을 가지고 ICT의 사용을 비교한다.

5단계

학생들은 상이한 목적을 위해 요구하는 정보를 선택하고, 그것의 정확성을 체크하고, 처리에 적합한 형태로 조직한다. 특정 목적과 청중을 위하여 상이한 형태와 유형으로 정보를 구성하고, 정련하며, 제시하기 위하여 ICT를 사용한다. 이메일 사용을 포함하여 다양한 방법으로 다른 사람과 정보와 생각을 교환한다. 이벤트를 제어하기 위하여 일련의 명령을 생성하며, 명령을 구성하고 나열할 때 명확하도록 하는 요구 사항을 이해한다. 감지 장치를 갖는 ICT 장치가 외부의 이벤트를 제어하고 측정하는 데 어떻게 사용될 수 있는지를 이해한다. ICT 기반 모델에서 변수를 변경하는 효과를 탐색한다. 학교 밖의 그것을 사용의 관찰과 ICT를 사용하는 지식과 경험을 토의한다. 작업에서 ICT 사용을 총평하고 결과적인 작업에서 향상시킬 수 있도록 하기 위하여 비판적으로 반영할 수 있다.

(2) 중등 기술

㈎ 교육과정의 교과 편제

우리의 중등 기술 교과와 관련된 교과는 설계와 기술, 정보 통신 기술이 해당된다. 주요 단계가 1-4까지 되어 있는데, 중등 기술은 주요 단계 3과 주요 단계 4가 해당된다.

[표 3-12] 중등 교과와 주요 단계

우리 나라 교육과정과 비교	key stage	3	4	비고
	연령(세)	11-14	14-16	
	학년	7-9	10-11	
	국어	■	■	핵심 교과
	수학	■	●	
	과학	■	●	
중등 기술	설계와 기술	■	●	비핵심 기초 교과
	정보 통신 기술	■	■	
	역사	■	선택	
	지리	■	선택	
	현대 외국어	■	●	
	미술과 디자인	■	선택	
	음악	■	선택	
	체육	■	●	
	시민 교육	▶	▶	

적용 시기 - ■ : 2000년 8월   ● : 2001년 8월   ▶ : 2002년 8월

㈏ 설계와 기술, 정보 통신 기술 학습 프로그램 및 성취 수준

1) 설계와 기술 주요 교과 단계 3 학습 프로그램 - 우리 나라 중학교 과정

개발하고, 계획하고 생각을 전달하는 것

1

a. 정보 통신 기술을 포함한 일정 범위의 재료를 사용하여, 적정한 정보원을 확인하기

b. 설계 개요에 반응하고 제품에 대한 자신의 설계 세부 사항을 만들기.

c. 아이디어를 나나낼 수 있는 설계에 대한 기준을 개발하고 평가를 위한 기본을 형성하기.

d. 준거에 부합하는 설계 계획들을 만들기

e. 미학과 그들의 계획에 영향을 주는 다른 것들을 고려하기
   (예를 들어, 의도된 사용자의 필요와 가치, 기능, 위생, 안전, 신뢰도, 비용)

f. 필요하다면 제품을 설계하고 만들고 바꿀 대략적인 계획을 제안하기.

g. 재료, 구성 요소, 도구, 장비 그리고 생산 방법을 선택할 때 시간과 비용을 고려하여, 계획이 진행되면서 그 행동에 대해 우선 순위를 메기고 결정을 이루기.

h. 탐색하고 개발할 컴퓨터를 이용한 설계, 모델을 포함하여 정보 통신 기술을 그래픽 기법을 사용하고 설계 계획을 전달하기(예를 들어, CAD 또는 클립아트, CD-ROM, 그리고 인터넷에 터한 자원 또는 스캐너 그리고 디지털 카메라를 사용하기)

좋은 품질의 제품을 만들기 위해 도구와 장비, 재료와 구성 요소들을 가지고 일하기

2

a. 컴퓨터를 이용한 설계와 제조(CAD/CAM)를 포함하여, 도구, 장비와 공정을 선택하고 사용하기, 재료를 안전하고 정확하게 모양을 만들고 적절하게 제품을 마무리하기 (예를 들어, 절삭기, 선반, 밀링 머신과 연결된 CAM 소프트웨어를 사용하기)

b. 어떻게, 언제 사용할지를 결정할 때 재료와 구성 요소의 작업상 특성을 고려하기.

c. 재료와 기능적인 결과를 성취하기 위해 정확하게 미리 만든 구성 요소를 결합하기.

d. 일관성과 정확성을 보장하기 위해 CAD/CAM을 포함하고 일정 기법들을 사용해서, 단일 또는 다량의 제품을 만드는 것.

e. 영리한 재료들을 포함하여, 현대 재료의 응용과 작업상의 특성에 대해 알기

공정과 제품을 평가하기

3

a. 발전하면서 설계 아이디어를 평가하고, 제품이 설계 상세서를 충족하도록 보장할 계획안을 수정하기

b. 제품이 얼마나 잘 작동하는지를 시험하고 평가하기

c. 분명한 요구에 충족하는지 여부, 목적에 대한 적합성, 자원이 적절하게 사용되어지는지, 설계를 위한 목적 이상의 영향들을 포함하여, 다른 사람의 제품의 품질을 판단한 기준을 정의하고 사용하기.

재료와 구성 요소에 대한 지식과 이해

4

a. 일반적인 현대의 재료의 물리적 화학적 특성과 작업상의 특징을 고려하기.

b. 특징과 작업 특성에 따라 분류되는 재료와 구성 요소들 알기

c. 보다 유용한 특성과 특수한 미학적인 효과를 만들기 위해 결합하고 처리하고 마무리될 수 있는 재료와 구성 요소들 알기 (예를 들면, 다른 감각의 특성을 가진 제품을 만들기 위한 다른 요소들을 결합하기)

d. 얼마나 많은 제품들이 같은 제품으로 만들어지는지 알기

체제와 제어의 지식과 이해

5

a. 자신의 존재하는 제품에서 입력, 처리 그리고 출력을 인식하기

b. 분석하기에 더 쉽게 복잡한 체제가 하위 체제로 나뉠 수 있고, 각 하위 체제는 또한 입력, 처리 그리고 출력을 가짐.

c. 제어 체제에서 되먹임의 중요성

d. 전기 시스템에서 스위치의 사용, 전자 스위치 회로에 센서 그리고 기계 체제가 다른 종류의 움직임을 만들기 위해 서로 결합되는 방법을 포함해, 기계적, 전기적, 전자적, 바람의 제어 체제

e. 다른 형태의 체제와 하위 체제들이 특별한 기능을 이루기 위해 상호 관련될 방법

f. 되먹임의 사용을 포함하여 체제를 제어히도록 전자공학, 컴퓨터를 사용하는 방법.

g. 하위 체제와 체제를 설계하기 위한 정보 통신 기술을 사용하는 방법

구조의 지식과 이해

6
a. 지원하고 강화할 방법과 구조를 인식하고 사용하기.
b. 하중의 영향을 고려할 간단한 검사와 적절한 계산
c. 압축, 인장, 비틀림과 전단의 힘이 다른 효과들을 만들기

학습의 폭

7
a. 제품 분석
b. 일정 범위의 기법들, 기능들, 공정과 지식을 개발하는 데 초점을 맞춘 실습 과제
c. 다른 맥락에서 설계와 과제를 함. 과제들은 제어 체제를 포함하고, 대조적인 재료, 유순한 재료, 음식을 포함한 일정 범위의 재료를 사용하는 작업을 포함해야 한다.

2) 설계와 기술 교과 주요 단계 4 학습 프로그램 – 우리 나라 고등학교 과정

개발하고, 계획하고 생각을 전달하는 것

1
a. 설계 개요, 자세한 상술과 기준을 개발하고 사용하기.
b. 계획에 영향을 미칠 것들을 고려하기(예를 들어, 사용자의 욕구와 가치들; 도덕적, 경제적, 사회적, 문화적 그리고 환경적인 고려들; 생산시 요구되는 정확도)
c. 제조하는 양을 설계하기
d. 현실적인 마감일과 기준 점을 정해서, 자세한 작업 일정을 만들어 사용하기.
e. 제품을 생산할 방법을 결정할 때 정확한 치수와 오차를 고려해서, 도구, 장비 그리고 공정을 고려해 재료와 구성 요소들을 일치시키기
f. 바뀌고 있는 환경과 새로운 기회에 반응해 유연하고 적응할 수 있게 하기.
g. 설계안을 만들고, 개발시키고, 모형을 만들고 의사 소통하기 위해 컴퓨터를 이용한 설계(CAD)를 포함한 그래픽 기법과 정보 통신 기술을 사용하기(예를 들어, 정확한 제도를 위한 그리고 제조시 제도하는 것을 도와주는 CAD 소프트웨어를 사용하기)

좋은 품질의 제품을 만들기 위해 도구와 장비, 재료와 구성 요소들을 가지고 일하기

2
a. 설계 명세서와 일치하는 제품을 만들기 위해 효과적이고 안전하게 도구, 장비, 공정을 선택해서 사용하기.
b. 친숙한 재료와 공정으로 일할 때 일정 범위의 공업적인 응용을 사용하기.
c. 품질 보증 기법을 응용해, 단일 제품과 많은 제품을 제조하기.
d. 단일 제품과 일괄 처리, 다량 생산에서 컴퓨터를 이용한 제조(CAM)를 사용하기 (예를 들어, 비닐 커터, 수놓는 기계, 편물기, 밀링 머신, 선반들을 사용하여)
e. 정보 통신 기술을 사용해서, 생산과 조립 과정을 컴퓨터 모의 실험을 하기

공정과 제품을 평가하기

3
a. 설계 기준에 대해 설계안을 점검하고, 제품을 개발할 때 필요하다면 설계안을 재검하고 수정
b. 개발 기간 동안 주요한 항목에 대해 일에 대한 질적 측면을 점검하기 위한 검사를 만들고 응용
c. 자신들의 제품들이 의도된 사용자를 위한 적합한 품질의 것이도록 한다.(예로, 제품을 도덕적, 문화적 환경적인 고려 사항을 얼마나 잘 충족하는지 그리고 필요하다면 그들의 성과를 향상시키는 개정을 제안하는 것)
d. 설계의 품질과 제조의 품질 사이에 차이점을 인식하고 다른 사람들의 제품의 품질을 판단하기 위한 근본적인 기준을 사용한다.

재료와 구성 요소에 대한 지식과 이해

4
a. 재료들이 어떻게 깎이고, 모양을 만들고 특수한 오차로 만드는지
b. 더 유용한 특성을 만들기 위해 재료를 어떻게 결합하고 처리할 것인지와 공업에서 이런 변화된 재료들을 어떻게 사용할 것인지
c. 제조를 위해 어떻게 재료를 준비하고, 미리 만들어진 표준 구성 요소들을 어떻게 사용하는지
d. 다양한 마무리 처리에 대해, 그리고 그들이 미학적이고 기능적인 이유로 인해 중요시하는 것.
e. 재료와 구성 요소의 최적으로 사용하기 위해, 그들은 재료, 형태 그리고 의도된 제조 공정간의 관계를 고려할 필요가 있다.

체제와 제어의 지식과 이해

5
a. 제어 체제에서 입력, 처리와 되먹임의 중요성에 대한 개념들은 다음을 포함한다.
 (1) 제어 체제와 하위 체제가 어떻게 설계되고, 사용되고 다른 목적을 이루기 위해 연결되는지
 (2) 어떻게 되먹임이 체제로 연결되는지
 (3) 체제의 성과를 분석하는 방법

학습의 폭

6
a. 제품 분석
b. 일정 범위의 기법, 기능, 공정과 지식을 개발하는데 초점을 맞춘 실습 과제
c. 공업적인 실습과 관련된 활동들과 체제와 제어의 응용을 포함한 설계와 과제

3) 설계와 기술 교과 주요 단계 3, 4 성취 수준 및 목표

<설계&기술을 위한 성취 수준>

상당수 대부분의 학생들이 활동하는 것으로 기대되는 범주 안에서의 수준 범주		주요 단계 말의 성취 요구 수준	
주요 단계 3	3-7	14세	5/6

<설계 & 기술을 위한 성취 목표>

6단계
일정 범위의 정보원을 끌어내어 사용하고, 친숙한 제품의 형태와 기능을 이해하는가를 보인다. 사용자와 그들의 아이디어에 대해 생각하고 토론하면서 자신들의 설계를 탐색하고 검사할 모델과 제도를 만든다. 진행시 대안적인 방법들에 대한 계획을 만들고 그들의 설계에 대한 자세한 기준을 개발하고 설계 계획을 탐색하기 위해 그들을 사용한다. 일정 범위의 도구, 재료, 장비, 구성 요소들, 그리고 공정을 가지고 작업하고 그들의 특성에 대해 이해하는지를 보여준다. 진행 과정에서 자신들의 작품을 점검하고 자신들의 접근법을 수정한다. 설계하고 만들 때 판단을 알릴 연구 결과를 사용하여, 정보원을 어떻게 효과적으로 사용했는지를 평가한다. 사용되어지는 제품을 평가하고 향상시킬 방법을 확인한다.

7단계
생각들을 개발할 넓은 일정 범위의 적절한 정보원을 사용한다. 다양한 매체를 사용하여, 생각을 전달하기 전에 형태, 기능, 제작 공정을 조사한다. 여러 사용자들의 다른 요구들을 인식하고 전적으로 현실적인 설계들을 개발한다. 제품을 만드는 주요 단계들을 수행하는 데 필요한 시간을 예측하는 계획을 만든다. 자신들의 특성을 전적으로 고려하여, 일정 범위의 도구, 재료, 장비, 구성 요소와 공정들로 작업한다. 설계 계획들로부터 변화에 대한 건전한 설명을 제공하면서 제조하는 방법을 변화하는 환경에 적응시킨다. 그들의 제품이 어떻게 수행되었는지를 평가할 적절한 기법과 평가의 차원에서 그들의 성과를 향상시킬 제품을 수정하고 사용하는 때를 선택한다.

8단계
확인한 정보에 반응하며 적절한 아이디어를 개발하기 위해 일정 범위의 전략들을 사용한다. 계획시, 재료의 작업 특성과 물리적인 특성에 대한 이해에 기초한 기법과 재료를 결정한다. 자신들의 설계에 상반하는 요구를 확인하고 자신들의 아이디어가 이런 요구들을 어떻게 말하고 있는지 설명하고 이런 분석을 계획들을 수행하는 데 사용한다. 자신들은 정확하고 계속적으로 공정들을 수행할 수 있도록 그들의 작업을 조직하고, 정확하게 도구, 장비, 재료 그리고 구성 요소들을 사용한다. 자신들의 발견을 제품이 설계되어지고 적절하게 자원을 잘 활용했는가 하는 목적에 명확하게 연관시켜 자신들의 제품을 평가하기 위한 폭 넓은 범위의 기준을 규정한다.

예외적인 성과

자신들의 설계에 대한 생각을 돕기 위해 정보를 구하고 다양한 고객층의 요구를 인지한다. 그들의 항목과 작업을 지원해 줄 정보원의 사용을 구별하고 있다. 시간과 자원을 최대한 잘 사용할 형식적인 계획을 가지고 일을 한다. 높은 수준의 정확도로 도구, 장비, 재료 그리고 구성 요소를 가지고 작업한다. 믿을 수 있고 튼튼하고 설계 계획에서 주어진 품질 요구를 전적으로 충족하는 제품을 만든다.

4) 정보 통신 기술 교과 주요 단계 3 학습 프로그램 – 우리 나라 중학교 과정

찾아내기

1

a 필요로 하는 정보를 고려하는 데 있어 조직적이 되며, 정보가 어떻게 사용될 것인가를 토의하기

b 적절한 정보원을 선택하고, 검색방법을 사용하고 정련하며, 발견한 정보의 그럴듯함과 질을 질문함으로써, 목적에 잘 부합하는 정보를 획득하는 방법

c 정확함을 체크하여 양적이고 질적인 정보를 수집하고, 입력하고, 분석하고, 평가하는 방법 [예를 들어, 지역 교통량 측량을 수행하고, 현장 조사에서 수집된 데이터를 분석하기]

아이디어 개발과 수행

2

a 정보를 개발하고, 탐색하며, 문제를 해결하고, 특정 목적을 위하여 새로운 정보를 유도하기 [예를 들어, 미숙한 자료에서 통합을 끌어 내고, 정보를 탐색함으로써 결론에 도달하기]

b 교수 순서를 계획하고, 테스트하고, 수정함으로써 이벤트를 측정하고, 기록하고, 반응하고, 제어하기 위하여 ICT를 사용하는 방법 [예를 들어, 자동적인 기상청을 사용하고, 현장 조사와 실험에서 데이터로깅을 하고, 제어 장치로 피드백을 사용]

c 모델을 탐색하고, 평가하고, 개발하며, 그 모델의 규칙과 가치를 변경함으로써, 유형과 관련성을 발견하고 예언을 테스트하기 위하여 ICT를 사용하는 방법

d 명령 그룹이 반복을 필요로 하는 곳을 인식하고, 목적에 맞는 효과적인 절차를 구성함으로써 자주 사용되는 절차를 자동화하기 [예를 들어, 템플릿과 매크로, 제어 절차, 스프레드시트에서 공식과 계산]

정보 교환 및 공유

3

a 정보를 해석하고 목적에 맞는 다양한 형태로 재구조화하며 제시하는 방법
[예를 들어, 자선적 목적에 관한 정보는 학교 모금 활동을 위한 안내장에서 제시된다]

b 정보를 도안하고, 함께 가져오고, 정련하기 위하여 효율적으로 ICT 도구 범주를 사용하기, 특정 청중의 요구에 민감하고 정보 내용에 어울리는 형태로 질좋은 프리젠테이션을 생성하기

c 이메일을 포함하여 ICT를 사용하고 정보를 효과적으로 공유하고 교환하는 방법
[예를 들어, 웹 출판, 비디오 회의]

진행 과정에 따른 작업의 검토, 수정, 평가

4

a 아이디어와 작업의 질을 개발하고 향상시키도록 돕기 위해 자신과 다른 사람들의 ICT 사용에 비판적으로 반영하기

b 개인, 공동체, 사회에 ICT의 중요성에 관하여 말하고 그것의 사용 범주를 고려하여, ICT에 대한 관점과 경험을 공유하기

c 관련된 기술 용어를 사용하여, 학생들이 향후 작업에서 ICT를 사용하는 방법과 그들이 그것의 효과성을 판단하는 방법을 토의하기

d ICT를 사용할 때 자율적이고 식별하기

학습의 폭

5

a 그것의 특성, 구조, 조직, 목적을 고려하기 위하여 정보 범주를 가지고 작업하기 [예를 들어, 모임의 회원과 회비를 관리하고 연간 레포트를 보여주기 위하여 데이터베이스, 스프레드시트, 프리젠테이션을 사용하기]

b 다양한 상황에서 다양한 정보원과 ICT 도구를 탐색하기 위하여 다른 사람들과 함께 작업하기

c 기존 시스템에 정보 시스템을 설계하고, 평가하며, 개선점을 제안하기 [예를 들어, 웹 사이트를 평가하고, 과학 주제를 위한 멀티미디어 프리젠테이션을 조사하고, 설계하며, 생성하기]

d 더 넓은 세상에서 ICT의 사용과 함께 학생들의 ICT 사용을 비교하기

5) 정보 통신 기술 교과 주요 단계 4 학습 프로그램 – 우리 나라 고등학교 과정

찾아내기

1

a 필요로 하는 정보와 사용하게 될 방법을 고려하여 작업의 요구 사항을 분석하는 방법

b 정보원과 ICT 도구의 사용에서 식별하기

아이디어 개발과 수행

2

a 학습과 작업의 질을 향상시키기 위하여 ICT 사용

b 정보를 탐색, 개발, 해석하고 다양한 교과와 상황에서 문제를 해결하기 위하여 효율적으로 ICT를 사용하기

c 이벤트를 측정하고, 기록하고, 반응하고, 자동화하기 위해 ICT를 사용하는 개념과 기법을 적절하게 적용하기

d 다른 방법에 비해 장점과 한계점을 고려하여 ICT 기반 모델링의 개념과 기법을 적절하게 적용하기

정보 교환 및 공유

3

a 다양한 교과와 상황에서 정보를 공유하고, 교환하고, 제시하기 위하여 정보원과 ICT 도구를 효율적으로 사용하기

b ICT를 사용하여 발견하고 개발된 정보가 특정 청중의 요구 사항에 민감한 형태로 어떻게 해석되고 제시되어야 하는가를 고려하기

진행 과정에 따른 작업의 검토, 수정, 평가

4

a 작업의 질을 향상시키고 향후 판단을 알리기 위한 결과를 사용하여, 정보원과 ICT 도구의 자신과 다른 사람들의 사용의 효율성을 평가하기

b 사회적, 경제적, 정치적, 법률적, 도덕적, 윤리적인 문제를 고려하여 스스로의 삶과 타인의 삶에서 ICT의 영향에 관해 비판적으로 조명하기 [예를 들어, 작업 실습에의 변화, 전자상업의 경제적 영향, ICT를 사용하여 수집되고, 유지되며, 교환된 개인 정보의 함축]

c 좀 더 진보되거나 새로운 ICT 도구와 정보원의 가능성을 개척하고 찾아내기 위해 솔선하여 사용하기 [예를 들어, 인터넷의 새로운 사이트, 새로운 응용 소프트웨어나 업그레이드된 응용 소프트웨어]

학습의 폭

5
a 다른 교과에서의 작업을 포함하여, 폭넓은 다양한 상황에서 요구하는 문제들을 다루기
b 효율성을 향상시키고 능력을 확장시키기 위하여 한 범주의 정보원과 ICT 도구를 사용
c 정보를 탐색하고, 개발하며, 전달하기 위하여 다른 사람들과 작업
d 정보 시스템을 설계하고, 현존 시스템을 평가하며 개선점을 제안하기
[예를 들어, 학교 프로덕션이나 작은 회사를 운영하기 위한 통합 시스템을 설계하기]
e 학생들의 ICT 사용과 더 폭넓은 세계에서 ICT의 사용을 비교

6 다른 학습 영역과 다른 상황에서의 응용을 포함하여, 그들의 작업을 지원하기 위하여, 정보원과 ICT 도구의 선택, 개발, 사용에서 자율적이고, 책임감 있게, 효율적이며, 반성적으로 학습해야 한다 [예를 들어, 일터 경험, 공동체 활동].

7 학생들은 ICT를 갖고 작업에서 지식·기능·이해의 4가지 관점을 통합하도록 학습해야 한다.

6) 정보 통신 기술 교과 주요 단계 3, 4 성취 수준 및 목표

<통신 기술 교육을 위한 성취 수준>

상당수 대부분의 학생들이 활동하는 것으로 기대되는 범주 안에서의 수준 범주		주요 단계말의 성취 요구 수준	
주요 단계 3	3-7	14세	5/6

정보 통신 기술 교육을 위한 성취 목표

6 단계 학생들은 다양한 범주의 정보원으로부터 정보를 사용하여 그것의 질을 향상시키기 위하여 작업을 개발하고 정련한다. 필요한 곳에서, 가정을 테스트하기 위하여 복잡한 질의 단계를 사용한다. 다양한 방법으로 자신들의 생각을 소개하고, 명확한 청중의 감각을 나타낸다. 이벤트를 모니터하고, 측정하고, 제어하기 위하여 일련의 명령을 개발하고, 설정하고, 정련하며, 이러한 명령을 고안하는 데 효율성을 보여 준다. 예언하기 위하여 ICT 기반 모델을 사용하고, 모델 안에서 규칙들을 다양화한다. 다른 자료로부터 정보를 갖는 그것들의 동작을 비교함으로써 이러한 모델들의 타당성을 총평한다. 사회에서 ICT의 영향을 토의한다.

7 단계 학생들은 상이한 청중들에게 제시하기 위하여 다양한 ICT 기반 자료와 다른 자료로부터 정보를 조합한다. 학생들은 상이한 정보-처리 응용의 장점과 한계점을 확인한다. 일상 언어에서 표현되는 질의를 시스템이 요구하는 형태로 변환하여, 다양한 문맥에서 작업에 적합한 정보 시스템을 선택하고 사용한다. 물리적 변수를 측정하고, 기록하고, 분석하기 위하여, 그리고 이벤트를 제어하기 위하여 ICT를 사용한다. 특별한 요구 사항을 충족시키기 위한 변수를 가지고 ICT 기반 모델과 절차를 설계한다. ICT 도구와 정보원, 학생들이 생성한 결과물의 장점과 한계점을 고려하고, 작업 질에 관한 향후 판단을 알리기 위해 이러한 결과물을 사용한다. 사회에서 ICT의 사용과 영향에 관한 토의에 참여한다.

<table>
<tr><td>8
단
계</td><td>학생들은 사용의 용이성과 적절함을 고려하여 특정 작업을 위한 적절한 정보원과 ICT 도구를 자율적으로 선택한다. 처리를 위하여 정보를 수집하고 준비하기 위한 성공적인 방법을 설계한다. 사용할 다른 사람을 위하여 시스템을 설계하고 구현한다. 이벤트에 대응하는 시스템을 개발할 때, 적절한 피드백 사용한다. ICT에 의해 야기되는 사회적, 경제적, 윤리적, 도덕적 문제에 관한 필요한 토의에 참여한다.</td></tr>
</table>

예외적인 성과

<table>
<tr><td>8
단
계</td><td>학생들은 그들이 개발한 상태를 분석하고 그것의 효율성, 사용의 용이성, 적절함을 총평하여, 소프트웨어 패키지와 ICT 기반 모델을 총평한다. 그들은 현존 시스템에 개선점을 제안하고, 그러한 시스템을 사용하여 야기될 수 있는 몇 가지 결과를 예견하여, 사용할 다른 사람을 위한 시스템을 설계하고, 구현하며, 문서화한다. 자신과 다른 사람의 ICT의 사용을 토의할 때, ICT에 의해 야기되는 사회적, 경제적, 정치적, 법적, 윤리적, 도전적 문제에서 그들의 관점을 알리기 위하여 정보 시스템의 경험과 그들의 지식을 사용한다.</td></tr>
</table>

다. 프랑스

(1) 초등 실과

㈎ 실과 관련 교과

1995년도 새롭게 바뀐 교육과정은 초등학교 교과 편제를 9개(국어, 수학, 과학·기술, 역사·지리, 시민 교육, 예능, 체육, 지도 학습, 외국어)로 편제하고 있으나 과학·기술, 역사·지리, 시민 교육은 함께 묶어 시간 배정을 했고 예능, 체육도 함께 묶어 시간을 배정했다. 9개 교과 중에서 실과와 관련된 교과는 과학·기술(Science and Technology) 교과이다.

㈏ 교육과정 편제

프랑스의 학제 구성은 Cycle 1(초기 학습 사이클), Cycle 2(기초 학습 사이클, 유치원 마지막 학년~초교 2학년), Cycle 3(심화 학습 사이클, 초교 3~5학년)으로 3개 사이클 (Cycle) 단위로 구성되어 있고, 우리 나라의 중등별 학년 구성과 반대로 되어 있다(그림 3-3). 그리고 유아 학교와 초등학교의 경우 주당 평균 수업 시간 수는 26시간이며, 연간 총 수업 시간 수에 변화를 주지 않는 범위 내에서 주 24~27시간으로 조정할 수 있다고 규정되어 있다.

우리 나라 실과와 관련된 교과인 과학·기술(Science and Technology) 교과는 기초 학습 사이클, 심화 학습 사이클에 편성되어 있으며, 이수 시간은 기초 학습 사이클에는 주당 3시간 30분~4시간, 심화 학습 사이클에는 주당 3시간~3시간 30분 이수하도록 되어 있다.

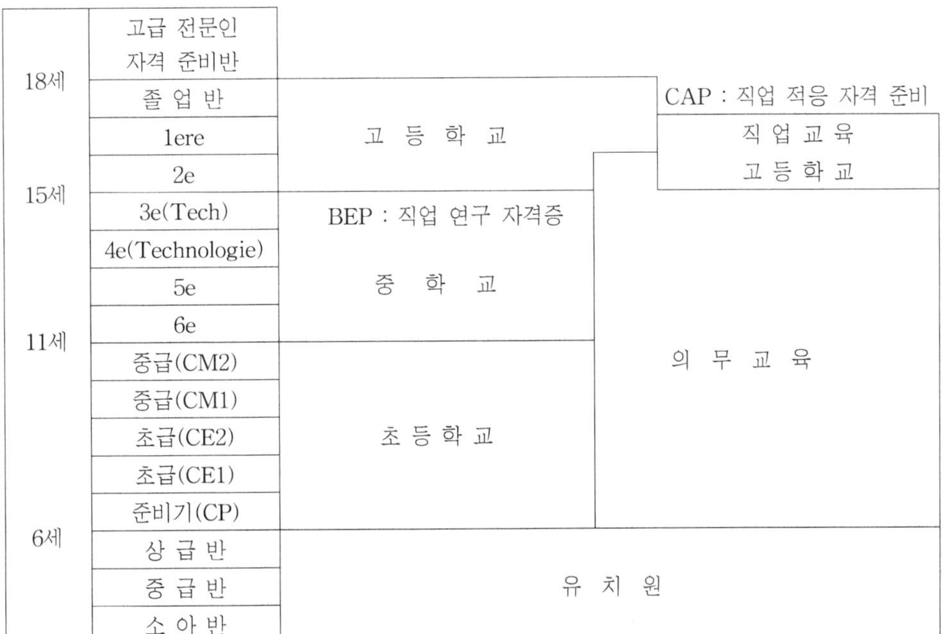

[그림 3-3] 프랑스의 학제

[표 3-13] 기초 학습 사이클 교과 편제(1995년 시행)

학과목 영역	주당 26시간 교육	주당 24시간 교육
국 어	9시간	8시간 30분
수 학	5시간	4시간 30분
역사지리 시민교육 과학기술	4시간	3시간 30분
예 능 체 육	6시간	5시간 30분
지도 학습	2시간	2시간

[표 3-14] 심화 학습 사이클 교과 편제(1995년 시행)

학과목 영역	주당 26시간 교육	주당 24시간 교육
국 어	9시간	8시간 30분
수 학	5시간	4시간 30분
역사지리 시민교육 과학·기술	4시간	3시간 30분
예 능 체 육	6시간	5시간 30분
지도 학습	2시간	2시간

자료 : 한국교육개발원(이용숙 외), 교육과정 개혁 국제비교연구, 1994, pp. 141~142

㈐ 지도 내용

과학·기술과의 내용은 초등학교 1학년은 물질, 생물, 물체의 세계에 대한 기본 사항으로 구성되어 있는데, 그 가운데 실과 내용은 물체의 세계에서 가정에서 흔히 사용하는 기계·기구(전축, 사진기)를 취급하고 활용하기, 간단한 기계·기기를 분해하고 재조립해 보기에 담고 있으며 2, 3학년의 지도 내용은 물질의 상태, 공기와 물, 광물의 세계, 동식물의 일생, 환경, 전기, 지렛대와 저울, 놀이 기구의 특성을 가진 제품 만들기로 구성되어 있고, 실과적 내용은 동식물의 일생, 환경, 전기(전기 회로의 개념, 전기 조명), 놀이 기구의 특성을 가진 제품 만들기에 담고 있다.

4, 5학년의 지도 내용은 천문학적 요소, 지구와 천체, 지질학적 현상, 에너지(광물, 수력, 태양, 핵 등 여러 에너지의 근원, 태양열 난방, 열의 차단 등의 에너지 소비와 절약), 기계와 전기 기계(전동기, 운동의 전달과 변화), 전기 기구의 조립(트랜지스터, 다이오드, 통합 회로), 정보 기기와 체계에서는 사회에서의 정보 과학의 발달(정보 전기 통신, 과학 기술, 관리 기술, 생산 기술에 의한 전문 활동 및 일상 생활의 변화, 이에 따른 사회 도덕적 문제), 정보 처리 기술(소형 컴퓨터 : 프로그램과 자동 장치와 로봇), 논리를 분석하고 수정하기, 논리적 관점에서 초보적인 프로그램을 작성해 보기)로 구성되어 있고, 실과적 내용은 에너지, 정보 처리 기술에 담겨 있다.

이처럼 과학·기술 교과는 농업적 영역과 기술적 영역으로 통합하고 있는데, 이는 과학의 실험적 방법이 실제의 생활과 관련하고 있기 때문이다.

(2) 중등 기술

프랑스의 중학교에서는 고등학교 교육을 잘 받을 수 있는 지식과 기능을 길러 주는 것이 교육 목표이며, 이러한 목표에 이르기 위해서는 중학교에서 가르쳐지는 모든 과목은 과목별 목표 이전에 우선적으로 다음 3개의 일반 목표에 도달해야 한다고 전제하고 있다. 첫째, 논리적 사고력을 기른다. 둘째, 쓰기, 말하기, 영상 표현 등 3가지 능력을 기른다. 셋째, 스스로 학습할 수 있도록 한다.

수업 연한은 4년(6~3년)이고, 12~16살의 학생이 취학하며 이 기간은 의무 교육 기간에 해당된다. 교육과정은 2개의 과정인 관찰 과정(6학년, 5학년)과 방향 지도 과정(4학년, 3학년)으로 되어 있는데, 관찰 과정 이후에 본인의 희망이나 성적에 따라 적용되는 다양한 직업 과정이 설치되어 있는 점으로 보아 중학교의 관찰 과정이 학생에게는 인생의 전환점이 된다고 볼 때, 큰 의미가 있는 것이다. 3학년을 마치면 직업 적응 자격 준비반(C.A.P) 2학년에 진급하거나 직업 연구 자격증(B.E.P) 준비반 2학년에 진급할 수 있다.

학급당 평균 인원은 동화 흡수 과정(15명)을 제외하고 20~24명이다. 관찰 과정에서의 유급률은 10% 정도이며, 고교 진학률은 91~92학년도의 경우 64.8%이다. 중학교 과정의 수료 자격은 국가 고시인 Brevet(중학교 졸업 자격 국가 고사)로 인정되는데, 92년의 합격률은 73.5%였다(20점 만점에 10점 이상 합격). 이 시험은 중학교 졸업생의 학력 수준(국가의 교육력)을 평가하는 고사일 뿐, 각종 고등학교에의 진학 자격 여부를 결정하지는 않지만, 실제로 고등학교 입학에 학군에 따른 본인의 희망, 내신 성적과 함께 Brevet

의 성적이 참고되는 것이 현실이다.

프랑스의 기술 교과는 주로 수·공예를 다룬다. 교과의 성격은 기술적 환경을 배우게 하여 성인으로서의 실제 생활을 의식하고 준비하게 하는 진로 지도 과목이다. 시간 배당은 1, 2학년은 주당 2시간이다. 3, 4학년은 필수로 1.5시간을 하며, 기술을 선택할 때에는 3시간이 배당되어 있다.

[표 3-15] 프랑스 중학교의 교과별 주당 수업 시수

교 과 / 학 년			관찰 과정		진로 과정	
			6	5	4	3
국 어			4.5	4.5	4.5	4.5
수 학			3	3	4	4
외국어 I			3	3	3	3
역사, 지리, 경제			2.5	2.5	2.5	2.5
윤 리			1	1	1	1
물 리			1.5	1.5	1.5	1.5
생물 공학 및 지구 공학			1.5	1.5	1.5	1.5
기술 또는 공작 및 기술 교육			2	2	1.5	1.5
예술 교육			2	2	2	2
체육 교육			3	3	3	3
학교에서 선택한 심화 교육			3	3	–	–
선 택	학교 선택 (1과목 선택)	외국어 2	–	–	3	3
		심화 외국어	–	–	2	2
		라틴어	–	–	3	3
		그리스어	–	–	3	3
	개인 선택				2~3	2~3
계			27	27	28.5~30.5	28.5~30.5

㈎ 교과 목표

기술 관련의 중요한 용어를 익히고, 도면·도표·도안 등을 볼 수 있게 하고, 수공적 규칙을 익히게 한다(즉, 기계의 구조, 작업 계획 수립, 조작의 정확성, 안전 등). 과학과와 관련을 살려서 공업적 기술의 방식, 기능적 분석·제작·작업 구성·해결 방안 탐색 등의 기초를 기른다. 감각적 운동 능력, 관찰력, 공간 조정 능력, 물체의 구조에 대한 이해력, 노력 의식, 심미감, 책임감 등을 기른다(김춘일 외, 1984, pp. 217).

㈏ 주요 지도 내용

1학년(6e)에서는 구체 작업으로 평면 및 공간의 구조, 형태의 분류 및 결합, 면과 부피 등이 기술 작업으로는 분해 및 조립, 소품 제작, 견학 등이 다루어진다.

2학년(5e)에서는 논리적 물체의 결합과 순환, 도면 이해 등이, 기술 작업으로는 분해와 조립, 소품 제작, 견학 등이 다루어진다.

3·4학년(4e, 3e)에서는 필수 과정에서 생활 주거와 환경, 봉재 작업, 위생 및 영양 등이 다루어지고, 선택 과정에서는 건축 기술, 작업 기술, 분재, 집단 봉사 등이 다루어진다.

라. 독 일

(1) 초등 실과

㈎ 실과 관련 교과

독일은 16개 주(Land)로 되어 있는 연방 국가로, 교육에 관한 주권은 각 주에 있다고 볼 수 있다. 그러나 '주 교육장관 협의회(KMK)'에서 학교 교육과정의 일반적인 지침을 제시하고 있는데, 우리 나라 초등학교 실과와 관련된 교과는 수공예와 바이엘른 주의 경우 물상과와 베스트팔렌 주의 경우 사물 학습을 들 수 있다.

독일의 교육은 실생활·경험 등을 중요시하는 이유로 실천적인 교과를 강조하고 있다. 이는 1980년대 이후 기초학교 교육과정을 학문 중심에서 사회(생활) 중심으로 변화시켰음을 의미한다(최유현, 1997, pp. 317~318).

독일의 학제는 [그림 3-4]에 나타난 바와 같이 초등 교육은 대개 4년이며, 중등 과정은 13년으로 주마다 각기 다른 학제를 운영하고 있다.

구 분	Nordhein - Westfalen (노르트라인-베스트팔렌 주)		Niedersachsen (니더작센 주)		
초등 과정 / 기간	Grundschule 1학년 ↓ 4년 4학년		Grundschule 1학년 ↓ 4년 4학년		
중등 과정 / 기간	Hauptschule Realschule 5학년 5학년 ↓ ↓ 9학년 10학년 Berufsschule 2~3년제		Gymnasium 5학년 ↓ 10학년 - - - - - - 11학년 ↓ 13학년	Orientierungsstufe 5학년 2년<관찰(방향 제시) 단계> ↓ 6학년 Hauptschule Realschule 5학년 ↓ 10학년 Berufsschule 2~3년제	Gymnasium 5학년 ↓ 10학년 - - - - - - 11학년 ↓ 13학년

[그림 3-4] 독일의 초·중등 학제

⑷ 교육과정 편제

바이엘른 주의 경우 물상과의 경우, 3~4학년에서는 4시간 편제되어 있다. 그리고 수공예 교과는 1~4학년까지 초등학교 과정에서 이수하도록 되어 있으며, 주당 배당 시간에 있어서 1학년에서는 1시간, 2~4학년까지는 2시간으로 되어 있다.

[표 3-16] 바이엘른 주의 기초 학교 교과별 주당 시간 배당(곽상만 외, 1987, p. 271)

교 과 \ 학 년	1학년	2학년	3학년	4학년
종 교	2	3	3	3
기초 수업			-	-
국어(독일어)			7	7
수 학			5	5
물상학	17	17	4	4
음악·율동			-	-
미 술			1	1
음 악	-	-	2	2
수공예	1	2	2	2
체 육	2	2	2	2
촉진 활동	2	1	1	1
계	24	25	27＋(2)	27＋(2)

* ( )은 외국어 등 선택 활동임.

베스트팔렌 주의 경우, 1~2학년에서는 사물 학습이 언어 교과에 포함되어 있고, 3학년은 3시간, 4학년은 4시간으로 편제되어 있다. 그리고 미술 직물 공예도 음악 교과와 함께 1학년의 경우에는 3시간, 2~4학년에서는 4시간으로 되어 있다.

⑸ 지도 내용

수공예는 아동의 조형적인 능력과 기술적인 능력을 계발하는 것을 목표로 하고 있다. 즉, 다양한 조형 재료 및 도구를 다룸으로써 지적인 능력을 향상시키고, 여러 가지 작업 과정에 대한 지식을 쌓으며, 조형하는 행위에서 기쁨을 갖게 하는데 목적을 두고 있다. 그리고 끈기 있게, 또 독자적인 생각을 표현해 내는 '일'의 즐거움과 여가 선용을 배우도록 하고 있다.

내용은 1학년의 경우, 실로 만든 형태, 자유롭게 수를 놓기, 천으로 하는 작업, 형태에 따라 수 놓기, 종이로 만들기, 천연 자료로 만들기이다.

[표 3-17] 베스트팔렌 주의 기초 학교 교과별 주당 시간 배당(신세호 외, 1987, p. 146)

교 과 \ 학 년	1학년	2학년	3학년	4학년
종 교	2	3	3	3
언 어 사물 학습	6	7	5 3	5 4
수 학	4	4	5	5
촉진 활동(보충)	1~2	1~2	1~2	1~2
체 육	3	3	3	3
음 악 미술 직물 공예	3	4	4	4
계	19~20	22~23	24~25	25~26

2학년의 경우, 짜기, 자유로운 수와 적합한 아프리케, 바느질하기, 종이로 만들기, 조소 자료로 만들기, 금속으로 만들기이다.

3학년은, 뜨개질, 형태를 따라 수 놓기, 종이로 만들기, 점토로 만들기, 나무로 만들기, 금속으로 만들기이다.

4학년의 경우, 뜨개질하기, 바느질하기, 종이로 만들기, 점토로 만들기, 나무로 만들기, 금속으로 만들기이다.

수공예의 지도 내용을 종합하면 다양한 재료(실, 금속, 나무, 점토, 종이 등)에 기구, 기계의 기능을 습득하도록 하여 작품을 만드는 내용으로 구성되어 있다고 볼 수 있다.

물상과는 아동을 에워싸고 있는 사회와 자연을 다루는 교과로서 부분적으로 자연 과학적 내용이 포함되어 있는 독일의 전통적인 '통합 교과'이다. 이 속에는 생활, 일, 역사와 문화, 기술과 교통, 지역 사회에 대한 이해, 건강 및 자연 생산 활동(경제) 등 실과적 내용이 포함되어 있다.

사물 학습의 수업 목표는 "아동은 자신의 인격을 자신의 생활 환경에서 주어진 것과 관련 짓고, 그것을 능동적으로 해결하고 또 그것과 동일시 할 수 있어야만 한다."로 규정되어 있다. 그리고 사물 학습은 일곱 가지 학습 분야를 선정하고 있다. 즉, 고향과 타향, 생활과 건강, 공간과 시간의 상황 파악, 식물과 동물, 자연과 기술, 매체와 소비, 교통과 환경 등으로 구성되어 있다.

학년별 기본 학습 내용을 정리하면 [표 3-18]과 같다.

[표 3-18] 독일 기초 학습 사물 학습의 학습 내용(K. Stumpt, 1994, pp. 159~160)

기본적인 학습 분야	1, 2학년	3학년	4학년
1. 고향과 타향	• 학교 공동 생활 • 가정 생활	• 타인과의 관계 수용	• 다른 아동의 생활 형태
2. 생활과 건강	• 신체 보호와 건강 보존	• 영양 및 성문제	• 약품 남용, 성교육
3. 공간과 시간의 상황 파악	• 학교 인접 공간 탐색 시간 체험하고 구성	• 간단한 지도의 묘사	• 주위 환경의 인간 이해 • 도시 근교, 확장된 지도 이해
4. 식물과 동물	• 학교 주변 식물 동물 이해 및 보호	• 식물과 동물의 생활 공간 • 재배, 수확, 가공	• 계절과 식물, 동물 학교에서 가꾸기 • 동물 겨울나기
5. 자연과 기술	• 공기와 물의 성질 경험 • 물에 띄우는 실험 • 보트의 제조 • 송풍기, 연 등 • 공기 오염과 그 대책(생태학적 관점) • 학급 내의 매체	• 기상 현상 관찰 • 물의 중요성과 순환 • 물의 오염 • 오수의 정화 • 자동차 제작과 시험(톱니바퀴 자동차) • 매체로서의 TV	• 불의 극복과 이용 • 물질의 가연성 실험 • 소화/소방소 • 여러 가지 에너지원 • 에너지 절약 • 광고와 소비 행위
6. 매체와 소비	• 매체와 자유 시간의 구성(책, 놀이, 시청각 매체 등)	• 다른 매체와 비교 • 의미 있는 매체 • TV의 제작 과정	• 현장에서의 쇼핑 • 신문의 구성과 제작(폐신문지 재활용)
7. 교통과 환경	• 독자적으로 교통에 참여하고, 교통에 대한 위험을 인식함	• 상황에 맞게 운전하는 법	• 시내 교통 요구 사항 • 자전거 시험 • 자전거 돌보기와 기다리기

(2) 중등 기술

서독에서는 11개의 각 주마다 교육 기본법의 제정, 학교 제도의 조직, 교육과정의 조직과 운영에 관한 독자적인 권한을 부여 받고 있다. 그러나 대부분의 주에서는 전통적인 복선형 학교 제도를 갖고 있다. 서독의 중등학교에는 기간 학교, 실과 학교, 김나지움의 세 가지 유형이 있는데, 1970년 이후 공교육 개혁론이 대두되어 점차 이 세 유형의 것을 종합하는 종합학교(Gesamtshule)로의 조직이 요청되고 있다.

중등학교 기술 교과의 교육은 근로 교과(Arbeitslehre)란 명칭으로 실시되는데, 근로 교과(근로, 경제, 기술)가 강조되는 것은 역사적으로 노동 교육 개념에서 유래되는 교육 정신이라 하겠다. 이 교과는 일반적으로 대학 진학을 전제로 하는 김나지움(5~13학년)에서는 가르쳐지지 않으며, 장차 직업인으로서 필요한 보통 및 기초 교육을 실시하는 기간 학교(주요 학교, Hauptschule, 5~9학년)와 실과 학교(Realschule, 5~10학년)에서만 가르친다.

기간 학교와 실과 학교에서는 기술 및 가정 등의 교과가 설치되어 있으며, 김나지움에도 직업 학교 관계로 경제, 작업, 가정 등의 과목이 설치되어 있다. 기술과는 남자를 대상으로 하며, 여자에게는 가정과 또는 재봉과를 학습하게 한다.

기간 학교, 실과 학교, 김나지움에서 초기 2년간의 하급 학년(5~6학년)은 지도과정(관찰 과정)이라 하는데, 이 과정에서는 3종류의 학교가 모두 같은 교과를 거의 같은 주당 시수에 의해 가르치며, 기술 교과에 해당하는 과목은 없다. 이 지도 과정이 끝나면 성적과 능력에 따라 3종류의 학교간 이동이 가능하도록 되어 있다.

기간 학교의 상급 학년(7~9학년)에서는 근로 교과(근로, 경제, 기술)의 교육이 강조된다. 근로 교과는 산업 및 직업에 대한 도입을 위한 기간 학교 상급 학년이 기본과목이다. 노르트라인 베스트팔렌 주를 비롯한 대부분의 주에서 이 교과를 영어와 함께 공통 필수 과목으로 부과하고 있다.

근로 교과의 목표는 단순히 학생들을 생산 과정에 적절히 참여하도록 준비시키는 것뿐 아니라, 학생들에게 일의 세계에 관한 실상, 구조, 조건들을 경험시키고 이해시킴으로써, 그들이 자기들의 직업 생애에서 개인적 진로를 스스로 찾아 나가는 것을 돕는 데에 있다. 기능의 연마나 작업이 숙련뿐만 아니라, 그러한 기술과 다른 분야와의 체계적인 관련성 및 산업화 과정에 관한 광범위한 인식을 가지도록 하는 데에 있다.

노르트라인 베스트팔렌 주의 경우, 근로 교과는 구체적으로 근로, 경제, 기술 등 세 과목을 주요 내용으로 한다. 이는 직업 및 산업 분야와 관련된 매우 초보적인 지식과 기능, 그리고 긍정적인 태도를 육성하는 데 목적이 있다. 즉, 교과는 생활 중심의 근로 및 경제 등에 관한 초보적 준비 교육이라는 데 특징이 있으며, 본격적이고 직접적인 근로 및 기술 교육은 보다 상급 학교인 각종 직업 학교 수준에서 수행된다.

근로 교과의 주요 지도 내용은 가정, 공장, 산업, 행정, 교통 등에 관계되는 설비 및 기계의 관리 및 작업 방법 등을 이해하며, 일과 자유 시간과의 관계, 에너지의 이용, 현대 사회의 산업화 및 자동화 체제에 따른 환경 변화 등에 대한 이해와 태도를 증진하는 것으로 되어 있다.

탐구를 통해 사물에 대한 지식을 제공하고 확대시켜 주며, 다른 한편으로는 기술의 발달이나 산업화 과정을 판단할 수 있는 재료를 마련해 주고 있다.

작업에 대한 탐구는 광범위한 주제나 실습의 도입에서 포괄적인 작용, 제약 관계 등을 경험하도록 하고 있다. 이 교육과정은 선택 의무가 있는 수업에서 전문적으로 다루므로 보충된다.

다음의 [표 3-19]은 독일의 근로 교과 학습 영역을, [표 3-20]은 노르트라인 베스트팔렌 주 기술 과목 교육 내용을 요약한 것이다.

[표 3-19] 독일의 근로 교과 학습 영역의 구조(김진순, 한용만, 1988, p 8.)

구 분	기 술	경 제	가 정	직 업
각 영역의 차이점	• 재료, 공구, 기구·기계들을 다루는 기본 능력의 획득	• 경제 생활에 대한 기본적 인식과 이해	• 가정 일의 분석, 계획 및 수행	• 지역 사회의 직업 생활에 대한 일반적 인식
교 육 내 용	• 기계 및 제조 • 건설 및 도시 계획 • 전기·전자 기술	• 기업의 조직과 역할 • 경제와 소비	• 가사의 계획과 조직 • 가정 경제의 관리 운영 • 가족의 사회화	• 직업 안내 • 근로 조건
공통 요인	학습 영역의 관련 요인('일')에 근거하여 일상 생활과 과학에 근거한 학습 영역임			

[표 3-20] 독일 노르트라인 베스트팔렌 주 기술 과목 교육 내용(김춘일, 1984)

학 년	지도 영역	주 요 지 도 내 용
7학년	기계 공학 생산 기술 정보 공학	• 생산 기술 • 동일 형태로 변화시키는 구동 장치 • 과정의 자동 조정 • 작업 탐구(생산 기계의 관점)
8학년	기계 공학 정보 공학 건설 기술	• 공학 • 정보 공학(자동화된 규격화) • 건설 기술 • 작업 탐구(생산 기계, 완성 부품의 생산) • 전문 테마(에너지)
9학년	산업화 방법 산업 활동 산업 제품	• 자동 조정(정보 공학) • 생산, 처리 기술(생산, 기계 공학) • 산업 생산, 생산 분석 • 작업 탐구(대량 생산) • 전문 테마(산업화와 기술의 발달에 따른 손해 효과)

　근로 교과와 타 관련 교과와의 관련성을 살펴보면, 근로 교과를 처음으로 가르치기 시작한 니더작센 주에서는 근로 교과를 '일·경제·기술'이라는 명칭으로 부르고 있고, 또한 이것은 하나의 교과 명칭 아래에서 여러 개 과목들이 협동하여 가르쳐짐을 의미한다.

　이것은 1978년에 문교부령에 의하여 '일·경제·기술'이란 교과가 성립되어 오늘에 이르고 있는데, '일·경제' 과목, '기술' 과목, '가정' 과목이 통합된 교과이다.

　기술 교과 교육 내용은 '일'이란 것을 하나의 공통된 요인으로 하면서 이것을 기술, 경제, 가정, 직업의 네 가지 독립된 영역으로 나누어 다루도록 구성되어 있다.

　일·경제, 기술, 가정의 세 과목이 통합되어 근로 교과를 구성하고 있는 니더작센 주의 경우, 세 과목이 접목되는 요소로서 직업, 작업장, 기업, 가정, 시장, 여가시간, 사회 등의 공통적인 '환경 분야'를 들고 있다. 학생들에게 이들 환경 분야에 적응 대처토록 하는 데에 세 과목의 공통성이 있다는 것이다.

근로 교과 수업 운영은 일·경제, 기술, 가정 과목을 학년에 따라 통합 지도하거나 또는 각 과목으로 분류 지도한다. 그리고 필수 과목 영역과 필수 선택 과목 영역에서 반드시 일정 시간 이상을 배당하고 있다.

[표 3-21] 서독 근로 교과 학년별 이수 시간 배당(니더작센 주)

학 년	이수 형태	주당 시간	학 습 과 목
7학년	필 수	3	일·경제, 기술, 가정(각 36시간씩)
8학년	필 수 필 수	2 2	일·경제(72시간) 기술 및 가정(72)
9학년	필 수 선택 필수	3 3	일·경제(108) 기술 또는 가정 중 택 1(108)
10학년	필 수 선택 필수	3 3	일·경제(108) 기술 또는 가정 중 택 1(108)

자료 : 김진순, 1986, p 44.

마. 일 본

(1) 초등 실과 학습 지도 요령

㈎ 실과 관련 교과

일본의 현재 교육과정은 1998년 12월 14일(평성 10년)에 공고된 것으로 3년간의 개발 기간을 걸쳐 초등학교에서는 2002년 4월부터 적용하고 있다. 일본의 교육과정에는 초등학교의 경우, 국어, 사회, 산수, 이과, 생활, 음악, 도화 공작, 가정, 체육의 교과 영역과 도덕, 특별활동의 3개 영역으로 편제되어 있으며, 이 중에서 우리 나라 실과에 해당하는 가정과가 있고 실과 관련 교과로는 생활(生活), 이과(理科), 도화 공작(圖畵工作)과가 있다.

1) 생활

일본의 생활 교과는 초등학교 1, 2학년에 부과되는 교과이다. 즉, 1, 2학년에 부과되지 않는 사회, 이과의 통합 교과로서 우리 나라의 슬기로운 생활과 유사한 교과이다(최유현, 2001). 생활 교과의 목표는 "구체적인 활동이나 체험을 통해, 주변 사람들, 사회 및 자연과의 관련에 관심을 갖고, 자기 자신이나 자신의 생활에 대해 생각하는 것과 함께 그 과정에 대해 생활에 필요한 습관이나 기능을 익히도록 하여 자립의 기초를 기른다."이다.

생활 교과의 학습 지도 요령은 교과 목표, 학년별 목표 및 내용, 지도 계획 작성 및 학년별 내용 지도 방법으로 구성되어 있다.

생활 교과의 학년별 목표 및 내용은 [표 3-22]과 같다.

[표 3-22] 일본 소학교 생활 교과의 목표 및 내용(문부성, 1998)

구분＼학년	1, 2학년 공통
목표	(1) 자기 자신과 주변 사람들 및 지역 공공물 등에 관심과 애착을 가질 수 있도록 하는 동시에 집단과 사회의 일원으로서 자신의 역할이나 행동의 방식에 대해 생각하고 적절히 행동할 수 있도록 한다. (2) 자기 자신과 주변의 동물이나 식물 등의 자연과의 관계에 관심을 가지고 자연을 소중히 하는 동시에 자신들의 놀이나 생활을 연구하는 것이 가능하도록 한다. (3) 주변의 사람들, 사회 및 자연에 관한 활동의 즐거움을 맛보는 동시에 그것들을 깨달은 것과 즐거웠던 것 등을 단어, 그림, 동작, 극화 등으로 표현할 수 있도록 한다.
내용	(1) 학교 시설의 형태와 학교 생활을 가능하게 하는 선생님과 친구의 일을 이해하고, 안심하고 즐겁게 놀거나 생활할 수 있게 함과 동시에, 통학로의 상태(상황)등에 관심을 가지고 안전한 등, 하교가 가능하도록 한다. (2) 가정 생활을 가능하게 하는 가족의 일이나 스스로 할 수 있는 것 등에 대해 사고하고, 자신의 역할을 적극적으로 수행함과 동시에 규칙적으로 건강하게 생활할 수 있도록 한다. (3) 자신의 생활이 지역 사람들이나 다양한 장소와 관계되어 있는 사실을 알고, 그것에 친근감을 가지며, 사람들과 적절히 접촉하는 것이나 안전하게 생활할 수 있도록 한다. (4) 공공물이나 공공 시설은 모두의 것이라는 사실과 그것을 유지하는 사람들이 있다는 사실 등을 알고 그것들을 소중히 여기며 안전에 주의하여 올바르게 이용할 수 있도록 한다. (5) 주변의 자연을 관찰한다든지, 계절이나 지역의 행사에 관계된 활동을 수행한다든지 해서, 사계의 변화나 계절에 의해 생활 모습이 변하는 것에 주의를 기울이고 자신들의 생활을 연구하여 즐겁게 할 수 있도록 한다. (6) 자기 주변에 있는 자연을 이용한다든지, 사물을 사용한다든지 해서 놀이를 깊이 생각해 보고, 모두가 놀이를 즐길 수 있도록 한다. (7) 동물을 사육한다든지, 식물을 키운다든지 해서 그것들을 키우는 장소, 변화와 성장 모습에 관심을 가지고, 또한 그것들은 생명을 가지고 있다는 것과 성장하고 있다는 것에 주의를 기울여 살아 있는 것에 대한 친근함을 가지고 소중히 할 수 있도록 한다. (8) 많은 사람들의 도움으로 자신이 성장한다는 사실, 스스로 할 수 있게 되었다는 것, 역할이 늘었다는 것 등을 깨닫고 지금까지의 생활과 성장을 지탱해 주었던 사람들에게 감사하는 마음을 가짐과 동시에 의욕적으로 생활할 수 있도록 한다.

학습 지도 요령에 제시된 생활 교과의 지도 계획 작성 시 고려할 점은 다음과 같다.

첫째, 주변 사람들, 사회, 자연의 공생 및 화합할 수 있도록 학습 활동을 궁리한다.

둘째, 자신과 주변 사람들, 사회 및 자연과의 관련을 구체적으로 학습할 수 있는 활동을 실시하되, 교외 활동을 적극적으로 하고 필요에 따라 편지나 전화 등 서로 의사 소통을 할 수 있도록 한다.

셋째, 구체적인 활동과 체험을 실시함에 있어 주변의 유아, 노인, 장애 아동과도 다양하게 접촉할 수 있는 기회를 제공한다.

넷째, 내용 (7)항의 동물과 식물 기르기는 2년에 걸쳐 할 수 있는 것으로 선택하여 사육 및 재배의 기술이 점차 심화될 수 있도록 한다.

다섯째, 생활에 필요한 습관이나 기능의 지도에 있어서는 사람, 사회, 자연 및 자기 자신과 관련된 활동을 중심으로 전개한다.

여섯째, 국어, 음악, 도화·공작 등 타 교과와 관련시켜 지도하여 효과를 높일 수 있도록 한다.

2) 이과

이과(理科, 과학) 교과의 내용은 생물과 환경, 물질과 에너지, 지구와 우주의 세 영역이 3학년부터 6학년까지 조직되어 있는데, 여기서 물질(금속), 에너지, 전기(회로), 재배, 사육 등의 내용이 다루어지고 있으며, 특히 재배, 사육, 제작 활동에 대한 적절한 시기를 선택하는 능력에 대해 언급하고 있다.

3) 도화·공작

도화·공작(圖畵工作) 교과는 우리 나라의 미술과에 가까운 교과이지만 우리 나라에 비해 공작 능력에 비중을 더 두고 있다. 도화·공작(圖畵工作) 교과의 목표를 살펴보면, "표현 및 감상의 활동을 통해서, 조형적인 창조 활동의 기초적인 능력을 기름과 동시에 표현의 기쁨을 맛보게 하고 풍부한 정서를 기른다"이며, 1학년부터 6학년까지 표현, 감상의 두 영역으로 되어 있다.

(나) 소학교 가정과 학습 지도 요령

1) 일본 가정과 교육의 성격

일본의 가정과 교육의 성격은 다음 세 가지로 요약할 수 있다,

첫째, 가정과 교육에서는 그 대상을 가정 생활을 중심으로 한 인간의 생활로 하고 있다. 가족을 단위로 하는 생활 공동체로 생활하는 사람들의 생활만이 아니라 가정에 준하는 조직의 집단에서 생활하는 사람들의 생활이나 단신세대로 생활하는 사람들의 생활도 그 대상으로 한다. 생활은 사람과 사물과 환경이 상호관련을 맺고 인적·물적 자원을 활용해서 총합적으로 영위하는 것이다.

둘째, 가정과 교육에서는 생활을 총합적으로 취하는 것을 목표로 하고 있다. 가정 생활에서는 가족, 의생활, 식생활, 주생활, 가정 경영, 보육, 기타 가정 생활의 모든 분야가 각각 분리하여 존재하는 것이 아니고, 밀접하게 관련해서 총합적으로 이루어지고 있다. 따라

서, 수업시간 관계로 학습은 개별적으로 분리해서 행해질지라도, 최종적으로는 총합적으로 취해질 필요가 있다.

셋째, 가정과 교육에서는 지식으로서 이해할 뿐만 아니라 가정 생활에 있어서 실천적 능력의 육성을 목표로 하고 있다. 따라서, 가정과의 학습에 있어서는 실천적, 체험적 학습을 통해서 지식과 기술을 습득시키는 것이 바람직하다 등의 세 가지로 가정과의 성격을 요약할 수 있다.

일본의 가정과는 소학교의 가정, 중학교의 기술·가정, 고등학교의 가정과를 통하여 연계성을 가진 교과로서 그 위치가 정해져 있어 소학교, 중학교, 고등학교와의 관련을 충분히 파악하고, 그 성격을 기반으로 하여 소·중·고의 일관성을 고려하지 않으면 안 된다. 그러나 소·중·고등학교 단계에 있어서 아동·학생의 발달과 교과명 등의 관련으로부터 그 성격에는 미묘한 차이가 있다. 즉, 소학교는 가정으로 가정 생활을 중심으로 하고 있으나 중학교는 기술·가정으로 가정 생활 및 사회 생활의 기초 능력을 기르고 내용도 기술과 가정 각각의 필수 분야를 두고 있으며, 고등학교는 가정으로 직업 생활까지 포함한 범위로 하고 있다.

2) 가정과 교육의 목표

일본의 소학교의 가정과는 아동의 가정 생활을 그 학습 대상으로서, 의식주 등에 관한 실험적, 체험적인 활동에서 일상 생활에 필요한 기초적인 지식, 기능의 습득, 가정 생활의 의의를 이해하는 것을 목표로 하고 있다. 또, 궁극적으로는 가족의 일원으로서 가정 생활을 충실히 향상시키려는 실천적인 태도의 육성을 목표로 하고 있다.

일본의 신 교육과정의 목표를 살펴보면, 소학교의 가정과는 "의식주 등에 관한 실천적, 체험적인 활동을 통해서 가정 생활에의 관심을 높이고, 일상 생활에 필요한 기초적인 지식과 기능을 몸에 익혀 가족의 일원으로서 생활을 고안하려는 실천적인 태도를 기른다."로 목표를 제시함으로써 체험적인 활동과 가정 생활을 강조하였다. 이에 대한 구체적인 목표를 살펴보면 다음과 같다.

- 의식주나 가정 생활 등에 관한 실천적, 체험적인 활동을 통해 가정 생활을 유지하고 있는 것을 알고, 가정 생활의 소중함을 깨닫도록 한다.
- 제작과 조리 등 일상 생활에 필요한 기초적인 기능을 몸에 익히고, 생활에 활용할 수 있도록 한다.
- 자신과 가족 등에 대한 관심을 깊이 생각하고, 실천하는 기쁨을 맛보게 하며, 가정 생활을 보다 좋게 하도록 하는 태도를 육성한다.

일본의 기술·가정의 목표는 "생활에 필요한 기초적인 지식과 기술의 습득을 통해서 생활과 기술과의 관계에 대하여 이해를 깊게 하고 나아가서 생활을 궁리하고 창조하는 능력과 실천적인 태도를 기른다."는 목표 아래 기술 분야와 가정 분야에 대한 세부 목표를 제시하고 있다. 기술 분야의 목표는 "실천적, 체험적인 학습 활동을 통해서 물건 제작과 에너지 이용 및 컴퓨터 활용 등에 관한 기초적인 지식과 기술을 습득함과 동시에 기술이 하는 역할의 이해를 깊게 하고, 그것들을 적절히 활용하는 능력과 태도를 기른다."이고, 가정 분야의 목표는 "실천적, 체험적인 학습 활동을 통해서 생활의 자립에 필요한 의식주에 관한 기초적인 지식과 기술을 습득함과 동시에 가정의 기능에 대하여 이해를 깊게 하고 과제를 가지고 보다 나은 생활을 하려는 능력과 태도를 기른다."로 되어 있다.

3) 가정과 교육의 내용

새 교육과정의 가정과의 내용 체계를 살펴보면 [표 3-23]와 같다.

[표 3-23] 일본 가정 내용 체계

영 역	내 용
(1) 가정 생활과 가족	(1) 가정 생활에 관심을 가지고 가정의 일과 가족과 접촉할 수 있도록 한다.
(2) 의복에의 관심	(2) 의복에 관심을 가지고 일상복을 관리할 수 있도록 한다.
(3) 생활에 도움이 되는 물건 제작	(3) 생활에 도움이 되는 물건을 제작해서 활용할 수 있도록 한다.
(4) 식사에의 관심	(4) 일상의 식사에 관심을 가지고 조화로운 식사법을 알도록 한다.
(5) 간단한 요리	(5) 일상적으로 잘 사용하는 식품을 이용해서 간단한 조리를 할 수 있도록 한다.
(6) 주거 방법에의 관심	(6) 주거 방법에 관심을 가지고 자기 주변을 쾌적하게 정리할 수 있도록 한다.
(7) 물건과 금전의 사용법과 물건 사기	(7) 주변의 물건과 금전의 계획적인 사용법을 생각하고 적절히 물건을 살 수 있도록 한다.
(8) 가정 생활의 탐구	(8) 인근 사람들과의 생활을 생각하고, 자신의 가정 생활에 대해서 환경을 배려한 궁리를 할 수 있도록 한다.

위의 표에 포함된 내용 체계에 대한 구체적인 내용을 살펴보면 다음과 같다.

(1) 가정 생활에 관심을 가지고 가정의 일과 가족과 접촉할 수 있도록 한다.

　　가. 가정에서는 자신과 가족의 생활을 지지해 주는 일이 있다는 것을 깨닫기

　　나. 자신이 담당한 일을 연구하기

　　다. 생활 시간을 유용하게 사용하는 방법을 고찰하고 가족에게 협력하기

　　라. 가족과의 화목이나 단란함을 위하여 연구하기

(2) 의복에 관심을 가지고 일상복을 관리할 수 있도록 한다.

　　가. 의복의 기능을 알고 일상복을 입는 방법을 생각하기

　　나. 일상복을 수선하는 것이 필요하다는 것을 이해하고 단추를 달 수 있고 세탁할 수

있도록 하기

(3) 생활에 도움이 되는 물건을 제작해서 활용할 수 있도록 한다.

　가. 헝겊을 이용하여 제작하는 물건을 생각해서 제적 계획을 세우기

　나. 형태를 고안하여 손바느질에 따라 목적에 부응한 간단한 바느질 방법을 생각해서 제작하기. 또, 재봉틀을 이용하여 직선 바느질하기

　다. 제작에 필요한 용구를 안전하게 취급하기

(4) 일상의 식사에 관심을 가지고 조화로운 식사법을 알도록 한다.

　가. 식품의 영양적인 특징을 알고, 식품을 배합하여 먹을 필요가 있다는 것을 알기

　나. 한 끼 분의 식사를 생각하기

(5) 일상적으로 잘 사용하는 식품을 이용해서 간단한 조리를 할 수 있도록 한다.

　가. 조리에 필요한 재료의 분량을 알고 순서를 생각하여 조리 계획을 세우기

　나. 재료의 세척법, 절단법, 맛 내는 법 및 뒷정리 방법 알기

　다. 데치거나 볶아서 조리하기

　라. 쌀밥 및 된장국을 조리하기

　마. 그릇에 담는 법과 상차림을 고려하여 즐겁게 상차리기

　바. 조리에 필요한 용구와 식기를 안전하고 위생적으로 취급하기

(6) 주거 방법에 관심을 가지고 자기 주변을 쾌적하게 정리할 수 있도록 한다.

　가. 정리, 정돈과 청소에 대하여 고안하기

　나. 자기 주변을 쾌적하게 정리하기

(7) 주변의 물건과 금전의 계획적인 사용법을 생각하고 적절히 물건을 살 수 있도록 한다.

　가. 물건과 금전의 사용법을 자기 생활과 관련시켜 고려하기

　나. 자기 주위에 있는 물건을 선택하는 방법을 생각하고 구입하기

(8) 인근 사람들과의 생활을 생각하고, 자신의 가정 생활에 대해서 환경을 배려한 궁리를 할 수 있도록 한다.

4) 지도 계획 작성 및 학년별 내용 취급 방법

1. 지도 계획의 작성에 있어서는 다음 항목을 고려해야 한다.

　(1) 소재의 구성에 있어서는 아동의 실태를 정확히 파악하고 내용의 상호 관련성을 유도하여 지도의 효과를 높일 수 있도록 한다.

　(2) 내용 (3) 및 (5)항의 지도에 있어서 학습의 효과를 높이기 위해 2개 학년에 걸쳐 점차 난이도를 심화하여 지도하도록 한다.

2. 내용을 다루는 데 있어서 다음 항목을 고려하도록 한다.

　(1) 내용의 범위와 수준에 있어서 다음 항목을 고려한다.

　　가. (2)의 가항(일상복 수선, 단추 달기, 세탁)에 대해서는 보건 위생상, 생활 활동상 입는 방법을 중심으로 채택하고 세제의 기능에 대해서는 다루지 않는다.

　　나. (4)의 가항(식품의 영영 특징, 식품 배합)에 대해서는 식품이 체내에서 하는 주된 기능을 중심으로 하되 자세한 영양소나 식품 성분표의 수치는 다루지 않는다.

　　다. (6)의 나항(주변의 쾌적한 정리)에 대해서는 온도, 통풍, 조명 중에서 선택하여 채택하도록 한다.

　　라. (7)의 가항(물건과 금전의 사용법)에 대해서는 사용하지 않는 물건의 재활용을 다루되, 내용 (1), (3), (5), (6)에서 다룬 용구나 실습 재료와 같은 주변에서 많이 접하는 것을 선택하도록 한다.

　　마. (8)항의 경우 (1)~(7) 항목까지의 학습을 살려 종합적으로 다루되 자신의 가정 생활 상의 과제에 대해서 실천적인 활동을 중심으로 다룬다.

　(2) 실습의 지도에 대해서는 다음의 항목을 고려하도록 한다.

　　가. 알맞은 복장 및, 용구 보관과 손질을 적절히 한다.

　　나. 사고 방지에 유의하여 열원이나 용구, 기계를 다룬다.

　　다. 조리에 이용하는 식품에 대해서는 날생선이나 고기는 취급하지 않는 등 안전 및 위생에 유의한다.

3. 가정과의 연계 학습을 통해 아동이 학습한 지식과 기능을 일상 생활에 적용할 수 있도록 한다.

(2) 일본 중학교 기술·가정 학습 지도 요령

㈎ 중학교 기술·교육과정의 변천

일본의 기술·가정과는 1958년 학습 지도 요령의 개정에서 그때까지의 직업·가정이라는 필수 교과를 폐지하고 신설되었다. 이 시기에는 여학생용, 남학생용에 따라 내용에 차이가 있었으며, 성에 의한 역할분담 의식이 강하게 남아 있었다. 그러나 기술 교육으로서의 성격이 강한 것은 여자용의 영역 명칭에서 읽을 수 있다.

1969년의 개정에서 '기술' 교육과 '가정' 교육으로 교과의 성격을 변질시켰다. 반면, 목표에는 '기술의 과학적 근거를 이해시킨다', '일을 합리적, 창의적으로 진행시키는 능력' 등 기술과학(technology)적인 성격을 지니고 있다.

1977년의 개정에서는 교육과정에 여유를 갖게 됨으로써 총 수업 시간이 삭감됨에 따라 기술·가정과의 수업 시간이 약 7/9로 축소되었다. 기술계열은 5영역의 9개 소영역, 가정계열은 4영역의 8개 소영역으로 편성되었다. 남자는 기술계열의 5개 소영역과 가정계열의 2개 소영역, 여자는 가정계열의 5개 소영역과 기술계열의 2개 소영역 등 7개 소영역 이상을 이수하게 되었다. 기술계열과 가정계열에서 각각의 성격을 일층 달리하게 되었다.

1989년 개정된 교육과정에서 기술·가정 교과는 필수 교과 중의 하나로, 기술 분야와 가정 분야로 나누어 목표를 기술하고 있으며, 각 분야별 필수 영역과 선택 영역으로 구분하여 총 11개 영역으로 구분하여 제시하고 있다. 수업 시수는 1학년과 2학년은 연간 70시간(주당 2시간), 3학년은 70~105시간(주당 2~3시간)을 이수하도록 하고 있다.

이 시기의 기술·가정과 교육은 바른 기술인을 양성함으로써 풍부한 인간 형성을 궁극의 목적으로 하고, 생활에 필요한 기술 습득을 통해서 연구, 창조하는 능력 및 실천적인 태도의 육성과 단편적인 지식이나 단순한 기능의 습득에 그치지 않고, 그것들을 활용함으로써 논리적인 사고력과 실천적인 창조력을 기르는 것을 목표로 하고 있다.

가정계열은 가정 생활, 식물(食物), 피복, 주거, 보육의 5개 영역, 목재 가공, 전기, 금속 가공, 기계, 정보기초, 재배의 6개 영역으로 구성되었으며 가정에서 3개, 기술에서 4개 영역은 선택 영역으로 되어 있다.

1998년 고시된 개정 학습 지도 요령에서의 기술·가정의 목표는, 첫째 생활에 필요한 지식, 기능의 습득의 과정에서 생활과 기술과의 관련성을 파악하여 주변의 과학 기술에 관련된 문제 해결을 도모하는 능력을 육성하고, 둘째 생활 가운데 기술의 존재를 인식해서 그 기술의 본질을 이해함으로써 연구, 창조하는 능력 및 생활에 활용하려는 실천적 태도를 육성하는 것으로 하고 있다.

개정된 학습 지도 요령에서는 교육 내용을 생활이라고 하는 관점에서 재편하고, 보다 종합적으로 학습 지도를 전개할 필요가 있다고 보아 기존의 11개 영역을 기술 분야, 「A. 기술과 물건 제작」, 「B. 정보와 컴퓨터」, 가정 분야 「A. 생활의 자립과 의식주」, 「B. 가족과 가정 생활」로 통합하였다(문부성, 1998). 기술 분야의 A. 기술과 물건 제작에는 공업적 기술뿐만 아니라 작물 재배도 포함하고 있다.

㈏ 개정 학습 지도 요령

일본의 중학교 교육과정은 중학교 학습 지도 요령이라 한다. 소학교 학습 지도 요령과 마찬가지로 중학교 교육과정 역시 1998년(평성 10년 12월 14일) 전면 개정되었으며, 2002년(평성 14년) 4월 1일부터 시행하기 시작하였다.

일본의 개정 중학교 연간 수업 시수는 [표 3-24]과 같다.

[표 3-24] 중학교 연간 수업 시수

구분	필수 교과의 수업 시수									도덕	특별 활동	선택 교과	총합 학습	총수업 시수
	국어	사회	수학	이과	음악	미술	보건 체육	기술 · 가정	외국어					
1학년	140	105	105	105	45	45	90	70	105	35	35	0-30	70-100	980
2학년	105	105	105	105	35	35	90	70	105	35	35	50-85	70-105	980
3학년	105	85	105	80	35	35	90	35	105	35	35	105-165	70-130	980

비고
1. 이 표의 수업 시수의 1 단위 시간은, 50분으로 한다.
2. 특별 활동의 수업 시수는, 중학교 학습 지도 요령으로 정하는 학급 활동(학교 급식과 관련되는 것을 제외 한다.)에 충당하는 것으로 한다.
3. 선택 교과 등에 충당하는 수업 시수는, 선택 교과의 수업 시수에 충당하는 것 외에 특별 활동의 수업 시수 의 증가에 충당할 수가 있다.
4.. 선택 교과의 수업 시수에 대해서는, 중학교 학습 지도 요령으로 정하는 것에 의한다.

1) 기술 · 가정의 성격

중학교 기술·가정의 성격을 살펴보면 실천적·체험적인 학습 활동을 통해서 물건 제작과 에너지 이용 등 컴퓨터 활용에 관한 기초적인 지식과 기술의 습득을 도모함과 동시에 가 정의 기능에 대한 이해와 의식주에 관한 지식과 기술의 습득을 도모하고 생활의 자립을 도모한다는 관점에서 목표와 내용을 개선하였다.

2) 기술·가정의 목표

1998년 개정 고시된 기술·가정의 목표는, 첫째 생활에 필요한 지식, 기능 습득의 과정에 서 생활과 기술과의 관련성을 파악하여 주변의 과학 기술에 관련된 문제 해결을 도모하는 능력을 육성한다. 둘째, 생활 가운데 기술의 존재를 인식하여 그 기술의 본질을 이해함으 로써 연구 창조하는 능력 및 생활에 활용하려는 실천적인 태도를 육성한다.(문부성, 1998) 개정된 제7차 학습 지도 요령에서는 기술·가정의 목표와 내용을 기술 분야와 가정 분야 로 구분하여 제시하고 있다.

기술 분야의 학습은 탐구, 창조의 기쁨을 체험하는 가운데 근로관과 직업관, 협조하는 태도 등을 양성하고 사회에서 주체적으로 살아가는 능력을 육성함을 목표로 한다.

가정 분야의 학습은 주변 생활에 있어서 궁리하고 창조하는 기쁨을 체험하는 가운데 남 녀 협력해서 생활하는 것의 중요성과 가정관 등에 대하여 건전한 사고 방식을 양성하는 것이며, 미래 사회에서 주체적으로 살아가려는 능력을 육성함을 목표로 하고 있다(박순자. 2000. p.103~104)

3) 중학교 기술·가정 교육과정의 목표와 내용

새로 개정된 교육과정에서는 기술·가정을 크게 기술 분야와 가정 분야의 4개 영역으로 구성하였다. 기술 분야는 [A. 기술과 물건 제작] 및 [B. 정보와 컴퓨터]로 가정 분야는 [A. 생활의 자립과 의식주] 및 [B. 가족과 가정 생활]로 구성되어 있다.

기술·가정과의 목표 및 내용은 [표 3-25]와 같다.

[표 3-25] 중학교 기술·가정의 목표와 내용

구분	목표	내용
기술 분야	실천적 체험적인 학습 활동을 통하여 물건 만들기, 에너지 이용 및 컴퓨터의 활용 등에 관한 기초적 지식과 기술을 습득함과 아울러 기술이 이루는 역할에 대하여 이해를 깊이하고 그들을 적절히 활용하는 능력과 태도를 기른다.	[A. 기술과 물건 제작] (1) 생활 및 산업에서의 기술의 역할 가) 기술이 산업에서 하는 역할 나) 기술과 환경·에너지·자원과의 관계 (2) 제작품의 설계 가) 제작품의 기능과 구조 나) 재료의 특징과 이용 방법 다) 구상의 표시, 필요한 제작도 그리기 (3) 공구와 기기의 사용법 및 가공기술 (4) 기기의 짜임새 및 보수 (5) 에너지 변환을 이용한 제작품의 설계 제작, 전기 회로의 배선과 점검 (6) 작물의 재배 [B. 정보와 컴퓨터] (1) 생활과 산업에서 정보 수단의 역할 가) 생활과 컴퓨터의 관계 나) 정보화가 사회에 끼치는 영향 (2) 컴퓨터의 기본적인 구성과 기능 및 조작 (3) 컴퓨터의 이용 가) 이용 형태 나) 소프트웨어를 이용한 기본적인 정보 처리 (4) 정보 통신 네트워크 [선택 항목] (5) 컴퓨터를 이용한 멀티미디어의 활용 (6) 프로그램의 계측과 제어 가) 간단한 프로그램의 작성 나) 간단한 계측과 제어

가정 분야	실천적·체험적인 학습 활동을 통하여 생활 자립에 필요한 의식주에 관한 기초적인 지식과 기술을 습득하고, 가족의 기능을 이해 탐구하고 과제를 가지고 생활을 향상시킬 수 있는 능력과 태도를 기른다.	[A. 생활의 자립과 의식주] (1) 중학생의 영양과 식사 (2) 식품의 선택과 일상식의 조리 기초 (3) 의복의 선택과 손질 (4) 실내 환경의 정비와 생활 방식 [선택 항목] (5) 식생활의 과제와 조리의 응용 (6) 간단한 의복 제작 [B. 가족과 가정 생활] (1) 자기의 성장과 가족 및 가정 생활과의 관계 (2) 유아의 발달과 가족 (3) 가족 관계의 지도 (4) 가정 생활과 소비 지도 [선택 항목] (5) 유아의 생활과 유아와의 접촉 (6) 가정 생활과 지역과의 관계

4) 내용의 취급

① 내용의 'A. 기술과 물건 제작'에 대하여는 다음 사항을 배려하여 지도하는 것으로 한다.

　가. (1)의 나)에 대하여는 기술의 발전이 에너지와 자원의 유효한 이용, 자연 환경의 보전에 공헌하고 있다는 것을 다룬다.

　나. (2), (3) 그리고 (4)에 대해서는 주로 목재·금속 등을 사용한 제작품을 선택하여 지도한다. (2)의 다)에 대해서는 등각도, 캐비넷도의 어느 것인가를 다룬다.

　다. (4)에 대하여는 제작에 사용하는 전기 기기의 기본적 전기 회로나 누전·감전 등에 대하여도 다룬다.

　라. (6)에 대해서는 화초나 야채 등의 보통재배를 원칙으로 하지만 지역이나 학교의 실정 등에 따라 시설 재배 등을 다룰 수도 있도록 한다.

② 내용의 'B. 정보와 컴퓨터'에 대해서는 다음 사항을 배려하여 지도하는 것으로 한다.

　가. (1)의 가)에 대해서는 주변에 가까운 사례를 통하여 정보 수단의 발전에 대해서도 간단히 다룬다. (1)의 나)에 대해서는 인터넷 등의 예를 통하여 개인 정보나 저작권의 보호 및 발신한 정보에 대한 책임에 대하여 다룬다.　·

　나. (3)의 나)에 대해서는 학생의 실태를 고려한 문서 처리, 데이터베이스 처리, 표계산 처리, 도형 처리 중에서 선택하여 다룬다.

　다. (4)에 대해서는 컴퓨터를 이용한 네트워크에 대하여 다룬다.

　라. (6)의 나)에 대해서는 인터페이스의 구조 등에 들어가지 않는다.

바. 중 국

(1) 초등 실과

㈎ 실과 관련 교과

중국의 교육과정은 초·중등학교 학제가 다양한 만큼 복잡하다. 소학교의 경우 5년제, 6년제의 두 가지 유형이 존재하고 있고, 또 도시와 농촌, 그리고 변경 지역이나 산촌 지역 등에 따라 교육과정의 적용 형태가 달라지고 있다. 특히, 중국은 9년제 의무 교육의 시행에 따라 초중등 교육 학제를 크게 [그림 3-6]과 같이 5·4제 또는 6·3제로 하며, 9년

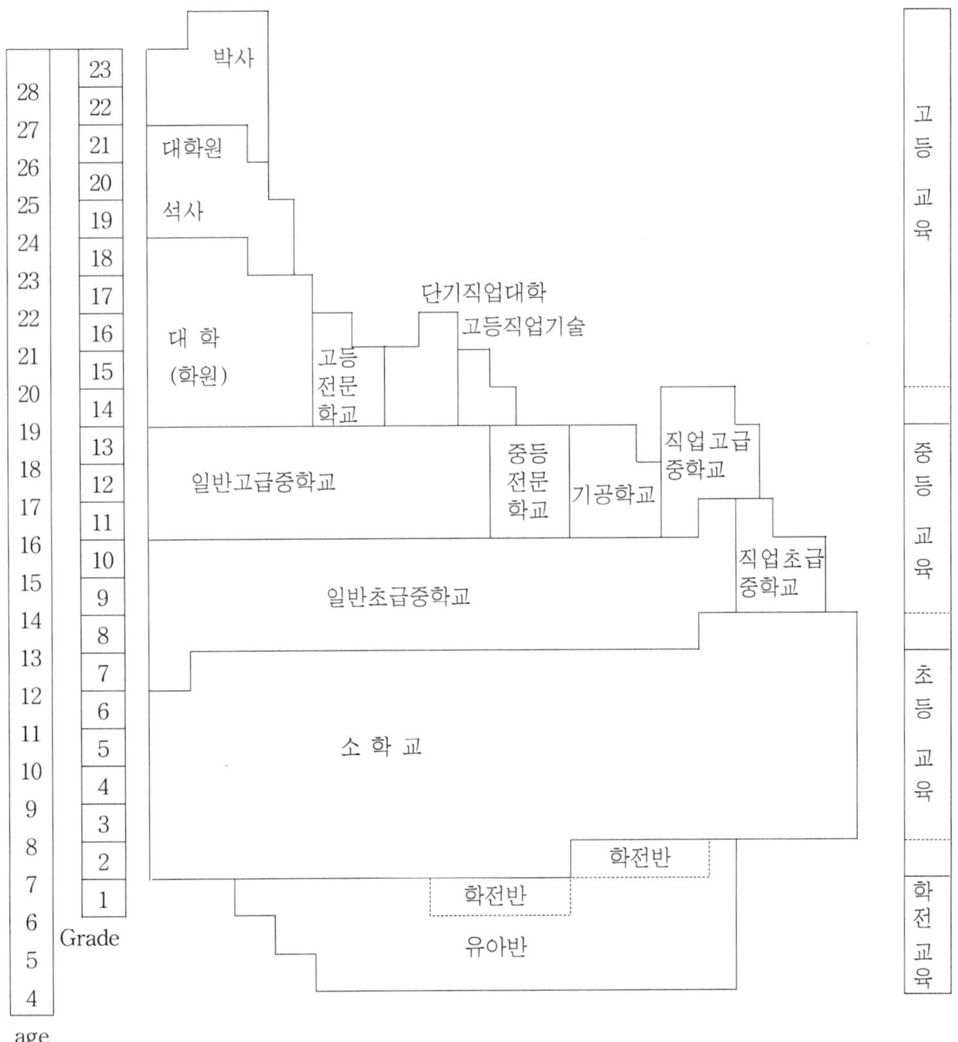

[그림 3-6] 중국의 학제

일관제, 소학교 5년, 초급 중학교 3년의 '과도 학제' 등에 새로 개편된 교육과정이 적용되도록 하고 있다(구자억, 1997, p. 175).

1993년 이전의 소학교에서는 '노작(labouring)' 교과가 우리 나라 실과 교과와 내용이 같다. 초등학교의 노작 교육은 노작을 이해하고, 노작 습관을 익히고, 생활의 기초 기능을 익히고, 기초 생산 지식과 기술을 숙달하는 데 그 목표를 두고 있다. 교육 내용으로는 1학년은 자기 일하기, 기초적인 생산 작업이고, 2학년은 1학년 내용과 농업적 지식, 3학년은 2학년 내용과 동물기르기, 식물기르기, 가정 전기 기기 이용하기 등이고, 4학년은 3학년 내용과 실습, 5, 6학년은 4학년 내용과 요리, 목공, 금속 가공, 가정 농구 수리, 공장 수리, 공장 노작 등이다. 이는 도시 학교의 학습 내용이고 농촌 학교는 지역성을 고려하여 약간의 차이가 있다. 그리고 대부분의 학교에 컴퓨터실, 특별실, 동물 사육장, 온실이 설치되어 있으며, 경우에 따라 아동의 노작 활동 시설을 위하여 공장과 학교가 협력하는 곳도 있다. 중국의 노작 교과는 우리 나라의 실과와 같이 기술적 영역, 농업적 영역, 가정적 영역을 종합하고 있으며, 실천적인 실습 중심으로 이루어지고 있다.

[표 3-26] 9년 의무 교육 6·3학제 전일제 소학교 이수 과목 및 이수 단위 배당표

과 정		학 년	1	2	3	4	5	6
국가 규정 과정	학과류 과정	사상 품덕	1	1	1	1	1	1
		어 문	9	9	9	8	7	7
		수 학	4	5	5	5	5	5
		사 회				2	2	2
		자 연	1	1	1	1	2	2
		체 육	2	2	3	3	3	3
		음 악	2	2	2	2	2	2
		미 술	2	2	2	2	2	2
		노 작			1	1	1	1
		주당 수업 시수	21	22	24	25	25	25
	활동류 과정	조회(석회)	매일 10분					
		학급 단체 활동	1	1	1	1	1	1
		과학 기술, 문화 체육 활동	4	4	3	2	2	2
		주당 시업 시수	5	5	4	3	3	3
지방 배당 과정			1	1	2	2	2	2
주당 총 수업 시수			27	28	30	30	30	30

자료 : 구자억, 1997, pp. 177~178.

현재 중국에서 소학교에 적용하고 있는 교육과정은 몇 가지가 되는데, 1993년부터 시행되기 시작한 '9년 의무 교육 전일제 소학교 교육과정 계획'이 그 기본이 되고 있으며, 최근에는 [표 3-26]와 같이 노작을 3~6년까지 주당 1시간을 배당하고 있다.

(2) 중등의 노작 기술

중국에서는, 중학교를 초급 중학교와 고급 중학교로 나누는데, 초급 중학교가 우리 나라의 중학교에 해당된다. 주당 수업 시간은 33시간 정도이며, 1시간 수업의 시간은 45분이다. 초급 중학교에는 사상 정치, 어문, 수학, 외국어, 역사, 지리, 물리, 화학, 생물, 체육, 음악, 미술, 노작 기술 등 13개 과목이 개설되어 있으며, 또 단기의 직업 지도과가 개설되어 있다.

초급 중학교의 경우는 학제가 다양하기 때문에 학제에 따라 적용되는 교육과정이 다르다. 초급 중학교는 9년제 의무 교육의 범주에 속해 있기 때문에 1993년도에 제정된 9년 의무 교육 교육과정이 중심이 되고 있으나, 지역이나 학교에 따른 조건의 차이로 인하여 과도기적으로 다른 교육과정이 적용되기도 한다.

1994년 공포된 <새로운 근무 시간의 실행에 따른 소학교, 초급 중학교 교육과정(교학) 계획 조정 의견>(중국 국가 교육위원회, 1994)을 보면, 5·4학제와 6·3제의 초급 중학교 1학년과 2학년은 [표 3-27]과 같이 교육을 실시한다. 3학년은 이 표와는 약간 다르게 운영하는 경우도 있다. 현재 중국의 교육과정에서는 노작 기술 시간을 3년제이든 4년제이든 주당 2시간을 배정하고 있고, 3학년 때에는 2주 동안 4시간씩 노작 기술을 이수하는 경우도 있다.

㈎ 노작 기술 교과의 내용

중국의 초·중등학교에서 실시되고 있는 노작 기술 교육의 내용은 매우 광범위하고 복잡하다. <전일제 보통 중학 노작 기술과 교육 대강>에서 제시한 노작 기술 교육의 내용을 제시해 보면 다음과 같다.

1) 생산 지식 방면의 내용

노작 기술 교육은 학생에게 일정한 생산과 기술에 관한 지식을 교육시킬 것을 요구하고 있다. 이와 함께, 일정한 시간을 배정하여 생산, 노작의 기술과 원리를 학생들에게 가르치되, 그 시간은 국가가 규정한 일정한 시간을 지역이나 학교의 여건에 따라 융통성 있게 운영하도록 하고 있다. 도시 지역의 학교나 농촌 지역의 학교에 따라 가르치는 내용이 차이가 있긴 하지만 대체로 다음과 같은 내용이 중심이 되고 있다.

첫째, 학생으로 하여금 현대의 농업이나 공업 분야의 기본적인 지식이나 기능을 파악하

[표 3-27] 9년 의무 교육 6·3학제 전일제 초급 중학교 이수 과목 및 단위 배당표

과 정		학 년	1	2	3
국가 규정 과정	학과류 과정	사상 정치	2	2	2
		어 문	6	5	5
		수 학	5	5	4
		외국어 Ⅰ	3	3	
		외국어 Ⅱ	4	4	4
		역 사	2	2	2
		지 리	3/2	2	
		물 리		2	3
		화 학			3
		생 물	2/3	2	
		체 육	2	2	2
		음 악	1	1	1
		미 술	1	1	1
		노작 기술	2	2	2
		주당 수업 시수	29	29	25
	활동류 과정	조회(석회)	매일 10분		
		학급 단체 활동	1	1	1
		과학 기술, 문화 체육 활동	2	2	2
		주당 활동 시간	3	3	3
지방 배당 과정			1	1	5
주당 총 수업 시수			33	33	33

도록 하고 있는데, 동력 공업, 기계 공업, 화학 공업, 농업 분야의 지식이 중심이 되고 있다. 동력 공업 방법 면에서는 열 에너지, 기계 에너지, 화학 에너지, 전기 에너지, 태양 에너지, 원자력의 이용과 채취 방법에 대한 기본적인 지식을 알도록 하고 있다.

기계 공업 방면에서는 일반적인 기계의 구조와 동작 원리를 알도록 하고, 일상 생활 중에서 사용되는 자전거, 재봉틀, 시계 등의 동작 원리를 알도록 하며, 간단한 수리 기술을 습득하도록 하고 있다. 또, 야금, 건축, 자동화 설비 및 전자 계산기 방면의 기본 지식 및 교통과 통신의 기본적인 지식을 알도록 하고 있다.

화학 공업 방면에서는 주로 화학 반응의 법칙을 습득하도록 하고 있는데, 각종 산, 알칼리, 염 등 주요 화학 원료 및 석유 화학 공업, 화학 비료, 합성 섬유, 합성 수지 등의 생산과 관련한 기본 지식 및 응용 원리를 알도록 하고 있다.

농업 분야에서는 주로 양식, 작물의 재배 및 관리에 대한 내용이 위주가 되고 있는데,

그 주요 내용은 농작물 우량 품종의 선별과 재배, 가축의 사육, 미생물의 활용 방법, 식용 작물류의 재배, 토양의 분석과 개량, 과수 재배와 접목, 기상 관련 지식, 농지 및 수리의 이용과 수산 양식의 일반 지식, 농업, 임업, 목축업의 일반 지식과 농업 현대화에 관련되는 기본 지식 등이다.

둘째, 학생들에게 간단한 공구의 기능 및 이용 방법을 터득하도록 하고 있다. 이와 관련한 교육 내용은 다음과 같다.

① 전기 공학 계기와 자주 사용하는 공구의 기능 파악 및 간단한 조명 회로의 설치 방법이해

② 도면의 식별과 도면 제도의 방법, 간단한 설계 도면의 제작

③ 비교적 간단하고 자주 쓰이는 기계에 대한 분해와 설치

④ 컴퓨터의 조작

⑤ 비교적 간단한 각종 금속 가공, 목공 가공 관련 공구의 사용 방법 등

2) 노작 활동과 기능 배양 방면의 내용

노작 기술 내용은 노작 실천 활동을 위주로 하는 교과이다. 이 방면의 교육 내용은 대체로 일상 생활 노작, 수공업 노작, 공익성 노작의 3가지로 크게 나누어 볼 수 있다.

일상 생활 노작은 학생들이 일찍이 접해 왔던 노작 형식이다. 이러한 일상 생활 노작에는 자신을 위한 노작 활동과 가사를 돕기 위한 노작 활동 등이 포함된다. 자신을 위한 노작 활동은 사신의 생활을 돌보고 환경을 정리하는 노작을 가리킨다. 가사 노동은 가정의 위생 청결, 음식 조리, 노인과 아이를 돌보는 봉사성 노동을 말한다. 학교는 이 방면의 노동에 대한 관점, 노동 습관에 대한 교육을 중시할 것을 요구받고 있다. 학생 스스로 신체의 청결, 옷의 세탁, 간단한 재봉질, 방청소, 물건 매입 방법, 간단한 공구의 사용과 제작, 간단한 완구와 생활용구의 수리 기능을 노작 기술 교육을 통해서 길러줄 것이 요구된다. 이러한 교육의 목적은 주로 학생의 노동 능력과 독립성을 배양하고 근면한 습관을 배양하는 데 있다.

수공업 노작은 학생에게 노동 습관을 길러 주는 데 있어서 대단히 중요한 교육 내용의 하나이다. 이를 위해서, 중국의 학교에서는 학생이 각종 수공 노동에 참가할 수 있도록 하고 있다. 예를 들면, 현지에서 재료를 조달하여 각종 교구, 문구, 완구, 가정 일용품 등을 학생들로 하여금 제작하도록 하는 경우도 있다. 이러한 수공 노동을 통하여 학생들의 노동 습관을 배양할 뿐만 아니라 미래의 취업을 위한 준비 교육도 시키고 있다.

공익 노작은 사회의 공익 활동에 자주적으로 참여하여 봉사하는 것을 말하며, 이를 통하여 학생의 공산주의 사상과 노동 태도를 배양하고자 하고 있다. 이를 위하여, 학교는 학생

들이 녹화 운동, 환경 위생 활동, 학교 건립 운동, 학교 교학 설비와 용구의 수리, 공공 질서의 유지 활동 등의 노동에 참가하도록 하고 있다. 또, 군(軍) 열사의 유족 및 고아, 노인 등을 위해 봉사하고, 해당 지역 사회를 위해 도로를 보수하거나 개축하는 데 참여하도록 하고 있다.

3) 관리 및 생산의 기본 지식에 대한 내용

중국 노작 기술 교육의 세 번째 내용은 학생들에게 생산, 노동의 조직과 관리에 대한 지식을 가르치는 것이다.

이 방면의 주요 내용은, 첫째 국민 경제의 발전 계획과 국민 경제 각 부문의 관계를 이해하도록 하는 것이고, 둘째 생산 조직 관리의 일반 지식을 이해하도록 하는 것이며, 셋째 중국의 현재 생산 관리의 현황 및 관리의 동향을 이해하도록 하는 것이다.

(나) 노작 기술의 방법과 형식

중국에서 노작 기술 교육을 실시하는 방법은 매우 다양하다. 학교 수업을 통해서 하는 방법, 노동 실천 활동을 통한 방법, 생산 현장의 참관 및 과외 활동을 통한 방법 등 여러 가지가 있다. 그리고 각각의 방법마다 여러 가지 다양한 형식으로 이루어지고 있다.

각과 교육을 통해서도 노작 기술 교육이 이루어지고 있는데, 특히 수학, 물리, 화학, 생물 등의 자연 과학 계통의 학과목을 통해 이루어지고 있다. 이러한 자연 과학 분야의 학습을 통하여 학생들의 창조 능력, 과학 연구 능력 그리고 과학에 대한 종합적인 안목을 높일 수가 있으며, 정보 자료의 수집 및 분석 능력을 배양할 수가 있다. 그리고 이러한 자연 과학 분야의 학습을 통하여 학생들의 창조 능력, 과학 연구 능력, 그리고 과학에 대한 종합적인 안목을 높일 수가 있으며, 정보 자료의 수집 및 분석 능력을 배양할 수가 있다. 그리고 이러한 자연 과학 분야의 학습을 통하여 이론과 실천의 결합, 노동과 교육의 결합을 이룰 수 있다고 보고 있다.

중국 노작 기술 교육의 커다란 특징은 강한 실천성에 있다. 또한, 이러한 교육의 주목표는 학생이 생산 및 노동 활동에 종사함으로써 노동 실천 과정에서 생산 관련 공구를 조작할 수 있는 능력, 생산 기술 지식 및 기능, 노동과 관련한 올바른 가치관을 형성하도록 하는 데 있다. 따라서, 노동 실천 활동에 참가하는 것은 노작 기술 교육에서 있어서 절대적으로 필요한 방법으로 인식되고 있다. 중국의 학교에서 이루어지는 노동 실천 활동은 대체로 다음과 같은 방법으로 이루어지고 있다.

첫째, 학교가 운영하는 공장이나 농장의 노동에 참여한다.

학교가 설립한 공장 혹은 농장은 생산, 기술 교육 활동을 진행하는 주요한 기지이자 학생들이 생산, 노동에 종사하는 주요한 현장이기도 하다. 국가교육위원회의 조사 결과에 따르면 1987년까지 전국의 61만여 초·중등학교가 36만 5천여 개의 공장이나 농장을 설립하였다(장연경, 1994). 현재는 더 많은 학교들이 자체적으로 공장이나 농장의 생산 활동에 참가할 때에는 인솔 교사는 공장이나 농장의 기술자와 그룹을 이루어 학생의 생산, 노동 활동을 지도하도록 하고 있다.

학교가 공장을 설립하거나 운영하는 데는 일정한 경비가 필요하다. 각 학교는 국가가 제공하는 경비 이외에 사회 여러 부문의 지원을 받아서 공장 등을 운영할 수 있도록 하고 있으며, 이들 공장은 학교 재정의 확충과 학생들의 교육이라는 두 가지 목적을 가지고 있다. 근래에 와서 적지 않은 지역에서 노작 기술 교육 실시를 위한 '노작 기술 교육 센터'를 특정 학교 내에 세우고 있다. 이들 노작 기술 교육 센터는 자체 공장을 갖고 있지 못한 주변 학교들의 노작 기술 교육을 위한 센터의 역할을 수행하고 있다.

학교가 설치하고 운영하는 농장은 학생들에게 종합적인 농업 생산 관련 지식을 습득하도록 하기 위해서 양식 작물, 경제 작물 및 가축류 등을 다양하게 키우도록 하고 있다. 물론, 이러한 농장의 경영은 수익성도 고려해야 하기 때문에 학교의 조건이나 지역적 특성을 고려하도록 하고 있다.

둘째, 공장이나 농촌의 노동에 참여한다.

학교 밖에 위치한 공장이나 광산, 농장, 벌목장, 향진 기업 등은 학생들의 노동 실천 활동에 적합한 장소로 받아들여지고 있다. 학교는 이러한 장소를 활용하여 학생들에게 생산 노동 교육을 충실히 실시하도록 하고 있다. 학교는 특정한 생산 단위와 계약을 체결하여 협력 관계를 구축한 후 학생들이 그 생산 단위에서 견학이나 실습 그리고 노동에 참가할 수 있도록 하고 있다. 학생이 구체적으로 노동에 참여할 때에는, 학교는 생산 단위와 공동으로 생산, 노동 계획을 제정해야 하며, 노동의 내용, 형식, 보수 등의 문제를 규정하도록 하고 있다.

셋째, 사회 공익성 운동과 일하면서 배우는 활동에 참여한다.

이 역시 학생들이 생산, 노동에 참가하는 주요한 형식의 하나이다. 학생들이 개인의 이익과 관련이 없는 노동 활동에 참여하도록 함으로써 국가와 사회에 대한 책임과 의무를 알도록 하고, 더불어 노동에 대한 새로운 자각을 갖도록 하고 있다. 일하면서 배우는 활동 역시 교육과 생산 노동의 상호 결합을 촉진하고 학생들에게 노동 기술 교육을 진행하는 주요한 경로의 하나이다.

이 밖에, 생산 현장의 견학과 실습을 통해서 노작 기술 교육을 진행하는 등 다양한 방법을 통하여 실제적으로 현장 중심적인 노작 기술 교육이 진행되도록 노력하고 있다. 물론,

이런 노작 기술 교육의 실시와 관련해서 학부모들의 이의가 없는 것은 아니다. 중국의 가정은 국가의 규정에 따라 한 자녀밖에 가질 수 없다. 그러므로 학교가 학생들에게 힘든 노작 활동이나 기술 교육을 시키는 것을 일부 대도시의 학부모들을 이해시키는 데 많은 어려움을 보이고 있다.

사. 대 만

대만의 학교 단계는 유치원, 국민소학(6년), 국민중학(3년), 고급중학 또는 고급직업학교(3년), 대학(4년)을 원칙으로 하고 있다. 각 학교 단계의 학령은 유치원은 4~6세, 국민소학교 6~12세, 국민중학교 12~15세, 고급 중학교 15~18세로 규정하고 있으며 고급직업학교는 직업 교육인 점을 고려하여 15~23세로 유연하게 규정하고 있다. 현재, Taiwan에서는 1~9 학년의 교육과정 개정에 관심을 쏟고 있다. 2001을 대비해 최근에 개정된 국가 교육과정은 보다 많은 학교 중심의 개발과 경영뿐만 아니라 교육과정의 일관성과 통합성을 강조한다.

한때 '공예'라고도 했던 과목이 현재 초·중등학교 단계에서 '自然과 生活 科技'로 실행되고 있고, 초등학교 1, 2학년 단계에서는 生活課程으로 통합되어 있다. 새 교육과정에서는 1~9학년까지 전체의 학습 영역을 7개로 나누었다. 여기에서 기술 교육은 과학과 통합되고, 초·중등학교에서는 '生活 科技'로 개명된다.

(1) 새 교육과정의 목적

대만 정부는 교육적 체제의 변화를 위해 학교를 9년의 통합된 교육과정으로 제시하고, 주요 목적을 다음과 같이 발표하였다.

① 인본주의 : 개인의 장점과 능력을 높이기 위한 기회를 제공하고, 다른 사람과 다른 문화를 인정하고 존중한다.
② 통합된 능력 : 7개의 학습 영역 아래 통합된 능력을 기른다.
③ 민주주의 교육 : 개인의 의사를 표현하기 위한 자유로운 환경을 갖고, 평화적인 의사소통 환경을 형성한다.
④ 평생 학습 : 삶에 있어 끊임없는 문제를 탐구하고 해결하기 위한 능력을 갖는다.
⑤ 국제적 지역적 문화의 시각 : 새 교육과정의 내용 안에서 지역 문화와 더불어 국제적 문화를 발전시킨다.

(2) 새 교육과정의 기본 학습 능력

새로운 세기에 효과적으로 대비하기 위해 개정된 최근의 국가 교육과정은 학생 경험과 학교 중심의 개발뿐만 아니라 교육과정의 일관성과 통합성을 강조하며, 교육부는 10가지 기본 학습 능력을 다음과 같이 제시했다.(Ministry of Education, 2001):

① 개개인의 이해 증진과 개인의 잠재되어 있는 가능성 개발

② 올바른 인식, 실행, 창조 능력

③ 평생 학습과 진로 계획 능력

④ 표현, 전달, 분담 능력 함양

⑤ 사람들을 존중하고, 사회를 생각하고, 협력하는 능력

⑥ 문화 학습과 국제적 상황 이해

⑦ 계획, 조직, 실행 능력

⑧ 과학 기술과 정보 활용 능력

⑨ 탐구력와 연구 정신 배양

⑩ 자주적 사고와 문제 해결 능력

(3) 새 교육과정의 학습 영역

위에 제시한 10개의 학습 능력을 달성하기 위하여 새 국가 교육과정 요강은 [표 3-28]와 같이 7개의 학습 영역을 두었다

[표 3-28] 7개 학습 영역의 구성

학습 영역 / 학년	1학년	2학년	3학년	4학년	5학년	6학년	7학년	8학년	9학년
語文	本國語(國語)	本國語(國語)	本國語(國語)	本國語(國語)	本國語	本國語	本國語	本國語	本國語
					英語	英語	英語	英語	英語
健康과 體育	健康과 體育	健康과 體育	健康과 體育	健康과 體育	健康과 體育	健康과 體育	健康과 體育	健康과 體育	健康과 體育
社會	生活課程		社會	社會	社會	社會	社會	社會	社會
藝術과 人文			藝術과 人文	藝術과 人文	藝術과 人文	藝術과 人文	藝術과 人文	藝術과 人文	藝術과 人文
自然과 生活 科技			自然과 生活 科技	自然과 生活 科技	自然과 生活 科技	自然과 生活 科技	自然과 生活 科技	自然과 生活 科技	自然과 生活 科技
數學	數學	數學	數學	數學	數學	數學	數學	數學	數學
綜合活動	綜合活動	綜合活動	綜合活動	綜合活動	綜合活動	綜合活動	綜合活動	綜合活動	綜合活動

각각의 학습 영역은 ① 1단계(1~2학년), ② 2단계(3~4학년), ③ 3단계(5~6학년), ④ 4단계(7~9학년)로 크게 네 개의 단계로 구분된다. 위의 표에서 보면 1단계에서 사회, 예술

과 인문, 자연과 생활 기술은 '생활 과정'이란 이름으로 하나의 학습 영역에 묶여졌음을 알 수 있다.

(4) 새 교육과정의 실행 지침

새 국가 교육과정 실행의 일반적인 개요는 다음과 같다(Ministry of Education, 2001).

① 수업 일수는 1년에 200일이며, 1학기는 20주, 1주일은 5일로 이루어진다.

② 학습 수업 시간은 영역 학습 시간과 재량 학습 시간으로 나뉜다.

③ 7개 학습 영역의 비율은 ㉠ 어문 20~30%, ㉡ 다른 6개의 학습 영역은 10~15%이다.

④ 초등학교의 1시간 수업 시간은 40분이며, 중학교는 50분이다.

⑤ 재량 학습 시간은 학교의 운영에 따라 조정될 수 있다.

⑥ 각각의 학교는 교수 활동을 계획하기 위해 학습 영역의 교육과정 구성과 교육과정 개발 위원회(CDT)를 둘 수 있다.

⑦ 각각의 CDT는 학교 관리자, 교과 교사, 부모, 지역사회의 대표자들로 구성된다.

⑧ 각각의 CDT는 학교 실정, 지역 사회의 여건, 학부모의 기대, 학생의 요구에 따라 교육과정 계획·설계에 책임을 진다.

⑨ 성, 환경 보호, 컴퓨터 과학, 가정 경제, 인권, 진로 개발의 6개 주제는 7개 영역에 포함되거나 관련되어 있다.

⑩ 각 학교의 CDT는 교육과정 실행 전에 그 해의 교육과정 계획을 지역 교육청에 제출한다.

⑪ 각 학교는 통합적, 간학문적인 교수를 위해 학습 영역의 수업 시간을 유연하게 조정할 수 있다.

⑫ 각 학교는 학교의 특성이나 학생의 요구에 따라 적당한 교재를 선택하거나 알맞은 교재를 만들 수 있다.

⑬ 교육과정 평가는 학교, 지역 교육 기관, 교육부의 3단계를 거친다.

⑭ 평가에는 규준이 있어야 하고 진단이 가능해야 한다. 평가의 방법에는 수행 평가, 대체 평가, 포트폴리오 등 다양한 방법이 활용된다.

(5) 自然과 生活 科技 학습 영역의 목표

① 과학 탐구의 관심과 의욕을 기르고 학습 활동의 습관을 가진다.

② 과학과 기술의 탐구 방식과 기본 지식을 배우고, 일상의 삶에 적용할 수 있다.

③ 환경 보호, 자원 관리, 생명 존중의 태도를 기른다.

④ 의사 소통, 협력, 사람들과 조화의 태도를 기른다.

⑤ 자주적 사고, 문제 해결, 창조력을 기른다.

⑥ 인간과 기술의 관계를 파악하고 탐구하기

(6) 自然과 生活 科技 **학습 영역의 내용**

自然과 生活 科技의 교육과정 내용은 8개의 지침으로 이루어져 있다(Ministry of Education, 2001).

① 過程技能 : 관찰, 비교와 분류, 조직과 관련, 귀납과 추리, 전달

② 科學認知 : 인지 단계, 주변의 동물과 식물 알기, 현상과 현상의 변화 관찰, 동물과 식물의 성장 인식, 물질 인식, 환경 인식, 상호 작용 인식, 식물과 동물의 생태 인식, 재조직과 균형 등

③ 科學本質

④ 科學態度 : 탐구를 즐겨하기, 흥미 발견, 진리와 엄밀성 찾기, 신중함과 정확성 등

⑤ 思考智能 : 창조적 사고, 문제 해결, 포괄적 사고, 추론적 사고, 비판적 사고

⑥ 科學應用

⑦ 사고의 기능과 지식

⑧ 설계와 생산

토의 및 연구 과제

1. 미국·영국·일본·독일·프랑스·등의 교육 개혁 동향을 정리하고, 나라마다 특징적인 것을 들고 그 나라의 지향점에 대하여 토의해 보자.

2. 최근 영국이 교육과정을 개편하였는데, 실과(기술·가정) 관련 교과 교육과정이 종래의 것과 어떻게 달라졌는지 설명해 보자.

3. 일본의 새로 개편된 교육과정에서 초등학교 실과 관련 교과, 중학교 기술·가정 과목이 종래의 것과 어떤 차이가 있는지 지도 내용을 중심으로 비교해서 설명해 보자.

4. 중국과 대만의 실과(기술·가정) 관련 교과의 명칭·편제·지도 내용을 알아보고, 그 특징을 설명해 보자.

5. 외국의 실과(기술·가정) 관련 교과와 우리 나라의 것을 비교해서 시사받을만한 사항과 개선할 점을 정리한 후 토의해 보자.

<참고 문헌>

강영민(2001). 21세기를 지향한 교육과정시행안. 교육 개발 2001, 11/12월, 한국교육개발원, pp. 94~96.

곽병선 외(1990). 중학교 교과 교육과정 국제 비교. 교학사, p. 324.

곽상만 외(1987). 교육과정 국제 비교 연구. 한국교육개발원, p. 271.

곽상만 외(1992). 제 6차 교육과정 각론 개정 연구. 한국교육개발원, p. 47.

교육부(1994). 국민 중학과정 표준대북, 김진순(1994). 기술 교육론, pp 264~265.

교육부(1997). 국외유학을 위한 안내서. 서울 : 국제 교육 협력관실. pp. 21~22.

교육부 국제 교육 협력관실/유네스코 한국 위원회(1997). 해외교육정보. 3월호.

교육부 국제 교육 협력관실/유네스코 한국 위원회(1998). 해외교육정보. 1~9월호.

구자억(1997). 중국의 교육. 서울 : 원미사. pp. 177~178.

국윤옥(1996). 한국과 일본의 초등학교 실과 교육과정 비교연구. 한국교원대학교대학원 석사학위논문. p.
    48~53.

김소중(1997). 세계화를 위한 대만의 교육 정책. 국제정치론집(36-3) pp.563-581. 한국국제정치학회.

김영주(1990). 실업 ·가정 교과 체제 및 직업 과정 개선 연구. 한국교육개발원, p. 35.

김영철 외(1986). 학교제도. 한국교육개발원, p. 287.

김종화(1997). 중학교 기술교과 교육과정 국제비교 연구. 한국교원대학교대학원 석사학위논문.

김춘일 외(1984). 중학교 교육과정 국제비교 연구. 한국교육개발원, pp. 217.

대만 교육부 http://teach.eje.edu.tw

동아출판사 백과사전 연구소(1994). 동아세계 대백과 18권. 서울 : 동아출판사.

문부성(1989). 中學校 指導書(技術·家庭編). 開隆堂出版社, pp. 3~6.

문부성(1992). 小學校, 中學校, 高等學校 學習指導要領.

신세호 외(1987). 주요국의 교육개혁 동향. 민족문화문고간행회, p. 146.

윤인경 외(1988). 중학교 가정과 교육의 국제 비교 연구-교육과정을 중심으로. 한국교육개발원, 한국가정
    과교육학회지 Vol.2, No. 1, pp. 91~99.

이용숙 외(1994). 교육과정 개혁 국제비교연구. 한국교육개발원, p. 65.

이재원 외 5인(1997). 기술 교과 교육의 국제적 동향과 비전(Ⅱ). p 73.

정미경(2001). 한국·중국·독일의 초등교육과정 편성·운영 현황 분석. 교육문제연구 제15집 pp.157-183.
고려대학교 교육문제연구소.

중화민국 교육부, 국민교육사 편(1976). 『국민소학과정』, p. 6.

최유현(1991). 일본 기술교과 교육의 연구 동향. 교육개발 13(6), pp. 102~109.

최유현(1997). 실과교육연구. 서울 : 형설출판사, pp. 304-305.

최희선 외(1992). 선진국의 교육관리 및 교육과정 편제·운영 체제. 성원사, p. 358.

Board of Education of the city of New York(1995). Curriculum Frameworks

Bob Moon(1991). A Guide to the National curriculum, Oxford University Press, California Department of Education, op, cit, pp. 20~21.

Florida Department of Education, Vocational Education Curriculum Frameworks Family & Consumer Sciences Education, 1995.

Glaser.R(1985). Psychology and Instruction Technology in Training Research and Education, Pittsburgh:University of Pittsburgh Press.

K. Stumpt(1994). Didaktik des Heimat-und Sachunterrichts in der Grundschule in Deutscland, pp. 159-160.

Louisiana State East Baton Rouge Parish Schools Department of Research & Curriculum Development(1995), Curriculum for HomeEconomics in the Middle School.

Ministry of Education(2001). Nine-year integrated curriculum syllabi on the learning area of science and living technology. Taipei, Taiwan : the author.

Pennsylvania Home Economics Association(1992), Standards for Excellence Middle School Home Economics.

제2부

실과-기술·가정- 교육과정의 개발

제**4**장

실과(기술·가정) 교육과정 개발

1. 교육과정 개발 유형(정책, 의사 결정 유형)

가. 교육과정 개발의 의미

(1) 교육과정 개발의 필요성

교육과정 개발은 대부분의 경우, 현대 사회의 변화로 인한 교육과정의 변화에 대한 요구로부터 이루어진다. '변화'로 특징 지워지는 현대 사회는 지식의 양적 팽창, 교육에 대한 학습자와 사회의 끊임없는 요구, 문화적 다양성, 가치관의 혼미, 권력의 다원화 등을 초래하였고, 교육에 많은 문제들을 제기하였다. 이러한 현대 사회의 변화가 교육에 요구하는 많은 것들로 인해 교육자들은 학생들이 이들 변화에 대처할 수 있는 능력을 향상시킬 수 있도록 새로운 교육과정을 개발할 필요가 있다. 그로 인해, 정치, 경제, 사회, 문화 등 제반 분야의 발전 방향과 그 미래를 전망해 보고, 그것을 어떻게 교육 내용에 반영시켜야 할 것인가 하는 점이 교육과정 분야의 주요 관심사가 되고 있다. 특히, 지식의 본질, 학습자관, 사회의 요구 등이 변화함에 따라 이에 적합한 교육을 실시하기 위해서는 교육과정 개발에 대한 이해의 필요성과 그 중요성이 과거보다 더 부각되어야 한다.

(2) 교육과정 개발의 개념

'학습자의 인지적·정의적·기능적 능력의 성장과 발전을 돕기 위하여 교육을 주도하는 기관이 체계적으로 개발하는 모든 종류의 교수-학습 경험의 계획'을 교육과정이라고 정의(이성호, 1982, p.20)할 때, 여기서 가장 중요한 것은, 결국 교수-학습 경험을 우리가 어떻게 순서를 정하여서, 어떻게 방향지워 주느냐의 문제이다. 즉, 순서를 정해서 방향을 갖고 달려 나가도록 하는 매개를 제공하는 일이다. 이 매개를 제공하고, 그 매개가 효율적으로 기능을 발휘하도록 하는 과정이 교육과정 개발이다. 즉, 교육과정 개발은 종합적인 개념으로서, 교육과정 계획 → 교육과정 시행 → 교육과정 평가 모두를 포함하는 용어이다.

나. 교육과정 개발의 수준

교육과정의 개발은 어느 수준에서 이루어지느냐에 따라 사용되는 방법과 참여하는 인사가 달라진다. 교육과정 개발의 수준은 크게 교육 제도적인 맥락을 통해서 볼 때 국가 수준·지역 수준·학교 수준의 세 가지(곽병선, 1997)로 나누어 볼 수 있으며, 이 외에 교육 제도 밖에서 일반인의 자발적 참여로 이루어지는 일반인 수준이 있을 수 있다.

(1) 교육 제도 안에서의 개발

㈎ 국가 수준의 교육과정 개발

국가 수준의 교육과정 개발은 전국 규모의 모든 학교에서 일률적으로 사용할 수 있는 교육과정을 개발하는 것이다. 국가 수준에서 각급 학교별로 무엇을 어떻게 가르칠 것인가에 대한 확고한 결심을 세우고, 여기에 더해서 교육 목표·편제·주요 내용을 정한 교육과정 지침, 교과서 등 각종 교육과정 자료를 개발한다. 우리 나라의 경우, 교육부가 펴내는 각급 학교 「교육과정」은 교육과정의 엄격한 의미에서 교육과정 지침으로 보는 것이 더 타당하다. 국가 수준의 교육과정 개발은 국가 기관이 직접 담당하기도 하고 국가가 조직한 각종 위원회 또는 비영리적인 연구 기관·대학 등 전문 기관에 위촉하여 추진한다. 인도, 이스라엘, 스웨덴, 영국, 인도네시아, 태국 등 세계 각국은 국가 수준의 교육과정 전문 연구 기관

(Curriculum Development Center)을 두고 있다(이영덕, 1981 ; Taylor & Johnson, 1974). 우리 나라에서는 한국 교육과정평가원이 그 기능을 담당하고 있다.

국가 수준에서의 교육과정 개발은 국민적 관심 속에서 이루어지기 때문에 그 결정 과정에 있어서 전문적 의견과, 그리고 일반 여론을 반영하기 위하여 비교적 광범위한 자원 인사를 동원하며, 잠정 개발된 교육과정 시안을 학교 현장에 탐색적으로 적용시켜 보는 현장 검증 과정을 거친다. 또, 교육과정을 설계하는 팀의 구성은 교육과정 계획과 심의를 담당한 위원회와 실제 개발 업무를 담당한 실무진으로 구성되기도 한다. [그림 4-1]은 이스라엘의 국가 수

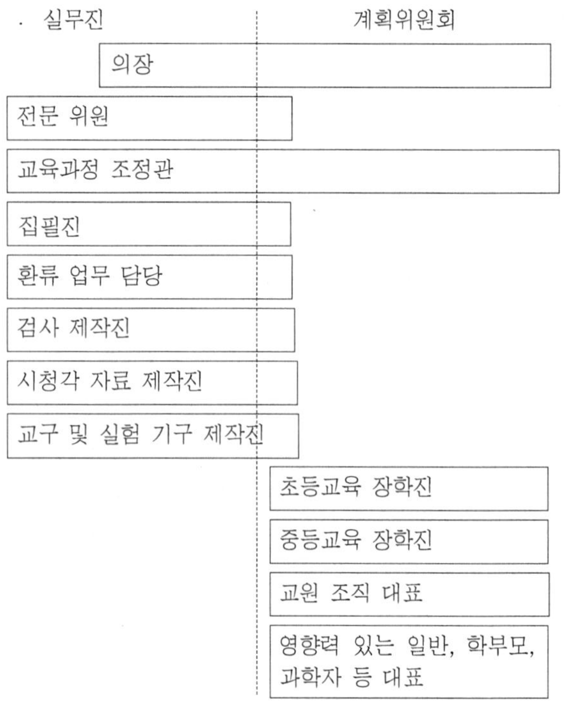

[그림 4-1] 이스라엘 교육과정 개발 팀의 구조
자료 : 곽병선, 1997, p. 291

준에서의 교육과정 개발을 위한 조직을 보여 주고 있다. 이 그림에 의하면, 이스라엘의 교육과정 개발은 실무진과 계획위원회로 대별되는데, 이 두 개의 조직은 완전히 독립된 것이 아니라 한 의장 밑에 기능적으로 분리되어 있음을 보여 준다. 즉, 실무진의 의장은 계획위원회에서도 의장이 되며, 교육과정 조정관은 실무진과 계획위원회에서 동시에 교육과정 전문가로서의 역할을 담당하도록 되어 있다.

이 개발 팀의 의장은 대학 교수 가운데서 지명한다고 한다. 실무진의 구성을 보면 검사 제작진, 시청각 자료 제작진, 교구, 실험 기구 제작진 등이 포함된 것이 눈에 띈다. 이는 그만큼 교육과정 제작 실무에 있어서 단순히 교과서와 같은 인쇄 자료 개발에만 국한하지 않고 모든 자료의 개발을 중요하게 포함하고 있음을 시사하는 것이다.

㈜ 지역 수준의 교육과정 개발

지역 수준의 교육과정 개발은 교육 자치제를 운영하고 있는 나라들 가운데서 볼 수 있는 제도이다. 주정부, 지방 교육위원회, 교육청 단위에서 부여 받은 학교 교육의 권한에 따라 지역적 특수성을 고려한 독립적 교육과정을 개발한다. 대체로, 이러한 여건을 가진 나

라들은 교육과정 분산 체제를 유지하고 있는 나라들이기 때문에 지역 단위에서 교육과정의 자세한 부분까지 모두 개발하기보다는 주로 교육과정 정책 개발에 치중하고, 실제로 학교 현장에서 사용할 자료의 개발은 시중 민간인이나 교사에게 일임하는 경향이 많다. 지역 수준의 교육과정 정책 개발에는 중앙 기구나 전문 교육 연구 기관의 도움을 받아 지역 중심의 여러 자원 인사를 동원하여 그 지역의 실정을 반영하는 교육 목표·교과 편제·교과별 교수 요목 등을 개발한다. 이 때, 동원 가능한 자원 인사는 지방 대학의 교육과정 전문가, 교과 전문가, 학부모, 지방의 각계각층 유력 인사들이다. 지역 수준의 교육과정을 개발함에 있어서, 그 절차는 국가 수준의 교육과정 개발과 유사하다. 다만, 이 경우 지역 단위별로 교육과정의 문제를 종합적으로 다룰 수 있는 교육과정위원회와 같은 전담 조직을 설치하는 것이 선결되어야 할 것이다. 이러한 전담 조직은 그 자체가 교육과정 개발 과제를 담당하기도 하지만, 일반 민간 업자들이 제작한 각종 교육과정 자료가 해당 지역의 실정에 맞는지 여부를 판정하는 교육과정 자료 선택 결정권을 행사하기도 한다.

㈐ 학교 수준의 교육과정 개발

학교 수준의 교육과정 개발은 국가 수준·지역 수준에서 개발된 교육과정 정책을 학교 현장에서 적합하도록 수용하거나, 이미 개발된 여러 교육과정 자료 대안들에 대한 결정, 또는 학교의 특수성에 비추어 별도의 교육과정 자료를 개발하는 데 따르는 모든 활동이 포함된다. 특히, 우리 나라와 같이 중앙 집중 체제를 채택하고 있는 경우는 새로운 교육과정의 창안보다 개발된 교육과정을 학교 현장의 특수성에 비추어 이를 적절히 해석하고, 수업으로 옮길 수 있도록 수업 계획으로 구체화하는 것이 중요하다. 학교 수준에서 교육과정 개발의 초점은 수업 목표, 교수-학습 자료, 수업을 위한 교사-학생 조직, 수업 전략에 주어진다.

이상적으로는, 학교 수준에서 교육과정을 개발하는 것이 학습자의 요구를 가장 잘 반영시킬 수 있다. 왜냐 하면, 학교 수준에서는 학부모와 학생의 직접적인 요구가 무엇인지를 구체적으로 파악할 수 있기 때문이다.

(2) 교육 제도 밖(일반인 수준)에서의 개발

교육과정은 국가·지역·학교 수준별로 교육 제도 안에서 개발되지만, 학교 교육과 직접 관계 없는 일반 민간인에 의해서 개발될 수도 있다. 이러한 경우는, 특별히 교육과정 자료의 선택에 있어서 중앙 정부의 통제가 없는 나라들 가운데서 볼 수 있다. 즉, 누구나(물론, 학교 교육에 전문적 식견을 가진 전문가들) 학교의 교사·학생들을 잠재적 소비자로 하여 각종 교수-학습 자료를 상업적으로 개발하는 것이다. 워커(Walker, 1979)는 이러한 종류의 교육과정 개발을 일반인 교육과정 개발(Generic Curriculum Development)이라 불렀는데, 이것은 미국과 같은 사회에서는 가장 보편적인 현상이기 때문에 그렇게 부른 것 같다. 이러한 일반인 교육과정 개발은 크게 다음과 같은 세 가지 과제를 통해서 수행된다.

- 개발 노력의 착수 : 교육과정을 계획하는 데 필요한 자원을 확보 조직하고 학교 교육과정 시안을 위한 실천적인 지침을 마련한다.
- 시안의 개발 : 교육과정 지침, 자료를 창안, 현장 검토, 평가·수정한다.
- 상업적 개발 : 교육과정 지침과 자료를 시장성이 있도록 설계·생산하고 시판에 들어간다.

이러한 일반인 교육과정 개발은 우리 나라에서는 채택되고 있지 않으나 교육과정 분산 체제를 유지하고 있는 나라들에서는 이러한 제도가 중요한 몫을 차지한다.

(3) 요 약

이상 교육과정의 개발 수준은 교육 제도의 맥락에 따라 교육 제도 안에서, 그리고 밖에서 개발되는 경우와, 교육 제도 안에서 개발되는 경우, 국가·지역·학교 수준이 있음을 살펴보았다(표 4-1). 이렇게 교육과정 개발에는 여러 수준이 있으며, 그것은 학교 교육이 처한 국가의 사회 구조적 차이에 따라 얼마든지 다르게 접근할 수 있음을 시사하는 것이다.

[표 4-1] 교육과정 개발의 여러 수준

수 준	접근 방법	참여 인사	산 출
교육 제도 안에서의 개발 국가 수준	중앙 집중 제도 전국 적용을 위한 교육과정 정책 및 교육과정 자료 개발	정책 결정자, 비영리 전문 기관, 교육과정 전문가, 교과 전문가, 편집 전문가, 각종 전문가적 자문 집단	교육과정 지침, 교과서, 교사용 지도서, 각종 교육과정 자료
지역 수준	지방 분산 제도 주정부 또는 교육 행정 지역단위 교육과정 정책 및 교육과정 자료 개발	지역단위 교육과정 결정자, 지역 대학의 교수, 교사대표, 교육과정 전문가	교육과정 지침, 교과서, 교사용 지도서, 각종 교육과정 자료
학교 수준	학교 중심 교육과정 자료 개발 또는 수업 계획 수립	교육행정가, 교사, 학부모, 학생	각종 수업 프로그램, 수업 계획
교육 제도 밖에서의 개발 일반인 수준	학교의 잠재적 적용 대상, 즉 교사와 학생을 위한 각종 교육과정 자료 개발	영리 단체, 교육과정 전문가, 교과 전문가	교과서, 교사용 지도서, 각종 교수-학습 자료

자료 : 곽병선, 1997, p.290

그러나 한 나라의 수준에서 볼 때, 교육과정의 개발은 국가 또는 학교 수준 등 어느 한 가지 수준에서만의 노력으로 국한되지 않는다. 중앙 집중과 분산 체제 또는 혼합 체제 여부에 따라, 결정 권한의 배분은 다르지만 여러 수준이 불가피하게 관여하게 된다. 특별히, 우리 나라의 경우, 교육과정 개발은 국가 수준에서부터 학교 수준에 이르기까지 전체적인 안목에서 볼 필요가 있다.

이상 교육과정의 여러 가지 개발 수준을 살펴볼 때, 그것은 어느 특정 전문가나 또는 학교 교사에게 맡겨진 개별적인 일이 아님을 알 수 있다. 국가 수준에서 지향하는 전체 교육 목적이나 방향과 관련하여, 중요한 한 부분을 담당하게 되는 것이다. 그리고 그것은 타일러의 전통적인 모형에서 제안된 바와 같이 목표 설정-경험 선정-경험 조직-평가와 같이 학교 안에서 독립적으로 이루어지는 탈맥락적인 과업이 아님을 알 수 있다.

다. 우리 나라의 교육과정 개발 수준

우리 나라의 제 6차 교육과정에서는 교육과정의 의미를 교육부가 법률에 의거하여 고시하는 국가 수준의 교육과정(기준)과 시·도 수준에서 교육과정에 의거하여 제시하는 교육과정 편성·운영 지침, 그리고 국가 수준 교육과정과 시·도 교육과정 편성·운영 지침에 의거하여 실제로 교육에 투입될 수 있도록 조정, 편성된 학교 수준의 교육과정을 모두 포함하는 범위로 하고 있다. 또, 여기에 부가적으로 학교 수준 교육과정에 의거하여 실제 교실 수업에서 실천될 수 있도록 교사가 계획해 놓은 구체적 교수-학습 계획(연간, 월간, 주간)이 교육과정의 범주에 포함된다는 것을 이해하여야 한다.

이러한 관계를 그림으로 나타내면 [그림 4-2]와 같으며, 과거 우리 나라에서는 시·도 교

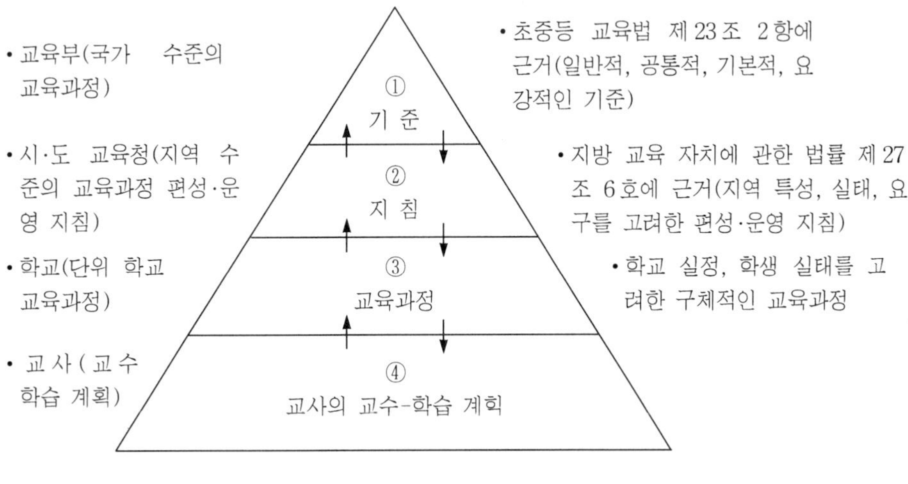

[그림 4-2] 교육과정의 수준과 위상

육청과 학교 수준이 매우 부실한 경향이었기 때문에, 앞으로 교육 내용의 개선을 위해서는 지역 및 학교의 실태, 요구, 특성을 고려한 학교 교육과정에 보다 더 큰 힘을 기울여야 할 것이다.

2. 교육과정 개발 모형

가. 교육과정 개발 모형

교육이 성공적으로 이루어지기 위해서는 세심한 계획 수립이 있어야 한다. 만약에, 철저하고 충분한 계획 수립이 없으면 교육자들은 교육과정 활동시에 많은 혼란을 겪게 될 것이다. 그래서 교육자들은 교육과정 개발 전략을 고안한다. 대부분의 교육학자들은 교육과정을 개발할 때 목적, 내용, 학습 경험, 방법, 자료, 그리고 평가 등을 고려한다.

교육과정 모형 또는 이론은 교육 이론의 일부로서 '교육과정과 관련되는 여러 가지 행위를 안내하거나 통제하는 규칙의 체계'로 정의할 수 있다(윤팔중, 1983). 한편, Beauchamp(1968)은 "교육과정 이론은 그것을 구성하는 요인들간의 관계를 지적함으로써 그리고 그것의 개발·활용·평가를 위한 방향을 지시함으로써, 특정한 학교의 교육과정에 의미를 던져 주는 일련의 상호 관련된 진술들이다."라고 정의하고 있다(윤팔중, 1983). 따라서, 교육과정 이론은 교육과정을 이루는 여러 요인들 서로간의 상호 관계를 규정하는 기능과 교육과정을 개발하여 활용한 다음에 그 효과를 평가할 때 지향해야 할 방향을 지시해 주는 기능을 하게 된다(김진순 외, 1994, p. 5에서 재인용).

여기서는 교육과정 개발 모형의 고전적인 관점의 목표 모형과 내용 모형의 기본 철학을 살펴보고, 지금까지의 교육과정 개발 모형을 정리하는 관점에서 체계적 접근 모형과 비체계적 접근 모형을 비교하여 살펴보고자 한다. 여기서 체계적 접근 모형은 목표 모형에 그 기본 철학을 두는 반면, 비체계적 접근 모형들을 내용 모형에 기본 철학을 두고 있다고 볼 수 있을 것이다. 그러나 이러한 이분법적 구분에 적당하지 않은 모형도 있다. 예컨대, Walker의 모형은 목표를 교육과정 개발 절차의 우선 순위에 두지 않고서도 체계적 접근에 기초하고 있음을 보여 주고 있다.

(1) 목표 모형과 내용 모형

이 두 모형은 근본적으로 교육과정을 하나의 기술적 절차로 파악한 Tyler(1949)의 전통 모형과 교육 내용에서 학문의 성격을 강조한 Bruner(1960)의 지식 구조 모형간의 논쟁이다.

㈎ 목표 모형

목표 모형인 교육과정 입안의 목표 지향 이론은 교육과정을 입안함에 있어 목표의 사전 명세화를 전제로 하고 있다. 교육에 있어서, 목표의 사전 결정은 오래 전부터 실시되었으나, 추상적이고 일반적인 교육 목표를 구체적이고 세목적인 목표로 번역하려는 시도는 1910년대부터였다. 특히, 타일러, 블룸, 가네 등에 의해서 교육과정에서뿐만 아니라 수업 이론 분야에서도 크게 활용되었다. 이러한 목표 지향의 교육과정 입안은 행동주의적 학습 이론을 그 기저로 삼고 있다(김인식, 1984, pp. 10~11).

이러한 목표 모형의 대표적인 것은 타일러 모형, 소토 모형, 타바 모형, 세일러와 알렉산더 모형, 올리바 모형, 이성호 모형 등이 있으며, 직업 기술 교육과정의 측면에서 적용시킨 메이거 모형, 라손과 발렌타인 모형, 마티손 모형, 이무근 모형 등이 있다(이무근·함종한, 1983, pp. 100~120). 타일러의 목표 모형에 기초한 네 가지 교육과정 요소는, 1) 교육 목표의 설정, 2) 학습 경험의 선정, 3) 학습 경험의 조직, 4) 평가로 표현될 수 있다. 즉, 타일러에 의하면 교육 목표는 교육과정의 순환 과정에서 가장 먼저 결정되어야 한다는 뜻에서만 아니라, 그 이후의 절차를 밟는 데 기준이 되어야 한다는 뜻에서도 가장 중요한 요소라고 보아야 할 것이다(이홍우, 1992, pp. 13~15).

㈏ 내용 모형

교육 내용 모형 혹은 내용 모형이라 함은 목표 모형에 어느 정도 상반되는 모형으로, 가르쳐야 할 지식을 목표에서 찾는 것이 아니라 그 지식 속에 내재된 교육 내용에 출발점을 두고 있는 점에서 목표 모형과 다른 입장을 보인다. 내용 모형은 목표 모형에서 제시한 명확한 절차를 제시하지 못한 점을 간과할 수 없지만 교과 내용에 내재된 지식 체계를 가지고 있다는 학문적 전통을 중요시한다.

브루너(1971)의 교과를 가르치는 교사는 그 교과의 '구조'를 알아야 한다는 말과 같다. 즉, 한 교과의 교육과정은 그 교과의 구조를 가장 깊이 이해하고 있는 사람들에 의하여 결정되어야 한다고 주장한다(p.97, 이홍우, 1992, p.81 재인용). 목표 모형에서의 '내용'은 목표를 달성하는 수단으로서의 의미를 가지지만, 지식의 구조라는 아이디어에서는 '내용'이 교육의 핵심적 관심사가 된다(이홍우, 1992, p.81).

Finch & Crunkilton(1989)의 직업 기술 교육에서의 교육과정 개발 모형, 교양 교과로서의 기술 교과 교육에 적용하기 위한 장석민(1985)의 기술 교육 교육과정 개발 모형, 김진순(1994)의 기술 교과 교육과정 이론들에서 유도한 기술 교과 교육과정 개발 모형 등이 그 예이다.

㈐ 요 약

이들 두 모형이 갖는 약점은 교육과정을 보는 관점이 너무 협소하다는 것이다. 즉, 타일러의 전통적인 목표 모형은 네 개의 중요한 요소의 설정과 그 요소들간의 역동적인 관계 파악에 있어서 포괄적이긴 하나 근본적으로 교육과정을 하나의 목적-수단에 관계되는 방법론적 절차로서 보았다는 점에서 그 교육과정관은 협소하다. 이러한 이유로 타일러의 원리는 공학적 모형(technical model)으로 때로는 공장 모형(factory model)으로 극평을 받기도 한다(Kliebard, 1972).

한편, 지식 구조 이론의 내용 모형은 교육의 목표, 내용, 방법을 오로지 학문적 지식의 전달과 학문의 탐구에만 제한한다는 점에서 그 관점이 협소 단일하다. 이 지식 구조 모형은 사고 과정(thinking process)을 중시하는 인지 심리학파의 뒷받침과 고대 그리스 플라톤의 사상적 전통을 이어 받은 형식(form)으로서의 지식의 순수성을 숭상하는 허스트(Hirst, 1971) 등 자유 교양(liberal arts) 교육 중심 학자들의 철학적 뒷받침을 받았다. 지식 구조 모형의 가장 큰 공헌은 아마도 학교 교육에서 지성의 계발이 얼마나 중요한 것인가에 대한 우리의 인식을 새롭게 한데 있을 것이다. 그러나 이러한 지식 구조 모형의 입장이 교육적 경험에 있어서 지식의 학문성을 절대적으로 강조함으로써 교육의 개인적, 사회적 적합성에 관한 문제를 소홀히 다루게 되고, 결과적으로 교육과정을 그렇게 협소한 시각으로 보는 데 대하여 비판을 받게 된 것이다(곽병선, 1985, p. 41~42).

이홍우(1977)는 목표 모형과 내용 모형의 기본적 차이는 "왜 가르치는가?"라는 질문(즉, 교육 목표)에 대한 해답 방식의 차이에 있으며, 목표 모형에 의하면 왜 가르치는가 하는 질문에 대한 대답은 반드시 '교육 내용'의 가치가 아닌 다른 것에서 주어져야 한다.

타일러의 이론에 의하면, 그것은 주로 아동과 사회의 필요에 의하여 주어지는 것으로 되어 있다. 여기에 비하여 내용 모형에서는 교육 목표를 교육 내용에 붙박혀 있는 가치에서 직접 찾고 있다.

(2) 체계적 접근 모형과 비체계적 접근 모형

이귀윤(1996)은 편의상 교육과정 개발을 두 접근, 즉 체계적 접근과 비체계적 접근으로 나누었다. 일반적으로 말하는 과학적 접근, 기술적 접근, 비인본적 접근은 전자로 대표될 수 있고 인본적 접근, 비과학적 접근, 비기술적 접근은 후자로 분류할 수 있다(pp. 88~227).

㈎ 체계적 접근 모형

체계적 접근이란 말이 곧 비인본적 접근이라는 말은 아니다. 또한, 체계적 접근이 과학적 특성을 가졌다고 해서 교육적 사실을 단순하게 기계적으로 본다는 의미도 아니다. 체계적 접근은 교육적 상황, 교육과정에 관련되는 상황들이 아무리 복잡하더라도 그것을 체계적으로 분류, 조직할 수 있다는 전제에서 출발한다. 체계적 접근 방법의 최대 관심은 학습 효과를 높여 교육적 효과(교육 결과)를 극대화하는 데 있으며, 이런 의미에서 교육과정 개발은 학습 효과를 최대화하기 위해 교육 환경을 어떤 질서 속에 구조화하는 계획이라 볼 수 있다. 체계적 접근 방법은 개발 작업의 과업을 분명히 하는 데서 시작된다. 확인된 과업의 수행을 위해서는 최대의 효율성을 위한 합리적이고 체계적인 방법을 필요로 한다. 체계적 접근 방법을 '수단-목표'의 패러다임으로 보는 것도 바로 이런 이유에서이다. [표 4-2]는 체계적 교육과정 개발 모형을 개발 수준과 방식, 개발 단계와 절차, 개발 요소, 개발 참여자를 중심으로 학자들의 견해를 정리한 것이다.

[표 4-2] 체계적 교육과정 개발 모형의 특징

학자 \ 사항	개발 수준, 방식	개발 단계 및 절차	개발 요소	개발 참여자
Tyler	• 상의 하달식	• 목표 설정 • 학습 경험 선정 • 학습 경험 조직 • 평 가		
Walker			• 정 강 • 숙 의 • 설 계	• 교사, 학생 • 개발 담당자 • 정책 수립가
Taba	• 하의 상달식	• 요구 진단 • 목표 설정 • 내용 선정 • 내용 조직 • 학습 경험 선정 • 학습 경험 조직 • 평 가		• 교육 현장의 교사
Goodlad	• 수업적 수준 • 제도적 수준 • 사회적 수준		• 본질적 요소 • 정치·사회적 요소 • 기술·전문적 요소	
Schwab			• 교과, 학습자, 교사, 환경	• 교육 관계자 • 교사, 학생
Ornstein과 Hunkins		• 개념화와 합법화 • 교육과정 진단 • 내용 선정 • 경험 선정 • 교육과정 이행 • 교육과정 평가 • 교육과정 유지	• 내 용 • 경 험 • 내용과 경험의 관계	• 정책 입안자 • 교사, 학생 • 교장 • 교육과정 전문가 • 비전문가

Saylor, Alexander와 Lewis		• 목표와 수업 목표 • 교육과정 설계 • 교육과정 실행 • 교육과정 평가	• 학습자 • 사 회 • 지 식	
Miller와 Seller		• 방침 결정 • 목적, 발달상의 목표 • 교수-학습 모형 이행 계획 • 평가		

자료 : 최유현, 1997a, p. 90

㈏ 비체계적 접근 모형

체계적 접근에 의한 교육과정 개발이 객관성, 일반성에 기초를 두고 논리적 합리성을 중시한 반면, 비체계적 접근은 이 말이 암시하는 바와 같이 개발 과정에 있어서 주관적, 심미적, 총체적이면서 상황 변화적인 융통성을 강조한다. 그래서 생성된 교육과정 자체보다는 그 교육과정이 되기까지의 과정에 있어서 학습자의 활동 과정을 중시한다. 이런 의미에서, 사전에 모든 학습 결과(교육 결과, 넓게는 교육 목표나 목적)가 반드시 정해져야 할 이유와 필요가 있는 것은 아니라고 보는 것이다.

[표 4-3] 비체계적 교육과정 개발의 특징

특 징 \ 학 자	기본 입장	단계, 절차, 방식	개발 요소 및 사항	주된 참여자
Kelly	• 인간화 • 행동주의 비판	• 복합적 개발 단계	• 목표 선택의 자원	• 교육과정 전문가, 교사, 학생
Carlson	• 체제 경영에 대한 비판	• 상부·하부간의 융통	• 지식의 통합	• 교사
Lewy	• 비획일성	• 학교 중심	• 학교 특성에 따른 자료 개발	• 일선 행정가 • 교사 • 지역 사회인
Fantini	• 융합 교육(인지와 정의 영역)	• 귀납적 조직	• 학생의 흥미, 관심사에 따른 내용 조직	• 학생
Rogers	• 인본주의 심리학	• 상호 교류를 통한 자율적 선택	• 인간 심리에 대한 이해, 토의, 숙의	• 교사, 학생
Freire	• 반성적 사고, 평등, 비판 의식	• 해방적 접근 • 자유 실행	• 기존 문화 • 외부 조건	• 교사, 학생 • 지역 사회인(동등한 위치에서)
Kohl	• 학교 개혁, 인간의 자유 의지 존중	• 개방 교실 • 학생 개인에 의한 계획	• 학생의 흥미, 요구	• 학생

자료 : 최유현, 1997a, p.91

비체계적 접근 방법의 핵심적인 전제는 미리 정해진 교육 목적에 대한 도전에서 출발한다. 이는 교육학에 있어서 논리 실증적인 입장, 즉 "어떤 것이라도 존재하는 것이라면 지각될 수 있고 따라서 측정될 수 있다"는 가정에 대한 도전이다. 따라서, 비체계적 접근 방법에서 교육과정 개발은 "측정될 수 없다고 하는 사실이 곧 실체의 존재를 부정하는 것은 아니며, 교육적 실체는 측정될 수 없는 것이 더 많고 이들이야말로 교육과정 개발에서 더 중요한 것들이다"라는 입장을 고수한다.

㈐ 요 약

따라서, 체계적 접근에 의한 교육과정 개발 모형은 수단-목표 관계에 중심을 둔 목표를 강조하고, 내용과 경험을 중요시하여 전문가들의 역할이 중요시됨을 알 수 있다. 그러나 비체계적 교육과정 개발 모형은 인간화, 융합 교육, 인본주의, 반성적 사고 등에 기본 입장을 두고 귀납적, 복합적 절차로서 인간 심리가 중요한 역할을 한다고 볼 수 있다. 결국, 교육과정을 개발하는 일은 교육과정이 담아야 할 철학이 중요한 변수가 될 것이다.

이러한 분류는 교육과정 개발의 기초가 되는 교육과정 의식, 즉 교육과정을 보는 기본 입장의 차이에 근거한다. 이것은 인간 만사가 어떤 법칙에 따라 움직인다는 입장과 모든 인간은 자율적인 의지에 따른다는 입장의 차이, 즉 인간사를 체계적으로 설명하려는 입장과 인본적 입장에서 설명하는 입장의 차이에서 오는 것이다.

교육과정 개발 모형이 다양한 이유는 이 두 입장을 잇는 직선상에 무수히 많은 점이 있을 수 있기 때문이다(이귀윤, 1996, p. 189). 지금까지 교육과정 분야에서 학문적 성숙이 문제되어 온 데는, 대체로 교육과정을 협소한 시각으로 보아온 종래의 교육과정관과 교육과정 연구에서의 탈역사적 성격 때문이다(곽병선, 1985, pp. 41∼45).

나. 실과 교육과정 개발 모형

최유현(1997b, pp. 45∼86)은 교육과정의 이론적 탐색과 실과 교과 교육학의 학문적 탐색을 통하여 [그림 4-3]과 같은 실과 교육과정 개발의 기본 모형을 설정하였다.

기본 모형의 타당성 평가를 통하여 구조화된 모형을 [그림 4-4]와 같이 개발하였다.

이렇게 개발된 실과 교육과정 개발 구조화 모형은 다음과 같이 적용할 수 있을 것이다.

첫째, 이 연구에서 개발된 모형은 실제로 실과 교육과정을 개발하는 데 있어서 기본적인 절차로서 제시될 수 있을 것이다.

둘째, 이 연구의 모형은 교육과정, 실과 교육학의 교육 이론 및 전문가들의 의견에 기초한 결과이므로, 실과 교육과정 영역의 학문적 방향 설정에 도움을 줄 것이다.

모형의 변인	주요 내용	이론적 기저	비고
실과 교육과정 개발 자원 변인(S)	1. 교과(S1), 2. 학습자(S2), 3. 교사(S3), 4. 환경(S4)	Schwab(1969)	
실과 교육과정 개발 절차 변인(P)	1. 교육과정 개념화와 성격 규명(I) 2. 교육 내용의 선정(C) 3. 교육 내용의 조직(E) 4. 교육과정의 교육 목표 진술(O) 5. 교육과정의 수업·평가 전략의 제시(M)	Ornstein과 Hunkins(1988) Taba(1962) Miller와 Seller	피드백을 통한 수정이 가능한 순환적 모형
실과 교육과정 의사 결정 변인(D)	1. 정강(D1) : 전문가의 신념 체계 2. 숙의(D2) : 참여자 의견 교환 과정 3. 설계(D3) : 개념적 모형과 실제 프로그램 연결	Walker(1971)	절차 단계에서 이루어지는 의사 결정 절차

[그림 4-3] 실과 교육과정 개발 기본 모형

자료 : 최유현, 1997b, p. 55

이 연구에서 개발된 모형은 실제로 교육과정을 개발하는 데 적용되지 못했기 때문에 실제로 적용하는 데 있어서 약간의 수정이 있을 수 있다. 따라서, 이 모형이 실제로 적용하는 과정에서 발생되는 불합리한 영역들의 수정 가능성은 배제하지 않는다고 한다(최유현, 1997b, p. 83). 그러나 이 모형은 국가 사회적인 환경이나 요구 사항을 고려하지 않고 있다.

다. 기술 교과 교육과정 개발 모형

(1) 기술 교과 교육과정 모형

㈎ 우리 나라와 외국의 기술 교과 교육과정 모형

우리 나라와 외국에서 개발된 기술 교과 교육과정 모형의 대표적인 것은 노태천, 장석민, 이재원, 김진순, IACP(Industrial Arts Curriculum Project), Jackson's Mill Industrial Arts Curriculum Theory 등이 있다.

노태천(1983)은 기술 교과 교육 내용을 구성하기 위한 모형으로서 기술과 교육 내용 구성을 위한 상호 작용 모형으로 3가지 기본 요소를 축으로 하는 입체 매트릭스를 제안하였다.

장석민(1985)은 교육의 견해를 내재적 관점과 외재적 관점으로 분류하는 이론적 틀을 사용하여, 기술 교과 교육의 제견해를 분류하였다.

모형의 변인	기본 모형	구조화 모형	
실과 교육과정 개발 자원 변인(S)	1. 학습자(S1)	A. 학습자의 수준 B. 학습자의 태도	
	2. 교과(S2)	[실과 교육의 모학문 : 실천 과학] A. 가정학 B. 기술학 C. 농업 과학 D. 정보 과학	
	3. 환경(S3)	A. 실과 교육 환경 B. 실과 교사 환경	
실과 교육과정 개발 절차 변인(P)	1. 교육과정 개념화와 성격 규명(I)	A. 실과 교육과정의 개념, 제시 수준 B. 실과 교육과정의 성격 규명	피드백
	2. 교육 내용의 선정과 조직(C)	A. 내용 선정의 방식 : 통합 활동 중심/ 통합 내용 중심 B. 학습 경험 선정 원리 : 국민공통교육기간(초1~고1) •통합성 •계열성 •계속성 C. 실과 교육 내용의 체계화 •활동을 통하여 실천을 경험할 수 있는 내용 •실생활에 적용함으로써 생활의 질을 높일 수 있는 내용 •자기 계발적 요소를 갖춘 내용 •학생의 흥미도를 높일 수 있는 내용 •문제 해결적이고 창조적 변용 가능성이 있는 내용 •아동의 발달 단계와 주위의 환경에 적합한 내용 D. 실과 교육 내용의 배열 방식 •논리적 순서와 심리적 순서를 통합적으로 고려	
	3. 교육과정의 교육 목표 진술(O)	A. 학습 경험(교육 내용)선정과 지도에 명확한 시사를 줄 수 있는 구체적이고 행동적인 용어로 진술 B. 실현 가능성 C. 행위 속의 내면화 D. 설정된 목표 사이에 철학적 일관성 E. 넓은 행동 특성의 변화를 충분히 내포 F. 타당성이 항상 평가, 비판되거나 필요에 따라 변천될 수 있어야함	
	4. 수업 전략의 구조화(M)	A. 아동 중심의 활동 및 실습 B. 다양한 교수 매체 개발의 가능성 C. 구체적인 조작 경험 D. 아동의 문제 해결적 활동 E. 컴퓨터, 인터넷의 활용 F. 아동에 의한 지식 발견	
	5. 평가 전략의 구조화(A)	A. 과정 중심의 평가 B. 수행 평가(아동의 반성적 자기 평가, 관찰 평가, 포트폴리오 평가, 실기 평가, 면접 평가 등)	
실과 교육과 의사 결정 변인(D)	1. 정강(D1)	전문가의 신념 체계	절차 단계의 의사 결정
	2. 숙의(D2)	참여자 의견 교환 과정(실과 교육 전문가/초등학교 교사/ 학부모/학습자)	
	3. 설계(D3)	개념적 모형과 실제 프로그램 연결	

[그림 4-4] 실과 교육과정 개발 기본 모형

자료 : 최유현, 1997b, p. 81

이재원(1986)은 기술 교과 내용 정선 대상을 생활 기술이 아닌 '생산 기술'로 보았다. 이 재원은 기술 교과에서 기술의 본질적 개념을 확실히 파악하고, 현대 산업을 이해하여 이들과 우리의 생활 관계를 이해시키려면 기술 교과 내용은 생산 기술을 대상으로 함을 전제로 하였다.

김진순(1990)은 기술 교과 교육과정 모형을 4단계로 제안하였다. 1단계는, 기술 교과의 내용 구조를 확인하는 것으로 기술 교과 교육의 내재적 원리를 우선적으로 확인하는 단계이다. 2단계는, 기술 교과 교육의 기능을 확인하고, 3단계에서는 교육과정 구조화의 원리를 적용하였으며, 4단계는 구안된 구조화된 교육과정을 초·중·고등학교 급별로 체계화하는 단계이다.

미국에서의 기술 교과 교육의 가치와 준거를 지향한, 즉 교육의 내재적 관점에 접근될 수 있는 기술 교과 교육의 견해는 1960년대 이후 태동되기 시작하였다. 그 대표적인 견해는 1965년 미국 오하이오 주립대학과 일리노이 대학의 공동 노력으로 개발된 The Industrial Arts Curriculum Project(IACP)이다.

이는 중학교 수준에서의 기술 교과 교육 자료 및 시스템을 개발하기 위한 연구로서 1950대에 활용되던 목재 가공(wood working), 금속 가공(metal working), 제도 (drafting) 등의 기능 위주의 전통적인 프로그램에 대한 비판이 제기되기 시작함으로써 이를 개선키 위해 럭스(Donald G. Lux), 레이(Willis E. Rey), 스턴(Jacob Stern), 그리고 타워(Edward R. Towers) 등이 제창한 것이다.

미국 기술 교과 교육의 또 하나의 대표적인 교육과정은 1979년에서 1981년까지 James F. Synder 외 20인의 미국 기술 교과 교육 전문가들이 Jackson's Mill Industrial Arts Curriculum Symposium을 수차례 걸쳐 개최하고 기술과 교육의 미래와 방향에 대하여 토의하여 제시한 기술 교과 교육과정 이론과 모형이다.

이 이론에서는 인간의 적응을 위한 인지적 기초로서 4가지 지식의 영역을 인식한다. 이 4가지 영역은, 과학(science), 인문학(humanities), 기술학(technologies), 형식적 지식 (formal knowledge)이다(Snyder & Hales, 1981, pp. 5~6). IACP에서는 '산업'을 기술 교과 대상으로 하였음에 비하여, 이 이론에서는 '기술'과 '산업'을 기술 교과의 중요 영역으로 보았다. 이것은 기술 교과 교육이 산업 기술뿐만 아니라 일반 기술까지도 그 교과 영역으로 포괄함을 의미한다. 즉, IACP에서 인정된 제조 기술과 건설 기술 이외에도 통신 기술(communication technology)과 수송 기술(transportation technology)을 추가함으로써 교과의 영역을 확대시켰다.

⑴ **비교 고찰**

국내외 기술 교과 교육과정 모형을 비교하여 정리하면 [표 4-4]와 같다.

[표 4-4] 국내외 기술 교과 교육과정 모형의 비교

모형	이론적 배경 및 특성	교육 목표	교육 내용 수준	교육 내용 내용	교육 방법
노태천	• 교육과정 내용 분석 • 산업의 각영영에서 생산 기술과 경영 기술 강조			• 농업 • 공업 • 상업 • 수산업	
장석민	• 기술학에 기초한 기술의 체계로의 내용 강조 • 기술 교과 교육을 내재적 관점과 외재적 관점에서 규명	• 직업적 관점 • 소비자적 관점 • 취미·오락적 관점 • 사회적 관점		• 제조 기술 • 건설 기술 • 통신 기술 • 교통 기술	
이재원	• 기술 교과 재용 정선의 대상을 생산 기술로 봄 • 기술을 인간이 환경에 정응 발전해 나가기 위해 노력하는 실천적 과정 체계로서 시스템이라는 용어를 사용 • 사회 문화의 진보에서 현재, 시스템 변인에서 과정을 중시			• 제조 기술 시스템 • 건설 기술 시스템 • 에너지 동력 기술 시스템 • 재배 배양 기술 시스템	• 프로젝트법 • 문제 해결법 • 발견 학습 • 스파이럴 학습 • 가설 검증 학습
김진순	• 기술 교과 교육 내용을 내재적 외재적 관점으로 확인 • 기술의 진보에서 현재, 기술의 요소에서 과정 요소를 강조 • 구조화의 원리로 나선형 원리를 확인 적용	• 모든 국민에게 현대의 기술 문명 사회를 사는 민주 시민으로서의 기초적 지식과 기술적 교양을 길러 준다.		• 제조 기술 • 건설 기술 • 수송 기술 • 통신 기술 • 생물 기술	
I A C P	• 기술 교과 교육을 산업 기술에 제한 • 산업 기술을 산업적 실천에 관한 원리의 연구로부터 도출되는 기술학의 지식의 한 범주로 규정	• 산업 기술에 대한 개발 원리, 보편성, 전략들의 이해 증진 • 산업에 대한 관심과 인식 증진 • 직업 생활, 소비 생활, 사회 문화 생활에 유용한 지식과 기능 습득		• 제조 기술 • 건설 기술	
잭슨밀 교육과정	• 기술학을 기술적인 인간 적응 시스템의 인지적 기초를 제공하는 지식의 체계 • 인지적 기초로 4 가지 영역(과학, 인문학, 기술학, 형식적 지식)에서 기술학이 다른 영역의 지식과 다른 독특한 영역의 지식으로 규정	• 기술과 사회와의 관계 이해 • 기술과 환경의 가치 체계 함양 • 도구, 기능, 기술적 자원의 적절한 사용 능력, 태도 개발 • 기술 사회에서의 잠재 능력 개발		• 제조 기술 • 건설 기술 • 수송 기술 • 통신 기술	

대부분의 모형들은 Jackson's Mill의 철학을 받아들여 내용 구조와 분류 체계를 개발하였으며, 교육 목표에 있어서는 교육 내용의 목표와 기술 교육의 기능적 목표로 구별된다.

교육 내용에 있어서는 중학교의 탐색 과정 단계와 고등학교의 심화 과정 단계로 구분되며, 그 내용은 제조 기술, 건설 기술, 수송 기술, 통신 기술, 생물 기술을 주내용으로 다루고 있다. 특히, 생물 기술(재배·배양 기술) 등은 Jackson's Mill, 장석민 모형, 그리고 미국 여러 주의 이론 및 모형에서 제시된 4가지 영역에 농산물이나 수산물 등의 생물학적 변화에 의한 기술도 역사를 통한 인간의 기술적 활동이라는 맥락에서 기술 교과 내용 영역에 포함되었다.

교육 방법으로는 기술 교과 수업에 적합한 다양한 학습 방법이 제시되고 있는데, 그 중 문제 해결 방법을 기술 교과 교육에서 기술적 문제를 해결할 수 있는 효과적인 학습 방법으로 제시되고 있다.

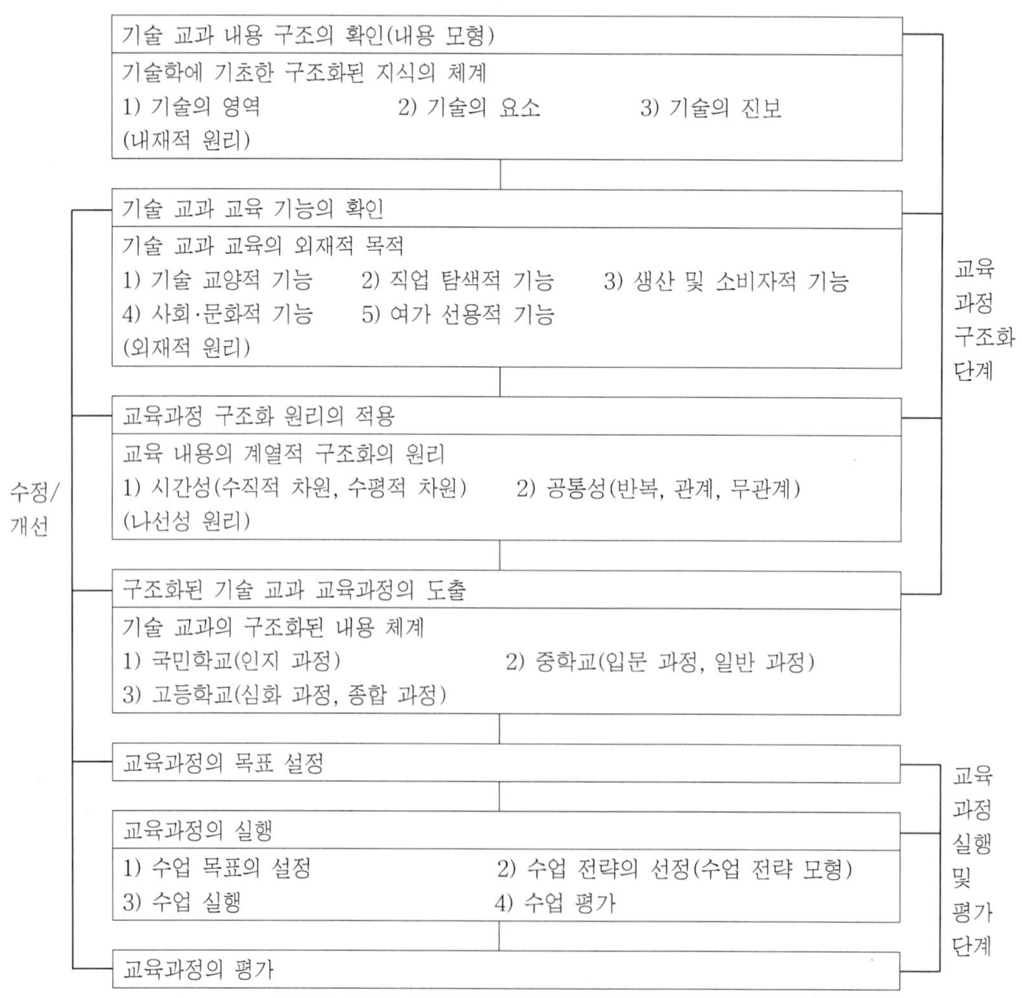

[그림 4-5] 기술 교과 교육과정 개발 모형

(2) 기술 교과 교육과정 개발 모형

㈎ 기본 모형

김진순 외(1994)의 연구에서 제시한 기술 교과 교육과정 개발 절차를 나타내는 기본 모형은 [그림 4-5]와 같다.

㈏ 내용 모형

지금까지 고찰된 모형과 이론들을 비교하여 보면 [표 4-5]와 같다.

[표 4-5] 기술 교과 내용 모형의 비교

모 형	기술의 영역	기술적 체제의 구성 요소	기술의 진보
노태천	• 명칭 : 산업 영역 • 농업 • 공업 • 상업 • 수산업	• 명칭 : 기술 영역 • 생산 기술 • 경영 기술	• 명칭 : 시간적 발달 • 과 거 • 현 재 • 미 래
장석민	• 명칭 : 기술의 영역 • 제조 기술 • 건설 기술 • 통신 기술 • 수송 기술	• 명칭 : 기술의 요소 • 투 입 • 과 정 • 산 출	• 명칭 : 기술의 수준 • 수공 기술 • 기계 기술 • 인공 두뇌 기술
이재원	• 명칭 : 인간의 사회적 생산적 노력 • 제조 기술 시스템 • 건설 기술 시스템 • 에너지/동력 기술 시스템 • 재배·배양 기술 시스템	• 명칭 : 시스템 변인 • 투 입 • 과정(중요시함) • 산 출	• 명칭 : 사회 문화적 진보 • 과 거 • 현재(중요시함) • 미 래
김진순	• 명칭 : 기술의 영역 • 제조 기술 • 건설 기술 • 수송 기술 • 통신 기술 • 생물 기술	• 명칭 : 기술의 요소 • 투 입 • 과 정(중요시함) • 산 출	• 명칭 : 기술의 진보 • 과 거 • 현 재 • 미 래
IACP	• 제조, 건설(기술적 지식을 산업 기술에 제한)	• 계 획 • 조 직 • 통 제	• 가공 준비 • 가 공 • 가공 후 처리
잭슨 밀	• 명칭 : 인간의 기술적 사회적 노력 • 제조 기술 • 건설 기술 • 통신 기술 • 수송 기술	• 명칭 : 체제 변인 • 투 입 • 과 정 • 산 출	• 명칭 : 사회 문화적 진보 • 과 거 • 현 재 • 미 래

대부분의 모형은 매트릭스를 기술 교과 교육 내용을 구성하기 위한 모형으로 제시하여 기술 교육의 개념적 기준을 3개의 축으로 하여 기술 교과의 지식의 영역, 기술 체계에 관련한 기술의 요소, 기술 교과의 내용을 조화롭게 관련짓는 기술의 수준과 시간적 개념으로 나타내었다.

기술 교과 교육 내용의 구조와 자원은 기술학에 기초한 구조화된 지식의 체계가 된다. 이것은 기술 교과 자체가 가지고 있는 내재적 가치와 목적, 즉 내재적 원리에 해당된다. 그러면 무엇이 기술학에 기초한 지식의 체계가 되는가? 그리고 그러한 지식의 체계에 맞추었을 때, 기술 교과 내용의 구조는 어떻게 표현될 수 있는가? 이에 관하여, 앞에서 여러 선행 연구 결과들을 살펴보았다. 이 연구들을 종합하여 [그림 4-6]과 같이 확인하였다.

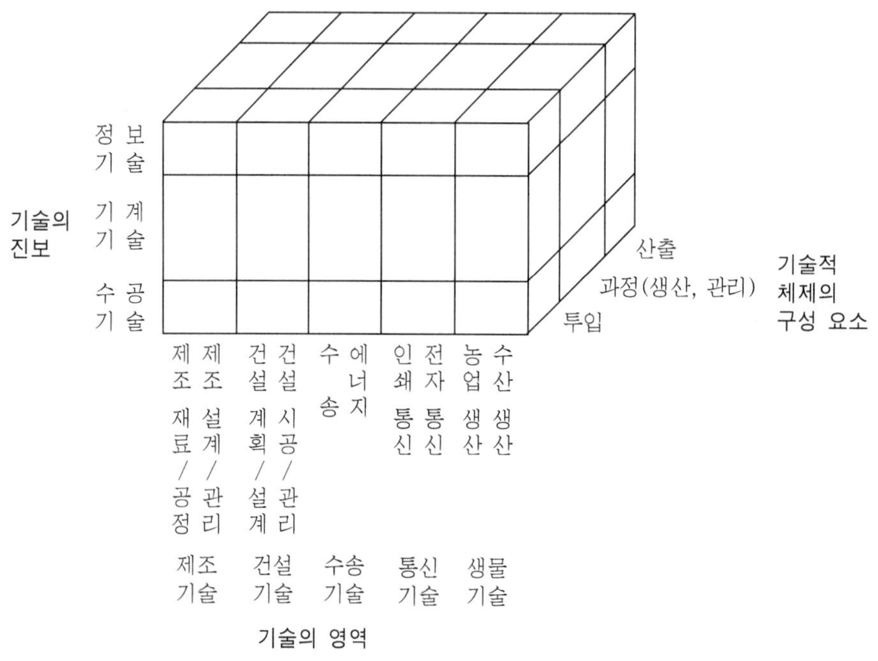

[그림 **4-6**] 김진순(1994)의 기술 교과 교육 내용 모형

[그림 4-6]은 기술의 영역, 기술적 체제 구성 요소, 기술의 진보를 축으로 하는 3차원의 매트릭스 모형으로 되어 있는데, 각 차원의 내용은 다음과 같다(김진순 외, 1994, pp. 59~60).

1) 기술 교육의 영역

기술의 영역을 제조 기술, 건설 기술, 수송 기술, 통신 기술, 생물 기술 등 5개 영역으로 나누었고, 각 영역을 세분화하여 제시하였다.

이 세분화된 내용은 전문적으로 분화된 과정으로, 제조 기술은 제조 계획 및 설계, 제조 재료 및 공정, 건설 기술은 건설 계획 및 설계, 건설 시공 및 설비, 수송 기술은 수송 체제, 에너지/동력, 생물 기술은 재배/양식, 배양(유전자 조작)으로 세분화시켰다.

2) 기술적 체제의 구성 요소

위의 다섯 가지 기술은 각기 투입, 과정, 산출이라는 시스템 변인을 갖고 있는데, 이를 기술적 체제 구성 요소로 보았다. 투입 요소는 시스템의 목표 달성을 위해 요구되는 모든 자원을 제공하는 것으로, 도구, 기계, 재료, 에너지, 자본, 노동, 지식 등을 말한다. 과정은 투입된 자원을 이용하여 시스템의 목표를 달성하기 위한 적절한 수단으로 생산과 관리의 기술적 원리가 기술 교과의 핵심 부분이 된다. 산출은 사회 문화적 맥락 속에서 새롭게 환경의 한 영역으로 되어감에 따른 기술 구조의 결과나 목표를 의미하는 것으로 제품, 서비스, 정보 등이다.

또, 이 산출의 결과는 적절한 피드백 기제에 의하여 앞의 다른 변인의 각 요소들의 평가, 조정에 활용된다.

3) 기술의 진보

위의 5가지 각 기술 시스템은 인류 탄생과 더불어 존재하여 왔다. 그리고 시대에 따라서 그 수준이 진보 발전하여 왔다.

잭슨 밀 기술 교육과정 이론, 노태천 모형, 이재원 모형, 김진순 모형, Ohio주 교육과정에서는 과거, 현재, 미래를 포함하는 시간적 차원을 기술 교육의 중요한 고려 사항으로 지적했다. 또한, 장석민, Maine주에서는 수공 기술, 기계 기술, 인공 두뇌(전자, 자동화)를 포함한 기술적 수준(진보)을 기술 교육의 중요한 요소로 제시하였다.

이 연구에서는, 기술 교육 내용 요소를 선정 조직하는 데 있어 기술을 시간적 차원에서 기술의 진보에 따른 수준으로, 과거의 기술, 현재의 기술, 미래의 기술로 제시하였다.

3. 실과(기술·가정) 교육과정 개발과 실천 대상

교육적 성취를 겨냥한 계획으로서의 교육과정은 그 계획이 어느 수준에서 이루어지든, 그 계획에 참여할 수 있는 기관과 사람들의 결정에 의해서 만들어진다. 우리 나라에서 교육과정 결정의 과정은 크게 세 가지 과정을 거친다고 보여진다(곽병선, 1997, p. 264). 첫째는, 학교 교육 전반에서부터 교과 및 학교급별 수준에 이르기까지 교육 목표와 편제 및 시간 배당, 교육과정 운영 지침, 지도 내용을 규정하여 교육부의 고시로 공포되는 「교육과정」에 관한 것이다. 둘째는, 이 교육부의 공포된 「교육과정」을 바탕으로 각급 학교 교사와 학생용으로 편찬되는 교과용 도서에 관한 것이다. 셋째는, 공포된 교육과정과 교과용 도서를 바탕으로 각급 학교 교사가 실제 수업을 위해서 구체적으로 마련하는 수업 계획에 관한 것이다.

이 세 가지 가운데, 첫째와 둘째 사항은 교육부에 의해서 결정되는 것이며, 마지막 셋째는 학교와 교사에 의해서 결정되어진다. 이렇게, 첫째 사항에서 셋째 사항에 이르기까지 일련의 교육과정 결정 과정에 관한 기본 구조가 다음 [표 4-6]으로 제시되었다.

[표 4-6]은 우리 나라 교육과정 결정의 기본 구조를 구체적 결정의 대상, 개발 담당자, 결정의 주체, 그 결정의 산출물 등에 따라 그 기본 요소를 밝혀 놓고 있다.

[표 4-6] 우리 나라 교육과정 결정의 기본 구조

단 계	계획 결정의 대상	개발 담당자	결정자 및 관련 기관	산출물(교육과정 자료)
1. 교육 과정 제정	전반적 학교 교육의 방향 • 국가 교육 목표 • 인간상	위촉 받은 연구 기관	교육부 교육과정 심의회 운영위원회(자문기관)	교육부 발행 각급 학교별 교육과정
	학교급별 교육 목표 및 편제 • 초·중·고등학교별 교육 목표 • 교과 및 특활의 조직 및 시간 배당 • 교육과정 운영 지침(계획·지도·평가)	위촉 받은 연구 기관	교육부 교육과정 심의회 학교별 위원회(자문기관)	교육부 발행 각급 학교별 교육과정
	교과별 목표 및 내용 • 교과별 교육 목표 및 내용 • 학년별 목표 및 주요 내용	위촉 받은 연구 기관	교육부 교육과정 심의회 교과별 위원회(자문기관)	교육부 발행 각급 학교별 교육과정
2. 교과 용 도서 편찬	교과별 구체화된 학습 내용 • 제재·소재의 선정 • 학습 문제·내용 제시 • 학습 방법 시사	• 위촉 받은 연구 기관(1종 도서의 경우) • 일반 집필자(2종 도서의 경우)	교육부 • 교과목별 1종 도서 편찬 심의회 • 교과목별 2종 도서 심사위원	학교급별, 교과별, 학년별 교과서(1종 도서, 2종 도서)
	일반적 수업 계획 • 수업 목표 • 학습 과제별 시간 계획 • 수업 전개 계획 • 관련 교재 시사	• 위촉 받은 연구 기관(1종 도서의 경우 • 일반 집필자(2종 도서의 경우)	교육부 • 교과목별 1종 도서 편찬 심의회 • 교과목별 2종 도서 심사위원	학교급별, 교과별, 학년별 교사용 지도서(1종 도서, 2종 도서)
3. 수업 계획 수립	구체적 수업 계획 • 수업 목표 • 수업 모형 • 교수-학습 활동 • 교재 및 매체 • 공간 활용	• 교 사 • 학 생 • 교과용 도서 집필자	• 학 교 • 교 사 • 학 생	• 교사의 명시적 또는 묵시적 수업 지도안 • 교사가 제작한 각종 교수-학습 자료

자료 : 곽병선, 1997, p. 266

가. 교육과정 제정

교육과정 결정의 제 1 단계는 교육부가 「교육과정」을 제정하는 것이다. 이 「교육과정」의 주요 내용은 전반적 학교 교육의 방향, 초·중·고등학교 급별 교육 목표 및 편제, 교과별 목표 및 내용이다. 이 「교육과정」에 대한 개발은 교육부의 위촉을 받은 전문 연구 기관이 한다. 그러나 「교육과정」에 대한 최종 결정은 교육부 장관에게 속한다. 「교육과정」 제정을 위촉 받은 개발 담당자는 교육과정 개발 과정에 있어서 고려되어야 할 절차와 기준에 터해서 전문적으로 업무를 수행한다.

나. 교과용 도서 편찬

교육과정 결정은 2단계인 교과용 도서 편찬에서 학교 교육의 실제와 직접 연결될 수 있도록 구체화된다. 「교육과정」의 기본 내용에 따라 교사와 학생이 수업에서 활용할 수 있는 교과서와 교사용 지도서를 편찬한다. 교육부가 직접 발행하는 국정 도서와 교육부가 검정한 검정 도서가 있다. 국정 도서의 경우, 교육부가 직접 또는 연구 기관이나 대학에 위촉하여 편찬하고, 검정 도서는 일반 교과서 저자가 집필하나 교육부의 심사에 통과된 것이라야 한다.

다. 수업 계획 수립

교육과정 결정의 마지막 단계는 학교 교사가 자신이 실천할 수업 계획을 수립하는 단계이다. 수업 목표, 수업 모형, 교수-학습 활동, 교재 및 매체, 공간 활용, 시간 계획 등을 교사가 처한 구체적 수업 상황에 맞도록 재구성하는 과정이다. 교사의 수업 계획은 문서의 형식을 통해 수업 이전에 밖으로 표현될 수도 있고, 교사의 마음 속에 담겨져 있어 겉으로 드러나지 않는 경우도 있다.

라. 논 의

이렇게 교육부의 「교육과정」 제정-교과용 도서 편찬-교사의 수업 계획으로 이어지는 일련의 과정은 학교 교육을 총체적인 안목으로 들여다 보았을 때, 그것을 우리의 독특한 교육과정 개발 과정으로 볼 수 있다. 학교 교실 속에 학생들의 교육적 성취를 겨냥하기까지 계획되어 들어오는 일련의 교육과정 결정 과정은 그러한 단계를 밟아서 형성되기 때문이다. 다만, 교육부의 「교육과정」과 교과용 도서의 편찬은 학교와 교사의 수준 밖에서, 즉 교육부에서 한번 제정하고, 편찬 또는 검정함으로써 이루어지는 반면, 학교 교사 수준의 수업 계획은 교육과정의 실천과 관련하여 쉬임 없이 이루어지는 계속적인 과업이 된다.

계획으로서의 교육과정은 실천을 위한 것이다. 교육과정의 실천은 학생들에게 교육적 성취를 가져올 수 있도록 학교 수준에서 교육과정을 가지고 수업을 하는 것이다. 수업은 교육과정 실천의 가장 직접적인 표현이 된다. 교사와 학생이 학교 환경을 배경으로 교육과정을 가지고 상호 작용하는 과정이 수업이다. 교육과정 없이 학교 수업은 불가능하다. 수업은 교사의 수업 계획을 바탕으로 하고, 한 단위 학습 과제의 수업이 끝나면, 다시 새로운 수업 계획으로 옮아가는 과정에서 평가가 수업의 계획, 수업의 과정, 수업의 결과를 점검한다.

교육과정의 실천은 학교 수준에서뿐만 아니라 전국 수준에서도 파악된다. 전국적인 적용에 들어간 교육부의 「교육과정」과 교과용 도서가 학교 현장에서 계획된 대로 잘 수용되고 있으며, 학교 교육의 질적 수준이 만족스럽게 유지되고 있는지를 점검하여 학교 교육의 전반적인 건강 상태를 견지하도록 하는 일이다. 학교 단위에서 보다 많은 재량권을 가지고 교육과정을 운영하게 한다든지, 교과용 도서 이외의 다양한 교수-학습 프로그램과 자료를 개발 보급한다든지, 또는 새로운 평가 체제를 개발 보급하는 일을 통하여 학교 교육의 질적 수준을 높이거나 기존의 수준을 유지할 수 있다.

그러나 일단 한번 제정된 「교육과정」이나 편찬된 교과용 도서는 그 적절성이 언제나 보장되는 것은 아니다. 새로운 교육관의 생성, 지식의 변화, 사회 구조의 변화 등 교육 내적·외적 상황의 변화에 따라 기존의 「교육과정」과 교과용 도서는 그것이 초기에 보장되었던 적절성을 상실하고 보다 적합한 교육과정의 요구가 제기된다. 그러면 불가피하게 기존의 「교육과정」과 교과용 도서를 대치할 새로운 대안을 모색하게 되며, 이것은 새로운 교육과정 개발 과정으로 이행하게 된다. 해방 이후 지금까지 약 6~10년을 주기로 이러한 「교육과정」과 교과용 도서에 대한 전면적 개정이 있어 왔다.

지금까지 논의한 교육과정 개발 과정과 그 실천 과정을 요약하여 하나의 그림으로 표시하면 다음 [그림 4-7]과 같다.

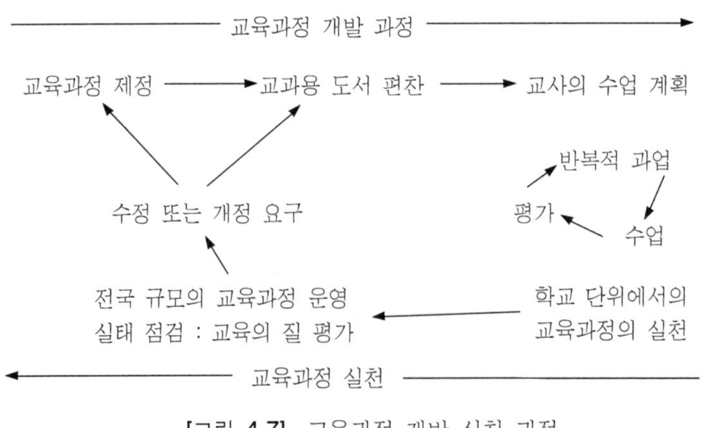

[그림 4-7] 교육과정 개발·실천 과정

4. 실과(기술·가정) 교육과정 개발 절차

앞의 제 3 절에서 우리 나라 교육과정 개발의 전반적 과정은 교육부의 「교육과정」 제정, 이에 따른 교과용 도서의 편찬, 마지막으로 학교 수준에서의 수업 계획 수립으로 이어짐을 살펴보았다. 여기에서는 우리 나라의 교육과정 개발 과정을 교육과정과 교과용 도서로 나누어 단계별로 그 구체적인 개발 절차와 각 절차에 참여하는 관계 인사들의 범위와 역할을 교육과정 결정이라는 측면에서 살펴보기로 한다.

가. 교육과정의 개발

(1) 교육과정의 개발 과정

우리 나라의 교육과정은 교수 요목기(1945~1954)로부터 일곱 번에 걸쳐 개정되었으며, 1997년에 제 7 차 교육과정이 고시되어 2000년부터 단계적으로 시행되었다.

우리 나라의 교육과정은 제 3 차 교육과정까지는 당시의 문교부가 교육과정의 개정 계획으로부터 개정 작업에 이르기까지 전적으로 책임을 지고 개발 과정의 모든 일을 수행하여 왔다. 그러나 제 4 차 교육과정부터는 교육부가 책임을 지되 교육과정 개발 정책과 개발 계획 및 심의 적용은 교육부가 주된 업무를 맡고, 실제 교육과정의 개발 작업은 교육 연구 기관(제 4 차, 제 5 차, 제 7 차 교육과정 개정 작업) 또는 외부 전문가(제 6 차 교육과정 개정 작업)에게 위촉하였다.

여기에서는 제 4 차 교육과정 이후의 교육과정 개발을 중심으로 우리 나라 교육과정의 개발 절차와 그 내용을 살펴보기로 한다.

먼저, 교육과정의 개발 절차 및 교육부와 개발을 위촉받은 교육 연구 기관의 역할 분담 및 교육과정 개발에의 참여 인사를 살펴보면 [표 4-7]과 같다(홍웅선·김재복, 1989)

[표 4-7] 한국 교육과정의 개발 절차 및 역할 분담과 참여 인사

절 차	기능 분담		참여 인사									
	교육부	개발기관	사회각계대표	학계대표	교과전문가	교육심리학자	교육과정전문가	교육행정가(교장, 장학진)	교육평가전문가	학교교사	학생, 학부모
1. 교육과정 개정 정책 수립 • 교육과정 개정 정책안 수립 • 심의·의결 • 교육과정 개정 정책 확정	●	▲									

단계											
2. 교육과정 개정 계획 수립 • 교육과정 개정 계획 작성 • 심의·의결 • 교육과정 개정 계획 작성 • 교육과정 개정안 작성 의뢰	●	▲									
3. 현행 교육과정 분석 • 교육과정 분석 기준 설정 • 교육과정 분석 • 교육과정 분석 결과 검토 협의		●	△	△	○	○	○	△	△	○	△
4. 교육과정 개정 기본 방향 및 학교급별 목표 작성 • 기본 방침안 작성 • 학교급별 일반 목표 작성 • 심의·의결	▲	●	○	○	○		○			△	△
5. 학교급별 교육 목표의 상세화 • 교과별 목표 진술 • 학년별 목표 진술 • 검토·협의		●			○	△	○	△		○	
6. 교육 내용의 선정 및 조직 • 목표의 범주 결정 • 내용 체계 작성 • 내용의 학년 수준 결정 • 검토·협의		●			○	△	○	△	△	○	
7. 심의 • 심의 기준 작성 • 심의(심의회, 공청회)	●		○	○	○	△	○	△		△	
8. 교육과정 개정 시안 수정 • 심의 결과 종합 • 수정, 보완, 확정	▲	●			○	△	○	△	△		
9. 확정 및 고시	●										
10. 모니터링 • 모니터링 대상 선정 • 계속적인 모니터링 실시 • 결과 협의 검토 및 반영	●	▲		△	○	△	○	△	○	○	○
11. 교원 연수 • 연수 계획 작성 • 연수 교재 개발 • 연수 실시 • 결과 점검	●	▲		△	○	△	○	○		○	
12. 장학 • 장학 계획 수립 • 장학 자료 개발 • 장학 실시 • 결과 점검	●				△		△	○		○	

●: 주관   ▲: 협조   ○: 주된 역할 담당자   △: 참여 인사   자료: 허형 외, 1996, pp. 12~13

다음으로 우리 나라 교육과정 총론안의 개발과 각론(각 교과 및 특별 활동 교육과정)안의 연구 개발 절차별 작업 내용과 이를 확정하기 위한 교육과정의 심의 평가 및 확정 절차를 제시하면 [표 4-8]과 같다(홍웅선·김재복, 1989).

[표 4-8] 한국 교육과정 총론 및 각론의 개발과 확정 절차

총론안의 연구 개발	각론안의 연구 개발	교육과정안의 평가 및 확정
1) 기초 연구 • 현행 교육과정의 문제점 및 운영 실태 분석 • 외국의 교육과정 국제 비교 • 학교 교육에 대한 사회적 요구 분석 • 미래 사회에서의 인간상 규명 • 기초 연구 결과 검토 및 정리 2) 총론안 작성 • 교육 목표 추출 및 편제안 작성 • 초·중·고 계열성 및 편제안의 합의 • 총론 초안 작성 및 운영 지침 진술 • 총론 초안 검토 협의 • 총론 초안에 대한 외부 의견 조사 • 총론안 수정 보완 및 교육부 제출 3) 교육부 심의 및 수정 보완 • 교육부 심의 • 심의 결과에 따른 수정 보완 • 수정된 안의 검토 협의 • 검토 결과 반영	1) 교과별 기초 연구 • 현행 교육과정 문제점 분석 • 국제 비교 연구 • 기초 연구 결과 검토 및 정리 2) 교과별 목표 추출 및 내용 정리 • 기본 방향 설정 • 기본 방향에 대한 검토 협의 • 목표 상세화 및 체계표 작성 • 내용 선정 및 체계표 작성 • 목표 및 내용 체계표 검토·협의 • 목표 및 내용 체계표 수정 보완 3) 교과별 초안 작성 • 목표 및 내용 진술 • 평가상의 유의점 진술 • 진술된 초안의 검토 • 초안의 수정 보완 • 수정된 안의 검토 협의 • 재수정 및 교육부 제출	1) 교육부 심의 • 심의 기준 작성 • 교육과정안에 대한 심의회 개최 • 보완될 사항 통보 2) 공청회 또는 세미나 • 개최 • 안에 대한 의견 수합 3) 교육과정안의 수정 • 심의 결과 분석 • 공청회 결과 분석 • 수정 보완 • 안의 검토 협의 • 안의 수정 및 교육부 제출 4) 교육부 심의 및 고시 • 심의 • 교육부에서의 수정 보완 • 결재 및 확정 고시

자료 : 허형 외, 1996, pp. 14~15

[표 4-7]과 [표 4-8]은 우리 나라 교육과정이 어떤 절차를 거쳐서 개발되는가를 보여 준다. 우리 나라 교육과정은 교육부에 의해 교육과정 개정에 대한 정책적 결정이 이루어져 개정의 방향과 그 구체적인 추진 계획이 수립된다. 이렇게 기본 정책이 결정되면 교육부는 교육 연구 기관에 교육과정의 연구·개발을 위촉하고, 교육 연구 기관은 교육과정 개정을 위한 기초 연구를 광범위하게 수행한다. 국가 사회의 요구를 분석하고, 학생·교원·학부모의 필요를 수집 분석하며, 이를 바탕으로 바람직한 인간상이 무엇인가를 탐색한다. 또한, 외국의 교육과정 현황을 비교하고, 기존의 교육과정의 장단점을 검토한다. 이러한 기초 연구를 바탕으로 교육과정의 총론과 각론의 초안이 만들어진다.

만들어진 교육과정 초안은 교육부의 자문 기구인 교육과정 심의회와 교육부 편수 전문직에 의해 검토·조정되어 확정된다. 그리고 이 확정된 교육과정은 고시됨으로써 효력을 발

생하는데, 이 교육과정의 적용은 다시 교원 연수, 교과용 도서 개발로 연결되어 시·도 교육청 및 학교 현장으로 연결되는 것이다. 우리 나라의 경우, 교육과정의 결정으로부터 확정 고시에 이르기까지는, 대략 1년 6개월 내지 2년 정도의 기간이 걸린다.

나. 교과서의 개발

앞에서 제시한 교육과정의 개발 절차는 교육부가 문서로 고시하는 교육과정에 관한 것이다. 그러나 우리 나라에서는 이러한 문서로서의 교육과정 개발 못지않게 중요한 것이 교과용 도서의 개발이다. 왜냐 하면, 실제로 우리 나라의 학교 교육은 교과용 도서를 중심으로 이루어지기 때문이다.

교과용 도서는 학생용 교과서, 교사용 지도서, 인정 도서를 함께 일컫는 용어로 우리 나라에서는 교과용 도서가 교육부가 고시한 교육과정을 표현할 수 있는 유일한 법정 자료이며, 학교 교육에서 절대적인 자리를 차지해 오고 있다. 초중등교육법 제29조에 의하면 각 학교에서 사용하는 교과용 도서는 교육부가 저작권을 가졌거나 검정 또는 인정한 것에 한하며, 교과용 도서의 저작, 검정, 인정, 발행, 공급 및 가격 사정에 관한 사항은 대통령령으로 정하게 되어 있다. 이에 따라, '교과용 도서에 관한 규정'이 대통령령으로 정해져 있다.

(1) 교과용 도서의 편찬 과정

우리 나라 초·중·고등학교용 전체 교과서 책수는 약 760여 권, 이 책들의 총 쪽수는 18만 쪽, 총 발행 부수는 1억 6천만 권을 헤아린다(곽병선, 1997). 교과용 도서는 국정 도서와 검정 도서, 그리고 인정 도서로 구분되는데, 국정 도서는 교육부가 저작권을 가진 도서이며, 검정 도서는 교육부 장관의 검정을 받은 도서이며, 인정 도서는 시·도 교육감의 인정을 받은 도서이다. 1998년 4월 16일 현재 국정, 검정 및 인정 도서의 책수는 [표 4-9]와 같다.

[표 4-9] 초등학교 교과용 도서 현황

구 분	제6차 교육과정			제7차 교육과정			비 고
	국정	검정	인정 도서	국정	검정	인정 도서	
교과서	146	4	15	126	4	32	
지도서	76	4	15	77	4	16	
계	222	8	30	203	8	48	

자료 : 교육부 학교 정책실 교과서 정책과, 교과서 연구 30호, pp. 170~171

㈎ 국정 도서의 편찬 과정

국정 도서는 교육부가 직접 편찬한다. 그러나 실제로는 연구 기관 또는 대학 등에 위탁하여 개발하고 있다. 우리 나라 국정 도서의 편찬 과정과 업무 분담 내용을 제시하면 이 책의 5장에 나오는 [표 5-20]과 같다.

한편, [표 5-20]에서 볼 수 있듯이 교육부가 국정 도서의 편찬 계획을 수립하고 연구 기관 또는 대학에 개발을 위탁하면 개발 기관은 교육부의 편찬 기본 계획에 따라 연구·개발 계획을 세우고 원고를 집필한다. 그리고 그것은 수시로 점검의 대상이 될 뿐만 아니라 교육부의 심의, 수정, 보완 지시에 따라야 한다.

국정 도서 개발을 위탁받은 개발 기관은 각 교과별로 교육부 장관 승인 하에 연구진·집필진·협의진을 구성하도록 되어 있다. 이 세 팀의 구성 기준과 기능은 [표 4-10]과 같다.

[표 4-10] 국정 도서 편찬 연구·집필·협의진 구성 기준 및 기능

구 분	구성 기준	기 능
연구진	• 교육과정, 교과 교육, 학계의 전문가 및 현장 교사 등으로 구성	• 연구 개발의 방향 및 업무 담당 • 집필 세부 계획 작성 • 원고 검토 및 수정 • 기타 편찬 업무 담당
집필진	• 대학의 전임강사 이상의 교육 경력을 가진 자 • 교사로 교육 경력 5년 이상인 자 • 해당 교과의 전문가와 현장 교사 등으로 구성	• 집필 업무 담당
협의진	• 해당 교과의 전문가와 현장 교사 등으로 구성	• 해당 도서의 편찬 협의 업무 담당

자료 : 곽병선, 1997, p. 277

㈏ 검정 도서의 편찬 과정

한편, 검정 도서는 저작자가 출판사와 약정을 맺고 연구·개발하여 교육부 장관에게 검정을 신청하면 교육부는 교과목별로 심사 위원을 구성하여 심사 기준에 따라 1, 2차에 걸친 심사를 하고, 심사에 합격하면 다음 교육과정 개편시까지 사용할 수 있게 된다. 검정 도서의 편찬 과정을 제시하면 [표 4-11]과 같다.

지금까지 국정, 검정 교과용 도서의 편찬 과정을 살펴보았다. 어느 종류이건 교과용 도서는 그 개발 과정이 교육부의 엄격한 통제 하에 있음을 알 수 있다. 이들 교과용 도서는 교육부의 교육과정을 구체화한 자료로, 실제 학교 수업에 강력한 영향력을 발휘한다. 학교에서는 교과용 도서의 선정에 있어서 국정 도서가 있을 때에는 이를 사용하여야 하고 국정 도서가 없을 때에는 검정 도서를 선정하여 사용하여야 한다고 교과용 도서에 관한 규정에는 밝혀 놓고 있다. 다만, 특별한 경우 인정 도서를 사용할 수 있다.

[표 4-11] 검정 도서의 편찬 과정

절 차	업무 담당자	비 고
검정 실시 공고	교육부 장관	• 최초 사용년도 개시 1년전(일간 신문에 게재) • 공고 내용(검정할 2종 도서의 종류, 심사본의 제출 부수, 검정 수수료 및 그 납부 방법, 신청인의 자격, 신청 기간, 집필상의 유의점, 기타 검정에 필요한 사항)
검정 신청	저 작 자	• 신청일 현재 최근 2년간 20종류 이상의 도서를 발행한 실적이 있는 출판사와 약정이 되어 있을 것(95. 7. 20 개정) • 교과목별로 교육부 장관이 정한 심사 기준

심사
  1차 심사
  2차 심사
	
	교과별 심사 위원
	교과별 심사 위원
		
		• 1차 심사 결과 수정 지시
		• 1차 수정 지시에 대한 이행 여부 및 수정 내용

합격 도서 결정	교육부 장관	• 관보에 공고
합격 도서 공고	교육부 장관	• 당해도서 최초 사용 학년부터 3년 간 • 교육과정의 개편이 없으면 유효 기간 연장

자료 : 곽병선(1997). 교육과정. p. 277

인정 도서의 경우에는, 학교장이 사용하고자 하는 도서를 초·중학교의 경우 해당 지역 교육청의 교육장에게 인정 신청을 하면, 교육장은 인정할 가치가 있다고 인정될 때. 이를 해당 시·도 교육청의 교육감에게 제출하여 심사를 거쳐서 교육감이 이를 인정 도서로 결재하면 학교에서 인정 도서로 사용할 수 있다. 그러나 고등학교의 경우에는 직접 교육감에게 제출하도록 되어 있다.

(2) 제 7 차 실과 교과서 개발 과정

교육부는 시대적, 교육적 요청에 부응하여 1996년 3월부터 초·중등학교 교육과정 개정을 추진하여, 1997년 12월에 제 7 차 교육과정을 고시하였다. 이에 따라, 실과 교과서는 1종(국정) 도서로 개발되며 개발 일정은 초등학교 5, 6학년의 새 교육과정 적용 시기인 2002년 3월에 적용될 수 있도록 2000년까지 개발되어 2001년에 실험이 끝나게 되어 있다.

다. 논 의

제 7 차 교육과정 개정 과정을 분석한 한국교육개발원(1997)의 연구 결과에 의하면 다음과 같은 문제들이 해결되어야 할 것으로 분석되었다.

(1) 발전적인 교과 교육과정 개발 체제 구안

우리 교육과정의 고질적인 문제 중의 하나인 총론과 각론의 괴리를 극복하기 위해서는 총론의 교육 방향을 '상세화'하는 것만으로는 한계가 있고, 우리의 교육과정 개발 체제 자체를 근본적으로 재검토해 볼 필요가 있음이 연구의 과정을 통해 드러났다. 여기서는 교육과정 개발 체제 개혁을 위한 몇 가지 대안을 검토해 보고, 관련된 후속 연구 과제를 제시하기로 한다.

㈎ 총론-각론의 이원적 개발 체제에 대한 재검토

우리의 교육과정 개발 체제는 총론팀을 구성하여 먼저 총론을 결정한 뒤에 총론팀과는 다른 교과 전문가 중심의 교과 교육과정 개발팀을 구성하여 교과 교육과정을 개발하는 이원화된 체제이다. 이러한 이원화된 체제 자체가 사실 총론과 각론의 괴리를 가져오게 하는 구조인 셈이다. 따라서, 이 구조 자체를 검토하고 대안적인 체제를 구안할 필요가 있다.

첫째, 총론팀은 교육학 일반 전공자, 각론팀은 교과 교육 전문가라는 원칙을 조정할 필요가 있다. 총론팀에도 교과 교육 전문가가 포함되게 하고, 각론팀에도 교육학 전공자가 포함되게 구성한다.

총론의 아이디어가 결국, 각 교과 교육을 통해서 실현되어야 할 것이라면, 총론의 연구·개발 단계에서부터 각 교과 전문가들이 깊숙이 개입하여 총론을 개발해야 할 것이다. 교과 교육의 실제에 어두운 교육학 일반 전공 학자들 중심으로 총론이 구성되면, 그 아이디어가 교과 교육에 스며들기 어려울 것이다. 결국, 총론에서 표방하는 개혁의 아이디어는 혁신적이지만, 교과 교육과정이나 그 교육 현장은 별다른 변화가 없다는 현상이 재현될 뿐이기 때문이다.

또, 각 교과 교육과정은 교육학 일반을 전공한 학자들이 각 교과의 교육과정 개발 과정에 함께 참여하여 구성토록 해야 할 것이다. 교과 교육과정은 학교 교육의 전체적인 틀 속에서 의미 있게 이루어져야 하고, 또 그것을 배우는 학생의 통합적인 관점에서 개발될 필요가 있으므로, 교육학 일반을 전공한 학자들이 각 교과의 교육과정 개발에 기여할 수 있는 부분이 많다. 특히, 통합 교과의 교육과정 개발을 위해서는 하위 과목들을 전공하지 않는 제 3 자적 관점이 절실히 필요하다. 예컨대, 과학과 교육과정을 개발하는 과정에 물리 교육, 화학 교육, 생물 교육, 지학 교육 전공자가 아닌 교육과정 일반이나 교수 이론을 전공한 학자가 함께 참여한다면 더욱 의미 있는 통합 교육과정을 개발할 수 있을 것이다.

이러한 제안은 교육과정 개발 과정에서 '총론팀의 전문가들과 각론팀의 전문가들간의 대화'를 요청하는 것이다. 이러한 대화가 좋은 결실을 얻기 위해서는 총론팀의 전문가들은 좀더 교과 교육의 실제에 대해 관심을 가져야 할 것이고, 각론 전문가들은 '교과 이기주의적 시각'을 탈피하여 학교 교육 전체 혹은 학생의 관점에서 자신의 교과를 바라 보려는 노력이 요구된다.

둘째, 총론을 먼저 개발하고, 각론을 그에 따라 다음에 개발하는 것이 아니라, 각론과 총론을 동시에 개발하도록 한다.

총론안의 연구·개발이 끝나고, 그에 의해 교육부에서 교과 편제와 시간 배당을 확정한 후에 교과 교육과정 개발에 착수하는 현재의 교육과정 개발 체제와 일정으로는 교과 교육과정은 시간에 쫓겨서 부실하게 개발할 수밖에 없을 것이다. 따라서, 교육과정 개정은 총론과 각론이 동시에 시작하도록 하고, 양측의 의견이 수시로 협의, 반영되도록 한다. 이런 체제로 교육과정을 개발하게 되면, 총론과 각론 모두 교육과정 연구, 개발에 좀더 많은 시간을 확보하게 될 수 있을 뿐만 아니라, 양측의 의견이 서로에게 더 반영될 것이다.

이러한 체제가 운영될 수 있기 위해서는 교육과정 결정 과정이 현재보다 더 공개적이어야 하고, 또 의사 결정의 각 단계가 좀더 유연성을 갖추어야 할 것이다. 그리고 각론 연구진은 총론의 의사 결정 과정에 참여할 뿐만 아니라, 개정의 기본 방향 및 편제와 시간 배당이 결정되는 동안 현행 교육과정 문서, 실행 등을 분석·평가하는 연구 등을 수행할 수 있을 것이다.

⒩ 교과 교육과정 개발의 내실화를 위한 여건 조성

교과 교육과정이 좀더 내실 있게 개발되기 위해서는 다음과 같은 여건을 조성할 필요가 있다.

첫째, 교육과정 운영 평가 체제를 구축하여, 교과 교육과정 운영 실태를 일관성 있게 파악하고, 그 자료가 교과 교육과정 개발의 기초가 되도록 한다.

교과 교육과정이 의미 있게 개정되려면, 무엇보다도 현재 실시되고 있는 우리의 교과 교육에 대한 정확한 인식과 그에 대한 개선점이 파악되어야 할 것이다. 이를 위해서는 교육과정을 개정할 당시에 일시 연구를 실시하는 것보다는 상시적인 교육과정 운영 평가 체제를 갖추어 교과 교육과정 운영에 대한 기본 자료들이 축적될 수 있도록 해야 할 것이다. 그리고 교과 교육과정 개정은 이러한 자료를 바탕으로 이루어질 수 있도록 해야 한다.

둘째, 교과 교육과 교육과정을 연구, 개발하는 상설 연구 기관이 이러한 일을 담당하도록 한다.

교육과정 운영 평가 체제를 구축하고, 교과 교육과 교육과정에 대해 지속적으로 연구하고, 평가하기 위해서는 이 일을 체계적으로 담당할 수 있는 상설 연구 기관이 필요하다. 제4차 교육과정 이후 제7차 교육과정에 이르기까지 한국교육개발원이 이러한 기능을 담당해 온 셈이다. 그러나 한국교육개발원이 주관이 되어 일을 해 왔기보다는 그때그때 교육부의 위촉을 받아 교육과정 개정 연구를 수행하는 형태였다. 특히, 교과 교육과정의 경우에는, 교육부가 '분산 개발 체제'로 개발했기 때문에, 교육부에서 한국교육개발원에 위촉한 일부 교과만을 연구·개발했다. 이러한 이유로 지속적이고 체계적인 교과 교육과정 연구가 이루어지기 어려웠다.

따라서, 향후에는 상설 연구 기관을 통해 교육과정 운영 평가 체제를 구축하도록 하고, 제 7 차 교과 교육과정부터 지속적이고 체계적으로 평가하고 연구하도록 하여야 한다. 그 과정에서 즉시 수정이 필요한 문제가 발생하면, 수시로 교과 교육과정을 수정·보완해 나가도록 한다.

㈐ 교과 교육과정 시안에 대한 광범위한 교사들의 검토

개발된 교과 교육과정 시안에 대해 광범위한 교사들의 검토를 거치도록 한다.

제 7 차 교과 교육과정 개발은 그 과정에서 교사 참여를 최대한 유도하고 학교 현장의 요구를 수렴토록 요청되었으나, 대부분 교과 교육 전문가들이 주체가 되어 개발함으로써 실질적으로 교사들의 의견 수렴은 충분하지 못한 상태라고 할 수 있다. 따라서, 교과 교육과정을 확정 고시하기 전에 가능한 한 광범위한 교사들의 검토를 거치도록 한다. 교과에 따라 그 필요성이 인정되는 경우에는, 관련되는 전체 교사들이 검토 과정에 참여할 수 있는 방안도 모색해 볼 필요가 있다.

특히, 현장에서 교과 교육을 담당하고 있는 교사들을 중심으로 교과 교육 연구 네트워크를 결성하도록 장려하고, 이를 통해 교과 교육과정에 대한 체계적인 검토가 이루어지게 하는 방안도 모색될 필요가 있다. 그렇게 된다면, 자연스럽게 새 교육과정에 대한 연수 효과도 거둘 수가 있을 것이다.

(2) 교과 교육을 위한 교수-학습 자료 개발 및 보급 체제 개선

새 교과 교육과정이 고시되고 나서 이루어져야 할 가장 중요한 과제 중의 하나는 새 교육과정에 알맞은 교수-학습 자료를 개발하고 보급하는 문제이다. 특히, 우리의 교과 교육이 관행적으로 교과서 중심으로 이루어졌던 것을 감안하면, 이 일의 중요성은 더 커진다. 달리 말하여, 학교에서 교과를 가르치고 배우는 학생들에게 교육과정이 바뀌었다는 말의 실질적인 의미는 바로 새 교과서로 배운다는 의미라고 해도 과언이 아니기 때문이다. 특히, 제 7 차 교육과정에서는 '1 교과 다교과서 체제' 지향, 정보화 시대를 대비한 멀티미디어 학습 자료 개발 등을 표방하고 있으므로, 종래와는 다른 교수-학습 자료 개발 및 보급의 체제가 요청되고 있다. 여기서는 이와 관련하여 새 교육과정의 취지를 살리기 위해서는 어떠한 교수-학습 자료 개발 및 보급 체제가 요구되는 지를 제안해 보고자 한다.

이제까지 우리는 대체로 국가 수준에서 각 교과의 교육과정과 교과용 도서를 개발하여 각급 학교에 보급하는 체제를 유지해 왔다. 그런데 이러한 체제에서는 각 지역 혹은 각 학교에 알맞은 교수-학습 자료를 적절한 시기에 제공해 주기에 미흡함이 있었다. 따라서, 국가 수준에서는 가능한 한 교육과정을 상세하게 설정해 주고, 이를 가르치는 데 필요한 각종 교수-학습 자료를 다양한 수준에서 개발, 보급할 수 있도록 하는 것이 필요하다.

따라서, 앞으로는 교육청을 중심으로 하는 좀더 융통성 있는 교수-학습 자료 개발 및 보급 체제 운영이 요청된다. 곧, 시·도 교육청 및 시·군 교육청에서 각기 필요한 교수-학습 자료를 적극적으로 개발, 선정, 보급하여 현장에 보다 적절성 있는 교수-학습 자료를 제공할 수 있게 한다. 이를 위하여, 다음과 같은 정책을 추진할 필요가 있다.

첫째, 수준별 교육과정 운영에 필요한 교수-학습 자료, 재량 활동 운영에 필요한 자료 및 기타 교육청에서 설정한 교과의 교육을 위한 교과용 도서 등을 필요에 따라 교육청 단위로 적극 개발하도록 한다.

둘째, 각 교육청에서는 다양한 시중의 자료를 학교 혹은 교사 수준에서 선정하여 활용할 수 있도록 하되, 그 적절성을 평가할 수 있는 기준과 심의 기구를 구성하여 운영하도록 한다.

셋째, 각 교육청에서는 교과 교육 관련 교수-학습 자료를 모아서 전시하고, 보급하는 상설 전시관 등을 마련하여 관내의 학교 및 교사, 그리고 학부모들이 편리하게 이용할 수 있도록 한다.

(3) 새 교과 교육과정에 대한 교사 연수

새 교육과정을 학교 현장에서 적용하는 데 있어 관건이 되는 사항은 바로 교사들이 그것을 이해하고 교실 수업에서 실행하는 일이다. 따라서, 새 교육과정에 대한 교사 연수의 중요성은 말할 수 없이 크다. 제7차 교과 교육과정 적용을 위해서는 다음과 같이 교사 교육을 위한 노력이 경주되어야 할 것이다.

㈎ 교사 연수 방식의 개선

종래의 교육과정 개정에 대한 교사 연수는 주로 '전달 강습'의 형태로 이루어졌다. 학교별로 혹은 교육청 단위 교사 대표가 참가하여 강의식으로 이루어지는 새 교육과정에 대한 수업을 듣고, 학교로 돌아가서 다른 교사들에게 전달하는 방식이 그것이다.

이러한 방식의 연수는 매우 형식적으로 이루어진다. 예컨대, 다음과 같은 사례가 이를 잘 말해 준다. 제6차 교육과정 개정 연수와 관련하여 한 교사가 자신의 경험담을 얘기했다. 거의 3주 동안 연수원에서 새 도덕과 교육과정에 대해 강의를 듣고, 자신의 학교에 돌아와서 그것을 30분만에 전달하였다는 것이다. 그러다 보니 다른 교사들이 새 교육과정에 대해 알게 된 것은 도덕과 수업 시수가 2시간에서 1시간으로 줄었다는 사실 한 가지 정도였다고 했다.

따라서, 교육과정 개정 연수의 방식은 개선이 되어야 한다. 강의식이 아니라, 교사와 교과 전문가 혹은 교육부 관계자들이 함께 참여하는 워크숍 형태로 진행되어야 한다. 그리고 이러한 워크숍에 직접 참여하지 못하는 교사들을 위해 새 교육과정에 대한 온갖 정보를 에듀넷 등을 통해서 교사들이 언제든지 접근할 수 있도록 제공해 주어야 한다.

⑷ 새 교육과정에 따른 직전 교사 교육과정의 조정

현직 교사들에 대한 연수 못지않게 중요한 것이 장차 학교에 나가 새 교육과정을 가르칠 교육 대학, 사범 대학 학생들을 위한 교육과정을 개정된 교육과정에 맞게 조정하여 운영하는 일이다. 특히, 신설 혹은 통합된 교과가 있는 경우에는 반드시 직전 교육의 과정에서 이에 대한 교육이 이루어질 수 있도록 교육 대학 혹은 사범 대학의 교육과정의 조정이 필요하다.

5. 학교 중심 교육과정

가. 학교 중심 교육과정 개발

오늘날 상당수의 국가들은 교육과정 결정 권한의 행사를 누가 하느냐에 초점을 두기보다는 교육의 효율성 제고라는 측면에서 교육과정 결정 방식에 접근하고 있다. 이러한 경향은 교육과정 결정권의 향배에도 영향을 미치고 있는데, 지금까지 중앙 집권형 교육과정 체제를 유지했던 국가들은 지방 분권형 체제로 변화되어가는 추세를 보이고 있다. 우리 나라 역시 지방 분권형의 교육과정 결정 방식인 학교 중심 교육과정을 도입하여 학교 교육의 질 향상을 의도하고 있다.

학교 중심 교육과정은 교육과정 의사 결정에 있어서 중앙 집권형과 지방 분권형의 장단점을 조화시킨 것으로, 교육과정의 효율적인 실행을 가정하고 있다. 따라서, 학교 중심 교육과정을 교육 내용의 지역화 수준 정도로만 생각해서는 곤란하다.

(1) 학교 중심 교육과정의 도입 배경

현행 제7차 교육과정은 지금까지 정부가 전적으로 가지고 있던 교육과정 결정권한의 일부를 시·도 교육청과 학교에 위임하여 보다 융통성 있는 교육과정이 실행될 수 있도록 하고 있다. 즉, 시·도 교육청과 학교의 자율 재량권을 확대하여 교육과정 운영과 편성의 역할 분담 체제를 조성하여 상당 부분 교육과정의 분권화를 시도하고 있다. 교육부는 전국의 각급 학교에서 배워야 할 '교육 내용의 공통적 일반적 기준'을 고시하고, 시·도 교육청은 국가 기준을 근거로 당해 시·도 교육과정 편성·운영 지침을 작성하여 각 학교에 제시하고 학교 교육과정의 편성과 운영을 지도하며, 각 학교는 국가 기준과 시·도의 지침을 근거로 학교 실정에 맞게 교육과정을 편성하여 운영하도록 하여, '교육 현장-시·도 교육청-교육부'의 역할 분담 기능을 명확히 하고 있다(교육부, 1992, p.38)

이러한 근거에 의하여 각급 학교에서는 국가 수준의 교육과정과 시·도 교육청의 교육과정 편성·운영 지침을 세밀하게 분석, 검토하고, 당해 학교의 실태, 학부모의 요구, 교사의 구성, 학교의 시설, 지역 사회의 여건 등을 고려하여 목표를 상세화하고 내용을 보다 구체화하여 학교 교육과정을 편성하게 되어 있다. 이로서 우리 나라의 교육과정 정책은 지금까지 견지해 왔던 중앙 집권형의 교육과정 결정 방식에서 지방 분권형의 교육과정 결정 방식으로 변화를 하게 되었고, 그 결과로 학교 교육과정이 도입되었다. 우리 나라 교육과정의 성격을 학교 중심 교육과정으로 규정하는 학자(한승희, 1995, p. 39)도 있다.

그러면 우리 나라에서 학교 중심 교육과정을 도입하게 된 배경을 교육과정 결정의 지방 분권화 측면에서 살펴보면 다음과 같다(윤남순, 1997, p. 66).

첫째, 중앙 집권형 교육과정에서 오는 교육의 질 저하에 대한 문제점을 해소하기 위한 조치로 이해할 수 있다.

둘째, 교육과정을 효율적으로 실행하기 위한 방안으로 볼 수 있다.

셋째, 교육 민주화에 대한 요구를 반영했다고 볼 수 있다.

넷째, 학교 중심 교육과정을 강조하는 세계적인 추세에 부응하였다고 볼 수 있다.

우리 나라의 교육과정 변천을 5차 교육과정까지의 학교 교육 체제와 6차 교육과정의 학교 교육 체제를 비교하여 제시하면 [그림 4-8], [그림 4-9]와 같다.

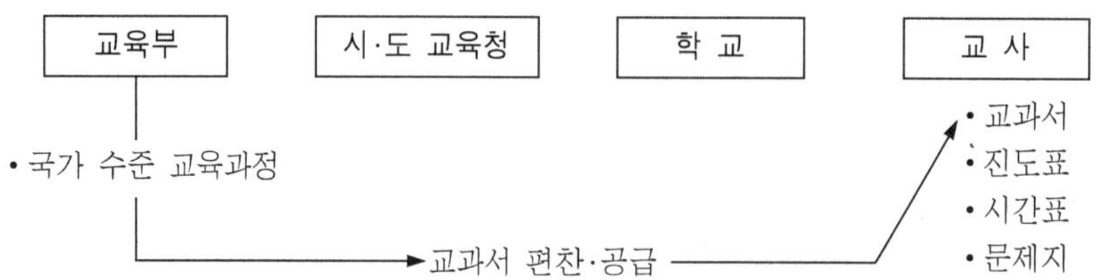

[그림 4-8] 교과서 중심 학교 교육 모형(제5차 교육과정까지의 학교 교육)

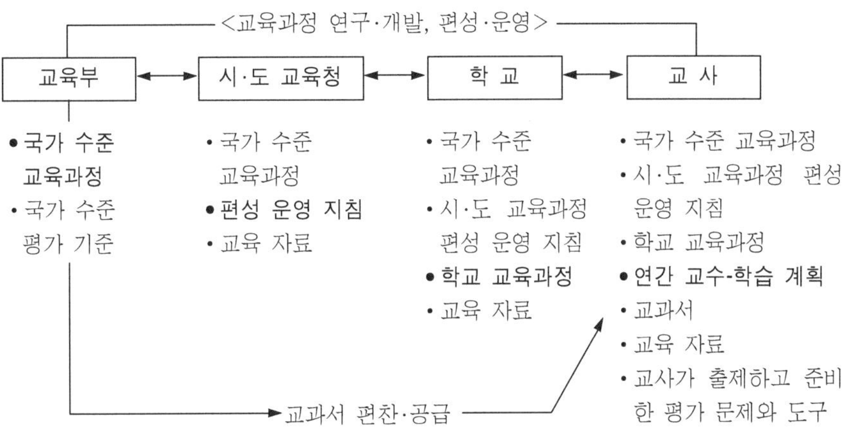

[그림 4-9] 교육과정 중심 학교 교육 모형(제 6 차 교육과정의 학교 교육)

자료 : 함수곤, 1994, p. 135

(2) 우리 나라 학교 교육과정 결정 범위

윤남순(1997, pp. 77~78)은 우리 나라의 현행 교육과정 체제 하에서 학교 교육과정 편성·운영과 관련하여 교사가 행사할 수 있는 교육과정 의사 결정의 수준과 한계를 다음과 같이 지적하였다.

첫째, 각 교과의 학년 목표를 학생들의 능력 수준이나 학교 실정에 맞게 설정한다.

둘째, 교육 내용을 추가하거나 보완, 축소, 통합하여 조정할 수 있다. 즉, 교육 방법이나 학습자의 개별적인 학습 능력을 고려하여 교육 내용을 상향 조정하거나 하향 조정하여 학생들을 지도할 수 있다.

셋째, 교육 내용의 순서를 계절이나 행사 등을 고려하여 조정할 수 있다. 교사들이 지금까지 가지고 있던 교과서관을 탈피하여 지역의 특성이나 학교 형편, 학습 자료 확보 등을 고려하여 교육 내용의 순서를 수정할 수 있다.

넷째, 학습자의 능력이나 흥미, 요구, 교사의 필요, 학부모의 요구 등을 고려하여 정해진 학습 시간을 교사 수준에서 늘릴 수도 있고 감축하여 지도할 수 있다. 즉, 교사용 지도서나 교과서에서 제시하고 있는 시간을 학생들의 학습 상황에 따라 교사가 판단하여 증감할 수 있다.

다섯째, 부분적이지만 교과목을 선택할 수 있다.

(3) 학교 중심 교육과정의 개념

학교 중심 교육과정은 학교 중심의 교육과정(School-centered curriculum), 학교 초점 교육과정(School-focussed curriculum), 학교 수준 교육과정(School level curriculum)

등으로 불리어졌다. 이들은 국가 및 지방 정부 수준의 강한 중앙 집권적 교육과정에 상반되는 개념으로서, 학교나 교사들 수준에서 주도적으로 개발·평가되는 '분권적(decen-tralized)' 교육과정의 성격을 나타내기 위해 사용된 용어들이라고 할 수 있다. 그러나 이런 용어들은 그간 20여년 간 지속되어 오는 동안 이제는 대체로 '학교 중심 교육과정(School-based curriculum)'으로 통일되는 경향을 보이고 있다.

학교 중심 교육과정의 개발은 1950년대와 1960년대에 이루어진 프로젝트 접근에 대한 반작용(反作用)(Skilbeck)으로 비교적 최근에 나타난 개념으로 교육과정 개발 권한이 학교로 이양(devolution)되는 것을 의미하지만, 그 이전부터 상당수의 학교에서 실제적인 원리로 작용하고 있었다(Ben-Perez & Dor, 1986). 1970년대와 1980년대에 널리 적용된 학교 중심 교육과정 개발은 다양하게 해석되며, 각자가 처한 구체적 맥락에 따라 서로 다른 의미를 갖고 있다.

영국의 Skilbeck은 학교 중심 교육과정을 학교의 구성원인 학생의 학습을 위한 프로그램을 개별 학교가 계획, 설계, 실행, 평가하는 교육과정이라고 정의하고 있다. 그는 이 정의에서 교사와 학생 수준에서 이루어지는 가치, 규범, 절차, 역할 등을 포함하는 교육과정 의사 결정에 중요성을 두고 있다. 그리고 이러한 정의를 바탕으로 Skilbeck은 학교 중심 교육과정 개발은 교육과정의 계획, 구성, 실행, 평가와 관련된 의사 결정이 학교와 그 학교가 위치한 지역 사회 내에서 이루어지는 것으로서 교육과정에 관한 의사 결정의 권한이 학교와 그 지역 사회에 주어질 때, 학교 중심 교육과정 개발이 이루어질 수 있다고 하였다.

Brady의 제시는 변인의 구조에 있어 좀더 명료한 개념을 보여 준다. 그는 학교 중심 교육과정이 포괄해야 할 세 가지 변인, 즉 교육과정의 개발 접근 방법, 참여하는 인사, 시간 등을 제시하였다.

교육과정 개발 접근 방법(type of activity)은 기존의 교육과정 자료를 선택하는 방식, 기존의 교육과정 자료를 적용하는 방식, 그리고 새로운 자료를 고안·작성하는 방식 등을 말한다. 참여하는 사람(people involved) 변인은 개별 교사의 참여, 소집단 교사의 참여, 교과/학년 교사 집단, 전체 교직원 등의 참여 방식을 말한다. 시간 변인(time commitment)은 즉각적인 계획, 단기적인 계획, 중기적 계획, 장기적 계획 등을 말한다. 교육과정을 쓸 그 학교를 중심으로 하는 이 세 변인들은 하나의 입방체를 이루고, 그래서 결국 도합 48개(3×4×4)의 하위 변인들을 두루 포함하게 된다.

Brady의 이러한 학교 중심 교육과정 개념이 주는 시사는 중앙 기관에서 개발하는 것을 전제로 하는 교육과정 목표, 내용, 방법, 평가 등의 선적(linear) 단순 구조가 아니라 누가(참여자), 어떻게(개발 접근 방법), 얼마만큼의 시간을 두고 다루는가(시간) 하는 좀더 학교 '현장' 중심의 살아 있고 복합적인 구조라는 점이다. 따라서, 그렇게 마련된 학교 중심의 교육과정은 학교 현장에서의 여러 가지 교육과정 실체들이 두루 포함된다는 점에서, 실제로 쓰여질 구체적이고 다양한 교육 계획과 과정의 총체인 것이다.

결론적으로, 학교 중심 교육과정 개발은 의사 결정을 위한 자율성과 책임감이 거의 주어지지 않고 학교는 단지 교육과정 실행자의 역할만을 수행하도록 요구하는 중앙에서 개발된 처방적인 교육과정과는 대조를 이루는 개념이다.

그러나 중앙 집중적인 개발 체제에서도 교사가 실제로 수업에 활용하는 교육과정(operational curriculum)과 학습자의 경험은 학교와 학급의 상황과 같은 내적 요인에 의해 상당히 영향을 받는다. 즉, 교사들은 교사의 전문직적 성격상 교육과정 활용 자이며 개척자이기 때문에 중앙에서 개발된 교육과정 자료 중에서 무엇을 활용하고, 어떻게 활용할 것인가를 항상 자신의 수업 현장에서 결정하여야 한다.

마찬가지로, 학교 중심 교육과정은 지역, 주 또는 국가 수준에서 개발된 교육과정을 채택하거나 변용하기도 하며, 독자적으로 새로운 교육과정을 개발하기도 한다. 즉, 중앙 집중적인 교육과정과 학교 중심 교육과정은 대조적인 개념이지만 한 연속선상의 양극단으로 분류한 것에 불과하므로, 확연히 구분하기가 힘들고, 실제적으로는 서로 영향을 미치고 있다.

(4) 학교 중심 교육과정의 특징

학교 중심 교육과정의 특징은 다음과 같이 세 가지로 정리할 수 있다(권낙원, 1996, pp. 604~605).

첫째, 학교 교육과정에 있어서 교사는 교육과정 개발의 '주체'가 된다.

교육은 근본적으로 교사와 학생이 서로 만나는 데서 이루어지는데, 그 만남은 교육과정을 사이에 두고 이루어진다. 그런데, 그 교육과정을 교사와 학생 당사자가 아니라 교육행정 당국의 기획 아래 소수의 교육과정 전문가가 편성하고, 그것을 배포·투입해 왔다는 것이 과거 교육과정의 존재 방식이었던 것이다.

학교 중심 교육과정은 교사가 중심이 되어서 그 학교, 그 학급, 그 학생들을 위한 교육과정을 편성하는 것이다. 이 때, 교육과정 전문가는 새롭고 전문적인 지식과 기술을 제공함으로써, 돕는 자, 지원자의 위치에 서게 된다. 또한, 학부모나 사회 및 관계 기관도 학교 중심 교육과정의 보다 우수한 편성·운영·평가·개선을 위해 교사를 직간접적으로 돕는 일을 수행하게 된다. 이러한 관계를 그림으로 표시하면 [그림 4-10]과 같다.

둘째, 학교 교육과정은 보다 '역동적'이다.

현대 사회는 그 변화가 질적인 면에서나 양적인 면에서나 그 속도가 매우 빠른 것이 특징이다. 국가 수준의 교육과정은 그 개발 주기가 10년이나 5, 7년을 한 주기로 개편되는 것이 상례라고 할 때, 국가적·사회적·학생·학부모의 다양하고 급변하는 욕구에 보다 효율적으로 대응할 수가 없다.

학교 교육과정은 교사가 현재 그 지역 사회의 변화와 학생의 욕구를 충분히 감안하면서 편성·운영할 수가 있기 때문에, 그만큼 '역동적'으로 교육과정을 운영할 수가 있다.

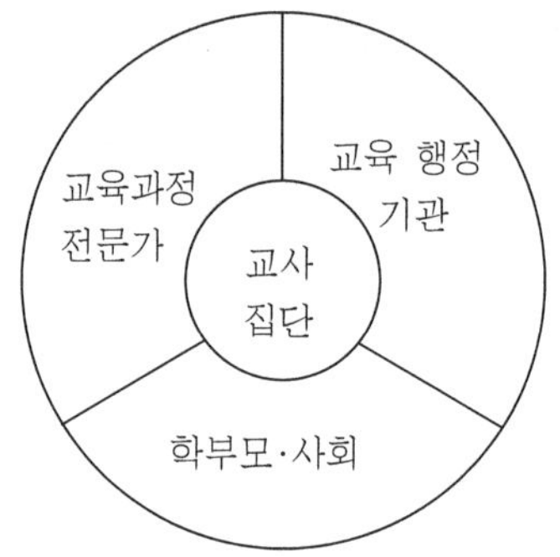

[그림 4-10] 학교 교육과정 개발의 주체

셋째, 학교 교육과정은 교사로 하여금 '사명감'과 '자긍심'을 가지고 전문직적 성장을 계속 할 수 있게 한다.

앞서 지적하였듯이 교사는 국가 수준의 교육과정에서 결정된 사항을 수동적으로 운영하는 것이 아니라 교사가 교육과정에 직접적으로 참여·개발함으로써 책임을 지고 사명감을 가지게 되는 주도적 역할 수행을 하게 된다. 교사는 그러한 과정을 통해 교육과정의 이론과 실제의 개선 방향에 관한 정보·지식·기술을 연마하고 발휘하며 평가·비판 받고 개선해 나가는 실천적인 교육과정 전문가가 되어야 한다.

(5) 학교 중심 교육과정 개발의 유형

㈎ Kemp

Kemp는 교육과정 개발 체제를 하나의 연속선으로 보고 있다. 그 연속선상의 한 쪽의 극단에는 교육과정이 중앙에서 결정되기 때문에 학교의 자율성이 거의 인정되지 않는 중앙 집권(center-based)의 상의 하달식(top-down) 개발 체제가 있고, 다른 쪽의 극단에는 전적으로 개별 학교의 책임 아래 교육과정이 개발되는 학교 중심(school-based)의 일선(bottom-up) 교육과정 개발 체제, 즉 학교 중심 교육과정 개발 체제가 위치한다. 그러므로 학교 중심 교육과정 개발 체제는 중앙 집중 교육과정 개발 체제와 정반대 되는 의미로 사용되지만, 실제로 학교 중심 교육과정 개발 체제를 채택하고 있는 나라들의 대부분 학교들은 개발 체제의 극단이 아닌 개발 체제의 연속선상의 어느 한 곳에 위치하여 학교 중심 교육과정 개발 체제의 특성을 더 많이 띠고 있을 뿐이다. 따라서, 개별 학교는 각기 다른 형태의 학교 중심 교육과정 개발 체제를 갖고 있다고 볼 수 있다.

㈏ Walton

Walton은 학교 중심 교육과정 개발은 교육과정의 개발 접근 방법(type of activity)으로 개별 학교의 새로운 교육과정을 창의적으로 개발하는 창조(creation), 기존의 교육과정을 수정하여 활용하는 변용(變容, adaptation), 제시된 일련의 교육과정 중에서 선택하는 채택(selection)으로 구분할 수 있다고 하였다.

㈐ Brady

Brady 는 Walton 의 유형을 보충하여 교육과정 개발에 참여하는 인사(people involved)를 기준으로 개별 교사(individual teachers), 극소수의 교사(pairs of teachers), 교과 또는 학년 단위의 교사 집단(groups), 전체 교직원(whole staff) 등으로 구분하였다. 이런 관점에서 Brady 는 다양하게 존재할 수 있는 학교 중심 교육과정 개발의 12 가지 유형을 [그림 4-11]과 같이 나타내고 있다.

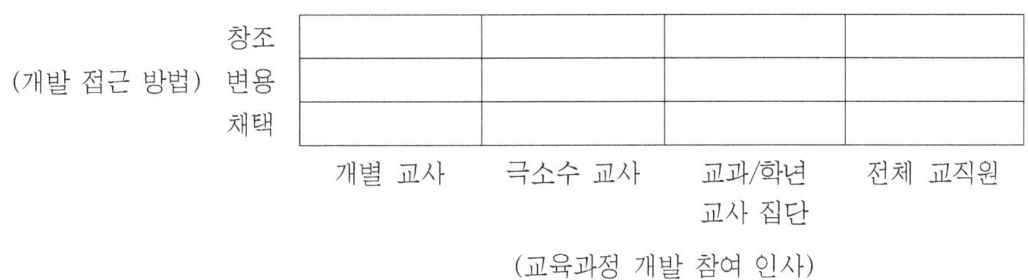

[그림 4-11] Brady 의 학교 중심 교육과정 개발 유형

㈑ Marsh

Marsh 는 Brady 의 모형에 시간(time commitment)의 요소를 첨가하여 학교 중심 교육과정 개발의 유형을 3차원의 모형으로 다양하게 제시하였다. 학교 중심 교육과정 개발에서 시간 요소는 중요하게 고려되어야 한다. 즉각적인 활동(one-off activity)은 아무리 성공적이더라도 잘 구조화되고 계속적인 계획이 되지 못하면 학교 사회에 지속적인 영향을 미칠 수 없으며, 한 학기 이상의 교수-학습을 위한 개발 활동이 경우에는 시간 부족이나 우선 순위의 변화로 말미암아 그 개별 활동이 변경될 수도 있다. 또한, 매학기말의 교직원 이동은 장기적인 학교 중심 교육과정 개발 활동에 심각한 문제를 제기하기도 한다. 그러므로 시간적인 요인을 감안한 Marsh 등이 제안한 모형은 학교 중심 교육과정 개발 실제의 유형을 분류하는 데 더욱 타당하다고 볼 수 있다.

이러한 개발 유형의 구체적인 예를 들어보면, 초등학교 상급 학년의 과학 수업을 증진시키기 위하여 단기적인 계획(short-term plan)으로 소집단의 교사들이 초등학교 과학 workbook을 변용하는 경우가 있을 수 있으며, 1년간에 걸쳐서 완성하는 장기적인 계획(long-term plan)으로 교사·학생·학부모가 공동으로 지역 사회 단원을 학습할 새로운 학습 자료를 개발하는 경우도 있을 수 있다.

이러한 다양한 유형의 학교 중심 교육과정 개발을 위한 요인에는 각 학교의 독특한 상황에 적합한 교육과정 개발을 위한 학교 내외의 지원 체제, 학교 내의 의사 결정 구조, 교육과정 개발을 위한 준비성의 정도, 책무성, 교사의 역할 인식의 변화 정도, 승진과 전보 체제, 교사의 전문성의 정도, 교사 경력, 참여에 대한 교사의 적극성 등이 있다.

⑪ **Skilbeck 의 학교 중심 교육과정 개발 모형**

Skilbeck(1976)은 학교 중심 교육과정 모형을 [그림 4-12]와 같이 제안했다(윤남순, 1997, p. 78에서 재인용). 이 모형은 다섯 단계로 구성되어 있는데, 교육과정 요소들의 계열화와 순서는 별로 중요하지 않기 때문에, 교육과정 개발자는 어떤 단

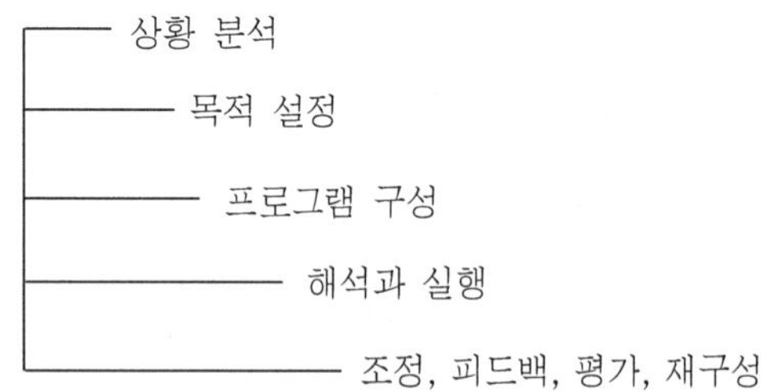

[그림 4-12] Skilbeck 의 학교 중심 교육과정 개발 모형

계에서부터라도 계획을 시작할 수 있으며, 아무 순서라도 허용되고, 심지어는 서로 다른 단계를 동시에 고려할 수도 있다. 다만, 교육과정 개발팀에서는 교육과정 구성 요소와 개발 과정의 여러 측면들을 고려하고, 그 과정을 하나의 유기적 전체로 파악하며, 비교적 체계적인 방식으로 작업할 것을 권장하고 있다. 따라서, 이 모형은 학생, 교사, 지역 환경, 학부모들의 요구와 필요에 따라 발전적으로 수정할 수 있기 때문에 매우 융통적이고 상호 작용적인 교육과정 개발 방식으로 볼 수 있다.

(6) 외국의 학교 중심 교육과정 개발

학교 중심 교육과정 개발을 시행하고 있는 각국은 상이한 문화적 전통 속에서 학교 중심 교육과정 개발이 발달하였으므로, 학교 중심 교육과정이 생겨나게 된 특정 시기를 지적하는 데는 문제점이 있으며, 학교 중심 교육과정 개발은 그것의 본질상 많은 개별 교사들의 전문적인 삶이 일부분으로 자리잡고 있으므로, 교사의 강의록이나 교내의 출판물을 통해서 드러나게 된다. 또한, 학교 중심 교육과정 개발을 채택하고 있는 개별 학교에 대한 사례 연구들이 시장성을 띤 출판물의 성격을 갖는 경우가 극히 드물기 때문에(March 외, 1990), 학교 중심 교육과정 개발의 구체적인 실례를 파악하여 경험적인 증거를 제시하는 데에는 어려움이 있다(권낙원, 1996 pp. 610~614).

㉮ **영 국**

영국은 전통적으로 지방 자치의 성격이 강하기 때문에 중앙의 교육 기술부(Department

of Education and Skill : DfES)는 지방 교육 당국(Local Education Authority : LEA)
과 학교가 주도하는 일들을 간접적이고 동반자적인 위치에서 감독하고 보조하는 일을 한
다. 교육 기술부는 주로 교육과정과 관련된 학교 교육의 질적 수준을 유지하고, 교육에 관
한 전문적 조언과 정보를 얻기 위하여 여왕에 의해 임명된 칙임(勅任) 시학관의 지원을 받
는다. 지방 교육 당국은 공교육 행정에서 중심적인 역할을 하고 있으며, 교육 기술부나 지
방교육청이 정한 기본 조건을 벗어나지 않는 범위에서 그들과 협의하거나 독자적인 재량
권을 발휘하여 학교를 운영하고 있다.

영국 교육과정 개발 체제의 특징은 한 마디로 상호 동반자적인 협력 관계라고 할 수 있
다. 즉, 국가와 지방 교육 당국, 지방 교육 당국과 학교간의 협동과 협조를 기초로 이루어
지고 있다. 영국은 전통적으로 전형적인 지방 분권 체제를 취하면서 단위 학교에서 교육과
정 개발이 이루어져 왔기 때문에 국가 수준의 명문화된 교육과정이 없었다.

1988년 교육 개혁법(Education Reform Act)이 국가 교육과정(national curriculum)을
모든 관할 학교에 의무적으로 부과하기 이전에는 국가가 교육과정을 제정·결정하는 데 있
어서 구체적으로 관여하지 않았으며, 학교에서 적용되는 교육과정의 결정은 지방 교육 당
국과 학교에 일임되어 있었다. 지방 교육 당국도 개략적인 지침만을 제공할 뿐, 학생들에
게 구체적으로 무엇을 가르치고 어떠한 자료를 수업에서 활용할 것인가는 거의 학교에서
결정했다. 따라서, 학교마다 각기 다른 교육과정을 가졌다. 따라서, 국가 교육과정은 실제
로 중핵 교과 및 기타 기본 교과, 관련 성취 목표, 학습 프로그램, 평가 체제 등에 관한 중
요한 일반적 원칙과 지침만을 제시하고, 일반적인 원칙과 지침에 준거한 구체적인 교육과
정 결정 및 운영은 지방 교육 당국과 학교에 일임하고 있다.

또한, 교육과정 개발이 폭넓게 개방되어 누구나 교육과정 개발에 경쟁적으로 참여하기
때문에, 교육과정 개발에 영향을 미치는 요인이 다양하다. 그러나 학생들의 성장에 결정적
영향을 주는 곳이 학교이고, 학교 상황에서 학생들의 학습 경험에 가장 크게 작용하는 것
은 교사들이기 때문에 교육과정의 결정권은 학교와 교사에게 주어져야 한다는 것이 영국
교육과정 개발의 기본 입장이다.

교육과정 내용에 대한 결정이나 교수 방법, 시간표, 교과서 선택 등에 관한 결정은 학교
를 중심으로 이루어진다. 이 때, 교장은 그 학교의 교육과정 개발을 주도하게 되며, 지방
교육 당국의 장학진들은 학교의 교장이나 교사들에게 지도와 충고를 한다. 또한, 각 지역
에 설립된 교사 센터는 각 학교에서 교육과정을 개발하는 데 필요한 자원을 공급할 뿐만
아니라 그 지방의 교육과정 개발을 담당하기도 한다. 이처럼 철저하게 학교 중심으로 교육
과정이 개발되고 시행된다.

그러나 1988년 교육개혁법에 의하여 국가 교육과정(National Curriculum)이 제정됨으로써 학교 중심 교육과정 개발 체제에서 국가 수준 교육과정 개발 체제로 전환되었는데, 이것은 그 대표적인 사례가 될 것이다. 이는 교육의 질 관리를 더욱 강화한다는 의미를 가지고 있다.

(나) 호 주

교육에 대한 주된 책임은 주정부가 지고 있다. 연방 정부는 일반적인 경비를 주정부에 지원하며, 학교 위원회(Schools Commission)나 교육과정 개발센터(Curriculum Development Center : CDC)를 통하여 교육과정을 연구하고 보급·전파하며, 성차별 금지법과 같은 극소수의 기준만을 제시하고 있다. 교육에 대한 연방 정부의 영향은 최근에 상당히 증가하였지만, 여전히 관할 지역 내의 교육에 대한 책임은 각 주에 속해 있다.

각 주의 교육부는 초·중등학교를 설립하고, 교사를 채용하고, 교육과정에 대한 영향력을 행사한다. 초·중등학교의 약 25%에 해당하는 사립 학교들도 공립 학교와 유사한 교육과정을 유지하고 있다. 주 수준에서는 교사들이 활용할 교육과정 지침을 만들어 내지만, 주에 따라 그 구체성의 정도를 달리하고 있다.

1970년대에 이르러 교육과정 개발 체제, 교사 교육, 협동 체제 등이 발달하고 외부 시험 제도가 폐지되거나 개정됨으로써, 교육과정의 적절성에 대한 관심이 고조되고 교육과정 개발에의 참여가 확대되어 교육과정 개발 체제의 분산화가 촉진되었다. 이처럼 교육과정의 개발 권한이 학교로 이양됨에 따라 학교의 자율성이 증진되어, 많은 학교들은 그 후 계속하여 자신의 학교에서 사용할 교육과정을 개발하는 학교 중심 교육과정 개발 체제가 정착되었다.

학교 수준에서의 교육과정 개발은 교장과 교사가 학부모, 학교 위원회, 학생 및 지역 사회 전문 인사 등의 협조를 얻어 수행한다. 각 학교는 학교별로 지역 교육과정 위원회에서 조정된 문제를 포함하여 주 정부의 교육 목표와 교육과정 지침에 따라 학교의 교육 목표를 작성하고 교육 내용을 재조정하여 학교에서 실제로 사용하게 될 교육과정을 완성한다.

이처럼 학교 교육과정은 각 주의 교육 당국에 의하여 지침이 개발되고, 지역 교육과정 위원회에서 조정되며, 그 지침에 따라 각 학교는 적합한 교육과정을 스스로 개발하여 운영하는 학교 중심 교육과정 개발 체제를 유지하고 있다.

한편, 상호 협조와 지원을 통하여 교육과정 개발의 효율성을 증진시키기 위해 1975년에 설립한 CDC는 새로운 교육과정에 관한 전국적인 연구를 수행하여 이를 새롭게 개발할 뿐만 아니라 현장 연구로서의 구체적이고 생생한 자료를 제공하여 학교 중심 교육과정 개발에 큰 몫을 하고 있다.

㈐ **미 국**

연방 정부의 교육성이라는 최고의 교육 행정 기구가 있기는 하지만, '교육의 주민 통치'라는 대원칙 아래서 지방 분권을 핵심으로 하고 있기 때문에 실제로 미국의 교육에 대한 일차적 책임은 각 주에 있다. 따라서, 미국의 교육에 관한 일반적 정책은 주의회에서 수립하고, 주지사는 그것을 집행하며, 법원은 관계 법령을 해석한다. 주교육국은 주교육위원회에서 설정한 정책을 실천하고 주교육감의 직무를 처리하는 기관이다.

초·중등학교의 교육과정 개발의 책임 기관은 주교육국과 주교육위원회이다. 각 주마다 차이가 있기는 하지만, 일반적으로 각 주는 교육과정 정책 결정과 관련하여, 주교육과정 개정 여부에 관한 결정, 교육과정의 핵심으로서의 교수 요목과 교과과정의 결정, 교육과정 자료 개발, 각 학구에서 요청하는 실험적 교육과정 개발안의 검토·승인 등을 한다.

학교 단위의 교육에 관한 실질적인 책임과 권한을 갖고 있으며, 미국 교육의 중추적인 역할을 하는 것은 학구(school district)이다. 학구에서 이루어지는 교육과정 결정은 학구가 구성한 편집위원회(editorial board)가 중심이 되어 주교육국의 교육과정안을 각 지역의 특성에 맞는 보다 구체적인 교육과정으로 상세화하는 일이다. 학구는 교육 목표의 상세화, 평가 내용과 성취 수준의 상세화, 주교육국에서 개발된 교육과정에 포함되어 있지 않는 선택 교과목에 관한 교육과정 개발, 주교육과정 내용과 다른 실험적인 교육과정 개발, 주교육국에서 개발하지 않는 새로운 종류의 교육 자료 개발 등을 한다.

주교육국과 학구 교육청을 거쳐 수립된 교육과정이 그대로 학구 내 모든 학교에게 적용되는 것은 아니다. 단위 학교가 결정할 수 있는 교육과정의 영역은 학구에서 작성한 교육과정안을 좀더 상세화하는 것이다. 단위 학교는 학구에서 제시하고 있는 필수 교과 중 개설할 교과목의 결정, 다양한 선택 과목의 개설, 이수 단위의 결정 등을 한다.

이처럼 단위 학교는 상당한 수준의 독립적이고 자율적인 교육과정 결정권을 행사하고 있다. 아울러, 교사는 설정되어 있는 교과목의 구체적인 내용을 결정하는 권한을 갖고 있다. 즉, 하나의 교과목에 무슨 내용을 채우느냐 하는 교육과정의 핵심적 결정 권한은 결국 교사에게 주어져 있다.

학교의 교육과정에 대한 결정권을 교사가 가지고 있기 때문에 교사들은 교과 협의회를 구성하여 교과 주임의 책임 하에 전공 교과의 교사들이 모여 학교의 교육과정을 결정한다. 그리고 교사는 수업을 위하여 전문 단체로부터 오는 많은 참고 자료와 시청각 자료를 활용하기 때문에 교과서란 단순한 참고서에 불과하다.

주수준과 학구 수준에서의 교육과정 개발이 주나 학구에 따라 서로 다르기 때문에 미국에서 현재 진행하고 있는 학교 중심 교육과정 개발에 대한 전반적인 판단을 하기는 어렵지만, 캘리포니아와 플로리다와 같은 주는 학교 중심 교육과정을 강력히 권장하고 있으며, 또한 NEA와 같은 교직 전문 단체들도 학교 중심 교육과정 개발을 통한 학교의 개혁을 촉구하고 있다.

㈜ **이스라엘**

이스라엘의 교육과정 개발은 중앙 집중 체제를 근간으로 학교 단위의 자율적인 결정을 일정한 한도에서 허용하는 학교 중심 교육과정을 절충하고 있다. 이스라엘 전체 학교를 위한 교육과정 개발은 교육 문화부 산하의 교육과정 개발센터(Israel Curriculum Center : ICC)와 이스라엘 과학교육센터(Israel Center for Science Teaching) 등 여러 기관에서 교육과정 전문가와 교과 전문가에 의해서 이루어지고 있다. 특히, 교육 문화부 산하의 연구 개발 기관인 ICC는 교육과정의 개발과 그에 대한 각종 교수-학습 자료를 창안 보급하는 데 중추적인 역할을 하고 있다(김성훈외, 1990).

학교 중심 교육과정의 구성은 크게 필수 교과, 선택 교과, 자율 과정으로 대별된다. 필수 교과는 중앙에서 결정하고, 모든 선택 교과는 중앙에서 제공하되 학교가 선택하며, 자율 과정은 학교 중심 교육과정으로 전체 수업 시수의 25%까지 할당할 수 있는 것으로, 학교·교사·학부모로 구성된 학교 교육위원회가 자율적으로 결정한다(Lewy, 1987). 이러한 자율 교과의 유형에는 통합 과정, 가정 교육, 지역 역사, 환경 학습 등이 있다. 이처럼 이스라엘은 국가 수립 이후 과거 30여년 동안 중앙 집중화되어 있던 교육과정 개발 체제에서 점차 벗어나, 학교 중심 교육과정 개발 체제를 다각도로 그리고 점진적으로 실험해 보고 있는 단계에 있다. 또한, 학교 중심 교육과정 개발 운동과 관련하여 교원 양성 기관은 그 양성 과정에서 교사들은 교육과정의 자율적인 소비자이며 생산자라는 인식을 갖게 하고 그러한 역할을 담당할 수 있는 능력을 갖추도록 하는 데 초점을 두고 있다(Silberstein and Tamir, 1986).

이스라엘의 교육과정 개발 체제에서 특기할 만한 것은 학교 중심 교육과정 개발의 원리를 국가적인 차원에서 인정하여, 교사에게 교육과정의 일정 범위를 자율적으로 결정할 수 있도록 함으로써 지역과 학생들의 다양한 요구에 보다 적절히 부응하고 교사의 전문적인 성취감을 높여 주려고 하는 것이다(Lewy, 1987). 교육법에 보장된 25%까지의 학교 수준에서의 교육과정 개발 권한, 1970년대의 학교 중심 교육과정 개발 이론에 대한 활발한 논의, 일선 교육과정 개발의 하나인 학교 중심 교육과정 개발 운동에 ICC의 적극적인 지원과 같은 이러한 제 상황들이 연결되어서 학교의 보충 교재 개발, 선택 교과의 선정, 자율 과정의 개발 등을 활성화시키고 있다.

나. 학교 수준의 실과(기술·가정) 교육과정 편성·운영

실과 교육에서는 노작의 체험이 중요시된다. 그러나 이제까지의 실과 학습 지도는 여러 가지 교과 외적인 여건과 더불어 교과 내적으로, 학습 요소와 분량이 과다하고, 내용 조직이 반드시 실습을 하도록 되어 있지 않은 점 등의 이유로, 체험 학습이 충실하게 이루어지지 못해 온 점을 부인할 수 없다.

이러한 문제 의식에서 실과 교육과정은 실생활에의 유용성과 실현 가능성을 한층 강조하여 내용을 기본적, 기초적인 일감으로 체험을 통한 학습이 필연적으로 이루어지도록 하였다. 그러나 한편, 최근 여러 연구 결과를 보면 똑같은 내용이라 할지라도 교수-학습의 결과에 큰 차이가 있다는 것이 알려지고 있다.

이러한 점에서 특히 우리 나라와 같이 다인수 학급, 실습실과 시설·설비 및 기구·연모의 미비, 실험·실습 운영비 부족 등의 어려운 교육 여건에서 실과 수업의 효율화를 기하기 위해서는 교수-학습 계획 및 지도에 대한 부단한 연구가 절실히 요구되고 있다.

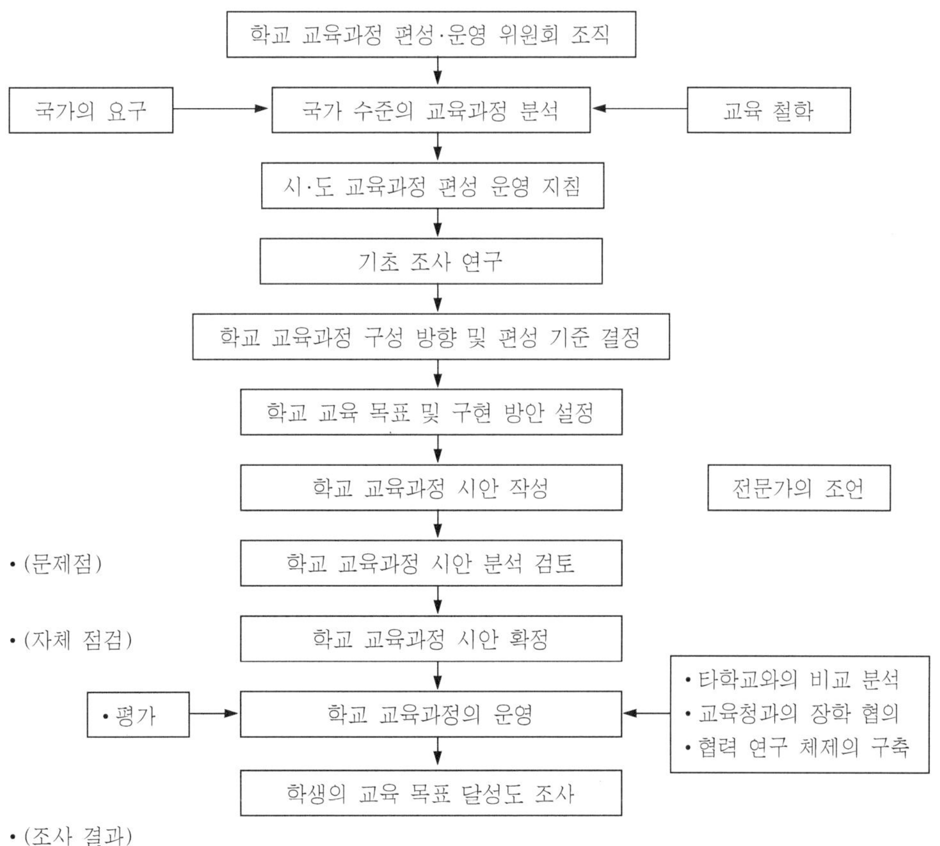

[그림 4-13] 학교 교육과정의 편성 과정   자료 : 교육부, 1996, p. 32

(1) 학교 교육과정의 편성

국가 수준의 교육과정이 고시되고 교과서가 만들어지면 학교 현장에서는 이것을 근간으로 한 학교 교육과정을 마련해야 한다. 이 때, 학생과 학부모의 요구, 지역의 특성이나 학교 형편 등을 고려하여 실효성이 높은 교육과정을 구현해야 한다.

주변에서 익숙하게 보아 왔던 일들이 교육과정에 명시되면 향토나 지역 사회를 긍정적으로 보고 올바르게 이해할 뿐만 아니라, 지역 사회에 대한 애착심이 길러질 것이다.

우리 나라의 학교 교육과정 편성 절차는 대체로 [그림 4-13] 과 같다.

6. 수업 계획과 교사

수업 계획이란 가르칠 구체적인 학생들을 대상으로 무엇을 어떻게 경험시킬 것인가에 대하여 최후의 결심을 내리는 것이다(곽병선, 1997, p. 279). 그것은 교사의 수준에서 교육과정을 최종적으로 완성시키는 일과 같다. 교육과정을 완성시킨다는 말은 교사가 담당한 교실 상황에 적합하도록, 교사 자신이 주도하기에 편리하고 의미 있도록 수업에 들어갈 계획으로, 학습 내용을 최종적으로 재편성하고 재구성한다는 말이다. 설사, 그 뿌리는 교육부의 「교육과정」과 「교과서」 및 「지도서」에서 나왔더라도, 교사가 자기의 교실 수업을 위해서 자신의 수업 계획으로 확정지었을 때, 그것은 남의 것이 아니라, 교사 자신의 것이 된다. 바로 우리에게 있어서 수업 계획이란 교육과정을 완성시키는 일이며, 그것은 또 교사 자신의 것으로 만드는 일이기도 하다.

교사는 모름지기 자신의 수업 계획을 설계해야 되는가? 그렇다. 교사의 교육과정 완성 권한, 수업 계획의 창의성을 인정하지 않는 교육 풍토는 교사를 무능하게 보는 풍토이며, 교사를 전문인으로 믿지 않는 풍토이다. 교사는 그저 교과서나 가르치는 기계적인 집단으로 가정하는 교육 풍토에서 창의적인 수업, 자주적인 수업은 발생하기 어렵고, 따라서 창의적인 학생, 자주적인 학생을 길러 내기도 어렵다. 그것은 교육의 세계, 그 일의 중요성과 가치를 깎아 내리는 그런 것이다.

가. 교육과정 개발 수준과 교사

교사를 보는 시각은 시공간의 차이에 따라 다름은 물론이고, 개인에 따라서도 상당히 다르다. 그러나 이러한 차이에도 불구하고 시공을 초월해서 공통적인 측면도 없지 않다. 어느 시대의 어느 지역에서든 교사가 있는 곳에는 학생이 있고, 이들 사이에는 가르치고 배우는 내용이 있다는 것이 공통적 측면일 것이다. 설사, 교사가 학생을 가르치지 않는다고 하더라도 학생의 성장을 돕는 어떤 측면이 존재함을 내포한 것이다. 다시 말하여, 교사는 학생에게 '무엇'인가를 전달하거나 가르치거나 돕는 역할을 하는 사람이라는 개념은 동서고금을 막론하고 공통적이라 할 수 있다. 여기서, '무엇'이라는 것은 교육의 내용 또는 교육과정에 해당하는 것이다. 교사가 교육에 임하게 되면, 어떤 형태의 교육과정을 가지게 된다.

 이 교육과정을 어떻게 규정하는가에 따라 교사관 또는 교사의 역할관이 달라지는 문제가 생긴다. 어떻게 보면, 이 반대도 성립될 수도 있다. 즉, 교사를 어떻게 규정하는가에 따라 교육과정관이 달라질 수 있는 것이다. 마치, 닭이 먼저냐 달걀이 먼저냐 하는 문제처럼 누구도 간단히 대답할 수 없는 문제이다. 교육과정의 결정이 중앙 집중적인 체제를 유지하는 나라에서는 단일의 표준적 교육과정이 많이 강조될 것이고, 교육과정의 결정과정이 상당히 분권적인 나라에서는 지역, 학교, 나아가서는 교사의 자율적 판단이 보장되는 다양화된 교육과정이 강조되어질 것이다. 어느 경우이든 교육과정이야 중요하게 다루어지지만, 교사의 권한과 재량권은 교육과정 개발 결정권에 따라 크게 달라질 것이다.

 교육과정 결정 수준은 보는 관점에 따라 차이가 있지만, 대체로 국가 수준, 지역 수준, 학교 수준, 교사 수준으로 나누어짐은 제 1 절에서 논의한 바이다. 또한, 의도한 교육과정, 수업에 반영된 교육과정, 학생에 의해 성취된 교육과정의 세 수준으로 교육과정을 개념화할 수도 있다(김호권). 그러나 여기에서는 이러한 구분 대신에 교사의 교육과정 개발 수준이라는 관점에서 교육과정의 개발 수준의 개념화를 시도해 본다.

(1) 교사의 교육과정 개발의 세 수준

 태너와 태너(Daniel Tanner and Laurel N. Tanner, 이경섭 외, 1988, p. 406 에서 재인용)는 교육과정의 개발 기능에 관련하여 교사와 학교의 기능을 재미있게 개념화하고 있다. 이들은 [표 4-12]에서 보는 바와 같이 (1) 모방적·원형 유지적 수준, (2) 중개적 수준, 그리고 (3) 창조적·재해석적 수준의 셋으로 교사의 교육과정 개발 수준을 구분하고 있다. 학교에 따라 또는 교사에 따라 교육과정을 개념화하는 방식은 이 셋 중의 어느 하나라는 경향을 보인다. 물론, 항상 같은 관점을 유지하는 것은 아니지만 이 중 어느 하나를 강하게 지지하는 입장을 보인다.

 세 수준의 교육과정 관점 중 어느 것을 취하느냐에 따라 교수란 어떤 것이며, 교사의 수업 개선이 무엇을 의미하는지가 달라진다.

 첫째 수준인 모방적·원형 유지적 관점을 취하는 교사는, 말하자면 배가 항상 물에 떠 있도록 하는 것처럼 교육부에서 제정한 교육과정을 그대로 유지하기를 바란다. 교장도 마찬가지로 배에 물이 새지 않도록 현상 유지를 바라는 자세를 취한다. 일반 공무원 사회나 기업체에서 흔히 '무사안일주의적' 자세라는 것이 이에 해당할 지 모른다.

둘째 수준인 중개적 관점을 취하는 교사는, 교수(또는 수업)는 판에 박힌 듯이 하는 기계적인 관리를 넘어선 것이며, 교육과정 개선이란 미리 확립한 실천 방식을 보다 세련시키는 것이라는 생각을 한다. 이에 대해, 셋째 수준인 창조적·재해석의 관점을 유지하는 교사는, 교육과정에 관한 상상력이 풍부하며 문제를 진단하고 기존의 실천 방식을 개선하려는 시도를 강하게 한다. 제3의 관점을 취하는 교사는 항상 이용 가능한 최선의 지식을 동원하려고 하는 적극적 자세를 보인다.

교육과정의 개발과 그 운영에 관련한 테너와 테너의 모형에서 유의해야 할 점은 세 개념 수준간에 어떤 계열성이 있는 것이 아니라는 점이다. 즉, 수준 I 을 넘어서면 수준Ⅱ가 되는 것이 아니라는 점이다. 그러나 어떤 관점을 따르든지 그 수단과 목적이 일관성을 보인다는 점은 확실하다.

[표 4-12] 교사의 교육과정 개발관의 세 수준

수준	기본적 입장(Locus)	과제와 활동의 특징	주된 자원
모방적·원형유지적 수준	• 미시적 교육과정관 • 기존의 조건 중시 • 교육과정의 분과적 운영	• 기본적 과업의 수행 •• 상적 과업의 수행 • 주어진 것의 단순 채택적 자세 • 기존의 실천 방식 고수 자세	• 교과서, 배움책, 실라버스, 분과별 교육과정 지침 또는 패키지, 많이 알려진 교육 관계 문헌 • 교장
중개적 수준	• 미시적 교육과정관 • 기존의 조건 중시 • 분과적 운영 • 다음 사항의 존재를 의식한다. -형성적 조건 -교육과정의 전체적 운영 -거시적 교육과정관	• 해석적 활동 • 상황적응적 • 기존의 실천 방식을 세련되게 하는 활동에 관심	• 교과서, 교수 요목(교과간에 서로 관련된 내용을 고려함), 다매체. 분과적 교육과정 패키지화에 적응, 인정된 실천 분야에 관한 전문적 문헌 • 학생, 동료 교사, 보조 교사, 장학사, 교육과정 조정자(연구관), 학부모, 지역 사회의 자원 인사. 학교장, 현직 연수 과정
창조적·재해석적 수준	• 거시적 교육과정관 • 현성적 조건 중시 • 교육과정의 전체적 운영	• 해석적 활동 • 상황적응적 • 평가적 과제의 수행 : 문제의 진단과 해결 • 기존 실천 방식의 개선 활동 • 실천 방식 개선을 위한 탐색 활동	• 교과서, 교수 요목(교과간에 서로 관련된 내용을 고려함), 다양한 교육과정의 설계 방식 연구와 실천 분야에 관련된 전문적 문헌, 다매체, 프로젝트 • 학생, 동료 교사, 보조 교사, 장학사, 교육과정 조정관, 학부모, 지역 사회 자원 인사. 교장, 현직 연수과정, 외부 자문위원, 실험 계획, 전문적 회의와 워크숍

자료 : 이경섭외, 1988, p. 407

(2) 모방적·원형 유지적 수준

모방적·원형 유지적 관점에 따르는 교사는 교과서, 배움책, 일상적 활동 실라버스(강의안)에 크게 의존한다. 심화된 학습이 일어나도록 하는 기술을 필요로 하지 않는 입장이다. 교육부를 비롯한 전문 기관에서 제작한 자료에 대해서는 비판적인 평가 없이 사용하게 되어 다수의 서로 유리된 기술 개발 활동만을 촉진한다. 그래서 분과화된 교육과정이 더욱 구분되어지는 경향을 띠게 된다. 이 수준에서는 주어진 교육과정을 그대로 유지하는 일 이상으로 교사가 상상력을 발휘할 필요를 느끼지 않는다. 이 관점을 취하는 교사는 주어진 교육과정의 개선에 관련해서는 아무런 자유가 없다고 믿는다. 중등학교 수준의 경우에서도 교육과정 개선에 대한 관심은 각 교과영역 수준에서만 가능한 것으로 본다.

만일, 교육과정에 어떤 변화가 생기면 그것은 지역 사회의 요구와는 관계 없이 채택 단계에서 이루어진다. 이 관점에 맞는 교육과정 개선이란 교육 사태에서 실제로 일어날 상호작용은 관계치 않고, 기존 상황에 제공하는 프로그램 패키지(package)에 포함시킨다는 것을 의미한다. 이 모방적 교육과정관을 가지는 교사는 상부에서 시달된 혁신은 어떤 일이 있더라도 관철시킨다는 확고한 자세를 취한다. 따라서, 이러한 교사들로 구성된 학교는 자연히 내부 지향적이 되어 버리고, 교실 수업을 위한 자료 제공과 안내를 해 주는 사람은 장학사나 교장으로 한정되어 버린다.

(3) 중개적 수준

모방적 수준과는 달리 중개적 수준의 교육과정관을 유지하는 교사는 교육과정 내용을 필요에 따라 통합하려는 시도를 하고 자신과 학교가 처한 조건에 따라 다르게 다루려는 태도를 보인다. 교사 자신과 학교가 처한 조건이란 구체적으로 말하여, 에너지 위기, 식량 문제, 인구 문제, 또는 학생들이 제기하는 기타 관심 사항 등에 관련하여 질문이 제기되는 상황을 말한다. 이 입장의 교사는 총체(경험 또는 내용의)적 관점을 소유하면서도 특정 교과와 상황간의 관계에 따라 교육과정을 운영하는 수준을 벗어나지는 못한다. 이 수준의 교육과정은 분과형적이다. 이론과 실제가 별개로 되며, 교육과정 개선이란 것도 기존의 실제를 세련시키는 수준 정도에 지나지 않는다.

그러나 중개적 수준의 교육과정 개발관을 소유한 교사는 주어진 교육과정이나 프로그램 패키지(package)에 맹목적으로 얽매이는 모방적 수준의 교육과정 개발관을 유지하는 교사와는 크게 다르다. 이들은 교육과정 개선을 위한 많은 자료에 주의를 기울여 수집 활용하려는 자세를 취한다. 이들 교사가 수집하는 자료는 학생, 학부모, 동료 교사, 경우에 따라서는 지역 학교 수준을 넘어선 자료를 수집 활용하기도 한다. 교사는 기본적으로 전문직의 일원이므로 전문적 문헌을 검토하기도 하고, 때로는 현직 연수 과정을 통해 대학에서 필요한 자료를 수집하여 사용하기도 한다. 중개적 수준이란 곧 의식화(awareness)와 조절(accommodation)의 수준이다. 중개적 수준에 있는 교사는 새로이 제기되는 아이디어에 매력을 느끼면서 이의 의미를 명료하게 하기는 하지만 교육과정 개선을 위한 노력이 아직 체계적이고 조직적인 수준에 이르지 못하고 있다. 그것은 실질적 문제 해결을 위해 필요한 자료의 재구성 능력이 부족하기 때문이다.

(4) 창조적·재해석적 수준

이 수준은 교육과정 개발에 있어 개별 교사 또는 개별 학교가 창조적 또는 재해석적 기능을 가진다는 관점이다. 이 입장을 따르는 교사는 교육과정 개발을 전체적인 관점에서 파악하며, 따라서 여러 가지 내용 중 어느 것이 우선적이며, 그 상호간의 관계는 어떠한가 하는 질문을 항상 던지는 경향이 있다. 교육과정을 거시적으로 보는 입장은 교사 개인의 입장에서는 창조적 해석을 하고, 또 해야 하지만, 항상 교육과정의 수직적(종적), 수평적(횡적) 관계가 원활하게 되도록 하기 위해 협동적 계획 활동이 요구된다.

교사들 스스로 학교 수준의 새 교육과정을 창조할 수는 없다 하더라도 개인 교사가 자신의 수업 과정에서 계속성과 관계성을 유지할 수 있다. 제3의 수준을 따르는 교사들은 세분된 전문 교과간에는 공통점이 있다는 것을 믿으며, 그래서 이들 교과 영역을 횡적으로 교차하는 강좌를 개발할 수 있다는 식으로 전체적 관점을 지킨다. 이들은 항상 자신들이 하고 있는 일을 반성하면서 보다 효과적인 대처 방법을 찾으려고 애쓴다. 이들은 제 Ⅱ 수준의 교사와는 달리 자신의 문제를 진단하고 그 해결을 위한 가설을 설정할 줄 안다. 그들은 수업 과정을 항상 실험적 관점에서 검토하고 다른 교사와 더불어 자기의 생각과 느낌을 토론하기를 좋아한다.

교사에게 교육과정의 창조적 재해석의 기능이 있다고 믿는 사람들은 학교 교육에 관한 제반 연구 결과를 활용하는 사람이며, 학교와 교실 수준에 교육과정 결정권이 많이 주어지기를 기대한다. 이들은 교육과정 자료를 선정할 수 있는 능력이 있으며, 이에 따라 지역 사회의 요구에 대해 적절한 대처 능력도 있다고 믿는다. 이들은 자신도 전문가들이라 생각하며, 따라서 학습 경험의 선정과 조직에 관련된 결정을 해야하는 문제에는 적극적으로 참여한다. 이 목적을 성공적으로 달성하기 위해서 그들은 항상 학교 내외에 걸친 자료 수집에 힘을 기울인다.

(5) 수준 분류의 의의

교직은 전문직이라고 한다. 교사가 전문가로서 대접받기 위해서는 제3수준인 창조적 재해석적 기능이 있을 때 가능하다. 그러나 대부분의 교사는 수준 I 이나 Ⅱ에 안주하려는 경향이 있다. 수준 I 과 Ⅱ의 입장을 취하는 교사는 정보와 지식과 그리고 신념을 학생에게 효과적으로 전달하는 기술자로 생각되어 왔고, 앞으로도 계속 그렇게 생각되어질 것이다. 이들 교사가 꼭 비난받아야 할 입장은 아니라고 하지만 교사의 역할을 제한해 버리는 관점임에 틀림없다. 교실 문을 닫아 놓고, 심지어는 창문에 흰 종이를 붙여서 안을 들여다보지 못하게 한 채 최소의 자료를 이용하여 수업을 운영하는 방식은 교사와 지역 사회의 관계를 거의 단절시키는 것이 된다. 굿래드(John I. Goodlad)가 지적하듯이, "이러한 공교육 사태에서, 지역 사회는 교사에게 필요한 최소한의 것을 넘어선 자원을 제공할 필요는 느끼지 않게 된다. 이들 교사에게는 보통 독립적인 개인 연구실이나 비서가 제공되지 않으며 교실 이외에는 내방하는 사람을 만날 장소도 없다. 이들 교사는 교실에 들어가서 문을 닫고 가르치는 일만 하게 되어 있는 것이다."

교실 문을 닫게 되면 교사는 다소 고독을 느끼긴 하지만 그것으로 인해 학문적 교수의 자유를 누릴 수 있게 된다. 사실, 교사들은 다른 직업에 비해 자신이 느끼는 것 이상으로 자유를 누리고 있다. 일반 시민이 교사에게 기대하는 것은 교사가 보다 더 자신의 직업에 사명감을 느끼고, 교실 문을 닫은 채라도 창의적이기를 기대한다. 교사들 자신이 보다 적극적인 자세로 교직에 즐거움을 느끼고 적절한 교육 계획을 수립하면 미시적 관점의 교육과정이 갖는 결함을 극복할 수 있게 될 것이다. 이렇게 되기 위한 하나의 길은 교육청 단위의 또는 더 작은 지역 단위의 종합적인 자료 센터를 설치하여 모든 교사들이 공통적으로 활용하는 체제를 갖추는 것이다. 모든 교사를 개별적인 존재로 분리해 둘 것이 아니라 서로 협동하는 전체가 되도록 분위기를 조성하도록 해야 할 것이다.

수준 I 의 입장을 취하는 교사가 많은 것은 자료의 부족으로만 탓할 수는 없을 것이다. 어떤 의미에서는, 교육과정의 개발과 개선의 의미를 부적절하게 개념화하는 교사가 많다는 점이 더 큰 이유가 될지 모른다. 교육과정을 잘못 생각하는 이들은 교육과정을 자구(字句) 대로 따르려는 나머지 수업 과정에서 이를 창조적으로 해석하지 못한다. 주어진 목표와 내용 조직이 의미하는 상호 연관성보다는 자구적 해석에 더 많은 시간과 노력을 경주한다.

한 교육과정이 교육의 과정에서 생명력 있는 것이 되려면 교사가 이를 적절하게 해석하고 수업의 효율을 위해 재조직할 능력이 있을 때 가능해 진다. 교육과정과 교과서를 성경책인 것처럼 생각하고 한 페이지 글자 하나도 수정하지 않고 그대로 지도하려는 때에 이미 교육은 구조적으로 병들어 간다는 점에 유의해야 할 것이다.

한 교육과정의 생명이란 길어야 10년이다. 이의 해석은 해마다 달라질 수 있는데, 교과서는 그렇게 자주 바뀌지 못한다. 교과서의 교육과정 번역은 한 좋은 예이지 유일한 번역은 아닌 것이다. 배우는 학생의 다양성을 모두 고려하기는 했지만, 여러 가지 제한으로 인해 하나만을 예시했을 뿐인 것이다. 그런데 이 교과서에만 집착하는 교육을 실천하도록 한다면 교육은 구조적으로 병들게 되는 것이다.

나. 교육과정의 질 관리와 교사

교육과정의 결정과 개발이 누구에 의해 이루어지든 그 운영은 교사가 하게 되어 있다. 교육과정이 아무리 잘 만들어져도 그 전개 과정의 질이 저하되면 전체적 교육의 질도 또한 그만큼 저하된다. 또, 한 교육과정은 보통 6~10년을 주기로 개정되는데 이 기간 동안 같은 수준의 질을 유지한다는 것도 어려운 일이다. 질의 저하를 막으면서 새로운 활력소를 불어넣는 일이 병행되지 않는다면 교육과정은 한갓 이상이 될 우려가 있다. 이미 앞에서 지적한 바와 같이, 교육과정의 적절한 전개와 질 관리는 교사의 책임이다.

(1) 목표의 계속적 점검

학교 교실에서 이루어지는 수업 과정은 교과 영역, 목표 영역, 교사의 수업 양식, 학생 집단의 특성 등에 따라 특이한 측면도 있지만, 어떤 경우에서나 수업의 일반적 절차는 유사한 모습을 보인다. 글레이서(Robert Glaser)는 수업의 일반적 과정을 ① 수업 목표의 설정, ② 출발점 행동의 진단, ③ 학습 지도, ④ 학습 성과의 평가의 4단계로 설명하면서, 이 과정은 모든 학습 과제와 모든 학습자 집단에서 공통적으로 나타나는 것이라고 한다.

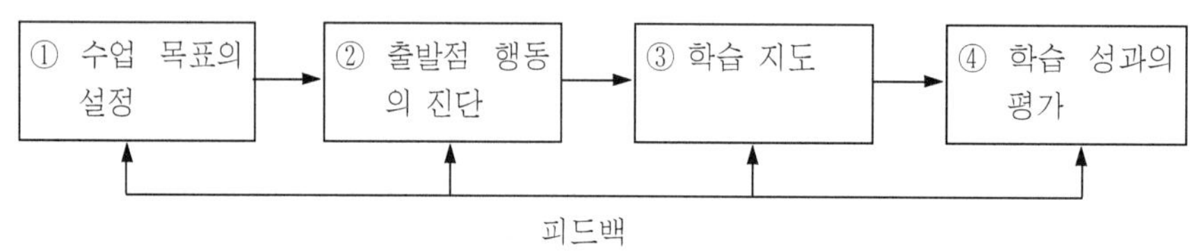

[그림 4-14] 글레이서의 수업 과정의 일반 모형

글레이서의 모형은 수업 과정이란 목표를 설정하는 일에서 수업을 평가하는 일에 이르기까지의 활동이 일련의 체계적 과정이라는 특징을 보인다. 목표의 성질에 따라 후속하는 단계의 활동이 결정되어지고, 또한 학습자의 출발점 행동에 따라 후속하는 단계의 구체적 활동이 결정되는 체계적인 과정으로 수업을 설명하는 방식이 특징적이다. 말하자면, 교실에서 교사가 실제로 수업하는 것만이 아니라 수업을 위해 준비하는 단계까지를 모두 수업 과정에 포함시킨 수업의 절차적 설명 방식인 것이다.

피드백선을 설정한 것도 특징이다. 또한, 수업 목표가 설정된 후에 출발점 행동의 진단을 하게 되어 있는 점도 중요한 특징으로 보인다. 즉, 수업의 목표를 설정하게 되면, 수업 목표에 관련한 선행 학습과 사전 학습의 정도를 진단한다는 점에서 목표를 우선적으로 고려하고 있다는 점이 특징이다. 경우에 따라, 학습자의 수준을 먼저 진단한 후 그에 맞는 수업 목표를 설정하는 수업 절차도 상정할 수 있기 때문이다. 이러한 관점에서 볼 때, 글레이서의 수업 절차 모형을 오늘날의 학교 교육 일반에서 흔히 볼 수 있는 현상과 같이 교과 또는 교육과정을 먼저 고려한 것으로 해석된다.

글레이서의 수업 절차 모형에서 목표 설정이 우선한다는 것은 교사가 무엇보다도 교육과정을 철저히 이해해야 한다는 것을 시사하는 것이다. 흔히, 교사들은 교과별 소단원의 세분된 목표에만 주의를 기울이는데, 이 세분된 목표란 전체 교육과정 정신과 원칙과 맥락이 닿을 때 비로소 의미가 있음을 유의해야 할 것이다. 목표를 분과주의적 관점에서 설정하게 되면, 결국 미시적 관점에서 교육과정 목표와 내용을 기계적으로 수업할 우려가 있게 된다. 그러므로 수업 설계의 첫 단계를 적절하게 구성하기 위해 교육과정을 전체적으로 이해하는 능력과 아울러 해당 교과와 단원을 분석하는 능력과 자세를 갖추어야 할 것이다. 교육과정의 질 관리를 위한 가장 중요한 작업이 바로 이 목표 설정의 적합성을 검토하는 것이라 할 수 있다. 글레이서의 수업 절차 모형에 따르면 수업 과정을 모두 밟게 되면 수업 평가의 결과에 따라 목표의 적절한 설정 여부를 확인할 수 있다고 되어 있다. 이는 교육과정의 평가에서도 지적한 바와 같이 경험적 자료에 의한 것이다. 그러나 그러한 경험적 자료 이전에 항상 자기가 설정한 수업 목표가 교육과정 정신, 그리고 다른 교과의 목표나 내용과 어떤 관련이 있는가를 계속적으로 점검하는 노력이 필요하다.

(2) 구체적 교실 수업 과정의 검토

글레이서의 모형에서 교실 수업 과정은 셋째 단계이다. 이 단계는 설정된 목표와 학생의 출발점 행동 수준에 따라 설계된다는 것은 이미 지적한 바이다. 글레이서 자신은 교실 수업의 일반적 사태의 성질에 대해서는 자세한 설명을 하지 않고 있으나 한 교육과정의 목표와 내용에 학생이 접촉하는 현장이라는 점에서 가장 중요한 단계일지 모른다. 우리가 흔히 수업이라는 말을 사용할 때, 그 말의 핵심적 부분이 바로 교실에서 일어나는 수업임은 말할 것도 없다.

가네(Robert, M. Gagne)는 교실 수업에서 일어나는 일반적 수업 사태를 9단계로 설명하고 있다.

① 학습자의 주의를 집중시키기

② 기대되는 학습 수업의 모형을 제시하기

③ 선행 학습력의 재생을 자극하기

④ 학습을 위한 자극의 제시

⑤ 학습을(구체적으로) 안내하기

⑥ 학습 성취의 확인

⑦ 피드백의 제공

⑧ 학습된 개념과 원리의 전이력을 자극하기

⑨ 파지를 자극하기

가네에 의하면 이 9단계의 활동이 모든 수업에서 항상 모두 발생하는 것은 아니라고 한다. 수업 과제와 집단의 특성에 따라서는 이 중의 어떤 활동을 가볍게 지나가는 형식이 되기도 하고 생략되기도 하지만 일련의 학습 과제를 수업하는 데에서는 이러한 수업 사태(instructional event)가 일어난다고 말한다.

이러한 수업 사태가 일어나는 모양을 다르게 해주는 것으로 가네는 학습 과제의 특성을 상정하고 있다. 학습 과제의 특성이란 수업을 통하여 학습자에게 일어나기를 기대하는 목표의 측정에 따라 수업 사태가 다르게 일어나면, 또 달라야 효과적이라고 말한다.

각급 교육과정에 포함된 교과의 종류는 다양하다 하더라도 이 교과에 공통적으로 존재하는 5가지 목표 영역, 즉 ① 정보 및 지식, ② 지적 기능, ③ 인지 전시, ④ 운동 기능, ⑤ 태도 및 가치관에 따라 수업 사태가 다르게 설계되어야 한다는 것이다.

수업 사태의 차이는 다시 수업 계열과 수업 형태의 차이 또는 수업 유형의 차이를 가져온다고 볼 수 있다. 요컨대, 교실 수업의 과정이 목표의 성격에 따라 다양해야 한다는 것은, 교사에게 수업 과정의 설계에서 언제나 교육과정의 정신을 의식해야 한다는 것을 의미하게 된다. 교사가 좋은 수업을 했다는 말은 교육과정 목표에 부합하는 수업을 했다는 것을 의미하는 것이다. 교사는 교실 수업의 질을 계속 검토하는 과정에서 교육과정의 질 관리를 실천할 수 있게 된다.

물론, 수업의 결과를 평가하여 수업의 질을 평가하는 방법도 있으나 그것은 수업 결과를 기준한 평가일 뿐 그것이 전부일 수 없다. 결과와 과정이 꼭 일치하는 것은 아니다. 적절한 과정이 수반되지 않은 결과는 일시적인 성과일 경우가 많음을 이해해야 할 것이다.

(3) 학습 성과의 체계적 분석

수업을 이행한 후 학생이 보이는 성취도와 태도가 교육과정의 질을 관리하는 데 중요한 자료가 된다는 것은 이미 여러 차례 지적되었다. 무엇보다도 교육과정에 나타난 목표를 체계적으로 분석하고 해당하는 목표에 부합하는 평가 장면을 설정하고, 그에 맞는 평가 문항을 출제하여 학생 반응을 얻는 것이 가장 중요한 일이다. 아무런 문제라도 출제해서 학생 성적이나 석차를 산출하면 된다는 식으로 평가해서는 교육과정의 질 관리에 아무런 도움이 되지 않는다.

교육과정에 나타난 목표에 따라 평가하는 것을 목표 기준 평가라 부른다. 목표 기준 평가에 의한 자료는 해를 거듭하면서 계속적으로 누적시켜 비교한다면 대단히 의미 있는 자료가 된다. 즉, 해를 거듭함에 따라 교육과정의 질에 어떤 퇴화 현상이 일어나는가를 확인할 수 있는 자료가 된다. 또한, 수업의 과정과 학습자의 특성에 따라 교육과정의 상대적 적합성도 확인하는 데 좋은 자료가 된다. 또, 앞에서 지적한 바와 같이 수업 과정의 질적 판단 자료를 종합하면 교육과정의 질을 종합적으로 판단하고 개선하는 데 도움을 받게 될 것이다.

이러한 일련의 평가 작업은 학교 외부에서 계획되어 실천될 수도 있다. 학력 고사, 연합 고사 등이 그 기능을 할 수도 있다. 때로는, 전문 연구 기관에서 행한 결과로 도움을 받을 수도 있다. 그러나 가장 중요한 의미를 갖는 것은 교사에 의해 계획되고 실천된 평가 자료임은 말할 것도 없다.

다. 교육과정의 시행과 교사

우리 나라의 교육과정은 중앙 집중 체제이기 때문에 시행하는 과정에서 절차상 복잡한 문제는 생기지 않는다. 교육부가 새로 제정된 「교육과정」을 고시 형태로 공포함으로써 일단 새로운 「교육과정」의 효력은 발생된다. 1997년 12월 30일에 공포된 「교육과정」은 교육부 고시 제 1997-15 호였다. 그리고 이 「교육과정」을 구체화한 교육과정 자료로 교과서와 교사용 지도서가 교육부에 의해서 직접 발행되거나(국정 도서) 검정된 도서가 민간 저자에 의해 출간된다. 따라서, 새로운 교육과정의 시행은 학교 현장에서 교육부의 「교육과정」에 따라 편찬된 교과용 도서를 배부 받거나 검정 도서인 경우는 선택 구입하여 학교 수업에 활용함으로써 이루어진다.

여기에는 물론, 학교 급별·학년별·학교 종별(고등학교의 경우 보통·실업학교 등과 같은 것)로 배당된 교과목 편제에 따라 교과와 특별 활동 등 전체 학교 교육의 계획을 수립하고, 교사를 확보하며, 교사가 새로운 교육과정의 기본 방향·내용·수업 방법을 이해하도록 하기 위한 사전 교원 연수를 실시하며, 교과용 도서 이외의 실험 기구·시청각 보조 자료 등 각종 교수-학습 자료를 개발 보급하는 등의 여러 중요한 활동이 뒤따른다. 이 가운데 교육과정의 시행에서 중요하게 고려해야 될 것은 새 교육과정에 대한 교사의 이해를 높이는 일과, 수업 활동에 필요한 다양한 자료와 기구를 확보 공급하는 일이다.

(1) 교사 이해의 중요성

교육과정의 운영은 교사의 손에 좌우된다. 교육과정의 최후 결정자는 교사라는 것은 이미 언급한 바 있다. 교사가 교육과정상의 변화를 얼마나 중요하게 보느냐, 그리고 교육과정을 올바로 실천하는 데 필요한 지식과 방법을 알고 있느냐, 더 나아가 교사가 보다 나은 수업 개선을 위한 기존의 태도나 수업 방법을 스스로 고쳐 나갈 수 있는 변화 지향적 태세를 갖추었느냐가 교육과정의 시행에 중요한 관건이 된다. 아무리 중앙에서 「교육과정」을 문서로 잘 만들어 제시하고 설사 수업 자료까지 완벽하게 개발되어 있다고 해도, 교사가 그것을 중요하게 여기지 않고 그것을 자신의 수업의 과정에 적절히 적용하지 않으면 교육과정의 실효는 거두기 힘든 것이다.

이처럼 교육과정에 대한 교사의 이해와 실천이 중요하기 때문에 모든 새로운 교육과정의 시행에는 우선적으로 교사의 이해를 돕는 여러 가지 조치를 마련한다. 여기에는 몇 가지 방법이 있다(곽병선, 1997, pp. 383~384).

㈎ 교사의 참여를 바탕으로 한 교육과정 개발

교육과정의 개발 과정에 교사를 참여시켜 교육과정의 개발 단계에서 학교 일선에 새 교육과정 제정에 대한 관심을 불러일으키고, 또 그 추이를 주시토록 하여 교육과정의 제정이 교사들의 관심 가운데서 진행되도록 한다. 이러한 노력은 특별히 우리 나라처럼 교육과정 중앙 집중식을 유지하고 있는 경우에 중요하게 고려해야 한다. 교육과정 개발 과정에서 가급적 학교 현장 교사가 많이 참여토록 하여, 결코 교사와 무관하게 이루어졌다는 소외감이 교사들에게 생기지 않도록 해야 한다.

이러한 역할은 교육과정의 연구·개발을 담당한 전문 기관에서 더욱 유의해야 할 것이며, 현장 검증 과정을 거쳐 학교에 적용 가능성 여부를 판명하는 과정에 있어서도 폭 넓은 교사의 관여를 유도하여 그들의 의견을 최대한 반영하여 바로 교사들의 교육과정이 되도록 해야 할 것이다. 이 점에 있어서 학교 현장 실험을 거치지 않고 개발되는 교과서에 대해서는 앞으로 반드시 현장 검증을 거쳐 편찬되도록 개선되어야 할 것이다. 현재 검정 도서에 해당하는 도서들은 대개 현장 검증의 과정을 거치지 않고 있다.

㈏ 교사의 이해를 돕기 위한 연수 프로그램의 개발

새로 제정된 「교육과정」의 정신, 기본 방향, 변경된 학교 교육 목표, 개편된 교과 편제 등 일반적인 사항은 물론 교사의 전담 교과 분야에 따라 새로운 교과 교육의 동향, 새로운 학습 내용의 변화, 그에 따른 새로운 수업 방법 등을 교사에게 체계 있게 소개하는 프로그램은 교사용 지도서, 필름, 비디오 또는 라디오 프로그램 등으로 개발한다. 이들 프로그램은 「교육과정」을 제정하고 교과서를 집필한 개발자들이 해야 한다.

㈐ 교원 연수의 실시

여러 가지 방법으로 실시할 수 있다. 교육부에서 각 시·도 대표를 차출해서 실시하고, 이들 연수받은 대표들이 다시 자기 지역의 교육청 단위의 지역별 대표를 실시하고, 이들이 다시 학교로 전달해 내려가는 전달 강습의 방법을 쓸 수 있다. 또, 텔레비전이나 라디오 프로그램을 이용할 수 있다. 지난 1982년 초에 교육부와 한국교육개발원은 KBS 제 1 TV 와 제 3 TV 를 통해 전국 교원 연수를 실시한 바 있다. 이처럼 중앙에서 아래로 내려가는 방식 이외에 각 학교나 지역에서 주관하여 자발적으로 교육과정에 대한 자체 연수가 있을 수 있다. 이러한 학교 수준 또는 지역 수준의 자발적 운동은 적극적으로 북돋워져야 될 것이다.

㈑ 수업 계획 작성에서 교사의 재량권 확대

교사가 필요하면 주어진 교사용 지도서의 수업 지도안이나 교과서 내용에 얽매이지 않고 「교육과정」의 범위 안에서 학습 내용을 창의롭게 재구성하여 수업할 수 있는 자율성이 폭넓게 허용되어야 할 것이다.

(2) 교사 주도 수업 계획의 의의

우리의 학교 교육에 있어서 교사의 주도적 수업 계획은 다음과 같은 중요한 의미를 지녔다(곽병선, 1997, pp. 387~388).

첫째, 교사의 주도적 수업 계획은 획일적 교육과정의 단점을 극복할 수 있는 교사의 창의롭고 적극적인 대응이 된다. 전국에 걸쳐 하나의 기준, 하나의 학습 내용으로 학교 교육을 지배하고 있는 것이 우리의 학교 교육 모습이다. 중요하고 기본적인 내용에 있어서 누구나 학습하여야 할 통일된 기준을 적용한다고 하는 것은 피할 수 없는 일이지만, 모든 학교, 모든 교실, 모든 학생이 똑같은 내용, 똑같은 과정을 밟도록 되어 있는 획일적 교육과정은 생동하는 교실 수업을 형식주의로 흐르게 될 폐단이 있다. 같은 내용을 가르치는 데 있어서 학생의 개인차 또는 교사의 기호에 따라 여러 가지 경쟁적인 방법이 있으며, 학습 내용을 따르는 데 있어서도, 필요에 따라 덧붙이거나 빼 버리는 것이 대단히 큰일날 만큼 위험스러운 것은 아닌 것이다. 다양성과 창의를 존중하는 민주주의 사회에서 오로지 한 가지만의 표준을 절대적으로 옳은 것으로 가르친다고 하는 것이 오히려 위험스럽다. 합리적 문제 해결력, 비판적 사고력, 탐구력 등 결과에서의 지식보다 생각하는 방법과 바르게 생각하는 힘이 점점 더 중요하게 요구되는 변화의 시대에 있어서 지식으로서의 학습 내용을 교과서에 있는 그대로 열심히 가르친다고 하는 것은 재고해야 될 일이다.

수업 계획의 수립은 교사의 수준에서 교육과정을 완성 짓는 일인만큼 그것은 교육과정의 개별화와 같은 의미를 지녔다. 교사가 이미 만들어진 위로부터의 교육과정(교육부의 「교육과정」과 교과서 및 지도서)을 검토하고 해석하여 교사가 담당한 학생들의 필요에 보다 적절하게 대응하고 변천하는 주변 상황의 여러 현상들을 교실 수업 속에 관련짓도록 함으로써 수업의 적절성을 높이는 교육과정이 다양화 작업인 것이다. 예를 들면, 지역 사회의 특수성을 감안하여 학습 내용에 지역과 관련된 것을 끌어들이거나 줄일 수 있고, 새로운 정보나 지식이 발견되었을 때 구태의연한 교과서에만 의존하지 않고 이 새로운 내용을 학습 내용으로 수렴시킬 수 있을 것이다.

수업의 전개를 위하여 내용을 조직하고 편성하는 일에 있어서도 학교의 사정을 감안하여 얼마든지 융통적인 대안이 있을 수 있다. 교사의 교육에 대한 개인적 철학이 반영되어 특정한 학습 목표나 수업 방법이 강조될 수도 있을 것이다.

이렇게 수업 계획은 단일한 교육과정을 지역·학교·교실·학생의 구체적 상황을 바탕으로 개성있게 개별화시켜 교육의 적절성을 높이는 의미 있는 과정인 것이다.

둘째, 교사의 주도적 수업 계획은 이미 만들어져 있는 수업 계획보다 학생의 요구를 보다 적절하게 고려하는 노력이 된다. 우리가 수업에서 개인차를 중요하게 생각해야 된다는 원리는 대체로 널리 인정되고 있다. 그러나 개별 학습의 기회는 별로 찾아보기 어렵다.

학생의 개인차는 여러 가지 방법으로 고려될 수 있다. 우선 교과서나 지도서는 우수 학생이나 학습 부진 학생들을 위해서 학습 내용의 수준을 달리하여 가르칠 수 있는 방안을 제시해 놓고 있지 않으므로 교사는 그가 담당한 학생들의 학습 수준을 고려하여 내용의 수준을 조정할 수 있다. 학습 결손 학생들을 위해서 강조되어야 할 내용이나 또는 선수 학습 내용을 수업의 계획 속에 포함시킬 수 있고, 학습 우수아를 위해서는 교과서에 포함되어 있지 않은 보다 높은 수준의 내용, 새로운 내용을 포함시킬 수도 있으며, 학생들이 이미 익숙해 있는 내용을 수업 계획에서 빼 버릴 수도 있다.

학생들의 개인차는 지역과 환경의 특수성에 따라서도 고려될 수 있다. 농촌 학생들에게 도시 생활에 관한 내용은 생소하고 이해가 잘 안 되는 부분도 있을 수 있다. 필요에 따라, 더 자세한 내용이나 자료를 준비해야 할 때도 있고, 경우에 따라서는 과감하게 삭제해도 될 때가 있을지 모른다. 이 경우는, 도시 학생들에게도 마찬가지이다. 익숙한 내용을 반복해서 가르치기보다는 생소한 내용에 대해서 더 상세하게 가르치는 것이 중요한 경우도 있다. 그러한 경우, 수업의 시간 계획은 학습 내용과 학생들의 문화 환경과 관련하여 탄력성 있게 조정할 수 있다. 또, 가난한 환경을 가진 지역에서 오는 학생들을 위해서는 그들이 가정에서 충분한 교육적 관심을 받지 못함으로써 생기는 불이익을 보상해 주기 위해 별도의 관심이 모아질 수 있다. 그들에게 절실한 내용이 무엇인지 교사는 알아야 한다.

수업 계획을 학생들의 필요와 욕구에 보다 적절하게 맞춘다는 것은 이런 것이다. 우리는 학생을 위해서 가르치는 것이지 교과서에 학생을 맞추기 위해서 교육하는 것은 아니다.

셋째, 교사 주도의 수업 계획은 보다 훌륭한 교사가 되고자 하는 교사 자신의 욕구를 실현시킬 수 있다. 훌륭한 교사, 유능한 교사는 남에 의해서 만들어지는 것이 아니라 교사 자신의 주체적 결단과 정진에 의해서 되어져 가는 것이다. 수업 계획을 교사가 스스로 세우는 일은 외부로부터 주어진 계획을 피동적으로 받아들이기만 하는 그런 타율적 기능인임을 거부하고 그의 일에 그가 주인임을 계속적으로 확인해 나가는 그런 의미 있는 일인 것이다.

넷째, 교사 주도의 수업 계획은 교사로 하여금 그가 하는 일에 대하여 전문적 보상을 받게 해 주며 직무에 보다 만족할 수 있게 해 준다. 전문성은 자기가 하는 일에 자기가 결정할 수 있고, 그 결과에 책임을 질 수 있을 때 촉진된다. 그리고 전문성은 한번 어느 수준에 도달하면 머무르는 것이 아니고, 계속 발전해 가는 그런 것이다. 교직 전문성은 교직에 종사하는 교사들에게 기대되는 전문성이다. 그러려면, 교사가 자기의 교육관을 바탕으로 그가 하는 일, 즉 수업에 관한 한 어느 정도 배타적 권한을 행사할 수 있어야 한다. 교사는 그가 사용하는 권한을 그가 해내는 일, 즉 수업하는 일의 질로써 방어할 수 있고, 그것이 왜 전문성에 속하는 것인가를 실지로 보여 줄 수 있어야 한다.

교사가 전문성을 성숙시키는 데는 여러 가지 길이 있지만 가장 핵심적인 길은 그가 하는 일, 즉 수업에서 찾아야 한다. 수업 계획은 바로 교사의 전문성을 기르는 가장 첩경이며 또한 중요한 것이다. 그것은 다양한 출처로부터의 지식과 정보를 요구하며, 고도의 판단을 요청하며, 그것을 쉽게 실천에 옮길 수 있도록 기술적으로 조직해 낼 것을 요구한다. 그것은 교사만이 해낼 수 있는 그런 종류의 전문적인 일이다.

교사는 수업을 전문적으로 계획할 수 있음으로써 그의 일에 그의 주체적 결심을 작용시키고, 그 실현을 통하여 인간의 가치를 형성해 낸다. 그것은 바로 교사 자신을 실현하는 일과 같다. 자신을 실현하는 교사는 그 직무에 만족을 갖는다. 그 직업이 가져다 주는 명성이나 경제적 가치보다 그 일 자체가 중요해서 교직에 몸담는 교사가 참교사이다. 교사의 주도적인 수업 계획은 그러한 교사가 되기를 바라는 교사들에게 도전의 대상이 되는 것이다.

이처럼 우리의 학교 교육에 있어서 교사의 주도적 수업 계획은 엄청나게 중요한 의미를 지녔다. 그것은 그러기 때문에 그렇게 가벼운 일이 아니다. 지나온 교육을 반성적으로 되돌아 보고 보다 개선된 수업을 위해서 우리가 학생들에게 제공하고자 하는 바를 늘 새롭게 하는 의미 있는 일인 것이다.

(3) 수업 계획의 구성 요소

수업 계획은 다양한 형태, 다양한 규모로 작성할 수 있다. 기간에 있어서는 짧은 것과 긴 것이 있을 수도 있다. 주간 계획·월간 계획, 학기 또는 연간 계획으로 작성할 수 있다. 교과별로 작성할 수 있고, 때로는 비판적 사고 또는 창의적 사고와 같은 정신 과정을 중심으로 계획할 수 있다. 그 계획의 수립을 매일 매일의 단위로 할 수 있고, 일주일에 한 번씩, 한달 건너 한 번씩 할 수도 있다. 교과서나 지도서를 완전히 대치하는 계획을 짤 수도 있으며, 때로는 그것에 덧붙이거나 부분적으로 수정하는 계획을 짤 수도 있다. 전체적으로, 교과서나 지도서의 학습 내용 조직과는 전혀 다르게 할 수도 있고, 특수한 학생을 대상으로 특별히 고안된 수업을 계획할 수도 있다.

수업 계획의 결과는 여러 가지 형태로 나타날 수 있다. 문서로 정리되어 학습 지도안이나 교사용 지도서와 비슷한 형태로 나타날 수도 있고, 메모의 형태나 또는 교사의 마음 속에 들어 있는 상태로 계획될 수도 있다. 교사가 그의 계획을 사전에 구체화시켜 제삼자가 알아볼 수 없도록 그의 마음 속에만 담아 놓고 있으면, 그가 어떤 계획을 세우고 수업을 하는지는 실제 그의 수업을 관찰함으로써만 알 수 있다.

어떠한 형태로 수업을 계획하든 수업 계획은 다음의 특성을 반드시 갖추고 있어야 한다. 즉, 의미 있는 교육 목표의 달성을 위해서 교수-학습 자료와 수업 전략의 도움을 받는 가운데 일관성과 통합성을 갖춘 일련의 예상되는 학습 활동을 정리한 것이어야 한다. 수업 계획 하나하나는 서로 분리된 별개의 것이 아니라 총체적·교육적 노력의 한 부분이 되도록 해야 하는 것이다.

그러한 면에서 수업의 계획은 전체적, 장기적인 교육과정 설계의 관점에서 하루하루의 수업이 의미 있도록 구체적인 상황과 수준에서 결정을 내리는 일이다. 그러므로 수업을 계획하는 교사는 다음 사항을 계획 수립의 중요한 구성 요소로 고려해야 한다(곽병선, 1997, pp. 388~389).

첫째, 교사 자신의 교육에 대한 철학적, 심리학적 안목을 살펴보는 일이다. "학생들은 무엇을 배워야 하는가?"에 관한 질문에 있어서 교사는 자기 자신의 해답을 가지고 있어야 한다. 이러한 문제에 대해서 교사는 남에게 그의 입장을 나타낼 수 있는 주관을 갖추지 않고 있다면 그 다음에 벌어질 수업 계획의 일을 감당하기 어렵다.

둘째, 학습 내용에 대한 확인과 조정이다. 무엇을 학생들이 구체적으로 습득하도록 할 것인가를 분명히 밝히는 일이다. 교육부의 「교육과정」과 「교과서」는 여기에 대해서 기본 지침과 좋은 보기를 제공해 주고 있다. 그러나 학교 현장의 교사는 그가 속한 교실 수업의 구체적인 상황을 고려하여 부족한 것을 보충하고 필요한 부분을 발전시키며, 불필요한 부분을 덜어내어 학생들에게 보다 적절하도록 조정해 줄 과제가 있다. 물론, 교사 자신이 이해를 심화시켜야 한다는 것은 두말할 필요가 없다.

셋째, 학습의 활동과 절차를 생각하는 일이다. 구체적인 수업의 상황에서 학생들이 가져야 할 활동이 무엇이며, 어떠한 과정을 거쳐 일어나야 하는지를 중요하게 고려해야 한다. 여기에는 학습 내용이 가지고 있는 특수성과 학습자의 특성 변인이 상호 교차하는 매우 역동적이고 교육의 매우 핵심적 과정이 되는 것이다.

넷째, 학습 활동이 전개되는 상황에 대한 고려이다. 교실 조직을 어떻게 할 것인지, 학생·교사의 조직을 어떻게 할 것인지 등이 중요하게 고려되어야 한다.

다섯째, 교수-학습 자료에 대한 고려이다. 교과서, 지도서 외에 교사가 만든 자료, 학생이 만든 자료, 시중에서 구입 가능한 자료, 시청각 자료 등이 중요하게 고려되어야 한다.

여섯째, 평가가 중요하다. 수업의 계획이 의도한 대로 의미 있게 잘 적용되었는지를 검토하는 자기 반성적 노력이 수업의 계획 속에 반영되어 있어야 한다.

(4) 수업 계획과 학교 및 교사의 역할

우리의 학교 교육 실정을 감안할 때, 학교 현장에서 수업 계획의 수립은 다음의 네 단계로 나누어 생각하는 것이 편리할 것 같다(곽병선, 1997, pp. 391~392).

첫째 단계 : 교재의 재구성

둘째 단계 : 수업 모형의 선정

셋째 단계 : 수업의 전개 계획 수립

넷째 단계 : 수업 평가 계획의 수립

첫째 단계, 교재의 재구성은 교육과정과 교과서를 검토하여 교육 목표와 내용을 확인한 다음, 이것을 교사가 가르치려는 학생들과 학교 및 지역의 특수 상황에 맞도록 해석하고 번역하여 교재를 재구성하는 단계이다. 여기에는 짜여진 교과서 조직을 무조건 따라가도록 하는 것이 아니라 교사가 담당한 학생, 학교, 지역의 구체적 현실을 감안하여 교사 자신이 무엇을 중요하게 다룰 것인가를 전문적으로 결정하고, 이를 토대로 교과서의 내용을 덧붙이거나 또는 다른 내용으로 대치하여 교재를 새롭게 구성한다. 이것은 교육과정을 지역화하고, 궁극적으로 교사 자신의 것으로 교실화하는 작업이다.

둘째 단계, 수업 모형의 선정은 교수와 학습에 대한 교사 자신의 관점에 따라 그 자신의 독특한 수업 상황을 구성할 수업의 절차와 수업의 방법에 대해서 기본적인 결심을 내리는 단계이다. 교사가 관심만 기울인다면 수업의 실제에 응용할 수 있는 수업 모형이 여러 가지로 제안되어 있다(이영덕, 1974; 김호권, 1970; 곽병선 외, 1983; Joyce & Weil, 1972;

Miller, 1976; Bank & Henerson, 1981). 교사는 교재 재구성을 통하여 무엇을 가르칠 것인가를 확인한 다음, 재구성된 교재의 특성을 고려하여 이들 수업 모형을 선택적으로 활용할 수 있을 것이다.

셋째 단계, 수업의 전개 계획 수립은 첫째와 둘째 단계의 작업을 바탕으로 실제 수업을 구체적으로 진행할 실천 계획을 세우는 것이다. 수업의 목표를 분명히 밝히고, 수업의 과정에서 거쳐야 할 활동, 준비해 두어야 할 교수-학습 자료, 시간의 배정 등에 관하여 세심한 결심을 내린다. 만약, 열성과 성의가 있고 학교가 교사에게 충분한 시간을 제공할 수 있다고 하면, 상세하게 진술된 수업 설계가 가능할 수 있다. 시간이 충분하지 못하다면, 간단히 메모 형식으로 정리될 수도 있을 것이다. 또, 전혀 표현되지 않는 비공식적 수업 설계가 있을 수 있다. 교사의 머리 속에만 있는 계획이다. 수업 설계에 얼마나 자세하게 수업의 계획을 기록해 낼 것인가는 교사 개개인의 사정과 그 수업 계획을 보고 싶어하는 사람들의 희망에 따라 달라질 수 있다.

넷째 단계, 수업 평가 계획의 수립은 수업의 계획에서 실천에 이르기까지 수업의 전체 과정을 통하여 수업의 타당성 여부에 대한 정보를 수집하고 수업의 질을 개선하는 데 필요한 자료를 여러 가지 관점에서 수집·분석·검토하는 과정에 대한 계획이다. 수업의 평가는 단순히 교사의 교수 능력을 평가하고 학생들의 학습 성취도를 판정하는 과정이 아니다. 교사는 왜 그러한 수업을 계획하였으며, 그것은 바람직한 교육적 성과를 거두는 것인지를 반성적으로 살피는 수업의 계획과 실천에서 자연히 따라붙는 의미 있는 절차인 것이다.

(5) 다양한 교육과정 자료의 개발과 보급

학생용 학습지, 실험 기구, 실험 재료, 필름이나 비디오 프로그램, 슬라이드, 투시 환등기 자료, 컴퓨터 학습 프로그램, 괘도, 평가 척도와 각종 검사지 등 다양한 교육과정 자료가 교과서와 더불어 또는 교과서를 대치해서 개발 보급되어야 할 것이다.

지금까지 교육과정 개정이 이루어질 때면, 교육부의 문서인 「교육과정」을 새로 마련하고 이에 따라 교과서를 새로 편찬하는 일로 끝나는 것이 전부였다. 교과서를 제외한 실제 수업 자료에 대해서는 체계적인 대책이 마련되어 있지 않고 있다. 소모적 성격의 자료 개발에는 학교 수준에서 많은 부분을 해결할 수 있지만, 적어도 내구성과 정밀성이 요청되는 자료에 대하여는 시중의 교재 개발업자들이나 학교에서 다같이 사용할 수 있는 교과서를 제외한 자료의 목록을 만들고, 각종 자료의 필요한 제작 기준을 마련해 놓는 것은 교육과정 개정시에 함께 고려되어야 하리라고 생각된다. 그리고 새로운 교육과정 첫 시행 단계에서 이들 자료가 같이 보급될 수 있어야 한다. 그리고 제작되는 각종 자료와 기구는 질적으로 보장되어 수업에서 제대로 쓰일 수 있도록 해야 할 것이다.

(6) 교육과정 지원을 위한 교육 행정

학교 교육에 관련된 모든 행정 조직과 기능은 교육과정이 최대로 실현될 수 있도록 지원해 주는 데 있다. 교원의 사기 진작, 교원의 양성과 훈련, 교실의 확보, 학교 시설의 지원, 교육과정 자료 개발, 학교 장학, 수업 장학 등 모든 행, 재정적 노력은 궁극적으로 교육과정을 실천하는 학교 교육을 돕도록 이루어져야 한다. 그리고 교육과정 운영에 과한 제반 문제를 종합적으로 확인하고 이의 해결을 위한 업무를 위해서 모든 수준의 교육 행정 조직과 학교에서 교육과정 운영위원회와 같은 기구를 설치하여 운영하는 안을 고려해 볼 수 있다. 이 운영위원회는 교육과정 전문가를 상임 위원으로 배치하고 기관에 소속한 관계 인사를 참여시켜 교육과정의 문제를 유관 부서와 협조 하에 전문적으로 다룰 수 있도록 하며, 교육과정의 시행을 활성화시키는 역할을 담당할 수 있게 될 것이다.

토의 및 연구 과제

1. 학교 교육에서 교육과정이 존재하여야 한다는 데는 모두 동의할 것이다. 그렇다면 어떤 형태로든 교육과정을 개발해야 하는데 그 필요성을 말해 보자.

2. 교육과정의 개발 유형을 정책 · 의사 결정 유형에 따라 분류하고 그 장단점을 비교해 보자.

3. 교육과정 개발 수준도 여러 관점에서 볼 수 있는데 일반적으로 국가 수준, 지역 수준, 학교 수준의 교육과정 개발을 많이 이야기하고 있다. 우리 나라에서는 이 세 수준에서 어떤 역할을 분담하고 있는지 조사해 보고, 개선점을 토의해 보자.

4. 교육과정 개발 모형을 들고, 각 모형에 주장하는 학자와 그 특징을 정리해서 비교해 보자.

5. 우리 나라 실과(기술 · 가정) 교육과정에 적용되는 개발 모형을 살펴보고, 그 문제점 및 개선 방향을 탐색해 보자.

6. 우리 나라의 실과(기술·가정) 교육과정의 개발 절차를 알아보고, 다른 나라와 비교해서 개선할 점을 알아보자.

7. 학교 중심 교육과정 개발의 당위성과 개발 유형을 살펴보고 다른 나라와 비교해 보자.

8. 학교 수준 교육과정 편성 절차 및 교사의 역할 수행에 대하여 토의해 보자.

9. 교사가 실제 학교 수준의 교육과정을 개발하여 적용할 때 많이 활용하는 수준을 세 가지로 보고, 각 수준의 특징을 비교하고, 우리 현실과 비교하고 토의하여 보자.

10. 실과(기술 · 가정) 교육과정 재구성의 형태를 조사해 보고, 재구성시 고려해야 할 사항을 알아본 후, 실제 1개 학년을 선정하여 학교 실정에 맞게 재구성해 보자.

<참고 문헌>

곽병선(1985). 한국의 교육과정. 한국교육개발원

곽병선(1997). 교육과정. 배영사.

권낙원(1996). 교육과정총론. 한국교원대학교대학원.

교육부(1994). 초등학교 교육과정 해설(Ⅲ). 대한교과서 주식회사.

교육부(1994). 중학교 기술·산업 교육과정 해설. 대한교과서 주식회사.

교육부(1997). 실과 6. 대한교과서(주).

교육부(1997). 실과 교사용지도서 6. 대한교과서(주).

교육부학교정책실 교과서정책과(1998). 초등학교 교과서 1·2종 구분 고시. 교과서연구, 30, 170~172.

김진순(1990). 초중등학교 기술교과 교육 내용 계열화에 관한 연구. 서울대학교대학원 박사학위논문.

김진순 외(1994). 기술교과교육과정 이론들에서 유도한 기술교과 교육과정 개발 모형. 학술진흥재단 공모
　　　과제 보고서.

노태천(1983). 기술과의 교육과정 이론에 따른 기술과 교육 내용을 구성하기 위한 한가지 모형. 대한공업
　　　교육학회지, 8(2), 29~38.

서울신길초등학교(1996). 1996학년도 교육과정 운영 계획. 미출판 간행물

윤남순(1997). 학교중심 교육과정 실행에 관한 연구. 전남대학교대학원 박사학위논문.

윤인경 외(1994). 중학교 가정 2 교사용 지도서. 교학연구사.

이경섭 외(1988). 교육과정-이론·개발·관리-. 교육과학사.

이귀윤(1996). 교육과정 연구. 교육과학사.

이성호(1982). 교육과정 개발 전략과 절차. 문음사.

이재원(1986). 기술교과 내용의 구조화와 교수-학습 전략에 관한 연구. 충남대학교 공업교육연구소 논문
　　　집, 8(3), 1-9.

이홍우(1992). 교육과정 탐구. 박영사.

장석민(1985). 기술교육의 교육과정 모형 연구(기타연구 OP 85-2). 한국교육개발원.

정성봉(1995). 실과 교수법 및 평가(Ⅰ), 실과 교육의 이론과 실제(제11기 초등교원 전문과정 연수교재).
　　　충북 : 한국교원대학교 종합교원연수원. 127~136.

정성봉 외(1994). 중학교 기술·산업 1 교사용 지도서. 교학사.

최유현(1997a). 실과교육연구. 형설출판사.

최유현(1997b). 21C를 대비한 교육과정 개혁에 따른 초등실과 교육과정 개발의 구조화 모형과 그 타당
　　　성 분석. 실과교육연구, 10(2), 45~86.

한국교원대학교실과교육과정 개정연구위원회(1997). 제7차 실과 교육과정 각론 개정연구. 1997년도 교
　　　육부 위탁연구과제 답신 보고서.

한국교육개발원 교육과정개정연구위원회(1997). 제7차교육과정 개정에 따른 교과교육과정 개발체제에

관한 연구. 한국교육개발원.

함수곤(1994). 교육과정 편성. 대한교과서 주식회사.

함수곤(1995). 교육과정 편성·운영 방안. 교육개혁을 위한 학교 교육과정 편성·운영 방안, 한국교원대학교 교육연구원 세미나 자료.

허형 외(1996). 한국의 교육과정 평가모형 개발 연구. 국립교육평가원.

홍웅선·김재복(1989). 한국교육과정의 생성과정에 대한 재조명. 통합교과 및 특별활동 연구, 5(1), 137~278.

Snyder, J. F., & Hales, J. A. (Eds.). (1981). Jackson's Mill Industrial Arts Curriculum Theory. Symposium Report.

Towers, E. R., Lux, D. G., & Ray, W. E. (1966). A Rationale and Structure for Industrial Arts Subject Matter. IACP Report. The Ohio State University and University of Illinois.

제5장

실과(기술·가정) 교과서 개발

1. 교과서의 개념

가. 교과서의 개념

학교 교육의 세 가지 요소에는 가르치는 '교사', 배우는 '학생', 그리고 교사와 학생을 이어주는 가르치고 배울 '교육 내용'이 있어야 한다. 그 교육 내용의 중요 자료가 바로 교과서이다. 오늘날, 교과서는 학교에서 수업을 위해 사용되는 주교재로 되어 있다. 교사는 교과서를 사용하여 학습 지도를 하며, 학생은 교과서를 사용하여 학습 내용을 배우게 된다. 이런 교과서에 대한 정의를 살펴보면 다음과 같다.

함종규(1963)는 교과서란 교재가 지니는 지식, 경험의 체계를 쉽게 그리고 명확하고 간결하게 편집하여 제작한 교재라고 정의하면서 지식, 경험 체계를 강조하였다. 홍웅선(1979)은 교과서란 학생들이 배우는 데 도움이 되도록 교과 영역의 학습 내용을 책자로 담은 것이라고 하였다. 그리고 한국교육개발원(1979)에서는 교과서란 어느 한 사회나 국가의 교육 이념이나 교육 목적을 달성하기 위해 교육과정의 기본 정신에 알맞게 편집한 학습 자료라고 정의하면서 교과서의 기본이 교육과정의 기본 정신임을 강조하였다.

김종서(1980)는 교육과정의 목표 및 내용을 학생들의 발달 수준에 알맞게 풀이하고 편집한 학교 학습의 도서라고 정의하였고, 곽병선(1986)은 학생들이 학습 내용을 쉽게 배울 수 있도록 할 목적으로 출판한 도서라고 하였다. 교육학대사전(1995)에서는 교과서를 교육과정에 따라 편찬한 학교 교육의 주된 교재로서 가르치는 데 사용되는 학생용 또는 교사용 지도서라고 하였다.

교과용 도서 규정에는 교과서란 학교에서 교육을 위하여 사용되는 학생용의 주된 교재와 그 교재를 보완하는 음반·영상 저작물, 전자 도서 등으로 규정하고 있다. 이처럼, 교과서는 가르칠 내용, 즉 교육과정을 담은 책이며 가르치는 것을 목적으로 편찬된 책이다.

위의 내용을 종합하면 교과서는 교육과정의 목표를 근거로, 학생들이 배워야 할 교과별 내용을 학습자의 발달 수준을 고려하여 조직해 놓은 학습 자료라고 정의할 수 있다. 즉,

교과서는 학생들이 배워야 할 내용을 담고 있으며, 발달 단계에 따라 범위와 내용을 조직하며, 내용을 탐구할 수 있도록 구성한 학습 자료이다.

나. 교육과정과 교과서

우리 나라의 경우, 제1차 교육과정기에는 교과 중심의 교육과정을 채택한 시기로 교과서는 교과의 지식을 가르치는 절대적인 존재였다. 하지만, 제2차 교육과정기는 경험 중심 교육과정을 채택한 시기로 교육의 중심이 '교과'에서 '학생, 아동'으로 옮겨지면서 교과서는 그 자체를 가르치는 데 목적이 있는 것이 아니라, 학생들의 경험을 풍부하게 하는 수단으로 생각하게 되었다. 이 시기부터 교과서를 하나의 자료로 보기 시작하였다. 제3차 교육과정기에는 학문 중심 교육과정을 채택하면서 교과 중심과 경험 중심의 교육과정에 비하여 교육의 목적이 교육의 내적 가치를 지니는 '지식의 구조'를 가르치는 데 있다고 보면서 학생들로 하여금 학문 분야의 여러 아이디어를 담고 있는 여러 현상으로부터 학문의 기저를 이루고 있는 일반적 아이디어를 스스로 탐구하고 발견하는 과정을 중시하게 되었다.

곽병선(1989)은 교육과정 유형과 교과서관의 변화를 [표 5-1]과 같이 요약하여 제시하였다.

[표 5-1] 교육과정 유형과 교과서관의 변화

교육과정 유형	교과 중심	경험 중심	학문 중심
지도 요소의 반영	• 지식 체계	• 생활 문제 • 문제 해결 과정	• 기본 개념 • 지적 탐구 과정
교수 절차의 반영		• 연습 및 실습	• 체계적인 교수 절차 　(수업 과정 모형)
교과서의 위치	• 원전(절대적 위치)	• 자료집(학습의 도구)	• 자료집(학습의 도구)

이처럼, 교육과정이 변함에 따라 교과서관도 변화하고 있다. 하지만, 교과서가 교육과정에서 제시된 교육 목표와 학습 내용을 실현하기 위한 학습 자료라는 것에는 변함이 없다.

교과서는 일반적이고 추상적으로 제시된 교육과정을 바탕으로 교실에서 학생과 교사가 구체적으로 가르치고 배울 수 있도록 한 교수-학습 자료로 교육과정과 학생들을 연결시켜 주는 교량적 역할을 수행한다.

다. 교과서의 기능

교과서가 교육의 전부가 될 수 없다 하더라도 우리 나라 교육에 있어서 교과서는 중요한 의미를 내포하고 있다. 학교에서 사용하는 교과서는 정부가 주도해서 편찬하거나 검정을 받은 후 학교에 배부되어 활용하고 있으며, 교육 현실에서는 교과서 이외의 교재는 원칙적으로 사용이 금지되어 교과서만이 유일한 교수-학습 자료라고 할 수 있다. 그렇기 때문에 교과서의 기능은 학교 교육의 성패를 가름한다고 할 수 있을 정도로 중요하다. 교과서가 교육 현장에 갖는 기능을 살펴보면 다음과 같다(한국교육개발원, 1979).

(1) 학습 내용의 제시 기능

교과서는 배워야 할 내용을 선택·조직하여 배우기 쉬운 순서와 형태로 제시하는 데 그 일차적인 기능이 있다. 학습 내용은 보통, 교과별로 선정·조직되며, 교과서는 각 교과별로 기본적인 개념·원리 등을 선정 조직하고, 그것을 다시 학습자의 발달 단계에 맞게 그리고 적절한 자료와 관련지어 조직해서 제시해 준다.

(2) 탐구 과정의 유도 기능

교과서에 제시되는 학습 내용은 산출된 결과로서의 지식만을 전달하는 데 그쳐서는 안된다. 각 교과의 지식은 각기 특유한 탐구 과정을 통하여 산출된 것이므로 어떤 지식을 학습할 때는 그 지식을 산출하게 된 탐구 과정과 함께 학습하는 것이 효과적이다. 이러한 견해는 학문 중심 교육과정을 지지하는 학자들에 의해 강력히 뒷받침되고 있으며, 한편으로는 학습해야 할 지식의 양이 엄청나게 증가함에 따라 특정 체계를 습득하는 것보다는 '학습하는 방법'을 학습하는 것이 계속적인 학습에 효과적이라는 주장과도 일치한다.

(3) 구조화된 기능

교과서는 학생들이 계속해서 학습하는 내용을 스스로 재검토하고, 재조직할 수 있는 기회를 제공해 준다. 교과서에서 내용을 체계적으로 제시하는 것이 중요한 것은 바로 이 구조화의 기능을 돕기 위한 것이라고 할 수 있다. 교과서는 이 구조화의 기능을 통해서 학습자를 학문 혹은 교과 영역에 체계적으로 입문시킬 수 있으며, 또한 자발적인 학습을 촉진시킬 수도 있다.

(4) 학습 자료의 제시 기능

교과서에서는 학습 내용의 이해를 돕기 위하여 많은 자료가 제시된다. 그러나 교과서가 백과 사전이나 혹은 기타 참고 자료 등과 구별되는 것은 자료를 명확한 관계 속에서 제시하고 또 관계들을 설명해 준다는 데 있다.

(5) 학습 동기의 유발 기능

교과서는 아동의 흥미와 학습 동기를 유발시키는 기능을 한다. 학습자의 심리적, 지적 상태는 학습 과제와는 어느 정도 거리가 있다. 따라서, 학습이 학습자 자신의 활동에 의하여 보다 효과적으로 이루어지게 하려면 학습자의 상태를 변화시켜 학습 과제에 보다 많은 관심을 가지고 임하도록 하여야 한다. 학습에의 도입은 교사와 학생의 상호 작용, 학습 환경, 교수-학습 자료 등에 의해 다양하게 이루어질 것이지만, 교과서는 학습 동기를 유발시켜 학습자를 학습 과제에 도입시키는 것을 그 기능의 하나로 하고 있다.

(6) 연습 문제 및 탐구 과제 제시 기능

교과서에는 보통 한 단계의 학습이 끝난 후 연습 문제나 탐구 과제 등이 제시된다. 이러한 문제들은 이미 배운 내용을 확인 평가한다든가 보다 심화된 학습으로 유도하는 등의 기능을 한다. 그러나 보다 심화된 학습을 유도하고 학습자의 자발적인 학습을 돕는 데에 중점을 두고 있다.

함수곤(1996)은 교과서의 기능으로 다음과 같이 5가지를 제시하였다.

① 학습자의 학습 동기와 의욕 유발 기능 : 학습자가 새로운 학습 과제를 학습하게 될 때, 학습하고자 하는 의욕이 생기도록 해야 한다.

② 학습 과제의 기본 골격 제시 기능 : 학습 과제의 기본 골격이 기본 개념이나 중심 활동, 주요 가치 등의 형태로 제시되어 있고 이를 효과적으로 학습하는 데 필요한 각종 자료와 정보가 여러 가지 형태로 제공되어야 한다.

③ 학습 방법 및 순서 절차 암시 및 안내 기능 : 학습자가 학습을 진행할 때 다양한 활동을 하게 되고, 도구나 자료를 활용하거나 견학, 실습, 수집, 토론 등 여러 가지 학습 방법을 구사한다. 이 때, 교과서는 전형적인 학습 방법을 유도하고, 학습의 순서와 절차를 안내하여 학습자가 효과적인 목표 달성의 길을 걸어갈 수 있게 뒷받침해 주어야 한다.

④ 연습과 학습 결과 정리 기능 : 학습자가 기본 학습을 끝내면 반복 연습이 필요한 경우, 그러한 필요에 대응할 수 있는 연습을 가능하게 하고 학습 성과를 정리하여 정착시킬 수 있어야 한다.

⑤ 학습 진행의 나침반 기능 : 교사는 추상적인 학습 목표나 과제에 대하여 구체화, 가시화, 실상화되어 있는 교과서를 근거로 삼아 수업을 설계하고 전개할 수 있도록 해야 한다.

이상으로, 교과서의 기능을 살펴보았다. 하지만, 실제 교수-학습 상황에서 교과서의 기능은 동시에 복합적으로 일어나고, 또한 교과의 특성에 따라 갖는 기능이 다르다. 교과서는 이런 다양하고 복합적인 기능을 수행할 수 있도록 구성되어야 하는 어려움이 있으며, 시대가 변하면서 과거의 교과서의 기능 이외에 더 강화되어야 할 기능이 생기게 된다.

함수곤(1996)은 교과서의 개념이 학습재로 전환되면서 기존의 교과서의 기능에서 몇 가지를 강화해야 한다고 하였다.

① 학습 의욕을 환기하는 기능 강화 : 교과서는 다른 학습재보다 학습자를 미지의 세계와 새로운 지식을 향해 효과적으로 인도하고 이끌어 가는 기능을 갖도록 해야 한다.

② 학습 과제를 효과적으로 제시하는 기능 강화 : 무엇을, 왜 학습해야 하는가 하면 학습 목적을 확실하게 자각시켜 주는 교과서로 꾸며져야 한다.

③ 학습 방법을 친절하게 제시하는 기능 강화 : 학습 방법 중에서도 자기 학습, 자기 교육을 도울 수 있는 구체적인 방법을 안내하고 제시하는 방향으로 꾸며져야 한다.

④ 학습의 개성화와 개별화를 돕는 기능 강화 : 앞으로의 교과서는 학습의 개별화와 개성을 자극하고 지원하는 데 공헌해야 한다. 선택의 여지와 판단과 상상, 창의의 연습을 허용하는 방향으로 꾸며져야 한다.

⑤ 학습의 정착 기능을 강화 : 학습의 전 과정을 체계적으로 돌아볼 수 있게 하고 학습 성과를 스스로 평가·반성하면서 정리하고 정착시킬 수 있는 장치를 마련해야 한다.

위에서 살펴본 것을 바탕으로 교과서 기능을 종합하여 요약하면 다음과 같다.

① 학습 의욕을 유발하여 스스로 학습할 수 있는 능력을 키우는 기능 : 교과서는 학교 현장에서 기본적으로 사용하는 학습 자료이기 때문에 학습자의 학습 의욕을 유발시킬 수 있어야 한다. 학습자가 학습에 대한 의욕이 없으면, 학습 능력이 키워질 수 없으므로 학습자의 학습 의욕을 증진시켜 학습자가 스스로 학습할 수 있는 능력을 키우는 기능을 수행해야 한다.

② 기본적인 지식과 정보를 제공해 주어야 하는 기능 : 학습자는 학습 활동에서 배운 내용을 바탕으로 새로운 문제를 해결한다. 그렇기 때문에 교과서는 학습자가 다른 문제 해결에 도움을 주고 바탕이 되는 기본적인 지식과 정보를 제공해 주어야 한다.

③ 학습 정리의 기능 : 학습자가 한 단원을 학습한 후에 학습한 내용을 스스로 반성하고 평가하면서 자신의 학습 내용을 정리할 수 있도록 해야 한다.

④ 습득한 지식과 기능의 정착 기능 : 학습자가 학습 활동에서 습득한 지식과 기능을 자신의 지식과 기능으로 정착할 수 있도록 해야 한다.

라. 교과서의 조건

교과서란 학생들에게 학습 내용을 쉽게 배울 수 있게 할 목적으로 출판된 도서이다. 학습을 촉진시킬 목적으로 출판되는 도서에는 여러 가지가 있지만, 그것들이 교과서가 되기 위해서는 몇 가지 조건을 갖추어야 하는데, 함종규(1976)는 교과서가 역할을 다 하기 위해서는 7가지 조건을 갖추어야 한다고 하였다.

① 교육과정에서 제시된 기준에 비추어서 일관성 있고 과학적인 방법으로 그 취지에 충실해야 한다. 또, 교과서에 수록하는 학습 자료는 사실의 해석이 정확하고 그 진술 내용이나 결론이 과학적이고 신뢰성이 있는 것이어야 한다.

② 교과서에 실린 내용의 정도가 학생들의 학습 수준에 맞아야 한다.

③ 생활의 모든 현상을 해석하는 과학적 지식이나 기술을 이용하며, 그 응용 방법을 제시하여야 한다.

④ 교육학적인 근거에 의하여 구성되어야 한다.

⑤ 확실한 사실, 예정, 경험의 기술 등을 배치하여야 한다. 또한, 많은 연습 문제를 제시하여야 한다.

⑥ 학생들의 이해력에 맞도록 평이한 언어로 쓰여져야 한다.

⑦ 그 내용의 정확성이나 풍부성을 갖출 뿐만 아니라 위생적, 미학적 만족을 충족시키는 것이어야 한다.

그리고 홍웅선(1990)은 교과서가 갖추어야 할 조건으로 3가지를 제시하였는데, 이를 살펴보면 다음과 같다.

① 정선된 학습 내용으로 구성되어 있어야 한다.

정선된 학습 내용은 필수적인 학습 요소를 빠뜨리지 않고 포함시킨 것으로서 인간 발달을 돕고, 그 수준이 학습자의 발달 과정에 적절하며, 그 내용이 지식과 경험의 체계에 비추어 타당한 것이어야 하고, 동시에 인류 국가 사회의 요구에 부합되는 것이어야 한다. 정선된 학습 내용은 일반적으로 교육과정이라고 부르는 교육의 핵심적 요소의 대상이다. 따라서, 정선된 학습 내용을 담은 교과서는 교육과정을 표현해 주는 중심 자료이다. 즉, 교과서는 교육과정을 학생들에게 직접적으로 가장 권위 있게 제시해 주는 자료이다.

② 학교 수업에서 사용되어도 좋다는 유효성을 가진 것이어야 한다.

교과서로서의 효력을 가진 것이라야 한다. 교과서가 될 수 있고 없고 하는 효력의 판정이나 누가 교과서를 개발할 수 있느냐를 결정하는 것은 교육 제도에 따라 다르다. 교사가 수업에서 쓰겠다고 결정하기만 하면 교과서가 될 수 있는 경우에서부터 사전에 당국이 직접 발행하여 공급하는 경우에 이르기까지 여러 가지가 있다. 이것은 국가 단위의 학교 교육에서 취하고 있는 교육 제도와 교과서 발행 제도에 따라 차이가 날 수 있다.

③ 학생의 학습을 최대로 촉진하고 안내할 수 있는 방식으로 제시되어야 한다.

교과서는 가르치고 배우기 위한 도서이다. 따라서, 교과서의 편집 체제와 그 내용의 제시 양식은 교육 방법상의 원리에 부합되어야 한다.

이상에서 살펴본 교과서의 조건을 종합해 보면 다음과 같다.

① 교과서는 교육과정에 제시한 목표에 충실하여야 한다. 즉, 교과서는 교육과정에 제시된 목표를 달성하기 위하여 선정된 학습 내용으로 구성되어야 한다.

② 학교 수업에서 사용되어도 좋다는 유효성을 가져야 한다.

③ 학습을 촉진할 수 있도록 조직 및 구성되어야 한다. 교과서는 사용 대상이 정해져 있다고 할 수 있다. 그러므로 학습자의 발달 수준을 고려한 교육 방법상의 원리에 부합되어야 한다.

마. 교과서관의 변화

교과서를 바라보는 관점에는, 일반적으로 두 가지 관점이 있다. 하나는, 닫힌 교과서관으로, 교과서를 하나의 성전으로 보는 관점이다. 즉, 교육은 교과서만으로 이루어져야 한다는 것이다. 다른 하나는, 열린 교과서관으로, 교과서를 절대적인 것으로 보는 것이 아니라, 교육을 위한 하나의 학습 자료로 보는 관점이다. 이런 관점의 차이는 나라의 교육 정책에 따라 차이가 있을 수 있다.

우리 나라에서는 아직까지는 닫힌 교과서관에 의존하는 교사들이 많은 편이지만, 제6차 교육과정에서 국가 수준의 교육과정에 기초한 학교 교육과정을 도입하면서 열린 교과서관이 확산되고 있는 실정이다(한국교육개발원, 1986, pp. 27~31).

(1) 닫힌 교과서관

닫힌 교과서관은 교과서에 포함되는 내용을 통해서 학생들은 교과서에 담긴 내용만큼 지식이나 이해력을 키우게 하는 교과서관이다. 즉, 학생들은 교과서에 포함된 내용대로 학습한다고 보는 교과서관을 말한다. 학생들은 교과서에 실린 내용을 진실로서 믿고 학습하며 학생들이 무엇을 배우느냐는 교과서의 내용에 의해서 크게 좌우된다. 그리고 교과서에 담긴 내용은 오류가 없는 것이기 때문에 누구나 함부로 이리저리 변경할 수 없고, 모든 학생은 반드시 그 내용을 숙달해야 되는 것으로 보는 「닫힌 교과서관」에서 만들어낼 수 있는 교육 현상을 살펴보면 다음과 같다.

① 교과서의 내용은 절대적으로 옳은 것이고, 따라서 누구에게나 그것이 옳은 것으로 인식된다. 교과서에 실린 내용이라는 이유만으로 내용의 타당성이나 중요성이 부각되

며, 교과서의 내용은 모든 문제의 모범답으로 간주된다.

② 교과서 중심의 교육이 이루어진다. 학교 수업은 교과서의 순서에 따라 내용이 진행되어야 하기 때문에 교사는 교과서의 어느 한 부분이라도 빠뜨리지 않고 처음부터 끝까지 가르친다. 그리고 학생과 학부모도 역시 교과서의 내용의 순서에 의해 처음부터 끝까지 모두 학습해야 공부한 것으로 보며, 교과서의 내용을 누가 정확하게 이해하고 외우는가에 따라 그 학생을 평가한다.

③ 교사와 학생간의 일반적인 상호 작용만이 생긴다. 즉, 교사는 교과서의 내용을 학생들에게 가르쳐야 된다는 생각으로, 일방적으로 설명, 강의식 수업을 하고, 학생들은 교과서의 내용을 한 글자도 빠짐없이 이해해야 하기 때문에 잘 듣고 열심히 필기를 하는 수업이 이루어진다.

④ 닫힌 교과서관에서는 모든 답이 교과서에 있다고 생각하는 인간이 길러진다. 즉, 교과서에 실린 내용은 절대적인 지식이기 때문에 이 지식만을 습득하면 모든 문제를 해결할 수 있다는 단편적인 인간을 육성한다.

이처럼, 닫힌 교과서관에 있어서 교과서는 '교육과정의 실현을 돕는 여러 가지 교육과정 자료들 중의 하나'라기보다는 '학습해야 할 유일무이한 자료', '배우고 가르쳐야 할 모든 내용이 들어 있는 자료'로서 인식하는 교과서관으로 교과서 내용의 습득에 있어서 한치의 오차도 없이 받아들여야 한다고 보고 있다.

우리의 학교 교육에서 교과서는 교육의 전부라고 할만큼 큰 위치를 차지하여 왔다. 그래서 학교에서 유일한 교재이므로 다른 자료의 사용을 금지하여 왔고, 학교에서 치르는 평가 문항도 교과서에 있는 내용을 그대로 내야 하며 적용 문제를 출제할 때도 그 출제의 한계가 문제화되기도 한다.

(2) 열린 교과서관

「닫힌 교과서관」과는 달리 교과서의 내용은 언제나 절대적으로 옳은 정답이 아니라, 인간이 성취한 문제 해결의 사례에서 본보기가 되는 것을 가려 놓은 것이기 때문에 언제나 전혀 새로운 문제에 접근할 수 있다고 가정하는 교과서관이다. 즉, 교과서의 내용만이 아닌 다른 종류의 해결이 있을 수 있다는 것을 허락하는 관점이다. 경우에 따라서는, 교과서의 내용은 잘못된 것이 될 수도 있고, 보다 좋은 문제 해결의 대안이 있으면 교과서에는 없는 내용이라도 그것을 받아들일 수 있다는 자세를 보일 수 있는 관점이다.

이와 같이, 어떤 문제의 해결을 위한 해답은 교과서가 주는 것이 아니라, 학생 스스로 해결할 수 있다는 것이다. 열린 교과서관에서 교과서는 워크북(work book)이나 가이드 북

(guide book) 구실을 한다. 이 「열린 교과서관」의 특징을 「닫힌 교과서관」과 대조하여 살펴보면 다음과 같다.

① 교과서 내용은 언제나 옳은 것으로 습득되도록 제시되기보다, 여러 가지 문제를 해결함에 있어서의 하나의 사례로 생각하도록 제시된다. 어떤 문제에 따라서는 서로 다르게 생각할 수 있다는 것이 허용되며, 각자가 자기의 생각이 어떻게 옳을 수 있는가에 대한 정당성을 밝힐 수 있다면, 그것은 문제 해결의 한 가지 대안이 될 수 있다는 것을 인정한다

② 교육 내용은 문제 해결의 사례를 제시하는 것이기 때문에 그것을 전달하는 학습 자료는 학습자가 문제 해결의 생생한 경험을 가질 수 있도록 제시한다. 교과서의 내용을 그대로 받아들이도록 제시하는 것이 아니라 여러 가지 자료들을 제시하여 학습자 스스로가 질문을 던지고 해답을 구하는 경험을 쌓도록 해야 한다. 그러기 위해서는 때로는 교과서와는 전혀 다른 읽기 자료, 자율 학습용 교재, 사례집 모음 자료 등이 활용되어야 한다. 교과서는 모조리 암기해야 될 권위 있는 자료가 아니라 학습을 이끌어 주는 여러 가지 학습 자료 중의 하나가 되는 것이다.

③ 교과서의 글을 이해하고 암기하는 일이 아니라, 연습하고, 문제를 제기해 보고, 가설을 세워 보며, 실험하고, 토론하는 활동에 강조를 두게 된다. 학생 개개인에 대한 이해를 바탕으로 학생에게 적합한 학습 내용의 수준과 양을 판단하고, 창의적으로 수업 계획을 수립하여 창조적으로 가르치도록, 교사가 선정 조직하여 가르치는 것이다.

④ 창의로운 사고를 하는 인간이 강조된다. 교육 내용은 문제 해결의 실마리를 제공하는 것으로, 문제 해결에 있어서 기존의 해결 방식 이외의 다양한 해결 방법을 제시할 수 있도록 하여야 한다. 그러기 위해서는 학생들의 활동에 대한 폭넓은 이해와 관용을 가지도록 하여 창의적인 인간을 기르는 데 있다.

이처럼 열린 교과서관에서는 교과서의 내용은 하나의 문제 해결의 예가 될뿐 절대적인 것이 아니다. 그렇기 때문에, 학습에 있어서 교과서 이외의 다양한 자료도 필요하면 활용할 수 있는 것이다. 결국은, 교과서가 곧 교육과정을 의미하지 않는다. 열린 교과서관에서는, 교과서는 학생들의 창의적인 사고를 기르기 위한 다양한 사고를 자극할 수 있는 자료 또는 도구로서 존재할 뿐이다. 닫힌 교과서관과 열린 교과서관을 단적인 측면에서 비교하면, 다음과 같은 차이점이 있다고 볼 수 있다.

① 기르려는 인간상에 있어서, 닫힌 교과서관이 지적인 인간을 기르는 데 목적이 있다고 하면, 열린 교과서관에서는 창의적인 인간을 기르는 데 목적이 있다고 할 수 있다. 그러므로 앞으로의 교육에서는 교과서를 닫힌 관점에서 취급할 것이 아니라, 열린 관

점에서 취급하여 학생들의 창의적인 사고력을 키우는 데 중점을 두고 교과서를 활용
해야겠다.

② 교과서가 교수-학습 과정에서 행하는 역할에 있어서, 닫힌 교과서관에서는 절대적인
학습 자료 역할을 수행한다고 하면, 열린 교과서관에서는 다양한 학습 자료 중에서
가장 기본적인 학습 자료라고 볼 수 있다.

③ 수록된 내용에 있어서, 닫힌 교과서관에서는 이것을 절대적인 영원 불변의 진리로 인
식한다면, 열린 교과서관에서는 문제 해결에 있어서 하나의 예나 변화할 수 있는 학
설로 볼 수 있다.

④ 평가에 있어서, 닫힌 교과서관에서는 교과서 내의 내용 위주로 평가가 이루어진다고
보면, 열린 교과서관에서는 교육과정에 기초한 평가가 이루어진다고 할 수 있다.

위의 내용을 표로 나타내면 [표 5-2]와 같다.

[표 5-2] 닫힌 교과서관과 열린 교과서관의 비교

구 분 〵 관 점	닫힌 교과서관	열린 교과서관
기르려는 인간상	지적인 인간	창의적인 인간
교과서의 역할	절대적인 학습 자료	기본적인 학습 자료
교과서의 내용	진 리	학 설
평 가	교과서 내의 평가	교육과정 내의 평가

2. 교과서의 분류

가. 교과용 도서 분류

2002년 대통령으로 공포된 교과용 도서에 관한 규정에서 교과용 도서를 다음과 같이 분
류하고 있다. 교과용 도서의 분류 체계를 용도로 보아 교과서와 지도서로, 지위 획득 절차
와 방법에 따라 국정 도서, 검정 도서, 인정 도서로 구분하고 있다. 여기서 교과서는 학생
의 학습을 위한 교재이고, 지도서는 교사들의 수업 전개를 위한 교재를 말하는데, 각 교과
용 도서의 정의를 살펴보면 다음과 같다.

교과서란 학교에서 교육을 위하여 사용되는 학생용의 주된 교재와 그 교재를 보완하는
음반·영상 저작물, 전자 저작물 등(이하 '보완 교재'라 한다)을 말하는데, 이는 기존의 교과
서 정의(학교에서 교육을 위하여 사용되는 학생용의 주된 교재를 말하며, 교육부가 저작권

을 가진 도서와 교육부 장관의 검정을 받은 도서로 구분한다)보다 확대된 것으로 음반과 영상 저작물, 서책뿐만 아니라 전자 저작물 등이 추가되었음을 알 수 있다. 이런 변화의 요인으로는, 오늘날 열린 교과서관의 확산과 정보화 시대의 도래 그리고 신교육 체제의 수립을 위한 교육 개혁의 일환으로서 학교 교육에 필요한 다양한 학습 자료를 제공할 필요성이 대두되었기 때문이라고 여겨진다.

그리고 지도서는 '학교에서 교육을 위하여 사용되는 교사용의 주된 교재와 그 보완 교재'로 정의하고 있으며, 인정 도서는 '교과서·지도서가 없는 경우 또는 이를 사용하기 곤란하거나 보충할 필요가 있을 경우에 사용하기 위하여 교육부 장관(교육감에게 위임)의 인정을 받은 교재와 그 보완 교재'라고 정의하고 있다.

그리고 교과서를 국정 도서와 검정 도서 및 인정 도서로 구분하고 있는데, 국정 도서는 '교육부가 저작권을 가진 교과서'를 말하고 검정 도서는 '교육부 장관의 검정을 받은 교과서'라고 정의하고 있다.

나. 국정 도서

국정 도서란 교육부가 저작권을 가진 교과서로 저작은 주로 연구 개발 기관에 개발 위탁하여 개발하고 있으며, 지역 교육청이나 학교의 선택과는 무관하게 일률적으로 제작되어 배포된다. 그리고 교과용 도서에 관한 규정에 국정 도서의 종류를 다음과 같이 한정하고 있다.

> 1. 초등학교·중학교 및 고등학교의 교과목 중 교육인적자원부 장관이 정하여 고시하는 교과목의 교과서 및 지도서
> 2. 초등학교·중학교 및 고등학교를 제외한 각급 학교의 교과목 중 교육인적자원부 장관이 정하여 고시하는 교과목의 교과서 및 지도서

제5차 교육과정까지는 초등학교의 모든 교과서가 국정 교과서였던 것과 비교하면, 제6차 교육과정에서는 초등학교에서도 영어를 검정 교과서로 채택하는 등 교과서 편찬에 있어서 국가 통제에서 벗어난 검정 교과서 편찬 체제로 확대되었다. 하지만, 최근 경제 사정, 개발 비용 과다 등을 이유로 제7차 교육과정에서는 초등학교 영어를 포함하여 모든 교과서를 국정 교과서로 하고 있다.

다. 검정 도서

검정 도서는 민간의 저작자가 출판사와 공동으로 교과서를 저작 출판 약정하여 교육부

의 검정 심사에 합격한 도서로서 1개 교과목에 여러 종류의 도서가 있다.

학교장은 당해 학교에서 사용할 검정 교과서를 선정함에 있어서, 당해 학교의 교원, 학생의 보호자 및 교육에 관한 학식과 경험이 풍부한 자 등으로 구성되는 학교 운영 위원회의 심의를 거쳐 검정에 통과한 여러 종류의 교과서 중에서 한 종류를 채택하여 사용하도록 하고 있다.

라. 인정 도서

인정 도서는 교과서·지도서가 없는 경우 또는 이를 사용하기 곤란하거나 보충할 필요가 있는 경우에 사용하기 위하여 교육부 장관의 인정을 받은 교재와 그 보완 교재를 말한다.

인정 도서는 원칙적으로 국정 및 검정 교과서의 교과목과 중복되어서는 안 되는 독립적인 교과서 유형임을 알 수 있다. 인정 도서의 적용 예를 보면 다음과 같다.

① 교과서 또는 지도서가 없는 경우 : 일반계 고등학교 교양 선택 과목(교육학, 철학, 논리학, 심리학, 생활 경제, 종교 등) 및 국악 고등학교 교재
② 교과서 또는 지도서 사용이 곤란한 경우 : 방송 고등학교 교재
③ 교과서 또는 지도서를 보충하는 경우 : 초·중등학교 지역 교재 또는 보충 교재

3. 교과서 변천

우리 나라의 교과서 변천을 개화기, 일제 침략기, 미군정기 그리고 정부 수립 이후로 세분하여 초창기 및 제1차 교육과정에서 제7차 교육과정까지 살펴보기로 한다.

가. 개화기의 교과서

교과용 도서 편찬 배경은 우리 근대사 중 이른바 문화 혁명이라 할 갑오개혁(1894)에 이어, 1895년 1월 조선 정부 내외에 포고한 독립에 관한 서고문(書誥文)과 교육입국조서(敎育立國詔書)에서 그 뿌리를 찾을 수 있다(이종국, 1998). 정규 학교 교육에 사용할 교과용 도서가 편찬·간행되어 사용된 것은 1894년 이후로, 고종 32년(1895)에 제정·공포한 소학교령(勅令 제145호) 제15조에 따라 "소학교의 교과서로는 학부에서 편찬한 것 또는 학부의 검정을 받은 것을 사용한다"고 하였으나, 신교육이 도입된 후인 광무 9년(1905년) 전후까지는 학교의 정도(程度)나 목적 또는 종류에 따라 학부에서 편찬한 저술은 없었다. 그 당시를 전후해서 각급 학교에서 사용된 교과서는 민간인들이 저술한 것이었거나 번역에 의한 것이 주류였다(국정교과서 주식회사, 1987, p. 487~488).

학부에서 본격적으로 교과용 도서의 편찬에 착수한 때는, 일제의 통감부가 막강한 힘을 과시하던 때로서 일본인들을 교과서 편찬 전담관으로 임명하여 교과서 편찬에 착수하였다. 학부에서는 학교 교육의 내실을 기하고 교과서의 질적 향상과 사상적 통제를 목적으로 융희 1년(1907년) 칙령(勅令) 54호로 공포된 학부관제에 의거 학부 내에 편집국을 설치하고, 다음과 같은 사항을 관장하였다(이흥수, 1987, p. 488).

① 도서 편찬, 번역 및 출판에 관한 사항

② 도서 급여 및 발매에 관한 사항

③ 교과용 도서의 검정에 관한 사항

④ 역서(책력, 역학에 관한 책)에 관한 사항

보통학교 교과서 편찬 사업에 착수한 학부에서는 융희 2년부터 4년까지 편찬한 교과용 도서를 살펴보면 [표 5-3]과 같다.

[표 5-3] 학부에서 편찬한 교과용 도서 발행 현황

융희 2년(1908)	융희 3년(1909)	융희 4년(1910)
<보통학교용> 수신 국어독본 일본독본 한문독본 이과서(일본어로 됨) 도서임본	습자첩 산술서	<교사용> 보통교육학 체조교수서 보통교육창가집

자료 : 이흥수(1987). 국정교과서 주식회사 35년사. p. 489.

그리고 칙령(勅令) 제54호에 따라, 학부는 1908년 학부령 제16호로서 교과용 검정 규정을 공포하고, 교과용 도서는 학부에서 편찬한 것, 또는 학부대신의 검정을 받은 것이어야 한다고 하였다. 그러나 이에 해당하지 않을 경우에는 학교장이 학부대신의 허가를 받은 것에 한하여 사용하도록 규정하였다. 이는 일제의 침략 마수(魔手)와 정부의 친일 정책에 대항하여 애국 사상과 독립 정신을 고취하는 교육용 도서를 엄격히 단속하려는 데 그 목적이 있으며, 이와 같은 사실은 당시 민간인들에 의한 도서의 저술과 출판이 성행하고 있었다는 것을 말해 주고 있다(이흥수, 1987, p. 489).

이에 따라, 통감부의 사주를 받고 있던 학부에서는 교과용 도서의 검정 규정을 융희 2년 8월 8일 제정·공포하고 검·인정에 대한 다음과 같은 심사 기준을 두었다(이흥수, 1987, p. 492).

[정치적인 면]

① 한국과 일본과의 관계 및 두 나라의 친교를 저해 또는 비난하는 일이 없는가?

② 한국의 국시에 위루하여 질서와 안령을 해하거나 국리 민복을 무시하는 것과 같은 연설이 없는가?

③ 한국의 고유한 국정과 달리하는 것과 같은 기사가 없는가?

④ 기교하고 오류에 빠진 애국심을 고무하는 일이 없는가?

⑤ 배일 사상을 고취하고 또는 일본인 및 기타 외국인에 대한 악감정을 품게 하는 것과 같은 기사 또는 어조가 없는가?

[사회적인 면]

① 음잡 또는 풍속을 양란하는 것과 같은 언사 또는 기사가 없는가?

② 사회주의 또는 사회 평화를 해함과 같은 기사가 없는가?

③ 황당무계한 미신에 속한 것과 같은 기사가 없는가?

[교육적인 면]

① 기재 사항에 오류가 없는가?

③ 정도, 분량 및 재료의 선택이 교과서의 목적에 부합하는 것인가?

③ 편술 방법이 적당한가?(이흥수, 1987, p. 492)

또한, 학부에서는 공·사립 보통학교에서 규정이 발효되기 이전의 교과용 도서를 사용하고자 할 때는 다음의 사항을 학부에 밝혀 청원하도록 하였다(이흥수, 1987, p. 492).

① 학칙, 학과목, 정도 및 수업 연한

② 학생 수 : 교과용 도서를 사용할 학년별 학생 수

③ 교과용 도서의 종류 학년별 배정

④ 교과용 도서를 사용할 학과 담임 교사의 이력서

민간인이 저작하는 교과용 도서는 상기와 같은 검정 제도로서 그 내용을 철저히 통제하는 한편, 학부에서 국정 교과서를 편찬하였다. 이 시기에 검정 신청 및 허가 책수를 보면 [표 5-4]와 같다. 교과용 도서의 검정 규정에 의해 [표 5-4]와 같이 많은 교과서가 불허되었는데, 각 사립학교에서는 친일 교육을 강화하는 수단이라고 하여 학부 편찬의 교과용 도서보다는 개인이나 민간 단체인 학회, 교육회 등에서 저술한 도서들을 사용하였기 때문이다. 또한, 광무 9년(1905년)까지는 사실상 정부에서는 교과용 도서를 제작하기보다는 오히려 민간에서 더 자유롭게 저술하였다.

선교를 위해 우리 나라에 온 서양의 선교사들이 중심이 된 외국인에 의한 교과용 도서는 선진 외국 문물을 널리 소개하여 한국인의 개화와 민족 교육에 크게 이바지하였다.

[표 5-4] 교과용 도서 검정 신청 및 허가서(1908~1910)

종별 부수	수신	국어	영문	역사	지리	이화	수학	박물	체조	농공상	교육	일어	법경	사서	계
검정 출원 부수	12	16	13	16	20	8	6	14	1	2	1	5	2	1	117
허가 부수	3	4	3	6	6	7	4	12	1	1	1	3	2	1	54
불허가 부수	5	2	2	3	5	.	1	.	.	.	.	.	.	.	18
조사 중	4	10	8	7	8	1	1	1	.	1	.	.	.	.	41

자료 : 이흥수(1987). 국정교과서주식회사 35년사. p. 493.

나. 일제 침략기 교과서

(1) 제1차 조선 교육령기의 교과서(1911~1922)

일제는 강제 합병 후 교과용 도서의 편찬에 대한 필요성을 더욱 절감하게 되었다. 그로 인하여 1911년 총독부로 하여금 제1차 조선 교육령을 공포하고 보통학교·고등보통학교 및 여자고등보통학교 등 모든 학교 규칙을 새로 제정하고 이어서 교과서의 편찬 사업을 재편하였다.

일제는 보통학교 교과용 도서의 편찬에 있어 다음과 같이 부기(附記)하고 있다.

① 보통학교 교과용 도서의 편찬에서 국문의 철자와 일어 사용이 문제되었을 때, 보통학교 교과서에는 표음주의를 따라 사용하기로 하였다.

② 교과서의 종류는 다음에 기술할 교과용 도서의 목록과 같으며 그 용어는 조선어 및 한문 독본을 제외한 모든 교과서에서 일어로 기술하기로 하였다.

③ 교사에게 편의를 제공하기 위하여 교과서마다 권두에 제언을 쓰고 사용 방침을 제공하였으며, 각과에 연습 문제를 두고 권말에는 부록을 첨부하여 사용에 편리하도록 하였다(이흥수, 1987, p. 499에서 재인용).

이에 따라 조선 총독부에서 발행된 교과용 도서는 다음과 같다.

<보통학교용>

보통학교 수신서	생도용	전 4책
보통학교 수신서	교사용	전 4책
보통학교 수신서	생도용 언문역	전 4책
보통학교 국어독본		전 8책

보통학교 조선어 및 한문독본		전 4책
보통학교 습자첩		전 4책
보통학교 산술서	생도용	전 3책
보통학교 산술서	교사용	전 4책
보통학교 주산서	교사용	전 1책
보통학교 이과서	생도용	전 2책
보통학교 이과서	교사용	전 2책
보통학교 농업서	생도용	전 2책
보통학교 농업서	생도용 조선역문	전 2책
보통학교 가창서	생도용	전 4책
보통학교 체조교수서		전 1책
보통학교 도서임보 학도용		전 4책
보통학교 수신괘도 16종 53책의 괘도 4철	전 4책	

자료 : 이흥수(1987). 국정교과서주식회사 35년사. pp. 504~505.

(2) 제 2 차 조선 교육령기의 교과서(1922~1938)

1919년 3·1 운동을 겪고 일제는 1922년 제 2 차 조선 교육령을 개정 공포하였다. 이는 제 1 차 조선 교육령에서 충량한 황국 시민의 육성을 목표로 하였던 것이 실패로 돌아가자, 다시금 이를 보완 개정한 교육령이었다.

이에 따라, 각 학교의 규정이 만들어졌는데 이 규정에 의하면, 보통학교의 교과용 도서는 조선총독부에서 편찬한 것을 사용하되 그것이 없는 경우에는 문부성에서 저작권을 가지고 있는 소학교 교육용 도서를 사용하도록 하였다. 그러나 교과용 도서 중 수신, 국어, 조선어, 산술, 국사, 지리, 이과, 한문, 가사 및 도화를 제외한 기타의 교과용 도서에 한해서는 조선총독부에서 편찬한 것, 문부성에서 저작권을 가지고 있는 소학교의 교과용 도서 중에서 도지사가 채택하도록 하였다.

개정 교육령이 공포된 후 1929년 조선총독부에서 편찬한 보통학교 교과용 도서의 목록은 아래와 같다.

<보통학교정도>
보통학교 수신서 아동용(권 1, 2, 3, 4, 5, 6)
(수업연한 4년제도 제 4학년용은 6년제도 제 4학년용과 병용함)
보통학교 수신서 교사용(권 1, 2, 3, 4, 5, 6)
(수업연한 4년제도 제 4학년용은 6년제도 제 4학년용과 병용함)
보통학교 수신괘도(권 1학년용, 제 2학년용)

보통학교국어독본(권 1, 2, 3, 4, 5, 6, 7, 8)

보통학교 서예 방수본(제 1학년용, 제 2, 3, 4학년용 각 상하)

보통학교 조선어독본(권 1, 2, 3, 4, 5, 6)

보통학교 고등과조선어독본(권 1, 2)

보통학교 한문독본(제 5학년용, 제 6학년용)

보통학교 산술서 교사용(제 1학년용, 제 2학년용, 제 1, 2학년에 한하여 아동용은 없음)

보통학교 산술서 아동용(제 3학년용, 제 4학년용)

〃   4년제 아동용(제 4학년 수료)

〃   교사용(제 4학년 종료)

보통학교 산술 교수참고서(제 3, 4, 제 5, 6학년용)

보통학교 국사   (상하)

〃   국사 교수참고서   (전)

〃   지리보충교재 아동용   (전)

〃   지리보충교재 교수참고서 (전)

보통학교 이과서 아동용   (권 1, 2, 3)

〃   교사용   (권 1, 2, 3)

〃   4년제 아동용   (제 4학년용)

〃   〃 교사용   (제 4학년용)

보통학교 도화첩 아동용(제 3, 4, 5, 6학년용)

교사용(제 1, 2, 3, 4, 5, 6학년용)

보통학교 보충창가집(전)

소학교, 보통학교 체조교수서(전)

초등농업서   (권 1,2)

자료 : 이흥수(1987). 국정교과서주식회사 35년사. pp. 510~511.

(3) 제 3, 4차 조선 교육령기의 교과서(1938~1945)

일제가 시행한 각급 학교의 교육 내용은 그들의 식민 통치에 필요한 최소한의 교육과 충량한 황국 시민의 육성을 위한 목적으로 하였기 때문에 이 시기의 교과용 도서도 그 근본 취지에 따라 편찬되었다.

그 중에서도 가장 두드러진 것은, 제4차 교육령 개정 후 총독부 당국의 이른바 전시 체제의 교육 수행을 위해 '결전 학년의 신교과서'란 것의 편찬이다. 이것은 중등학교에서 채택, 사용하게 하였다. 이처럼 일제는 교과서 편찬에서까지 전쟁 의식을 강조하고 교육 내용에서도 긴박감을 더욱 조성하는 방향으로 한국 학생들을 몰아붙였다(이흥수, 1987, p. 512).

제 3 차 교육령 개정으로 종전 총독부에서 편찬 및 검·인정하던 학교별 교과용 도서는 문부성에서 저작한 것을 사용하는 일이 많아졌다.

일제 침략기 동안 교과용 도서의 인쇄·출판은 전교과를 국정으로 하여 총독부의 종속 기관인 조선서적주식회사를 설립하여 교과용 도서를 생산케 하였다. 또한, 조선교과용도서 주식회사를 만들어 통제적인 관리에 주력해 왔으며 전 학년에 걸친 교과서가 국판본으로 획일화되었던 것이 특징이었다.

다. 미군정기의 교과서

광복과 더불어 군정청 학무당국은 1945년 9월 17일 일반 명령 제 4 호로써 9월 24일 을 기하여 모든 공립 초등학교에 대하여 개교를 지시하였고, 동시에 사립 초등학교는 개교 전에 당국의 허가를 받도록 하고, 또 학무당국은 9월 28일에 각 도에 통첩을 보내어 중등 학교 이상의 학교에서도 수업을 시작하도록 지시했다.

그리고 1946년 3월 29일에는 학무국이 국정 법령 제 64 호에 의해 문교부로 승격되었 다. 한편, 군정청 학무국의 교과서 발행 시책은 1945년 9월 18일 아놀드 군정 장관이 발 표한 '신조선의 조선인을 위한 교육 방침'에 근거를 두고 있었다. 그 중에서 교수 용어와 교과목에 관한 지시를 인용하면 다음과 같다.

> **교수 용어** : 전 조선 학교 교육의 교수 용어는 조선 국어로 함. 단 조선 국어로 된 적당한 교재
> 가 준비될 때까지는 외국어(일본어)의 교재만을 사용할 수도 있음.
> **교 과 목** : 조선의 이익에 반하는 교과목은 일체 교수함을 금함.

군정 당국이, 우선 우리말로 된 교육을 실시하려고 하였다는 사실과, 교과목의 종류를 갑자기 정할 수 없어 막연하게 한국의 이익에 배치되지 않는 과목을 가르치도록 지시했다 는 것을 알 수 있다.

1945년 9월 22일에 군정청 학무국에서는 '조선 교육의 당면 방침'을 발표하였는데, 그 내용을 보면, ① 일제 잔재의 불식이요, ② 평화와 질서의 유지, ③ 생활의 실제에 적합한 지식 기능의 연마인 것이다.

이러한 방침을 토대로 각 학교에 개교를 지시하면서 교과서는 학교에서 책임지고 당분 간 선택하도록 하였으며, 산술이나 이과 같은 교과서 이외는 일본 교과서를 일절 사용하지 못하게 하였고, 만일 일본 교과서를 사용할 경우에는 교사만에 국한할 것을 지시했다.

1945년 11월 20일 중앙청 제 1 회의실에서는 군정 장관에게 조선어학회에서 편찬한 한 글 첫걸음과 초등 국어독본의 증정식이 있었고, 군정 장관은 다시금 국민학교 학생들에게

증정하는 교과서 전달식이 거행되었다.

또한, 군정청 학무국에서는 시급히 요망되는 교과서 편찬을 위하여 1946년 초에 36명의 학자들로 구성된 편찬 요원으로 하여금 편찬 작업을 추진하게 하였다.

교수 요목이 제정되고, 편찬 작업이 진행되어 1956년 2월까지 편수가 완료된 교과서는 [표 5-5]와 같다.

교과용 도서를 초기에는 학년별, 학기별 교재가 아닌 상·중·하의 방식으로 발행하여 공급한 뒤에, 점차 1개 학년 1책씩의 교재로 한글 전용과 횡서 판행 교재로 바꿨다. 당시의 편수관실에서는 조선어학회 회원들이 중심이 되어 우리 국어를 순한글로만 표기함

[표 5-5] 미군정의 교과서 발행 현황

책 이름	사용 학년
한글첫걸음	각급 학교에서 사용
초등 국어 교본 상	초등 1, 2학년용
초등 국어 교본 중	초등 3, 4학년용
초등 국어 교본 하	초등 5, 6학년용
초등 공민	초등 1-2, 3-4, 5-6학년용
음악	초등 1-6학년용
습자	초등 1-2학년용
지리	초등 5학년용
국사 교본	초등 5-6학년용
중등 국어 교본 상	중학 1, 2학년용
중등 국어 교본 중	중학 3, 4학년용
중등 국어 교본 하	중학 5, 6학년용
국사	중학교용

* 1956년 2월까지 편수된 것임.
자료 : 이규호(1993). 교과서 편찬 체제의 시대별 비교. p. 26에서 재인용.

으로서 한글의 위치를 확고히 해 보려는 의도 하에 시도해 보았으나 한자를 가르치지 않음으로써 눈뜬 장님을 만든다는 비난이 있어 상용한자 1000자를 선택하여 교수하도록 방침을 변경하였고, 그 후에는 1300자로 늘렸다.

발행은 교재가 국정, 검정, 인정 제도로서 모두 번각본 형태의 형식으로 되어 있었고 판형은 4×6판(B5), 국판(A5)으로 되어 있었다.

인쇄에 있어서는 일제가 한글 자모 활자를 모두 압수하여 전쟁 물자로 소모해 버렸기 때문에, 해방 당시 은닉해 두었던 약간의 활자가 남아 있었으나 그나마도 조잡하고 자형도 가지각색이었다. 원고의 내용도 맞춤법에 통일성이 없는 제각기 다른 문장 형태로 이루어져 있었으며, 인쇄는 흑백 단색이었다.

이 시기 교과서 발행의 특징은 다음과 같다(이종국, 1998, pp. 97~98).

① 학교 재개에 다른 수업을 뒷받침하기 위해 교과서 편찬 발행이 가장 중대한 현안으로 인식되고 있었다.

② 식민지 시대의 교육 잔재를 씻어 내기 위해 우리말 교과서의 편찬 발행이 시급한 과제였다.

③ 우리말 교과서의 편찬은 전 국민을 대상으로 한 국어 보급 목적도 겸하고 있었기 때

문에 종합적인 교과 교육과정을 반영했다.

④ 국어과를 중심으로 공민, 사회과 교과서 편찬으로 확대했다. 그러므로, 특히 실업계 교과서 개발에 상대적인 노력을 투입하기 어려웠다.

라. 정부 수립 이후의 교과서

(1) 초창기의 교과서

교육법이 법률 제86호로 1949년 12월 31일에 공포되었고 이어서 1950년 4월 29일에 대통령령 제336호로 '교과용 도서 검·인정 규정'과, 제337호로 '국정 교과용 도서 편찬 규정'이 공포되었다.

교육법에 규정한 교육의 근본 이념에 따라 교육과정 제정 작업에 착수하여 교과서의 편찬·발행을 위한 구체적인 준비 단계에 들어가게 되었다.

이로써 문교부는 교과서의 전면적인 재편성을 계획하고 추진하는 한편, 국정 교과서의 편찬 및 검인정의 작업 준비를 서두르고, 교수 요목의 제정 작업에 들어갈 시기에 뜻하지 않은 6·25를 맞게 되었다.

이에 따라, 학생들에게 임시 교재로 국민학교용 '전시 생활 I', '전시 생활 II', '전시 생활 III'의 3권 3편과 중등학교용으로 '전시 독본' 1권 3편을 1951년도에 발행하여 전시 하에 학습하도록 하였다. 그 내용은 [표 5-6]과 같다.

이 시기에 편찬된 교과서는 군정 시대의 학습 방법인 단어식 학습에서 문장식 학습으로, 문어식에서 회화식으로 변경되었고, 학년별 6책에서 학년별 학기별인 12책 체제로 발전되었다. 한편, 분화된 소단원제에서 통합된 대단원제로 8단원 내지 10단원을 갖추었으며 생활 경험 중심으로 교재를 구성하였다.

[표 5-6] 초·중등 교육용 전시 교재

구 분	1편	2편	3편
전시 생활 I	비행기	탱크	군함
전시 생활 II	싸우는 우리 나라	우리는 반드시 이긴다	씩씩한 우리 겨레
전시 생활 III	우리 나라와 국제 연합	국군과 유엔군은 어떻게 싸우나	우리는 싸운다
전시 독본	침략자는 누구냐	자유와 투쟁	겨레를 구원하는 정신

자료 : 이흥수(1987). 국정교과서주식회사 35년사. p. 535.

(2) 제 1 차 교육과정기의 교과서

문교부는 1948년 제정된 대한민국 헌법과, 1949년에 공포된 교육법에 근간을 두고 교육과정 제정에 착수했으나 6·25로 일시 중단했다가 1952년부터 임시 수도 부산에서 재개하였다.

그리하여 1954년 4월 20일에 문교부령 제35호로 '각급 학교 시간 배당 기준령'이 공포되었고, 1년 후인 1955년 8월 1일에는 문교부령 44, 45, 46호로 국민학교, 중학교, 고등학교 및 사범학교의 교육과정이 우리 나라 최초로 공포되었다.

제1차 교육과정은 광복 이후 최초로 정부의 주도하에 이룩된 것으로서 그 의의가 크다고 할 수 있다. 그러나 교육과정 구성에 대한 경험이 부족했을 뿐만 아니라, 거쳐야 할 과정과 절차 또한 제대로 밟지 못했으며, 그 나름대로 어려운 점을 내포한 채 시행되었다.

제1차 교육과정의 취지와 내용을 구체화시킨 교과서가 1955년부터 국정·검정·인정으로 편찬 발행되었다. 교육법에 따라 국정·검정을 정규 교과서로 하고 인정을 보조 교과서로 규정하였다.

이 때의 국정 교과서 개편 상황을 보면 [표 5-7]과 같다.

[표 5-7] 학생용 교과서 개편 현황

년도별	학교별	과 목	사용 학년
1955	국민학교	국어, 산수, 사회 생활, 자연	1, 2, 3학년 전·후학기용
〃	〃	미 술	1, 2, 3, 4, 5, 6학년용
1956	〃	국어, 산수, 사회 생활, 자연	4, 5, 6학년 전·후학기용
〃	〃	실 과	5, 6남녀용
〃	중학교	국 어	1, 2, 3학년 전·후학기용
〃	〃	농업, 공업, 상업, 수산	1학년용
〃	고등학교	도 덕	1, 2, 3 학년용
1957	국민학교	음 악	1, 2, 3 학년용
〃	〃	도 의	1, 2, 3, 4, 5, 6학년용
〃	중학교	도 의	1, 2, 3학년용
〃	〃	농업, 공업, 상업, 수산	2, 3학년용
〃	고등학교	국 어	1, 2학년용
1958	국민학교	음 악	4, 5, 6학년용
〃	고등학교	국 어	3학년용

자료 : 한국어머니회 중앙연합회(1976). 한국교육 30년사. 한국어머니회 중앙연합회 출판부, p. 414.

1955년부터 1958년까지 편찬을 완료한 국정 교과서는 모두 96종이며, 고등학교 3학년용 국어와 국민학교용 사회 생활 부도의 2종은 1959학년도부터 사용되도록 편찬 중이었다.

교과서의 내용면에서 특히 다음 사항에 유의하도록 하였다(한국어머니회 중앙연합회,

1976, p. 408).

① 계통적 학습을 중심으로 하던 종래의 교과 학습의 배열을 버리고 생활 중심의 단원 학습으로 배열한 점.

② 종래의 소단원제를 지양하고, 대단원제로 시정하여 학습의 생활화와 학습의 효과를 가져오게 한 점.

③ 종래의 지식과 암기를 강요하는 주입식 방향을 피하고, 학생의 생활과 경험을 토대로 하여 이해와 기능 및 태도를 기르는 방향으로의 전환에 힘쓴 점.

④ 흥미 중심의 작업 단원을 되도록 많이 설정하고 아동이 작업을 통하여 능동적으로 자기 생활과 경험을 심화 확충하는 방향으로 개선한 점.

⑤ 도의 교육을 강화하기 위하여 도의 교과를 특설한 점.

그리고 해방 직후부터 적어도 국민학교 교육에 있어서는 한자가 완전히 폐지되던 것이 1951년 4월 30일에 문교부가 '한자 지도 요령'을 발표하여 학교 교육에서 한자를 지도하도록 지시하였다. 국민학교에서 한자 교육은 그것을 쓰게 하려는 것이 아니라, 사회 생활을 하여 나가는데 남이 써 놓은 것을 음으로 읽을 수 있도록 하는 데 목적이 있었다.

(3) 제2차 교육과정기의 교과서

문교부는 1963년 2월 15일에 문교부령 제119, 120, 122호로 국민학교, 중학교, 고등학교 및 실업고등학교 교육과정을 전면 개정 공포하였다.

개정된 교육과정에 따른 새 교과서는 1차 교육과정기와 같은 종류로 3년 계획으로 편찬·발행하여 국민학교는 1964년~1966년까지, 중학교는 1965년, 고등학교는 1966년부터 사용하게 하였다. 판형, 체제는 제1차 교육과정기와 같았으나 채색, 삽화가 증가되고 활자 개량이 이루어져 ㅈ ㅉ ⇒ ㅈ ㅉ, ㅊ ⇒ ㅊ, ㅌ ⇒ ㅌ로 통일하였다. 그리고 교과서에 대한 여론 조사를 학부형, 학생, 전문가에게 실시하였으며, 교과서에 대한 기초 연구도 실시하여 읽기의 능률과 관련 활자의 크기 등 여러 가지 연구가 진행되었다. 한편, 문교부는 1950년대 말에 중앙 교육 연구소에 각급 학교 교과서 내용 분석과 행정에 관한 연구를 위촉하여 1969년에 상세한 연구 보고서를 받아 교과서 편찬에 좋은 자료로 삼았다.

이 시기에, 중학교 국어 교과 중 '한문'은 1970학년도에 폐지되었지만 1971년 교육과정의 재차 부분 개정으로 1973학년도부터 신편 교재로 다시 채택되기도 하고, 그리고 종래의 '중학 도의'가 폐지되는 대신 '반공 도덕 생활'로 특설되어 있었던 것이 '도덕' 교과서로 재채택 발행(1973학년도)되었다. 또, 1970학년도부터는 실업·가정과 교과목들 중 남학생용 종합 과정이던 '실업'이 폐지되고 '기술 1, 2, 3'으로 개칭되었으며, 여학생에게는 '기술'

과목 대신 '가정'을 이수하도록 종래의 '가정'이 '가사'로 개칭된 것도 중요한 변화이다. 이 시기에 발행한 국민학교, 중학교 교과서는 [표 5-8], [표 5-9]와 같다.

[표 5-8] 국민학교 교과서 발행 현황

연도별	과 목	사용 학년	책수
1964	국어, 산수, 사회, 자연, 바른 생활	1, 2학년 전·후학기용	20
〃	미술, 음악	1, 2학년용	4
1965	국어, 산수, 사회, 자연, 바른 생활	3, 4학년 전·후학기용	20
〃	미술, 음악	3, 4학년용	4
〃	보건, 실과, 글씨본	4학년용	3
〃	사회과 부도	4, 5, 6 학년 공용	1
1966	국어, 산수, 사회, 자연, 바른 생활	5, 6 학년 전·후기용	20
〃	음악, 미술, 보건, 실과, 글씨본	5, 6학년용	10
1968	쓰기	1, 2, 3 학년용	3
1969	글본	4, 5, 6 학년용	3
〃	국민 교육 헌장	1~2, 3~4, 5~6학년용	3

자료 : 이흥수(1987). 국정교과서 35년사. p. 548.

[표 5-9] 중학교 교과서(1969년도) 발행 현황

교과	교과서명	발행형식	종수	교과	교과서명	발행형식	종수
국 어	국 어 작 문 문 법 한 문	국정 검정 검정 검정	1 27 16 1	미 술	미술 서예	검정 검정	14 9
수 학	수 학	검정	1	실업 · 가정	실업(1) 농업 공업 상업 수산업 가정	국정 국정 국정 국정 국정 검정	1 1 1 1 1 8
사회	사 회 민주생활 사회과부도	검정 국정 검정	1 1 1	외국어	영어	검정	1
과학	과 학	검정	1	음 악	음악	검정	1
체육	체육(남) 체육(여)	검정 검정	1 1				

자료 : 대한교과서(1983). 대한교과서사 1948~1983. 대한교과서(주), p. 321.

이 시기에는 교과용 도서 편수의 기본틀인 편수 자료를 발행하였다. 편수 자료는 교과용 도서를 편수할 때, 용어, 명칭, 부호, 자료표 등을 통일안으로 제시하여 표기 또는 교수기준으로 삼는 자료로 활용되었다.

이 시기에 간행된 교과서의 몇 가지 특징을 살펴보면 다음과 같다.

① 사회 생활이었던 교과명이 사회과로 바뀌었다.

② 도덕이었던 교과명이 바른 생활이라는 명칭으로 바뀌었다.

③ 체육과의 명칭이 보건이었던 때도 있었다.

④ 경필 교육을 위한 글본, 쓰기가 간행되었다.

(4) 제 3 차 교육과정기의 교과서

제 3 차 개정 교육과정이 고시된 1973년 이후 1981년까지의 8년간은 교과서에 대한 문교 정책뿐만 아니라 교육 전반에 걸쳐서 커다란 변화가 있었다. 특히, 교과용 도서의 개발 및 발행 정책이 1종 및 2종 제도로 바뀐 점이 뚜렷한 특징이다. 이 무렵부터 보다 나은 교과서를 편찬하기 위한 방안이 새롭게 모색되었고 그러한 활동을 실제로 전개한 것은 한국교육개발원이었다. 한국교육개발원에서는 1976년에 새 교과서의 모형을 개발하여 이를 실험한 결과를 발표한 바 있다. 이러한 연구 결과, 당시 개발된 교과서의 기본 방향은, ① 한 단원의 내용과 학습 경험의 선정 조직을 구조화할 일, ② 교과서의 체제 속에 교과 특유의 학습 방법과 절차 및 교수-학습의 일반적인 절차를 체계 있게 반영시키는 일, ③ 교과서에 포함된 자료를 교사와 학생들이 사용하기 적절하게 할 일 등으로 제시하였다.

그리고 교과서 편찬의 대원칙으로 1교과 1교과서 주의를 내세워 3차 교육과정의 개정 공포 이전부터 있어 온 잡다한 교과서를 정리하자는 의도였지만, 그 실현을 보지 못하였다. 1977년 8월 22일 교과용 도서에 관한 규정이 제정되고, 이에 따라 문교부가 직접 담당해 오던 교과용 도서 개발을 연구 기관이나 대학 또는 학술 단체에 위탁하여 질 높은 교과서를 만들고자 하였다.

이 시기에 발간된 국민학교 교과서는 [표 5-10]과 같고, 중학교 교과서는 [표 5-11]과 같다.

이 시기에 발행된 교과서의 몇 가지 특징을 보면 다음과 같다.

① 민족주의 의식의 확립을 위하여 국사 교과서가 등장하였다

② 바른 생활로 쓰이던 명칭이 오늘날과 같이 도덕과로 되었으며, 이 시기부터 도덕과가 정식 교과로 등장하였다.

③ 글씨본이었던 교과서 명칭이 서예로 되었다.

[표 5-10] 국민학교 교과서 발행 현황

학교급	연도별	교　과　서	사용 학년
국민학교	1973	바른생활, 국어, 산수, 사회, 자연	1~3학년 전후기용
		음악, 미술, 쓰기	1~3학년용
	1974	바른 생활, 국어, 산수, 자연	4, 5, 6학년 전후기용
		사회	4학년 전후기용
		음악, 미술, 체육, 실과, 쓰기	4, 5, 6학년용
	1979	국사, 사회	5, 6학년용
		사회과 부도	4, 5, 6학년 공용

자료 : 이흥수(1987). 국정교과서주식회사 35년사. p. 555.

[표 5-11] 중학교 교과서 발행 현황(1979)

교과	교과서명	발행 형식	비고	교과	교과서명	발행 형식	비고
도 덕	도 덕	국정	• 1, 2, 3학년(상), (하) 구성	미 술	미 술 서 예	국정 국정	• 미술 1, 2, 3 구성
국 어	국 어 한 문	국정 국정	• 국어 1-1, 1-2, 2-1, 2-2, 3-1, 3-2 • 한문 1, 2, 3 구성	외국어	영 어	검정	• 영어 1, 2, 3 구성
수 학	수 학	검정	• 수학 1, 2, 3 구성	기술·가정	기 술 농 업 공 업 상 업 수산업 가 정 가 사	국정 국정 국정 국정 국정 국정 검정	• 기술 1, 2, 3학년 (상), (하) 구성 • 농업, 공업, 상업, 수산업, 가사는 모두 2, 3학년 (상), (하)로 구성 • 가사 1, 2, 3 구성
사회	사 회 국 사 사회과부도	국정 국정 국정	• 사회 1(상), 1(하), 2, 3(상), 3(하)	음 악	음 악	국정	• 음악 1, 2, 3
과학	과 학	국정	• 과학 1, 2, 3 구성	체 육	체 육	국정	• 체육 1, 2, 3

자료 : 대한교과서(1983). 대한교과서사 1948~1983. 대한교과서(주), p. 481.

(5) 제4차 교육과정기의 교과서

1981년 12월 31일자 문교부 고시 제422호로 제4차 교육과정이 공포되었다. 제4차 교육과정은 제3차 교육과정이 지닌 문제점(과다한 학습 내용, 학습하기 어려운 교육 내용, 교과목 위주의 분과 교육, 기초 교육 및 일반 교육의 소홀, 전인 교육·인간 교육의 미흡 등)을 보완하기 위해 교육 내용을 지식의 학문성뿐만 아니라 유용성에서도 적합하도록 정선하였다.

그리고 교과서 개발에 있어서는 국민학교의 경우는 한국교육개발원이 문교부로부터 1980년에 위탁받아 1982년에 1, 2, 3학년에 적용하였으며, 1983년에 4, 5, 6학년에 새 교과서를 적용하였다.

문교부는 이를 위해 교과용 도서에 관한 규정을 개정하여(대통령령 제 10757 호 : 1982. 3. 11) 1종 도서의 대상을 개정하였다.

이 4조의 골자는 국민학교의 교과서와 지도서는 모두 1종 도서이지만 중·고등학교의 교과서와 지도서는 1종 도서의 범위를 원칙적으로 국어, 도덕, 국민 윤리, 국사에 국한시키고, 나머지 교과는 모두 검정의 대상이 될 수 있도록 2종의 범위를 넓힌 것이 특징이다.

제 4차 교육과정기의 국민학교 교과서는 [표 5-12]와 같고 중학교 교과서명과 발행 형식은 [표 5-13]과 같다.

이 시기에 발행된 교과서의 대표적인 특징은 다음과 같다.

① 제 4차 교육과정에 의한 교과서는 이론적 연구가 선행되었던 것이 특징이다. 1979년도에 한국교육개발원에서 연구를 진행하여 보고서 1권 및 부록 1권 예시 교과서 3권이 발행되었다.

[표 5-12] 국민학교 교과서 발행 현황

학년	개편 전 교과서	개편 후 교과서	비고
1	국어, 사회, 도덕 산수, 자연 음악, 미술 국어, 사회, 도덕	바른 생활 슬기로운 생활 즐거운 생활 우리들은 1학년	체육 포함
2	국어, 사회, 도덕 산수, 자연 음악, 미술	바른 생활 산수, 자연 즐거운 생활	체육 포함
3	국어, 사회, 도덕 산수, 자연 음악, 미술	국어, 산수, 사회 자연, 도덕, 체육 미술, 음악	체육 신설
4	국어, 산수, 사회, 자연 도덕, 실과, 체육 음악, 미술	국어, 산수, 자연, 사회 도덕, 실과, 체육 미술, 음악	사회과 부도
5-6	국어, 산수, 사회, 자연 도덕, 실과, 체육 음악, 미술	국어, 산수, 자연, 사회 도덕, 실과, 체육 미술, 음악	사회, 국사 통합하여 사회 1, 2학기 구분

자료 : 이홍수(1987). 국정교과서 주식회사 35년사. p. 573.

[표 5-13] 중학교 교과서 발행 현황(1986년도)

교 과	교과서	발행 형식	교 과	교과서	발행 형식
도 덕	도 덕	국 정	음 악	음 악	검 정
국 어	국 어	국 정	미 술	미술(서예)	검 정
수 학	수 학	국 정	체 육	체 육	검 정
사회	사 회	국 정	한 문	한 문	검 정
	사회과부도	검 정			
	국 사	국 정	실업·가정	생활기술	국 정
				가 정	국 정
과 학	과 학	국 정		농 업	국 정
				공 업	국 정
				상 업	국 정
				수산업	국 정
				가 사	국 정
외국어	영 어	국 정			

자료 : 한국교육개발원(1986). 교과서와 교과서 정책. p. 88.

② 총천연색에 지질, 장정(裝幀) 등의 모든면이 크게 향상되었다.

③ 통합 교과서가 탄생되었다. 국민학교 어린이가 처음 입학하여 한 달 동안에 배우는 우리들은 1학년과 바른 생활(국어, 도덕, 사회), 슬기로운 생활(산수, 자연), 즐거운 생활(음악, 미술, 체육)이 편찬되었다.

④ 음악, 미술은 책의 판형이 확대되어 보다 다양한 내용을 싣게 되었다.

⑤ 교사들을 위한 교사용 지도서가 발행된 것은 현장 교육의 발전을 위해 바람직한 일이다.

(6) 제 5 차 교육과정기의 교과서

제5차 교육과정은 문교부 고시 제87-9호(1987. 6. 30)에 의거 국민학교 교육과정을 개정하고, 국민학교 교육과정은 1989년부터 시행하기로 하였다. 다만, 국민학교 4, 5, 6학년의 교육과정은 1990년도부터 시행하기로 하였으며, 교육과정 사상 처음으로 1교과 다교과서 체제를 도입함으로써 교과서의 종류와 책수가 대폭 늘어나게 되었다. 이 시기의 국민학교 교과서는 [표 5-14]와 같고, 중학교 교과서명과 발행 현황은 [표 5-15]와 같다.

문교부는 교육 내용이 백과 사전식으로 나열된 4차 교육과정기의 교과서가 학생들이 예습 및 복습을 통해 문제 해결 능력이나 사고력, 분석, 종합 능력을 기르고 탐구 활동을 하는 데는 어려움이 많아 이를 보완하기 위해 학습 보조 자료인 보조 교과서를 발행하기로 하고, [표 5-14]에서 보듯이 생활의 길잡이, 산수 익힘책, 실험·관찰, 실습 길잡이 등을 제작하여 기초 학습 기능을 도와 학생들의 창의력 개발을 유도했다.

특히, 실험·관찰, 실습 길잡이는 여백을 두어 학습장을 겸하도록 하였고, 직접 학습 활동을 기록하도록 구성하였다(이종국, 1998, p. 956).

이시기에 편찬된 교과서의 특징을 보면 다음과 같다.

① 종래의 1 교과 1 교과서 형식에서 탈피하여 주교과서와 보조 교과서를 편찬하였다.

② 「국어」라는 명칭을 쓰지 않은 대신에 언어의 4 대 영역인(말하기·듣기, 읽기, 쓰기)로 나누어 국어 교과서를 개발하여 기초 학습 교육의 장을 열었고 '독본'의 개념에서 탈피할 수 있게 하였다.

③ 보조 교과서들이 '보조 기능'이 아닌 주교과서로서 역할을 하게 하였다.

④ 4 학년 사회과에서, 지역 교과서를 편찬 보급하였다.

[표 5-14] 국민학교 교과서 발행 현황

학년	개편 전 교과서	개편 후 교과서	비고
1	바른 생활 슬기로운 생활 즐거운 생활 우리들은 1학년	우리들은 1학년 바른 생활(바른 생활 이야기) 슬기로운 생활(관찰) 즐거운 생활 국어(말하기·듣기, 읽기, 쓰기) 산수(산수 익힘책)	
2	바른 생활 산수, 자연 즐거운 생활	바른 생활(바른 생활 이야기) 슬기로운 생활(관찰) 즐거운 생활 국어(말하기·듣기, 읽기, 쓰기) 산수(산수 익힘책)	
3	국어, 산수, 사회 자연, 도덕, 체육 미술, 음악	도덕(생활의 길잡이) 국어(말하기·듣기, 읽기, 쓰기) 산수(산수 익힘책) 사회 자연(실험·관찰) 체육, 미술, 음악	
4~6	국어, 산수, 자연, 사회 도덕, 실과, 체육 미술, 음악	도덕(생활의 길잡이) 국어(말하기·듣기, 읽기, 쓰기) 산수(산수 익힘책) 사회(사회과 탐구) 자연(실험·관찰) 실과(실습 길잡이) 체육, 미술, 음악	사회과 보조 자료인 사회과 부도 사용(4~6 학년)

[표 5-15] 중학교 교과서 발행 현황

교 과	교과서	발행 형식	종 수	교 과	교과서	발행 형식	종 수
도 덕	도 덕	국 정	1	음 악	음 악	검 정	5
국 어	국 어	국 정	1	미 술	미술(서예)	검 정	5
수 학	수 학	검 정	5	체 육	체 육	검 정	5
사 회	사 회	국 정	1	한문	한 문	검 정	5
	사회과부도	검 정	5				
	국 사	국 정	1	실업·가정	기 술	국 정	1
					가 정	국 정	1
과 학	과 학	검 정	5		농 업	국 정	1
					공 업	국 정	1
					상 업	국 정	1
					수산업	국 정	1
					가 사	국 정	1
외국어	영 어	검 정	5				

(7) 제 6 차 교육과정기의 교과서

교육부 고시 제 1993-16 호(1992. 9. 30)에 의거 개정된 제 6 차 교육과정은 국민학교의 경우 1, 2학년은 1995년 3월 1일부터, 3, 4학년은 1996년 3월 1일부터, 5, 6학년은 1997년 3월 1일부터 적용되었다. 이에 따라, 교과용 도서의 개발도 1992년 9월 30일부터 시작하여 1995학년도부터 1, 2학년에게 개편된 교과서를 지급하였다. 이 시기의 국민학교 교과서는 [표 5-16]과 같고, 중학교 교과서는 [표 5-17]과 같으며, 기술·산업, 가정 교과서의 검정 발행된 현황은 [표 5-18]과 같다.

이 시기의 교과서의 특징은 다음과 같다.

① 우리들은 1학년 시·도 편성·운영 지침에 따라 지역의 특수성을 고려하여 시·도 단위 교육청이 주관하여 개발하였다.

② 제 5 차 교육과정에서의 슬기로운 생활과 바른 생활의 사회과 영역을 통합하여 슬기로운 생활이란 교과목으로 구성하였다.

③ 판형이 확대되었고 글자의 크기는 오히려 작아졌다.

④ 3학년에 실과 교과가 신설되었고, 보조 교과서인 실습 길잡이가 실과 교과서와 통합된 형태로 존재하게 되었다.

⑤ 97년부터 3~6학년에까지 영어 교과가 신설되었고, 보완 교재도 사용하게 되었다.

⑥ 산수 교과 명칭이 수학으로 변경되었다.

[표 5-16] 초등학교 교과서 발행 현황

학 년	개편 전 교과서	개편 후 교과서	비 고
1	우리들은 1학년 바른 생활(바른 생활 이야기) 슬기로운 생활(관찰) 즐거운 생활 국어(말하기·듣기, 읽기, 쓰기) 산수(산수 익힘책)	우리들은 1학년 바른 생활(생활 길잡이) 슬기로운 생활(관찰) 즐거운 생활 국어(말하기·듣기, 읽기, 쓰기) 수학(수학 익힘책)	1학기때 우리들은 1학년을 배움.
2	바른 생활(바른 생활 이야기) 슬기로운 생활(관찰) 즐거운 생활 국어(말하기·듣기, 읽기, 쓰기) 산수(산수 익힘책)	바른 생활(생활 길잡이) 슬기로운 생활(관찰) 즐거운 생활 국어(말하기·듣기, 읽기, 쓰기) 수학(수학 익힘책)	
3	도덕(생활의 길잡이) 국어(말하기·듣기, 읽기, 쓰기) 산수(산수 익힘책) 사회 자연(실험 관찰) 체육, 미술, 음악	도덕(생활의 길잡이) 국어(말하기·듣기, 읽기, 쓰기) 수학(수학 익힘책) 사회, 영어 자연(실험·관찰) 실과 체육, 미술, 음악	실과 신설 영어 신설 (97년부터)
4~6	도덕(생활의 길잡이) 국어(말하기·듣기, 읽기, 쓰기) 산수(산수 익힘책) 사회(사회과 탐구, 사회과 부도) 자연(실험·관찰) 실과(실습 길잡이) 체육, 미술, 음악	도덕(생활의 길잡이) 국어(말하기·듣기, 읽기, 쓰기) 수학(수학 익힘책) 사회(사회과 탐구, 사회과 부도) 자연(실험·관찰) 실과, 영어 체육, 미술, 음악	실습 길잡이 폐지 5, 6학년 국어는 말하기·듣기·쓰기, 읽기 2책으로 구성

[표 5-17] 중학교 교과서 발행 현황

교 과	교과서	발행 형식	종 수	교 과	교과서	발행 형식	종 수
도 덕	도 덕	국 정	1	음 악	음 악	검 정	8
국 어	국 어	국 정	1	미 술	미술(서예)	검 정	8
수 학	수 학	검 정	5	체 육	체 육	검 정	8
사 회	사 회	국 정	1	한 문	한 문	검 정	8
	사회과 부도	검 정	8	가 정	가 정	검 정	8
과 학	과 학	검 정	8	기술·산업	기술·산업	검 정	8
외국어	영 어	검 정	8	선택 교과	한 문 컴퓨터 환 경	검 정 국 정 국 정	1 1 1

[표 5-18] 기술·산업, 가정 교과서 발행 현황

교과서명	출판사	집필자	교과서명	출판사	집필자
기술·산업 1, 2, 3	교학사	정성봉 외 6인	가정 1, 2, 3	교문사	임원자 외 7인
기술·산업 1, 2, 3	교학사	신휘창 외 10인	가정 1, 2, 3	교학연구사	윤인경 외 6인
기술·산업 1, 2, 3	금성출판사	이봉구 외 5인	가정 1, 2, 3	두산동아	이순원 외 4인
기술·산업 1, 2, 3	동아출판사	김문한 외 5인	가정 1, 2, 3	법문사	조규화 외 7인
기술·산업 1, 2, 3	법문사	이상혁 외 7인	가정 1, 2, 3	중앙교육	성화경 외 5인
기술·산업 1, 2, 3	지학사	김판욱 외 5인	가정 1, 2, 3	지학사	최영희 외 5인
기술·산업 1, 2, 3	탐구원	최하식 외 3인	가정 1, 2, 3	천재교육	이승신 외 4인
기술·산업 1, 2, 3	형설출판사	봉공진 외 4인	가정 1, 2, 3	현대문학	이기춘 외 4인

4. 주요국의 교과서 제도

외국의 교과서 정책을 살펴보는 것은 우리 나라 교과서 제도를 바르게 이해하고, 그 개선 방향을 모색하는 데 도움이 될 것이다.

교과서는 그 나라의 문화 수준과 전통, 특유의 가치관과 생활 양식을 반영하는 총체적인 문화적 산물인 까닭에 내용적인 면에서 상호 객관적인 비교가 어려운 부분이 있다. 뿐만 아니라, 지방 자치가 발달되어 주(州)정부에서 독자적으로 문교 정책을 추진해 나가는 서구 여러 나라의 교과서 정책을 분석하기는 여간 어려운 일이 아니다. 여기에서는 한국교육 개발원(1995)에서 발간된 '교과서 정책과 내용 구성 방식 국제 비교 연구'를 중심으로 일본, 영국, 독일, 미국 등 4개국의 교과서 채택 방식, 교과서의 발행 및 심의, 교과서의 공급 등에 대해 비교 분석해 보기로 한다

가. 일본의 교과서 정책

일본의 교과서 정책은 '검정 교과서 정책'을 근간으로 하고 있고, 교과서의 종류는 문부성 검정을 거친 '문부성 검정제 교과서'와 문부성이 저작권을 가지고 있는 '문부성 저작 교과서'로 나누어진다. 그러나 고등학교 및 특수 교육을 담당하는 학교에 있어서 적절한 교과서가 없는 경우에는, 기타 도서의 사용이 허용되고 있다. 일본의 교과서 대부분은 민간 출판업자에 의해 발행되어 문부성의 검정을 거치는 검정 교과서이며, 문부성에서는 소량의 비영리 교과서만 발행한다.

교과서의 채택 방식은 공립 학교의 경우 각 지방 교육 위원회에서 담당하고 국, 사립 학

교는 학교에서 채택한다. 법령에 명시되어 있는 의무 교육 제학교(소학교와 중학교)의 교과서 채택 방법은 [그림 5-1]과 같다.

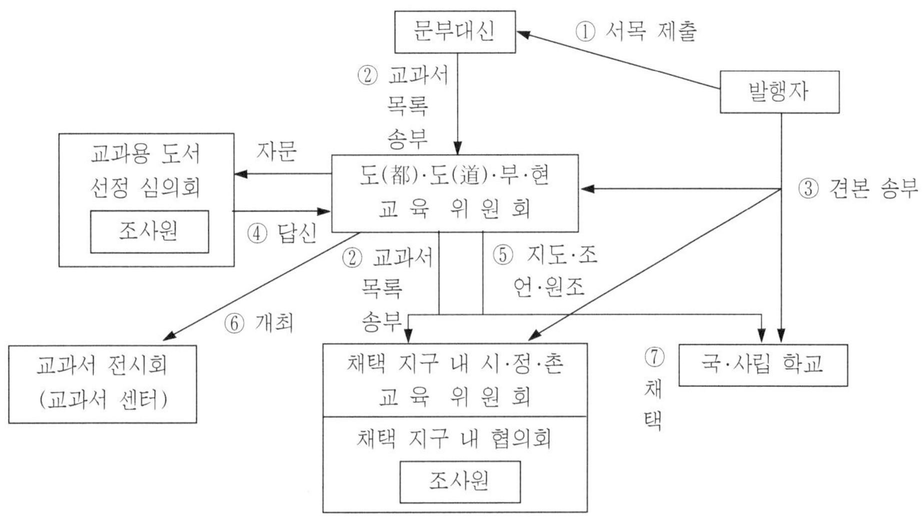

[그림 5-1] 일본 의무 교육 학교용 교과서 채택 과정

발행자는 검정을 거친 교과서로 다음 연도에 발행되는 과목, 사용 학년, 서명, 저자명 등을 문부 대신에게 제출한다. 문부 대신은 이 제출된 서목을 모아서 교과서 목록을 작성한다. 이 교과서 목록은 도(都)·도(道)·부·현 교육위원회를 통해서 각 학교나 시·정·촌 교육위원회에 송부된다. 교과서는 이 목록에 등재되어야만 채택된다. 또, 문부성에서는 채택 당시의 조사·연구에 도움이 되기 위해 신규로 편집된 교과서의 편집 취지에 대해 각 발행자의 기술을 집록한 교과서 편집 취지서를 작성하여, 채택 관계자에게 송부한다.

발행자는 채택시 참고를 위해 다음 연도에 발행하는 교과서 견본을 도(都)·도(道)·부·현 교육위원회나 채택권자(시·정·촌 교육위원회나 학교장)에게 송부한다. 채택권한은 앞에서 기술한 바와 같이 시·정·촌 교육위원회나 학교장에게 있지만, 적절한 채택을 확보하기 위해 도(都)·도(道)·부·현 교육위원회는 채택 대상이 된 교과서에 대하여 조사, 연구하여 채택권자에게 지도, 조언, 협조하게 된다. 이 조사, 연구를 함에 있어 도(都)·도(道)·부·현 교육위원회는 전문적 지식을 가진 학교의 교장 및 교원, 교육위원회 관계자, 학식 경험자로 구성되는 '교과용 도서 선정 심의회'를 설치한다. 이 심의회는 전문적인 동시에 방대한 조사, 연구를 하기 위해, 각 교과서마다 여러 명의 조사원을 위촉한다.

도(都)·도(道)·부·현 교육위원회는 이 심의회의 조사, 연구 결과를 가지고 선정 자료를 작성하여, 그것을 채택권자에게 송부하는 것으로 조언을 한다. 또, 도(都)·도(道)·부·현 교육위원회는 학교장 및 교원, 채택 관련자의 조사, 연구를 위해 매년 7월에 일정기간 교과서 전시회를 하고 있다.

이 전시회는 각 도(都)·도(道)·부·현이 학교 교원이나 주민의 교과서 연구를 위해 설치하고 있는 교과서의 상설 전시장 등에서 하고 있다. 채택권자는 도(都)·도(道)·부·현의 선정 자료를 참고하는 외에 독자적으로 조사, 연구하여 1종목마다 1종류의 교과서를 채택하고 있지만, 몇 개의 채택권자가 공동으로 동일 교과서를 채택하는 공동 채택도 행해지고 있다. 의무 교육 학교용 교과서에 대해서는 4년 간 동일 교과서를 채택하게 되어 있다.

일본의 교과서 검정 절차를 알아보면 [그림 5-2]와 같이 나타낼 수 있다.

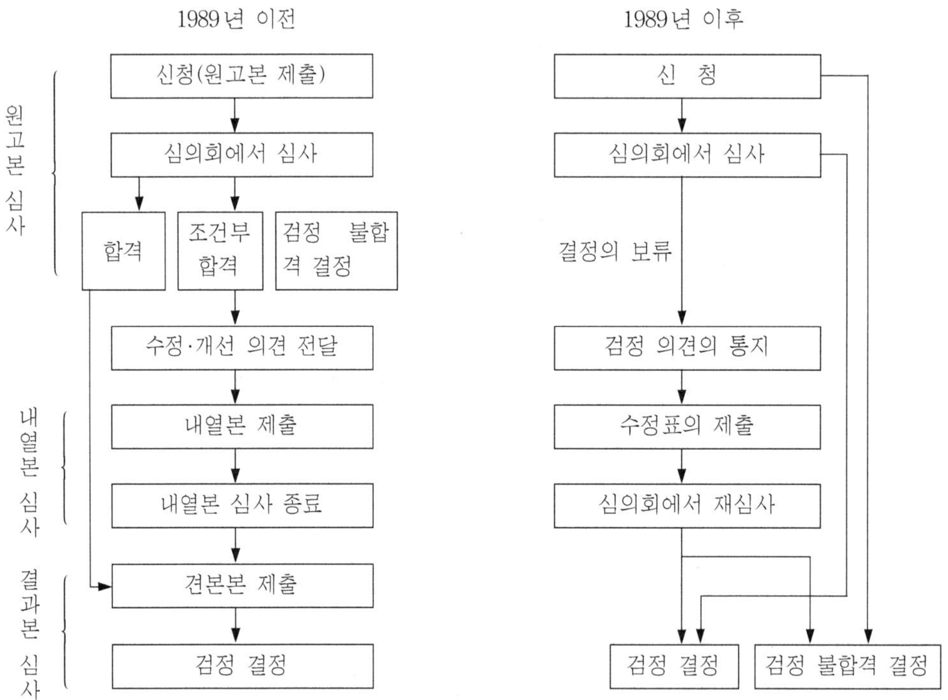

[그림 5-2] 일본의 교과서 검정 절차

먼저 저자나 발행자에 의해 검정 신청이 들어오면, 문부 대신은 문부성의 상근 직원으로서 대학 등의 교직 경력을 가진 사람 50여명(1994년의 경우)으로 이루어진 교과서 조사관에게 그 도서를 조사할 것을 명하고, 오기·오식 등의 심사를 거쳐서 문부성의 '교사용 도서 검정조사 심의회'에 교과서로서 적절한가 아닌가를 자문, 의뢰한다. 대학 교수나 소·중·고등학교의 교원 중에서 뽑힌 130명의 심사위원으로 구성된 심의회는 다시 교과별로 10개 분과회로 나누어져 있다. 심의회에서는 심의에 앞서서, 심의회에 소속되어 있는 교과서 조사원들로 하여금 교과서의 내용을 조사한 후, 조사 결과를 제출하도록 한다. 교과서 조사원은 전국의 대학, 소·중·고등학교 교원 중에서 학교 단계별, 교과에 따라 수백명이 선발된다. 심의회에서는 조사원 및 교과서 조사관이 조사한 결과와 위원들이 조사한 결과를 종합해서 심의하는데, 이 때 기준이 되는 것은 문부성에 의해 고시된 '교과용 도서 검정 기준'이다.

검정 기준은 검정 조사의 기본 방침인 총칙 이외에 각 교과 공통의 조건과 교과 고유의 조건으로 이루어지고 각각의 조건은 범위 및 정도, 선택·취급 및 조직·분량, 정확성 및 표기·표현의 3가지 관점으로 되어 있다. 심의회에서 검정 기준에 입각하여 심사하고, 교과서로서 적절한가를 판정하여 문부 대신에게 답신하면, 문부 대신은 이 답신에 기초하여 적합성을 판정한 후, 그 취지를 신청자에게 통지한다. 다만, 심의회에 있어서 필요한 수정을 행한 후 다시 심사하는 것이 적당하다고 인정되는 경우에는 적합 결정을 유보하여 검정 의견을 통지하게 된다. 이 검정 의견은 교과서 조사관을 통해서 저자에게 전달된다. 검정 의견을 통지받은 신청자는 검정 의견에 따라서 수정한 내용을 '수정표'에 의해서 제출한다. 문부 대신은 수정이 이루어진 신청 도서에 대해서 심의회의 재심사를 거쳐 그 답신에 기초한 적합 결정을 하게 되는데 이것으로 검정 절차는 종료된다. 이상의 검정 절차를 거쳐 검정 합격 통지를 받은 자는 도서로 완성 견본을 만들어 문부 대신에게 제출하게 된다.

교과서의 공급은 의무교육 기간 중 무상이며, 이것은 1963년 의무교육에 있어서의 교과서는 무상 공급에 법제정 후 점진적으로 실시되어 현재는 전면 실시되고 있다. 교과서가 학생들에게 배부되는 과정은 [그림 5-3]과 같다.

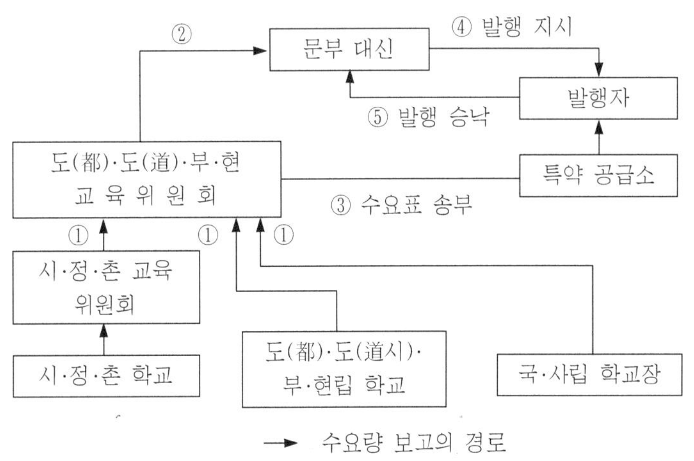

[그림 5-3] 교과서 수용량 보고 경로와 발행의 지시, 승낙

교과서가 채택되면 필요한 교과서책 수(수요량)가 시·정·촌 교육위원회나 각 학교장으로부터 도(都)·도(道)·부·현 교육위원회에 보고 되며, 도(都)·도(道)·부·현 교육위원회는 이

것을 수합하여 교과서 수용량 집계 일람표를 작성하고 문부 대신에게 보고한다. 이와 함께 발행자에게도 수요표를 송부하게 된다. 문부 대신은 도(都)·도(道)·부·현 교육위원회로부터 보고된 교과서 수요량을 집계하고 발행자에게 교과서의 종류 및 부수를 지시한다. 이를 승낙한 자는 교과서를 발행하여 각 학교에까지 공급할 의무를 가지게 된다.

수업에서의 교과서 활용은 전 과목에서 교과서가 사용되며 교과서의 모든 내용이 수업 시간에 다루어지고, 대부분의 수업이 교과서에 제시된 순서로 이루어진다. 이런 점에서 일본의 교과서 활용 방식은 우리 나라와 가장 비슷하다.

다만, 「학습 지도 요령」(교육과정)의 개편과 함께 1992년부터 새로 도입된 초등학교 1, 2학년의 「생활과」의 경우만은 교과서는 참고하되, 교과서에 얽매이지 않고 다양한 활동 중심의 수업을 하는 것이 바람직하다는 생각을 공유하고 있다. 또한, 교과서에 나오는 실험이나 관찰, 현장 학습을 학교가 소재한 지역에 적합한 것으로 바꾸는 정도의 융통성은 수업 효과를 높이기 위해서 당연한 것으로 여겨지고 있다.

나. 영국의 교과서 정책

영국에서의 교과서 채택은 법적으로는 지방 교육청의 권한이나 실제로는 학교 교장에게 위임되어 있다. 즉, 지방 교육청의 장학사나 자문관이 채택 과정에 중요한 영향을 미치는 경우도 있으나 학교 단위에서 이루어지는 것이 지배적이다. 따라서, 수업에 활용될 교과서나 교수-학습 자료의 선택은 상급 행정 기관의 관여 없이 순수하게 학교라는 울타리 내에서 학급 교사나 학교 행정가들에 의해서 이루어지게 되어 있다. 일반적으로, 교과서 채택을 출판사에서 각 학교에 교과서 견본을 배포하면 교사와 교장이 협의하여 결정한 후 지방 교육청에서는 교과서 공급 업체를 통해 출판사에 주문하는 형식을 취하고 있다.

학교 수준에서의 교과서 채택은 우선 교사들의 교육 경험에 터하여 이루어지고 있다. 중등학교의 경우, 교과 영역별 주임 교사가 교과서 채택 과정에 영향력을 행사할 가능성이 크며, 초등학교의 경우에는 교장이 그러한 영향력을 행사할 가능성이 크다. 한편, 각급 학교에서의 교과서 검토는 매우 다양하게 이루어지고 있다.

우선, 교사들은 교과서 출판사가 실시하는 출판된 교과서에 관한 수 차례의 세미나와 워크숍에 참여하기도 하고, 교과서 전시회에 참가함으로써 교과서에 관한 정보를 얻기도 하며, 각 출판사에서 보내 온 카탈로그, 교과서 전문 잡지에 실린 서평 등을 토대로 학년별 담임 교사회의와 교과별 교사회의에서 그 내용을 충분히 검토한다. 또한, 출판사로부터 검토용 교과서를 증정 받아 검토하게 되는 경우도 있고, 출판사 관계자가 학교 현장을 직접 방문하거나 발표회를 가짐으로써 검토할 기회를 갖기도 한다.

교과서의 발행 및 심의는 전통적으로 교과와 자율성과 전문성이 존중되어 있기 때문에 교과서와 관련된 지침은 없었으나 1988년 이후 국가 교육과정(National Curriculum)이 도입되어 국가 수준에서의 통일된 교육과정 기준과 그에 따른 연령별 학습 내용과 성취 목표가 담긴 각 교과별 지침을 제시하고 있기 때문에 이에 근거한 교과서의 발행이 점점 늘어나는 추세이다. 교과서를 발행하고자 하는 출판사는 교과서를 채택하는 데 있어서 중요한 역할을 하는 교사나 교육 관계자의 요구를 충분히 고려하도록 노력하고 있다. 영국에서의 교과서는 자유 발행제이므로 심의는 없지만 치열한 경쟁으로 인해 경영의 측면에서 어려움이 많다.

교장과 교사진에 의해 채택된 교과서가 학교에 공급되는 과정을 세 가지로 나누어 살펴볼 수 있다.

첫째, 지방 교육청이 관할 학교의 주문을 총괄하여 교과서 특약점에 일괄 발주하는 경우, 둘째 각 학교가 지방 교육청에서 지정하는 교과서 특약점에 주문하는 경우, 셋째 학교가 직접 서점에서 구입하는 경우 등이다.

대체로, 공립학교의 경우에는 첫 번째와 두 번째의 방식이 널리 채택되고 있으며, 사립학교의 경우에는 직접 교과서 출판사에 주문하는 방식을 취한다.

수업에서의 교과서 활용면에서 교과서의 역할은 교과과정에 비해 부차적인 위치를 차지할 뿐이며, '교육과정에서 제시하는 경험 내용을 실현하는 여러 자료 가운데 하나'라는 인식을 가지고 있고, 심지어는 교과서를 채택하지 않은 교과도 있을 정도로 수업에 있어서의 교과서의 의존도가 낮다.

영국의 학교에서는 교과서와 기타 교과용 도서와의 관념상 구별은 없고, 학교에서 쓰는 것을 모든 교과서라고 부를 정도로 카드류, 교구류의 세트 등이 함께 사용되고 있다. 교과서 활용 방식도 영국의 경우에는 교과서 단원의 순서를 그대로 따르지 않고 또 거기에 제시된 내용을 모두 다루지도 않는 점에서 차이가 난다. 교과서를 학생들의 능력이나 수준, 흥미와 관심에 맞도록 재구성할 수 있는 일종의 자료집으로 보기도 하고 또는 숙달을 위한 연습 문제집 정도로 활용한다. 그리고 교과서를 사용할 학년을 고정적으로 명시하지 않음으로써 이러한 융통성 있는 사용을 기본적으로 권장하고 있다는 점도 특색이다.

다. 독일의 교과서 정책

교과서 채택 방식은 해당 교과 담당 교사들의 합의를 거친 새 교과서를 두 명 정도의 교사가 면밀히 검토하고 수업에 사용해 본다. 이러한 실제적인 분석의 결과를 정리하여 '교사협의회'에 안건으로 올리면, 이것을 중심으로 교과서 채택 여부를 판가름하게 된다. 결정권은 대부분 해당 교과의 교사들에게 주어져 있으며, 학교장, 학부모, 학생 또는 상급 관청은 전혀 영향력이 없다. 그러나 모든 학교, 모든 교과가 위의 과정을 밟아 교과서를 채택하는 것은 아니다. 어떻게 선정하든 그것은 자유이며, 다만 교사 협의회에서 결정된다는 것이 공통적인 사실이다.

교과서 집필은 자유이나 학교 현장에서 사용되기 위해서는 주 교육부 장관으로부터 승인을 받아야 하며 승인된 도서에 대한 각 주의 목록이 교육부에서 발행되는데 이를 토대로 각 학교의 교사가 직접 채택을 한다. 즉, 교육부의 검증에 합격한 것만이 교과서 목록에 등재되며, 각 학교에서는 그 목록 중에서 선택하여 채택한다.

교과서의 발행 및 심의는 교육부령으로 교육과정령이 정해져 있어서 여기에 근거하여 민간 출판사가 중심이 되어 교과서를 발행하지만, 학교 현장에서 교과서로 사용되기 위해서는 주 교육부 장관으로부터 승인을 받아야 한다. 검정 방식은 주에 따라서 약간씩 차이가 있지만 대개 교사나 교수, 연구원으로 구성된 심사 위원에게 위촉되며 교육부 장관은 그 조사 결과를 토대로 하여 도서의 채택 여부를 다섯 가지, 즉 수정 없이 인가되는 비기한부 승인 도서, 수정 지시와 함께 인가되는 비기한부 승인 도서(이 경우 다음 신간 출간 때까지 수정이 되면 유효함), 수정 지시가 있으면서 동시에 인쇄 전에 반드시 오류가 수정되어야 하는 비기한부 승인 도서, 오류가 수정된 연후에야 비로서 승인의 연장이 고려된다는 통지가 가는 기한부 승인 도서, 인가되지 않는 도서로 구분하여 결정한다.

교과서 공급은 주마다 집권 정당의 특성에 따라 약간의 차이가 있지만 독일 전체에서 나타난 일반적인 공급 방식은 일단 사용 교과서가 결정되면 학교 당국은 서점과 직접 교과서 구입에 관한 계약을 체결하며, 경우에 따라 개별적으로 구입할 수도 있다. 교과서 발주에 소요되는 비용은 학생의 주거지가 있는 지방 자치 단체에 청구되며, 청구하는 즉시 지불된다.

교과서는 원칙적으로 무상 대여의 형식을 취하고 있으나, 김나지움 등의 상급 단계에서는 예산 절약의 측면과 학생들로 하여금 교과서를 소중하게 여길 수 있는 방안으로 부분 유상 대여의 형식을 취하고 있다. 그러나 부분 유상 대여의 경우에도 전체 비용의 1/3 정도를 개인이 부담하게 되어 있다. 유상이든 무상이든 대체로 대여의 형태이므로 일정 기간 동안 사용한 다음 다른 학생의 사용을 위해 반납해야 한다. 따라서, 이 점을 분명히 주지시키기 위해 법으로 만약 고의 또는 부주의로 인해 손실이 있을 경우 보상을 하도록 규정을 하였다. 그리고 대략 3년 정도 여러 학생의 손을 거치는 동안 낡아지므로 같은 책으로 새 책을 다시 구입을 한다. 책을 구입할 경우, 1개 학년이 40명일 경우 분실 등을 고려해 대략 45권 정도를 구입한다고 한다.

독일에서의 교과서 활용 실태는 어느 한 가지 방법으로 규정해 진술할 수 없다. 그 까닭은 각 교과 교사의 자율성과 전문성이 철저히 보장되기 때문이다. 대체로 각 교과서의 활용률은 50~60%이며, 그 순서도 교과서의 배열 그대로가 아닌 교사 자율에 따라 진행되고 있다. 특기할 만한 것은, 학습 내용의 위계가 분명한 교과에서는 교과서의 활용률도 더 높고 교과서 순서대로 수업이 진행될 가능성이 높다는 것이다.

라. 미국의 교과서 정책

교과서 채택 방식은 주정부가 교과서를 선정하는 방식과 지역 학교구가 선정하는 방식으로 대별되는데, 이는 모두 공립학교에 국한된 정책이다. 주 정부가 교과서를 채택하는 주는 모두 22개 주에 달하는데, 여기서는 캘리포니아 주를 예를 들어 소개하고, 지역 학교구가 교과서를 채택하는 경우는 오리건 주를 예를 들어 소개하기로 하겠다.

먼저 캘리포니아 주의 경우, K학년(유치원)부터 8학년까지는 주 정부에서 규정한 교육과정에 따라 여러 출판사에서 교과서를 제작, 주정부에 제출한다. 주 정부에서는 심의 과정을 거쳐(약 1년 정도의 기간을 소요) 채택된 교과서 목록을 모든 지역 학교구에 배포하며, 채택된 교과서와 교수 자료들을 전시장에 제시하여 열람할 수 있도록 한다. 주 수준에서 교과서를 채택하는 교과는 과학, 수학, 국어, 역사-사회, 외국어, 시각 예술과 공연 예술 및 보건 등이다. 각 지역 학교구에서는 주에서 규정한 교육과정에 근거하여 교육과정 지침을 작성하며, 주에서 채택한 교과서와 자료들을 검토한 후, 각 지역 학교구에서 마련한 교육과정 지침에 가장 적절하다고 판단되는 것을 학년별, 교과목별로 결정한다.

지역 학교구에서 교과서를 채택하면, 그 지역에 소속된 학교들은 모두 동일한 교과서를 사용하게 된다. 한번 채택된 교과서는 보통 새로운 교육과정이 만들어질 때까지는 그대로 사용하게 된다. 한편, 9~12학년의 경우는 주 교육부에서는 전혀 관여를 하지 않고 지방의 학교구별로 자율적으로 심의하여 교과서를 채택하고 있다. 교과서의 채택은 교육과정이 만들어진 후, 3차년에 이루어지며, 주요 채택 기간에 채택되지 않은 것도 수정, 보완하면 2년마다 재심사하는 과정에서 채택될 수 있다. 한번 채택된 교과서는 대개 7년마다 시행하는 교육과정 프레임의 개정 작업이 이루어지기 전까지는 '채택된' 교과서로서의 지위를 유지하게 된다.

캘리포니아 주에서 행해지는 교수 자료의 채택 절차를 도표화하면 [그림 5-4]와 같다.

Oregon주의 경우, 지역 학교구에서 채택한 교과서 이외의 교과서를 채택하고자 할 때에는 각 학교에서 다음과 같은 절차를 밟도록 되어 있다.

• 학교장은 학교구가 채택한 교과서들이 적절하지 않은 이유와, 그 학교에서 채택하려

고 하는 교과서에 대한 교직원의 평가가 담긴 내용의 요청서를 담당 교육과정 조정자에게 제출한다.

- 교육과정 조정자는 교과별 심의회의 구성원과 학교 교직원 대표로 이루어진 임시 위원회를 구성한다.
- 학교의 제안(경우에 따라서는 실험 연구의 결과 포함)을 검토하여 타당하다고 판단되는 경우, 교과별 심의회는 지역 학교구의 교육과정 심의회에 채택을 추천한다.
- 학교는 요청서를 제출한 후, 한 달 이내에 승인 여부를 통보 받게 된다(이상의 절차를 거쳐 승인 받은 경우에는 주 수준에서 채택한 교과서를 사용하는 것과 마찬가지로 무료로 공급 받게 된다).

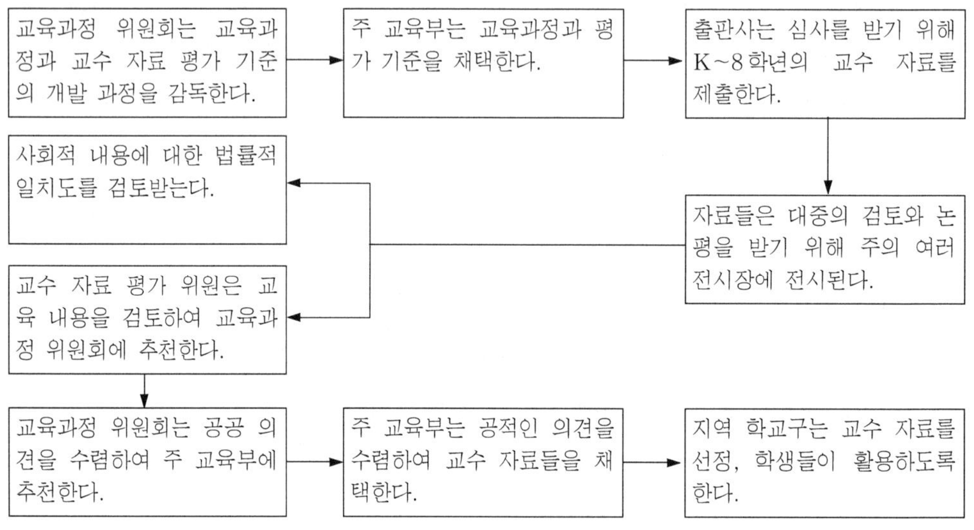

[그림 5-4] 교수 자료 채택 절차

우선 학교 단위에서는 각 출판사의 교과서의 적절성 여부를 논하기 전에 그들이 가르치고자 하는 교육과정을 상세화하는 일을 수행한다. 즉, K 학년부터 12학년까지의 각 학년별 교과 주임이 모여, 주에서 규정한 교육과정(framwork)에 기초한 보다 상세한 수준의 교과별 교육과정을 작성한다. 그리고 특정 교과에 대해(예컨대, 서울 외국인학교의 초등학교의 경우, 수학, 과학, 종교 교과만 교과서를 사용하며, 서울 국제학교의 경우는 모든 지적 영역의 교과, 즉 국어, 외국어, 수학, 사회, 과학 등에 한하여 교과서를 선정, 사용하고 있음) 각 출판사에서 제공한 선전물이나 견본 등을 참조하여 그 교육과정을 가르치는 데 가장 적합하다고 판단되는 교과서들을 학년별, 과목별로 선정한다. 그리고 그 구입을 학교장에게 건의 혹은 추천하고, 교장은 몇 가지 기본 원칙에 어긋나지 않는 한, 전적으로 교사들이 결정을 신임하고 따른다고 한다.

　교과서의 발행 및 심의에 있어서 교과서의 출판은 원칙적으로 상업 출판사에 맡겨져 있다. 교과서를 편찬함에 있어서, 핵심적인 기준이 되는 것은 주별로 정해지는 교육과정이다. 주마다 교육과정에 차이가 있기 때문에 출판사는 각각의 주가 어떤 교과서를 요구하고 있는가를 조사하고 그 공통점과 차이점을 분석·검토하여 판매에 유리한 교과서를 제작하는 경향이 강하다. 그리고 각 출판사에서는 전직 교사, 교과 전문가 등 많은 경험을 가진 사람들로 집필진 및 편집진을 구성하여 교과서를 개발한다. 또한, 출판업자들은 집필에 앞서 채택될 만한 교과서의 특성을 결정하기 위해 광범위한 연구를 하며, 여러 집필진 간의 의견의 합의, 집필, 원고본의 예비 적용, 수정 및 보완, 그리고 시각적으로 매력적인 편집의 수행 등에 이르는 단계를 거친다.

　교과서의 심의는 적합성의 준거를 마련하여 사회 각계각층의 인물이 참여하여 논쟁을 벌이기도 한다. 따라서, 출판사는 가급적 논쟁적인 사안을 피하게 되므로 바로 이 점이 교과서의 질을 떨어뜨리게 하는 원인이 된다고 교과서 비평가들에 의해 많은 비판을 받고 있다.

　이러한 문제점을 해결하기 위해 연구자들은 몇 가지 제안을 하고 있다.

　첫째, 너무 많은 심사 기준을 출판사나 심의 위원 측 모두에게 고려하게 하는 것은 불가능하므로 이론적인 근거를 토대로 핵심적인 것만을 선정하여 12 개 항목을 넘지 않도록 할 필요가 있다.

　둘째, 선정 기준을 제시할 때, 각 기준에 비추어 '좋은 사례'와 '좋지 않은 사례'를 함께 제시함으로써 심의의 타당성을 높이고 출판사에도 뚜렷한 지침이 되도록 해야 한다.

　셋째, 각 기준을 직접 활용하기 전에 시험적으로 적용해 보아 수정을 거침으로써 교과서 평가의 신뢰도와 타당도를 높여야 한다는 것 등이다.

　미국에서의 교과서 공급 체계는 주마다 조금씩 다르다. 텍사스 주의 경우 교과서의 공급은 학교구에서 선정된 교과서가 주교육위원회에 보고되면 주에서는 그 수를 집계하여 출판사에 주문을 한다. 주문을 하여 반입된 교과서는 일정 장소에 수합된 뒤 각 학교에 공급이 된다. 이 때, 공급되는 수는 학생의 110％이며, 교사용 도서는 교과서 수의 1/25을 출판사가 무료로 제공한다. 물론, 이러한 경우는 공립 학교에만 해당되고, 일정 기간이 지난 후에는 반납하는 형식을 취한다. 한편, 사립 학교는 학생들의 등록금의 일부를 교과서 구입에 사용해야 한다. 미국 학교의 수업에서의 교과서는 주된 역할을 수행하고는 있으나, 교육과정에 비해 부차적인 위치를 차지하고 있다. 따라서, 교과서를 채택하지 않는 교과도 많이 있고 교과서에 의존하는 교과도 있다.

교과서를 사용하는 경우라 할지라도 그 의존도는 교과에 따라 상당히 다르다. 과목별로 비교할 때, 학교급과 무관하게 대체로 수학 수업에서 의존도가 가장 크며, 사회나 국어, 과학, 예술 교과 등의 경우는 학교나 학년 등에 따라 상당히 다른 방식으로 활용되고 있다.

한 과목이라도 과목별 하위 범주에 따라 서로 다른 출판사의 여러 교과서가 함께 활용되는 경우가 많다. 또한, 채택한 교과서라 할지라도 단원의 순서를 그대로 따르거나 교과서 전 단원의 내용이 모두 다루어지지는 않는다. 주요국의 교과서 정책을 요약하면 [표 5-19]와 같다.

[표 5-19] 주요 각국의 교과서 정책 제도

구 분	교육과정 작성	교과서 편찬 및 발행	선정(채택)	공급 방식	교과서 구입비 부담	관리자(소유자) 및 관리 방법
한 국	교육부	국정(발행자 지정) 검정	국정 : 교육부 검정 : 학 교	초등학교 무상 공급	지방 교육청	학생 소지
일 본	문부성	대부분 검정이나 의무 교육 교과서 는 발행자 지정	공립 : 교육위 원회 사립 : 학교	초·중학교 무상 공급	지방 교육청	〃
미 국	주 및 지방 교육부	자유 발행제	지방 교육구 교육위원회	무상 대여 원칙	주 또는 지방 교육구	학교 교실 비치 또는 학생 소지
영 국	출판사	〃	학교	무상 대여	지방교육청	학교 교실 비치
프랑스	교육문화부 또는 주	〃	〃	무상 대여(중학교 는 교과 한정)	국가	〃
독 일	주 또는 시	〃	〃	1학년 : 무상 공급 2학년 이상 무상 대여 또는 부분 무 상 대여	주	학생 소지 또는 학교 교실 비치
호 주	교육부, 주	〃	〃	무상 대여	학교	교실 비치

자료 : 강구도(1996). 교과서 정책 개선 방향. 교과서연구, 제25호, p. 13.

5. 실과(기술·가정) 교과서의 개발

가. 교과서의 개발

우리 나라의 교과서 제도는 국·검정 제도로 국정 교과서는 교육부가 연구 기관에 연구 개발비를 보조하여 위탁 개발하는 형태로 교육부 심의 기구의 심의를 거쳐 교육부의 편수 담당관이 결재본을 최종 확정하는 방식으로 편찬되고 있다. 그리고 편찬 계획부터 수정 보완까지 약 2년 정도의 기간이 소요되고 있다.

검정 교과서는 교육부가 검정 실시 계획을 수립하여 공고하면, 저작자가 검정 신청 등록을 한 후 교과서를 집필하여 저작자와 계약한 출판사에서 심사본 교과서를 만들어 교육부에 제출하면 심의 기구에서 심사하여 합격 여부를 결정하는 방식으로 편찬된다. 이처럼 우리 나라 교과서 편찬은 집필 지침, 심사 기준을 통하여 엄격한 국가의 통제를 받고 있다.

(1) 국정 도서

국정 도서는 교육부가 직접 편찬한다. 그러나 실제로는 연구 기관 또는 대학 등에 위탁하여 개발하고 있는데 교육부가 제시한 국정 교과서의 편찬 과정은 사전 계획 → 계획·위탁 단계 → 연구 단계 → 집필 단계 → 심의 수정 단계 → 실험·검토 단계 → 심의·수정·보완 단계 → 생산·공급 단계까지 [표 5-20]과 같이 크게 8단계이며, 세부적으로는 약 50개 과정을 거쳐야 할 정도로 복잡하다.

[표 5-20] 국정 도서 편찬 과정

단 계	세부 과정
사전 계획	1. 교과과정 고시(교육부) 2. 교과용 도서 개발 계획 수립(교육부) 3. 예산 편성 요구(교육부 → 예산청) 4. 예산 확정(국회) 5. 개발 도서 수 확정(교육부 교육과정 정책과, 교과 담당자)
계획·위탁 단계	6. 연구 개발 기관 선정(교과 담당자, 교육과정 정책과) 7. 교과용 도서 편찬 기본 계획 수립(교육과정 정책과, 교과 담당자) 8. 연구 개발 기관 대표자 회의(교육과정 정책과, 교과 담당자) 9. 연구 계회 개발서 접수·제출(개발 기관) 10. 연구 개발 계획서 접수·검토·승인(교육과정 정책과, 교과 담당자) 11. 국정 도서 편찬 심의 위원 선정·위촉(교과 담당자, 교육과정 정책과) 12. 연구 개발 보조금 교부(교육과정 정책과)
연구 단계	13. 보조금 구령, 연구 개발 기초 연구(개발 연구, 교과 담당자) 14. 편찬 방향, 집필 세목 작성·제출(개발 연구) 15. 편찬 방향, 집필 세목 접수·검토(교과 담당자) 16. 집필 세목 심의(심의 위원, 교과 담당자) 17. 집필 세목 심의 결과 수정·보완 통보(교과 담당자)
집필 단계	18. 원고 집필자 회의(개발 기관, 교과 담당자) 19. 원고 집필(개발 기관, 교과 담당자) 20. 원고본 검토·수정·보완(개발 기관, 교과 담당자)) 21. 사진, 삽화 제작(개발 기관, 교과 담당자) 22. 원고본 작성 완료(개발 기관, 교과 담당자) 23. 원고본 접수(교과 담당자)

심의·수정 단계	24. 원고본 심의(심의위원회, 교과 담당자) 25. 원고본 심의 결과 수정·보완 통보(개발 기관, 교과 담당자) 26. 개고, 개화(개발 기관) 27. 개고본 작성·제출(개발 기관) 28. 연구 개발 중간 보고(개발 기관) 29. 개고본 접수(교과 담당자) 30. 개고본 조판 의뢰(교과 담당자)
실험·검토 단계	31. 실험(현장 검토) 본 접수(교과 담당자) 32. 실험(현장 검토) 학교 교사 추천 의뢰·접수(시·도 교육청, 교육과정과, 교과 담당자) 33. 현장 실험 검토(현장 검토 학교 교사) 34. 현장 실험·검토 결과 수정·보완 통보(개발 기관, 교과 담당자) 35. 실험(현장 검토)본 수정·보완(개발 기관, 교과 담당자)
심의·수정·보완 단계	36. 수정본 접수(교과 담당자) 37. 수정본 심의위원회에게 발송(교과 담당자) 38. 수정본 심의(심의 위원, 교과 담당자) 39. 수정본 심의 결과 수정·보완 통보(교과 담당자) 40. 수정본 수정·보완(개발 기관, 교과 담당자) 41. 연구 개발 정산 보고(교과 담당자) 42. 최종 수정본 접수(교과 담당자) 43. 최종 검토 정리(교과 담당자) 44. 결재본 확정, 제작 의뢰(발행 회사) 45. 결재본 접수·결재(교과 담당자)
생산·공급 단계	46. 결재본 송부, 생산 지시(교육 과정 정책과, 교과 담당자) 47. 교과서 인쇄·제본·발행(교육 과정 정책과, 교과 담당자) 48. 공급(공급소) 49. 수령(학교) 50. 학생 사용

[표 5-20]에서 보듯이 교육부가 국정 교과서의 편찬 계획을 수립하고, 연구 기관 또는 대학에 개발을 위탁하면 개발 기관은 교육부의 편찬 기본 계획에 따라 연구·개발 계획을 세우고 원고를 집필한다. 그리고 그것은 수시로 점검의 대상이 될 뿐만 아니라 교육부의 심의, 수정, 보완 지시에 따라야 하는데, 심의에 있어서는 교과용 도서에 관한 규정에 의하여 교과용 도서 심의회가 설치·운영되어 이루어지고 있으며, 교과용 도서 심의회는 교과용 도서 편찬·검토 및 인정 등에 관한 사항을 심의하며, 위원회는 5인 이상 21인 이하로 구성되어 있다.

교과용 도서에 관한 심의회는 국정 도서와 검정 도서로 구분하여 구성하는데, 국정 도서 심의회는 공개된 위원을 위촉하여 도서의 편찬 계획, 집필된 교과용 도서 내용의 축조·심의 및 조정·보완 등을 수행한다.

국정 교과서 개발을 위탁 받은 개발 기관은 각 교과별로 교육부 장관 승인 하에 연구진·집필진·협의진을 구성하도록 되어 있다.

(2) 검정 도서

검정 도서는 저자가 출판사와 약정을 맺고 연구·개발하여 교육부 장관의 검정을 받아 사용하는 교과서이다. 검정 도서의 편찬 절차는, 우선 교육부 장관이 최초 사용 년도 개시 1년 6개월 전에 검정 실시를 공고하면 저작자가 검정 신청을 교육부에 한다

그 후, 2차에 걸친 심사를 받게 되는데, 1차 심사는 주로 교과용 도서의 적격, 부적격에 관한 심사를 받는다. 이 때 교육부가 작성한 심사 기준에 의하여 심사를 받는데, 심사 기준에는 공통 기준이 5개 항목, 교과의 공통 기준이 7개 항목, 교과 기준이 40여 개의 항목으로 구성되어 되어 있다. 심사 위원이 심사 기준에 의해 심사한 평균 평점이 60/100 이상인 것을 '적격'으로 하고 있으며, 공통 기준의 1항이라도 '있다'로 판정된 도서는 교과 기준 평점의 다과에 관계없이 부적격으로 판정하고 있다.

1차 심사 결과 '적격' 판정을 받은 교과용 도서는 2차 심사를 받는데, 이 때는 1차 심사에서 받은 수정 보완 사항을 중심으로 심사를 받는다. 이런 심사 과정을 합격한 교과서는 교육과정이 변화될 때까지 사용할 수 있다. 이처럼, 검정 교과서는 교육부 장관의 검정을 받아 학교 현장에서 교과서로 사용할 수 있게 되는데, 최근 4~7차 교육과정 시기별로 검정 방식의 변화를 살펴보면 [표5-21]과 같다.

최근 검정 도서의 대상 과목을 점차 확대하여 그 범위를 넓혀 나가고 있으며 집필 기간에 있어서도 앞으로는 그 교과용 도서의 최초 사용 학년도 개시 1년 6개월 이전에 검정 실시 공고를 하도록 함에 따라 충분한 것은 아니지만 법적으로 이를 보장하는 조치가 마련되었다.

합격 종수에 있어서도, 과거의 5종, 8종으로 제한하는 데 따른 문제점을 해결하기 위하여 심사 기준만 통과하면 합격하는 것으로 합격 종수를 확대하여 교과서의 다양화를 실현하려고 노력하고 있다. 합격 유효 기간도 교육과정 개정 등 특별한 개편 사유가 발생하지 않으면 계속되는 것으로 확대하여 검정에 따른 불필요한 낭비 요인을 제거하고 사용중인 교과서의 장점을 계속 유지할 수 있게 하였다. 한편, 재검 제도를 폐지하도록 새 교과용 도서에 관한 규정에 명시하고 있다. 현행의 재검 제도로 합격한 도서가 학교에서 거의 채택되지 않고 있어 자원의 낭비와 발행사의 난립만을 조장하게 되어 그 실효성이 없어 폐지하기에 이르렀다.

또한, 현재(7차 교육과정)까지는 불합격 도서에 대한 재심의 기회를 주었으나, 이번에 개

[표 5-21] 중학교 교과용 도서 신·구 검정 방안 비교

구분	'83(4차)	'88(5차)	'94(6차)	2000(7차)
대상 과목	(6과목) 체육, 음악, 미술, 사회과 부도, 서예, 한문	(9과목) 영어, 수학, 고학, 체육, 음악, 미술, 서예, 한문, 사회과 부도	(11과목) 영어, 수학, 과학, 체육, 음악, 미술, 서예, 한문, 가정, 기술·산업, 사회과부도	(12과목) 영어, 수학, 과학, 체육, 음악, 미술, 한문, 기술·가정, 사회, 사회과 부도, 컴퓨터, 환경
집필 기간	• 82. 4. 1. 공고 • 83. 1. 31. 접수 (10개월)	• 87. 4. 6. 공고 • 88. 1. 20 접수 (약 10개월)	• 92. 8. 31 공고 • 94. 1. 20 접수 (약 17개월)	• 98. 12. 31 공고 • 2000. 1. 31 접수 (약 13개월)
합격 종수	과목별 5종 이내	과목별 5종 이내	과목별 8종 이내	삭제(95. 2. 28)
합격 유효 기간	최초 사용 학년도로부터 5년으로 하고, 2년을 초과하지 아니하는 범위에서 연장함.	좌동	최초 사용 학년도로부터 6년간으로 하고 동일한 교육과정이 계속 적용되는 경우에는 3년을 초과하지 아니하는 범위 안에서 유효 기간이 연장됨.	최초로 사용하는 학년도부터 도서의 편찬 기준이 되는 다음 교육과정의 적용시까지로 한다. 다만, 교육부 장관이 교육과정의 부분 개정 등 개편 사유 발생시 유효 기간은 종료된 것으로 본다.
심사 위원 구성	(1차 심사) 교과별 5인 • 교수 2인 • 교사 3인	(1차 심사) 교과별 5인 • 교수 2인 • 교사 3인	(1차 심사) 교과별 5~9인 (예산, 신청, 책수, 교과 특성에 따라 결정 가능)	교과별 5~21인 (해당 교과에 학식이 풍부한 자와 교육부 소속 공무원 중 교육부 장관이 위촉)
심사 기준 공개	심사 기준 비공개	심사 기준 비공개	심사 기준 공개 • 심사 기준(안) 공청회 • 심사 기준안 전문가 협의 • 심사 기준 배포 및 열람	미정

정된 규정에서는 재심 도서의 현장 활용도가 낮으므로 그 제도를 폐지하는 것으로 되어 있다. 심사 기준에 있어서도 비공개였던 것을 제6차 교육과정기부터 심사 기준을 공개하여 심사의 객관성과 타당성 및 신뢰도를 높였다.

(3) 인정 도서

인정 도서는 교과서·지도서가 없는 경우, 또는 이를 사용하기 곤란하거나 보충할 필요가 있는 경우에 사용하기 위한, 교육부 장관의 인정을 받은 교재와 그 보완 교재를 말한다.

인정 도서의 편찬 과정을 보면, 우선 교육장(고등학교의 경우 학교장)은 인정 도서가 필요할 경우, 교육감(교육인적자원부 장관이 권한 이양함)에게 신청을 한다. 그러면 인정 도서 검사 계획을 수립하고, 검사 위원을 위촉하여 검사 기준안을 작성한다. 그리고 1차 심

사와 2차 심사를 받고 사용을 승인 받는다. 승인된 인정 도서는 검정 교과서와 같이 최초로 사용하는 학년부터 3년 간 유효하게 된다.

인정 도서의 편찬 과정은 [표 5-22] 와 같다.

[표 5-22] 인정 도서 편찬 절차

절 차	업무 담당자
인정 도서 사용 승인 신청	교육부 장관(교육감에게 위임)
인정 도서 검사 계획 수립	심사 위원
검사 기준 작성	심사 위원
심사	
1차 심사	심사 위원
2차 심사	심사 위원
사용 승인	교육부 장관(교육감에게 위임)

나. 교과서의 공급

교과용 도서의 공급은 교육인적자원부가 2001학년도 교과서 공급시부터는 교과서 공급을 발행사의 자율에 맡기기로 함에 따라 교과서 연구재단은 교과용 도서 「중앙공급총괄기관」으로서 발행사와 계약을 체결하고 종전의 지방 공급소 조직을 흡수하여 교과용 도서를 공급하고 있다. 따라서, 종래의 교과서 공급 체계와는 많은 변화가 있으며, 현재 실시하고 있는 공급 체계를 제시하면 [그림 5-5]와 같다.

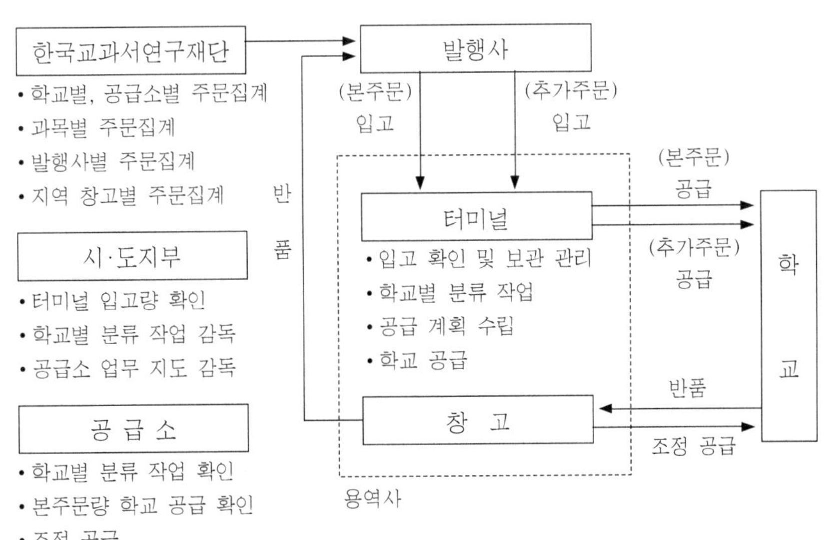

[그림 5-5] 교과용 도서 공급 체계도

다. 교과서 편찬 체제

(1) 교과서의 편찬 체제

교과서의 편찬 체제에는 외적 체제와 내적 체제가 있다. 여기서는 외적 체제에 대하여 살펴보도록 한다. 외적 체제의 정의는 학자에 따라 큰 차이는 없으나, 견해를 달리하는 경우도 있는 바, 그 중에서 몇 가지를 살펴보면 다음과 같다.

곽병선(1985)은 교과서는 시각적으로 감지할 수 있는 것으로 교과서를 구성하는 자료와 담을 내용을 표현하기 위한 판형, 활자, 쪽수, 사진과 삽화, 색도 등 인쇄 과정을 통하여 나타난 상태의 전부를 의미하는 것이라고 교과서 외적 체제를 정의하였다. 그리고 정태범 (1988)은 교과서의 외적 체제란 교과서가 갖추어야 할 외적 형식과 관련되는 판형, 지질, 활자의 크기, 색도, 제본 방식 등의 요소라고 정의했다. 이영덕 외 6인(1985)은 교과서의 외적 체제의 요소를 편찬 방식, 판형, 활자, 삽화·사진, 지질, 색도, 장정, 편집 등을 가리키는 것이라고 정의하였다. 여기서는, 판형, 지질, 활자의 크기, 색도의 외적 체제와 교육 과정별 교과서의 외적 체제 변천을 살펴보기로 한다.

㈎ 판 형

교과서의 판형은 교과서의 크기를 말하는 것으로 교과서의 주요 체제 결정 변수인 용지 이용의 경제성, 레이아웃의 융통성, 책 관리의 용이성, 책에 대한 학습자의 심리적 선호도 등을 좌우하는 매우 중요한 요인이다. 교과서의 판형에는 국판, 크라운판, 4×6배판 등이 있다. 책자의 판형에 따라 크기를 나타내면 [표 5-23]과 같은데, 여기서 A열은 국제적인 표준 치수(종이의 국제 규격 ISO 216)에 근거한 것이지만 B열은 주로 일본이나 우리 나라 등지에서 쓰이는 치수이다.

A열은 면적이 약 $1\,\text{m}^2$의 것을 기본으로 하여 이것을 A열 0호라 하고, 차례로 그 긴쪽의 변을 2등분하면서 그 반을 A열 1호 이하로 삼는다. 흔히, A열 전판이라고 하는 것은 A열 1호의 크기이다. B열은 면적이 약 $1.5\,\text{m}^2$의 것을 기본으로 하여 이것을 B열 0호라 하고, 차례로 그 긴쪽의 변을 2등분하면서 그 반을 B열 1호 이하로 삼는다. 흔히, A열 전판이라고 하는 것은 B열 1호의 크기를 말한다. 규격으로는, A열, B열 각각 10호까지 규정되어 있으나, 실제로는 대개 A열에서는 7호까지, B열에서는 8호까지 쓰이고 있다.

대표적인 몇 가지 판형의 특징을 살펴보면, 국판은 면이 좁아 다양한 레이아웃을 구사하기가 어렵고, 교과서 쪽수가 많아질 경우 펼쳐보기가 불편하다. 그리고 여백이 좁아 학습에 불편하다.

[표 5-23] 책자의 용지 규격

판 형	통 칭	크 기[mm]	판 형	통 칭	크 기[mm]
A0		841×1189	B0		1000×1414
A1		594×841	B1		707×1000
A2		420×594	B2		500×707
A3		297×420	B3		353×500
A4	국배판	210×297	B4	4×6배배판	250×353
A5	국 판	148×210	B5	4×6배판	176×250
A6	문고판	105×148	B6	4×6판	125×176
A7		74×105	B7		88×125
A8		52×74	B8		62×88
A9		37×52	B9		44×62
A10		26×37	B10		31×44
신서판	신국판 18절판 3×5판	150×225 176×248 84×148	신서판	4×6반판 신4×6판 3×6판	94×128 124×176 103×182

자료 : 교육부(1990). 편수자료 Ⅰ. 대한교과서주식회사, p. 361.

크라운판은 크기에는 불만이 없으나 정보의 수록량이 그 크기만큼 많지 않은 편이고, 기계의 부족, 파지 발생 등의 문제점이 있다. 4×6배판은 국판이나 크라운판의 약점을 보완한 것으로 그래픽의 분량도 늘릴 수 있으며 레이아웃도 폭넓게 적용할 수 있다.

초등학교 교과서의 판형을 교육과정 개정 시기별로 살펴보면, 제 1 차, 제 2 차 교육과정까지는 모든 교과서가 국판으로 편찬되었으나 제 3 차 교육과정부터 사회과 부도를 4×6배판으로 편찬하였다. 이 후, 제 4 차~제 6 차 교육 과정까지 국판과 4×6배판이 병행하여 편찬되었는데, 제 7 차 교육과정에서는 초등학교의 모든 교과서를 4×6배판으로 편찬하고 있다. 교육 과정별 판형 비교를 요약하면 [표 5-24]와 같다.

⒩ 지 질

지질은 교과서 용지를 말하며 지질은 교과서의 몸체를 결정하는 기본 재질로서 교과서에 어떤 지질의 종이를 사용하느냐에 따라 활자, 색도, 인쇄 등의 효과를 결정하며, 또한 그 무게를 결정하기 때문에 지질의 선택은 대단히 중요하다. 인쇄에서 주로 사용되는 종이들을 분류하면 [표 5-25]와 같다.

[표 5-24] 교육과정별 판형의 비교

시 기	판 형	교 과	비 고
제1차	국판	모든 교과서	
제2차	국판	모든 교과서	사회과 부도 4~6학년 1·2학기 분책, 국판
제3차	국 판	모든 교과서	
	4×6배판	사회과 부도	
제4차	국 판	3~6학년 도덕, 국어, 사회, 산수, 자연, 체육 및 4~6학년 실과	
	4×6배판	1~2학년 전 교과, 3~6학년 음악, 미술 4~6학년 사회과 부도	
제5차	국 판	3~6학년 도덕, 국어, 사회, 산수, 자연, 체육 및 4~6학년 실과	
	4×6배판	1~2학년 전 교과, 3~6학년 음악, 미술, 사회과 부도 및 보조 교과서	
제6차	국 판	3~6학년 도덕, 수학, 자연, 체육	
	4×6배판	1~2학년 전교과 3~6학년 국어, 사회, 음악, 미술, 실과 및 사회과 부도, 보조 교과서	
제7차	4×6배판	초등학교 전 교과의 교과서	

자료 : 이규호(1993). 교과서 편찬 체제의 시대별 비교. p. 71.

[표 5-25] 종이의 종류 및 용도

구 분	주 성 분	특 징	용 도
상질지(백상지, 아트지 등)	화학펄프(CP)	• 고급 종이로 표면이 평활하고 백색도가 높다.	• 고급 책자 • 증권 용지 등 정밀 인쇄 및 컬러 인쇄 적합
중질지	쇄목펄프(GP) 및 화학펄프(CP)	• 상질지보다 백색도가 떨어진다.	• 교과서, 잡지 • 그 밖의 간행물 등
하급지	쇄목펄프(GP)	• 갱지류	• 신문 용지 등

자료 : 국정교과서주식회사(1994). 국정전자출판(편집자료집). p. 115

종이의 종류 중에서 중질지나 하급지는 불투명도가 높고 종이가 얇아도 뒷면의 글자가 배어나지 않는 장점이 있어 교과서의 본문 용지로 많이 쓰인다.

현재 교과서 본문 용지로 가장 많이 쓰이는 $70\,\mathrm{g/m^2}$ 미색 중질지는 쇄목 펄프와 화학

펄프의 혼합 제품으로 고급 용지라고 볼 수 없으며, 특히 컬러 인쇄에는 부적합한 지종이다. 이는 1980년대에 교과서 품질을 향상시키기 위해 저렴한 가격으로 개발된 지종으로 갱지와 백상지의 중간 제품이다(강환동, 1996, p. 126).

초등학교 교과서의 지질을 교육과정 시기별로 살펴보면 [표 5-26]에서 보듯이 제 1 차, 제 2 차 교육 과정기는 교과서의 본문의 지질이 갱지가 주종을 이루었으며, 제 3 차 교육과정기에는 갱지를 보완한 미색 갱지(55)가 사용되었고, 제 4 차 교육과정부터 오늘날에 쓰이고 있는 미색 중질지(70)를 사용하게 되었다.

[표 5-26] 교육과정별 지질의 비교

시 기	표 지	본 문	비 고
제 1 차	백상지	갱지	일부 저학년의 본문은 백상지
제 2 차	판면 마닐라지	갱지	
제 3 차	모조지(180)	미색 갱지(55)	
제 4 차	엠보싱 모조지(200)	미색 중질지(70)	미술 본문은 아트지(100) 속표지는 모조지, 화보는 아트지
제 5 차	백색 엠보싱 모조코팅(260)	미색 중질지(70)	4×6배판 표지는 백색 엠보싱 모조코팅지(260) 국판 표지는 백색 엠보싱 모조 코팅지
제 6 차	위와 같음	위와 같음	
제 7 차	위와 같음	위와 같음	위와 같음

* ( ) 내는 종이의 중량으로 단위는 g/m^2($1\,m^2$당 g 수)

자료 : 이규호(1993). 교과서 편찬 체제의 시대별 비교. p. 73.

㈐ 글자의 크기

글자 크기는 글자의 변별성(辨別性)과 글의 가독성(可讀性)을 결정하는 중요한 요인이다. 변별성은 하나의 글자를 다른 글자와 구분하여 식별할 수 있는 정도를 말하며, 가독성은 단어, 문장, 연속된 글이 시각적으로 잘 보여 쉽고 빠르게 읽히는 정도를 말한다.

활자의 크기는 활자의 배에서 등까지의 길이를 나타내며, 호수 계열의 활자는 그 크기를 호로 나타내며, 포인트 계열 활자는 포인트로 나타낸다. 이러한 활자와는 달리 사진 식자나 전산 사식에 있어

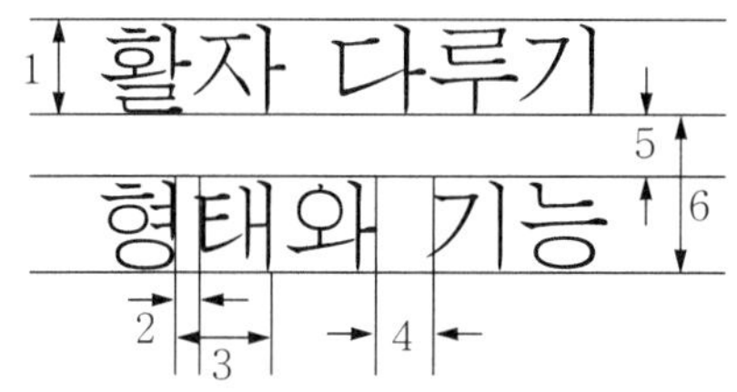

1. 글자 크기   2. 글자 사이
3. 글자 보내기 4. 낱말 사이(띄어쓰기)
5. 글줄 사이   6. 글줄 보내기

[그림 5-6] 활자 관계 명칭

자료 : 한국 2종교과서협회(1991). 교과서 체제에 관한 연구. p. 66.

서는 글자의 크기를 급으로 나타내며 영문 약칭은 'Q'로 사용한다. 호수 계열의 활자와 포인트 계열 활자의 단위 환산에 있어서는 1 p(포인트) = 0.3527 mm =1.4111Q(급)이다. 그리고 활자에 관련된 명칭을 살펴보면 [그림 5-6]과 같다.

초등학교 교과서 본문에 사용되는 글자의 크기를 교육과정 시기별로 살펴보면 제 1 차~제5차 교육과정까지 1학년은 32급(22 p), 2학년은 28급(18 p), 3학년은 24급(16 p), 4~6학년은 20급(14 p)을 계속하여 사용하여 왔으나, 계속적안 활자와 가독성간의 연구를 바탕으로, 제 6 차 교육과정에는 1학년 28급(18 p), 2학년 24급(16 p), 3학년 20급(14 p), 4~6학년 17급(11.5 p)으로 과거보다 글자의 크기가 작아졌다.

[표 5-27] 교육과정별 글자 크기의 비교

시 기	글자의 크기(급)				비 고
	1학년	2학년	3학년	4~6학년	
제 1 차	32(22p)	28(18p)	24(16p)	20(14p)	
제 2 차	32	28	24	20	활자개량
제 3 차	32	28	24	20	
제 4 차	32	28	24	20	
제 5 차	32	28	24	20	3학년 미술, 음악 20급(14 p)
제 6 차	28(18p)	24(16p)	20(14p)	17(11.5p)	4~6학년 미술 15급(10.5 p)
제 7 차	28(18p)	24(16p)	20(14p)	17(11.5p)	음악 18급(12 p)

자료 : 이규호(1993). 교과서 편찬 체제의 시대별 비교. p. 75.

㈑ 색 도

인쇄 기술의 발달로 교과서에 사용하는 색도는 과거의 단색에서 벗어나 점차 다색 또는 원색화되어 가고 있다. 즉, 과거의 교과서가 '읽기 위한 책'이라고 한다면 오늘날의 책은 '보기 위한 책'이라고 할 정도로 변모하였다.

이런 원색 및 다색화는 물체의 실체감을 주어 교과서의 내용 전달을 용이하게 하고, 이해를 촉진시킨다. 즉, 색채의 사용은 책에 쉽게 접근할 수 있도록 하는 기능(접근의 용이성), 짧은 시간에 많은 내용을 읽을 수 있게 하는 기능(속독의 효과), 지루한 느낌을 덜 주어 책을 장시간 읽을 수 있게 하는 기능(다독의 효과)를 발휘하는 데 효과가 있다(한국교육개발원, 1995. p. 90).

그러나 색도를 반영할 때 유의할 사항이 있는데, ① 지질에 부합되고 인쇄 효과를 통한 학습 효과를 높일 수 있어야 하며, ② 교과별 특성과 교과 내용에 상응한 색도를 선택하여야 하며, ③ 망처리 방식 등을 통한 시각적 효과 증진 및 편집의 다양성을 추구할 수 있어야 한다(한국교육개발원, 1995. p. 90).

현재 초등학교 교과서 본문에서 색도는 1도~4도 이내, 8도 이내를 사용하고 있는데, 사회과 부도가 8도 이내의 색도를 사용하고 있다. 초등학교 교과서 색도를 교육과정 개정 시기별로 비교해 보면 [표 5-28]과 같다.

[표 5-28] 교육과정별 색도 비교

시 기	삽화 색도		비 고
	표 지	본 문	
제 1 차	1~3학년 원색 4도	단색~원색 4도	미술, 음악 : 표지(원색 4도), 본문(원색 4도)
	4~6학년 단색	단색	미술, 음악 : 표지(원색 4도), 본문(단색)
제 2 차	1~3학년 원색 4도	단색~원색 4도	자연, 음악, 미술(단색, 원색 4도)
	4~6학년 원색 4도	단색	미술, 음악 : 표지(원색 4도), 본문(단색)
제 3 차	1~3학년 원색 4도	단색~원색 4도	자연, 음악, 미술(원색 4도), 본문(단색~원색 4도)
	4~6학년 원색 4도	단색	
제 4 차	1~3학년 원색 5도	단색~원색 4도	자연, 음악, 미술(원색 4도), 본문(단색~원색 4도)
	4~6학년 원색 5도	단색~원색 4도	
제 5 차	1~6학년 원색 4~5도	단색~원색 4도	전 교과 전 학년 삽화 색도가 같음
제 6 차	1~6학년 원색 4도	단색~원색 4도	전 교과 전 학년 삽화 색도가 같음
제 7 차	1~6학년 원색 4도	단색~원색 4도	전 교과 전 학년 삽화 색도가 같음

자료 : 이규호(1993). 교과서 편찬 체제의 시대별 비교. p. 76.

(2) 실과(기술·가정) 교과서 외적 체제

㈎ 실과 교과서 외적 체제

초등학교 실과 교과서는 제 1 차~제 7 차 교육과정기까지 국정 교과서였기 때문에 외적 체제에 있어서 교육부의 도서 편찬 체제 규정에 의해서 편찬되었다. 그 변천 과정을 살펴보면 [표 5-29]와 같다.

초등학교 실과 교과서의 외적 체제 변천을 살펴보면, 우선 교과서의 크기인 판형에 있어서 제 1 차 교육과정부터 국판을 사용해 오다가 제 6 차 교육과정부터 4×6배판으로 판형이 커지게 되었는데, 이는 제 5 차 교육과정기에 있었던 실습 길잡이(4×6배판)가 없어지면서 교과서가 실습 길잡이 역할을 수행하도록 하기 위하여 판형이 확대되었다.

[표 5-29] 초등학교 실과 교과서의 외적 체제 변천

구분 교육 과정	판 형	지 질		글자의 크기	색 도	
		표 지	본 문		표 지	본 문
1차	국판	백상지	갱지	20급(14p)	단색(1도)	단색(1도)
2차	국판	판면 마닐라지	갱지	20급(14p)	단색(1도)	단색(1도)
3차	국판	모조지(180)	미색 중질지(70)	20급(14p)	4도	단색(1도)
4차	국판	엠보싱 모조지(200)	미색 중질지(70)	20급(14p)	5도	단색(1도)
5차	국판	백색 엠보싱(260)	미색 중질지(70)	20급(14p)	4도	4도
6차	4×6배판	백색 엠보싱(260)	미색 중질지(70)	20급(3학년) 17급(4~6)	4도	4도
7차	4×6배판	백색 엠보싱(260)	미색 중질지(70)	20급(3학년) 17급(4~6)	4도	4도

* ( ) 내는 종이의 중량으로 단위는 g/m^2(1 m^2당 g 수)

교과서의 용지인 지질에 있어서는 제3차 교육과정부터 본문의 지질이 미색 중질지(70)를 사용하면서 교과서의 질이 좋아지게 되었다.

글자의 크기에 있어서는, 제1차~제5차 교육과정까지 20급(14p)으로 큰 차이가 없었으나 제6차 교육과정부터 3학년은 20급(14p), 4~6학년은 17급(11.5p)으로 크기가 작아지게 되었다. 색도에 있어서는, 제3차 교육과정부터 표지는 4도 이내를 사용하여 원색화하였고 본문에 있어서는 제5차 교육과정기에 와서 4도 이내의 원색화가 이루어지게 되었다.

㈏ 기술·가정 교과서의 외적 체제

기술·가정 교과서의 외적 체제의 변화를 제3차~제7차 교육과정까지 살펴보면 [표 5-30]과 같다.

기술·가정 교과서의 외적 체제의 변화를 살펴보면, 판형은 제3차~제6차 교육과정기까지 국판이 계속 유지되었고, 표지 지질에 있어서는 제3차 교육과정기에 엠보싱 모조지($180\,g/m^2$)를 사용하다가 1982년 제4차 교육과정부터 미색 엠보싱 모조지($260\,g/m^2$)로 변경하여 사용하였으나, 표지가 너무 두꺼워 교과서 전체의 유연성이 떨어지고, 또한 색상이 제대로 표현되지 않아 제6차 교육과정부터 미색 엠보싱 모조지($220\,g/m^2$)로 바꾸게 되었다.

그리고 색도에 있어서는 표지에는, 제3차 교육과정부터 4도 이내의 삽화, 사진이 게재

[표 5-30] 중학교 기술·가정 교과서의 외적 체제 비교

| 교육과정 | 판 형 | 지 질 | | 글자 크기 | 색 도 | | 비 고 |
		표 지	본 문	(본문)	표 지	본 문	
3 차	국 판	엠보싱 모조지(180)	미색 갱지(55)	12 p	4도 이내	단색	1979년부터
4 차	국 판	미색 엠보싱 모조지(260)	미색 중질지(70)	12 p	4도 이내	단색	
5 차	국 판	미색 엠보싱 모조지(260)	미색 중질지(70)	12 p	4도 이내	단색	
6 차	국 판	백색 엠보싱 모조지(220)	미색 중질지(70)	12 p	4도 이내	단색	8종 모두
7 차	4×6배판	백색 엠보싱 모조지(220)	미색 중질지(70)	12 p	4도 이내	4도 이내	

* ( ) 내는 종이의 중량으로 단위는 g/m^2($1\,m^2$당 g 수)

된 반면에 본문에는 제1차~제6차 교육과정기까지 단색의 사진과 삽화가 게재되어 있어서 개선되어야 할 필요가 있다. 특히, 실업 교과서의 경우, 사진, 삽화가 많이 게재되어 있는데, 현재와 같은 단색으로는 시각적 효과는 물론, 학습의 이해도를 높일 수 없으므로, 원색화하여 시각적 효과와 교육적 효과를 높일 수 있도록 해야겠다.

7차 교육 과정에서는 중·고등학교 교과서도 사진, 삽화가 4도로 반영되었고, 교과서 판형도 대부분 4×6 배판을 채택하고 있다. 따라서 교과서의 질이 획기적으로 개선되는 계기가 되었다.

제6차 교육과정기에 사용하는 기술·가정 교과서는 모두 검정 교과서로 편찬하였는데, 그 외적 체제에 있어서는 8종 모두 차이가 없었다. 이는 교과용 도서의 체제 기준(92. 8. 29)을 바탕으로 편찬되었기 때문에, 판형, 지질, 글자의 크기, 색도 등에 있어서는 2종 교과서의 의미를 살리지 못했다고 볼 수 있다. 그러나 교과서의 구성 체제나 지도 내용의 전개 방식 등에 있어서는 종전에 국정 교과서와 비교하여 발전되었다고 볼 수 있는데, 이처럼 교과서가 다양한 체제를 갖게 됨으로써 교수-학습 방법을 개선할 수 있고, 여러 교과서 중에서 학교와 지역 사회의 특성을 고려하여 교사들이 선택할 수 있으므로, 교과서를 통한 교육과정의 지역화와 다양화를 기대할 수 있게 되었다(윤인경, 1997). 그리고 앞으로는 교과용 도서의 체제 기준이 폐지되어 집필자의 의도를 충분히 살린 개성 있고 창의적인 교과서가 개발될 것을 기대한다.

라. 전자 교과서

21 세기는 정보화 시대로 누구나 언제 어디서나 필요한 정보를 쉽게 찾아 이용할 수 있는 능력을 요구하고 있다. 그러한 능력을 키우기 위해서는 학습자 자신도 다양한 교육 매체를 직접 접하고 활용해 볼 필요가 있으며, 한편 정보화 시대에 대응하는 교육 방안은 과

거의 교육 방식인 미리 만들어진 학습 자료에 의해서 학습을 진행하기보다는 학습자의 관심과 의견에 따라 융통성 있게 학습하는 방안이 요구된다.

정보화 사회의 교육적 요구에 부응하기 위해서는 학습자가 스스로 자신의 능력에 맞는 학습을 진행하도록 하는 학습 자료가 필요하며, 이러한 방안의 일환으로 전자 교과서의 개발이 진행되고 있다.

(1) 전자 교과서와 전통적 교과서와 비교

전자 교과서는 새로운 학습 체제이다. 교육 목적은 기존 일반 교과서와 동일하지만, 교육 방법에 있어 기존의 인쇄물로 된 교과서와는 다른 방법들을 활용한다. 예를 들면, 방송 통신과 같은 각종 새로운 매체를 활용하기도 하며, 인터넷 등의 네트워크와 정보 기술을 활용할 수도 있다. 운영에 있어서도, 기존의 일반 교과서와는 다른 방식을 점차적으로 도입하게 될 것이다.

전자 교과서가 가진 차별적인 특성을 살펴보기 앞서 전통적인 교과서(전통적인 교과서란 종이를 매개로 한 글씨, 그림, 서적 등을 말하며, 주로 인쇄물의 형태)와 전자 교과서(문자, 그림, 소리, 영상 등이 결합하여 정보를 전달하는 것으로서 비디오, 오디오 테이프, CD-ROM 등을 다 포함하지만, 여기서는 주로 컴퓨터를 기반으로 활용하는 형태)를 비교해면 [표 5-31]과 같다(곽병선, 1997b, pp. 3~4).

[표 5-31] 전통적 교과서와 전자 교과서의 비교

기 준	전통적 교과서	전자 교과서
정보 형태	문자, 그림, 표 등이 제공되지만 음향, 동영상 등은 제공되지 않음.	텍스트, 그림, 표 뿐 아니라 음향, 동영상, 비디오 등이 제공됨.
독 자	문맹 또는 시각 장애인은 읽을 수 없음.	멀티미디어 기능을 이용하여 문맹 또는 시각 장애인도 읽을 수 있음.
저자와 독자 구분	저자와 독자가 뚜렷이 구분이 됨.	독자가 저자가 될 수 있음.
상호 작용	비반응적, 정적임.	반응적, 역동적으로 구성.
물리적인 면	도서를 직접 손에 넣거나 책장을 넘기거나 운반할 수 있음.	모니터를 통해서 내용을 볼 수 있으며 책장을 넘기는 것도 물리적 접촉이 아닌 시각적 시뮬레이션을 통해서만 가능.
자료 변환	한번 쓰여진 내용의 이동, 수정, 첨가가 불가능함.	내용의 이동, 수정, 첨가 등의 자료 변환이 용이함.
자료 접근	읽기 쉬우며 특별한 장비가 없어도 접근이 가능함.	컴퓨터, 각종 소프트웨어, 네트워크 설비 등이 필요함. 다수의 사용자가 다양한 장소에서 접속할 수 있음.

자료 검색	자료 검색을 위해 많은 시간과 비용이 듦.	자료 검색이 쉽고 저렴하게 이루어짐.
자료 저장	많은 양의 정보를 보관하기가 불편하며 많은 공간을 차지함.	저장 공간의 증가로 많은 양의 정보 보관이 용이함.
보 급	출판물 보급에 시간과 비용이 많이 듦.	출판물 보급이 컴퓨터 상에서 이루어지므로, 절차가 비교적 간편하며 재고 등의 문제가 없음.
관 리	책의 형태로 보존 관리	버전별 관리, 시스템 관리
저작권	저작권에 대한 규정이 명확함.	저작권 및 편집 검열, 통제에 대한 규정이 거의 없음.
비용 효과 측면	학생수가 증가하면 종이, 인쇄 등의 비용이 함께 증가	학생수가 증가할수록 비용 효과적임
설계상의 문제	부피 등과 같은 저장 공간의 제한으로 인해 폭넓고 깊이 있는 정보 제시가 어려움. 입체적인 정보 제시가 쉽지 않음.	화면 크기에 제한을 받음, 전자 교과서의 모델과 지침서의 부재로 인한 설계의 어려움. 보편 타당한 자료 선정의 어려움.

곽병선(1997b). 전자 교과서 개발 방안(1). 한국교과서연구소, pp. 4∼5.

(2) 전자 교과서의 특성

전자 교과서가 전통적인 교과서와 다른 차별적인 특성을 요약하면 다음과 같다.(곽병선, 1997b, pp. 6∼7)

① 전자 교과서는 컴퓨터를 기반으로 한다.

② 멀티미디어 자료들을 활용한다.

③ 멀티미디어 교육용 데이터베이스에 기초한다.

④ 하이퍼텍스트 원리를 이용한 접근 방식을 통해서 학습과 관련된 다양한 자원을 연결 시킨다.

⑤ 사용자들에게 상호 작용을 제공한다.

⑥ 자료의 검색이 용이하다.

⑦ 누구나 언제 어디서나 쉽게 접근할 수 있게 함으로써 지역 간의 격차를 해소할 수 있다.

⑧ 일제 수업이 아닌, 학습자의 능력, 수준, 선호도에 따른 수준별, 단계별, 개별적인 학습을 제공한다.

⑨ 학습자는 자신의 학습의 능동적인 주체자가 된다.

⑩ 학습자가 표시달기, 해석달기, 전자 우편, 정보 저장 등을 통해 자신의 정보를 데이터 베이스에 첨가하거나 생성하는 것을 허용한다.

⑪ 학습자가 교사 및 동료 이외에도 외부 전문가나 단체 및 개인들과 상호 작용하는 것

을 지원한다.

⑫ 학습자들이 하나의 주제에 대해 함께 의견을 교환하거나 데이터베이스를 구축하는 등의 협동 학습을 지원한다.

⑬ 교사들의 많은 업무가 자동화될 수 있다.

⑭ 학습자가 학습 과정을 통제할 수 있는 충분한 기회를 제공한다.

⑮ 학습자가 정보를 이해하는 데 필요한 풍부한 정보를 제공한다.

이와 같은 조건을 갖춘 전자 교과서는 학습자에게 긍정적인 영향을 줄 수 있다. 다시 말해서, 전자 교과서는 학습자에게 학습의 통제권을 제공하고, 학습자의 행위에 반응하며, 학습자에게 동기와 의도를 제공함으로써 학습 과정을 긍정적으로 변화시킬 수 있다. 학습자는 정보의 의미를 이해하기 위해서 더 많은 노력을 하게 되고, 그에 따른 자신감을 얻을 수 있다.

(3) 전자 교과서의 유형

최근 개발되고 있는 예들을 바탕으로 전자 교과서의 유형을 분류해 보면 다음과 같다(곽병선, 1997b, pp. 7~10).

㈎ 온라인(online)형 전자 교과서와 오프라인(off-line)형 전자 교과서

전자 교과서는 컴퓨터를 기반으로 하며, 컴퓨터 기반의 교육 매체 환경은 전달 기반 체제에 따라 크게 오프라인과 온라인의 두 가지 형태로 구분된다. 오프라인은 비통신적 환경으로서 CD-ROM과 같이 저장 용량이나 이용에 한계가 있는 일종의 폐쇄된 상태를 말하며, 흔히 상호 작용적(interactive) 멀티미디어라고도 불리운다. 오프라인 환경에서 사용자는 컴퓨터 기기를 상대로 저장형 매체에 담긴 다양한 유형의 정보와 일 대 일로 제한된 상호 작용을 한다(Romiszowski & Mason, 1996).

한편, 온라인은 정보 또는 내용이 통신상에 떠 있는 상태로서, 정보는 사유가 아닌 공유임을 기본 전제로 하기 때문에 일반적으로 누구든지 정보를 사용할 수 있도록 개방되어 있는 환경이다. 이와 같이, 통신을 기반으로 하는 온라인 환경에서의 상호 작용은 일 대 일, 일 대 다수, 다수 대 다수의 형태를 띠며, 쌍방향 또는 다방향적(multi-way)으로, 실시간 또는 비동시적으로 이루어질 수 있다(Romiszowski & Marson, 1996). 즉, 온라인형 전자 교과서에서는 학습자가 통신을 이용하여 동료 학습자, 교사, 외부 전문가 등과 대화를 할 수 있으며 관련 인터넷 사이트들과 연결이 되어 있어 풍부하고 다양한 정보를 제공받을 수 있다.

⑷ 교사용 전자 교과서와 학습자용 전자 교과서

전자 교과서는 그 사용 대상에 따라 교사가 수업 시간에 수업을 하는 데 사용하는 교사용과 학습자들이 개별적으로 활용할 수 있는 학습자용으로 구분된다. 같은 내용이라 할지라도 교사용은 일 대 일의 상호 작용보다는 대집단을 대상으로 정보를 효과적으로 전달할 수 있도록 설계되어야 할 것이며, 학습자용 전자 교과서는 다양한 학습자의 특성을 고려하여 수준, 내용, 제시 방법 등을 선택할 수 있게 설계되어야 할 것이다.

⑸ 교과별 전자 교과서와 통합 교과형 전자 교과서

최근, 교육의 목표로 학습자의 자율성, 문제 해결 능력, 사고력 등을 키우는 것이 강조되고 있다. 또한, 우리가 실제 생활에서 경험하는 모든 문제들은 다영역적이며 상호 영역적이라고 볼 수 있다. 이러한 맥락에서, 주제 중심의 통합 교과적인 교수-학습 방식은 학습자의 내적 동기를 향상시키며, 학습의 실제적인 전이를 촉구할 수 있다. 즉, 주제 중심의 통합 교과적인 학습 환경에서 학습자는 자신이 탐구하고 싶은 주제, 문제, 관심을 깊이 있고 폭 넓게 파고 들 수 있으며, 곧 잊어버리는 단편적인 사실이나 지식이 아니라, 그 영역에 내재되어 있는 원리를 터득할 수 있다. 예를 들면, 학습자가 '물'에 대해 학습하고자 한다면, 사회 교과에서의 '물의 이용', 과학에서의 '물의 성질', 음악에서의 '물의 소리' 등을 교과별로 따로따로 학습하기보다는 '물'이라고 하는 주제를 따라 물에 관련된 지식을 비디오, 오디오, 텍스트 등의 다양한 멀티미디어 자원을 통해 접하게 함으로써 훨씬 '물'과 친숙해지게 할 수 있다.

상호 작용적 멀티미디어와 인터넷과 같은 최근의 매체 환경은 주제, 대상, 사건, 혹은 사고 기능을 중심으로 내용이나 소재를 자연스럽게 상호 연결시키고, 통합적으로 제공할 수 있게 한다. 따라서, 첨단 매체를 기반으로 하는 전자 교과서는 통합 교과 형태의 학습이 자연스럽게 일어날 수 있는 환경을 조성한다고 볼 수 있다.

전자 교과서는 기존의 수업 체제를 따라 교과별로 각 교과의 특성을 살려 개발될 수 있지만, 주제 중심의 통합 교과 학습을 용이하게 하는 매체 환경이라고 볼 수 있다

⑹ 열린 유형의 전자 교자서와 폐쇄형 전자 교과서

열린 유형의 전자 교과서란 사용자가 자신의 필요에 따라 자료를 생성하거나 내용을 변경 또는 첨가하는 것을 허용하는 형태를 말하며, 폐쇄형 전자 교과서는 그러한 활동이 허용되지 않는 상태를 의미한다. 열린 유형에서는 사용자가 자료 제공자 또는 전문가에게 전자 우편을 보내거나 도구형 소프트웨어나 저작 도구를 사용하여 자신의 목적에 맞게 전자 교과서를 변형할 수 있다. 이에 반해, 닫힌 유형에서는 기존의 교과서와 마찬가지로 개발

자에 의해 미리 짜며진 형태 그대로 사용자가 사용해야 한다.

㈁ 주교재로서의 전자 교과서와 보조 교재로서의 전자 교과서

전자 교과서가 수업에 있어 어느 정도의 비중을 차지하느냐에 따라 주교재와 보조 교재로서의 유형으로 나눌 수 있다. 전자 교과서가 주교재로 사용되는 경우, 교사는 학습자들이 전자 교과서를 충분히 주교재로서 활용할 수 있도록 도와 주는 조력자의 역할을 해야할 것이다. 또한, 전자 교과서 자체도 학습자가 학습을 효과적·효율적으로 진행할 수 있도록 학습에 필요한 모든 정보와 도구를 제공할 수 있도록 설계되어야 할 것이다. 전자 교과서가 보조 교재인 경우에는 학습자에게 주교재가 따로 제공되어야 하며, 이 때 전자 교과서는 학습자가 필요로 하는 참고 자료를 제공하는 기능을 수행하게 된다.

(4) 전자 교과서의 기능

우리 나라의 학교 교육은 교과서를 기준으로 이루어졌다고 해도 과언이 아닐 정도로 교육에 있어서 교과서는 중심적인 비중을 차지하여 왔다. 그러나 오늘날 급격한 지식 정보의 증가와 사회·문화적 변화는 새로운 교육 체제를 요구하고 있으며, 기존의 인쇄물로 된 전통적인 교과서로는 이러한 요구를 충족시킬 수 없다는 인식이 커지게 되어, 정보의 전달을 목적으로 문자, 그림, 소리, 동영상 등을 유기적으로 결합한 전자 도서라는 새로운 형태의 요구로 인해, 최근 들어 다양한 전자 교과서들이 개발되고 있다. 전자 교과서가 갖추어야 할 기능들을 기존의 교수·학습 자료에 비추어 살펴보면 다음과 같다(곽병선, 1997b, pp. 10~16).

㈎ 기존 교과서 역할 제공

전자 교과서는 기존 교과서와 같이 교육 목표와 핵심적인 내용을 담고 있으나 제시하는 방법적인 측면에서는 달라야 한다. 그리고 전자 교과서는 기존의 교과서가 인쇄물로 인해 받았던 자료의 제공과 표현의 한계를 탈피하여, 다양하고 생생하며 풍부한 자료를 제공하여 흥미로운 학습, 학습자 중심의 활동이 이루어지도록 해야 한다.

㈏ 컴퓨터 보조 학습

대부분의 CAI 프로그램이 주로 하나의 주제, 단원을 중심으로 가르치는 데 그치는 경향이 있으며, 주로 교과서 중심의 교실 수업을 보충하는 수단으로 사용되어 왔다. 그러나 전자 교과서는 많은 주제들, 단원들을 포괄적으로 다루며, 교실 수업을 보조하기보다는 주교재로서의 성격이 강하다고 할 수 있다. 그리므로 전자 교과서의 기능과 역할을 다하기 위해서는 CAI 프로그램들이 전자 교과서 안에 부분적으로 혼합되어져야 할 것이다.

㈐ 교육용 데이터베이스 기능

전자 교과서를 이용하여 학습하는 동안 그 자리에서 학습자가 필요로 하는 내용을 찾을 수 있도록 전자 교과서 안에 데이터베이스의 기능을 포함시켜야 한다.

㈑ 시청각 자료 제공

전자 교과서는 다양한 그림, 사진이 하이퍼텍스트의 원리에 의해 서로 연결되어 보다 넓은 시청각 자료로 활용될 수 있다.

㈒ 평가 도구 기능

전자 교과서는 평가 기능을 교과서 자체 내에 수용함으로써 학습자들이 학습을 하는 동안 자연스럽게 또는 필요시에 배운 내용을 확인할 수 있다.

㈓ 컴퓨터 관리 수업

전자 교과서는 교수-학습 기능 외에도 컴퓨터 관리 수업 기능을 제공하여야 한다. 예를 들면, 평가 도구에 의해 평가를 수행하며 한 걸음 더 나아가 결과 처리도 이루어져야 한다.

㈔ 도구형 소프트웨어 기능

전자 교과서에서는 학습자가 필요시에 도구용 소프트웨어(워드 프로세서, 스프레드 시트, 그래픽 소프트웨어 등) 기능을 활용하여 필기를 하거나 그림을 그리거나 표시달기 등을 할 수 있는 기능이 제공되어야 한다.

㈕ 저작 도구의 기능

전자 교과서는 간단한 저작 도구 기능을 제공함으로써 사용자가 자신이 원하는 내용을 직접 가공, 편집, 출력해 볼 수 있도록 하여야 할 것이다. 예를 들어, 그림그리기, 음악 편집, 이야기 작성을 할 수 있는 도구들을 관련 교과 부분에서 제공함으로써 사용자가 필요한 자료를 직접 생성할 수 있도록 한다.

㈖ 다양한 정보 자원과의 연결

전자 교과서는 학습자가 학습하는 과정에서 필요한 다양한 물적, 인적 자원들과 쉽게 연결할 수 있는 환경을 제공하여야 한다.

(5) 수업에의 활용

전자 교과서의 개발이 완성된 후, 이를 수업에 도입하는 방안은 크게 교사의 활용과 학습자의 활용의 두 가지로 나누어 볼 수 있다. 이외에, 교육과 관계된 다른 집단에 의해서 활용될 수도 있지만, 교육의 주체는 교사와 학습자라는 점을 고려하여, 여기서는 이 두 가지만을 다루기로 한다(곽병선, 1997b, pp. 104-106).

㉮ **교사의 활용**

교사가 전자 교과서를 수업 때 어떻게 활용하는가는 교사가 주도하는 수업의 목표, 그리고 수업의 형태와 밀접한 관련이 있다. 수업의 목표는 가네의 이론에 따라 크게 다섯 가지로 나누어 생각할 수 있다(가네, 1984, 1985; 가네 & Briggs, 1979).

첫째는, 개념과 규칙과 같은 하위 범주로 이루어져 있는 지적 기능이다. 둘째는, 언어적 정보로, 이야기하거나 진술하는 것으로 학습 결과가 나타난다. 셋째는, 인지 전략으로 지식을 얻는 방법에 대한 학습이다. 넷째는, 운동 기능이며, 다섯째는 태도의 변화를 추구하는 것으로 예절 교육이나 도덕 교육과 같은 범주가 이에 속한다.

예를 들어, 교사가 하고자 하는 수업의 목표가 지적 기능의 개념에 대한 학습이라고 가정해 보자. 그리고 교사가 이를 강의식으로 하고자 한다면, 전자 교과서는 강의식 수업의 제시물로 활용될 수 있다. 이렇게 교사가 전자 교과서를 활용할 수 있는 방법은 수업의 목표와 관계되지만, 사실상 전자 교과서는 특정한 수업의 목표를 위해 개발된 것이므로, 이보다는 교사가 계획한 수업의 형태와 더 관계가 깊다고 할 수 있다. 수업의 형태는 다음과 같은 몇 가지로 제시될 수 있다(이화여자대학교 교육공학과, 1996).

첫째, 강의식 수업이다. 이는 교사 주도형의 수업으로 설명식 수업이라고 할 수 있으며, 이때 전자 교과서는 참고 자료나 제시 자료로 강의식 수업에 활용될 수 있다.

둘째, 토의식 수업이다. 교사가 학습자로 하여금 적절한 질문을 통하여 자신의 생각을 정립하게끔 유도하는 방법이다. 전자 교과서는 교사의 질문을 명확히 이해시키는 자료를 제시하거나 학습자의 대답에 대한 보충 설명 자료로 활용될 수 있다.

셋째, 시범 수업이다. 이는 모의 실험과 같은 유형의 수업 형태로 운동 기능이나 태도 등을 학습 내용으로 하였을 때 활용되는 수업 형태이다. 수업의 목표가 운동 기능의 올바른 자세를 갖도록 하는 경우, 전자 교과서는 학습에 필요한 자료를 제시할 뿐 아니라 모의 실험을 제공할 수도 있다.

넷째, 협동 학습 수업이다. 여기서 교사는 안내자이고 조력자의 역할로 바뀐다. 수업의 주체는 학습자이고, 전자 교과서는 학습자가 자료를 조사하고 개발하는 도구로 사용될 것이다. 또한, 통신이 활용된다면 전자 교과서를 통하여 학습자들은 서로 의사를 교환할 수도 있을 것이다.

다섯째, 발견 학습 수업이다. 여기서도 교사의 역할은 학습 환경의 조성자이고 안내자이며 조력자이다. 수업의 주체는 학습자이고 전자 교과서는 학습자의 발견을 도와 주기 위한 참고 자료이며 안내자의 역할을 하게 될 것이다.

여섯째, 평가를 위한 수업이다. 전자 교과서는 평가의 도구로 활용될 수 있다. 또한, 평가 결과에 따라 후속 학습을 유도하는 교사의 역할을 담당할 수도 있다. 이러한 활용은 교사에게 학습자를 평가하는 좋은 자료를 제공해 준다.

㈁ 학습자의 활용

학습자가 전자 교과서를 활용하는 것은 크게 학습자가 학교에서 수업 도중에 이용할 수 있는 방법과 개인적으로 학습할 때 이용할 수 있는 방법으로 나누어 볼 수 있다(이화여자대학교 교육공학과, 1996). 학습자가 학교에서 수업 도중에 이용할 수 있는 방법은 교사에 의해서 계획된 수업에서의 전자 교과서의 역할과 밀접하게 관련되어 있다. 그것을 분류해 보면 다음과 같다.

첫째, 전자 교과서가 수업시에 제시물로 이용되는 방법이다. 이는 교사의 강의식 수업 등에서 활용되는 전자 교과서의 역할인 것이다. 이를 통하여, 학습자는 개념에 대한 이해를 할 수 있고, 언어적 정보의 참고 자료로 이용할 수도 있다.

둘째, 학습의 탐구 도구로서 이용되는 방법이다. 협동 학습이나 발견 학습의 수업시에 활용된 것으로 학습자는 이를 통하여 자신의 인지적 정보를 획득하는 도구로 사용할 수 있고, 자신의 의견을 다른 학습자와 교환하는 수단 등으로 전자 교과서를 활용할 수 있다.

셋째, 전자 교과서가 올바른 모델로 이용되는 방법이다. 이는 시범 수업시에 사용된 것으로 전자 교과서가 제시하는 내용은 학습자에게 올바른 운동 기능이나 태도를 형성하도록 할 수 있다.

넷째, 전자 교과서가 평가의 도구로 이용되는 방법이다. 전자 교과서는 학습 내용을 평가할 수 있도록 개발되고, 학습자는 이를 통하여 자신의 학습 정도를 평가 받고, 조언을 제공받을 수 있다. 또한, 교사는 전자 교과서가 제시해 주는 자료를 학습자에 관한 기록물로 보관할 수 있다.

위와 같이, 수업시에 학습자의 전자 교과서 활용은 교사가 계획한 수업의 형태와 밀접한 관계를 갖는다. 학습자가 개인적으로 학습을 할 때, 사용할 수 있는 수단으로 전자 교과서는 학습자에게 교사의 역할을 담당해 줄 수 있고, 의사 교환의 수단으로 사용될 수 있으며, 참고 자료로도 사용될 수 있다. 즉, 학습자는 전자 교과서를 통하여 개별 학습을 할 수 있다. 물론, 그렇게 하기 위해서는 전자 교과서 자체가 개별 학습을 할 수 있도록 설계되고 개발되어야 할 것이다.

토의 및 연구 과제

1. 교과서의 개념을 정리해 보자.
2. 교육과정과 교과서의 관계를 살펴보고, 교과서가 가지는 기능을 말해 보자.
3. 교과서를 보는 관점을 들고, 이를 비교해서 설명해 보자.
4. 우리 나라의 교과서를 교과용 도서에 관한 규정에 의하여 분류해 보자.
5. 교과서의 변천 과정 중에서 실과(기술·가정) 교과서에 중점을 두어 그 특징을 교육과정 개정 시기별로 정리해 보자.
6. 외국의 교과서 정책을 우리와 비교해 정리해 보자.
7. 실과(기술·가정) 교과서 개발 절차 및 과정을 국정 교과서와 검정 교과서로 나누어 설명해 보자.
8. 전자 교과서의 특징과 기능을 알아본 후 전통적 교과서와 비교해서 설명해 보자.

<참고 문헌>

강구도(1996). 교과서 정책 개선 방향. 교과서 연구, 25, 9-13.

강신웅(1990). 2000년대의 교과서. 교과서 연구, 5, 2-11.

강환동(1996). 중·고등학교 교과서 지질의 개선 방향. 교과서 연구, 26.

곽병선(1985). 교육과정. 한국교육개발원.

곽병선(1986). 교과서와 교과서 정책. 한국교육개발원

곽병선(1989). 한국의 교육과정. 한국교육개발원.

곽병선(1997). 교육과정. 배영사.

곽병선(1997b). 전자 교과서 개발 방안 연구(1). 한국교과서연구소,

곽상만(1991). 1종 교과서와 2종 교과서의 성격과 역할. 교과서 연구, 9, 44-55

교육부(1990). 편수자료 Ⅰ. 대한교과서주식회사.

교육부(1994). 사회과 탐구 편찬 연수 자료.

교육부(1997). 제7차 초·중등학교 교육과정. 교과서 연구, 27, 127-136.

교육부(1997). 초등학교 교사용 지도서 실과 6. 대한교과서주식회사.

국정교과서주식회사(1994). 국정전자출판(편집자료집). 국정교과서주식회사.

김종서(1980). 교과서 제도에 관한 외국 제도와 우리 제도와의 비교 연구, 교육과정 및 교과용 도서 개발을 위한 기초 연구, 한국교육개발원.

김홍원(1990). 우리나라 1종 교과서 제도의 문제점 및 개선 방향. 한국교육, 17, 205-232.

오천석(1975). 한국신교육사(상). 광명출판사.

유봉호(1992). 한국교육과정사연구. 서울: 교육연구사.

윤병희(1994). 교과서 제도 개선안. 교과서 연구, 20, 53-63.

윤인경(1997). 중학교 가정 교과서 분석(Ⅲ). 한국가정과교육학회지, 9(1), pp.133-143.

이규호(1993). 교과서 편찬 체제의 시대별 비교. 한국교원대학교대학원 석사학위논문.

이승신 외(1994). 중학교 교사용 지도서 가정 1. 천재교육.

이영덕 외 6인(1985). 교과서 체제 개선에 관한 연구. 한국교육개발원.

이종국(1991). 한국의 교과서. 대한교과서주식회사.

이종국(1998). 대한교과서사 1948~1998. 대한교과서주식회사.

이현목(1993). 제6차 교육과정에 따른 중학교 2종 도서 검정 개선 방안. 교과서연구(17). p. 50-52

이흥수(1987). 국정교과서주식회사 35년사. 국정교과서주식회사.

정성봉 외(1994). 중학교 교사용 지도서 기술·산업 1. 교학사.

정일환(1998). 초등학교 교과서 정책에 관한 연구. 대구 효성카톨릭대학교 교육대학원 석사학위논문.

정태범(1988). 교과서 체제 개선에 관한 고찰 : 교과서와 교과교육, 1, 22-29.

최양호(1988). 일제하 조선총독부 편찬 초등용 국정 국사교과서 변천. 교과서 연구. 6, 100-112

한국2종교과서협회(1991). 교과서 체제에 관한 연구. 한국2종교과서협회.

한국2종교과서협회(1991). 교과서 체제에 관한 연구. 한국2종교과서협회.

한국교육개발원(1979). 교과서 구조 개선에 관한 연구. 한국교육개발원.

한국교육개발원(1982). 한국의 교과서 변천사. 한국교육개발원

한국교육개발원(1988). 교과서와 교과서 정책. 한국교육개발원

한국교육개발원(1995). 교과서 정책과 내용 구성 방식 국제비교 연구. 한국교육개발원.

한국어머니회 중앙연합회 출판부(1977). 한국교육 30년사. 사단법인 한국어머니회 중앙연합회.

함종규(1963). 교육과정과 교과서, 교과서회지, 한국검인정교과서 발행인협회, 1963.

함종규(1976). 한국 교육과정 변천사 연구(전편). 숙명여자대학교 출판부.

허 강(1993). 좋은 교과서 어떻게 만들어야 하나?. 교과서 연구, 16, 5-15.

홍웅선(1979). 교과서의 역할과 기능, 교과서 구조 개선에 과한 연구(부록), 한국교육개발원, 1979.

홍웅선(1990). 현행 교과서 제도의 문제점과 개선 방안. 교과서 연구, 7, 2-14

Ambron and Hooper.(1990). Learning with Interactive Multimedia, Microsoft Press.

Apple, M. W.(1985). The Culture and Commerce of the Textbook. Curriculum Studies, 17(2).

Bruner, J. S.(1966). Toward of Instruction. Harvard Univ, Press.

제3부

실과-기술·가정- 교육과정의 전개

제**6**장

실과(기술·가정) 교육 목표

1. 실과(기술·가정) 교육 목표와 교육 성과

가. 목적(goals, aims), 목표(objectives), 교육 목표의 계층

교육과정 개발에 있어서 그 절차상 어느 하나도 중요하지 않은 것이 없지만, 교육과정 목적과 목표의 설정이 가장 기본이 되고 중심이 되는 문제이다. 왜냐 하면, 교육과정 개발의 절차 또는 과정에 있어서 이루어지는 모든 활동이 앞서 설정되는 목적과 목표에 따라 크게 영향을 받기 때문이다. 그러나 교육과정 개발 과정에 있어서 목적과 목표에 대한 많은 언어적 갈등을 느끼고 있으며, 그 설정 기준이나 방법에 있어 혼란을 겪고 있는 것이 사실이다. 이러한 점에서 볼 때, 목적과 목표라는 개념에 대한 뜻을 분명히 하는 것이 우선되어야 한다.

(1) 목적과 목표

교육과 관련된 문헌들을 보면, 목적 (goal, aim)에 관련된 여러 가지 용어가 범람하고 있다. 목표(objectives, purposes, ends), 성과 또는 결과 (outcome), 기능(functions) 등의 용어와 더불어 목적이란 용어가 서로간의 의미상의 뉘앙스를 달리하면서 비슷한 의미로 쓰일 때가 많다. 그러나 그들간의 의미를 좀 더 명확하게 따져보면 몇 가지 커다란 차이가 있다.

우선 목적과 목표의 의미부터 그 차이를 따져보면, 여섯 가지 수준으로 구

[그림 6-1] 목적 및 목표의 위계

분해 볼 수 있다. 이를 가장 포괄적이고 일반적인 것에서부터 가장 폭이 좁고 특수한 것의 순서로 나열하면 [그림 6-1]과 같다(이성호, 1984).

첫째, [그림 6-1]에서 볼 수 있듯이 목적은 목표보다 포괄적인 개념이다. 초등학교 교육 목적과 목표의 관계에서도 보면, 초·중등 교육법 제38조에서는 초등학교 교육 목적으로 "초등학교는 국민 생활에 필요한 기초적인 초등 교육을 하는 것을 목적으로 한다."로 되어 있고 이 교육법에 준한 초등 교육과정에서는 이러한 목적을 실현하기 위한 하위 단계로 초등학교 교육 목표를 "초등학교의 교육은 학생의 학습과 일상 생활에 필요한 기초 능력 배양과 기본 생활 습관을 형성하는 데 중점을 둔다."(교육부, 1997)로 서술하고 있다.

이렇게 볼 때, 목표는 그 위의 목적을 실현시키기 위한 활동을 서술하는 것으로 볼 수 있다. 즉, 목표는 목적을 보다 구체적으로 제시한 것이다. 목적이 교육의 방향 또는 중점을 지극히 일반적으로 그리고 포괄적으로 진술한 것이라면, 목표는 교육과정에서 실제로 무엇을 다루어야 하고, 어떠한 것에 우선 순위를 두어야 하며, 어떠한 내용을 선정하고, 어떠한 학습 경험을 강조해야 하는지에 대하여 구체적인 행동 지침을 제공해 주는 것이라고 하겠다. 즉, 목적이 가치 규범적인 것이라면, 목표는 구체적인 행동 형성을 위한 수단이라고도 할 수 있다. 따라서, 목표는 목적에 대한 분석 과정을 통해서 설정되는 것이다. 목적이 여러 개의 구체적인 요소로 구분되어 목표를 확정하게 된다.

Pratt(1980)는 이러한 과정을 [그림 6-2]와 같이 제시하고 있다(이성호, 1989, p. 185에서 재인용).

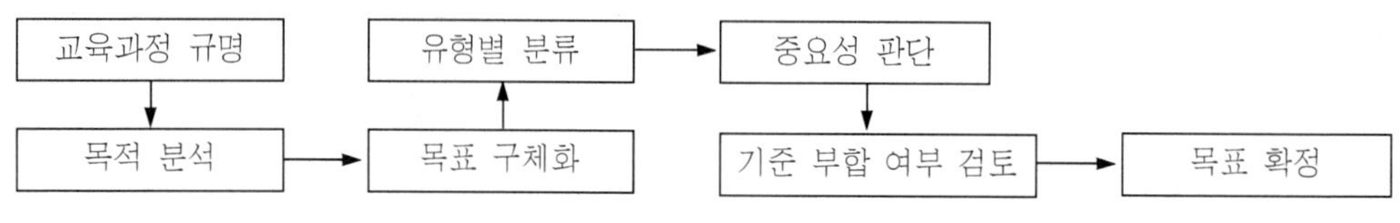

[그림 6-2] 목표 설정의 과정

둘째, 교육(education) → 교육과정(curriculum) → 수업(instruction)으로 이어지며 구체화되는 지침 활동 범위에 따라 목적과 목표는 3 가지 층으로 구분된다. 즉, 교육 목적이나 교육 목표가 가장 일반적이고 포괄적이다. 교육 목적이나 교육 목표는 국가적인 차원에서 국가의 교육 이념이나 사명 또는 교육 철학으로 진술되는 경우가 많다. 또한, 시간성에 있어서도 비교적 장기적이라 할 수 있다. 우리 나라에서는 교육기본법에 교육 이념과 교육 목표를 명시하고 있다. 즉, "교육은 홍익 인간의 이념 아래 모든 국민으로 하여금 인격을 도야하고 자주적 생활 능력과 민주 시민으로서 필요한 자질을 갖추게 하여 인간다운 삶을 영위하게 하고 민주 국가의 발전과 인류 공영의 이상을 실현하는데 이바지하게 함을 목적으로 한다."라는 교육 이념과 목적을 규정했다.

위에서 교육기본법 제 2 조는 교육 목적임을 알 수 있다. 교육 목적과 목표 아래 차원에는 교육과정 목적과 목표가 있다. 교육 목적과 목표가 국가 내의 특정 지역 학교들이나 또는 특정 수준의 교육, 예컨대 초등학교, 중학교, 고등학교와 같이 제한된 범주의 교육 영역에 적용될 때 교육과정 목적과 교육과정 목표라는 용어를 사용한다. 교육과정과 수업은 상호 인접하게 관련되어 있으나 별개의 실체이다. 교육과정이 수업을 위한 하나의 계획이라면, 수업은 그 계획에 따른 실천이다. 따라서, 교육과정은 수업보다 위에 또는 앞서는 계획 행위이지만 이들은 순환적이다. 즉, 교육과정 목적과 목표가 세워진 후에 수업 목적과 목표가 그것에 맞게 선정되고, 또한 수업 목적과 목표의 실천 결과에 따라 교육과정 목적과 목표는 수정될 수 있다.

(2) 교육 목표의 계층 구조

지금 시행되고 있는 6 차 교육과정과 7 차 교육과정의 가장 큰 특징은 지역 실정에 맞는 교육과정을 편성하여 운영하는 것이다. 6 차 교육과정의 성격 '다'항에 "이 교육과정에 제시된 기준 이외에 더 필요한 구체적인 편성·운영 지침은, 지방 교육 자치에 관한 법률 제 27 조 제 6 호에 의거, 각 시·도 교육감이 지역의 특수성과 학교의 실정에 알맞게 정하여 시행한다(교육부, 1992)."라고 규정했고, 7 차 교육과정의 구성 방침에서도 "교육과정 편성과 운영에 있어서 현장의 자율성을 확대한다(교육부, 1997)."라고 규정하고 있다. 이처럼 교육 활동이 다양한 것처럼 교육 목표도 수준에 따라 다양하게 설정되고 있으므로, 이들의 관계를 밝혀 보면 [그림 6-3]과 같다(이경섭 외, 1988).

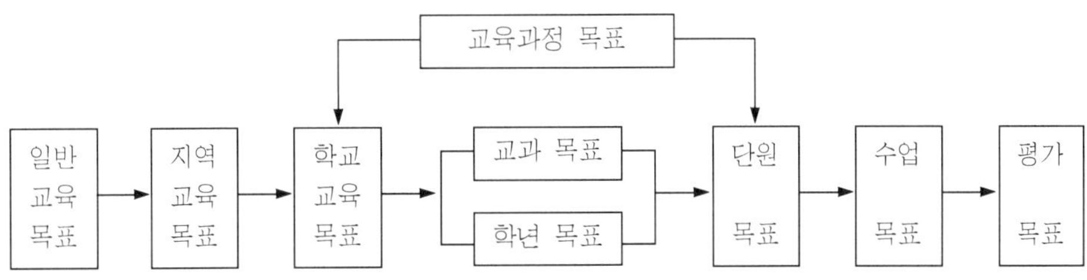

[그림 6-3] 각급 교육 목표의 위치

[그림 6-3]에 의하면, 교육과정 목표에 속하는 것, 즉 학교·교과·학년·단원 목표들은 수준상으로 볼 때, 위로는 일반 교육 목표, 지역 교육 목표가 있고 아래는 수업 목표, 평가 목표가 위치하고 있다. 따라서, 이 교육과정 목표에 속하는 것들의 성질도 위에 위치하고 있는 목표들과 아래에 있는 목표들의 성질이 혼합된 성질을 지니게 된다.

교육과정 목표의 상위 수준에 있는 목표들과 하위 수준에 있는 목표들의 특징을 [표 6-1]과 같이 비교해 볼 수 있다.

교육과정에 속하는 교과 목표와 학년 목표는 표에 나타난 양극성이 혼합된 성질을 목표의 위치상 지니게 된다. 예컨대, 포괄성을 어느 정도 띠면서 명세화될 수 있는 것, 어느 정도 추상성을 띠면

[표 6-1] 각급 교육과정의 양극성

일반·지역 교육 목표	수업·평가 목표
포 괄 성	세 목 성
추 상 성	구 체 성
일 반 성	특 수 성
개 념 화	행 동 성
함 의 화	명 시 성
희 망 성	가 능 성
장 기 성	단 기 성

서 구체적인 목표를 도출할 수 있는 것이라야 한다는 것이다. 역설적으로 말해서, 교육과정 목표들에 속하는 것들이 설정되면 상·하위에 있는 목표들도 도출될 수 있다는 것이다. 따라서, 학교 교육 목표는 그 하위에 있는 교과, 학년, 단원 목표보다 일반적이며, 지역 교육 목표에 가까운 성질을 지니는 반면, 단원 목표는 그 상위 목표보다 수업, 평가 목표에 가까운 성질을 지닌다.

나. 실과(기술·가정)의 교육 목표 계층 구조와 체계

(1) 실과의 교육 목표 계층 구조

우리 나라의 교육과정은 국가 수준에서 미리 유치원 교육과정, 초등학교 교육과정, 중학교 교육과정, 일반계 고등학교 교육과정, 실업계 고등학교 교육과정 등이 정해지고 각급

학교 교육과정으로 연결된다. 따라서, 교육 목표는 국가 수준의 일반 교육 목표, 지역 수준의 지역 교육 목표, 학교 수준의 학교 교육 목표가 단계적으로 계층이 형성된다. 이것을 바탕으로 실과의 교육 목표 계층 구조를 제시하면 [그림 6-4]와 같이 나타낼 수 있다.

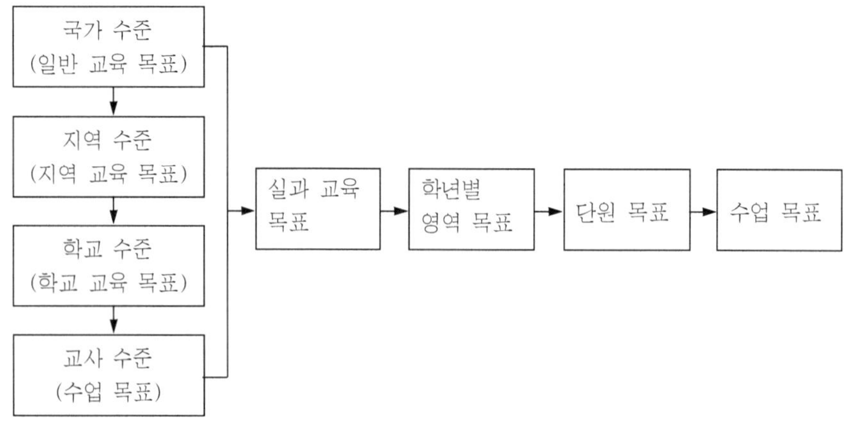

[그림 6-4] 실과의 교육 목표 계층 구조

실과 교육과정에서는 학년별 영역 목표를 설정하여 각 학년마다 4개씩의 영역 목표를 제시하였고, 이들 영역 목표는 독립적인 것이 아니라 다른 영역들과 연계되어 있다. 따라서 실과의 교육 목표 계층 구조에서는 학년 목표 대신 영역별 학년 목표를 제시하고 있다.

(2) 실과(기술·가정) 교육 목표 체계

㈎ 교육 이념에 나타난 목적과 목표

교육 이념에 나타난 목적과 목표는 교육기본법 제2조에 명시되어 있다. 교육기본법 제2조에는 "교육은 홍익 인간의 이념 아래 모든 국민으로 하여금 인격을 도야하고 자주적 생활 능력과 민주 시민으로서 필요한 자질을 갖추게 하여 인간다운 삶을 영위하게 하고 민주 국가의 발전과 인류 공영의 이상을 실현하는데 이바지하게 함을 목적으로 한다."라고 명시하고 있다.

㈏ 초등학교 교육 목적, 목표

초등학교의 교육 목적과 목표에 관한 내용은 초·중등교육법 제38조에 "초등학교는 국민 생활에 필요한 기초적인 초등 보통 교육을 하는 것을 목적으로 한다."고 명시하였다.

㈐ 초등학교 교육과정의 목표

7차 교육과정에서는 "전인적 성장의 기반 위에 개성을 추구하는 사람, 기초 능력을 토대로 창의적인 능력을 발휘하는 사람, 폭넓은 교양을 바탕으로 진로를 개척하는 사람, 우리 문화에 대한 이해의 토대 위에 새로운 가치를 창조하는 사람, 민주 시민 의식을 기초로 공동체의 발전에 공헌하는 사람"으로 명시하고 있다(교육부, 1997).

㈔ 초등학교 실과의 교육 목표

7차 교육과정에서의 실과(기술·가정)의 목표는 다음과 같다(교육부, 1997).

> 개인과 가정, 산업 생활의 이해와 적응에 필요한 지식과 기능을 습득하여 가정 생활을 충실하게 하고, 정보화, 세계화 등 미래 사회의 변화에 대처할 수 있는 능력과 태도를 가진다.
> 가. 일상 생활과 관련되는 일을 경험하여, 생활에 필요한 기초적 능력을 습득한다.
> 나. 기술과 가정 생활과 관련되는 다양한 실천적 경험을 통하여 자신의 적성을 계발하고 진로를 탐색하며, 일과 직업에 대한 건전한 태도를 가진다.
> 다. 일을 창의적으로 계획하고 실천하여 자신의 미래 생활을 합리적으로 설계할 수 있으며, 그에 필요한 준비를 할 수 있다.

㈕ 초등학교 실과의 학년별 영역 목표(교육부, 1997)

제7차 교육과정의 목표는 총괄 목표와 그에 따른 3개의 하위 목표, 그리고 학년별 영역 목표, 즉 가족과 일의 이해, 생활 기술, 생활 자원과 환경의 관리 영역의 목표를 제시하고 있는 바, 이들을 정리하면 [그림 6-5]와 같이 나타낼 수 있다.

다. 교육 목표의 기능

교육 목표는 교육과정을 구성함에 있어서 학습 경험이나 학습 내용의 조직의 요인이라기 보다는 그것들을 판정하고 계획하며 전개하는 방향을 설정하는 데에 하나의 지침으로 보아야 할 것이다.

이와 같은 관점에서, Ragan(1963)은 교육 목표의 기능을 다음과 같이 세 가지로 들고 있다(김성권, 1983, pp. 130~131).

① 교육 목표는 바람직한 성장이 이루어져 나갈 방향을 규명해 준다.

학습자들은 일상의 생활 환경과 경험을 통해서 여러 가지를 배우지만 그것이 어떤 특정한 가치를 성취하기 위해서 계획되고 지도된 경험이 아니기 때문에 비교육적인 것이 되기 쉽다. 따라서, 교사는 어떤 종류의 경험이 교육적이며, 교육적이 아닌지에 관한 결정을 내려야 할 책임이 있는 것이다. 여기에서 교육 목표는 사회에서 높이 평가 받고 있는 가치를 성취할 수 있는 방향을 잡아 주는 것이다.

② 교육 목표는 학습 경험을 선정할 근거를 마련해 준다.

개인과 가정, 산업 생활의 이해와 적응에 필요한 지식과 기능을 습득하여 가정 생활을 충실하게 하고, 정보화, 세계화 등 미래 사회의 변화에 대처할 수 있는 능력과 태도를 기른다.

⇧

| 일상 생활과 관련되는 일을 경험하여, 생활에 필요한 기초적 능력을 습득한다. | 기술과 가정 생활과 관련되는 다양한 실천적 경험을 통하여 자신의 적성을 개발하고 진로를 탐색하며, 일과 직업에 대한 건전한 태도를 갖는다. | 일을 창의적으로 계획하고 실천하는 활동을 통하여 자신의 미래 생활을 합리적으로 설계할 수 있으며, 그에 필요한 준비를 할 수 있다. |

⇧

영역\학년	가족과 일의 이해	생활 기술	생활 자원과 환경의 관리
6학년	• 가족 구성원이 하는 일과 직업의 종류와 특성을 이해하여 자신의 직업을 탐색하고 계획을 세울 수 있다.	• 식품을 바르게 다룰 수 있고, 밥과 빵으로 간단한 음식을 만들 수 있다. • 재봉틀의 작동 원리와 기초적인 박기를 익혀 간단한 생활 용품을 만들 수 있다. • 톱, 망치 등 간단한 목공구를 안전하게 다루어 간단한 목제 용품을 만들 수 있다. • 애완동물, 금붕어 등을 기를 수 있고 경제 동물의 이용과 가치에 대하여 알 수 있다. • 컴퓨터를 이용하여 간단한 그림을 그릴 수 있고, 전자우편, 인터넷 등 컴퓨터 통신을 할 수 있다.	• 물, 세제, 의류 등 생활 자원을 절약하고 생활 용품을 재활용하여 자원을 효율적으로 활용할 수 있다. • 식물이나 소품으로 실내 환경을 아름답게 꾸밀 수 있고, 화단이나 정원에 나무를 심고, 손질할 수 있다.
5학년	• 가정 생활의 중요성을 이해하고 가정에서 나의 위치와 역할을 알고 생활 계획의 과정과 방법을 알아 실천할 수 있다.	• 아동의 영양에 관한 기초 지식과 하루에 필요한 식품의 구성과 합리적인 선택 방법, 간단한 조리에 필요한 기구의 종류와 쓰임새를 알고 간단한 음식을 만들 수 있다. • 스킬 자수, 뜨개질, 손바느질에 필요한 재료와 용구를 다룰 수 있고, 간단한 생활 용품을 만들 수 있다. • 전기 기구의 사용 방법을 익혀 전자 키트를 만들 수 있다. • 꽃이나 채소 씨를 뿌려 가꿀 수 있다. • 컴퓨터의 구성을 이해하여 문서를 작성, 편집, 인쇄할 수 있다.	• 용돈 사용에 관한 예산, 지출을 계획하고 그 내용을 기록장에 기입할 수 있고, 금융 기관을 이용하여 규모 있는 생활을 할 수 있다. • 책상이나 옷장을 정리할 수 있고, 손 청소 및 기계 청소를 할 줄 알고, 집안의 쓰레기를 분리하여 처리할 수 있다.

[그림 6-5] 제7차 교육과정에서의 초등학교 실과 교육 목표 체계

학교로서 볼 때, 학습시켜 줄 흥미 있는 일들이 너무 많기 때문에 교사로서는 가장 중요하고 학습자들이 배워야 될 것이라고 생각되는 학습 경험들을 선정할 근거가 필요하다. 교육 목표는 그 근거가 되는 것이며, 학습 내용의 선정뿐만 아니라 나아가서 학습 방법에까지 좋은 암시를 준다.

③ 교육 목표는 학습의 평가를 위한 근거를 마련해 준다.

교육 목표는 학교가 학생들에게 중요하다고 생각되는 지식, 기능, 태도 등을 지지해 주고 있다. 따라서, 학생들이 학습 성취도를 평가한다는 것은 바로 기르고자 하는 행동 유형들이 어느 정도의 진보를 하였는지를 알고자 하는 것이다.

Taba도 학교 및 교과, 학년 목표의 측면에서 교육 목표의 기능을 다음과 같이 말하고 있다(이경섭 외, 1988, p.228에서 재인용).

① 일반적 수준에서 목적을 진술하는 바의 주된 기능은 교육 프로그램에 있어서 주로 강조할 지향점을 마련해 준다.

② 교육 목표의 더욱 구체적인 항목의 주된 기능을 망라하는 것, 강조하는 것, 내용을 선정하는 것, 학습 경험으로 강조할 것 등에 관한 교육과정 차원의 결정을 내리게 하는 것이다.

③ 목표의 명확한 진술은 여러 학문 내의 매우 넓은 지식 영역으로부터 어떤 타당한 성과에 실제로 필요한 것을 선정하는 데 도움을 준다.

④ 목표는 역시 발전시킬 필요가 있는 정신적 혹은 그 밖의 어떤 능력 유형을 명확히 하는 데 기여한다.

⑤ 목표 항목은 우리들이 교육과정이라고 부르는 다양한 활동에 대해서 공통적이며 일관된 초점을 마련해 주기 위해서 필요하다.

⑥ 목표는 성취도의 평가를 위한 하나의 지침으로 주어진다.

이러한 교육 목표의 기능들을 종합하여 제시하면 교육과정이 나가야 할 방향의 제시, 가치 및 이상 전달(문화적 가치, 사회적 가치, 학문의 가치와 내용 전달), 학교 기대의 교사에의 전달, 교육의 내용 및 재료 선정의 기준, 학습 동기의 부여, 교육의 평가 및 방법의 기초 마련, 교육의 연속성 유지, 활동에의 초점 마련 등으로 요약된다.

라. 교육 목표와 과정(過程)과 성과

기대하는 교육의 성과가 곧 교육 목표이다. 따라서, 설정된 교육의 목표와 교육 행위에서 결과되는 학생들의 학습 성과가 일치될 수 있다면 그것은 가장 이상적인 일이다. 엄격히 따져서 교육 목표와 실제로 나타난 교육 성과간에는 차이가 있게 마련이다.

학교 교육 상황 속에서 실제의 성과가 교육 목표를 완전히 달성하는 경우란 거의 없다. 그러므로 교육 성과와 교육 목표와의 거리가 짧을수록 교육의 전문성이 높이 평가되는 셈이다. 교육 목표와 성과와의 거리를 단축시킬 수 있는 중요한 조건의 하나는 교육 목표 → 과정(過程)(내용·방법 포함) → 성과의 평가간에 일관성을 유지하는 일이다(이영덕, 1993).

(1) 교육 목표와 교육 내용과 교수 과정의 일관성

교육 목표는 그것이 교육의 과정 속에 반영됨으로써 학생 속에 구현될 때, 그 가치를 드러내게 된다. 다시 말하면, 교육 목표는 교육의 과정을 통해서 달성됨으로써만 의미 있게 되는 것이다. 그러나 교육 현장에서는 설정된 교육 목표와는 별로 상관 없는 교육 행동을 하거나, 설정된 교육 목표 중에서 지극히 일부만을 과정에 반영시키고, 그것만을 강조하거나 또는 교육 목표 관심이 전혀 없이 학습 지도에 임하는 등 교육 목표에 소홀한 것이 사실이다.

어떠한 지식을, 어떠한 지적 능력을, 어떠한 기능을, 어떠한 태도나 흥미를 기르기 위하여, 어떤 내용으로, 어떻게 지도해야 하겠다는 계획이 없는 한 교육은 계획적인 행동 변화를 가져오기보다는 오히려 우연적인 결과에 의존하여 전문성이 결여될 것이다. 결국, 교육 목표, 내용, 과정간의 일치는 교육 목표를 기초로 해서만이 가능하다는 사실이다. 따라서, 교육 목표는 모든 교육과정에 있어서 전문적 사고와 계획과 실천을 일관성 있게 안내할 수 있는 것이어야 한다는 것이다.

(2) 교육 목표와 교육 성과 평가의 일관성

전문적인 행위로서의 교육에 관한 한 설정된 교육 목표와 교육 내용과 성과의 평가간에는 일관성이 확보되어야 한다. 김봉수(1987)는 교육과정의 요소를 교육 목표, 교육 내용, 교수-학습 과정, 평가로 보고, 이들의 순환적 관계를 [그림 6-6]과 같이 제시하였다.

[그림 6-6]에서 알 수 있듯이 각 요소들은 순환적 관계를 유지하고 있다. 즉, 먼저 교육 목표가 설정되면 이를 토대로 하여 교육 내용의 선정 및 조직이 이루어지고, 교수-학습 과정을 거쳐 학습 성과에 대한 평가를 실시하며, 평가 결과는 다시 교육 목표 설정에 송환되어 교육과정의 수정·보완이 이루어진다는 것이다.

이 모형은 결국, 학습 내용의 선정이나 조직이 교육 목표 설정보다 선행될 수 없다는 것이고 평가 활동이 교육과정 전개에 있어서 어떤

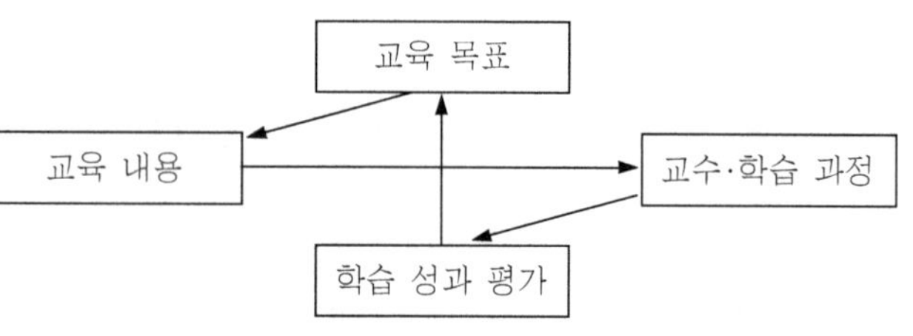

[그림 6-6] 교육과정의 순환적 일관성 관계

위치를 차지해야 하는가를 밝혀 주고 있다. 따라서, 각 요소들은 순환적 관계를 가지면서 일관성을 유지해야 교육과정이 바람직하게 운영될 수 있는 것이다.

2. 실과(기술·가정) 교육 목표의 기초 자원

모든 교육 활동은 그 목표를 가지고 있다. 그런데 그런 목표들은 그 배후에 목표들이 흘러 나오게 한 기초적인 자원이 있게 마련이다. 이러한 자원은 설정된 목표의 준거가 되므로 그 자원에 의해서 설정된 목표의 타당성과 합리성을 평가할 수 있는 것이다. 그런데 이런 자원이 바로 일정한 각급 교육 목표로 설정되는 것은 아니다. 이런 자원을 근거로 하여 일정 대상에 대한 경험적 연구를 행하고 그 결과로 얻어진 자료에 의해서 의도한 교육 목표가 설정되는 것이다.

이렇게 교육 목표가 설정될 때, 교육 활동의 지도 지침격인 역할과 평가의 준거가 될 수 있는 것이다. 그래서 설정된 교육 목표는 타당성과 합리성, 효율성과 도달 가능성을 지니게 된다. 그러므로 교육과정 목표에 속하는 목표들의 설정에도 각급 교육 목표의 설정과 마찬가지로 교육 목표의 자원과 설정을 위한 일정한 자료가 필요한 것이다.

Taba(1945)는 교육 목표의 자원으로써 학생, 사회, 학문을 들었고, Kerr(1973)는 목표의 자원을 사회의 연구, 학습자의 연구, 교재 내용의 연구로 제안했으며, Zais(1976)는 경험적 자원, 철학적 자원, 교재 자원 등을 들고 있다(이경섭외, 1988, p.230에서 재인용).

이런 학자들의 자원에 대한 견해는 다소 차이가 있으나 학습자, 사회, 교재 또는 학문으로 공통 요소를 찾을 수 있다. 특히, Tyler(1949)는 교육 목표 추출의 자원으로 학습자에 관한 사실, 현대 사회에 관한 사실, 교과 전문가의 견해 등의 3가지를 들고 있고, 각각의 자원에 대하여 무엇을 어떻게 알아보아야 할 것인가에 관해 자세히 언급하였다(이종승, 1987, p. 15에서 재인용).

이와 같은 원천으로부터 추출된 잠정적인 교육 목표는 다시 교육 철학과 학습 심리라는 두 가지 준거에 의하여 걸러져서 최종 교육 목표로 설정되어야 한다는 것이다. 타일러가 주장하는 교육 목표 설정 과정을 도표로 나타내면 [그림 6-7]과 같다.

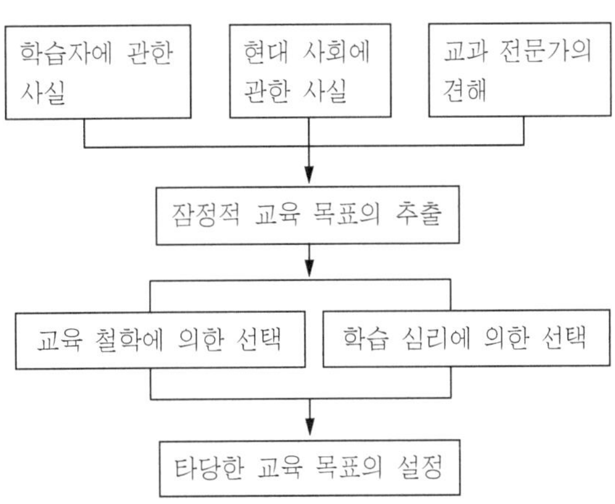

[그림 6-7] 타일러(1949) 교육 목표 설정의 과정

가. 교육 목표 추출의 자원

교육 목표 기초 자원에서 공급되는 제반 정보를 토대로 하여 교육 목표를 추출하고 선택함에 있어서 교육 철학과 학습에 관련된 심리학적 원리의 적용이 필요하다. 이러한 의미에서 교육 철학과 학습 원리는 교육 목표 설정을 위해 충분히 연구되어야 할 분야로 되어 있다. 교육 철학과 학습 원리는 교육 목표 설정의 기초 자원의 역할도 하지만 주어진 자원을 기초로 하여 교육 목표를 추출하는 과정과 추출된 교육 목표의 타당성을 검증하는 준거의 역할을 한다. 여기에서는 교육 목표 추출의 자원이 되는 원천을 알아보고, 이들을 선정하는 준거들을 알아보고자 한다.

(1) 학습자 분석

타일러는 인간의 행동 양식을 변화시키는 과정이 교육이라고 정의하였다(이종승역, 1987, P. 17). 이러한 관점에서 볼 때, 교육은 인간이라는 학습자를 대상으로 학습자가 있는 곳에서 출발해야 한다. 따라서, 학습자는 교육과정 구성의 전제가 되며, 학습자에 관한 여러 가지 연구 결과는 교육 목표 추출의 중요한 자원이 된다고 하겠다.

교육 목표를 추출하는 데 있어서 우리가 학습자에게서 알아야 할 사항은 무수히 많이 있겠으나, 그 중에서도 특히 학습자의 필요(needs)와 흥미(interests)를 파악하는 일이 매우 중요하다고 타일러는 말한다. 학습자들이 가지고 있는 보편적인 필요와 흥미에 기초해서 교육 목표를 설정해야 된다는 것이다.

예를 들어, 어느 초등학교 학생들을 조사한 결과, 대부분의 아동들이 영양이 결핍되고 건강 상태가 좋지 않은 것으로 밝혀졌다면, 우리는 이러한 사실로부터 건강 교육이나 사회 교육과 관련된 교육 목표를 시사받을 수 있다. 그러나 학습자에 대한 어떤 보편적인 현상이 자동적으로 교육 목표에 대한 시사를 주는 것은 아니다. 가령, 위와 같은 보기에서 아동들의 건강 상태가 나쁜 이유는 그 사회 전체의 경제적 빈곤 때문이라면 이것은 건강 교육의 목표와는 거리가 먼 다른 문제인 셈이다.

타일러는 교육 목표 설정에 시사를 주는 학습자의 필요를 다음과 같이 두 가지로 구분하였다.

첫째는, 교육적 필요이다. 이것은 우리가 추구하는 어떤 이상적인 소망 상태와 학습자의 현재 상태 사이에 차이가 있을 때 나타나는 필요이다. 학습자는 여러 가지 인지적·정의적·기능적 행동 특성을 가지고 있다. 그리고 사회에는 그 사회 구성원들에게 공통으로 요구하는 바람직한 행동 특성 또는 규범이 있고, 우리 모두가 지향하는 인간 발달의 이상적 표준이 있게 마련이다. 그런데 학습자가 현재 갖고 있는 여러 행동 특성 중에는 미숙하거나 바람직하지 못한 것이 있고, 또한 우리가 추구하는 이상적 표준에 훨씬 미달되는 특성도 많이 있을 것이다. 학습자의 현재 상태와 우리가 바라는 이상적 소망 상태간에 현격한 차이가 많을수록 교육적 필요는 더욱 커지게 된다. 따라서, 학교 교육의 목표에는 바로 이와 같은 학습자들의 교육적 필요가 반영되어야 한다는 것이다.

둘째는, 생리적·심리적 필요이다. 이것은 심리학에서 사용하는 요구 또는 동기의 개념과 관계가 있다. 유기체는 내적·외적 환경의 변화에 적응하여 언제나 균형 상태를 유지하려는 경향이 있는데 이를 항상성(homeostasis)이라고 한다. 예를 들어, 우리가 피곤하면 쉬고 싶고, 갈증을 느끼면 물을 찾게 되는 것은 생리적으로 항상성을 유지하려는 현상이다. 만약, 항상성이 깨어진다면, 즉 내적으로 불균형 상태에 처하게 되면 유기체는 생리적으로 또는 심리적으로 긴장을 느끼게 되는 바, 유기체가 이러한 긴장으로부터 벗어나 균형을 유지하기 위한 조건들이 생리적, 심리적 필요이다. 생리적 필요의 예로는 배고픔, 목마름, 성욕 등이 있고 심리적 필요의 예로는 소속감, 자존심, 자아 실현 등이 있다.

교육에서는 학습자가 갖고 있는 이러한 여러 생리적, 심리적 필요에 민감해야 하며, 학교 교육과 밀접히 관련되어 있는 것이 무엇인가를 파악하여 그러한 필요를 충족시키는 데 도움이 될 수 있는 지식·기능·태도를 가르쳐야 할 것이다. 다시 말하여, 교육 목표를 설정할 때, 학습자의 생리적 필요와 심리적 필요를 고려해야 한다는 것이다.

(2) 현대 사회 분석

넓은 의미에서 교육은 개인으로 하여금 그가 속한 사회의 규범·가치·지식을 내면화하여 정상적인 사회 구성원이 되도록 돕는 과정이라고 말할 수 있다. 그러므로 학교를 둘러싸고 있는 현대 사회는 교육 목표 추출의 중요한 원천이 된다. 과거의 문화 유산을 계승, 발전시키고 현재와 미래의 생활에 잘 적응할 수 있는 인간을 육성하기 위한 사회적 요구가 교육 목표에 반영되어야 할 것이다.

타일러는 교육 목표 추출의 자원으로서 현대 생활을 분석해야 하는 이유로 다음과 같은 두 가지를 들고 있다(이종승, 1987).

첫째, 현대 사회는 복잡 다양하고 끊임 없이 변화하고 있기 때문에, 잡다하고 엄청난 양의 지식 중에서 취사 선택하고, 급변하는 사회 문화에 적응할 수 있는 교육을 하기 위하여 현대 사회의 분석이 필요하다는 것이다. 과학 기술의 발달로 인하여 현대 사회는 급속히 변모해 가고 있으며, 지식의 양은 놀랄만한 속도로 팽창하고 있다. 따라서, 사회 생활과 유리되지 않은 산 교육을 하고, 미래 사회를 위한 준비 교육을 잘 하려면 사회의 실상을 정확히 파악할 필요가 있다.

둘째, 현대 사회를 연구해야 될 또 다른 필요성은 훈련의 전이에 관한 사실에서 발견할 수 있다. 만약, 학교 교육이 개인의 사회 생활에 전이되지 않는다면, 그 의의를 상실하게 될 것이다. 일반적으로, 학습의 전이 효과는 학습 조건이 유사하거나 학습 내용에 담겨 있는 원리가 동일할 경우, 그리고 학습한 내용을 실제의 예를 가지고 응용해 볼 수 있는 기회가 많이 주어질 때에 높게 나타난다. 이러한 사실에 비추어 볼 때, 학교에서의 학습 사태를 가능한 한 실제 생활 사태와 유사하게 꾸며야 학습의 전이 효과를 높일 수 있고, 이렇게 하기 위해서는 현대 사회의 분석이 필요하다는 것을 알게 된다.

그런데 현대 사회의 분석 결과에 터하여 교육 목표를 설정하는 것이 부당하다는 비판도 있다. 우선 현대 사회에서 벌어지고 있는 여러 활동들 그 자체가 반드시 바람직한 것만은 아니라는 비판이다. 예컨대, 어떤 활동은 비록 대다수의 사람들이 즐겨하고 있는 것이라 할지라도 학교에서 가르칠 것은 되지 못하는 수도 있는 것이다. 한편, 현대 사회의 연구를 '현재주의'라고 하여 비판하는 사람들도 있다. 그들의 주장은 부단히 변화하는 사회에서 학생들을 오늘의 사회에 적응시키는 것이 내일의 사회에 대비한 교육은 되지 못한다는 것이다. 그러나 이러한 비판은 교육 목표 추출의 자원을 현대 사회의 분석에만 국한시킬 경우에 해당되는 것이지, 자원의 범위를 넓힌다면 별로 문제되지 않는다고 본다.

교육 목표 추출과 관련하여 우리가 현대 사회에 관해 알아야 할 몇 가지를 열거하면 다음과 같다.

① 현대인들은 어떤 활동에 많이 종사하는가?

② 현대 생활에서 대다수 사람들이 부딪히는 어려운 문제는 무엇이며, 그러한 문제를 해결하기 위하여 어떤 노력이 필요한가?

③ 현대인들이 가지고 있는 보편적인 흥미·가치관·이상은 무엇이며, 사회 계층에 따라서 이러한 특성들은 어떠한 차이가 있는가?

④ 사회 변천의 방향은 어떠하며, 현대 생활에서 어떤 측면이 교육의 목표나 방향과 밀접한 관련이 있는가?

이와 같은 현대 사회에 관한 여러 가지 자료는 그 자체가 그대로 교육의 목표와 방향이 될 수는 없다. 교육 목표를 세울 때는 사회 현실을 토대로 하되, 그 밖에 다른 요인들도 종합적으로 고려되어야 할 것이다.

(3) 교과 전문가의 견해

어느 특정한 교과의 성격과 그 교과에서 기본적으로 학습해야 할 내용이 무엇이고, 중요하게 다루어야 할 내용이 어떤 것인가에 관하여 가장 잘 파악하고 있는 사람은 두말할 것

없이 교과의 전문가들이다. 따라서, 교과 전문가는 교과별 교육 목표나 단원을 설정하는 데 있어서 매우 귀중한 의견을 제시할 수 있다. 다시 말하면, 교과 전문가들의 제안은 교육 목표 추출의 또 다른 중요 자원이 된다고 하겠다.

교육 목표의 자원으로 교과 전문가를 이용하는 데 대하여 비판의 소리가 없는 것은 아니다. 교과 전문가들이 제안하는 교육 목표는 대개 너무 전문적이고 특수한 것이어서 소수를 제외한 대다수 학생들에게는 부적절하다고 말한다. 이러한 비판을 받는 까닭은 교과 전문가들은 흔히 "미래에 이 학문 분야의 전문 학자가 될 사람들에게 무엇을 가르쳐야 할 것인가?"라는 입장에서 교육 목표를 설정하는 경향이 농후하기 때문이다. 그러므로 교과 전문가가 이러한 문제를 야기치 않으려면, "해당 교과를 전공한 사람이 아닌 일반 학생들의 교육에 그 교과가 어떤 도움을 줄 수 있는가?"하는 입장에서 교육 목표를 생각해야 한다.

어느 한 교과의 교육적 기능이 밝혀지면, 우리는 그러한 기능으로부터 해당 교과의 교육 목표는 물론 일반적인 목표에 대한 시사도 받을 수 있다. 각 교과가 갖는 교육적 기능은 그 교과만이 고유하게 공헌할 수 있는 기능과, 그 교과에 고유한 것은 아니지만 넓은 의미에서 교육에 이바지할 수 있는 기능으로 구분되는데, 교과 전문가들의 제안에서 우리는 이러한 각 교과의 교육적 기능을 가려낼 수 있는 것이다.

나. 교육 목표 선택의 준거

앞에서 제시했던 목표 추출의 자원으로부터 다양하고 풍부한 교육 목표들을 시사받을 수 있다. 그런데 이렇게 추출된 교육 목표들 가운데 어떤 것들은 서로 중복되거나 논리적으로 모순되는 것도 있을 것이다. 그러므로 이질적으로 구성된 일단의 교육 목표들 중에서 가장 중요하고 상호 모순되지 않는 소수의 목표들을 골라 내기 위해서는 일정한 준거와 방법이 있어야 할 것이다. 즉, 추출해 놓은 교육 목표들을 정선하고 걸러낼 수 있는 '체(screen)'가 필요하다. 타일러는 이러한 역할을 교육 철학과 학습 심리에서 찾고 있다. 교육 철학과 학습 심리는 교육 목표를 추출하는 과정과, 추출된 교육 목표의 타당성을 점검하는 준거의 역할을 담당한다.

(1) 교육 철학

교육 목표를 정선하는 준거가 되는 교육 철학은 우선 '바람직한 인생', '바람직한 사회'의 본질을 규정하는 것이라고 볼 수 있다. 바람직한 인생과 사회에 관한 철학적, 이념적 기준은 학교 교육의 목표 설정에 직접적으로 작용한다. 바람직한 인생과 사회를 규정하는 방식은 매우 다양하겠으나, 민주주의 사회에서는 일반적으로 민주주의적 가치를 실현하는 인생과 사회로 규정한다.

민주 사회에서 추구하는 민주주의적 가치는 인간의 존엄성, 기회의 균등, 개인차의 인정, 지성 우위에 대한 신념으로 요약할 수 있다. 학교가 위와 같은 민주 이념을 중요한 것으로 받아들인다면 당연히 학교의 교육 목표는 이러한 민주주의적 가치를 실현하는 데에 도움이 되는 방향으로 설정되어야 할 것이다.

교육 철학은 또한 학교 교육의 사회적 기능에 대한 기준을 제시한다. 학교 교육은 과거의 문화 유산을 다음 세대에 전달하는 보수적 기능, 현재 사회 생활에 보다 효과적으로 적응하게 하는 사회 적응적 기능, 그리고 미래의 더 나은 사회 건설을 지향하는 사회 재건 기능을 가지고 있다. 이러한 기능들 중에서 어떤 것을 얼마나 중요시하는 가에 따라 학교의 교육 목표는 달라질 것이다.

그리고 교육 철학은 "사회 계층에 따라 서로 구별되는 교육을 해야 하는가?", "학교 교육은 일반 교육을 목표로 삼아야 하는가, 아니면 특수한 직업 준비를 목표로 삼아야 하는가?"와 같은 일반 교육과 특수 교육, 인문 교육과 직업 교육에 관한 기준을 제공함으로써 교육 철학에 따라 학교 교육의 목표 설정이 달라질 수 있다.

여러 가지 자원에 의하여 추출된 수많은 교육 목표들은 일차적으로 교육 철학에 의하여 그 경중을 가리고 위계를 정해서, 논리적으로 타당하고 일관성 있는 중요한 목표들을 정선하는 일이 필요하다.

(2) 학습 심리

교육 목표란 결국 학습을 통하여 달성하고자 하는 목표이므로, 학습의 원리와 조건에 합치되는 교육 목표라야 타당한 것이지, 만약 합치되지 못한다면 실제에 있어서 달성하기 어려운 쓸모 없는 목표가 될 수밖에 없다. 그러므로 '교육 철학'이라는 체로 일단 걸러진 목표들을 다시 '학습 심리'라는 체로 걸러낼 필요가 있다. 즉, 추출된 교육 목표는 학습 심리의 원리에 비추어 그 타당성을 검토받게 된다.

타당한 교육 목표는 학습을 통하여 달성시킬 수 있는 것이라야 한다. 따라서, 교육 목표를 설정할 때에는 그 교육 목표가 예정한 교육 기간 동안에 달성 가능한 것인가를 반드시 따져보아야 하다. 이런 때에 학습 심리에서 밝혀진 결과를 통하여 용이하게 변화시킬 수 있는 행동 특성과 그렇지 못한 특성을 식별할 수 있고, 어떤 종류의 행동 변화에 어느 정도의 기간이 필요한지를 짐작할 수 있다.

학습 심리의 지식은 또한 교육 목표를 각 학년 수준에 알맞게 배치하는 데에도 이용된다. 또한, 학습 심리는 일단 형성된 행동이 얼마나 지속되며, 또 오래 지속되기 위해서는 어떤 학습 조건이 필요한가에 관한 정보를 제공한다. 학습 효과가 오래 지속되려면 이와 같은 학습 심리의 원리에 바탕을 두고 교육 목표를 세워야 할 것이다.

따라서, 교육 목표는 학습 과정을 통해서 달성하고자 하는 행동의 변화이기 때문에, 타당한 교육 목표를 설정하기 위해서는 학습 심리의 지식과 원리를 활용해야 한다.

3. 교육 목표 결정 모형

가. 요구 분석 모형

요구 분석은 교육적 요구들을 분석하고 그것들의 우선 순위를 결정하기 위하여 사용되는 방법이다(곽병선, 1997). 교육과정과 관련하여 요구는 관찰된 학습자의 행동과 우리가 이상으로서 학습자가 가져야 한다고 생각되는 행동 사이에 차가 있는 상태를 의미한다. 요구 분석은 교육과정의 목표를 결정하는 데 최근 많이 이용되고 있는데, 그 이유는 다음과 같다.

요구 분석은 경제적인 방법으로 가장 핵심적인 요구들을 확인하고 해결하는 데 유용하고, 공유된 가치를 전달하고 상호 도움을 제공하는 방법으로 유용하며, 교육과정에 새로운 가치를 반영할 때 유용한 수단이 된다.

(1) 잠정적 목표의 진술

잠정적 목표로는 사회의 지배적인 문화를 반영하는 여러 가지 목표들을 사용할 수 있다. 이러한 목표들은 이미 대부분의 학교에서 전통적으로 추구된 교육과정 지침서, 교과서, 기존의 평가 연구, 교육 기초 연구에서 추출된다. 즉, 읽기, 쓰기, 셈하기, 건강한 신체의 유지 올바른 시민적 자질 및 능력들이다. 또한, 목표에는 우정, 존경, 활동성, 독립심과 같은 성격의 특성들도 포함된다. 그리고 지역 사회 자체의 가치들을 반영하는 목표들은 연구자들이 주관적으로 얻어 내는 것일 수도 있다.

요구 분석을 위하여 자료를 추출하는 전형적인 방법에는 관계자 협의회와 학생 발표회가 있다. 학교의 경영자와 교육과정 전문가에 의하여 실시되는 관계자 협의회는 많은 사람을 대상으로 그들이 인지하고 있는 지역 사회의 문제들을 짧은 시간에 확인하기 위한 방법이다. 대규모 집회에서 지역 사회의 문제들을 확인하고, 그 후 소규모 집회에서 토론을 통하여 문제들을 세분화하고, 그에 대한 해결책을 모색한다.

학생 발표회에서는 학생들을 집단으로 나눈 다음 그들에 학교에 대하여 가장 절실하게 요구하고 있는 문제들이 무엇인가를 협동적으로 모색하게 한다. 여기서 제기되는 많은 문제들이 학교 경영상에 있어서의 변화를 의미할 수도 있지만 교육과정의 목표들도 이러한 문제들을 해결하는 데 도움을 제고해야 한다는 것을 인식하는 것도 중요하다.

(2) 목표에 대한 우선권 결정

두 번째 단계는 부모, 교사, 학생, 지역 사회의 주민들이 각 집단별로 우선적으로 중요하게 여기는 목표들이 무엇인가를 알아보는 단계이다. 각 집단에게 진술된 목표들을 제시하여 주고, 중요성에 있어서의 우선 순위를 메기게 하는 동시에 새로이 중요한 목표들이 나타나게 되면 첨부할 기회를 제공한다. 일반적으로, 목표들을 평가할 때는 5단계 척도를 사용하고, 보다 명확하고 합리적인 최종 결과를 얻기 위하여 수합된 결과를 다시 개인들에게 통보하여 우선 순위를 다시 재조정하는 방법을 취할 수도 있다.

(3) 선택된 목표들에 대한 학습자의 성취 수락 여부 결정

학습자의 성취 수락 여부를 결정하는 방법에는 주관적 방법과 객관적 방법이 있다. 주관적 방법은 각 목표에 대한 학생들의 성취 상태를 판단으로써 평가하게 된다. 판단의 근거는 그들의 관찰, 매스컴을 통해서 들은 사실, 아동과 지역 주민들로부터 들은 사실 등이 될 수 있다.

객관적 방법은 각 목표에 대한 학생들의 현재 성취 상태를 실제적으로 측정하는 것이다. 측정을 위한 목표들이 선택되고, 조사 도구가 선택되며, 표집된 아동들을 대상으로 하여 조사가 실시되고, 각 측정에서 드러난 수준들이 서로 비교되어서 가장 심한 차이를 보이는 것에 우선권을 부여한다.

(4) 중요한 목표들의 실천 계획화

중요하게 여겨지고 요구가 확인된 목표들은 새로운 교육과정의 수업 계획을 수립하는 근거가 된다. 새로운 목표를 수립하는 것은 새로운 교과 과정과 수업 자료 및 설계를 준비하는 것을 의미한다. 왜냐 하면, 새로운 목표는 새로운 수단을 필요로 하기 때문이다.

나. 미래주의 모형

미래의 세계는 현재의 세계와는 다를 것이며, 새로운 유형의 인간을 요구할 것이고, 시민을 미래 사회에 대처하도록 할 시간은 충분치 않다는 사실이 점차 확실하게 드러나고 있다. 따라서, 이런 사실과 조화를 이루며 동시에 행동을 포함할 정도로 충분히 세분화된 교육 목표를 개발하려는 노력이 실시되어 왔다.

(1) 여러 영역에 있는 전문가들의 회의

교육 전문가와 교육 이외의 분야에 있는 전문가들, 예를 들면 정치학자, 경제학자, 의학 전문가, 심리학자 등이 교육과정 계획에 영향을 미칠 수 있는 미래의 발전에 관해 논의한다. 각각의 전문가들은 자기 분야에서 첨단으로 조사된 것들에 대한 자료들을 준비하며 교육에의 변화가 예상되는 것들과 교육 목표에 관한 문헌 연구 결과도 같이 제출한다.

(2) 예기되는 경향의 판단

참가자들은 중요하게 예기되는 변화들이 사회에 미칠 중요성과 발생 가능성에 비추어서 순위를 매긴다. 이러한 변화를 유도하는 데 소요되는 시간, 돈, 에너지를 고려하고, 발생 기간을 측정한다. 신중한 토의와 의견을 거쳐 이러한 변화들이 사회에 미칠 수 있는 결과를 좋은 것과 나쁜 것으로 분류한다. 참가자들은 개개의 변화를 5간 척도로 분류한다.

(3) 미래를 창조하기 위한 교육적 배려

이 단계에서는 교사와 다른 사람들이 학교가 어떤 대처를 해야 하는가에 관한 그들의 생각을 제시한다. 교육이 해야할 일을 결정하는 데 있어서 미래 사회에서 발생할 확실한 변화, 그 변화가 미치는 결과, 교육자가 그 변화에 영향을 미칠 수 있는 가능성, 또는 그 변화에 학생들을 대처시킬 수 있는 가능성 등을 고려한다. 교육 목표는 '좋은' 미래의 모습을 형성하고 '나쁜' 미래의 모습들을 제거할 수 있도록 진술되어야 한다. 또한, 교육자들은 현재의 교육과정 속에 있는 어떤 요소들이 학생들의 미래 세계 대처에 방해 요인이 되는가를 확인해야 하며, 확인된 요소들은 더 이상 필요 없음을 밝혀야 한다.

(4) 시나리오 작성

기록자들은 앞 단계에서 결정된 교육 활동을 실행했을 경우, 학습자가 어떻게 육성될 것인가에 대한 내용을 기술한다. 또한, 이와 같은 실행에 따른 교과목, 학습 활동, 교육과정 조직 및 방법 등의 변화에 대하여 기술한다. 새로운 교육과정에 영향력을 미칠 수 있는 제도적 정비에도 주의를 기울여야 한다.

다. 합리적 모형

타일러의 연구를 토대로 Goodlad(1979)를 비롯한 사람들이 교육의 목표를 올바르게 선정하기 위한 합리적 방법을 제안하였다. 이들은 분리된 목표들을 어떤 총괄적 목적이나 목적군을 이룰 수 있는 것으로 간주해야 한다고 말한다.

합리적 계획은 가치로부터의 교육 목적 선정, 교육 목적으로부터의 교육 목표 선정, 교육 목표로부터의 학습 활동 선정이라는 과정을 포함한다. 그러나 이러한 과정은 논리성만으로는 충분한 근거를 제공받지 못하며, 경험적 자료가 요구된다. 많은 자료원을 참고로 하여 설정되는 교육 목표들은 이러한 자료원들이 반영하는 실제 상황을 충분히 고려하여야 한다고 말한다. 합리적 모형의 단계는 앞에서 제시했던 타일러의 교육 목표 설정의 과정을 거치므로, 이를 참고하는 것으로 대신한다.

4. 실과(기술·가정) 교육 목표 분류

교육 목표를 설정하고 진술한다 하더라도 그것이 학습 경험 선정과 조직 및 지도에 구체적인 시사를 줄 수 있는 것이 되기 위해서는, 어느 정도까지의 세분화가 필요하며, 목표가 내포하는 행동 특성을 몇 가지 변별 가능한 유형으로 분류, 정리할 필요가 있다. 즉, 학생들의 모든 행동 유형을 단순한 것에서부터 복잡한 것에 이르기까지 정돈·배열함으로써 여러 가지 교육 활동에 도움을 줄 수 있다. 이무근(1990)은 이러한 교육 목표 분류의 이점을 세 가지로 제시하고 있다.

① 교사들간의 의사 소통의 편의를 도모해 줌으로써 주어진 교육 목표를 같은 의미로 해결하는 데 도움을 준다.

② 교육과정 계획에 있어서 설정한 교육 목표의 포괄성을 검증할 수 있도록 도와 준다. 즉, 설정된 교육 목표를 행동 분류 속에 나타나는 행동 범위와 비교해 봄으로써 부족했던 목표를 보완 세분할 수 있게 된다.

③ 육성되어야 할 행동 특성과 평가되어야 할 특성이 정밀하게 정착될 수 있기 때문에 교육과정 계획과 평가에 구체적인 지침을 제시할 수 있다.

이러한 분류의 필요성과 이점에 따라 여러 학자들이 교육 목표를 분류하고 있지만, 각 교과에 맞는 재분류의 필요성이 제기 되었다. 여기에서는, 블룸과 가네, 메이거의 분류를 살펴보고, 최근에 실과에 대한 분류 모형들, 즉 이석우·정성봉(1998)의 실과 인지적 영역 분류, 김종우(1998)의 실과 기능적 영역 분류, 민정식·정성봉(1997)의 실과 정의적 영역 분류에 대한 연구들을 소개하기로 한다.

가. 교육 목표의 분류

(1) Bloom 의 분류

Bloom(1956; 허경조, 1993, pp. 3~4에서 재인용)은 교육의 목표를 인지적 영역, 정의적 영역, 운동 기능 영역의 세 가지로 나누고, 지적 영역을 다시 복잡성의 원칙에 따라 지식,

이해, 적용, 분석, 종합, 평가의 여섯 가지로 나누었으며, 이 여섯 가지 유목은 위계적이라고 하였다. 즉, 이해가 지식의 상위 기능이고, 적용이 이해의 상위 기능이며, 분석은 적응의 상위 기능이고, 종합은 분석의 상위 기능이며, 평가가 종합의 상위 기능이라는 것이다.

정의적 영역에서는 주로 내면화된 원칙에 따라 다섯 가지 특성으로 분류하고 있다. 즉, 한 특성이 개인의 어느 정도의 심층적인 특성인가에 따라서 이런 내면화가 얕은 수준으로부터 깊은 수준의 순서로 배열한 것이다.

그러나 운동 기능적 영역에 대해서는 블룸의 분류 체계에 맞추어 연구한 Harrow(1978)의 내용을 소개하기로 한다.

㈎ 인지적 영역

인지적 영역(cognitive domain)의 범주에 대한 의미들을 자세히 알아보면 다음과 같다(신세호 역, 1983, pp. 227~235).

1.00 지식(knowledge)

인지나 재생에 의하여 아이디어나 자료 또는 현상을 기억해 내는 행동을 지식이라고 정의한다. 여기서 정의한 지식에는 특수 사상과 보편적 사상의 상기, 방법과 과정의 상기, 구조 또는 형태의 상기가 포함된다.

1.10 특수 사상에 관한 지식(knowledge of Specifics) : 구체적이며 단편적인 정보의 상기. 여기에서의 강조점은 구체적인 대상에 해당하는 상징에 있다. 추상 수준으로 보아 가장 낮은 이 자료는 보다 복잡하고 투상적인 지식을 이루는 기본 요소라고 볼 수 있다.

1.11 용어에 관한 지식(knowledge of Terminology) : 특정 상징(언어적 및 비언어적 상징)의 대상에 관한 지식. 여기서는 일반적으로 공인된 대부분의 상징 대상에 관한 지식, 단일 대상에 쓰일 수 있는 여러 가지 상징에 관한 지식 및 상징의 일정한 용법에 가장 알맞는 대상에 관한 지식 등이 포함된다.

1.12 특수한 사실에 관한 지식(knowledge of Specific Facts) : 날짜, 사건, 인물, 장소에 관한 지식. 여기서는 특정한 날짜나 현상의 정확한 크기와 같은 아주 정확하고 특수한 정보가 포함된다. 또한, 대략적인 시기나 현상의 일반적인 크기순과 같은 대략적, 상대적인 정보도 포함된다.

1.20 특수한 것을 다루는 방법과 수단에 관한 지식(knowledge of Ways and Means of Dealing with Specifics) : 조직 방법, 연구 방법 및 비판 방법에 관한 지식. 여기서는 한 학문 분야의 연구 방법, 연대적 순서, 판단 기준은 물론 학문 영역을 결정하

고, 그것을 내적으로 조직하는 조직 구조가 포함된다.

1.21 형식에 관한 지식(knowledge of Conventions) : 아이디어와 현상을 처리하고 제시하는 지정 방법에 관한 지식. 의사 소통과 그 일관성을 위해 연구자는 그들의 목적에 잘 맞거나 그들이 다루는 현상에 가장 적합하다고 생각하는 어법, 양식, 실행 방법 및 형식을 채택한다.

1.22 경향과 연결에 관한 지식(knowledge of Trends and Sequences) : 시간적인 면에서 본 현상의 과정, 방향, 운동에 관한 지식.

1.23 분류와 유목에 관한 지식(knowledge of Classifications and Categories) : 일정한 교과 분야, 목적, 논쟁, 또는 문제에 기본적이라고 생각되는 항목, 종속, 구분, 배열에 관한 지식(여러 가지 문제와 자료가 포함되어 있는 문제 영역을 인식하는 일)

1.24 준거에 관한 지식(knowledge of Criteria) : 사실, 원인, 의견, 행위를 검증하고 판단하는 준거에 관한 지식.

1.25 방법론에 관한 지식(knowledge of Methodology) : 특정 교과 분야에서는 물론, 특정 문제나 현상을 탐구하는 데 사용되는 연구 방법, 기술, 절차에 관한 지식.

1.30 보편적인 것과 추상적인 것에 관한 지식(knowledge of the Universals and Abstractions in a Field) : 현상과 개념들이 조직되는 주요 개념, 구조 및 형태에 관한 지식. 이것은 한 학문 분야를 지배하거나 현상을 연구하고 문제를 해결하는 데 늘 쓰이는 학문 체계, 학설 및 통칙을 말한다. 이들은 가장 추상적이며 복잡한 수준에 속하는 것이다.

1.31 원리와 통측에 관한 지식(knowledge of Principles and Generalizations) : 관찰된 현상을 요약하는 특정한 추상 개념에 관한 지식. 이것은 가장 알맞는 해당 행동 또는 취할 방향을 설명, 기술, 예언, 결정하는 데 가장 가치가 큰 추상 개념을 말한다.

1.32 이론과 구조에 관한 지식(knowledge of Theories and Structures) : 복합 현상, 문제, 학문 분야에 대한 명백하고 원숙한 체계적인 견해를 나타내는 원리 및 통측의 체계와 그 상호 관계에 관한 지식. 이것은 가장 추상화된 체계로서 아주 광범한 특수 사상의 조직과 상호 관계를 나타내는 데 쓰일 수 있다.

2.00 이해(comprehension)

자료에서 전달되는 것을 아는 능력 또는 다른 자료와 관련시키거나 보다 깊은 의미를 알 필요 없이 전달되는 자료나 아이디어를 이용할 수 있는 능력 등을 의미한다.

2.10 전환, 번역(Translation) : 번역 능력은 진실성과 정확성, 즉 의사 소통 형태가 바뀌더라도 원래의 자료에 포함된 내용을 얼마나 담고 있는가를 판단하는 것이다.

2.20 해석(Interpretation) : 의사 소통 자료를 설명하거나 요약하는 능력이다. 번역은 의사소통 자료를 객관적인 부분 대 부분으로 표현하는 것을 포함하지만, 해석은 자료를 재정리, 재배열하거나 새로운 견지에서 보는 것을 가리킨다.

2.30 추론(Extrapolation) : 주어진 자료를 넘어서서 거기에 함축된 의미, 귀결, 계론, 효과 등을 결정하기 위해 원래의 자료에 기술된 조건과 일치하는 경향을 확장하는 능력을 의미한다.

3.00 적용(application)

특정한 구체적 사태에 추상 개념 사용하기. 추상 개념은 일반적인 아이디어, 절차에 관한 법칙 또는 일반화된 방법 등을 말한다.

4.00 분석(analysis)

자료를 그 상대적인 위계가 뚜렷해지도록, 그리고 표시된 아이디어가 분명해지도록 구성 요소나 부분으로 분해하는 일을 의미한다.

4.10 요소의 분석(analysis of Elements) : 자료에 포함된 요소의 발견.

4.20 관계의 분석(analysis of Relationships) : 자료의 요소와 부분간의 연결, 상호 관계의 발견

4.30 조직 원리의 분석(analysis of Organizational Principles) : 자료를 결합하고 있는 조직, 체계적 배열 및 구조의 분석. 여기서는 명시된 구조는 물론 암시된 구조도 포함된다. 또한, 자료를 한 덩어리로 만드는 기저(基底), 필요한 배열 및 기제 등도 포함된다.

5.00 종합(synthesis)

전체를 구성하도록 요소와 부분을 함께 모으는 것. 단편, 부분, 요소를 다루는 것과 전에 없었던 형태나 구조를 만들도록 배열하고, 결합시키는 과정 등이 여기에 포함된다.

5.10 독특한 정보의 구성(Production of a Unique Communication) : 필자나 화자가 자기의 생각, 감정, 또는 체험을 전달하려는 자료를 만드는 것.

5.20 계획의 작성 혹은 조작의 창안(Production of a Plan, or Proposed Set of Operations) : 작업 계획을 짜거나 절차의 계획을 제안하는 능력을 말한다.

5.30 일련의 추상적 관계의 도출(Derivation of a Set of Abstract Relations) : 특정한 자료나 현상을 분류 또는 설명하기 위하여 추상적 관계를 도출하는 것, 또는 기본적 명제나 상징적인 표시에서 명제나 관계를 연역해 내는 것.

6.00 평가(evaluation)

주어진 목적에 비추어 자료와 방법의 가치를 판단하는 능력, 평가 기준의 이용 능력 등

을 가리킨다. 준거는 학생이 결정한 것일 수도 있고 그에게 주어지는 것일 수도 있다.

　6.10 내적 증거에 관한 판단(Judgments in Terms of Internal Evidence) : 논리적 정확성, 일관성, 기타 내적 준거의 증거에 의해 의사 소통 자료의 정확성을 판단하는 능력

　6.20 외적 증거에 관한 판단(Judgments in Terms of External Criteria) : 선택된 또는 기억된 준거에 따라 자료를 평가하는 능력.

지금까지 살펴본 Bloom의 인지적 영역 분류 모형을 간단하게 도식화하면 [표 6-2]와 같다.

[표 6-2] 블룸의 인지적 영역 분류 모형

수 준		하 위 영 역	정　의	동 사 서 술
1.00 지식		1.10 특수 사상에 관한 지식	인지나 재생에 의하여 아이디어나 자료 또는 현상을 기억해 내는 행동.	정의하다, 기술하다, 찾아내다, 이름대다, 열거하다, 짝지우다, 이름 붙이다, 재생하다, 선택하다. 진술하다.
		1.20 특수 사상을 다루는 방법과 수단에 관한 지식		
		1.30 보편적 및 추상적 사상에 관한 지식		
지적 능력 및 기능	2.00 이해	2.10 번역	자료에서 전달되는 것을 아는 능력 또는 다른 자료와 관련시키거나 보다 깊은 의미를 알 필요 없이 전달되는 자료나 아이디어를 이용할 수 있는 능력.	전환하다, 지지하다, 구별하다, 추론하다, 설명하다, 확대하다, 일반화하다, 부여하다, 예를 들다, 추측하다, 의역하다, 예측하다, 고쳐쓰다, 요약하다.
		2.20 해석		
		2.30 추론		
	3.00 적용		과거에 학습된 자료(개념, 방법, 규칙, 원리, 법칙, 이론)를 새로운 구체적인 사태에 사용하는 능력	바꾸다, 계산하다, 증명하다, 발견하다, 조작하다, 변형하다, 다루다, 예측하다, 준비하다, 만들다, 관련짓다, 보이다, 풀다, 사용하다.
	4.00 분석	4.10 요소의 분석	주어진 자료의 구성 요소를 찾아내고 그 구성 요소간의 관계를 분석하고 거기에 포함된 조직의 원리를 인식하는 능력.	나누다, 그림으로 표시하다, 분류하다, 변별하다, 구분하다, 식별하다, 예를 들다, 추측하다, 지적하다, 관련짓다, 선택하다, 분리하다, 세분하다.
		4.20 관계의 분석		
		4.30 조직 원리의 분석		
	5.00 종합	5.10 특수한 의사전달 자료의 창조	이전까지는 분명치 않았던 구조나 형태가 하나의 완전한 것이 되도록 요소나 부분 등을 결합하는 과정	범주화하다, 묶다, 편집하다, 구성하다, 창안하다, 고안하다, 설계하다, 설명하다, 생성하다, 변형하다, 조직하다, 계획 세우다, 재구성하다, 관련짓다, 재조직하다, 교정하다,
		5.20 조작의 계획 및 절차의 창안		
		5.30 추상적 관계의 도출		
	6.00 평가	6.10 내적 증거에 의한 판단	목적을 가지고 가치나 아이디어, 작품, 해답, 방법, 소재 등에 관한 판단을 내리는 것.	평가하다, 비교하다, 결론내리다, 대조하다, 비판하다, 기술하다, 정당화하다, 해석하다, 요약하다, 지지하다.
		6.20 외적 증거에 의한 판단		

자료 : 손충기 역, 1993, pp. 55~58.

㈜ 정의적 영역

정의적 영역(affective domain)에 속하는 목표들이 내면화의 수준에 따라 감수, 반응, 가치화, 조직화, 인격화의 다섯 가지 유목으로 분류되는데 이들의 하위 영역과 목표의 예를 들면 [표 6-3]과 같다(1990, 이무근).

[표 6-3] 블룸의 정의적 영역 분류

수 준	하위 영역	정 의	목표의 예
1.0 감수 (Receiving)	1.1 감지 1.2 자발적인 감수 1.3 통제나 선택적 주의 집중	어떤 현상이나 자극을 감지하는 것, 즉 현상이나 자극을 수용하고 주의를 기울이는 것	의상, 실내 장식, 건축, 도시설계, 미술 등에 있어서의 심리적 요인에 대한 감지를 한다.
2.0 반응 (Responding)	2.1 묵종 반응 2.2 자발적인 반응 2.3 반응에 대한 만족	어떤 현상에 대하여 단순히 감수 하는 것 이상으로 능동적으로 감수하는 것	건강을 위한 규칙을 스스로 지키려고 노력한다.
3.0 가치화 (Valuing)	3.1 가치 수용 3.2 가치 선호 3.3 행동화	어떤 현상이나 활동을 가치롭게 여기며 적극적으로 일관성 있게 반응을 보이는 것	강하게 느끼고 있는 문제에 관하여 신문사나 통신사에 편지를 보낸다.
4.0 조직화 (Organization)	4.1 가치의 개념화 4.2 가치 체계의 조직	하나 이상의 가치가 관계된 상황에서 ① 하나의 체계로 그 가치들을 조직하고, ② 그들간의 상호 관계를 결정하고, ③ 지배적인 가치 체계를 수립하는 것.	사회 정책이나 관습은 두 집단이나 소수인의 이익보다는 공동의 복지라는 기준에 비추어서 판단한다.
5.0 가치 또는 가치 복합의 인격화 (Characterization)	5.1 일반화된 행동 자세 5.2 인격화	가치가 개인의 가치 체계 내에 자리를 잡고 있으며 내적으로 일관된 체계를 조직하고, 이미 조직화된 가치 체계에 따라 일관성 있는 행동을 하리만큼 인격의 일부로 내면화된 상태.	문제를 객관적이고 현실적인 그리고 관용적인 태도를 가지고 볼 수 있다.

㈜ 운동 기능적 영역

블룸 등의 기능적 영역(psychomotor domain)은 인지적 영역과 정의적 영역만큼 체계 있게 분류하지 못했다. 따라서, 여기서는 블룸의 분류 체계에 맞추어 연구한 Harrow의 연구를 살펴보기로 한다(김경연, 1994).

[표 6-4] 해로우의 기능적 영역 분류

수 준	분류학 차원	정 의	행 동 적 활 동
1.00 반사 동작	1.10 분절 1.20 분절간 1.30 초분절	어떤 자극에 대한 반응으로 의식적인 의지가 없이 유출된 동작	굴절, 확장, 신장, 자세 적응
2.00 기본적 기초 동작	2.10 이동 2.20 비이동 2.30 조작	전제 요건 : 1.00 반사 동작을 결합함으로써 형성되는 선천적인 동작 유형이며 복잡한 숙련 동작을 위한 기초	2.10 걷기, 달리기, 점프하기, 미끄러지기, 토끼 뛰기, 구르기, 기어 오르기 2.20 밀기, 당기기, 흔들기, 휘두르기, 웅크리기, 굽히기 2.30 만지기, 조작하기, 쥐기, 손가락 움켜쥐는 동작
3.00 지각 동작	3.10 운동 지각 변별 3.20 시각 변별 3.30 청각 변별 3.40 촉각 변별 3.50 협응 능력	전제 요건 : 1.00-2.00 학습자가 자기의 환경에 적응하도록 자료를 제공해 주는 각종 유형으로부터 오는 자극의 해석	지각 능력의 결과는 모든 유의적 동작에서 관찰 가능한 것이다. (예) 청각 : 언어적 지시를 따르는 것 시각 : 움직이는 볼을 피하는 것 운동 지각 : 불구나무서기에서 균형을 유지 하기 위하여 신체적 적응을 하는 것 협응 : 줄넘기, 쳐내기, 잡기
4.00 신체 능력	4.10 지구력 4.20 근력 4.30 유연성 4.40 민첩성	고도로 숙련된 동작의 발달에 필수적인 기관력의 기능적 특징	오랜 시간동안 강인한 노력이 요구되는 모든 활동 근육 조작을 필요로 하는 모든 활동 신속하고 정확한 동작이 요구되는 모든 활동
5.00 숙련 동작	5.10 단순 적응 기능 5.20 복합 적응 기능 5.30 복합 적응 기능	선천적 동작 유형에 기초를 둔 복잡한 과제를 수행할 때의 효율성 정도	분류 수준 2.00의 선천적인 이동, 비이동, 조작 동작 유형 위에 형성되는 모든 숙련 동작
6.00 동작적 의사 소통	6.10 표현 동작 6.20 해석 동작	안면 표현에서 안무에 이르기까지 신체적인 동작을 통한 의사 소통	신체 자세, 몸짓, 안면 표현, 효율적으로 수행된 숙련 무용 동작의 전부 및 안무

(2) Gagné 의 분류

Gagné(1970)는 학교에서 학습자가 학습하게 되는 행동을 크게 다섯 가지, 즉 지식(information), 지적 기능(intellectual skill), 인지 전략(cognitive strategies), 운동 기능(motor skill), 태도(attitudes)로 분류하고 있다(변영계, 1988, pp. 162~163).

㈎ 지식(information)

사물의 이름, 사실, 사건을 재인이나 재생의 형태를 통해서 기억해 내는 모든 행위를 의미한다.

(나) 지적 기능(intellectual skill)

학교 학습에서 다루어지는 지적 기능은 그 복잡성의 정도에 따라 여러 가지로 구분할 수 있다. 사물의 이름을 붙이는 것에서 만유 인력의 법칙을 증명하는 예를 열거할 수 있는 정도에 이르기까지 지적 기능의 정도는 다양하다. Gagné(1970)는 이러한 성질의 지적 기능을 여덟 가지 유형으로 정리하고 있다(p. 66).

가네에 의하면, 인간 정신 과정의 복잡성의 정도가 다양하다는 것이 지적 기능 분류의 가능성을 제공하는 것이다. 이러한 가능성을 검토한 결과 [그림 6-8]과 같은 모양의 위계적 분류가 가능해 진다는 것이다(이영덕, 1969, pp. 163~166). 즉, 최상위 수준의 지적 기능인 문제 해결

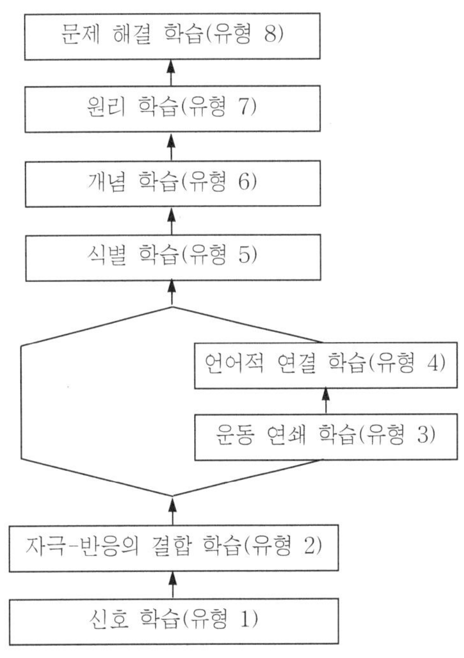

[그림 6-8] 가네의 지적 기능 복잡성 정도

학습에서부터 원리 학습, 개념 학습, 식별 학습, 언어 연결 학습, 운동 연쇄 학습, 자극과 반응의 결합, 신호 학습에 이르기까지 여덟 가지로 나누고 있다. 이 여덟 가지 유형의 지적 기능은 상호 위계적인 성격을 띠고 있어 상위 수준의 기능을 소유하기 위해서는 그 아래 수준의 기능이 선행해서 학습되어야 하는 관계에 있다.

1) 신호 학습 : 유형 1

신호 학습이란 어떤 신호에 대한 일반적 반응을 학습하게 됨을 말하는 것으로 조건 반사에 의해 학습된다. 이 모든 신호에 대한 반응의 공통점은 문화의 영향을 받아 일반적인 것이며, 동시에 정서적인 반응이라는 점이다. 이들 반응은 무의도적 성격을 띤 것이며, 따라서 의지적 통제하에 있지 않은 것들이다.

2) 자극과 반응의 결합 : 유형 2

유형 1은 어떤 신호에 대한 반응이 개인의 의지에 관계 없이 일어나는 조건 형성에 관련된 것에 비해 유형 2는 학습자가 그의 주변에 있는 신호 또는 자극에 대해 의지적 또는 능동적으로 반응함으로써 형성되는 것을 말한다.

3) 운동 연쇄 : 유형 3

운동 연쇄란 두 가지 이상의 자극(S)-반응(R) 결합이 계열로 연결된 것이다. 이러한 운동 연쇄는 운동 기능(motor skill)이라 불리는 조직된 학습력의 기초가 되는 것처럼 지적 기능 학습의 여러 유형들은 다른 학습 영역의 기초로서의 기능과 가치를 지니게 된다.

4) 언어 연결 : 유형 4

언어 연결은 운동 연쇄의 경우와 같이 언어적 자극과 반응의 결합이 계열화되는 것을 말한다. 이 언어적 연결은 학습자가 이미 학습한 언어의 기억고에서 내적 연결 가능성을 찾는다는 점에서 그 특수성이 있다.

5) 식별 학습 : 유형 5

식별 학습이란 두 가지 이상의 대상이 서로 다른 점을 한 가지 이상의 차원에서 변별해 내는 능력을 획득하게 되는 것을 의미한다. 즉, 외형적으로 상당히 비슷한 대상이 갖고 있는 많은 차이점을 바르게 확인하는 능력을 소유하게 됨을 의미한다. 식별 능력은 쉽게 학습될 것 같으면서도 실상은 상당히 어려운 경우가 많다. 이것은 인간의 기억 체제가 갖는 망각이란 성질 때문이다. 학년이 증가함에 따라, 또 나이가 많아짐에 따라 요구되는 식별 기능도 단순한 수준에서 복잡한 수준으로 변하기 때문에 단일 차원의 식별이 아니라 여러 차원에서의 식별 기능이 요청된다.

6) 개념 학습 : 유형 6

가네는 개념을 개인의 학습력의 차원에서 설명하고 있다. 즉, 개념을 어떤 자극을 그와 공통적인 특성을 가진 어떤 부류 또는 유목의 한 보기로 확인하게 하는 능력 또는 어떤 사태, 대상의 의미를 나타낼 수 있는 능력으로 규정하고 있다. 따라서, 각자의 경험 내용과 방식의 차이에 따라 환경을 개념화하는 방식이 달라진다는 것이다. 개인이 머리 속에 소유하고 있는 개념은 그 개념을 사용하는 행동을 관찰함으로써 알 수 있다. 자기 주위 환경에 대해 반응하는 것은 그가 가진 개념에 따라 반응하는 것이라 할 수 있다. 사회적으로 표준화된 개념이 개인의 행동을 지배하는 것이 아니라 개인 자신이 소유하고 있는 개념에 따라 반응하는 것이다. 개념 학습이란 물리적(외형적) 모양에서는 서로 다를지는 모르지만 본질적으로 공통적인 속성을 지닌 일군(一群)의 자극에 대해 공통적인 반응을 할 수 있는 능력(학습력)을 획득하게 됨을 의미한다. 즉, 개념을 학습한다는 것은 자극 상황을 색깔, 모양, 위치, 수 등의 추상적 성질에 따라 분류한다는 것을 의미한다.

7) 원리 학습 : 유형 7

원리 학습이란 두 가지 이상의 개념간의 관계를 진술한 원리를 이용할 수 있게 됨을 의미한다. 이 정의에 의하면 원리는 개념과 근본적으로 유사한 것을 알 수 있으나 특정 상황이나 문제 장면에 관련되는 특징을 가지고 있다.

8) 문제 해결 학습 : 유형 8

문제 해결은 처음 대하는 장면에서 해결책을 찾기 위해 응용할 수 있는 원리를 이전에 학습한 원리에서 찾아 내는 과정이다. 즉, 이전에 학습한 원리를 단순히 응용하는 것이 아니라 문제 상황에서 학습자가 해결책을 찾아 내려고 여러 가지 가설을 설정하여 검토하는 사고 과정을 통해 이전에 학습한 원리들 중 적절한 것을 선정 조직하는 능력이라고 할 수 있다. 이러한 문제 해결은 새로운 학습을 산출하는 한 과정으로 원리와 근본적으로 차이는 없지만 새로운 것이고 보다 복잡하다는 것이 다른 점이다.

㈐ 인지 전략(cognitive strategies)

학습자가 어떤 대상이나 복잡한 문제 사태에서 핵심을 파악하여 이를 개념화하거나 문제 해결의 과정에서 개인이 보여 주는 내적 행동 양식을 의미한다. 즉, 처음 대하는 문제 상태에서 새롭고 독특한 해결 방안을 다양하게, 그러면서도 치밀하게 창안해 내는 능력을 의미한다.

㈑ 운동 기능(motor skill)

학습자는 공던지기, 공받기 등과 같은 개별적이면서도 서로 밀접한 관련을 맺는 단위 활동들을 운동 기능이라 한다. 이러한 단위 행동들은 테니스나 자동차 운전 등의 보다 종합적인 활동의 부분을 형성한다.

㈒ 태도(attitudes)

학습자는 개인적 행위의 선택에 영향을 미치게 되는 정신적 상태를 획득하게 된다. 즉, 어떤 사람은 영문학보다는 물리학을 공부하는 데 관심을 가지거나 또 어떤 사람은 좋아하는 운동으로서 골프를 선택할 것이다. 이와 같이 학습자 자신이 하고자 하는 특별한 행위의 선택 경향성을 태도라고 말한다.

지금까지 살펴본 Gagné의 분류 중 인지적 영역에 대한 모형을 도식화하면 [표 6-5]와 같다.

(3) Mager 의 분류

Mager는 직업 교육의 주요 대상인 일에 근거를 두고, 가네의 8가지 학습 유형을 기초로 교육 목표를 5가지로 분류하였다(이무근, 1993, pp. 192~196).

㈎ 식별력(discrimination : Knowing when to do it, Knowing when it's done)

식별력이란 두 개 혹은 그 이상의 사물간의 차이를 이야기할 수 있는 능력을 의미한다. 즉, 한 사물을 구별하는 능력이라든가, 일이 바람직하게 이루어졌는가를 알 수 있는 능력이라든가, 어떤 작업이 행하여져야 하는가를 알 수 있는 능력이라든가, 혹은 정확하고 부정확한 것에 대한 식별 능력을 의미한다.

[표 6-5] Gagné의 인지적 영역 행동 분류

행동	유 형	정 의	비 고
지식		사물의 이름, 사실, 사건을 재인이나 재생의 형태를 통해서 기억해 내는 모든 행위	
지적 기능	신호 학습	어떤 신호에 대한 일반적인 반응을 학습하게 되는 것	유치원이나 초등학교 저학년에서 형성되기 때문에 초보적 지적 기능이라 함
	자극-반응의 결합 학습	학습자가 그의 주변에 있는 신호 또는 자극에 대해 의지적 또는 능동적으로 반응함으로서 형성되는 것	
	운동 연쇄 학습	두 가지 이상의 자극-반응 결합이 계열로 연결된 것	
	언어적 연결 학습	언어적 자극과 반응의 결합이 계열화 되는 것	
	식별 학습	두 가지 이상의 대상이 서로 다른 점을 한 가지 이상의 차원에서 변별해 내는 능력을 획득하게 되는 것	
	개념 학습	공통적인 속성을 지닌 일군의 자극에 대해 공통적인 반응을 할 수 있는 능력을 획득하는 것	
	원리 학습	두 가지 이상의 개념간의 관계를 진술한 원리를 이용할 수 있게 되는 것	
	문제 해결	처음 대하는 장면에서 해결책을 찾기 위해 응용할 수 있는 원리를 이전에 학습한 원리에서 찾아 내는 과정	
인지 전략		학습자가 어떤 대상이나 복잡한 문제 사태에서 핵심을 파악하여 이를 개념화하거나 문제 해결의 과정에서 개인이 보여주는 내적 행동 양식	
운동 기능		종합적인 활동과 밀착된 부분적 형태로서의 행위, 단위적 활동	
태도		특정한 수행의 결과라기 보다는 학습자의 선택에 의한 것으로 보이는 그러한 '경향성'	

㈏ 문제 해결력(problem solving : How to decide what to do)

일단 어떤 일이 행하여져야 한다는 것을 식별하거나 인지하게 되면, 그 다음에는 절차에 따라 일을 진행하게 된다. 문제 해결력이란 문제를 해결하기 위한 적절한 방법, 절차, 기술의 여부를 의미한다. 즉, 하나의 작업 절차에서 일을 가장 잘 처리할 수 있는 방법을 알아내거나 다음에 하여야 할 일이 무엇인지의 방법과 기술을 터득하는 능력을 말한다.

㈐ 기억의 재생력(recall : Knowing what to do, Knowing why to do it)

문제가 있음이 인식되었고, 그 해결 방법도 알고 난 후 행동으로 옮길 때 필요한 작업 절차의 순서와 이에 필요한 부품 및 자료를 정확히 기억하는 능력을 말한다. 즉, 기억의 재생력은 무엇을 하는가와 왜 하는가를 아는 것으로 계열화(sequencing)와 연속화

(chaining)라는 특성이 있다. 어떤 작업을 수행할 경우, 아주 정확한 절차의 계열이 필수적으로 수반되어야 하는 때가 있다. 이런 작업 절차를 순서적으로 학습하는 것은 계열화와 연속화의 특성이 있다는 것을 의미한다.

㈑ 조작력(manipulation : How to do it)

무엇을 하느냐를 아는 것은 어떻게 하느냐를 아는 것과 항상 같지는 않다. 교육 현장에서는 무엇을 하느냐에 대한 지적 능력의 계발도 중요하지만 더 강조되고 중요시되는 것은 지적 능력을 바탕으로 무엇을 어떻게 할 수 있느냐에 관한 조작력의 함양이다.

㈒ 언어 표현력(speech : How to say it)

많은 일이나 직무에서 언어의 표현은 지식을 상호간에 전달하는 수단이 되고 일을 수행하는 데 갖추어야 할 필수적인 특성이다. 지금까지 살펴본 Mager의 분류 중 인지적 영역에 대한 모형을 살펴보면 [표 6-6]과 같다.

[표 6-6] Mager의 영역 분류

목표 분류	정 의	비 고
식별력	두 개 혹은 그 이상의 사물간의 차이를 이야기 할 수 있는 능력	어떤 작업이 행해져야 하는가를 알 수 있는 능력
문제 해결력	문제를 해결하기 위한 적절한 방법, 절차, 기술의 여부	하나의 작업 절차에서 일을 가장 잘 처리할 수 있는 방법을 알아내거나 다음에 하여야 할 일이 무엇인지의 방법과 기술을 터득하는 능력
기억의 재생력	작업 절차의 순서와 이에 필요한 부품 및 자료를 정확히 기억하는 능력	작업 절차를 순서적으로 학습하는 것
조작력	어떤 상황에서 지적 능력을 바탕으로 무엇을 해야 하는지의 방법을 아는 능력	어떻게 하느냐
언어 표현력	사상이나 지식을 상호간에 전달하는 능력	의사 소통 수단

나. 통합적 접근에 의한 교육 목표 분류

(1) 교육 목표 재분류의 당위성과 개념적 틀

학습은 전인적이면서도 한편으로는 인지적, 정의적, 심동적 영역으로 분리된 교육 목표를 갖고 있다. 지금까지 학습하는 과정에의 전인적 관점에서 이 세 영역을 종합하거나 통합하려는 시도는 거의 없었던 것이 사실이다. 그러나 A. Dean Hauenstein은 전통적 목표 분류를 구성주의적 관점과 홀리스틱적인 면에서 이를 통합하려는 시도를 하고 있어 여기에 소개한다.

앞에 소개한 전통적 목표 분류학은 인지적 영역은 6개의 범주로, 정의적 영역은 5개의 범주로, 심동적 영역은 5~7개의 범주로 되어 있으며, 이를 모두 합하면 18개의 범주가 된다. 그는 인지적 영역과 정의적 영역, 심동적 영역을 재정의하고, 각각을 다섯 개의 범주로 줄여 5개의 범주와 15개의 하위 범주(각 범주별로 세 개의 하위 범주)를 가진 행동적 영역(Behavioral Domain)으로 새롭게 조합하여 구성하고 있다.

Hauenstein의 행동적 영역을 이해하려면 먼저 수업 체제를 이해해야 하는데, 수업 체제는 투입(inputs) - 처리(process) - 산출(outputs) 및 피드백(feedback)의 과정으로 이루어진다. 이 과정은 [그림 6-9]와 같다.

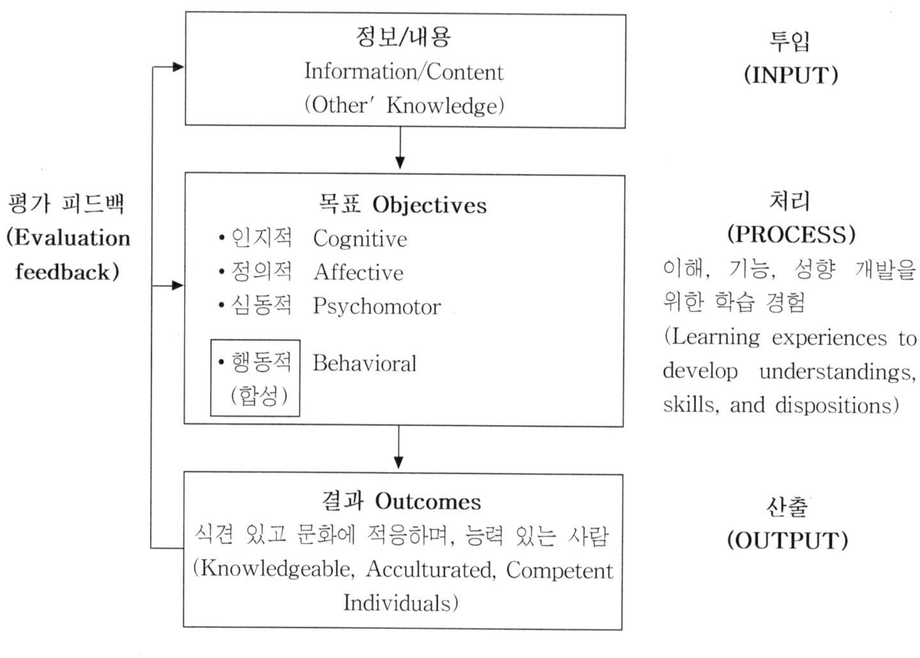

[그림 6-9] 개념적 틀(수업 체제)

[그림 6-9]는 수업 체제를 제시하고 있다. 이 수업 체제는 정보/내용(타인의 지식)의 투입과, 이해, 기능, 성향을 개발하기 위한 인지적, 정의적, 심동적, 행동적(합성) 목표의 처리와, 식견 있고 문화 적응적이며 능력 있는 사람이라는 결과로 귀결된다. 평가 피드백은 바람직한 수행 수준의 결과를 유지하기 위해 정보/내용의 입력과 목표에 영향을 미친다.

여기서 정보와 내용은 투입으로 파악하며 사람 고유의 학습 경험은 처리 과정(process)으로 본다. 산출인 학습 결과(성취) 및 피드백은 체제를 유지, 개선하는 데 활용된다. 또한, 개념적 구조화를 명확하게 하기 위해 모형, 준거, 이론적 근거를 제시하였으며 이에 알맞은 목표 분류를 재정의하였다. 재정의된 인지적, 정의적, 심동적 영역과 새로운 목표 분류는 단순화하였으며 세 영역에 교차되는 목표들의 수준을 일치시켰다. 개념적 구조화는 인지적, 정의적, 심동적 영역의 목표를 각각 독립적으로 활용할 수도 있고 혼합하여 응용할 수도 있다.

(2) Hauenstein의 행동적 영역(Behavioral Domain)의 개요

Hauenstein의 교육 목표 분류는 다음 기준에 따라 재정의되었다.

① 용어 표현의 일관성, 즉 범주 및 하위 범주의 용어는 동명사 형태(-ing)로서 표현된다.

② 각 영역별로 동일한 범주일 경우 교차 사용이 가능하도록 용어학상 호환성을 유지한다.

③ 수업 체제를 반영한다.

④ 목표에 대한 범주 및 하위 범주의 수를 줄인다.

행동 영역의 구성 요소를 보면 인지적 영역을 개념화, 이해, 적용, 평가, 종합의 5개 범주로 분류되어 재정의하였다. 정의적 영역은 감수, 반응, 가치화, 신념화, 행동화의 5개 영역으로 심동적 영역은 인식, 시뮬레이션, 일치, 산출, 숙달의 5개 영역으로 분류하여 재정의하였다. 인지적, 정의적, 심동적 영역은 행동적 영역의 구성 요소가 된다.(그림 6-10 참조)

행동적 영역(복합)은 획득(acquisition), 동화(assimilation), 순응(adaptation), 수행(performance), 향상심(aspiration)의 5개 영역으로 분류된다. 획득에는 개념화, 감수, 인식이, 동화에는 이해, 반응, 시뮬레이션이, 순응에는 적용, 가치화, 일치가, 수행에는 평가, 신념화, 산출이, 향상심에는 종합, 행동화, 숙달이 포함된다.

개념적 구조화에 따라 행동적 영역에는 입력으로서 정보/내용(타인의 지식)이 포함된다. 이해, 기능, 성향의 개발을 위한 과정 목표와 이전 학습 경험은 학습 발달 과정으로서 가정된다. 이 과정은 다음과 같다.

획득 : 새로운 정보와 내용의 수집

동화 : 이미 알고 있는 것에 새로 알게된 지식을 조합하기

순응 : 알고 있는 것을 한 개인의 기능, 가치에 관련된 여러 상황과 문제에 적용하기

수행 : 일상의 일로서 산출하고 새로운 지식, 기능 및 가치를 조정하기

향상심 : 자신의 신념과 기능을 더 우수하고 수월하게 하는 방법을 탐색하기

그 결과는 식견 있고 문화적이며 능력 있는 개인이라 할 수 있다. 이 결과의 평가는 바람직한 결과 수행 수준을 유지하기 위해 정보/내용의 입력과 과정 목표에 피드백된다.

행동적 영역은 인지적, 정의적, 심동적 영역이 혼합되어 있기 때문에 전체적인 실체를

가시화할 필요가 있다. 행동적 영역의 구성 요소는 끝이 잘린 정육면체의 블록으로 가시화
될 수 있다. 최상위 부분에서 최하위 부분으로 내려올수록 블록의 수는 많아진다. 이해, 기
능, 성향의 개발을 위해 요구되는 시간도 블록 수가 많은 최하위부가 가장 많이 걸린다.
상위 수준으로 올라갈수록 요구되는 시간은 각 블록 수와 학습, 개발, 성취에 필요한 시간
을 합한 것으로 누가적이다.

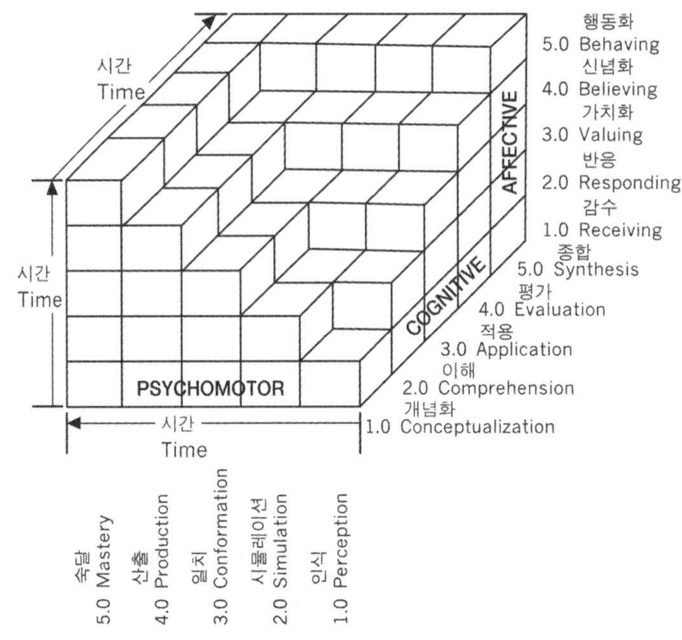

행동적 영역(Behavioral Domain : Composite)
1.0 획득(Acquisition) : 감수, 개념화, 인식의 합성
2.0 동화(Assimilation) : 반응, 이해, 시뮬레이션의 합성
3.0 순응(Adaptation) : 가치화, 적용, 일치의 합성
4.0 수행(Performance) : 신념화, 평가, 산출의 합성
5.0 향상심(Aspiration) : 행동화, 종합, 숙달의 합성

[그림 6 -10] 행동적 영역의 구성 요소

[그림 6-10]은 행동적 영역을 블록으로 제시한 것이다. 행동적 영역은 재정의된 인지적,
정의적, 심동적 영역의 합성 영역이다. 이 세 영역 모두는 필수적인 블록이며 전체 학습
(whole learning) 수준을 의미한다. 상위 수준의 범주에는 선수 하위 수준 모두가 포함된
다. 예를 들면, 3.0 수준의 목표에는 1.0과 2.0의 각 영역별 모든 구성 요소가 포함되어 있
다. 이해, 기능, 성향 개발에 필요한 시간은 누가적이다. 하위 수준은 구성 요소의 수가 많
기 때문에 필요한 시간도 보다 많다.

다. 실과 교육 목표의 분류

(1) 실과의 인지적 영역 분류

초등학교 실과의 특성은 크게 생활 교과, 기능 교과, 종합 교과라고 할 수 있다. 이러한 특성들은 일의 경험을 통하여 실생활에 적응할 수 있도록 기초적인 능력을 닦아 주는 데 교과 목표가 있기 때문인데, 이러한 측면에서 본다면 실과 교육은 일의 내용을 객관화시켜서 학습자에게 전달하고, 학습자들은 학습을 통해 실과의 지식을 나름대로의 인지 구조로 해석하여 받아들이면서 각자가 일을 처리할 수 있는 능력을 기르는 교과로 이해할 수 있다. 따라서, 실과가 과정을 중시하는 교과이고, 기능을 중시하는 교과이며, 실용성을 중시하는 교과이지만 이는 지적인 면이 바탕이 되었을 때 전인적 인간 육성이라는 목표에 부합될 수 있으므로, 이에 대한 체계적인 연구가 필요하다.

최근, 이석우, 정성봉(1998)은 인지적 영역을 지식, 지적 기능, 지적 능력으로 분류하고 그에 따른 하위 영역과 세부 영역을 분류하여 그 분류 준거와 영역 체계를 제시하고 있는데, 이에 대하여 알아본다.

㈎ 실과 인지적 영역의 목표 분류 원칙

실과의 인지적 영역 목표는 Bloom의 분류를 바탕으로 여러 학설들을 참고로 하였으며, Piaget의 인지 발달 단계를 고려하여 실과에 적합하다고 생각되는 목표를 구체적으로 설정하였다. 이러한 설정 작업은 여러 학설들의 수정과 보완이 필요하므로, 다음과 같은 설정 원칙을 적용하였다.

① 실과의 특성에 맞게 일에 기초를 둔 영역 분류에 중점을 두었다.

② 아동의 인지 발달 수준을 고려하여 초등학교 3~6학년의 발달 단계에서 일어날 수 있는 행동들을 분류하였다.

③ 목표가 위계적인 수준이 되도록 분류하였다.

④ 인지적 목표의 영역을 지식과 지적 기능, 지적 능력의 3개 영역으로 구분하였다.

⑤ 지식 영역의 하위 영역은 학생이 감각에 의해 확인할 수 있는 사건, 사물, 특수한 자료와 이들을 속성에 따라 분류하고 상호간의 관계를 나타내어 종합할 수 있는 사실, 개념과 일반화로 분류하였다.

⑥ 지적 기능의 영역은 문제를 다루는 방법을 말하는 것으로 문제나 자료는 전문적인 지식이나 방법에 관한 정보는 거의 요구하지 않고, 또 요구된다 하더라도 일반적인 지식의 범위 내에 있는 것으로 가정한다. 따라서, 지적 기능은 특정한 목적을 달성하기 위해 자료를 재조직하는 정신 과정을 강조하는 것으로 하위 영역은 인지, 식별,

종합으로 분류하였다.

⑦ 지적 능력은 지식과 지적 기능의 결합된 의미이다. 즉, 지적 능력을 요구하는 문제 해결에 있어서 학생은 문제를 조직, 재조직하고 어떤 자료가 적합한 것인가를 판정하고 그러한 자료를 기억하고, 또 문제 사태에 그것을 이용하는 능력을 의미하는 것으로 하위 영역으로는 문제 해결력과 창의력으로 분류하였다.

⑷ 실과 인지적 영역의 목표 분류 준거

블룸(Bloom) 등은 처음 영역 분류를 지식, 지적 기능, 지적 능력으로 시도하였으나 학생들의 이전 경험 정도를 알지 못하는 상황에서는 구분하기가 어렵기 때문에 지적 능력 및 기능이라고 통칭하였다(신세호 외, 1983, pp. 19, 43). 그러나 초등학교 실과에서는 학년별, 내용별 수준이 위계화되어 있고 체계화되어 있기 때문에 지적 능력과 지적 기능을 구분하였다.

또한, 허경조(1993)는 잠재된 능력과 의식 작용(지적 기능)은 구별되는 실체이며, 만일 두 개념이 동일하다면 학습은 불가능해진다고 주장한다(p.156). 따라서, 실과의 인지적 영역을 지식과 지적 기능, 지적 능력으로 분류하였다.

하위 영역은 Gagné(1970), Mager(1962), Guilford(1967), 윤준원(1996)의 사회과 교육목표 상세화, Klopfer(1971)의 과학 목표 분류, 김현숙의 실과에 대한 인지적 영역 분류를 참고로 하였으며, Piaget(1956)의 인지적 발달 단계를 고려하여 설정하였다. 하위 영역의 구체적인 준거는 다음과 같다.

① Bloom(1956)은 인지적 영역을 크게 지식과 지적 능력 및 기능으로 분류하였고, Gagné도 인지적 영역을 지식과 지적 기능, 인지 전략으로 분류하였으며, Guilford의 지적 능력 분류 중 기억력도 이에 해당되는 영역이다. 또한, Klopfer도 과학 목표 분류에서 A.0 지식과 이해를 설정하였고, 윤준원도 사회과 평가 문항 분류 기준에서 기초 지식을 분류하였으며, 한국교육개발원도 실과에 대한 인지적 영역 분류에서 지식으로 분류하고 있어 지식의 하위 영역을 사실, 개념, 일반화로 분류하였다.

② Bloom은 인지적 영역을 지식과 지적 능력 및 기능으로 분류하였고, Gagné도 인지적 영역의 행동 분류의 한 범주로 지적 기능을 설정하였으며, 윤준원의 사회과 평가 문항 분류 기준에서도 지적 탐구 기능을 한 영역으로 설정하고 있는 바, 이를 참고로 하여 지적 기능의 하위 영역으로는 인지, 식별, 종합으로 분류하였다.

③ Bloom은 인지적 영역을 지식과 지적 능력 및 기능으로 분류하였으나, 이 연구에서는 실과의 내용이 조직적이고 체계적이며 학년별 위계적인 특성이 있음을 감안하여

지적 기능과 지적 능력을 분리하였다. 그리고 지적 능력은 Gagné가 분류한 인지 전략에 해당하는 영역이며, Guilford도 지적 기능을 분류하고 있는 바, 이를 참고로 하여 지적 능력의 하위 영역은 문제 해결력, 창의력으로 분류하였다.

㈐ 실과 인지적 영역의 목표 분류 및 체계

초등학교 실과의 인지적 영역 목표 분류 체계는 [표 6-7]과 같다

[표 6-7] 실과의 인지적 영역에 대한 목표 분류

행동영역	1.00 지식										2.00 지적 기능									3.00 지적 능력									
하위영역	1.10 사실				1.20 개념			1.30 일반화			2.10 인지			2.20 식별			2.30 종합			3.10 문제 해결력					3.20 창의력			
세부영역	1.11 용어에 관한 지식	1.12 특수 사실에 관한 지식	1.13 특수 사상을 다루는 방법과 수단에 관한 지식	1.14 분류와 유목에 관한 지식	1.21 준거에 관한 지식	1.22 보편적·추상적 사실에 관한 지식	1.23 개념들에 관한 지식	1.31 방법에 관한 지식	1.32 원리와 법칙에 관한 지식	1.33 사상에 관한 지식	2.11 대면	2.12 인식	2.13 탐색	2.21 변별	2.22 분석	2.23 분류	2.31 정리	2.32 수정	2.33 재구성	3.11 문제 확인	3.12 문제 해결 계획	3.13 문제 해결 정보 탐색	3.14 문제 해결 방법 선정	3.15 결과 예측	3.21 사실 발견	3.22 정보 수집·분석	3.23 아이디어 창출	3.24 아이디어 평가

1.00 지 식

<지식>은 처음 학습했던 것과 거의 유사하게 아이디어, 자료, 현상을 재생 또는 개인에 의해 기억하는 것으로, 기억 행동은 어느 정도 관련 짓기나 판단 행동도 포함한다.

1.10 사실 : 학생들이 감각에 의해서 확인될 수 있는, 또 확인되어온 사건, 사물, 인물, 혹은 특수한 자료에 관한 지식

1.11 용어에 관한 지식

1.12 특수 사실에 관한 지식

1.13 특수 사실을·다루는 방법과 수단에 관한 지식

1.14 분류와 유목에 관한 지식

1.20 개념 : 사실을 속성에 따라 분류하고 공통적인 요소를 추출하여 나타 내는 지식

1.21 준거에 관한 지식

1.22 보편적·추상적 사실에 관한 지식

　　1.23 개념들에 관한 지식

1.30 일반화 : 많은 사실이나 개념들 상호간의 관계를 나타 낸 원리나 법칙 같은 종합적
　　인 지식

　　1.31 방법에 관한 지식

　　1.32 원리와 법칙에 관한 지식

　　1.33 사상에 관한 지식

2.00 지적 기능

<지적 기능>은 특정한 목적을 달성하기 위하여 자료를 조직하거나 재조직하는 정신 과
정을 강조하는 것으로 문제를 다루는 방법을 의미한다.

2.10 인지 : 일이나 사건을 접하고 이에 대한 성격을 파악하여 탐색하는 기능

　　2.11 대면

　　2.12 인식

　　2.13 탐색

2.20 식별 : 두 개 혹은 그 이상의 사물간의 차이를 구별할 수 있는 기능

　　2.21 변별

　　2.22 분석

　　2.23 분류

2.30 종합 : 일이나 사건을 정리하고 수정을 가하는 정신적 사고 기능

　　2.31 정리

　　2.32 수정

　　2.33 재구성

3.00 지적 능력

<지적 능력>은 지식과 지적 기능의 결합으로 개인이 새로운 문제에 관계가 있는 특수
한 방법에 관한 정보를 찾아 내기를 기대하는 것을 의미한다.

3.10 문제 해결력 : 이미 학습한 원리들을 종합함으로써 제기된 문제의 해결 방안, 즉
　　방법, 절차, 기술의 여부 등을 산출하는 것.

　　3.11 문제 확인

　　3.12 문제 해결 계획

　　3.13 문제 해결 정보 탐색

　　3.14 문제 해결 방법 선정

　　3.15 결과 예측

3.20 창의력 : 어떤 것을 자기 나름대로 새롭게 시도하고, 그 결과 비범하고 흔히 보는
  것이 아닌 것을 창안해 내는 것.
  3.21 사실 발견
  3.22 정보 수집·분석
  3.23 아이디어 창출
  3.24 아이디어 평가

(2) 실과의 기능적 영역 분류

실과에서 이루어지는 노작 교육은 결과보다는 과정을, 지식·이해보다는 기능·태도의 평
가에 비중을 두어야 하며, 가치관의 정립을 위해서 자율적인 학습 경험을 반성하고 발전시
킬 수 있는 자기 평가와 아울러 실기 경험과 과제의 수행 과정 및 그 결과를 파악할 수 있
는 종합적이고도 체계적인 평가가 이루어져야 한다.

이처럼, 체계적이고도 계획적인 평가를 위한 실과의 목표 설정 연구가 김경연(1994)에
의해 실시되었다. 그는 Ragsdale(1950)의 분류, Simpson(1966)의 분류, Kibler & Barker
& Miles(1970)의 분류, Harrow (1972)의 분류를 바탕으로 행동 영역을 조작, 제작, 조리,
재배·사육, 관리의 5개 영역으로 설정하고, 그에 따른 하위 영역과 세부 영역을 설정하였
다. 여기서는 김종우(1998)의 실과 기능적 영역의 목표 분류에 대해서 알아보기로 한다
(pp. 25~38).

㈎ 실과 기능적 영역의 목표 분류 준거

김종우(1998)는 Ragsdale(1950)의 분류를 검토한 결과, 초등학교 실과 교육과의 관련
있는 영역을 대상 운동 활동이라 하고, 현행 교육과정의 다루기 영역에 해당한다고 하였
다. 그리고 Kibler & Barker & Miles(1970)의 분류를 검토하여 초등학교의 실과와 관련
있는 영역을 총체적 동작 행동, 미세 협응 동작 행동이라고 보고, 자신의 기능적 영역 분류
에서 기능의 종합과 분화의 정도에 따라 요소 기능, 기본 기능, 통합 기능으로 분류하였다.

Simpson(1966)의 분류는 기능적 영역의 목표를 행동의 위계에 따라 분류한 것으로 초
등학교 실과의 목표 분류에 많은 시사점을 준다고 보고, 이를 바탕으로 하위 영역의 지각,
안내 반응, 복합 반응, 자율 수행을 설정하는 준거로 삼았다. 또한, 한국교육개발원(1984)
의 분류는 고등 정신 능력을 필요로 하는 기능을 문제 해결력이라는 행동 분류를 따로 둠
으로써 초등학교 실과에서의 기능적 목표의 수준을 단순한 조작력이나 단순 적응 기능 수
준으로 너무 낮게 설정하였다는 문제점을 지적하고, 초등학교 실과에서의 기능 영역의 목
표 중 문제 해결 능력과 창의성 등의 고차원적인 기능을 하위 영역에서 분류하였다.

(내) 실과 기능적 영역의 목표 분류 체계

김종우(1998)의 실과 기능적 평가 영역의 분류 체계를 제시하면 [표 6-8]과 같다.

[표 6-8] 실과 기능적 평가 영역의 분류 체계

행동 영역	1.00 요소 기능				2.00 기본 기능				3.00 통합 기능			
하위 영역	1.10 지 각		1.20 안내 반응		2.10 복합 반응		2.20 자율 수행		3.10 적 용		3.20 창 조	
세부 영역	1.11 감지	1.12 인지	1.21 모방	1.22 연습	2.11 체계	2.12 분류	2.21 습득	2.22 수행	3.11 계획 수립	3.12 문제 해결	3.21 설계	3.22 개발

1.00 요소 기능

<요소 기능>은 기본 기능의 부분 기능으로서 가장 분화된 기능을 수행할 수 있는 능력이다. 예를 들면, '톱사용하기'를 기본 기능으로 볼 때 '켜는 톱니'와 '자르는 톱니'를 구분하여 사용하는 능력이 요소 기능이다. '목공용 공구 사용하기'를 기본 기능으로 볼 때, '톱사용하기', '장도리사용하기', '곱자사용하기', '대패사용하기' 등은 요소 기능이다.

1.10 지각 : 기능의 인식 능력이다.

　　1.11 감지 : 감각을 이용한 기능의 인식 능력이다.

　　1.12 인지 : 지적 능력을 통한 기능의 인식 능력이다.

1.20 안내 반응 : 요소 기능의 안내에 따른 반응 능력이다.

　　1.21 모방 : 시범을 지각을 통해 받아들이는 능력이다.

　　1.22 연습 : 계속적으로 모방할 수 있는 능력이다.

2.00 기본 기능

<기본 기능>은 요소 기능의 습득을 통해서 한 덩어리의 기능을 자율적으로 수행할 수 있는 능력이다. 예를 들면, '자르기'와 '켜기'의 요소 기능을 통해서 '톱사용하기'의 기본 기능을 자율적으로 수행할 수 있다.

2.10 복합 반응 : 요소 기능과 요소 기능을 종합하고 분화할 수 있는 능력이다.

　　2.11 체계 : 요소 기능과 요소 기능을 연결할 수 있는 능력이다.

　　2.12 분류 : 기본 기능을 요소 기능으로 나눌 수 있는 능력이다.

2.20 자율 수행 : 기본 기능을 습득하여 자율적으로 수행할 수 있는 능력이다.

　　2.21 습득 : 기본 기능을 연습하여 습득하는 과정이다.

　　2.22 수행 : 기본 기능 습득 정도의 자기 평가를 통해 문제 사태의 해결에 적용할
　　　　수 있을 정도의 능력을 말한다.

3.00 통합 기능

<통합 기능>은 요소 기능과 기본 기능을 종합할 수 있고 문제의 해결을 위하여 적용하고 새로운 것을 창안해 낼 수 있는 능력이다. 예를 들면, '목재의 성질'과 '목공용 공구 사용하기'는 기본 기능이고 '목제품만들기'는 통합 기능이다. 설계도가 제시된 목제품만들기는 기본 기능의 '적용'이고 설계도가 제시되지 않은 목제품만들기는 '설계'와 '개발'이다.

3.10 적용 : 기본 기능을 주어진 문제 사태의 해결에 활용할 수 있는 능력이다.

　3.11 계획 수립 : 기본기능을 문제 해결에 적용할 수 있는 능력이다.

　3.12 문제 해결 : 작품 제작과 같은 계획의 완성 능력이다.

3.20 창조 : 존재하지 않는 새로운 것을 만들어 낼 수 있는 능력이다.

　3.21 설계 : 새로운 것을 계획할 수 있는 능력이다.

　3.22 개발 : 새로운 계획을 완성할 수 있는 능력이다.

(3) 실과의 정의적 영역 분류

초등학교에서의 실과 평가는 인지적 영역에 대해서만 지필 검사를 통해 중점적으로 실시되어 왔으며, 특히 실과의 특성이 기능을 중시하기 때문에 기능적 영역에 관심을 많이 기울이는 반면, 정의적 영역의 평가는 상대적으로 소홀히 취급되어 왔다(민정식, 정성봉, 1997). 또한, 학습자가 가지고 있는 특성 중, 잠재적으로 내재된 정의적 특성들은 밖으로 잘 표현되지 않으며, 측정하기가 단순하지 않다는 이유로 학습 평가에서 거의 도외시되어 왔다. 그러므로 현장에서 학습자들이 실습 과제를 해결하기 위한 노력, 정성과 열의, 진지한 태도, 일에 몰두하는 집중력, 흥미, 근면한 태도 등을 측정할 도구의 지침이 될 세부적인 정의적 영역의 목표가 설정되어야 한다.

이러한 요구에 의하여 민정식, 정성봉(1997)은 Bloom & Masia와 Krathwohl의 연구에 기초하여 실과 교육과정의 전 영역을 포괄할 수 있고, 실과 학습을 수행하는 동안 일어나는 정의적 행동을 평가하도록 목표를 관심, 수용, 가치, 신념, 행동화로 분류하였다. 하위 영역과 세부 영역의 설정 준거와 목표 체계를 살펴보면 다음과 같다.

㈎ 실과 정의적 영역의 목표 분류 원칙

실과 교육에서 교육 목표를 효과적으로 달성하기 위해서는 학습자의 행동 방향을 구체적 행동으로 제시하는 것이 필요하다. Bloom과 Krathwohl 등은 교육 목표를 인지적 영역, 정의적 영역, 신체 기능적 영역으로 설정하였으나, 특히 정의적 영역은 개념이 포괄적이어서 행동화가 되지 않아 실과 교과의 특성을 반영하기 어려움이 있었다.

Bloom이 제시한 정의적 영역의 분류를 실과 교과에 적용할 수 있도록 구체적인 기준을 설정해야만 하였다. 정의적 영역은 사람들이 심리적 대상에 대하여 갖는 감정이 얼마 정도로 내면화되어 있느냐에 따라서 관련성이 크다. Bloom이 제시한 정의적 영역의 5단계 분류는 가장 낮은 단계인 감수에서 가장 높은 수준의 인격화에 이르기까지 내면화의 과정이 점차적으로 관련이 높아져 가는 것으로 제시하고 있다.

감수 → 반응 → 가치화 → 조직화 → 인격화의 상위 차원으로 가면서 그의 행동은 대단히 일관성을 유지하게 되며 성격의 일부를 형성하게 된다고 설명하고 있다.

이에 실과에 적용할 수 있는 실과의 정의적 영역의 평가 영역을 설정하기 위하여 민정식, 정성봉(1997)은 다음과 같은 원칙을 적용하였다.

① 실과 교육과정의 전 영역을 포괄할 수 있도록 설정한다.

② 실과 학습을 수행하는 동안 일어나는 정의적 행동을 평가하도록 기준안을 설정하였다.

③ 실과 학습 과정에서 평가해야 할 정의적 평가 영역을 관심, 수용, 가치, 신념, 행동화의 5개 영역으로 구분하였다.

④ 관심 영역은 학생들이 실습에 임하는 동안 일을 수행하려는 의지의 정도, 일에 대한 즐거움 인식 등 일감을 접할 때 초기 도입 단계로 참여 의지와 과제 접근 영역으로 분류하였다.

⑤ 수용 영역은 일감 및 과제를 부여받고 일을 수행하겠다는 허용 의지를 평가하며 과제 인식, 절차 수용의 하위 영역으로 분류하였다.

⑥ 가치 영역은 실습 과제를 접하여 진행하는 동안 일의 존중과 근로의 가치를 인식하는 수준이 어느 정도인가를 알아보기 위해 그 하위 영역으로 일의 가치 존중, 긍정적 태도의 영역으로 분류하였다.

⑦ 신념 영역은 일감 및 과제를 수행하는 동안 일에 대하여 얼마나 긍정적인 신념과 믿음을 갖고 접근하며 일을 완성하기까지 일에 쏟는 열성과 성취해 내려는 의욕을 알아보며 하위 영역으로 일의 자신감, 성취 확신 영역을 분류하였다.

⑧ 행동화 영역은 정의적 행동 영역의 상위 단계로 일을 스스로 완수하고자 하는 태도가 성숙된 단계이며, 집념이 강한 욕구가 표출되며, 성취 의욕이 많은 심리적 행동 의지를 평가하기 위해 그 하위 영역으로 실행 의지, 행동화로 영역을 분류하였다.

⑨ 관심, 수용, 가치, 신념, 행동화 영역 각각의 하위 영역의 구체적 행동 영역은 측정과 관찰이 용이한 행위 형태를 추출하여 분류하였다.

㈏ 실과 정의적 영역의 목표 분류 준거

정의적 영역은 정의 개념의 불명확성, 인지적 영역과 정의적 영역의 중복, 정의적 학습 경향에 대한 경시, 평가 도구의 미흡 등으로 인해서 평가하는 데 있어서 어려움이 존재한다. 이러한 이유로 정의적 영역에 대한 교육 목표의 분류 연구는 Krathwohl(1964) 등에 의한 분류만이 보편화되었으며, 실과뿐만 아니라 다른 교과에서도 이를 활용하고 있다. Krathwohl 등은 내면화의 원칙에 따라서 정의적 영역을 감수 혹은 주의, 반응, 가치화, 조직화, 가치 또는 가치 복합에 의한 인격화로 분류하였다.

민정식, 정성봉(1997)은 위의 연구를 검토하고, 실과의 특성을 고려하여 정의적 영역을 관심, 수용, 가치, 신념, 행동화의 5영역으로 분류하였고, 이들을 바탕으로 하위 영역을 세분하였는 바, 그 구체적인 준거를 살펴보면 다음과 같다.

① 관심은 R. S. Bloom & B. B. Masia, D. R. Krathwohl 등이 내면화의 원칙에 의해 분류한 감수(receiving)와 같은 과정으로 어떤 현상이나 자극을 수용하고 유의하는 것으로 의도된 목표를 습득하기 위한 최초의 단계로 이를 참고로 하여 실과에 적용할 수 있도록 분류하였다.

② 수용은 R. S. Bloom & B. B. Masia, D. R. Krathwohl 의 내면화 분류의 2단계인 반응(responding)을 참고로 하여 실과에 적용할 수 있도록 분류하였다.

③ 가치는 R. S. Bloom 과 D. R. Krathwohl 의 정의적 행동 분류에서 가치화(Valuing)를 참고로 하여 실과에 적용할 수 있도록 분류하였다.

④ 신념은 R. S. Bloom 과 D. R. Krathwohl 의 정의적 분류의 조직화(Organization)를 참고로 하여 실과에 적용할 수 있도록 하였다.

⑤ 행동화는 R, S, Bloom & B, B, Masia, D, R, Krathwohl 의 정의적 영역의 교육 목표 분류에서 가치 또는 가치 복합에 의한 인격화의 수준으로 이를 참고로 실과에 적용할 수 있도록 분류하였다.

[표 6-9] 실과 정의적 평가 영역의 분류 체계

행동 영역	1.00 관심				2.00 수용				3.00 가치				4.00 신념				5.00 행동화			
하위 영역	1.10 참여 의지		1.20 과제 인식		2.10 과제 접근		2.20 절차 수용		3.10 일의 가치 존중		3.20 긍정적 태도		4.10 일의 자신감		4.20 성취 확신		5.10 실행 의지		5.20 실행화	
세부 영역	1.11 참여 의욕	1.12 참여 자세	1.21 과제 인식	1.22 과제 흥미	2.11 과제 탐구	2.12 자발적 접근	2.21 준비 자세	2.22 수행 태도	3.11 일의 이해	3.12 근로 존중	3.21 근면성	3.22 긍정적 자세	4.11 자신감	4.12 열의	4.21 성취 의욕	4.22 성취 확신	5.11 실천 의지	5.12 실천 계획	5.21 적극적 참여	5.22 실천의 행동화

㈐ 실과 정의적 영역 목표 분류 및 체계

민정식, 정성봉(1997)의 실과 정의적 영역 목표 분류 체계는 [표 6-9]와 같다.

1.00 관 심

<관심> 어떤 현상이나 자극을 수용하고 유의하는 것.

1.10 참여 의지 : 실습 시간에 과제를 수행하려는 마음이 움직이는 초보 단계로 참여하려는 의욕과 자세를 표출하는 것을 의미한다.

  1.11 참여 의욕 : 일감을 보고 호감을 갖고, 참여하고 싶은 충동을 느낀다.

  1.12 참여 자세 : 일하려는 의지를 갖고, 과제 수행 자세를 보인다.

1.20 과제 인식 : 단위 시간에 주어진 과제를 해결하려는 욕구를 느끼고 무엇을 어떻게 할 것인지 과제 내용을 파악하고, 과제 수행 계획을 단계별로 수립하는 것을 의미한다.

  1.21 과제 인지 : 과제를 파악하고 해결하려는 심적인 의욕을 갖는다.

  1.22 과제 흥미 : 과제에 마음이 끌려 하고 싶은 흥미를 갖고 계획을 수립한다.

2.00 수 용

<수용> 현상에 단순히 주목하는 것 이상의 행동으로 적극적으로 주목하고, 현상에 대하여 능동적으로 반응하는 것.

2.10 과제 접근 : 일감에 대해 호감을 갖고 즐겁게 참여하려고 노력하는 것을 의미한다.

  2.11 과제 탐구 : 실습 과제의 중요성을 인식하고 재료와 용구의 특성을 찾아 본다.

  2.12 자발적 접근 : 과제를 하려는 움직임이 자연스럽고 능동적이다.

2.20 절차 수용 : 일의 실행을 단계적인 절차에 따라 진행하여 과제를 성공적으로 완성할 수 있는 능력을 의미한다.

  2.21 준비 자세 : 실습전 과제 실행을 위한 준비 태도가 바르며 세밀하다.

  2.22 수행 능력 : 과제 접근 태도, 수행 및 실천하려는 적극적인 의지가 있고, 실행 능력이 있다.

3.00 가 치

<가치> 행동의 지침이 되는 근본적인 가치에 관련되어 동기가 유발되는 것.

3.10 일의 가치 존중 : 일을 통하여 땀 흘려 노력하는 근로의 기쁨과 성취감을 맛보고, 일의 가치를 이해하는 것을 의미한다.

  3.11 일의 이해 : 일의 중요성을 알고 땀흘리는 보람과 근로의 기쁨을 느낀다.

  3.12 근로 존중 : 일을 존중하고 땀흘려 노력하는 진지한 자세를 갖는다.

3.20 긍정적 태도 : 여러 사람이 함께 일하고 과제를 해결하는 동안 구성원과 서로 돕고

협동하는 공동체 의지와 근면한 태도를 평가하는 것을 의미한다.

3.21 근면성 : 일을 수행하는 태도가 바르며 일에 대한 긍지를 갖는다.

3.22 긍정적 자세 : 일 수행 태도가 성실하며, 구성원과 협동하는 데 긍정적이다.

4.00 신 념

<신념> 하나 이상의 가치가 관계된 상황에서 하나의 체계로 그 가치들을 조직하고, 그들간의 상호 관계를 결정하며, 지배적인 가치 체계를 수립하는 것.

4.10 일의 자신감 : 일을 성공적으로 완성하겠다는 자신감과 열의로서 일 수행에 대한 의지가 강함을 나타내는 것을 의미한다.

4.11 자신감 : 일의 성공적 완성에 대해 자신감을 갖는다.

4.12 열의 : 작품 제작과 작품 완성 및 일의 끝맺음을 잘 하려는 신념이 강하다.

4.20 성취 확신 : 성취 의욕이 강하여 과제 수행에 최선을 다해 노력함으로써 성공에 따른 신념이 투철하고 결과에 만족을 나타내는 것을 의미한다.

4.21 성취 의욕 : 일과 과제를 성공적으로 수행하려는 신념과 의욕이 강하다.

4.22 성취 확신 : 일을 깨끗이 마무리하고, 일의 결과에 만족한다.

5.00 행동화

<행동화> 수용되어 조직화된 가치 체계에 따라 일관성 있는 행동을 할 만큼 인격의 일부로 내면화되어 있는 상태.

5.10 실행 의지 : 하위 영역에서 설정된 단계별 수준이 의욕화되고 내면화를 이루면서 보다 강렬한 욕구로 강화가 일어나는 것을 의미한다.

5.11 실천 의지 : 일을 잘 하겠다는 의지가 강한 상태를 보인다.

5.12 실천 계획 : 과제 의지가 강하며, 실천 계획도 세밀하게 수립한다.

5.20 실행화 : 내면화되어 있는 강화 반응이 외부로 표출되어 행동화 현상으로 발전하는 현상을 의미한다.

5.21 적극적 참여 : 과제 실행에 몰두하여, 일의 경지에 심취해 있는 상태이다.

5.22 실천적 행동화 : 일에 깊숙이 들어가 있어 일의 즐거움을 맛보고 작품 세계에 몰두하여 열심이다.

5. 실과(기술·가정) 수업 목표의 진술

수업 목표(instructional objectives)란 학습 과정 혹은 경험을 통해서 학생에게 이루고자 하는 행동의 변화이다. 수업 목표는 성취(performance)로 정의되기도 하는데, 성취란 관찰 가능한 인간 성취를 뜻하며, 여기서 성취는 행동의 성과를 뜻한다. 따라서, 수업 목표는 공장을 건설하거나 집을 지을 때의 청사진과 같은 역할을 한다. 수업 전개에 있어서 수업 목표를 합리적으로 설정하여야 한다는 중요성은 아무리 강조하여도 지나치지 않는다.

가. 수업 목표의 기능

수업 목표가 잘 설정되고 진술되었을 때의 기능은 다음과 같다(이무근, 1990).

① 수업 목표는 학생이 학습 과정을 끝마쳤을 때, 교사의 가르침이나 도움을 받지 않고 자기 혼자서 해당 분야의 일을 수행할 수 있는 상태를 제시한다.

② 수업 목표는 학생들의 수업 목표 달성 정도를 평가할 수 있는 기준이 된다.

③ 수업 목표는 학생들이 성취하여야 할 학습 범위를 제한하고 명확하게 설명해 준다.

④ 수업 목표는 교사가 수업을 체계적으로 전개하기 위한 기본 지침이 될 뿐만 아니라, 교사가 수업 전개 과정에서 사용하게 되는 학습 절차에 논란이 있을 경우, 이에 대한 정당한 이유를 제시할 수 있는 자료로 활용된다.

나. 수업 목표의 종류

(1) 숙달 목표와 발전적 목표

그론룬드(1985)는 모든 학생들이 성취할 것을 전제로 설정된 목표를 숙달 목표(mastery outcomes)라 하고, 학생들이 성취할 수 없지만 그들이 발전을 위한 지침이 될 수 있도록 설정된 목표를 발전적 목표(developmental outcomes)라고 하였다(권낙원, 1996, p. 376).

숙달 목표는 학생들이 그 교과 내용을 배운 후라면, 이것만은 알아야 한다고 생각되는 최소한도 수준의 목표이다. 이러한 목표는 학생들이 다음 단계의 수업에 임하기 전에 꼭 알아야 할 것이므로, 다음에 배울 학습 과제와 관련된 것이 대부분이다. 숙달 목표는 그것을 기준으로 학생들이 학습을 성공적으로 끝냈는지를 알 수 있어야 한다. 그러므로 구체적으로 진술될 수 있는 단순한 지식이나 기술에 관한 목표가 될 가능성이 많다. 이렇게 구체적으로 서술될 수 있는 목표는 목표들 간의 과제와 위계적인 순서로 조직할 수 있기 때문에 수업을 진행시키는 데 직접적인 도움을 줄 수 있으며, 검사를 제작할 때는 이 목표들을 기초로 문항을 작성한다.

발전적 목표는 짧은 시간 내에 달성할 수는 없지만 그것을 향해 노력하도록 유도하기 위하여 설정된 목표이다. 예를 들면, '수학의 사고력 증진'이라는 목표는 어느 수준까지 달성해야 성공적이라고 할 수 있느냐 하는 기준을 정하기 어렵다. 이러한 발전적 목표를 제시하는 이유는 그 목표를 향해 수업의 수준을 끌어올리기 위해서이다. 측정할 수 있고, 관찰이 가능한 구체적인 목표만을 설정하게 되면 중요한 교육적 의미를 가진 목표를 지나칠 우려가 있으므로, 발전적 목표도 함께 제시하는 것이 바람직하다.

발전적 목표는 숙달 목표처럼 하나씩 가르치고 검사될 필요는 없으나 발전적 목표에 가까워지도록 교사는 항상 노력해야 한다. 발전적 목표를 평가할 때에는 학생들의 행동이 무수히 많이 나타날 수 있으므로, 대표적인 것만을 몇 개만 제시한다. 예를 들면, '독해력 증진'이라는 목표의 달성도는 문장에서 명확하게 드러난 주요 개념을 지적한다거나 사건과 인물과의 관계를 알아낸다는 등의 행동을 통해 평가할 수 있다. 그러므로 학습 결과를 평가할 때는 학생들이 이러한 행동을 보이면, 결국 '독해력 증진'이라는 목표를 달성 또는 증진시켰다는 증거로 볼 수 있다는 가정을 할 수 있어야 한다.

(2) 즉시적 목표와 최종 목표

목표 달성의 증거를 바로 보여 줄 수 있는가 아니면 미래에 보여 주는가에 따라 즉시적 목표(immediate objectives)와 최종 목표(ultimative objectives)로 분류되기도 한다. 지금 당장에는 그 목표가 달성되었는지 알아볼 수는 없지만 미래에 달성되도록 설정된 목표를 최종 목표라 하고, 최종 목표를 달성하기 위해서 현재 무엇을 할 수 있어야 하는가를 제시한 것을 즉시적 목표라고 한다.

즉시적 목표를 설명할 때는 최종 상황에서 가장 필요로 하는 행동이 무엇인지를 알아야 한다. 예를 들면, 훌륭한 시민이 되기 위해서 현재 알고 있어야 하는 지식이나 태도는 무수히 많겠지만, 그 중에서 가장 중요하고도 대표적인 것을 가려 내어 이를 목표로 제시하여야 한다. 그러나 실제로는 즉시적 목표와 최종 목표의 관련성이 적은 경우가 많다.

(3) 단일 교과 목표와 복합 교과 목표

그론룬드(1985)는 수업 목표를 단일 교과 목표(single-course objectives)와 복합 교과 목표(multiple-course objectives)로 나누기도 하였다(권낙원, 1996, p. 377). 단일 교과 목표는 특수한 기계 조작과 같이 특정한 교과에만 관련되어 있으므로, 그것에 해당하는 학습 경험이 아니고는 목표 달성에 도움을 주지 못한다. 또한, 그 목표를 달성했다고 하더라도 다른 교과를 학습하는 데 별영향을 주지 못한다. 그러나 '사고력'과 같은 복잡한 수준의 목표일수록 그 목표를 달성하기 위해서는 여러 가지 다양한 학습 경험을 필요로 한다.

발전적 목표나 최종 목표, 그리고 복합 교과 목표는 오랜 기간 동안의 경험과 지식을 쌓아야만 달성이 가능하므로, 일반적인 용어로 서술하게 된다. 반면에, 숙달 목표, 즉시 목표, 그리고 단일 교과 목표는 비교적 단순한 지식이나 기술과 관련이 있으므로, 주로 구체적인 용어로 서술된다.

다. 수업 목표의 진술

바람직한 교육이 이루어지려면 학습자에게 어떤 행동의 변화를 기대하느냐 하는 것이 제일 먼저 명확히 설정되어야만 한다. 이것이 바로 교육 목표인데, 한 교과를 담당하는 경우 거기에는 교과 전체에 관한 수업 목표가 있고, 단원별로는 단원별 학습 목표가 반드시 설정되어야만 한다.

이를 위해, 수업 목표는 수업의 의도를 뚜렷하게 표시하여야 하고, 그렇게 하기 위해서는 수업 목표의 일정한 양식에 의거 진술되어야 하는데, 수업 목표 진술시 고려할 사항은 다음과 같다(이무근, 1990)

① 수업 목표는 학생에 관한 어떤 사항을 표시하여야 하며, 교재·교사 또는 학생들의 학습 활동의 내용에 관한 것을 진술하여서는 안 된다.

② 수업 목표는 학생의 행동이나 성취에 관하여 진술하여야지 교사의 성취나 학생이 이미 알고 있거나 이해하고 있기를 기대하는 바를 기술하는 것도 아니다.

③ 수업 목표는 수단이라기보다 목적이기 때문에 과정보다는 결과를 진술하여야 한다. 따라서, 수업 목표에는 학습의 도착점에 도달하기 위해서 사용되는 수단이나 방법을 표시하는 것이 아니고, 일정한 학습 과정이 끝났을 때 학생들의 행동이 어떻게 변화되어야 하느냐에 중점을 두고 서술되어야 한다.

④ 수업 목표는 학생이 학습 후 도착점 행동을 성취하였을 때의 변화된 상황이나 여건을 표시해야 한다.

⑤ 수업 목표는 학업 성취의 정도를 평가할 수 있는 기준을 제시하여야 한다.

또한, 타일러(1949)는 수업 목표 진술의 접근 방법과 관련하여 이들의 문제점들을 지적하면서 방향을 제시하고 있다(이종승, 1987, pp. 25~26)

① 교사가 해야할 활동으로 수업 목표를 진술하는 방법.

이러한 입장에서의 수업 목표 진술에 대한 예를 들어 보면, "진화론에 대하여 이야기한다." 또는 "귀납적 증명의 본질을 가르친다." 등의 방법으로 진술하는 것이다. 그러나 이와 같은 목표 진술의 문제점은 수업의 결과로서 학생에게 나타나야할 행동 변화나 학습 성과가 분명치 않다는 것이다.

② 수업 목표를 수업에서 다룰 내용으로 진술하는 방법.

'뉴턴의 운동 법칙', '생식 기관' 등과 같이 교과 내용으로만 수업 목표를 진술하는 방법은 내용이 어떤 방식으로 학습되어야 하는가에 관해서는 아무런 해명도 주지 못한다. 즉, 교과 내용은 학생들의 지적 기능이나 지적 과정을 개발하기 위해서 쓰이는 자료의 구실을 하는 것이며, 그 자체가 목표가 되는 것은 아니다.

③ 수업 목표를 일반적인 행동형으로만 진술하고, 그 행동이 적용될 구체적인 내용은 표시하지 않는 방법.

‘비판적 사고력의 함양’, ‘문제 해결력’, ‘자료 해석력’ 등과 같은 목표들은 희미하게나마 추구되어야 할 목표로서의 행동이나 행동형을 그려 주고 있다. 그러나 이런 목표를 달성하기 위하여 구체적으로 어떤 학습 경험이 계획되어야 하며, 그것이 달성되었을 때 구체적으로 어떤 증거를 통하여 그 당성도가 확인되고 평가되어야 할 것인가에 관해서는 분명한 시사를 주지 못한다.

이러한 세 가지 수업 목표의 진술에 대한 접근법을 살펴보면, 수업 목표는 두 가지 요소로 구성되어 있음을 알 수 있다. 즉, 수업 목표를 설정할 때 교사는 내용과 변화된 행동을 함께 진술하여야 수업의 의도를 학생들에게 명확히 전달할 수 있으며, 수업의 진행 과정이 아닌 수업의 결과로 서술하게 된다는 것이다.

수업 목표의 진술은 장기간에 걸친 수업의 결과의 형태로 진술하는 일반적 수업 목표와 짧은 기간에 실시되는 수업에서 진술하는 구체적 수업 목표가 있는데, 이에 관해 알아보기로 한다.

(1) 일반적 수업 목표의 진술

일반적 수업 목표는 학생들의 학습 결과를 비교적 의미 있는 전체적 행동으로 진술한 것이다. 이러한 목표들은 학생들이 실제로 의미를 파악하고 있는지의 여부를 알아볼 수 있을 만큼 구체적이지는 않다. 일반적 수업 목표를 진술할 때, 유의할 점은 적절한 일반성을 유지하는 일이다. 수업의 방향을 제공할 만큼 정확하면서도 수업을 훈련의 수준으로 낮추지 않을 만큼 일반적이어야 한다. 이렇게 일반적으로 진술되어야만 교사들이 수업 방법이나 수업 자료를 선택할 때 융통성을 가질 수 있다.

일반 목표나 구체적 목표를 설정할 때 가장 중요한 것은 행동을 나타내는 동사의 선택이다. “개념과 원리를 이해한다.”, “법칙을 새로운 상황에 적용한다.”, “시를 감상한다.”, “과학적 태도를 가진다.” 등과 같이 동사로 진술할 수 있다.

(2) 구체적 수업 목표의 진술

일반 목표를 설정한 다음에는 그 목표와 관련된 구체적 목표들을 진술해야 한다. 목표란 학습을 성공적으로 끝낸 후, 학생들이 달성해야 할 행동들을 진술한 것이기 때문에 그 목표에 비추어 실제로 학생이 목표를 달성했는지를 관찰할 수 있도록 명확해야 한다. 따라서, 학생들이 어떤 행동을 보여야만 일반 목표를 달성한 것으로 받아들일 수 있는가 하는 구체적 학습 결과를 제시해야 하는데, 이것을 구체적 수업 목표(specific objectives)라 한다. 구체적 수업 목표는 행동 목표, 측정 가능한 목표, 성취 목표라고 불리기도 한다.

구체적 목표들을 달성했다면, 결국 일반 목표를 성취한 것으로 받아들일 수 있는 만큼 구체적 목표와 일반 목표는 일관성이 있어야 한다. 즉, 구체적 행동을 제시할 때는 일반 목표를 달성했기 때문에 보일 수 있는 여러 가지 구체적인 행동 중 가장 대표적인 행동을 표본으로 제시해야 한다.

수업을 실시하기 전에 구체적 수업 목표를 학생들에게 알려 주면 학생들은 수업 기간 동안 자신들이 해야 할 일이 무엇이며, 어떠한 방법으로 공부를 해야 하는가를 알 수 있으므로 큰 도움을 받게 된다. 하나의 일반 목표에 몇 개의 구체적 목표를 제시하는 것이 가장 적절한 것인가 하는 구체적인 기준은 없지만, 대체로 4~5개인 경우가 보통이고 7~8개 이상이면 너무 많다고 본다.

구체적 수업 목표를 진술하는 방법에 대한 의견은 학자마다 조금씩 다르다. 여기서는 가장 많이 인용되는 몇 사람의 의견을 소개하기로 한다.

㈎ 타일러의 수업 목표 진술

타일러(1969)는 수업 목표의 진술은 학습자의 행동으로 진술하여야 하며, 학습자의 도착점 행동이 명시되어야 한다고 하였다. 그 목표에는 학습자의 행동뿐만이 아니라 내용도 같이 진술되어야 한다고 하였으며, 행동-내용의 이원 분류를 주장하였다(한안진 외, 1997, p. 55에서 재인용). 수업 목표 진술시 행동과 내용이 동시에 들어 있는 예를 들면 다음과 같은 것들이 있을 수 있다.

- 전자 키트의 의미를 이해할 수 있다.
- 침엽수의 종류를 열거할 수 있다.
- 전자 키트가 작동하지 않는 원인 3가지를 가정할 수 있다.
- 전자 키트의 원리를 실제의 전자 부품에 응용할 수 있다.

위의 수업 목표 예에서, 전자 키트, 침엽수의 종류, 전자 키트가 작동하지 않는 원인, 전자 키트의 원리 등은 내용의 유형을 나타내고 있다. 한편, 이해, 열거, 가정, 그리고 응용 등의 용어는 행동의 유형을 나타내고 있는 말이다.

이와 같은 타일러 식의 수업 목표는 모두 내용과 행동이라는 두 가지 요소를 포함하고 있기 때문에 내용과 행동 두 개의 차원에 따라 수업 목표를 정리하면 편리할 때가 있다. 이런 분류표를 이원 목표 분류표 또는 이원 수업 목표 세목표 등으로 부를 수 있으며, 예를 들면 다음과 같다.

[표 6-10] 이원 분류표의 예시

행 동 내 용	기 능 적 영 역					
	1.00 요소 기능		2.00 기본 기능		3.00 통합 기능	
	지각	안내 반응	복합 반응	자율 수행	적용	창조
< 전자 키트 만들기 > • 키트 조립 순서 알기 • 부품 꽂고 납땜하기 • 납땜 상태 검사하기 • 전자 키트 작동시키기						

이원 분류표를 작성하기 전에 먼저 선행되어야 할 것은, 첫째 내용과 행동이 포함된 수업 목표가 설정되어야 한다. 둘째, 내용의 분류가 체계적으로 되어 있어야 하는데, 가능하면 계열성이나 난이성을 고려하여 분류되어야 한다. 셋째, 행동의 분류는 내용의 분류보다 좀더 전문성이 요구된다.

이 세 작업이 끝나면, 이원 분류표에서 행동의 차원을 가로로 나열하고, 내용의 차원을 세로로 열거한다. 그리고 각 행동과 내용을 가로와 세로로 교차시키면서 행동·내용 세목으로 구성되는 행렬표를 얻을 수 있다. 행렬표 속의 각 세목에 해당하는 목표가 있는 경우에는, 그 세목에 적당한 표시를 해 둔다. 이런 표시를 해 나가다 보면, 어떤 세목은 공란으로 남을 수 있다. 그것은 해당 내용에 관한 행동이 그 교과나 수업 단원의 수업 목표가 아님을 의미한다.

이러한 이원 목표 분류표는 수업 목표들을 간결하게 조직하고 요약할 수 있어 수업 지도안 작성이나 평가 문항 작성과 같은 교육과정 전개에서 편리하게 사용할 수 있다.

㈏ 메이거의 수업 목표 진술

메이거(1962)는 타일러보다 매우 체계적이고 조작적인 방법을 사용하여 수업 목표를 진술하였다. 메이거에 의하면 수업 목표는 성공적으로 수업을 마친 학생들이 보여 주어야 할 관찰될 수 있는 행위를 명시하도록 설정되고 표현되어야 한다는 것이다. 즉, 수업 목표 속에는 다음과 같은 세 가지 조건이 동시에 포함되어야 한다(이무근, 1990, p. 173).

① 학생이 나타낼 수 있는 도착점 행동의 명시.

② 학생이 그러한 행동을 나타낼 수 있는 상황이나 조건의 제시.

　　• 어디서 그 행동을 관찰할 수 있는가?

　　• 어떤 도구·장비·자료를 학생들이 사용할 수 있는가?

　　• 어떤 조건하에서 그 행동을 관찰할 수 있는가?

③ 행동을 평가하기 위한 평가 기준의 제시.

메이거에 의하면 세 가지 요소가 모두 포함된 수업 목표는 암시적 목표가 아닌 명시적 목표라 할 수 있다. 암시적 동사는 "안다", "깨닫는다" 등과 같이 여러 가지 뜻으로 해석이 가능하고, 명시적 동사는 "열거하다", "토론하다", "설명하다" 등과 같이 한 가지 뜻으로 해석이 된다. 수업 목표가 행동 목표가 되기 위한 한 조건으로서 도착점 행동이란 수업이 끝났을 때에 수업 목표에 성공적으로 도달한 학습자가 관찰할 수 있도록 나타내 보이는 증거를 뜻한다. 암시적 동사와 명시적 동사의 예를 들어보면 [표 6-11]과 같다(권낙원, 1996).

[표 6-11] 명시적 동사와 암시적 동사의 예

암시적 동사	명시적 동사
안다	쓴다
이해한다	해석한다
깨닫는다	지적한다
인식한다	식별한다
의의를 파악한다	푼다(답을 찾아낸다)
즐긴다	열거한다
믿는다	비교한다
감상한다	대조한다
사고한다	말한다

수업 목표에 이러한 명시적 표현의 도착점 행동이 포함되었다 하더라도 이것만으로 수업 목표의 진술이 완벽한 행동 목표가 되는 것은 아니다. 그러한 도착점 행동이 나타나야 할 학습 장면이나 조건 그리고 수락 기준 등이 포함되어 진술되어야 한다. 예를 들면 다음과 같은 진술들이 해당된다.

- 밭의 채소에 병이 발생했을 때 병의 증상을 보고 5개 중 3개는 정확히 말할 수 있다.
- 공구와 재료가 주어졌을 때 전개도를 보고 국기함의 밑면과 옆면, 윗면 중 2가지를 바르게 제작할 수 있다.
- 치수와 디자인이 제공되면 헝겊을 가지고 바느질 용구로 바느질하여 덧소매를 완성할 수 있다.

이와 같은 메이거의 수업 목표 진술 방법은 타일러의 2차원적 표시 방법보다 훨씬 더 정밀하다. 그러나 메이거의 방법에 따라서 교과의 수업 목표를 남김 없이 구체화할 수 있는가 라고 하는 현실적인 어려움이 있다.

㈐ 가네와 브리그의 수업 목표 진술

가네와 브리그는 메이거의 진술 방식에 몇 가지 부차적인 측면을 명료하게 하기 위하여 행동, 대상, 상황, 도구와 다른 제한 조건, 학습된 능력의 5가지 요소로 된 목표 진술 방식을 제시하였다(한안진 외, 1997).

- 실습 지시서가 주어졌을 때(상황)/농기구를 사용하여 밭을(도구와 다른 제한 조건)/파고 골라서(행동)/이랑과 고랑을(대상)/만들 수 있다(학습된 능력).

위의 예와 같이, 가네와 브리그는 학습자의 관찰될 수 있는 행동을 나타내는 동사와 그러한 행동으로부터 추리된 학습 능력을 나타내는 동사를 구분하고 있으며, 행동 동사와 행동의 대상을 명료하게 구분하였다. 또, 수락 기준을 설정하지 않았는데, 이는 수락의 기준 설정은 마지막 평가 단계에서만 관계되므로, 평가 단계 이전에 고려하는 것은 수업 목표의 설정만을 복잡하게 한다고 주장하였다.

이상과 같은 가네와 브리그의 수업 목표 진술은 세 가지 측면에서 메이거의 진술과 비교할 수 있다(권낙원, 1996).

① 학습자가 수행하고 있는 관찰할 수 있는 행동을 확인하는 동사와 그 행동으로부터 짐작될 수 있는 학습된 능력을 확인하는 동사를 구별하는 점이다. 즉, 그들은 동사를 이분하였고, 목표 진술에 있어서는 학습된 능력을 나타내는 동사가 더욱 중요하다고 말하고 있다. 그래서 그들은 학습된 능력을 몇 개로 구분하고 그 구분된 능력들을 표현하는 대표적인 동사들을 열거하고 있다.

[표 6-12] 가네의 지적 기능별 동사와 예

능 력	동 사	예
지적 기능		
변 별	구별하다	'u'와 'ou'의 불어음을 짝을 지어 주고 구별케 한다.
구체적 개념	찾아내다	이름을 말하게 하여 대표적인 식물의 뿌리, 잎, 줄기를 찾아내게 한다.
정의된 개념	분류하다	하나의 정의를 활용하여 '과(科)'의 개념을 분류한다.
법 칙	증명하다	구두로 진술된 예를 풀게 하여 양수와 음수의 덧셈을 증명한다.
상위 규칙 (문제 해결)	산출하다	응용할 수 있는 규칙들을 종합하여 공포 장면에 놓여 있는 인간 행동을 기술하는 하나의 문단을 산출케한다.
인지 전략	고안하다	가스 확산의 모형을 적용하여 공기 오염의 감소책을 고안해 낸다.
정 보	진술하다	1932년의 대통령 선거 유세 가운데서 주된 문제들을 구두로 진술한다.
운동 기능	실행하다	차를 뒷걸음으로 찻길로 몰아 낸다.
태 도	선택하다	여가 활동으로 골프 놀음을 선택한다.

② 가네와 브리그는 행동 징표 대상을 목표 진술의 구성 요소로 내세우고 있다. 이는 '결과', '산물 또는 학생이 행하기 위한 그 무엇'이라고 하기도 한다.

③ 행동 징표의 기준에 관계되는 제약을 양화로 표현하고 있지 않다는 특징이다. 이에 관해, 그들은 두 가지 이유를 들고 있다. 하나는 필요한 인간의 기준은 인간 능력의 각 유형에 따라 다를 것이라는 것이다. 그래서 목표들이 동일한 것으로 될 수 있다는 사고의 오류를 피하도록 한다는 것은 매우 바람직하다. 다른 하나는, 행동 목표의 기

준 문제는 측정 방법의 문제이며, 행동 평가의 기술과 밀접히 관련되어 있다. 수업 계획의 관점에서 본다면 목표가 진술되어질 때, 평가 절차가 관계한다는 것은 혼란을 야기시키게 된다고 주장한다.

그러나 이런 제특징들에 대해서 비판적인 견해들도 있다. 행동을 이분한다는 것과 행동 대상을 목표 진술의 요소로 추가시킨 것은 현장 교사의 측면에서 볼 때 비판의 대상이 될 만하다.

현장 교사가 복잡하고 시간이 많이 걸리는 수업 설계에 있어서 수업 목표 요소를 5가지 요소를 중심으로 진술할 때, 그 번거로움 때문에 교육 현장에서의 일반화를 저해케 하는 원인이 되기도 한다. 왜냐 하면, 진술 양식이 까다로울수록 적용될 수 있는 범위는 좁아지기 때문이다. 또한, 학습된 능력을 나타내는 단일 동사들이 관찰할 수 있는 행동을 표시한 모든 동사나 행동 그 자체를 모두 포함할 수 있느냐의 문제, 인간 능력을 구분하는 큰 5개 영역을 위계적으로 보고 이들을 나타내는 동사가 누가 보더라도 위계화를 이룬 것이라고 볼 수 있느냐의 문제, 수업 목표가 반드시 위계적으로 진술되어야 하느냐의 문제 등에 관한 것은 논란의 소지가 된다고 평가된다.

㈑ **그론룬드의 수업 목표 진술**

그론룬드는 수업 현장의 목표를 준비할 때 항상 두 단계의 과정을 거치는 것이 바람직하다고 주장한다. 첫째 단계는, 수업 목표가 일반적인 학습 성과로서 진술되고, 둘째 단계에서는 각 수업 목표가 학생들이 수업 목표를 성취했음을 보여 주기 위해 학습 경험의 끝에 행동 징표를 증명할 수 있는 특수 학습 과제를 리스트함으로써 더욱더 한정지워져야 한다는 것이다(권낙원, 1996).

일반 목표 진술에 관한 지침을 그론룬드는 다음과 같이 제안하고 있다(손충기 역, 1993, pp. 36~37).

① 동사(알다, 이해하다, 평가하다 등)로 각 일반적 수업 목표를 끝맺는다. "학생들은 ~을 할 수 있다."나 "학생들은 ~을 할 수 있는 능력을 갖는다."와 같이 지나치게 자세하게 진술할 필요는 없다.

② 각 목표를 학생의 성취라는 측면(교사의 행동보다는)에서 진술한다.

③ 학습 과정보다는 학습 결과로서 각 목표를 진술한다.

④ 각 목표를 종착점 행동을 지시할 수 있도록(수업 중 다루게 될 교재가 아니라) 진술한다.

⑤ 각 목표는 몇 가지 결과의 조합으로 구성되기보다는 한 가지 일반적인 학습 결과만

을 나타내도록 진술한다.

⑥ 각 목표는 기대하는 학습 결과를 명백하게 지시하고 학생의 구체적인 행동을 통하여 쉽게 확인할 수 있는 적절한 일반성의 수준에서 기술한다. 일반적 수준의 수업 목표는 한 단원에서 대략 8개에서 12개 정도의 목표가 포함되도록 진술하면 충분하다.

또한, 그론룬드는 행동적인 용어로 수업 목표를 명백히 하는 과정을 다음과 같은 단계로 제안하고 있다(손충기 역, 1993, pp. 49~50).

① 기대된 학습 결과로서 일반적 수업 목표의 진술를 진술한다.

② 학생들이 목표를 성취했을 때, 그들이 증명할 도착점 행동으로 진술한 세목적인 학습 성과의 목록을 각 일반 수업 목표 하에 둔다.

  • 구체적으로 정의된 관찰 가능한 행동인 동사로 각각의 구체적 학습 결과를 진술한다.

  • 각 목표 아래에 목표를 달성한 학생의 행동을 적절하게 기술한 충분한 수의 구체적 학습 결과를 열거한다.

  • 각 구체적인 학습 결과로서의 행동이 기술된 목표에 비추어 적절한지를 확인한다.

③ 일반적인 수업 목표를 구체적인 학습 결과와 관련하여 명확히 하려고 할 때, 필요한 목표의 원래 목표를 수정하고 다듬는다.

④ 비판적 사고나 평가하기 등의 복잡한 목표들을 구체적인 행동적 용어로 명확히 하는 것이 어렵다고 해서 간단하게 생략하지 않도록 주의한다.

⑤ 복잡한 목표를 명확히 하는 데 가장 적합한 구체적인 행동 형태를 확인하는데 도움을 줄 수 있는 문헌이나 자료를 참고한다.

그리고 그론룬드는 적절한 목표를 선택하는 데 도움이 될 만한 기준을 다음과 같이 밝히고 있다(권낙원, 1996).

① 목표는 수업 영역에 적절한 학습 성과를 가리키고 있는가?

② 수업 목표는 수업 영역의 모든 합리적인 학습 성과들을 대표할 수 있는가?

③ 목표는 다양하고 특수한 특성을 지닌 학생들에 의해서 도달될 수 있는가?

④ 목표는 수업이 행해지고 있는 학교의 철학과 조화를 이루고 있는가?

⑤ 목표는 학습의 기본 원리들과 조화를 이루고 있는가?

즉, 최종 리스트를 위한 수업 목표의 선택 기준은 적절성, 대표성, 도달 가능성, 전체학교 프로그램과의 관련성, 기본 학습 원리와의 관련성 등을 내포하고 있어야 한다.

⑭ 구체적 수업 목표(행동 목표)의 장점 및 단점

수업 활동에서 구체적 목표를 사용함으로써 얻을 수 있는 이점을 Haden & King(1971)

은 다음과 같이 명료하게 제시하고 있다(권낙원, 1996, pp. 391~392).

① 학습자가 자신에 기대되는 학습 결과를 사전에 알게 되어 무엇을 어떻게 해야 하는 가에 대한 학습의 과정을 사전에 인지할 수 있다.

② 행동 목표는 객관적인 교육 연구에 도움을 준다.

③ 행동 목표는 교사가 어떤 교수 전략과 활동을 사용해야 하는지의 지침을 제공한다.

④ 행동 목표는 학습자로 하여금 비교적 학습 성공을 조장하며 관찰할 수 있는 학습 성공은 흥미와 자신감을 북돋우며 이는 학습 노력을 조장한다.

⑤ 행동 목표는 학생들의 학습상의 어려운 점을 진단하고 학습 계획을 세우는 데 도움을 준다.

⑥ 명세화된 교육 목표는 애매 모호하고 막연한 추상적인 교육 목표보다 쉽고 의미 있게 수정될 수 있다.

⑦ 행동 목표로 말미암아 적절한 교수-학습 자료나 방법, 그리고 설비의 선택이 용이해진다.

⑧ 행동 목표를 사용함으로써 다양한 학습 과제나 성취 중에서 난이도나 질적인 측면에서 차이가 있는 과제간의 구별이 용이해진다.

⑨ 행동 목표는 교수와 학습의 초점이 확인되도록 도와 준다.

이상과 같이 정리될 수 있는 행동 목표의 긍정적인 측면을 종합해 보면 교육 목표를 세부적이고 행동적인 용어로 진술함으로써 교사들의 수업 전개는 체제 접근적으로 전개될 수 있어 보다 짜임새 있고 효율적인 수업이 되며, 학생들은 학습 과정과 결과를 사전에 파악할 수 있어 학습의 밀도를 높일 수 있게 된다.

구체적인 수업 목표의 진술은 교육 철학적인 차원에서의 비판과 더불어 좀더 실제적인 면에서 행동 목표의 적용으로 말미암아 우려되는 문제점은 대체적으로 다음과 같이 요약, 정리할 수 있다(권낙원, 1996, pp. 392~393).

① 쉽게 진술되고 측정되는 학습 결과는 그다지 중요하지 못한 내용이 될 수 있다.

② 행동 목표를 너무 과도하게 적용하다 보면 포괄적이고 추상적인 개념, 원리, 그리고 행동의 의미를 부여하는 이해력을 소홀히 할 우려가 있다.

③ 전체의 일부분, 미세한 부분, 사소한 점에 관심의 초점을 두어 학습 내용 전체의 통합과 조정을 어렵게 만들 수 있다.

④ 행동 목표는 교수-학습 과정에서 중요하게 다루어야 할 추상적이고 역동적인 과정, 즉 잠재적 교육과정을 무시할 가능성이 있다.

⑤ 행동 목표를 잘 진술하기 위해서는 너무 많은 시간과 노력을 요구한다.

⑥ 행동의 결과를 강조하다 보면 저변에 숨어 있는 의식과 정신 활동이 경시되고, 신장 되어야 할 사고 과정이 무시되어 학습의 질보다는 양에 치중할 가능성이 있다.

또한, 교육 철학적 입장에서의 문제점도 제시되고 있다. 인간화 교육이라는 관점에서 보면 교육이란 최종 도착지점이 있는 것이 아니어서 교육 목표의 역할은 단지 예상되는 수업 장면이나 학생들이 처하게 될 상황이나 문제 사태의 예시이므로 수업 목표를 세분화한다는 일이 무의미하다는 비판이 있다.

㈂ 문제점 해결하기 위한 노력

위에서 제시한 행동적 목표 설정의 여러 가지 문제점들에 대한 지적들은 결코, 행동적 목표 설정 가치를 완전히 부정하는 것은 아니다. 그것의 제한된 의미의 가치와 이점을 인정하면서 앞서 제시한 문제들을 해결하기 위한 노력들이 있어야 할 것이다. 문제를 제시하는 많은 사람들은 공통적으로 행동적인 목표 이외에 또 다른 목표 진술 방식이 함께 고려되어야 한다는 데 일치하고 있다. 예컨대, 올리버는 목표를 중심 목표, 지원 목표, 부수 목표의 세 가지로 구분하고, 전자의 두 가지가 행동적 목표 진술 방식을 택한다면, 세 번째의 부수 목표는 다분히 묵시적이고 질적인 그리고 간접적인 목표로 진술되어야 하지 않겠는가를 제안하고 있다. 그 외에도, 여러 사람들의 목표 분류와 설정에 따른 제안이 있으나 여기서는 Eisner(1967)의 제안을 소개하기로 한다(이성호, 1989, pp. 202~203).

Eisner는 목표의 분류와 진술 방식에 대하여 교육 프로그램 설계와 평가 계획에서 사용할 수 있도록 [그림 6-11]에서처럼 세 가지 유형으로 구분하여 제안하고 있다.

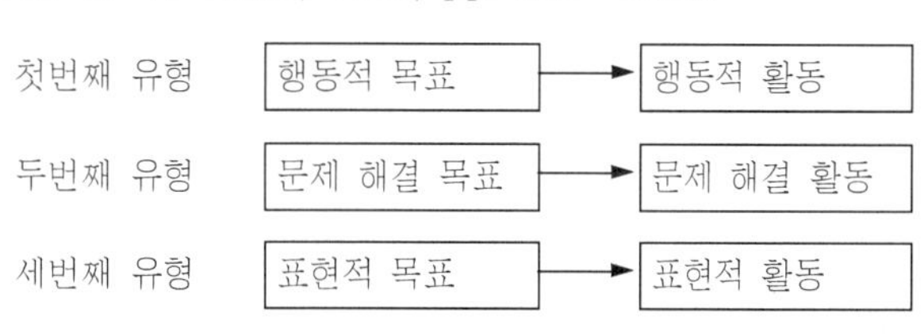

[그림 6-11] Eisner의 수업 목표 분

여기서 첫번째의 행동적 목표와 그것의 결과인 행동적 활동은 앞서 살펴본 구체적 목표 진술의 내용들과 같은 것이기 때문에 생략하고 그가 새롭게 말하는 다른 목표에 관해서 살펴보기로 한다.

두번째 유형에서 문제 해결 목표는 행동적 목표와 여러 가지 면에서 차이가 있다. 즉, 행동적 목표의 경우처럼 모든 기준을 사전에 설정하는 것은 아니다. 문제 해결의 조건은 명시하더라도 그 해결 상태는 제한하지 않는다. 학습자 개개인에 따라 다양하게 창출할 수 있는 잠재적 해결 방안을 제한하지 않는다. 사전에 목표로 설정해 놓으면 거기에는 한가지 획일적인, 동질적인 방안만이 학습되지만 문제 해결 목표는 지적 탐구의 인지적 융통성을 최대한으로 촉구하는 비 지시적인 목표 진술을 시도하는 것이다.

세번째 유형의 표현적 활동은 표현적 결과에 선행하여 이루어진다는 점에서 앞서 두 가지 유형과 차이가 있다. 즉, 앞서의 행동적 목표나 문제 해결 목표에서는 목표가 활동보다 앞서지만, 여기서는 활동이 결과보다 앞선다. 이 결과가 곧 목표의 의미로 대체되어 해석되어도 좋다. 우선, 표현적 결과부터 그 뜻을 정의하면, 이는 의도적으로 계획되지 않은 표현적 활동의 교육과정의 결과이다. 수업시간에 설정된 목표 없이도 우리는 수업의 과정을 거치고, 나면 과거에 묵시적으로 형성된 여러 가지 기준을 바탕으로 수업을 통한 발전에 대하여 평가하게 되는 것이다. 즉, 목표는 반드시 학습 활동 이전에 설정되어야 하는 것만은 아니다. 학습 활동 도중에도 얼마든지 형성될 수 있으며, 또 그렇게 형성되는 목표의 영역들을 완전히 배제해서는 결코 안 될 것이라고 보고 있다. Eisner의 이러한 표현적 활동과 표현적 결과는, 특히 오늘날 획일화되고 있는 교수-학습 목표와 결과에 대하여 다양성, 이질성, 개별적 독특성, 개인차 등을 강조하였다는 점에서 높이 평가할 수 있다.

이상에서 얻어진 결과에 기초하여 바람직한 목표 설정의 몇 가지 주요한 기준을 요약해 보면 다음과 같다.

① 목표 설정은 여러 가지 관련된 맥락에서 충분히 검토하여 많은 사람들이 합의하는 목표로서 그것은 교수-학습 활동의 방향을 제시해 줄 수 있을 만큼의 충분히 구체화되고 정확한 그리고 포괄적인 것이어야 한다.

② 목표 설정은 교수·활동 이전에 사전 계획으로 설정되어야 하며, 교수-학습 활동 과정에서 생성되는 새로운 목표를 수용할 수 있을 만큼 융통적이어야 한다.

③ 목표 설정은 외형적·내면적 두 가지 측면 모두의 행동 변화를 충분히 고려하여야 하며, 양적인 수준과 질적인 기준을 모두 포용하여야 한다.

④ 목표 설정은 다양성을 근거로 하여 개개인의 능력과 수준에 맞아야 하며, 또 개개인의 독특성과 자유로운 탐색을 최대한 신장시킬 수 있도록 하여야 한다.

⑤ 목표 설정은 수업 그 자체는 물론 학습자의 학업 성취 평가에 절대적인 기준으로 작용할 수는 없다. 누가적이고 부차적이고 장기적인 학습 결과 또는 학업 성취가 있음을 고려하여야 한다.

라. 실과(기술·가정) 수업 목표 진술

수업 목표를 진술할 때, 가장 일반적으로 활용하는 방법은 이원 분류표를 이용하는 것이다. 이원 분류표를 작성하여 목표를 진술하려면, 먼저 행동의 분류와 내용의 분류가 선행되어야 한다. 여기서는 행동의 분류는 앞에서 언급했던 실과의 영역별 분류 연구 즉, 이석우·정성봉의 인지적 영역 분류, 김종우의 기능적 영역 분류, 민정식·정성봉의 정의적 영역 분류 체계를 이용하고, 내용의 분류는 실과 5학년 '전자 키트 만들기' 단원 내용을 분류하여 이원 분류표를 작성하여 제시하였다.

이원 분류표가 작성되면, 그에 따라 목표의 진술이 이루어져야 하는데, 여기서는 일반적 목표와 구체적 목표로 진술하되 동사의 사용은 그론룬드가 제시한 것을 활용하여 진술하기로 한다.

(1) 전자 키트 만들기 단원의 목표 진술(실과)

㈎ 행동 차원의 분류

이원 분류표 작성을 위한 행동 차원의 분류는 앞에서도 언급했던 실과의 각 영역별 분류 연구를 선택하였다.

㈏ 내용 차원의 분류

실과 5학년 전자 키트 만들기 단원은 여러 가지 전자 부품, 납땜 인두 다루기, 전자 키트 만들기의 3개 주제로 구성되어 있으므로 이들을 분석하여 [그림 6-12]와 같이 내용을 분류하였다.

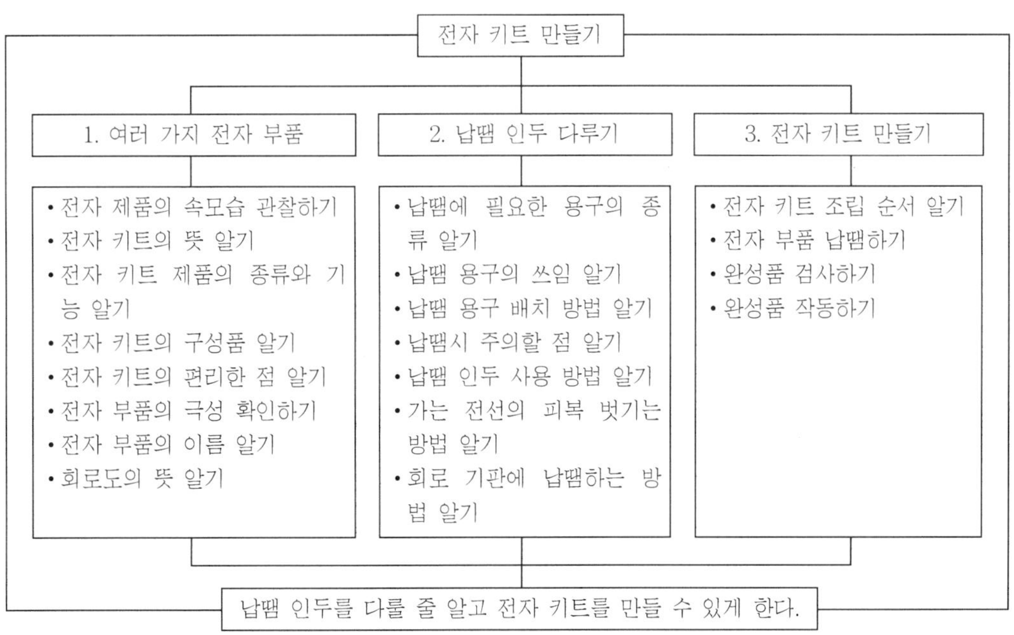

[그림 6-12] 전자 키트 만들기 단원의 내용 분류

㈐ 이원 분류표 작성

전자 키트 만들기 단원의 이원 분류표는 [표 6-13]과 같다.

[표 6-13] 전자 키트 만들기 단원의 이원 분류표

세부 영역	인지적 영역 (A) 지식 사실 (용어에 관한 지식 / 특수 사실에 관한 지식 / 특수 사상을 다루는 방법과 수단에 관한 지식)	인지적 영역 (A) 지식 개념 (분류와 유목에 관한 지식 / 준거에 관한 지식 / 보편적·추상적 사실에 관한 지식 / 개념들에 관한 지식)	인지적 영역 (A) 지식 일반화 (방법에 관한 지식 / 원리와 법칙에 관한 지식 / 사상에 관한 지식)	인지적 영역 (A) 지적 기능 인지 (대면 / 인식 / 탐색)	인지적 영역 (A) 지적 기능 식별 (변별 / 분석 / 분류)	인지적 영역 (A) 지적 기능 종합 (정리 / 수정 / 재구성)	인지적 영역 (A) 지적 능력 문제해결력 (문제 확인 / 문제 해결 계획 / 문제 해결 정보 탐색 / 문제 해결 방법 선정 / 결과 예측)	인지적 영역 (A) 지적 능력 창의력 (사실 발견 / 정보 수집·분석 / 아이디어 창출 / 아이디어 평가)	기능적 영역 (B) 요소기능 지각 (감지 / 인지)	기능적 영역 (B) 기본기능 안내반응 (모방 / 연습)	기능적 영역 (B) 기본기능 복합반응 (체계 / 분류)	기능적 영역 (B) 기본기능 자율수행 (습득 / 수행)	기능적 영역 (B) 통합기능 적용 (계획 수립 / 문제 해결)	기능적 영역 (B) 통합기능 창조 (설계 / 개발)	정의적 영역 (C) 관심 참여의지 (참여 의욕 / 참여 자세)	정의적 영역 (C) 관심 과제인식 (과제 인식 / 과제 흥미)	정의적 영역 (C) 수용 과제접근 (과제 탐구 / 자발적 접근)	정의적 영역 (C) 수용 절차수용 (준비 자세 / 수행 태도)	정의적 영역 (C) 가치 일의가치존중 (일의 이해 / 근로 존중)	정의적 영역 (C) 가치 긍정적태도 (근면성 / 긍정적 자세)	정의적 영역 (C) 신념 일의자신감 (자신감 / 열의)	정의적 영역 (C) 신념 성취확신 (성취 의욕 / 성취 확신)	정의적 영역 (C) 행동화 실행의지 (실천 의지 / 실천 계획)	정의적 영역 (C) 행동화 실행화 (적극적 참여 / 실천의 행동화)
〈1. 여러 가지 전자 제품〉																								
• 전자 제품의 속모습 관찰하기				A.11			A.11								C.11									
• 전자 키트의 뜻 알기		A.12																						
• 전자 키트 제품의 종류와 기능 알기	A.13							A.14	B.11								C.12							
• 전자 키트의 구성품 알기				A.15			A.15									C.13			C.13					
• 전자 키트의 편리한 점 알기								A.16																
• 전자 부품의 이름 알기		A.17								B.12								C.14						
• 전자 부품의 극성 확인하기				A.18		A.18	A.18																	
• 회로도의 뜻 알기		A.19	A.19																					C.15
〈2. 납땜 인두 다루기〉																								
• 납땜에 필요한 용구의 종류 알기		A.21				A.21									C.21									
• 납땜 용구의 쓰임 알기							A.22																	
• 납땜 용구의 배치 방법 알기					A.23			A.23				B.21												
• 납땜시 주의할 점 알기	A.24																							
• 납땜인두 사용 방법 알기	A.25						A.25					B.22	B.22					C.22						
• 가는 전선의 피복 벗기는 방법 알기		A.26					A.26												C.23				C.23	
• 회로 기판에 납땜하는 방법 알기	A.27						A.27						B.23									C.24		C.24
〈3. 전자 키트 만들기〉																								
• 키트 조립 순서 알기						A.31																		
• 전자 부품 납땜하기	A.32													B.31										C.31
• 완성품 검사하기						A.33																		
• 완성품 작동하기	A.34												B.32									C.32		

표안의 A.11, A.12 등은 목표 진술 번호(A, B, C - 영역 분류, 앞에자리 숫자-단원의 주제 번호, 뒤에자리 숫자-주제별 내용 분류 순서)
이 분류는 하위 영역까지만 분류하였음

㈜ **목표 진술**

[표 6-14] 전자 키트 만들기 단원의 목표 진술

주제	일반적 목표	구체적 목표
1. 여러 가지 전자 제품	A.1 전자 키트의 뜻을 안다. (인지) B.1 전자 키트 부품을 찾아낸다. (기능) C.1 전자 제품에 흥미를 갖는다. (정의)	A.11 전자 제품의 속 모습의 특성을 찾아낼 수 있다. A.12 전자 키트의 뜻을 설명할 수 있다. A.13 전자 키트의 종류를 말할 수 있다. A.14 전자 키트의 기능을 말할 수 있다. A.15 전자 키트의 구성품을 확인할 수 있다. A.16 전자 키트의 편리한 점을 말할 수 있다. A.17 전자 부품의 이름을 확인할 수 있다. A.18 전자 부품이 하는 일을 말할 수 있다. A.19 회로도의 뜻을 설명할 수 있다. B.11 전자 키트의 구성품을 찾아 낼 수 있다. B.12 전자 부품을 하는 일에 따라 배치할 수 있다. C.11 전자 제품에 관심을 갖고 적극적으로 참여할 수 있다. C.12 즐거운 마음으로 탐구 활동에 참여할 수 있다. C.13 전자 키트의 구성품에 관심을 갖는다. C.14 전자 부품의 하는 일에 관심을 갖는다. C.15 전자 부품의 극성을 확인하는 데 적극적으로 참여한다.
2. 납땜 인두 다루기	A.2 납땜 작업에 필요한 용구를 안다. (인지) B.2 납땜 인두를 바르게 사용한다. (기능) C.2 납땜 작업 용구를 안전하게 사용하는 태도를 갖는다. (정의)	A.21 납땜에 필요한 용구의 이름을 확인할 수 있다. A.22 납땜 용구의 쓰임을 설명할 수 있다. A.23 납땜 용구의 편리한 배치 방법을 찾을 수 있다. A.24 납땜시 주의할 점을 말할 수 있다. A.25 납땜 인두 사용 방법을 설명할 수 있다. A.26 가는 전선 피복 벗기는 방법을 설명할 수 있다. A.27 회로기판에 납땜하는 방법을 적용할 수 있다. B.21 납땜 용구를 편리하게 사용할 수 있게 배치할 수 있다. B.22 가는 전선의 피복을 올바른 방법으로 벗길 수 있다. B.23 납땜 방법을 활용하여 회로기판을 완성시킬 수 있다. C.21 납땜 용구에 흥미를 갖는다. C.22 납땜시 주의할 점을 지키려는 태도를 갖는다. C.23 가는 전선의 피복을 벗기는 일에 적극적으로 참여한다. C.24 회로기판의 납땜 작업에 몰두하는 태도를 갖는다.
3. 전자 키트 만들기	A.3 전자 키트의 조립 순서를 안다. (인지) B.3 전자 키트를 작동시키는 기능을 수행한다. (기능) C.3 주변을 정리하는 태도를 갖는다. (정의)	A.31 전자 키트의 조립 순서를 정할 수 있다. A.32 회로기판에 전자 부품을 납땜하는 방법을 설명할 수 있다. A.33 납땜이 제대로 되었는지 확인할 수 있다. B.31 회로기판에 전자 부품을 납땜할 수 있다. B.32 전지를 연결하여 완성된 전자 키트를 작동시킬 수 있다. C.31 전자 부품을 납땜하는데 몰두할 수 있다. C.32 전자 키트를 작동시켜 보고 일에 대한 긍정적 태도를 갖는다.

수업 목표의 진술에 적합한 동사들(그론룬드)

1. 일반적인 수업 목표를 진술하기 위한 동사의 예

분석하다.	계산하다.	해석하다.	수행하다.
번역하다.	적용하다.	창안하다.	알다.
인식하다.	이해하다.	판단하다.	증명하다.
듣다.	말하다.	사용하다.	파악하다.
평가하다.	찾아내다.	생각하다.	쓰다.

2. 구체적인 수업 목표를 진술하기 위한 동사의 예

가. 창의적 행동들

바꾸다.	바꿔 쓰다.	개조하다.	고쳐 말하다.
다시 쓰다.	묻다.	예측하다.	다시 묶다.
다시 진술하다.	단순화하다.	변경하다.	질문하다.
개명하다.	재구조화 하다.	종합하다.	설계하다.
재배치하다.	재조직하다.	다시 말하다.	체계화하다.
일반화하다.	다시 결합하다.	정리하다.	고치다.
변화시키다.	변경시키다.		

나. 복잡하고 논리적이며 판단적인 행동

분석하다.	결론맺다.	추론하다.	공식화하다.
계획세우다.	판단하다.	대비시키다.	막다.
추리하다.	구성하다.	묶다.	비판하다.
평가하다.	설득하다.	대용하다.	비교하다.
결정하다.	설명하다.	추측하다.	

다. 일반적으로 구별할 수 있는 행동

선택하다.	발견하다.	변별하다.	묶다.
위치시키다.	수집하다.	지시하다.	빠뜨리다.
지적하다.	정의하다.	식별하다.	분리시키다.
순서지우다.	선택하다.	기술하다.	구분하다.
열거하다.	골라잡다.	분리하다.	

라. 사회적 행동들

수용하다.	의사소통하다.	토론하다.	초대하다.
칭찬하다.	동의하다.	축하하다.	용서하다.

결합하다.	반대하다.	돕다.	공헌하다.
포기하다.	웃다.	미소짓다.	허가하다.
협동하다.	인사하다.	만나다.	말하다.
대답하다.	춤추다.	돕다.	참가하다.
감사하다.	논하다.	다투다.	교제하다.
허락하다.	지원하다.		

마. 언어적 행동들

생략하다.	편집하다.	구두점을 찍다.	이야기하다.
말하다.	강조하다.	하이픈으로 연결하다.	읽다.
발음하다.	번역하다.	알파벳으로 표기하다.	한자 들어가서 쓰다.
암송하다.	진술하다.	말로 나타내다.	또렷이 발음하다.
윤곽을 제시하다.	표현하다.	요약하다.	속삭이다.
인쇄하다.	신호하다.	음절로 나누다.	쓰다.
대문자로 쓰다.	발음하다.	부르다.	쓰다.

바. 연구 행동

배열하다.	수집하다.	항목별로 나누다.	점수를 부여하다.
기록하다.	범주화하다.	복사하다.	명칭을 붙이다.
명명하다.	다시 만들다.	표를 만들다.	그림으로 표시하다.
찾아내다.	적다(기록).	발견하다.	인용하다.
찾다.	조사하다.	조직하다.	분류하다.
선회하다.	추구하다.	지도를 그리다.	예시하다.
밑줄긋다.			

사. 음악적 행동

나팔 따위를 불다.	작곡하다.	콧노래를 하다.	현악기를 뜯다.
기타를 치다.	악기를 활로 켜다.	손가락으로 뜯다.	약음을 내다.
익히다.	가볍게 두드리다.	탁탁 소리내며 움직이다.	화음을 내다.
연구하다.	노래 부르다.	휘파람을 불다.	

아. 신체적 행동

활모양으로 굽히다.	구부리다	붙잡다.	기어오르다.
물에뜨다.	배트로 치다.	운반하다.	추적하다.
항히다.	움켜잡다.	붙잡다.	차다.
끌어 당기다.	가볍게.	뛰다 헤엄치다.	꽉 움켜쥐다.
두드리다.	밀다.	재주넘다.	흔들다.

때리다(맞히다).	들다.	달리다.	서다.
던지다.	한발로 뛰다.	행진하다.	스케이트 타다.
스텝을 밟다.	던져 올리다.	뛰어 오르다.	공을 던지다.
스키를 타다.	뻗다.	걷다.	

자. 예술 행동

조립하다.	점찍다.	삽화를 넣다.	누르다.
무늬를 만들다.	섞다.	선을 긋다.	회전시키다.
찔러 끼우다.	솔질하다.	구멍을 뚫다.	접다.
틀에 넣어 만들다.	모래를 섞다.	선을 긋다.	조각하다.
형태를 만들다.	못박다.	톱으로 자르다.	깍아 다듬다.
색칠하다.	모양을 만들다.	칠하다.	조각하다.
광을 내다.	구성하다.	망치로 치다.	풀로 붙이다.
섞다.	지우다.	자르다.	조종하다.
가볍게 치다.	윤곽을 그리다.	포장하다.	가볍게 두드리다.
가열하다.	물을 붓다.	녹이다.	매끄럽게 하다.

차. 연극 행동

움직이다.	나타내다.	표현하다.	지나가다.
보이다.	끌어안다.	소리를 내다.	중지하다.
수행하다.	포즈를 취하다.	넘다.	자세를 취하다.
무대에 들어가다.	감동시키다.	절차를 밟다.	깜짝 놀라다.
감독하다.	퇴장하다.	무언극을 하다.	반응하다.

카. 수학적 행동

더하다.	추리하다.	집합을 만들다.	수를 세다.
제곱하다.	양분하다.	나누다.	통합하다.
도면에 기입하다.	빼다.	계산하다.	추정하다.
보간법으로 풀다.	검산하다.	표로 만들다.	외삽법을 적용하다.
측정하다.	약분하다.	기록하다.	계산하다.
추론하다.	곱하다.	문제를 풀다.	증명하다.
세다.	그래프를 만들다.		

타. 실험 과학 행동

적용하다.	증명하다.	유지하다.	준비하다.
구체화하다.	눈금을 긋다.	논하다.	연장하다.
이동하다.	정돈하다.	수행하다.	시료를 공급하다.

제한하다.	바꾸다.	시간을 정하다.	연결하다.
키우다.	조작하다.	기록하다.	변형시키다.
전환시키다.	증가시키다.	운전하다.	고쳐놓다.
무게를 달다.	감소시키다.	끼워넣다.	설비하다.
배치하다.			

파. 일반적 외관, 건강 및 안전 관련 행동

단추를 잠그다.	옷을 입다.	묶다.	맛보다.
지퍼를 열다.	닦다.	마시다.	채우다.
잇다.	기다리다.	명확히 하다.	먹다.
향해서 가다.	단추를 풀다.	깨끗하게 씻다.	가깝게 하다.
배설하다.	졸라매다.	덮개를 벗기다.	신을 신다.
빗질하다.	딴 그릇에 옮기다.	정지하다.	이음새를 풀다.
지퍼를 잠그다.	씌우다.		

하. 기타

돕다.	지우다.	이끌다.	관련짓다.
구획짓다.	시도하다.	팽창하다.	빌려주다.
반복하다.	움찔하다.	출석하다.	늘이다.
빌리다.	대답하다.	구입하다.	시작하다.
느끼다.	불켜다.	타다.	저축하다.
가져오다.	끝마치다.	만들다.	벗겨내다.
두드리다.	사다.	맞추다.	고치다.
떼어두다.	제안하다.	오다.	섞다.
빠뜨리다.	지워 없애다.	공급하다.	완성하다.
손가락으로 튕기다.	제공하다.	제출하다.	지지하다.
생각하다.	잡다.	열다.	시중들다.
연결하다.	고치다.	주다.	싸다.
바느질하다.	획득하다.	주름잡다.	관심을 보이다.
분배하다.	눈물흘리다.		

토의 및 연구 과제

1. 교육 목적, 목표의 위계를 정리하고 설명해 보자.
2. 실과(기술·가정)의 교육 목표 계층 구조와 체계를 정리해 보자.
3. 실과(기술·가정)의 교육 목표 설정 과정을 들고 설명해 보자.
4. 교육 목표 결정 모형을 들고, 이들 모형의 특징을 말해 보자.
5. Bloom의 교육 목표 분류 체계를 들고, 이것이 갖는 교육적 의의에 대하여 토의해 보자.
6. 실과 교육 목표 분류 체계를 정리해 보고, 개선점을 토의해 보자.
7. 실과(기술·가정) 수업 목표의 진술 형태를 메이거, 가네와 브리그, 그론룬드의 것을 적용할 때의 장단점을 토의해 보자.
8. 실과(기술·가정)의 1개 단원을 선정하여 수업 목표 진술, 이원 분류표 등을 작성해 보자.

<참고 문헌>

곽병선(1997). 교육과정. 배영사.

곽상만(1988). 실과 교육론. 갑을출판사.

권낙원(1996). 교육과정총론. 한국교원대 대학원.

교육부(1994). 교육부 고시 제 1992-11 호('92. 6. 30)에 따른 중학교 기술·산업과 교육과정 해설. 대한교과서.

교육부(1995). 교육부 고시 제 1992-19 호('92. 10. 30)에 따른 고등학교 실업·가정과 교육과정 해설(Ⅰ) - 기술, 가정, 가사-. 대한교과서.

교육부(1997). 실과(5) 교과서. 대한교과서.

교육부(1997). 실과(5) 초등학교 교사용 지도서. 대한교과서.

교육부(1997). 실과(기술·가정) 교육과정. 대한교과서.

교육부(1993). 교육부 고시 제 1992-16 호에 따른 국민학교 교육과정 해설(Ⅲ) - 즐거운 생활, 체육, 음악, 미술, 실과, 특별활동. 대한교과서.

김경연(1994). 국민학교 실과의 기능평가 영역 설정에 관한 연구. 한국교원대 석사 학위논문.

김성권(1983). 교육과정과 평가. 형설출판사.

김인식(1984). 교육과정 입안의 준거설정. 경북대학교 박사학위 논문.

김종우(1998). 실과 기능적 영역의 목표 분류에 관한 연구. 한국실과교육연구회. 제4권 1호.

민정식, 정성봉(1997). 초등학교 실과 기능적 영역의 평가에 관한 연구. 실과교육연구 3(1).

손충기 역(1993). 행동적 수업목표 진술(Norman E. Gronlund). 문음사.

신세호 외(1983). 교육목표 분류학(인지적 영역). 교육과학사.

윤인경 외(1996). 중학교 가정 1. 교학사.

윤인경 외(1996). 중학교 가정 1 교사용 지도서. 교학사.

윤준원(1996). 국민학교 사회과 평가 문항의 행동 목표별 분류. 석사학위논문, 한국교원대학교.

이경섭·이홍우·김순택(1988). 교육과정(이론·개발·관리). 교육과학사.

이무근(1990). 직업·기술교육에서의 교육과정. 배영사.

이석우(1998). 실과 목표의 인지적 영역 분류에 관한 연구. 석사학위논문, 한국교원대학교.

이성호(1984). 교육과정 개발 전략과 절차. 문음사.

이성호(1989). 교육과정과 평가. 양서원.

이영덕(1993). 교육의 과정. 배영사.

이종승 역(1987). 교육과정과 수업의 원리(Tyler). 교육과학사.

1997년도 교육부 위탁 연구과제 답신보고서(1997). 제7차 실과 교육과정 각론 개정 연구. 한국교원대학교 실과 교육과정 개정 연구위원회

정성봉 외(1998). 중학교 기술·산업 1. 교학사.

정성봉 외(1998). 중학교 기술·산업 1 교사용 지도서. 교학사

한안진 외(1997). 새초등과학 교수법. 교육과학사.

허경조(1993). 인지적 영역 교육목표 분류학에 있어서 행동의 의미와 위계에 대한.비판적 고찰. 박사학위논문, 서울대학교 대학원.

Bloom, B. S., & Engelhart, M. D., & Furst, E. J., & Hill, W. H., & Krathwohl. D. R.(1956). Taxonomy of Educational Objectives, Handbook : Cognitive Domain. New York: Mckay.

Gagne, R. M.(1970). The Conditions of Learning. New York:Holt, Rinehart & Winston.

Gronlund, N. E.(1985). Stating Objectives for Classroom Instruction. New York : Macmillan Publishing Co.

Guilford, J. P.(1967). The of Human Intelligence. New York : McGrawHill

Harrow, A. J.(1972). Taxonomy of Educational Objectives(Psychomotor Domain). New York : Longman Inc.

Hauenstein A. D.(1998). A Conceptual Framework For Educational Objectives. University Press of America, pp. 1~12.

Kibler, R. J., & Baker, L.˝L., & Miles, D. T.(1970). Behavioral Objectives and Instruction. Boston : Allyn & Bacon.

Klopfer, L. E.(1971). Evaluation of Learning in Science, Handbook on Formative and Summative evalution of student learning. McGrawHill, Inc.

Krathwohl, D. R., & Bloom, B. S., & Masia, B. B.(1964). Taxonomy of Educational

Objectives(Affective Domain). New York : David Mckay.

Mager, R. F.(1962). Preparing Instructional Objectives. Sanfrancisco: Fearon Pub.

Piaget, J.(1950). The Psychology of Intelligence. London; Broadway.

Pratt, D.(1981). Curriculum: Design and Development. New York : Harcourt.

Ragsdale, C. E.(1950). "How Children Learn Motor Types of Activities" Learning and Instruction. Fourty-ninth Year Book of the National Society for the Study of Education.

Ragan, W. B.(1963). Modern Elementary Curriculum. New York : Holt, Rinehart and Winston Co.

Simpson, E. J.(1966). The Classification of Education Objectives(Psychomotor Domain). University of Illinois Reserch Project No. OE 5.

Tyler, R. W.(1949). Basic Principles of Curriculum and Instruction. Chicago : University of Chicago Press.

제 **7** 장

실과(기술·가정) 교육 내용

현대 사회는 정보, 자료, 교재의 양이 방대해짐으로 말미암아 우리가 학습해야 할 것들이 폭발적으로 증가하고 있다. 이로 말미암아, 우리는 일상 생활의 많은 곳에서 여러 매체를 통해 비형식적 학습을 한다. 그리고 형식적 교육과정은 교육과정의 목적, 목표가 효과적으로 성취되고 가장 중요하고 바람직한 지식이 효과적으로 전달되도록 하기 위하여 교육 내용을 선정, 배열하는 특수한 기능을 수행한다. 그런데 교육과정 내용이란 무엇인가? 어떤 내용이 교육과정에 내포되어야 하는가? 어떤 준거가 교육과정 선정에 가장 타당한가? 학습자가 알 필요가 있는 것은 무엇이며, 교사가 가르쳐야 할 것은 어떤 것인가? 선정된 내용은 어떤 계열성을 가지고, 어느 범위까지 제시되어야 하는가? 어떤 준거가 Sequence 결정에 활용될 것인가? 등의 문제에 직면하게 되고, 이것은 교육과정 내용의 선정과 조직을 좌우하게 된다.

1. 교육 내용의 의미

이 글에서는 교육 내용의 의미를 여러 학자들의 교육 내용의 개념을 고찰하고 실과 교육 내용과 밀접한 관점인 교과 내용으로 보는 입장과 학습 경험으로 보는 입장(김봉수, 1987) 및 지식으로 보는 입장과 과정으로 보는 입장(김인식, 최호성, 1996)으로 나누어 살펴보기로 한다.

가. 교육 내용의 개념

교육 내용이란 용어는 교육학에서 많이 쓰이고 있지만, 교육 내용의 의미가 명확하게 규정되지 않고 있다. 교육 내용의 의미가 명확하게 규정되지 않은 이유는 첫째, 교육 내용이라는 용어의 의미는 누구나 다 알고 있기 때문에, 굳이 그것을 정의할 필요가 없다는 것이다. 둘째, 교육 내용이라는 용어는 기본 술어 또는 초시어(primitive term)라고 생각하기 때문에 정의되지 않은 채 오랫동안 쓰여 왔다는 것이다(권순길, 1987). 그러나 교육 내용의 개념은 교육 목표의 달성을 위해서 어떤 내용들이 선정, 조직되어야 하느냐의 문제를 해결하기 위해서 가장 먼저 규명되어야 할 개념이다.

교육 내용에 대한 개념은 학자들마다 다른 견해를 가지고 있다. 그 중 하나가 세일러(Saylor)와 알렉산더(Alexander)의 정의로, '인간 정신의 경험을 통해 이해한 사실, 관찰물, 자료, 지각한 것, 구분한 것, 느낀 것, 설계한 것, 해결한 것, 전설, 아이디어, 개념, 통칙(通則), 원리, 계획 및 지금까지 경험한 산물들을 이용하여 해결책을 강구하거나 재조직, 재배열한 인간 정신의 구성물'이다. 이 정의는 폭넓은 반면에, 기능(과정)과 정의(가치)에 관한 언급이 없다.

반면에, 하이만(Hyman)은 기능과 정의를 포함하여 '지식(사실적인 지식, 설명, 원리, 정의), 기능 및 과정(읽기, 쓰기, 셈하기, 춤추기, 비판적 사고, 의사 결정, 의사 교환), 그리고 가치(선악, 정오, 미추) 등에 관계되는 문제에 관한 신념'이라고 정의하고 있다(하성철, 1997, p. 5에서 재인용).

이 양자의 견해를 종합해 보면, 교육 내용은 지식, 과정, 가치라는 요인들에 의해서 규정된다는 것을 알 수 있다. 교육과정 내용이 하이만의 3요소를 내포하고 있기는 하나, 그 내용에 있어서는 실제로 3요소로 분리되지 않는다. 효과적인 교육과정은 항상 지식, 과정 및 가치로 이루어져 있다.

또한, 이영덕(1987)은 "교육 내용은 교육을 통해서 학생들에게 학습시키고자 하는 '어떤 의도' 즉, 교육 목표의 구체적 표현이다. 따라서, 설정된 교육 목표를 충실히 반영시켜서 선정되고 조직되어야 하는 것이 교육 내용이다"라고 했다.

Tyler는 교육 내용이란 교육 목표를 구성하는 한 가지 요소로서 교육을 통하여 성취하려고 하는 행동의 변화를 일으키는 수단 또는 매개체로 보고 있다.

서울대학교 사범대학에서 발간한 교육학 용어사전에서는 '교육 내용의 개념은 학습자가 학습해야 할 대상 또는 과제로서 교육의 매개체 또는 수단이 되는 것'이라고 보고 있다.

함종규(1979)는 학생들에게 제공되는 경험의 질에 따라 교육 내용이 결정된다고 보고 생활 경험에서 교육 내용을 선정할 것을 제안함으로써 경험을 교육 내용의 실체로 보고 있다.

곽병선(1997)은 "교육 내용을 학생들이 공부하여 그들 자신의 것이 되도록 성취할 수 있는 지식, 탐구심, 창의적 사고, 비판적 사고, 애국심, 정의감, 신체 기능, 생활 습관, 정서적 안정, 체력 등 일체의 학습 대상이 되는 실체(지식과 경험이라 말할 수도 있다.)를 말한다"고 하고 있다. 여기에서 지식과, 지식을 탐구하는 사고의 양식, 사고의 절차와 집단 경험, 생활 경험을 교육 내

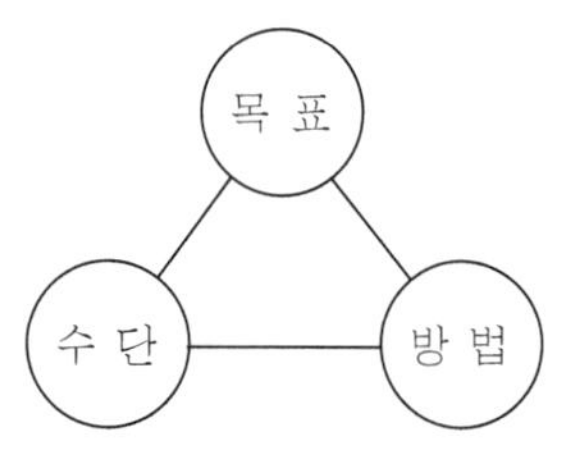

[그림 7-1] 활동의 구성

용을 구성하는 중요한 요소로 보고 있으며, 이 네 가지 요인은 논의의 편리상 구분했을 뿐 실제 교육 내용으로서는 결국 하나의 전체가 되고 결코 분리되는 것이 아님을 언급하고 있다.

곽병선의 의견과 맥을 같이하는 것으로 교육부(1994)에서 발간한 초등학교 교육과정 해설서에는 "교육 내용은 지식과 그것을 조직하는 사고의 양식, 생활 경험, 공동체 경험을 포함한다"라고 정의하고 있다.

위의 개념들을 종합해 보면, 교육 내용은 설정된 교육 목표를 달성하기 위하여 학습자에게 학습시키고자 하는 「어떤 의도」, 다시 말하면 교육 목표의 구체적인 표현으로서 학습자가 학습할 내용이다. 그리고 교육 내용을 선정하는 데 있어 두 가지 사고로 규정하고 있는 것을 볼 수 있는데, 그 중 하나가 교육 내용을 「교과 내용」으로 보는 입장이고, 다른 하나는 「학습 경험」으로 보는 입장이다.

교육 내용을 「교과 내용」으로 보는 입장은 교육의 목표를 객관적인 문화 영역에서의 체계적이고 조직적인 지식, 기능, 가치 등을 강조하고, 「학습 경험」으로 보는 입장은 교육의 목표를 개인의 능력이나 자질 또는 행동 방식의 개발이라는 방향에서 보는 것으로, 학습자의 목표에 의한 자발적이고 적극적인 목표 추구 활동에서 요구되는 사고력, 기능, 태도 등을 강조한다.

그러나 현대의 교육과정 내용의 개념은 지식, 기능 및 과정, 가치와 경험을 포함하고 있음을 알 수 있다.

나. 교과 내용으로 보는 입장과 학습 경험으로 보는 입장

(1) 교과 내용으로 보는 입장

교육 내용을 교과 내용으로 보는 입장은 교육의 주된 내용은 인류가 만들어 놓은 광범위한 각종의 문화를 영역별로 체계화하여 조직한 각종의 교과로 생각하는 견해로서 교육이란 가장 적절한 교과 없이는 실효를 거두지 못한다고 보는 견해이다. 그러므로 교육에서는 학습자로 하여금 각종 교과 내용을 이해하고 새로운 경험을 해결하는 데 도움이 되는 지식, 가치 등의 체계적이고 조직적인 교과 또는 학문이 가장 소중하다고 보고 있다. 교육 내용을 교과 내용으로 보는 견해는 교육 역사상 가장 오랫동안 믿어 왔고 고대나 중세는 물론 근대 교육에서의 교육 내용의 주종을 이루었고 또 오늘의 교육에서도 교육 내용의 주종을 이루고 있다(김봉수, 1987).

이영덕(1987)은 교과를 조직된 지식이라고 하면서, 그것은 곧 긴 역사를 통하여 인류가 쌓아올린 방대한 경험을 이해하고, 새로운 경험을 설명하는 데 도움이 되도록 조직된 지식

체계이며, 각 학문 영역에 독특한 체계와 탐구 방법을 중심으로 구분한 것이 교과목이고, 형식적 교육이 시작된 이래 교과는 항상 교육의 내용이 되어 왔다고 하였다.

교과 내용에 관해서는 여러 가지로 분류를 시도하고 있는데, 초등학교의 교과를 내용 교과, 형식 교과, 표현 교과, 기능 교과 4개로 나눌 때 실과를 기능 교과라는 범주에 포함시키기도 한다(김봉수, 1987, p. 180에서 재인용).

이렇게 교과는 항상 교육의 내용이 되어 왔다. 다만, 교과를 어떻게 보느냐에 따라 교과 자체를, 즉 문화 내용을 중요시하여 물리학적 사실이나 법칙을 학습하는 것에 중점을 두는 쪽이 교과를 교육 내용으로 보는 입장이라고 할 수 있다. 그러나 단편 지식의 누적, 교과서 내용이나 지식을 기억 이해하고 전수하는 것만으로서는 현대 사회와 같은 정보 사회의 문제 해결에 도움을 주지 못한다. 또한, 현대 사회에서 요구하는 많은 양의 정보를 교과 내용에 모두 포함할 수도 없다.

(2) 학습 경험으로 보는 입장

교육에서 경험이 중요하게 받아들여진 것은 1920년대 이후 진보주의 학자들에서· 시작된다. 경험은 어떤 사건을 직접 관찰하거나 행동에 참가함으로써 얻어진 결과로 생겨 개인의 삶을 형성하는 데 몫이 되는 기술, 지식, 사실을 가리킨다(서울대 사대 교육연구소, 1981). 과거 전통적으로 학교에서 가르쳐 왔던 교과의 지식은 교과서의 인쇄물로 학생에게 전달되는 것이 대부분이었다. 따라서, 아무리 학교에서 열심히 학생을 가르쳐도, 교과의 지식은 항상 추상적인 상태 그대로 인쇄물에 남아 있게 마련이었다. 이 점에서, 진보주의 교육학자들은 전통적인 교과 지식 위주의 교육에 회의를 가졌고 경험을 바탕으로 한 교육과정을 주장하게 되었다.

첫째, 교육과정의 참 실현은 학생들이 학교에서 갖는 경험에 의해서 결정되는 것이지 교과의 지식이 기록된 종이 조각에 의해서 결정되는 것은 아니라고 믿고, 어린이의 삶에 무엇인가 달라질 수 있는 변화를 가져다 줄 교육과정은 어린이가 직접 경험한 교육과정이어야 한다고 믿었다.

둘째, 진보주의 학자들은 어린이 한 사람 한 사람은 배경, 적성, 흥미 등과 같은 점에 있어서 서로 다르기 때문에 교육과정은 이처럼 차이를 달리하는 어린이들에게 있어서 동일할 수가 없다는 생각을 했다. 그러므로 학생들이 학교에서 배우는 것은 교사가 가르치려고 의도했던 것보다 더 폭넓고, 다양하다는 것과, 어린이들이 수업 외에 접할 수 있는 환경의 영향도 많이 받으며, 학교에서 갖게 될 경험은 교사들의 책임에 속한다고 주장하였다.

진보주의 학자들은 경험으로서의 교육과정, 즉 실지로 경험을 통해서 터득해야 하고, 어린이마다 경험이 다르기 때문에 각각 다를 수 있는 교육과정과 교과목으로서의 교육과정, 즉 내용·제목·목표 등 교사가 수업에서 사용할 것들을 문서로 만든 교육과정을 구별하도록 하는 데 공헌했다. 그러나 진보주의 학자들의 개념을 그대로 교육과정에 적용하는 데는 다소 문제가 따른다.

첫째, 학교의 지도하에 학생이 갖는 경험을 교육과정이라고 했을 때, 어떠한 형태이건 학생의 경험이 있기 전에는 교육과정이 존재하지 않는다는 논리가 성립하게 된다. 이렇게 되면, 학교 교육에서 실제 교육과정으로 부르고 있는 대상들, 예를 들면, 학습 내용을 선정 계획하고 사전에 수업을 준비하는 활동을 포괄하지 못하여, 우리가 일반적으로 교육과정이라고 부르는 현상과는 거리가 생긴다는 것이다.

둘째, 바로 이러한 점과 경험이 갖는 애매성 때문에 교육과정을 여러 갈래로 나누어 정의하는 것이 불가피해진다는 것이다. 예를 들면, 의도된 교육과정, 실천되는 교육과정, 실천된 교육과정과 같은 것이다. 이러한 교육과정의 구분은 교육과정을 그 기본적 속성으로 정의하지 못하는 데서 생기는 현상이다. 수업의 계획, 수업, 학습의 결과는 교육과정과 불가분의 관계를 맺고 있다. 그렇다고 수업의 과정에 따라 교육과정의 본질적 의미가 다르게 규정되어서는 안 될 것이다. 교육과정의 개념은 기본적으로 일치된 하나의 체계를 가져야 한다. 교육과정, 교육과정의 실천, 그 실천으로 학생들에게 생긴 교육적 성과는 하나의 교육과정 개념으로 충분히 일관되게 규정할 수 있다.

셋째로는, 둘째 번과 관련된 것으로써 경험 자체를 교육과정으로 봄으로써 교육과정과 그리고 교육과정 실천을 담당한 교수-학습간의 개념 규정이 모호해진다. 교육과정, 교수-학습, 교수-학습의 결과로 얻어진 학생의 경험을 개념적으로 엄격히 구분하는 것이 교육 현상에 대한 우리의 이해를 돕는 데 유익하다. 교수-학습의 과정에서 벌어지는 학습 활동 자체와 그 결과로 얻어진 학생의 경험을 교육과정으로 보게 되면 교육과정의 개념이 포괄적이고 모호해져 논의의 중심을 잡을 수 없게 된다. 즉, 학생들이 실제로 갖는 경험 이전에 학교가 그렇게 의도한 일련의 계획은 분명히 속성이 다른 활동으로 다르게 규정하지 않으면 안 된다.

넷째는, 경험을 교육과정으로 보려고 하지 않더라도, 교육에서 경험의 질을 강조하는 것만으로도 경험의 중요성은 충분히 인정될 수 있다는 점이다. 단순한 암기 중심, 실생활과 관련 없는 서적 중심의 교육의 폐단을 경험 중심 교육이 경고하고 있는 것만으로도 경험을 강조하는 교육의 중요성은 우리가 충분히 인정할 수 있다. 이러한 점에서, 경험은 그 본래 의미에 충실하도록 제한되게 사용하는 것이 바람직하다고 본다.

학습 경험이 강조되는 이유는, 지식이나 사고의 양식을 가르치는 데 있어서도 경험의 중요성이 인정되지 않는 것은 아니지만, 특별히 집단의 동질성을 익히고 일상적 삶을 위한 능력을 키우는 학습 내용에 대해서는 단순한 언어를 통한 서적 중심의 추상적, 피상적 학습으로 흐르는 것을 막고, 학생들이 실제로 구체적인 경험을 통해서 자신들의 삶을 형성하도록 하는 것이 필수 불가결한 것임을 나타내기 위한 것이다. 즉, 자기가 소속한 사회의 일원으로 성장하고, 또 자기 자신의 삶을 만들어 나가는 데 필수적인 내용에 대해서는 그것이 집단의 경험으로 존재하고 생활의 경험으로 축적되어 있는 것처럼, 학생에게도 경험으로 교육될 필요가 있다는 의미이다. 이 점에서, 여기서 사용되는 경험은 진보주의 학파의 경험을 중요시한 데 대한 기본 정신을 인정하지만, 학생들의 경험이 교육과정이어야 한다는 입장과는 의미를 달리한다.

특정한 문제를 학습자가 해결하는 과정을 경험으로 보는 경험 중심의 입장에서는 체계화된 지식을 학습자에게 전달하는 것이 문제가 아니라, 경험 활동을 통해서 지식에 도달하고, 지식은 문제 해결의 수단에 불과하다는 입장이다. 그렇기 때문에 어떤 경험이나 활동이 행하여지지 않으면 학습도 일어나지 않는다고 생각한다. 그러므로 교육 목표를 달성하려면 학습자에게 어떠한 경험을 어떻게 마련할 것인가 하는 일을 생각하는 것이 교육과정의 내용 선정에 매우 중요한 것이다. 즉, 어떤 학습 경험을 하도록 할 것인가? 하는 방향에서 내용 선정이 이루어져야 한다는 것이다. 또한, 이 견해에서는 학습자의 자발적이고 능동적이며 적극적인 목표의 추구 활동에서 요구되는 사고력이나 기능, 태도 등이 강조된다. 그러므로 무엇을 아느냐의 문제보다는 어떻게 생각하고, 느끼며, 활동하느냐가 보다 중시된다. 이러한 입장에서 타일러와 정범모는 학습 경험을 다음과 같이 분류하고 있다(정범모, 1961).

① 지식, 이해의 함양을 위한 학습 경험 : 정말로 필요한 지식이나 이해를 가르치기 위한 목표를 달성하기 위해서는 지식 내용 자체의 가치보다 기능적 가치에서 선택된 사실, 원리, 법칙, 정의, 이론 등이 중핵이 되는 학습 경험

② 사고력 함양을 위한 학습 경험 : 인성적, 사회적 면에서 바람직한 인간 관계나 사회적 관계를 유지, 발전시켜 나갈 수 있는 학습 경험

③ 흥미 함양을 위한 학습 경험 : 다양한 활동에 동기 체제의 역할을 할 수 있는 학습 경험

④ 사회적 태도 함양을 위한 학습 경험 : 인성적, 사회적 면에서 바람직한 인간 관계나 사회적 관계를 유지, 발전시켜 나갈 수 있는 학습 경험

⑤ 감상력 함양을 위한 학습 경험 : 어떤 작품이나 현상을 깊이, 폭넓게 음미, 평가해 보려는 학습 경험

⑥ 기능 함양을 위한 학습 경험 : 운동적, 사회적 혹은 지적인 기능을 기르기 위한 학습
　경험

교육 내용을 학습 경험으로 보는 견해는 체계적 접근 방법의 학습이 불충분하고, 주요 개념이나 원리의 깊이 있는 이해가 부족하기 때문에 실질적인 탐구 능력 배양에 지장이 있다.

(3) 종 합

앞에서 교육 내용의 두 가지 입장인 교과 내용으로 보는 견해와 학습 경험으로 보는 견해를 살펴보았다. 그러나 교과와 경험은 서로 대립 분리되는 개념이 아니라 양면을 다 가지고 있고 분리될 수 없다(이영덕, 1987).

특정한 지식이나 원리를 이해한다는 것은 그 지식의 과정을 이해해야 하며, 또 특정한 지식 내용을 담지 않은 탐구 과정이란 있을 수도 없고, 있어도 무의미한 형식이 되고 말 것이다. 그러므로 교육 내용은 지식 내용과 탐구 과정이 통합된 것이 되어야 하며, 서로 융화되기 위한 대책을 다음과 같이 말하고 있다(김봉수, 1987).

첫째, 생활 경험 활동을 중심으로 교과의 내용이 이루어져야 한다.

둘째, 지식 체계로서의 교과가 학습자의 경험 활동에 봉사하게 되려면, 그 자체의 논리적 체계를 해체하지 않으면 안 될 것이다.

셋째, 인간의 생활 경험, 학습자의 목표, 필요를 분석하여 이른바 생활 교과의 내용을 이루어야 한다.

넷째, 생활 경험과 학습자의 능동적인 경험 활동을 중심으로 교과의 내용이 이루어지게 되면, 각 생활 교과 사이에는 상호 중복, 관련이 생기게 될 것이다.

이에 비추어볼 때, 실과는 교과 특성상 생활 경험을 통하여 교육이 이루어지고, 직접적인 체험과 실천을 중시하며, 통합적, 종합적으로 접근하는 특성을 가지고 있다. 여기서 생활 경험은 우리들의 일상적인 삶을 이어나가는 데 필요한 생활 방식 자체를 말한다. 예를 들면, "전기 제품의 코드를 바르게 전원 스위치에 연결할 수 있다. 옷을 단정하게 입는다" 등이다. 이것은 대개 우리가 살아가는 데 필요한 실제적인 기능을 갖추도록 하는 데 그 초점이 있다.

교육 내용의 구분은 논의의 편의상 분류된 것이지 교육 내용으로서는, 결국 모든 것이 하나의 전체가 되고 결코 분리될 수 없는 것이다.

다. 교육과정 내용으로서의 지식과 과정

교육과정 내용이 어떤 요인들에 의해서 규정되느냐의 문제는 설정된 교육과정 목표의

달성을 위해서 어떠한 내용들이 선정, 조직되어야 하느냐의 문제를 해결하기 위해서도 가장 먼저 구명되어야 한다. 따라서, 여기에서는 교육과정 내용의 규정 요인을 밝히고 구명된 각 요인들이 주장하는 근거 또는 주장점을 알아보고자 한다.

우리는 흔히 '내용'을 '지식'과 동의어로 취급한다. 교육에 관여된 사람들은 내용이 단지 지식, 특정 교과 또는 주제를 가리키는 것으로 믿는다. 그러나 내용에는 인간 학습과 관계된 지식(사실, 정의 등), 과정 및 가치들이 모두 포함된다.

Hyman(1976)은 내용을 다음과 같이 정의하고 있다.

> 지식(예를 들면, 사실, 설명, 원리, 정의), 기능 및 제과정(예를 들면, 읽기, 쓰기, 셈하기, 춤추기, 비판적으로 생각하기, 의사 결정하기, 의사 전달하기)과 가치(예를 들면, 선악, 옳고 그름, 아름답고 추함 등의 문제에 관한 신념)를 모두 교육의 내용이라 한다(p. 324).

이 주장은 교육과정의 내용을 '지식, 과정 및 가치'라는 주요인을 중심으로 규정하고 있음을 알 수 있다.

또한, Saylor와 Alexander(1966)는 교육과정을 '인간 정신의 경험을 통해 이해한 사실, 관찰물, 자료, 지각한 것, 구분한 것, 느낀 것, 설계한 것, 해결한 것, 전설, 아이디어, 개념, 통칙, 원리, 계획 및 지금까지 경험한 산물들을 이용하여 해결책을 강구하거나 재조직, 재배열한 인간 정신의 구성물(p. 160)'로 정의했다.

이 양자의 견해에 따르면, 교육과정 내용은 지식, 과정, 가치라는 용인들에 의해서 규정된다는 것을 그 준거로 삼을 수가 있을 것이다. 일련의 목표가 확정되었으면, 교육과정 개발자는 이 목표들을 충족시킬 수 있는 적절한 내용을 선정해야 한다. 교육과정 개발자가 실제 내용 선정에 착수하게 되면, 어떤 내용을 포함시킬 것인가에 대해 그들이 취하는 입장은 하나의 연속선에 비추어 생각할 수 있다.

[그림 7-2]에서 보는 것처럼 내용 선정에 있어 한쪽 극단은 전통적으로 축적되어 전해져 내려오는 결과로서의 지식을 강조하는 입장이 있고, 그 반대편 극단에는 지식 그 자체보다는 그것을 생성시키는 과정을 중심으로 접근하는 입장이 있다(김인식, 최호성, 1996, p. 258).

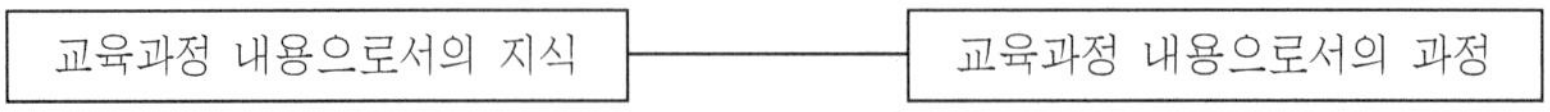

| 교육과정 내용으로서의 지식 ├─────────────┤ 교육과정 내용으로서의 과정 |

[그림 7-2] 연속선상에 본 교육과정 내용

따라서, 여기서는 양 입장을 구분하여 내용의 문제를 다루어 보고자 한다.

(1) 교육과정 내용으로서의 지식

내용과 지식을 구분하려는 학자로는, 예컨대 Dewey, Richmond 등이 있는가 하면, 구분하지 아니하려는 학자, 즉 Saylor와 Alexander와 같은 학자들도 있다. 전자에 따르면 '내용은 일반적으로 인간 유기체와는 독립해 있을 수 있는 지식의 기록(기호, 도식, 기록된 음성 등)이며, 지식은 개개인이 내용과의 교섭 결과로서 그에게 의미가 불어나고 심화되어지는 것'(Zais, 1962), '지식이란 저 멀리 있는 것도 아니고, 이미 마련되어 있는 것도 아니면서 내 것이 되도록 만나는 것'(Pritzkach, 1970)이라 한다.

이상과 같이 볼 때, 내용과 지식은 구분되는 것인데, 이 양자가 어떤 관계를 맺었을 때 교육과정적인 의미를 갖게 되는 것인가? Zais에 의하면 '교육과정 입안자는 … 내용이 지식으로 번역되어진 기초 위에서 교육과정 속에 포함시킬 내용을 선정한다. 즉, 내용은 결코 내용 그 자체로서 선정되어지는 것이 아니라, 항상 지식으로서 선정되는 것'(p. 325)이다.

양자의 관계를 이렇게 볼 때, 내용의 뜻대로 혹은 그에 가깝도록 번역된 지식에 그 의미가 나타나야 하며, 또 반대로, 지식으로 그 내용의 의미가 번역될 수 없는 것은 교육과정 내용으로서 선정될 수도 없는 것이다. 만약, 이 양자간에 의미의 동일성이 보장되지 않을 때, 내용 없는 언어주의 교육 또는 암기 위주의 교육이 되어버리는 것이다.

그래서 Zais는 Dewey의 견해를 인용해 가면서 내용이 지녀야 할 의미의 탁월성을 지식과 관련지어 다음과 같이 말하고 있다.

내용은 다음과 같은 두 가지 조건이 존재할 때에만 학교 목표를 위해서 학습되어져야 할 정보 이상의 것이 될 수 있다 첫째, 내용은 '학습자가 안고 있는 문제와 적절한' 관계를 맺고 있어야 하고, 둘째 '내용의 효과를 증진시키거나 그것의 의미를 심화시키기 위해서는 학습자가 갖고 있는 지식에 더욱 적합'해야 한다. 그러므로 교육과정 입안자가 내용(즉, 학습자의 경험으로 미루어 보아서 지식 혹은 의미로서의 내용)이 될만한 가능성을 분명히 고려하지 않는다면 학습이 잘 이루어질 수 있는 교육과정 내용을 개발하는 것이 아니라, 지식으로 변화시킬 수 없는 것(즉, 학습자에게 아무런 의미를 부여하지 못하는 것)이라는 의미에서 보면 교육적이지 않은 내용을 개발하려는 경향이 짙게 된다.

물론, 이러한 점은 내용과 지식간에 구분을 지우려는 논의의 초점이 된다. 교육과정 입안자는 지식 생산의 가능성에 비추어 보아서 내용 선정의 활동을 정당화할 수 있다. 즉, 교육과정 입안의 주목적은 내용을 학습자에게 의미 있는 지식으로 바꾸어주는 것이다. 이렇게 보면, 내용 선정의 건전한 기초는, (1) 내용에 관한 현재의 지식 상태에 대한 자각과 (2) 학습자 및 그들의 경험에 비추어 내용 속에 내재하는 지식의 가능성에 대한 자각을 피할 수 없게 될 것이다(p. 326).

지금까지 논해 온 바에 따르면, 지식으로 번역될 수 있는 교육과정 내용은 내용의 의미가 지식으로 번역된 것에 내포되어야 함과 동시에 학습자의 현재의 지식과 유관해야 한다는 준거를 충족시켜야 하는 것이다.

그런데 지식은 그 성질상 학문적 지식과 비학문적 지식으로 구분된다. 학자에 따라서는 전자의 지식만이 교육과정 내용이 되어야 한다고 주장되기도 하고, 양자의 지식 모두가 교육과정 내용에 포함되어야 한다고 주장하기도 한다. 전자에 속하는 대표적인 학자로는 Phenix를 들 수 있고, 후자의 입장을 취하는 학자는 McNeil이다. Phenix(1962)에 의하면, "나의 주장은, 모든 교육과정 내용이 학문으로부터 도출되어 나오는 것이거나 혹은 그 학문을 다른 방식으로 번역할 수 있는 지식이어야 한다. 학문 속에 포함되어진 지식만이 오로지 교육과정에 합당하다는 것이다."는 것이다. 그는 계속해서, 비학문적인 지식이 교육과정 내용이 되어서는 안 된다고 다음과 같이 말한다(김인식, 최호성, 1996, p. 261에서 재인용).

> 학문이란 수업을 위해서 조직된 지식이다. 이것이 나의 주장의 기초가 된다. 즉, 어느 학문을 분명하게 구분지울 수 있는 선은 학문 속에 포함된 지식이 가르칠 수 있는 것이라야 한다는 것, 특히 교수-학습에 적절한 것이어야 한다는 것이다. 이 주장 속에 내포된 의미는 학문 속에서 발견할 수 없는 모종의 지식도 있다는 것을 인정하는 것이기도 하다. 이와 같은 비학문적 지식은 교수-학습에 적절치 못한 것이기도 하다. 이와 같은 비학문적 지식은 교수-학습에 적절치 못한 것이기 때문에 가르칠 수 없는 것이다. 학문이 무엇인가를 이해하게 된다면, 모든 수업은 학문적으로 이루어져야 하며, 학문의 범위를 벗어난 문제들을 수업에서 가르친다는 것은 바람직스럽지 못한 것이다. 이러한 사실은 심리적 욕구, 사회적 제문제, 그리고 학문 내용 이외의 어떤 다른 것에 근거를 두고 있는 다양한 형태의 자료(비록, 이와 같은 비학문적인 고려가 전체로서의 교육과정 내의 학문적 지식을 구분하는 데 필요한 것이라 하더라도)는 가르칠 내용을 결정하는 데 부적당한 것이다(pp. 189~190).

이상과 같은 견해에 따르면, 학문적 지식은, (1) 분석적 단순화, (2) 종합적 통합, (3) 역동성 등의 성질을 띠고 있으며, 이런 학문적 지식으로 이루어진 교육과정에 의해서 교육이 행해질 때, 다음과 같은 네 종류의 경험을 적어도 학습자들에게 마련해 줄 수 있게 된다는 것이다.

① 학문의 영역과 중요 개념의 학습을 위한 경험

② 학문 속에 내포되어 있는 지식의 재발견을 위한 경험

③ 지식의 구조상에서 취하게 되는 경험(지식체를 구성하는 가장 의미 있고 상호 관련된

사실 중의 어떤 것)

④ 동일 범주 내의 학문들 중에서 유사점과 차이점을 발견하여 지식의 총체와 그것들과의 관계를 파악하게 되는 경험.

한편, 학문적 지식과 비학문적 지식이 교육과정 내용으로 변환되어야 한다고 주장하는 McNeil(1967)은, '학문 내의 개념, 학문에 관한 개념'으로 구분하면서 그의 견해를 다음과 같이 밝히고 있다(김인식, 최호성, p. 262에서 재인용).

각 학문 내의 개념은 탐구를 해 가는 데 필수적이고 강력한 개념, 학문에 관한 일반적인 개념은 지식 자체와 성질에 관계되는 철학 분야 속에서 발견할 수 있는 것이다. 학문에 관한 개념들은 어느 한 분야 내의 탐구 활동을 수행하는 데 다양한 개념들을 필요로 하게 된다는 것이다. 전자(학문 내의 개념)의 예는 사회학의 전문적 용어인 역할, 지위, 사회 계층, 규약, 기능 및 권위 등에 해당되고, 후자(학문에 관한 개념)는 인간이 살고 있는 사회 제도를 인간 활동이 어떻게 유지 혹은 변화시키는가에 관해 탐구하는 것에 사회학이 관계되며, 동시에 사회학자들은 인간 집단의 관찰 가능한 행동의 규칙성에 관심을 갖고 있다는 의미이다. 사회학자들이 과학의 방법을 통해서 자기들의 지식을 획득한다고 말하는 것은 이러한 학문에 관해 이야기하는 다른 방식인 것이다.

어느 한 분야에 관한 지식이란, 어느 한 분야 내의 지식보다도 가치가 덜 하다는 말이 아니다. 이 두 종류의 지식 간에는 위계가 없다. 두 종류의 지식은 수행하는 기능이 특이하다. 지식에 관한 개념들이란 노력을 기울이게 되는 분야를 이해하도록 도와 주는 데 가치로운 것이다.

학문의 생산자로서보다는 오히려 학문의 현명한 소비자가 되어야 하는 사람은 지식에 관한 지식이 특별한 가치를 지니고 있다는 것을 알게 될 것이다. 이러한 사실은 교육과정 입안자들을 위해서뿐만 아니라 학교에 다니는 모든 학습자들에게도 진실인 것이다. 세부적이고 구체적인 지식의 구조도에 반대되는 광범위한 지식의 구조도란 어떤 특수한 전문가들로부터 기대할 수 있는 것으로서, 인간의 지식이 조직되어진 방식을 이해할 목적으로 설계된 것이다(pp. 32~33).

McNeil은 계속해서 이러한 두 종류의 지식이 교육과정 내용으로 되었을 때 그것의 교육과정적 의의에 대해서 다음과 같이 말하고 있다(김인식, 최호성, pp. 262~263)

학구적 학문과 지식에 관한 지식 양자가 교육과정의 일부분이 된다는 주장은 모든 전통적인 학교의 교육 내용을 반드시 삭제해야 한다는 것을 의미하지는 않는다. 학문적 접근은 교육과성의 특수 부분이기는 하나 전체 교육과정을 구성하는 요소로 되지는 않을 것이다(p. 34).

　지금까지 지식을 학문적 지식과 비학문적 지식으로 이분하고, 전자의 지식만이 교육과정 내용으로 되어야 하느냐, 양자가 모두 그 내용에 포함되어야 하느냐의 문제에 대한 견해들을 보아 왔다. 어느 쪽의 견해가 교육과정 내용으로서 타당성을 지니느냐가 문제이다. 만약에, 전자의 견해에 따른다면 학문과 교과의 내용은 동일한 것이 된다. 뿐만 아니라, 학문과 교육의 내용도 동일해진다. 또한, 전자의 견해에 따르면 학습자보다도 학문 자체, 학습보다도 교수에, 생활 문제보다도 교과 지식의 특성에 교육이 너무 치중되어버릴 가능성이 짙게 되는 것이다. 따라서, 지식의 폭은 분과적이면서, 그 폭이 매우 좁아지게 된다. 그러므로 후자의 지식, 즉 학문적 지식과 또 비학문적 지식간의 비율은 학문적 지식 쪽에 높은 것이 당연하다고 할지라도 다소의 비학문적 지식도 교육과정 내용에 포함되어야 한다는 것을 그 준거로 삼아야 한다고 판단된다.

(2) 교육과정 내용으로서의 과정

　지식이 아닌 과정이 교육과정 내용이 되어야 한다고 주장하는 학자들로서는 Smith와 그의 동료들(1950) 및 Parker와 Rubin(1968) 등이 있다. Smith와 그의 동료들은 교육과정 내용의 준거를 비사회학적 이론에 근거를 둔 것과 사회적 분석에 근거를 둔 이론으로 구분하는데, 전자의 내용으로 학문적 지식을 제안하고 후자의 내용을 과정으로서의 내용으로 보고 있으나 전자보다도 후자를 더 강조한다. 사회적 분석에 근거를 둔 이론에 의한 내용들을 살펴보면 다음과 같다.

　① 현 사회적 실재의 분석에 의해 결정된 것
　② 보편적, 근본적, 포괄적인 제도에 의해 정의된 것
　③ 현 사회적 추세에 의해 정의된 것
　④ 중요한 사회적 문제에 내포되어 있는 것(pp. 612~628)

　이 주장은 교육과정의 내용을 사회 중심적인 것으로 규정하고 있음을 알 수 있다. 다시 말하면, 교육과정 내용을 사회 기능론, 사회 진화론, 민주 사회론상에서 규정하고 있다. 그래서 그들의 교육과정 내용관은 현실적이거나 이상적인 사회를 유지, 존속시키기 위해서 학습자들이 어떤 기능, 정보, 태도, 가치를 지녀야 하느냐에 따라서 교육과정 내용을 규정지우려고 하는 것이라고 판단된다. 그러므로 사회에 대한 정보나 지식의 내용보다도 그것을 학습자들이 습득하는 과정을 교육과정 내용으로 본다. 이러한 교육과정관은 학습자의 성장, 경험, 생활 등의 과정을 중시하는 경험 교육과정관이라고 불리운다.

　그런데 주로 지식의 내용보다도 내용으로서의 과정이 교육과정 내용으로 규정되어야 한다고 주장하는 하나의 근거를 Smith와 그 동료들이 마련하였다고 하는 점에 있어서는 그들이 공헌한 바가 크다고 해석된다. 그러나 그런 과정을 사회적인 것에 국한시킨 점은 교육과정 내용으로서의 과정이 협소하다는 문제점을 남겨 두고 있다.

이렇게 협소하게 규정되면, 기성 사회의 이상 또는 현실을 유지 존속시키는 데 교육과정이 집착하게 되어, 결국 창의적 사고, 능동적 활동, 개방된 탐구 활동 등을 저해할 가능성이 있게 되는 것이다.

다음으로, Parker와 Rubin에 의하면, 주로 정보나 지식의 내용이 아닌 이런 내용들을 습득하거나 학습하는 제과정을 교육과정의 내용이라고 규정한다.

> 지식을 이용하고 지식을 전달하는 데는 여러 가지 과정이 있다. 의사 결정에 도달하는 데 있어서, 여러 가지 결과들을 평가하는 데 있어서, 또한 새로운 통찰력을 조장하는 데 있어서도 제과정들이 포함된다. … (과정)은 아주 다양한 모양과 형태로 존재한다. 이들은 과정에 중점을 두고 있기 때문에 내용 그 자체에 대해서보다도 내용을 획득하고 활용하는 방법을 더욱 중요하게 생각한다. 그래서 이들은 지식을 목적으로보다는 오히려 하나의 수단이라고 본다(p. 131).

Parker와 Rubin의 견해는 다음과 같은 두 가지 점에서 논의해 볼만하다.

첫째, 내용이 쓰여져 있는 교재가 교육과정의 내용이냐, 이런 내용이 쓰연진 것을 습득하거나 학습하는 소위 교육의 과정이 교육과정의 내용이냐의 문제이다. Parker와 Rubin의 입장에서 보면, 정보나 지식의 내용이 쓰여진 교재는 후자, 즉 교육과정을 위한 수단에 불과하다는 것이다.

또 하나는, 실험, 실습, 실기를 시켜야 한다는 소위 교수 요목이 교육과정의 내용이냐, 실험, 실습, 실기 등을 실제로 하는 활동 그 자체 또는 그 과정이 교육과정의 내용이냐의 문제이다. Parker와 Rubin은 후자, 즉 활동 그 자체 또는 활동 과정이 교육과정의 내용이 되어야 한다고 주장한다. Parker와 Rubin의 견해에 따르면, 정보나 지식을 습득하는 조작 또는 활동의 제과정이 교육과정 내용을 규정하는 하나의 준거가 된다는 것이 성립하게 되는 것이다.

(3) 종 합

지금까지 논해 온 바에 의하면, 교육과정 내용은 크게 지식(학문에 관한 지식, 비학문적 지식 모두를 말함)과 지식을 습득하는 과정 중의 어느 하나에 치중하여 규정하고 있다. 이런 각 주장들은 교육과정 내용을 지식과 제과정의 비율 결정에 크게 도움이 될 뿐 아니라 교육과정 내용을 규정하는 근거 마련에도 유익하다. 그런데 교육과정 내용을 규정하는 요인을 탐색한다는 점에서 보면, 지식과 제과정이 교육과정 내용을 규정하는 주된 요인이며 가치, 태도 등은 이들 양자에 포함된다고 하는 것을 그 준거로 삼는 것이 타당하다고 판단된다.

2. 실과(기술·가정) 교육 내용의 선정

가. 교육 내용 선정의 준거

어떤 내용을 교육과정 내용에 담아야 할 것인가의 문제는 교육의 목적과 교과의 목표 달성을 결정짓는 중요한 조건 중의 하나이다. 아무리 훌륭한 교육 목표가 설정되었다 할지라도, 구체적으로 그것을 교육 내용 속에 충분히 반영시키지 못하였을 때에는 목적이나 목표는 무의미하며, 소기의 목적은 달성될 수 없다. 그러면 어떤 관점에서 어떻게 반영시킬 때 훌륭한 교육 내용을 담을 수 있을 것인가에 관해서 여러 학자들의 견해를 살펴보기로 하자.

먼저, Tyler(1994)는 내용 선정의 원칙을 학생들이 목표 달성에 필요한 경험을 할 수 있는 기회가 제공되는 경험, 만족을 얻을 수 있는 경험, 현재 수준에서 학생들의 능력 범위 내에 있는 것, 하나의 교육 목표의 달성을 위해 활용될 수 있는 특수한 경험, 동일한 학습 경험은 많은 다양한 성과를 얻을 수 있는 내용을 선정해야 한다고 하였다. 이를 정법모는 기회의 원칙, 만족의 원칙, 가능성의 원칙, 동목적 다경험의 원칙, 동경험 다결과(목적)의 원칙이라고 했다.

이영덕은 교육 목표와의 관련성, 참신성과 신뢰성, 전이 가치, 탐구 정신 및 탐구 방법의 반영도, 폭과 깊이의 균형, 다목적 달성도 등을 들고 있다.

이경섭은 중요성, 유용성, 흥미, 인간 발달을, 함종규는 객관적 기준으로 교육 목적에 부합한 것, 사회의 요구와 필요에 부합한 것, 지역 사회의 요구와 필요에 부합한 것과 주관적 기준으로 학생의 흥미에 부합한 것, 학생의 필요에 부합한 것, 학생의 능력에 부합한 것을, 이성호는 타당하고 유의미한 것, 유용한 것, 학습 가능한 것, 내·외적 관련성, 인간 발달 기준을 들고 있다.

우리 나라 교육과정 개발에서 사용된 교육 내용의 선정 준거로는 다음과 같은 것이 있다(곽병선, 1997).

- 영역 및 항목의 분류는 교과 특성에 따라 타당성, 포괄성, 일관성이 있어야 한다.
- 기본 개념과 원리 및 기능이 중심이 되어야 하며, 참신성, 신빙성이 있어야 한다.
- 목표 달성에 적합해야 하며, 내용 및 행동상의 중요성에 따른 비중이 적절하게 고려

되어야 한다.

- 학생의 발달 정도, 유용성, 흥미와 만족, 학습 기회, 전이가 등이 고려되어야 하고 적절한 양이어야 한다.
- 시대적 요청과 전통 문화의 반영이 있어야 한다.
- 종적 조직에서는 계속성, 계열성이 유지되어야 한다.
- 횡적 조직에서는 통합성, 논리적 순서가 고려되어야 한다.
- 진술에서는 간결성, 명확성, 통일성이 유지되어야 한다.

위와 같은 여러 견해를 종합하여 다음과 같은 내용 선정 기준을 제시하고자 한다.

(1) 교육 목표와의 일관성

교육과정 목표들이 궁극적인 방향을 확립해 주기 때문에 교육과정의 목표들은 최종 결정 요인으로 작용하는 것이다. 그래서 내용 선정을 위한 주된 근거는 항상 교육과정에 진술된 목적, 목표이다. 그리고 교육과정 입안자들은 목표 실현을 성취하는 데 가장 효과적인 내용을 선정하고자 한다. 교육 목표와의 일관성이란 교육과정의 내용은 교육 목표가 지시하는 내용이어야 한다는 의미이다.

한 예로, 씨앗 싹틔우기의 바른 방법을 알고, 싹을 틔울 수 있다는 교육 목표가 설정되어 있다면 씨앗 싹틔우기 기능을 향상시킬 수 있는 경험이 교육의 내용이 되어야 한다. 여기에 교육 목표를 내용과 행동으로 이원적 진술을 하는 이유가 있다. 교육 목표가 교육과정 내용 선정의 기준이 되기 위해서는 충분히 구체적인 용어로 진술되어야 한다.

(2) 기본 개념의 중시

교과 내용의 선정에 있어서 기본 개념을 중시한다는 것은 본질적인 내용을 선정한다는 것이다. 오늘날은 지식과 기술이 폭발적으로 증가하고, 급진적으로 변화하고 있기 때문에, 이 모든 지식을 한정된 학교 교육 시간에 빠짐없이 가르칠 수는 없다. 그러므로 한 지식 영역 가운데서 보다 요소적이며, 기초적이고 본질적인 것을 추출해서 지식의 구조화를 꾀하고, 전이 가치가 높은 지식의 구조, 기본 개념, 일반 원리를 가르치고, 참신한 내용을 학습 경험으로 선택함으로써 여러 상황에 널리 적용될 수 있는 학습 경험이 되도록 해야 한다.

이 원리는, J. S. Bruner의 생각과 일맥 상통한다. 브루너는 지식의 구조를 직접 정의하지 않고, 그 대신에 다음과 같은 간접적인 방법으로 설명했다. 그는 지식의 구조를 '기본 개념과 원리', '일반적 아이디어'라는 말과 동의어로 사용하고 있다. 이것으로 보면, 지식의 구조는 그 교과의 기저를 이루고 있는 기본 개념과 원리를 의미한다고 볼 수 있다. 또한, 지식의 구조를 파악하는 것은 사물이나 현상이 어떻게 관련되어 있는가를 파악하는 것이다. 지식의 구조가 가지는 이점으로는 기억하기 쉽고, 이해하기 쉬우며, 학습 과정에서 배운 내용을 적용하기 쉽고, 기초 지식과 전문지식 사이의 간격을 좁힐 수 있다는 것이다. 이러한 입장에서, '탐구 학습'과 '발견 학습'의 원리를 탄생시켰다. 이는 학생 스스로 탐구하고, 발견하는 과정을 중시하는 것이라 생각된다.

(3) 만족의 원칙

목표와 관련된 학습을 함에 있어서 학생들이 만족을 느끼는 경험이 되도록 해야 한다. 이것은 선정된 학습 경험이 학습자의 능력과 흥미와 필요에 맞아야 한다는 것으로, 아무리 좋은 내용일지라도 학습자의 흥미와 개인적 필요 목적과 무관한 것은 효과적인 학습을 기대하기 어렵다는 것이다.

(4) 학습 가능성의 원칙

선정된 교육과정 내용은 달성 가능한 것이고, 학생들의 성장 발달 단계에 맞는 것이어야 한다는 것이다. 현재 교육과정 내용이 학생들이 접근할 수 없는 내용이라면 당연히 수업에서도 이루어질 수 없기 때문에 학습자의 환경, 현재 수준 등을 고려하여 선정되어야 한다. 즉, 교육 내용은 학생에게는 학습이 가능한 것이어야 하고, 교사에게는 가르칠 수 있는 내용이어야 한다.

(5) 동경험 다목적의 원칙

어떤 경험이든 그 경험이 하나의 목표만을 달성하는 경우는 드물다. 즉, 어떤 목표를 달성하기 위하여 선정된 교육 내용은 그 목표를 달성하는 데 크게 공헌하는 동시에 다른 목표 달성에도 기여한다는 의미이다. 다목적 달성을 돕기 위한 경험 선정의 요인으로는 내용의 풍부성, 독립적 사고를 촉진하기 위한 질문이나 문제의 제시, 다양한 학습 활동을 필요로 하는 내용, 광범한 영역의 자료, 학생의 지적 수준에 일치할 수 있는 설명 방식 등이 고려되어야 한다.

(6) 동목적 다경험의 원칙

교육 경험이 효과적인 학습의 기준에 타당한 것이라면, 그것은 목표 달성에 유용하게 활용될 수 있는 것이다. 어떤 구체적 목표를 달성하는 데는 여러 가지 학습 경험이 고려될 수 있다. 그것은 어떤 구체적 학습 경험을 설계하는 데 있어서는 교사에게 재량권이 부여된다는 것을 의미하고, 또한 학습 경험의 선정에 있어서 선택의 폭을 넓힌다는 의미이기도 하다.

(7) 타당성과 유의미의 원칙

교과 내용이 관련하는 학문에 내재하고 있는 본질적이고 기본적인 내용을 얼마나 충실하게 담고 있느냐를 의미한다.

(8) 교과의 내적, 외적 관계의 원칙

교과 내용과 관련된 학문 분야 안에서 다른 내용들과 유기적인 관련이나 연접을 이루고 있어야 한다. 이는 학문의 본질로 보아 학문에는 여러 가지 수준의 개념·법칙·이론들이 독특한 위계적 구조를 지니고 있기 때문에 교과 내용도 그와 같은 구조적 관련성을 살려서 하향적 수준에서나 상향적 수준에서 또는 병렬적 수준에서 다른 내용들과의 관련성을 지니고 있어야 한다. 뿐만 아니라, 학문간의 폐쇄적인 단절을 막고 내용상의 의미있는 상관적 포섭을 조장하기 위해서도 타학문 분야의 내용과 관련을 맺을 수 있는 잠재적 가능성을 내포한 내용이어야 한다.

(9) 발달 과업의 원칙

발달 과업은 개인의 생애에 걸쳐서, 어떤 특정한 시기에 풀어야 할, 학습해야 할 과업이며, 이 과업을 훌륭하게 성취하면 그 다음 단계에서도 성공적으로 일을 성취하게 된다는 것이다. 이 발달 과업은 신체적 성숙, 개인에 대한 문화적 과정의 압력, 인격적 욕구와 가치관 등의 상호 작용으로부터 주어진다. 그러므로 교육 내용은 피교육자의 각 발달 단계에 주어진 과업을 성공적으로 달성하고 학습할 수 있도록 선정되어야 한다.

나. 교육 내용 선정의 방법

지금까지 서술한 구체적 기준의 척도를 사용하여 실제로 내용을 선정할 때, 사용할 수 있는 방법에 대해 알아보자(권낙원, 1996).

(1) 비판적 방법

이 판단적 방법은 어떤 일련의 기술로 분해될 수 없기 때문에, 교사나 교육과정 구성자가 넓은 사회적 시야와 어떤 교육적, 사회적 목표를 받아들이느냐? 목표들이 바람직하고 교육의 현사태는 어떠한가? 현사태에서 이런 목표 달성을 이루기 위한 교육 내용은 무엇인가? 에 입각하여 교육 내용을 선정하는 방법이다. 여기에서 교사나 교육과정 구성자들은 사회의 여러 전문가들의 연구에서 필요한 지식, 자료들을 추출하여 집단 토의를 하는 중에 상호 비판되고 평가되며 조정되어 내용 선정이 이루어진다. 이 방법의 성공은 비판적이고 유능하며, 사려깊고 성실한 교사, 교육과정 구성자에 의해서만 신뢰할 수 있는 교육 내용이 선정될 수 있다.

(2) 실험적 방법

내용 선정에 있어서 어떤 교육 내용이 달성하고자 하는 목표나 충족시키고자 하는 원칙을 충분히 만족시킬 수 있는가? 하는 점을 실제 실험을 통해서 결정하는 방법으로, 규정된 조건하에서 가능한 한 엄격한 기술로서 이루어져야 하며, 개인적, 집단적인 편견이나 잘못된 판단 또는 다른 요인에 의한 오해를 최소 한도로 줄일 수 있다. 이 방법은 ① 가설, 실험의 착상, ② 실험 조건의 통제, ③ 결과에 대한 객관적 평가, ④ 결과와 가설의 진부 여하에 대한 검증이 필요하고, 이것은 다섯 단계로 구체화된다.

① 목표 또는 원칙에 적합하다고 생각되는 교육 내용의 시험적인 선정
② 시험적으로 선정된 교육 내용이 시험하고자 하는 교육 목표를 충족시켜 줄 수 있는 가설의 설정
③ 실험 조건의 명확(아동, 교사, 학생, 지도법, 자료, 기타 요인의 규정)
④ 결과를 확정하기 위한 객관적 기술(test 또는 관찰 기록)
⑤ 결과에 의한 가설의 검증(시험적으로 선정된 내용이 시험하고자 하는 목표를 달성했느냐, 안 했느냐 하는 것에 대한 검증)

이 방법은 조건 통제에 있어서 모든 요건들을 엄격히 통제하기가 어렵다는 것이고, 따라서 이런 실험에서 얻어진 결과를 신뢰할 수 없다는 점과 학생들의 흥미를 나타내기보다는 이전의 학습 또는 교수의 반응을 나타낼 염려가 있다는 비판의 소리가 있지만, 과학적이며 실증적인 내용 선정의 기저를 마련해 준다고 하여 오늘날 많이 권장되고 있다.

(3) 분석적 방법

이 방법은 널리 알려진 교육 내용 선정 방법의 하나로, 여러 가지 목적 또는 원칙을 확인하기 위해서 사용되지만, 특히 유용성과 밀접한 관계가 있다. 일반적으로, 이 방법은 어떤 활동에 기능적으로 공헌할 수 있는 교육 내용을 발견하기 위해서 인간이 하는 활동을 분석하는 것이다. 활동 분석, 직업 분석, 유용한 지식·기능의 분석을 하고, 이것을 특정 요소로 분해하는데, 이것들에 대한 사실을 수집하기 위해서 면접, 실무 경험, 실무자에 대한 직업 혹은 활동의 분석, 질문지법, 문서 분석, 시찰을 통해 활동 내용을 알아 낸다. 그 다음에는 각 내용들의 상대적 중요성을 발생의 빈도에 다라 결정하는 방법이다.

이 방법은 지식 기능을 극히 적은 요소로 분해하기 때문에, 교수 또는 지도 과정이 너무나 여러 요소로 분해되어 있어서 좋은 학습이 일어나기 어렵다는 것과 분석의 과정은 현재의 분석이지 장래에 어떻게 해야 한다는 것은 시사해 주지 못하기 때문에 앞을 내다보는 교육 내용을 제공하지 못한다는 점이 비평의 대상이 되고 있다. 그러나 과학적이고 실

질적인 내용 선정에 공헌한 바가 크기 때문에 오늘날 널리 인정되고 있다.

(4) 합의적 방법

교육과정은 어떤 것이어야 한다고 믿는 여러 사람의 의견을 수집하는 방법이다. 이 방법의 결과는, 어떤 것은 학교에서 가르쳐야 된다고 믿는 사람의 수, 백분율 또는 특수 집단 등으로 표현된다.

이 방법은 먼저 의견을 집적할 수집 대상자를 선정해야 하는데, 이들은 각 분야의 유지이며, 전문인 또는 지역 대표들로 구성되며, 질문지나 면접, 소집단 협의를 통해 교육 내용에 대한 진실한 의견을 얻고 그 반응 또는 의견에 적절한 표를 작성하여 그것들을 해석하는 방법이다. 이 방법은 사람의 의견이 항상 개인적 관심이나 직업적 편협성 또는 편견으로 흐르기 쉬운 것이기 때문에, 이 방법에 전적으로 동의할 수 없다는 점과 의견의 합의를 위한 노력보다는 한낱 의견의 집적이나 찬반 표시의 표가 될 수 있다는 비평도 있지만, 절차가 간단하기 때문에 연구가 또는 실천가들이 많이 사용한다.

(5) 교과서법

교과에서 가르칠 것을 결정하는 것은 그 방면의 전문가가 할 일이고 교사는 한낱 전문가가 만든 교과서에 대해서 연구하고, 그 학교의 학생들에게 적합한 것을 선정하여 가르치면 된다는 생각을 하고 있다. 그러므로 교과서의 집필자는 여러 자료, 가령 여러 위원회의 보고, 학생들의 흥미, 문제의 과학적 연구, 다른 전문가에 의해서 연구된 지식의 논리적 체계, 어휘의 연구, 자기 또는 타인에 의한 수업의 실험적 연구, 교육 철학 또는 학습 심리학의 연구를 기초로 해서 적절한 교육 내용을 선정 조직해야 한다. 주로 교과 중심 교육과정에서 취하는 방법이다.

이 방법은 학습 심리에 비추어 보면 부적당하나, 국정 또는 검인정 교과서가 갖는 장점과 운영의 간편함과 용이성 그리고 전통적인 교과서 지상주의 견해들 때문에 계속 활용되고 있다.

(6) 무구속법

교과서법과 정 반대의 방법으로 교육과정 내용의 선정은 개개의 교사에게 일임되고, 개개의 교사는 어떤 수단 또는 다른 수단에 의해서 먼저 무엇을 해야 할 것인가를 발견하고, 그 다음에 이것을 하는 데 유효한 자료를 수집한다. 이 방법은 아동 중심 학교에서 채용한 방법으로, 학생들의 노력이 분산되고 문제가 누락되면 교육의 가치 있는 목표가 달성되지 않는다는 문제점을 안고 있다.

(7) 모방 편집법

가위와 풀로 다른 학교의 교육과정 내용을 오려내어 자기 학교의 것으로 편집한다는 것이다. 이 방법은 타학교, 타인들이 좋은 교육 내용으로 연구 선정한 것에서 자기 학교, 자기 학급에 적절한 것을 교육 내용으로 선정하는 것이다. 이 방법은 우리 나라 교육 현장에서 많이 사용되고 있다.

(8) 활동 분석법

인간 생활의 분석으로부터 교육 내용을 선정하는 방법으로, 1920년부터 1930년에 걸쳐 미국에서 성황을 이루었고, 학자로는 Bobbit와 Charters 등이 있다.

기본 개념은 교육이란 훌륭한 성인 생활을 형성하고 또 형성해야 될 모든 활동에 대처하여 준비시키는 것이기 때문에, 그런 활동이란 어떤 것이냐 하는 것을 인간 생활의 주요 영역에 걸쳐 분석, 발견하여 그것을 학생들에게 가르치는 것이 학교의 일이라는 것이다.

이 방법의 단점은, 첫째 사람은 현재 실제로 영위하고 있는 활동과 문화가 지닌 이상과 가치의 실현을 위해 해야 할 활동과의 큰 차이가 있다는 것을 인정해야 하고, 둘째로 활동 분석법에 의해 인간의 활동이 분석되었다 하더라도 사회란 급속도로 변화하기 때문에 그 분석이 완성될 때에는 이미 낡은 것이 되고 만다는 것이다. 셋째로, 이 활동 분석에 의해서 이루어지는 교육과정은 어디까지나 성인 중심이지 학생 중심이 아니란 점을 들 수 있다. 그러나 이 방법은 교육과정의 구성 또는 교육 내용의 선정에 새로운 경지와 가치 있는 많은 자료를 제공하여 준 것으로 높이 평가된다.

(9) 사회 기능법

경험주의 교육 이론에 충실한 구성법으로 개인과 사회의 필요를 동시에 중시한다. 즉, 활동 분석법이 성인의 생활 활동을 분석하여 성인 중심의 교육과정에 빠지기 쉬운 결점이 있는데 반하여, 사회와 개인 두 가지를 동시에 합리적으로 조정하면서 학습자인 아동의 사회 성원으로서의 필요를 결정하기 위하여 사회 생활을 분석하고, 거기에 명시된 사회적 학습의 필요를 범위, 계열로 결정한다. 이 범위에서는 성인 생활이 고려되고, 계열에서는 학생의 생활이 고려되어 학생의 현재 생활의 충실과 장래 생활이 중시되고 있다. 따라서, 조직화된 지식 분포의 중요성, 현대 생활의 이해, 성인들의 활용, 아동의 흥미와 활동 등을 중심으로 교육 내용을 조직하는 것이다.

이 방법은 이제까지의 교과 중심 교육과정의 분리주의 입장을 타파하고, 사회 기능 또는 생활 영역으로 대치하자는 것이며, 종래의 교육 내용이 곧 교과 내용이라는 입장을 타파하고 현실의 중요한 생활 문제, 필요들을 교육 내용으로 하여 생동적인 학습 경험들을 선정하자는 것이다. 그러나 이 방법이 사회 기능에 따른 내용 선정만을 강조하게 되면, 그 내용에 무규범적, 즉 어떤 가치 방향에로의 지향이 없어지고 상응주의에 빠지기 쉽다는 점에 유념하여야 할 것이다.

(10) 청소년 요구법(흥미 중심법)

이 방법은 청소년의 필요와 흥미에 초점을 두고 교육 내용을 선정한다. 사회의 이념과 학생의 문제·필요·흥미에 기반을 둔 교육의 목적 또는 철학이 형성되면, 다음에는 질문지, 면접, 관찰, 사례 연구 또는 청소년 발달에 관한 연구를 통해서 학생들의 공통적인 필요와 문제들을 결정한다. 이렇게 공통적인 문제와 필요가 결정되면, 이것을 다른 경험적인 규준이나 교육 목적, 청소년의 일반적 문제 상황, 문화의 실체, 요망 등을 고려하여 문제 영역을 확정하고, 청소년의 당면한 생활 문제 영역을 중심으로 교육 내용을 조직한다

다. 실과 교육과정 내용 선정의 기준

앞에서 여러 학자들이 제시한 일반적인 교육 내용 선정의 원칙에 대해서 살펴보았다. 이 원칙과 관련하여 실과 교육에서의 교육 내용 선정의 원칙에 대해서 살펴보고자 한다.

곽상만(1988)은 실과 교육의 내용은 그 목표에 비추어 아동이 가정 생활에 필요한 지식과 기술을 습득할 수 있게 선정되어야 한다고 말하고 있다. 이 말은 학습 경험이 추상적 관념적 내용이 아니라 구체적으로 아동의 행동에서 표현되는 초보적이고 기초적인 단계의 것이어야 한다는 의미이다.

학습 경험의 결과가 아동의 생활 속에서 전보다 더욱 발전된 단계에 도달하였다는 것을 아동 자신이 스스로 자각하고, 가족과 함께 보다 나은 생활을 전개하려는 의욕이 생기게 하며, 그것을 시도하려는 내용이어야 한다. 즉, 아동에게 새로운 사고와 행동의 연쇄적 계속적 반응이 나타나고 흥미와 자극을 주는 학습재를 선택, 제공하는 일이 중요하다. 그리고 이러한 학습재는 개별적으로 흩어져 있는 것이 아니라, 종합적으로 가정 생활과 연결되는 것이어야 한다. 또한, 이러한 기본적 관점은 초등학교에서 중학교까지 일관되는 것이어야 한다. 즉, 학교 단계에서 아동 학생의 발달 단계와 그 환경에 따른 생활 경험에 적응한 학습 경험을, 교과의 계통성을 생각해 가며 발전적으로 확대시키면서 편성해 나가는 것이다.

실과 교육에서 교육 내용을 선정할 때 고려해야 할 요인으로, 첫째 환경 실태를 파악하는 일이 있는데, 이것은 아동을 둘러싸고 있는 가정, 지역 사회 등의 생활 실태를 파악하는 일이다. 여기에는 가족 관계, 의식주와 그 관리 운영, 지역의 생활 환경 등이 포함된다. 또한, 사회 요구를 파악하여 검토한다. 사회가 요구하는 바를 파악하여 실과의 학습 경험

을 조직하고 아동을 도야해 나가는 것이 중요하다.

둘째로, 아동의 발달 단계를 파악하는 것이다. 아동의 발달 단계를 파악하기 위한 관점으로서 아동 발달에 관한 관련 학문인 교육 심리학, 아동 심리학, 소아과학, 가정학 등을 활용한다. 또한, 아동 환경과의 상호 관계를 고려한다. 지역 환경의 영향으로, 그 지역의 아동이 특징 있는 발달 단계를 취한다든가 개개인의 가정 환경에서 오는 개인적 발달에 대한 관찰 등을 해야 한다.

실과 교육과정의 교육 내용 선정에는 어떤 원칙이 있는지 살펴보자.

(1) 교육 목표와의 일관성 원칙

실과 교육 내용을 선정할 때, 가장 먼저 고려할 점은 선정된 교육 내용이 초등학교 교육 목적, 교육 목표 및 실과의 목표와 합치되어야 한다는 점이다. 다시 말해서, 바람직한 교육 내용은 교육 목표가 제시하는 대로 행동할 수 있는 기회를 제공할 수 있는 것이어야 한다.

(2) 지식의 참신성과 신뢰성의 원칙

21 C 가 가까워지면서 과학과 기술의 급진적인 발전과 정보 혁명으로 지식의 증가는 가히 폭발적이라 할 수 있다. 이로 말미암아 종전의 지식 형태와 내용이 크게 바뀌고 있는 실정이다. 특히, 실과는 일상 생활에 필요한 기초적인 일의 경험을 통하여 미래의 변화에 대처하고(교육부, 1996, p. 8~9) 인간과 그를 둘러싼 생활 환경을 종합적, 실천적 측면에서 중시하는 교과이므로, 교육과정의 내용도 이러한 상황을 충실히 반영하여 선정되어야 한다. 또한, 실과의 학습 대상이 산업 사회 및 직업에 관한 폭넓은 지식과 정보(p. 6)라고 할 때, 교과 내용의 선정과 조직에 있어서 참신성과 신뢰성을 유지하는 일이 중요하다. 이를 위해 계속적인 연구와 다학문적인 접근을 병행한 학문 연구가 요구된다.

(3) 유용성의 원칙

이 원칙은 교육 내용을 선정하는 데 있어서 그것들이 생활 수행에 얼마나 유용한가라는 견지에서 내용 선정이 이루어져야 한다는 것을 강조하는 말이다.

유용성을 높이려면 인간의 생활을 분석하여 그 활동에 적절한 내용들이 선정되어야 한다. 실과는 실생활 자체를 이해하고, 바르게 경영해 가는 데 필요한 지식과 기능을 배우는 교과(교육부, 1996, p. 7)라는 특성에서 볼 수 있듯이 유용성을 강조한 내용을 교육 내용으로 한다.

(4) 가능성의 원칙

좋은 교육 내용이란 학습자가 실제로 할 수 있는 것이어야 한다. 다시 말해, 학습자의 현재 능력, 경험, 발달 정도를 고려하여 노력하면, 충분히 감당해 낼 수 있는 학습 경험이 좋은 교육 내용이 된다. '일상 생활에서 사용하는 각종 기계 기구와 간단한 연모 등을 직접 만지고 부리며, 실생활에 필요한 간단한 물건을 만들기 위하여 알맞은 재료를 선정하고 필요에 맞게 부리며, 각종 작업을 계획하여 관리하는 일, 그리고 일을 능률적으로 분담하여 처리하는 협동의 실제 등……'(교육부, 1996, p. 8)에서 볼 수 있듯이 실과는 학습자가 실제로 할 수 있는 내용이 교육 내용으로 선정되어야 한다.

(5) 흥미의 원칙

선정된 학습 내용은 아동의 문제, 관심, 목표 등을 고려해서 선정되어야 한다. 따라서, 학습 내용은 학습자가 진정으로 바라는 것을 얻는 데 도움이 되도록 내용을 선정해야 한다. 이러한 원칙이 충족되었을 때, 아동은 성취감과 만족감을 얻기 쉽고, 강한 의욕을 가지고 학습에 임하게 된다. 아동의 발달 단계를 보면, 아동은 자기 주변에서 흔히 찾아 볼 수 있는 일, 즉 자기가 생활하는 환경, 주로 먹는 음식, 자신의 일거리 등에 관심을 갖는다. 실과의 교육 내용 선정에서는, 아동의 사회 심리학적 발달을 생각하여 내용을 선정해야 한다(교육부, 1996).

(6) 실습 중심 내용 선정 원칙

초등학교 실과는 기능 교과의 하나로, 생활 활동의 능률과 효과의 증진을 위하여, 조작, 제작, 노작 활동 등 학생들의 기능상의 재능을 계발하는 교과이다. 또한, 실과는 노작의 체험을 통해 일의 가치를 인식하고, 성취의 기쁨과 보람을 경험하게 하며, 일의 실천이 몸에 배게 하는 교과이고, 기르려고 하는 능력과 태도는 도구를 다루고, 그것을 활용하여 일을 완성시키며, 마무리하는 일의 경험을 통해서만 가능하다(교육부, 1996). 따라서, 학습 내용의 선정은 가급적 실습 활동이 가능한 제재를 선정하고, 이를 실천할 수 있는 주변 여건을 마련하고 지도하는 것이 바람직하다.

(7) 학습 경험 계속성의 원칙

학교에서의 경험이 생활에서 계속적으로 연계될 수 있도록 적절한 내용을 선정하며, 또한 학교 수업만으로 충족될 수 없는 경험은 가정 학습과 관련지어 효과적으로 경험할 수 있는 내용으로 선정하여야 한다.

(8) 지역 사회 특성 고려의 원칙

실과는 실제 생활 속에서 실천적인 측면을 강조하는 교과이다. 따라서, 학습자가 처해 있는 지역 사회의 특수성과 환경에 맞는 내용이 선정되어야 학습자의 흥미와 필요에 부합되어 학습 동기도 쉽게 유발될 것이고, 또한 실제 생활과 일치하므로 학습 후 전이 효과도 높아질 것이다.

(9) 타교과와 균형 유지의 원칙

실과는 다른 교과의 여러 분야에서 다루어지고 습득된 지식과 기능을 연결하고 통합하여 새로운 체계에서 분류, 조직하는 종합 교과이다. 따라서, 실과의 지도 영역은 다른 교과와 밀접한 관계를 가지고 있다. 그러므로 타교과와 동일한 주제를 학습 내용으로 선정할 경우에는, 실과의 특수성을 고려하여 실천을 통한 생활 기능의 향상과 실용성을 강조하는 방향으로 교육 내용을 선정 조직하여 타교과와의 중복이나 논리적 모순을 갖지 않도록 검토해야 할 것이다.

3. 실과(기술·가정) 교육 내용 조직

교육 내용이 선택되면, 다음으로 부딪치는 문제가 "선택된 내용을 어떤 방법으로 조직하여 제공할 것인가"라는 것이다. 즉, 교육 목표를 달성하기 위하여 선정한 교육 내용은 학습자가 학습 현장에서 학습 활동이 구체적으로 전개될 수 있도록 알맞게 조직해 놓아야 한다. 이 내용 조직의 방법에는 두 가지가 있는데, 그 하나는 선택된 내용이 지식이든 경험이든 그 많은 지식과 경험 중 얼마만큼의 양을 제공할 것인가라는 것과 또 양이 결정된 후에 어떤 내용을 먼저 제공하고, 어떤 내용을 나중에 제공해야 하는가의 문제이다. 따라서, 교육 내용의 조직은 선정된 여러 가지 교육 내용을 어떻게 배열하고, 그 범위를 어느 정도까지 한정시키느냐의 문제가 주가 되는 작업이다.

교육이란 단 한번에 목표가 달성되는 것이 아니라 장기간에 걸쳐서 계속적이며 조직적으로 이루어 나가야 할 작용이다. 학습자에게는 시간 단위의 학습부터 일일, 주간, 월간, 학기 간, 학년 간, 나아가서는 입학에서 졸업할 때까지의 여러 가지 내용을 순서 있게 학습해 나아가도록 교육 내용이 마련되어야 한다. 바람직한 태도, 이해, 기능, 사고력, 판단력 등 전인으로서의 행동의 변화가 단기간에 조직적으로 일어날 수는 없는 것이다. 따라서, 선정된 교육 내용을 학습자에게 제시하자면 학습을 위한 내용의 배열, 순서, 범위, 관련 등과 나아가서는 학습 내용의 조화, 균형이 이루어지도록 적절한 조직을 해 놓아야 한다.

일반적으로, 선정된 교육 내용을 조직함에 있어서 학자마다 서로 다른 견해를 보이고 있다. 이영덕은 계속성, 계열성, 통합성을 곽병선은 종적인 측면에서 계속성의 유지와 횡적 측면에서 통합성과 균형성의 유지를 들고 있으며, 김대현은 계속성과 계열성, 수직적 연계성, 통합성을 내용 조직의 준거로 들고 있다.

가. 교육과정 내용의 조직

교육 내용의 조직은 수평적 조직과 수직적 조직으로 나누어 생각해 볼 수 있다(김대현, 1997). 수평적 조직은 교육 내용을 동시에 또는 비슷한 시간대에 가르칠 수 있도록 조직하는 것이고, 수직적 조직은 시간의 연속성을 고려한 교육 내용의 배치를 말한다. 범위(scope)와 통합성은 수평적 조직으로, 계열성(sequence)과 계속성은 수직적 조직으로 본다. 이러한 조직은 어디까지나 학습자의 학습을 위한 조직이 되어야 하며, 교사의 편의나 학문의 체계만을 내세우는 것은 바람직하지 않다. 학습의 효율을 높이기 위한 교육 내용을 조직하기 위한 여러 가지 조직 원리를 살펴보기로 한다.

(1) 교육과정 내용의 범위(Scope)

"얼마만큼의 내용을 제공할 것인가"는 범위(scope)의 문제로 교육과정 내용의 폭과 깊이에 관한 것이다. 그 용어는 표현되는 내용 영역에서 말해질 뿐만 아니라 각 영역에 따르게 되는 영역의 취급 깊이에도 관계된다. 범위(scope)와 관련지어 교육과정은 학문과 비형식적인 자원으로부터 오는 내용을 내포해야 할 것인가? 모든 학생들은 어떤 내용을 필수적으로 학습해야 할 것인가? 어떤 내용이 선택한 것에 내포되어야 하는가? 어떤 내용이 학교 범위 밖에 있는 것이며, 그것은 전적으로 배제되어야 하는가? 등을 고려해야 한다. 범위(scope) 문제는 시대의 변화에 따라 크게 확장되어가고 있다. 다시 말하면, 교육 내용의 수평적, 횡적 견지에서의 조직 작업이다. 여기서는 선정된 학습 내용을 서로 어떻게 통합적, 병렬적으로 조직하느냐의 문제가 초점이 되는 것이다. 따라서, 한 학습 내용과 다른 학습 내용과를 어떻게 상관 통합시키느냐의 문제가 된다.

이 범위의 개념을 이성호(1989)는 다음과 같이 말하고 있다.

"범위의 문제란 어떠한 내용을 얼마만큼이나 폭넓고 깊이 있게 다루어야 하느냐 하는 문제이다. 많은 교과목들을 그냥 쭉 옆으로 나열해 놓기만 하면 교육과정이 조직되는 것은 아니다. 조그만 구멍가게에서 얼마 되지 않는 상품을 진열할 때도, 그것을 마구 늘어놓는 것이 아니라, 주인 나름대로 선택된 물건들이 어떤 원칙에 입각해서 진열되는 것이다. 제한된 공간, 제한된 대상, 제한된 시간 속에 많은 과목을 끝없이 늘어놓을 수만은 없다. 그렇다고 해서 소수의 제한된 과목만을 갖고 한없이 파고 들어갈 수도 없는 것이다. 폭이 넓어질수록 깊이는 얕아지고, 깊이가 깊어질수록 폭은 좁아질 수밖에 없다. 이러한 폭과 깊이의 딜레마는 교육과정 조직에서 언제나 의사 결정이 어려운 문제이다."

"내용을 얼마만큼의 폭과 깊이로 제공할 것인가"에는 몇 가지의 형태가 있는데, 첫째로 가장 가치 있는 지식을 선택하여 교과별로 제공하는 형태와, 둘째로 세분화된 교과간의 벽을 허물어 여러 교과의 관련된 내용들을 통합시킴으로써 보다 융통성 있게 교과를 조직하여 제공하는 형태, 셋째로 학생들에게 의미 있는 문제들이나 활동들을 중심으로 하여 그 문제나 경험들에 부딪쳐 나아가는 과정에서 실질적인 경험과 통찰력을 배양시키고자 제공하는 형태, 넷째로 어떤 개별적인 학생에 맞게 범위를 조직하여 제공하는 형태 등이 있다.

이경섭(1990)은 경험을 중심으로 내용을 엮어 제공할 때의 범위의 결정 방법 네 가지를 소개하고 있다.

① 사회 생활의 여러 가지 기능을 조사하여 그 기능에 맞게 내용을 엮는 방법

② 어떤 세력들이 사회 기능 수행에 영향을 미쳤는가를 조사하여 그 세력을 이해하도록 내용을 엮는 방법

③ 청소년의 욕구와 발달 과업, 그들이 당면한 문제들을 조사하여 그 문제들에 맞게 내용을 엮는 방법

④ 항상 접하고 있는 주위의 생활 장면을 분석하여 그 생활 장면에 적응할 수 있도록 내용을 엮는 방법

(2) 교육과정 내용의 계열성(sequence)

선정한 내용의 폭과 깊이를 고려함과 동시에 고려되어야 하는 계열성(sequence)은 교육과정 내용이 제시되는 순서라고 정의할 수 있다. 계속성은 하나의 교육과정 요소가 동일한 수준에서 반복되는 것을 의미하는데 반하여 계열성은 선행경험 혹은 내용을 기초로 하여 다음 경험 혹은 내용이 개발되어 점차적으로 깊이와 넓이를 더해 가는 것을 의미한다. 즉, Bruner가 말한 나선형 형태의 반복적인 계열을 주축으로 한 조직원리라고 볼 수 있다. 계열성은 "어떻게 가르칠 것인가"라는 가르치는 방법과 직접적으로 관련되고, 어떤 준거가 수업 자료의 연속적인 순서를 결정하는가? 다음에는 무엇이 따르는가?, 학습자가 어떤 내용을 습득하는 데 있어 가장 바람직한 시간은 언제인가?에 대한 고려를 내포하고 있다. 그러나 반복적인 계열성에는 미분화에서 분화로 발전하는 심리 계통과 이를 주축으로 한 논리적 연결의 계통이 포함되어 있지 않으면 안 된다. 그렇지 못할 때는 발전적인 반복의 계열을 조직할 수 없다. 이 계열성은 학습자의 학습 능력을 고려하면서 교과 내용을 순차적으로 조직하는 학습 과정의 측면에서 보는 계열성도 유지해야 한다. 그러므로 계열성은 내용의 수직적 조직이라고 할 수 있다(이경섭, 1983).

내용의 계열성 결정은 기본 영역 내의 기본 가정들과 긴밀히 관련되어 있고, 어떤 자료가 내용의 특수한 계열성에 어떻게 밀접히 부착되느냐의 교재의 구조 혹은 인간 학습을 다스리는 심리학적 이론과 같은 문제에 따라서 그 자료가 배치되는 것에 의존하게 된다.

다시 말하면, 교육 내용의 수직적, 종적 견지에서의 조직 작업 문제이다. 이것은 선정된 학습 내용을 어떤 순서와 계열에 따라 배열할 것인가가 작업의 초점이 되는 문제이다. 한 예로 17세기에 코메니우스(J. A. Comenius)는 학교에서의 모든 활동을 단순한 것부터 복잡한 것으로 조직해 나가도록 주장하였다. 우리가 계열성에 관하여 지금까지 교육 실제에서 사용하여 왔던 원칙을 살펴보면 다음과 같다.

- 단순한 내용에서 복잡한 내용으로
- 친숙한 내용에서 미친숙한 내용으로
- 부분에서 전체적 내용으로 또는 전체에서 부분적인 내용으로
- 선수 학습에 기초해서 그 다음 학습으로
- 사상의 역사적 발생 순서대로
- 현재에서 과거로(과거에서 현재로)
- 구체적인 개념에서 추상적인 개념으로

일반적으로, 교육과정 내용 조직에서 과정의 계열성 확보 문제는 크게 두 가지 입장의 견해로 나뉘어져 왔다. 하나는 상향적 접근(bottom-up views)이고, 다른 하나는 하향적 접근(top-down views)이다. 상향적 접근은 기본적으로 1960년대 이후 발전된 학습 위계에 기초해서 교육과정 내용 조직의 계열성을 확보하는 것이다. 예컨대, R. M. Gagné가 [그림 7-3]과 같이 여덟 가지 학습 유형을 위계적으로 분류하여 누적 학습의 모델을 제시한 것도 좋은 기준이 된다고 볼 수 있다. 그에 따르면, 학습의 위계란 보다 낮은 수준의 기능으로부터 보다 높은 수준의 기능으로 연결되는 일련의 지적 기능의 모음을 의미하는 것이다(이성호, 1989). 즉, 문제 해결 학습은 전제 조건으로서 원리 학습을 필요로 하고, 제6유형은 제5유형을, 제5유형은 제4유형 혹은 제3유형을, 제4·3유형은 제2유형을, 제2유형은 제1유형을 필요로 하는 형태로 조직된다. 이러한 학습 위계에 따른 상향적 교육과정 조직은 그 접근이 지극히 원자론적이고, 결합주의적이며 귀납적인 데 특징이 있다.

한편, 교육과정 내용 조직에서의 계열성은 반

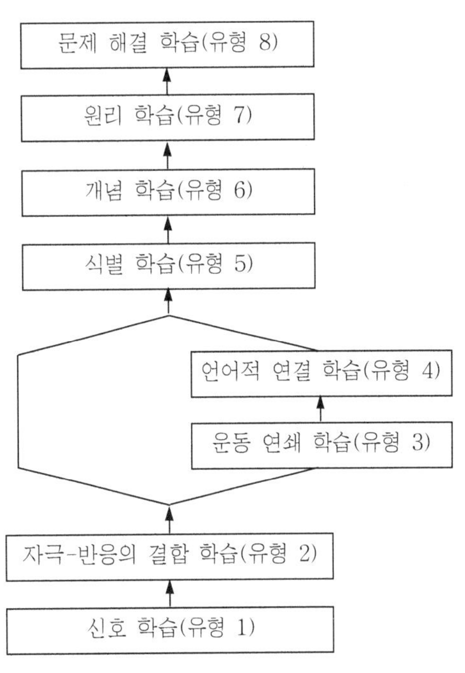

[그림 7-3] 가네의 학습의 위계

드시 학습자의 인지적 사고의 발달만을 고려하기보다는, 학습자의 정의적 영역의 발달 과정도 고려하여야 한다는 견지에서도 생각해 볼 필요가 있다.

김대현(1997)은 내용을 계열화하는 방법 7가지를 다음과 같이 제시하고 있다.

① 연대순 방법 : 다루게 될 교과의 내용이 시간의 흐름과 관련 있을 때 의의가 있다.

② 주제별 방법 : 내용을 여러 단원들로 묶지만, 단원들이 상호 독립적이어서 학습자가 새로운 단원을 학습하기 전에 이전 단원에서 배운 정보를 활용할 필요가 없을 때 사용한다.

③ 단순에서 복잡으로의 방법 : 기초적인 내용이 보다 복잡한 내용의 앞에 오도록 순서 짓는다.

④ 전체에서 부분으로의 방법 : 전체에 대한 이해가 부분들을 이해하는 데 필수적일 때 사용된다.

⑤ 논리적 선행요건 방법 : 어떤 내용을 학습하기 위해서 반드시 배워야 할 내용이 있을 때 사용한다.

⑥ 추상성의 증가에 의한 방법 : 교육 내용을 학습자가 친숙한 것으로부터 시작하여 점차 낯선 것으로 안내되도록 배치한다.

⑦ 학생들의 발달에 의한 방법 : 학생들의 인지, 정서, 신체 등은 일정한 단계를 거쳐 발달한다고 생각하고, 이 단계에 맞추어 교육 내용을 배열한다. Piaget의 인지 발달 이론, Erickson의 인격 발달 이론, Havighurst의 발달 과업 이론 등은 교육 내용을 배열하는 데 도움을 준다.

또한, 계열성은 교육과정 개발의 여러 수준과도 관계되는데, 국가가 학교, 교과, 학년, 단원의 계열성을 결정하기도 하며, 지방교육청이나 학교에 계열성을 결정하는 권리의 일부를 위임하기도 한다(김대현 외, 1997).

우리 나라의 국가 수준의 교육과정에서는, 첫째 학교급별로 학생들이 배울 교과의 순서를 제시하고 있다. "초등학교 제7차 교육과정의 경우 교과는 국어, 도덕, 사회, 수학, 과학, 실과(기술·가정), 체육, 음악, 미술, 외국어(영어)로 한다. 1, 2학년의 교과는 국어, 수학, 바른 생활, 슬기로운 생활, 즐거운 생활, 우리들은 1학년으로 한다(교육부, 1997)."에서와 같이 초등학교에서 10개 교과를 이수하도록 제시하고 있다.

둘째, 학년별로 학생들이 배울 교과의 순서를 제시하고 있다. 예를 들어, 제7차 교육과정에서 1, 2학년에서 국어, 수학, 바른 생활, 슬기로운 생활, 즐거운 생활, 우리들은 1학년을 배우고, 3학년부터 외국어를 포함한 9개 교과를 배우고, 5학년부터 실과 교과를 포함한 10개 교과를 배우도록 하고 있는 경우다.

셋째, 국가 수준의 교육과정에서는 계열성의 문제와 관련하여 학교에 다음과 같은 권한을 부여하고 있다. 국가 수준의 교육과정에서 교과별 교육과정은 학년별로 그 내용이 제시되어 있는데, 이것은 학습의 순서를 의미하는 것이 아니다라는 것이다. 교육과정 편성 운영 지침에서는 "교과와 특별 활동의 내용 배열은 반드시 학습의 순서를 의미하는 것이 아닌 예시적인 성격을 지니고 있으므로, 필요한 경우에 지역의 특수성, 계절 및 학교의 실정과 학생의 요구, 교사의 필요에 따라 각 교과목의 학년별 목표에 대한 지도 내용의 순서와 비중, 방법 등을 조정하여 운영할 수 있다(교육부, 1997)"고 되어 있다. 그러므로 실과의 경우, 꽃과 채소 가꾸기와 같이 계절이 고려되어야 할 내용은 교육과정의 순서에 얽매이지 않고 학교의 교사 수준에서 재구성될 수 있다.

(3) 계속성의 원리

계속성의 원리는 계열성의 원리와 밀접한 관계를 가지며, 학습 내용을 일정한 순서로 계열화시켰을 때, 내용의 조직에 있어서 내용(경험 내용)의 여러 요소가 어느 정도 조직에서 반복되어야 할 것이냐에 대한 문제이다. 즉, 어떤 교육 목표가 학습자의 행동 속에 실현되기 위해서 그리고 쉽게 망각되지 않을 정도까지 학습되기 위해서는 그 목표가 지시하는 지식이나, 과정이나, 행동 양식이 어느 기간 동안은 계속 반복되어야 한다는 것이다. 다시 말해서, 계속성은 이전에 배운 내용과 앞으로 배울 내용의 관계에 초점을 둔 것으로, 특정한 학습의 종결점이 다음 학습의 출발점과 맞물리도록 교육 내용을 조직하는 수직적인 조직의 하나이다.

계속성은 다음 세 가지 방식으로 전개될 수 있다.

첫째, 교과 내용 분야에서의 계속성은 1학년부터 10학년까지 10년간의 국민 공통 기본 교육과정의 실과 교과의 경우, 5학년부터 10학년까지의 교육과정 내용이 서로 관련지어 조직되어 있음을 볼 수 있다. 예를 들면, 5학년의 컴퓨터다루기, 6학년의 컴퓨터 활용하기, 7학년의 컴퓨터 정보 처리, 8학년의 컴퓨터와 생활은 계속성의 원리가 적용된 교육과정 내용으로 국가적인 수준에서의 교육과정 개발을 통하여 확보될 수 있다. 둘째는, 각급 학교 수준간에, 그리고 동일한 수준에서의 교과목 상호간에 계속성을 기하는 일, 그리고 셋째는 개개 학습자의 경험 속에서 계속성을 기하는 세 가지 방식으로 전개될 수 있다. 두 번째와 세번째의 계속성의 계획은 각각 단일 학교 체제 속의 교육과정 개발 과정에서 확보될 수 있는 문제라고 본다.

위와 같이, 계속성의 원리는 교육과정 개발의 여러 단계에서 강조된다. 먼저, 국가 수준의 교육과정 개발 단계에서 학교급, 학년, 학기, 단원간의 계열성이 유지되도록 노력하고 있으며, 지방 교육청 또는 학교는 지역이나 학교의 특수성에 비추어 교육 내용의 계열성을 유지하려고 노력하고, 교사는 학생들이 배울 내용을 이전 단원이나 같은 단원의 앞에 제시된 내용과 관련시키는 계속성의 원리를 반영하고 있다.

(4) 통합성의 원리

계속성, 계열성은 내용의 종적 조직에 관한 것인데 반해 통합성은 횡적 조직이다. 통합성의 원리는 개개의 학습 경험이 상호 연결되고 학습자의 경험 속에 의미 있게 통합됨으로써 효과적인 학습과 성장을 촉진할 수 있다는 점에서 수평적인 계속성의 문제, 연계성의 문제와도 일맥 상통한다(유광찬, 1994). 즉, 수업의 효과를 높이기 위하여 관련 있는 내용들을 동시에 또는 비슷한 시간대에 배열하는 것을 말한다(김대현 외, 1997). 통합성의 원리가 추구하는 근본적인 목표는, 통합·조정된 내용을 어떻게 하면 학습자에게 잘 제공할 수 있느냐 하는 데에 있다.

이를테면, 실과에서 가지는 학습 경험을 통하여 학습된 이해나 태도가 다른 교과 영역에서의 경험과 관련되고, 거기서 반복, 활용, 보강될 수 있다는 것이다. 각 교과목간에 밀접한 관계가 지어질수록 각 교과목 내에 있어서의 학습이 더욱 효과적일 뿐만 아니라 전 교과에 걸친 학습이 통합된 전체로서 학습자의 계속적인 성장에 영향을 미친다. 통합성은 학습 경험의 통합을 보다 용이하게 해 주기 위한 시도로서 여러 가지 내용 조직의 방법이 제안되고 실천되어 왔다. 소위 상관형, 광역형, 융합형, 통합형 등의 명칭으로 불려지는 내용 조직의 방법들이 바로 학습의 통합을 하기 위해 고안된 것이었다.

교육과정 조직의 통합성에 대한 관심은 특히 1960년대 이후 교육과정 개혁 운동이 많은 새로운 지식의 영역을 끌어들이기 시작한 이후에 더욱 높아졌다. 새로운 지식의 영역을 넓혀서 늘어놓는 데 열중한 나머지 통합화의 목적을 경시하게 된 것이다. 즉, 교육과정이 자꾸만 분과주의로 되면서 그 내면적인 통합이 이루어지지 못하게 된 것이다. 하지만 교육과정 전문가들은 교육 내용이 반드시 학년이나 교과로 조직되어야 한다는 생각을 갖지 않도록 하는 데 주의를 기울이고 있으며, 교육과정 개발의 여러 단계에서 통합화가 시도되고 있다.

국가 수준에서는 교육 내용의 통합적 구성이 교육 내용의 논리적 관련성, 사회적 적합성, 개인적 유의미성을 높인다는 점 때문에 일부 교과를 통합 교과(초등학교 우리들은 1학년, 바른 생활, 슬기로운 생활, 즐거운 생활로 편성하고, 학교 단위의 통합적 교과 운영을 강조하고 있다.

(5) 균형성의 원리

균형성의 원리를 확보하기 위한 대전제는 학습자의 개별화 원칙에서 찾을 수 있다. 우리가 교육과정 조직에서 종, 횡 또는 수직적, 수평적 차원의 양면을 보다 균형 있게 반영시키려면, 주어진 시점에서 곧 개개 학습자의 능력, 흥미, 요구, 발달과업 등에 따라 이루어질 수밖에 없다고 본다.

균형성을 확보하기 위해서는 무엇보다도 융통성 있는 수업 시간 계획이 필요하다. 융통성 있는 수업 시간 계획의 필요성이 점증하는 것은 여러 가지 이유에서이다. 우선, 모든 교과는 반드시 똑 같은 시간 동안 가르쳐져야 한다는 논리적 이유의 타당성을 찾기 어려운 데서 기인한다. 또한, 똑 같은 양의 시간이 매주 모든 교과에 똑 같이 할당되어야 한다는 논리적 근거도 희박하다. 뿐만 아니라 교수 모형도 모든 교과에서 매일 같이 표준화되어 똑같이 쓰여야 한다는 점도 더더욱 성립되지 않는다.

이러한 새로운 각성들이 학교 시간 계획의 융통성을 점차 보편적으로 받아들이게끔 한다. 이것이 곧 교육과정 조직의 균형성을 확보해 주는 원동력이 되고 있는 것이다(유광찬, 1994). 특히, 실과의 경우는 실습을 주로 하는 교육과정 내용이 많기 때문에 시간을 융통성 있게 사용하면 효과를 거둘 수 있다. 특히, 현행 6차 교육과정의 경우, 실과 시간이 1시간씩 편성되어 있는데 실습이 있을 경우 2시간을 연속해서 사용하여 실습 시간을 확보하고 있다.

나. 교육과정 내용의 조직 방법

선정된 교육 내용을 조직 원리에 입각하여 조직하고자 할 때, 구체적인 조직 방법에는 어떤 것들이 있는지 학자들의 교육 내용 배열 방법을 살펴보고자 한다.

W. H. Schubert는 전문가들이 작성한 교과서의 내용 배열 순서, 능동적 의사 결정권자로서의 교사가 실제 수업 현장에서 결정한 내용 배열 순서, 학문의 본질적인 구조에 의한 내용 배열 순서(Bruner), 학습 과제 위계 분석에 따른 내용 배열 순서(Gagné), 학습자의 발달 단계에 따른 내용 배열 순서(Piaget)에 따라 교육 내용을 배열하였다.

이경섭은 단순한(쉬운) 내용에서 복잡한(어려운) 내용으로, 친숙한(가까운) 내용에서 친숙하지 않은(먼) 내용으로, 구체적 내용에서 추상적 내용으로, 부분적 내용에서 전체적 내용으로(또는 전체적 내용에서 부분적 내용으로), 선수 학습 내용에서 다음 학습 내용으로, 현재의 내용에서 과거의 내용으로(또는 과거의 내용에서 현재의 내용으로) 배열하였다.

함종규는 논리적 배열 방법, 심리적 배열 방법으로, 김대현은 연대순 방법, 주제별 방법, 단순에서 복잡으로의 방법, 전체에서 부분으로의 방법, 논리적 선행요건 방법, 추상성의 증가에 의한 방법, 학생들의 발달에 의한 방법에 따라 배열하고자 하였다.

교육과정 계획에 있어서 교육과정 내용의 조직은 교과의 논리와 학습자의 심리를 고려한다. 교육 내용의 조직은 학습자의 발달 단계에 따라 그 특성에 알맞게 조직되어야 하고, 선정된 내용이 학습자의 능력에 따라 배열되어야 한다. 교육과정 내용의 조직 방법으로는 논리적 방법, 심리적 방법, 절충적 방법이 있으며, 그 내용은 다음과 같다(김봉수, 1987).

(1) 논리적 배열 방법

전통적인 배열 방법인 논리적 배열은 교육 내용을 연속적으로 발전시켜 가는 방법으로 각 교과나 교재 내용의 논리적 체계에 따라 교육 내용 상호간의 밀접한 연결을 통해 구체적인 것에서 추상적인 것으로, 내용을 이해하기 쉬운 것부터 어려운 것으로, 가까운 것부터 먼 것으로, 간단한 것에서 복잡한 것으로 배열하는 방법으로, 주로 교과를 중심으로 한 교육과정 계획에서 적용되며, 이 방법에는 그 내용으로 보아 두 가지가 있다.

첫째는, 교과서에 따라 논리적으로 내용을 배열하는 방법이고, 둘째는 전문가에 의하여 논리적 순서, 시간과 장소와의 관계, 개념, 의식, 기능의 발달 등을 판단하여 교육 내용을 배열하는 방법으로 학생들의 심리적 발달에 따르도록 하는 것이다.

예를 들면, 단추달기에서 시작하여 여러 가지 운침법으로 들어가는 것과 같이 난이도를 고려하면서 배열하는 것이다. 또, 기초적인 것에서 응용적인 것으로, 그 발전이나 전이를 고려하여 배열하는 것이며, 초보적인 것에서 고도의 것으로, 기술적인 계통성을 따르는 것을 의미한다.

기초적인 것이란 개시적(開示的)으로 보다 넓게, 보다 높게 내용 분야를 넓히는 작용을 하는 것이라 할 수 있다. 그러나 이 논리성을 너무 중시하면 아동이 흥미를 잃게 되거나 수동적인 입장에 서게 할 염려가 있다(곽상만, 1988).

(2) 심리적 배열 방법

이는 아동의 일상 생활 속에서 흥미나 관심, 필요성, 학습의 난이도, 학습의 성공이나 실패가 학습자에게 미치는 영향 등을 고려하여 심리적 요구에 합치되도록 배열하는 방법이다(곽상만, 1988).

어린이들이 "시간을 지킨다, 물건이나 돈을 아껴 쓴다, 정리정돈을 잘한다, 규칙적인 생활을 한다" 등 일상 생활에 대하여 흥미와 관심을 갖게 되고 의욕적인 학습을 유도할 수 있지만, 그렇게 흥미가 있는 내용으로만 배열하는 경우, 전체적인 교육과정 내용의 관련성을 잃을 염려가 있다. 그러므로 교재의 배열은 논리적 배열 또는 심리적 배열에 편중되지 않도록 양자의 통합을 꾀하여 적절한 배열이 되도록 해야 하며, 아동의 일상 생활로 전이 정착할 수 있도록 해야 한다.

(3) 절충적 배열

이 방법은 앞에서 살펴본 두 가지 방법을 절충한 것으로 학습자의 심리적 특성을 최대한 살리면서, 한편으로는 내용의 논리적 순서와 그 발전이 보장되도록 배열하는 방법이다. 교육 내용 조직에 있어서는 양자의 극단보다는 통합과 조화의 견지에서 배열되어야 어느 한 면만을 강조한데서 생기는 문제점을 막을 수 있다.

다. 실과(기술·가정) 교육과정 내용의 조직 방법

곽상만(1988)은 실과 교과에서 제재와 교재 배열에는 아동의 발달 단계와 흥미·관심, 사회적 요구와 역사적·논리적·윤리적 수용, 그리고 교육과정 전영역 및 중학교와의 관련을 고려할 것을 주장했다(p. 148). 그리고 제 6 차 교육과정에서의 실과 교과의 내용은 학생들이 실생활에서 접할 수 있는 일감으로 선정하여, 그 일감을 해결하는 데 필요한 수단의 차원에서 그 일감의 요소 기능을 단계적으로 체험할 수 있도록 조직하였다.

일감의 배열은 내용의 계속성과 계열성, 학생의 발달 단계 등에 따라 체계화시켰다. 제 6 차 실과 교육과정에서의 내용 조직 방법은 다음과 같다(교육부, 1995, p. 10). 이것은 논리적 조직과 심리적 조직의 어느 것에도 편중되지 않은 절충적 조직 방법이라고 할 수 있다.

(1) 영역 중심으로 구성

제 7 차 교육과정에서는 가족과 일의 이해, 생활 기술, 생활 환경과 자원의 관리 영역으로 구분하였다. 이는 실과가 초등학교 5학년부터 10학년까지 기술·가정과 함께 내용 조직 방법을 택하면서 3개 영역으로 구분하여 내용을 조직하게 되었다.

(2) 학생의 발달 단계에 따른 내용의 배열

학년별 내용의 배열은 학생이 가정에서 차지하는 위치와 그들의 발달 단계에 따른 조작 능력 등을 고려하여, 쉬운 것에서 어려운 것으로, 단순한 것에서 복잡한 것으로, 자기 주변의 일에서 먼 곳에 있는 일의 순으로 체계화하였다. 이것은 선행 기능을 습득해야 다음 단계의 기능을 습득할 수 있다는 기능 학습의 순서에 따른 것이며, 발달 단계에 따른 실천력과 생활에의 적용력을 고려한 배열이라고 할 수 있다.

4. 실과(기술·가정) 교육 내용의 방향

가. 실과 교육 내용 선정과 조직의 변천

실과 교육과정 변천의 특징을 최유현(1997)은 내용 선정 방식에 따라 크게 세 가지로 나누어 제시하였다. "실과 교육의 모학문에서 내용 영역을 세분화하여 제시하는 '내용 영역 중심의 접근 방식'과 통합적 관점에서 내용을 제시하는 '통합 중심의 접근 방식'이다. 이 방식은 다시 내용을 중심으로 제시하는 '통합 내용 중심의 접근 방식'과 활동을 중심으로 제시하는 '통합 활동 중심의 접근 방식'으로 분류될 수 있다."고 하였다(p. 61).

이러한 기준에 따라 최유현(1997)은 제1차 실과 교육과정에서 제3차 실과 교육과정까지를 '내용 영역 중심의 접근 방식'으로, 제4차 실과 교육과정에서 제5차 실과 교육과정까지를 '통합 내용 중심의 접근 방식'으로, 제6차 실과 교육과정을 '통합 활동 중심 접근 방식'으로 분류하였다([표 7-1] 참고).

[표 7-1] 실과 교육과정 내용 변천에 따른 내용 선정 방식의 비교

접근 방식	교육과정기	내용 영역	특징
내용 영역 중심 접근	제1차 교육과정	미화 작업, 재배, 사육, 공작, 기계 기구 다루기, 조리, 재봉 뜨게, 세탁 염색, 위생 보건, 문서 정리 등의 10개 영역	• 내용을 일감, 기능, 이해로 제시 • 기능에서 남녀 구분하여 지도
	제2차 교육과정	재배, 사육, 일, 기구 제작, 관리 교육, 가정 교육 등의 7개 영역	• 생산성과 유용성이 강조되어 재배·사육 영역 강조
	제3차 교육과정	재배, 사육, 설계 공작, 기계 기구 조작, 경영 계산, 식품 조리, 재봉 세탁, 주택 및 환경 위생, 생활 계획 등의 9개 영역	
통합 내용 중심 접근	제4차 교육과정	생활 계획과 관리, 생활 기능, 소비와 절약, 일과 직업의 이해 등의 4개 영역	• 진로 교육 도입
	제5차 교육과정	생활 계획과 관리, 생활 기능, 소비와 절약, 일과 직업의 이해 등의 4개 영역	• 실습 길잡이 교재 발행 • 컴퓨터 교육 도입
통합 활동 중심 접근	제6차 교육과정	다루기, 만들기, 가꾸기 및 기르기, 건사하기 등의 4개 영역	• 행동 영역 중심 • 3학년부터 이수(주당 1시간)
통합 내용 중심 접근	제7차* 교육과정	가족과 일의 이해, 생활 기술, 생활 자원과 환경의 관리의 3개 영역	• 5학년부터 이수(주당 2시간)

자료 : 최유현, 1997, p. 61.

* 제7차 교육과정은 필자가 추가

최유현의 분류 방식을 따르면, 제7차 실과 교육과정은 '통합 내용 중심의 접근 방식'으로 분류할 수 있다. 이것은 실과 교육과정의 전체적인 변천으로 볼 때, 제4차와 제5차의 접근 방식과 일치한다. 제7차 실과 교육과정은 '가족과 일의 이해, 생활 기술, 생활 자원과 환경의 관리'라는 세 영역으로 나누어 제시하고 있다(교육부, 1997). 앞으로의 실과 교육과정의 개발 방향은 위에 제시한 세 가지 접근 방식과 함께 '통합 활동 중심의 접근 방식'과 유사한 학생들에게 문제 해결이나 설계의 과정을 중요시하는 '과정에 터한 접근 방식'으로 나아가야 한다.

나. 실과 교육 내용 선정과 조직의 과제

실과 교육 내용의 선정과 조직에 있어서 이화진(1999)의 구성주의에서의 교육과정 내용 구성에 관한 제언(pp. 42~44)을 기초로 실과 교육 내용 구성의 방향을 모색해 보고자 한다.

(1) 절대적 가치를 지닌 교육 내용 대 소재로서의 교육 내용

구성주의 관점에서 교육 내용은 더 이상 절대적 가치를 지닌, 그 자체로 '가르칠 만한' 내재적 가치를 지닌 것으로 여겨지지 않는다. 그러한 교육 내용은 숙달되기보다는, 학생들의 인식 세계를 풍부하게 구성하는 소재 내지 자료로서 활용될 뿐이다. 이러한 소재 내지 자료로서의 교육 내용은 체계적 지식으로 구성된 교과 지식에 국한되지 않는다. 학습자의 의미 있는 인식 구성을 도울 수 있는 자료이면 그 형태가 어떻든 간에 교육 내용으로 활용될 수 있을 것이다. 예컨대, 영화, 소설, 만화, 신문, 음악, 사진 등 인류가 창조한 모든 경험 세계를 자극하고, 인식 세계의 지평을 확대하는 자료로서 활용할 수 있을 것이다. 물론, 실과에서는 학생들의 직접적 체험 활동(hands-on activities) 및 간접적 경험 또한 유용한 교육 내용임에 틀림없다.

(2) 이론적 지식의 강조 대 실제적 지식의 강조

객관주의 인식 원리에 따라 구성된 지식의 대부분은 현실 경험 세계를 추상화한 이론적 지식의 형태를 지닌다. 그러한 이론적 지식은 현상적 세계와 구분되는 본질적 실재 세계를 표상한다고 간주된다. 따라서, 객관주의 전통에 입각한 학교 교육에서 가르쳐지는 지식은 해당 분야의 전문가가 획득한 본질적 지식, 이론적 지식으로서, 학생들은 학자들이 수고하여 발견한 지식을 교사의 자세한 설명을 통해 차곡차곡 정확하게 수용하게 된다.

이러한 이론적 지식을 얼마나 잘 수용했느냐에 따라 학습의 성공 여부가 판명된다. 즉, 중요한 것은 수용의 양이지 그러한 학습을 통해 학습자의 세계관이 얼마나 달라졌는지, 자연 세계를 대하는 태도가 어떻게 변하였는지 등의 학습의 질은 성공적인 학습의 지표가 되지 못한다.

하지만, 이러한 이론적 지식의 수용으로서의 학습은 무엇보다도 지식의 활용면에서 볼 때, 치명적인 문제점을 갖는다. 학습 또는 교육을 하는 목적이 지식의 전달과 수용에만 있다고 할 때, 객관주의의 학습은 아무런 문제를 갖지 않는다. 그러나 지식을 활용하여 새로운 문제를 해결하거나, 나아가 문제 자체를 스스로 제기할 수 있는 능력을 전제한다고 할 때, 이론적 지식의 전달과 수용을 주목적으로 하는 객관주의 교육은 한계가 있다.

많은 인지 학습 관련 연구에 따르면, 탈맥락적인 이론적 지식 교육은 지식의 불활성(inert knowledge) 문제를 제기한다. 즉, 주입식으로 배운 지식은 기억에 머무를 뿐 실제적인 문제 사태에 직면했을 때 필요한 적절한 지식이 활성화되지 않는다는 것이다.

지식의 불활성 문제를 초래하는 원인에는 여러 가지가 있을 수 있지만, 많은 연구자와 학자들은 지식 교육의 실제성 결여를 문제점으로 지적하고 있다. 교육과정 학자 슈왑(1978)은 교육과정 분야의 빈사 상태를 선포하며, 교육과정의 이론적 구성에 있어 문제점을 제기한다. 그는 그러한 교육과정은 실제적인 교수-학습의 문제와 맞지 않음을 지적하며, 이론적인 관점보다 실제적인 관점에서 교육과정 및 교수-학습의 문제를 다룰 필요가 있다고 주장한다.

인지의 실제성을 강조하는 인지 이론가들 역시 학습은 학습자의 경험 세계 및 실제 세계와 유리되지 않은 맥락적 상황에서 이루어져야, 지식의 활용이 원활히 이루어질 수 있음을 강조한다. 이러한 지식 교육의 실제성 강조는, 특히 사회적 구성주의 이론과 관련지어 많이 이루어지고 있는 추세이다.

앞으로의 실과 교육과정에서의 내용 선정은 관련 이론이나 지식도 중요하지만 학생들이 실제 생활에서 필요하고, 또한 생활에서 닥친 문제를 해결할 수 있는 능력을 기를 수 있는 내용이 더 많이 포함되어야 할 것이다. 이것은 교육 내용을 경험이나 과정으로 보는 관점이라고 할 수 있다.

(3) 선형적 계열성 대 반성적 회귀

객관주의 패러다임에 따른 교육과정의 내용 구성은 선형적 조직으로 규정할 수 있다. 교육과정은 초등학교부터 계속하여 선형적 질서로 배열된 관점에서 고려된다. 단순한 내용에서 복잡한 내용으로, 쉬운 내용에서 어려운 내용으로 배열되는 교육과정에서, 학습은 주어진 교육 내용을 단계적으로 숙달하고 축적하는 것이라고 파악한다. 이러한 선형적 계열의 적용은 교육과정 내용 구성뿐만 아니라, 타일러 모형이 보여 주듯이 교육과정 개발 및 적용에 이르기까지 편재된 현상이라고 하겠다. 객관주의 관점에 따르면 교육과정은 미리 선험적으로 정해진 달려야 할 코스로서, 코스에서 이탈하여 진로를 바꾸는 것은 허용되지 않는다. 출발점에서 시작하여 한 걸음, 한 걸음 달려가 목표에 도달했을 때 주어진 코스를 완주하게 되는 것이다.

하지만, 이러한 객관주의 견해는 교육과정을 복잡하고 자연 발생적인 상호 작용으로 이루어진 변용적 과정(transformative process)으로 생각하는 것을 어렵게 한다. Doll 은 포스트모더니즘 시각에서 교육과정은 미리 정해지고 선험적인 달려야 할 코스가 아니라 개인적 변용의 경로라고 파악하고 있다. 그는 교육과정을 달려야 할 코스인 내용 또는 자료가 아니라 발달, 대화, 탐구, 변용의 과정으로 보아야 한다고 주장한다.

이러한 Doll 의 견해는 구성주의 접근과도 일치하는 것으로, 그가 제안한 변용 지향 또는 포스트모던적 교육과정은 선형성 대신에 회귀성을 강조한다. Bruner 가 "어떤 이론도 회귀 없이는 무력하다"라고 언급하며 교육에서 회귀성을 강조했을 때, 그는 사고가 스스로 반복한다는 반성적 인간의 능력을 중시한 것이다. 즉, 인간은 뒤돌아보지 않고 앞으로 나가기만 하는 톱니바퀴와 같은 기계가 아니라, 내부적으로는 자아에 회귀하며, 외부적으로는 사회에 회귀하는 반성적 유기체이다. 그리고 그것이 바로 우리가 인식을 구성하는, 다시 말해 의미를 만드는 방법이 된다.

회귀적 반성은 변용적 교육과정의 핵심으로서, 교육과정에 대한 사고를 내용 또는 결과 중심이 아니라 과정 중심으로 전환할 것을 요구한다. 실과 교육과정에서도, [표 6-1]에서 살펴본 바와 같이 제 6 차 교육과정에서는 활동 중심으로 영역이 구성되어 과정 중심으로 꽤 가까이 접근했으나, 제 7 차 교육과정에서는 중등학교의 기술·가정과의 계열성 문제 때문에 다시 통합 내용 영역 중심으로 교육과정이 구성되었다. 지식의 구조 개념에 의해 그 중요성이 많이 가려진 바 있지만, 이미 Bruner(1960)는 이러한 회귀적 교육과정을 구현한 나선형 교육과정을 제안한 바 있다. 회귀를 중시하는 열린 교육과정에서는 선형적 닫힌 교육과정과 달리, 고정된 출발점도 끝도 없다. Dewey 가 말했듯이 각각의 끝은 새로운 시작이며, 각각의 시작은 이전의 끝에서 나타난다.

(4) 분절된 교과 대 상호 연관된 경험(통합적 경험)

객관주의 전통에서 교과란 최정상의 학자들에 의해 발견되고 축적된 가치로운 지식체를 학생들에게 가르치기에 용이한 방식으로 계열화해 놓은 것이다. 객관주의자들에 따르면, 이러한 지식체는 각각의 학문 분야의 독특한 지식의 형식에 따라 형성된 것이기 때문에, 학교 교육과정도 학문의 영역 구분 방식에 따라 교과 중심으로 구성되는 것이 당연하게 받아들여져 왔다.

그러나 구성주의 관점에 따르면, 아무리 학문적으로 가치 있다고 판단되는 지식도 인식의 주체자인 학습자에게 의미 있게 받아들이지 못한다면, 존재하지 않는 것과 마찬가지이다. 학습자에게 의미 있다는 것은 학습자의 경험 세계와의 관련을 맺는다는 것으로, 이 때 해당 학문 또는 교과의 고유한 형식은 별의미를 갖지 못한다. 교과 또는 학문의 지식은 학습자의 경험 세계와 통합되어, 인식 주체가 부여하는 새로운 형식으로 재구조화, 재구성되기 마련이다.

이러한 통합적 경험을 강조하는 구성주의 접근은 교육 활동의 의미를 학문 또는 교과 자체에 두는 것을 거부하고, 학습자의 의미 세계의 성장을 위해 학문 또는 교과의 지식을 활용하는 것으로 간주한다(김재복 외, 1997). 학습자와 유리된 교과 내용의 연구보다는 학습자의 경험 세계와 객관적 또는 사회적으로 합의된 지식을 어떻게 효과적으로 통합시킬 수 있는가를 강구하는 것이 실과 교육과정 연구자의 주된 임무가 되어야 할 것이다.

실과 교과의 특성 중의 하나가 종합 교과이기 때문에 실과 교과에서는 다른 교과에서 제시된 원리나 이론을 바탕으로 교육 내용을 재구성 또는 재구조화할 수 있다. 이것은 실과 교과에서의 선행 학습뿐만 아니라 다른 교과에서의 선행 학습 요소와 중학교와의 관련도 실과 교육과정의 내용을 선정하고 조직할 때 반드시 고려하여야 한다는 원리(곽상만, 1988, p. 149)와도 일맥상통한다.

토의 및 연구 과제

1. 교육 내용의 개념을 정리해 보자.
2. 교육 내용을 교과 내용으로 보는 입장과 학습 경험으로 보는 입장을 정리하여, 상호 보완점을 찾아보자.
3. 교육 내용에서 지식이 갖는 의미와 중요성을 설명해 보자.
4. 실과(기술·가정) 교육 내용 선정 준거와 원칙을 들어 보자.
5. 실과(기술·가정) 교육 내용 선정 방법을 들고, 실제 적용되는 사례를 들어 보자.
6. 실과(기술·가정) 교육 내용 조직의 원리를 들고 설명해 보자.

<참고 문헌>

곽상만(1988). 실과교육론. 갑을출판사.

교육부(1992). 국민학교 교육과정. 대한 교과서(주).

교육부(1997). 실과(기술·가정)교육과정. 대한교과서(주).

교육부(1996) 실과 교사용 지도서 3학년. 대한교과서(주).

교육부(1992). 중학교 기술·산업과 교육과정 해설. 대한교과서(주).

교육부(1992). 중학교 교육과정. 대한교과서(주).

권낙원(1996). 교육과정 총론. 한국교원대학교 대학원.

김대현 외(1997). 교육과정 및 교육 평가. 학지사.

김봉수(1987). 현대교육과정론. 학문사.

김종서 외(1987). 교육과정과 교육평가. 교육과학사.

나흥하(1996). 교육과정 개발 접근 방식별 교육 내용 선정 준거 고찰. 한국교원대학교 대학원 석사학위논
문.

교육과학사(1983). 신교육과정론. 교육과학사.

유광찬(1994). 교육과정 및 교육평가. 교육과학사.

이경섭 외(1983). 신교육과정론. 교육과학사.

이무근(1984). 실업기술교육론. 배영사.

이무근(1990). 직업·기술 교육에서의 교육과정. 배영사

이성호(1987). 교육과정과 평가. 양서원.

이해명 역(1994). 교육과정과 학습지도의 기본원리. 교육과학사.

이화진(1999). 구성주의와 교육과정 구성. 초등교과교육연구회 제 2 회 학술발표회 자료집, 한국교원대학
교 초등교육연구소.

정찬기오 외(1997). 교육과정 및 교육평가 특론. 교육과학사

최유현(1997). 실과교육연구. 형설출판사.

한국교육개발원 교육과정 개정연구위원회(1997). 제 7 차 교육과정 개정에 따른 교과 교육과정 개발체제에
관한 연구. 한국교육개발원.

Herry A. Giroux, Anthony N. Penna, William F. Pinar(1977). Curriculum & Instruction
Alternatives in Education. Mrcutchan Publishing Corporation.

Denis Lawton, Peter Gordon, Maggie Ing, Bill Gibby, Richard Pring and Terry Moore(1987).
Theory and Practice of Curriculum studies. Routledge & Kegan Paul, London and New
York.

제**8**장
실과(기술·가정) 단원 구성

우리는 흔히 학교에서 배운 것은 교과서이고, 더 구체적으로 따지면 그 교과서의 내용을 이루는 단원이라고 생각하며, 교과서에 제시된 단원의 순서에 따라 지도하기 때문에 학습 진도를 말할 때에도 "지금 몇 단원을 배우고 있다"고 말한다.

그것의 옳고 그름을 가리기 이전에, 단원은 교육 과정에서 가장 기본적인 요소이며, 학습자들에게도 가장 실질적인 요소로 작용하고 커다란 관심을 불러일으킨다. 단원의 내용을 쉽게 이해하면, 그 교과 자체를 좋아하고 친근하게 여기며, 한 두 개의 단원이라도 이해하기가 어려우면, 그 교과 전체를 기피하게 된다.

그리고 교육과정의 절차에 있어서 교육 내용이 선정되고 조직되면, 마지막으로 최저 단위인 학습 단원의 구성이 요구된다(강봉규, 1996). 또한, 학교 교육 전체 계획으로서의 교육 계획이 편성되었다면 구체적인 학습 지도의 계획을 세워야 한다. 그 때문에, 그것을 지도하는 단원 계획이 필요하게 되는데, 이것은 전체적인 학교 계획에 있어서 교육과정에서의 연간 계획·학기 계획·월간 계획 등을 참고로 하여 주안(週案) 또는 일안(日案) 등의 작성을 전제로 하고 작성되는 것이다. 즉, 단원의 구성과 전개는 전체적인 교육과정의 개발·전개·운영 등과 별개의 것이 아니라 연속선상에 있는 것이다.

또한, 단원 계획은 어떤 교육과정에서도 공통적인 것으로서 단원명·단원 설정의 이유·지도 목표·지도 계획·지도 내용·학습 전개 과정(도입, 전개, 정리 등)·평가 등을 그 내용으로 하여 작성하는 것이다.

교육과정에 있어서 단원이란 범위와 계열성에 의해서 설정된 구체화된 학습 내용을 일컫는다. 따라서, 단원은 교육 목표가 가장 구체화되고 행동화되며 특수화되어야 하고 학습 활동과 직결되어야 한다. 그러므로 단원은 실제 수업에서 교사와 학생들간의 상호 작용을 매개하는 매개체가 된다. 그리고 단원은 그것에 내재해 있는 의미를 올바르게 학습자들에게 전달하려는 지도 과정과 관련을 맺고 있다. 지도 과정에 따라서 그 내용의 전달이 결정된다. 그러므로 단원은 구성과 전개라는 양측면에서 살펴보아야 한다.

1. 단원의 개념과 유형

가. 단원의 개념

(1) 유래 시기에 따른 개념

단원(unit)이라는 말이 교육과정 계획에서 처음으로 등장한 역사를 살펴보면, 어떠한 교재라도 가르치는 데에는 일정한 단계가 있다는 교수 단계설을 주장했던 독일의 J. F. Herbart (1776~1841)에 의해서였다. 그는 교수 단계설을 주장하면서 '교재의 일소군(Kleine Gruppe Von Gegen-Stannden)'이라는 말을 사용했는데, 이 말은 한 교재를 몇 개의 소영역으로 나누어 고찰해 보았다는 의미가 있다. 한 교재를 몇 개의 소영역으로 나누어 고찰할 때에는, 그 부분들이 어떤 관련을 맺고 있고, 그 소부분들이 그것을 가르치는 지도 목표의 어떤 면에 도달하는 데 유효한 것인가를 생각하게 한다.

Herbart의 제자 T. Ziller(1817~1882)는 1876년에 '일반 교육 강의'를 쓴 내용에서 단원(Einheit : 단일, 전체, 통일)이라는 용어를 사용하여 보다 더 명확히 하였다. 즉, 교수 단계를 분석, 종합, 연합, 계통, 방법의 5단계를 실시할 때, 이 각 단계에 따라 다루어지는 교재의 분량을 방법적 단원(Methodische Einheit)이라고 하였다. 그런데 이 방법적 단원은 Herbart의 주지주의적인 심리학을 기초로 하기 때문에 동일한 개념 또는 법칙적인 것을 공유하는 한 덩어리의 교재, 다시 말하면 일정한 분량의 교재라는 뜻으로 사용되었던 것이다.

미국에서 단원이라는 말을 처음 사용한 학자는 H. C. Morrison으로 알려지고 있다. 그에 의하면, 우리가 학습자 속에 성취하려는 내적 학습의 소산과 최고도로 적합하게 상관이 있는 학습 내용 및 경험과는 어떤 외적 조직이 있어야 하는데, 이 조직이 곧 단원이라고 하였다. 여기서 그는 학습의 소산을 형식적인 학과의 습득과 엄격히 구별하여 인성의 적응으로 보아야 한다는 주장을 하였으며, 그 뜻은 교육의 성과를 행동, 즉 이해, 사고력, 감상력, 흥미, 태도, 가치관 등의 변화로 봐야 한다는 것을 의미하고 있다. 그는 단원의 개념적 요인을, ㉮ 어떤 유의한 행동적 변화를 위한 ㉯ 학생에게 의미 있는 ㉰ 학습 내용과 학습 경험의 ㉱ 통합된 조직이라고 할 수 있다고 하였다. 이와 같은 점에서 단원이란 학습 내용과 학습 경험을 일정한 학습 집단이 주어진 시간에 학습할 수 있도록 조직된 학습 단위라고 정의할 수 있다(김봉수, 1987, p. 220에서 재인용). 그러면 단원이라는 것이 없었을 때는 그것에 해당되는 어떤 용어가 있었는가. 그것은 과(lesson)이다. 두 용어를 구분하면 다음과 같다.

> • 과(lesson) : 일정 내용을 몇 개로 구분한 것 ; 학생들에게 어떤 경험을 학습시킬 때,
> 그 경험이 단편적으로 분산되어서 제공됨
> • 단원(unit) : 통일된 어떤 의미를 중심으로 일정 내용들을 묶어 놓은 것 ; 경험이 통
> 합된 상태, 통일된 상태, 하나의 상태, 전체적인 상태로 제공됨

따라서, 단원이라는 용어가 Ziller 이후 여러 교과 영역에서 활용되었으나 내용을 통일된 어떤 의미 중심으로 묶기 힘드는 교과, 예컨대 국어 또는 외국어에 있어서는 아직도 과 (lesson)라는 용어를 쓰고 있다(이경섭, 1996, p. 472).

(2) 입장에 따른 개념

단원을 보는 입장은 주지주의적 입장과 기능 심리학적 입장, 학습 내용에 따른 학습자의 사고 과정에 치중한 입장으로 나누어 볼 수 있다(권낙원, 1996).

㈎ 주지주의적 입장

앞에서 언급한 H. C. Morrison 을 중심으로 한 본질주의자들에 의해서 보급되었다.

이 입장은 Herbart 의 영향을 받았으며, 단원을 학습될 외적 사상이라고 보고 있다. 즉, 주지주의적 입장에서는 학습자의 지적 능력을 개발시킬 소재가 단원이므로, 이의 구성과 전개에 있어서 학습자의 인지나 통찰에 치중하여야 한다는 것이다. 그리고 이 입장에서는 단원을 효과적으로 가르칠 형식적인 단계가 있다고 생각한다.

㈏ 기능 심리학적 입장

이 입장의 대표자는 J. Dewey 와 Kilpatrick 을 들 수 있다. Dewey 는 단원이 학습자에게 의미 있는 문제 해결을 위한 어떤 것이라고 보고 있다. 왜냐 하면, 그는 인간의 학습과 성장 과정이 반성적 사고 과정, 즉 문제점을 발견·인식하고, 가설을 설정하며, 이 가설을 추리에 의해 발전시키고, 관찰 실험을 통해서 결론에 도달하는 과정이라고 보았기 때문이다.

Kilpatrick 도 Dewey 와 마찬가지로 목적을 세우고, 계획을 하여, 실행하고, 판정하는 일련의 활동 과정을 제안하면서 활동 중심의 Project Unit 라는 개념을 사용하였다.

㈐ 학습 내용에 따른 학습자의 사고 과정에 치중한 입장

Bruner 일파가 발전시킨 입장으로서, 학습자의 사고 과정이 어떤 대상에 대해서나 동일한 것이 아니라고 본다. 대상이 다르면, 그것에 대한 학습자들의 사고 과정도 다양해진다는 것이다. 그러므로 학습자에게 주어진 단원이 어떤 것이냐가 첫째 문제이고, 그것에 대한 학습자들의 사고 과정이 어떠하냐가 그 다음의 문제라는 것이다. 이렇게 하여 그들은

학습 대상과 사고 과정을 관련 지워 단원을 구성 전개해야 한다는 입장을 취하고 있다.

이와 같이, 단원론에 세 가지 입장이 있다고 볼 때, 올바른 단원이란 어떤 것이냐를 먼저 생각해야 할 것이다. 또한, 단원의 개념 정의는 학자들에 따라서 다르다.

O. B. Smith 는 단원에 대해 다음과 같이 말하고 있다.

"단원이란 교재 내용 및 성과와 사고 과정의 어떤 결합체이다. 그래서 단원은 학습자의 요구 및 성숙도에 알맞은 학습 경험과 결합되는 것이다. 또한, 단원은 이들 학습자의 욕구 충족에 봉사하게 된다. 즉, 단원은 직접적 목표와 궁극적 목표에 의해서 결정된 내적 일관성을 가지고 있는 하나의 전체이다."

S. A. Romine 는 "단원이란 어떤 중추적 코아, 아이디어, 테마 혹은 문제와 관련된 자원과 제안에 대한 체계적 조직이다." 라고 정의하고 있다.

나. 단원의 유형

앞에서는 단원의 개념을 세 가지 입장에서 살펴보았다. 이러한 단원의 개념으로 볼 때, 단원의 유형도 교재형 단원, 경험형 단원, 학문형 단원의 세 가지로 분류할 수가 있다. 각각의 하부 유형에 대해서는 학자들마다 그 분류 유목이 다르지만 종합해 보면 대체로 [표 8-1]과 같이 나눌 수 있다.

또한, 개념에 따른 세 유형에 필요한 단원으로서, 단원 중에는 교사에게 필요한 단원이 있고 학습자에게 필요한 것이 있으니, 전자는 자료 단원이고 후자는 학습 단원이다.

[표 8-1] 단원의 개념에 의한 유형

유　　　　형	하　부　유　형
교재형 단원	제목 단원, 원리 또는 개괄 단원, 문제 단원, 조사 단원
경험형 단원	흥미 단원, 목적 단원, 욕구 단원
학문형 단원	개념 중심 단원, 과정 중심 단원, 방법 중심 단원

이와 같은 각 유형에 따른 단원들의 일반적인 특징과 성격에 대하여 설명하면 다음과 같다.

(1) 교재형 단원

교재 단원(subject matter unit)이란 지식을 논리적인 체계로 나누어 구성한 단원으로서 일정한 지식의 분량 또는 단편적인 지식의 토막을 의미하고 교재 계열의 한 단위가 하나의 단원이 된다. 이 교재 단원의 일반적인 특징을 W. H. Burton 은 다음과 같이 열거하고 있다(이경섭, 1996, pp. 473~474).

① 입증된 교재를 학생들에게 가르치기 위한 성인의 의도에서 시작한다.

② 교재 내의 핵심을 중심으로 논리적으로 조직한다.

③ 자료와 그 논리에 미리 숙달되어 있는 개인 혹은 집단에 의해서 사전에 준비된다.

④ 학생들로 하여금 논리적으로 배열되어 있는 교재를 습득토록 하는 것에 그 목적이 있다.

⑤ 교과 분야 내에서 단순한 것에서 복잡한 것에로 항상 조직된다.

⑥ 교사, 성인들의 위원회, 교수 요목 등에 의해서 통제된다.

⑦ 일반적으로 과거 중심이다. 즉, 축적되고 있는 문화가 아니라 이미 축적된 문화가 중심이다. 현재 및 미래와 무관하나 이론적으로는 미래와 유관하다.

⑧ 공개 방법, 숙제, 분명한 단원의 형태, 유인물 등에 의존하고 있다.

⑨ 모든 학생을 동일한 자료에 동일하게 접하게 한다. 개인차에 대한 약간의 준비가 되어 있다.

⑩ 모든 학습자들에게 사전에 균일하게 요구되는 고정된 성과를 가지고 있다.

⑪ 교재에 대한 공식적인 경험을 통해서 습득한 사실이나 기능을 마지막에 평가한다.

⑫ 소위 복습으로 끝날 때 모든 것이 처리된다.

(2) 경험형 단원

경험 단원(experience unit)이란 학습자가 활동하고, 경험하며, 실천하는 생활 경험의 일련의 관계를 뜻하며, 교재 단원과 같이 정적인 지식의 토막이 아니라 동적인 전체로서의 경험의 한 단위 또는 일정한 목표 밑에 전개되는 종합적이고 관련성 있는 일련의 활동을 의미한다. 이 경험 단원의 일반적인 특징도 W. H. Burton이 다음과 같이 열거했는데(이경섭, 1996, pp. 484~485), 이것들은 교재 단원의 특징과 각 번호별로 대비된다.

① 어떤 목적을 성취하고자 하거나 어떤 욕구를 충족하려는 학습자의 의도에서 출발한다.

② 학습자의 목적에 따라서 심리적으로 조직된다.

③ 새로운 장면에 처음 부닥친 집단에 의해서 조직되며 장면을 해결하는 데 필요한 자료와 경험에 미리 숙달되어 있지 않다.

④ 학습자의 욕구를 충족시킬 직접 목적을 위한 것이면서 학습자의 바람직한 이해, 태도, 기능 등을 발달시킨다는 것이 궁극적인 목적이다.

⑤ 교과선을 무시하고, 기능적으로 조직된다. 특히, 초등 학년에서 그러하다. 간혹, 복잡한 것에서 간단한 것에로 나아간다.(아동이 살고있는 도시화, 산업화된 문명은 원시인의 단순한 생활보다도 더 포괄적이다. 아동은 성인의 단순한 생활 경험에 비해서 문명에 대한 경험을 훨씬 많이 가진다.)

⑥ 교사와 학습자를 포함한 협동적인 집단에 의해 통제된다. 문서화된 교육과정은 필요할 때 이용된다.

⑦ 현재 및 미래 중심이다. 현재 문제 해결에 과거로부터 누적되어 온 자료를 자유롭게 이용한다.

⑧ 장면에 맞는 협동 계획의 절차, 다양한 자료, 무수하고 다양한 학습 경험 등을 활용한다.

⑨ 많은 자료에 접한다. 개인차는 여러 면에서 자동적으로 고려된다.

⑩ 이미 알고 있고 모든 학습자에게 한결같이 요구되는 고정된 성과를 가지고 있지 않다.

⑪ 항상 학생들을 참여시키고, 공식적, 비공식적인 많은 방법을 활용해서 계속적으로 많은 복잡한 성과를 평가한다.

⑫ 새로운 흥미, 문제 및 목적에로 나간다.

(3) 학문형 단원

교재 단원과 경험 단원의 특징을 절충한 것이 학문형 단원의 특징이며, 이것의 일반적인 특징을 열거하면 다음과 같다.

① 학문의 의도에 따라 조직된 교재를 사용한다.

② 학문의 기본 구조를 중심으로 논리적으로 조직한다.

③ 논리적으로 조직한 내용을 효과적으로 가르칠 수 있는 방법과 결부시킨다.

④ 개념, 탐구 방법 중심으로 학문 내에서 조직한다.

⑤ 교사, 연구 단체 또는 학습 안내서에 의해서 통제된다.

⑥ 과거나 현재의 자료를 자유롭게 이용하며, 미래 중심적이다.

⑦ 학습 내용에 따라 다양한 학습 방법이 활용된다.

⑧ 문제 해결을 위해서 직관적 사고와 분석적 사고를 함께 활용하도록 한다.

⑨ 학습 내용에 따라 학습 결과가 동일할 수도 있고, 아닐 수도 있다.

⑩ 필기 시험, 실기, 관찰 등 다양한 방법으로 학습 결과를 평가한다.

⑪ 새로운 문제, 흥미, 목적 등으로 학습 결과가 유도된다.

(4) 자료 단원

자료 단원(resource unit)이란 교사가 학습자를 지도하기 위한 학습 단원을 계획하고, 전개시켜 평가함에 있어 도움이 되는 여러 가지 자료를 체계적이고 종합적으로 조사 분석한 조직을 뜻한다. 다시 말하면, 교사가 학습자와 더불어 단원 학습을 이끌어 나갈 때 필요한 여러 가지 재료를 얻어다 쓸 수 있는 학습 자료의 저장고 역할을 하는 것이다.

그러므로 한 단위의 자료 단원은 어떤 특정한 학습 단원을 위한다기보다 여러 가지 단원 학습을 위한 자료의 저장고 역할을 하게 되므로, 여러 교사를 위해서도 도움이 될 수 있는 것이다. 이것은 교사들이 실험적으로 행한 여러 가지 활동을 기술한 것이어서 계속해서 개정되어 갈 것이다. 자료 단원은 채택한 단원 조직에 관한 명령이 아닌 단순한 제안이므로, 교사는 사태와 학습자의 요구에 가장 잘 상응할 경험을 자료 단원으로부터 선택·활용할 자유를 가지는 것이다.

이와 같은 자료 단원의 작성자는 특정한 개인 교사가 아니라 교과 전문가, 교육과정 전문가, 출판업자, 도서관의 사서 또는 교사들의 어떤 집단 등이 통상의 예이다(김봉수, 1987, pp. 222~223).

(5) 학습 단원

학습 단원(learning unit)이란, 한 교사가 담당하고 있는 어느 특정한 학습 집단을 위해서 조직하는 단원으로 교수 단원(teaching unit)이라고도 한다. 또, 일반적으로 단원 계획이라고도 하며, 단원 계획에 있어 교사가 하는 대부분의 활동이 곧 이 학습 단원의 구성을 뜻한다.

학습 단원은 자료 단원을 참고로 하면서 학습자와 사회의 요구와 문제 등을 참작하여 주어진 한 학습 집단(학급)에 알맞은 학습 지도를 할 수 있도록 조직한 단원으로서 교사와 학습자의 활동을 모두 포함하는 성질의 것인데 교사의 입장에서 보면 교수 단원이고 학습자의 입장에서는 학습할 단원인 것이다.

학습 단원은 교사의 입장에서는 자기가 지도하고자 하는 특정한 학습 집단을 위해서 구성하는 것이기 때문에 어디까지나 지도할 교사가 계획하는 것이다. 다시 말하면, 교사가 학급에서 전개하고자 하는 단원 학습(unit of work)을 사전에 계획한 하나의 도표(chart), 개요(outline) 혹은 취지(prospectus)이다(김봉수, 1987, p. 224).

이 학습 단원(단원 계획)은 다음과 같은 세 가지 특징이 있다.

① 학습 단원(단원 계획)은 어떤 하나의 학습 집단을 위해서 특별히 마련된 것이며, 오직 그 집단에서만 바람직한 학습 경험과, 적절하고 가능한 학습 자료들만을 포함하는 것으로 단원의 특수성을 갖는다.

② 자료 단원에서는 그다지 고려하지 않는 계열적 배열(sequential arrangement)을 갖는다. 다시 말하면, 구체적인 학습 상황에서의 단원의 전개를 위한 교사의 계획은 당연히 단원의 도입, 전개, 절정 또는 종결을 위한 계획들이 포함되어야 한다.

③ 교수 단원, 즉 학습 단원은 교사와 학습자의 공동 계획(pupil-teacher planning)을 고려한다. 즉, 자료 단원에서는 특정한 학습 집단을 고려하지 않은 모든 학습 경험이

나 자료를 포함하고 있지만 학습 단원에서는 교사, 학생의 공동 계획을 통한 학습 경험과 자료의 선정이 고려되어야 하기 때문이다

2. 실과(기술·가정) 단원의 변천 과정

교육과정 개정에는 그 시대의 학문적 동향과 국가 사회적 요구 등이 반영되어 있어서 시대의 변천에 따른 교육 내용의 흐름과 함께 교육이 지향하는 목표의 요구 및 가치 체계를 알 수 있다. 교육과정을 개정하게 되는 주요 원인들로는 교육 이론과 학문의 발전에 따르는 교육 목표와 교육 내용의 재검토, 보다 질 높은 교육과 인력을 확보해야 하는 사회적 요구, 그리고 변화하는 현실에 부응하여 적절한 교육을 받고자 하는 개인적 요구와 정치, 사회적 변동에 따르는 국가의 이념 및 정책의 변화 등을 들 수 있다.

우리 나라의 교육과정은 1945년 해방으로부터 1954년까지의 교수 요목기를 거쳐 지금까지 7차에 걸쳐 개정되었다. 이러한 교육과정 변천과정 속에서 실과 교과의 단원이 어떻게 구성되어왔나를 살펴봄으로써 실과 교육의 발전 방향에 대한 시사점을 찾아보기로 한다(송해균, 정성봉, 류청산, 서우석, 1998).

가. 제 1 차 교육과정기의 실과(기술·가정) 단원 구성

(1) 초등 실과

이 시기의 초등학교 실과 교과서는 5학년과 6학년에 제공되었으며, 특이한 것은 6학년의 교과서가 남녀용으로 구분되었다. 남자용의 2단원이 '벼와 보리 농사'인데 비해 여자용은 '음식만들기'로 차이점을 보인다. 이는 그 당시에 성별에 따른 역할이 달라야 한다는 사회 통념에 의한 것으로 간주된다.

단원의 수는 5, 6학년 공히 8개씩이며, 소단원의 수가 2~10개로 많은 편이다. 특이한 점은 5학년 5단원이 앞에서 이야기한 교재형 단원의 문제 단원 형태로 설정되었다는 것이다. 또한, 이 때부터 진로 교육이 시작되었다는 것은 주목할 만한 사항이며, 중학교에 진학하지 못하고 취업하는 아동이 많았던 시기임을 알 수 있다(표 8-2 참조).

(2) 중학교 가정

제 1 차 교육과정기에는 실업 교육을 강조하여, 교육법 제 155 조 4항에 의거하여 중학교는 전체 이수 시간의 15 %, 고등학교는 10 % 이상을 실시하도록 했고, 1인 1기 습득을 주창했었다.

[표 8-2] 제1차 교육과정기의 초등학교 실과 단원 구성

5학년		6학년(남자용, 여자용♀)		
단원	소단원	단원	소단원	
1. 학교림	(1) 산림녹화 (5) 산림의 이익 (2) 나무심기 (6) 학교림의 손질 (3) 의짓대만들기 (7) 꺾꽂이 (4) 묘포장 견학 (8) 접붙이기	1. 학습원	(1) 채소가꾸기 (2) 묘목 (3) 두엄만들기 (4) 정원 손질	
2. 어린이 판매부	(1) 판매부 규칙 (2) 임원들이 할 일 (3) 임원조직 (4) 판매부 (5) 개점	2. 벼와 보리 농사 (2. 음식만들기)♀	(1) 벼농사 (2) 보리 농사	(1) 상보기♀ (2) 상드리기 (3) 경단만들기 (4) 도넛만들기 (5) 김치담그기 (6) 깍두기담그기
3. 깨끗한 우리 집	(1) 좋은 집 (4) 청소 (2) 전염병 (5) 파리 잡기 (3) 소독 (6) 집안 손질	3. 어린이 은행	(1) 어린이 은행 규약 (2) 개점의 준비 (3) 등사하기 (4) 전화 걸기	
4. 돼지 기르기	(1) 돼지의 종류 (2) 기르기와 건사하기	4. 명랑한 우리 집	(1) 살기 좋은 집 (3) 귀염받는 사람 (2) 깨끗한 집	
5. 김장 밭	(1) 밭을 깊게 파고 땅을 고르자. (2) 배추는 어떻게 가꾸나? (3) 무우는 어떻게 가꾸나? (4) 밭일은 어떻게 하나? (5) 파는 어떻게 가꾸나?	5. 누에치기	(1) 누에치기 연모 (2) 누에 깨기와 쓸기 (3) 뽕따기와 간수하기 (4) 누에 병 (5) 섶에 올리기 (6) 고치따기	
6. 겨울 준비	(1) 무우묻기 (6) 다리미질 (2) 이엉엮기 (7) 깁기 (3) 빨래하기 (8) 앞치마만들기 (4) 물들이기 (9) 손수건만들기 (5) 풀먹이기 (10) 아기 양말 뜨기	6. 병간호	(1) 건강한 생활 (2) 병자의 간호	
7. 부엌일	(1) 밥짓기 (2) 식빵만들기 (3) 간단한 반찬 (4) 설겆이하기 (5) 그릇테동이기 (6) 응급 치료	7. 학습 발표회	(1) 전시회 계획 (2) 포스터 (3) 출품할 작품 만들기 (4) 전시장꾸미기 (5) 전시회 구경 (6) 학교 연못 고치기	
8. 생활의 반성	(1) 반성 (2) 발표의 결과	8. 우리들의 장래	(1) 진학할 학생의 일 (2) 취직할 학생의 일	

그런 내면에는 실업 교육의 본래 목적이 수업 중에 이수한 지식이나 기능을 통하여 실사회에서 자기의 전문 영역에 따라 생업에 종사케 한다는 취지에서였다. 그러나 당시의 특수 사정에 비추어 실업 학교의 중점은 '국방 기술자'의 양성과 더불어 과학 기술을 갖춘 인간 육성이라는 면에 치중하였다.

실업·가정 교과를 남녀 구분 없이 필수와 선택 교과로 이수하도록 했으며, 가정 관련 내용은 '가정 생활'이라는 명칭으로 통합하였다.

나. 제2차 교육과정기의 실과(기술·가정) 단원 구성

(1) 초등 실과

1차 교육과정기부터 5차 교육과정기까지는 4~6학년에 실과 교과가 편제되었으며 2차 교육과정기에는 각 학년별로 교과서 단원의 수가 다른데 학년이 올라갈수록 그 수가 증가되었다.

1차 교육과정기의 '어린이 판매부'가 '어린이 은행'으로 개정되어 현대화된 사회상의 변화를 보였고, '4H 클럽과 농업 협동 조합'이 추가된 것은 국가적인 역점 사항을 반영한 것으로 볼 수 있다. 사육 영역의 '돼지기르기'가 '토끼와 닭'으로, '김장밭'이나 '학습원'이 '우리들의 꽃밭'으로 개정된 것은 학습자의 입장을 고려하였다고 보여진다.

특이한 점은, 4학년 6단원의 소단원이 단 1개로 이루어졌으며, 6학년 10단원의 소단원이 1차와는 다르게 '취직할 학생의 일'이 먼저 등장하였다(표 8-3 참조).

[표 8-3] 제2차 교육과정기의 초등학교 실과 단원 구성

4학년		5학년		6학년	
단원	소단원	단원	소단원	단원	소단원
1. 새학년	(1) 학용품 준비 (2) 금전출납부 만들기 (3) 폐물이용 (4) 생활 일지 쓰기	1. 땅의 보호	(1) 좋은 수풀 (2) 둑쌓기 (3) 두엄만들기	1. 우리들의 식량	(1) 벼와 보리 농사 (2) 채소가꾸기
2. 기름진 고장	(1) 논농사와 밭농사 (2) 옥수수가꾸기 (3) 호박가꾸기 (4) 농사일 돕기	2. 과일 나무 가꾸기	(1) 유실녹화 (2) 포도심기 (3) 감나무가꾸기 (4) 병벌레 막아 없애기	2. 헌 옷 살려 쓰기	(1) 옷의 종류와 옷감 (2) 앞치마와 머릿수건 만들기 (3) 재봉틀 쓰기 (4) 아기 양말 뜨기 (5) 물들이기

3. 우리들의
꽃밭
	(1) 꽃의 조사
	(2) 꽃밭 만들기
	(3) 씨앗뿌리기
	(4) 모종하기
	(5) 꽃가꾸기
	(6) 씨받기
		3. 누에치기	(1) 누에쓸기
			(2) 뽕주기
			(3) 똥 가리기와 누에
			    채반 나누기
			(4) 누에 병
			(5) 섶에 올리기
			(6) 고치따기
				3. 간호와
				치료
					(1) 건강을 위한 생활
					(2) 병자의 간호
					(3) 전염병
					(4) 가정 상비약과
					    응급 치료법	

4. 즐거운 나의 하루	(1) 하루의 생활 계획 과 실천 (2) 하루 생활의 반성	4. 나의 몸차림	(1) 깨끗한 몸차림 (2) 옷걸이만들기 (3) 얼룩빼기 (4) 빨래 (5) 바느질	4. 건축과 목공일	(1) 건축 (2) 목공일	
5. 토끼와 닭	(1) 토끼기르기 (2) 닭기르기	5. 물고기 기르기	(1) 물고기의 생활 (2) 민물고기 기르기 (3) 바닷말과 조개기르기	5. 일과 능률	(1) 향토 봉사대 (2) 향토 조사	
6. 만들어 쓰는 기쁨	(1) 나무의 이용	6. 어린이 은행	(1) 어린이 은행 규약 (2) 어린이 은행 조직 (3) 어린이 은행의 활동 (4) 수판셈	6. 집짐승 기르기	(1) 염소기르기 (2) 돼지기르기	
7. 방 안 꾸미기	(1) 공부방꾸미기 (2) 책손질하기 (3) 청소 용구 만들기	7. 영양과 식사	(1) 음식만들기 (2) 상보기 (3) 설거지하기	7. 제작과 수리	(1) 석쇠만들기 (2) 쓰레받기만들기 (3) 알루미늄 (4) 플라스틱	
		8. 전기의 이용	(1) 전력의 이용 (2) 형광등달기 (3) 전화걸기 (4) 광석 (5) 수신기	8. 손님상 차리기	(1) 나의 생일 잔치 (2) 새로운 음식 생활	
		9. 가구의 손질과 관리	(1) 기구의 손질 (2) 기구의 관리	9. 4H 클럽과 농업 협동 조합	(1) 4H 클럽 (2) 농업 협동 조합	
				10. 우리들의 장래	(1) 취직할 학생의 일 (2) 진학할 학생의 일	

(2) 중학교 기술·가정

1학년을 대상으로 하여 공통 종합 과정을 설치하고 여자는 별도로 가정만을 이수하도록 하였으며, 2~3학년에서는 농업, 공업, 수산업 중 한 과정을 이수하도록 했다.

1학년 공통 과정에서의 단원은 재배 계획과 작물의 재배로 나눌 수 있으며, 구체적인 단원명은 꽃밭의 설계, 꽃의 선택과 종자, 경영 계획, 씨뿌리기, 꺾꽂이, 포기나누기, 물주기와 거름주기, 김매기, 해가림과 바람막기, 순치고 가지 고르기, 병벌레 막아 없애기, 거두기와 갈무리 등이다.

이 때의 기술은, 1969년에 기술 교과가 도입되면서 실업·가정 교과 편제에 변화가 있었고, 이 시기의 기술은 1~3학년까지 모든 학생에게 필수로 이수시켰고, 교과서는 기술(남자), 기술(여자)가 별도로 편찬되었다.

기술 교과와 가정 교과의 단원 구성은 다음의 [표 8-4], [표 8-5], [표 8-6]과 같다.

[표 8-4] 제2차 교육과정기의 중학교 기술(남자) 단원 구성

1학년		2학년		3학년	
단원	소단원	단원	소단원	단원	소단원
1. 산업과 직업	(1) 산업의 종류 (2) 기술의 발달 (3) 직업의 분화 (4) 직업과 적성	1. 제도	(1) 제도 (2) 단면의 도시법 (3) 다듬질면의 표시법 (4) 기계 요소의 약도법 (5) 스케치 복사법 (6) 공업 제품의 표준화	1. 기계	(1) 내연 기관의 개요 (2) 가솔린 기관의 정비 (3) 가솔린 기관의 운전 및 조정 (4) 동력 전달 장치 (5) 석유 기관 (6) 우리의 생활과 기계화
2. 제도	(1) 설계 (2) 투상법 (3) 제도 (4) 도면과 생활	2. 금속 가공	(1) 금속 재료 (2) 접합 재료 (3) 판금 기구 및 공구의 종류 (4) 판금 실습	2. 전기	(1) 전기 배선 (2) 전기 계기 (3) 전열 기구 (4) 조명 기구 (5) 전동기
3. 목공	(1) 재료 (2) 목공구·목공 기계 (3) 책꽂이 (4) 화분대 (5) 걸상	3. 공작 기계	(1) 탁상 드릴링 머신 (2) 선반	3. 전자	(1) 라디오 방송 (2) 라디오 수신 (3) 라디오용 부품 (4) 라디오 조립 (5) 조정과 수리
		4. 기계 재료와 기계 요소	(1) 기계 재료 (2) 기계 요소		
		5. 재봉틀	(1) 종류와 각부의 명칭 (2) 구조와 기능 (3) 재봉틀 사용 (4) 재봉틀 정비		
		6. 자전거	(1) 주요부의 명칭과 구조 (2) 사용되는 공구 (3) 자전거의 정비		

[표 8-5] 제2차 교육 과정기의 중학교 기술(여자) 단원 구성

1학년		2학년		3학년	
단원	소단원	단원	소단원	단원	소단원
1. 산업과 직업	(1) 산업의 종류 (2) 기술의 발달 (3) 직업의 분화 (4) 직업과 적성	1. 의생활	(1) 옷감 (2) 재봉 연모의 사용과 수리 (3) 옷 만들기 (4) 빨래 (5) 뜨기와 자수	1. 의생활	(1) 각종 섬유 (2) 옷 만들기 (3) 수공예 (4) 옷과 생활 옷의 선택
2. 의생활	(1) 옷감 (2) 재봉 연모의 다루기와 손질 (3) 바느질의 기초, 옷 만들기 (4) 옷 정리 (5) 뜨기와 자수	2. 식생활	(1) 영양과 식단 작성 (2) 각종 조미료와 그 성질 (3) 조리용 기구와 식기 (4) 식품 다루기	2. 식생활	(1) 어린이, 노인, 환자의 영양 (2) 가공, 저장, 식품 재료와 그 성질 (3) 조리용 기구와 기계 (4) 음식 만들기
3. 식생활	(1) 식품과 영양소 (2) 조리용 기구 및 열원 (3) 과일 다루기	3. 가정 원예	(1) 채소 가꾸기 (2) 채소의 저장	3. 아동 보육	(1) 어린이 돌보기 (2) 어린이 영양과 건강
4. 설계 제도	(1) 주택 계획 (2) 제도 용구의 사용법 (3) 선과 문자, 기호의 사용법 (4) 전개도, 평면도, 공작도 (5) 치수 표시 (6) 도면과 생활과의 관계	4. 가정 기계	(1) 기계의 정비 용구 및 사용법 (2) 기계 요소 (3) 고장과 손질 (4) 세정 급유	4. 가정 전기	(1) 옥내 배선 (2) 전열 기구, 조명 기구, 전동기를 비치한 전기 기기 (3) 가정 생활에 필요한 전기 기기의 선택
5. 가정 목공	(1) 목공 재료 (2) 목공 용구의 사용법 (3) 공작법 (4) 가구의 선택				
6. 가정 원예	(1) 가정 생활과 원예 (2) 꽃가꾸기				

남자와 여자의 기술 교과 단원 구성에 있어, 단원의 수는 여자가 많은데 특히 남자가 1학년에 3단원인데 반하여 여자는 6단원이고 2학년에서는 그 반대이다. 내용은 남자가 산업, 제도, 목공, 금속, 기계, 전기 등인데 반하여 여자는 1학년에 남자와 중복된 단원이 구성되었으나 전학년 공히 의생활과 식생활에 관한 것이 구성되어 성별 역할을 나타내었다.

[표 8-6] 제2차 교육과정기의 중학교 가정 단원 구성

단원	1학년	2학년	3학년
	소단원	소단원	소단원
1. 의생활	(1) 옷차림 (2) 옷감 (3) 재봉의 기본적 지식 기능 (4) 옷의 손질	(1) 옷다루기 (2) 재봉틀다루기 (3) 옷만들기 (4) 빨래와 정리 (5) 옷 관리	(1) 의생활 향상 (2) 의생활 관리 (3) 옷 만들기
2. 수예	(1) 도안과 색채 (2) 뜨기(털실, 양말, 장갑) (3) 수놓기	(1) 수공예(향토적) (2) 수놓기(실내 장식품) (3) 뜨기(레이스 실) (4) 꽃다발, 화환 만들기	(1) 배색과 도안 (2) 수놓기(동양자수) (3) 뜨기(털실 뜨기) (4) 조화 인형 (5) 수공예(향토적) (6) 간단한 수예 염색
3. 식생활	(1) 식품의 종류 (2) 식품 다루기 (3) 부엌 연모 다루기 (4) 각 식품의 분량 달기 (5) 손님 접대	(1) 영양과 보건 (2) 위생적 식생활 (3) 조리	(1) 일품 요리 (2) 식사 예절과 손님 접대 (3) 식품 가공과 저장 (4) 식생활 개선 (5) 식생활 관리
4. 주생활	(1) 우리 집의 미화 (2) 집 단속	(1) 주택 위생 (2) 뜰 이용	(1) 가구(선택, 배치, 공간 이용, 손질) (2) 주택의 영선 관리
5. 아동 보육 및 가족 관계	(1) 가족과 나 (2) 나와 학교 (3) 어른 섬기기	(1) 건강한 어린이 (2) 어린이 시중 (3) 어린이 생활 지도	(1) 어린이 영양 (2) 어린이 질병 (3) 장난감 (4) 어린이 심신 발달
6. 가정 보건	(1) 여자 위생 (2) 공중 위생	(1) 가정 위생 (2) 가정 간호 (3) 가정 상비약	(1) 환자 음식 (2) 각 과의 응급 처치 (3) 병실 관리
7. 가정 관리	(1) 나의 용돈 (2) 물건사기 (3) 나의 물건 활용	(1) 집안 일 돕기 (2) 집안 일 정리	(1) 능률 있는 집안 일 (2) 생활비 (3) 가정과 직업 (4) 가족의 책임과 봉사 협력 (5) 사교(친척, 이웃, 기타) (6) 가정 관리

단원의 수에 있어 1, 3학년에 비하여 2학년이 많으며, 제도와 기계 단원이 각각 1~2학년과 2~3학년에서 나선형으로 구성되었다.

기술 교과와는 달리 각 학년 공히 단원명은 같고 소단원명만 다르다. 의식주에 대한 내용과 가정의 보건 및 관리에 대한 내용 그리고 수예에 관한 다양한 내용으로 구성되었다.

다. 제 3 차 교육과정기의 실과(기술·가정) 단원 구성

(1) 초등 실과

3차 교육과정기부터 5차 교육과정기까지의 단원의 수는 4~6학년 공히 8개씩으로 구성되었으며, 3차 교육과정기에서는 진로 교육 관련 단원인 '우리들의 장래'나 '나의 적성과 진로' 단원이 누락되었다. 2차 때의 '4H 클럽'이 '새마을가꾸기'로 대체되어 '향토 봉사대'라는 소단원이 등장하였으며, 사육 영역인 축산에 어업이 새롭게 등장하였다(표 8-7 참조).

[표 8-7] 제 3 차 교육과정기의 초등학교 실과 단원의 구성

4학년		5학년		6학년	
단원	소단원	단원	소단원	단원	소단원
1. 금전 출납부와 저축	(1) 물건사기 (2) 금전출납부 만들기 (3) 영수증 보관 (4) 저축생활 (5) 저금통 만들기	1. 나무 가꾸기	(1) 수풀가꾸기 (2) 과일나무 가꾸기 (3) 두엄만들기	1. 채소의 올가꾸기	(1) 채소의 종류 (2) 채소의 올가꾸기 (3) 토마토 (4) 오이
2. 꽃가꾸기	(1) 꽃의 조사 (2) 꽃밭만들기 (3) 씨앗뿌리기 (4) 모종하기 (5) 가꾸기	2. 우리 고장의 농사	(1) 논농사와 밭농사 (2) 농사일 돕기	2. 건축과 가정 공작	(1) 건축 (2) 시멘트 일 (3) 목공일 (4) 합판 공장 견학
3. 즐거운 나의 하루	(1) 생활 계획과 실천 (2) 하루 생활의 반성	3. 의복의 손질과 보존	(1) 얼룩빼기 (2) 빨래준비 (3) 빨래하기 (4) 푸새와 다림질 (5) 의복의 간단한 수선	3. 손님 모시기	(1) 장소 준비 (2) 손님맞이 (3) 상차리는 법 (4) 음식만들기
4. 영양과 식사	(1) 건강에 필요한 영양소 (2) 편식의 피해 (3) 흔히 먹는 식품의 영양가 (4) 혼식과 분식 (5) 간식내기 (6) 다과그릇 다루기	4. 물고기 기르기	(1) 물고기의 생활 (2) 민물고기 기르기 (3) 바닷말과 조개 기르기	4. 축산과 어업	(1) 염소기르기 (2) 돼지기르기 (3) 민물고기 낚기 (4) 바닷물고기 잡기
5. 단정한 몸차림	(1) 옷의 종류와 입는 순서 (2) 옷 모양 바로 하기 (3) 옷 손질하기 (4) 간단한 바느질 (5) 걸레만들기 (6) 단추달기	5. 좋은 식사	(1) 음식과 위생 (2) 설거지 (3) 불다루기 (4) 조리용 계기 다루기 (5) 식빵의 이용 (6) 달걀과 채소요리	5. 새마을 가꾸기	(1) 새마을 운동 (2) 향토 봉사대 (3) 새마을 청소년회 (4) 농업 협동 조합 (5) 계산(수판셈)

6. 집짐승 기르기	(1) 토끼기르기 (2) 닭기르기	6. 즐거운 우리 집	(1) 가구의 손질 (2) 그릇닦기 (3) 변소 청소 (4) 가정 생활의 안정과 가족의 할 일	6. 살기 좋은 집 꾸미기	(1) 더위와 추위 막기 (2) 위생과 안전을 위한 준비 (3) 기계·기구를 안전하게 다루기 (4) 그 밖의 기기 다루기와 손질
7. 청소와 정리	(1) 집안이 지저분해지는 이유 (2) 청소 준비 (3) 청소하기 (4) 책상 정리하기	7. 저축하는 생활	(1) 은행과 우리 생활 (2) 어린이 저축 (3) 계산(수판셈)	7. 의생활의 계획	(1) 계절에 맞는 옷차림 (2) 옷을 입는 방법 (3) 주머니만들기 (4) 옷의 보관
8. 설계와 만들기	(1) 설계 (2) 만들기	8. 일용품 만들기	(1) 책꽂이의 설계와 만들기 (2) 대다루기와 일용품 만들기 (3) 합성 레더를 이용한 일용품 만들기	8. 금속 공작	(1) 금속 연모 다루기 (2) 철사다루기 (3) 쓰레받기만들기 (4) 알루미늄 (5) 직업과 일

(2) 중학교 기술·가정

필수로서 1~3학년에 편제된 기술(남), 가정(여)의 단원 구성은 [표 8-8], [표 8-9]와 같으며 기술이 가정의 단원 수보다 적었다.

[표 8-8] 제 3 차 교육과정기의 중학교 기술 단원의 구성

1학년		2학년		3학년	
단원	소단원	단원	소단원	단원	소단원
1. 산업과 직업	(1) 산업의 종류 (2) 기술의 발달 (3) 직업의 분화 (4) 직업과 적성 (5) 수출 산업과 기술	1. 기계 제도	(1) 공작도 (2) 단면도 (3) 다듬질면의 표시법 (4) 기계 요소의 약도법 (5) 스케치 복사법	1. 기계	(1) 기계 요소와 기구 (2) 내연 기관의 종류 (3) 내연 기관의 구조와 작용 (4) 기계의 손질 (5) 시동, 운전, 장치 (6) 세탁 및 주유 (7) 연료 (8) 정비 실습
2. 설계 제도	(1) 고안 요소 (2) 표시 방법 (3) 스케치, 모형, 도면 (4) 제도용구의 사용법 (5) 선과 문자 (6) 투상법 (7) 평면 도형 (8) 전개도 (9) 치수 표기 (10) 공작도 (11) 주택 설계	2. 금속 가공	(1) 금속 재료 (2) 접합 재료 (3) 금속 공구의 사용법 (4) 측정 및 마름질 (5) 공작법 (6) 공작 기계 사용법 (7) 판금 실습	2. 전기	(1) 전기 배선도 (2) 배선 기구 (3) 전기 공작법 (4) 전기 기계 다루기 (5) 전열 기구의 점검 및 수리 (6) 조명 기구의 점검 및 보수 (7) 전기 실습

3. 목공	(1) 목재 (2) 접합제 (3) 칠감 (4) 목공구의 사용법 (5) 목공 기계의 사용법 (6) 목공작 (7) 목공 실습	3. 기계	(1) 기계 재료 (2) 기계 요소 (3) 고장과 손질 (4) 정비 실습	3. 전자	(1) 라디오 방송 (2) 라디오 수신 (3) 라디오용 부품 (4) 라디오 꾸미기 (5) 조정과 수리 (6) 라디오꾸미기 실습
4. 재배	(1) 작물 (2) 작물의 재배 기구나 시설 (3) 작물의 재배 관리 (4) 특수 재배 (5) 작물의 수확과 처리				

[표 8-9] 제3차 교육과정기의 중학교 가정 단원의 구성

1학년		2학년		3학년	
단원	소단원	단원	소단원	단원	소단원
1. 가정의 생활 설계	(1) 행복한 가정 (2) 가정의 경제 (3) 가정 생활과 직업	1. 가족의 식생활	(1) 가족의 식사 (2) 식품 위생 (3) 조리와 식품의 성 분 (4) 일품 요리	1. 규모 있는 의생활	(1) 옷의 선택 (2) 옷감 (3) 옷과 옷감 사들이기 (4) 블라우스만들기 (5) 수예
2. 건강한 가족 생활	(1) 여성의 생리 (2) 가족의 건강 관리 (3) 가족의 정신 위생	2. 옷 손질 과 만들기	(1) 빨래 (2) 옷의 수선과 재생 (3) 스커트만들기	2. 식생활의 향상	(1) 어린이와 노인의 영양 (2) 영양과 질병 (3) 식품의 저장·가공 (4) 식생활의 현대화 (5) 음식만들기
3. 우리 집 의 원예	(1) 가꾸기 쉬운 화초 와 채소 (2) 화초와 채소 가꾸 기	3. 주택과 설계	(1) 주택 공간의 계획 (2) 제도의 기초	3. 어린이 양육	(1) 임신과 분만 (2) 젖먹이의 양육 (3) 어린이돌보기 (4) 모자보건 (5) 가족 계획
4. 나의 옷차림	(1) 옷차림 (2) 나의 의생활 계획 (3) 옷의 손질 (4) 앞치마 만들기	4. 간단한 목공	(1) 목공 재료 (2) 목공 용구 (3) 간막이만들기	4. 가정 생활 의 향상	(1) 가족 생활의 향상 (2) 가정 경제의 향상 (3) 노력과 시간 관리 (4) 가정의 행사 관리 (5) 가정 생활과 사교 (6) 여성과 직업
5. 우리의 식사	(1) 식생활의 의의 (2) 우리의 식사 (3) 식품과 위생 (4) 조리 준비 (5) 간이식 조리	5. 집안의 전기	(1) 전기의 이용과 생 활 (2) 전기의 옥내 배선 (3) 가정용 전기 기기		
6. 가정에 서 쓰는 기계	(1) 가정 기계 요소 (2) 가정 기계의 정비 (3) 가정 기계와 생활				

1학년의 재배 단원은 초등학교 4~6학년에 설정되어 있는 '꽃가꾸기', '나무가꾸기', '채소의 올가꾸기' 등의 단원과, 그리고 기계 단원은 2~3학년에서 연계성을 나타내고 있다.

학년이 올라감에 따라 단원의 수가 1개씩 적어지고, 그 대신 3학년 소단원의 수는 많으며, 1학년의 '우리 집의 원예' 단원은 기술 과목에서와 마찬가지로 초등학교의 재배 관련 단원과 연계성을 갖는다.

기계 및 전기 관련 단원은 기술 과목의 단원과 공통점을 보이며, 의식주에 관한 단원이 나선형으로 구성되었다.

라. 제4차 교육과정기의 실과(기술·가정) 단원 구성

(1) 초등 실과

4차 교육과정기에는 4학년에 용돈이 등장하여 아동들의 소비 생활의 변화를 보였고, 진로 관련 단원인 '나의 적성과 진로' 단원이 다시 등장하였을 뿐만 아니라 구체적인 소단원의 내용 구성으로 진로 교육이 강조되었고 3차에서 처음으로 소개된 어업이 독립된 단원으로 구성되었다.(표 8-10 참조)

[표 8-10] 제4차 교육과정기의 초등학교 실과 단원의 구성

4학년		5학년		6학년	
단원	소단원	단원	소단원	단원	소단원
1. 단란한 가족	(1) 가족의 할 일 (2) 내가 할 일 (3) 생활 계획과 실천	1. 집안일 돕기	(1) 청소하기 (2) 빨래하기 (3) 수집과 보관하기	1. 나무 가꾸기와 환경 보호	(1) 땅힘의 증진과 보존 (2) 묘목기르기 (3) 나무심기 (4) 나무가꾸기 (5) 수풀의 보호
2. 꽃가꾸기	(1) 꽃밭만들기 (2) 꽃모종 가꾸기 (3) 꽃의 이용	2. 채소 가꾸기	(1) 가꾸는 시설 (2) 씨뿌리기와 모종가꾸기 (3) 토마토 가꾸기 (4) 상추 가꾸기 (5) 호박 가꾸기	2. 초대와 모임	(1) 가정의 행사 (2) 초대와 모임 (3) 손님 접대하기 (4) 모임에서의 오락 (5) 다과상 차리기
3. 집짐승 기르기	(1) 토끼기르기 (2) 닭기르기	3. 조리의 준비와 기구 다루기	(1) 조리할 때의 옷차림 (2) 조리용 계기와 기구 다루기 (3) 연소기구 다루기 (4) 식품 고르기와 이용 (5) 음식 만들기	3. 곡물의 생산과 유통	(1) 식량의 중요성 (2) 벼가꾸기 (3) 옥수수 가꾸기 (4) 협동 구매와 판매

4. 용돈 쓰기와 지혜	(1) 나의 용돈 (2) 용돈의 쓰임새 (3) 용돈 바로 쓰기 (4) 용돈 출납 적기 (5) 절약과 저축	4. 주머니 만들기	(1) 여러 가지 주머니 (2) 쓸모 있는 주머니 만들기	4. 알뜰한 옷 마련	(1) 옷 마련의 계획 (2) 옷과 옷감의 유통 (3) 기성복 고르기 (4) 헌 옷의 활용
5. 단정한 몸차림	(1) 몸차림과 속옷 갖추기 (2) 옷을 바르게 입기 (3) 옷의 손질과 정리 (4) 검소한 의생활	5. 살기 좋은 집	(1) 편리한 집 (2) 간단한 제도와 도면 읽기 (3) 가구의 정돈과 손질	5. 합리적인 음식 마련	(1) 식품의 유통 (2) 영양적인 식품 선택 (3) 좋은 식품 (4) 매식과 외식
6. 간단한 바느질	(1) 바느질 용구 (2) 바느질의 기초	6. 목공일 하기	(1) 판자의 성질 (2) 간단한 공구쓰기 (3) 국기함만들기	6. 해양 자원의 개발과 어업	(1) 해양 자원의 개발 (2) 물고기잡기 (3) 양식
7. 우리의 음식	(1) 성장과 영양 (2) 하루에 필요한 음식 (3) 식사와 위생 (4) 다과 다루기 (5) 설거지하기	7. 음식 만들기	(1) 감자와 달걀 조리 (2) 김치담그기 (3) 밥짓기와 국끓이기	7. 만들어 쓰는 기쁨	(1) 전등갓만들기 (2) 필통만들기
8. 정리 상자 만들기	(1) 정리 상자의 쓰임새와 모양 (2) 판지로 정리 상자 만들기	8. 가정 기기의 선택과 사용	(1) 여러 가지 가정 기기 (2) 가정 기기 다루기 (3) 소화 기구 다루기	8. 나의 적성과 진로	(1) 직업의 종류 (2) 직업과 적성 (3) 소질의 계발 (4) 취미와 부업 (5) 직업에 대한 자세

(2) 중학교 기술·가정

이 시기에는 기술·가정 교과에서 필수인 생활 기술(남), 가정(여) 과목은 1~2학년에 걸쳐서 이수시키고, 3학년에서는 제외시켰다. 2~3학년에서 농업, 공업, 상업, 수산업, 가사 중 1과목을 선택하여 이수하도록 하였다.

이것은 중학교 교육의 보편화 경향에 따라 기초 교과목의 비중이 다소 강조되었고, 모든 교과에서 진로 탐색의 기회를 가지게 함으로써 직업 교육의 성격이 강한 실업·가정과의 비중이 그만큼 약화된 데 기인한다고 할 수 있다(교육부, 1994).

가정 교과는 단원의 수가 기술 교과에 비하여 적으며, '청소년의 식사'와 '청소년의 복장' 단원이 1~2학년에서 나선형으로 구성되었고, 진로 관련인 '가정과 직업' 단원이 설정되었다.

[표 8-11] 제 4 차 교육과정기의 중학교 생활 기술 단원의 구성

1학년		2학년	
단원	소단원	단원	소단원
1. 생활 기술	(1) 기술의 발달 (2) 에너지와 동력 (3) 생활과 기술 (4) 기술 개발과 산업 발전	1. 플라스틱의 이용	(1) 플라스틱과 생활 (2) 플라스틱의 특징 (3) 플라스틱 제품의 구상 (4) 플라스틱 제품 만들기
2. 생산과 소비	(1) 생산 공정 (2) 구입과 소비 (3) 장부기록	2. 금속 재료의 이용	(1) 금속 재료와 생활 (2) 금속 재료의 종류와 이용 (3) 금속 제품의 구상 (4) 금속 제품 만들기
3. 재배	(1) 재배와 생활 (2) 생육과 환경 (3) 파종, 육묘, 이식 (4) 재배 관리	3. 기계의 이용	(1) 기계와 생활 (2) 간단한 기계 요소 (3) 내연 기관의 구조와 작동 원리 (4) 내연 기관의 운전과 정비
4. 해양과 수산 기술	(1) 해양과 수산 기술 (2) 수산업 (3) 해운업	4. 전기의 이용	(1) 전기와 생활 (2) 전기의 특성 (3) 전기 배선용 재료 (4) 신호 선로 배선 (5) 간단한 전자 장치 만들기
5. 제도의 기초	(1) 도면과 생활 (2) 선과 기초 (3) 입체의 표현 방법 (4) 도면의 읽기나 그리기	5. 가정 용기기의 이용과 안전	(1) 전열기 (2) 세탁기 (3) 냉장고 (4) 가스 레인지 (5) 가정용 배관
6. 목재의 이용	(1) 목재와 생활 (2) 목재의 종류와 이용 (3) 목제품의 구상 (4) 목제품만들기		

[표 8-12] 제 4 차 교육과정기의 중학교 가정 단원의 구성

1학년		2학년	
단원	소단원	단원	소단원
1. 가족 생활	(1) 청소년의 성장 (2) 우리 가정 (3) 가정과 사회	1. 청소년의 식사	(1) 식품의 이용 (2) 식사 관리 (3) 식생활의 향상
2. 가정 생활과 자원 활용	(1) 인간 자원 (2) 물적 자원 (3) 자원과 가정 생활	2. 청소년의 의복	(1) 의복 마련하기 (2) 의복 건사하기
3. 청소년의 식사	(1) 영양 (2) 식품 (3) 식사 계획	3. 가정의 생활 공간	(1) 주택의 공간 계획 (2) 주거 위생 (3) 실내 장식 (4) 정원 계획과 관리 (5) 가정 기기
4. 청소년의 의복	(1) 옷차림 (2) 옷감 (3) 앞치마만들기	4. 가정과 직업	(1) 현대 사회와 가정 생활 (2) 나와 직업

마. 제5차 교육과정기의 실과(기술·가정) 단원 구성

(1) 초등 실과

[표 8-13]과 같이 제5차 교육과정기에는 제4차 교육과정기와 크게 다르지 않으며, 4학년에서 '몸'차림이 '옷'차림으로 바뀌었고, 컴퓨터 관련 단원이 5, 6학년에 처음으로 설정되었다. 또한, 환경 관련 단원의 등장으로 시대적인 관심의 변화를 엿볼 수 있다.

(2) 중학교 기술·가정

이 시기에는 종래의 기술, 가정을 그대로 둔 상태에서 기술·가정을 신설, 그 3개 교과목 중에서 선택하여 이수할 수 있도록 하였는데, 이들 과목의 단원 구성을 각각 살펴보면 [표 8-14], [표 8-15], [표 8-16]과 같다.

기술 교과에서 4차 때와는 달리 '진로 탐색' 단원이 설정되었으며, '컴퓨터의 이용' 단원이 초등학교 실과에서와 같이 처음으로 등장하였고, 가정 교과의 진로 관련 단원은 4차 때에 비하여 더욱 구체화되었다.

[표 8-13] 제5차 교육과정기의 초등학교 실과 단원의 구성

4학년 단원	4학년 소단원	5학년 단원	5학년 소단원	6학년 단원	6학년 소단원
1. 가정에서 할 일	(1) 가족의 할 일 (2) 생활 계획과 실천 (3) 나의 방 정리	1. 집안일 돕기	(1) 청소하기 (2) 빨래하기	1. 나무 가꾸기와 환경 보호	(1) 수풀과 환경 보호 (2) 묘목기르기 (3) 나무심기와 가꾸기
2. 꽃가꾸기	(1) 꽃의 종류 (2) 꽃모종 가꾸기 (3) 가꾸기 (4) 꽃의 이용	2. 채소 가꾸기	(1) 가꾸는 시설 (2) 씨뿌리기와 모종가꾸기 (3) 토마토 가꾸기 (4) 상추가꾸기 (5) 호박가꾸기	2. 초대와 음식 마련	(1) 초대와 모임의 준비 (2) 손님 접대와 방문 (3) 모임에서의 오락 (4) 다과상차리기
3. 집짐승 기르기	(1) 토끼기르기 (2) 닭기르기 (3) 새기르기	3. 조리의 준비와 기구 다루기	(1) 조리할 때의 옷차림 (2) 조리용 계기와 기구 다루기 (3) 연소기구 다루기 (4) 식품 고르기와 이용 (5) 음식만들기	3. 곡물의 생산과 이용	(1) 식량의 중요성 (2) 벼가꾸기 (3) 옥수수가꾸기 (4) 콩가꾸기
4. 용돈쓰기와 지혜	(1) 나의 용돈 (2) 용돈 바로 쓰기 (3) 용돈 기입장 적기 (4) 절약과 저축	4. 주머니 만들기	(1) 주머니의 쓰임새와 모양 (2) 휴지 주머니 만들기	4. 수산물의 생산과 이용	(1) 해양자원의 개발 (2) 수산물의 이용 (3) 금붕어기르기

5. 단정한 몸차림	(1) 몸차림과 속옷 입기 (2) 옷을 바르게 입기 (3) 옷의 손질과 정리 (4) 검소한 의생활	5. 목공일 하기	(1) 제도의 기초 (2) 목재의 성질과 선택 (3) 목공구의 사용 (4) 국기함만들기	5. 합리적인 소비 생활	(1) 식품의 선택 (2) 의복의 선택 (3) 협동 구매와 판매
6. 간단한 바느질	(1) 바느질 용구 (2) 바느질의 기초	6. 살기 좋은 집	(1) 집의 평면 구성 (2) 위생과 난방 (3) 가구의 배치와 손질	6. 만들어 쓰는 기쁨	(1) 전등갓만들기 (2) 필통만들기 (3) 덧소매만들기
7. 우리의 음식	(1) 성장과 영양 (2) 하루에 필요한 음식 (3) 식품과 위생 (4) 다과다루기 (5) 설거지하기	7. 가정 기기 다루기	(1) 가정에서 필요한 연장 (2) 가정 기기와 쓰임 (3) 가정 기기의 손질	7. 컴퓨터 다루기	(1) 컴퓨터 프로그램 (2) 컴퓨터다루기
8. 정리 상자 만들기	(1) 정리 상자의 쓰임새 와 모양 (2) 판지로 정리 상자 만들기	8. 일과 컴퓨터	(1) 일과 직업의 필요성 (2) 컴퓨터의 하는 일 (3) 컴퓨터와 직업	8. 나의 적성 과 진로	(1) 직업의 종류 (2) 직업과 적성 (3) 소질의 계발 (4) 취미와 부업 (5) 직업에 대한 자세

[표 8-14] 제 5 차 교육과정기의 중학교 기술 단원의 구성

1학년		2학년	
단 원	소단원	단 원	소단원
1. 기술과 산업	(1) 기술과 산업 발전 (2) 자원과 환경 (3) 생산과 소비 (4) 해양과 수산	1. 플라스틱의 이용	(1) 플라스틱과 생활 (2) 플라스틱 제품의 구상 (3) 플라스틱 제품 만들기
2. 재 배	(1) 재배 환경 (2) 재배 계획 (3) 환경 조절과 재배	2. 금속 재료의 이용	(1) 금속 재료와 생활 (2) 금속 제품의 구상 (3) 금속 제품 만들기
3. 제도의 기초	(1) 도면의 종류와 기능 (2) 선과 문자 (3) 물체를 나타내는 방법 (4) 제도의 실제	3. 기계의 이용	(1) 기계와 생활 (2) 기계 요소 (3) 운동 전달 장치 (4) 내연 기관
4. 목재의 이용	(1) 목재와 생활 (2) 목제품의 구상 (3) 목제품만들기	4. 전기의 이용	(1) 전기와 생활 (2) 전기 배선과 조명 (3) 가정용 전기 기기 (4) 전자 제품 만들기
5. 컴퓨터의 이용	(1) 컴퓨터와 생활 (2) 컴퓨터의 구성과 원리 (3) 컴퓨터의 사용 방법	5. 진로의 탐색	(1) 기술의 발달과 일의 세계 (2) 산업과 직업의 종류 (3) 적성과 진로

[표 8-15] 제5차 교육과정기의 중학교 가정 단원의 구성

1학년		2학년	
단 원	소단원	단 원	소단원
1. 가정 생활	(1) 나와 가족 (2) 가정과 사회	1. 가족원의 성장과 발달	(1) 인간의 성장과 발달 (2) 청소년기의 특징
2. 소비 생활과 자원 활용	(1) 소비자의 의의와 역할 (2) 합리적인 소비 생활 (3) 가정 자원의 활용	2. 식생활의 향상	(1) 식품의 조리 (2) 식품의 가공 (3) 식생활 문화
3. 우리의 식생활	(1) 건강과 식생활 (2) 식품 관리 (3) 식생활 계획	3. 의생활 관리	(1) 의복 관리하기 (2) 의복 건사하기
4. 청소년기의 의생활	(1) 옷차림 (2) 옷감 (3) 생활 용품 만들기	4. 가정의 생활 환경	(1) 주택의 공간 계획 (2) 주거 위생과 설비 (3) 주거 환경의 미화
		5. 직업과 나의 진로	(1) 현대 사회와 직업 (2) 진로의 탐색

[표 8-16] 제5차 교육과정기의 중학교 기술·가정 단원의 구성

1학년		2학년	
단원	소단원	단원	소단원
1. 가정 생활과 자원 활용	(1) 가정 생활과 기술 (2) 가족과 사회 (3) 청소년기의 특징 (4) 가정 자원의 활용 (5) 소비자의 역할	1. 재료의 이용	(1) 목재 (2) 플라스틱 (3) 금속 (4) 간단한 제품 만들기
2. 기술과 산업	(1) 기술의 발달 (2) 작물과 재배 (3) 해양과 수산 (4) 새로운 기술과 산업 발전	2. 가정의 생활 환경	(1) 주택의 계획 (2) 주거 위생과 설비 (3) 주거 환경의 미화
3. 우리의 식생활	(1) 건강과 식생활 (2) 청소년기의 영양 (3) 식생활 계획과 음식 만들기	3. 식생활의 향상	(1) 식품 위생 (2) 식품의 조리 (3) 식품의 가공
4. 청소년기의 의생활	(1) 옷차림 (2) 옷감 (3) 생활 용품 만들기	4. 의생활 관리	(1) 의복의 생산과 유통 (2) 의복 계획과 선택 (3) 의복 건사하기 (4) 간단한 의복 만들기
5. 제도의 기초	(1) 도면의 종류와 기능 (2) 물체를 나타내는 방법 (3) 제도의 실제	5. 기계의 이용	(1) 기계와 생활 (2) 기계 요소 (3) 내연 기관

| 6. 컴퓨터의 이용 | (1) 컴퓨터와 생활
(2) 컴퓨터의 구성과 원리
(3) 컴퓨터의 사용 방법 | 6. 전기의 이용 | (1) 전기와 생활
(2) 전기 배선과 조명
(3) 가정용 전기·전자 기기
(4) 전자 제품 만들기 |
| | | 7. 직업과 나의 진로 | (1) 산업과 직업의 종류
(2) 나의 진로 |

바. 제 6 차 교육과정기의 실과(기술·가정) 단원 구성

(1) 초등 실과

6차 교육과정기에는, 처음으로 3학년에 실과 교과가 편제되었으나 주당 1시간씩 이수시킴으로써 [표 8-17]에서 보는 바와 같이 1개 학년에 구성된 단원의 수가 적어졌다.

[표 8-17] 제 6 차 교육과정기의 초등학교 실과 단원의 구성

3 년		4학년	
단 원	소단원	단 원	소단원
1. 단정한 옷차림	(1) 옷바르게 입기 (2) 옷 정리하기	1. 합리적인 용돈 쓰기	(1) 용돈쓰기 (2) 학용품 고르기와 관리하기 (3) 용돈 기입장 적기
2. 물가꾸기	(1) 씨앗 물가꾸기 (2) 알뿌리 물가꾸기 (3) 물로 가꾸는 식물	2. 꽃가꾸기	(1) 한두해 살이 꽃가꾸기 (2) 알뿌리 꽃가꾸기 (3) 꽃과 우리 생활
3. 정리 상자 만들기	(1) 상자만들기의 준비 (2) 상자만들기 (3) 상자에 칸막이하기	3. 과일상차리기	(1) 과일 준비하기 (2) 과일다루기 (3) 과일상차리기
4. 청소하기	(1) 청소 준비하기 (2) 청소하기 (3) 쓰레기 처리하기	4. 전기 기구 다루기	(1) 회로 시험하기 (2) 전구 갈아끼우기 (3) 전선 연결하기

5. 끈으로 용품
   만들기
	(1) 끈다루기
	(2) 끈으로 생활 용품 만들기
		5. 간단한 바느질
		   하기
			(1) 바느질 준비하기
			(2) 홈질로 간단한 생활 용품 만들기

6. 다과 차리기	(1) 다과용 그릇 다루기 (2) 다과상 차리기	6. 금붕어기르기	(1) 어항 꾸미기 (2) 금붕어기르기 (3) 주변에서 볼 수 있는 수족관

5학년		6학년	
단 원	소단원	단 원	소단원
1. 전자 키트 만들기	(1) 여러 가지 전자 부품 (2) 납땜 인두 다루기 (3) 전자 키트 만들기	1. 집안 가꾸기	(1) 나무가꾸기 (2) 식물로 실내 꾸미기 (3) 꽃으로 꾸미기
2. 채소가꾸기	(1) 여러 가지 채소 (2) 잎줄기 채소 가꾸기 (3) 열매 채소 가꾸기	2. 목제품만들기	(1) 목재 이용하기 (2) 목공용 공구 사용하기 (3) 목제품만들기
3. 음식만들기	(1) 식품 분량 재기 (2) 가열 기구 다루기 (3) 감자와 달걀삶기	3. 밥상차리기	(1) 밥짓기 (2) 국끓이기 (3) 밥상 차리기
4. 간단한 바느질 하기	(1) 박음질 익히기 (2) 박음질로 용품 만들기 (3) 단추달기	4. 가구 배치하기	(1) 주거 공간 활용하기 (2) 방에 가구 배치하기
5. 컴퓨터다루기	(1) 컴퓨터 이해하기 (2) 자판다루기 (3) 자료다루기	5. 컴퓨터로 글쓰기	(1) 문서 작성하기 (2) 문서 편집하기 (3) 문서 인쇄하기
6. 집짐승기르기	(1) 우리 생활 집짐승 (2) 닭기르기 (3) 토끼기르기	6. 새기르기	(1) 집에서 기르는 여러 가지 새 (2) 새장꾸미기 (3) 십자매기르기

(2) 중학교 기술·가정

이 시기에는 기술과 실업을 통폐합하여 '기술·산업'이라는 교과와 가정 교과를 독립 교과로 편제하여 남녀 모두 이수하도록 하였다. 그리고 교육부 검정 교과서가 각각 8종씩 발행되어, 학교는 검정된 교과서 중에서 한 종류를 채택하도록 하였으며, 출판사에 따라 단원의 구성에 차이가 있다.

기술·산업 교과의 단원 수가 학년이 올라갈수록 증가하여, 학생들이 성장함에 따라 폭넓은 경험을 갖게 하였으며, 특히 3학년에서는 실업인 농·공·상·수산업 관련 단원이 집중적으로 조직되었다.

가정 교과에서는 기술·산업 교과와는 달리 1학년에서 주당 2시간을 이수하도록 하여 단원 수가 많고, 2~3학년에서는 주당 1시간씩 이수하도록 함에 따라 단원 수가 적어졌다.

이상에서 교육과정의 변천에 따른 실과(기술·가정) 교과의 단원 구성에 대하여 살펴보았는데, 그 영역에 있어서 큰 변화는 없다고 할 수 있으나 시대의 변화에 따라 소멸되거나 새롭게 등장하는 단원이 많았다. 이는 경험 단원의 구성에 있어서 지역 사회와 학습자의 실태 조사에 의하여 기초 자료를 마련한다는 것과 일치한다.

[표 8-18] 제 6 차 교육과정기의 중학교 기술·산업 단원의 구성

1학년		2학년		3학년	
단 원	소단원	단 원	소단원	단 원	소단원
1. 인간과 기술	(1) 기술의 발달 (2) 생물 기술의 이용 (3) 자원과 환경	1. 재료의 이용	(1) 제품의 구상 (2) 제품 만들기	1. 산업과 생활	(1) 생활과 산업 (2) 산업의 발달 (3) 미래 산업과 직업
2. 제도의 기초	(1) 도면의 종류와 기능 (2) 물체를 나타내는 방법 (3) 제도의 실제	2. 기계의 이용	(1) 간단한 기계와 기계 요소 (2) 에너지와 내연 기관 (3) 간단한 운동 물체 만들기	2. 농업 기술	(1) 농업과 식량 (2) 농업 생산 기술 (3) 농업의 발전과 직업
3. 컴퓨터의 이용	(1) 컴퓨터와 생활 (2) 컴퓨터의 구성과 원리 (3) 컴퓨터의 사용 방법	3. 전기의 이용	(1) 전기 회로와 조명 (2) 가정용 전기·전자 기기 (3) 전자 제품 만들기	3. 공업 기술	(1) 제조 공업 (2) 건설 공업 (3) 공업의 발전과 직업
		4. 주택 건축의 기초	(1) 주택의 구상과 도면 (2) 모형 주택 만들기	4. 상업 및 경영	(1) 매매 (2) 금융과 보험 (3) 유통과 무역 (4) 상업의 발전과 직업
				5. 해양과 수산 기술	(1) 해양 개발 (2) 수산 기술 (3) 수산업의 발전과 직업
				6. 직업과 진로	(1) 삶과 직업 (2) 나의 발견 (3) 일과 직업 세계의 이해 (4) 진로 계획

자료 : 정성봉 외 6인(1998).

[표 8-19] 제 6 차 교육과정기의 중학교 가정 단원의 구성

1학년		2학년		3학년	
단원	소단원	단원	소단원	단원	소단원
1. 가정과 나	(1) 가정의 의미 (2) 가정과 나의 역할 (3) 청소년기와 나	1. 나의 소비 생활	(1) 구매 의사 결정 (2) 소비자 문제의 발생과 해결	1. 가족에 대한 이해	(1) 가정 생활의 변화 (2) 가정 생활 주기와 발달과업 (3) 가족 관계와 의사 소통
2. 가정 생활과 자원	(1) 가정 자원의 활용 (2) 가정 자원과 환경의 관리 (3) 시간과 일의 관리	2. 식품의 선택과 보관	(1) 식품고르기 (2) 식품의 보관	2. 식사 관리	(1) 건전하고 낭비 없는 식생활 (2) 나의 식사 계획 (3) 간식만들기와 상차림

3. 건강과 영양	(1) 인체와 영양소 (2) 기초 식품군과 균형 식사 (3) 청소년기의 식생활	3. 조리 원리와 음식만들기	(1) 조리에 의한 식품 의 변화 (2) 음식만들기	3. 나의 생활 공간	(1) 주거의 의미와 조건 (2) 생활과 주거 공간 (3) 주거 공간의 이용
4. 식품의 조리	(1) 식품 계량하기 (2) 조리 기구 준비하기 (3) 음식만들기	4. 나의 의복	(1) 옷감 (2) 의복 구매	4. 실내 환경의 조절	(1) 따뜻하고 시원한 실내 (2) 밝은 실내
5. 의복에 대한 이해	(1) 옷의 기능 (2) 좋은 옷차림				
6. 주머니 만들기	(1) 모양과 재료 고르기 (2) 본뜨기와 마름질하기 (3) 바느질하기				

자료 : 윤인경 외 6인(1998).

사. 제 7 차 교육과정기의 실과(기술·가정) 단원 구성

(1) 초등 실과

7 차 교육과정기에는 편제에 변화가 있었다. 6 차의 교육과정에서는 3~6 학년에 편제되었던 실과가 5·6 학년에만 편제됨에 따라 [표 8-20]과 같이 내용 및 단원 구성에 많은 변화가 있었다.

[표 8-20] 제 7 차 교육과정기의 초등학교 실과 단원의 구성

5학년		6학년	
단 원	소단원	단 원	소단원
1. 우리의 가정 생활	(1) 가정의 소중함 (2) 서로 돕는 가정 생활	1. 일과 직업의 세계	(1) 일과 직업의 이해 (2) 나의 진로 계획
2. 깨끗한 생활 환경	(1) 책상과 옷장 정리하기 (2) 청소와 쓰레기 처리하기	2. 아름다운 환경 가꾸기	(1) 나무가꾸기 (2) 실내꾸미기
3. 꽃과 채소 가꾸기	(1) 꽃가꾸기 (2) 채소가꾸기	3. 간단한 음식 만들기	(1) 밥을 이용한 음식 만들기 (2) 빵을 이용한 음식 만들기
4. 컴퓨터는 내 친구	(1) 컴퓨터와 친해지기 (2) 문서 작성하기	4. 재봉틀로 용품 만들기	(1) 재봉틀다루기 (2) 간단한 용품 만들기
5. 우리의 식사	(1) 균형잡힌 식사하기 (2) 간단한 조리 하기	5. 우리 생활과 목제품	(1) 우리 생활과 목재 (2) 목제품 만들기
6. 용돈 아껴쓰기	(1) 용돈 기입장쓰기 (2) 금융 기관 이용하기	6. 동물기르기	(1) 애완 동물 기르기 (2) 경제 동물의 사육과 이용
7. 우리 생활과 전기 ·전자	(1) 전기 기구 다루기 (2) 전자 제품 만들기	7. 컴퓨터와 나의 생활	(1) 초대장 보내기 (2) 사이버 어린이회 (3) 인터넷에서 정보 찾기
8. 바늘과 실로 용품 만들기	(1) 손바느질하기 (2) 스킬 자수와 뜨개질하기	8. 환경을 살리는 나의 생활	(1) 생활 자원과 환경 (2) 재활용품 만들기

(2) 중학교 기술·가정

6차 교육과정기에는 기술·산업과 가정으로 편제되었던 교과가 7차 교육과정기에는 기술·가정으로 통합되었다. 이는 국민 공통 기본 교과로 초등학교 실과와 같이 5학년에서 10학년까지 이수하도록 하고 있으며, 이수 시간에도 변화가 있었다. 교과서는 검정 도서로 단원 구성은 필자가 대표 저자로 있는 교과서 단원을 중심으로 살펴보았다(표 8-21).

[표 8-21] 제 7 차 교육과정기의 중학교 기술·가정 단원의 구성

1학년		2학년		3학년	
단 원	소단원	단 원	소단원	단 원	소단원
1. 나와 가족의 이해	(1) 우리들의 성장 발달 (2) 성과 이성 교제 (3) 건강한 가족	1. 의복 마련과 관리	(1) 우리들의 옷차림 (2) 의복 마련하기 (3) 옷의 손질과 보관	1. 산업과 진로	(1) 산업의 이해 (2) 진로의 선택과 직업 윤리 (3) 산업 재해와 안전
2. 미래의 기술	(1) 기술의 발달과 미래 (2) 생명 기술 (3) 재배	2. 재료의 이용	(1) 재료의 특성 (2) 제품의 구상과 만들기	2. 가족의 식사 관리	(1) 식단과 식품의 선택 (2) 식사 준비와 평가 (3) 식사 예절
3. 청소년의 영양과 식사	(1) 청소년의 영양과 식사 (2) 청소년의 식사 (3) 조리의 기초와 실제	3. 기계의 이해	(1) 기계의 뜻과 발달 (2) 기계 요소 (3) 기구 (4) 운동 물체 만들기	3. 전기 전자 기술	(1) 전기회로와 조명 (2) 가전 기기의 점검 (3) 전자 제품 만들기
4. 제도의 기초	(1) 제도의 이해 (2) 제도와 아이디어의 형성 (3) 제도와 통신 및 문서화	4. 컴퓨터와 생활	(1) 소프트웨어의 활용 (2) 인터넷의 활용	4. 가족 생활과 주거	(1) 생활 공간의 활용 (2) 실내 환경과 설비 (3) 주택의 유지와 보수
5. 컴퓨터와 정보처리	(1) 컴퓨터의 구조와 원리 (2) 정보 처리와 활용	5. 자원의 관리와 환경	(1) 자원과 환경 (2) 청소년의 일과 시간 (3) 청소년과 소비 생활		

자료 : 정성봉 외 6인(교학사), 2001

토의 및 연구 과제

1. 실과(기술·가정)의 구성이 갖는 교육적 의미를 들어 보자.
2. 단원의 유형을 들고 정리해 보자.
3. 교육과정 개편 시기별로 실과(기술·가정) 교과서의 단원 구성을 살펴보고, 그 특징을 정리해서 토의해 보자.

<참고 문헌>

강봉규(1996). 교육학. 형설출판사.

곽병선, 김용숙, 김재복, 박문태, 장석우(1997). 교과교육원리. 갑을출판사.

곽상만(1988). 실과교육론. 갑을출판사.

교육부(1994). 중학교 교육과정 해설-총론·특별활동. 대한교과서주식회사.

교육부(1997). 초·중등학교 교육과정(별책1). 대한교과서주식회사.

교육부(1992). 실과 4, 5, 6. 국정교과서주식회사.

교육부(1998). 실과 3, 4, 5, 6. 대한교과서주식회사.

교육부(1997). 교사용지도서 실과 3, 4, 5, 6. 교육부.

교육학사전편찬위원회 편(1987). 교육학 대사전. 교육서관.

권낙원 역(1994). 수업의 원리와 실제. 성원사.

김봉수(1987). 현대교육과정론. 학문사.

김신자 역(1991). 교수설계-학과목과 학습 단원 개발을 위한 계획. 이화여자대학교 출판부.

김판욱, 조대식, 이홍호, 강해선, 서우석, 김종명(1998). 중학교 기술·산업 1학년 교사용 지도서. 지학사.

대한교과서주식회사(1998). 대한교과서사. 대한교과서주식회사.

문교부(단기4293). 실과 5, 6, 6 여. 대한문교서적주식회사.

문교부(1968). 실과 4, 5, 6. 국정교과서주식회사.

문교부(1970). 중학교 기술 1. 대한교과서주식회사.

문교부(1972). 중학교 기술 2. 대한교과서주식회사.

문교부(1973). 중학교 기술 3. 대한교과서주식회사.

문교부(1982). 실과 4, 5, 6. 국정교과서주식회사.

문교부(1988). 실과 4, 5, 6. 국정교과서주식회사.

문교부(1989). 중학교 기술 1, 2. 국정교과서주식회사.

문교부(1989). 중학교 생활기술 1, 2. 국정교과서주식회사.

문교부(1989). 중학교 가정 1, 2. 국정교과서주식회사.

문교부(1991). 중학교 기술·가정. 1, 2. 국정교과서주식회사.

송해균, 정성봉, 류청산, 서우석(1998). 초등 실과교육학. 교육과학사.

윤인경, 신상옥, 이일화, 김양희, 안숙자, 윤정숙, 박선영(1998). 중학교 가정 1, 2, 3. 교학연구사.

윤인경, 신상옥, 이일화, 김양희, 안숙자, 윤정숙, 박선영(1998). 중학교 가정 2 교사용 지도서. 교학연구사.

이경섭(1996). 교육과정 유형별 연구. 교육과학사.

이무근(1984). 실업-기술교육론. 배영사.

이봉구, 이병훈, 권영출, 송기덕, 박범승, 류길현(1998). 중학교 기술·산업 1학년 교사용 지도서. 금성교과
　　서.

이상혁, 이용순, 이태욱, 안상덕, 김진수, 송병선, 강대구, 안봉주(1998). 중학교 기술·산업 1학년 교사용 지도서. 법문사.

전국교육대학교 실과교육 연구회 편(1997). 개정 실과교육. 교육출판사.

정성봉, 이진교, 최성규, 이종성, 곽재환, 송경화, 김세호(1998). 중학교 기술·산업 1, 2, 3. 교학사.

정성봉(1998). 제7차 실과 교육과정 개정 방향. 실과교육연구(제4권 제1호)

한국교원대학교 실과 교육과정 개정 연구위원회(1997). 제7차 실과 교육과정론 개정 연구. 교육위탁연구 과제 답신보고서.

함종규(1984). 개정 교육과정. 형설출판사.

Daniel Tanner, Laurel N, Tanner(1980). Curriculum Development Theory into Practice. Macmillian Publishing Co. Inc.

A. V. Kelly(1982). The Curriculum Theory and Practice -2nd ed. British Library Cataloguing in Publication Data.

제**4**부

실과-기술·가정- 교육과정의 편성·운영

제**9**장

실과(기술·가정) 학교 수준 교육과정 편성·운영

1. 실과(기술·가정) 학교 수준 교육과정 편성·운영

가. 학교 교육과정 개발의 필요성

제 5차 교육과정까지는 국가 기준이 학교 교육과정의 대체 기능을 담당하여 왔고, 교육 현장에서도 교육부 고시 교육과정을 학교 교육과정으로 생각해 왔다.

다시 말해서, 교육부가 법령에 의거 교육과정을 정하고 고시하였으나, 실제 교육 운영에 있어서 시·도 교육청과 교사의 역할 기능을 명확하게 제시하지 않았고, 교육 관련 기관의 위상별 책무성을 제대로 관리하지 않음으로써, 각급 학교 교육과정 운영은 교과서라는 유일한 기준에 의거하여 획일적이고 폐쇄적으로 통제되고 유도되었다.

이와 같은 문제점을 토대로 국가 수준의 교육과정이 어떤 단계별 여과 없이 바로 교실에 투입되는 현실을 개선하고, 지역과 학교 여건에 부합되는 학교 수준의 교육과정을 편성해야 할 필요성이 어느 때보다 절실히 요청되고 있다. 따라서, 학교 수준의 교육과정을 편성·운영해야 할 필요성을 다음과 같이 정리할 수 있다.

첫째, 교육의 효율성을 높이기 위해 필요하다. 학교 교육과정 편성을 통하여 국가 수준 교육과정을 지속적으로 조정하고 재구성함으로써 해당 학교 학생들의 특성에 적합한 교육과정을 제공할 수 있다.

둘째, 교육의 적합성 제고를 위해 필요하다. 지역의 특수성과 요구, 사회의 변화 양상 및 그에 따라 발생하는 문제들을 반영하여 학교 교육과정을 편성·운영함으로써 학교 교육의 적합성을 높이고 국가 수준의 보편성과 지역 학교의 특수성을 조화시키는 교육적 노력을 펼칠 수 있을 것이다.

셋째, 교원의 자율성과 전문성 향상을 위해 필요하다. 학생들의 능력과 요구를 가장 잘 이해하고 학교의 지역적 특수성을 잘 알고 있는 교사들을 학교 교육과정 편성 과정에 능동적으로 참여시킴으로써 자율성과 전문성을 신장시킬 수 있는 기회를 제공할 수 있을 것이다.

나. 학교 교육과정의 개발 체제

교육과정 개발 체제는 어떠한 인간상을 기르는가에 결정적인 영향을 끼치는 중요한 요소로서 누가 결정하느냐에 따라 중앙 집권형, 분산형, 절충형으로 나누어 볼 수 있다. 이와 같은 체제는 그 나라의 사회, 문화, 정치, 법률, 경제적 상황에 따라 나름대로 채택하고 있으므로, 어느 체제가 더 바람직하다고 할 수는 없다.

중앙 집권형 체제는 나라마다 약간씩 다른 제도적 특성을 지니고 있으나 교육과정 전체 구조와 주요 지침을 중앙 정부가 책임을 지는 경우다.

분산형 체제는 교육과정의 내용과 운영의 결정을 학교와 지역 수준에서 다양하게 참여하게 하는 경우로 교육과정의 기본 구조와 내용 선정을 단위 학교 수준 또는 지역 수준에서 자율적으로 결정하도록 하고, 교과서나 교재 개발을 민간 단체에게 완전 개방하여 교사 재량으로 선택하게 된다.

절충형 체제는 교육과정의 모형과 기본 계획은 중앙 정부가 잡아 주고, 구체적인 세부 내용은 지역이나 학교에서 마련하도록 하여 교육과정 의사 결정 권한이 혼합되어 있는 형태로서, 국가에서 의도한 교육과정과 학교에서 전개할 교육과정간의 체제는 어느 것도 완전하다고 할 수 없기 때문에, 학자간에도 의견이 분분하고, 나라마다 자기들이 채택한 교육과정 존립 방식의 장점을 살리면서 결점을 줄여 나가는 노력을 하고 있다.

이러한 흐름에 따라, 제 6차 교육과정에서는 제 4차 교육과정의 지역화 개념의 도입, 제 5차 교육과정의 지역화 편성 등의 과정을 거쳐 교육과정의 지역화를 강조하였다. 제 6차 교육과정에서는 교육부가 법률에 의거 고시한 국가 수준 교육과정(기준)과 시도 교육청 교육과정 편성·운영 지침이 실제로 교육에 투입될 수 있게 조정 편성되고 학교 수준 교육과정까지를 포함하는 절충형 체제인 '학교 교육과정 편성·운영'이 시행되도록 지침으로 명시하였다(함수곤, 1995).

다. 학교 교육과정 편성·운영 절차

각 단위 학교는 교육부가 고시한 교육과정과 시·도 교육청이나 지역 교육청이 제시한 학교 교육과정 편성·운영 지침을 기초로, 학교 실정에 맞은 학교 교육과정을 편성하여 운영해야 한다. 학교 교육과정의 편성과 운영 절차는 다음과 같다.

① 학교 교육과정 편성·운영 위원회의 조직
- 조직 업무, 역할의 구체화
- 작업 일정, 작업 내용의 대강 결정

② 기초 조사 실시
- 학생, 학부모, 교사, 지역 주민, 지역의 실태 분석 및 요구 조사
- 학교의 여건 분석
- 교과 및 특별 활동의 운영 실태 분석(목표, 내용, 방법, 평가면의 시사점 추출)
- 학교장의 경영 방침 설정

③ 학교 교육과정 편성의 기본 방향 설정
- 관계 법령, 국가 수준의 교육과정, 시·도 수준의 교육과정 지침의 분석(학교 교육과정 편성, 운영, 평가 차원의 시사점 추출)
- 학교 교육과정 구성 방침 및 작성 일정, 체제의 결정

④ 학교 교육과정의 기본적인 사항 결정
- 학교 교육 목표 및 교육 중점의 설정
- 학교 장기 교육 발전 계획의 수립

⑤ 학교 교육과정 시안 작성
- 교과 및 특별 활동의 교육 중점 선정, 목표의 상세화, 내용의 조정
- 시간 확보와 조정, 편제와 시간 배당, 수업 일수, 수업 시수 등
- 교과와 특별 활동의 연간 운영 계획의 수립
- 입학 초기 학교 적응 활동 지도 계획 수립
- 교육 평가 계획 수립
- 특수아 교육 계획 수립
- 학교 특성을 살리는 창의적인 교육 계획 수립

- 교육 자료 활용 계획 수립
- 기타 학교 운영 전반에 필요한 계획 수립

⑥ 시안의 분석·검토·수정 및 확정
- 시안의 심의·검토
- 추출된 문제점을 반영하여 시안 수정, 보완
- 학교 교육과정의 확정

⑦ 학교 교육과정의 운영
- 지속적인 연수 실시
- 운영 과정의 문제점에 탄력적으로 대처
- 장학협회를 통한 교육과정의 수정, 운영

⑧ 학교 교육과정의 평가와 개선
- 평가 기준에 따른 교육과정 평가
- 개선점 추출, 다음해의 편성·운영에 반영

라. 학교 교육과정의 구성 체제

학교 교육과정을 구성하는 방법은 학교 교육과정을 교육과정 중심의 학교 교육계획서에 통합하는 방안과 학교 교육과정과 학교 교육 계획서를 별도로 작성하는 방안이 있다. [표 9-1]은 학교 교육과정에 포함되어야 할 일반적인 사항을 중심으로 한 체제의 예이다.

[표 9-1] 학교 교육과정에 포함되어야 할 일반적인 사항

1. 학교의 교육 목표	바. 특수아 교육 계획
2. 학교 교육과정의 편성 방향	사. 교육 자료 활용 계획
3. 학교 교육과정의 편제와 시간 배당	6. 학교 교육과정의 평가
가. 편제	가. 교과
나. 시간 배당	나. 특별 활동
다. 연간 교육과정 시간 운영 계획	다. 학교 재량 시간
4. 교과와 특별 활동의 교육 중점	라. 교육과정 편성, 운영 평가
가. 학년별, 교과별 교육 중점	7. 학교의 중장기 발전 계획
나. 특별 활동의 영역별 교육 중점	<부록>
5. 학교 교육과정의 운영	가. 학교 교육과정 운영 위원회의 기구와 조직
가. 교과 지도 계획	나. 연간 학사 일정 세부 계획
나. 특별 활동 운영 계획	다. 학교의 시설, 설비 및 교육 자료 확보 현황
다. 학교 재량 시간 운영 계획	라. 각 부장 부서별 특수 업무 추진 계획
라. 입학 초기 학교 적응 활동 지도 계획	마. 기타 학교 경영 전반에 필요한 각종 교육 현황,
마. 생활 지도 계획	계획 조직, 예산, 실태 분석 자료

2. 실과(기술·가정) 학교 교육과정 작성

학교 교육과정을 작성할 때 실과는 새로운 교수-학습 방법에 적합하고 새로운 요구에 부응하는 내용으로 재구성하여야 한다. 실과 교과 내용이 갖추어야 할 조건으로는 교과의 특성과 본질에 부합하고, 단원의 목표에 일치하며 주제별 목표에 일치하여야 한다. 그렇게 함으로써, 생활의 질을 높이는 내용, 활동을 통한 실천의 경험, 흥미와 관심을 높이는 내용, 자기 계발적 요소를 갖춘 내용이 될 것이다.

가. 실과(기술·가정)의 학교 교육과정 작성시 고려할 점

국가 수준의 교육과정에서 교과서가 만들어지면 학교 현장에서는 이것을 근간으로 하여 학교 교육과정을 만들어야 한다. 이 때, 학생과 학부모의 요구, 지역의 특성이나 학교 형편 등을 고려하여 실효성이 높은 교육과정을 구현해야 한다. 이를 위해서 누가, 어떤 노력을 기울여야 할지를 결정짓기 위해서 교육과정 구성 요소별 지역화 의사 결정권을 [그림 9-1]에 나타내었다. 이것은 편의상 결정권자의 역할을 비례적으로 나타내기 위한 것이지 독립되어 있는 것은 아니라는 한계를 지닌다. 지역 교육청이나 학교의 교육과정은 물론, 교사가 세워야 할 교수-학습 과정도 국가 수준에서 마련한 교육과정을 소홀히 할 수 없기 때문이다.

	국가 수준 교육과정	지역 교육청 편성·운영 지침	학교 교육과정 편성·운영 계획	교사의 교수-학습 계획안
목표	국 가			
내용			학 교	
방법				교 사
평가				교 사

[그림 9-1] 교육과정 구성 요소별 지역화 의사 결정권의 비교

목표에 대한 결정권은 국가 수준에서 추구하는 인간상, 교육 목표, 교과 목표, 학년 목표 등을 수립한다고 보고, 지역이나 학교 교사는 이러한 목표를 달성하기 위해 관심을 가져야 한다고 본다.

내용에 관한 결정권은 교과의 영역에 대한 배분, 시대적·사회적인 요구 수준, 국가적인 시책 등을 고려하여 최소한의 범위를 한정짓는 정도로 해석할 수 있다고 본다. 내용의 결정은 국가 수준에서 원칙적인 면만을 제시하고 지역이나 학교에서 대부분의 내용이 결정

된다고 본다. 특히, 학교 수준에서 내용을 최대한 결정할 수 있을 것으로 본다.

방법과 평가에 관한 상당 부분의 결정권은 교사가 갖는다고 본다. 교육은 최종적으로 교사와 학생간의 직접적인 상호 교류를 통해서 이루어지기 때문이다. 국가 수준의 교육과정에 방법과 평가에 대한 원칙적인 예시 자료가 있기는 하지만 이 두 가지 결정권은 교사의 손에 달려 있다고 볼 수 있다.

학교 교육과정을 작성할 때에는 먼저 교육과정의 내용과 교과, 학년 목표를 충분히 검토해야 하고, 학교 교육 목표를 세운 후 지역 사회와 관련된 제재를 선택해야 한다. 특히, 계절이나 학교 행사를 고려하며 학생 실태에 맞는 지도 계획을 수립해야 한다. 다음은 실과 학교 교육과정을 작성할 때에 고려할 사항들이다.

① 교육과정의 내용과 교과, 학년 목표의 충분한 검토

지도서에 제시된 교과 및 단원 목표를 상위 목표로 보고, 상위 목표 도달을 위한 하위 목표는 도시, 어촌, 농촌 등의 지역 특성과 학교 실정에 맞게 재구성하기 위하여 학년 목표와 단원 목표를 충분히 검토해야 한다.

② 학교 교육 목표의 계획

지역이나 학생의 실태, 학교의 전 교육 활동을 통하여 이루어지므로, 학교 경영 계획 중에 취급될 실과 학습을 위해 관련 단원, 지도 내용, 지도 시간, 행사와의 관계 등을 고려하여 사전 계획이 있어야 한다.

③ 지역 사회와 관련된 제재 선택

현상적인 사물을 학습 대상으로 다루는 실과는 지역 사회의 산업, 경제, 문화 등과 밀접한 관련을 지어 학습의 심도와 시기, 기간까지도 변동될 가능성이 있다.

④ 계절, 학교 행사와 관련된 지도

실습지에 꽃이나 채소 가꾸기, 사육장 관리 등을 계절과 학교 행사와 결부시켜 지도하면 높은 흥미와 참여도를 나타내고 실천력을 기를 수 있다. 또한, 1학기에 생활 계획, 용돈쓰기, 집안일 돕기, 물건사기, 조리 준비와 기구다루기 등을 해당 학년에 방학 동안 실천 과제로 제시하면 실용적인 과제가 될 것이다.

⑤ 학생 실태에 맞는 지도 계획 수립

학생의 심신 발달 단계의 특징이나 학습 경험, 일상 생활에 대한 인식, 생활 경험 등 학생 실태를 파악하여 그에 알맞은 학습 수준과 학습 방법이 고안되는 등 적절한 지도 계획을 수립해야 한다.

또, 학교 교육과정을 편성할 때에는 지역화 교육과정, 재량 활동 활용 방안, 열린 학습에의 적용 등을 고려해야 한다.

나. 학교 교육과정과 실과 교육과정의 재구성

(1) 재구성의 범위와 한계

실과 교과의 학교 교육과정을 작성할 때에는 국가 기준의 재구성에서 일과표까지 작성해야 한다. 그 범위를 살펴보면 다음과 같다.

- 국가 기준의 재구성
- 단원의 재정선
- 단원 배열
- 시간 배정
- 단원 전개 계획

(2) 재구성의 기본 방침 수립

학교 교육과정을 작성할 때 기초 조사에서 얻어진 자료에 의하여 지역 사회의 문제 등을 추출해야 한다.

- 재구성의 범위와 한계
- 기초 조사 결과의 활용 방법
- 국가 기준안에 명시된 목표 달성을 위하여 재구성되어야 할 사항
- 단원 선정 및 지도 내용의 설정
- 지역 사회 개발을 위한 과제
- 지역 사회에서 흔히 경험 할 수 있는 단원 내용의 재구성 방법
- 재구성의 형식과 내용의 명료화

(3) 기준의 재구성(지도 목표의 재조정)

학교 교육과정을 수립하기 위해서는 지도 목표를 재구성하여야 하는데, 그 순서를 살펴보면 다음과 같다.

- 교과 목표(총괄 목표, 3개항의 구체적 목표) 분석
- 학년별 영역 목표 설정
- 단원 목표 설정
- 주제의 목표 설정
- 수업 목표(차시별 목표) 설정

3. 실과(기술·가정) 지역화 교육과정의 편성·운영

가. 실과(기술·가정) 지역화 교육과정의 개념과 필요성

지역화 교육과정의 의미는, 정의하는 사람의 관점에 따라서 다르게 정의될 수 있다.

첫째는, 지역화 교육과정을 적극적인 의미로 이해하려는 관점으로서, '교육과정의 편성과 운영의 권한이 학교 또는 지역 교육청에 모두 위임된 교육과정'이라는 정의이다. 지역화 교육과정을 이러한 시각에서만 이해한다면, 교육의 자율성은 한없이 보장되겠지만 국가 수준의 교육과정을 부정할 수도 있다는 의미가 되며, 이는 교육의 질적 수준을 적절한 선까지 확보하기가 어려울 수도 있다는 점과 교육의 한계와 책임이 불분명하다는 데 문제점이 있다.

둘째는, 지역화 교육과정을 소극적으로 이해하려는 관점으로서, '국가 수준에서 결정한 교육과정을 효과적인 지도를 위해 부득이한 경우 제한적으로 지역이나 학교 실정에 맞도록 재구성하는 것'이라는 정의(인정옥, 1988)이다. 그러나 지역화 교육과정을 이처럼 소극적으로 받아들일 경우 다양한 교육과정 운영의 개선을 통해서 교육의 산적한 문제들을 해결하기를 기대하기는 어려운 일이라고 할 수 있다.

제 7 차 교육과정 체제하에서는, 지역화 교육과정을 지나치게 소극적이거나 지나치게 포괄적인 관점에서 보는 편향적인 시각에서 벗어나 새롭게 인식하여야 할 필요가 있다. 즉, 종전에 많은 사람들이 교육과정의 전부라고 잘못 인식해 왔던 법률적 문서인 '교육과정'은 국가에서 정한 교육과정의 편성 운영 지침이며, 지역화 교육과정이 실제적인 의미의 교육과정이라고 이해하는 인식의 전환이 필요하다. 이러한 입장에서 지역화 교육과정을 정의한다면, "지역화 교육과정은 그 지역의 사회적 특수성, 학생, 주민의 교육적 필요, 학교, 교사의 교육적 여건을 고려하여 국가 수준의 교육과정 편성 운영 지침에 따라 지역의 교육 행정 기관, 학교, 교사 수준에서 실천 가능한 형태로 구체화한 다양한 교육과정이다."라고 할 수 있다.

실과 학습에서 특별히 강조되어야 할 사항은 지역성과 계절성이 고려되어야 한다는 점이다. 국가 기준의 교육과정에서, 실과 교과서의 단원 내용과 배열은 지역 사회의 각각 다른 특성을 골고루 반영하기가 어려우므로, 단원의 성격과 계절, 통상적인 생활 경험을 바탕으로 전국이라는 입장에서 공통적이고 일반적인 내용을 포괄적으로 구성할 수밖에 없기 때문에, 그 내용 수준이나 순서를 절대적인 것으로 고수할 필요는 없다.

따라서, 실과 교육과정은 지역 사회의 실정에 맞도록 지역 사회의 특성을 충분히 살려 국가 기준을 구체화한 지역안(학교안)으로 재구성한 전개안을 작성하여야 한다.

나. 실과(기술·가정) 교육과정 재구성의 기준과 근거

(1) 실과 교육과정 재구성의 기준

국가 기준의 실과 교육과정은 지역 교육과정을 작성하는 데 하나의 기준이 되기 때문에 이를 신축성 있게 활용하여야 한다.

제7차 실과 교육과정에서는 자신의 일상 생활과 가정 일에 필요한 기본적인 소양을 기를 수 있도록 '가족과 일의 이해', '생활 기술', '생활 자원과 환경의 관리' 영역으로 나누어 편성하였으나, 전인 교육의 입장에서 상호 관련성 깊게 생활을 중심으로 한 종합 활동을 통하여 지도의 성과를 올리도록 하여야 한다.

실과 학년별 내용의 배열이 학생들이 가정에서 갖는 위치와 그들의 발달 단계에 따른 실천 능력을 고려하여 쉬운 일에서 어려운 일로, 단순한 것에서 복잡한 것으로, 자기 주변의 일에서 먼 곳에 있는 일의 순으로 체계화한 까닭은 초등 실과 학습에서는 선행 기능을 습득해야 다음 단계의 기능을 습득할 수 있기 때문이며, 학생 발달 단계에 따른 생활에의 실천력(유용성)과 적용력(실용성)을 고려하였기 때문이다.

실과 학습은 학생들의 생활 주변에서부터 출발하여 경험과 실천을 중심으로 지도되어야 하기 때문에, 재구성의 기준은 지역 사회(가정)의 실태, 학교의 여건, 학생의 심신 발달 정도와 흥미, 학생의 요구에 맞는 것이라야 할 것이다.

(2) 지역화 교육과정의 근거

㈎ 지역화 교육과정에 관한 법적 규정

6차 교육과정에서는 교육과정을 국가 수준의 교육과정, 시·도 수준의 교육과정, 학교 수준의 교육과정으로 뚜렷이 구분하고 있으며, 국가 수준의 교육과정은 공통적이고 일반적인 기준만을 제시하고 있다. 이는 교육과정의 범위가 종래의 국가 수준의 교육과정으로 좁게 규정하던 입장에서 지역화 교육과정까지도 포함하여 넓게 규정하는 입장으로 바뀌었음을 의미하는 것으로, 이 규정은 종래의 여러 가지 법적 규정이 지역화 교육과정의 편성 운영을 막는 가장 큰 요인으로 작용하였던 문제점을 완전히 해소하였다.

6차 교육과정에서는 교과와 특별 활동의 효율적 운영을 위하여 지역 사회의 인적, 물적 자원을 계획적으로 활용한다고 명시함으로써 학교 수업은 오직 교사에 의해서만 이루어진다고 하는 종래의 고정 관념을 깨뜨릴 수 있는 근거가 마련되었다고 할 수 있다.

7차 교육과정에서는 시·도 교육청이 지역화 교육과정의 편성 및 운영 지침을 작성하고, 각 학교는 이 지침에 따라 학교 실정에 알맞은 교육과정을 편성한다고 명시하고 있다. 이는 지역화 교육과정의 편성과 운영은 임의적인 사항이 아니라 의무적인 사항임을 명시한 것으로 해석할 수 있다.

7차 교육과정에서는 시·도 교육청과 각 학교에서는 지역의 특수성과 교육의 실태, 학생, 교원, 주민의 요구와 필요 등에 대한 조사 결과를 기초로 하여 지역화 교육과정을 편성·운영할 것을 명시하고 있다. 이는 교육과정의 편성·운영에 있어서 철저히 소외되어 왔던 교사는 물론, 지역 주민과 학생들의 의사를 반영한 교육과정이 성립할 수 있다는 근거를 마련한 규정으로 해석할 수 있다.

7차 교육과정에서는 학습 효과를 높이기 위해 교과용 도서 이외에 교육 방송, 시청각 기자재, 컴퓨터, 각종 학습 자료 등을 활용한다고 명시하고 있어 사실상 교육에 필요한 모든 교육 자료를 학교 교육에 사용할 수 있는 법적 근거가 마련된 셈이다.

7차 교육과정에서는 교과 내용의 지도 순서, 비중, 방법 등을 조정하여 운영할 수 있다고 명시하고 있어, 학교 수준에서 교육과정을 포괄적으로 재편성하여 운영할 수 있는 법적 근거가 마련되었다. 특히, 실과 교육과정은 타교과에 비해 그 허용 범위가 더 광범위하게 명시되어 있다.

㈏ 지역화 교육과정의 법적인 제한점

제 6차 교육과정에서 지역화 교육과정을 편성·운영할 수 있는 재량권을 학교에 부여하였다고 해서 지역화 교육과정의 편성과 운영에 제약이 전혀 없음을 의미하는 것은 아니다. 7차 교육과정에 의하면 학교 수준 교육과정의 편성·운영은 상위법인 교육법과 교육법 시행령이 지향하는 바에 부합하여야 함은 물론, 시·도 교육과정 편성·운영 지침을 따라야 할 것을 분명히 하고 있다.

다. 지역화 교육과정과 학교 교육과정

제 7차 교육과정의 개편으로 매우 포괄적으로 확대된 학교 교육과정 편성·운영권이 학교장에게 주어졌다. 따라서, 각 학교에서는 형태와 내용에는 차이가 있겠지만 학교 나름대로의 학교 교육과정을 편성하여 운영하게 된다. 이 학교 교육과정은 시·도 교육청에서 마련하는 '학교 교육과정 편성·운영 지침'보다는 더 구체적인 형태를 갖는다고 할 수 있으나, 교사의 입장에서 본다면 역시 일종의 지침에 불과한 것으로 인식되기 쉽다. 학교 교육과정은 국가가 고시한 교육과정을 구체적으로 교과와 특별 활동을 통해 실현할 수 있도록 재조정하고 구체화하여 현장 교사가 교수-학습 활동을 전개할 때 실제적인 도움을 주는 길잡이가 될 수 있어야 한다.

[표 9-2]는 지역화 교육과정의 의사 결정 기관을 나타낸 것이다.

[표 9-2] 지역화 교육과정의 의사 결정 기관

개발 기관	협조 및 자문 기관	연구 기관	역 할
교육부	교육과정 자문위원회	교육과정 평가원	1. 교육과정 지침 개발 2. 교육과정 연구 및 자료 개발 3. 교육과정의 지역화를 위한 자료 정보 제공 4. 교육과정의 질관리
시·도 교육청	교육과정 심의회	교육과정 연구소	1. 광역 교육과정 개발 2. 교육과정 지침 분석 3. 지역 사회 요구와 실태 분석 4. 농촌형, 도시형, 어촌형 교수 요목 개발 5. 지역 교육과정 심의
시·군(구) 교육청		교육과정 연구회	1. 지역 교육과정 개발 2. 광역형 교육과정 분석 3. 지역 사회의 요구와 학습자 실태 분석 4. 교과서, 지도서 개발
학교 및 교사		교육과정 협의회	1. 지역 교육과정 및 교과서 분석 2. 학교 교육과정 운영 계획 작성 3. 학습자의 실태, 요구 분석 4. 교수-학습 프로그램 개발

　　지역화 교육과정은 최종적으로 연간 교수-학습 계획서와 학습 지도안이라는 형태로 표현되며, 수업의 과정을 거쳐 실현된다. 교사가 지역화 교육과정을 최종적으로 구체화하는 데는 국가 수준의 교육과정 편성·운영 지침과 시·도 교육청 수준의 학교 교육과정 편성·운영 지침 그리고 학교 교육과정을 모두 참고하게 될 뿐만 아니라 학생의 실태와 학교의 제반 여건을 고려하여야 한다.

　　그러나 무엇보다도 중요한 것은 교과 교육에 대한 전문성이다. 종전에는 교육과정의 편성·운영에 있어서 교사는 철저히 소외되어 왔으나 이제부터는 가장 중심적인 역할을 담당하게 된 것이다.

　　지역화 교육과정의 성공적인 운영을 위해서는 우리들이 교육 목표, 내용, 방법, 시간 운영 계획, 학습 자료, 수업 형태의 다양화 등 지역화 교육과정 운영에 적용할 수 있는 가능한 모든 접근 방법에 대한 검토가 선행되어야 한다.

　　[표 9-3]은 다양한 지역화 교육과정 요소들이다.

[표 9-3] 지역화 교육과정의 요소별 다양화 전략

교육과정 요소	다양화 전략
목표의 지역화	교육 목표는 절대로 변경할 수 없는 것이라는 고정 관념에서 벗어난다. 교육 목표도 상위 목표를 벗어나지 않는 경우라면 얼마든지 수정할 수 있다.
내용의 지역화	교육 내용은 목표 달성을 위해 적절한 것이라면 얼마든지 바꿀 수 있다. 교육과정과 교과서를 바로 자신이 개발한다는 생각을 갖고 학생들의 흥미와 지역 사회의 새로운 요구를 교육과정 운영에 신속히 반영하도록 한다.
방법의 지역화	사용할 수 있는 모든 방법을 탐색하고, 그 중 가장 효율적인 방법을 적용한다.
학습 순서의 지역화	학습 순서를 바꿀 경우 계열성이 손상되는 내용이 아니라면 학교의 실정과 필요에 따라 얼마든지 바꿀 수 있다. 필요한 경우, 일부 학생들에게는 다른 학년의 학습 내용도 가르칠 수 있다.
제도의 지역화	학교 교육을 교실, 교과서, 교사로 제한하는 고정 관념을 버린다. 지역의 자원 인사와 자료를 최대한 활용하여 학습의 효과를 증진한다.
평가 방법의 지역화	가능하면, 양적인 평가 방법에서 벗어나도록 노력한다. 평가를 위한 평가를 지양하고 교수-학습 활동 자체를 개선하기 위한 평가, 학생들에게 기쁨과 학습 동기를 유발하는 평가가 되도록 한다.

라. 지역화 교육과정의 문제점과 유의점

지역화 교육과정의 두드러진 특성은 교육과정의 편성과 운영의 다양성이라고 할 수 있다. 지역화 교육과정의 성공적인 운영을 위해서는 지역화 교육과정 운영에 적용할 수 있는 가능한 모든 접근 방법에 대한 검토가 선행되어야 하는데, 문제점과 운영상의 유의점을 살펴보면 다음과 같다(김인근, 1995).

(1) 지역화 교육과정의 문제점

국가 중심 교육과정을 시행하다가 지역화 교육과정이 시행된다고 해서 교육과정상 나타난 문제점이 한꺼번에 해소되는 것은 아니다. 지역의 특수성과 학생의 요구를 충분히 고려하여 다양성과 융통성이 확보되는 지역화 교육과정을 개발하여 효과적인 교육과정 운영이 되어야 할 것이다. 다음은 지역화 교육과정 운영의 문제점이다(김인근, 1995)

첫째, 교육과정의 개선을 반대하는 보수적인 집단의 반발을 가볍게 보아 넘길 수 없다는 점이다. 물론, 교육과정의 개선이라는 원칙에 대해서 그 필요성이나 중요성을 부인하는 사람은 매우 드물다고 할 수 있다. 그러나 종래의 획일적인 교육과정관을 벗어나지 못한 학부모나 교사들에게는 다양한 지역화 교육과정의 운영이 정상적인 교육과정 운영의 파괴로 인식될 수도 있다.

둘째, 교사들의 과중한 업무 부담으로 교육과정 운영의 개선이 단지 말로만 그치고 교육

현장에서는 실천되지 않을 가능성이 크다.

셋째, 지역화 교육과정의 개발과 운영에 관한 전문성 부족에 따른 여러 가지 문제가 발생될 것이 예상된다.

넷째, 획일적인 교육과정 운영에 알맞게 조직되어 있는 기존의 교육 관련 행·재정 지원 체제를 획기적으로 개선하지 않는 한 지역화 교육과정의 운영은 구호에 그칠 우려가 크다. 무리한 업무 부담을 가지고 있는 교사에게 행·재정적인 지원책이 마련되지 않은 채 지역화 교육과정의 편성 운영에 따른 부담을 모두 떠 널길 경우 진정한 교육과정 운영의 개선 효과는 기대할 수 없을 것이다.

다섯째, 지역화 교육과정 개발이 비효율적으로 운영될 가능성이 크다. 단지 획일적이라는 한 가지 이유만으로 중앙 집권적인 교육 체제가 갖는 가장 중요한 장점인 효율성까지 배제하려고 한다면, 국가적인 낭비만을 가져올 뿐이라고 생각한다. 따라서, 지역화 교육과정의 개발은 지역적 여건이 비슷한 각 지역 단위별로 교사들의 자발적인 교과 교육 연구 조직이 교과별 단원별로 맡아 담당하고, 이에 대한 행·재정적인 지원과 개발된 연구 성과를 관리 보급하는 역할만을 시·도 교육청이 맡아 하는 체제로 전환할 필요가 있다. 또한, 이 연구 성과를 모든 사람들이 공유하고 언제든지 즉시 활용할 수 있도록 하기 위해서 전국 규모의 교육 자료 정보 통신망을 하루빨리 구축할 필요가 있다.

(2) 지역화 교육과정 편성 운영상 유의점

초등교육에 있어서 실과의 특성을 왜곡된 시각에서 이해하려는 경향이 많다. 실과의 지역화 교육과정을 편성·운영할 때 다음과 같은 왜곡된 시각에서 벗어나 정상적인 교육과정의 운영이 이루어지도록 해야 한다. 지역화 교육과정을 편성하여 운영할 때 유의할 점은 다음과 같다(김인근, 1995)

첫째, 오직 실습만이 실과의 학습 내용이라는 왜곡된 인식이다. 물론, 실습은 실과의 중요한 부분을 차지하고 있지만 실습이 실과의 전부인 것으로 이해하는 것은 위험한 발상이다. 제6차 교육과정에서는 실과의 수업 시수가 주당 1시간으로 줄었었고, 7차에서도 5~6학년에만 주당 2시간씩 배정되었기 때문에 인지적인 내용의 학습을 더욱 소홀히 하기 쉽다. 인지적인 영역의 지도가 뒤따르지 않는 기능의 지도는 아동들이 학습 결과의 오류를 스스로 발견치 못하게 함은 물론, 학습한 기능의 질적 수준과 습득 속도에도 한계가 있기 마련이다. 따라서, 실습이 주를 이루는 학습 내용일지라도 반드시 인지적인 내용의 학습 요소를 포함하여야 한다.

둘째, 기능 학습의 평가에 있어 과정보다는 결과, 질보다는 양만을 평가하려는 잘못된 경향이 일반적이다. 이러한 그릇된 인식은 지역화 교육과정의 범위를 제한할 우려가 있다. 과정의 평가가 곤란하거나 번거롭다는 이유 때문에 지역화 교육과정의 폭을 제한하여서는 안 된다.

셋째, 학습량이 많으면 학습 효과도 크다는 그릇된 인식이다. 어린이들에게 학습의 경험을 많이 갖도록 하는 것이 인지 발달에 도움이 된다는 가정은 언뜻 들으면 불변의 진리처럼 인식되기 쉽다. 그러나 이러한 인식은 학습의 질을 고려하지 않을 경우에만 타당한 생각이다. 실과 교육과정의 지역화가 학습량의 양적인 증가만을 가져오고 학습의 질은 떨어뜨리는 결과를 가져오지 않도록 주의해야 한다.

넷째, 재배·사육과 관련된 과목만이 지역화가 가능하다는 그릇된 생각이다. 앞에서 지적한 바도 있지만, 지역화는 모든 교과 모든 영역에서 가능한 것이라는 전제하에서 실과의 지역화 교육과정을 개발해야 한다.

다섯째, 초등학교 실과는 직업 교육과 무관하다는 그릇된 시각이다. 물론 초등학교 실과 교육과정에서는 진로 지도와 관련된 독립된 지도 내용의 설정이 이루어졌다. 그러나 진로 교육과 직업 교육은 서로 다르지만 상당한 연관성을 갖고 있다. 따라서, 어느 교과보다 진로 교육과 밀접한 관계를 가진 교과가 실과라는 것을 염두에 두고, 지역화 교육과정을 편성하여야 한다. 진로 교육이 정규 교육과정에 포함된 것은 실과뿐이지만, 이것은 모든 교과와 학교 활동 전반에서 강조되어야 한다.

4. 재량 활동을 통한 실과(기술·가정) 교육과정 운영

가. 재량 활동 설정의 취지와 의의

(1) 재량 활동 설정의 취지

급변하는 사회에 대응하기 위하여 자기 주도적 학습 능력의 신장과 학습자 중심의 교육, 학습자의 능력과 소질을 계발하는 교육이 강조되고 있다. 제 7 차 교육과정에서는 교과, 특별 활동과 함께 학교 재량 활동으로 교육과정을 3 대 영역으로 편성하였다.

7 차 교육과정에서 '학교 재량 활동'은 지역이나 학교의 실정에 맞도록 학교 교육과정을 편성·운영하고, 교재를 재구성하여 활용할 수 있게 하는 교육과정 정책의 변화를 의미한다. 특히, 학교 재량 활동을 설정하여 교과목을 선택하고, 그 내용을 구성하며, 자율적으로 교육과정을 결정하고 운영하는 기회를 제공한다는 것은 교육과정 운영에 있어서 학교의 재량권을 확대하여 학교 운영의 자율권과 책무성을 강조한다는 면에서 주목할 만한 변화이다.

이 변화에 능동적으로 대응하기 위해서는 '주어지는 교육과정'의 틀에 안주해 있기보다는 학교 현장에서 '만들어 가는 교육과정'의 흐름으로 교육과정을 이해해 나가는 인식과 구조의 전환이 필요하다. 지역과 학교의 실정에 알맞게 여러 가지 교육 활동을 해당 학교에서 마련한 교육 실천 방안이 학교 교육과정인 것이며, 각 학교에서 특색 있고 창의적으로 작성하여 운영할 수 있는 것이 바로 '학교 재량 활동'이라고 할 수 있다. 그러므로 학교 재량 활동의 설정은 교육과정 결정의 자율화와 지역화를 위해 설정된 것이라고 하겠다.

더욱이, 현재 시행되는 제7차 교육과정에서는 '재량 활동' 시간을 더욱 확대하여 현행 3학년부터 연간 0~34시간 설정되어 있던 것을 1학년까지 주 2시간으로 확대하여 실시하도록 하여 주제 탐구, 소집단 공동 연구, 학습하는 방법의 학습, 통합적인 범교과 학습 등 다양한 교육 프로그램을 학교와 교사, 학생의 요구와 필요에 따라 선택적으로 운영할 수 있도록 '재량 활동' 시간의 운영이 강조되고 있다.

재량 활동 시간의 설정은 학교 나름대로 특색 있는 교육 활동을 전개할 수 있도록 선택 기회를 부여하되, 기초적이고 기본적인 초등 교육 내용을 바탕으로 직접적인 체험 활동과 다양한 경험을 갖도록 창의적인 교육 활동을 전개하게 하는 데 그 취지가 있다 할 것이다.

(2) 재량 활동 설정의 의의

학교 재량 활동 시간이 설정된 것은 다음과 같은 의의를 갖는다고 볼 수 있다.

첫째, 교육과정 결정 체제에 부분적으로 분권적 요소가 도입되었다.

학교 재량 시간은 학교 수준에서 목표, 내용, 방법, 평가 등에 관한 것을 자율적이며 창의적으로 편성하여 운영할 수 있게 하고 있다. 이것은 중앙 집중 체제와 분산적 체제를 절충함으로써 중앙 집중 체제의 결점을 줄여가려는 것이다. 결국, 학교는 부분적이나마 자율적인 결정권을 행사할 수 있다. 이것은 지역 실정에 맞도록 학교 교육과정을 편성·운영하고 교재를 재구성하여 활용하는 것을 권장하는 교육과정 정책의 변화를 의미한다. 특히, 학교 재량 시간을 설정하여 교과목을 선택하고 그 내용을 구성하며, 자율적으로 교육과정을 결정하고 운영하는 기회를 제공하고 있음은 주목할 만한 사항이다.

둘째, 지역, 학교, 학생의 특수성을 고려한 다양하고 탄력적인 교육과정이 개발될 수 있다.

종래의 교육과정에서는 국가 수준의 교육과정이 전국에 획일적으로 시행됨에 따라 지역 사회, 학생, 학부모의 요구나 필요를 반영할 수 없었다. 그러나 현시대는 사회의 변화와 요구를 충족시키고 교육 소비자의 다양성과 개별성, 인간성을 살리기 위해서 융통성 있고 탄력적인 교육과정을 요구하고 있다.

제5차 교육과정에서는 지역이나 학교의 실정에 따라 일선에서 교육과정을 재구성하여 운영하는 것이지 각 학교가 각자의 특수성을 고려하여 나름대로 목표를 설정하고 내용을 선정하여 학교별로 다양한 교육과정을 개발해서 운영하는 것은 아니었다. 학교 재량 시간의 설정으로 각 학교는 특수성을 고려하여 나름대로 목표를 설정하고 내용을 선정하게 됨으로써 학교별로 창의적이고 다양한 교육을 전개할 수 있다.

셋째, 교사들이 전문성을 발휘할 수 있다.

6차 교육과정 이전까지는 교육부에서 문서화된 교육과정을 준비하고 교과서와 지도서를 발행 또는 검인정으로 발간 배포하였다. 학교 교육과정의 기본 구조에서부터 각 교과의 수업 내용까지 국가가 결정해 줌으로써 교사들은 교육과정 문제에 대해 깊이 생각해 볼 필요 없이 주어진 지도서로 교과서를 가르치면 되었다.

따라서, 학교와 교사는 수업에 있어서 수동적이 되기 쉽고 지식, 정보의 전달 매개체로 전락할 위험이 있으며, 교사가 교육과정 문제로부터 소외되어 자신의 전문성 향상뿐 아니라 교육과정과 수업에 대해 깊이 생각하지 않는 경향이 생기기 쉽다. 그러나 학교 재량 시간이 설정됨으로써 교육과정 문제는 교사들의 실제적인 관심사가 되며, 교육과정 문제에 전문성을 발휘하게 될 것이다.

나. 재량 활동에 대한 이해

(1) 재량 활동 확대·신설의 의미

제7차 교육과정 개정의 기본 방향 및 중점은 21세기 세계화·정보화 시대를 주도할 자율적이고 창의적인 한국인 육성에 있으며, 이는 교육과정 구성 요소별로 볼 때, 다음과 같이 구체화되어 있다.

- 건전한 인성과 창의성을 함양하는 기초·기본 교육의 충실(목표)
- 세계화·정보화 시대를 주도할 자율적이고 창의적인 한국인의 육성(내용)
- 학생의 능력, 적성, 진로에 적합한 학습자 중심 교육의 실천(운영)
- 지역 및 학교 교육과정 편성·운영의 자율성 확대(제도)

자율적이고 창의적인 한국인의 육성이라는 기본 방향은 역대 교육과정 개정에서도 매번 강조되어 온 것이나 7차 교육과정 개정에서는 교육과정 체제·구조상의 근본적인 변화를 통해서 보다 적극적으로 추구될 전망이다. 그리고 이러한 7차 교육과정 개정의 기본 방향 및 중점 사항들은 교과 활동과 특별 활동을 통해서도 구현되겠지만, 무엇보다 '재량 활동의 확대와 신설'을 통하여 보다 적극적으로 실현하고자 한 점이 특기할 만하다. 구체적으로, 7차 개정에서는 현재 초등학교 3~6학년에서 연간 34시간 이상으로 운영되고 있는 '학교 재량 시간'을 68시간으로 확대하였고, 중등학교 교육과정에서는 새로이 재량 활동을 신설하여 중학교는 연간 136시간, 고등학교 1학년은 연간 12단위로 설정하였다.

재량 활동 확대·신설의 배경이 되는 6차 초등학교의 재량 시간은 무엇보다 교육과정 결정 및 운영의 자율화로 아동과 지역 사회의 요구, 학교장 및 교사들의 교육관에 따라 학교 나름대로 교육 활동을 전개할 수 있는 교육 기회로 간주되어 왔다. 즉, 재량 시간은 지역 실정에 맞는 교육과정을 재구성할 수 있게 함으로써 단위 학교 교육과정 운영위원회에 교육과정 의사 결정의 기회를 제공하고 학교 실정에 맞는 교육과정을 재구성할 수 있게 하는 권한을 부여하였을 뿐 아니라, 교사들이 직접 교육과정 내용을 결정하게 함으로써 교직의 전문성과 자율성을 확보하게 하였다. 이와 동시에, 재량 시간은 교육과정 구성 권한을 점진적으로 단위 학교에 위임함으로써 교육과정 구성 및 교재 결정 등에 대한 권한을 현장 학교에 제공하게 되었다. 이러한 교육과정에 관한 중앙 정부-지방-학교간의 권한 분배는 각 수준에서 이루어져야 할 의사 결정 권한의 총화를 증대함으로써 교육의 질적 향상에 기여하게 됨을 의미한다.

6차 학교 재량 시간은 7차 교육과정에서 확대 내지 신설되어 무엇보다 학생의 자기 주도적 학습 능력의 신장과 학교 교육과정 편성·운영에 있어서의 학교와 교사의 자율성 및 학생의 선택권 부여라는 보다 발전된 모습을 갖게 된다. 이것은 구체적으로 다음 [표 9-4]에서 보는 바와 같이, 몇 가지 측면에서 그러하다.

첫째, 재량 활동의 시수와 적용 대상 학교급이 확대되었다는 점에서이며, 둘째 재량 활동의 범위가 확장되었다는 점에서, 셋째 10년에 걸친 국민 공통 기본 교육과정과 공존 관계를 유지하면서 최종적으로는 고 2, 3학년 선택 중심 교육과정과 연계를 확보하고 있다는 점에서 그러하다. 특히, 고등학교 1학년에 주어진 연간 12단위는 국민 공통 기본 교육과정을 마무리하고 선택 중심 교육과정에 입문하는 과도기 학습자들로 하여금 자기 주도적으로 과목을 선택하여 학습할 수 있는 능력을 신장시킬 기회를 국가 수준의 교육과정에서 제도적으로 마련해 준다는 점에서 의의가 크다고 하겠다.

이와 같은 재량 활동 구상이 갖는 가장 중요한 의미는 7차 교육과정 개정을 계기로 기존 국가 수준 교육과정의 개념에 상당한 변화를 가져왔다는 점에 있다. 그것은 곧 다음과 같은 교육부 고시 문서로서의 '교육과정'의 성격과 기능에 대한 시각 변화를 의미한다.

일반적으로, 문서 형식의 국가 수준 교육과정 기준은 다음과 같은 점에 있어서 그 정당성과 필요성을 갖는다.

첫째, 교육과정은 학교 교육의 사회적 공공성을 의미하며, 국민적 자질을 갖추는 데 필요한 공통적, 일반적 교육 내용 기준이자, 국가의 교육 목표를 달성하기 위한 지침으로서의 기능을 한다.

[표 9-4] 제 7 차 교육과정 개정안에 제시된 학교급별 재량 활동의 개요

	초등학교	중학교	고등학교 1학년
재량 활동의 취지	재량 활동의 확대와 열린 교육 체제의 확립 ① 단위 학교의 교육과정 편성·운영의 자율성 확대 • 교육과정 운영의 재량권, 학생의 선택권 부여 : 창의성, 자율성 발휘 • 지역, 학교, 학생의 특수성, 필요에 따른 다양한 교육 활동 ② 학생의 자기주도 학습 및 범교과 학습 활동의 촉진 • 학생의 자기 주도적 학습능력 신장 : 주제 탐구, 소집단 공동 연구, 학습하는 방법의 학습 • 통합적인 범교과 학습 • 컴퓨터, 한자, 영어	학교의 자율성 확대를 위한 재량 활동의 신설 ① 학생과 학교의 교육과정 편성·운영의 자율성 확대 • 국민 공통 기본 교과의 자율 활용 • 선택 교과(한문, 컴퓨터, 환경, 제 2 외국어) • 범교과 학습, 자기 주도 학습 ② 지역, 학교의 특수성과 학생의 교육적 필요 수용 • 범교과 학습 활동 • 자기 주도적 학습 활동 : 주제 탐구 활동, 소집단 공동 연구 활동, 교과의 보충·심화 활동, 특별 활동의 보충·심화 활동	학생들의 능력, 흥미, 적성, 진로를 중시한 다양한 선택 과목 개설과 학생 중심의 교육과정 체제를 확립하기 위한 재량 시간의 최대한 확보 ① 학교 교육과정 편성·운영의 자율성 신장 및 학교장의 경영관, 학교 특성에 기초한 교육과정 운영 ② 국민 공통 기본 교육 기간에도 학생의 교과 선택권 보장
수업 시수 및 활용 방안	연간 68 시간 • 단위 학교장과 교사가 자율적으로 활용	연간 136 시간 • 국민 공통 기본 교과의 자율 활용 및 선택 교과(한문, 컴퓨터, 환경, 제 2 외국어) : 연간 102 시간 • 범교과 학습, 자기 주도 학습 : 연간 34 시간	연간 12 단위 • 10 개 교과의 보충·심화 학습 및 선택 과목 이수 : 10 단위 - 국민 공통 기본 10 개 교과 : 6 단위 이상(개별 교과군에 4 단위, 개별 교과에 2 단위를 초과할 수 없음) - 일반 선택 : 4 단위 이상 • 범교과 및 자기 주도 학습 : 2 단위

둘째, 교육과정은 교육의 질적 기회 균등을 추구하고, 공통된 질과 수준의 보통 교육을 보장해 주며, 학교급에 따른 교육 내용의 영역, 수준, 범위, 학습량 등에 있어서의 계통성과 일관성을 유지할 수 있도록 한다.

셋째, 교육의 일정 수준을 유지하고, 향상시키기 위한 국가적 노력이자, 국가 수준의 교육 내용 기준을 제시할 필요성에 의해 뒷받침된다.

넷째, 교육의 중립성 확보로서 교유의 정치적, 종교적 중립 유지, 교육외적 간섭이나 압력 배제, 교육에 대한 학교나 교원의 자의적 독단과 전횡, 편견을 배제하기 위한 장치로서 기능하게 된다.

따라서, 국가 수준 교육과정 기준의 성격은 거시적, 공통적, 일반적 수준의 '교육과정 기준'으로서 지역차, 학교차, 교원차, 학생차를 초월하여 전국적으로 공통적이고 일반적인 표준으로 다루어야 할 '최소 한도의' 교육 내용 기준이자, 학교 교육과정을 편성하는 기준이 된다. 그럼에도 불구하고, 한편으로 국가 수준의 교육과정 기준은 '교육 내용 기준의 융통성과 탄력성이 인정될 수 있는 범위 내에서의 표준'이라는 성격을 띠고 있다. 이 점은 재량 활동과 밀접하게 관련된 사안으로서, 교육과정은 교육의 본질과 특성, 교원, 학생, 학교, 시설, 지역의 특성과 실정을 감안하여 어느 정도의 융통성과 탄력성을 허용해야 하며, 이러한 융통성과 탄력성의 폭은 교육 실천자가 교육 계획과 실천 과정에서 적합하고도 타당하게 결정해야 함을 지적해 주는 것이다.

국가 수준의 교육과정 기준이란 현장 학교에서 실천될 교육과정 그 자체가 아니라, 교육과정 편성과 운영시에 참고해야 할 '공통된 기준'인 것이다. 따라서, 국가 수준의 교육과정은 학교 현장에 그대로 투입될 수 없고, 국가적 기준과 학교 교육과정간의 중간적, 매개적, 교량적 역할과 관여가 필요하며, 여기에는 교육과정 최종 결정자로서의 교사의 전문성이 전제되어야 한다.

(2) 재량 활동의 관련 이론적 고찰

재량 활동의 신설과 확대에 대한 배경은 다음과 같은 이론에 입각하여 논의될 수 있다. 물론, 이러한 이론은 최근의 교육과정 이론을 대표하는 것으로 내세운다거나, 별개의 논의로 다루어져야 할 것은 아니며, 재량 활동이 갖는 이론적 함의에 대해서는 별도의 심도 있는 논의가 필요하다고 본다. 그럼에도 불구하고 여기에서 개괄적으로나마 짚어 보고자 하는 것은 재량 활동의 구상이 적어도 다음과 같은 이론적 기반에 배태하고 있음을 확인하고자 하는 것이며, 이러한 시도는 재량 활동이 7차 교육과정에 근착하여, 그 존립 근거를 공고히하는 데 보탬이 될 것으로 기대하기 때문이다.

재량 활동 존립의 근거를 모색하는 데 있어서는 교육과정, 교사, 학생이라는 세 요소를 중심으로 생각해 볼 수 있다. 첫째, 교육과정 측면에서는 영 교육과정(null curriculum) 이론에 의거한 교육과정 개념의 범역 확장과 더불어, 재량 활동의 운영과 밀접하게 관련된 교육과정 시행에 대한 접근 방식으로서 이미 오래 전에 거론된 바 있는 상호 적응(mutual adaptation) 시각과 적극적 실행(enactment)의 시각이 재량 활동에 주는 시사점을 짚어볼 필요가 있다. 둘째, 학생의 차원에서는 구성주의적 인식론에 의거한 자기 주도적 학습관을 중심으로, 세째 교사의 차원에서는 교사 전문성의 재조명으로 연구자로서의 교사관(觀)에 비추어 다음과 같이 논의될 수 있을 것이다.

㈎ **교육과정 개념의 범역 확장**

Eisner(1979, 1994)가 제안한 영 교육과정(null curriculum)이란 개념은 학교 교육과정에 대한 기존 개념의 범역을 상당히 확장시킨다. 학교 교육과정이 갖는 파급 효과를 고려할 때, 학교 교육은 정규 교육과정뿐만 아니라 잠재적 교육과정, 나아가 학교에서 가르치지 않는 것에 대해서도 고려해 볼 필요가 있다. 영 교육과정 이론에 의하면, 학교가 가르치지 않는 교육 내용이나 활동도 학교가 가르치는 내용이나 활동만큼이나 중요하다. 그 이유는, 무지(ignorance)란 단순히 아무런 영향력을 발휘하지 못하는 중립적인 진공 상태를 의미하는 것이 아니라, 문제 해결을 위한 다양한 대안을 강구하거나 어떤 상황을 예측하는 데 있어서 중요한 변수로 작용하고 있기 때문이다.

영 교육과정을 규명함에 있어서 고려해야 할 두 측면은, 첫째 학교에서 강조하는 지적 과정과 경시하는 지적 과정이고, 둘째 학교 교육과정에서 가르치고 있는 내용이나 교과 영역과 가르치고 있지 않는 내용이나 교과 영역이다. 재량 활동과 관련하여 후자는 상당한 의미를 갖는다. 학교는 국가에서 정한 교육과정에 포함된 것에 의해서뿐만 아니라 그에 포함되어 있지 않은 것에 의해서도 영향을 받게 된다는 사고는 학교가 개설할 수 있는 다른 어떤 교과목이 있을 수 있는가 하는 가능성에 대해 면밀하게 검토해야 한다는 것을 의미한다. 전통적으로 가르쳐 온 과목이니까 가르친다는 관습적인 사고가 갖는 경직성을 경고함으로써, 결국 학교에서 가르치는 것은 관습에 의한 것임을 일깨워 준다.

영 교육과정의 관점에서 볼 때, 재량 활동은 학교 교육에 대한 다양한 교육적 요구를 합리적으로 수용하고, 기존의 교과 활동과 특별 활동이 담지 못하는 새로운 교육 내용을 담기 위한 것이라고 이해된다. 2000년대를 향한 학교는 학생과 학부모의 요구를 파악하고, 이를 학교 교육과정에 반영할 필요가 있다. 학생들의 필요와 요구가 아닌, 학교 편의에 의한 교과목 설치와 강요는 교육과정이 학생들의 요구에 기반하기보다는 기성 세대의 편의를 도모하는 데 불과하다는 것을 의미한다.

재량 활동은 기존의 교과 활동이나 특별 활동과는 다른 새로운 교육 활동을 펼침으로써 자유롭고 창의적인 교육 활동을 유도하고, 학교 교육이 학생, 학부모, 지역 사회의 새로운 요구에 탄력적으로 대응함으로써 학교 교육에 대한 신뢰를 구축하기 위한 것으로 이해되어야 한다. 이러한 상황에서 학교는 보다 많은 재량 활동 시간을 확보함으로써, 이의 활성화를 도모할 필요가 있다.

이는 기존의 교과 교육과는 달리 학습자의 체험 활동과 자신의 수준과 흥미에 맞는 활동으로 교육 내용을 보충·심화하고, 자기 표현의 기회를 마련하여 개성과 소질을 계발하는 동시에 공동체 의식을 배양하여 미래 사회에 대응하게 하기 위함이다. 나아가 현재의 무특성의 획일적 학교를 특성 있는 학교로 바꾸어 가기 위함이다. 경쟁적 입시 풍토에 귀결되는 무특성의 학교는 21 세기의 우리 교육을 여전히 획일적으로 만들 것이며, 다양하고 역동적인 세계에서 살아갈 세대에게 호소력이나 매력을 갖지 못할 것이다.

㈑ 교육과정 시행 방식의 쇄신

중앙 집중적 교육과정 체제가 갖는 문제의 하나는 '교육과정 전문화에 따른 교사의 탈숙련화'의 문제이다. 다시 말해서, 전문 연구 기관의 교육과정 전문가와 교과 전문가의 참여 확대는 교육과정 계획과 실천을 위계적으로 분리시키고, 교사 업무의 단순 반복과 그에 따른 업무 수행 능력의 저급화를 초래하게 됨으로써 교사의 전문성을 제고하기 어렵다는 문제를 안고 있다.

그러므로 7차 교육과정 개정을 계기로, 신설, 확대된 적어도 재량 활동에 있어서는 기존의 교육과정 시행과는 질적으로 다른 접근 방식이 필요하다. 이러한 생각을 뒷받침해 주는 것으로서 이미 오래 전에 Fullan과 Pomfret(1977)은 미국 학교 교육에서의 교육과정 시행에 관한 연구를 분석, 종합한 결과를 토대로 교육과정 시행 방식을 다음과 같이 세 가지로 정리한 바 있다. 그 중의 하나는 원 계획에의 충실성(fidelity)을 강조하는 방안으로서, 교육과정 개혁(변화)의 시행 정도는 실제 개혁과 의도되고 계획된 개혁과의 일치 정도에 비추어서 결정된다는 것이다. 이것은 시행을 촉진하거나 방해하는 요인을 규명하는 것을 중시하면서 원 계획에의 충실성을 강조하는 방안이다. 여기서는 변화 과정의 선형성(linearity)을 강조함으로써 교육과정 변화의 주도자와 변화의 수용자(교사), 학생의 구도 속에서 어느 정도로 교육과정이 충실하게 수행되었는가에 주안점을 둔다.

둘째, 변화 주도자와 변화 수용자간의 상호 적응(mutual adaptation)을 강조하는 방안이다. 이것은 충실성을 강조하는 입장에서 파생하였으나 원래의 계획에 충실하게 변화가 이루어져야 한다기보다는 시행 과정 중에 어떻게 변화가 일어나는가에 관심을 두며, 원래의 계획과는 다르게 교육과정 시행이 이루어질 수도 있음을 인정하는 입장이다. 여기서 교육과정 시행은 의례적으로 거쳐야만 하는 행사성(event)의 일이 아니라 교육과정 개발자와 교육과정 활용자간에서 이루어지는 상호 작용의 과정(process)임을 강조한다. 특히, 계획된 대로의 시행을 방해하는 요인, 그 중에서도 특히 조직적 요인을 규명해야 한다는 데 주안점을 두면서, 시행된 교육과정과 의도된 교육과정은 상호 일치하기 어렵다는 점을 수용한다.

셋째, 이해 당사자의 보다 적극적인 관여와 실행(enactment)을 강조하는 입장으로서, 교육과정 시행 과정에 있어서 어떻게 교육과정이 교사와 학생들 당사자에 의해 형성되는가에 초점을 두는 방식이다. 교육과정은 어디까지나 교사와 학생의 공동 작업에 의해 이루어지는 교육적 경험의 과정이며, 외적으로 주어진 교육과정과 교수 전략은 교사와 학생의 공동 작업을 전개하기 위한 참조 대상이라고 인식한다.

재량 활동 교육과정은 교사와 학생에 의해 창의적으로 재구성할 수 있으며, 재구성의 과정에 있어서 교사의 적극적인 참여와 역할이 부각된다. 그리하여 재량 활동 교육과정의 편성과 운영 과정은 교육과정의 설계, 시행 등 조직적인 절차가 아니라 '관련 당사자의 개인적인 성장과 변화의 과정'으로 정의되어야 한다.

㈐ 구성주의적 학습관

학교는 지식을 가르치기 위한 장소일 뿐만 아니라 가치와 태도도 전수하는 곳이다. 학교는 세계 속에서 학습자 자신을 발견하게 하는 곳으로 학교 교육은 주변 세계에 대해 학습자의 관심을 기반으로 할 때 실효성을 갖는다. 학습과 수업에 대한 전통적 관점에서는 가르치는 것과 배우는 것을 정보나 지식을 전달하고 흡수하는 과정으로 간주한다. 즉, 수업을 한다는 것은 교사가 알고 있는 지식과 기능을 학습자들에게 직접적으로 전달하는 것을 의미하며, 학습은 교사가 전달해 주는 지식과 기능을 누적시키는 개인적이고도 심리적인 과정을 의미한다. 그러나 학습에 관한 최근의 연구에서는 학습 과정의 구성주의적 성격을 강조하고 있다(Leinhardt, 1992).

이것은 교사의 가르치는 일과 마찬가지로 학습도 학생이 스스로 지식을 재구성하고 의미가 이해되도록 하는 적극적인 과정을 요구한다는 것을 강조한다. 배우는 내용의 의미를 학습자 스스로가 능동적으로 형성하며, 기존의 지식과 정보를 유의미하게 재구성한다고 보면, 학습자는 조건화의 대상이 아니라 의미의 능동적 생산자이다.

이러한 맥락에서는 사전에 목표를 설정하고 이를 성취하기 위하여 모든 학생에게 획일적 학습을 강요하는 폐쇄적인 교육과정 운영 방식은 보다 열린 형태의 학습자 중심의 자기 주도적 학습으로 전환되어야 한다. 교육의 과정은 학생에 대한 교사의 일방적인 지도 과정이 아니라 상호 동반자적 관계에서 대화로 함께 배우는 과정으로 변모되어야 한다(곽병선, 1996).

구성주의적 학습관은 재량 활동이 기존의 교사 주도의 수동적, 획일적인 학교 수업을 벗어나 자기 주도적 학습임을 강조한다. 교육이 본령을 회복하기 위해서는 학교와 수업의 운영이 교사 주도를 벗어나 학생이 자신의 학습을 스스로 주도해 나갈 수 있는 분위기를 형성함으로써 유의미하게 성취감을 충족시켜 주는 방향으로 진행될 필요가 있다.

학습에 있어서의 수동성을 해소하는 길은 학습자의 자기 학습력을 키워가는 일이다. 자기 학습력은 스스로 학습 방향과 목표를 정하고 학습 과제에 따른 탐구와 해결을 스스로의 힘으로 전개하고 평가함으로써 길러지는 것이다. 이러한 자기 주도 학습의 필요성은 기존의 전통적인 교수-학습관과 대비되는 관점에서 살펴봄으로써, 그 추구하고자 하는 바가 무엇인지를 보다 분명하게 이해할 수 있을 것이다. 여기서는 자기 주도 학습에 대한 이해와 그를 기초로 실질적으로 학습을 이끌어 가는 방안에 대해 연구해 온 Areglado 등 (1996)의 연구를 중심으로 소개한다.

Areglado 등은 현대 사회의 특징을 '급속한 변화'로 규정하며, 이러한 추세 속에서 학교는 이제 더 이상 변화의 속도를 따라잡을 수 없다고 보았다. 그들은 급변하는 현대 사회를 살아가기 위해서 사람들은 살아 있는 동안 가능한 모든 자원을 동원하여 학습할 필요가 있으며, 특히 오늘날의 기술 공학은 새로운 유형의 학생들, 즉 스스로 추상적인 사고를 창출하고 행하는 사람들을 요구한다. 이렇게 볼 때, 현대 사회에서의 학교의 역할은 단순한 교과 지식의 전달이 아니라, 학생들에게 자기 주도적인 학습 능력을 길러 주는 데 있다고 할 수 있다. 요컨대, 학교 교육을 통해서 학생들은 지식의 기초뿐만 아니라 지식을 계속해서 획득할 수 있는 자기 주도적 학습 능력을 갖추어야 하는 것이다.

자기 주도적 학습의 특징은 기존 학교 교육에서 지배적이던 교사 주도의 학습과 비교해 볼 때, 보다 명료화된다. 양자의 비교는 [표 9-5]에 집약되어 있다(Areglado 등, 1996).

[표 9-5] 자기 주도 학습과 교사 주도 학습 비교

자기 주도 학습	교사 주도 학습
• 학생들은 자기 주도적이 될 수 있는 지적, 심리학적 능력을 가질 수 있으며, 자신의 삶에 대한 통제 요구를 가지고 있다. 이러한 능력과 요구는 시간이 지날수록 더 개발될 수 있게 조장되어야 한다. • 학습자는 경험 속에서 성장하기 때문에 학습자의 경험은 앞으로의 학습을 결정하기 위한 주요 자원이 된다. 이러한 자원은 교과서와 그 외의 다양한 교육 자원과 함께 사용되어야 한다. • 학습자의 발달 정도가 개인에 따라 다르기 때문에, 각자 자신의 진로와 관련된 과업을 수행하는데 필요한 것을 배우며, 일상 생활 문제와 관련된 것도 배운다. • 교과 중심적 접근은 학습자의 주도성을 억압한다. 문제 중심적 경험, 개인적 프로젝트, 당면한 필요 등에 학습자를 몰두하게 해서 매일의 문제를 해결하는 데 숙달되도록 도와야 한다. • 자연스런 호기심, 자긍심의 욕구, 능력에 대한 도전, 성취감 등과 같은 내적인 자극과 자기 충족감이 학생 성취의 좋은 자극제이다.	• 학생들은 본질적으로 의존적이다. 가르쳐야 할 내용과 가르치는 시기 및 방법을 결정할 책임은 교사가 갖는다. • 학생의 경험은 교사의 경험보다 덜 가치롭다. 따라서, 교사는 학생의 투입(input) 상황과 상관 없이 지배력을 행사한다. 교과서 저자들의 아이디어가 학습의 주요 자원이며, 그것은 학습자의 마음에 전달되어야 한다. • 학생들의 성숙 정도가 다르다는 것은 인정하나, 그럼에도 불구하고 학습에 대한 공통된 요구와 필요는 교수 목적상 집단적 교수를 위해 강조되어야 한다. • 학생들, 특히 고학년 학생들은 교과 중심적 학습 성향을 가지고 있다. 학습 경험은 해당 학문의 내용을 다루는 단원으로 조직되며, 시험이 교수의 초점이 된다. • 외적인 자극, 즉 처벌과 강제가 학습자로 하여금 과제를 수행하게 하는 데 필요하다. 최소한 등급화와 졸업장은 학생들의 학습을 지속시킬 수 있다.

[표 9-5]와 같이, 자기 주도 학습은 학생으로 하여금 자신의 학습 과정에 적극적으로 참여할 수 있게 하는 학습이다. 자기 주도 학습에서 학생들은 스스로 계획하고 목표를 세우고, 자신의 학습 과정을 스스로 조정하고 평가한다.

이와 같은 자기 주도 학습에서는 교사의 역할이 달라져야만 한다. 교육과정이 미리 처방되고 교사가 학습자를 위해서 무언가를 해야만 했던 전통적 학교에서는 교사가 학습자를 위한 일종의 지적인 지주(支柱)였다. 그러나 학습에 대한 권리와 책임의 상당 부분이 학습자에게 위임된 학교에서는 학생들이 자신의 추진력을 발휘하게 된다. 자기 주도적 학습과 전통적 학습에서의 교사의 역할을 비교해 보면 [표 9-6]과 같다(Areglado 등, 1996: 22).

[표 9-6] 자기 주도적 학습과 전통적 학습에서의 교사의 역할

자기 주도적 학습	전통적 학습
1. 학습 계획에 학생을 관여시킨다.	1. 교사 방식대로 수업을 계획한다
2. 학습자의 발달 요구에 따라 수업을 할당한다.	2. 모든 학생들에게 동일한 과제를 제공한다.
3. 학생들은 자신이 도달할 수 있는 개인적 기준을 정한다.	3. 미리 결정된 전체 수업 목표에 따른다.
4. 시험은 학생들에게 지식과 기술을 드러내 보여 줄 것을 요구한다.	4. 시험은 지필 검사 형태이다.
5. 장기적인, 선정된 목적을 위한 학습	5. 암기를 위한 암기
6. 의미 해독을 위한 심도 있는 읽기	6. 단어 해독을 위한 기계적인 읽기
7. 학생들은 그들의 행동에 책임을 지도록 배운다.	7. 훈육이 지배적이다.
8. 가르친다는 것은 시험해 보여준 것(demonstrating)이다.	8. 가르친다는 것은 일러 주는(telling) 것이다.
9. 가르친다는 것은 최상의 학습 방식을 부과하는 것이다.	9. 가르친다는 것은 과제를 부과하는 것이다.
10. 가르친다는 것은 자율성과 자유를 제공하는 것이다.	10. 가르친다는 것은 통제하는 것이다.
11. 지식은 힘(power)으로 간주된다.	11. 지식은 학문적 성취로 간주된다.
12. 교사는 현대적 의미의 매니저이다.	12. 교사는 보스(boss)이다.
13. 교사와 학생들은 변화될 필요가 있는 것을 찾는다. 그들은 미래를 새로운 아이디어를 획득할 기회로 본다.	13. 교사들은 미래를 현재보다 조금 나은 것으로 본다.
14. 학생들은 그들 자신의 행위를 모니터하고, 최소한의 장학하에 스스로 동기화된다.	14. 어디서나 교사가 학생들을 동기화한다.
15. 학생의 지각은 모니터되며, 정규 수업은 학생이 자신의 삶을 스스로 장악할 수 있기 위해 제공된다.	15. 학생의 지각이나 태도를 변화시킬 체계적인 노력이 미흡하다.

현대 사회의 자기 주도 학습에 대한 강한 요구에도 불구하고 자기 주도 학습이 표방하는 '학습자 주도성'에 대해서는 여러 가지 우려가 제기되고 있다.

역사적으로 대부분의 교사들은, 표준화된 시험이나 과제 수행 등에 대한 측정을 통해 학생들의 성과를 통제할 수 있다고 생각해 왔다. 그러나 학생들에게 가장 큰 도움이 되는 것은 '투입'을 통제하는 것이다.

즉, 학생들에게는 자신들의 개인적 지각력을 증진시켜 줄 아이디어를 획득하게 하는 것이 가장 큰 도움이 된다. 이것은 행위를 변화시키고, 학문적 지식으로부터 의미와 가치를 개발하며, 학생들에게 그 자신의 내적 본성을 관찰할 기회를 제공하는 학습 유형이다. 의미를 발견하기 위해 '내부'를 들여다 볼 수 있는 학생은 학교가 제공하는 것보다 더 많은 것을 얻게 될 것이다. 바로 이 점에 학생들이 스스로 학습해 가는 자기 주도 학습의 의의가 있다고 할 수 있다.

㈜ 교사 전문성 제고

교육과정 전문화에 따른 교사의 탈숙련화 문제와 마찬가지로 기존의 학교 수업 연구나 교사 교육에 관한 많은 연구들은 교사의 교육 능력 증진에 실질적으로 도움을 주기는 하였으나 이러한 연구들이 현장 교사의 반성적 능력을 개발하는 방향으로 기여하지는 못해 왔다. 기존의 연구들은 전문가들의 연구 결과를 적용하도록 종용하였지 교사 스스로 자신이 하는 일에 대한 탐구적 자세를 갖추도록 하지는 못해 왔다. 결국 교사는 연구의 생산자가 되지는 못한 것이다.

그러나 최근 교육과정 이론 분야에서는 교사가 가진 반성적 능력을 재조명하고, 적극적으로 인정하려는 동향이 일고 있다. 즉, 교사는 자신이 하는 일에 대한 체계적인 탐구를 통하여 스스로에게 필요한 교육적 지식을 창조하는 탐구자로 간주된다. 예컨대, Stenhouse(1975)의 교사 연구자(teacher as researcher)나, Schon(1983)의 반성적 전문인(reflective practitioner)이라는 개념은 바로 교사 자신이 지닌 자기 탐구 능력을 직간접적으로 표출시키려는 노력이라고 볼 수 있다(최의창, 1995).

Stenhouse가 강조하는 '확장된 전문인으로서의 교사'는 자기 탐구를 통한 자발적 전문성 제고 능력을 강조함으로써 교사는 자신의 일을 개선하기 위해 탐구적 자세를 견지해야 함을 강조하는 것이다. 여기서 탐구적 자세란 자신의 실천에 대한 비판적 반성을 의미한다. 연구자로서의 교사는 자신의 교육 활동이 학자들에 의해서 연구되는 것에 만족하지 않고, 본인의 전문성 계발을 위해서 교사 스스로 연구하는 자세를 취하는 것을 의미한다. 이러한 교사 연구자의 아이디어는 최근 중요한 교육적 개념으로 확산되고 있다(Elliott, 1990; McTaggart, 1991).

확장된 전문인, 연구자로서의 교사관에 터하여 재량 활동은 교사의 교육적 신념과 특장(特長)을 신장하여 학생들에게 더욱 좋은 질의 교육 경험을 제공할 수 있는 장치이다. 교사의 자율성과 전문성 향상은, 학교가 교육적으로 경쟁력 있고 학부모와 학생이 학교를 믿을 만한 곳이라고 '증명'해야 할 필요가 절실한 만큼 어느 때보다 더 요구된다. 학교는 알찬 교육 프로그램을 학생들에게 제공해야 하며, 이를 위하여 교사는 자신이 지닌 특기와 전문 능력을 발휘하고 다듬어 나갈 필요가 절실해졌다.

지금까지 우리 나라 교사들은 학생과 학부모, 교육 행정 인사 혹은 기관이 갖는 교육적 권리에 비하여 매우 협소한 교육적 권리를 누리고 있다고 생각하고 있다. 그러나 교사들이 누릴 권위와 권리의 핵심은 학생과의 관계에서 얼마나 학생들의 교육적 필요를 채워 주고 있는가와 밀접하게 관련되어 있다. 오랫 동안 교육과정의 결정을 국가 수준에서 관장해 옴으로써 학교와 교사들이 새로운 프로그램을 주도적으로 계획하고 실행하는 능력은 퇴화된 상태이다. 교사들은 시시각각으로 변화하는 교육적 필요와 요구를 위해 새로워질 것을 요구받고 있다. 교사는 이미 만들어진 존재가 아니며, 사람을 변화시키는 일에 종사하므로, 늘 새로운 학문과 사상, 기술과 예술에 접목되어 있어야 한다.

적어도, 재량 활동에 관한 한, 연구자로서의 교사라는 아이디어는 학교와 교사의 교육과정 편성·운영 능력을 향상시키는 계기를 제공해야 한다. 이제, 학교와 교사, 학생은 작은 부분부터 스스로 주도해 봄으로써 자기 효능감을 회복시킬 필요가 있다. 이것이 곧 학교의 자기 주도적, 자율적, 전문적 교육과정을 확대·발전시키는 지름길이다.

이상에서 살펴 본 영 교육과정 개념 범역의 확대, 교육과정 시행의 개념 변화, 구성주의적 학습관, 연구자 내지 반성적 실천가로서의 교사라는 아이디어들은 7차 교육과정에서 재량 활동을 학교 교육과정의 체제 구조 속에서 구체적으로 자리매김하고, 그 위상을 확보하게 하는 이론적 배경으로 기능하고 있으며, 이러한 아이디어는 최근 교육학 분야에서 '권한 부여(empowerment)'라는 개념으로 수렴되고 있다.

교육에 있어서의 권한 부여란, 민주 사회에서 학습자 중심 교육을 창출해 나가는 과정에서 참여자 자신과 다른 사람들의 부단한 변화를 의미하며, 권한 부여에 의한 변화는 의사 결정 행위에 대한 반성과 보다 나은 미래를 구상하기 위한 자유 의식에 의해 충전된다. 이 점에서, 권한 부여는 학교 교육 관계자들로 하여금 보다 생산적으로 기능할 수 있도록 돕는 에너지의 한 형태이자, 학습자들에게 평등과 수월성을 보장하는 기회를 제공하기 위한 의지를 표명한다(Shor, 1992).

교육과정관의 변화와 교육과정 시행 그리고 학습자관의 변화, 이에 귀결되는 학습자 중심 교육과정의 발상은 교육의 본질에 대한 새로운 해석이나 교육의 개념에 대한 이념적 혁명을 의미하는 것이 아니다. 그것은 교육을 통하여 평등의 원리와 개체의 수월성을 실현하고, 자유 이념을 실현하고자 할 때 귀결되는 당위적 요천, 즉 교육의 본질을 회복하기 위한 구체적인 노력의 한 가지이다.

다. 재량 활동 편성·운영의 기본 방향

앞서 논의한 재량 활동의 기본틀과 편성·운영의 일반 지침에 기초하여 여기서는, 먼저 단위 학교에서의 재량 활동 교육과정 편성·운영에 있어서 짚고 넘어가야 할 몇 가지 사항과, 그에 터하여 국가 수준의 교육과정에서 제시되어야 할 시·도 교육청과 학교 급별 편성·운영 지침을 제시하고, 둘째 이러한 지침과 앞의 기본 구상을 토대로 학교 급별로 전개할 수 있는 재량 활동 교육과정 편성·운영 방안을 예시하고자 한다.

(1) 재량 활동 교육과정 편성·운영 지침

재량 활동 교육과정의 편성과 운영은 지역 사회와 학교의 실정, 학교 교육 활동에 대한 교장과 교사의 전문적인 판단, 그리고 학습자와 학부모의 요구와 필요를 최대한 반영하여 그들간의 공분모를 토대로 편성되므로, 단위 학교에서는 다양한 방식으로 재량 활동을 전개할 수 있다. 그럼에도 불구하고 본 연구에서 제시하는 국가 수준의 지침은 학교 현장에서의 재량 활동 교육과정을 편성·운영하기 위한 기초이자, 그 질 관리를 돕는 차원에서 필요하다는 관점에서이다.

재량 활동 교육과정의 편성과 운영에서 고려해야 할 일반 사항은 앞의 기본틀에 대한 설명에서 어느 정도 밝혀졌기 때문에, 여기서는 편성·운영과 관련하여 시·도 교육청과 각급 학교에서 중요하게 인식하고, 또 실천에 옮겨야 할 사항을 중심으로 제시하고자 한다. 일반적으로, 재량 활동 교육과정안을 편성할 때 포함되어야 할 것은 교과 활동이나 특별 활동의 교육과정 편성·운영과 마찬가지로, 학생, 교직원, 학부모, 학교, 지역 사회의 요구 및 실태에 관한 사항, 활동 내용의 선정과 조직에 관한 사항, 운영 방법 및 운영상의 유의점, 교육 자료, 평가에 관한 사항 등이다.

㈎ 편 성

재량 활동 교육과정의 편성·운영 계획은 단위 학교의 교육과정 편성·운영 과정에서 함께 이루어질 것이다. 이를 위해서는, 먼저 교육부 고시 교육과정과 시·도 교육청의 교육과정 편성·운영 지침, 교원, 학생, 학부모의 요구와, 학교 및 지역 사회의 실태를 조사하여 그 기본 방향을 설정하여야 한다.

기초 조사에서는 학생들의 교과별, 학년별 학력 실태를 분석할 수도 있고, 교원·학생·학부모를 대상으로 요구를 파악할 수도 있다. 지역의 특수성과 학교의 실정에 적합한 교육 프로그램이 되기 위해서는 무엇보다 각종 기초 조사와 실태 분석을 통하여 학교 교육과정에서 강조해야 할 중점 사항과 그 실천 방안을 도출해야 한다. 편성·운영의 기본 원칙을 결정하기 위해서는 학교 교육에서 추구하는 교육 목표를 충실하게 달성할 수 있도록 특히 유의하여야 한다. 재량 활동에서 다룰 수 있는 내용의 구성은 어디까지나 학교에 주어져 있으며, 선택의 권한은 기본적으로 학생에게 있다. 교육 내용 선정시에는 실천 가능한 것이며, 지속적으로 가르칠 수 있는지를 판단해야 한다. 특히, 창의적 재량 활동을 통한 실험, 관찰, 조사, 수집, 조작, 토론, 견학, 답사, 자유 탐구 활동 등과 같은 체험 활동이 많이 이루어질 수 있도록 다양한 프로그램을 개발하여야 할 것이다. 학생들의 사고력을 계발할 수 있는 프로그램, 체험 학습 및 현장 학습 프로그램, 봉사 활동 등 지역이나 학교의 실정에 적절한 실천 방안을 마련해야 한다.

　선정된 재량 활동의 내용은 '학교 교육과정 운영 위원회'의 협의를 거쳐 최종적으로 학교장이 결정한다. 지도 내용은 앞의 기본 구상에서 밝힌 대로 교과 재량 활동과 창의적 재량 활동에 포함되는 다양한 활동을 학교 교육의 특성과 당해 학교의 특수성을 감안하여 선정, 조직한다. 교과의 성격이 강한 내용인 경우에는 운영 기간을 1년으로 하고, 학교 또는 학년 단위로 운영할 수도 있을 것이다. 이와 같은 사항을 중심으로 재량 활동 교육과정의 편성 지침을 시·도 교육청과 초·중·고등학교에 걸친 공통 지침과 학교급별 지침으로 나누어 제시하면 다음과 같다.

  1) 시·도 교육청

　　① 다음 사항이 포함된 학교급별 재량 활동 교육과정 편성·운영 지침을 작성하여 각 학교에 제시한다.

- 재량 활동의 지도 영역과 그 내용에 관한 사항
- 재량 활동의 시간 확보와 편성·운영(·평가)에 관한 사항
- 재량 활동의 교육 중점에 관한 사항
- 재량 활동에 필요한 교과용 도서 및 각종 교육 자료에 관한 사항

　　② 지역의 특수성, 교육의 실태, 학생·교원·주민의 요구와 필요 등에 대한 조사 결과를 기초로 하여 재량 활동 교육과정 편성·운영 지침을 작성한다.

　　③ 중·고등학교 재량 활동 교육과정에 예시된 선택 교과(목) 이외의 과목이나 프로그램을 설치, 운영하는 경우에 대비하여, 이를 위한 지침을 학교에 제시해 주어 학교로 하여금 필요한 사전 절차를 밟도록 배려한다.

  2) 초·중·고등학교 공통 지침

　　① 국가 수준의 교육과정과 시·도 교육청의 재량 활동 교육과정 편성·운영 지침에 의거하여 학교의 실정에 알맞은 재량 활동 교육과정을 편성한다.

　　② 재량 활동 교육과정의 합리적 편성과 효율적 운영을 위하여 재량 활동 교육과정

편성과 운영에 관한 단위 학교의 연구 체계를 확립하고 교육의 질 관리를 위하여 노력한다.

③ 재량 활동 교육과정의 적합성을 확보하기 위해 학생의 요구와 필요, 학부모의 요구, 학교의 실정, 지역 사회의 실태 및 특수성 등을 고려하기 위한 각종 기초 조사를 실시하며, 그 결과를 교육과정 편성에 적극 반영한다.

④ 재량 활동의 지도 영역과 하위 학습 활동은 각급 학교 교육의 기본 특성과 이 교육과정에 제시된 교육 목표와 내용에 어긋나지 않도록 한다.

⑤ 학교 급별 재량 활동에 배당된 시간은 연간 34주를 기준으로 한 최소한의 시간이므로, 이 기준에 미달되지 않도록 편성한다.

⑥ 연간 수업 시간은 계절, 학교의 여건과 실정, 학생 실태 등에 알맞게 월별, 주별로 적절히 배정하여 편성한다.

⑦ 재량 활동의 지도 내용 중 계절을 고려해야 할 내용은 알맞은 시기에 집중적으로 배정하여 편성할 수 있다.

⑧ 학교는 학생들의 자기 계발이 최적의 상태에서 이루어질 수 있도록 제반 여건을 조성한다.

⑨ 자기 주도적 주제 탐구 학습과 범교과 학습에 있어서는 유관 교과 및 특별 활동의 내용과의 관계를 검토하여 학습 내용이 누락되거나 중복되지 않도록 편성상에 있어서 주의를 기한다.

⑩ 이 교육과정에 예시된 과목 이외의 과목이나 프로그램을 재량 활동에서 편성·운영하고자 할 때에는, 시·도의 교육과정 편성, 운영 지침에 의거하여 사전에 필요한 절차를 거쳐야 한다.

3) 초등학교

① 초등학교는 자기 주도적 학습을 신장시키기 위한 창의적인 교육 활동에 중점을 두어 10개 교과의 보충·심화 학습에 편중되지 않도록 하며, 학습자의 부담을 감안하여 교과목 형태의 학습 내용이 새로 추가되지 않도록 한다.

② 초등학교의 재량 활동에서는 이 시기 학생의 발달적 특성을 감안하여, 직접적인 체험 활동(실험, 관찰, 조사, 수집, 노작, 토론, 견학 등)의 기회를 가능한 한 많이 주도록 힘쓴다.

③ 초등학교의 재량 활동에서는 저학년과 고학년 간의 발달 단계상의 격차를 감안하여 재량 활동의 영역과 그 하위 내용을 설정함에 있어서 학년간의 연계성과 동시에 차별성을 확보하는 데 힘쓴다.

4) 중학교

① 중학교에서 선택 교과를 개설할 경우 학교는 2개 이상의 교과목을 동시에 개설함으로써 학생들의 선택권이 실질적으로 보장되도록 한다.

② 교과 재량 활동에 있어서 국민 공통 기본 10개 교과의 보충·심화 학습과 선택 교과 학습의 비중은 학생의 요구와 학교의 실정을 기초로 학교가 융통성 있게 설정한다.

③ 10개 교과의 보충·심화 학습의 경우 수준별 교육과정 적용 교과의 학습에 편중됨으로 인한 파행적인 교육과정 편성이 되지 않도록 유의한다.

5) 고등학교

① 고등학교에서 일반 선택 과목을 개설할 경우 학교는 2개 이상의 교과목을 동시에 개설함으로써 학생들의 선택권이 실질적으로 보장되도록 한다.

② 창의적 재량 활동을 포함하여 고등학교의 재량 활동에서는 학생의 적성과 진로 등을 충분히 고려하여 고 2, 3학년의 선택 중심 교육과정 이수와의 연계를 확보할 수 있도록 노력한다.

③ 실업계 고등학교와 특수 목적계 고등학교에서는 재량 활동에서 전문 교과의 기초가 되는 과목을 선택하여 이수할 경우, 이를 재량 활동 이수로 간주할 수 있다.

⑷ 운 영

창의적이고 융통성 있는 재량 활동이 되기 위해서는 적어도 시간 운영이나 장소의 활용, 교사 조직, 집단 편성 등에 있어서 융통성이 보장되고 발휘되어야 할 것이다. 우선, 수업 일수와 관련하여 연간 운영 계획을 수립할 때에는 교육과정 시간 배당 기준 주수가 연간 최소 34주(204일)인 점을 감안하여 재량 활동은 교과 활동과 특별 활동(학교 활동 시간은 별도 확보)과 함께 균형 있게 배정되도록 유의하여야 하지만, 고정적이거나 획일적인 운영보다는 융통성 있는 운영이 되도록 특히 유의하여야 한다.

이를 위해 고정적인 일과표의 운영이나 시간 배정에서 과감히 탈피하여 시간 계획을 융통성 있게 수립하는 방안을 모색할 필요가 있다. 문제는, '학교의 획일적인 시종 시간'이라는 오랜 고정 관념을 어떻게 극복하는가에 있으나, 어디까지나 학교에 알맞게 창의성과 자율성을 발휘하여 운영상의 문제를 해결해야 할 것이다. 우선, 시간 설정과 시간량을 정하는 데 있어서 융통적이어야 할 것이며, 운영의 융통성을 위해서는 연속, 집중, 분산(정일제, 격주제, 전일제)의 형태가 있을 수 있을 것이다. 특히, 재량 활동의 지도 내용 중 계절을 고려해야 할 내용은 알맞은 시기에 집중적으로 배정하여 편성해야 한다.

재량 활동의 조직 단위는 학급별, 교과별, 학년별 또는 전교 단위, 또는 초등학교의 경우 저·중·고학년 단위로 조직하여 운영할 수 있으며, 나아가 능력별, 활동 내용별 소집단 편성 등 다양한 조직이 있을 수 있다. 또한, 학교의 규모와 여건에 따라 조직 단위, 장소, 시설 활용 등을 고려하여 융통성 있게 통합하거나 분할하여 운영할 수도 있다. 재량 활동의 성격과 목표에 따라 교사 조직과 장소 활용에 있어서의 융통성도 발휘할 필요가 있을 것이다. 지도 교사는 능력을 고려하여 배정하되, 교사 조직에 있어서는 담임 교사나 교과 담당 교사뿐만 아니라, 재량 활동의 내용에 따라 지역 사회의 자원 인사나 학부모의 능력 자원을 적극 활용할 필요가 있다. 장소 활용에 있어서도 학교의 울타리를 벗어나 지역 사회의 시설과 공간을 활용할 수 있도록 하여야 한다. 이는 주로 편성의 초기 단계에 이루어진 요구 및 실태 조사를 통하여 수집된 정보에 기초하게 될 것이다.

특히, 운영에 있어서는 재량 활동의 연간 지도 계획을 수립하여 운영하되, 단계적이며 장기적인 연계성을 살리도록 해야 할 것이며, 전·입학 학생에게는 적절한 보충 지도를 실시하여 지도 과정에서 결손이나 중복이 되지 않도록 조처해야 할 것이다. 이와 같은 측면을 중심으로 재량 활동 교육과정의 운영 지침을 시·도 교육청과 학교급별로 나누어 제시하면 다음과 같다.

1) 시·도 교육청

① 재량 활동 편성·운영의 계획과 실천에 있어서의 일관성을 확인하고, 실증적인 자료를 수집하여 교육의 질관리에 활용한다.

② 각 학교에서의 선택 교과(목) 운영에 요구되는 교원의 배치, 시설, 자료 등의 정비 확충에 행·재정적으로 지원한다.

③ 재량 활동에 필요한 교과용 도서 이외의 각종 교육 자료를 개발하여 보급하는 데 힘쓴다.

④ 재량 활동에 대한 교원의 지도 능력을 향상시키기 위하여 재량 활동 교육과정 연수 계획을 수립하여 추진한다.

2) 초·중·고등학교 공통 지침

① 재량 활동의 운영은 시·도 교육청의 교육과정 편성·운영 지침을 따르되, 교육과정 편제에 제시된 교과 활동의 보충·심화 학습 활동과 학교의 독특한 교육적 필요, 학생의 요구 등에 따른 창의적인 교육 활동을 단위 학교의 재량에 따라 다양하게 운영할 수 있다.

② 재량 활동의 연간 지도 계획을 수립하여 운영하되, 해당 학교급에서의 학년간의 연계성과 차별성을 살리도록 한다.

③ 재량 활동의 조직은 재량 활동의 성격과 학교의 실정에 따라 학급 담임 교사, 교과 담당교사, 개별 학생, 소집단, 학년(군)별 또는 전교 단위로 조직하여 운영할 수 있다.

④ 재량 활동의 시간 운영에 있어서는 재량 활동의 성격과 학교의 여건, 그리고 학교 이외의 장소 및 시설의 활용가능성 등을 고려하여 정일제, 격주제, 전일제 등 융통성을 발휘할 수 있다.

⑤ 재량 활동에서 사용하고자 하는 교과용 도서는 해당 시·도 교육감의 인정을 받은 것이어야 한다. 단, 학교에서 개발한 프로그램 형태의 자료는 제외한다.

⑥ 기타 창의적인 재량 활동을 비롯하여 재량 활동 전반에 걸쳐서 학생들에게 주어진 교과 활동 시간에서 쉽게 가질 수 없는 직접적인 체험 활동(실험, 관찰, 조사, 수집, 노작, 토론, 견학 등)이 이루어질 수 있도록 하며, 학습의 개별화와 함께 소집단 학습 활동을 통하여 공동으로 문제를 해결하는 경험도 가질 수 있게 한다.

⑦ 전입학 학생의 경우 재량 활동 경험상의 연계성을 살릴 수 있도록 지도에 힘쓴다.

3) 초등학교

① 초등학교는 교과 및 특별 활동의 보충·심화 학습, 또는 학교의 독특한 교육적 필요, 학생의 요구 등에 따른 창의적인 교육 활동 시간을 단위 학교의 실정과 교사의 재량에 따라 창의적으로 운영할 수 있다.

4) 중학교

① 학교가 한문, 컴퓨터, 환경, 제 2 외국어 이외에 기타 필요한 교과를 선택 교과로 설정, 운영하고자 할 경우에는, 시·도 교육청의 교육과정 편성·운영 지침에 의거하여 사전에 필요한 절차를 거쳐야 한다.

② 선택 교과의 교육과정은 68 시간을 기준으로 하여 개발되었으므로, 단위 학교에서 34 시간 또는 102 시간을 배당할 경우, 학교의 실정이나 학생의 수준을 감안하여 교과서를 재구성하여 수업할 수 있다.

5) 고등학교

① 고등학교 1 학년에서의 선택 중심 교육과정에서의 일반 선택 과목 이수에 관한 사항은 이와 관련된 고등학교 교육과정 문서에서 제시된 지침과 시·도의 교육과정 편성, 운영 지침에 따른다.

② 학교는 학생의 중학교 선택 교과의 학습 경험과의 연계성을 살릴 수 있도록 가능한 한 고등학교 1 학년에서의 일반 선택 과목 개설 및 운영에 있어서 배려한다.

㈐ **교육 자료**

재량 활동 운영에 따른 교육 자료의 승인은 신중히 검토되어야 하며, 특히 창의적 재량 활동에 사용되는 교육 자료는 교육부 장관 또는 교육감의 승인을 받은 인정 도서를 사용하도록 해야 할 것이다. 이와 관련하여 6차 초등학교의 경우, 재량 시간에서의 교육 자료의 사용은 교과용 도서에 관한 규정의 제23조 인정 도서의 승인에 관한 조항에 의거하여 법적인 승인 절차를 밟은 후에 사용하도록 규정되어 있다. 이 점에 있어서는 7차 재량 활동의 경우도 예외일 수 없을 것이다.

교육 활동에 필요한 교육 자료를 확보할 때에는 교재·교구 선정 및 검수 위원회를 조직하여 운영하는 것이 바람직하다. 교육 자료의 적합성을 검토하기 위한 기준으로서는, 우선 시중에서 판매되는 부교재와 관련이 없는지, 관련되는 교과서 또는 지도서가 없는 것인지, 교과 활동과 특별 활동과는 어떤 관련이 있는지, 교육과정에 제시된 교육 목표와 내용에 어긋나거나 상치되지 않는지, 교육 시책에 위배되는 사항은 없는지, 집필상 편견이나 공정하지 못한 점은 없는지, 교육 내용의 선정과 조직, 진술은 학생의 발달 단계에 적합한지, 제반 편찬 체제는 어떠한지, 승인·발행·공급은 어떻게 할 것인지 등을 세밀히 검토하여야 할 것이다(이경환, 1996).

그러나 실천 프로그램의 성격을 지닌 재량 활동인 경우, 교육 자료는 인정 도서의 승인을 거칠 필요는 없을 것이다. 그것은 체험 활동 프로그램, 창의력 개발 프로그램 등과 같은 성격의 것이라면 학교에서 교사가 자체적으로 개발하여 활용하는 것이 보다 적합할 것이기 때문이다.

또한, 재량 활동에 필요한 교구와 설비는 장기 계획을 수립하여 계획적으로 확보하고 활용하되 기존의 보유 자료도 정비·보완하도록 해야 할 것이며, 교육 방송이나 정보 통신, 멀티미디어를 적극 사용할 수 있는 체제를 구축함으로써 다양한 자료를 확보하고 활용해야 할 것이다. 이와 함께, 효율적 운영을 위해서 도서실 및 자료실 등 특별 교실과 다목적 교실 및 준비실을 확보하고, 그 활용을 극대화하는 방안을 강구해야 할 것이다. 재량 활동에서 사용하게 될 교육 자료와 관련된 지침은 다음과 같다.

1) 시·도 교육청

① 시·도 교육청은 재량 활동에 필요한 교과용 도서 이외의 각종 교육 자료를 개발하여 보급하는 데 힘쓴다.

② 시·도 교육청은 지역 교육청, 시·도 교육 연구원, 시·도 과학 교육 연구원, 그 외의 유관 연구 기관에서 개발한 각종 학습 자료에 대한 홍보와 구체적인 활용 방안을 학교에 제공한다.

2) 초·중·고등학교

① 시·도 교육감으로부터 이미 인정을 받은 도서를 학교에서 활용하고자 할 때는 학교의 실정, 학생의 수준, 학부모의 요구 등을 반영하여 심사하고, 학교 운영 위원회의 심의를 거쳐 학교장이 선정하도록 한다.

② 학교에서 교과용 도서를 개발하여 활용할 경우에는 소정의 절차를 거쳐 시·도 교육감의 인정을 받아야 한다.

③ 인정받은 교과용 도서는 지역 여건과 학교 실정에 따라 학교 단위로 재구성하여 활용할 수 있으나, 인정 도서 심의 규정을 벗어난 내용을 삽입할 수 없다.

④ 인정 도서의 인정이 취소된 경우에는 취소가 통보된 후 1년이 경과한 날부터 인정 도서로서의 효력이 상실되므로 이에 대한 적절한 대책을 수립하여야 한다.

㈜ 평 가

재량 활동은 학생 자신이 선택한 학습 과제의 수행 결과에 대해 자신이 책임지는 것을 원칙으로 한다. 이를 위해서는, 평가에 앞서 몇 가지 전제 조건이 충족되어야 할 것이다. 그것은 학생이 자신의 학습의 필요와 요구를 정확하게 알고 있어야 하며, 자신의 학습 욕구와 필요에 따른 학습 목표를 분명하게 설정해야 한다는 점이다.

재량 활동 영역의 성격에 따라, 평가 방법과 주안점이 차별화되는 것이 바람직하다. 예컨대, 교과 재량 활동 영역 가운데서 중등학교 선택 교과의 경우에는 여타의 교과 활동에서의 평가 방식에 준하여 평가가 이루어지게 될 것이다. 반면에, 창의적 재량 활동 영역에 있어서는 학습자 스스로의 평가가 중요한 비중을 차지하게 될 것이다. 자기 주도적 학습의 중핵이라고 할 수 있는 창의적 재량 활동 영역에서는 학습자의 발전 정도와 현재의 학습 진행 상황에 대한 상세한 정보가 오히려 더 적극적으로 제공되어야 한다. 물론, 이러한 목적을 위해서는 전통적인 평가 방식에 국한되지 않고 다양한 평가 기법을 적용해야 한다. 주로 학습자의 활동 상황에 대한 관찰(일화 기록, 체크리스트, 평정 척도), 의식과 태도 조사, 학생의 기록이나 학습 결과물에 대한 교사의 전문적인 판단과 함께, 자기 평가와 학생 상호 평가, 면담법, 일화 기록, 검목표 등을 들 수 있을 것이며, 여기에서는 무엇보다도 평가에 대한 신뢰가 전제로 되어야 할 것이다.

이와 함께, 재량 활동의 계획과 운영 그 자체에 대한 평가는 단위 학교에서 재량 활동 프로그램을 개선해 나가는 데 있어서 매우 중요하다. 따라서, 재량 활동을 평가하기 위한 기본 원칙과 전제, 평가 요소와 준거를 바탕으로 교사의 상호 협의와 의견 수렴을 통하여 학교는 계속적으로 자체 평가를 실시하여 재량 활동이 개선되는 방향으로 편성·운영할 필요가 있다. 우선적으로 주안점을 두어야 할 측면들은 다음과 같다.

- 기본 10개 교과 학습의 심화 보충을 위한 재량 시간이 본래의 설치 취지에 맞게 잘 편성되었는가?
- 연간, 기간, 월간, 학년별 계획이 잘 수립되고 실천되고 있는가?
- 계획 수립시 학교의 특성과 학부모, 교사, 학생의 의견을 제대로 반영하였는가?
- 운영 시간이 제대로 확보되었는가?
- 학교의 규모, 시간, 장소, 시설 등의 여건을 고려하였는가?
- 학교 나름대로의 독자적인 프로그램 개발로 창의적인 운영을 하고 있는가, 창의적 재량 활동이 학교의 여건, 학생, 교사, 학부모의 요구에 맞게 잘 편성되었는가?

이러한 사항들을 기초로 초·중·고등학교에서 재량 활동 평가와 관련하여 제시되어야 할 지침은 다음과 같다.

① 재량 활동의 하위 내용의 특성과 학생의 특성을 감안하여 평가의 주안점을 작성, 활용한다.

② 중학교 선택 교과 학습에 대한 평가는 국민 공통 기본 교과 활동에 대한 평가 지침에 준한다. 이 때, 두 개 이상의 교과(목)이 동시에 설치되는 경우에는 선택 교과 간의 점수가 균형을 이루도록 한다.

③ 중등학교에서의 선택 교과(목) 학습을 제외한 나머지 영역의 활동에 대한 평가는 담임 교사 또는 담당 교사 그리고 학생 자신이 하되, 담임 교사가 최종적으로 평가 결과를 종합한다.

④ 평가는 학생의 활동 상황에 대한 관찰, 학생의 학습 활동에 대한 수행 평가와 상호 평가, 자기 평가 등 다양한 방법과 도구를 활용한다.

⑤ 평가는 개개인의 활동을 중심으로 수량적인 평가보다는 활동 상황, 진보의 정도를 평가하고 서술식으로 기술한다.

⑥ 평가의 시기는 재량 활동의 성격에 따라 신축성 있게 설정한다.

⑦ 평가의 결과는 재량 활동의 지도 계획과 지도 과정을 수정·보완하기 위한 자료로 활용한다.

(2) 학교급별 재량 활동 편성·운영 방안

재량 활동의 편성과 운영은 학교의 실정이나 학습자, 부모, 지역 사회의 요구에 따라 매우 다양한 형태로 이루어질 수 있다. 일반적으로 거쳐야 할 재량 활동 교육과정 편성·운영의 절차와 학교급별 재량 활동 편성 방안을 개괄적인 수준에서 제시하면 다음과 같다.

㈎ 재량 활동 교육과정 편성·운영 절차

재량 활동 교육과정 편성·운영 계획의 일반적인 절차를 제시하면 [표 9-7]과 같다.

[표 9-7]과 같은 절차를 걸쳐 재량 활동을 실효성 있게 편성·운영하기 위해 학교는 다음과 같은 조건을 사전에 충족시킬 필요가 있다. 학교의 새로운 교육과정 프로그램 설치 능력, 시설과 설비 및 교육 자료의 구비, 교사의 수업 부담의 적정화, 재량 활동의 필요성에 대한 교사와 학교장, 학생, 학부모의 공감대 형성, 학교 시간표의 융통성 있는 운영 등을 충족시켜야 한다.

[표 9-7] 재량 활동 편성·운영의 절차

- 상위 교육과정과 지침 분석
  - 교육부 고시 교육과정과 재량 활동 지침 분석
  - 시·도 교육청의 교육 지표와 중점 과제 분석
  - 학교 교육 목표와 노력의 중점 분석
- 편성·운영 계획 수립 기초 조사
  - 기존 재량 활동 관련 교육과정의 실행에 대한 분석, 평가
  - 초등학교 6차 학교 재량 시간 편성, 운영
  - 중학교 선택 교과 운영
  - 고등학교 교양 선택 과목 운영
  - 교원의 현황, 학교의 여건, 학생과 학부모 실태, 지역 사회의 특성 조사
  - 교원, 학생, 학부모의 요구 사항 조사 분석
  - 교원의 실태 정밀 분석(교사의 지도 능력 및 교원 연수 계획 파악)
- 학교 단위 재량 활동의 편성·운영 계획 수립
  - 활동 내용 선정 : 학교 교육과정 편성·운영 위원회에서 협의
  - 학년(군)별 교육 활동 시간과 교육 내용의 개요 확정
  - 재량 활동 교육 내용의 연간 프로그램 작성
  - 지도 영역과 지도 요소 체계표 작성
  - 시간 운영 계획의 수립
  - 교육 자료 확보 및 지도 방법의 구체화
  - 평가 계획 수립
- 교직원 전체 회의의 검토 심의와 학교장의 인준
- 학교 운영위원회의 인준
- 당해 교육청의 인준

㈏ 하위 영역별 재량 활동 교육과정 편성·운영 방안

다음에 제시된 것은 단위 학교에서 재량 활동의 하위 영역을 구상하고, 재량 활동 교육과정을 편성하기 위한 구체적인 방안이다. 단위 학교는 해당 학교급의 성격과 학교 교육의 목적에 따라 적절하게 변용함으로써 각 학교의 실정에 적합한 형태로 편성하면 될 것이다.

1) 기본 교과의 보충·심화 학습 중심의 재량 활동 편성·운영

가르쳐야 할 학습량에 비해 지도 시간이 한정되어 해당 학년에서 꼭 다루어야 할 중요한 내용에 대한 학습이 미흡하다고 판단되는 경우, 학생들의 능력에 알맞은 학습의 기회와 방법을 지속적으로 제공하여 기본 학력의 정착을 기할 수 있다.

이러한 교과 학습의 보충·심화를 위한 재량 활동은 교육의 공통성과 평등성을 확보하여 기초 학습 능력을 어느 정도의 수준으로 유지하는 동시에 개별 학습자의 교육적 수월성을 추구하는 데 중점을 둔다.

① **보충·심화 학습 내용**

학습자의 필요와 요구를 가능한 한 수렴하여 교사와 학생들을 배치하는 것이 바람직하나, 초등 저학년의 경우에는 교사의 판단이 보다 현실적일 것이다. 지도 내용의 선정은 한 학기 또는 1년을 단위로 할 수 있다.

② **시간 운영**

재량 활동의 기본틀에 제시된 연간 수업 시수 이상을 배정하되 학교와 학급의 규모와 실정에 따라 정일제, 격주제 등으로 융통성 있게 통합하거나 분할하여 운영하도록 한다.

> **예** 주당 1시간, 주당 2시간, 월당 4시간 식의 규칙적 배당 방식과 주당 1시간 또는 2시간, 2주당 1시간 또는 2시간 식의 비규칙적 배당 방식

③ **학습 집단 조직**

학년군 통합, 학년별, 또는 학급 내 소집단 조직 등의 방법이 있으나, 열린 교육 형태의 학습 집단 조직 학습자의 희망이나 능력별 집단 조직도 가능하다.

> **예** 초등학교 1~2학년 통합, 3~4학년 통합, 5~6학년 통합, 중학교 1~3학년 통합
> 4학년 국어반, 4학년 수학반 등
> 3학년 1반 A조, B조 등

④ **방 법**

보충·심화할 교과의 성격과 교육 내용의 특성에 따른 적합한 교수-학습 방법을 담당 교사가 판단하여 담임 교사가 자기 학급을 지도하거나 동학년 단위의 능력별 그룹 편성, 동학년 또는 학교 단위 협동 교수 형태로 지도하는 방법 등 다양한 방식으로 운영할 수 있다.

⑤ **교육 자료**

시·도 교육청이 개발하거나 승인한 교재, 타 시·도 교육청에서 개발한 교재 중 당해 교육감의 승인을 받은 교재, 관련 전문 연구 기관에서 개발한 교재, 학교 자체로

개발한 교재 등 상황에 따라 적절한 교재를 선정하거나 개발한다. 다만, 학교가 자체적으로 개발하거나 선정한 교재인 경우, 학기가 시작되기 전에 교육감의 승인을 받아야 한다.

⑥ **지 원**

지원면에 있어서는 인적 자원면(지도 교사 및 자원 인사의 확보), 물적 자원면(지도 교사의 확보에 따른 사례비 및 제반 비용), 시설 환경면(교실외의 다른 특별 교실, 예를 들면 실험실, 공작실, 회의실 등)에서의 지원이 뒷받침되어야 한다.

⑦ **평 가**

평가는 학생들의 활동 상황과 참여도, 태도 변화 등을 파악하여 그 결과를 문장으로 기술하며, 교과 특성과 교수-학습 상황에 따른 지필 평가, 실기 평가, 태도 평가 등 적절한 평가 방법을 강구한다. 평가의 시기는 활동의 성격과 학교 실정에 따라 융통성 있게 실시하며, 학년별 또는 영역별 성취 목표를 설정하여 학생의 목표 도달도를 확인하고 수업의 질 개선을 위한 자료로 활용한다.

2) 창의적 재량 활동 편성·운영 방안

① 범교과 학습

범교과 학습의 편성·운영 방안은 기본틀과 기본 구상에 따라 학교가 자율적으로 설정하도록 하면 될 것이다. 학교 실정에 맞는 범교과 학습을 위해서 국가가 의도한 범교과 교육과정을 학교의 실정에 맞게 재구성할 경우 다음과 같은 측면을 고려하면 도움이 될 것이다.

- 학교가 처한 지역 사회의 실정에 따른 재구성(자연, 산업, 사회, 전통, 역사)
- 학교의 역사, 문화, 전통, 재정, 시설, 구성원의 심리적 환경 등 학교의 특성에 따른 재구성(학교의 기본 시설, 학습 자료, 교구)
- 학생과 학부모의 특성(흥미, 관심, 요구, 필요, 취미, 학력)에 따른 재구성
- 교사의 실태(지도 능력과 특기, 관심, 각 교과별 문제점과 요구)

② 주제 탐구 활동

③ 기타 자율적 교육 활동

㉠ 단위 학교의 중점 교육 활동 혹은 특별 활동의 보충·심화

교육과정에 제시되지 않은 영역 가운데서 특별히 다루어져야 할 활동, 예컨대 사고력 신장 교육, 초등학교의 경우 컴퓨터 교육, 한자 교육, 창의성 신장 교육이나 특별 활동의 클럽 활동 영역에서 운영하는 각 부서의 활동을 보충하거나 심화함으로써 학습자의 교육적 경험에 대한 욕구를 충족시킨다.

- 학습 집단 조직 : 학년군 통합, 학년별, 학급별, 학습자의 희망이나 능력에 따른 활동 조직 등 다양한 방안의 장단점을 파악하여 결정한다.
- 시간 운영 : 주당 하루 1시간 운영, 격주당 하루 2시간 운영, 월당 하루 4시간 운영 또는 계절에 따른 융통적인 시간 배정 및 운영 등의 방안이 있을 수 있다.
- 교수-학습 방법 : 교육 활동의 성격과 내용에 따라 적절한 교수-학습 방법을 선택한다.
- 교재 및 교수-학습 자료 : 인정 도서 또는 학교에서 자체적으로 개발한 교육 자료를 활용한다.

㈃ 현장 학습 중심의 자율적 교육 활동

기존 학교 교육에서 학습자의 교육적 경험이 교과 교육에 한정되어 있는 데서 벗어나, 사회적 현안 문제인 교통 문제, 환경 문제, 인성 함양, 애향심 고취 등을 통하여 학교 교육 내용의 적절성을 제고해야 할 필요가 있다. 재량 활동에서는 현장 체험 학습 중심의 폭넓은 학습 경험의 기회를 다양하게 제공하여 학습자의 경험 세계 확장과 가치의 내면화를 추구한다.

- 조직 및 운영 방법 : 학년별 또는 전학년 단위로 운영하거나 학년별로 할 경우 적절한 내용 선정과 지도를 위하여 수평 조직으로 운영한다.
  - 시간 운영 : 1시간씩의 지도로는 현장 교육 및 내면화, 습관화 지도가 곤란하므로 주당 1시간을 격주나 월 단위로 블록 타임 형식(2시간, 4시간)으로 운영
  - 학습 방법 : 학교와 지역의 특성에 알맞게 다양하게 추진
  - 지도 교사 : 학급 담임 및 관련 교과 담당 교사, 외부 인사 초빙
  - 교재 및 자료 : 기존 개발된 자료 및 학교나 교사가 개발한 자료
- 지도 방법
  - 학년별로 교과 내용을 분석하여 현장 교육 활동이 필요한 내용을 발췌한 다음 월별로 교과와 관련하여 지도 내용을 정한다.
  - 월별 지도 내용을 중심으로 현장 학습 계획을 세워 추진한다.
  - 기존 자료 및 자체 개발 자료를 활용하여 사전 지도를 한다.
  - 학급별, 그룹별 탐구 활동 및 조사, 토의 결과를 발표하게 한다.
  - 현장 학습 실시 후 사후 지도 및 견학 기록문 쓰기, 기행문쓰기 등을 통하여 내면화를 추구한다.

㈄ **학교급별 재량 활동 교육과정 편성·운영**

단위 학교에서의 재량 활동의 전개 방식을 어떤 형태로 못박는 것은 재량 활동의 취지

에서 벗어난다. 모든 학교가 예시된 사례를 그대로 받아들여 획일적으로 운영할 경우 또 다른 경직성을 초래할 우려가 있기 때문에 여기서는 각급 학교 교육의 성격과 앞서 논의한 재량 활동의 대체적인 구상에 터하여 몇 가지 방안들을 제시해 보고자 한다.

제시된 안은 학교 현장에서 적용할 수 있는 표준적인 것이기보다는 가능한 여러 방안들 가운데의 몇 개 예시에 불과하다는 것을 밝힌다. 이것은 단위 학교의 실정과 학습자의 요구에 맞게 변용해서 재량 활동 교육과정을 편성·운영할 수 있다는 것을 의미하며, 최적한 운영 방안은 무엇보다 학교 현장 전문가들의 판단에 따라 스스로 창출할 수 있다는 것을 뜻한다.

1) 초등학교

초등학교의 재량 활동은 10개 교과의 심화·보충 학습과 학교의 창의적 재량 활동으로 이분된다. 그러나 두 영역은 초등학교 교육의 특성에 비추어볼 때, 개념적인 수준에서 구분 가능한 것에 불과하다. 예로서, 학급 담임 교사는 공통 기본 교과 가운데서 특정 교과에 대한 심화·보충 학습을 위해 기타 창의적인 교육 활동 프로그램 영역에서 다루는 읽기 자료 프로그램을 활용할 수도 있고, 신문 활용 교육이라든가, 교과와 관련되는 범교과 학습 교육 자료를 활용할 수도 있을 것이다. 따라서, 하위 재량 활동 영역의 수업 시수를 구분할 필요는 없을 것으로 보인다.

초등학교의 특성을 감안하여 볼 때, 교과의 심화·보충 학습, 범교과 학습, 주제 탐구 학습, 기타 창의적 활동 등의 4개 영역을 상호 독립적인 방식으로 전개할 수도 있고, 경우에 따라 두세 영역 혹은 네 영역을 통합시키는 방식으로 운영할 수도 있을 것이다.

우선, 교과 학습의 심화·보충 활동에서 저학년과 중학년에서 담임 교사가 재량권을 많이 발휘할 경우, 교사는 개별 학습자가 심화·보충해야 할 교과를 선정해 줄 수 있을 것이며, 주당 시수와 학습 기간의 운영은 교사의 판단에 따라 주별, 월별, 학기별 또는 1년을 단위로 할 수도 있을 것이다. 특히, 창의적 재량 활동의 경우, 학교의 실정과 학생의 요구에 따라 교사는 최적한 방식으로 교육 프로그램을 얼마든지 변용하여 운영할 수 있다. 그리하여 창의적 재량 활동에서 하위 영역간의 통합 운영이 가능하며, 교과 활동과 창의적 재량 활동의 통합 운영도 마찬가지이다.

전자의 예로서, 범교과 학습과 주제 탐구 학습의 통합으로 범교과 학습에서의 국제 이해 교육을, 예를 들어 '내가 가보고 싶은 나라'를 주제로 하는 주제 탐구 활동과 통합하여 운영하는 경우를 들 수 있다.

[표 9-8]과 [표 9-9]는 초등학교의 재량 활동 편성 방식과 그에 대한 구체적인 예시이다.

[표 9-8] 교과 재량 활동과 창의적 재량 활동에 균등 안배

영역 및 시간 배당 \ 학년	1~2학년	3~4학년	5~6학년
교과 재량 활동(34시간)	교과 심화·보충 ─────────────────────────▶		
창의적 재량 활동(34시간)	범교과 학습 ──────────────────────────▶		
		자기 주도적 주제 탐구 수업 ─────▶	
	기타 자율적 교육 활동 ────────────────────▶		

[표 9-9] 초등학교 재량 활동 예시안

영 역	하위 영역 \ 학년	1~2학년	3~4학년	5~6학년
교과 재량 활동 (34시간)	기본 교과 심화·보충 학습	5개 공통 기본 교과의 심화 보충 학습 : 자기 주도 학습을 위한 기초 학습 기능 보충(34시간)	사회와 자연을 제외한 7개 교과 가운데서 보충·심화 학습이 필요하다고 판단된 교과와 하위 학습 내용을 교과가 설정, 전학급 학생을 대상으로 보충 또는 심화 학습 실시	사회와 자연, 실과를 제외한 7개 교과의 보충·심화 학습 : 학습자의 자기 주도적 학습을 위해 교사는 개별 학습자에게 보충 또는 심화 학습 과제 부여 실과에서 실습이 필요한 부분을 발췌, 별도의 시간을 마련하여 실습 교육 실시
창의적 재량 활동 (34시간)	범교과 학습	1, 2학년 모두 인성 교육(기본 생활 습관과 예절 중심)과 안전·보건 교육 실시	3학년은 환경교육, 4학년은 실과 교육	5학년은 성교육, 6학년은 세계 이해 교육
	주제 탐구 활동		교과 내용과 관련된 탐구 주제를 교사가 선정하고, 학생은 소집단 혹은 개인별로 조사·탐구 활동 전개	학생 자신의 관심 분야에서 탐구 주제를 설정, 자유 연구 형태로 주제 탐구 학습을 운영
	기타 자율적 교육 활동	학급 단위의 통합적인 체험 학습 활동(예 : 봄동산 꾸미기, 물건 사고 팔기, 동식물 재배) 현장 학습(고장 공부)	사회, 자연 중심의 체험 학습의 날 운영(교과 학습 중 체험이 강조되어야 할 하위 학습 요소를 학년별로 미리 추출, 현장 체험 학습 시도)	사회, 자연 중심의 체험 학습의 날 운영(교과 학습 중 체험이 강조되어야 할 하위 학습 요소를 학년별로 미리 추출, 현장 체험 학습 시도)

다음 편성 예시 2는 창의적 재량 활동에 역점을 둔 것으로 교과 재량 활동은 담임 교사가 주도하여 학급 단위로 자율적으로 전개하고, 창의적 재량 활동은 범교과 학습과, 자기 주도적 주제 탐구 학습 그리고 매월 1회 토요일을 책가방 없는 날과 같은 방식으로 운영하여 학년 단위의 현장 학습, 체험 학습, 학예 활동 등을 실시한다.

[표 9-10] 초등학교 재량 활동 편성 예시(창의적 재량 활동)

영역 및 시간 배당＼학 년	1~3학년	4~6학년
교과 재량 활동(17시간)	교과 심화 보충 ----------------------	▶
창의적 재량 활동(51시간)	범교과 학습 ----------------------	▶
	주제 탐구 학습 ----------------------	▶
	기타 자율적 교육 활동 ----------------------	▶

2) 중학교

중학교의 재량 활동은 10개 교과 학습의 보충·심화와 선택 교과의 학습, 그리고 창의적 재량 활동으로 편성할 수 있게 되어 있다. 교과 재량 활동에서 공통 기본 교과의 심화·보충학습의 경우, 학교는 학년초 학교 교육과정 편성·운영 계획 수립시 요구 조사와 단위 학교의 실태와 여건을 토대로 심화·보충할 교과를 선정할 수도 있을 것이며, 학생이 개인적으로 심화 내지 보충할 교과를 스스로 선택할 수도 있을 것이다.

운영 기간은 학기별 또는 1년, 2년, 3년을 단위로 할 수 있으며, 학생은 3년 동안 한 개의 교과만 심화·보충 학습을 할 수도 있고, 3년간 6개의 교과를 심화하거나 보충할 수도 있다. 교과 재량 활동의 시간 배당은 연간 34~68시간이므로, 운영하기에 따라 34시간, 51시간, 또는 68시간으로 할 수도 있다.

10개 교과 외의 선택 교과 학습의 경우, 학교의 실정과 학생의 요구에 따라 학교는 적절한 방식으로 교육과정에 제시된 교과 가운데서 개설하되, 가급적 학생의 필요와 요구를 반영하도록 한다. 시간 배당은 공통 기본 교과의 심화·보충 학습 시간과 연계하여 34~68시간(34시간, 51시간, 68시간)이 될 수 있다.

창의적 재량 활동을 위해 학교는 학교의 실정과 학습자의 요구를 감안, 별도의 시간(연간 34시간)을 확보하여 범교과 학습, 주제 탐구 활동, 기타 자율적 교육 활동을 전개할 수 있다. 그러나 중학교의 경우, 주당 4시간 중 3시간이 교과 재량 활동으로 되어 있기 때문에 초등학교에 비해 다양성의 폭이 제한되어 있다. 물론, 학교의 특성과 지도자 및 교사가 어떻게 능력을 발휘하는가에 따라 다양화를 추구할 수 있을 것이다. 창의적 재량 활동을 보다 심도 있게 운영하기 위해서는 학년별로 집중적으로 다룰 하위 재량 활동 영역을 설정한다.

예를 들면, 1학년에서는 범교과 학습과 기타 자율적 교육 활동에, 2, 3학년에서는 주제 탐구 활동과 기타 자율적 교육 활동에 역점을 두어 운영하는 방식이 있을 수 있다. 다음 예시안은 하나의 예시에 불과하며, 보다 다양하고도 창의적인 운영을 위해서는 앞의 초등학교에 제시된 여러 방안들을 토대로 중학교의 실정에 맞게 변용할 수 있을 것이다.

[표 9-11] 중학교 편성 예시(기본 교과의 심화·보충 활동에 중점)

영역 및 시간 배당＼학년	1학년	2학년	3학년
기본 교과의 심화 보충 학습	학년별 68시간		
선택 교과 학습	환경, 컴퓨터, 한문, 기타 가운데서 학생이 선택(학년별 34시간)		
창의적 재량 활동	범교과 학습·자기 주도 학습·기타 자율적 교육 활동을 학교 나름대로 운영 (학년별 34시간)		

[표 9-12] 중학교 재량 활동 예시

영역	하위 영역＼학년	1학년	2학년	3학년
교과 재량 활동(102)	기본 교과 심화·보충 학습(68)	학생들간의 학력 격차가 큰 교과에 있어서의 학습자의 성취도를 기초로 교과별 심화반과 보충반 운영		
	선택 교과 학습(34)	학생의 요구와 교원의 수급 상황을 고려하여 선택 교과 과목을 1년 단위로 중복되지 않게 운영하되, 3학년의 경우는 진로와 관련하여 학생들이 선택할 수 있도록 다양한 교과 개설		
창의적 재량 활동 (34)	범교과 학습	범교과 영역에 해당하는 학습 영역 중 하나를 선택하여 전학년에 걸쳐서 운영하거나 학년별로 서로 다른 영역을 선택해서 중복되지 않게 운영. 특히, 3학년의 경우는 진로와 관련된 진로 교육 영역의 범교과적 강좌 운영		
	주제 탐구 활동	각 교사들이 특별히 관심있거나 자신있게 가르칠 수 있는 주제를 선정하여 각 주제별로 4주~반학기에 걸쳐 운영할 주제 중심의 미니 코스 강좌 개설. 미니 코스는 특정 교과와 관련된 내용에서부터 교양, 취미 활동에 이르기까지 다양한 주제, 다양한 수준으로 개설. 학생들은 매학기 1개 이상의 미니 코스를 선택해서 이수		
	기타 자율적 교육 활동	교육 문화 활동, 동아리 활동, 봉사 활동 등 집단 활동을 운영하거나 현장 체험 학습 운영		

[표 9-13] 중학교 편성 예시 (선택 교과 학습에 중점)

영역 및 시간 배당＼학년	1학년	2학년	3학년
기본 교과의 심화 보충 학습	학년별 34~51시간		
선택 교과 학습	환경, 컴퓨터, 한문, 기타 가운데서 학생이 선택(학년별 51~68시간)		
창의적 재량 활동	범교과 학습·자기 주도 학습·기타 자율적 교육 활동을 학교 나름대로 운영 (학년별 34시간)		

[표 9-14] 중학교 재량 활동 예시

영역	하위 영역	1 학년	2 학년	3 학년
교과 재량 활동 (102)	선택 교과 학습 (34-68)	환경(34)	환경 교과를 제외한 나머지 교과에서 2 개 선택, 34시간씩 운영, 혹은 1 개 교과를 선택, 68 시간씩 운영	환경과 2 학년에서 선택한 교과 외에서 택일, 68 시간 운영
	교과 심화·보충 (34-68)	학생들간의 학력 격차가 큰 교과에 있어서의 학습자의 성취도를 기초로 교과별 심화반과 보충반 운영 (68)	학생들간의 학력 격차가 큰 교과에 있어서의 학습자의 성취도를 기초로 교과별 심화반과 보충반 운영 (34)	
창의적 재량 활동 (34)	주제 탐구 활동		기본 교과의 보충·심화 학습과 통합 운영, 교과 담당 교사들의 관심과 노력에 기초하여 교과별로 중학교 2년간 걸쳐서 다룰 수 있는 주제를 미니 코스 형식으로 다양하게 제시, 학생들은 자신의 적성, 능력, 흥미에 의거하여 개인별로 선택하게 하거나 소집단 또는 학급 단위로 탐구 활동을 전개(34)	
	범교과 학습	요구 조사 결과를 토대로 범교과 학습 영역 설정, 경제 및 소비자 교육, 민주 시민 교육, 성교육, 진로 교육 영역을 모듈식으로 개발하여 특정 학년에서 집중적으로 다루도록 함(34)		
	자율적 교육 활동	봉사 활동 또는 단체 활동	봉사 활동 또는 단체 활동	

3) 고등학교

고등학교는 중학교의 연장선상에서 재량 활동을 구안하되, 선택 교과 학습의 경우 일반 선택 교과를 학습자의 요구와 학교의 사정을 감안하여 학교가 개설하고, 학생이 주도적으로 선택할 수 있도록 배려해야 할 것이다. 다만 고등학교 2, 3학년 선택 중심 교육과정에서의 일반 선택 과목의 이수 단위가 4단위 또는 6단위로 설정되어 있으므로, 선택 교과목의 설정에 따라 공통 기본 교과의 심화·보충 시수가 결정될 것으로 예상된다.

일반계 고등학교 1학년의 재량 활동 중 창의적 재량 활동은 중학교에서의 재량 활동 운영 방안에 기초하여 보다 심화되거나 확대되는 방식으로 운영할 수 있을 것이다. 일반계 고등학교 1학년의 재량 활동은 다음과 같이 예시할 수 있다.

[표 9-15] 일반계 고등학교 1학년 재량 활동 예시

영 역	하위 영역 및 단위	1학년
교과 재량 활동 10단위	기본 교과 심화·보충 (4~6단위)	학년초 또는 학기초의 학교 교육과정 편성·운영시 교과간의 숙의를 통해서 보충·심화할 교과를 설정하여 그에 단위 시수를 증배하여 운영하거나, 학생 자신이 보충·심화하고자 하는 교과를 조사하여 그 결과에 기초하여 해당 교과별 보충반과 심화반을 편성, 운영함
	선택 교과(목) 학습 (4~6단위)	학교는 학생의 요구 조사와 학교, 교원의 수급 상황을 고려하여 고 2, 3학년의 일반 선택 과목을 가능한 한 다양하게 개설, 학생은 자신의 적성, 진로, 흥미에 따라 선택 이수
창의적 재량 활동 2단위	범교과 학습	학생, 학교, 지역 사회적 여건과 요구를 바탕으로 학교가 설정한 범교과 학습 영역(예컨대, 대중 매체 교육·진로 교육·성교육 등)을 블록 타임 형식으로 가르치도록 함
	주제 탐구 활동	1인 2주제 탐구(학기별 1개씩 연간 2개의 주제 탐구) - 교과 관련 주제 : 교과 담당 교사가 관여 - 탈교과, 개인적 관심분야에서 주제 설정하고 학생 자신이 주제 탐구 학습 계획을 수립하고 추진, 자기 평가와 교사 평가 실시
	기타 자율적 교육 활동	특별 활동(봉사 활동, 단체 활동)의 보충 또는 NIE 활동 : 일반 신문에 게재된 사설 내용을 중심으로 하는 소집단 토론(범교과 학습에서의 대중 매체 교육과 연관지워서 운영 가능)

토의 및 연구 과제

1. 실과(기술·가정) 학교 수준 교육과정 편성의 당위성에 대해서 말해 보자.
2. 학교 교육과정 편성 운영 절차를 알아보자.
3. 실과(기술·가정) 학교 교육과정 작성시 고려할 사항을 알아보자.
4. 실과(기술·가정) 교과의 지역화 교육과정 편성의 필요성을 설명해 보자.
5. 실과(기술·가정) 교육과정을 지역 여건에 부합되게 편성할 때 부딪치는 문제점을 조사해 보자.
6. 실과(기술·가정)의 재량활동에서 할 수 있는 주제를 선정한 후 그 활용 방안을 제시해 보자.
7. 재량 활동을 뒷받침할 수 있는 교육과정 이론을 제시하고 그 당위성을 말해 보자.

<참고 문헌>

강봉규(1991). 교육과정 교육평가 신강. 형설출판사.

교육부(1994). 초등학교 교육과정 해설 (Ⅲ). 대한교과서주식회사.

교육부(1995). 초등학교 교과용 도서 실험연구학교 운영자료(Ⅲ).

교육부(1995). 초등학교 교육과정, 대한교과서 주식회사.

교육부(1997). 초등학교 교육과정. 대한교과서 주식회사.

김유통(1991). 교육과정 지역화를 위한 교육과정 개발체제연구. 한국교원대학교 대학원 석사학위논문.

김인근(1995). 실과 지역화 교육과정의 이론과 실제 적용. 실과교육연구 제 1 권 제 1 호.

김인근(1996). 실과 열린 교육을 위한 교수-학습 자료의 개발 연구. 한국교원대학교 대학원 석사학위 논
　　　문.

김관욱외(1994). 중학교 기술·산업 교사용 지도서1. (주)지학사.

백정자(1998). 재량 활동을 통한 실과 지도가능성 및 방향 연구. 한국실과교육학회.

서울서래초등학교(1997). 학교 교육과정운영계획. 서울서래초등학교.

서울성산초등학교(1996). 학교재량시간 교육과정 편성·운영 연구. 서울성산초등학교.

서울시 교육연구원(1994). 서울특별시 교육과정 편성·운영 지침.

서울시 교육청(1994). 서울특별시 국민학교 교육과정 편성·운영 지침. 서울시교육연구원.

서울특별시 교원연수원(1996). 96 초등 교감·교육전문직 일반연수 교재.

서울특별시 교원연수원(1996). 96 초등 신규임용예정교사 직무연수 교재. 서울특별시 교원연수원.

서울특별시 교원연수원(1996). 초등학교 주임교사 일반연수 교재.

서울특별시 교원연수원(1997). '97 초등학교 교사 1·2정 자격연수 교재.

서울특별시교육청(1995). 초등학교 학교재량시간 및 중학교 선택과목 교육과정. 서울특별시교육청.

서울특별시교육청(1997). 서울특별시초등학교 교육과정 편성·운영지침. 서울특별시교육청.

이경환(1995). 학교 재량 시간. 제 6 차 교육과정에 의거한 국민학교 교과용 도서 실험연구학교 운영자료
　　　(Ⅲ) -3, 4학년.

이봉구 외(1994). 중학교 기술·산업 교사용 지도서1. 금성교과서(주).

이상혁 외(1994). 중학교 기술·산업 교사용 지도서1. 법문사.

이순원 외(1994). 중학교 가정 교사용 지도서1. 두산동아.

인정욱(1988). 교육과정 지역화를 위한 연구. 한양대학교 박사학위 청구 논문.

정성봉 외(1994). 중학교 기술·산업 교사용 지도서1. (주)교학사.

정태범(1994). 교육행정학. 정민사.

최성곤(1992). 학교중심 교육과정 개발모형탐색. 한국교원대학교 대학원 석사학위논문.

최의창(1995). 탐구중심 교사교육과 체육교사교육. 제 33 회 학술발표논문집, 한국체육학회.

한국교육개발원(1997). 제 7 차 교육과정 개정에 따른 초·중등학교 재량 활동 교육과정 편성·연구. 한국교

육개발원.

한국교육개발원(1997). 초·중학교 재량 활동 교육과정 편성·운영 연구. 한국교육개발원 교육과정 개정연구위원회.

한국교육과정·교과서연구회편(1994). 학교 교육과정 편성·운영의 실제. 동아출판사.

한명희 외(1993). 초등학교 교육과정 해설. 교육과학사.

함수곤(1994). 교육과정의 편성. 대한교과서주식회사.

Areglado, R. J., R. C. Bradley, and Pamela S. Lane(1996). Learning for Life.. Thousand Oaks, CA: Corwin Press.

Elliott, J.(1990). Teachers as researcher: Implications for supervision and for teacher education. Teaching and Teacher Education, 6(1), 1-26.

Leinhardt, G.(1992). What research on learning tells us about teaching. Educational Leadership, April, 20-25.

McTaggart, R.(1991). Action research: A short modern history. Geelong, Australia: Deakin University Press.

Schon(1983). Reflective Practitioner. New York : Basic Books.

Shor, I. C.(1992). Empowering Education : Critical thinking for social change. Chicago : Univ. of Chicago Press.

제10장

학교 수준 교육과정 통합 운영

1. 교육과정 통합에 대한 이해

가. 통합의 의미

통일성 또는 전체성이란 아이디어를 사람들이 인식함으로써 비롯된 통합의 개념은 19세기 초 Gracer가 신, 자연, 및 사회의 융합이라는 입장에서 통합 교육을 주장하면서부터 주목을 끌게 되었다. 그 후에 H. Spencer의 편저인 '종합 철학(A System of Synthetic Philosophy)' 중 제 1 원리에서 통합이란 개념을 사회 진화에서 사건들이 함께 묶이는 현상을 기술하기 위해 사용하였는데, 통합을 사상을 촉진시키는 과정으로 본 원자론적인 것이었다.

이러한 통합이란 개념을 교육에서 한 가지의 의미로 파악하기는 어렵다. 지식의 구조에 있어서 통합의 모호한 기능, 적용 수준의 다양성, 실천 방식의 다양성, 교육과정 내에서의 다양한 지위, 여러 연령층에 대한 태도의 다양성 등이 모두 통합의 개념 정의를 어렵게 하는 요인이다(김동영, 1998, p. 71).

이런 통합 교육에 대한 다양한 관점을 살펴보면 다음과 같다(김동영, 1998, p. 71에서 재인용).

① 하나의 행정적 장치로서 지식의 팽창에 대처하기 위해 기존의 수업 시간표를 새로운 방식으로 조직하는 방법으로 인식한다(Morris, 1970).

② 상태와 과정 모두에 관련되는 말이다. 상태로서의 통합은 완전, 완성 또는 전체로의 상태에 도달하기 위한 수단과 관련된다고 하였다. 즉 통합이란 전체에 독립적인 부분을 관련짓거나 서로가 조화로운 관계를 이루려는 방법이라고 볼 수 있다(P. L. Dressel, 1985).

③ 교육을 유목적적인 활동으로 만드는 한 가지 방법이다(Acland, 1967).

④ 문제 중심의 접근을 의미한다(Bolam, 1970-1971).

⑤ 아동 중심의 접근을 의미한다(Gwymm & Chase, 1969).

⑥ 이론적 실천을 구성해가는 한 가지 방법이다(Blum, 1973).

⑦ 지식의 통일성이라는 신념에서 유래했다(Levit, 1971).

⑧ 아직 완성되지 않은 것을 부분의 첨가로 완성시키는 일, 부분을 연결시켜 전체를 만드는 일, 이질적인 것들을 하나의 체제 속에 연결, 융화시키는 일(새옥스퍼드 사전).

그리고 Hanna와 Lang은 1930대 이래 통합이란 개념이 교육에서 쓰이고 있는 경우들을 다음과 같이 열거하고 있다(Hanna & Lang, 1950).

① 모든 교육적 노력이 지향해야 할 완전한 통일성의 상태 : 목표로서의 통합

② 생물 유기체 내에서 전개되고 있는 과정 : 생리적 통합

③ 생물 유기체가 그의 환경에 적응하는 과정, 특히 인간이 환경과의 관계 속에서 그의 행동을 통일하는 과정 : 행동의 통합

④ 사람들의 집단 혹은 문화 집단이 하나로 통일되는 과정 : 사회적 통합

⑤ 통합을 촉진하기 위해 학습 기회를 조직하는 교육과정의 한 유형 : 학습의 통합

⑥ 관련 교과들을 융합하여 하나의 일반적인 교과로 묶는 일, 또는 통합된 코스 : 학문의 통합

⑦ 교과목의 구별이 없는 완전히 단일화된 활동 프로그램 : 통합 프로그램

⑧ 교육의 현실화에 반대하고 실생활을 위한 교육을 하자는 운동 : 통합 운동

⑨ 교사, 교육 행정가, 장학사간의 효율적인 상호 작용을 촉진시키기 위한 행정적 과정 : 행정적 통합

위에서 본 바와 같이 통합이라는 개념에 대한 다양한 의미들은 결국 여러 가지 혼란을 초래할 가능성이 높지만 한 가지 뚜렷이 부각되는 공통점이 있다. 그것은 학습자에게 일어나는 학습의 통합과 나아가서는 학습자의 인격적 통합이 모든 교육과정 통합 노력의 궁극적 목적이 된다는 것이다. 즉, 통합 교육과정의 궁극적 목적은 의도하는 학습자의 행동의 변화, 즉 인격적 통합, 사회적 통합, 행동의 통합 등은 교수-학습의 통합에 의해서 이루어질 수 있을 것이다.

또한, 아동들이 학교의 지도하에서 시간적, 공간적으로 그리고 내용 영역에 있어서 각각 다른 학습 경험들이 상호 관련지어지고 의미 있게 모아져서 전체로서의 학습이 이루어지고 나가서 인간의 성향 변화가 가치롭게 이루어지는 과정이라고 볼 수 있다(김재복, 1995).

이러한 통합 교육과정에 대한 이해는 기존의 교과 중심의 교육과정에서 나타나는 학문 또는 지식의 체계에 따라 분화된 분과적 교과 중심의 학습 경험의 선정과 조직으로 인한 인간의 전인적 발달의 저해 요소에 대한 반성의 하나로 접근하기도 한다. 이러한 접근은 전통적 교과간의 엄격한 울타리를 허물고 각 교과의 지식이나 경험을 아동의 흥미 중심, 문제 중심, 주제 중심으로 재구성하여 새로운 형태로 조직하는 것을 뜻한다(곽병선, 1983).

나. 교육과정과 교수-학습의 이해와 통합

교육이 이루어지는 과정을 보면 먼저, 무엇을 가르칠 것인가의 목적이 설정되고 그 다음에 목적 달성을 위한 학습 경험을 선정 조직하며, 그것을 실제로 현장에서 실현하는 교수-학습 과정이 있고 마지막으로 평가를 하게 된다. 위의 과정 중에서 효과적인 교수-학습 단계는 대단히 중요하다. 왜냐 하면, 아무리 잘 설정된 목표라 할지라도 그리고 아무리 적절하게 선정되고 조직된 내용이라 할지라도 학습자에게 의미 있게 받아들여지지 않는다면 그 자체가 아무런 효과가 없는 것이 되고 말기 때문이다. 또한, 교육과정과 교수-학습의 관계를 볼 때 교육과정의 실현은 교수-학습 활동을 통해서 이루어지며, 교수-학습의 방법이나 절차, 전략 등은 교육과정에서 추구하는 철학이나 목표에 부합되게 이루어져야 한다. 그러므로 교육과정의 성격은 교수-학습에도 영향을 미친다고 볼 수 있다.

즉, 교과간의 통합이든 교과내의 통합이든 간에 통합적 운영을 요구하는 교육과정이 설정된다면 교수-학습 과정도 그러한 정신에 맞게 이루어져야 할 것이다. 결국, 교육과정의 통합은 교수-학습에서도 통합을 의미한다고 볼 수 있다.

예를 들면, 일상 생활에서 나타나는 문제나 관심거리를 주제로 하여 여러 교과 내용들을 관련시켜 통합 교육과정을 구성할 경우, 교육과정상에서는 논리적·구조적 접근으로서의 통합을 추구하고, 교수-학습 활동에서는 이와 연관지어 심리적·기능적 접근으로서의 통합을 추구할 수 있을 것이다. 결국 교과서와 학습 지도 수준에서의 통합 활동이 같이 이루어지는 것이 되는 것이다.

그런 의미에서, 본 장에서는 통합적 접근을 교육과정의 통합과 교수-학습 방법의 통합으로 굳이 구분하여 제시하지 않고, 교육과정의 통합과 교수-학습의 통합을 같은 맥락으로 그리고 서로 연결된 고리로 살펴보고자 한다.

다. 통합 가능성에 대한 논의

교과 통합의 가능성을 논의하기 위해서 반드시 선행되어야 할 문제가 있다. 교과를 통합한다라는 말은 교과의 존재 방식에 관련된 말이다. 그러므로 교과 통합을 논의하기 전에 먼저 교과가 무엇이며, 그것은 어떤 의미를 가진 것인지를 논의하는 것이 바람직하다고 본다.

(1) 교과의 의미

일반적으로, 교과는 교육 내용이라는 뜻으로 이해되고 있다. 그러나 교육 내용과 교과는 그 의미가 다르다. 교과는 교육 내용을 일정한 방식에 따라 선정하여 조직해 놓은 것을 말한다(박천환, 1987). 요컨대, 교과의 발생은 생활에서 시작되었고, 그 경험을 분화하고 체계화하여 분야별로 사실, 정보, 개념, 원리, 아이디어 등을 그 탐구 방식에 따라 정리해 놓은 것을 교과라고 할 수 있다(김재복, 1985).

교과는 인류 경험의 체계적인 조직을 말하며 전문가에 의해 조직되고 발전되는 것인 바지식의 논리적 관계를 중요시한다. 이와 같은 교과는 새로운 경험의 해석을 효과적으로 할 수 있도록 조직되는 것이다. 그리고 사실, 정보, 기본 법칙, 원리 등으로 조직 체계를 수립하는 것으로서 여러 세기 동안 많은 수고와 탐구를 거쳐서 누적되고 타당화되고 재확인되어 온 것이며, 이와 같은 과정은 인류 경험의 변화와 더불어 변화를 거듭하게 되는 것이다(교육학사전 편찬위원회, 1875).

그래서 교과는 소위 이름이라는 것을 가지고 있다. '도덕', '국어', '사회', '실과' 등이 바로 교과의 이름이다. 그리고 '도덕'이라는 이름 하에, 거기에 모여 있는 교육 내용이 바로 교과라는 말이 된다.

(2) 내용의 선정·조직과 교과 통합의 가능성

교과의 내용은 무엇을 기준으로 하여 선정되는가? 교과의 내용이 정당화되려면 그것은 가치 있는 것이어야 한다. 그런데 가치가 있으려면 어떤 기준이 충족되어야 하는가? 이 질문에 대한 답은 흔히 두 가지 측면에서 논의되고 있다. 하나는, 인간의 사고 양식을 논리적으로 정립해 놓은 학문을 중심으로 하여 그 내용이 바로 교육의 내용이 될 수 있다는 것이고, 다른 하나는 인간이 살아가는 데 직접적으로 필요한 지식과 기술, 그리고 사고 방식이 교육의 내용이 될 수 있다는 것이다.

다음으로, 내용의 조직은 어떤 준거로 이루어지는가? 내용 조직이 잘 되려면 그것이 그 자체로서 틀을 유지할 뿐만 아니라 학습을 효율적으로 이룰 수 있도록 조직되어야 한다. 이에 대한 논의도 역시 두 가지 측면에서 전개될 수 있다. 하나는 그 구조 자체를 중심으로 하는 논리적 측면이고, 다른 하나는 학습의 과정과 관련시킨 심리적 측면이다.

학문의 내용은 인간의 사고와 관련된 지식의 형식 또는 지식의 구조에 의해 성립되며, 이것이 선정·조직의 기준이 되는 것이다.

P. H. Hirst(1967)는 지식의 형식에 있어서 통합에 관한 논의는 두 가지 측면에서 이루어질 수 있다고 말한다. 하나는 지식의 형식 안에서의 통합으로 이는 논리적으로 가능하다. 즉, 각각의 지식의 형식들은 이미 그 의미 속에 통합을 논리적으로 함의하고 있는 것이다. 다른 하나는 지식의 형식들 사이의 관련으로서 어떤 주제나 문제를 중심으로 서로 다른 지식의 형식들을 관련시켜 선정·조직할 수도 있다는 것이다.

이러한 교육과정에서의 교과 내용의 가치는 사회와 개인의 필요에 의해 정당화되며 정당화에의 기준이 내용 선정의 기준이 되는 것이다. 이러한 입장에서 보면, 어떤 내용이 다른 내용보다 더 가치 있는가 하는 것은 해결되어야 할 문제 사태를 떠나서 생각할 수는 없다. 즉, 어떤 내용의 가치는 어떤 문제를 해결하는 데 효과적으로 이용될 수 있는가에 따른다. 다시 말하면, 어떤 문제를 해결하는 사고의 과정에서 여러 가지 정보나 자료를 활용하게 되는 바, 바로 이러한 것들이 내용으로 선정되는 것이다.

위에서 언급한 바와 같이, 필요가 내용 선정의 정당화에 대한 기준이 될 때 교과 간의 통합은 당연히, 그리고 자연스럽게 이루어진다. 왜냐 하면, 교육과정은 생활에서 제기되는 어떤 문제 사태의 해결을 위해서 또는 개인과 중심이 되어 통합이 시도되며 내용 그 자체, 즉 형식이나 구조를 잘 가르치는 데 강조가 두어진다. 한편, 필요가 교과 내용 선정의 정당화 기준이 될 때에는 유용성으로서의 효과와 관련하여 개인적 또는 사회적인 문제 사태의 해결 과정에서 여러 내용들이 자연스럽게 활용되도록 내용을 배열하는 데서 통합이 시도된다고 볼 수 있다.

(3) 통합의 실제에서 본 교과 통합의 가능성

교과를 통합한다는 말에는 크게 두 가지의 의미가 있을 수 있다고 본다. 하나는 서로 상이한 교과들을 둘 이상 한데 묶어서 제3의 교과를 만든다는 것이고, 다른 하나는 일상 생활에서 나타나게 되는 문제나 관심거리를 주제로 하여 여러 교과가 가진 내용들을 활용해서 경험을 조직하는 것을 의미한다.

먼저, 첫 번째의 경우를 살펴보면 교과 내용을 학문으로부터 가져올 때는 지식의 형식이나 지식의 구조를 교과 내용 선정과 조직의 기준으로 삼고 있다.

경험과 통합을 강조했던 Dewey에 의하면, 경험이란 환경과의 접촉에서 일어나는 상호작용을 뜻하며, 변화하는 사회에의 적응은 경험의 개조이고, 이는 바로 성장이다. 그리고 학습은 경험의 재구성을 뜻한다. 또한, 인간이 사고를 할 때는 수없이 다양한 여러 능력들이 여러 가지 방식으로 복잡하게 얽혀서 작용한다. 그리고 교육은 그러한 사고의 능력을 키워야 하는 이상 가르칠 내용은 당연히 환경에서 나타나는 문제 사태를 중심으로 선정하고, 서로 관련시켜 조직해야 한다. 그럼으로써 교과 간의 단절을 막을 수 있으며, 아동들의 흥미를 유발시키고, 유용성을 더욱 높일 수 있다는 것이다. 물론, 이 때의 문제 사태란 단순히 생활에서 부딪치는 것만을 뜻하는 것이 아니라 사회적으로 결정되어야 하며 통합적으로 가르쳐야 할 필요가 있는 것이다.

지금까지 논의한 바를 중심으로 살펴보면, 교과 내용의 선정과 조직에서 지식의 형식 또는 지식의 구조가 내용 선정의 정당화 기준이 될 때에는 그 조직 면에서 교육 내용들이 다른 내용들과 맺는 논리적인 관련이 과연 논리적으로 형식이 다른 학문들 간의 통합은 불가능한 것인가?

오늘날 학문 분야에서 많이 논의되고 있는 간학문적 접근을 예로 들어 보기로 한다. J. A. Gibbons(1979)는, Peters와 Hirst가 말하는 지식의 형식을 중요시하면서 수학과 물리학의 통합 예를 들고, 통합이 이루어지는 일반적인 형태를 다음과 같이 제시하고 있다.

① 통합되는 분야 중에서 한 분야는 탐구의 대상(예 : 수학과 물리학의 통합에서 물리학 : 탐구분야)이 된다.

② 탐구 분야의 개념과 명제들은 도구 분야(예 : 과학과 기술의 통합에서 과학)의 개념 및 명제들과 같은 논리적 양식을 지니도록 적절히 변형된다.

③ 도구 분야에서 결론에 도달되면 이는 다시 탐구 분야의 양식으로 바뀌도록 변형된다. 즉, 도구 분야에서 탐구 분야로 탈개념화 과정(예 : 수학적 귀결에서 자연 현상과의 결연)이 일어난다.

이상과 같은 것을 교육 심리학에 적용시켜 본다면, 교육이 탐구 영역이고 심리학이 도구 영역이 된다. 즉, 교육의 현상을 심리학적으로 설명하는 일이 일어난다. 그러나 이 때, 심리학적인 설명들이 일반 심리학에서 설명하는 것과는 다른 논리적 양상을 가지고 교육과 조합되어 이루어진다. 그리하여 일반 심리학과는 다른 교육 심리학적인 개념들이 형성되고 교육 심리학은 하나의 학문으로서의 가치를 가지게 된다. 이러한 것들은 정치 사회학, 사회 심리학, 생화학, 천체 물리학, 교육 철학 등 많은 예를 찾아 볼 수 있다.

초등학교, 특히 저학년의 경우, 아직 미분화 단계에서 형식적 조작이 거의 불가능하며 구체적 조작에 의한 사고가 전체 사고의 기본적인 틀을 이루고 있다고 볼 때, 구체적인 사고를 도울 수 있는 구체적 상황을 서로 연결시켜 내용을 조직하는 것은 학습의 효율성을 높이는 일이라고 보여진다.

이번에는 일상 생활에서 나타나게 되는 문제나 관심거리를 주제로 하여 여러 교과가 가진 내용들을 활용해서 경험을 조직하는 방식으로서의 통합을 살펴보기로 하겠다. 이미 앞에서 설명한 바와 같이, 이 경우에는 학교에서 가르치는 내용들을 개인의 흥미 및 필요 중심이나 사회의 기능 및 문제 중심으로 주제를 설정하고, 이 주제에 따라 통합이 이루어지는 것이다. 즉, 서로 다른 교과들을 묶어서 제3의 교과 영역을 만드는 것이 아니라, 개인의 흥미 및 필요 또는 사회의 기능 및 문제 영역에 관련된 모든 지식과 자료를 활용하여 탐구하거나 표현하는 학습 활동이 이루어지게 하는 기능 중심의 통합이다.

개인의 흥미 및 필요를 중심으로 이루어지는 통합은 아동의 흥미나 필요, 예컨대 공간적·시간적으로 아동과 접하는 여러 가지 사물이나 일들, 그리고 문제, 아동들이 재미있어 하는 것들이나 필요로 하는 것들 등과 같은 데에서 나타나는 일이 단원의 주제로 선정되고 이와 관련된 지식과 자료들이 동원되어 통합이 이루어진다. 예컨대 초등학교 저학년의 경우, 「동물」이라는 주제를 가지고 표현 활동 중심으로 통합을 시도한다면, '동물 이야기, 동물 관찰하기, 동물 분류하기, 동물그리기, 동물의 모양과 소리 흉내내기, 동물 노래하기, 동물 나라 연극하기, 동물 사랑하기, 동물 돌보기, 동물에 대해 글짓기' 등으로 표현 중심의 활동이 전개될 수 있다.

이 때, 특정 교과가 가진 형식은 의미를 잃고 활동 속에서 국어, 자연, 실과, 미술, 체육, 음악, 도덕 등과 관련된 것들이 표현의 소재로서 제한 없이 자유롭게 이용될 수 있다. 이것은 소재에 의한 교과간의 연결 내지 통합이다. 이러한 것들은 초등학교 저학년에서 흔히 이루어질 수 있다.

지금까지의 논의를 중심으로 살펴보면, 먼저 두 교과 사이에 상보적인 관련이 있거나 대상에서 어떤 공통점이 있을 경우 서로 관련시켜 제 3 의 교과를 구성할 수도 있다. 다만, 이 때의 관련은 논리적인 관련에 중점이 두어진다.

다른 또 하나의 경우에는, 일상 생활에서 나타나는 문제나 관심거리를 주제로 하여 여러 교과 내용들을 관련시켜 통합 과정을 구성할 수도 있다. 다만 이 때에는, 교육과정상에서의 논리적·구조적 접근으로서의 통합보다는, 형식은 다르되 활동을 연결시키는 심리적·기능적 접근으로서의 통합이 되는 것이며, 주로 교과서나 학습 지도 수준에서 통합 활동이 이루어진다.

2. 교육과정 통합에 대한 이론적 기초

가. 교육 내용 통합에 대한 역사적 고찰

통합 교육과정의 기원은 고대 원시 시대의 사회에서 찾아볼 수 있다. 원시 사회에서의 교육은 언제 가르치고 언제 배우는지 의식하지 못한 사이에 이루어지고 있었다. 즉, 생활이 곧 교육이었으므로 생활과 교육이 통합된 상태였다.

김재복(1995)은 교육에서 통합된 인간을 기르기 위한 관심은 고대 그리스 시대의 플라톤과 아리스토텔레스에게서 찾아볼 수 있으며 신인문주의자인 에라스무스, 감각적 실학주의자인 코메니우스, 그리고 자연주의 교육 사상가인 루소 등 여러 사람들에게서 발견된다고 하였다. 그 이후, 루소의 영향을 받은 페스탈로찌가 생활 속에 잠재해 있는 교육 기능,

특히 노작을 통합 교육의 기능에 착안하여 그것을 이론화함과 더불어 스스로 실천을 전개하였다. 그럼으로써 아동들의 생활의 보장과 조화있는 인격의 형성을 도모하였던 것이다.

페스탈로찌가 한 유명한 '생활이 도야이다'는 말은 즉 '노동이 인간을 만든다'고 하는 의미이며 루소나 페스탈로찌에게 있어서 일한다고 하는 것이 '생활' 속에서 큰 비중을 차지하고 있었던 것이다.

그러나 형식적인 교육 기관의 등장과 함께 통합 교육에 가장 커다란 영향을 미친 사람은 듀이(Dewey)이다. 그럼 듀이 이전과 이후로 나누어 여러 학자들의 교육 사상을 고찰해 본다.

(1) Dewey 이전

듀이 이전 교육과정의 통합에 많은 영향을 끼친 사람은 헤르바르트, 질러, 프뢰벨, 손다이크, 파커이다.

㈎ 헤르바르트의 중심 통합법

헤르바르트는 능력 심리학에서 생각해 온 기억력, 이해력, 상상력 등이 각각 독립해 있는 것이 아니고 실재가 표상으로 나타난 것이며 표상간의 상호 작용은 역학적으로 발생하며 여기에서 정신이 파생된다고 하였다.

헤르바르트파의 중심 통합법에서는 내용의 학년별 계열에 대해서는 문화사적 단계설이라는 독특한 방법을 주장하였다. 이것은 아동의 발달 과정을 인류 역사의 발전 과정에 비유하여 커리큘럼을 인류 역사의 발전 과정 순으로 배열해야 한다는 것이다. 그리고 중심 통합법은 19세기 후반 헤르바르트의 제자인 T. Ziller가 창안한 것으로 교육의 목적을 도덕적 품성의 도야에 있다고 보고, 이 목적을 위하여 모든 교과를 도덕적 색채를 가진 정조과(情操科; 종교 및 역사)를 중심으로 완전히 통일하려던 시도를 말한다.

사실 헤르바르트는 오늘날 교육학의 기초를 세운 사람으로서 교육의 최고 목적을 덕성의 도야에 두었다. 그리고 아동의 흥미를 중심으로 교육하려 했던 그의 교육관은 오늘날 아동 중심 교육과 일맥 상통하는 점이 있다고 하겠다.

㈏ Frobel의 관점

그는 아동의 발달과 관련된 경험의 통합에 관심을 두었는데, 그러한 통합적인 활동에 관심을 둔 그의 교육관은 개인과 우주의 진화 개념을 포괄하고 있다.

개인에게 있는 모든 것은 전체의 부분이며 전체가 하나의 개체로서 단위가 된다고 하였다. 결국 그의 관심사는 개인에게 있는 모든 것, 즉 하나의 경험을 전체에 통합하는 것이다. 그의 통일성은 크게 세 가지로 나누어 볼 수 있다.

첫째로, 지식의 의미는 다른 지식과의 관계에서 중요성이 성립되는 것이기 때문에 교육목적은 보다 높은 통일성에로의 성장이라는 것이다.

둘째로, 진, 선, 미의 합일을 의미하며 지적, 도덕적, 미적 경험을 수반해야 한다는 것이다.

셋째로 인간은 신의 창조적 에너지의 표현이라는 믿음을 근거로 자아와 자발성을 부여해야 한다는 것이다.

또한, 프뢰벨은 아동들이 일을 함으로써 배워야 한다는 행동 교육론을 주장하였다. 이는 현대 교육의 원리에서 말하는 '행함으로 배운다'는 것과 밀접하게 관련되는데, 그의 이러한 사상은 경험의 통합이란 관점에서 볼 때 Dewey에게 커다란 영향을 끼친 것으로 보인다.

㈐ **Thorndike**

그는 교과의 통합적인 조직에 큰 영향을 주었다. 학교에서 가르쳐야 할 교육 내용들은 서로 비슷한 동일 요소를 지닌 것끼리 묶어야 하며 하나의 교육 내용은 전체 교육의 과정을 통해서 반복적으로 지도될 수 있도록 조직할 때 학습과 기억이 효과적으로 이루어진다고 하였다(김재복, 1995).

따라서, 교육 활동은 여러 교과에 공통적으로 포함되어 있는 동일 요소를 찾아 내어 그 요소를 중심으로 통합적으로 이루어져야 한다는 것이다.

(2) **Dewey의 사상**

듀이는 교육과정의 통합에 가장 큰 영향을 끼친 학자로 그의 사상적 배경은 위에서 언급한 페스탈로찌, 헤르바르트, 프뢰벨 등이다. 그는 이러한 영향하에서 독자적인 철학적 바탕을 마련하였으며 그의 철학적 이론의 목표는 개인적 경험과 사회적 경험을 조화롭게 통합하는 것이었다.

따라서, 듀이는 모든 교육의 궁극적 문제를 심리적 요소와 사회적 요소를 통합하는 일에 두었다. 심리적 요소는 개체가 살고 있는 사회 환경 속에서 인간 관계를 유지토록 해 주는 일이다. 따라서, 그는 개인적 경험과 사회적 경험을 조화롭게 통합하는 것을 목표로 하여 "교육은 성장이다"라고 하였다. 또한, 듀이는 아동의 성장과 조화될 수 있는 교육 내용과 교육 방법을 찾으려고 노력하였다. 즉, 교육 내용과 교육 방법의 통합을 주장하고 양자는 주체의 목적적 활동 속에서 일원화된다고 하였다. 교육 내용은 직접 경험으로서의 작업에 의한 행동지(行動知), 간접적 경험으로서의 전해지는 동화된 정보지(情報知), 조직한 것으로서의 과학지(科學知)라는 3단계로 나누어진다고 보고, 교사는 교수-학습 활동에서 이를 관련지어 지도하여야 한다고 주장하였다.

듀이의 영향으로 1920년대와 1930년대에는 교육과정의 통합에 대한 관심이 고조되었으며 1940년대까지 듀이의 경험 중심 통합 방식이 교육에 절대적인 영향을 끼쳤다. 따라서, 통합의 여러 가지 형태가 나타났는데, 학습자의 생활 경험과 관련시켜 교육과정을 통합적으로 구성하였던 예가 많았다.

(3) Dewey 이후

J. Dewey이후 교육에 큰 영향을 끼친 사람은 J. S. Bruner이다. 그는 「교육의 과정」에서 지식의 구조를 학문의 중요한 원리로 주장하면서 교육의 내용은 학문의 가장 기본적인 것을 중심으로 결정되어야 한다고 하였다. 원래, Bruner는 경험 중심 교육에 반대하고 지식의 구조를 중심으로 학문을 가르칠 것을 주장하여 학문 중심 교육과정의 배경을 이루었다. 그러나 10년이 지난 1970년대에 그 역시 지식의 구조에 대한 지나친 강조로 교육의 내용이 지식 중심으로 이루어지는 것에 대하여 우려를 표하고, 구조에 대한 지나친 강조를 자제하기를 주장하였다. 또 최근에는, 학문 중심 교육학자들 중에도 통합을 주장하고 있는 입장을 취하고 있는 사람들이 많다. 대표적인 인물로는 H. S. Broudy, P. H. Phenix, P. S. Peters 등이 있다.

1970년대 교육과정의 통합 운동은 영국에서 활발하게 전개되었다. 영국은 비단 초등학교뿐만 아니라 중등학교에서도 통합 학습 프로그램을 개발하여 간학문적 접근과 다학문적 접근에 의해 교육과정을 조직하는 방향으로 나아가고 있다.

1980년대 교육과정의 통합에 대한 관심은 특히 동남 아시아의 여러 국가에서도 나타났다. APEID(1982)에서는 1980년부터 1982년까지 초등학교 교육과정의 교과 통합화에 대한 공동 연구를 지원하였다. 이 연구에 참여한 모든 나라가 초등학교 수준에서 교과 통합이 아동에게 보다 의미 있고 흥미 있는 학습 경험을 제공할 수 있다는 의견을 제안하였다. 우리 나라도 이 공동 연구에 참여하여, 1982년 제4차 교육과정 시기에 초등학교 1, 2학년의 교과서를 통합하여 처음으로 교과의 통합적인 지도를 시도하였다.

오늘날은 교육과정의 통합에 대한 시도가 여러 측면에서 이루어지고 있다. 대표적으로 들 수 있는 것은 인간 중심 교육과정이다. 이 교육 운동은 각 개인에게 만족스러운 학습 경험을 제공해 주어야 한다는 입장을 강조하고 있다.

지금까지 고대 사회에서부터 오늘날에 이르기까지 교육 내용을 통합하여 지도하려는 동향을 살펴보았다. 이러한 통합에 대한 시도는 결국 인격의 통합을 촉진시켜 전인을 계발하고 개인의 자아실현을 조장하며 통합적인 안목으로 사상을 볼 수 있도록 활동 속에 통합적인 경험을 제공하는 데 목적을 두고 있다. 이러한 목적을 달성하기 위하여 교육과정을 통합하려는 노력이 지속적으로 전개되어 왔으며 앞으로도 계속될 것으로 보인다.

나. 교육과정 통합적 운영의 필요성

1970년대에 들어서면서 학문 중심 교육과정이 지나친 분과주의와 현실과 유리된 학문에 편중되어 있다는 비판이 제기되면서 새로운 대안으로서 통합적 접근이 시도되었다.

이러한 통합적 접근을 실시한 배경은 다음과 같다.

첫째, 학문의 발전에서 오는 압력이다. 즉, 자연 과학의 경우, 생명 현상을 설명하는 경우에 있어서 생물학의 학문적 접근 방법만을 가지고는 부족하고, 수학, 화학, 물리학 등의 이론과 방법들이 필요하게 되었다. 또 기술과 과학, 기술과 물리학, 천문학 및 기상학 등 서로 연계성과 보완성이 날로 증가되고 있다. 따라서, 한 영역의 벽을 고수한다는 것은 불가능할 뿐만 아니라 학문의 발전에 더 장애가 되고 있다.

둘째, 우리가 직면하고 있는 사회 현상들이 복잡, 다양화됨에 따라 생기는 압력이다. 즉, 오늘날 각 나라가 앓고 있는 환경 문제, 범죄 문제, 인구 문제, 청소년 문제 등은 어느 특정 분야의 지식만으로는 해결되지 않으며 여러 분야에서 축적된 지식들이 모두 동원되어야만 한다는 것이다.

셋째, 분절된 지식 교육은 학습자의 실제 경험 방식에 어긋나기 때문에 생기는 압력을 들 수 있다. 인간의 경험 방식이 교과의 구분처럼 그렇게 구획지어질 수 있는 것이 아님이 차츰 밝혀지고 있는 것이다. 즉, 하나의 유기체로서 학습자는 어떤 활동이 학습 장면에 제시되든 간에 그것에 대해 전체적으로 반응한다. 따라서, 논리적, 인위적으로 분리되어 있는 교과체제를 허물어 버리고 학습자의 경험 양식에 맞추어서 통합적으로 학습해야 한다는 움직임이 일고 있다.

통합의 필요성에 대해 여러 학자들이 주장하는 내용들을 정리해 보면 다음과 같다.

(1) 변화에 대비한 교육

과거보다도 최근에는 과학과 기술의 발달로 변화 속도가 급속하게 증가하고 있기 때문에 학습자가 변화하는 사회에 적응할 수 있는 능력을 길러 주는 것은 무엇보다 중요하다. 학교는 그 성격상 보수적인 시각을 지니지만 사회는 끊임없는 변화의 과정을 겪고 있다. 특히 오늘날 사회의 변화는 가속적인 변화인 동시에 광범위한 변화의 모습을 띠고 있다. 그러나 학교에서 가르치는 지식은 정적인 경향이 있으며, 사회에서 사용되는 지식은 역동적인 경향이 있다. 특히 학교에서 배운 많은 지식들이 사회에서는 사용될 수 없기 때문에 앎과 행함간의 이런 괴리는 학생들로 하여금 끊임없는 딜레마에 부딪치게 한다.

학습에 대한 통합적 접근은 이런 문제들에 대처하는 데 도움이 될 수 있다. 통합된 지식은 특정 교과에만 기초해서 편협하게 조직된 지식에 비해 인지 구조의 제한을 적게 받는다. 따라서, 통합적 접근에 의한 교수 전략은 교육 체제를 통해 사회에서의 급속한 변화를 매개할 수 있는 수단으로 작용할 수 있다. 그리고 교육 활동에 대한 통합은 오늘날 급속히 변화하고 있는 세계가 형식적 학교 교육에 대해 제기하는 문제들을 해결하는 한 방법이 될 수 있다.

(2) 학교와 사회

학교와 사회의 분리는 교육의 핵심적인 관심사이며 이는 곧 학습과 삶의 분리를 의미한다.

첫째, 학교와 사회는 서로 다른 가치 체계를 추구한다. 학문적이고 지적인 전통을 지닌 학교는 내재적 가치를 강조하는 경향이 있지만, 삶의 실제적 상황이 일어나는 사회는 실용주의적인 경향이 있다. 이런 이분법적 결과로 흔히 학교의 학습에서는 실제적 적용을 무시하고 실용 중심의 사회에서는 이론에 대한 무관심이 나타난다.

통합적 활동은 학생들이 교사가 전달하는 추상적인 개념으로서의 인지 구조를 수용하는 것이 아니라 학생 스스로 자신의 인지 구조를 창조하는 실제적 학습을 촉진함으로써 학교와 사회를 매개하는 역할을 수행한다.

둘째, 흔히 사회는 직업의 세계를 반영하며 학교는 학습의 세계를 반영하는 곳으로 생각한다. 그러나 세계의 여러 곳에서 이러한 이분법의 해로운 효과에 대한 관심이 증가하고 있다. 이런 문제에 대한 대답을 쉽게 찾을 수는 없지만 학교에서는 직업과 학습 활동을 더 많이 받아들이고, 또 지역 사회에서는 직업과 교육적 실천을 더 많이 통합하자는 아이디어가 가장 그럴듯한 해결책을 찾는 기본 원리일 수 있다.

셋째, 형식적 교육과 비형식적 교육 사이의 구분이다. 즉, 학교는 형식적 학습의 장이며, 사회는 비형식적 학습이 이루어지는 곳이다. 교육을 통합하려는 접근 방식은 학교에서 형식성을 제거하는 데 도움이 될 수 있다. 예를 들면 '통합된 일과'는 가정의 교육적 분위기가 지니는 비형식성을 교실에서 재현하려고 시도하며, '구안법'은 교과서 학습의 형식성을 외부 세계의 실제적 현실에 의한 경험으로 대체한다.

(3) 개방 교육

현재의 학교 교육의 조직 형태는 폐쇄적 교육 체제이다. 이 말은 교육의 혜택을 받을 수 있는 통로가 제한되며, 실제로 많은 사람들이 교육의 혜택을 누릴 수 있는 기회가 엄격하게 통제되고 있음을 의미한다.

다양한 형식의 교육과정 통합 운동은 학교 교육에서 여러 가지 방식으로 개방적인 접근을 취할 수 있다. 또, 통합적 접근은 지식에 대한 구조적 접근이 아니라 기능적 접근을 채택함으로써 학문주의가 가지는 일부 장애를 해소한다. 그리고 통합적 접근은 형식적인 교과별 수업(분과주의)에 비해 아동이 학습 과정에서 더 일찍부터 교과의 심층 구조를 알게 함으로써 지식에 대한 두려움을 벗겨 준다.

(4) 지식의 유용성

지식의 종류와 지식의 용도는 교육의 질을 결정한다. 따라서, 학교 교육의 형식적이고 학구적인 전통은 실용적 지식보다 이론적 지식을 강조해 왔다. 그 결과, 학교에서 배운 대부분의 지식이 실생활에서는 아무런 소용이 없거나 관련성이 없었다.

따라서, 학교에서 가르치는 지식은 불가피하게 시대에 뒤떨어질 수밖에 없었다. 통합된 수업의 실천 가능성을 촉진하는 방식을 알아보면,

첫째, 통합된 수업에서 다루어지는 많은 주제들이 영양, 인구, 오염, 평화와 같은 현대 세계의 문제에 초점을 맞추는 것이다. 이런 문제들은 학자들만의 이론적 관심사가 아니라 모든 사람들이 관심을 갖고 있는 실제적인 문제이다.

둘째, 통합된 수업의 여러 방식들은 흔히 학교 밖에서 이루어지는 실천적 활동이나 교실 내에서 실제적인 자료들을 다루는 활동 형식을 취한다.

셋째, 여러 유형의 통합된 수업 방법들은 이론적 개념에 대한 학습에 있어서도 실제적인 접근 방식을 취한다. 즉, 이런 통합된 수업에서는 가능한 경우에는 '행함을 통한 학습 형식'을 선호한다.

따라서, 교육과정 통합은 형식적인 교과별 수업의 이론 지향성을 보완해 주는 실제 지향성을 교수-학습과정에 제공한다. 이런 점에서 교육과정 통합은 지식을 삶에 유용하게 이용하는데 도움이 된다.

(5) 행함을 통한 학습

형식적인 학교 교육에서 지식은 학습될 내용, 즉 교사가 제공하고 학생은 동화하는 정보라는 생각을 강하게 가지고 있다. 이런 생각의 문제점은 '알고 있는 것'을 '아는 방식'과 분리한다는 점뿐만 아니라 지식을 지식이 유도된 실제적 경험과도 분리시킨다는 점이다. 따라서 학습은 삶과 관련된 것이 아니라 학교 교육에만 초점을 두는 활동이 되며 경험에 대처하는 방식이 아니라 교사에게 대처하는 방식이 된다.

교육과정 통합의 여러 유형이 이처럼 '행함을 통한 학습'을 지지한다. 두 가지 사례를 제

시해 보면,

첫째, 공통적인 원리와 절차를 공유하고 있는 교과들을 흔히 한 학문 내의 더 광범위한 제목하에 묶어서 통합된 수업 방식으로 가르친다. 이 원리와 절차들은 여러 통합된 수업 방법들에서 가장 핵심적으로 다루는 공통적인 요소이다.

둘째, 아동에게 학습하는 방법을 가르친다는 것은 인지적 요소뿐만 아니라 사회-정의적 요소도 고려하는 것이며, 이는 흔히 통합된 수업과 관련이 있는 학습 환경의 한 가지 특징이 된다.

따라서, 교육과정 통합은 학습을 학교 교육의 특성이 아니라 삶의 한 기능으로 보기를 촉구한다.

(6) 교육적 실천을 위한 협력

일반적으로, 교육 체제는 학교와 사회, 학습과 삶, 일반 교육과 직업 교육, 형식적 교육과 비형식적 교육 등으로 분리되어 있다. 또 예술과 과학, 윤리와 기술, 종교와 세속적인 것들로 분리할 수도 있다.

교육과정 통합은 두 가지 방식으로 다양한 교육 기관들 사이의 의사 소통의 통로를 열고 교육적 실천을 위한 협력을 도출한다.

첫째, 통합이라는 개념의 논리 자체가 교사 편에서 교육의 목적과 행위에 대한 일종의 통일성을 전제로 한다. 교과의 통합은 교사로 하여금 교과의 경계를 넘어설 것을 강요할 뿐만 아니라 서로 다른 교과가 아동의 교육적 발달에 미치는 공헌을 고려해 볼 것을 권장한다. 또한, 통합된 수업은 교육적 실천에 있어서 공통적인 교육관과 동질성을 갖도록 하는 경향성을 가지고 있다. 그러나 이 말이 통합된 수업이 교과별 수업에 비해서 더 정형적이라는 의미는 아니다. 이것은 교사가 담당 교과만을 가르치는 경우보다 교과가 통합된 수업에서 상호간에 협동적이고 조화롭게 행동할 가능성이 훨씬 더 높다고 보는 것이다.

둘째, 통합된 수업은 학교와 사회간의 장벽을 무너뜨리고 교사와 교육적 기능을 수행하는 학교 밖의 사람들이나 기관 사이의 의사 소통의 통로를 열어주는 효과가 있다.

(7) 개인의 중요성

학교는 세 가지 중요한 기능을 하는데, 학문적 기능, 사회적 기능, 개인적 기능이 그것이다. 이 중에서, 가장 중요한 가치를 지니는 것은 개인적 기능이다. 학문적 기능이 강조되면, 인지적인 면만이 강조되어 개인의 인격적인 면은 무시될 가능성이 많고, 사회적 기능이 강조되면 비인간화된 교육이 되어 인간은 체제의 노예가 될 수 있기 때문이다. 그러나 교육에 대한 통합적 접근은 체계적으로 주장하는 두 가지 이상, 즉 모든 부분이 고루 발달된 인격에 대한 강조와 학습의 개별화라는 이상은 이런 위험을 줄이는 작용을 한다.

이처럼 교육과정의 통합, 더불어 통합적으로 가르치는 교수-학습 활동은 교육의 부정적인 면들을 보완할 수 있는 장점을 가지고 있다. 개인적인 면에서나 사회적인 면에서 그리고 교과의 내용을 이해시키는 학습의 면에서 긍정적인 평가를 받고 있는 방법이라고 볼 수 있다.

다. 교육 활동에서의 통합의 기능

교육 활동의 통합을 주장한 여러 학자들은 각자의 학문적 배경이나 관점에 따라 다양하게 통합의 기능을 논의하고 있다. 여러 학자들의 관점을 인식론적 관점, 심리적 관점, 사회적 관점으로 나누어 고찰해 본다.

이러한 기능들은 교육과정 통합과 통합적 학습 지도가 어떤 작용을 하며 어떤 이점을 주는가를 살펴보는 것이지만 이것이 통합 교과만의 기능일 수도 있고, 분과적 접근과 통합적 접근 모두가 수행하는 기능일 수도 있다.

(1) 인식론적 기능

교육과정 통합은 교사가 지식의 변화에 대처하는 데 다양한 영역의 지식들을 상호 관련시키는 데, 그리고 지식을 전체로서 파악하고 그 목적을 규명하는 데 도움이 된다.

㈎ 교육과정의 통합은 지식의 변화에 대처할 수 있게 한다.

통합적 접근은 경험 중심적이므로 교과별 수업에 비해 통합적 수업이 더 개방적이다. 통합된 수업은 교사들이 지식의 세 가지 측면에서의 변화, 즉 지식의 팽창, 지식의 유용성의 상실, 그리고 분과화라는 현상에 대처하는 데 도움을 준다.

이것은 학습의 효율성과 경제성을 높일 수 있다는 의미가 되고, 또한 인간으로 하여금 다양한 지식들의 기본 원리에 관심을 가지도록 하는 데 매우 유익한 기여를 할 수 있다.

㈏ 다양한 지식 영역들간의 상호 관련성을 증대한다.

구분된 지식과 교과 중심적 혹은 학문 중심적 수업에서는 지식의 구분이 심화되거나 교과수의 급증을 초래하지만, 구분된 지식 영역들을 더 거대한 이해의 맥락 속에서 결합함으로써 그런 구분을 치유하는 데 도움이 된다는 것이 통합적 접근의 존재 이유이다.

㈐ 지식의 유용성을 보장하기 때문에 필요하다.

급격한 지식의 변화 속에서 보다 중요시되는 지식은 지식을 생산해 내는 방법과 관련된 지식이어야 한다. 왜냐 하면, 학생들이 지식을 문제 해결의 방법으로 볼 때, 이론적 지식보다는 방법적 지식이 문제 해결에 보다 유용하다고 생각되기 때문이다. 인구나 환경과 같은 실생활 문제를 중심으로 교육과정을 조직할 때 다양한 학문 영역의 지식들을 문제 해결에 동원하기 위하여 교육과정의 통합적 접근이 이루어짐으로써 지식의 유용성이 높아지게 되는 것이다. 그리고 학생들은 이들 문제를 해결하는 교수-학습 과정에서 구체적인 자료와 다양한 지식을 활용함으로써 통합적인 능력을 배양하게 되는 것이다.

(2) 심리적 기능

통합된 수업이 발휘하는 심리적 기능은 교육과정을 효율적인 학습의 조건에 일치하게 하는 데 도움이 되는 기능과 인격의 다양한 측면에 유익한 효과를 발휘하는 기능으로 나눌 수 있다.

㈎ 학습에 용이한 교육과정을 제공하는 데 있다.

통합된 수업은 여러 가지 점에서 효율적인 학습이 이루어지는 조건과 일치한다. 통합된 수업은 순수한 논리적 기초가 아니라 심리적 기초에 따라 교육과정 자료를 조직한다. 아동의 요구, 흥미, 호기심, 활동에 근거해서 학습 경험을 제공하려는 통합 유형이 여기에 해당된다. 그리고 통합된 수업은 일상 생활의 구체적인 경험, 그리고 실제적인 상황과 밀접한 관련이 있다. 즉, 추상적인 내용이 아닌 구체적인 것을 강조하고 학생의 참여와 개입을 격려하고, 또 협동 학습의 기회를 제공함으로써 학생의 흥미를 자극한다.

㈏ 학습을 통한 인격 발달을 촉진한다(Ingram, 1979: 김재복, 1995).

인격 발달의 촉진은 자아나 인격의 통합을 지향하는 전인 교육의 측면에서 다루어진다. 인간은 자신이 속한 환경에 부분적으로 반응하는 것이 아니라 전체적으로 반응한다고 보고 있기 때문에 인간의 전체적 발달이나 전인적 발달을 도모하기 위해서는 교육과정이 통합되어야 한다는 것이다. 또한, 개인은 환경과 계속적으로 상호 작용함으로써 균형을 유지하려는 행동을 하게 되고 목표 지향적인 행동이 되며, 그 행동이 내적인 자아의 통합으로 연결된다. 여기서 내적인 자아가 통합된 상태는 잠재 가능성의 실현이며, 이는 자아 실현의 상태를 의미한다고 볼 수 있다. 결국 잠재 가능성의 실현을 위해 교육과정이 통합되어야 한다면 학생의 흥미에 따라 자발적인 활동을 통해 학습이 전개될 수 있도록 통합이 이루어져야 한다.

(3) 사회적 기능

통합된 수업은 세 가지 사회적 기능을 수행할 수 있다. 이 기능들은 각각 협동을 통한 교수-학습, 간학문적인 문제에의 대처, 학교와 사회의 연결 등이다.

㈎ 협동을 통한 교수-학습이 이루어질 수 있다.

경쟁과 협동은 각각 교과별 수업과 통합된 수업의 특징이며 이러한 특징은 교사와 학생 모두의 수행에 영향을 준다. 지나친 교과 중심 수업은 협동을 저해하지만, 지나치게 통합된 수업 역시 항상 경쟁을 배제하는 것은 아니다. 모든 수업은 경쟁과 협동을 모두 제공해야 하지만 특히 통합적 접근이 협동적 활동과 밀접한 관계가 있다는 것이다. 특히, 교수-학습 과정에서 교사 간, 학생 간, 교사와 학생 간에 이들 구성원들의 지나친 경쟁을 방지하고 협동이 이루어질 수 있는 기회를 제공한다는 점에서 통합이 필요한 것이다.

㈏ 사회 문제의 해결을 위해 효율적으로 대처할 수 있게 한다.

현대 사회에서 개인이나 사회가 공동으로 당면하는 문제를 해결하기 위해서 필요로 하는 지식은 어느 전문 분야만의 분절된 지식이 아니라 여러 분야의 것을 종합하여 응용할 수 있는 통합된 지식, 즉 지식의 통합화가 요구된다는 것이다. 따라서, 문제 해결이나 새로운 이해를 위해서 요구되는 통합적 안목의 성숙은 종래의 분과 중심의 교과 교육 방법으로는 적당하지 않고 지식을 조직하는 새로운 접근 방법이 필요하다고 보는 것이다. 예를 들면, 성교육 같은 문제를 가르치려고 한다면 여기에는 여러 영역의 지식이 동원될 것이다. 이러한 경우에, 지식의 조직은 각 학문 영역 간의 독자성을 존중하면서 문제를 해결할 수 있는 간학문적 또는 다학문적 접근이 요구되는 것이다.

㈐ 학교와 사회를 밀접하게 연결하기 위하여 필요하다.

학습의 내용을 지나치게 학문적으로 접근하다보면 실생활과 멀어지는 결과를 초래한다. 교과들은 그 자체의 전통에 집착하는 경향이 있으며, 또 현대 세계에서 의미 있는 학습을 하는데 필요한 변화를 수용하지 않으려고 한다. 오늘날 학교에서 배운 지식이 사회에서 적용되지 못하는 이유는 학교와 사회가 분리되어 있기 때문이다. 그러나 교육과정의 통합은 사회 문제에 대해 교육이 개입함으로써 학교와 사회를 더욱 밀접하게 연결시킨다. 따라서, 교육과정을 통합하려는 이유는 학교와 사회, 즉 지식과 생활을 관련지으려는 노력임을 알 수 있다.

3. 교육과정 통합의 유형

통합 방식에 대해서는 통합에 대한 관점이 다양한 만큼 학자들마다 그 방법을 달리하고 있다. 여기에서는 교육과정 통합 유형을 분류해 보고자 시도했던 몇몇 학자들의 분류와 관점들을 살펴보려고 한다.

가. 인그램의 분류

인그램(1979)의 분류의 목적은 가능한 모든 통합 방식들을 끌어 모아 나열하는 것이 아니라 통합의 중요한 차원, 다양한 수준, 중요한 유형들을 확인하려는 것이다. 그래서 통합 방식을 크게 구조적 접근과 기능적 접근의 두 가지 기준에 따라 [표 10-1]과 같이 분류하였다.

[표 10-1] 인그램의 분류

분류 기준		통합 방식의 종류	
구조적 유형	양적 접근	① 합산적 통합 ② 기여적 통합	
	질적 접근	① 융합적 통합 ② 종합적 통합	○ 직선적 통합 ○ 순환적 통합 ○ 방법적 통합 ○ 총체적 통합
기능적 유형	내재적 접근	① 필요와 흥미 중심 ② 활동 중심 ③ 탐구 중심 ④ 경험 중심	
	외재적 접근	① 귀납적 접근 ② 연역적 접근	

인그램(1979)에 의하면 구조적 통합에서는 교육과정 내에서 지식의 구조를 재구조화한다. 그러나 기능적 통합에서는 지식을 통합적 경험을 촉진시키기 위해 사용되는 자원으로 간주한다. 이런 구분은 지식의 재구조화에 근거한 통합 방식과 통합 학습을 촉진하려는 목적으로 만들어진 통합 형식을 구분하는 것과도 동일하다. 전자는 교사 중심의 통합이며, 후자는 학생 중심의 통합이다. 또, 전자는 논리적, 인식론적 고려에 의해 나타나는 통합 유형이며, 후자는 심리적, 사회적 고려에 의해 나타나는 통합 유형이다.

그리고 구조적 유형에서 양적 접근은 각 학문의 구조가 존중되며 각 학문들은 다른 학문과는 거의 독립적으로 통합에 기여한다. 반면에, 질적 접근은 학습 자료가 어떤 공통의 구조적 원리에 기초해서 재조직되며, 학문에 내재해 있는 핵심적인 개념과 일반적 원리에 대한 더 깊은 이해를 추구한다.

기능적 통합에서 내재적 접근과 외재적 접근을 비교해 보면 이들은 어느 정도는 학습 행동의 심리적 형식과 사회적 형식간의 차이에 의해 구분된다. 전자의 경우에 통합의 요인들은 학습자로서의 개인에게서 추출되며 동기와 흥미를 중시하지만 후자의 경우에는 통합의 요인들은 개인들이 생활하는 학교나 사회의 문제들을 다루는 방식들을 서로 관련짓는다.

나. 김재복의 분류

김재복(1985)은 통합이 가능한 방법을 크게 두 가지로 제시하였는데, 첫째는 교과가 묶여지는 형태에 의한 통합으로 이것은 하나 하나의 교과가 분리되어 가르쳐지는 형태로부터 교과와 교과가 연결되고 더 나아가 교과의 구분이 없어지는 상태에서 교육이 전개될 수 있는 방법을 모색한 것이고, 둘째는 학문이 연결되는 방식에 의한 통합으로 한 학문과 다른 학문 그리고 여러 학문들이 서로 연관성을 고려하여 묶여지는 방법을 모색한 것이다.

각각의 통합 방법에 있어서 세분화된 통합 방법들을 구체적으로 알아보면 [표 10-2]와 같다.

[표 10-2] 통합의 방법

통합 방법	통합 정도	접근 유형
1) 교과가 묶여지는 형태에 의한 통합		
① 합산적 통합 (summed integration)	양적 통합	구조적 통합
② 기여적 통합 (contributed integration)	양적 통합	구조적 통합
③ 융합적 통합 (fused integration)	질적 통합	구조적 통합
④ 기능적 통합 (funtional integration)		경험적 통합
2) 학문이 연결되는 방식에 의한 통합		
① 간학문적 통합 (interdisciplinary integration)	질적 통합	구조적
② 다학문적 통합 (multidisciplinary integration)	질적, 양적 통합	구조, 경험적
③ 탈학문적 통합 (extradisciplinary integration)		경험적

(1) 교과 간 연계성에 의한 통합

교과의 발생은 생활에서 시작되었고 그 생활 경험을 분화하고 체계화하여 영역별로 사실, 정보, 개념, 원리 등을 그 탐구 방식에 따라 정리해 놓은 것을 교과라 할 수 있으며 지식의 발달과 더불어 점점 더 세분화해 온 것이다. 그런데 인간의 전인적 성장을 지향하는 경험의 통일성과 통합적 안목의 중요성이 부각되면서 교과 간의 통합이 대두한 것이다.

여기에서는 교과 간의 통합 정도가 점차 강해지는 순서에 따라서 합산적 통합, 기여적 통합, 융합적 통합, 기능적 통합으로 나누어지는데 차례로 살펴보면 다음과 같다.

합산적 통합은 개개의 교과목을 각각 독립적으로 취급하여 가르치는 것을 원칙으로 하되 최소한의 교과간 연계성을 모색하여 가르치는 방법이다.

기여적 통합은 상관적 통합이라고도 말할 수 있는데, 독립된 교과들이 서로 합산적 또는 상관적이 되기 위해서는 각 교과목들이 서로 기여할 수 있는 공통적 요소들을 필요로 한다. 기여적 통합을 조직적으로 하려면 두 세 개의 교과목의 내용 조직을 종전처럼 하되, 그 교과목들이 공통적으로 지향할 주제를 정하여 놓고 각 교과목의 교사들이 그 주제를 중심으로 기여할 수 있도록 관련지어 계획과 준비를 하여 가르쳐야 한다.

융합적 통합은 공통적인 상호 관심 속에 기초를 두고, 두 개 이상의 교과목을 보다 포괄적으로 혼합시키는 것이다.

기능적 통합은 각 교과의 기본 구조와 특성은 찾아보기 힘들게 된다. 융합적 통합까지는 교과의 기본틀은 무너지지 않고 지식을 넓은 범위로 통합시키는 것이지만 기능적 통합에서는 교과간의 벽을 뛰어 넘는다.

(2) 학문간 연계성에 의한 통합

학문적 연계성에 의한 통합은 두 개 이상의 학문이 무엇을 조직의 중심으로 하여 어떤 방식으로 연결될 수 있는가에 의한 통합이다. 여기서는 학문간의 연계성을 기초로 학문이 연결되는 방식에 따라 간학문적 통합, 다학문적 통합, 탈학문적 통합으로 나눈다.

간학문적 통합은 두 개 이상의 학문 분야를 결합하거나 상호 관련을 짓는 것이다. 즉, 어떤 두 개 이상의 학문이 같은 탐구 방식에서나 같은 수준에서 새롭고 의미 있는 통합이 이루어지도록 합쳐지는 것이라고 할 수 있으며, 이 때 학문들은 서로 공존하면서 연결 또는 합쳐진다.

이러한 간학문적 통합은 세 가지의 접근 방식으로 이루어질 수 있는데, 첫째는 같은 개념, 또는 방법이나 절차를 둘 이상의 학문에 적용하는 것이다(그림 10-1).

둘째는, 한 학문으로부터 온 개념, 또는 방법이나 절차를 다른 학문의 문제 해결에 활용하는 것이다(그림 10-2).

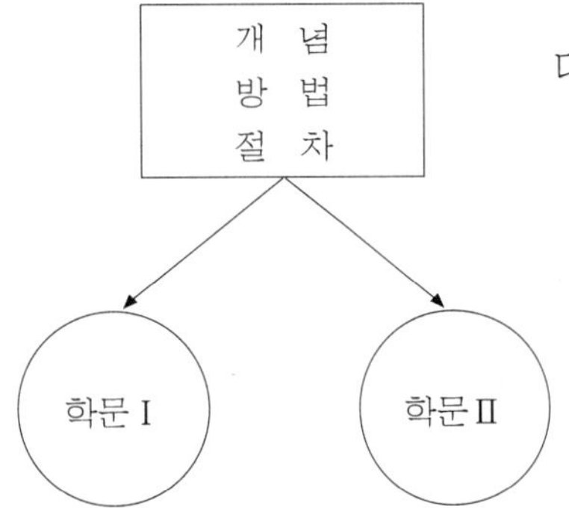

[그림 10-1] 같은 개념, 방법, 절차
의 적용에 의한 통합

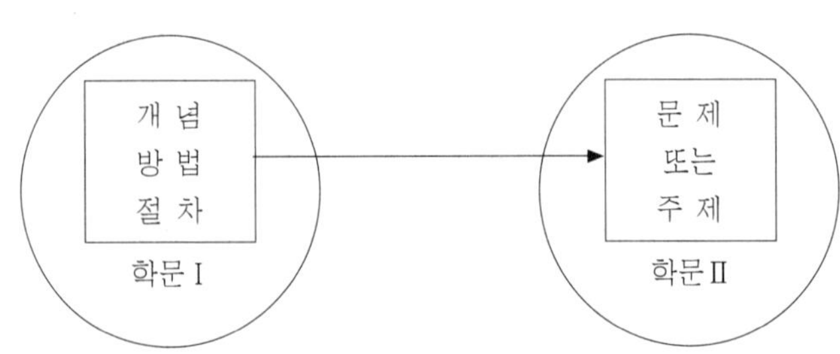

[그림 10-2] 한 학문의 개념, 방법, 절차를 다른 학문의
문제에 적용하는 통합

셋째는, 한 학문을 축으로 하고 주위에 다른 학문들을 배치하여 축에 있는 학문과 다른 학문들이 상호 작용을 하게 함으로써 통합을 이루는 것이다. 이 때, 축에 있는 학문의 개념, 방법, 절차가 주위에 있는 다른 학문에 적용되는 방식은 그림 10-1과 그림 10-2에서 제시한 바와 같다(그림 10-3).

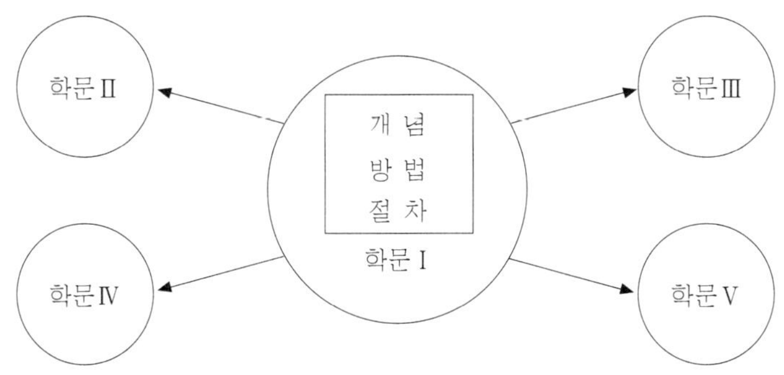

[그림 10-3] 축(중심학문)을 중심으로 주변 학문과 연결되는 통합

다학문적 통합은 어떤 사상이나 현상 또는 문제를 여러 학문에서 접근함으로써 종합적인 이해와 해결을 이룩하려는 것이다. 다학문적 접근은 크게 두 가지 방식으로 이루어지게 된다.

첫째는, 같은 문제 또는 주제가 축의 구실을 하여 둘 이상의 학문의 개념, 방법, 절차에 적용되지만 교육 내용의 선정, 조직, 및 교수-학습은 각 학문 또는 교과별로 따로 이루어진다(그림 10-4).

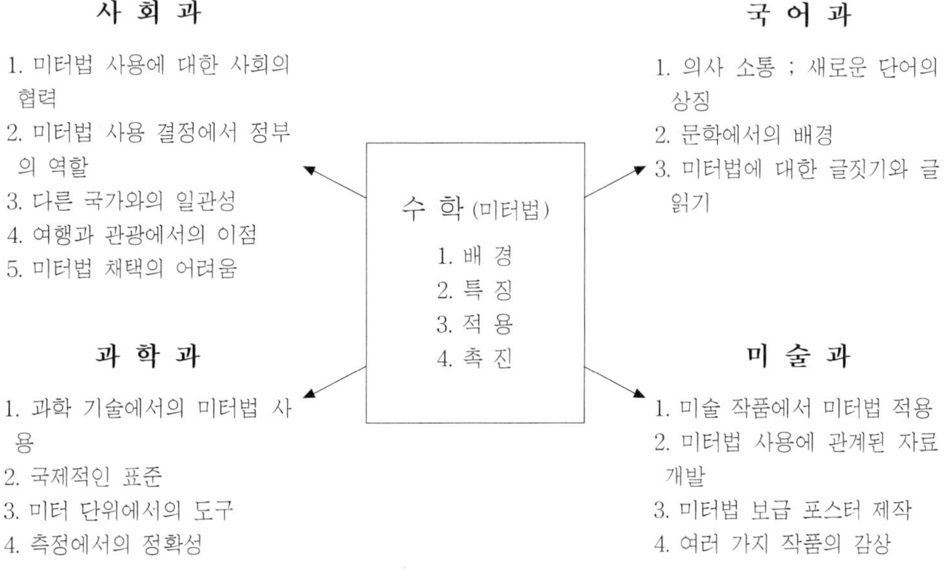

[그림 10-4] 축(중심 문제)을 중심으로 한 통합의 예시

둘째는, 같은 문제나 주제에 몇 개 학문의 개념, 절차, 방법을 동시에 적용함으로써 통합이 이루어지는 것이다(그림 10-5).

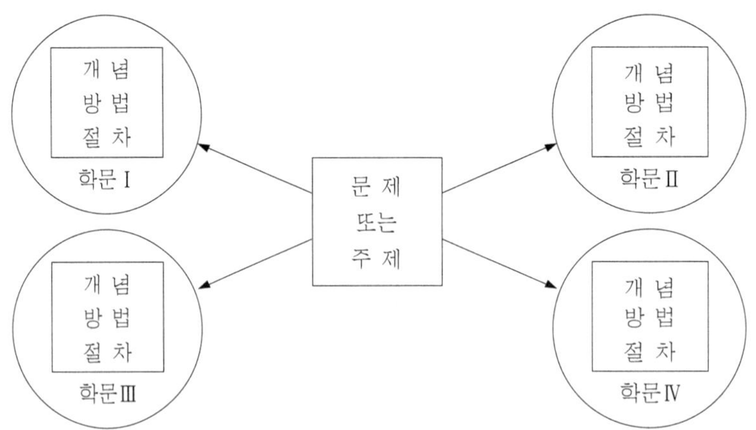

[그림 **10-5**] 같은 문제나 주제가 몇 개 학문의 개념, 방법, 절차에 반영되는 통합

[그림 10-6]과 같은 모형 속에서도 두 가지 통합 방식을 생각해 볼 수 있다. 하나는, 주제 또는 문제에 따른 수업 전개에서 하나의 학문 또는 교과를 중심 교과 또는 학문으로 놓고 다른 몇 개의 교과 또는 학문의 개념, 방법, 절차가 자유롭게 활용되는 방식이다. 또 다른 한 가지는, 주제 또는 주제에 대해 어느 한 학문 또는 교과가 핵의 위치에 있는 것이 아니라 여러 학문의 개념, 방법, 절차가 문제의 해결이나 주제의 탐구 과정에서 자유로이 활용되는 경우이다.

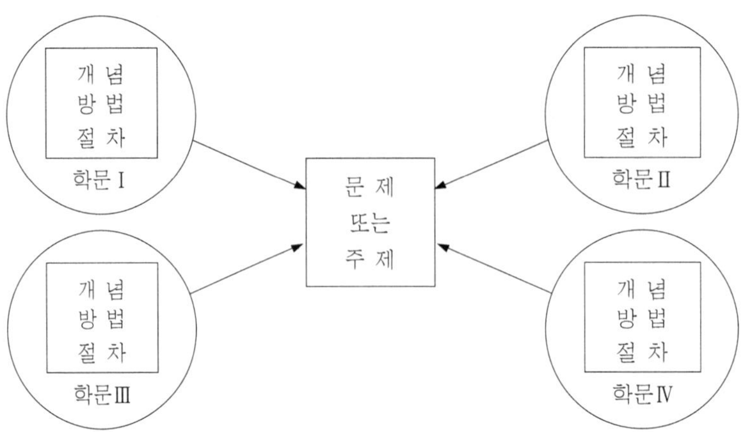

[그림 **10-6**] 같은 문제나 주제가 몇 개 학문의 개념, 방법, 절차가 적용되는 통합

 탈학문적 통합은 학문의 개념 또는 방법이나 연구 절차를 고려하여 통합을 시도하는 것이 아니고, 아동 중심적인 입장에서 자유로운 표현 활동이나 문제 해결의 과정을 통해서 이루어지는 통합 방법이다. 따라서, 교과 연계성에 의한 통합 중에서 기능적 통합 방법과 유사한 접근이 이루어진다.

 그리고 탈학문적 통합에서는 여러 학문들이 개념과 방법상 어떻게 관련되는가에 관심을 두지 않고 학습이 이루어지는 과정, 그리고 학습 심리적 측면에 강조가 두어진다. 이 접근법에서는 학습 활동의 발생 기원에 따라 흥미 중심의 통합, 표현 중심의 통합, 경험 중심의 통합으로 나누어 볼 수 있다.

다. 곽병선의 분류

 곽병선(1983)은 통합 방식을 지금까지 개발된 통합의 사례와 논의를 검토하여 통합의 대상이 되는 측면을 중심으로 교육 내용 구조면, 통합의 중심 내용면, 수업 운영면의 세 가지 기준에 따라 [표 10-3]과 같이 분류하였다.

[표 10-3] 곽병선이 분류한 통합 유형

분 류 기 준	통 합 방 식	
1. 교육 내용 구조면	① 전체적 접근 ③ 종적 - 횡적 통합	② 부분 - 완전 통합 ④ 다학문 - 학문간 - 탈학문
2. 통합 중심 내용별	① 주제, 제재 중심 ③ 기초 학습 기능 중심 ⑤ 경험 중심 ⑦ 활동 중심	② 문제 중심 ④ 사고의 양식 중심 ⑥ 표현 중심 ⑧ 흥미 중심
3. 수업 운영면	① 통합의 날 운영 ② 융통성 있는 시간표 운영 ③ 집단 교수제	

자료 : 곽병선 외 5인(1983). 교육과정 통합의 이론과 실제. 서울 : 교육과학사.

 그는 교육 내용 구조면에서의 통합은 학년이나 학교급별에 따라 전체 교육과정에서 통합의 아이디어를 어떠한 체제로 투영시킬 것인가에 관한 결정이라고 하였다. 그리고 이 기준에 따라 전체적 접근, 부분 통합과 완전 통합, 종적 통합과 횡적 통합, 다학문 통합과 학문간 통합 및 탈학문 통합 방식으로 분류하였다(배건, 1997).

 그리고 통합의 중심 내용면, 즉 통합적인 학습 지도의 요소에 따라 주제나 제재, 문제, 기초 학습 기능, 사고의 양식, 경험, 표현, 활동, 흥미 중심의 통합 방식으로 분류하였다.

 또한, 교육 내용을 조직하는 방식에 있어서 뿐만 아니라 수업을 운영하는 방식에 있어서도 통합의 날 운영, 융통성 있는 시간표 운영, 집단 교수제 등과 같은 통합적인 노력을 시도할 수 있다고 하였다.

라. 배건의 분류

배건(1997)은 Ingram과 김재복, 곽병선의 분류 방식을 검토하고 보충한 결과에 따라 통합형태에 따른 접근, 통합 요소에 따른 접근, 학문 관련 방식에 따른 접근이라는 세 가지 공통된 분류 기준을 설정하였다.

[표 10-4] 배건이 분류한 통합의 유형

분 류 기 준	통합 방식의 종류	
1. 통합 형태에 따른 접근	① 합산적 통합 ③ 융합적 통합	② 기여적 통합 ④ 종합적 통합
2. 통합 요소에 따른 접근	① 흥미 중심 ③ 탐구 중심 ⑤ 기초 학습 기능 중심 ⑦ 문제 중심	② 활동 중심 ④ 경험 중심 ⑥ 주제 중심
3. 학문 관련 방식에 따른 접근	① 다학문적 통합 ③ 탈학문적 통합	② 간학문적 통합

(1) X축 : 학문 관련 방식에 따른 접근

이 접근은 통합된 학문간의 독립성 유지 정도에 따라 다학문적, 간학문적, 탈학문적 통합의 세 가지 방식으로 분류하였으며 이를 구조화하면 [그림 10-7]과 같다.

학문 관련 방식에 의한 접근은 김재복의 학문이 연결되는 방식에 의한 접근과 곽병선의 교육 내용 구조면에 근거를 두고 있다.

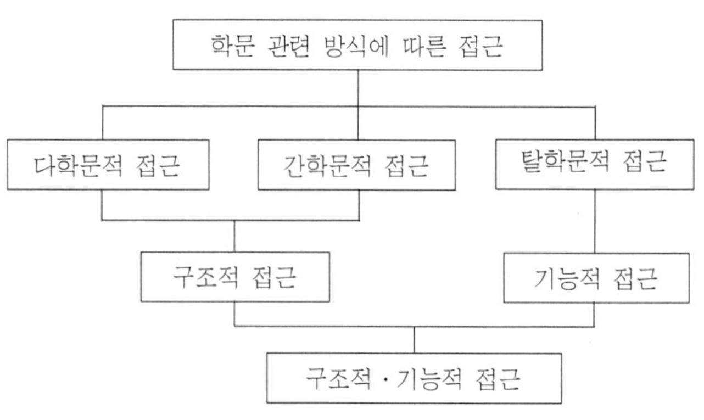

[그림 10-7] 학문 관련 방식에 따른 통합 방식의 구조

(2) Y축 : 통합 형태에 따른 접근

이 접근 방식은 둘 이상의 교과나 학문이 통합되는 정도에 따라 합산적, 기여적, 융합적, 종합적 통합의 네 가지 방식으로 분류하였다.

이를 구조화하면 [그림 10-8]과 같다.

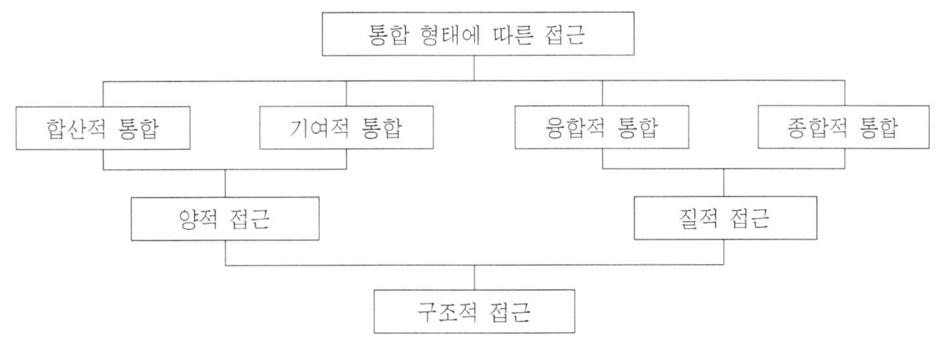

[그림 **10-8**] 통합 형태에 따른 접근

[그림 10-8]은 Ingram의 구조적 접근과 김재복의 교과가 묶어지는 형태에 의한 접근에 근거를 두고 있다. 이와 같이, 통합 형태에 따른 접근은 학문의 구조가 거의 독립적으로 다른 학문과 관련되거나 기여하게 되는 통합의 정도가 약한 합산적, 기여적 통합 방식과 학문의 구조가 어떤 공통적인 구조적 원칙에 기반을 두고 재조직하게 되는 통합의 정도가 강한 융합적, 종합적 통합 방식으로 분류하였다.

(3) Z축 : 통합 요소에 따른 접근

이 접근은 학습자의 심리적·사회적 필요나 요구를 어디에 둘 것이냐에 따라 흥미, 활동, 탐구, 경험, 기능, 주제, 문제 중심 통합의 일곱 가지 방식으로 분류하였으며 이를 구조화하면 [그림 10-9]와 같다.

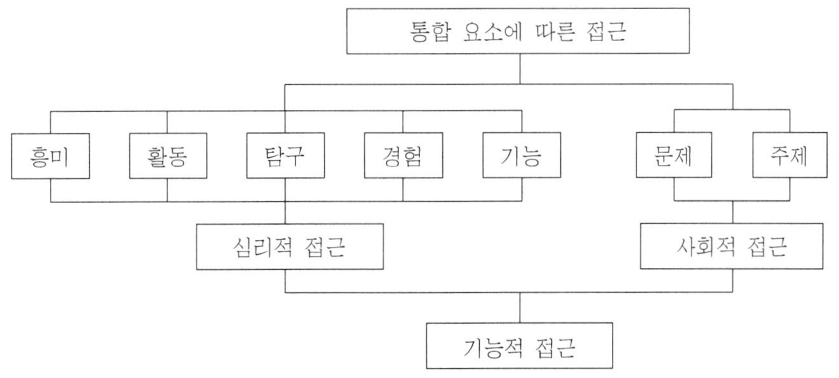

[그림 **10-9**] 통합 요소에 따른 통합 방식의 구조

[그림 10-9]의 통합 요소에 따른 접근은 Ingram의 기능적 접근과 김재복의 기능적 통합, 곽병선의 통합의 중심 내용면에 근거를 두고 있다. 이와 같이, 통합 요소에 따른 접근

에서는 학습 내용 요소를 개인의 심리적 필요나 요구에 둘 때는, 흥미, 활동, 탐구, 경험, 기능 중심의 통합 방식으로 분류하였고, 개인의 사회적 문제 해결 고정에 둘 때는, 주제, 문제 중심의 통합 방식으로 분류하였다.

(4) 통합 유형 분석 모형

통합 교육과정의 통합 유형 분석 모형은 세 가지 분류 기준을 축으로 그 기준에 따라 분류된 통합 방식의 종류를 배열하여 [그림 10-10]과 같이 3차원의 모형을 구안하였다.

[그림 10-10]에서와 같이 통합 교육과정의 통합 유형 분석 모형은 세 가지의 분류 기준을 축으로 하여 통합 방식의 종류들을 배열하였다.

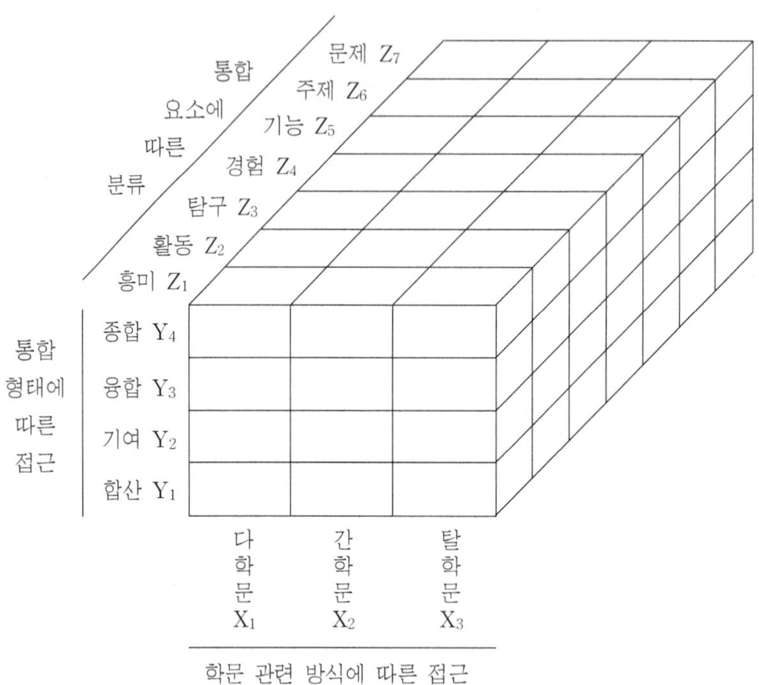

[그림 10-10] 통합 교육과정의 통합 유형 분석 모형

이러한 통합 교육과정의 통합 유형 분석 모형은 하나의 큰 육면체로 구성되어 있다. 이 육면체는, 다시 3차원의 축에 배열된 각각의 통합 방식들을 수학적으로 조합하면 소단위의 작은 육면체로 나누어진다. 이러한 소단위의 작은 육면체가 하나의 통합 유형이라고 할 수 있다. 그러면 [그림 10-10]의 3차원 모형에서는 84개($3 \times 4 \times 7$)의 통합 유형이 생성된다(배건, 1997).

지금까지 살펴본 학자들의 분류를 종합해 보면 [표 10-5]와 같다.

[표 10-5] 여러 학자들의 통합 분류 방식 비교

이름	분류 기준	통합 방식의 종류	특징 또는 강조점
인그램 (1979)	구조적 유형	① 합산적 통합 ② 기여적 통합 ③ 종합적 통합 ④ 융합적 통합	통합의 중요한 차원, 다양한 수준, 중요한 유형들을 확인하려고 함
	기능적 유형	① 필요와 흥미 중심 ② 활동 중심 ③ 탐구 중심 ④ 경험 중심	
김재복 (1988)	교과가 묶여지는 형태에 의한 통합	① 합산적 통합 ② 기여적 통합 ③ 융합적 통합 ④ 기능적 통합	통합 정도에 따라서 그리고 접근 유형에 따라서 분류하였음
	학문이 연결되는 방식에 의한 통합	① 간학문적 통합 ② 다학문적 통합 ③ 탈학문적 통합	
곽병선 (1983)	교육내용 구조면	① 전체적 접근 ② 부분-완전 통합 ③ 종적-횡적 통합 ④ 다학문-학문간-탈학문	통합의 대상이 되는 측면을 중심으로 지금까지의 여러 유형들을 종합적으로 정리함
	통합 중심 내용면	① 주제, 제재 중심 ② 문제 중심 ③ 기초 학습 기능 중심 ④ 사고의 양식 중심 ⑤ 경험 중심 ⑥ 표현 중심 ⑦ 활동 중심 ⑧ 흥미 중심	
	수업 운영면	① 통합의 날 운영 ② 융통성 있는 시간표 운영 ③ 집단 교수제	
배건 (1997)	통합 형태에 따른 분류	① 합산적 통합 ② 기여적 통합 ③ 융합적 통합 ④ 종합적 통합	세 가지의 기준을 추출하고 그 기준에 따라 통합 방식을 분류하였으며 각각의 기준을 축으로 하여 종합적인 모형을 통해 84개의 통합 유형 제시
	통합 요소에 따른 분류	① 흥미 중심 ② 활동 중심 ③ 탐구 중심 ④ 경험 중심 ⑤ 기초 학습 기능 중심 ⑥ 주제 중심 ⑦ 문제 중심	
	학문 관련 방식에 따른 분류	① 다학문적 통합 ② 간학문적 통합 ③ 탈학문적 통합	

이들 학자들은 서로의 모형들을 검토하고 정리하여 유사한 접근을 하고 있다. 추구하는 분류의 근거에 약간의 차이가 있을 뿐 각각의 내용들은 서로 유사한 형태로 분류되었다.

그러나 위의 학자들과는 다르게, Robin Fogarty는 좀 색다른 접근 방법을 통해 통합 유형을 분류하고 있다.

마. Robin Fogarty의 분류

Robin Fogarty(1991)는 통합적으로 접근할 수 있는 열 가지 모형을 구체적으로 제시하고 있다. 그는 통합의 방법을 세 가지 차원에서 다루고 있는데, 그것은 단일 교과 내에서의 통합, 여러 교과들 간에 통합, 학습자들 간의 통합 활동이다(Robin Fogarty, 1991, 구자역 외 역).

먼저 교과 내에서의 통합 유형을 살펴본다. 교과 내에서의 통합에는 단절형, 연관형, 동심원형 등의 3가지가 있다. 각각을 살펴보면 다음과 같다.

(1) 단절형

단일한 방향, 단일한 시야, 하나의 교과에 대해 철저하게 초점을 맞추는 방법으로 전통적인 교과 모형은 개별적이고 고유하며 교과 영역을 분절화한다는 생각에서 출발한 모형이다.

㈎ 외형

개별 교과가 서로 다른 상황에서 다양한 교사들에 의해 가르쳐진다. 개별 교과들은 독립적으로 아주 미세한 조직 단위로 가르쳐지는데, 이에 따라 학생들은 교육과정에 대해 단절된 관점을 지니게 된다. 각각의 교과들이 그 개별적인 교과 이름하에 가르쳐지는데, 예를 들면 학생들이 국어, 수학, 실과 등과 같이 명시된 교과 자체를 학습하게 된다.

㈏ 장점

개별 교과들의 순수성이 훼손되지 않은 채 남겨진다. 그리고 교사들은 한 분야의 전문가로서 깊이 있고 폭 넓은 견해로 교과를 지도할 수 있는 여유를 가지게 된다. 이 모형이 비록 단절되어 있긴 하지만 학습자들에게는 개별 교과에 대한 명확하고 독립된 견해들을 제공한다.

㈐ 단점

유사한 개념들을 관련시키고 통합하는 일을 학습자 스스로 해야만 한다. 따라서, 중복되는 개념, 기능, 태도 등이 학습자에게 제시되지 않기 때문에 생활 속에서의 전이 효과는 잘 발생하지 않는다. 또, 학습자들이 개별 교과에서 부여되는 과도한 학습량에 시달리게 된다.

㈑ 유용한 시기

특수한 관심에 초점을 맞출 수 있는 다양한 교과들을 제공하는 여러 교과목들이 있고 각양각색의 사람들이 있는 대규모의 학교에 유용하며, 전문 지식을 요구하는 세분화된 학문의 길에 있는 대학 단계의 학생들에게 유용하다.

또한, 교사들에게도 유용한데, 먼저 특정 교과에 대해 집중적인 지식을 준비하는 교사에게 그리고 간학문적인 계획을 위해 교과간 통합의 모형을 활용하기 전에 교육과정의 우선순위를 선별해 내려고 하는 교사들에게 유용한 모형이다.

(2) 연관형

단일 교과의 세부적인 내용들, 세밀한 구분과 내적 연관에 초점을 맞춘 것으로 각 교과 영역 내에서 교과 내용의 주제 및 개념, 학습, 아이디어들이 서로 명백하게 연관된다는 견해를 가진다. 따라서, 각 주제와 개념, 기능들을 서로 결합시키고, 그 날의 공부를 다음 날의 공부와 관련 짓고, 한 학기의 아이디어를 다음 학기까지 연관시키는 데에 맞춘다. 즉, 교과 내에서의 교육과정을 정교하게 관련지으려고 노력하는 것이다.

㈎ 외형

중학교나 고등학교에서 지구과학 교사는 지질학과 천문학의 진화론적인 속성을 연합시킴으로써 지질학 단원과 천문학 단원을 연관짓는다. 두 단원 간의 유사성은 학생들을 위한 조직 요소가 되고, 학생들은 두 단원을 공부하면서 명백한 내적 관계를 찾아낼 수 있다.

㈏ 장점

교과 내에서의 개념들을 관련시킴으로써 학습자는 특정한 측면에 초점을 맞춘 연구뿐만 아니라 넓게 조감할 수 있는 이익을 얻을 수 있다. 한 교과 내에서 개념들을 관련지우는 것은 학습자들이 그것들을 검토하고 재개념화하며 편집하고 동화시키는 것을 허용하며 전이를 촉진시킬 것이다.

㈐ 단점

이 모형에서는 다양한 학문들이 분리된 채로 유지되고, 의도된 교과 내에서는 연관이 명시적이지만 상관되어 있지는 않은 것처럼 보인다. 따라서, 내용은 다른 교과들과의 개념과 아이디어까지 확장시키지는 못한 채로 유지된다. 교과 내에서의 집중적인 통합 노력은 다른 교과와 더 전체적인 관계를 발달시킬 수 있는 기회를 간과한다.

㈑ 유용한 시기

통합 교육과정을 위한 초기 단계로서 유용하다. 교사들은 그들 자신의 교과 내에서 관련성을 찾는 데 자신감을 느낀다. 교과 혹은 학년 수준 내에서 이 모형을 활용하는 교사팀을 운영하는 것은 이후의 더 복잡한 통합을 위해 최고의 원동력이 될 유익한 전략이 될 수 있다.

(3) 동심원형

하나의 장면, 주제, 단원에 대한 복합적인 차원의 통합으로 각 교과 영역 내에서의 여러 가지 기능, 즉 사회적 기능, 사고 기능, 구체적인 내용 기능을 목표로 삼는다. 이 모형은 숙련된 교사들이 잘 활용하는 모형이다. 그들은 수업을 가장 잘 활용할 수 있는 방법을 알고 있다. 이 모형에서는 학생들의 학습을 위해 다양한 목표들을 구조화하는 신중한 계획이 요구된다. 그렇지만 동심원형의 통합은 자연적인 조합의 장점을 이용하므로 과제가 매우 쉬워 보인다.

㈎ 외형

교사들은 순환계에 대한 수업 내용을 지도하면서 특별히 사실과 이해만을 강조하는 것이 아니고, '체계'라는 개념에도 초점을 맞춘다. 이러한 개념적인 목표는 물론 원인과 결과에 대한 사고 기능도 목표로 삼는다. 순환계를 배우는 과정에서 학생들은 원인과 결과에 초점을 맞출 것이다. 그리고 교사가 수업을 통해 '내용을 다루어감'에 따라 더 전형적이고 일반적인 기능들이 학습 경험을 향상시키기 위해 '동심원화'될 것이다.

㈏ 장점

학습 경험에서의 수많은 목적들을 동심원화하고, 한 덩어리로 묶음으로써 학생들의 학습이 풍부해지고 향상된다. 교과 내용과 사고 전략, 사회적 기능, 그리고 다른 관념들에 초점을 맞추면서 하나의 수업이 여러 가지 차원에서 진행된다. 정보가 지나치게 많은 이 시대에 과중한 교육과정과 꽉 짜여진 일정 속에서 능력 있는 교사는 다양한 영역의 학습을 위한 기초를 마련하는 풍부한 수업을 추구할 것이다.

이 모형은 단일 교과 내에서의 통합을 추구하기 때문에 다른 교사들과의 협력을 위한 추가적인 부담을 요구하지 않으면서 한 교사에 의한 폭 넓은 교육과정의 통합을 제공할 수 있다.

㈐ 단점

동심원형에서 생길 수 있는 단점은 그것의 본질에서부터 발생한다. 여러 가지 학습 목표를 단일한 수업에서 동심원화 하는 것은, 만약 동심원화가 신중하게 실행되지 않으면, 학생들을 혼동시킬 우려가 있다. 그리고 학생들이 여러 학습 과제들을 동시에 수행하도록 지도 받음으로써 수업의 개념적인 우선 순위가 애매한 상태가 되는 단점이 있다.

㈐ **유용한 시기**

동심원형은 수업 내용에 사고 기능과 협동적 기능을 불어넣으려고 할 때 가장 적절하다. 교과 내용의 목적을 유지하면서 한편으로 사고 기능과 사회적 기능들에도 초점을 맞춘다면 전체적인 학습 경험을 향상시킬 것이다. 이 세 가지 영역에서의 특정한 기능들을 동심원화 함으로써 구조화된 활동을 통해 개념과 태도를 쉽게 통합할 수 있다.

이제, 교과간의 통합에 대해서 살펴보기로 한다. 교과 간의 통합에는 계열형, 공유형, 거미줄형, 실로 꿰어진 모형, 통합형 등이 있다. 각각을 살펴보면 다음과 같다.

(4) **계열형**

교과 간의 관련이 제한되어 있더라도 교사들이 가르칠 주제의 순서를 재배치하면 유사한 단원이 서로 부합될 수 있다. 광범위하게 관련된 개념들에 의해 구성된 다양한 교과 내적인 내용들을 다루며 교과의 주제 및 단원들이 서로 연관되기 위해 재배치되고 계열화된다. 두 개의 관련된 교과가 계열화되면 두 교과의 내용이 동일하게 가르쳐질 수 있다. 주제들이 가르쳐지는 순서를 계열화함으로써 하나의 활동이 다른 활동을 향상시킨다. 결과적으로 두 개의 교과는 서로 수반하는 관계가 된다.

㈎ **외형**

실과에서의 전자 키트 만들기 단원을 이해하기 위해서는 과학의 전기 단원과 합치시켜서 지도할 수 있으며, 정리 상자 만들기 단원에서는 미술 교과에서의 꾸미기 단원과 관련시켜서 지도할 수 있다. 이 때, 학생들이 개념이나 사실 등을 이해하는 데 효과적일 것이다.

㈏ **장점**

교사들은 교과서의 편집진들이 정한 계열을 따르기 보다 주제, 장, 단원 등의 계열을 재배치함으로써 교육과정적인 우선 순위를 결정할 수 있다. 학생의 입장에서 볼 때 교과 간에 관련된 주제들을 정교하게 계열화하는 것은 교과내용 영역에서 자신들의 학습을 이해하는 것을 도와 준다. 또한, 일반 상황으로의 전이를 도와 준다.

㈐ **단점**

계열화된 교육과정의 결점은 그들의 모형을 만드는 데 요구되는 타협이다. 교사들은 교육과정을 계열화할 때 다른 교사들과 협력하면서 자율성을 포기해야만 한다. 만약, 두 개의 교과 영역을 상관지으려는 이러한 첫 번째 시도가 유효하다면 두 교사들은 협력해서 가르치기 위해 더 많은 단원들을 계열화하려고 시도할 수 있다.

㈃ **유용한 시기**

계열성은 서로 쉽게 연합될 수 있는 두 개의 교과 영역을 활용하는 통합의 초기 단계에서 유용하다. 교사들은 두 가지 영역을 모두 배우는 학생들이 그 상이한 내용들을 더 잘 이해할 수 있도록 병행시키려고 노력할 것이다. 이 모형에서는 두 교과가 모두 순수한 상태로 유지된다. 교과 영역에 대해 세부적인 강조가 여전히 남아 있긴 하지만 학생들은 관련된 내용으로부터 이익을 얻는다.

(5) 공유형

두 개의 교과 내용 중 중복되는 개념과 기능을 공유하여 가르치고자 하는 것으로, 두 개의 교과에서 계획과 교수가 공유되고, 이 때 중복되는 개념과 아이디어들이 조직 요소로 등장한다. 어떤 폭넓은 교과는 여럿을 포괄하는 '우산'에 비유할 수 있는 교육과정을 만들어낸다.

㈎ **외형**

공유형 교육과정 모델은 각 교과 내에서 생성된 공유된 관념에 근거해 있다. 이 모형은 주제적인 접근과는 개념을 통합하는 방식이 근본적으로 다르다. 왜냐 하면, 이 모형의 개념들은 외부에서 도입된 주제로부터 생겨난 것이 아니라 내적으로 공유된 요소들로부터 생겨나기 때문이다.

㈏ **장점**

공유형 교육과정 모형의 장점은 네 개의 주요 교과들을 포괄하여 더 충실하게 통합된 모형으로 나아가는 초기 단계로서 비교적 사용하기 쉽다는 데 있다. 유사한 교과들을 짝지움으로서 중복은 전이를 위한 개념의 심화 학습을 촉진시킨다. 또한, 이러한 계획은 교사들이 자신들의 일정을 더 길게 활용할 수 있게 해주므로 영화나 현장 견학과 같이 공유된 수업 경험으로 이끌어 준다.

㈐ **단점**

이 모형을 개발하는 데에는 시간이 많이 필요하다. 그리고 성공적인 실행을 위해서는 시간이외에도 유연성과 타협이 필수적인 요소이다. 그리고 신뢰와 팀웍을 요구한다. 두 교과가 중복되는 이러한 통합 모형에서는 초기 단계부터 협력교사들 간의 헌신을 요구한다. 교육과정에서 실질적으로 중복되는 개념을 찾아내기 위해서는 심증적인 대화와 의사 소통이 필요하다.

㈑ 유용한 시기

공유형 교육과정 모형은 교과들이 인문학이나 실용 예술 등과 같이 폭 넓은 분과로 분산될 때 적절하다. 또한, 이 모형은 통합된 교육과정의 실행을 위한 초기 단계를 촉진시킨다. 이것은 훨씬 더 정교하고 복잡한 네 개의 교과 팀으로 나아가는 중간 단계로서, 두 개의 교과를 활용하는 실제적인 모형이다.

(6) 거미줄형(망원경)

다양한 학습 내용들이 하나의 주제를 중심으로 재구성됨으로써 전체를 관망할 수 있는 광범위한 시야를 제공하고자 하는 것으로 풍부한 테마가 교육과정 내용과 교과로 조직된다. 교과는 테마를 활용하여 적절한 개념, 소주제, 아이디어들을 추출해 낸다. 예를 들면, 교사들은 서커스 같은 시사적인 하나의 주제를 제시하고 그것을 교과 영역에 연결시킨다. 갈등과 같은 개념적인 주제가 주제 접근에서 더 깊이 있게 조직될 수 있다.

㈎ 외형

분과화된 상황에서 거미줄형은, '유형' 혹은 '순환'과 같은 상당히 일반적이지만 매우 유용한 테마들을 활용함으로써 접근한다. 이러한 개념적 주제는 여러 교과들이 갖추고 있는 다양성에 대해 풍부한 가능성을 제공한다.

주제를 탐색할 때 교사들은 일반적으로 아이디어 수집에서부터 시작하는데, 이 과정에서 동료들간에 상당히 진실한 상호 작용과 대화, 의사 소통이 이루어진다. 그리고 대화를 통해 가능성을 탐색하면서 결정에 도달할 지침을 정한다.

㈏ 장점

교육과정 통합에 대한 거미줄형 접근의 장점은 동기적인 요인들이며 매우 흥미로운 주제들을 선정함으로서 이런 동기적인 요인들이 생겨난다. 또한, 이 모형은 노련한 교사들에게 익숙한 모형이며 경험이 풍부하지 못한 교사들도 이해할 수 있는 상당히 명료한 교육과정으로서 팀웍 계획을 촉진시킨다. 이 모형에서는, 또 학생들이 다양한 활동과 아이디어들이 어떻게 관련되어 있는지를 이해하기가 쉽다.

㈐ 단점

가장 중요한 난점은 주제를 선정하는 데 있다. 종종 천박하거나 너무 인위적인 주제들은 교육과정 운영을 임기 응변적으로 이끈다. 또한, 교과 본래의 논리적이고 필수적인 계열과 영역이 희생되지 않도록 주의를 기울여야 한다. 한편, 이 모형에서는 교사들이 개념보다는 활동에 초점을 맞출 수도 있으므로, 주제와 관련된 유용한 내용들이 잘 유지되도록 주의를 기울여야 한다.

㈒ 유용한 시기

이 모형은 개발에 상당한 시간이 걸리는 접근 방식이다. 그러므로 광범위한 계획과 여러 분과간의 협력, 특정한 교과 영역이 요구된다. 이 모형은 2주내지 4주간의 간학문적인 예비 단원을 시도할 때 활용할 수 있는 최상의 모형이다. 이 모형을 잘 실행하기 위해서는 집중적인 계획이 요구되므로, 교육과정의 운영 가능한 부분에서부터 시작하는 것이 적절하다.

(7) 실로 꿰어진 모형

메타 교육과정적인 접근을 통해 모든 내용을 확대하는 중요한 아이디어들을 중심으로 통합하는 것으로 메타 교육과정적인 접근은 다양한 교과를 통해 사고 기능, 사회적 기능, 다중 지능, 기술 공학, 학습 기능 등을 실로 꿴 듯이 연결시킨다.

㈎ 외형

교사들은 현재의 내용 우선 순위를 일련의 사고 기능을 융합시키는 것을 목표로 삼는다.

㈏ 장점

이 모형의 장점은 메타 교육과정이란 개념에 관련되어 있다. 메타 교육과정은 교과 내용을 뛰어넘는 사고와 학습의 기능과 전략에 대한 자각과 조절이다. 교사들은 메타 인지적인 행동을 강조하고 학생들은 자신들이 학습하는 방법에 대해 학습한다. 학생들이 학습의 과정을 지각하게 됨으로서 미래의 전이가 촉진된다. 또한, 이 모형에서는 각 교과가 순수하게 남아 있을 뿐만 아니라 학생들이 사고 능력을 생활 기능으로 전이시켜 주는 강력한 능력을 얻는다는 장점이 있다.

㈐ 단점

이 모형의 단점은 다른 교육과정을 덧붙여야 할 필요성이 있다는 것이다. 교과간의 내용 연관은 명백히 밝혀지지 않는다. 메타 인지적인 교과는 정적인 상태로 남아 있다. 교과 내용의 내외적인 관련은 강조되지 않는다. 그러나 내용에 관해 메타 교육과정을 실로 꿰매기 위해서 모든 교사가 그런 기술과 전략들을 이해할 필요가 있다.

㈒ 유용한 시기

이 모형은 더 강한 교과 통합으로 나아가는 대안적인 단계의 일환으로 활용하는 데 적절하다. 이 모형은 교과의 우선 순위를 바꾸기를 꺼려하는 교육과정 옹호자들에게 쉽게 받아들여진다. 그러므로 이것은 교사들이 교과내용은 그대로 두고, 사고 협력, 다중 지능 등을 교과내용에 녹아 들어가게 함으로서 실행 가능한 모형이다.

(8) 통합형

각 교과의 기본적인 요소를 활용하여 새로운 형태와 계획을 하는 방법으로 간학문적인 접근을 보여 주며 팀티칭을 통해서 중복되는 개념과 소주제들을 교과간에 합치시킴으로써 충실한 통합 모형을 이룬다. 예를 들면, 과학, 사회, 순수 예술, 문학, 응용 예술 등에서 교사들은 모형들의 유형을 탐색하고 이러한 유형들을 통해 내용에 접근한다.

㈎ 외형

이 모형에서 통합 교육과정은 간학문적인 교사팀이 과중한 교육과정을 붙들고 어렵게 씨름하는 것으로 여겨진다. 그리고 이 모형에서는 전통적인 교육과정의 몇몇 부분들을 '선별적으로 포기할 것을' 결정한다. 교사들은 각각의 교과의 뒷받침해 주는 우선 순위를 탐색하기 시작한다. 그리고 중복되는 논증과 증거라는 개념이 중복된다는 것을 찾아야 한다.

㈏ 장점

통합형의 뚜렷한 장점은 학습자가 다양한 교과들 간의 내적 관련과 상호 관련으로 이끌어지기 쉽다는 데 있다. 통합형은 분과간의 이해를 구축하며 전문 지식에 대한 안목을 길러준다. 통합형이 성공적으로 실행되면 외적으로는 통합된 삶을 위해서, 또 내적으로는 통합된 학습자의 안목을 위해서 이상적인 학습 환경에 가까워진다. 또한, 통합형은 학습자들과 아이디어들이 수업에서 학습의 동기를 얻으면서 내재적이고 동기를 유발시키는 요소를 지니게 된다.

㈐ 단점

이 모형은 교과 속에 내재해 있는 주요한 개념과 기능, 태도에 대해 자신감이 있는 상당히 숙련된 교사를 필요로 한다. 또한, 이 모형은 교과간의 팀이 함께 계획하고 가르칠 것을 요구하며 종종 교과 진도를 재구성하는 것을 의미한다.

㈑ 유용한 시기

통합형은 통합 과정에 기꺼이 시간과 정력을 쏟으려고 하는 자발적인 교사들의 간학문적인 팀에서 가장 적절히 활용된다. 즉, 이 복잡한 모형에서는 교과간의 열성적인 자원 교사들이 결정적인 요소임을 기억해야 한다. 이것은 교육과정을 구안하는 교사팀들이 자신감과 신뢰를 쌓아 가는 점진적인 과정이라고 할 수 있다.

지금까지는 교과간의 통합에 대해서 살펴보았다. 다음부터는 학습자들 간의 통합에 대해서 살펴본다. 이 때의 모형에는 몰입형과 네트워크형이 있다.

(9) 몰입형

이러한 통합 모형에서는 학습자가 외부의 간섭이 거의 또는 전혀 없는 가운데 통합이 내부적으로, 내재적으로 성취된다. 이 모형에서 학습자들은 모든 교과 내용을 하나의 미시적인 렌즈를 통한 학습으로 여과해 낸다. 이 모형에서 학습자들은 자신들의 열성적인 관심을 통해 개별 교과 영역에서 나오는 모든 자료들을 걸러냄으로서 통합한다.

㉮ 외형

예를 들어, 1학년 여학생이 계속해서 나비, 딱정벌레, 거미, 곤충 그리고 온갖 종류의 기어다니는 동물들에 대한 글을 쓰곤 한다. 이 학생의 미술 작품은 딱정벌레의 대칭적인 디자인과 나비의 형태에 바탕을 두고 있다. 또, 이 학생은 이런 곤충들의 숫자를 세고 그것들을 박제로 만들어서 액자에 끼우기도 하고, 그런 곤충들에 대한 노래를 부르기도 한다. 곤충 생물학에 대한 관심은 이 학생을 열중하게 한다. 이 학생이 고르는 책은 교과 학습에서 관심의 내적인 통합을 반영한다.

㉯ 장점

이 모형의 궁극적인 장점은 학습자에게 통합이 발생한다는 것이며 이것은 이 모형에서 정확히 예증되는 것이다. 학습자는 자기 지향적이며 이해하고자 하는 갈망은 없다. 학생이 특정한 관심 분야를 깊이 파고들수록 관련된 교과와 새로운 경로들이 끝없이 이어지는 것처럼 보인다. 사실, 무언가에 몰두해 있는 학습자는 강렬한 초점을 개발해 감에 따라 굉장히 단련된다. 한편, 또 다른 장점은 학습자들이 관련을 짓는 행위가 마치 전문가들이 특정 분야에서 앞서가는 것처럼 다른 사람들에게 명백하게 드러난다는 것이다.

㉰ 단점

하나의 미시적인 렌즈를 통해 관념들을 걸러낸다는 것은 지나치게 미성숙하거나 너무 협소한 초점을 만들어낼지 모른다. 전문화를 검토하는 풍부한 경험과 광범위한 기초는 학습자의 안목에 폭과 깊이를 더해 준다. 따라서, 적어도 교육적 과정의 초기에는 다양하면 할수록 더 좋아진다. 이후에도 전문적으로 공부할 시간이 충분하다.

㉱ 유용한 시기

이 모형은 의도적인 계획을 통해서 처방되는 것이 아니다. 몰입형의 통합은 우연히 일어나는 것처럼 보인다. 어느 누구도 내적인 통합을 조종할 수는 없다. 그것은 오로지 학습자 내부에서만 일어난다. 그러나 이 통합 모형에 주의를 기울인다면 교사팀은 계획적인 종합을 통해 융합 과정을 분명히 촉진할 수 있다.

(10) 네트워크형

네트워크형의 통합된 학습 모형은 계속적인 외부의 투입원으로서 새롭게 확장되고 추정된 정교한 아이디어들을 끊임없이 제공한다. 이 모형에서는 이전의 모형들과 달리 학습자가 필요한 네트워크를 스스로 선정함으로써 통합 과정을 이끌어간다. 어떤 분야의 특징과 차원들을 알고 있는 학습자 자신만이 자신들이 필요한 자원들에 초점을 맞출 수 있다. 이 모형도 다른 모형들처럼 필요가 학습자를 새로운 방향으로 이끌어감에 따라 발달되고 향상된다.

㈎ 외형

학습자의 관심 부분에 대한 다양한 수준의 지식과 정보를 제공해 주고, 또한 학습을 향상시킬 통찰력을 제공하는 여러 영역으로 그를 안내해 준다.

예를 들면, 초등학교 어린이가 어렸을 때부터 전기에 관심이 많다고 하자. 그래서 장난감 속의 건전지부터 시작해서 가전 제품이 움직이는 이유까지 항상 궁금해 하고 관심을 가지고 있었다. 그의 가족은 그의 호기심을 충족시켜 줄 생각으로 여름 방학 프로그램의 일환으로 어린이들을 대상으로 한 과학 캠프가 열린다는 소리를 듣고 참가시키기로 했다. 그는 프로그램 활동 중에 과학자, 기술자, 전기 관련 전공자들로부터 여러 가지 정보와 지식을 알기 쉽게 접하게 되었다. 이를 통해 이 어린이의 네트워크는 틀이 잡혀가는 것이다.

㈏ 장점

네트워크형의 장점은 학습자 자신이 새롭게 생성되는 경로를 따라가고 학습자가 탐색을 주도하는 등 이 통합 모형은 본래 대단히 활동적이다. 학습자는 학습에 따라 변하는 적절한 정보, 기능, 개념 등으로부터 자극을 받는다. 이 모형의 장점은 학습이 외부에서 학습자에게 부과되는 것이 아니라 학습자 내부에서 생긴다는 것이다. 단지, 교사는 이렇게 복잡한 학습의 단계를 뒷받침하는 데 필요한 모형들을 제공할 수 있다.

㈐ 단점

단점은 다양한 분야에 대해 관심을 지니고 있고 정말 좋아서 그 일을 하는 사람들에게 해당된다. 또 다른 단점은, 만약 광범위한 관심이 극단적이게 되면 집중적인 노력이 희석된다는 것이다.

㈜ **유용한 시기**

이 모형은 몰입형처럼 통합의 책임이 학습자 외부의 수업 계획자에게 있다기보다 학습자 자신에게 있다. 이 모형은 동기화된 학습자에게 제시하기에 적절하다. 교사들은 학습자들의 안목을 확대하거나 필요한 관점들을 제공하기 위해 네트워크가 발전해 가면서 여러 가지 관련이 우연히 잘 나타난다. 대개 이러한 우연적인 발견은 그 분야에서 학습자를 새로운 깊이로 인도하거나 더 전문화된 분야를 창조하도록 나아가게 한다.

4. 학교 수준의 통합 교육과정 편성

오늘날 지식 정보화 사회에서 국가 간의 경쟁력은 교육에 의해 좌우된다고 보며, 많은 나라에서 교육의 효율성을 높이기 위한 교육 개혁에 관심을 쏟고 있다. 우리 나라 또한 교육 개혁의 일환으로 통합 교육의 중요성을 인식하고 활발하게 논의가 이루어지고 있으나, 그 실천에 있어서는 아직도 분과주의와 학문주의에 의존해 눈에 띄는 진전은 못하고 있다. 따라서, 그 실천의 장이라 할 수 있는 학교에서 적극적으로 국가 중심의 교육과정을 통합 편성하여 효과적으로 운영하는 것이 현실성이 있다고 보고, 학교 수준의 통합 교육과정 편성에 중점을 두어 살펴보고자 한다.

가. 학교 수준 통합 교육과정 영역의 개발

학교에서의 통합 교육과정 개발은 단위 학교 차원에서 교사, 학생, 학교 행정가, 학부모 등이 주축이 되어 통합적인 학습 프로그램을 계획, 설계, 실행, 평가하는 과정을 의미한다. 학교에서 통합 교육과정을 개발하게 되면, 학생, 학교, 지역 사회의 특성과 요구에 부응하게 되고 학교 교육 관여자들을 활동적으로 만들어 국가 수준의 교육과정을 효과적으로 실현하게 된다(김대현, 1993). 따라서, 학교 수준에서의 통합 교육과정 개발이 필요하다.

학교 수준의 통합 교육과정을 개발하기 위해서는 먼저, 학교의 외적 요인과 내적 요인이 갖추어져야 한다. 외적 요인으로는 문화적·사회적 변화와 기대, 교육 체제의 문제점과 요구, 교육 내용의 변화, 교사 충원 체제, 교육과정 자료의 유입 등이지만, 일선 학교에서 가장 영향력을 미치는 것은 국가에서 개발되는 교육과정과 교과서, 교사용 지도서, 시간 수, 학년별 내용 체계 등이다. 또, 내적 요인으로는 학교의 통합 교육과정 개발에 직접 관여하는 집단, 즉 교사, 학생, 학부모, 학교 행정가, 장학 담당자 등이 어느 정도의 의지와 능력을 가지고 있는가 이다. 교사 집단은 이러한 작업의 과정에서 가장 중요한 역할을 맡게 된다. 학교 수준에서의 통합 교육과정을 계획·실행·평가함에 있어 교사들의 능력과 기술 수준 여하에 따라 학교 수준의 통합 교육과정 개발의 성패가 좌우된다.

교육과정 통합에 있어 인그램(1979)은 협동을 통한 교수-학습을 강조하는데, 통합의 정도와 효율성은 교사들이 서로 의견 교환을 하고 함께 작업하는 정도에 의해 결정된다고 본다. 학교에서 교사들 간의 그런 협력이 없다면 여러 유형의 통합적 접근 자체가 불가능할 것이다. 교과들 간의 경계를 초월하기 위해서는 교사들이 수업 활동을 함께 계획해야 하고, 수업 상황에서도 서로 협력해야 하며, 또 교사들 사이에서뿐만 아니라 아동들과도 끊임없이 교수-학습 활동에 관해 의견을 나누어야 한다.

그러나 개별 교과 체제에서 통합을 전적으로 교사에게 일임하는 것은 또 하나의 업무 부담으로 다가올 수 있다. 따라서, 교사들이 통합 교육과정을 개발할 수 있도록 시간, 전문 기술, 자료 등을 제공하는 역할을 학교 행정가나 장학 담당자가 맡아야 할 것이다.

현재 실행 중인 초등학교 저학년의 통합 교육과정은 국가 차원에서 통합된 교과간의 독립성이 그대로 유지되는 다학문적 통합과, 통합의 정도가 가장 약한 합산적 통합 방식이 적용되었다. 또, 단원(제재)에 따라 학생들의 실생활과 관련된 흥미, 활동, 탐구, 경험 중심의 통합 방식들이 적용되었다. 교과 통합시는 각 교과의 내용은 물론, 각 교과에 공통적인 기초 기능이나 사고 기능 등의 초교과적 내용을 조직 중심으로 하는 통합이 이루어져야 통합 교과 본래의 의미를 되살릴 수 있다. 하지만 현 차원에서 교사가 국가 수준의 교육과정을 통합한다는 것은 어려운 일이므로, 일선 학교나 교사 개인의 수준으로 통합 단원을 개발할 경우에 활용 가능한 영역을 김대현(1993)이 분류한 것을 중심으로 제시해 보고자 한다.

나. 교과서 내용의 통합

교과서를 이용한 통합 교육과정의 개발은 가장 일반적인 교수-학습 자료인 교과서의 내용을 재구성하는 것이다. 이는 국가에서 개발된 교과를 운영하는 데 필요한 교재 연구와 교수법에 대한 연구 차원을 넘어, 교사 나름의 창의적인 교과서 내용의 통합을 요구한다.

전국적인 수준으로 만들어진 교과서를 지역 실정에 맞게 재구성하는 것은 의미있는 일이며, 각 학교의 실정에 따라 교과서 내용 제시 순서나 내용별 비중을 고려하여 재구성함으로써 교사의 권리와 전문성 확보 및 학교와 학생들의 특성에 맞는 교육도 이루어질 수 있다.

교과서를 가지고 재구성할 경우는 크게 두 가지로 나뉘게 되는데, 그 중 하나는 한 교과서의 특정 단원을 중심으로 하여 다른 교과서에 관련된 내용을 끌어오는 경우이다. 이는 통합 단원의 중심 단원을 여러 교과의 측면에서 동시에 다루고자 할 때 이용한다. 또 다른 하나는, 각 교과서에서 다루는 공통된 소재를 중심으로 여러 교과서의 내용을 관련시키는 경우이다. 학습자들이 흥미있어 하는 소재를 가지고 교과서의 내용을 보다 재미있게 가르치고자 할 때 이용할 수 있다.

통합 단원은 교사가 교과서의 내용을 참고로 학습자의 수준과 흥미를 고려하여 학습 내용을 최종적으로 결정하게 된다. 통합된 학습 자료를 제시함으로써 통합적 사고가 촉진되어야 하고, 또 통합적 학습 경험은 적절한 인지 구조의 발달에 도움이 되어야 한다.

교과서 내용 통합의 절차는 [그림 10-11]과 같다.

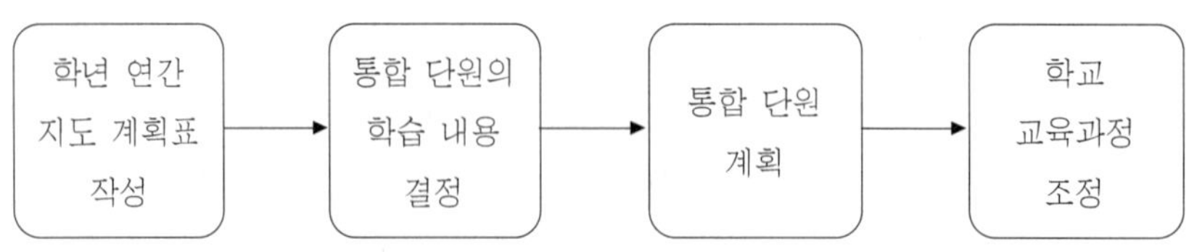

[그림 10-11] 교과서 내용 통합 절차

먼저 동학년 교사들끼리 팀을 이루어 교사용 지도서와 학교 교육 계획서를 참고하여 교과별 연간 지도 계획을 세운 후, 통합 단원의 중심 내용을 선정한다. 이 때, 중심 내용은 여러 교과의 내용을 관련시킬 수 있는 것이 적당하다. 다음으로 통합 단원의 주제를 중심으로 단원명을 결정하고, 단원의 개관을 기술한다. 다음으로 단원의 목표를 확정하고 다루게 될 소단원과 학습 내용을 한 눈에 볼 수 있도록 단원 전개도를 작성하고, 상세한 수업 계획서를 첨부한다. 통합 단원이 만들어지면 이에 따른 수업 시간표를 조정해야 한다. 통합 단원의 운영 시기와 시수를 결정하고, 통합의 대상이 된 교과별 단원에 원래 배당된 시간과 시기를 이에 맞추어 조정한다.

다. 교육과정 내용의 통합

교육과정의 내용을 통합하는 것은 교과별 체계를 따르고 있는 국가 교육과정을 일정한 방법에 의해서 다시 재배열하는 것이라고 할 수 있다. 그러나 국가 교육과정 전체를 완전히 통합하는 것은 사실상 불가능하며, 또한 바람직하지도 않다. 결국 국가 교육과정에 나타난 교과별 내용 중 일부를 일정한 방법에 의해서 효과적으로 재배열하는 것이 교육과정 통합이라고 할 수 있다(이영만, 2001). 즉, 국가에서 제시하는 국가 교육과정의 각 교과 내용을 수정·보완하는 수준으로, 국가 교육과정 문서에 근거하여 각 교과의 학습 내용을 적절하게 재구성하고 그에 따라 교수-학습 자료를 새롭게 만드는 것이다.

교육과정이 교육 목적의 달성을 위하여 경험이나 지식을 체계적으로 조직하여 학교의 지도하에 학생들이 가지게 될 의도된 학습 계획이라고 볼 때, 통합 교육과정을 개발할 때는 교육 내용을 어떠한 방식으로 조직할 것인가를 심사숙고해야 한다. 교육과정의 통합은 교과서의 한계를 벗어난다는 데 그 의의를 둘 수 있다. 많은 교사들이 교과서에만 얽매여 수업을 진행하는 현상황에서 교육과정을 되짚어보는 계기를 마련할 수 있다. 또한, 학습 내용을 교육과정에 기초하여 선택할 수 있기 때문에 교과서는 여러 자료 중의 하나로서 활용된다.

교육과정 재구성시 통합 방식에 따른 유형으로는, 첫째 실과나 국어, 과학 등 한 교과를 중심으로 다른 교과의 내용을 끌어오는 경우이다. 여기서는 1년 동안 학습자가 학습하게 될 교과의 내용을 세밀히 분석한 후, 국가 교육과정에 근거하여 한 교과에서 비교적 여러 교과와 관련이 많은 내용을 중심으로 다른 교과와 관련시키는 것이다. 이 때, 중심 내용과 관련 내용 모두 국가 교육과정상에서 가져와야 하며, 목표 설정 또한 국가 교육과정의 교과별 목표와 같게 잡도록 한다.

둘째로, 각 교과간의 공통된 개념, 원리, 법칙, 탐구 방법 등을 중심으로 여러 교과의 내용을 하나의 주제로 관련시키는 경우이다. 이 때에는 교과별 내용에 연연해하지 않고, 여러 교과에 공통적으로 들어있는 학습 내용을 찾아 통합 단원의 주제로 선정한다. 선정한 중심 내용은 다양한 참고 자료 등을 통해 학습 내용을 효과적으로 이끌어 갈 수 있도록 구성한다. 또한, 교사들은 같은 주제하에서 학생들의 능력과 흥미를 폭넓게 하기 위하여 선택적으로 기회를 제공할 수 있는 프로그램을 개발할 수도 있다.

셋째로, 학습자의 흥미를 끌 수 있는 새로운 소재를 중심으로 여러 교과의 내용을 연관시키는 경우이다. 심화나 보충 학습 등에서 활용할 수 있으며, 교육과정 내에서 주제를 찾는 것이 아니므로 보다 폭넓게 학습 내용을 선택할 수 있다.

교육과정 내용의 통합 또한 교사가 국가 교육과정을 근거로 하여, 학습 내용을 최종적으로 결정하므로 교사의 주도권이 크다고 볼 수 있다.

라. 재량 활동을 위한 통합

재량 활동 프로그램은 학교 단위에서 자율적으로 결정·운영하므로 교사가 활동이나 내용 통합에 있어 많은 재량권을 가질 수 있다.

재량 활동은 학교의 실정에 따라 융통성 있게 배정할 수 있으나, 교과의 심화 보충 학습보다는 학생의 자기 주도적 학습 능력을 촉진시키기 위한 창의적 재량 활동에 중점을 두는 것이 교육과정의 편성·운영 지침이다. 따라서, 학생 개인의 특기, 관심, 흥미를 담는 새로운 영역과 내용을 설정하여, 학생들의 학교 생활에 대한 흥미와 관심을 유발함으로써 풍부하고 다양한 자기주도적 학습 경험의 기회를 제공하는 것이다. 즉, 국가에서 제시하는 국가 교육과정과는 별도로 학생들의 필요에 맞는 적절한 과목을 개설하여, 그에 따른 학습 내용을 결정하고 교수-학습 자료를 개발하는 것이다.

통합 방식에 따른 유형으로는 교과의 구분 없이 범교과 학습을 위해서 개발하는 주제 중심 코스와, 학습자들이 자신의 흥미와 수준에 맞는 학습 과제를 스스로 선택하여 학습하는 프로젝트 접근법 등이 있다.

주제적 접근이란 다양한 자료, 활동 그리고 교과 간 경계를 넘나드는 전략을 사용하고, 아동들이 깊이 있게 모든 차원에서 주제와 관련된 개념을 탐구함으로써 학습을 확장시킬 수 있게 하는 방법이다(Wolfinger & stockard, 1997). 주제 중심 코스에서, 코스의 주제를 선정하거나 주제에 따른 내용을 결정할 때는 교사 중심보다는 학습자의 의견이나 사회적 요구를 반영하는 것이 좋다. 범교과 학습으로 환경 교육이나 소비자 교육, 성교육, 진로 교육, 컴퓨터 활용 교육 등을 통합적으로 다룰 때 1회성 교육이 아닌 교육의 연장선 면에서 그 효과가 더 클 것이다. 이영만(2001)이 제시한 범교과 학습의 일반 원리를 살펴보면 타당성, 심리적 적합성, 논리적 계열성, 실행 가능성 등을 들고 있다. 타당성의 원리는 코스가 지향하는 일정한 목표를 달성할 수 있도록 개발하는 것을 의미하며, 심리적 적합성의 원리는 코스가 학습자의 심리적 특성에 맞도록 개발하는 것을 의미한다. 또한, 논리적 계열성의 원리는 코스의 내용과 순서가 코스 주제의 특성에 적합하도록 개발하는 것이며, 실행 가능성은 계획된 코스를 현장에서 운영할 수 있어야 함을 의미한다. 그러나 범교과 학습을 코스로 개발하여 운영할 때는 지나치게 학습의 계열성에 연연해하지 말고, 학습자의 학습 속도나 요구에 따라 융통성을 발휘할 수 있도록 하는 것이 좋다. 왜냐하면 모든 학생들이 동일한 방법으로 성장하지는 않기 때문이다.

프로젝트 학습이란 학생이 학습의 주체자가 되어 스스로 학습을 계획하고, 학습자의 계획에 의해 학습이 진행되며, 교사는 학생이 합리적으로 성취 가능한 목표와 목적을 세워 도달할 수 있도록 안내자, 조력자가 되어 학생의 활동을 돕는 것이다.

또한, 프로젝트 학습법은 지식, 기능, 성향, 느낌 등 전 영역을 포괄해 상호 보완적이고 유기적인 관계를 통한 인격적인 통합이 강조되고, 학습 내용 선정 과정 및 교수-학습 과정에서 아동의 흥미와 교사의 요구와의 통합을 강조한다. 즉, 프로젝트 학습법은 통합을 전제로 계획되며, 학생들이 전에 배운 정보, 지식, 경험을 통합할 기회를 마련해 주는 것이다. 이러한 프로젝트 학습법은 재량 활동을 위한 통합적 운영에 있어 상당히 유용하다. 연간 68시간 이상을 이수하게 되는 재량 활동은 그 내용 또한 학교 나름의 창의적인 교육 활동으로 이루어지며, 교과의 한계를 벗어나 아동의 흥미에 맞는 폭넓은 소재를 활용할 수 있다는 이점이 있기 때문이다.

따라서, 간학문, 다학문적으로 교사와 아동의 공동 주도하에 목적·계획·실행·평가의 단계를 거치는 프로젝트 학습을 재량 시간을 통해 운영함으로써 교과 영역에 얽매이지 않는 통합 학습을 하게 된다.

목적의 단계에서는 주제 선택에 따른 학습 목표를 정하며, 학습자의 흥미를 환기시키는 단계이기도 하다. 계획의 단계에서는 학습 문제 해결을 위한 합리적이고도 구체적인 학습 순서를 정하며, 역할 분담 및 자료의 수집·활용 계획까지도 세우도록 한다. 흥미있고 활기 넘치는 다양한 체험 활동이 전개되는 실행 단계에서는 아동들이 관심을 가지고 끝까지 실행할 수 있도록 교사는 조력자로서 돕는다. 결과 발표에 따른 평가의 단계에서는 노력하는 과정 자체도 인정해 주어야 하나, 비판적인 태도 또한 중요한 학습의 과정이므로 학습 결과에 따른 자기 평가, 상호 평가 등을 통해 학습의 조언과 함께 격려자로서의 역할을 교사가 해주어야 한다.

이러한 활동을 통해 학습자는 학습의 주체로서 참여할 기회를 가지게 되며, 자신이 선택한 학습 과정에 대한 즐거움과 동시에 책임감을 느끼며, 학습 경험의 전이효과 또한 커질 것이라 기대된다. 학습 주제에 따라 프로젝트 기간은 1주에서 1달, 길게는 1년까지도 계획할 수 있다. 또한, 개인별, 모둠별 프로젝트에서 학급별, 학년별, 소규모 학교에서는 학교 프로젝트까지도 운영될 수 있다.

이제, 교사들은 학습과 사고를 동기화시킬 수 있는 활동과 단원들을 학생들에게 흥미로운 활동으로 제공하며, 재량 시간에는 더 이상 수업 시간 내내 모든 과정과 단계들을 통제할 필요가 없는, 고정화되고 단일화된 교육 방법을 가질 필요도 없다. 그러기 위해서는 통합에 대한 더 많은 연구와 지역 사회, 학교, 학생, 학부모에 대한 폭넓은 이해와 함께 교사의 자발적인 참여가 선행되어야 할 것이다.

5. 교육과정 통합과 교수-학습

가. 학습 지도에서 통합성의 의미

학습 경험들간의 통합이 뜻하는 교육적 의미는 여러 가지 측면에서 논의될 수 있다. 이영덕(1982)은 이러한 전반적 입장을 고려하면서 전인적 인간이란 관점에 통합성에 포함된 요인을 넷으로 구분하여 제시하였는데, 그것은 지식 내용과 지식 과정의 통합, 지식과 정의적 특성의 통합, 지식과 행위의 통합, 교과 간의 통합이다.

여기에서는 그가 제시한 관점들을 중심으로 통합성이 어떤 것이며 이것이 학습 지도에 어떤 의미를 주는가를 살펴보고자 한다.

첫째, 지식 내용과 지적 과정의 통합이라는 관점이 학습 지도에 주는 의미이다.

이것은 결과로서의 지식은 과정으로서의 지식을 거쳐서 이루어질 때 비로소 완전한 지식이라고 할 수 있다는 것으로, 지식의 내용과 과정이 별개여서는 안 된다는 것을 의미한다. 따라서, 기본 개념과 원리는 연습된 탐구 과정을 통해서 학습하게 되고, 그것을 다시 제반의 문제 해결에 적용하는 학습이 이루어질 때 학습자가 갖는 학습의 의미는 높아지게 된다.

둘째로는, 지식과 정의적 특성의 통합이라는 관점이 학습 지도에 주는 의미이다.

지식과 정의적 특성은 동전의 양면과 같은 것으로 어떤 한 부분을 소홀히 한 교육은 의미가 없게 된다. 결국, 의미 있는 교육이 되기 위해서는 어떤 내용의 학습이 전개될 때 지적인 측면과 정의적인 측면이 함께 통합되어 이루어져야 되고 그것이 학습자에게 의미 있는 경험이 될 것이다.

셋째로, 지식과 행위의 통합이라는 관점이 학습 지도에 주는 의미이다.

지식과 행위의 통합 문제는 당연히 중요한 것으로 학교에서 배운 지식은 당연히 생활에서 부딪치는 문제를 해결하고 실천할 수 있는 행동으로 연결되어야 한다. 지식과 행위의 통합 문제는 두 가지 측면에서 전개될 수 있는데, 그 중 하나는 학습 과정 속에서 이루어지는 지식과 행위의 통합이고 다른 하나는 지식을 일상 생활의 문제 사태에 적용하여 실천에 옮기는 행위와의 통합이다.

넷째로 생각할 것은, 지식과 지식간의 통합이 학습 지도에 주는 의미이다. 어떤 단편적인 지식이나 사실들에 치중해서는 통합이 어렵게 되며 기본 개념이나 원리 또는 어떤 주제나 문제를 중심으로 해서 가르칠 내용이 선정, 조직되고, 또 학습 지도가 이루어질 때 지식간에 관련이 폭넓게 맺어지면서 통합이 이루어진다는 점이다.

나. 통합 교육과정의 설계

Ingram(1979)은 통합 교육과정의 설계와 관련하여 중요하게 생각해야 할 사항을 다음과 같이 제시하고 있다.

(1) 설계의 중요성

교사가 자신의 수업 활동을 설계하는 방식은 교실에서의 행동 방식과 마찬가지로 교사의 양식을 구성하는 주요한 요소가 된다. 특히, 통합된 수업에서는 교과별 수업과는 달리 내용이나 방법 그 어느 것도 미리 결정되지 않기 때문에 교육과정의 설계 활동이 매우 중요하다.

설계 활동이 중요한 또 다른 이유는 직접적이든, 간접적이든 통합 활동에 관여하는 인원의 숫자이다. 여기에는 동료 교사들, 교장, 아동과 학부모, 학교 외부의 인사 등이 포함된다. 그러한 사람들의 참여가 바로 통합적 과정의 일부이다.

더욱이 통합 활동은 실제 지향적이다. 즉, 통합 활동에는 구체적인 경험, 실제적 활동, 그리고 자료와 자원의 활용 등이 포함되므로 설계 과정이 고려되지 않는다면 그 결과는 다른 수업과 차이가 없게 될 것이다.

(2) 준거의 설정

교육과정 통합에 참여하여 통합 프로그램을 설계할 때 고려해야 하는 주된 요인들은 아동의 특성, 아동의 학습 활동의 여러 측면들, 그리고 수업의 실제적 측면 등이 된다.

첫째, 아동의 특성과 관련해서 어떤 프로그램이든 아동의 나이와 능력 범위에 적절해야 하고 아동에게 흥미가 있어야 하며 아동이 익숙해야 한다. 또, 인격의 여러 측면들이 고루 발달할 수 있게 하는 것이 중요하다.

둘째, 학습의 연속성을 제공하는 것이 중요하다. 그리고 통합 활동을 통해 아동의 학문적 이해를 향상시키는 것이 중요한 것과 마찬가지로 다른 교과 영역들과의 수평적 관계도 중요하게 고려해야 한다.

셋째, 수업의 실제적 측면에 대해서도 주의 깊게 고려해야 하는데, 여기에는 시간표 작성의 적절성에서부터 이용 가능한 자원의 적절성에 이르기까지 다양한 내용들이 포함된다.

(3) 통합 수업의 목표 설정

교사들은 통합 교육과정의 설계 과정의 일부로 자신의 의도(수업 목표)를 공식화하고 교육적 타당성과 실천상의 효율성을 확보할 수 있도록 교육과정을 고안하는 능력을 갖추어야 한다.

통합 활동을 설계하는 경우에는 수업에서 다룰 내용에 초점이 있는 것이 아니라 개발시킬 행동에 초점이 있다. 그리고 가능한 교육적 결과에 대한 평가 방법도 설계시에 다루어져야 한다. 통합 활동의 설계시 투입 변인으로서의 내용, 교육이 이루어지는 과정의 특징, 그리고 결과로서의 행동 사이의 관계는 통합의 구체적 유형에 따라 다양하게 변한다는 사실도 염두에 두어야 한다.

Zuga(1988)는 기술 교육과 관련된 통합 교육에 대해 얘기하면서 간학문적 접근에 의한 통합의 실행에 대해서 다음과 같은 사항을 고려해야 한다고 하였다.

㈎ 간학문적 내용의 검증

1) 자원(resources)

다른 학문과의 관련성을 찾기 위해 개념이나 활동을 더욱 자세히 연구해야 한다. 독서와 연구가 교육과정을 계획하는 데 필수적인 수단이다.

2) 도움이 될만한 것 찾기(seeking)

교과 전문가의 지도가 관련 내용을 검증하는 데 도움을 줄 수 있다. 기술 교육 개념과 내용을 검증하는 데 도움이 될 뿐만 아니라 참여한 모든 교사에게 협동 활동과 수업에 관하여 생각케 하고 계획할 수 있도록 도와줄 것이다.

㈏ 간학문적 교육과정의 계획

교육과정 계획은 대체로 개념의 개요나 목표 또는 목적을 통해 이루어진다. 이 형식적인 계획은 의도한 바를 쉽게 전달할 수 있도록 준비된다. 간학문적인 내용을 검증하는 데 특히 유용한 과정이 교육과정망이다. 이것은 교사에게 수업에 필요한 관련 자료와 개념과 활동을 검증할 수 있도록 해준다.

교육과정망은 초등학교 교육의 교육과정을 계획하는 일반적인 방법이고 교육과정을 조직하는 데 간학문적 접근으로 발전해 왔다. 이 방법은 교사가 간학문적 내용을 검증하도록 도움을 준다.

㈐ 간학문적 내용의 교수법

일단 간학문적으로 관련성이 있고 내용이 검증되었으면 교육과정 계획이 수업으로 나타날 수 있다. 이 때, 몇 가지 결정 사항이 필요한데, 수업할 특정의 내용을 선택하는 것과 교수 전달 체제가 중요하다.

1) 무엇을 가르칠 것인가의 선택

자료와 수업 단원의 선택은 학습자의 능력과 일반적인 교육과정 지침에 부합해야 한다. 초급 과정은 연관된 모든 내용의 세부적인 부분에 시간을 덜 소비하나 고급 과정에서는 특별한 주제에 대한 자세한 설명을 위해 많은 시간을 제공할 수 있다. 몇 가지 사항이 내용 선택에서 지침으로 사용된다. 그 내용은 개념을 배울 학생들의 능력과 간학문적인 내용을 가르칠 시간의 이용도와 교사가 그 내용을 가르치기 위해 유용한 자료 및 장비 그리고 다른 교사가 도와주려고 하는 의지, 마지막으로 기술을 이해하는 데 도움이 되는 가치 있는 관련 내용이다.

교사는 자신들의 학습 지도 상황에 적합한 교육과정의 토대 위에서 간학문적인 내용을 선택해야만 한다.

2) 적합한 교사의 선택

교사는 간학문적 내용을 가르치는 데 용이한 전달 체제를 많이 갖고 있으나 여기서 중요한 점은 누가 간학문적 내용을 가르칠 것인가를 결정하는 것이다.

몇 가지 형태의 결정을 내릴 수 있다. 간학문적 내용은 기술 교사, 교과 담당 교사, 그리고 외부 전문가가 될 수 있다. 수업은 기술 교과의 학급이나 실습실에서 이루어질 수 있다. 혹은 다른 교과 교사의 학급에서도 행해질 수 있다. 그 내용은 교육과정의 한 부분일 수도 있고 다른 교과의 한 부분일수도 있다. 변화 가능성은 다양하다. 교사는 혁신적이고 창조적으로 계획할 수 있다.

다. 교수 방법

(1) 통합적 학습의 원리

이 원리들은 아동의 학습에 대한 것으로 이들을 앎을 위한 학습, 행함을 위한 학습, 존재를 위한 학습으로 분류해서 검토해 보면 다음과 같다.

㈎ 앎을 위한 학습

통합된 수업의 일차적 목적은 아동의 지식과 이해의 향상이다. 교과의 통합을 통해 획득되는 지식도 교과 그 자체와 마찬가지로 인간이 지닌 지식의 일부로서 중요하다. 따라서, 앎을 위한 학습은 교과와 학문을 통한 학습뿐만 아니라 교과와 학문을 초월한 학습도 포함하며 이 초월적 학습에는 통합을 통한 학습이 포함된다.

또, 앎을 위한 학습은 아는 방법의 학습(learning how to know)을 의미한다. 예를 들면, 기술을 학습하는 경우 아동은 기술자들이 '생각해 놓은 것'을 학습하는 것이 아니라 기술자처럼 '생각하는 방법'을 배워야만 하는 것이다. 그러기 위해서는 지식의 구조적 측면과 기능적 측면이 결합되어야 하며, 사람들의 사고와 생활 속에서 그 두 가지 측면들이 구현되고 변형되어야 한다.

㈏ 행함을 위한 학습

앎(knowing)이 교육의 유일한 목적은 아니다. 사고뿐만 아니라 행위도 삶에 있어서는 근본적이며, 이들의 상호성은 평생 교육의 전제 조건이다. 이 말은 두 가지를 의미한다. 첫째는 지식은 유용해야 하며, 둘째는 그런 유용한 지식의 학습은 능동적 학습이거나 소위 행함에 의한 학습이어야 한다는 것이다. 따라서, 아동에게는 학교에서 가르칠 수 있는 모든 지식 가운데 적절하고 유용한 지식만을 가르쳐야 한다. 통합된 수업의 장점의 일부는 이런 두 가지 준거를 충족시킬 수 있다는 점에 있다.

㈐ 존재를 위한 학습

존재를 위한 학습(learning to be)은 앎을 위한 학습과 행함을 위한 학습을 모두 포섭한다. 학습은 사람을 위해 존재하는 것이지 앎이나 행함만을 위해 존재하는 것이 아니다. 앎과 행함은 존재론적인 맥락에서만 중요성을 가진다.

그러므로 존재를 위한 학습은 교육 환경이 아동의 다양한 개인적 속성들을 길러주는 특성을 가지고 있어야 한다는 것을 전제로 한다. 이는 사회적 상황과 교실에서 교육과정을 제공함으로써 아동의 지적 발달뿐만 아니라 신체적, 정서적, 사회적, 도덕적 발달을 위한 기회가 제공되어야 함을 의미한다.

(2) 통합적 교수에 대한 바른 관점

인그램(1979)은 통합적 학습의 원리와 더불어 수업은 창의적, 촉진적, 협동적이어야 한다고 하였고, 이정아(1997)는 여기에 몇 가지 방법을 더 제시하였다. 이를 토대로 통합적 지도에 대한 바른 관점을 제시하면 다음과 같다.

㈎ 창의적 수업

모든 교사들은 교과별 수업이든 통합된 수업이든 창의적으로 가르칠 수 있다. 이 때, 교사는 많은 학습 자료를 자기 스스로 만들어 내야 할 뿐만 아니라 통합이 일어날 수 있도록 교실의 환경을 재배열할 수 있어야 한다. 특히, 통합된 수업에서는 수업을 설계하는 능력, 자료를 선택하는 능력, 결정하는 능력 등이 매우 중요하다.

흔히, 통합된 수업은 대부분 교과별 수업에서보다는 더 개방적이며 교사와 학생 모두에게 더 많은 자발적 참여를 요구한다. 여기에서 교사는 교사가 다룰 지식, 아동에게 제공할 정보, 질문이나 이슈 등을 통제하는 사람이 아니며, 따라서 교사의 역할은 참여자의 역할로 바뀌게 된다.

㈏ 촉진적 수업

통합 수업에서는 교사에게 학습의 촉진자로서의 역할을 요구한다. 단지 가르치기 위해서만 있는 것이 아니라 학생들에게 학습할 기회를 제공하며, 또 가능하다면 교사가 학생들에게 가르친 것 이상을 스스로 학습할 수 있는 학습 환경을 만들어 주는 것이다. 촉진적 수업은 학생들이 교과를 초월해서 학습하는 것을 가능하게 한다.

㈐ 협동적 수업

통합된 수업은 교사 자신과 그 교사의 수업 활동에 관련이 있는 사람들, 즉 학생, 동료 교사, 학부모, 기타 지역 사회에서 교육에 관심을 가진 사람들이 서로 협동하기를 요구한다. 협동이란 교육적인 과정을 사회적으로 반영한 것이기 때문에 그러한 협동이 없다면 통합된 수업은 불가능할 것이다.

또한, 지금까지 동료 교사들이 교과 중심적이었다면 동료 교사들과의 전문적 관계도 영향을 받는다. 즉, 자신의 담당이 아닌 다른 교과에서 추출한 교수-학습의 준거들의 타당성도 확인해야 하고, 이전에는 미리 결정했던 내용과 절차들도 협의를 해야 하며, 개별적 교과 수업의 폐쇄성과 방어적 자세도 제거해야 한다. 이것은 곧 교사들의 통합 활동을 위한 팀티칭을 가능하게 한다.

학부모들과의 협동도 중요하다. 그리고 도서관, 박물관, 기업체, 공장 등과 같은 다른 교육 기관들과도 접촉해야 한다.

㈑ 결과보다 과정을 중시하는 수업

이는 결과보다 과정을 중요시하는 지도이다. 통합 지도는 학습의 결과로 습득되는 기본 지식이나 언어 기능 및 수리 기능에 관한 것들도 중요시 여기지만 보다 더 중요시하는 것은 아동들이 참여하고 활동하는 학습 과정 그 자체이다. 이것은 학습이 아동의 자연스러운 삶의 한 과정이 되도록 시도하고 있는 통합의 근본 취지가 보다 중요하게 작용하는 데 기인한다. 그러므로 통합 지도에서는 표현과 탐구 과정을 강조하고 활동과 경험을 중요시함으로써 아동이 학습의 주체로서 자발적으로 참여하도록 해야 한다.

㈒ 교과 간의 상보적인 관련 내지 통합을 강조하되 필요에 따라서는 교과의 특수성도 지도하는 수업

교과 간의 상보적인 관련 내지는 통합을 강조하되 필요에 따라서는 교과의 특수성도 존중하는 지도이다. 어떤 문제 또는 주제를 통합적으로 지도함에 있어서는 교과의 특성보다는 통합적 입장과 상보적 관련성을 우선하여 통합적인 목표에 충실하도록 지도하는 것이 통합의 취지에 부합된다.

그리고 곽병선(1981)은 J. B. Ingram이 제시한 기능적 통합 접근의 형태를 변형시켜 통합적인 학습 지도의 유형과 특징을 다음의 [표 10-6]과 같이 나타내고 있다.

한편, D. R. Karthwohl은 교실의 교수-학습에서 교사가 학생들의 통합적 행동을 촉진하는 통합적 지도의 방안을 다음과 같이 열거하고 있다.

① 통합을 시도하기 이전에 학생의 배경을 강화함으로써 학습할 개념을 보다 잘 이해할 수 있도록 한다.

② 통합적 체제의 기반을 형성하는 유사점에 대해 학생의 주의를 집중시킨다.

③ 통합적 체제가 학생의 능력과 성숙에 적절한 개념 수준에 있는지를 확인한다.

[표 10-6] 교육과정 통합을 위한 학습 지도의 유형과 특징

유 형	특 징
1. 흥미 중심	◦ 학생의 생활 경험에서 동기 유발 ◦ 학생의 요구를 수업 과정에서 존중 ◦ 사전에 설정된 학습 과제에서 탈피 ◦ 방향이 있는 흥미 유발
2. 활동 중심	◦ 학생이 자발적, 능동적으로 수업에 참가 ◦ 다양한 활동을 조장하는 살아 있는 수업 ◦ 일상 생활에 도움이 될 수 있는 활동 ◦ 표현 활동, 신체 기능 발달을 위한 활동
3. 탐구 중심	◦ 구체적 사물이나 일을 통해서 자연 및 사회 현상에 의문을 갖게 함 ◦ 교사의 직접적인 해답보다 학생의 발견 중 지적 과정의 자극을 유도 ◦ 창의적으로 생각하도록 자극 ◦ 수동적인 학습에서 탈피
4. 경험 중심	◦ 생활에서의 직접 경험을 학습에 끌어들임 ◦ 이론적 수업보다 실제 활동에 학생을 참여시킴 ◦ 교실과 일상 생활의 거리를 좁힘 ◦ 생활 경험을 재생시킬 수 있는 자료 활용
5. 기능 중심	◦ 학습 및 생활에 필요한 기초 기능 중심의 학습 ◦ 기능 요소의 내적 원리를 이해시킴 ◦ 숙달할 수 있도록 반복 연습이 필요 ◦ 습득한 기능은 재생이 필요하도록 자극하고 다른 분야에 도구적으로 활용

④ 교육 활동이 그 맥락이나 학습 상황 때문에 위협을 받고 있다면 가능한 한 최대로 수용적인 분위기를 형성함으로서 그 위협을 극소화할 수 있도록 한다.

⑤ 학생들은 만일 자신들에게 기대하고 있는 바를 알면 더 잘 할 가능성이 높다. 시작할 때부터 학습하려고 하는 자료의 통합이 학습 경험의 목적임을 학생들에게 이해하게 하여야 한다.

⑥ 학생들의 다양한 경험 배경을 학습 지도에 이용해야 한다.

⑦ 궁극적인 목적이 학생들 자신의 통합적인 행동을 나타내게 하는 것이므로 통합적 체제를 학생들이 받아들이고 그에 속박됨이 없이 그 자신의 것이라 느낄 수 있도록 제시하여야 한다.

⑧ 교사는 학생에게 통합적 행동의 모형이 되어야 한다.

(3) 통합 교육과정의 장점

J. Passe는 전통적인 교육과정도 통합에 의해 실질적으로 향상될 수 있다고 다음과 같

이 장점을 지적하였다.

① 전체는 부분의 총합보다 크기 때문에 통합 교육과정에서 보다 효과적인 학습이 이루어진다.

② 전통 또는 전문가들의 역할 차이 때문에 분리되고 덜 강조되었던 교과들을 일상적인 교육과정 속에 쉽게 가져올 수 있다.

③ 교과서에 대한 중요성도 점차 감소되고 있는 추세이다.

④ 통합 교육과정의 특성상 교사와 학생에 의한 공동 작업을 유도하여 교사가 단순히 자신의 교실과 동떨어진 개인을 표본으로 만들어진 목표의 참신성이 없는 것을 충족시키는 상황에 비해 역동적으로 상호 작용하는 활동을 가져온다. 공동 작업은 교육과정 운영상에서 학생들의 관심을 향상시킨다.

⑤ 통합 교육과정은 전반적인 언어 학습을 촉진시킨다.

⑥ 과학과 사회적 탐구는 더 이상 일상 생활과 아무런 관련이 없는 학교 교과로 여겨지지 않는다. 학생들은 때로 보통의 생활 장면의 과학적 또는 사회적 측면들을 탐구함으로써 이러한 것들이 인기 없는 교과임을 인식하게 될 수도 있다.

⑦ 학교 교과에 대해 끊임없이 늘어나고 있는 요구는 교육과정에 막대한 경직성을 가져온다고 보았다.

통합 교육과정은 반드시 다양한 문제점들을 가져올 수도 있다. 학교와 교실 구성의 재료, 시험, 학습 자료, 교사의 준비도, 전문가의 역할, 또 다른 중대한 관심의 주체들이 교육과정의 개혁의 견지에서 재검토되어야 한다. 우리가 학교 교육의 역사를 통해 살펴볼 수 있는 것과 같이 모든 행위는 반응을 불러일으킨다. 통합 교육과정을 이행하려는 교사는 모든 유형의 결과와 예측하지 못한 많은 것에 대해 준비를 하고 있어야 한다.

(4) 평가

평가는 학습 목표의 성취 여부를 알아보는 것이다. 이것은 두 가지 관점에서 경험을 통합시키는 데 기여한다. 첫째는, 학생의 경험을 관련짓고 조직하기를 요구한다는 점에서 경험의 통합에 기여하는 것이고, 둘째는 학생 자신의 강점과 약점을 알게 하며 자아와 관련시킨다는 점에서 통합에 기여하는 것이다.

통합 교육과정에서는 다음의 몇 가지 이유 때문에 학생의 진보 정도를 평가하기가 특히 어렵다(Ingram, 1979).

① 교과별 수업에 비해서 학습의 성공의 준거를 단기간에 추적하고 확인하는 일이 더 복잡하거나 더 어렵다. 그러나 이는 통합의 접근 방식과 목적이나 목표가 어느 정도

적절하게 형성되었는가에 따라 달라진다.

② 통합 활동의 목표가 인격의 여러 측면을 광범하게 추구한다는 성질로 인해 특별한 평가 활동이 어렵다. 아동의 개인적 특질을 사정하는데 있어서 교사는 주관적 판단을 할 것인가, 아니면 그 절차에 있어서 아동의 모든 반응을 인지적 반응으로 전환할 것을 요구하는 입장을 택할 것인가 사이에서 고민한다.

③ 통합 활동은 주로 소집단으로 이루어지는 경향이 있기 때문에 각 학생들의 공헌도를 탐지하고 평가하기는 어렵다.

④ 아동의 진보의 정도를 쉽게 확인할 수 없으며 통합 학습에 기여하고 있는 여러 학문들 내에서도 쉽게 아동의 진보 수준을 확인할 수 없다.

⑤ 교과별 수업에 비해 통합된 수업에 의해 성취되는 결과는 매우 다양하다.

⑥ 통합 활동에 기여하는 스탭들이 모두 적절한 측정 방법에 대해 합의하기가 쉬운 일은 아니다.

⑦ 통합적 접근 방법들의 이질성이 이런 평가 절차의 표준화를 어렵게 만든다.

이러한 어려움을 극복할 수 있는 방법도 Ingram은 더불어 제시하고 있다.

① 연속적인 평가 방법을 이용하는 것이 적절한 것으로 보이며 여기에는 개인의 활동에 대한 평가뿐만 아니라 전통적인 검사 절차도 이용할 수 있다.

② 대부분의 통합 활동에서 실제를 강조한다는 것은 이론적인 이해뿐만 아니라 실제적인 활동을 평가해야 한다는 것을 암시한다. 따라서 워크 숍 절차, 실험 실습, 관련된 상황에 따라 모의 방법이나 모의 상황에서의 검사 방법을 이용할 수 있다.

③ 국가적 수준에서는 영국에서 중등학교 졸업 자격으로 실시하는 '양식3'시험과 같은 평가 방법을 이용하는 것도 추천할 수 있다.

이러한 통합 활동에서의 평가가 지니는 가장 중요한 특징은 개별화를 강조한다는 점이다.

개별 학생들의 진보 상황은 통합 교육과정의 효율성을 알려주는 하나의 지표가 된다. 그러나 그 외에도 교사는 특정 통합 교육과정이 만족스러웠는지, 그리고 그 교육과정의 어떤 부분이 개선되어야 하는지를 판단할 수 있어야 한다.

이런 점을 전제로 하면서 통합 지도에서 적용되어야 할 평가의 원리를 황정규는 다음과 같이 제시하고 있다(김재형 외, 1990, pp. 53~54에서 재인용).

① 전인 교육을 위한 평가관이 정립되고 이에 대한 평가가 이루어져야 한다. 통합 지도가 전인 교육에 대한 요구로부터 출발한 것이라면 평가는 당연히 인간의 여러 가지 특성의 전 영역 즉, 지적, 사회적, 정서적, 신체적 특성 전반에 걸쳐 이루어져야 한다.

② 분과 지도에 비하여 더욱 목표 지향적 평가가 이루어져야 한다. 통합적 수준에서 진

술된 목표를 준거로 하여 평가가 이루어져야 하기 때문이다.

③ 교육의 전과정과 전체적 맥락 속에서 평가가 고려되어야 한다. 평가는 교육 결과의 확인을 위해서보다 교육의 효과를 높이기 위한 교육의 한 과정으로 실시되어야 한다.

④ 다양한 목표의 달성 정도를 확인하는데 적합하도록 각 목표에 맞는 평가 방법을 선택하여야 한다. 즉, 필답 고사, 행동 관찰, 학습 결과물 검토, 자기 보고, 표준화 검사, 면담, 학생 상호 평가 등의 다양한 방법이 활용되어야 한다.

⑤ 학습이 이루어지는 중간에 계속적, 누적적으로 평가가 이루어져야 한다. 이는 자율적이고 개방적인 교육 평가가 이루어지도록 하는데서 가능하다.

이상에서 제시된 통합 지도에서의 평가에 대한 원리들은 일반적인 수준의 것이다. 교육과정의 통합 방법 자체가 다양하고, 대개의 경우 통합 지도의 목표가 포괄성을 띠게 됨으로 인해서 구체적인 평가 방법을 밝히기 어려운 실정이다. 다만 목표와 상황에 따라 적합한 평가 방법이 탐색되어야 할 것이다.

토의 및 연구 과제

1. 교육과정 통합과 교수·학습의 통합을 구분해서 그 의미를 설명해 보자.
2. 교과 통합을 가능케 하기 위해서 선행되어야 할 문제점을 정리해 보자.
3. 교과 통합에 대한 이론을 듀이 이전과 이후로 나누어 정리해 보자.
4. 교육과정 통합적 운영의 필요성을 말해 보자.
5. 교육 활동의 통합을 주장하는 여러 학자들의 관점을 인식론적 관점, 심리적 관점, 사회적 관점으로 나누어 고찰해 보자.
6. 교육과정 통합의 유형을 여러 학자들이 주장하는 것을 정리해 그 특징과 차이점을 알아보자.
7. 학교 수준의 통합 교육과정을 편성하기 위해서 어떤 절차가 필요하며 통합 단원을 개발할 경우 활용 가능한 영역을 정리해 보자.
8. 실과 교육과정을 기초로 학습 지도에서 타 교과와 통합 단원을 편성할 경우의 예를 들어 실제 통합 단원을 작성해 보자.

<참고 문헌>

곽병선 외(1983). 교육과정 통합의 이론과 실제, 교육과학사.

교육부(1997). 초등학교 교사용 지도서 실과 5.

교육학사전 편찬위원회(1975). 교육학대사전, 교육과학사.

구자억 · 구윤희(1998). 교사를 위한 교육과정 통합의 방법, 원미사.

김대현(1993). "학교에서의 통합교육과정 개발", 한국교육, 제20집, 89-104, 한국교육개발원.

김영준, 이근님(역)(1985). 서독과 프랑스의 국민학교 교육과정, 한국교육개발원.

김동영(1998). 미술 중심의 초등학교 통합 교육에 대한 연구: 미술교육, 제 8호, 70-92

김재복(1985). 교육과정의 통합적 접근, 교육과학사.

______(1995). 교육과정의 통합적 접근, 교육과학사.

김재형(1990). 통합교과 운영론, 한국방송통신대학 출판부.

문교부(1981). 국민학교 교육과정, 대한교과서주식회사.

박천환(1988). 교과통합의 가능성: 통합교과 및 특별활동 연구, 제4권, 제1호, 전국교육대학 통합교과 및 특별활동교육위원회.

배 건(1997). 초등학교 통합 교육과정의 통합유형 분석, 한국교원대학교대학원 석사학위논문.

방기혁(1998). "제 7 차 교육과정의 '통합교과'를 통한 실과 교육의 통합적 접근", 제 7 차 교육과정에 따른 초등 실과 교육의 활성화 방안, 한국실과 교육학회.

유광린(1998). 통합 교과 운영, 교육과학사.

______(역)(1978). 브루너 교육의 과정, 배영사.

문부성(1989). "소학교 학습지도 요령안", 초등교육자료, 2월호, 동양관출판사.

이영덕(1969). 교육의 과정, 배영사.

이영만(2001). 통합교육과정, 학지사.

이정아(1997). 미적 경험을 증진시키는 통합적 접근 미술교육 프로그램, 한국교원대학교 석사학위논문

이홍우(1977). 교육과정 탐구, 박영사.

황정규(1981). "교과교육의 문제와 전망", 한국교육개발원(편), 학교교육제도 및 교육과정발전방향 탐색, 한국교육개발원.

APEID(1982). Integrating Subject Areas in Primary Education Curriculum, Bang kok :UNESCO Regidnal Office for Education in Asia and the Pacific.

Dewey, J(1916). Democracy and Education, N.Y. : MacMillan Co.

Gibbons, J. A(1979). Curriculum Integration : Curriculum Inquiry, Vol.9, No.4, N.Y. : John Wiuley and Sons.

Hanna, P. R., & Lang, A. D. (1950). Integration. W. Monreo(ed.), Encyclopedia of Chicago Press, 1916.

Hirst, P.H(1967). The Logical and Psychological Aspect of Teaching a Subject, R. S.Peters (ed.), *The Concept of Education*, London : Routledge and Kegan Paul,

Ingram((1979). Curriculum Integration and Lifelong Education, N.Y: Pergman Press.

NIER(1986). Report of a Joint Study on Some Major Developments in Elementary School Curriculum in Asia and Pacific Countries: Elementary, Primary School Curriculum in Asia and the Pacific, Japan : NIER, 1986.

Peters, R. S. and P. H. Hirst(1970). The Logic of Education, London : Routledge and Kegan Paul, 1970.

Tyler, R. W(1949). Basic Principles of Curriculum and Instruction, Chicago : The University of Chicago Press.

Wolfinger, D. M. & Stockard, J. W., Jr(1997). Elementary Methods: An Integrated Curriculum. New York: Longman.

제5부

실과-기술·가정- 교육과정 평가

제11장

실과(기술·가정) 교육과정 평가의 개념

1. 교육과정 평가의 개념

가. 교육과정 평가의 의미

교육과정 평가는 일반적으로 교육과정을 대상으로 하는 평가 활동이라고 정의된다. 그러나 이러한 의미 규정은 교육과정 평가가 구체적으로 무엇을 의미하는지 제대로 밝혀 주지 못한다. 그 이유는 해밀턴(Hamilton, 1978)이 지적한 바와 같이, 교육과정 평가의 대상인 교육과정을 어떻게 정의하느냐에 따라 교육과정 평가의 경계가 다르게 설정되기 때문이다.

실제로, 교육과정은 학자들의 관점에 따라 매우 다양하게 정의되어 왔다. 교육과정이 포함하는 범위를 어느 정도로 보느냐에 따라 교육과정의 개념이 달리 규정된다. 즉, 좁은 의미의 교육과정은 가르쳐야 할 교육의 내용을 담은 문서를 칭한다. 한편, 학자에 따라서는 교육과정을 문서를 포함한 학교의 제반 교육 활동을 총칭하는 넓은 의미로 해석하기도 한다.

또한, 교육과정의 어느 측면 혹은 영역에 중점을 두느냐에 따라 그 개념이 달라진다. 즉, '계획'으로서의 기능에 중점을 두어 개념화하는 견해가 있는 반면, 교육을 통해 일어난 '결과'를 중심으로 규정하는 견해도 있다. 그리고 교육의 결과 중심으로 교육과정을 개념화하는 견해 중에서도 '의도된' 결과에 초점을 맞추는 견해(Johnson, 1967)가 있고, 의도하였든 의도하지 않았든 학습자가 학교에서 겪는 모든 '경험의 총체'(Kearney & Cook, 1960)로 규정하는 입장도 있다.

이처럼 교육과정 개념의 규정 방식의 다양성은 교육과정 평가의 영역과 방법에 직접적인 영향을 미친다. 바꾸어 말하면, 교육과정을 어떻게 정의하는가에 따라 교육과정 평가의 범위와 내용이 달라진다는 뜻이다. 가르쳐야 할 교육 내용의 조직을 교육과정이라고 보는 견해에 기초한 교육과정 평가에서는 교육과정에 제시된 내용의 적합성, 실현 가능성, 일관성 등을 확인하는 활동이 주된 내용이 된다. 그러나 보다 넓은 의미에서 교육과정을 학교에서 제공하는 경험의 총체라고 볼 때, 교육과정 평가는 교육과정 개발 체제, 문서 내용, 지원, 성과 등 교육과정의 제 영역에 관한 평가뿐 아니라, 이들간의 상호 작용, 더 나아가 교육과정을 둘러싸고 있는 교육적 상황과 여건에 관한 총체적인 평가를 의미하게 된다.

교육의 질이 교육과정의 질을 넘지 못한다는 일반적인 견해는 교육과정이 교육에 있어서 차지하는 위치를 단적으로 표현한 것이라고 볼 수 있다. 이러한 관점에서 볼 때, 교육과정은 계획적인 측면뿐 아니라 실제 실천되고 효과를 거두는 일련의 교육적인 활동으로 보는 것이 타당하다. 교육과정 관련 문헌을 살펴볼 때, 교육과정을 교수 요목이나 교육의 계획으로 보는 견해보다는, 개발 체제, 운영, 성과를 포함하는 보다 폭넓은 개념으로 정의하는 관점이 점점 보편화되어 가는 추세(Codd, 1984)에 있는 것도 사실이다.

이 글에서는 교육과정이 교육에서 차지하는 핵심적인 위치와 역할을 고려하여, 교육과정을 문서의 개념에서 확대하여 교육과정의 실천과 성과까지를 포함하는 교육 프로그램으로 보고자 한다. 또한, 교육과정 평가는 이러한 교육과정을, 그 개발에서부터, 문서, 실행, 성과에 이르는 전 영역과 이들 간의 상호 작용을 종합적으로 평가하는 활동으로 규정한다(한국교육과정평가원, 1998).

나. 교육과정 평가의 목적

교육과정 평가의 궁극적인 목적은 교육의 질을 관리하기 위함이다. 사실, 교육의 질 관리는 교육 개혁이 시작된 이래 다양한 평가 활동의 구호가 되고 있다. 그러나 교육의 질이 구체적으로 무엇을 의미하는지, 그리고 교육과정 평가가 구현하고자 하는 교육의 질은 무엇인지에 관한 명시적인 진술을 찾아보기는 어렵다. 교육과정 평가의 목적을 규명하기에 앞서, 교육과정 평가를 통해 추구되어야 할 교육의 질을 생각해 보고자 한다.

하비와 그린(Harvey & Green, 1993)은 서구의 대학 평가에서 추구하는 교육의 질을 구명하기 위한 여러 학자들의 논의를 종합하여, 교육의 질을 다섯 가지로 유형화하였다. 이들에 의하면, 교육의 질은 수월성(exception), 일관성(consistency), 합목적성(fitness for purpose), 투자한 만큼의 가치(value for money), 변화를 통한 성장(transformation)의 가치를 포함하는 개념이다.

교육의 질은 교육의 성과에 영향을 미치는 요인들의 질, 교육 활동에 참여하는 사람의 질, 그리고 교육 성과의 질의 세 가지로 유형화할 수 있다. 이러한 질은 교육과정 평가 상황에서 보면 교육과정 개발 체제를 포함한 교육과정 문서의 질과 교육과정 운영에 참여하는 사람들의 질, 그리고 교육과정 성과의 질을 의미한다.

교육과정 평가를 통하여 교육의 질을 관리한다는 것은, 첫째 교육과정 개발 체제와 교육과정의 문서 내용의 질을 관리하는 것을 의미한다.

둘째, 교육의 질은 교육 활동에 참여하는 사람들의 질을 의미한다. 교육 활동에 참여하는 사람은 크게 보아 교사와 학생의 두 부류로 나눌 수 있다. 교육의 질은 교사의 교수 활동의 질과 학생의 학습 활동의 질을 의미한다. 따라서, 교육과정 평가를 통하여 교육의 질을 관리한다는 것은 교수-학습의 질을 관리하는 것을 의미한다.

셋째, 교육의 질은 궁극적으로 교수-학습 활동의 결과로서의 교육 성과의 질을 의미한다. 교육은 유목적적인 활동이다. 따라서, 교육의 질은 교수-학습 활동이 목표로 하는 교육의 성과의 질을 포함해야 한다. 결국, 교육의 질은 교육과정의 개발 체제, 문서 내용, 교사의 교수 활동, 학생의 학습 활동, 그리고 이들간의 상호 작용으로서의 교수-학습 활동의 질을 의미하고, 궁극적으로는 이러한 교수-학습 활동의 결과로 나타나는 교육성과의 질을 의미한다고 볼 수 있다.

다. 교육과정 평가의 기능

교육의 질, 구체적으로는 교육과정의 내용과 운영의 질을 관리하기 위한 평가를 통해 다음과 같은 효과를 기대할 수 있다(한국교육과정평가원, 1998).

첫째, 교육과정의 개정을 위한 체계적인 정보 및 개선책을 제공받을 수 있다. 지금까지 교육과정 개정 때마다 문제점으로 지적된 것 중의 하나는 교육과정에 대한 심층적이고도 체계적인 검토 없이 단기간 내에 개정이 진행되어 왔다는 것이다. 그리고 이처럼 기존 교육과정에 대한 평가가 없이 이루어진 개정은 총론과 각론의 괴리, 현실에 부적합한 교육 내용의 선정 등의 비판을 불러 일으켰으며, 이러한 지적 또한 교육과정 개정시마다 계속 되풀이되어 왔다. 사실, 교육과정을 개정하려 할 때, 기존의 교육과정에 대한 검토가 전혀 없었던 것은 아니다. 대부분의 경우, 기존 교육과정에 대한 검토는 부분적으로 또는 간헐 적으로 이루어져 왔다. 그러나 중앙에서 국가 교육과정을 개발하는 우리 나라에서는 교육 과정에 대한 보다 체계적인 평가를 실시할 필요가 있다.

둘째, 교육과정의 적용 과정에 대한 정보 및 개선책을 제시해 줄 수 있다. 우리 나라의 경우, 일단 중앙에서 교육과정이 개발되면 중앙의 의도대로 그 교육과정이 자연스럽게 교 실 현장에 적용되리라는 믿음으로, 교육과정의 적용 과정이나 이행 정도에 대한 체계적인 검토가 거의 이루어지지 않았다. 그 결과, 중앙에서 개발된 교육과정이 실제 교육 현장에 서 제대로 실행되지 않았다는 비판은 무성하나, 무엇이 어떻게 실행되지 않았는지, 왜 실 행이 되지 못했는지를 나타내 주는 구체적인 자료는 찾아보기 쉽지 않다. 따라서, 이제 중 앙에서 개발된 교육과정이 현장에 정착되어 가는 과정에 대한 평가, 즉 국가의 교육과정에 대한 지원 및 실행 과정, 시·도의 교육과정 관련 지원 및 실행 과정에 대한 체계적인 검토 가 필요하며, 이러한 교육과정이 운영되는 과정에 대한 평가는 교육과정의 순조로운 적용 에 도움을 줄 수 있을 것이다.

셋째, 교사들의 교육과정에 대한 전문성을 신장시킬 수 있다. 교육의 질은 교사의 질을 넘지 못한다고 한다. 실제 수업을 담당하는 교사의 질이 개선되지 않는 한, 교육에 있어서 어떤 의미 있는 변화도 일어날 수 없다. 교육과정에 대한 평가, 특히 학교 교육과정의 편 성과 운영에 대한 교사들의 자체 평가는 의미 있는 변화를 일으키는 첫 단계이자 가장 중 요한 단계이다. 즉, 교육과정을 계획하는 과정, 자신들이 만든 교육과정 그 자체, 실제로 수업을 하고 평가를 실시하는 과정에서 스스로에 대한 평가를 실시하는 것은 교사들의 자 체 변화를 유도할 수 있으며, 교육과정에 대한 전문성 제고에 바람직한 영향을 미칠 수 있 을 것이다. 즉, 교육과정 운영의 주체인 교사들이 자신들의 학교 교육과정을 스스로 평가 함으로써 자신들의 교육적 행위를 자율적으로 반성하고 개선책을 도모하는 과정을 통하여 그 전문성을 신장시킬 수 있다.

라. 교육과정 평가와 기타 교육 관련 평가들과의 관계

교육 상황에서 전개되는 평가 활동은 매우 다양하다. 이들 중 교육과정 평가와 관련이 있는 평가 활동으로는 학생 평가, 학교 평가, 교육 지원 기관 평가 등을 들 수 있다. 이들 은 교육과정 평가와 밀접한 관계에 있으면서도 그 목적이나 평가의 영역에 있어서 교육과 정 평가와 구분된다. 이들간의 관계를 좀더 자세히 살펴보면 다음과 같다.

먼저, 위에서 열거한 평가 활동의 근본적인 차이점은 평가의 대상이 각기 다르다는 점이다. 학생 평가는 학생 개개인을 평가의 대상으로 하며, 학교 평가는 개별 학교를 평가의 기본 단위로 하고, 교육 지원 기관 평가는 학교 교육을 지원하는 기관, 즉 시·도 또는 시·군·구 교육청을 평가의 대상으로 삼는다. 이에 반해, 교육과정 평가는 교육과정을 평가의 대상으로 한다. 우리 나라의 경우, 국가에서 고시하는 교육과정, 지역 교육청이 편성 운영하는 교육과정, 그리고 단위 학교에서 편성·운영하는 교육과정이 있으며, 교육과정 평가는 이들 세 수준의 교육과정을 평가의 대상으로 한다.

둘째, 이들 교육 관련 평가 활동은 궁극적으로는 모두 교육의 질 관리를 목적으로 하지만, 일차적인 목적과 기능에 있어 각기 구분되는 평가 활동이다. 학생 평가는 학습자의 선수 능력이나 선행 학습에 대한 진단, 학습자의 진로 및 적성 파악, 학습자의 자격 인증, 선발이나 집단 내에서의 상대적 서열 매김 등 학습자 개인에 관한 정보 수집이나 판단을 목적으로 한다. 학교 평가는 일차적으로는 학교의 현재 수준을 진단하려는 목적에서 실행되지만, 그 결과는 학교 교육의 개선 방안을 모색하거나, 우수 학교를 인증하거나, 책무성을 규명하거나, 학교별 교육의 성과와 연계된 보상과 징계를 제공하는 데 활용된다(이인효, 1998). 교육 지원 기관 평가는 시·도 및 시·군·구 교육청의 행정적 역량과 역할 구조의 타당성 및 적합성을 종합적으로 평가함으로써, 행정 체제의 발전을 내면화하고, 행정 기능 및 역할 수행 방법을 개선하며, 기관간의 선의의 경쟁을 유도함으로써 행정의 능률성 및 효율성을 제고하려는 목적을 갖고 있다(유현숙 등, 1997).

학교 평가나 교육 지원 기관 평가는 평가의 대상인 학교나 교육청을 하나의 유기적 개체로 보고, 기관의 성취 실적(performance)을 평가하는 활동인 반면, 교육과정 평가는 교육과정의 장점과 단점을 파악하여 교육과정 개선의 기초 자료로 활용하며, 이러한 평가과정에 참여하는 교사의 전문성을 신장하는 데 일차적인 목적이 있다.

위에서 열거한 네 개의 평가 활동은 그 목적과 대상에 있어서는 상호 구분되는 활동이지만 평가 실행에 있어 방법이나 평가 대상 영역이 중복되기도 한다. 이러한 평가들간의 개념적 관계를 도식화하면 [그림 11-1]과 같다. 이 그림에서 보면, 학생 평가는 교육과정 평가, 학교 평가, 교육 지원 기관 평가와 각각 겹쳐지는 부분이 있다. 예를 들면, 학생 평가의 한 활동인 학업 성취도 평가는 교육과정의 성과나 학교의 성과, 그리고 교육청의 성과를 평가하는 데 모두 사용될 수 있다.

한편, 학생 평가가 나머지 세 평가 활동과 겹쳐지지 않는 부분도 있다. 예컨대, 학생 평가 활동 중에는 학생 개인의 능력 인증이나 진로 지도 혹은 선발을 위한 상대 평가 등 기관이나 교육과정의 성과 평가와는 관계가 없는 독립적인 영역이 존재한다.

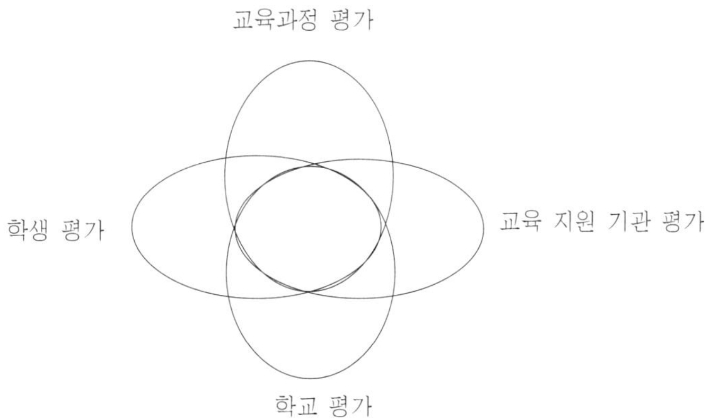

[그림 11-1] 교육과정 평가와 기타 교육관련 평가 활동들간의 관계
자료 : 한국교육과정평가원, 1998, p. 20

교육과정 평가는 교육과정 개발 체제, 문서, 운영, 성과 등의 영역에 관한 종합적인 평가 활동이며, 특히 성과면에서도 학생의 교육 성취도 이외에 교사의 전문성 향상 및 태도 변화, 학부모와 학생의 만족도 등 교육과정의 운영의 결과로서 얻어지는 종합적인 성과를 평가하는 활동이다.

학교 평가와 교육과정 평가간에도 중복되는 부분과 독립적인 영역이 존재한다. 학교 평가에는 경영의 효율성, 학교 구성원들의 인적 조직, 예산의 합리적 운영과 더불어 학교의 교육과정에 대한 평가가 포함된다. 이렇게 볼 때, 학교 교육과정 평가는 학교 평가의 하나의 하위 영역이라고 볼 수 있다. 그러나 교육과정 평가는 학교 교육과정 이외에도 국가 수준의 교육과정, 그리고 시·도 및 시·군·구 교육청이 편성·운영하는 지역 교육과정에 관한 평가를 포함하고 있다는 점에서 학교 평가와 구분되는 영역을 갖고 있다. 이와 마찬가지로, 교육 지원 기관 평가에는 지역 교육과정만이 교육청 평가의 하위 영역으로 두 평가 활동이 서로 중첩되는 부분이 있는 반면, 학교와 국가 수준의 교육과정 평가라는 배타적인 영역이 존재한다. 종합하면, 학생 평가, 학교 평가, 교육 지원 기관 평가는 교육과정 평가와 중복되는 영역이 있는 반면에, 각 평가는 상호 구별되는 독립적인 영역을 갖는다

2. 교육과정 평가의 모형

교육과정 평가의 이론과 모형의 접근 방법은 크게 두 가지로 대별된다. 하나는, 논리적 인식론에 기초한 논리적 접근으로 양적인 접근 방법을 취한다. 다른 하나는 현상학적 인식론에 기초한 현상학적 접근으로 질적인 접근 방법을 취한다. 또한, 우리 나라의 교육과정

평가에 대한 접근 방법의 하나의 큰 특징은 교육과정의 수준에 따른 접근 방법을 취하고 있다는 점이다. 따라서, 이 글에서는 교육과정 평가의 모형을 크게 논리적 접근, 현상학적 접근, 수준별 접근으로 나누어 살펴보고자 한다.

가. 교육과정 평가의 논리적 접근

평가에 관한 두 가지 접근 방법 중, 객관적이고도 논리적인 인식론에 바탕을 둔 고전적 평가 모형 이론에 관하여 고찰하고자 한다. 교육과정 평가에 관한 논리적 접근은 대별하여 목표 지향 평가, 탈목표 가치 판단 접근, 의사 결정 지향 접근의 세 가지로 구분된다.

(1) 목표 지향 평가 모형

목표 지향(object-driven) 평가 모형에는 M. Provus의 간극 모형, R. L. Hammond의 교육 개혁 평가 모형과 비용 효과 분석(cost-effectiveness analysis) 모형이 있다. 여기서는 Provus의 간극 모형을 살펴보기로 한다.

Provus는 평가를 과정(process)으로 보고 있다. 즉, 평가란 ① 평가하고자 하는 프로그램의 수준(standards)을 합의 설정하는 과정이며, ② 그 설정된 수준과 현재의 프로그램 간에는 간극(discrepancy)이 존재하는가를 결정하는 과정이며, ③ 프로그램의 취약점을 구명하는 데 간극 정보를 사용하는 과정이다.

프로그램의 수준에는 프로그램의 내용에 관한 수준과 프로그램의 개발에 관한 수준의 두 가지가 있다. 그런데, 오늘날 교육 현실에서 찾아볼 수 있는 프로그램 개발을 나누어 볼 때, 사전 계획 없이 외부에서 급조하여 즉시적으로 투입시키는 경우(instant installation), 사전에 철저히 계획하고 구조하여 투입시키는 경우(canned installation), 그리고 학교 그 자체가 설계하는 경우의 세 가지가 있다. 그런데, 이 세 가지가 어느 경우에도 크게 성공하지 못하고 있는 것은 곧 프로그램 개발에 관한 평가 수준이 제대로 설정되지 못하고 또 그것을 채택하여 평가가 이루어지지 못하기 때문이라고 Provus는 보고 있다.

프로그램 개발 단계에 따른 교육과정의 평가는 5단계로 이루어진다. 즉, 제1단계는 프로그램의 정의(definition)를 구명하는 단계이다. 프로그램의 목적, 특질 등을 밝히는 일이 여기에 속한다. 제2단계는 프로그램의 투입(installation)에 대한 평가이다. 그리고 제3단계는 프로그램의 실시 과정(process)에 대한 평가이며, 제4단계는 프로그램의 결과, 성과(product)에 관한 평가이다. 끝으로, 제5단계는 꼭 있어야만 하는 것은 아니겠으나, 비용 효과 분석(cost-benefit analysis)의 단계이다.

이러한 5단계의 프로그램 개발 단계별 교육과정 평가는 근본적으로 집단 협의 접근

(team approach)에 의하여 전개되어야 한다. 이 때, 교육과정 평가에 참여하는 집단 구성원에는 소집단 작업 과정이라든가 현상학적 접근에 관한 경험과 기능을 갖춘 비지시적 평가 전문가, 심리 측정 전문가, 연구 설계 전문가, 교육 평가 이론 전문가, 정보 처리 전문가, 교과 전문가, 그리고 업무 연락을 위한 행정가 등이 폭넓게 포함되어야 한다는 것이다. Provus는 이러한 다양한 구성원간의 효율적인 의사 소통이 곧 집단 협의의 관건이 됨을 명시하고 있다.

결국, Provus는 평가의 목적을 R. W. Tyler와 마찬가지로 어떤 주어진 프로그램의 결과를 보고 그것을 개선하고, 유지하거나 또는 종결시킬 것인가 여부를 결정하는 목표 지향적인 것으로 보았다. 따라서, Provus의 입장에서 보면 평가란 프로그램 개선과 프로그램 평정을 위한 계속적인 정보 관리 과정이 아니겠느냐 하는 것이 그의 모형의 특징이다. 특히, 그가 목표라고 불리는 절대 수준을 정해 놓고 그것과 현존 실태간에 간극을 측정 평가하는 것을 매우 중요하게 생각하였다는 점에서 볼 때, 그는 준거 참조 평가 접근 방식을 그대로 교육과정 평가에 적용하려고 하였던 것이 아닌가 생각된다. 그러나 뒤에 가서 소개하겠으나, Provus는 D. L. Stufflebeam과 접근의 차이는 있어도 프로그램 개발 단계에다 평가의 초점을 맞추었다는 점에서는 공통성을 갖고 있다.

Provus의 이러한 기계적인 교육과정 평가 모형은 당시 일선 교육 행정가들로부터 상당한 호응을 받은 것이 사실이다. 그 이유는 비교적 분명하고 손쉽게 어떠한 자료를 놓고 평가해야 하는지를 각 평가 단계에서 제시해 주고 있기 때문이다. 즉, 주로 눈에 보이고 손에 잡히는 경성 자료(hard evidence)를 평가 자료로 활용하기 좋아하는 행정 실무자들의 기분에 맞는 평가 모형이었기 때문이다.

물론, Provus의 모형은 몇 가지 점에서 큰 공헌을 하였다. 예컨대, 교육과정을 실제로 운영하는 사람들과 평가 전문가들간의 의사 소통을 촉진하였다는 사실, 그리고 프로그램에 대한 평가가 반드시 프로그램이 종결된 다음에만 실시하는 총합 평가에 그치는 것이 아니라 실시 이전 및 도중에도 이루어지는 진단 평가와 형성 평가가 현실적으로 매우 중요하다는 것을 인식시켰다는 사실이다. 그리고 특히 평가에 있어서 평가 수준의 분명한 사전 설정을 제한하였다는 점은 영향력이 매우 컸던 공헌 중의 하나이다. 그러나 우리가 Provus의 접근 모형을 다룬다고 할 때 프로그램의 평가 과정은 목표에만 고착되는 평가를 시간적으로 지나치게 계속시킬 염려가 크며, 그것은 오히려 프로그램 운영자들에게 억제 요소로서 부정적으로 작용할 우려가 있다는 점을 명시하여야 한다.

Provus의 접근 모형에서 지적될 수 있는 또다른 단점은 수준 설정에 대한 방법론이 불충분하였다는 것과 평가를 지나치게 전문가에게만 의존시키고 비전문가들을 배제시키는 구실을 만들어 주었다는 점이다. 끝으로, Provus 모형은 완전한 평가만을 옹호하고 단독적이면서 부분적으로 이루어지는 평가의 중요성을 인식하지 못한 결함을 지니고 있다.

(2) 판단 지향 평가 모형

판단 지향(judgement-oriented) 평가 모형으로서, 내면적 판단에 기초하는 업적 평정(accreditation) 이론, 외면적 판단에 기초하는 M. Scriven의 탈목표 평가 모형, R. E. Stake의 합치와 관계 모형 이론 등이 있다. 여기서는 M. Scriven의 탈목표 평가 모형을 살펴보기로 한다.

M. Scriven은 L. J. Cronbach의 영향을 크게 받았다. L. J. Cronbach는 전통적으로 측정에만 국한하였던 개념을 평가로 확산시킨 사람이다. M. Scriven의 주장에 대한 이해를 돕기 위하여, 우선 L. J. Cronbach의 평가에 관한 기본적인 생각을 요약해 보면 다음과 같다.

평가란 의사 결정과 밀접한 관련을 갖고 있는 것으로 교육에서 평가는 다양한 역할을 발휘할 수 있다. 그리고 학생들의 학업 성취만이 어떤 코스나 프로그램에 대한 평가의 유일무이한 기준이 될 수는 없다. 프로그램 평가에서 우리가 고려하여야만 하는 요인에는 여러 가지가 있으며, 따라서 평가에 접하는 기술적인 방법도 다양하다.

이러한 Cronbach의 생각에 기초하여 Scriven은 우선 평가의 역할과 목적을 구명하였다. 그는 평가는 여러 가지 다양한 역할을 수행하지만, 평가의 목적은 오로지 한 가지의 유일한 기능적 목적뿐이라고 하였다. 그것은 곧 어떠한 것의 가치(worth or merit)를 '판단'하는 것이다. 만약, 그러한 판단이 없는 경우라면, 그것은 어떠한 형태로든 평가라는 이름이 사용될 수 없는 것이라고까지 주장하였다. 그러면서 그는 이미 앞에서 소개한 바 있듯이 평가의 두 가지 유형, 즉, 형성 평가와 총합 평가를 구분하여 평가의 역할을 규정하였다. 여기서 그가 지적하는 매우 중요한 점은 형성 평가는 그 기관 내에 소속된 사람으로서 평가를 받을 프로그램에 대하여 자세히 알고 또 그 프로그램의 일익을 담당하는 평가자의 전문적 판단에 기초하여 이루어져야 한다는 것이다.

이 점에서 볼 때, 교수-학습 과정에서의 형성 평가자로서는 교사가 최적의 평가자일 것이다. 그러나 총합 평가에서는 그렇지 않다. 그 프로그램의 외부에서 전문적인 평가자가 선정되어야 하며, 그는 사심 없이, 편견이 배제된 객관적인 입장에서 평가를 하고 판단하여야 한다는 것이다.

다음으로, M. Scriven은 프로그램 평가의 선행 조건으로서 목표에 대한 관심을 매우 강하게 내세웠다. 우리는 흔히 목표에 비추어서 그 목표가 성취되었는가의 여부를 따져 평가를 실시하지만, Scriven의 의문은 비록 목표 그대로 잘 성취되었다 하더라도 만약 그 목표가 본래 가치가 없는 것이라고 할 때, 성취 역시 아무런 가치가 없는 것이다. 따라서, 목표에 대한 사전 평가가 없이 그냥 목표에 의거하여 그것을 기준 삼아 평가를 실시하여서는 안 된다. 이것이 곧 Scriven의 모형을 흔히 탈목표 평가(goal-free evaluation)라고 부르는 이유이기도 하다.

끝으로, M. Scriven의 탈목표 평가는 평가의 준거(criteria)에 대하여 상당한 강조점을 두고 있다. 일반적으로 준거에는 두 가지 유형이 있는데, 하나는 내재적 준거이고 다른 하나는 외재적 준거이다.

내재적 준거란 그 프로그램에 내재하는 기본적인 속성을 의미한다. 예컨대, 교육과정에서 목표가 얼마나 잘 행동적으로 진술되었느냐, 내용 선정과 조직이 얼마나 합리적으로 체계 있게 이루어졌느냐 등은 내재적 준거이다. 그러나 그 프로그램이 실제로 편성되고 운영되는 가운데 그것이 얼마나 잘 운영되었고, 교사들은 얼마나 그것에 따라 충실히 가르치고 학생들은 성공적으로 배웠느냐 하는 것은 일종의 외재적 준거이다. 그러나 지금까지 평가에서 보면 내재적 준거에 기초한 내재적 평가 또는 과정 평가(process evaluation)에만 지나치게 편파되어 왔던 것이 아니겠느냐 하는 의문을 Scriven은 제기하였다. 즉, 과정에서 요소 상호간의 인과 관계를 구명하거나, 가설을 세워 그 인과의 원천을 구명하려는 듯한 과정 평가에만 관심을 기울였을 뿐, 외재적 준거에 기술한 기능적인 분석은 제대로 이루어지지 못하였다는 것이다.

외재적 준거에 기초하여 여러 가지 프로그램 상호간의 비교 분석을 통한, 즉 비교적 평가(comparative evaluation) 연구야말로 평가자의 심오한 판단 능력을 필요로 하는 일이다. 그리고 그렇게 해서 평가는 본래의 목적, 즉 의사 결정을 위한 여러 가지 대안들의 가치를 선택적으로 구별하게 되는 것이라고 생각하였던 것이다.

요컨대, M. Scriven의 탈목표 평가 모형의 특징은 평가를 목표로부터 구애받지 말고, 자유롭게 외적인 준거를 활용하여 실시하는 전문적인 평가자들의 가치 판단으로 이루어져야 한다고 보는 데 있다.

Scriven의 가장 큰 공헌은 진행 과정에서의 내부인들에 의한 형성 평가와 진행 결과에 대한 외부인들에 의한 총합 평가를 구분하였다는 점, 그리고 수단에 대한 평가인 본질적 평가(intrinsic evaluation)와 목표에 대한 평가인 결산적 평가(pay-off evaluation)의 개념들을 발전시키고 확산시켰다는 점으로 집약할 수 있다. 그러나 전문가의 판단의 타당성은 어떻게 확보할 것이냐 하는 데 대한 방법론적인 문제는 아직은 해결되지 않았다는 데서 가장 커다란 약점을 찾을 수 있음을 명시해 둔다.

(3) 의사 결정 지향 평가 모형

의사 결정 지향(decision-making oriented) 평가 모형은 D. L. Stufflebeam의 CIPP 모형과 M. C. Alkin의 CSE 모형이 있다. 여기서는 D. L. Stufflebeam의 CIPP 모형을 살펴보기로 한다.

D. L. Stufflebeam 등은 오늘날 이루어지고 있는 평가 그 자체에 대해 평가하면서, 평가는 다음과 같은 8가지 증세를 보이며 앓고 있다고 진단하였다.

① 회피 증세 : 평가는 고통스러운 과정이기 때문에 반드시 꼭 필요한 것이 아니라면 모두가 평가를 회피한다.

② 불안 증세 : 평가 과정이 모호할 때는 평가에 대하여 불안을 느낀다.

③ 냉담 증세 : 평가를 하건 말건 평가에 대하여 전혀 반응을 보이지 않는다.

④ 회의 증세 : 평가 계획이 제아무리 좋은들 무슨 소용이 있는가? 결국에는 그렇게 되지는 않을 텐데.

⑤ 미혹 증세 : 평가의 방향을 제시해 주는 의미 있는 작동적 지침서 등이 준비 안 되어 있어 갈 길을 잃고 있다.

⑥ 오도 증세 : 평가 전문가라는 사람들이 현장 실무자들에게 계속 잘못 조언하고 있다.

⑦ 무의미 증세 : 평가해 보았자 아무런 의미 있는 차이를 발견하지 못한다.

⑧ 불비 증세 : 평가가 제대로 되려면 충분한 이론적 뒷받침이 있어야 하는데 그런 기본 요소들이 갖추어져 있지 않다.

그리고 이러한 증세의 원인을 분석한 결과, 크게 다섯 가지 원인이 개재되어 있음을 발견하였다. 첫째는, 평가의 정의(definition)에 문제가 있고, 둘째는 의사 결정, 셋째는 가치와 준거, 넷째는 행정적 수준, 그리고 다섯째는 연구 모형상의 문제인데, 이것이 평가가 오늘날 심한 열병에 시달리는 원인이 되고 있다는 것이다. 이 가운데서도, 특히 Stufflebeam은 의사 결정상의 원인을 심층적으로 분석한 바, 앞에서도 예시하였듯이 우선 그는 평가를 의사 결정이라는 관점에서 정의하였다. 그리고 의사 결정의 과정, 상황, 유형, 절차, 원리 등을 면밀히 연구함으로써 평가에 대한 접근에 새로운 경지를 개척하였다.

그 가운데서도 의사 결정의 유형을 분류하면서 평가의 네 가지 유형을 분류한 것이 Stufflebeam 모형의 중심 개념이 되고 있다. 그는 의사 결정은 두 가지 측면에서 분류될 수 있다고 보았다. 즉, 하나는 그 의사 결정이 수단(means)에 관한 것이냐 목표(ends)에 관한 것이냐이며, 다른 하나는 그 의사 결정이 의도(intentions)에 관한 것이냐 아니면 현실(actualities)에 관한 것이냐에 따른 분류이다.

[그림 11-2]에 제시한 바와 같이 이 두 가지 측면을 종횡으로 놓고 위상으로 나타내면

4가지 유형의 의사 결정을 생각할 수 있는 바, 이것을 다시 평가와 관련지으면 역시 4가지 유형의 평가를 구안할 수 있다.

	(의도)	(현실)
(목표)	계획 결정	순환 결정
	맥락 평가	결과 평가
(수단)	구조 결정	실행 결정
	투입 평가	과정 평가

[그림 11-2] 의사 결정과 평가의 유형
자료 : 이성호, 1985, p. 304

우선, 네 가지 유형의 의사 결정부터 간단히 설명하면, 첫째 계획 결정(planning decisions)은 목표를 결정하기 위한 것이며, 둘째 구조 결정(structuring decisions)은 절차를 결정하기 위한 것이다. 그리고 셋째 순환 결정(recycling decisions)은 실제로 성취된 목표를 판단하기 위한 결정이며, 넷째 실행 결정(implementing decisions)은 실제로 사용된 절차를 검토하고 정치시키기 위한 결정이다.

이것을 평가와 상응시키면, 계획 결정에 해당하는 평가는 전후 관계 평가 또는 맥락 평가(context evaluation)이며, 구조 결정에 상응하는 것은 투입 평가(input evaluation)이다. 그리고 실행 결정에 해당하는 것은 과정 평가(process evaluation)이며, 끝으로 순환 결정에 해당하는 것은 결과 평가(product evaluation)이다.

Stufflebeam의 평가 모형을 흔히 CIPP 모형이라고 부르는 것은 이들 네 가지 유형의 평가의 영문 첫글자를 따서 모아 놓은 것이다.

Stufflebeam의 모형은 의사 결정 지향 평가의 전형적인 예시를 보여 주었다는 점에서 그 가치가 높이 인정된다. 특히, 평가에 있어서 피드백(feedback)을 통한 재순환 과정을 제시한 점은 의사 결정 모형의 특성이라 하겠다. 앞에서 살펴본 바 있는 진단, 형성 및 총합 평가의 개념에 비추어 볼 때, Stufflebeam이 생각한 맥락 평가는 진단 평가에, 투입 평가와 과정 평가는 형성 평가에, 그리고 결과 평가는 총합 평가에 상응하는 것으로 볼 수 있으며, 이는 결과적으로 진단, 형성, 총합 평가의 순환적 특성을 함유한 것으로도 확대 해석할 수 있다. 또한, Stufflebeam은 프로그램 평가 방법에서 기술 방법을 매우 강조하였다는 점이 특징이다.

비단 Stufflebeam만 그런 것은 아니지만, Stake의 경우와 함께, 이들은 논리적 인식론에 기초한 고전적 접근의 방법론을 택한 사람들 부류에 넣었지만, 이들도 다음에 기술하게 될 현상학적 접근을 몹시 옹호하고 주장하였다는 점을 밝혀 둔다. 그러나 한 가지 한계점을 지적한다면, Stufflebeam은 가치의 문제에 대하여 비교적 소홀하였으며, 또 의사 결정 과정이 분명하게 제시되고 있지 못하다는 점이다. 그러한 점은 앞으로 교육과정 평가를 발전시키는 하나의 연구 문제가 되리라고 본다.

나. 교육과정 평가의 현상학적 접근

평가에 대한 접근 방법에는 논리적 인식론에 기초하고 있는 인습적 탐구와 현상학적 인식론에 기초하고 있는 자연적 탐구의 두 가지가 있다. 그리고 이 두 가지 가운데서 전자의 인습적 탐구는 목표 지향, 판단 지향 그리고 의사 결정 지향의 세 가지 유형으로 대별하여 분석되었다. 그러나 이들 인습적 탐구가 교육과정 평가에 만족을 주지 못하고 있다는 새로운 자성적 사고가 나타나기 시작한 바, 그것이 곧 후자의 자연적 탐구이다. 자연적 탐구는 근본적으로 교육과정 평가에 대한 질적인 접근 방식을 촉구하였다. 이러한 자연적 탐구가 어떻게 해서 질적인 교육과정 평가에 대한 관심과 더불어 고조되었으며, 그리고 질적인 교육과정 평가란 구체적으로 무엇을 뜻하는가에 대하여 다루어 보고자 한다.

(1) 교육과정 평가에 관한 자성과 새로운 관심

실험적 설계와 심리 측정 전통에 깊은 뿌리를 두고 지금까지 발전해 온 종래의 인습적 교육과정 평가는 교육과정에 관한 평가적 연구를 통하여 많은 발전을 이룩하였으며, 또 의미 있는 공헌을 기록하였음을 부인하지 않는다. 또, 그러한 계량적인 접근의 불필요성을 주장하지도 않는다. 오히려 앞으로도 그러한 시각의 접근을 통한 교육과정 평가는 반드시 계속되어야만 할 것이다.

그러나 동시에 지난날의 계량적이고도 경험적인, 그리하여 논리적이라고도 불리운 인습적 탐구는 몇 가지 점에서 교육과정에 대한 진정한 이해를 촉진하지 못하였다. 예컨대, 인습적인 탐구는 교육과정의 측정 평가에서 측정이라는 측면에 본질적인 초점을 두어 왔다. 그 결과 교육과정에 대한 과학적 사고는 증진되었으나, 심리적인 느낌과 이해는 부족하였다. 외형적인 행동은 보여왔지만 내면적인 성찰은 부족하였다. 지극히 체계화된 또는 구조화된 틀을 갖고 인위적으로 교육과정을 움직이고 고치고 개선하려 하였으므로, 이 속에서 작은 것들은 무시되기가 일쑤였다. 커다란 테두리, 높은 차원에서의 교육과정 개발은 이루어졌지만, 한 학급 사회 속에서의 한 교사와 몇몇 학생간의 진정한 만남은 평가의 대상에서 제외된 것이다.

흔히, 모형이라는 이름 아래 기계적으로 권위적으로 제시되었던 평가의 틀은, 현재와 같이 모든 것의 변화가 놀라운 속도로 빨리 진전되고 그 전문화와 다양화가 심화되면서 보다 단순해지고 싶은 사람들의 평범한 욕구를 충족시키기에 충분하였다. 공작 도구처럼, 그것 하나만 있으면 되고, 그것에 따라 그냥 깊은 생각 없이 순응하기만 하면 되는 단순한 도구로서의 교육과정 평가 모형이 제시되어 왔다면, 이것은 어느 다른 한쪽을 지나치게 내세우기 위한 억지라고도 할 수 있다. 그럼에도 불구하고 교육이라는 지극히 복잡한 현상을 지나치게 단순화된 논리로서 이해하려했다는 것을 부인하기는 어려운 것이 사실이다.

과학적 사고는 객관성을 추구한다. 그러나 객관성이라는 미명은 가치의 중립을 의미하지 않는다. 그럼에도 개인의 가치보다는 집단의 집합적 가치가 개인의 가치를 지배하였으며, 그 속에서 개인은 탈가치화하여야 하는 요구를 받았다. 예컨대, 교사 개인의 가치는 객관적인 교육과정 평가 틀 속에서 언제나 범주 밖의 사소한 일로 여겨지지 않았던가? 교육과정을 새롭게 창출하기보다는 그대로 유지 존속시키며 다소간의 수정을 가하기에 적합한 모형들만이 개발되지는 않았는가? 이러한 교육과정 평가에 대한 자성은 지난 10여 년 간에 걸쳐 더욱 뚜렷해지기 시작하였다.

교육과정에 대한 근본적인 재개념화 추세와 더불어 교육과정 평가에 대한 새로운 시각이 싹트기 시작한 것이다. 그것은 교육과정이 전통적으로 좁은 의미의 교수-학습학(pedagogy) 내에서의 논의를 벗어나, 관련되는 인접 학문 세계로부터의 세찬 질문을 받게 되면서부터 더욱 현저해졌다고 하겠다. 예컨대, 교육과정과 정치, 교육과정과 이데올로기, 교육과정과 사회학, 교육과정과 환경 등의 새로운 시각의 문제 제기가 활발해진 것이다. 여기서 몇 가지 대표적인 예들을 살펴보기로 한다.

첫째, 교육과정은 그것에 영향을 미치는 사회적 세력들과 새로운 관계 정립을 요구받게 되었다.

교육과정은 어떠한 사회적 세력에 대하여 어떻게 응답을 보여야 하는가? 사회적 세력의 영향 아래 교육과정을 그대로 유지하기 위해 노력할 것이냐, 아니면 요구대로 변화시킬 것이냐의 갈등을 겪기 시작한 것이다. 예컨대, 교육과정은 그 자체가 독립 변인이냐 아니면 종속 변인이냐, 또는 매개 변인이냐에 대한 사회학적 연구가 활발히 생성되기 시작한 것이다. 각각의 응답에 따라 새로운 패러다임(paradigm)이 속출하고 있다. 학교 교육과 문화간의 상호 작용 관계에 대한 새로운 정립을 위한 패러다임이 나오고 있다. 많은 인류학자들이 문화와 사고의 유형간의 관계를 검토하더니, 이제 그것은 문화와 학교 교육의 과업과의 관계 정립으로 발전하고 있다. 교육과정은 다양한 계층의 문화에 대하여 어떻게 대처할 것인가? 문화적 복수주의, 문화적 다양성과 교육과정의 관계는 어떻게 수립되어야 하는가? 그 외에 더 일일이 열거할 수는 없겠으나, 학교 교육과정과 다양한 사회적 현상이나 제도와의 교호 작용에 관한 의문들이 끝없이 제기되고 있는 것이다.

둘째로, 교육과정 평가는 정책적인 문제들과 상관적으로 고려하지 않을 수 없다는 문제 제기가 있다.

M. W. Kirst와 D. F. Walker는 교육과정에 관한 정책 결정의 연구를 수행하면서, 그 속에는 여러 다양한 이익 집단간의 교육에 관한 갈등이 크게 개재되어 있음을 예리하게

지적하고 있다. 즉, 정치적인 이유 때문에 교육과정 평가는 촉진되기도 하고 무시되기도 한다. 평가는 그 개념화, 설계, 시행 그리고 활용에 있어서 정치적이며 또 앞으로도 필연적으로 정치적일 것이다라고 말한 M. Q. Patton의 얘기는 교육과정 평가의 틀을 기계적인 절차의 단순한 적용에만 묶어 두지 않는다.

H. M. Kliebard는 학교의 교육과정 결정 이면에는 복잡한 관료적 압력이 개재되어 있음을 지적하고 있다. D. Huebner는 오늘날 교육과정 세계에는 '학교를 보다 공공적인 세계'로 만들려는 투쟁이 존재하고 있다고 지적하면서, '교육은 하나의 정치적 활동임'을 기억하라고 설득하고 있다. 누가 교육과정 개발을 통제하는가? 교사인가? 정부인가? 지역 사회의 어느 집단인가? 아니면 학생들인가? 교육과정 정책 결정에 영향을 미치는 영향세들은 거미줄처럼 그물망을 이루고 있다. 그 속에는 여러 가지 요인이 뒤섞여 있다. 교육과정 평가는 그러한 것을 구명하기 위해 지금까지 인습적인 탐구를 꾸준히 계속해 왔다. 그리고는 학생의 능력, 학생의 학습 태도, 교사의 교수 전략 등을 밝혀냈다. 그러나 그 속에는 교사의 통제 영역 밖에 존재하는 요인들도 많다. 그 요인들은 누가 통제하는 것인가? 예컨대, 학교의 위치가 바로 그것이다. 중앙 정부에서 통할권을 갖는 것이 좋은가? 아니면 지방청에서 통할권을 갖는 것이 바람직한 것인가 등이다.

D. F. Walker는 오늘의 교육과정 설계는 지난날 단순히 특정 개인적 성향 또는 정치적 성향에 기초하였던 것에서부터 벗어나기 시작해서 이제는 '힘과 권력과 이념간의 교호 작용'에 기초하는 과정으로 이행되어 가고 있음을 지적하였다. 이에 따라, 교육과정 평가는 이제 교육과정을 사회 속의 힘의 관계(power relation)를 투영시킨 것으로 보고 있다.

셋째, 1970년대 초로 접어들면서 교육 사회학적 접근에서는 잠재된 학습 경험의 존재, 즉 잠재적 교육과정을 지적하고 나섰다.

예컨대, P. W. Jackson은 학교 교육에서 학생들은 집단 기능을 배우고 힘의 조건하에 생존하는 것을 배우게 됨을 지적하고, 이와 같은 잠재된 학습의 존재와 그 중요성에 대한 문제를 제기하기 시작하였다. 교육과정 평가에서는 이러한 잠재적 교육과정의 효과와 중요성을 어떻게 다룰 것인가?

N. V. Overly는 잠재적 교육과정에 관한 지식 창출에는 두 가지 접근 방식이 있음을 제시하고 있다. 하나는 이념적, 사회학적, 정치적 측면에서 교육과정을 분석하는 것이며, 다른 하나는 예술적인 비판론 측면에서 분석하는 것이다. 이러한 사고가 곧 지난날의 교육과정 평가에 대한 새로운 현상학적 접근을 촉성하게 되는 중요한 계기가 된 것이다.

끝으로, 한가지 예를 더 든다면, 오늘날 교육과정 평가 연구에서 새롭게 제기되고 있는 것은 다양한 유형의 환경에 관한 심층적인 분석이다.

예컨대, W. H. Schubert는 네 가지 환경을 열거하고 있다. 인간 환경(human environment), 물리적 환경, 자료 환경, 심리 사회적 환경의 네 가지이다. 특히, Schubert는 심리 사회적 환경 가운데서도 가정, 또래 집단, 대중 매체, 다양한 직업, 그리고 취미와 같은 학교외 교육과정들이 학생들의 학교 학습에 대한 태도에 크게 영향을 미치고 있으며, 이에 대한 평가 분석이 앞으로 교육과정 분야에서 활발해져야 함을 주장하고 있다. 이러한 지적은 교육과정 평가에 있어서 특히 생태학적 접근(ecological approach)의 시도를 중시하도록 영향을 미치고 있다.

요컨대, 위에서 예시적으로 열거한 새로운 시각의 문제 제기는 전통적인 측정과 평가 원리에 입각한 교육과정 평가의 여러 가지 방법론에 대하여 부족을 느끼게끔 만든 것이다. 즉, 실험적 또는 준실험적 설계에 의한 전통적인 교육과정 평가 방법들로는 그 해답을 찾아내기 어려운 쟁점들이 있음을 일깨워 주고 있는 것이다. 이것은 바꾸어 말하면, 전통적인 방법론, 즉 논리적 연역적 형태의 탐구의 효능성 내지는 만능성에 대한 의문의 제기라고도 할 수 있다. 지나친 투입-생산의 변인에만 강조를 두고, 기실은 그 과정 속에 내재되어 있는 끝없이 가변적인 맥락 변인들(context variables)을 무시하는 경우가 객관성, 실험 또는 일반화로 특정 지워지는 과학의 미명으로 계속 교육과정 평가를 지배할 수는 없는 것 아니겠는가? 이러한 새로운 각성들은 곧 교육 평가 내지는 교육과정 평가에서 질적인 접근으로 대변되어 나타나기 시작하였다. 예컨대, 대표적으로 M. Q. Patton, E. R. House 그리고 D. Hamilton 등과 같은 사람들이 질적 평가 방법에 대한 이론들을 수렴하기 시작하였다.

질적 평가가 갖고 있는 대표적인 특징은 평가된 현상을 언어적으로 기술하는 데 있어서 양적인 평가와는 크게 다르다는 점이다. 양적인 평가에서는 평가된 현상을 양적인 용어로 변형시켜 통계적으로 처리한다. 이 때, 양적으로 변형되면서 평가된 현상의 질은 기호체계 속으로 자칫 용해되어 버리기 쉽다. 두 개의 서로 다른 질도 때로는 양적으로 변형되어서 똑같은 질을 갖고 있는 양 오해되기 쉬울 때가 많다. 예컨대, A는 무척 열심히 공부해서 60점을 받았고, B는 매우 게을렀기 때문에 60점을 받았다고 하자. 이 때, 60점이라는 기호 체계만을 갖고 얘기하면 A와 B는 서로 똑같다. 열심히 했다는 사실과 게을렀다는 사실의 질적인 차이는 용해되어 버려서 겉으로 나타나지 않는다. 그러나 질적인 평가에서는 그러한 지각된 현상의 질을 생생하게 표출시켜, 그 평가 결과를 접하는 사람들도 똑같은 경험을 느끼도록 해 준다. 말하자면, 질적 평가와 양적 평가의 근본적인 차이는 평가된 사실을 어떻게 밖으로 알리느냐에 있어서 크게 나타난다.

또한, 질적인 평가는 양적인 평가와 그 절차나 기술에 있어서 차이를 갖고 있다. 양적인 평가에서는 어떠한 절차와 기술을 사용하여야 할지 사전에 철저히 계획하고 규정된다. 즉, 무엇을 어떠한 문항을 갖고 평가해야 할지를 사전에 분명히 규정한다. 그러나 질적인 평가는 사전에 철저하게 구조화되지 않는다. 질적인 평가는 그 절차나 기술에 있어서 지극히 융통적이다. 즉, 끝이 열려 있는 개방적인 체제하에서 다양한 절차와 기술을 원용한다.

질적 평가에 관해서는 크게 두 가지 문제가 제기되고 있다. 하나는 질적 평가가 객관성이 있는 것이냐 하는 문제 제기이다. 객관성을 지극히 좁은 의미에서의 과학적 방법으로 해석할 때 질적 평가는 객관성의 의문을 받게 된다. 그러나 객관성이란 여러 사람들이 함께 믿을 때 그 사이에서 형성되는 개개인의 주관의 합의(intersubjective agreement)의 함수라고 표현하면 질적 평가에서의 객관성 문제는 더 이상 의문의 여지가 없을 것이다. 남도 믿고 나도 믿는다면 그것도 남이 한 둘이 아니고 여러 명이 믿고 나도 믿는다면 그것은 객관성을 나타내 주는 것이 아니겠는가? 질적 평가에서 통계적으로 제기되는 또 다른 문제는 타당화 과정에 관한 것이다. 여기에 대하여 E. W. Eisner는 두 가지로 대답하고 있다.

우선 첫째는, 질적 평가는 구조적 확정(structural corroboration)을 지니고 있다는 것이다. 왜냐 하면, 질적 평가에서는 자료를 모을 때나 그 자료를 사용할 때, 그 자료를 여러 개의 부분으로 조각 나누어 검토하고, 그것을 모아 전체를 새롭게 창조하도록 하기 때문에, 거기에는 응집성 있는 설득력 있는 전체가 확보된다는 것이다. 즉, 여기서 그 전체가 어느 정도나 응집성 있게 부분 부분을 연결시키고 조화롭게 새로 창출되었느냐가 곧 타당성을 확보해 주는 것이다.

둘째는, 질적 평가는 조회의 충분성(referential adequacy)을 확보할 때, 타당화된다. 즉, 질적 평가가 구조적 확증을 갖고 있다 하더라도 조회의 충분성이 없으면 타당성을 상실할 우려가 있다. 조회의 충분성은 우리가 기술하고자 하는 현상에 반하는 다양한 비판론을 검증하는 가운데 확보될 수 있는 것이다. 즉, 다양한 비판적 견해에 대한 철저한 검토가 곧 조회의 충분성을 의미하며, 조회의 충분성이 확보되면 그 질적 평가는 타당성의 의미를 갖게 되는 것이다.

이러한 의미의 특징을 갖고 있는 질적 교육과정 평가 방법에는 대별하여 8가지 유형이 있다. 즉, ① 전기 또는 자서전 분석(autobiography), ② 사례 연구(case study), ③ 교육적 비판법(educational criticism), ④ 현장 기술적 접근(ethnographic approach), ⑤ 조감적 평가(illuminative evaluation), ⑥ 비판적 과학 평가(critical science evaluation), ⑦ 대리 기술 평가(portrayal evaluation), ⑧ 반응 평가(responsive evaluation)의 여덟 가지이다. 여기에서는 이들 8가지 중에서 조감적 평가에 관해서 논의하기로 한다.

(2) 조감적 평가

㈎ 조감적 평가의 의미와 목적

조감적 평가(illuminative evaluation)란 용어는 M. A. Trow로부터 유래하였다. 조감적 평가는 종래의 측정과 예언 위주의 평가에 반하여 기술과 해석 위주의 평가 전략으로 대두한 것이다. 조감적 평가는 관찰, 면접, 질문지, 문서 분석, 배경 정보 분석 등의 다양한 방법론적 전략들을 활용하여 문제나 이슈 또는 의미 있는 특징들을 조감(illumination)함으로써 교육과정을 평가하는 것이다. 조감적 평가의 근본 목적은 교육과정의 개혁적 프로그램을 연구하는 데 있다. 즉, 그 개혁적 프로그램이 어떻게 운영되는가? 그 개혁적 프로그램은 그것이 적용되는 다양한 학교 상황에 의해서 어떻게 영향을 받는가? 학생들의 지적 과업과 학문적 경험은 어떻게 영향받는가? 등과 같은 것을 탐구하는 데 목적이 있다.

조감적 평가의 의미를 이해하기 위해서는 조감적 평가에서 사용되는 두 가지의 중요한 개념의 이해가 우선 필요하다. 하나는 수업 체제(instructional system)이고, 다른 하나는 학습 환경(learning milieu)이다.

우선 수업 체제부터 살펴보면, 일반적으로 전통적인 평가자들은 학교에서 공식적으로 만들어 놓은 요람과 같은 것으로부터 그 프로그램의 목적, 목표 또는 각종 교수-학습 체제와 조직 등을 끌어내어서 분석한다. 그리고 그것에 기초하여 검사를 만들고, 질문지나 척도도 만든다. 그리고는 목표를 성취했느냐 또는 성취 기준에 도달했느냐를 따져서, 수업 체제를 평가한다. 그러나 이러한 기술적인 접근은 사실상 수업 체제 저변에 잠재되어 흐르고 있는 매우 중요한 사실들을 밝히지 못하고 간과하고 있는 것이다.

수업 체제란 반드시 요람이나 강의 계획서 또는 학생들에게 배부되는 핸드북에 기술된 그대로 꼭 운용되는 것은 아니다. 그 속에는 여러 가지 이념, 추상적 모형, 슬로건 또는 정신, 전략 등이 있게 마련인데, 이러한 구성 요소들은 그 수업 체제를 운용하는 교사나 학생, 심지어는 행정가, 교수 자료를 제작하고 돕는 기술자들에 의해서까지 변화되기 쉽다. 때로는 특정 이념이나 개념이 강조되기도, 무시되기도 하고 확대되기도 하며 절단, 삭제되기도 한다.

학생들은 일단 받아 쥔 실라버스를 놓고 그 속에 담은 뜻을 자기들 나름대로 재해석하게 되며, 이것은 곧 그들이 임하는 수업 체제에 대하여서도 재개념화를 갖게 한다. 학생들은 그들 나름대로의 학습 목표를 재구성하기도 하고, 또 일부를 아예 빼버리거나 포기하기도 한다. 즉, 원래 문서대로 나타났던 이상(ideal)은 이제 더 이상 그대로 머물러 있지를 않는다. 밖으로 공식적으로 나타난 수업 체제와 교실 속에서 실제로 운용되는 수업 체제간에는 상당한 의미 있는 괴리가 있는 것이다.

다음으로 학습 환경에 대한 이해인데, 학습 환경이란 교사와 학생이 함께 가르치며 배우는 사회 심리적 그리고 물리적 환경을 의미한다. 학습 환경은 문화적, 사회적, 제도적 그리고 심리적 변인들의 결합으로 형성된다. 이러한 변인들의 상호 작용은 매우 복잡하게 진행되며, 또 이들의 상호 작용은 한 교실 속에서 또는 한 수업 시간이나 수업 단위에서 각각 독특한 형태의 환경, 압력, 인습, 의견, 교수-학습 유형 등을 생성시킨다. 따라서, 어떠한 특정한 교실 속에서의 학급 환경이란 여러 가지 다양한 요인들의 상호 작용에 크게 의존하게 되는 것이다. 즉, 교실 속에는 여러 가지 요인들이 개재되어 서로 영향을 주고받으며 독특한 학급 분위기를 만드는 것이다.

예컨대, 교실 속에서 쉽게 발견할 수 있는 교수-학습 조직에 관한 수많은 제약 조건들(법적, 행정적, 재정적, 위생적 조건 등…), 그리고 교수-학습 수행에 관한 교사들의 여러 가지 가정들(예컨대, 교과목 배열, 교수 방법 선택, 학생에 대한 평가 등에 관련된 가정들)이 바로 학급 환경에 영향을 미치는 요인들의 예이다. 물론, 교사의 개인적 특성, 즉 연령, 경험, 개인적 생애 목표, 교사직에 대한 태도, 가치관, 교육 철학 등도 중요한 요인이 된다. 이러한 수많은 여러 가지 변인들의 다양성과 복잡성을 인정하고 받아들이는 것은 모든 교육 프로그램에 대한 연구의 선행 조건이다. 새로운 교육 개혁을 투입시킬 때, 그것은 이러한 학습 환경을 통하여 영향을 받게 마련이다. 그것은 학습 환경에 따라 때로는 수정되기도 하고, 거부되기도 하며 또 조장되기도 하는 것이다.

조감적 평가에서의 주요 관심사의 하나는 이러한 학습 환경에서의 변화를 학생들의 지적 경험과 연결시키는 일이다. 학생들이란 지식을 본래의 모습대로 받아들이는 것이 아니다. 그 지식은 교과서라는 형식을 통해서, 교사의 설명을 통해서, 또는 녹음 테이프 등을 통해서 학생들에게 전달되고, 학생들은 그렇게 변형된 모습의 지식을 받아들이는 것이다. 게다가 교실마다 학교마다 독특한 제도적 절차가 있고 정서적 분위기가 있으며, 역사적 전통이 있고 전문적 규칙이 있어서 지식의 변형된 모습의 심화를 가중시킨다. 예컨대, 한 학급당 학생 수를 40명이다 70명이다 하고 규제하는 것은 학생들이 지식을 변형된 모습으로 받아들이는 데 영향을 미치게 된다. 이처럼, 학습 환경 속에는 겉으로 나타나서 관찰될 수 있는 특징들도 있지만 상당한 부분이 내재되어 숨겨져 있음을 조감적 평가에서는 매우 중요하게 생각하고 있는 것이다.

㈏ 조감적 평가의 조직과 방법

조감적 평가의 형태는 다양하다. 평가의 크기, 목적 그리고 기술 등은 여러 가지 요소에 따라 다르다. 예컨대, 조감적 평가가 연구하고자 하는 개혁의 본질과 단계, 교사나 학생의 수, 협동의 수준, 정보 접근 기회의 정도뿐만 아니라 연구자 자신의 경험과 시간 등에 따라서도 조감적 평가의 형태는 달라진다.

조감적 평가는 하나의 정형화된 표준 평가 방법이 아니라 일종의 일반적인 평가 또는 연구 전략이다. 따라서, 조감적 평가의 조직과 방법은 대체로 가변적이면서도 또한 절충적이다. 어떠한 하나의 특정 연구 방법만이 유일하게 사용되지도 않는다. 문제를 비추어 찾아내기 위해서는 필연적으로 여러 가지 다양한 방법을 동원하지 않을 수 없다.

조감적 평가는 세 단계를 거쳐서 수행된다.

첫번째 단계는, 탐색적인 관찰 단계이다. 이 단계의 주된 목적은 평가자로 하여금 그가 평가하고자 하는 상황의 일상 현실에 대하여 철저하게 익숙하도록 하는 데 있다. 이런 점에서, 평가자는 사회 인류학자나 현장 탐사 역사학자들과 유사하다. 조감적 평가자는, 이 때 상황 변인들을 조작하거나 통제하거나 제거시키려고 하지 않는다. 그냥 주어진 상태대로 자신이 접하는 복잡한 상황을 받아들인다. 그리고는 그 상황을 풀이하려고 노력해야 한다. 의미 있는 특징들을 분리시켜 기록하고 인과 관계의 순환을 모사하며 신념과 행동간의 관계, 조직 형태와 개인의 반응간의 관계 등을 이해하려고 노력한다. 이러한 제 1단계의 작업을 위해서는 평가자는 관찰 기법과 면접법의 중요함을 느끼고 숙달하여야 한다.

둘째 단계는, 집중적인 탐구 단계이다. 평가자는 그가 접해 본 학급 상황 속의 여러 가지 사태, 현상, 의견 집단, 개개 학생들 가운데서 선택적으로 몇몇 대상을 골라 깊이 있는 심층적 탐구를 실시하여야 한다. 즉, 1단계의 경우는 전체에 대한 폭넓은 관찰이었지만, 2단계에서는 몇 가지 의문에만 집중적으로 매달린다. 이 때의 관찰은 대체로 체계적이고 선택적인 관찰이 된다.

셋째 단계는, 이해와 설명, 지시의 단계이다. 우선 평가자는 그 프로그램의 조직이 근간을 이루는 일반적인 원리들을 찾아내고 인과 관계의 형태를 유형별로 분류하며, 개개인에 대하여 발견한 사실들을 보다 폭넓은 설명적 맥락에서 이해하고 처리한다. 또, 여기에서는 지금까지 얻은 정보에 비추어 여러 가지 대안적 해석들의 무게를 따져 본다.

이상에서 밝힌 세 가지 단계는 결코 단속적(斷續的)으로 전개되는 것이 아니다. 경우에 따라서는 각 단계의 일이 서로 중복되기도 하고, 또 기능적으로 상호 밀접하게 관련되어 있기도 하다. 따라서, 조감 평가에서는 그 평가가 앞으로 어떠한 절차를 거쳐 어떻게 진행되어야 하는지 사전에 먼저 구조화하고 조직하기가 어렵다.

조감적 평가에서 사용되는 자료 수집 방법은 크게 네 가지이다. 즉, 관찰법, 면접법, 질문지와 각종 검사, 그리고 문서 자료들이다. 여기에서는 각각의 방법에 관련하여서 간단히 살펴보기로 한다.

첫째, 위에서도 언급하였듯이 관찰은 조감적 평가 활동에 있어서 가장 중심이 되는 역할을 한다. 조감적 평가에서 평가자는 현재 진행중인 사건, 상호 교호 작용 그리고 비형식적인 제반 특이 사항들을 관찰해서 계속적으로 기록해 나가지 않으면 안 된다. 동시에 그 상황의 외형적 또는 내면적 특징에 대하여 해석적 주석을 붙이면서 자료를 조직해 나가야 한다. 특히, 평가자는 학생들간에 이루어지는 여러 가지 토의, 의견 교환 등을 면밀히 관찰하여야 한다. 왜냐 하면, 그 때 사용되는 여러 가지 은어라든가 상징적 비유 등은 학습 환경 내에서의 심층적인 인간 관계나 지위 갈등 등을 이해하는 데 도움을 주기 때문이다. 또한, 관찰할 때는 관찰 목표, 관찰 기호를 사용한 도식표 등을 활용해도 좋다. 그러나 조감적 평가자는 언제나 관찰 평정 척도에 나타난 항목에만 집중하다가 실제로는 겉으로 나타나지 않는 잠재된 저변의 의미 있는 특징들을 놓치지 않도록 주의하여야 한다.

둘째, 면접법은 참가자들의 견해를 발견하는 데 매우 유용한 수단이 된다. 특히, 조감적 평가가 개혁의 영향을 사정한다고 할 때, 면접법을 통해서 개혁 참가자들의 의견을 청취하는 것은 매우 중요하다.

면접법 역시 얻고자 하는 정보의 유형에 따라 다양한 방법을 사용할 수 있다. 예컨대, 성장 배경이나 역사적 또는 사실적 정보를 얻고자 할 때는 구조화된 면접법이 적합하겠으나 정서적인 느낌 등에 대해서는, 즉 직접적으로 묻기가 어려운 내용 같은 것은 비구조화된 면접법이 적합할 것이다. 그러나 한 가지 중요한 것은 모든 사람을 전부 면접하기가 어려우므로, 면접 대상자 가운데서 몇 사람을 표집하는 수밖에 없는 경우이다. 이 때, 그 표집은 무선적으로 표집이 되거나 여러 가지 다양한 이론적 표집 원칙에 따라서 표집되어야 한다. 특히, 후자의 이론적 표집 원칙은, 예컨대 평가하고자 하는 교육 개혁에 대하여 상세한 지식을 갖고 있거나 또는 그것을 직접 실천에 옮기는 데 주역을 해낸 사람들의 예리한 통찰을 면접하고 싶을 때 적용할 수 있는 방법이다.

셋째, 질문지 및 기타 검사 도구 역시 조감적 평가에서 자료를 수집할 때 사용되는 중요한 도구가 될 수 있다. 조감적 평가라고 해서 흔히 지필 검사를 사용하는 것을 경원하게 되는 경우가 있는데 이는 옳지 못하다. 특히, 대규모의 조감적 평가를 실시할 때, 질문지나 각종 검사 도구가 나타내 주는 이점은 매우 크다. 또한, 이들 질문지나 각종 검사 도구는 앞에서 제시한 관찰이나 면접을 통해서 이미 얻은 정보를 뒷받침해 주거나 질적 양적으로 풍요롭게 해 주는 데 큰 도움을 줄 수 있다.

질문지법에도 여러 가지 형식이 있다. 예컨대, 자유 응답식, 다지 선택법, 택일식, 등위식, 평정 척도법, 조합 비교법 등이 있으므로, 조감적 평가라는 평가 내용에 따라 적절한 방식을 선택적으로 활용하는 예지를 지녀야 할 것이다. 질문지 작성에 있어서도 사전에 철저한 이론적 검토 위에 체계 있는 작성이 되도록 하여야 한다. 그냥 몇 가지 질문을 불쑥 만들어서 쭉 돌리는 식의 무책임한 비연구적인 행동은 삼가야 한다. 질문지의 문항 하나 하나를 구성하는 것이 얼마나 중요하고 어려운 일인가 하는 것은 직접 만들어 본 사람만이 이해할 수 있을 만큼 힘든 것이다. 평가자가 직접 제작하지 않고, 이미 표준화되어 출판되었거나 또는 타인이 제작한 검사 도구를 선택해서 활용할 때에도 문제의 어려움은 비슷하다. 특히, 이 때는 그 도구의 특성에 대하여 사전에 철저히 이해한 후라야 비로소 적절한 도구를 선택할 수 있는 것이다.

끝으로, 각종 문서나 개인의 신상 배경에 관한 자료들을 활용하는 방법이 있다. 예컨대, 학생들의 생활 기록부라든가, 가정 환경 조사 결과표라든가 또는 성적 등이 흔히 찾아볼 수 있는 예이다. 이 때, 무엇보다도 제일 중요한 것은 윤리적인 그리고 법적인 문제이다. 말하자면, 자료의 공개가 허용되는 것인지, 비록 허용된다 하더라도 그것이 개개인의 사적인 권리를 침해하는 것이 아닌지를 분명히 가려본 다음에 사용하여야 한다. 물론, 그 문서 자료들, 통계적인 자료인 경우에는 그것의 정확성 또는 신빙성에 대한 검토도 함께 따져 보아야 할 것이다.

이상에서 살펴본 네 가지 방법만이 조감적 평가에서 활용될 수 있는 방법의 전부는 아닐 것이다. 문제는, 흔히 모든 질적 평가 방법이 다 그렇지만, 잘못하면 그저 주관적인 인상을 적어 놓는 언어 놀이에 불과한 평가가 되기 쉽다는 점이다. 그것은 경험적인 과학적 접근을 선호하는 많은 사람들로부터 비난받는 근거가 되는 것이다. 조감적 평가는 물론 모든 질적 평가들이 과학성의 기본 원리에서 벗어날 수는 없는 것이다. 예컨대, 신뢰도, 타당도, 객관도의 확보가 결코 조감적 평가에서도 예외가 될 수는 없다. 따라서, 조감적 평가에서는 철저한 사전 계획과 치밀한 절차, 엄정한 도구의 개발, 평가자의 선정 등에 있어 각별히 주의하여야 할 것이다.

다. 수준별 교육과정 평가 모형

외국에서 교육과정 평가 분야의 연구가 활발히 진행되어 온 것과는 대조적으로, 국내의 교육과정 평가에 관한 연구는 그 연륜도 짧거니와 수(數)에 있어서도 시작 단계에 불과하다. 1970년대 이전에는 교육과정 평가에 관한 연구를 거의 찾아볼 수가 없었고, 1980년대부터 초등학교(박경수 등, 1983), 중학교(권낙원 등, 1985), 고등학교(허경철 등, 1986) 등 학교급별 교육과정에 대한 연구가 소수 시도되었고, 1990년대로 들어서면서 학교급별 교육과정을 대상으로 한 교육과정 평가 차원을 넘어 교육과정 평가 모형 정립을 위한 연구

(최호성, 1993; 국립교육평가원, 1996; 허형 등, 1996), 교육과정 평가 방안 연구(김재복 등, 1996a; 1996b; 유한구 등 1997; 한국교육과정평가원, 1998), 그리고 교육과정 평가 실행을 위한 편람 개발 연구(배호순 등, 1997) 등 다양한 연구가 시도되어 왔다.

교육과정 평가 연구의 시대별 특징을 보면 연구의 초기 단계인 1980년대에는 새로운 교육과정 개발에 앞서 기존 교육과정의 문제점이나 개선점을 밝혀 내려는 기초 조사의 성격이 강하였다. 평가의 방법면에 있어서도 교사나 전문가를 대상으로 기존의 교육과정에 대한 만족도나 차기 교육과정에 대한 요구를 파악하기 위한 설문 조사가 대종을 이루었다. 그러나 최근으로 오면서 교육과정 평가를 위한 모형을 구안하려는 노력을 위시하여, 교육의 질 관리를 위한 다양한 형태의 교육과정 평가 방안에 관한 연구가 시도되었고, 평가 실행을 위한 편람이 개발되는 등 교육과정 평가 연구의 분야가 다양화되었다.

평가의 방법면에 있어서도 설문 조사나 장학, 외부 인사의 관찰 차원을 넘어 학교 구성원들에 의한 자체 평가를 위한 세미나, 자기 반성, 자체 토론 등 다양한 방법이 제시되었다(한국교육과정평가원, 1998).

(1) 교육과정 평가의 모형 정립과 목표의 평가 준거 설정 및 타당화

이 연구는 최호성(1993)의 박사 학위 논문으로 교육과정 평가의 모형 정립과 이에 기초한 목표의 평가 준거 설정 및 타당화를 위한 것이다. 그는 교육과정 평가를 '왜(X), 무엇을(Y), 어떻게(Z) 평가할 것인가'라는 질문을 중심으로 하여 교육과정 평가의 3차원 모형을 제시하고 있다. '왜 평가를 하는가'에 대해서는 가치 판단을 하기 위하여, 의사 결정을 돕기 위하여, 이해하기 위하여라는 세 가지 요소(X_1, X_2, X_3)를, '무엇을 평가하는가'에 대하여 상황, 설계, 실행의 세 요소(Y_1, Y_2, Y_3)를, 그리고 '어떻게 평가하는가'에 대하여 양적 탐구와 질적 탐구라는 두 가지 요소(Z_1, Z_2)를 제시하고 있다.

이 교육과정 평가 모형의 주요 특징은 다음과 같다.

첫째, 교육과정 평가에 대한 3차원 모형을 제시하고 있으며 이러한 3차원 모형을 보다 쉽게 이해하도록 돕기 위하여 2차원 전개도로 변환하여 제시하고 있다.

둘째, 교육과정 평가의 개념 모형에서 교육평가 체제, 교육과정 평가, 설계 평가, 목표 평가의 위계 관계를 명백히 제시하고 있다. 이 모형의 연구자는 교육 관련 평가를 크게 교육 정책 평가, 교육과정 평가, 수업 평가, 교사 평가로 4원화하여 제시한 다음, 교육과정 평가는 상황 평가, 설계 평가, 실행 평가, 성과 평가로, 그리고 다시 이 중 설계 평가는 목표의 평가, 내용의 평가, 방법의 평가, 평가의 평가로 나누어 제시하고 있다.

셋째, 교육과정 평가 영역을 구체화하기 위하여 교육과정 맥락/상황 평가, 교육과정 설계 평가, 교육과정 실행 평가, 교육과정 성과 평가의 4요소를 추출한 다음, 이들의 순환성을 지적하고 있다.

넷째, 교육과정의 목표 자체를 주어진 것으로 간주하는 대신에 목표 자체의 정당성 또는 타당성을 평가하려고 시도하고 있다.

(2) 한국의 교육과정 평가 모형 개발 연구

이 연구는 1996년, 허형 등에 의하여 수행된 것으로, 교육과정 평가의 개념 모형을 기초로, 국가, 지역, 학교 수준에 이르기까지 평가 대상, 평가의 준거 및 평가 활동의 지침을 구체적으로 제시하고 있다.

연구진들이 초점을 두는 부분은 주로 교육과정 평가의 개념 모형 부분이며, 교육과정 개념 모형과 함께 다음과 같이 제시되고 있다.

이 교육과정 평가 모형의 주요 특징은 다음과 같다.

첫째, 교육과정 평가 개념 모형을 교육과정 개념 모형에 근거하여 제시함으로써 논리적 일관성을 확보하고 있으며, 평가 대상(영역)과 개발, 운영, 평가의 수준을 모형 속에 종합적으로 제시하고 있다.

둘째, 교육과정 평가의 대상(영역)을 교육과정의 기본적 준거, 교육과정 개발, 교육과정 운영, 교육과정 성과의 네 영역으로, 교육과정 개발, 운영, 평가의 수준을 국가, 지역, 학교의 세 수준으로 나누어 제시하고 있다.

셋째, 교육과정 개발, 운영 및 성과와 관련되는 기본적 준거 5가지(철학적 가정, 학문적 내용, 사회적 요구, 개인적 특성, 교수-학습 이론)를 설정하고, 이 준거 자체에 대한 평가를 교육과정 평가의 한 부분으로 실시할 것을 제안하고 있다.

넷째, 교육과정 평가 개념 모형에서 각 평가 영역의 세부 항목 또는 요소까지를 일목요연하게 제시하고 있다.

다섯째, 교육과정 평가 영역별 세부 항목과 평가의 관점 및 준거를 국가, 지역, 학교 수준별로 나누어서 비교적 상세하게 제시하고 있다. 요컨대, 우리 나라 교육과정 평가에 대한 체계적인 틀과 그 틀에 의한 평가 결과를 동시에 제공하고 있다.

(3) 국가 교육과정 평가 체제

이 연구는 1996년 국립교육평가원에 의해 수행된 것으로 교육과정 수준과 교육과정 영역이라는 두 차원을 중심으로 한 국가 교육과정 평가 체제를 [그림 11-3]과 같이 설정하고 있다.

앞에서 제시한 국가 교육과정 평가 모형의 주요 특징은 다음과 같다.

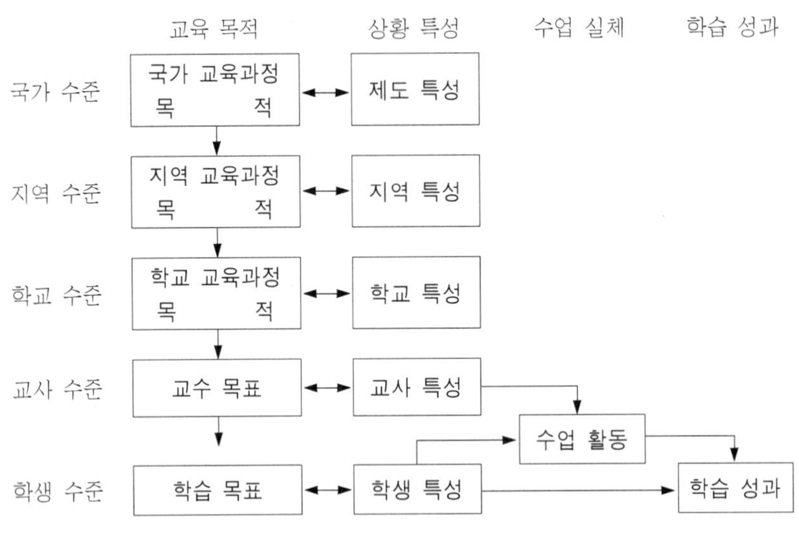

[그림 11-3] 국가 교육과정 평가 체제 모형

첫째, 교육과정의 네 영역(교육 목적, 상황 특성, 수업 실체, 학습 성과)과 교육과정의 5 개 수준(국가, 지역, 학교, 교사, 학생)을 두 개의 축으로 하는 이차원 교육과정 평가 모형 을 제시하고 있다.

둘째, 교육과정의 수준을 국가, 지역, 학교에서 더 나아가 교사가 운영하는 교육과정, 학 생이 경험하는 교육과정의 5개 수준으로 세분하였다,

셋째, 교육과정의 대상 영역을 교육 목적, 상황 특성, 수업, 성과의 4개 영역으로 설정하 고 있다. 특히, 교육과정의 성과를 학생의 학업 성취로 국한하지 않고 교육과정이 지역 사 회에 미친 영향까지를 포함하는 광의적이고, 다국면적인 성과를 고려한다는 점이 특징적 이다.

(4) 초·중·고등학교 교육과정 평가 방안 및 도구 개발 연구

이 연구는 1997년, 배호순 등에 의해 수행된 연구로서 학교의 교육과정 평가에 초점을 두고 실제적 평가 편람을 제시하고 있다. 평가 편람 개발시 기초적 토대로 설정된, 교육과 정의 주요 측면과 영역간의 이원 분류표는 [표 11-1]과 같다.

이 연구의 기본 모형의 특징은 다음과 같다.

첫째, 학교 교육과정이 실제로 전개되는 측면(의도된, 실천된, 성취된 교육과정)과 평가 영역(학교 교육과정 연구 및 개발, 학교 교육과정 기본 계획, 교과 교육과정 및 학습 지도, 특별 활동 및 방과 후 교육 활동, 학교 교육과정 지원 체제)을 교차시켜 이원 분류표를 제 시하고 있다.

[표 11-1] 교육과정의 주요 측면과 영역(요소)간의 이원 분류표

교육과정 측면 내용 영역 / 핵심 준거	의도된 교육과정 (교육 계획 평가) ○ 실현가능성 ○ 충실성 　(계열성, 일관성, 전체성)	실천된 교육과정 (교수-학습 과정 평가) ○ 의도/실천의 일치성 ○ 융통성	성취된 교육과정 (교육 효과/성취도 평가) ○ 목표 성취도 ○ 미성취 유형과 원인 ○ 구성원 참여 ○ 교육 본위적 만족도
1. 학교 교육과정 연구 및 개발	1-1. 학교 교육과정 위원회의 구성/활동 1-3. 전문성 신장을 위한 연수 및 자율 장학	1-2. 학교 교육과정 개발, 개선을 위한 연구 1-3. 전문성 신장을 위한 연수 및 자기 계발	1-2. (기본 계획 평가)
2. 학교 교육과정 기본 계획	2-1. 교육 목표의 충실성 2-2. 편제의 타당성 2-3. 학생의 과목 선택권 2-4. 편제에서의 학교별 특성화 노력	2-2. 기본 편제 실천의 충실성 및 융통성	2-1. (구성원의 학교 교육 목표 인지도 및 공감도)
3. 교과 교육과정 및 학습 지도	3-1. 교과별 교육과정 계획의 충실성	3-2. 교과 수업의 충실성 3-3. 교과 평가 활동의 충실성	3-3. 교과 평가 활동의 충실성 3-4. 교과 학습 성취도
4. 특별 활동 및 방과 후 교육 활동	4-1. 특별 활동 계획	4-2. 특별 활동 운영 실태 4-4. 방과 후 프로그램의 충실성	4-3. 특별 활동 성취도 4-4. (방과 후 프로그램 성취도)
5. 학교 교육과정 지원 체제	5-1. (지원 계획의 적절성 : 예산, 시설, 인력 등)	5-1. 교육과정 운영에 대한 학교 지원의 적절성 5-2. 학교 지원의 적절성 평가 및 개선	5-2. (지원의 적절성에 대한 평가)

　둘째, 교차된 각 칸마다 하위 평가 영역을 설정한 후, 각 영역마다 구체적인 평가 지표를 기술하고 있다.

　셋째, 하위 평가 영역에 대하여 일련 번호를 달되, 동일 영역이 의도된 교육과정과 실천된 교육과정에 동시에 포함되는 경우, 같은 번호를 달고 있다. 예를 들어, 교과 평가 활동의 충실성이란 하위 평가 항목은 실천된 교육과정 및 성취된 교육과정에 동시에 제시되어 있으나 번호는 공히 3-3으로 되어 있다.

　넷째, 교육과정이 실제로 전개되는 측면의 핵심 준거(실현 가능성, 충실성 등)를 제시하고 있다.

(5) 초등학교 교육과정 평가 방안 연구

　이 연구는 유한구 등에 의하여 1997년에 수행된 연구로서, 초등학교 교육과정 평가에

초점을 두고, 실제로 학교에서 행해지고 있는 현상을 중심으로 교육과정 평가 영역을 추출할 것을 제안하고 있다. 이들이 제안하고 있는 교육과정 평가의 주요 영역과 평가의 관점을 제시하면 [표 11-2]와 같다.

[표 11-2] 초등학교 교육과정 평가의 주요 영역과 평가자의 관점에 따른 이원 분류

교육과정의 영역 / 평가 관점	1. 교육과정의 계획 및 편성	2. 교육과정의 운영	3. 교육 활동의 평가
교육청의 관점	1.1 학교 교육과정 편성의 적법성 여부	2.1 교육과정 편성 내용과 실제 운영과의 합치 여부 2.2 학습 지도의 계획성 및 적절성 2.3 '열린 교육' 실천 여부	3.1 학교 생활 기록부의 효율적 관리 3.2 평가 자료의 체계적 기록 3.3 수행 평가 추진 실적
학교장의 관점	1.1 학교 교육과정 편성 및 계획의 합리성	2.1 교수-학습 방법의 개선을 위한 교상의 노력(수준별 교육과정 시행 여부)	3.1 평가 방법의 개선 노력
교사의 관점	1.1 학교 교육과정 편성 및 운영 계획의 실현 가능성	2.1 교사의 수업 준비 노력 2.2 교과와 수업 방법의 조화 여부 2.3 교육 내용에 대한 교사의 숙지 여부 2.4 학생의 인성 교육을 위한 교사의 노력 2.5 학습 부진아 개인 지도 여부	3.1 평가 결과의 교육적 재활용 여부 3.2 전인적 평가를 위한 노력 여부
학부모와 학생의 관점	1.1 학교 교육과정에 대한 학부모의 요구 반영 여부	2.1 교사의 수업에 대한 성의 여부	3.1 평가 관리의 공정성

이 연구의 주요 특징은 다음과 같다.

첫째, 교육과정의 영역을 교육과정 계획 및 편성, 교육과정의 운영, 교육 활동의 평가로 하고, 평가의 관점을 교육청, 학교장, 교사, 학부모와 학생의 관점으로 분류한 후에 이를 교차시켜 이원 분류표로 제시하고 있다.

둘째, 교육과정 평가의 관점을 교육청, 학교장, 교사, 학부모 및 학생이 현재 학교의 교육과정에 대하여 관심을 가지고 있는 사항을 중심으로 추출하고 있다. 즉, 교육청의 관점과 교육과정의 계획 및 편성이 교차되는 칸에는 학교 교육과정 편성의 적법성 여부가 제시되어 있으며, 학교장의 관점과 교육과정의 운영이 교차하는 칸에는 교수-학습 방법의 개선을 위한 교사의 노력(수준별 교육과정 시행 여부)이 제시되어 있다. 이는 현재 학교 교육과정 계획 및 편성에 대하여 교육청이 관심을 가지고 있는 부분, 교육과정 운영에 대하

여 학교장이 관심을 가지고 있다고 가정되는 부분을 그대로 평가 영역화한 것이다.

셋째, 두 축이 교차하여 만들어진 하위 영역에 일련 번호를 매겨 일관성 있게 하위 영역을 제시하고 있다.

(6) 초·중등 교육과정 평가 방안 연구

이 연구는 김재춘 등에 의해 1998년에 한국교육과정평가원에서 수행한 것이다. 우리 나라의 교육과정 평가에 관한 선행 연구를 분석하여 교육과정 평가의 영역, 교육과정 평가의 수준, 교육과정 평가의 방법을 중심으로 한 교육과정 평가의 3차원 모형을 [그림 11-4]와 같이 제시했다.

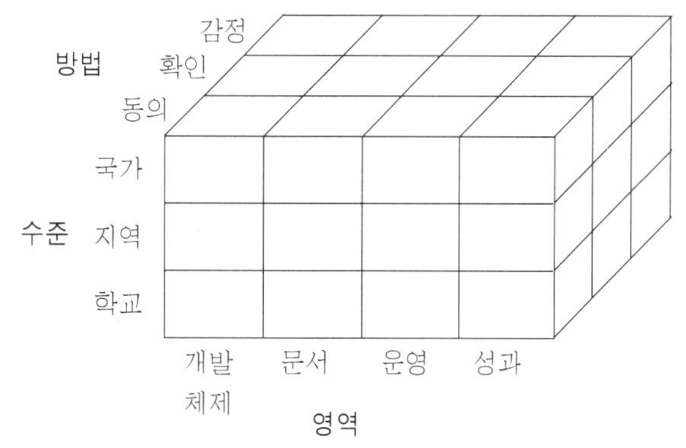

[그림 11-4] 교육과정 평가의 3차원 모형

이 연구의 주요 특징은 다음과 같다.

첫째, 기본 모형의 횡적 차원인 교육과정의 수준별 평가를 구상할 수 있다.

둘째, 기본 모형의 종적 차원인 교육과정의 영역별로 평가를 설계할 수 있다.

셋째, 평가의 방법을 기준으로 한 평가를 구상해 볼 수 있다.

넷째, 기본 모형의 세 축들을 상호 교차시켜 특정 수준의 교육과정의 특정 영역에 특정 관점을 결합시킴으로써, 구체적인 교육과정 평가 상황에서의 평가의 초점과 방법을 도출할 수 있다.

토의 및 연구 과제

1. 교육과정 평가의 의미와 목적 기능에 대하여 설명해 보자.
2. 교육과정 평가와 학생 평가. 학교 평가, 교육 지원 기관 평가들 간의 관계를 도식화하여 설명해 보자.
3. 교육과정 평가의 이론을 정리해 보자.
4. 교육과정 평가에 관한 논리적 접근은 목표 지향 접근, 탈목표 가치 판단 접근, 의사 결정 지향 접근으로 구분하는데, 이 모형의 특징과 약점을 정리해 보자.
5. 교육과정 평가의 현상학적 인식론에 기초한 자연적 탐구가 태동하게 된 배경과 시사점을 토의해 보자.
6. 수준별 교육과정 평가 모형을 우리 나라에서는 어떻게 적용하고 있는지 토의해 보자.

<참고 문헌>

국립교육평가원(1996). 지역·학교 교육과정 평가연구.

권낙원(1985). 중학교 교육과정의 평가연구. 한국교육개발원.

김재복 등(1996a). 학교교육과정 편성·운영 실태 및 개선방안에 관한 연구. 인천교육대학교.

김재복 등(1996b). 현행 교육과정의 분석·평가 연구 -제6차 교육과정을 중심으로-, 교육과정개발연구
　　　위원회.

박경숙(1983). 국민학교 교육과정 평가연구(I). 한국교육개발원.

배호순 등(1997). 초·중·고등학교 교육과정 평가 방안 및 도구 개발 연구. 한국교육과정평가연구회.

유한구 등(1997). 초등학교 교육과정평가 방안 연구. 서울교육대학교.

유현숙 등(1996). 초·중등학교 기관평가에 관한 연구. 한국교육개발원 연구보고 RR 96-6.

이성호(1989). 교육과정과 평가. 양서원

이인효(1998). "국가수준 초·중등학교 평가의 필요성과 방법". 교육개발. 통권 114호. 한국교육개발원.

최호성(1993). 교육과정평가의 모형정립과 평가기준 설정 및 타당화. 경북대학교 대학원 박사학위논문.

한국교육과정평가원(1998). 초·중등 교육과정 평가 방안. 한국교육과정평가원.

허경철(1986). 고등학교 교육과정 적절성 평가연구. 한국교육개발원.

Codd, J. (1984). Curriculum evaluation: An overview, Deakin University, Victoria.

Hamilton, D. (1978). Making sense of curriculum evaluation: Continuities and discontinuities in
　　　an educational idea. Review of Research in Education, 19(5).

Harvey, L & Green, D. (1993). Defining quality. Assessment & Evaluation in Higher Education.
　　　18 91). 9-34.

Johnson, M. (1967). Definitions and models in curriculum theory. Educational Theory. April.
　　　127-140.

Kearney, N. C. & Cook, W. W. (1960). Curriculum in C. Harris et al.(eds), Encyclopedia of
　　　Educational Research. (3rd ed.). Macmillan: New York. 358-364.

Stufflebeam, D. L. (1971). The Relevance of The CIPP Evaluation Model for Educational
　　　Accountability. Journal of Research and Development in Education. 5(1).

Tyler, R. W.(1949), Basic Principles of Curriculum and Instruction, Chicago: The University of
　　　Chicago.

제12장

실과(기술·가정) 교육과정 평가의 준거

1. 실과(기술·가정) 교육과정 평가 모형

가. 교육과정 평가 모형의 의미

모형이란 일반적으로 자료나 현상을 요약하여 제시한 것으로서 그 현상을 이해하는 데 보조물로 이용되며, 어떤 현상의 이론화 작업에 도움이 된다. 자이스(Zais, 1976)는 모형의 유형을 물체 모형, 개념적 모형, 수학적 모형, 도형적 모형으로 구분하고 교육과정의 이론화 작업에 개념적 모형과 도형적 모형을 이용할 수 있다고 보았다. 이러한 모형을 통하여 교육과정의 영역이나 본질 및 과정을 이해하는 시발점이 된다는 것이다. 자이스가 밝힌 모형의 의미는 교육과정 평가 모형을 이해하는 데 적용할 수 있을 것이다.

헤세(Hesse, 1976)는 평가 모형이란 과학적 모형(models of science)에 속하는 것으로써 그와 대별되는 과학 모형(models in science)의 속성인 정확성, 구체성, 검증 가능성을 기대하기가 어렵다고 하였다. 과학적 모형은 오히려 이론적이고 철학적인 신념을 반영하고 있으며, 어떠한 현상이나 사건의 다양성을 포괄적으로 요약하여 제시하는 것이 중요하다는 것이다. 따라서, 평가 모형을 과학적 모형으로서 바르게 이해하면 평가에 대한 사고를 조직하는 데 유용하지만, 그렇지 않은 경우 실제 평가를 수행하기 위한 패러다임으로 과신할 우려가 있음을 지적하였다.

사실, 널리 알려진 여러 가지 평가 모형들이 모형의 의미를 바르게 관련짓고 사용하는지, 다시 말해서, 모형이라는 용어가 적절한 표현인지에 대하여 회의적인 입장을 취하는 경우도 있다. 따라서, 모형에 대치되는 용어로서 설득, 접근 방법, 방법론 등을 평가에 결부시키기도 한다. 그것은 지금까지 평가 모형이 보다 구체적인 개념이나 방법을 함축한 설득이나 틀보다는 실제 평가를 수행하는 방법론으로 치중한 것과 상통한다.

평가 모형은 실제적인 평가 방법을 제시하기에 앞서 평가의 지침 역할을 한다고 보는 것이 나을 것이다(김명옥, 1988). 따라서, 평가 모형을 논의하는 데 있어서 어떻게 평가할 것인가라는 평가 기법보다는 모형 속에 내재된 사고의 틀을 밝힐 필요가 있다. 이 글에서는 이러한 의미의 모형을 고려하여 실과(기술·가정) 교육과정 평가 기본 모형을 제시한다.

나. 실과(기술·가정) 교육과정 평가 기본 모형

앞에서는 외국과 우리 나라에서 실행된 교육과정 평가 관련 주요 연구들을 살펴보았다. 이들 연구에 제시된 교육과정 평가의 모형들이 공통적으로 시사하는 바는 교육과정 평가의 대상은 교육과정의 문서뿐 아니라 교육과정의 운영, 그리고 교육과정의 성과까지를 포함하여야 한다는 점과, 교육과정 영역을 평가함에 있어서 교육과정이 계획되고 전개되는 장(場), 즉 국가, 지역, 학교 등에 따라 평가의 초점 및 지표를 달리해야 한다는 것이었다.

이 글에서는 실과(기술·가정) 교육과정 평가 모형을 한국교육과정평가원(1998)의 연구를 기초로 3차원으로 제시했다. 제1차원은 교육과정 평가의 영역으로, 교육과정 개발, 교육과정 운영, 교육과정 성과로 나누었다. 제2차원은 교육과정 평가의 수준으로, 국가 수준, 지역 수준(시·도, 시·군·구), 학교 수준으로 나누었다. 제3차원은 교육과정 평가 방법으로, 양적 접근, 질적 접근으로 나누었다. 이를 구체적으로 살펴보면 다음과 같다.

(1) 교육과정 평가의 영역 : 1차원

교육과정 평가의 영역을 어떻게 규정할 것인가라는 것은 매우 중요한 문제이다. 이는 단순히 교육과정 평가의 영역을 선정하는 것 이상의 의미를 지니고 있다. 왜냐 하면, 교육과정 평가의 영역을 선정하는 것은 교육과정과 관련하여 중요한 요소들이 무엇인가를 규정하는 일과 밀접히 관련되어 있기 때문이다.

교육과정을 평가한다고 할 때, 가장 먼저 떠오르는 평가의 영역은 교육과정 문서이다. 교육과정 문서는 일반적으로 문서로 발행되는 '계획된' 교육과정을 가리킨다. 교육이 제대로 이루어지기 위해서는 무엇보다도 교육과정이 잘 계획될 필요가 있다. 잘 계획되어 있지 않는 것이 잘 실천되어 바람직한 성과가 나타나기를 기대한다는 것은 불합리하다. 따라서, 계획된 교육과정은 실천 이전에 그 자체로서 평가될 필요가 있다. 산물로서의 교육과정과는 별도로 교육과정을 만들어 낸 과정 자체가 얼마나 민주적이며 합리적인가도 평가할 필요가 있다. 왜냐 하면, 아무리 잘 계획되고, 지원 및 실천되며, 그 성과가 좋은 교육과정이라고 할지라도 개발 체제 자체가 폐쇄적이라든가 불합리하다면, 장기적으로 볼 때 그 개발 체제는 심각한 문제를 야기시킬 수 있기 때문이다. 실제로, 허형 등(1996), 박경숙 등(1983)의 연구에서는 교육과정 개발의 과정과 체제를 교육과정의 질에 중요한 영향을 미치는 절차로 규정하고 있고, 이들 개발 과정에 대한 평가 지표를 제시한 바 있다.

그러나 교육과정 개발에 대한 평가만으로 교육과정에 대한 평가가 완전히 이루어졌다고 말할 수는 없다. 교육과정 평가의 모형을 제시한 연구(허형 등, 1996; 국립교육평가원, 1996; 배호순 등, 1997; 최호성, 1993)들은 모두 교육과정 개발 이외의 영역을 평가 모형에 포함시키고 있다. 각 연구에서의 평가 영역과 영역간의 구획은 약간씩 다르게 설정되고는 있지만, 대체로 교육과정의 개발, 운영, 성과 국면을 주 평가 대상으로 삼고 있다. 이는 교육과정 평가를 교육과정에 관련된 전(全) 영역과 이들 영역간의 상호 작용에 대한 평가로 규정하는 입장과도 일치하는 것이다.

교육과정 평가의 다음 영역은 교육과정의 운영에 관한 것이다. 아무리 교육과정이 잘 계획되어 있다고 할지라도 이에 대한 적절한 지원이나 실천이 이루어지지 않는다면 교육과정의 원래 의도가 실현되기를 기대하기는 어렵다. 계획된 교육과정이 실행될 수 있도록 돕기 위한 지원 체제가 제대로 작동하고 있는지, 그리고 교육과정이 학교 현장에서 제대로 실행되고 있는지에 대한 평가가 이루어질 필요가 있다.

교육과정 평가의 세 번째 영역은 교육과정의 성과이다. 모든 교육과정은 모종의 의도를 지니고 있다. 이러한 의도가 얼마나 실현되었는지, 그리고 의도되지 않은 성과에는 어떤 것들이 있는지 평가될 필요가 있다. 교육과정이 잘 계획되었을 뿐만 아니라 적절하게 지원되고 실천되었다 할지라도 기대하는 성과가 나타나지 않는다면 성공적인 교육과정의 운영이라고 보기 어렵다. 따라서, 교육과정의 성과에 대한 평가가 이루어질 필요가 있다.

지금까지의 논의에 따르면, 교육과정 평가의 영역은 적어도 교육과정 개발, 운영, 성과를 포함해야 한다. 이러한 평가의 영역을 교육과정이 개발되고 실행되는 시간적 경과에 따라 개발, 운영, 성과 순으로 제시하고, 도식화하면 [그림 12-1]과 같다.

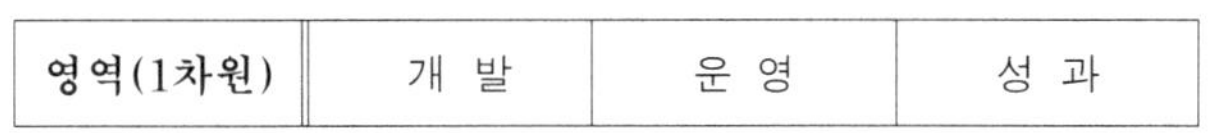

영역(1차원)	개 발	운 영	성 과

[그림 12-1] 교육과정 평가의 영역

(2) 교육과정 평가의 수준 : 2 차원

교육과정은 의사 결정 및 적용의 단위에 따라 여러 수준으로 다양하게 나눌 수 있다. 곽병선과 김재복(1989)은 교육과정 체제를 국가, 지역, 학교, 교사, 학생의 다섯 가지 수준으로, 이상주(1974)는 국가, 지역, 학교, 학급의 네 가지 수준으로, 김종서(1979)는 국가 및 사회, 교사, 학생의 세 가지 수준으로 나누어 제시한 바 있다.

허형 등(1996)은 한국의 교육과정 평가 모형을 제시함에 있어, 교육과정을 국가, 지역, 학교의 세 수준으로 구분하고, 이들 각 수준의 교육과정을 별개의 개체로 간주하였다. 따라서, 이들 각각의 수준에서 이루어지는 교육과정의 개발과 운영 과정에 대해 개별적으로 평가할 필요가 있다고 주장하고 있다. 한편, 국립교육평가원(1996)의 모형은 교육과정을 국가, 지역, 학교, 학급, 학생의 다섯 가지 수준으로 구분하였으며, 실제 교육과정이 실현되는 학급 그리고 학생 수준 교육과정의 중요성을 강조하였다.

국가 수준의 교육과정이라 함은 국가에서 개발하고, 운영하는 교육과정을 말한다. 우리 나라의 교육과정은 국가 기관인 교육부의 주관 하에 개발되고, 개발된 교육과정은 심의 과정을 거치게 되며, 심의된 교육과정은 전국에 공포된다. 국가 수준의 교육과정 문서는 각 학교급별 교육과정의 편제와 내용, 그리고 지역 교육청과 학교가 교육과정과 관련하여 수행해야 할 사항까지를 규정하고 있기 때문에, 지역과 학교에 미치는 영향력이 지대하다. 이처럼 중요한 위치에 있는 국가 수준의 교육과정이 국가, 사회, 학습자 개인의 요구를 충분히 수렴하는 과정을 거쳤는지, 그리고 다양한 요구를 수렴하기 위한 의사 결정 방식이 민주적이고 합리적이었는지를 평가할 필요가 있다. 또한, 교육과정 문서가 학교 교육의 좌표 역할을 하고 있는 만큼 문서에 담긴 교육 목표와 내용, 교수-학습 방법, 평가에 관한 사항들이 실행 가능한지, 학생의 발달 수준에 적합한 것들인지를 평가해 볼 필요가 있다.

학자에 따라서는 국가 수준의 교육과정을 주로 문서, 즉 교육의 계획으로서의 의미로 한정하기도 하였다(국립교육평가원, 1996). 그러나 이러한 견해는 우리 나라 교육과정 운영의 실상과는 약간의 거리가 있다고 본다. 우리 나라 교육부의 역할은 단지 교육과정을 개발·공포하는 것에 그치는 것이 아니라, 교육과정이 학교 현장에 적용될 수 있는 다양한 지원 활동을 수행하는 것까지를 포함한다. 현재 교육부에서 관장하고 있는 교과서와 교수-학습 자료의 개발과 보급, 교사 연수, 장학, 그리고 방과 후 교육 활동, 다양한 실험 및 연구 프로그램의 운영 등은 지역, 학교 수준의 교육과정 실행과는 구분되는 활동이며, 명백한 국가 교육과정의 운영 활동으로 볼 수 있다. 따라서, 국가 수준의 교육과정에도 개발 체제, 문서와 더불어 운영의 측면이 존재한다고 보는 것이 당연하다.

국가 수준의 교육과정에 대한 또 하나의 논란은 국가 수준의 교육과정 성과에 대한 것이다. 즉, 국가 수준의 교육과정이 실현되는 것은 학생 수준이고 실제 교육과정이 소기의 성과를 거두었는가를 확인할 수 있는 대상 역시 학생이므로, 국가 수준의 교육과정의 성과는 학교 또는 학생 수준의 교육과정 성과와 별개로 존재할 수 없다는 주장이다(국립교육평가원, 1996; 배호순 등, 1997; 허형 등, 1996). 이 견해는 국가 수준의 교육과정을 문서 또는 계획으로 한정한 견해와 맥을 같이 한다. 그러나 국가 수준의 교육과정은 교육학계, 교원, 교육 행정 기관, 학부모 등 사회 전반에 지대한 영향을 미치는 하나의 교육 프로그램이다.

교육과정이 개정되고 새로운 교육과정이 적용됨에 따라 생겨나는 교원의 의식 및 교수 방식의 변화, 교육학계의 학문적 관심의 변화, 신 교육과정에 따라 교육받고 산업계에 진입한 학생들의 능력과 행동에 대한 기업계의 반응 등과 같이 국가 수준의 교육과정의 성과는 실로 다양하다. 이처럼 국가가 개발하고 운영하는 교육과정의 성과가 엄연한 실체로 존재하고 있지만, 이러한 성과에 대한 평가가 제대로 이루어진 적이 없다. 더욱이 국가 수준의 교육과정이 우리 나라 교육과정 체제에 있어 핵심적인 위치를 차지하고 있는 점을 고려할 때, 국가 수준의 교육과정의 개발 체제, 문서, 운영과 성과의 전 영역에 대한 평가가 반드시 이루어져야 한다.

교육과정의 두 번째 수준으로 고려될 수 있는 것은 지역 교육과정이다. 국가 수준의 교육과정에는 지역 교육청이 관내의 학교 교육을 지원하기 위해 수행하여야 할 교육과정 관련 사항을 규정하고 있다. 교육부가 고시한 제7차 교육과정에는 지역 교육청이 학교의 교육과정 편성·운영에 대한 세부적인 지침을 마련하여 제공할 것과 학교 교육과정을 지원하기 위한 제반 활동을 수행할 것을 규정하고 있다(교육부, 1997). 이에 따라, 지역 교육청은 국가의 교육과정 문서를 바탕으로 학교 교육과정을 계획하는 데 안내 역할을 할 수 있는 교육과정 편성·운영 지침을 개발하여 관내 학교들에 배부한다. 교육과정 편성·운영 지침이 곧 지역 수준의 교육과정 문서에 해당한다. 이러한 지역 교육과정 문서를 개발하는 체제나 과정 역시 지역 수준의 교육과정의 성패에 영향을 미치는 주요 국면이라 할 수 있다.

지역 수준의 교육과정의 운영이나 성과의 국면이 존재하는가 하는 문제는 앞서 제기된 국가 수준의 교육과정의 실행이나 성과에 대한 논란과 같은 맥락에서 정리될 수 있다. 지역 교육청의 역할은 지역 교육과정 문서 개발 및 배포에 그치는 것이 아니다. 교육부가 국가 수준의 교육과정에 명시한 것과 같이, 지역 교육청은 학교 교육과정이 잘 운영될 수 있도록 지원하는 역할을 수행한다. 지원의 구체적인 내용으로는 인정도서의 지정 및 보급, 지역 수준의 연구 및 시범 교육 프로그램 운영, 교사 연수, 학교 장학 등이 있다. 따라서, 지역 수준의 교육과정에는 개발, 문서, 운영, 그리고 이러한 일련의 활동에서 파생되는 지역 수준의 교육과정의 성과 국면이 존재하는 것이다.

교육과정의 세 번째 수준은 학교이다. 학교의 교육과정을 평가한다는 것은 국가 및 지역 교육과정 문서에 제시된 지침에 따라 단위 학교가 학교 실정에 맞게 교육과정을 재구성하여 운영 계획을 수립하고, 교사와 학생이 실제 교수-학습 활동을 하며, 이러한 일련의 과정에서 발생한 학교 교육과정의 성과를 평가하는 것을 의미한다. 학교 교육과정의 문서는 국가 및 지역 교육과정이 제시한 기본 틀 내에서 단위 학교가 편성한 교육 계획을 일컫는다. 일단 학교 교육과정이 편성되면 이 교육과정에 따라 학교의 교육 활동이 이루어진다는 점에서, 학교 교육과정이야말로 학생들에게 가장 직접적으로 영향을 미치는 교육과정이라고 할 수 있다. 이러한 이유 때문에 교육과정을 평가한다고 하면, 당연히 학교 교육과정에 대한 평가를 칭하는 것으로 이해되었고, 1980년대 이후 실행된 교육과정 평가 연구 중 학교 교육과정에 대한 평가가 대부분을 차지하게 되었던 것이다.

국내의 교육과정 평가 연구 중 교육과정의 수준을 교육과정이 계획되고 운영되는 장—국가, 지역, 학교 등—에 따른 구분 이외의 분류를 제시한 모형은 아직 없다. 그러나 곽병선, 김재복(1989)과 국립교육평가원(1996)의 연구는 국가, 지역, 학교 외에도, 교사, 학생 수준에 이르기까지 교육과정의 수준을 다섯 가지로 세분화하였다. 그러나 교육과정 평가의 실행을 염두에 둘 때, 교육과정 의사 결정 및 적용의 수준은 국가, 지역, 학교로 구분하는 것이 바람직하다. 왜냐 하면, 국가 교육과정 문서에 제시된 바처럼, 우리 나라의 초·중등 교육과정은 크게 국가, 지역, 학교의 세 수준에서 결정되고, 운영되며, 그 성과가 평가되기 때문이다. 따라서, 교육과정의 정상적인 운영을 통하여 교육의 질을 제고하기 위해서는 이들 세 수준의 교육과정이 각각 어떻게 개발되고, 편성·운영되며, 그 성과는 어떠한지에 대하여 평가를 할 필요가 있다.

본 연구에서 교사나 학생 수준, 또는 학급 수준의 교육과정을 별도의 수준으로 설정하지 않은 이유는, 교사나 학생 수준의 교육과정이 중요하지 않아서라기보다는, 학교 수준의 교육과정 평가가 단순히 학교 차원의 교육 계획이나 지원뿐만 아니라, 교사 및 학생 수준의 교육과정의 제 국면과 교사와 학생간의 상호 작용까지를 모두 포괄하는 개념으로 정의되기 때문이다. 외국의 경우에도, 교육 평가는 학교의 종류별로 세분화되는 경우는 있어도 대부분이 학교 수준에서 이루어지고 있으며, 교사나 학급 이하로 별도로 세분화되는 경우는 드물다(OFSTED, 1995).

지금까지 제시한 교육과정 평가의 영역과 수준을 교차시키면 [그림 12-2]와 같은 세분화된 평가 영역이 드러나게 된다.

영역(1차원) 수준(2차원)	개발	운영	성과
국가 수준			
지역 수준			
학교 수준			

[그림 12-2] 교육과정 평가의 영역 및 수준

(3) 교육과정 평가의 방법 : 3 차원

앞에서 살펴 본 것처럼, 교육과정 평가의 영역과 수준의 두 축으로 구성된 평가 모형은 국가, 지역, 학교 수준의 각각의 교육과정에 대한 개발, 운영 및 성과에 대한 평가로 평가 영역을 세분화하는 데 도움을 준다. 이러한 2차원 모형은 우리 나라 교육과정 체제에 비추어 볼 때, 비교적 타당하고도 당위적인 평가 영역을 제시해 준다는 점에서 각 축의 유용성에 대한 논란의 여지가 적다.

그러나 이 2차원 모형은 평가의 수준과 각 수준의 교육과정에서 '무엇을' 평가할 것인지에 대한 방향은 제시해 주고 있으나 '어떻게' 평가할 것인지에 대한 구체적인 방향은 제시해 주지 못한다. 이에 평가의 구체적인 방법에 대한 방향을 제시해 줄 수 있는 제 3 차원의 축을 모색할 필요가 있다.

　3 차원의 축이 어떤 것이어야 하는지, 그리고 교육과정 평가에 있어 3 차원 모형이 과연 꼭 필요한지, 그리고 3 차원 모형이 2 차원 모형에 비해 더 우월한 모형이 될 수 있을 것인지에 대해 확신할 수는 없다. 그러나 수준에 따른 교육과정의 국면 외에 교육과정을 어떻게 평가할 것인가에 대한 구체적인 지침이 필요할 것이며, 교육과정 평가에 조금이라도 더 구체적인 지침을 제공할 수 있는 3 차원의 축을 시도해 보았다.

　이 3 차원은 평가의 방법에 관한 축이다. 교육과정을 평가하는 방법에 대한 분류는 다양한 관점에서 이루어 질 수 있다. 이 글에서는 평가의 방법을 양적 접근과 질적 접근으로 양분하였다. 이러한 양적, 질적 접근 방법의 구분은 평가에 있어서 중요하다. 또한, 대부분의 평가 연구가 평가 대상에 대한 종합적인 정보를 얻기 위해 양적 방법과 질적 방법을 병행 또는 통합하는 경우도 있으나 [그림 12-3]과 같이 통합적 접근 방법은 별도로 제시하지 않고 두 가지 방법만을 제시했다.

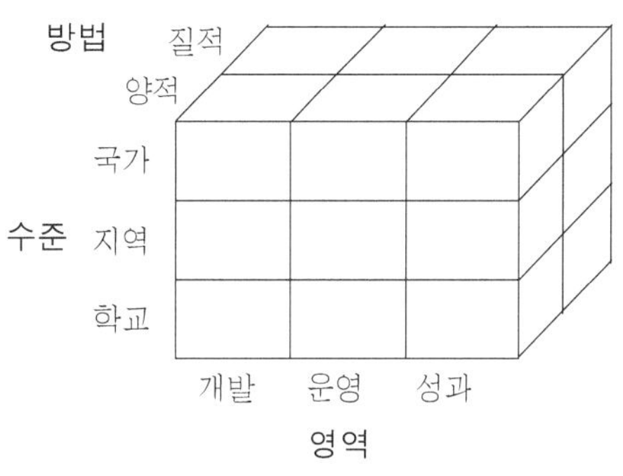

[그림 12-3]　교육과정 평가의 3 차원 모형

다. 실과 교육과정 평가의 절차 모형

(1) 교육과정 평가의 주요 절차

　교육과정 평가 절차 및 방법을 결정하는 요인으로는 평가 목적, 평가 주체자 및 평가 결과 활용자, 평가 자료 수집 방법 등이라고 할 수 있다(배호순, 2000). 즉 교육과정을 어떤 목적으로 평가하고자 하느냐에 따라서 평가 주체자가 달라지고 평가 주체에 따라 적절한 평가 방법 및 절차를 이용한다. 여기서는 실과 평가의 일반적 절차에 기초하여 실과 교육과정 평가 절차를 탐색해보고자 한다. 실과 평가의 일반적인 절차는 [그림 12-4]와 같다(김종우, 1999).

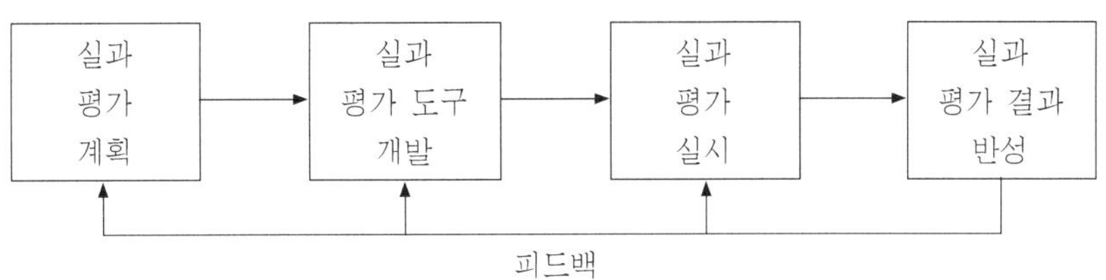

[그림 12-4] 실과 평가의 일반적 절차

평가는 교육과정이 교수 학습을 통하여 얼마나 달성되었는지를 점검하는 수단의 성격이 강함을 알 수 있다. 물론, 평가를 통해 교육과정이나 교수 학습 방법을 개선할 수 있는 정보를 제공하는 것은 틀림없는 사실이다. 그래서 실과 평가의 일반적 절차는 계획, 도구 개발, 실시, 결과 반성의 4단계로 이루어진다.

교육과정 평가에서 어떤 절차에 따라 평가 활동을 전개하는 것이 바람직한가에 대해서는 다양한 견해들이 제기되었으나, 평가 목적과 여건에 따라, 평가 주관자에 따라 또는 평가 설계자에 따라, 제각기 다른 절차를 활용하고 있어 어떤 합의된 절차를 찾는 것이 무의미할 수도 있다. 그러나 다양한 평가 목적에 입각한 평가의 절차를 정립하기 위해서는 앞에서 제시한 평가의 일반적 절차에 따라 교육과정 평가 절차를 일반화할 필요가 있다.

여기서는 초·중·고등학교 교육과정 평가 방안 및 도구 개발 연구(배호순 외, 1997)에서 적용된바 있는 절차를 제시하면 다음과 같다.

① 평가적 질문의 제기(요구, 문제, 쟁점의 파악 및 상세화)

② 평가 준거의 설정 : 평가 항목의 설정

③ 지표 및 자료 출처 결정 → 자료 수집 방법 및 도구 선정

④ 자료의 수집 활동 전개와 자료 처리, 기준 설정

⑤ 종합 및 판단(기준에의 비교 및 대조 : 평가적 판단)

⑥ 평가 결과의 보고 → 평가 목적에의 결부(평가 결과의 활용)

이와 같은 평가 절차를 기초로 하여 평가 모형을 구안하고 모형의 각 요소를 고찰해 보겠다.

(2) 실과 교육과정 평가의 절차 모형

평가의 일반적 절차를 기초로 하여 교육과정 평가 모형을 제시하면 [그림 12-5]와 같다.

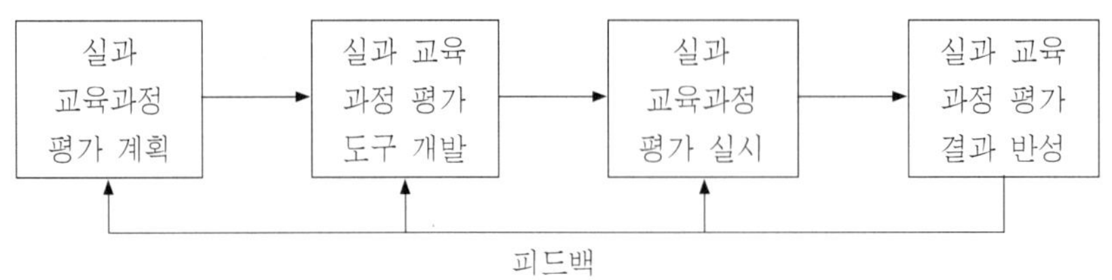

[그림 12-5] 실과 평가의 일반적 절차

제1단계는 실과 교육과정 평가 계획으로 평가 목표 설정과 평가 준거 개발이 포함된다. 제2단계는 실과 교육과정 평가 도구 개발 단계로 평가 지표의 설정과 자료 수집 방법의 결정이 포함된다. 제3단계는 실과 교육과정 평가의 실시로 평가 자료 수집과 수집된 자료

의 처리가 포함된다. 제 4단계는 실과 교육과정 평가 결과 반성 단계로 판단 기준의 설정과 평가적 판단 및 결과 보고가 포함된다(배호순, 2000).

㈎ 실과 교육과정 평가 계획

1) 평가 목표의 설정

실과 교육과정을 평가하기 위해서는 보다 구체적으로 교육과정 평가의 목적을 설정하고 진술할 필요가 있다. 평가의 목적은 평가를 통하여 얻고자 하는 바를 진술한 것이라고 할 수 있다. 교육과정 평가의 목적은 교육과정 계획, 운영 과정 및 결과에 관한 사실을 바탕으로 한 목표 달성도 등에 관한 가치 판단 결과라고 할 수 있는데, 평가 목적 또는 목표들은 답변하고자 하는 교육과정에 관한 핵심 질문들의 형태로 표현하는 것이 바람직하다고 한다(배호순, 2000).

2) 평가 준거의 설정

평가의 준거는 평가 목표에 기초하여 다양한 평가적 질문을 통하여 구체적인 평가 영역 및 항목을 결정할 수 있다. 준거 중심의 교육과정 평가의 경우에 평가 대상 영역 및 준거를 관련된 분야의 전문가 및 관련 인사들을 중심으로 체계적으로 개발할 필요가 있다.

평가 준거의 수준은 상위 수준의 준거 영역을 분석하고 그 분석 결과에 입각하여 중간 수준의 준거 영역 또는 준거 항목을, 또다시 분석하여 하위 수준의 준거 항목을 개발할 수 있다.

㈏ 실과 교육과정 평가 도구 개발

1) 평가 지표의 설정

제기된 평가적 질문에 답변하기 위해서는 질문에 포함된 대상이나 내용의 속성을 나타내거나 표현하고 있는 근거 자료를 수집하여 활용할 필요가 있다. 이 근거로서 특정 대상에 관하여 측정한 수치 또는 그 속성이나 질적 수준을 나타내는 지수를 활용할 필요가 있다. 이러한 지수 또는 수치를 근거 자료로 삼아 그 대상에 대한 의사 표현을 하거나 판단을 하게 되는데, 이러한 지수를 평가 지표 또는 평가 근거 자료로 활용하게 된다.

평가적 질문과 관련하여 설정된 평가 준거 또는 평가 문항에 대한 근거 자료를 마련하기 위해서는 평가 준거별로 또는 준거 항목별로 지표를 설정하고 그 지표를 활용하여 근거 자료를 수집하는 절차를 밟는 것이 바람직하다. 또한, 필요한 자료 및 지표를 설정하는 일이 마무리 단계에 이르게 되면 관련된 지표와 자료를 어디서, 무엇으로부터, 누구를 대상으로 수집하거나 측정할 것인가를 중시해야 한다.

2) 근거 자료의 수집 방법 결정

교육과정 평가에서 어떤 방법이나 기법을 활용하여 어떤 성격의 자료를 수집하는가를 중심으로 양적 평가 또는 질적 평가로 구분할 수 있다.

양적 평가 방식은 평가 대상인 교육과정 내용 자체 또는 그 운영 실체나 그로 인한 결과에 관한 자료를 수집 및 특정하기 위하여 도구를 활용하고 그 결과를 객관화, 수량화하여 분석 처리하는 데 중점을 두는 방법이다. 질적 평가 방식은 평가 대상 교육과정 내용 및 그 운영 과정이나 그로 인한 변화, 효과 등을 평가자가 직접 관찰하고 기술 및 판단하는 데 중점을 두는 접근 방법을 말한다.

이러한 구분에도 불구하고 교육과정 평가 목적에 적절한 평가 자료를 수집하기 위하여 다각적인 접근 방법을 취하면서 보다 적절한 방법 및 기법을 선정하여 원하는 근거 자료를 수집하여 활용하는 데 중점을 두어야 한다. 다양한 교육과정 평가 상황에서 활용 가능한 주요 방법 및 기법은 관련 근거 서류의 분석, 설문 조사, 면접, 관찰, 자기 보고, 추적 조사법, 결정적 사건 연구 기법, 관행 분석법, 임상적 면접법, 점검 목록표 활용법, 의미 변별 기법 등이 있다(배호순, 1994; 배호순, 2000).

㈐ 실과 교육과정 평가의 실시

1) 실과 교육과정 평가의 자료 수집

평가 자료 수집 단계는 평가 도구를 선택 또는 제작한 다음 필요한 인력, 시설, 예산, 시간을 확보하고 제반 여건을 점검, 개선해서 실질적으로 정보나 자료를 수집하는 단계이다.

2) 평가 결과 분석

평가 자료 수집 단계에서 모은 자료나 정보를 정리하는 일련의 작업을 평가 결과의 분석이라 하며, 수집된 자료를 평가 목적에 맞게 양적 또는 질적으로 분석하는 단계이다.

㈑ 실과 교육과정 평가 결과 반성

1) 판단 기준의 설정 및 활용

수집된 평가 자료를 처리하여 얻은 결과에 입각하여 평가적 판단에 임하기 위해서는 평가 기준과 규칙을 설정하는 일이 필요하다. 기준을 설정하는 활동은 평가적 판단과 거의 동시에 이루어질 수도 있으나 판단에 임하기 전에 이미 기준을 설정해야 하는 경우도 있어 기준 형식이나 기준 설정 방식을 사전에 선정해 둘 필요가 있다.

2) 평가적 판단

평가적 판단은 설정한 기준에 비추어 수집된 평가 결과를 비교하고 대조시켜 보며 그를 해석하고 종합하는 과정이다.

3) 평가 결과의 보고

평가 활동이 종료되는 단계에서 가장 중시해야 할 것은 평가적 판단으로 얻은 평가 결과를 평가 관련자 또는 평가 요구자들에게 보고하여 평가 결과를 유용하게 활용하도록 유도하거나 그 활용을 촉진하는 것이다.

2. 실과(기술·가정) 교육과정 평가 영역

실과(기술·가정) 교육과정 평가를 위한 평가 영역을 한국의 교육과정 평가 모형 개발 연구(허형 외, 1996)를 기초로 하여 교육과정 개발(1.00), 교육과정 운영(2.00), 교육과정 성과(3.00)를 대영역, 중영역, 세부 영역으로 구분하여 제시하면 다음과 같다. 앞으로 이 영역을 기초로 하여 실과(기술·가정) 교과의 특성에 적합한 교육과정 평가 준거를 설정할 수 있을 것이다.

가. 교육과정 개발 평가

교육과정 개발 평가는 문서로 나타난 교육과정과 개발 과정에 대한 평가이다. 교육과정 개발 평가의 중영역에는 교육과정 개발을 위한 기초 연구(1.10), 개발 조직 및 참여 인사(1.20), 교육과정 개발 과정(1.30), 교육 목표의 설정(1.40), 교육 내용의 선정·조직(1.50), 교육과정 운영 지침(1.60)이 포함된다.

```
1.00 교육과정 개발
        1.10 기초 연구의 수행
                1.11 전문 이론의 탐구
                1.12 국가 사회의 요구 조사
                1.13 시행 교육과정의 분석
                1.14 교육과정의 국제 비교 연구
                1.15 국가 교육과정의 분석
        1.20 개발 조직 및 참여 인사
                1.21 교육과정 연구 조직
                1.22 교육과정 개발 위원회 구성
                1.23 교육과정 심의 위원회 구성
        1.30 교육과정 개발 과정
                1.31 기초 연구 결과 반영
```

1.32 교육과정안 작성

1.33 교육과정안 심의

1.34 교육과정안 모니터링

1.40 교육 목표의 설정

1.41 각급 학교 교육 목표와의 일관성

1.42 교과의 특성과 지도에의 시사

1.43 포괄성과 실현 가능성

1.44 지역의 특성

1.50 교육 내용의 선정·조직

1.51 목표와의 일관성

1.52 학문적 중요성

1.53 개인적 사회적 유용성

1.54 내용의 수준과 양

1.55 신뢰성과 참신성

1.56 논리와 심리의 균형성

1.57 종적 조직의 적합성

1.58 횡적 조직의 관련성

1.59 내용의 진술

1.60 교육과정 운영 지침

1.61 교수-학습 방법 지침의 적절성

1.62 평가 지침의 적절성

1.63 교과서 개발 지침의 적절성

1.64 교사용 지도서 개발 지침의 적절성

나. 교육과정 운영 평가

문서로서 교육과정이 개발 고시되면 국가 수준에서 교과용 도서가 개발되고 지역과 학교 수준에서 교육과정을 운영하게 된다. 교육과정 운영 평가의 중영역에는 교과서의 개발(2.10), 교사용 지도서의 개발(2.20), 학습 지도안의 개발과 활용(2.30), 교수-학습 자료의 개발과 활용(2.40), 교수-학습 활동(2.50), 교사 연수(2.60), 장학 활동(2.70)이 포함된다.

2.00 교육과정 운영

2.10 교과서의 개발

2.11 교과서의 개발 과정

2.72 행정 지원 체계와 활동

사업 계획서의 활용

실제성

신속성

교사와 사무 직원의 배치

교사의 직무

인사 조직

시간 운영

2.73 시설

시설의 확보와 확충 및 계획

관리

2.74 장학 지도 활동

교육과정 지도 및 연수

수준별 학습 지도

지역 사회의 인적 물적 자원 활용

수업 장학 활동

다. 교육과정 성과 평가

교육과정 성과 평가는 교육과정 운영을 통하여 교육과정의 목표가 학생들에게 얼마나 실현되었는가를 알아보는 학습 결과의 성과에 대한 평가와 교육과정의 전반적인 효과성에 대한 종합 평가가 포함된다. 교육과정 성과 평가의 중영역에는 평가 활동의 설계(3.10), 평가 내용의 구성(3.20), 평가 방법과 실시(3.30), 결과 분석과 활용(3.40), 교육과정에 대한 종합적인 의견(3.50)이 포함된다.

3.00 교육과정 성과

3.10 평가 활동의 설계

3.11 목표 지향성

3.12 평가 계획의 체계성

3.13 평가 설계의 적합성

3.14 교육과정 평가의 일관성

3.20 평가 내용의 구성

3.21 목표의 일관성

3.22 내용의 중요도

3. 실과 교육과정 평가의 준거

가. 교육과정 평가 준거의 의미

켈리(Kelly)는 평가의 판단 과정에서 그 근거로 사용되는 필수 요소로서 평가 준거 (criteria), 평가 규준(standards), 평가 지표(index)를 제안하였다(최호성, 1993). 그에 따르면 평가 준거란 평가 대상의 특성이나 속성을 의미하며, 평가 규준은 비교를 위한 척도로서 범위와 점수를 나타낸다고 한다. 즉, 평가 준거의 하위 차원으로서 평가 규준을 규정하였다.

또, 평가 대상의 속성이나 특성을 표현하면서 그 범위와 수준 정도를 나타내는 근거 자료로서 조작적으로 정의될 수 있는 양적, 질적 표식을 평가 지표라 한다. 즉, 준거-규준-지표의 구조가 형성되며 지표는 맨 하위 구조가 되는 셈이다. 좋은 평가 활동이 이루어지기 위해서는 평가 준거, 평가 규준, 평가 지표의 선정 및 추출이 얼마나 체계적으로 타당하게 이루어지는가에 있다.

나. 실과 교육과정 평가 준거

(1) 실과 교육 목표 평가 준거

모든 교육 활동은 그 목표를 가지고 있다. 그런데 그런 목표들은 그 배후에 목표들이 흘러나오게 한 기초적인 자원이 있게 마련이다. 이러한 자원은 설정된 목표의 준거가 되므로 그 자원에 의해서 설정된 목표의 타당성과 합리성을 평가할 수 있는 것이다. 그런데 이런 자원이 바로 일정한 각급 교육 목표로 설정되는 것은 아니다. 이런 자원을 근거로 하여 일정 대상에 대한 경험적 연구를 행하고 그 결과로 얻어진 자료에 의해서 의도한 교육 목표가 설정되는 것이다.

이렇게 교육 목표가 설정될 때 교육 활동의 지도 지침격인 역할과 평가의 준거가 될 수 있는 것이다. 그래서 설정된 교육 목표는 타당성과 합리성, 효율성과 도달 가능성을 지니게 된다. 그러므로 교육과정 목표에 속하는 목표들의 설정에도 각급 교육 목표의 설정과 마찬가지로 교육 목표의 자원과 설정을 위한 일정한 자료가 필요한 것이다.

Taba(1945)는 교육 목표의 자원으로서 학생, 사회, 학문을 들었고, Kerr(1973)는 목표의 자원을 사회의 연구, 학습자의 연구, 교재 내용의 연구를 제안했으며, Zais(1976)는 경험적 자원, 철학적 자원, 교재 자원 등을 들고 있다(이경섭외, 1988, p. 230에서 재인용). 이런 학자들의 자원에 대한 견해는 다소 차이가 있으나 학습자, 사회, 교재 또는 학문으로 공통 요소를 찾을 수 있다.

특히, Tyler(1949)는 교육 목표 추출의 자원으로 학습자에 관한 사실, 현대 사회에 관한 사실, 교과 전문가의 견해 등의 3가지를 들고 있고 각각의 자원에 대하여 무엇을 어떻게 알아보아야 할 것인가에 관해 자세히 언급하였다(이종승, 1987, p. 15에서 재인용). 이와 같은 원천으로부터 추출된 잠정적인 교육 목표는 다시 교육 철학과 학습 심리라는 두 가지 준거에 의하여 걸러져서 최종 교육 목표로 설정되어야 한다는 것이다.

교육 목표 기초 자원에서 공급되는 제반 정보를 토대로 하여 교육 목표를 추출하고 선택함에 있어서 교육 철학과 학습에 관련된 심리학적 원리의 적용이 필요하다. 이러한 의미에서 교육 철학과 학습 원리는 교육 목표 설정을 위해 충분히 연구되어야 할 분야로 되어 있다. 교육 철학과 학습 원리는 교육 목표 설정의 기초 자원의 역할도 하지만 주어진 자원을 기초로 하여 교육 목표를 추출하는 과정과 추출된 교육 목표의 타당성을 검증하는 준거의 역할을 한다.

[표 12-1]에 정리한 여러 학자들이 주장한 교육 목표 설정의 기초 자원은 교육 목표 평가 준거의 추출 근거가 된다.

[표 12-1] 목표 평가 준거 추출

학자 \ 준거	교육 철학	학문	사회	학습자	의사 소통	기타
이영덕	교육 내용의 조직과 지도에의 시사		교육 목표의 현실성 교육 목표의 수정 가능성			
한국교육개발원	민주적 교육이념에의 적합성		국가나 사회의 요구 반영	학생 발달 특성에의 부합 목표의 성취 가능	목표 진술의 명확성	
타일러(Tyler)	철학	교과 전문가	학교 밖의 현대생활	학습자 자체 학습 심리		
타바(Taba)		교재 내용	사회	학습자		
커르(Kerr)		학문	사회	학습자		
자이스(Zais)	철학적 자원	교재 자원		경험적 자원		
벡커너와 코넷 (Beckner & Cornett)	철학	학문	사회학	심리학		교육사
슈버트 (Schubert)		학문적 지식 대표	사회의 요구 반영 목표의 실행 가능성	인간의 기본적 욕구 표현	진술의 명료성	
교육부		교과의 성격 측면	경제, 사회적 측면	학생의 발달 측면		교수-학습 방법적 측면

[표 12-1]에 기초하여 실과 교육 목표 평가를 위한 준거를 설정하면 다음과 같다.

1.0.0 실과 교육 목표 평가의 준거

    1.1.0 교육 철학

        1.1.1 교육 이념과 목적에의 적합성

        1.1.2 목표의 타당성

    1.2.0 학문(교과)

        1.2.1 학문적 지식의 대표성

        1.2.2 실과의 성격 측면

    1.3.0 사회

        1.3.1 사회적 요구 반영

        1.3.2 사회적 유용성

1.4.0 학습자
    1.4.1 학습자 발달 측면
    1.4.2 학습자의 성취 가능성
1.5.0 의사 소통
    1.5.1 목표 진술의 명료성

실과 교육 목표 평가 준거에 기초한 평가 규준 및 지표는 다음과 같다.

1.0.0 실과 교육 목표 준거에 기초한 평가 규준 및 지표
    1.1.0 교육철학
        1.1.1 교육 이념과 목적에의 적합성 : 실과 교육 목표는 국가의 이념이나 교육의 목적에 적합한가?
        1.1.2 목표의 타당성: 실과 교육 목표는 가치있는 것인가?
    1.2.0 학문(교과)
        1.2.1 학문적 지식의 대표성 : 실과 교육 목표는 실과 관련 학문적 지식에 대한 성취를 대표할 수 있는가?
        1.2.2 실과의 성격 측면 : 실과 교육 목표는 실과 교과의 성격을 잘 반영하였는가?
    1.3.0 사회
        1.3.1 사회적 요구 반영 : 실과 교육 목표는 사회, 문화, 경제적 요구를 잘 반영하고 있는가?
        1.3.2 사회적 유용성 : 실과 교육 목표는 학습자의 현재 또는 장래의 사회 생활에 유용한 것인가?
    1.4.0 학습자
        1.4.1 학습자 발달 측면 : 실과 교육 목표는 학습자의 발달 측면을 충분히 고려하였는가?
        1.4.2 학습자의 성취 가능성 : 실과 교육 목표는 학습자가 성취할 수 있는 것인가?
    1.5.0 의사 소통
        1.5.1 목표 진술의 명료성 : 실과 교육 목표는 이해될 수 있도록 명확하게 진술되었는가?

(2) 내용 선정 평가 준거

앞서 제7장 '실과(기술·가정) 교육 내용의 선정-교육 내용 선정의 준거(p.476~p.477)'에서 논의한 바 있는 선정의 준거에 대하여 학자별로 내용 선정 평가 준거의 추출 원천을 비교해 보면 [표 12-2]와 같다.

[표 12-2] 내용 선정 평가 준거의 추출 원천

학 자 \ 준 거	목표	학문	사회	학습자
함종규			사회의 요구 지역 사회의 요구	학생의 흥미 학습 가능성
이영덕	목표와의 일관성 다목적 달성	지식의 참신성과 신뢰성		학습 가능성
타일러 (Tyler)	목표 달성에 유용	교과 전문가의 견해	사회적 요구	학생의 만족 학습 가능성
타바(Taba)		내용의 중요성과 의의	사회적 현실과 일관성	흥미와 필요성
브루너 (Bruner)		학문적 지식 지식의 구조		
곽상만			가정, 지역 사회 등의 생활 실태 사회 요구	아동 발달 관련 학문 아동 환경과의 상호 관계
교육부	실과 교육의 목표 달성	실과 교육의 성격	국가 사회적 요구	개인의 요구

[표 12-2]에 기초하여 실과 교육 내용 선정에 대한 평가 준거를 설정하면 다음과 같다.

2.0.0 실과 교육 내용 선정 평가의 준거

    2.1.0 교육 목표

        2.1.1 교육 목표와의 일관성

        2.1.2 교육 목표의 달성 가능성

    2.2.0 학문(교과)

        2.2.1 학습 내용의 타당성

        2.2.2 넓이와 깊이의 균형

        2.2.3 전이의 범위

    2.3.0 학습자

        2.3.1 학습자의 요구와 흥미

        2.3.2 학습자의 학습 가능성

    2.4.0 사회

        2.4.1 사회적 요구

        2.4.2 사회적 유용성

실과 교육 내용 선정 평가 준거에 기초한 평가 규준 및 지표는 다음과 같다.

2.0.0 실과 교육 내용 선정 평가 규준 및 지표
    2.1.0 교육 목표
        2.1.1 교육 목표와의 일관성 : 실과 교육 내용은 교육 목표와 일관성을 유지하는가?
        2.1.2 교육 목표의 달성 가능성 : 실과 교육 내용은 교육 목표를 달성할 수 있는가?
    2.2.0 학문(교과)
        2.2.1 학습 내용의 타당성 : 실과 학습 내용은 실과 관련 학문의 가치를 대표하는가?
        2.2.2 넓이와 깊이의 균형 : 실과 교육 내용은 학문의 넓이와 깊이의 균형을 고려하여 선정되었는가?
        2.2.3 전이의 범위 : 실과 교육 내용은 전이 가치가 높은 것인가?
    2.3.0 학습자
        2.3.1 학습자의 요구와 흥미 : 실과 교육 내용은 학습자의 요구와 흥미를 고려하였는가?
        2.3.2 학습자의 학습 가능성 : 실과 교육 내용은 학습자가 학습 가능한 것인가?
    2.4.0 사회
        2.4.1 사회적 요구 : 실과 교육 내용은 사회, 문화, 경제적 요구를 반영하였는가?
        2.4.2 사회적 유용성 : 실과 교육 내용은 학습자의 현재 또는 장래의 사회 생활에 유용한 것인가?

(3) 내용 조직 평가의 준거

교육 내용이 선택되어지면, 그 다음으로 부딪치는 문제가 '선택된 내용을 어떤 방법으로 조직하여 제공할 것인가'라는 것이다. 즉, 교육 목표를 달성하기 위하여 선정한 교육 내용은 학습자가 학습 현장에서 학습 활동이 구체적으로 전개될 수 있도록 알맞게 조직해 놓아야 한다.

이 내용 조직의 방법에는 두 가지 측면이 있는데, 그 하나는 선택된 내용이 지식이든 경험이든 그 많은 지식과 경험 중 얼마만큼의 양을 제공할 것인가라는 것과 또 양이 결정된 후에 어떤 내용을 먼저 제공하고 어떤 내용을 나중에 제공해야 하는가의 문제이다. 따라서 교육 내용의 조직은 선정된 여러 가지 교육 내용을 어떻게 배열하고 그 범위를 어느 정도까지 한정시키느냐의 문제가 주가 되는 작업이다.

  교육이란 단 한번에 목표가 달성되는 것이 아니라 장기간에 걸쳐서 계속적이며 조직적으로 이루어 나아가야 할 작용이다. 학습자에게는 시간 단위의 학습부터 일일, 주간, 월간, 학기간, 학년간, 나아가서는 입학에서 졸업할 때까지 여러 가지 내용을 순서 있게 학습해 나아가도록 교육 내용이 마련되어야 한다. 교육에서 바람직한 태도, 이해, 기능, 사고력, 판단력 등 전인으로서의 인간의 행동의 변화가 단기간에 조직적으로 일어날 수는 없는 것이다. 따라서, 선정된 교육 내용은 학습자에게 제시하자면 학습자의 학습을 위한 내용의 배열, 순서, 범위, 관련 등과 나아가서는 각 학습 내용의 조화, 균형이 이루어지도록 적절한 조직을 해 놓아야 한다.

  일반적으로 선정된 교육 내용을 조직함에 있어서 학자마다 서로 다른 견해를 보이고 있다. 이영덕은 계속성, 계열성, 통합성을, 곽병선은 종적인 측면에서 계속성의 유지와 횡적 측면에서 통합성과 균형성의 유지를 들고 있으며, 김대현은 계속성과 계열성, 수직적 연계성, 통합성을 내용 조직의 준거로 들고 있다.

  여러 학자들의 내용 조직에 관한 준거를 기초로 평가 준거 추출의 원천을 제시하면 [표 12-3]과 같다.

[표 12-3] 내용 조직 평가 준거 추출의 원천

	수직적 조직	수평적 조직	기타
타일러(Tyler)	계속성 계열성	통합성	
스레더(Schrader)	계속성 나선성 일관성	통합성	
안더슨(Anderson)	공통성 진보성		
브릭스(briggs)	수직적 구조성 위계적 구조성	평면적 구조성	
이성호	계열성 계속성	범위 통합성	균형성
곽상만	중학교와의 관련	교육과정 전 영역과의 관련	아동의 발달 단계와 흥미 관심 사회적 요구와 역사적 논리적 윤리적 수용
교육부	내용의 양과 수준에 따른 단계적 배열	내용의 성격에 따른 영역 구분	교수 학습 환경에 따른 배열

[표 12-3]을 기초로 실과 교육과정 내용 조직의 평가 준거를 제시하면 다음과 같다.

3.0.0 실과 교육과정 내용의 조직 평가 준거
    3.1.0 수직적 조직
        3.1.1 계속성
        3.1.2 계열성
    3.2.0 수평적 조직
        3.2.1 계속성

실과 교육 내용 조직 평가 준거에 기초한 평가 규준 및 지표는 다음과 같다.

3.0.0 실과 교육과정 내용의 조직 평가 규준 및 지표
    3.1.0 수직적 조직
        3.1.1 계속성 : 실과 교육 내용은 계속성을 고려하여 조직되었는가?
        3.1.2 계열성 : 실과 교육 내용은 계열성을 고려하여 조직되었는가?
    3.2.0 수평적 조직
        3.2.1 통합성 : 실과 교육 내용은 다른 교과 또는 다른 영역과의 관련을 고려하
        여 조직되었는가?

토의 및 연구 과제

1. 실과 교육과정 평가 기본 모형으로 제시된 3차원을 보고 1차원인 영역, 2차원인 목표, 3차원인 방법에서 제시하려는 요지를 말해 보자.
2. 실과 교육과정 평가의 절차 모형을 제시하고 각 단계에서 수행할 사항을 말해 보자.
3. 교재에 제시된 실과 교육과정 평가의 준거를 검토하고 보완할 사항을 토의해 보자.

<참고 문헌>

곽병선(1997). 교육과정. 서울 ;배영사.

교육부(1997). 초등학교 교사용 지도서 실과4. 대한교과서주식회사.

교육부(1997). 초등학교 교사용 지도서 실과5. 대한교과서주식회사.

교육부(1997). 초등학교 교사용 지도서 실과6. 대한교과서주식회사.

교육부(1997). 초등학교 교육 과정 해설(IV), 서울: (주)대한교과서.

국립교육평가원(1996). 지역·학교 교육과정 평가연구.

권낙원(1985). 중학교 교육과정의 평가연구. 한국교육개발원.

김명옥(1988). 교육과정 평가 모형의 비교. 한국교원대학교대학원 석사학위논문.

김재복 등(1996a). 학교교육과정 편성·운영 실태 및 개선방안에 관한 연구. 인천교육대학교.

김재복 등(1996b). 현행 교육과정의 분석·평가 연구 -제6차 교육과정을 중심으로-, 교육과정개발연구
        위원회.

김종서(1979). "교육과정의 개념." 교육과정의 방향 탐색. 한국교육개발원.

김종우(1999). 실과 수행 평가 모형 개발. 실과 교육 연구 5(3), 한국실과교육연구학회.

박경숙(1983). 국민학교 교육과정 평가연구(I). 한국교육개발원.

배호순(1994). 프로그램 평가론. 원미사.

배호순 등(1997). 초·중·고등학교 교육과정 평가 방안 및 도구 개발 연구. 한국교육과정평가연구회.

배호순(2000). 교육과정 평가 논리의 탐구. 교육과학사.

유한구 등(1997). 초등학교 교육과정평가 방안 연구. 서울교육대학교.

유현숙 등(1996). 초·중등학교 기관평가에 관한 연구. 한국교육개발원 연구보고 RR 96-6.

이경섭 외(1988). 교육과정. 서울 ; 교육과학사.

이상주(1974). "의사결정의 관점에서 본 교육과정." 교육과정연구회, 교육과정 연구의 과제. pp. 59-74.

이성호(1989). 교육과정과 평가. 양서원

이인효(1998). "국가수준 초·중등학교 평가의 필요성과 방법". 교육개발. 통권 114호. 한국교육개발원.

최호성(1993). 교육과정평가의 모형정립과 평가기준 설정 및 타당화. 경북대학교 대학원 박사학위논문.

한국교육과정평가원(1998). 초·중등 교육과정 평가 방안. 한국교육과정평가원.

허경철(1986). 고등학교 교육과정 적절성 평가연구. 한국교육개발원.

허형 등(1996). 한국의 교육과정 평가모형 개발연구. 국립교육평가원.

Brady, L. (1992). Curriculum Development. New York: Prentice Hall.

Brandt, R. S. (ed.). (1981). Applied Strategies for Curriculum Evaluation. Virginia: ASCD.

Brighouse, T. & Moon, B.(1990). Managing the National Curriculum. London: Longman.

Clyde, C. (1993). The National Curriculum: Is it working?. London: Longman.

Codd, J. (1984). Curriculum evaluation: An overview, Deakin University, Victoria.

Costa, A. L. & Liebermann, R. M. (1997). The Process-Centered School. CA: Corwin.

Eggleston, J. (1977). The Sociology of School Curriculum. London: R.K.P.

Eisner, E. W. (1975). The perceptive eye: Toward the reformation of educational evaluation. Invited address at the Americian Educational Research Association, Washington, DC.

Eisner, E. W. (1985). The Education Imagination. Macmillan College: New York.

Evans, R.(1996). The Human Side of School Change. San Francisco: Jossey-Bass.

Gredler, M. E. (1996). Program Evaluation. Englewood Cliffs, NJ: Merrill.

Hamilton, D. (1976). Curriculum Evaluation. London: Open Books.

Hamilton, D. (1978). Making sense of curriculum evaluation: Continuities and discontinuities in an educational idea. Review of Research in Education, 19(5).

Harvey, L & Green, D. (1993). Defining quality. Assessment & Evaluation in Higher Education. 18 91). 9-34.

Johnson, M. (1967). Definitions and models in curriculum theory. Educational Theory. April. 127-140.

Kearney, N. C. & Cook, W. W. (1960). Curriculum in C. Harris et al.(eds), Encyclopedia of Educational Research. (3rd ed.). Macmillan: New York. 358-364.

Kemmis, S. & Stake, R. (1988). Evaluating Curriculum. Victoria, Australia: Deakin University.

Kerr, J.F.(Ed.)(1973). Changing the Curriculum(London, University of London Press).

Lewy, A. (1977). Handbook of Curriculum Evaluation. Paris: UNESCO. Longman.

McCormick, R. & James, M (1983). Curriculum Evaluation in Schools. New York: Routledge.

Nevo, D. (1995). School-Based Evaluation: A Dialogue for School Improvement. Oxford: Pergamon.

Nixon, J. (1991). Evaluating the Whole Curriculum. Philadelphia: Open University.

Patton, M. Q. (1980). Qualitative evaluation methods. Beverly Hills, CA: Sage.

Posner, G. J. (1992). Analyzing The Curriculum. New York: McGraw-Hill, Inc. Press, Inc. Press. Publishers.

Sanders, J. R. (1994). The Program Evaluation Standards: How to Assess Evaluations of Educational Programs. (2nd. ed.). Thousand Oakes: Sage.

Sarason, S. B. (1990). The Predictable Failure of School Reform. San Francisco: Jossey-Bass.

Schwab, J. J. (1978). Science, Curriculum, and Education. The University of Chicago Press: Chicago.

Scriven, M. (1967). The methodology of evaluation. In R.E. Stake(ed.), Curriculum Evaluation. American Educational Research Association Monograph Series on Evaluation, No. 1. Chicago: Rand McNally.

Smith, E. R. & Tyler, R. W. (1942). Appraising and recording student progress. New York: Harper & Row

Stufflebeam, D. L. (1971). The Relevance of The CIPP Evaluation Model for Educational Accountability. Journal of Research and Development in Education. 5(1).

Taba, H.(1945). General Techniques of Curriculum Planning, Curriculum Reconstruction, Forty-fourth Yearbook, Part Ⅰ, National Society for the, Study of Education (Chicago, The University of Chicago Press)

Tyler, R. W.(1949), Basic Principles of Curriculum and Instruction, Chicago: The University of Chicago.

Tyler, R. W., Gagne, R. M., & Scriven, M. (1967) Perspectives of Curriculum Evaluation. Chicago: Rand McNally Company.

Wolf, R. M. (1990). Evaluation models and approaches. In H. J. Walberg. & G. D. (eds). The international encyclopedia of education evaluation. Pergamon : Palo Alto.

Worthen, B. R., Sanders, J. R. & Fitzpatrick, J. L. (1997). Program Evaluation: Alternative Approaches and Practical Guidelines. (2nd. eds.). New York: Longman.

찾아보기

개정판 실과·기술 가정 교육과정론

1999년 6월 20일 초판 발행
2007년 9월 1일 개정 2판 인쇄
2007년 9월 10일 개정 2판 발행

저 자 정 성 봉
발행자 양 철 우
발행처 (주)교학사

본사 서울특별시 마포구 공덕동 105-67
공장 서울특별시 금천구 가산동 319-7
전화 : [영업] (02)7075-154~6 [편집] (02)7075-344
등록번호 : 1962. 6. 26〈18-7〉

홈 페이지 : http://www.kyohak.co.kr

《정가 23,000 원》

ISBN 978-89-09-07596-1 93400